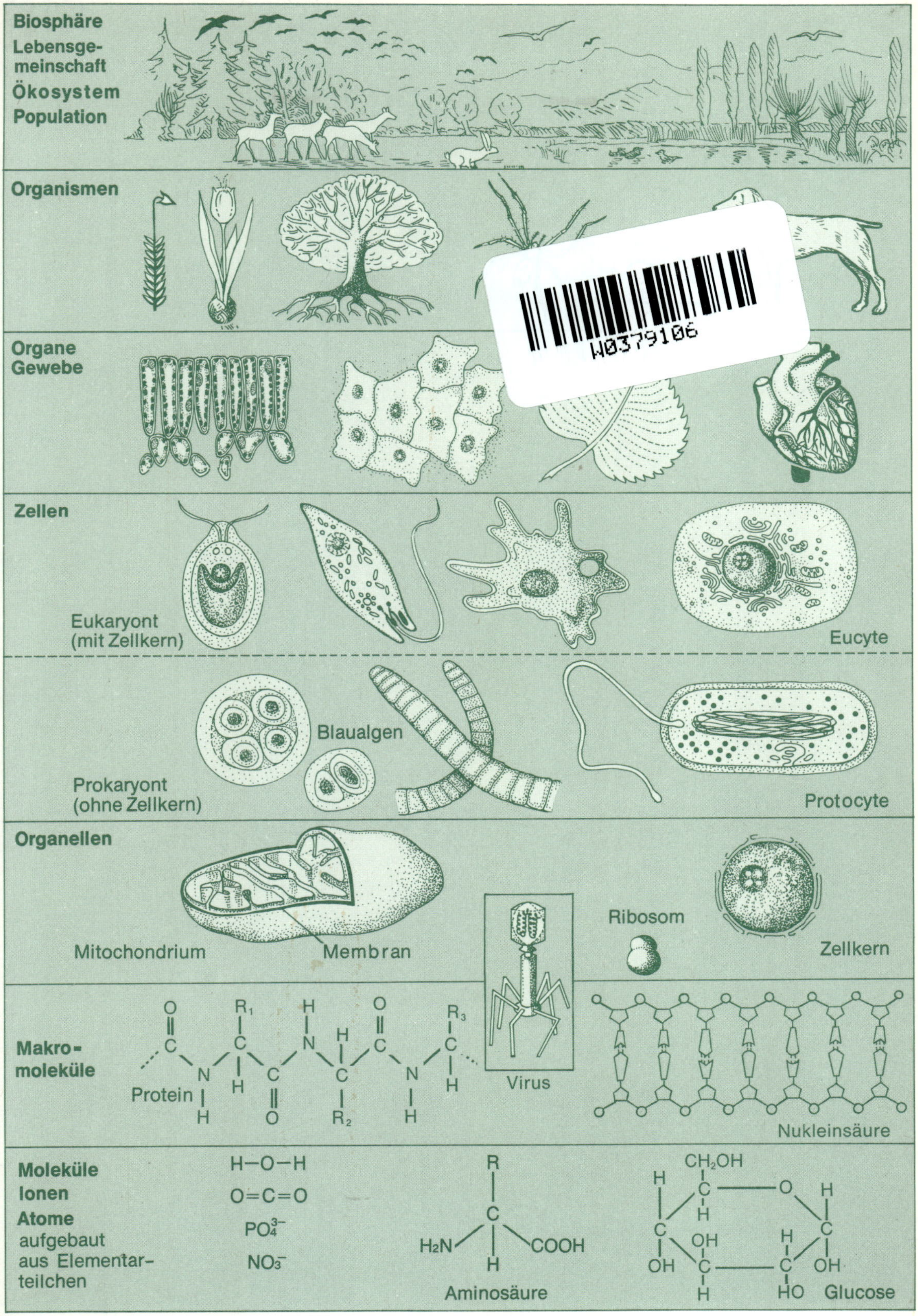
Biosphäre
Lebensgemeinschaft
Ökosystem
Population
Organismen
Organe
Gewebe
Zellen
Eukaryont (mit Zellkern)
Eucyte
Blaualgen
Prokaryont (ohne Zellkern)
Protocyte
Organellen
Mitochondrium
Membran
Ribosom
Zellkern
Makromoleküle
Protein
Virus
Nukleinsäure
Moleküle
Ionen
Atome
aufgebaut aus Elementarteilchen
H—O—H
O=C=O
PO_4^{3-}
NO_3^-
H_2N
COOH
Aminosäure
CH_2OH
Glucose

Linder Biologie

Lehrbuch für die Oberstufe

18., völlig neubearbeitete Auflage

Von Professor Dr. Hans Knodel
zusammen mit Professor Dr. Ulrich Bäßler,
Gymnasialprofessor Dr. Albert Danzer
und Professor Dr. Ulrich Kull

Mit 501 meist mehrfarbigen Abbildungen

J. B. Metzlersche
Verlagsbuchhandlung Stuttgart

Bildquellenverzeichnis

Abb. 3: nach Hassenstein; 5, 6, 7, 8, 10: Carl Zeiss, Oberkochen; 9a, b, c, 11: Wygasch; 18: Tertiärstruktur nach Dikkerson-Geis; 26–29: nach Christen, Allgemeine Chemie, Verlag Diesterweg, Frankfurt; 33: Carl Zeiss, Oberkochen; 35: Kessel/Shih, Scanning Electron Microscopy in Biology, Springer Verlag, Heidelberg; 36: aus Hirsch/Ruska/Sitte, 39: nach Koecke, Allgemeine Biologie, Verlag Schattauer, Stuttgart; 40: Carl Zeiss, Oberkochen; 41: nach Scientific American; 42: s. 39; 43: Ledbetter/Porter, Introduction to the Fine Structure of Plant Cells, Springer Verlag, Heidelberg; 55: Lehrbuch Biologie 11/12, Volk und Wissen Volkseigener Verlag, Berlin; 56: nach Sitte; 62, 65, 71: Lieder; 76: Rösler; 79: Statistisches Jahrbuch der Bundesrepublik Deutschland; 84: Habermehl/Anthony Verlag; 87: Gragnato; 97: Zwick; 98: Mauritius, Lieder; 107: Oria; 108: Siefermann; 111: Wygasch; 112: nach Berkaloff; 113: Falk; 120: s. 35; 130: Schwarzmaier; 133: nach Nultsch; 134: Jacob; 135, 136: Lieder; 140, 142, 143: Schweizer; 146: Linder; 147: Schweizer/Busche; 148: Schilde; 149: Sandorama der Sandoz AG; 151: Roth, Farbenfabriken Bayer AG; 150: Mandl; 152, 153: Schweizer; 155a: V-DIA-Verlag, Heidelberg; 156: Schweizer; 159: Porter/Bonneville, Einführung in die Feinstruktur von Zellen und Geweben, Verlag Springer, Heidelberg; 160: Lieder; 162: s. 35; 163, 164: s. 159; 175: Farbenfabriken Bayer AG; 179: Lieder; 180: Claviez; 183: nach Goedel; 189: Bäßler; 190: Schweizer; 197: Linder; 198, 199, 201, 202, 203: Schweizer; 205: s. 159; 206, 215, 220, 222, 224: Lieder; 226: s. 159; 228: Lieder; 243: V-DIA-Verlag, Heidelberg; 248: Neuweiler; 249, 258: Lieder; 267: nach Florey; 268: Lieder; 269: Naturwissenschaftliche Rundschau Heft 12/1973, Wissenschaftliche Verlagsgesellschaft, Stuttgart; 270: s. 159; 272: Bäßler; 283: Mauritius; 288: nach Lamprecht; 289: nach dtv-Atlas der Biologie; 290: Fa. Boehringer, Mannheim; 296: nach Eibl-Eibesfeldt; 300: Scientific American; 302: nach dtv-Atlas zur Biologie; 308: s. 35; 309: nach Kuhn/Probst, Biologisches Grundpraktikum; 322: s. 55; 312, 313, 315: nach Mohr; 325, 326: nach Hadorn-Wehner; 329: s. 35; 337: Lotze, Zwillinge; 343: nach Bresch/Hausmann; 344: Archiv für Kunst und Geschichte, Berlin; 356: Lieder; 357: s. 344; 377d: Leybold-Heraeus; 378: nach Daumer; 381: nach Bresch/Hausmann; 382: nach Wittmann; 383: Science 1975; 393: aus Calder, Das Lebensspiel, Hallwag Verlag; 401: Helwig, Kull, Rohdich; 402: Bicheler, Snoy; 403: Handbuch der Biologie, Bd. IX, Seite 8/9. Konstanz 1965, (c) Akademische Verlagsges. Athenaion, Wiesbaden; 404: s. 39; 405: nach Daumer; 409: nach Vogel; 410: Lieder; 416, 417, 418, 419, 420: Archiv für Kunst und Geschichte, Berlin; 423: nach Strasburger, Lehrbuch der Botanik; 428: nach Schaarschmidt, Paläobotanik; 429: Schweizer; 430: Kull; 433: nach Vogellehner, Paläontologie; 441: Kull; 445: Steiner; 448: Schmidt, Erdgeschichte, Sammlung Göschen, Verlag Walter de Gruyter, Berlin; 449: nach de Beer, Atlas der Evolution; 450: Zwick; 453: Dose-Rauchfuß, Chemische Evolution, Wissenschaftliche Verlagsgesellschaft mbH, Stuttgart; 454: nach Kaplan, Der Ursprung des Lebens; 455: Journal of Mol. Biology; 458, 459: Kull; 467: Mandl; 470: Helwig; 472: Schweizer; 473: V-DIA-Verlag, Heidelberg; 477: Ziegler, Allgem. Paläontologie, Verlag Schweizerbart, Stuttgart; 479: nach Laskowski, Der Weg zum Menschen; 480: Heberer, Walter, Day, Savage; 485: Kuhn, Die Felsbilder Europas, Verlag Kohlhammer, Stuttgart

Grafik: Joannis Selveris und Hellmut Ehrath

Gestaltung: Axel Eberhard

ISBN 3476200515

Druck 1983, 1982, 1981
Die letzte Zahl nennt das Jahr des Drucks.
Alle Drucke einer Auflage können nebeneinander im Unterricht verwendet werden.
Offsetreproduktionen: Robert Zwingmann, Leonberg
Satz acomp, Wemding, Druck: aprinta, Wemding
Printed in Germany

Weiterführende Unterrichtsmaterialien in der *Studienreihe Biologie*:

Band 1 Genetik und Molekularbiologie
Band 2 Sinnesorgane und Nervensystem
Band 3 Evolution
Band 4 Ökologie und Umweltschutz
Band 5 Verhalten
Band 6 Evolution des Menschen
Band 7 Erkenntnisgewinnung in der Biologie dargestellt an der Entwicklung ihrer Grundprobleme

Zu dem Unterrichtswerk sind folgende Arbeitstransparent-Serien erhältlich:

Zellbiologie 1	(9 Aufbautransparente)
Zellbiologie 2 und Molekularbiologie	(14 Aufbautransparente)
Evolution	(10 Aufbautransparente)
Ökologie	(9 Aufbautransparente)
Verhalten	(9 Aufbautransparente)
Biol. Regelung (Biokybernetik)	(8 Aufbautransparente)

Vorwort zur 18. Auflage

Die Neugestaltung der gymnasialen Oberstufe machte eine völlige Überarbeitung des nun in 18. Auflage erscheinenden Unterrichtswerks notwendig. Mit der Anpassung des Inhalts an den gegenwärtigen Stand wissenschaftlicher Erkenntnis wurden zugleich die fachdidaktischen Grundsätze überprüft, nach denen es angelegt ist. Erfreulicherweise sind die in den neuen curricularen Lehrplänen der Bundesländer genannten Lernziele schon bisher die Grundlagen dieses Lehrbuchs gewesen. Daher wurde sein bewährter didaktischer Aufbau nicht verändert, sondern nur den derzeitigen Erfordernissen entsprechend weiterentwickelt.

Die Lerninhalte sind wie seither nach dem System der Fachwissenschaft gegliedert und berücksichtigen sowohl sachlich wie auch in der Schwerpunktbildung voll die Forderungen der Lehrpläne. Da kein Sachgebiet fehlt, erhält der Lehrer die zu Recht geforderte Freiheit in der Stoffwahl; was immer er auswählt, findet der Schüler im Lehrbuch, eingebunden in die übergeordneten Zusammenhänge.

Die kausale Behandlung der Sachverhalte und die Erläuterung des wissenschaftlich-methodischen Vorgehens der Problemlösung wurden beibehalten. Deshalb sind auch für die neuen Stoffe die für den Wissensfortschritt entscheidenden Versuche und Arbeitsmethoden angegeben und die Ergebnisse daraus abgeleitet worden. Der Schüler soll erkennen, daß man Deutung und Gültigkeitsbereich wissenschaftlicher Ergebnisse erst dann richtig versteht, wenn man weiß, wie sie zustandegekommen sind. Der Abschnitt über die naturwissenschaftliche Erkenntnisgewinnung wurde aus diesem Grunde erweitert und aktualisiert.

Die Verfasser haben sich bemüht, eine methodische Schwierigkeit des Oberstufenunterrichts ganz auszuräumen, nämlich die Abhängigkeit des Biologielehrers von den Vorkenntnissen der Schüler in Chemie. Das Buch vermittelt jetzt leichtfaßlich alle für das Verständnis der Biochemie und der Molekularbiologie notwendigen Grundkenntnisse in Chemie, vor allem die Fachbegriffe und Reaktionsmechanismen sowie die Strukturen und Funktionen der biologisch wichtigen Stoffe.

Ein weiteres ernsthaftes Bemühen galt der Aufgabe, mit diesem Lehrbuch sowohl die Grundkurse wie auch die Leistungskurse abzudecken. Deshalb wurden einerseits die Lehrstoffe der Grundkurse gestrafft, andrerseits enthalten die für die Leistungskurse angebotenen Abschnitte die nötige Vertiefung und Erweiterung der Grundlehrstoffe. Diese Abschnitte sind durch einen anderen Schriftgrad gekennzeichnet. Die Anlage des Buches erlaubt den nahtlosen Übergang vom Grundkurs in den Leistungskurs, wie auch die unabhängige Führung von Grund- und Leistungskursen. Weil das Lehrbuch auch an berufsbildenden Schulen Verwendung findet, enthalten zahlreiche Abschnitte die Grundlagen für berufsbezogene Themen. Auf das Buch abgestimmt sind die als zusätzliche Informationsquellen für die Leistungskurse herausgegebenen Studienbände des Verlags (Ökologie, Sinnesorgane und Nervensystem, Genetik und Molekularbiologie, Verhalten, Evolution). In diesen Studienbänden findet sich eine große Zahl von Aufgaben, die auch aus dem Inhalt dieses Lehrbuchs zu beantworten sind. Anleitungen zu biologischen Experimenten oder mikroskopischen Untersuchungen für jedes Lehrbuchkapitel enthält das ebenfalls bei der J. B. Metzlerschen Verlagsbuchhandlung erschienene »Biologiepraktikum« von Knodel/Bäßler/Haury.

Das Kapitel Cytologie wurde erweitert und abgerundet. Es schafft die Grundlage für alle anderen Sachgebiete der Biologie und ist bei dem oft erzwungenermaßen verkürzten Biologieunterricht von Vorteil, weil sich alle Grunderscheinungen der Biologie aus diesem Kapitel ableiten lassen. Der eingefügte Abschnitt »Chemische Grundlagen der Reaktionen in Organismen« ist zum Nachschlagen und nicht als verbindlicher Unterrichtsstoff gedacht.

Wenn die »Halbwertszeit des Wissens« auf nur noch 10 Jahre geschätzt wird, muß der Schüler ernsthaft zum selbständigen, kritischen Wissenserwerb angeleitet werden, dieses Bemühen unterstützt der Aufbau des Lehrbuchs.

Ein wesentliches Anliegen von Verlag und Autoren war die moderne Bildgestaltung der neuen Auflage. Fast alle Abbildungen sind neu entworfen und vielfarbig ausgeführt oder durch Farbfotos ersetzt. Die Bilder sollen nicht nur veranschaulichen und Verständnis und Merkfähigkeit erleichtern, sondern auch motivieren. Dem Verlag wird dafür gedankt, daß er die Kosten für die gute Ausstattung nicht gescheut hat.

Hans Knodel

Aus dem Vorwort zur 10. Auflage

Die Forschung auf dem Gebiet der Biologie hat in den letzten Jahrzehnten außerordentliche Fortschritte gemacht; ihre Ergebnisse sind für den heutigen Menschen von grundlegender Bedeutung geworden. Trotzdem hat der Unterricht an den höheren Schulen in diesem Fach gerade für die Zeit, in welcher der heranreifende Mensch anfängt, sich eigene Gedanken zu machen, eine beträchtliche Kürzung erfahren, so daß es größter Anstrengung bedarf, um die Gefahr des Halbwissens zu bannen. Dem trägt jedoch der hie und da ausgesprochene Wunsch nach einer verkürzten Ausgabe des Lehrbuchs, die nur enthalten soll, was man im Unterricht »durchnehmen« kann und was der Schüler davon wissen muß, nicht Rechnung. Die weitaus überwiegende Zahl der Lehrer und Schüler lehnt deshalb mit guten Gründen ein reines »Lehrbuch« ab. Der Biologieunterricht darf nicht nur abfragbares Wissen übermitteln. Er muß bilden, d. h. den Schüler zum Verständnis der belebten Natur und der in ihr waltenden Gesetze führen, ihre Bedeutung für das menschliche Sein darlegen und sichere lebensgesetzliche Grundlagen für die geistige Auseinandersetzung unserer Zeit vermitteln. Das kann aber nicht durch einige aus dem Zusammenhang gelöste Kapitel, sondern nur aus einer Gesamtschau des Lebens heraus geschehen, die den Menschen in den Mittelpunkt stellt oder doch zu ihm hinführt. Wo der Unterricht aus Zeitmangel dazu nicht imstande ist, muß der Schüler sich selbst an Hand des Lehrbuches eine solche Gesamtschau verschaffen können. Gerade für Schulen mit verkürztem Unterricht in Biologie ist deshalb eine nicht zu knapp gehaltene, übersichtlich gegliederte und leicht lesbare Darstellung der Allgemeinen Biologie für die Hand des Schülers heute dringender denn je erforderlich. Sie soll anregen, zu eigenem Denken erziehen und die Möglichkeit geben, sich über biologische Fragen ein eigenes Urteil zu bilden. *Der Lehrer wird also nicht alles, was in einem Lehrbuch steht, auch unterrichtlich behandeln oder gar als Merkwissen verlangen.*

Es kommt noch ein Zweites hinzu. Ein tüchtiger Lehrer will durch das Schulbuch nicht gegängelt sein, sondern die Freiheit haben, einzelne Kapitel ausführlicher, andere nur kurz zu behandeln, ohne dadurch den so wichtigen inneren Zusammenhang zu gefährden. Das ist aber nicht möglich, wenn ein Buch nur bringt, was gerade in eine gegebene Stundenzahl hineinpaßt.

Wir haben uns deshalb nicht entschließen können, die aufgezeigten Grundsätze zu verlassen und den bewährten Aufbau des Buches zu ändern. So ist nichts Wesentliches weggelassen, und der geschlossene Gedankengang des Gesamtstoffes ist erhalten geblieben.

März 1959 Dr. Hermann Linder

Die neu gestaltete 18. Auflage wird dem Begründer dieses Lehrbuchs, Herrn Professor Dr. Hermann Linder, gewidmet.

Inhaltsverzeichnis

Evolution 297

Grundeigenschaften von Lebewesen 349

Erkenntnistheoretische Betrachtungen 352

Anhang 356

Cytologie (Die Zelle als Grundeinheit des Lebens)

1. Kennzeichen von Lebewesen

1.1 Kennzeichen von Lebewesen am Beispiel Euglena (Augentierchen)

Das »Augentierchen« *Euglena* kommt in Tümpeln vor, die mit organischen Stoffen, z. B. Jauche, verunreinigt sind.

Aufbau. *Euglena* ist ein einzelliger Organismus. Ihr Körper besteht aus *Protoplasma,* einer farblosen, durchsichtigen, schleimartigen Masse, in das ein linsenförmiges Gebilde, der *Zellkern,* eingebettet ist. Die grüne Farbe der Zelle ist in weiteren linsenförmigen Gebilden, den *Chloroplasten,* enthalten. Der Zellkörper ist von einer dünnen, elastischen Haut aus dichterem Protoplasma umhüllt, sie heißt *Pellikula.* Im Plasma verteilt liegen noch zahlreiche farblose Körner aus einem stärkeähnlichen Stoff (Paramylum), der als Nahrungsreserve dient.

Bewegung. Die *Euglena* weist am Vorderende eine körperlange *Geißel* auf. Durch den Geißelschlag wird sie vorangetrieben und dreht sich hierbei um ihre eigene Längsachse. Die Geißel tritt aus dem Zelleib in einem flaschenförmig-halbkugeligen Hohlraum *(Ampulle)* aus. Innerhalb der Zelle endet sie mit einer basalen Verdickung (*Basalkörper* oder Basalkorn). Eine weitere Verdickung der Geißel liegt im Ampullen-Hohlraum.

Nahrungsaufnahme, Verdauung, Wachstum. Im Licht sind die grünen Zellen nicht auf organische Nahrungsstoffe angewiesen. Unter Ausnutzung des Lichtes vermögen sie im Wasser gelöstes CO_2 in ihren Chloroplasten zu organischen Verbindungen umzusetzen (*Photosynthese*). Im Dunkeln nehmen *Euglenen* gelöste organische Stoffe aus der Umgebung mit der ganzen Zelloberfläche als Nahrung auf. Es gibt jedoch auch *Euglena*-Zellen, die keine Chloroplasten besitzen. Ihnen fehlt die Fähigkeit zur Photosynthese, sie sind daher immer auf organische Nährstoffe angewiesen. Solche *Euglenen* nehmen auch feste Teilchen von verwesenden Tier- und Pflanzenstoffen oder auch Bakterien oder kleine Algen auf. Treffen solche Teilchen auf die Zelloberfläche in der Nähe der Geißel, so bilden sich kleine Einstülpungen, die das Nahrungsteilchen allseitig mit Protoplasma umschließen. Es entstehen Bläschen (Nahrungsvakuolen), in denen die Nahrung in einer vom Plasma abgegebenen Flüssigkeit schwimmt. Den Vorgang der

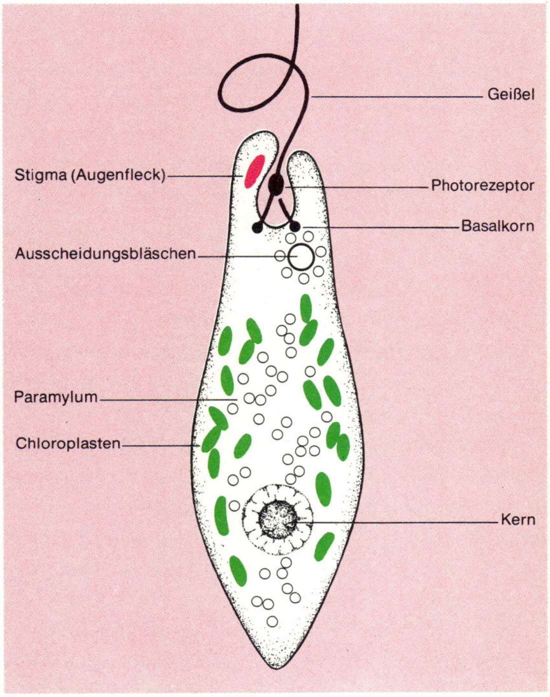

Abb. 1: Euglena (Augentierchen). Die größten Euglena-Arten werden bis zu 500 µm groß, die häufigsten Arten um 60 µm.

Aufnahme fester Teilchen durch die Zelle nennt man *Phagocytose.* Die aufgenommene Nahrung wird verdaut und das Unverdauliche schließlich ausgeschieden, indem das Bläschen wieder die Zelloberfläche erreicht und sich nach außen entleert.

Die Stoffe, die der *Euglena* als Nahrung dienen, sind anders zusammengesetzt als ihre eigenen Körperstoffe, sie können deshalb nicht unmittelbar als Plasmabestandteile verwendet werden, sondern müssen zunächst durch den Verdauungsvorgang in niedermolekulare, lösliche Verbindungen zerlegt und dann noch weiter umgebaut werden. Ein solcher Umbau ist auch erforderlich, wenn lösliche organische Stoffe aufgenommen werden. Ernährt sich *Euglena* aber durch Photosynthese und nimmt keine organischen Fremdstoffe auf, so werden die von der Zelle benötigten Plasmabestandteile direkt hergestellt. *Euglena* kann sich im Licht wie eine grüne Pflanze ernähren. Sie kann aber auch wie ein Tier organische Stoffe aufnehmen und lebt unter dauerndem Lichtabschluß unter Verlust des Chlorophylls weiter, wenn sie organische Stoffe als Nahrung hat. *Euglena* ist eine Übergangsform zwischen Pflanze und Tier.

Der Aufbau körpereigener Substanz durch Ernährung und Stoffwechsel vermehrt die Masse der *Euglena*-Zelle, d.h. sie wächst.

Energiegewinnung. Atmung. Für ihre Lebenstätigkeiten braucht *Euglena* Energie. Sie gewinnt sie dadurch, daß sie einen Teil der verdauten Nahrung bzw. der Photosynthese-Produkte unter Aufnahme von Sauerstoff stufenweise oxidiert. Man bezeichnet solche Vorgänge als *Zellatmung*. An der Aufnahme des Sauerstoffs aus dem umgebenden Wasser ist die gesamte Oberfläche beteiligt. Durch den ständigen Verbrauch von Sauerstoff im Innern des Plasmas tritt darin ein Sauerstoffdefizit auf, das durch Nachströmen von Sauerstoff aus der im Wasser gelösten Luft ausgeglichen wird (*Diffusion*).

Ausscheidung. Beim Abbau von Nahrungsstoffen entstehen Substanzen, die für die *Euglena* nicht weiter verwendbar sind, sie werden ausgeschieden. Ein Teil der gelösten Abbaustoffe tritt durch die Zelloberfläche hindurch nach außen. Dies ist wiederum ein Vorgang der Diffusion. Ein anderer Teil wird durch ein regelmäßig sich füllendes und nach außen sich entleerendes pulsierendes Bläschen (*Ausscheidungsbläschen*) aus dem Körper entfernt. Die pulsierende Vakuole sitzt nahe dem Vorderende der Zelle. Die Menge der durch sie ausgeschiedenen Flüssigkeit ist so groß, daß es sich nicht ausschließlich um gelöste Abbaustoffe handeln kann. Verwandten der *Euglena,* die im Meer leben, fehlen solche pulsierende Bläschen. Bringt man sie in Süßwasser, quellen sie rasch auf und platzen nach wenigen Minuten. Offenbar dringt im Süßwasser dauernd Wasser in die *Euglena*-Zelle ein, das dann durch die pulsierenden Bläschen wieder aus dem Körper entfernt werden muß. Der das Eindringen des Wassers bewirkende Vorgang wird als *Osmose* bezeichnet (s. 5.4).

Stoffwechsel. Homöostase. Die Photosynthese, die Aufnahme und Verdauung von Nahrung, der Aufbau von körpereigenen aus fremden Stoffen, der Abbau von Substanzen und die Ausscheidung führen dazu, daß ständig ein Strom von Stoffen durch den Körper fließt. Trotz dieses Stoffwechsels bleiben Gestalt, Struktur und chemische Zusammensetzung der *Euglena*-Zelle weitgehend gleich, d.h. es wird ein Zustand aufrechterhalten, der auf dauerndem Stoffzufluß und -abfluß beruht; man nennt ihn *Fließgleichgewicht.* Fließgleichgewichte treten nur in Systemen auf, die Zu- und Abfluß von Stoffen (Materie) haben, man spricht daher von *offenen Systemen.*

Durch die Stoffwechselvorgänge entstehen die zum Wachstum der Zelle erforderlichen Baustoffe (*Baustoffwechsel*) wie auch die Energie, die bei der Bewegung und dem dauernden Stoffum- und -aufbau erforderlich ist (*Energiestoffwechsel*). Alle diese Lebensvorgänge lassen sich als chemische Umsetzungen beschreiben.

Die Untersuchung zahlreicher verschiedener einzelliger und vielzelliger Lebewesen zeigt, daß Stoffwechsel allen zukommt, er ist daher ein Kennzeichen des Lebendigen. Bei vielzelligen Lebewesen weist nicht nur der Organismus als Ganzes, sondern auch jede einzelne seiner Zellen Stoffwechsel auf. Jede Zelle ebenso wie der ganze Vielzeller bilden somit Fließgleichgewichte aus.

Die Aufnahme von Nahrung und Wasser einerseits und die Ausscheidung nicht benötigter Stoffe andererseits sind so geregelt, daß die Zelle eine in engen Grenzen konstante Zusammensetzung hat. Diese »Konstanthaltung des inneren Milieus« im Organismus auch gegen äußere Einflüsse (wie z.B. das Eindringen von Wasser durch Osmose) bezeichnet man als *Homöostase*.

Vermehrung. Keine Euglena kann über eine ihrer Art entsprechende Größe hinauswachsen; ist sie erreicht, dann teilt sich das Lebewesen. Es hört auf zu schwimmen, baut in der Regel die Geißel ab und liegt eine Zeitlang ruhig da. Währenddessen teilt sich der Kern in zwei gleich große Tochterkerne. Dann schnürt sich der Zelleib längs durch, so daß zwei neue, selbständige *Euglena*-Zellen entstehen. Sie bilden wieder Geißeln aus, wachsen dann heran, und

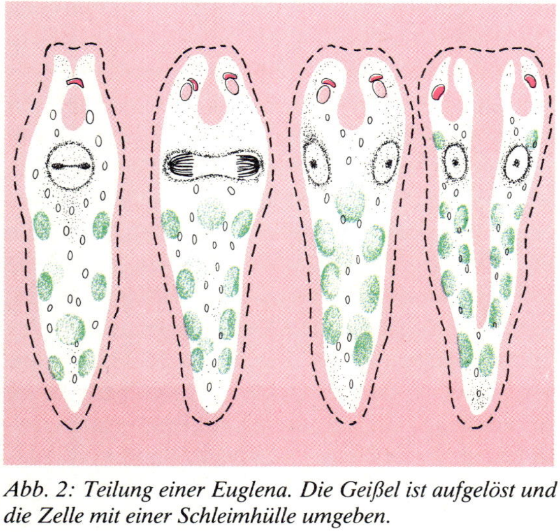

Abb. 2: Teilung einer Euglena. Die Geißel ist aufgelöst und die Zelle mit einer Schleimhülle umgeben.

unter günstigen Lebensumständen kann sich die Zellteilung innerhalb eines Tages wiederholen. Bei dieser Vermehrung geht der Mutterorganismus restlos in den beiden Tochter-*Euglenen* auf. Wenn sie nicht durch äußere Umstände umkommt, stirbt die *Euglena* nicht, sondern lebt in den Tochter-Organismen weiter.

Bei der Teilung der *Euglena* erhält jede Tochter-Zelle einen Kern. Daß der Zellkern für das Leben der Zelle unerläßlich ist, zeigt folgender Versuch: Schneidet man eine *Euglena* in zwei gleich große Teile, so geht der kernlose Teil stets zugrunde, der kernhaltige Zeil überlebt oftmals und wächst wieder zu einer *Euglena* normaler Größe heran.

Reizbarkeit. Berührt man mit der Spitze eines Glasstäbchens das Vorderende einer umherschwimmenden Euglena, so verändert sie sehr rasch ihre Bewegungsrichtung durch eine Änderung des Geißelschlags. Auf diese Weise wird ein Hindernis umgangen. Anders ist das Verhalten, wenn im Wasser örtlich die CO_2-Konzentration erhöht wird. Die *Euglenen* bewegen sich dann zu den Orten höherer CO_2-Konzentration hin und sammeln sich dort an. *Euglena* ist also auch für chemische Reize empfindlich. Interessanter noch ist der Einfluß des Lichtes auf *Euglena.* Bei gleichmäßiger, einseitiger Lichteinstrahlung von nicht zu hoher Intensität schwimmen die Organismen auf die Lichtquelle zu und halten sich im hellsten Bereich auf. Dies ist – ebenso wie die Anhäufung im Bereich hoher CO_2-Konzentration – für die Ernährung durch Photosynthese vorteilhaft. Plötzlicher Helligkeitswechsel hingegen führt zu einer raschen Veränderung der Bewegungsrichtung (»Schreckreaktion«). Durch geänderten Geißelschlag dreht sich die Zelle und schwimmt in anderer Richtung weiter.

Genauere Untersuchungen haben gezeigt, daß die Aufnahme von Berührungsreizen und chemischen Reizen bei *Euglena* an der ganzen Oberfläche erfolgt; ein Lichtreiz hingegen wird nur an einer Stelle, der Geißelverdickung im Ampullen-Hohlraum, wahrgenommen. Dieses Gebilde nennt man *Photorezeptor.* Außerdem ist noch ein weiteres Gebilde an der Lichtwahrnehmung beteiligt: der rotgefärbte sogenannte Augenfleck (*Stigma*), der in der Nähe der Ampulle im Zellplasma liegt. Bei seitlichem Lichteinfall beschattet der Augenfleck den Photorezeptor. *Euglena* dreht sich dann so lange, bis die Beschattung aufhört und das Licht von vorn kommt. Sie erkennt also durch die beschattende Wirkung des Augenflecks die Lichtrichtung und bewegt sich auf die Lichtquelle zu.

Die *Euglena* vermag also Änderungen in ihrer Umwelt, die als Reize auf sie einwirken, wahrzunehmen, zwischen verschiedenartigen Reizen zu unterscheiden und sie an einer anderen als der gereizten Stelle zu beantworten, sie ist »reizbar«, wobei man unter Reizbarkeit die Fähigkeit versteht, auf Änderungen der Umwelt zu reagieren. Reizaufnahme, Erregungsleitung und Reizbeantwortung sind Fähigkeiten, die der einzelnen Zelle und ihrem Plasma eignen. Bei der Reizbeantwortung reagiert die Zelle als eine Einheit.

Euglena kann nach Abwurf der Geißel und Abrundung eine feste, gallertige Hülle ausbilden und sich dadurch völlig von der Außenwelt abschließen. In solchen *Zysten* überdauert sie ohne Schaden Nahrungsmangel, starke Abkühlung und Austrocknung des Wohngewässers.

Zellorganellen (Arbeitsteilung in der Zelle). Einzelne Teile des Zelleibes sind in besonderer Weise zur Ausführung bestimmter Leistungen ausgebildet: sie haben sich »spezialisiert«. So dienen die Chloroplasten der Photosynthese, die Geißel der Bewegung, der Photorezeptor der Lichtwahrnehmung. Im Vergleich zu Organen der vielzelligen Wesen bezeichnet man diese ihnen entsprechenden Gebilde innerhalb der einzelnen Zelle als *Organellen.* Durch sie erhält der Zelleib einen verwickelteren Bau, er ist stärker »differenziert«. Das Maß der Differenzierung im Bereich der Zelle bedingt ihre niedere oder höhere Organisation. Andrerseits ist mit der Differenzierung auch eine erhöhte Anfälligkeit verbunden. Ist eine Leistung an ein bestimmtes Organell gebunden, so führt dies bei seinem Ausfall zu Störungen im Organismus. Chloroplastenfreie *Euglenen* sind z.B. nicht mehr zur Photosynthese befähigt.

1.2 Euglena als lebendes System

Ein Lichtreiz wird bei *Euglena* durch den Photorezeptor (unter Mitwirkung des roten Pigmentflecks) wahrgenommen und wirkt sich auf die Geißelbewegung aus; diese benötigt ihrerseits Energie, die durch Vorgänge im Energiestoffwechsel der Zelle bereitgestellt wird. Der Geißelschlag bewegt die Zelle; hierdurch verändert sich möglicherweise die einwirkende Lichtintensität, und dadurch wiederum wird die Photosynthese in den Chloroplasten beeinflußt. Mehrere räumlich getrennte Teile der Zelle stehen hier also miteinander in Wechselwirkung und beeinflussen sich gegenseitig. Ein solches Gebilde, das aus Teilen (Elementen) zusammengesetzt ist, die miteinander in Wechselwirkung stehen, nennt man ein **System;** es

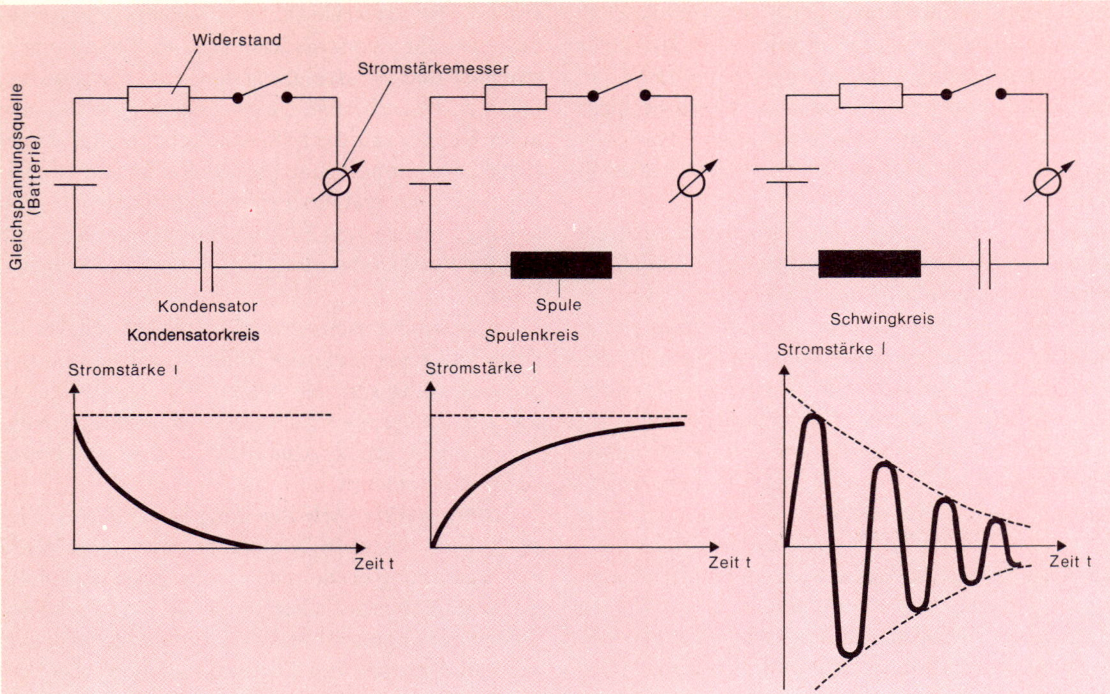

Abb. 3: Bildung eines neuen Systems (Schwingkreis) aus Kondensator, Spule und Widerstand. Im Kondensatorkreis nimmt nach Schließen des Schalters die Stromstärke bis auf 0 ab. Im Spulenkreis steigt die Stromstärke bis zu einem Grenzwert an. Die zeitliche Veränderung der Stromstärke im Schwingkreis zeigt Schwingungen, eine typische Eigenschaft des neuen komplexeren Systems.

kann belebt oder unbelebt sein. Es zeigt oft Eigenschaften, die weder an den einzelnen isolierten Teilen zu beobachten noch als bloße Summe von Eigenschaften der einzelnen Teile aufzufassen sind. Systemeigenschaften entstehen erst durch die Wechselwirkungen zwischen den Teilen. Diese Tatsache sei an einem Beispiel aus der Physik belegt: Man verbindet einen Kondensator und eine Spule wie in Abb. 3. Nach dem Schließen des Schalters beobachtet man im Meßgerät (bei hinreichend kleinem Widerstand) gedämpfte Schwingungen des Stromes. Man bezeichnet deshalb ein solches System als Schwingkreis. Weder im Kondensator noch im Spulenkreis können Schwingungen auftreten, sondern erst das System, das durch die angegebene Verknüpfung (Kopplung) der Elemente entsteht, besitzt diese Eigenschaft.

Alle Zellen wie auch vielzellige Organismen stehen im Stoff- und Energieaustausch mit ihrer Umgebung; sie sind *offene Systeme.* Selbst einzelne Zellorganellen können sich als offene Systeme verhalten. Häufig bilden sich in offenen Systemen Fließgleichgewichte.

Selbstregulation. Ein ziemlich einfacher und überschaubarer Sachverhalt liegt bei der Wirkung des Lichtreizes auf die *Euglena*-Zelle vor. Der Photorezeptor nimmt das einfallende Licht nach Richtung und Intensität wahr. Die durch den Reiz ausgelöste Erregung wird auf unbekannte Weise zum Basalkörper der Geißel geleitet. Dieser steuert die Geißelbewegung, die ihrerseits die Lage der *Euglena* und damit den Einfallswinkel des Lichts verändert. So kann die Zelle jeweils die gewünschte Stellung zum Licht einnehmen. Die besondere Eigenschaft dieses Vorgangs liegt in der Fähigkeit, die *Euglena* in einem bestimmten Helligkeitsbereich zu halten. Diese Eigenschaft haben die Einzelelemente nicht für sich allein, sie entsteht erst aus ihrem Zusammenwirken.

Der Vorgang zur Regulierung der Stellung von *Euglena* zum Licht gleicht der Arbeitsweise eines technischen Regelkreises. Er läßt sich daher auch mit den Begriffen der Regeltechnik beschreiben: Die Lage der Zelle in bezug auf den Lichteinfall (konstant zu haltende Größe = *Regelgröße*) wird durch den Photorezeptor (*Fühler*) gemessen. Dieser meldet die augenblickliche Lage, den *Istwert,* an den Basalkörper der Geißel, den *Regler.* Dort wird der Istwert der Lage mit der von der Zelle eigentlich einzunehmenden Lage, dem *Sollwert,* verglichen. Weichen Istwert und Sollwert voneinander ab, so beeinflußt der Regler die Geißel, das *Stellglied.* Daraufhin ändert sich ihre Bewegung so, daß der Istwert dem Sollwert angeglichen wird. Ein solches System zur selbsttätigen Regelung eines einzuhaltenden Zustandes, hier der Lage der Zelle relativ zum Licht, nennt man *Regelkreis*. Die durch die Geißelbewegung veränderte Lage der Zelle wirkt über den Photorezeptor so auf den Basalkörper zurück, daß die Abweichung von dem Sollwert korrigiert wird. Deshalb spricht man auch von *Rückkoppelung*. Dabei handelt es sich um eine negative Rückkoppelung, weil jede Abweichung der Regelgröße vom Soll-Wert automatisch solche Vorgänge auslöst, die der Abweichung entgegenwirken. Unbekannt ist bisher, wie in der *Euglena*-Zelle der Sollwert in den Erbanlagen festgehalten wird. Für die Regelkreis-Betrachtung selbst spielt dies jedoch keine Rolle.

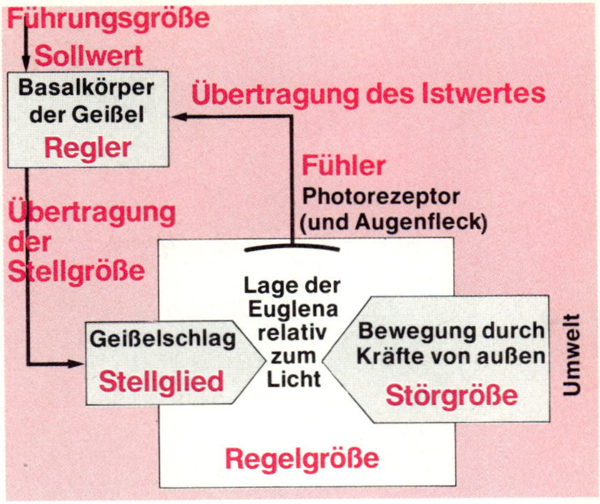

Abb. 4: Regelkreis: Einhaltung der günstigen Helligkeit durch Einstellung der Lage der Euglena-Zelle relativ zum Licht.

1.3 Zusammenfassung

Euglena erweist sich als durchaus selbständig und selbsterhaltungsfähig. Sie kann sich aus eigener Kraft und aus eigenem Antrieb (spontan) bewegen, sie baut ihren Körper aus fremden Stoffen auf, die sie der Körpersubstanz angleicht, sie wächst bis zu einer bestimmten Größe und vermehrt sich dann durch Teilung, und sie vermag Reize aus der Umgebung aufzunehmen und in bestimmter Weise zu beantworten. Damit zeigt dieses einfach gebaute Lebewesen bereits alle Grunderscheinungen des Lebens, wie wir sie von den komplizierter gebauten Organismen her kennen.

Stoffwechsel, Wachstum, Vermehrung, Reizbarkeit, Regulationsfähigkeit und oft auch *Bewegung* sind wichtige Kennzeichen der Lebewesen. Da der geordnete Ablauf aller dieser Vorgänge an intakte Zellen gebunden ist, darf man die Zelle als die kleinste selbständige und dauernd funktionsfähige Lebenseinheit ansehen. Zellen können als offene und selbstregulierende Systeme beschrieben werden. Als komplizierte Systeme mit einer riesigen Zahl von Verknüpfungen zwischen einer Vielzahl von Zellbestandteilen haben Zellen Eigenschaften, die ihren Teilen (Elementen) nicht zukommen. »Das Ganze ist mehr als die Summe der Teile«. Ein System mit den bei *Euglena* geschilderten Eigenschaften wird als »lebend« bezeichnet.

2. Die Zelle als Grundeinheit der Lebewesen

2.1 Die Entdeckung der Zellen

Jahrhundertelang war der Mensch bei der Untersuchung des inneren Baus der Lebewesen nur auf seine Sinne und auf Messer und Pinzette als Hilfsmittel angewiesen. Es war daher ein großer Fortschritt, als ROBERT HOOKE 1667 mit einem einfachen Vergrößerungsgerät zunächst an Flaschenkork feststellte, daß sich pflanzliche Körper aus mikroskopisch kleinen, in ihrer Anordnung an die Zellen von Bienenwaben erinnernden Räumen aufbauen. LEEUWENHOEK erkannte wenig später einzellige Tiere und sogar Bakterien im Zahnbelag.

Aber erst um 1840 wies M. SCHLEIDEN für pflanzliche, TH. SCHWANN für tierische Objekte nach, daß grundsätzlich alle Organismen aus Zellen aufgebaut sind und daß nicht die zuerst gesehenen Wände oder Hüllen der Zellen, sondern der Zellkörper oder Protoplast Träger des Lebens ist. Damit war die *Zellenlehre* als grundlegende Theorie der Biologie begründet. Sie besagt:

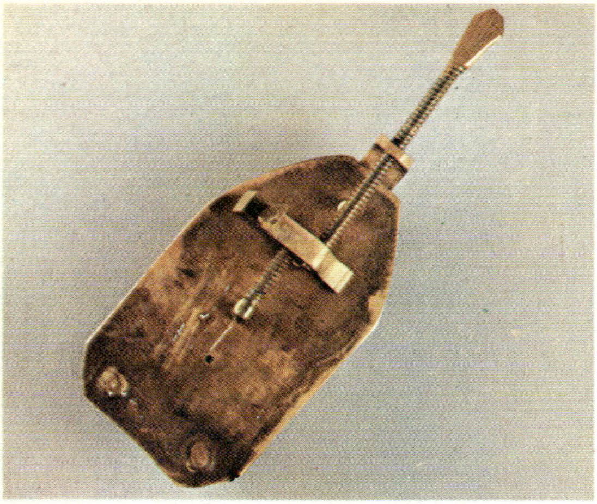

Abb. 5: Vergrößerungsapparat von Leeuwenhoek (um 1700) bestehend aus starker Lupe und Objekthalterung. Vergrößerung bis 275fach. Leeuwenhoek entdeckte damit Bakterien, Einzeller und rote Blutkörperchen.

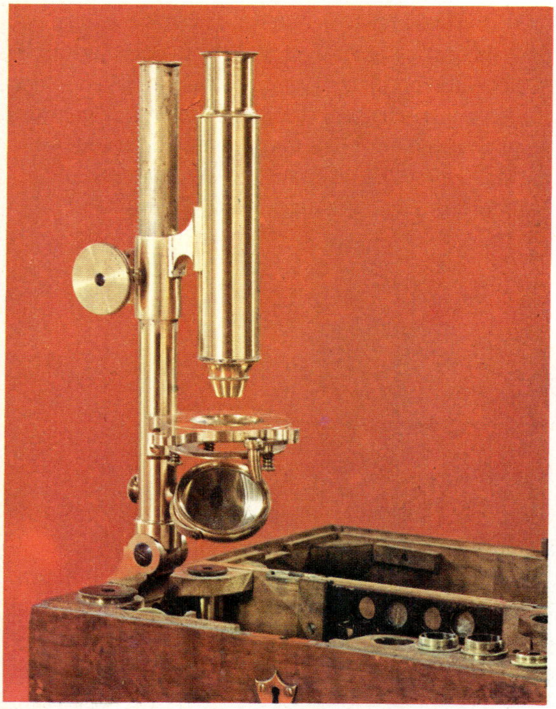

Abb. 6: Lichtmikroskop um 1840. Es besitzt einen Objekttisch und als Beleuchtungsapparat Spiegel und Blende. Das Linsensystem des Objektivs entwirft ein vergrößertes Bild vom Objekt. Das Linsensystem des Okulars vergrößert das Objektivbild.

a) Alle Lebewesen sind aus Zellen und ihren Produkten aufgebaut.
b) Alle Zellen stimmen in den Grundzügen ihres Baues überein.
c) Die Leistungen der Lebewesen sind das Ergebnis der Leistungen ihrer Zellen.
d) Zellen entstehen nur aus bereits vorhandenen Zellen.

2.2 Das Lichtmikroskop

Mit der fortschreitenden Verbesserung des Lichtmikroskops gelangte man bald an eine unüberschreitbare Grenze seiner Leistungsfähigkeit. Zwei nebeneinanderliegende Objektpunkte können nämlich nur dann getrennt voneinander gesehen werden, wenn ihr Abstand nicht kleiner ist als die halbe Wellenlänge des benutzten Lichtes, also etwa 0,2 μm (200 nm). Man nennt diesen Abstand das Auflösungsvermögen des Mikroskops. Näher zusammenliegende Punkte sind nicht mehr getrennt wahrnehmbar. Den Abstand von 0,2 μm kann man mit 1000facher Vergrößerung auf 0,2 mm vergrößern und dadurch beide Punkte gerade noch getrennt voneinander erkennen. Eine das Auflösungsvermögen überschreitende Vergrößerung vermag nur das bereits Erfaßte weiter zu vergrößern, aber keine zusätzlichen Einzelheiten über das betrachtete Objekt mehr zu liefern.

In der Regel beobachtet man im Mikroskop Objekte, deren Teile unterschiedlich Licht absorbieren. Je nachdem wie durchlässig sie für Licht sind, erscheinen die Teile heller oder dunkler. Man kann aber mit

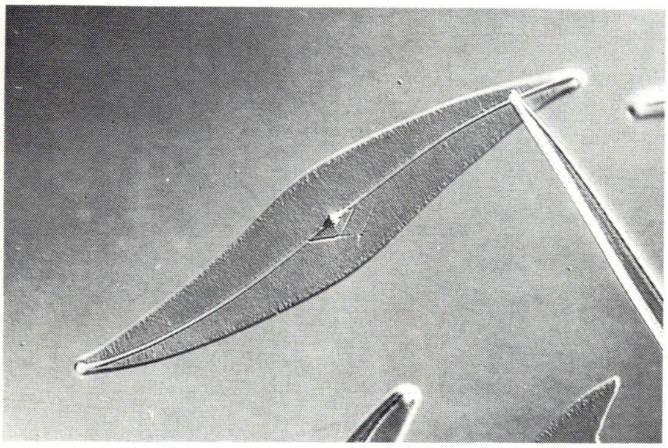

Abb. 7: a) Kieselalge Pleurosigma angulatum. Vergrößerung 320fach; die Vergrößerung reicht nicht aus, um die Feinstrukturen zu erfassen (Zeiss Planachromat 25/0,45)

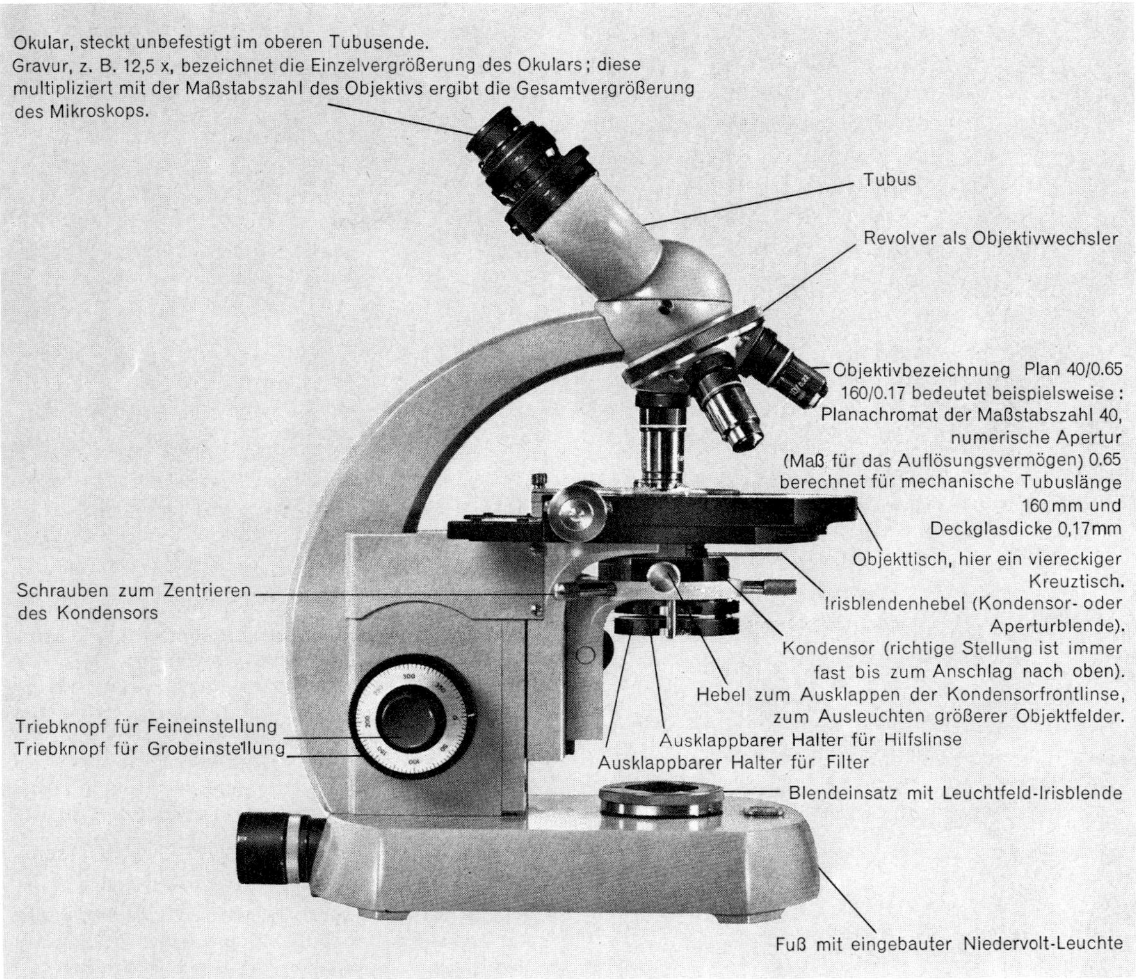

Abb. 8: Modernes Lichtmikroskop (Zeiss). Vergrößerung bis 2000fach. Es besitzt Linsensysteme mit fehlerarmer Abbildung, beidäugigem Einblick, Mikrometerschraube zur Feineinstellung, Beleuchtungseinrichtung und andere Verbesserungen. Die Strukturen der betrachteten Objekte werden deutlicher, es können Messungen an ihnen ausgeführt werden.

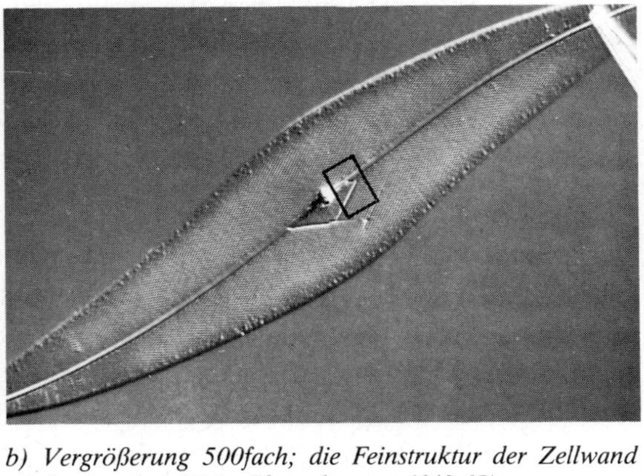

b) Vergrößerung 500fach; die Feinstruktur der Zellwand wird erkennbar (Zeiss Planachromat 40/0,65)

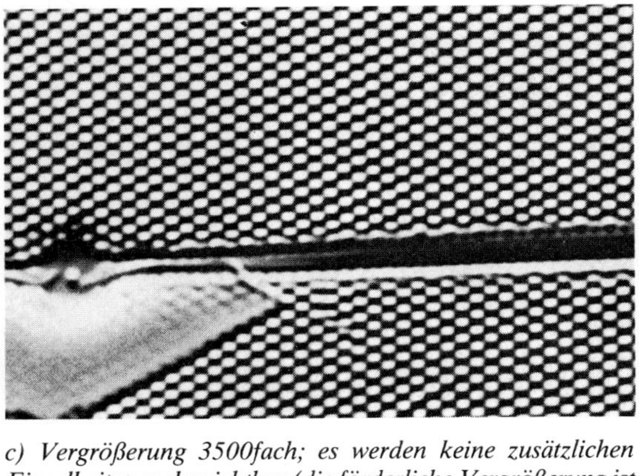

c) Vergrößerung 3500fach; es werden keine zusätzlichen Einzelheiten mehr sichtbar (die förderliche Vergrößerung ist überschritten). Die bereits bei schwächerer Vergrößerung erfaßten Strukturen werden nur stärker vergrößert (Zeiss Planachromat 100/1,25)

Abb. 9: a) Ungefärbte Zellen in der Mundschleimhaut im Lichtmikroskop, Vergrößerung 400fach, normales Hellfeld: Kontrastarme Abbildung

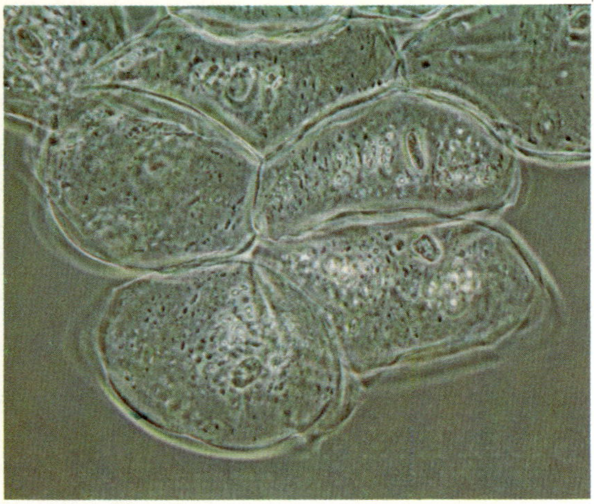

b) Phasenkontrast: Die geringen Kontraste des Objekts werden verstärkt.

einer Hilfskonstruktion auch das unterschiedliche Brechungsvermögen einzelner Objektteile als verschiedene Helligkeit sichtbar machen. So arbeiten das *Phasenkontrast-* und das *Interferenzkontrast-Verfahren.* Mit dem Phasenkontrast- bzw. dem Interferenzkontrastmikroskop können auch kontrastarme durchsichtige Strukturen in der Zelle sichtbar gemacht werden.

2.3 Herstellung mikroskopischer Präparate

Um den Aufbau biologischer Objekte unter dem Mikroskop studieren zu können, müssen die Objekte vorbehandelt werden, man stellt von ihnen *Präparate* her. *Frischpräparate* werden durch Zerzupfen oder Quetschen des Materials erhalten. Von pflanzlichen Objekten lassen sich zum Mikroskopieren dünne Schnitte mit einer Rasierklinge herstellen. Frischpräparate ermöglichen eine Untersuchung der Zellen in lebendem Zustand, sind jedoch wenig kontrastreich und nicht haltbar. Bei der Herstellung von *Dauerpräparaten* werden die Objekte fixiert und gefärbt. *Fixiermittel* (Alkohol, Formol u. a.) sorgen dafür, daß sich Gewebe und Zellen nach dem Abtöten nicht mehr verändern: sie fixieren die Zellstrukturen. Zum anschließenden Färben der Objekte werden Farbstoffe verwendet, welche die Zellstrukturen unterschiedlich anfärben und sie deshalb deutlicher hervortreten lassen. Aus der unterschiedlichen Färbbarkeit kann man schließen, daß sich die einzelnen Zellstrukturen in ihrer chemischen Beschaffenheit voneinander unterscheiden.

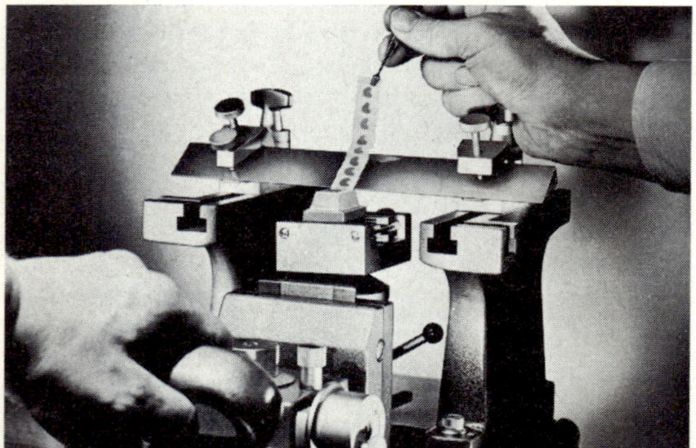

Abb. 10: Schlittenmikrotom. Das Objekt wird in Paraffin oder Kunststoff eingebettet und beim Schneiden gegen das feststehende Messer geführt. Die abgehobenen Schnitte bleiben auf dem Messer liegen und haften beim Anstoßen aneinander.

Durch die Anwendung verschiedener Farbstoffe, die jeweils bestimmte chemische Verbindungen spezifisch anfärben, läßt sich nachweisen, daß zahlreiche organische Verbindungen in den Zellen vorkommen; man kann sie auch lokalisieren (Verfahren der *Histochemie*).

Stets besteht bei der Herstellung von Präparaten die Gefahr, daß als Folge der Präparation Veränderungen in den Zellen eintreten (*Artefaktbildung*). Es bedarf daher immer einer sorgfältigen vergleichenden Prüfung, ob die im Mikroskop erkennbaren Strukturen auch bei unbeeinflußten Zellen vorhanden sind. Wenn pflanzliche oder tierische Objekte für die mikroskopische Untersuchung zu dick sind, müssen sie in dünne, etwa 10 µm starke Scheibchen geschnitten werden. Man benutzt dazu das *Mikrotom.* Bei diesem Gerät wird das Objekt gegen ein starkes, fein geschliffenes Messer bewegt. Das Messer schneidet eine dünne Scheibe ab, das Objekt wird zurückgezogen, um den Betrag der Schnittdicke angehoben und von neuem auf das Messer zugeführt. So läßt sich eine Serie von Schnitten hintereinander herstellen und untersuchen. Mikrotomschnitte zarter Objekte gelingen allerdings nur, wenn man die Objekte vor dem Schneiden verfestigt, etwa durch Einbetten in flüssig gemachtes Paraffin, das dann erhärtet.

c) Interferenzkontrast: Die Strukturen treten durch das pseudoplastische Bild deutlich hervor.

Abb. 11: Mundschleimhautzellen fixiert und gefärbt, daher abgetötet. Die Färbung macht die Strukturen auch im normalen Mikroskop deutlicher. Abb. 9 a–c zeigt lebende Zellen.

3. Chemische Grundlagen der Reaktionen in Organismen

Chemische Untersuchungen hatten schon früh erwiesen, daß in den Zellen der ganz verschiedengestaltigen Pflanzen und Tiere immer wieder gleichartige Stoffe vorkommen. Zahlreiche biologische Vorgänge lassen sich aus Bau, Eigenschaften und Reaktionsweisen der Stoffe in der lebenden Zelle deuten, und alle Erscheinungen des Lebens wie Stoffwechsel, Wachstum, Entwicklung, Bewegung, Reizbarkeit und Vererbung haben ihre molekularen Grundlagen. Deren Kenntnis ist für das Verständnis der Lebensvorgänge unerläßlich.

Wir bezeichnen denjenigen Teil der Chemie, der sich mit den in Organismen vorkommenden Stoffen und ihren Reaktionen befaßt, als *Biochemie.* Die Zahl der in einer Zelle durchschnittlicher Größe enthaltenen Moleküle wird auf $2 \cdot 10^{14}$ geschätzt; die Anzahl unterschiedlicher Stoffe liegt bei einfach gebauten Bakterienzellen schon bei 3000–6000.

Durchschnittlicher Gewichts-Anteil der Stoffe in einer tierischen Zelle: Eiweißstoffe (Proteine) 14%, Fette und Lipoide 2%, Nukleinsäuren 3%, Kohlenhydrate 1%, Mineralsalze 3%, Wasser 77%.

3.1 Chemische Bindung

In chemischen Verbindungen werden Atome durch Bindungskräfte zusammengehalten. Diese chemischen Bindungskräfte sind stets auf Wechselwirkungen von *Valenz-* oder *Bindungs-Elektronen* zurückzuführen. Jede Bildung oder Veränderung eines Atomverbandes ist ein chemischer Vorgang; er ist stets von Energieänderungen begleitet.

3.1.1 Atom- oder kovalente Bindung

Eine Bindung zwischen zwei Atomen kommt dadurch zustande, daß sich Valenzelektronen bevorzugt zwischen den beiden Atomrümpfen aufhalten und von beiden gleichermaßen angezogen werden. Durch die lokale Anhäufung negativer Ladung entsteht ein Zustand des Energieminimums. Zur weiteren Verringerung des Abstandes der beiden Atome müßte Energie aufgewendet werden, da die Abstoßungskräfte zwischen den positiv geladenen Kernen größer würden. Zur Vergrößerung des Atomabstandes wäre ebenfalls Energie erforderlich, um die Anziehung zwischen den Valenzelektronen und den beiden Atomrümpfen zu überwinden. Daher bleiben die beiden Atome bzw. Atomkerne in einem weitgehend konstanten Abstand, dem *Bindungsabstand.* Die gemeinsamen Valenzelektronen liegen vorwiegend zwischen den beiden gebundenen Atomen, die Bindung hat daher eine eindeutige Richtung. Bindungen, die in dieser Weise durch gemeinsame Elektronen zustande kommen, heißen *kovalente Bindungen* oder *Atombindungen.* Die Zahl der gemeinsamen Elektronen einer Bindung ist in den allermeisten Fällen gerade, man spricht daher von gemeinsamen *Elektronenpaaren.* Kommt die Bindung durch ein gemeinsames Elektronenpaar zustande, so wird sie im Formelbild durch einen Bindungsstrich dargestellt. Auch die nicht an der Bindung beteiligten Valenzelektronen gibt man in der Formel oft durch einen Strich für je ein Elektronenpaar an.

z. B. Chlor, Cl_2: $\overline{\underline{|Cl}} - \overline{\underline{Cl|}}$

Wird eine Bindung durch zwei gemeinsame Elektronenpaare hergestellt, so heißt sie *Doppelbindung,*

z. B. Kohlendioxid, CO_2: $\langle O = C = O \rangle$

Drei gemeinsame Elektronenpaare bilden eine *Dreifachbindung* aus,

z. B. Stickstoff, N_2: $|N \equiv N|$

Durch die Ausbildung von kovalenten Bindungen entstehen Moleküle. Da Moleküle in sich energetisch weitgehend abgesättigt sind, ist ihre Neigung, andere Moleküle anzuziehen, sehr gering. Die »zwischenmolekularen Kräfte« sind also meist schwach; sie heißen nach ihrem Entdecker VAN-DER-WAALS-*Kräfte.*
Betrachten wir nun das Wassermolekül H_2O. Es ist gewinkelt gebaut:

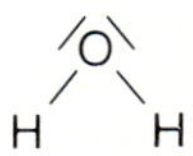

Der Sauerstoff-Atomrumpf besitzt hier bei einem relativ kleinen Durchmesser eine beträchtliche Ladung und zieht die gemeinsamen Elektronen der beiden H-O-Bindungen stark an. Die Bindungselektronen halten sich im zeitlichen Mittel näher beim Sauerstoff als beim Wasserstoff auf. Der Sauerstoff hat daher einen Überschuß an negativer Ladung, während die H-Atome infolge Elektronenmangels positiv geladen erscheinen. Die Bindungen werden polar. Das Wassermolekül als Ganzes ist elektrisch neutral, aber die elektrische Ladung ist innerhalb des Moleküls ungleichmäßig verteilt. Das Molekül hat einen positiven und einen negativen Pol, es ist ein *Dipol.* Die elektrischen Ladungspole im Molekül werden oft durch die Symbole $\delta+$ und $\delta-$ angegeben.

Als vereinfachtes Symbol für den Dipol wird das Zeichen (− +) verwendet. Infolge des Dipolcharakters bildet das Wasser (und ebenso andere Dipolmoleküle) sehr viel stärkere zwischenmolekulare Kräfte aus, als es die VAN-DER-WAALS-Kräfte sind. Deshalb kann das Wasser andere Stoffe lösen, die ebenfalls polar gebaut sind (Ionengitter, vgl. 3.1.2 oder polare Moleküle wie z. B. Zucker).

Je stärker die Fähigkeit eines Atoms, Elektronen anzuziehen, ausgeprägt ist, d. h. je größer seine Elektronegativität ist, desto stärker ist bei Bindung mit einem anderen Atom die Polarität dieser Bindung. Nur bei der Verknüpfung von zwei gleichen Atomen ist die Bindung völlig unpolar. Polare Bindungen sind in vielen Fällen chemisch besonders reaktionsfähig.

3.1.2 Ionenbindung

Sind die Elektronegativitätsunterschiede zwischen zwei Atomen sehr groß, so werden die Bindungselektronen ganz zum elektronegativen Partner hingezogen. Es entstehen positiv und negativ geladene Teilchen. Solche Teilchen nennt man *Ionen.* Metallatome sowie der Wasserstoff bilden positiv geladene oder *Kationen,* Nichtmetalle bilden negativ geladene oder *Anionen.*

Beispiel: Natrium hat 1 Valenzelektron: Na ·
Chlor hat 7 Valenzelektronen: $\overline{\underline{Cl}}$ ·

Ausbildung von Ionen: Na · ⌒ · $\overline{\underline{Cl}}|$ → $Na^{\oplus}$ $|\overline{\underline{Cl}}|^{\ominus}$
Kation Anion

Kationen und Anionen ziehen sich infolge der gegensätzlichen Ladungen an, es entsteht eine Ionenbindung. Diese ist im Gegensatz zur Atombindung nicht gerichtet, sondern wirkt als elektrostatische Anziehung gleichmäßig nach allen Raumrichtungen. Daher entstehen keine Moleküle, vielmehr wird ein dreidimensionaler Kristall aus Ionen als Bausteine aufgebaut. Die Ladungen der Ionen heben sich gegenseitig auf, der Kristall als Ganzes ist elektrisch neutral. Verbindungen dieses Typs nennt man *Salze* oder *salzartige Verbindungen.* Die Bindungskräfte zwischen den einzelnen Ionen sind hier nicht sehr stark, erst durch die allseitige Anziehung entstehen außerordentlich stabile Kristall-(Gitter-)Strukturen.

In wässeriger Lösung sind die Ionen stets von einer Wasserhülle umgeben, sie sind *hydratisiert.* Dadurch sind die Anziehungskräfte zwischen den gegensätzlich geladenen Ionen so stark verringert, daß sie sich frei in der Lösung bewegen können. Eine derartige Lösung leitet den elektrischen Strom. Durch die Hydrathülle sind die freien Ionen sehr viel größer als die Ionen im Kristall (vgl. Abb. 13).

3.1.3 Wasserstoffbrücken

Zwischen Dipolmolekülen herrschen starke zwischenmolekulare Kräfte (»Dipolkräfte«). Besonders ausgeprägt sind

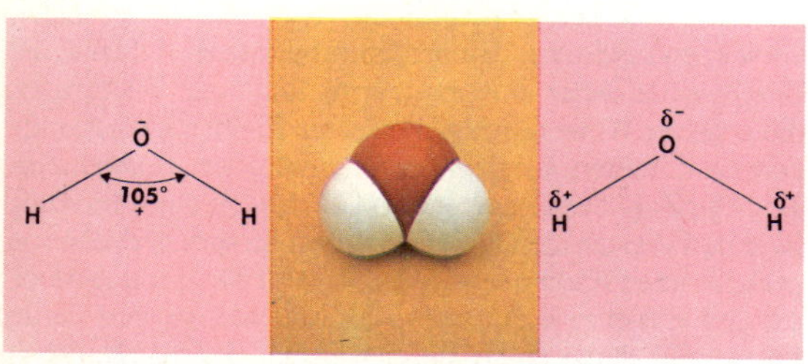

Abb. 12: Strukturformel des Wassermoleküls. Das Kalottenmodell (mitte) gibt die Größe der Atome, also die äußere Form des Moleküls wieder.

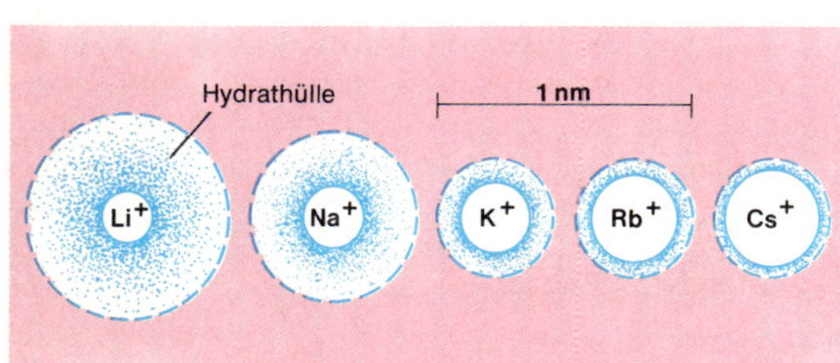

Abb. 13: Hydrathülle einiger Ionen. Die Oberfläche des kleinen Lithiumions hat eine hohe Ladungsdichte und daher eine große Hydrathülle. Mit zunehmender Ionengröße nimmt bei gleichbleibender Ladung die Ladungsdichte und entsprechend die Größe der Hydrathülle ab.

diese, wenn ein Wasserstoff-Atom an ein stark elektronegatives Atom (Fluor, Sauerstoff, Stickstoff) gebunden ist. Das positiv polarisierte H-Atom kann dann mit einem negativ polarisierten Atom in Wechselwirkung treten. Wenn dabei ein geeigneter Bindungsabstand möglich ist, entstehen ziemlich stabile Bindungen, die man als *Wasserstoffbrücken* bezeichnet. Es liegt dabei aber keine besondere Art chemischer Bindungen vor. Wasserstoffbrücken werden z. B. zwischen Wassermolekülen ausgebildet:

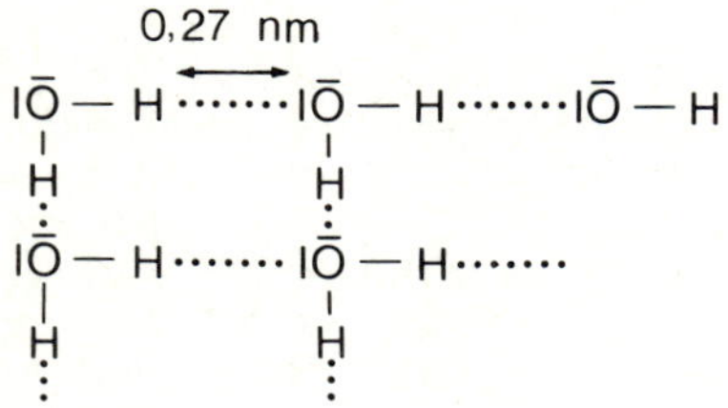

Die Bindungsenergie einer Wasserstoffbrücke beträgt weniger als 1/10 derjenigen einer durchschnittlichen einfachen Atombindung, kann aber nahezu die Energie einer einzelnen Ionenbindung erreichen. Ionenbindungen, Wasserstoffbrücken und VAN-DER-WAALS-*Kräfte* sind schwache Bindungen. Sie bestimmen weitgehend die chemischen Umsetzungen in der Zelle und werden fortgesetzt mit hoher Geschwindigkeit gelöst und wieder neu geknüpft. Die Wasserstoffbrücken sind vor allem für die Löslichkeit vieler organischer Verbindungen und für die Stabilität von großen Molekülen (*Makromolekülen*) verantwortlich. Auch für die Wechselwirkung von Molekülen untereinander sind sie sehr wichtig (vgl. Genetik 8.4–8.8).

3.2 Funktionelle Gruppen und Formeln

Außer freien, stets hydratisierten Ionen findet man in der Zelle nur organische Verbindungen, d. h. Verbindungen des Kohlenstoffs. Ihr Grundgerüst ist stets durch Atombindungen bestimmt. Die außerordentliche Vielzahl von Kohlenstoffverbindungen ist durch die besondere Eigenschaft des C-Atoms bedingt, sehr stabile Atom-Bindungen mit sich selbst auszubilden. Diese können zur Ketten- oder zur Ringbildung führen:

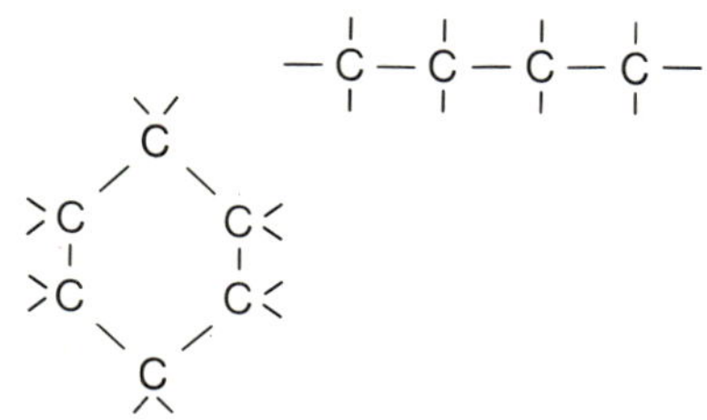

Hinzu kommt, daß Bindungen zwischen Kohlenstoff und Wasserstoff nur wenig polar und daher auch wenig reaktionsfähig sind. Organische Verbindungen können jedoch noch andere Atome enthalten, z. B. Sauerstoff oder Stickstoff. Weil diese erheblich elektronegativer sind als der Kohlenstoff, bilden sie polare Bindungen aus. Diese aber sind reaktionsfähig und deshalb spielen sich die chemischen Reaktionen solcher Stoffe fast stets an den polaren Bindungen ab. Gleichartige reaktionsfähige Bindungen oder Atomgruppen bedingen gleichartige chemische Eigenschaften und Reaktionen. Eine Atomgruppe im Molekül, die dessen Reaktionen weitgehend bestimmt, nennt man eine

Wichtige funktionelle reaktive Gruppen

Name und Formel	Verhalten	Verbindungsklasse
Hydroxylgruppe $-OH$	polare Bindung $\overset{\delta-}{-O}-\overset{\delta+}{H}$ daher reaktionsfähig	Alkohole (Alkanole)
Carbonylgruppe $>C=O$	stark polare Bindung $>C=O$ (mit freien Elektronenpaaren am O) sehr reaktionsfähig	Aldehyde (Alkanale) Ketone (Alkanone)
Carboxylgruppe $-C(=O)OH$	Durch die stark polare C=O-Bindung wird die –O–H-Bindung stärker polarisiert, daher wird das H-Atom leicht als Proton an Basen abgegeben; die Carboxylgruppe reagiert sauer.	Carbonsäuren
Aminogruppe $-NH_2$	am N freies Elektronenpaar: $-\bar{N}(H)H$ (wie bei Ammoniak NH_3), dieses kann Protonen anlagern. Die Aminogruppe reagiert daher als Base!	Amine bzw. Aminoverbindungen

funktionelle Gruppe. Es ist daher naheliegend, die organischen Verbindungen nach diesen funktionellen Gruppen einzuteilen.

Wegen der Bedeutung der funktionellen Gruppen in organischen Verbindungen genügt bei ihnen die Angabe einer Summenformel nicht, wie dies für anorganische Moleküle üblich ist. (z.B. Cl_2, CO_2, H_2SO_4). Sie gibt ja nur die im Molekül enthaltenen Atome an. Die Strukturformel (s.z.B. die Formeln in 3.4.2 und 3.4.3) hingegen läßt die Verknüpfung der Atome im Molekül erkennen und zeigt so die funktionelle(n) Gruppe(n). Dagegen ist aus der Strukturformel die räumliche Anordnung der Atome i.a. nicht zu entnehmen. Diese kann man aber mit räumlichen Molekülmodellen (z.B. 3.3.1) wiedergeben.

3.3 Bindungsverhältnisse organischer Verbindungen

Die einfachsten organischen Verbindungen sind die Kohlenwasserstoffe. Der einfachste Kohlenwasserstoff ist das Methan CH_4. Die Bindungen des Kohlenstoffs sind nach den Ecken eines Tetraeders gerichtet, die H-Atome umhüllen das C-Atom weitgehend.

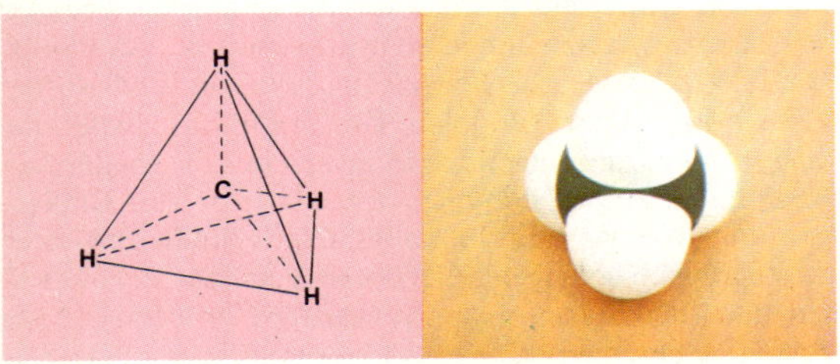

Abb. 14: Raumstruktur und Kalottenmodell des Methans

Wird zwischen den C-Atomen jeweils eine einfache Atom-Bindung ausgebildet, so können sich die Molekülteile um diese Bindung frei drehen. Wenn dagegen zwischen zwei Kohlenstoffatomen eine Doppelbindung ausgebildet wird, so ist aus Gründen der räumlichen Verteilung der Bindungselektronen keine freie Drehbarkeit vorhanden. Außerdem ist die Doppelbindung eben gebaut:

Die Elektronen von einer der beiden Bindungen der Doppelbindung heißen π-Elektronen und reagieren leicht, Moleküle mit Doppelbindungen sind daher reaktionsfähig.

Besondere Bindungsverhältnisse liegen beim Benzol und seinen Abkömmlingen, den *aromatischen Kohlenwasserstoffen,* vor. Die Struktur des Benzols läßt sich nur durch zwei verschiedene Strukturformeln wiedergeben:

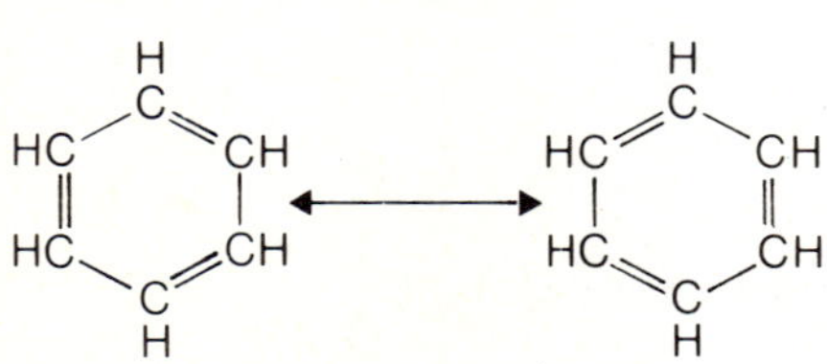

In Wirklichkeit sind aber alle Bindungen im Benzol völlig gleichwertig, weil sich die π-Elektronen der Doppelbindungen gleichmäßig über den ganzen Benzolring verteilen; sie sind *delokalisiert.* Alle Bindungen sind Eineinhalbfach-Bindungen (»partielle Doppelbindungen«). Man kann die Formel des Benzols daher auch so schreiben:

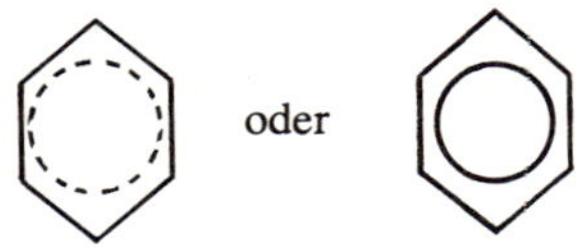

Will man die Formel mit Bindungsstrichen darstellen, so sind (vgl. mittlere Abb.) zwei Formeln erforderlich. Sie werden als »mesomere Grenzformeln« bezeichnet, da sie den wirklichen Bindungszustand nicht wiedergeben. Die Erscheinung der *Mesomerie* tritt bei vielen organischen Verbindungen auf. Man kennzeichnet sie mit den theoretischen Grenzformeln, die durch einen Mesomeriepfeil $\leftrightarrow$ verbunden werden.

3.4 Biologisch wichtige Stoffklassen

3.4.1 Alkohole (Alkanole)

Alkohole leiten sich von den Kohlenwasserstoffen ab, indem ein H-Atom oder mehrere durch je eine Hydroxylgruppe OH ersetzt sind. Sie bilden in Wasser jedoch keine OH^--Ionen und wirken nicht basisch. Stoffe mit 2 bzw. 3 alkoholischen OH-Gruppen heißen zweiwertige bzw. dreiwertige Alkohole.

3.4.2 Carbonsäuren

Sie sind durch die Carboxylgruppe –COOH gekennzeichnet. Zu den Carbonsäuren mit einer Carboxylgruppe gehören:

Essigsäure (Ethansäure)	CH_3-COOH
Brenztraubensäure	$CH_3-CO-COOH$
Milchsäure	$CH_3-CHOH-COOH$

sowie die in Fetten vorkommenden höheren Fettsäuren.

Mit Alkoholen bilden Carbonsäuren unter Wasserabspaltung Ester:

$$H_3C-CH_2-OH+HO-\overset{\overset{O}{\|}}{C}-CH_3 \rightarrow H_3C-CH_2-O-\overset{\overset{O}{\|}}{C}-CH_3 + H_2O$$

Ethanol + (Ethylalkohol) Ethansäure (Essigsäure) Essigsäureethylester.

Die meisten Carbonsäuren sind schwache Säuren, d.h. sie haben nur eine geringe Tendenz, den Wasserstoff der Carboxylgruppe als Proton H^+ abzuspalten (Protolytische Reaktion oder *Protolyse*):

$$HX \rightleftharpoons H^+ + X^-$$

Esterbildung:

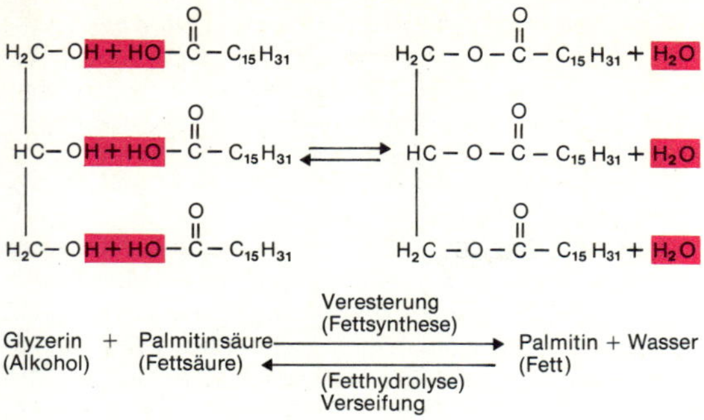

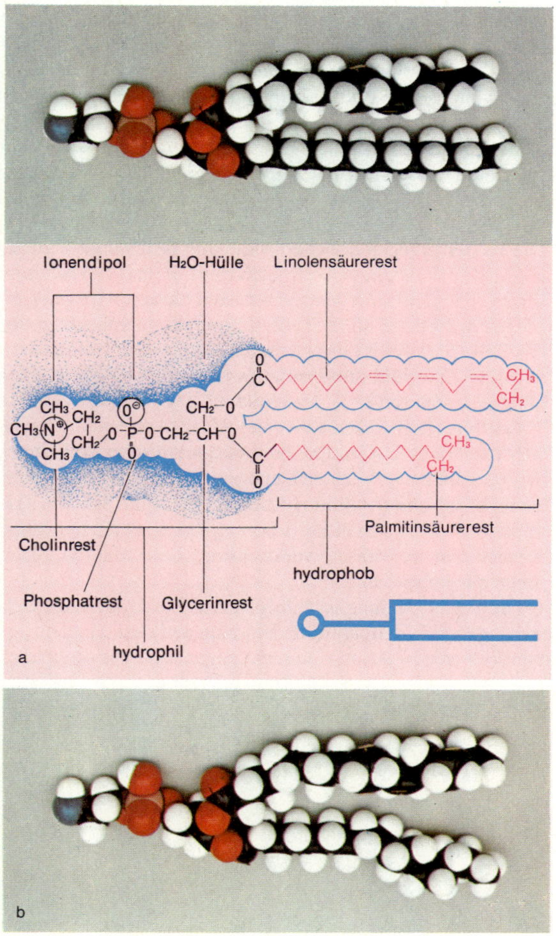

Abb. 15: Molekülmodell eines polaren Lipids. Atomgruppen mit polaren Bindungen treten mit Wassermolekülen in Wechselwirkung und bilden eine Wasser-(Hydrat-)Hülle um sich. Solche Gruppen heißen daher hydrophil. Die Kohlenwasserstoffketten der Fettsäurereste (rot) haben völlig unpolare Bindungen, sie bilden keine Wasserhülle und heißen hydrophob. Die Molekülgestalt wird durch das Kalottenmodell wiedergegeben. Das zweite Kalottenmodell zeigt (für dasselbe Molekül), wie durch Drehung um C-C-Einfachbindungen eine Struktur zustande kommt, die mehr Platz braucht.

Je ausgeprägter die Protolyse-Reaktion einer Säure ist, um so stärker ist die Säure. Als Maß für die Säurestärke kann man daher das Verhältnis der Mengen von gebildeten H^+- $+X^-$-Ionen zu vorhandenen HX-Molekülen benutzen; diese Größe heißt K_S-Wert, ihr negativer Logarithmus pK_S-Wert. Der K_S-Wert ist um so größer (der pK_S-Wert um so kleiner), je stärker die Säure ist.

3.4.3 Lipide

Fette. Natürlich vorkommende Fette sind Ester des dreiwertigen Alkohols Glyzerin mit verschiedenen Fettsäuren.

Mehrfach ungesättigte Fettsäuren (mit mehr als einer Doppelbindung) sind die Linolsäure $C_{17}H_{31}COOH$ mit zwei und die Linolensäure $C_{17}H_{29}COOH$ mit drei Doppelbindungen.

In der langen C-Kette liegen nur C–C- und C–H-Bindungen vor. Diese sind völlig unpolar (unpolare C-Kette). Daher sind alle längerkettigen Fettsäuren in Wasser unlöslich.

Lipoide. Darunter versteht man Stoffe mit unterschiedlichem chemischen Bau. Gemeinsam haben sie die gleichen Löslichkeitseigenschaften wie die Fette und die gleichen Ausgangsstoffe bei ihrer Bildung in der Zelle. Fette und Lipoide werden heute meist unter dem Begriff Lipide zusammengefaßt.

Polare Lipide sind wichtige Bausteine aller biologischen Membranen. Polar heißen sie, weil ein Molekül-Ende eine Atomgruppe mit polaren Bindungen trägt. In den meisten Fällen ist ihr chemischer Bau dem der Fette sehr ähnlich. Es liegen Ester von Glyzerin mit zwei langkettigen Fettsäuren vor, die dritte OH-Gruppe des Glyzerins trägt die polare Gruppe. Besonders hoch ist der Anteil an mehrfach ungesättigten Fettsäuren. Hierdurch erhalten die biologischen Membranen eine »halbflüssige« Struktur.

Um die C–C-Einfachbindungen der Fettsäurereste besteht freie Drehbarkeit, nicht dagegen an den Doppelbindungen. Bewegungen um die C–C–Einfachbindungen führen zu sperrigen Strukturen der Lipidmoleküle, was die Festigkeit der Membranen vermindert. Je nach Änderung der Membranfestigkeit wird der Stoffdurchtritt erleichtert oder erschwert (s. 4.2).

3.4.4 Aminosäuren und Proteine

Proteine (Eiweißstoffe) sind die Hauptbestandteile des Protoplasmas. Sie sind Makromoleküle, die durch Verknüpfung von Aminosäuren entstehen.

Aminosäuren. Alle in Proteinen eingebauten Aminosäuren haben die gleiche Grundstruktur:

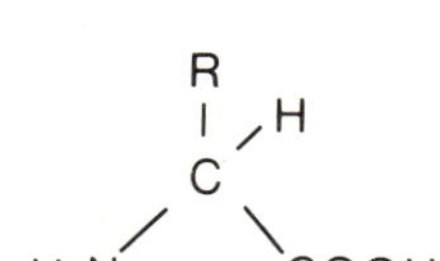

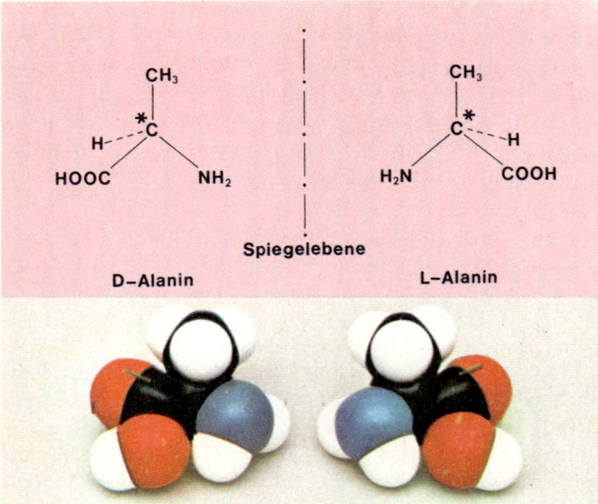

Abb. 16: Raumstruktur und Kalottenmodell des Alanins. Das Alanin existiert in zwei zueinander spiegelbildlichen Formen. C asymmetrisches Kohlenstoffatom*

Sie unterscheiden sich nur im Aufbau des Restes R. Beispiele:

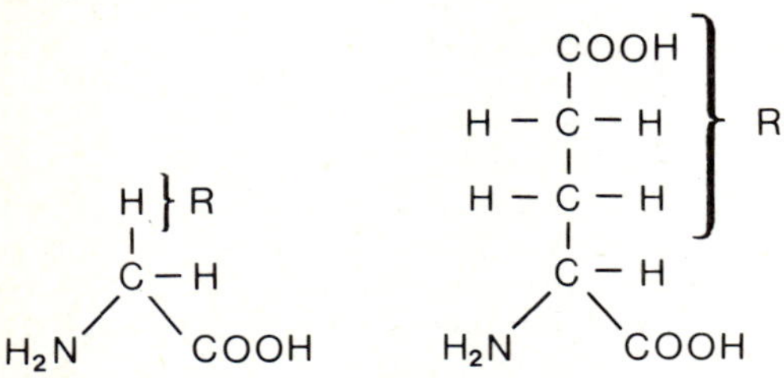

R = H Glycin (Aminoessigsäure)

R = CH_2-CH_2-COOH Glutaminsäure

Da die Aminosäuren sowohl die basische Aminogruppe wie auch die saure Carboxylgruppe tragen, tritt in wässriger Lösung ein Protonenübergang innerhalb des Moleküls auf.

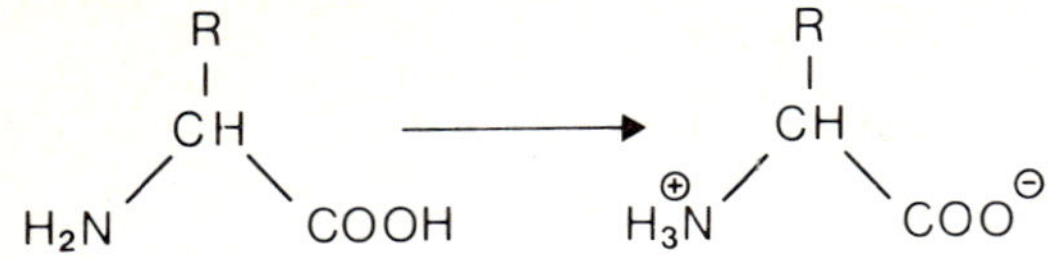

Die Aminosäuremoleküle tragen deshalb sowohl positive wie negative Ladung (Zwitterionen).

Optische Aktivität. Alle Aminosäuren mit Ausnahme von Glycin treten in zwei verschieden gebauten Molekülsorten auf, die sich in ihren chemischen Eigenschaften nicht unterscheiden, aber durch ihr verschiedenes Verhalten gegenüber *polarisiertem Licht* zu erkennen sind. Die eine Molekülsorte dreht die Schwingungsebene des polarisierten Lichts nach rechts, die andere um denselben Betrag nach links. Moleküle mit dieser Eigenschaft heißen *optisch aktiv;* die Ursache liegt im räumlichen Bau der Moleküle. Optisch aktive Verbindungen treten stets in zwei räumlich verschiedenen, spiegelbildlichen Formen auf. Diese lassen sich nicht miteinander zur Deckung bringen, sie entsprechen einander ebenso wie ein rechter und ein linker Handschuh. Diese Moleküleigenschaft tritt immer dann auf, wenn an einem C-Atom vier verschiedene Gruppen gebunden sind. Dieses C-Atom ist dann *asymmetrisch,* das Molekül heißt *chiral.* Als Beispiel wählen wir die Aminosäure Alanin (Abb. 16). Die beiden spiegelbildlichen Moleküle bezeichnet man als D-Form (von dexter = rechts) und als L-Form (von laevis = links). Der Drehsinn des polarisierten Lichtes wird mit (+) für rechtsdrehend und (−) für linksdrehend angegeben. In der Zelle finden wir nur L-Aminosäuren. Auch viele andere wichtige Zellinhaltsstoffe sind optisch aktiv, so alle Zucker und einige Säuren (z. B. Milchsäure).

Peptide. Die COOH-Gruppe einer Aminosäure kann sich mit der NH_2-Gruppe einer andern Aminosäure unter Wasseraustritt verbinden. Dann entsteht ein Dipeptid. Bei Anlagerung einer weiteren Aminosäure bildet sich ein Tripeptid usf. Setzt sich dieser Vorgang fort, so entstehen lange Ketten von peptidisch verknüpften Aminosäuren. Man nennt sie *Polypeptide.*

Die Peptidbindung ist infolge einer Elektronendelokalisierung eine Eineinhalbfach-Bindung und deshalb eben gebaut (C- und N-Atom sind nicht gegeneinander drehbar):

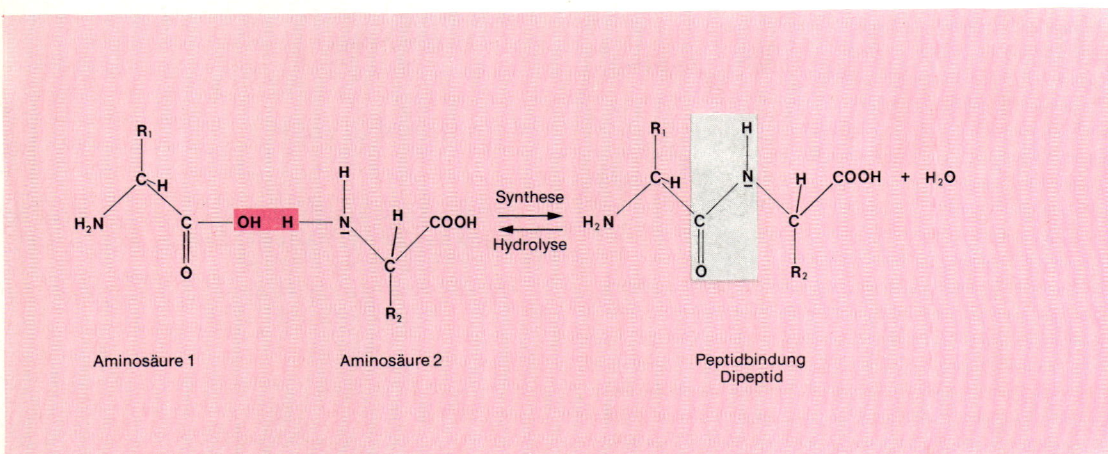

Abb. 17: Verknüpfung von zwei Aminosäuren zu einem Dipeptid. Die Peptidbindung $-\underset{\overset{\|}{O}}{C}-\underset{\overset{|}{H}}{N}-$ *ist eben gebaut, das heißt ihre Atome liegen in einer Ebene (Peptidebene).*

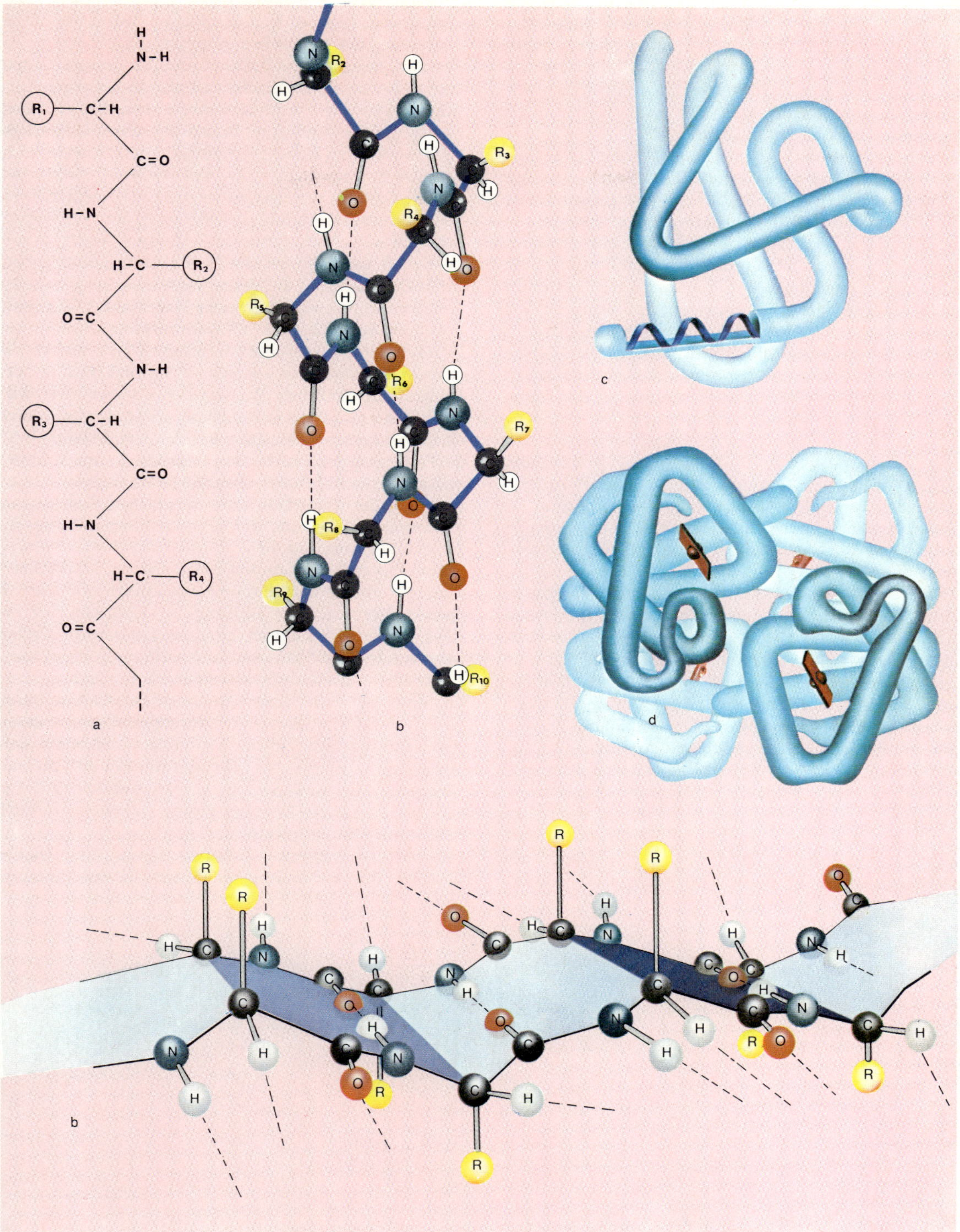

Abb. 18: Proteinstruktur. a Primärstruktur: Spezifische Reihenfolge der Aminosäuren in der Polypeptidkette. b Sekundärstruktur: α-Helix-Struktur und β-Faltblattstruktur als Beispiele. Bei der Helix-Struktur sind die Wasserstoffbrücken intramolekular zwischen der NH- und der CO-Gruppe ausgebildet, dies stabilisiert eine schraubenförmige Anordnung der Aminosäuren. Bei der Faltblattstruktur sind die Wasserstoffbrücken zwischen verschiedenen Polypeptidketten oder zwischen gefalteten Kettenteilen ausgebildet. c Tertiärstruktur: Räumliche Anordnung der Polypeptidkette am Beispiel des Myoglobins (ohne Häm; Helix im Ausschnitt). d Quartärstruktur (Hämoglobin): α-Ketten hell, β-Ketten dunkel, Hämgruppen rot

An den C-Atomen, welche die Reste R_1, R_2 ... tragen, besteht hingegen freie Drehbarkeit um die Bindungsachse. Die Ebenen zweier benachbarter Peptidbindungen könnten also theoretisch recht unterschiedliche Positionen zueinander einnehmen. In Wirklichkeit kommen jedoch nur solche Lagen vor, bei denen die Atome der Aminosäurereste sich gegenseitig räumlich nicht stören.

Die Spaltung einer Verbindung durch Wasser (z. B. Spaltung eines Peptids oder eines Fetts 3.4.3) heißt *Hydrolyse.*

Proteine. Erreicht eine Peptidkette eine gewisse Länge, so kommt es innerhalb des Moleküls zur Ausbildung schwacher Bindungen, die Polypeptidkette nimmt eine bestimmte räumliche Gestalt an. Man spricht dann von *Proteinen* (»Eiweiß«, weil Bestandteile des Eiklars). In den Proteinen treten 20 verschiedene Aminosäuren auf (proteinogene Aminosäuren). Verschiedene Proteine unterscheiden sich durch die Anzahl und die Reihenfolge (*Sequenz*) der verknüpften Aminosäuren. Dabei sind die Möglichkeiten ihrer Anordnung unvorstellbar groß. Ist ein Protein aus nur 100 Aminosäuren aufgebaut, ergeben sich bereits $20^{100} = 10^{130}$ Möglichkeiten für die Anordnung der Aminosäuren. (In den Weltmeeren sind etwa $4 \cdot 10^{46}$ Wassermoleküle enthalten.)

Die Reihenfolge der Aminosäuren in einer Polypeptidkette heißt *Aminosäuresequenz* oder *Primärstruktur.* Die Aminosäurekette besitzt ein Ende mit freier Aminogruppe und ein Ende mit freier Carboxylgruppe, das Polypeptid hat somit eine Richtung.

Wie bereits bei der Entstehung von Peptidbindungen beschrieben, können nur wenige Stellungen der Peptidebenen zueinander eine stabile Struktur ergeben. Eine solche Struktur liegt in der α-Helix vor (Abb. 18), bei der die Polypeptidkette schraubig angeordnet und durch Wasserstoffbrücken stabilisiert ist. Die α-Helixstruktur ist z. B. beim Haarkeratin verwirklicht. Eine andere stabile Struktur der Polypeptidkette ergibt sich bei der »Faltblatt«-Anordnung der Peptidebenen. Eine *Faltblatt-Struktur* findet man u. a. beim Seidenfaserprotein der Seidenraupe. Häufig wechseln im Protein-Molekül knäuelig gestaltete Abschnitte mit solchen von Helix- oder Faltblatt-Struktur ab. Die genannten Strukturen nennt man *Sekundärstrukturen* der Polypeptidkette. Durch weitere chemische Wechselwirkungen erhält die Polypeptidkette eine spezifische Raumgestalt – die *Tertiärstruktur* des *Proteins.* Von besonderer Bedeutung für die Ausbildung der räumlichen Anordnung der Kette ist die Tatsache, daß unpolare (hydrophobe) Aminosäure-Seitenketten eine enge Nachbarschaft zueinander bevorzugen und sich dabei vor allem im Molekülinneren anordnen. Dadurch sind sie gewissermaßen aus der das Proteinmolekül umgebenden wäßrigen Lösung »herausgedrängt«. Man bezeichnet diese Erscheinung als *»hydrophobe Wechselwirkung«.*

Viele Proteine bestehen aus mehreren Polypeptidketten. So ist z. B. das Hämoglobin des Menschen aus vier Polypeptidketten aufgebaut, wovon je 2 identisch sind (2α- und 2β-Ketten, und an jede ist ein Porphyrinring (Häm) gebunden). Die Struktur, die durch Wechselwirkung zwischen mehreren Polypeptidketten eines Proteinmoleküls zustandekommt, bezeichnet man als *Quartärstruktur.*

Die Proteine zeigen charakteristische Eigenschaften, die allen Makromolekülen zukommen. Es sind dies: (1) der Aufbau aus ähnlichen Baueinheiten (*Monomeren,* hier Aminosäuren); (2) die Verknüpfung der Monomeren durch einen bestimmten Bindungstypus (hier Peptidbindung); (3) die Festlegung der Struktur durch mindestens drei Strukturprinzipien: die Abfolge (Sequenz) der Monomeren (Primärstruktur), die wiederkehrenden räumlichen Bauelemente (Sekundärstruktur) und die gesamte Raumerfüllung des Moleküls (Tertiärstruktur).

Sind Proteine kovalent mit einem anderen Molekül verknüpft, so drückt man dies im Namen durch eine entsprechende Vorsilbe aus. Bindung an Kohlenhydrate = *Glykoprotein,* Bindung an Lipid = *Lipoprotein.* Früher wurden solche Verbindungen auch als Proteide bezeichnet.

Proteine enthalten stets die Aminosäure Glutaminsäure und Asparaginsäure, deren Seitenkette eine Carboxylgruppe aufweist. Diese kann ein Proton abgeben (sauer reagieren); man bezeichnet solche Aminosäuren daher als *saure Aminosäuren.* Ebenso gibt es in den Proteinen stets Aminosäuren mit einer Aminogruppe in der Seitenkette (z. B. Lysin, Arginin). Diese kann ein Proton aufnehmen (basisch reagieren). Die entsprechenden Aminosäuren nennt man *basische Aminosäuren.* Zwischen diesen funktionellen Gruppen der Aminosäure-Seitenketten in den Proteinen

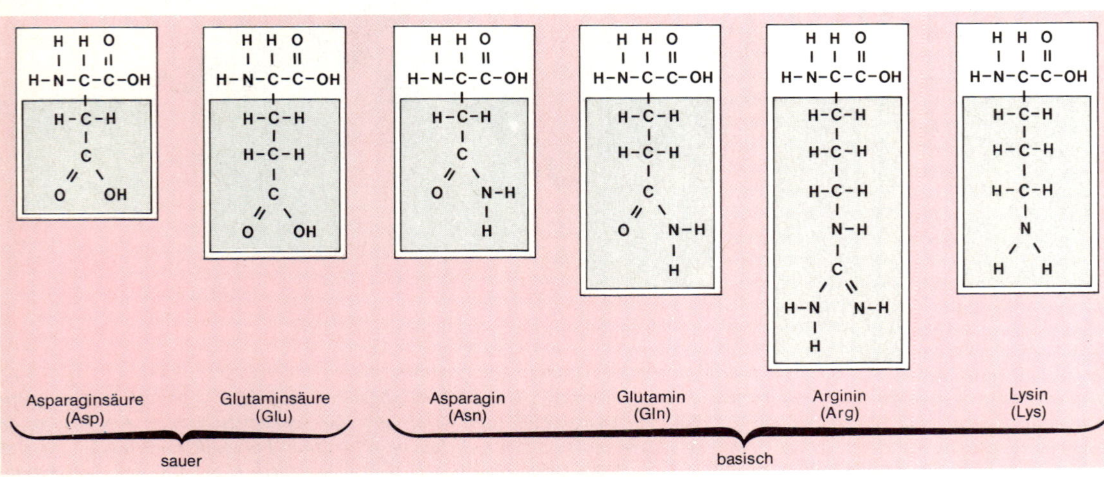

Abb. 19: Saure und basische Aminosäuren. Erklärung im Text. Grau Aminosäurereste

sind also Protonen-Übertragungen möglich, deshalb vor allem trägt die Oberfläche eines Proteinmoleküls sowohl positive als auch negative Ladungen ($-^{\oplus}NH_3$, $-COO^{\ominus}$). Die Zahl der Ladungen hängt vom pH-Wert der umgebenden Lösung ab. Bei einem bestimmten pH-Wert wird die Zahl der positiven und der negativen Ladungen gleich. Dies ist dann daran zu erkennen, daß sich das Protein bei Anlegen einer elektrischen Spannung im elektrischen Feld nicht mehr bewegt. Man nennt diesen pH-Wert den *isoelektrischen Punkt.*

Erwärmt man Proteine auf eine Temperatur von über 60° C, so wird infolge der starken Wärmebewegung die Tertiär- und z.T. auch die Sekundärstruktur zerstört. Das Protein ist damit denaturiert.

3.4.5 Kohlenhydrate

Kohlenhydrate sind die wichtigste Energiequelle der meisten Zellen, ferner dienen sie als Reservestoffe und als Stützsubstanzen. Viele Kohlenhydrate sind Verbindungen mit der Summenformel $C_n(H_2O)_n$. Man nahm früher irrigerweise an, sie würden durch Anlagerung von Wasser an Kohlenstoff gebildet, seien also Hydrate des Kohlenstoffes. Die einfachen Kohlenhydrate schmecken häufig süß, sie werden deshalb oft auch »Zucker« genannt.

Die Baueinheiten (Monomeren) aller Kohlenhydrate sind die *Monosaccharide* (Einfachzucker).

Monosaccharide. Darunter versteht man Verbindungen, die ein Kohlenstoffgerüst von 3, 4, 5, 6 oder 7 C-Atomen enthalten. Sie werden nach der Zahl der C-Atome Triosen, Tetrosen, Pentosen, Hexosen, Heptosen ..., genannt. Sie sind stets Polyalkohole (enthalten also mehrere Hydroxylgruppen im Molekül) und daher sehr gut wasserlöslich.

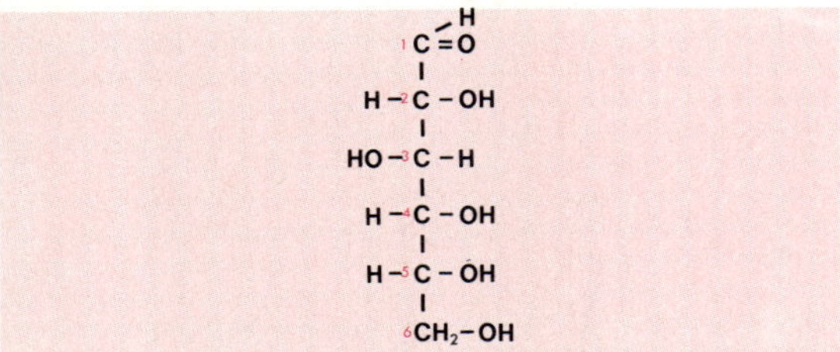

Abb. 20: Strukturformel der D-Glucose (Kettenform)

Die Eigenschaften der Monosaccharide lassen sich am Beispiel des Traubenzuckers (*Glucose*) betrachten. Er hat die Summenformel $C_6H_{12}O_6$, ist also eine Hexose. Das Molekül besitzt 5 Hydroxylgruppen sowie eine Aldehydgruppe und enthält 4 asymmetrische C-Atome. Der natürlich vorkommende Traubenzucker ist die D-Glucose. Seine Konfiguration wird durch die Formel wiedergegeben. Diese Formel kann aber nicht alle Eigenschaften des Traubenzuckers erklären. Im Kristall und bei der Verknüpfung mit anderen Zuckern liegt das Glucose-Molekül in Form eines Sechserrings vor, der durch Reaktion der Carbonylgruppe mit der OH-Gruppe am fünften C-Atom entsteht.

Genauere Betrachtung zeigt, daß zwei verschiedene Ringstrukturen möglich sind, da beim Ringschluß am ersten C-Atom die OH-Gruppe nach oben oder nach unten angeordnet sein kann (Abb. 22). Man unterscheidet sie als α- und β-Glucose. In einer Traubenzuckerlösung liegen alle drei Formen (s. Abb. 20 u. 22) im Gleichgewicht vor.

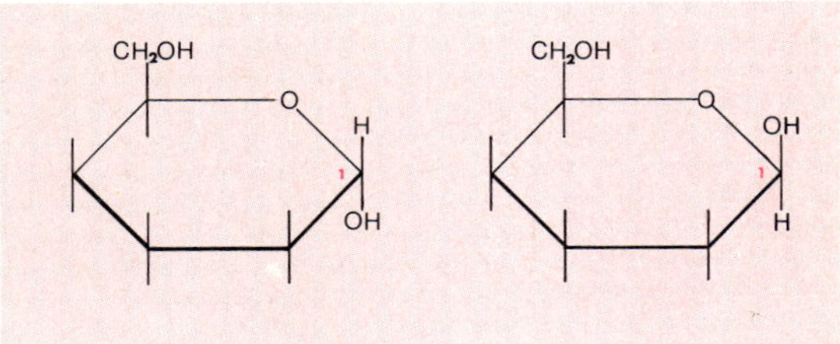

Abb. 22: Links α- und rechts β-Glucose

Eine weitere Hexose ist der Fruchtzucker (*Fructose*). Er trägt die Carbonylgruppe in der Kettenform am zweiten C-Atom, dementsprechend entsteht bei der Ringbildung ein Fünferring:

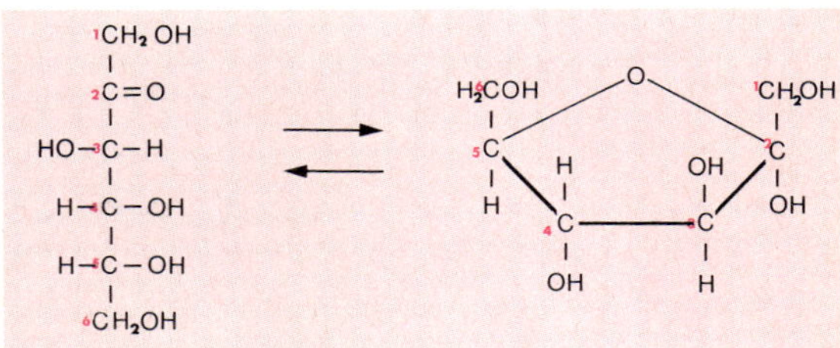

Abb. 23: Fructose (Ketten- und Ringform)

Pentosen sind z.B. die *Ribose* und die sauerstoffärmere *Desoxyribose.* Sie sind Bestandteile der *Nukleinsäuren.*

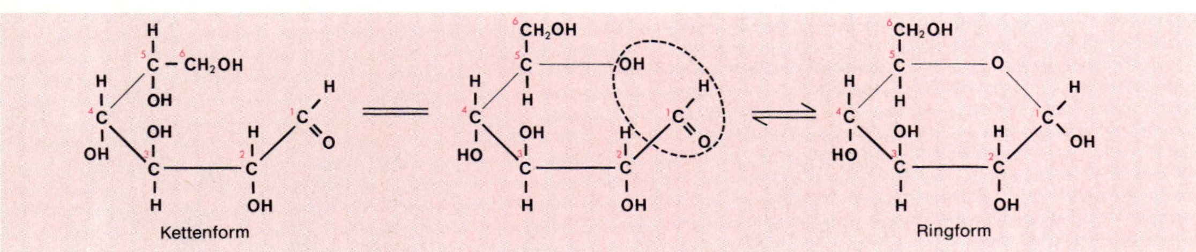

Abb. 21: Entstehung einer Ringform (Halbacetalform) der Glucose. In diesen Glucose-Formeln ist der Ring senkrecht zur Papierebene zu denken, der untere Teil ist zum Betrachter gerichtet.

Disaccharide. Sie entstehen durch Zusammenlagerung von zwei Monosaccharid-Molekülen unter Wasserabspaltung. Geht man von zwei Glucose-Einheiten aus, so kann sich z.B. folgende Reaktion abspielen:

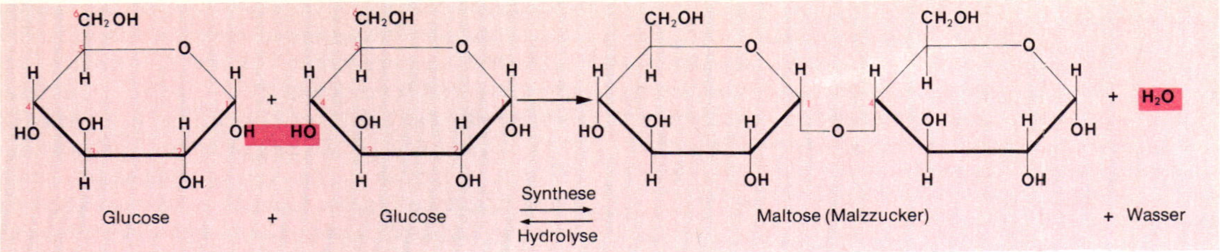

Abb. 24: Aufbau des Malzzuckers (Maltose)

Dabei wird eine Bindung zwischen dem ersten C-Atom des einen Glucose-Restes und dem vierten C-Atom des anderen Moleküls ausgebildet. Das reagierende erste C-Atom trägt eine α-ständige OH-Gruppe; die gebildete glykosidische Bindung ist somit eine α-1,4-Bindung. Der entstehende *Doppelzucker* ist das Disaccharid *Maltose* (Malzzucker).

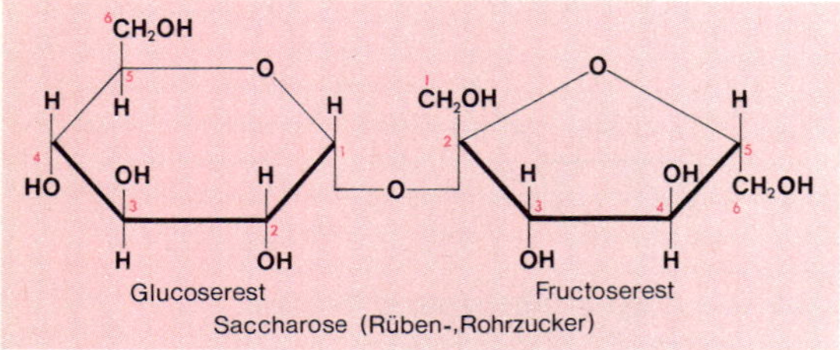

Abb. 25: Struktur des Rohrzuckers (Saccharose)

Rohrzucker (*Saccharose*) ist aus einer Glucose- und einer Fructose-Einheit mit 1,2-Verknüpfung aufgebaut, er kommt in allen höheren Pflanzen vor.

Polysaccharide. *Polysaccharide* (Vielfachzucker) sind makromolekulare, aus zahlreichen Monosacchariden aufgebaute kettenförmige Moleküle. Sie sind in kaltem Wasser meist nicht löslich, in heißem Wasser entweder löslich oder zumindest quellbar. Alle Polysaccharide können durch Hydrolyse (z.B. durch Enzyme oder mit Säuren) in ihre Bausteine (Monomeren) zerlegt werden. Zu den Polysacchariden gehören:

Stärke, der in Körnchen auftretende wichtigste pflanzliche Reservestoff, ist aus Tausenden von Glucosemolekülen aufgebaut. Sie besteht aus Amylose (unverzweigte Glucoseketten) und Amylopektin (sehr große verzweigte Kettenmoleküle). Die Glucoseeinheiten werden wie bei der Maltose durch α-1,4-Bindung verknüpft. Mit Jodlösung färbt sich Stärke blau.

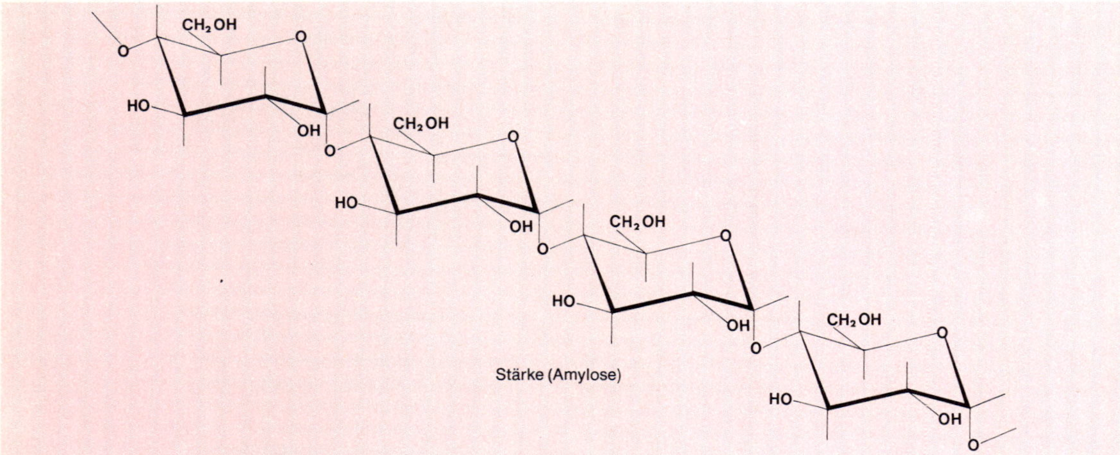

Abb. 26: Ausschnitt aus dem Kettenmolekül der Amylose. Primärstruktur

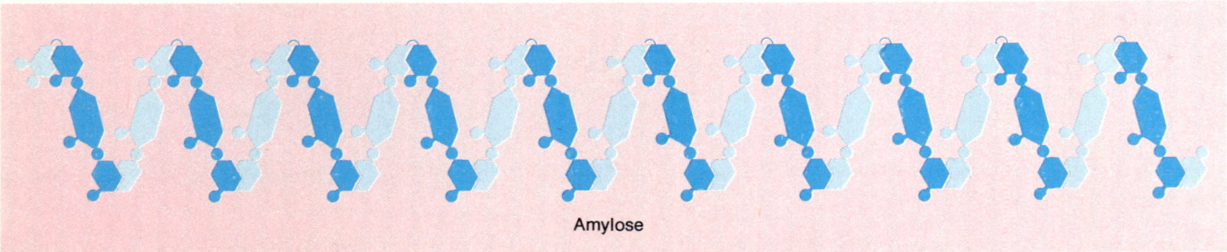

Abb. 27: Sekundärstruktur der Amylosekette. Die Helixstruktur ist durch Wasserstoffbrücken stabilisiert.

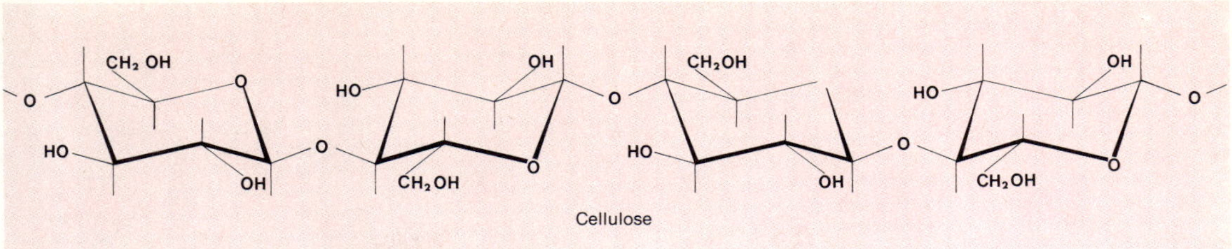

Abb. 28: Ausschnitt aus dem Kettenmolekül der Cellulose

Glykogen, der Reservestoff der Hefepilze und der Tiere, ist stärkeähnlich aufgebaut.

Cellulose, der Hauptbestandteil der pflanzlichen Zellwand, ist die häufigste organische Verbindung.

Die Glucoseeinheiten werden in der Cellulose durch β-1,4-Bindungen verknüpft.

Chitin, ein stickstoffhaltiges Polysaccharid, bildet die Wand der Pilzhyphen und die Gerüstsubstanz im Außenskelett der Gliederfüßler. Sein Aufbau ähnelt dem der Cellulose.

3.4.6 Nukleotide und Nukleinsäuren

Nukleinsäuren sind unverzweigte, kettenförmige Makromoleküle. Ihre Monomeren heißen *Nukleotide,* daher sind die Nukleinsäuren *Polynukleotide.* Den Namen verdanken die Nukleinsäuren ihrem Vorkommen in allen Zellkernen (Kern=Nukleus).

Nukleotide. Sie bestehen aus je einem Molekül einer Pentose, einem Phosphorsäurerest und einer stickstoffhaltigen organischen Ringverbindung, die man ihrer schwach basischen Reaktion wegen auch kurz als Base bezeichnet. Von diesen Basen gibt es in Nukleinsäuren hauptsächlich die folgenden fünf: *Adenin* und *Guanin* mit einem Doppelringsystem (*Purin-Ring*) sowie *Cytosin, Thymin* und *Uracil* mit einem einfachen Ringsystem (*Pyrimidin-Ring*). Andere Basen treten in sehr geringer Menge, aber in jeder Zelle auf; man bezeichnet sie als *»seltene«* Basen.

Nach dem Zuckerbaustein unterscheidet man zwei Arten von Nukleinsäuren: die *Ribonukleinsäuren* (RNS oder RNA von engl. *ribo*nucleic *a*cid) mit dem Zucker *Ribose* und die *Desoxyribonukleinsäuren* (DNA) mit dem Zucker *Desoxyribose.* DNA enthält die 4 Basen Adenin, Guanin, Cytosin und Thymin. Ribonukleinsäuren enthalten statt Thymin fast stets Uracil.

Die Verknüpfung der Bausteine zum Nukleotid geschieht immer nach demselben Prinzip: die Base ist über eines ihrer N-Atome an das erste C-Atom des Zuckers gebunden. Das fünfte C-Atom des Zuckers trägt den Phosphorsäurerest.

Bei der Desoxyribose trägt das zweite C-Atom keinen Sauerstoff (daher die Bezeichnung).

Nukleinsäuren. In den Nukleinsäuren sind die Nukleotide linear in einer Kette angeordnet und durch Phosphorsäure-Brücken (Phosphodiesterbrücken) vom 5'-C-Atom des einen Zuckerrestes zum 3'-C-Atom des nächstfolgenden Zuckerrestes verknüpft. Base und Zucker ohne Phosphorsäure werden als *Nukleosid* bezeichnet. Für die Nukleoside (und häufig ungenauerweise auch für die Basen allein) verwendet man als Symbole die Anfangsbuchstaben der jeweils beteiligten Basen: A, C, G, T, U.

Aufgrund des geschilderten Aufbaus einer Polynukleotidkette hat diese stets ein 5'- und ein 3'-Ende, ihre Richtung ist dadurch festgelegt (vgl. Abb. 376).

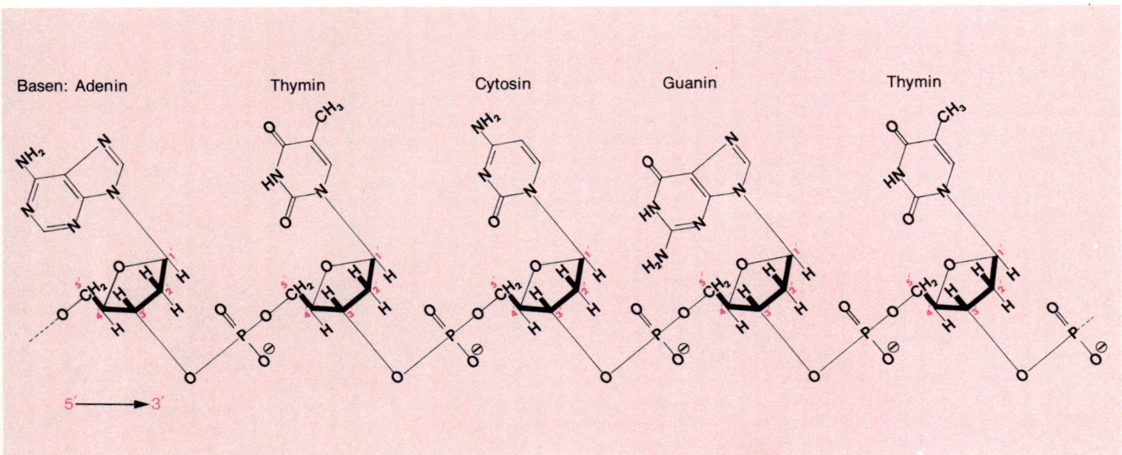

Abb. 29: Aufbau einer Polynukleotid-Kette, hier der Desoxyribonukleinsäure (DNA von Desoxyribo*n*ucleic*a*cid*). Zahlen mit Strich bezeichnen die C-Atome der Pentose.*

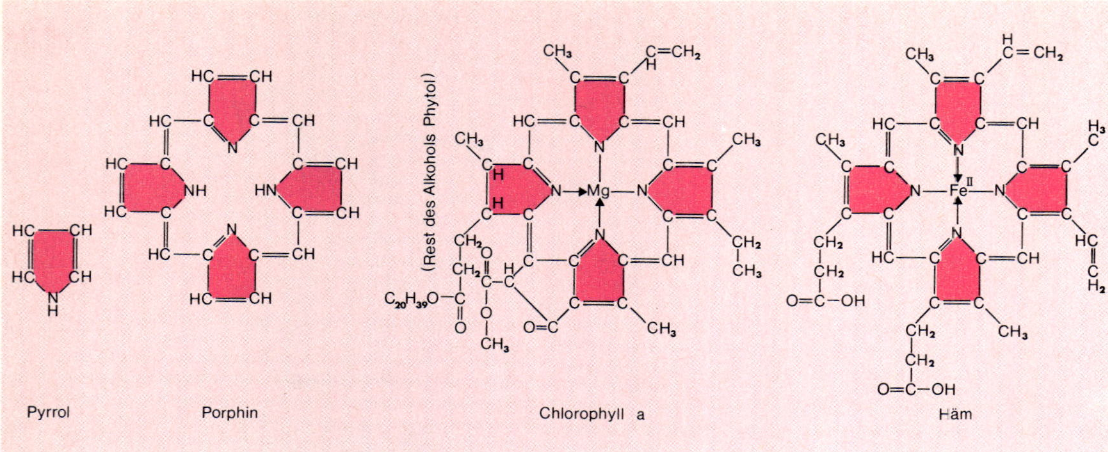

Abb. 30: Die Porphyrin-Ring-Systeme Chlorophyll und Häm und ihre Bausteine Pyrrol und Porphin

3.4.7 Porphyrine

Die Porphyrine sind Farbstoffe, deren Moleküle das aus vier Pyrrolringen zusammengesetzte Porphingerüst besitzen. Zu ihnen gehören das *Chlorophyll* (Blattgrün) mit dem Zentralatom Mg und das *Häm* mit dem Zentralatom Fe. Häm ist der farbige Bestandteil des Hämoglobins sowie des Myoglobins in den Muskelzellen. Eine Reihe von Porphyrinen sind Bestandteile von Enzymen.

Farbstoffe sind die Porphyrine deshalb, weil sie ein System konjugierter Doppelbindungen enthalten. Darunter versteht man ein Abwechseln von Doppel- und Einfachbindungen, bei denen eine teilweise Delokalisierung von π-Elektronen eintritt. Wenn etwa 7 konjugierte Doppelbindungen vorliegen, ist die Delokalisierung so stark, daß sichtbares Licht absorbiert wird, wobei sich der Energiezustand der Elektronen verändert. Dann erscheinen die Stoffe farbig in der Komplementärfarbe der absorbierten Lichtanteile.

Chlorophyll absorbiert vor allem rotes Licht, sieht daher grün aus; Häm absorbiert Blaugrün und ist deshalb rot.

3.4.8 Untersuchungsverfahren der Biochemie

Zur Untersuchung der einzelnen in den Zellen enthaltenen Verbindungen muß man sie voneinander trennen und reinigen. Einige besonders wichtige Verfahren seien hier geschildert. Lösliche Stoffe können aus dem Gewebe mit einem geeigneten Lösungsmittel herausgelöst und dann durch *Chromatographie* isoliert werden. Für Aminosäuren und Zucker ist die Methode der *Papierchromatographie* geeignet. Der wäßrige Zellextrakt wird am Ende eines saugfähigen Papiers (Chromatographiepapier) an einem Startpunkt aufgetropft. Nach dem Trocknen taucht man das Papier in ein geeignetes »Laufmittel«, das im Papier wandert und die Stoffe des Extrakts verschieden weit mit sich führt.

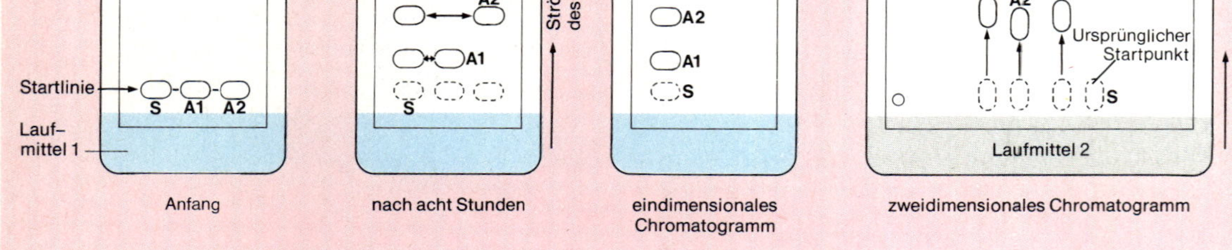

Abb. 31: Papierchromatographie eines Stoffgemisches. S Stoffgemisch am Startpunkt, A1 reine Aminosäure 1 zum Vergleich, A2 reine Aminosäure 2 zum Vergleich, x bzw. S1 nicht bestimmter Bestandteil des Gemisches

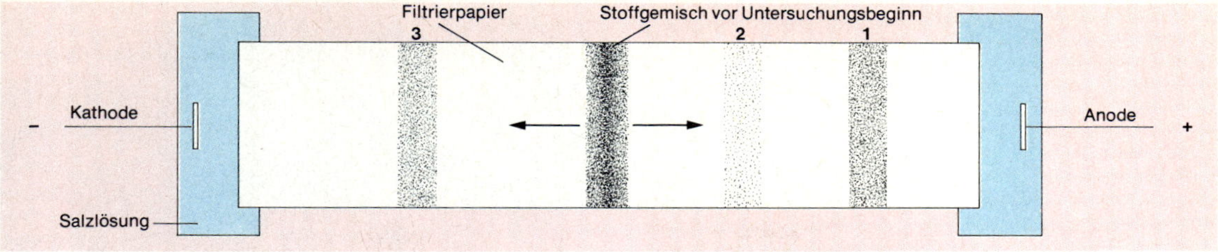

Abb. 32: Trennung eines Stoffgemisches durch Elektrophorese. Die Stoffe 1 und 2 sind negativ geladen und wandern verschieden rasch zur Anode. Stoff 3 ist positiv geladen und wandert zur Kathode.

Anschließend werden die aufgetrennten Verbindungen durch chemische Reaktionen, bei denen ein Farbstoff entsteht, sichtbar gemacht. Für alle biologischen Stoffgruppen gibt es solche spezifischen Farbreaktionen. Untersucht man ein unbekanntes Stoffgemisch, so kann man neben dessen Auftropfstelle auch bekannte Substanzen der entsprechenden Verbindungsgruppe (z.B. Aminosäuren) auf den Papierstreifen auftragen. Stoffe, die gleich weit wandern wie die bekannten Substanzen, werden als mit ihnen identisch angenommen.

Zur Trennung komplexer Gemische und zur besseren Unterscheidung der Stoffe bedient man sich oft zweidimensionaler Chromatographie. Dazu wird nach der Auftrennung des Stoffgemisches in einer Richtung der Chromatographiestreifen um 90° gedreht und dann in ein zweites Laufmittel gehängt (Abb. 31).

Die Papierchromatographie gestattet die Trennung und Bestimmung von Stoffgemischen, in denen Mengen von ungefähr $\frac{1}{1000}$ mg vorliegen. Etwa ums Zehnfache empfindlicher und rascher durchzuführen ist die prinzipiell ähnliche *Dünnschichtchromatographie* (vgl. Abb. 108). Bei diesem Verfahren wird die Trennung auf einer dünnen Schicht von Kieselgel, Cellulose o.ä. vorgenommen, die auf Glas oder einer Kunststoff-Folie angebracht ist.

Proteine sind meistens elektrisch geladen. Deshalb kann man sich zu ihrer Trennung der *Elektrophorese* bedienen (Abb. 32).

Ein mit Salzlösung getränkter Filtrierpapierstreifen wird zwischen zwei Elektroden ausgespannt und das zu untersuchende Substanzgemisch (z.B. Eiweiß) auf die Streifenmitte gebracht. Nach Anlegen einer Gleichspannung wandern die negativ geladenen Teilchen zur Anode, die positiv geladenen zur Kathode, und zwar verschieden schnell, je nach Ladung, Größe und Gestalt der Moleküle. Die Unterschiede in der Wanderungsgeschwindigkeit führen zu einer Trennung der Stoffe, die dann durch Farbreaktionen erkannt werden können. Die Elektrophorese wird heute hauptsächlich mit Kunststoffgelen und nicht mehr mit Papier durchgeführt (*Gel-Elektrophorese*).

(Weitere Trennungsverfahren von biologischen Stoffgemischen vgl. Abschnitt 4.4).

Ein wichtiges Verfahren zur Aufklärung von Stoffwechselwegen ist die Isotopenmarkierung (*Tracer-Methode*). So kann man z. B. mit Hilfe des radioaktiven Kohlenstoffisotops ^{14}C feststellen, welche Stoffe bei der CO_2-Assimilation der Pflanzen gebildet werden, indem man dem CO_2-Gas eine geringe Menge radioaktives CO_2 beimischt (vgl. dazu Stoffw. und Energiehaushalt d. Pflanze, 2.5).

4. Der Feinbau der Zelle

4.1 Das Elektronenmikroskop

Da die Wellenlänge des Lichtes die Leistungsfähigkeit der Lichtmikroskope begrenzt, müssen zur Abbildung feinerer Einzelheiten des Zellinnern Strahlen mit beträchtlich kürzerer Wellenlänge als der des Lichts verwendet werden. Solche Strahlen sind die Elektronenstrahlen, mit denen das 1934 erfundene Elektronenmikroskop arbeitet. Die Wellenlänge der Elektronenstrahlen ist um so kürzer, je höher die Geschwindigkeit der Elektronen ist. Mit hoch beschleunigten Elektronen kann heute ein Auflösungsvermögen von 0,3 nm erreicht werden. Im Vergleich zum Lichtmikroskop mit 0,2 μm oder 200 nm vergrößert also das Elektronenmikroskop etwa 700mal stärker. Elektronenstrahlen würden aber von gläsernen Linsen weder gebeugt noch durchgelassen und außerdem von Luftmolekülen abgebremst und gestreut. Deshalb ist das Elektronenmikroskop luftleer und besitzt statt Glaslinsen elektrische oder magnetische Felder, welche die gleiche Funktion haben wie die Glaslinsen beim Lichtmikroskop. Da das menschliche Auge Elektronenstrahlen nicht wahrnimmt, läßt man diese Elektronenstrahlen auf eine photographische Platte oder einen Leuchtschirm fallen. Dieser enthält Stoffe, die aufleuchten, sobald sie von Elek-

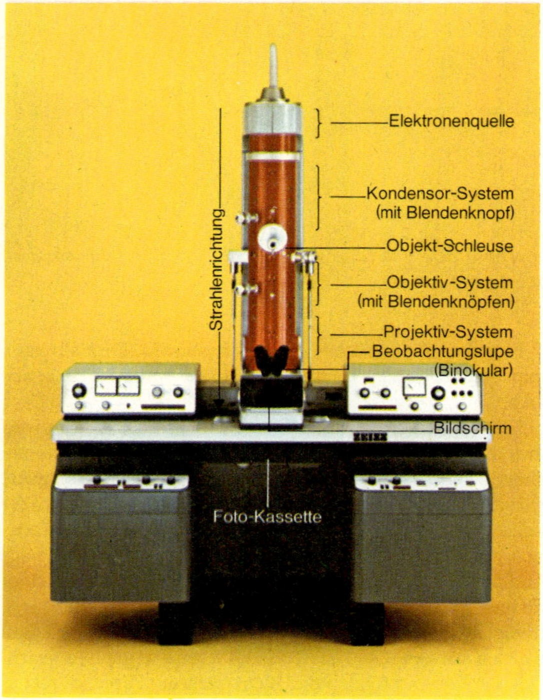

Abb. 33: Elektronenmikroskop

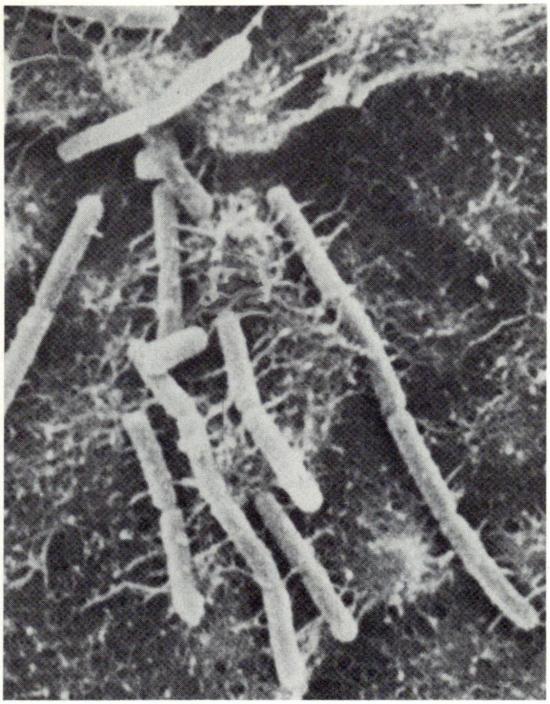

Abb. 35: Bakterien im Rasterelektronenmikroskop

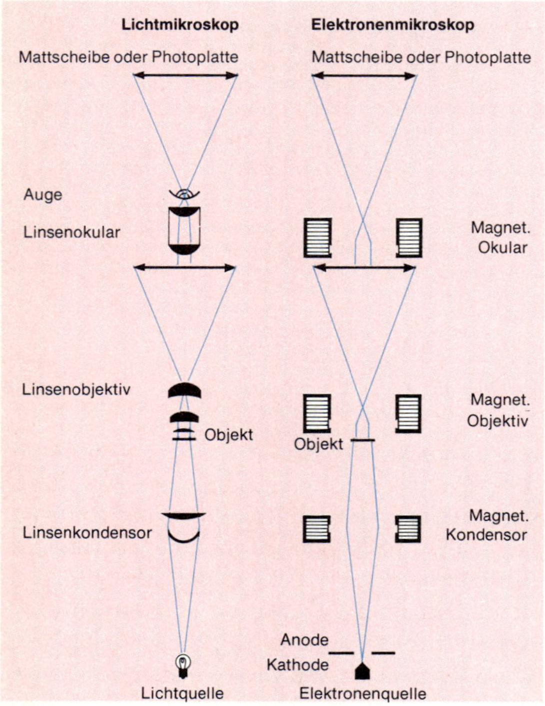

Abb. 34: Hauptteile und Strahlengänge im Lichtmikroskop (links) und Elektronenmikroskop (rechts). Man sieht den prinzipiell ähnlichen Bau beider Mikroskope.

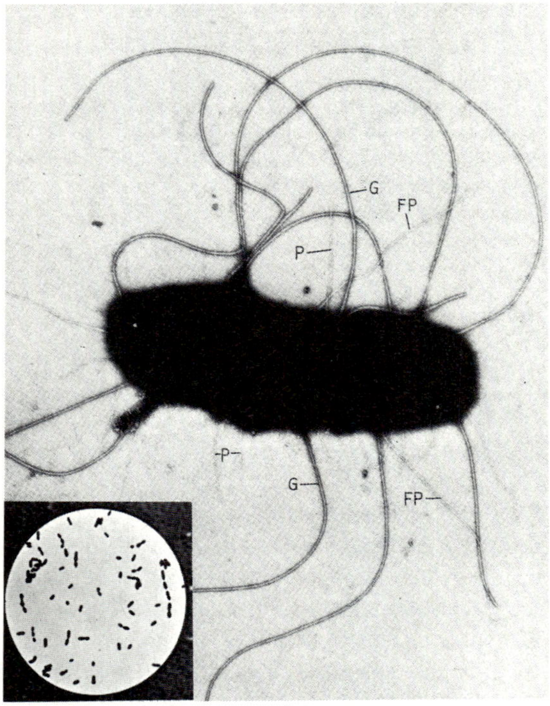

Abb. 36: Escherichia coli in lichtmikroskopischer und elektronenmikroskopischer Vergrößerung. Von der Bakterienoberfläche gehen Geißeln (G) sowie Pili (P, auch Fimbrien genannt) und Geschlechtspili (FP, Sexpili) aus. Die Pili dienen der Anheftung an Oberflächen. Vergr. 25 000 : 1

tronenstrahlen getroffen werden. Leuchtende Stellen auf dem Schirm zeigen an, daß hier die entsprechenden Stellen des untersuchten Objekts Elektronen durchgelassen haben. Dunkle Stellen entsprechen den Stellen des Objekts, die Elektronen nicht durchlassen. Will man Einzelheiten eines Objekts erkennen, muß man es mit einem *Ultramikrotom* in äußerst dünne Scheiben (unter 100 nm Dicke) schneiden. Zu diesem Zweck bettet man es in eine Kunststoffmasse ein. Ein Objekt von der Dicke eines Blattes Papier könnte auf diese Weise in 1000 Scheiben geschnitten werden. Durch Zusatz von Salzen der aus dichten Atomen bestehenden Schwermetalle lassen sich stärkere Bildkontraste erzielen. An Stellen, wo sie sich anreichern, färbt sich das Bild durch Absorption von Elektronen dunkel. Auch durch Aufdampfen von Metallen oder Kohlenstoff auf das Objekt kann man den Kontrast erhöhen.

Da das Elektronenmikroskop im Hochvakuum arbeitet, kann man nur Objekte in entwässertem Zustand, aber niemals lebende Zellen, untersuchen. Bei der Entwässerung ist stets Artefaktbildung möglich (vgl. 2.3). Die räumliche Gestalt eines Objektes kann wie in der Lichtmikroskopie nur an einem Modell rekonstruiert werden, dem elektronenmikroskopische Aufnahmen von einer Serie übereinanderliegender Schnitte durch das Objekt zugrunde liegen.

Bei der Bestrahlung von Objekten mit Elektronenstrahlen werden aus der Oberfläche der Objekte Sekundärelektronen herausgeschlagen. Mißt man den Sekundärelektronenstrom an jeder Stelle des metallbedampften Objekts, so erhält man durch geeignete Verfahren nach Verstärkung ein Bild großer Tiefenschärfe und kann daher die Strukturen dreidimensional erkennen. Man läßt den Elektronenstrahl über das Objekt hinwegwandern und setzt aus den Sekundärelektronenströmen das Bild in Form eines Rasters zusammen. Deshalb spricht man von *Rasterelektronenmikroskopie* (Beispiel: Abb. 35 oder 120).

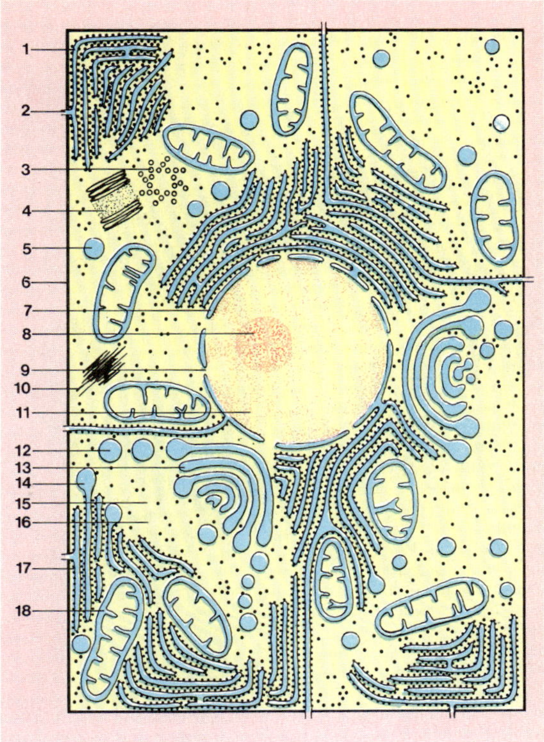

Abb. 37: Schema der Eucyte. Die Strukturen der Zelle sind nicht starr, sondern verändern sich ständig; die Zelle ist ein dynamisches System. Im Cytoplasma finden sich auch Stoffwechselprodukte. 1 Endoplasmatisches Reticulum (ER), 2 Verbindung des ER mit dem ER der Nachbarzelle, 3 Centriol quer, 4 Centriol längs, 5 Lysosom, 6 Zellmembran, 7 Kernhülle, 8 Nukleolus, 9 Kernpore, 10 Mikrotubuli, 11 Kernplasma mit DNA, 12 Golgivesikel, 13 Dictyosom, 14 Entstehung von Lysosomen, 15 freie Ribosomen und Polysomen, 16 Grundcytoplasma, 17 Ribosomen an ER gebunden, 18 Cristae des Mitochondriums. Plasmatische Phase gelb, nichtplasmatische Phase blau. Die pflanzliche Zelle hat noch Plastiden und eine Zellwand.

4.2 Bau der Protocyte und der Eucyte. Die Elementarmembran

Die Entwicklung der Mikroskopie zeigt deutlich, daß der Erkenntnisstand der Wissenschaft auch vom technischen Stand der Arbeitsmittel abhängt. Im Lichtmikroskop können in der Zelle nur gröbere Strukturen erkannt werden. Die modernen Untersuchungsmethoden erfassen auch feine Einzelheiten und erschließen uns die Zelle trotz ihrer winzigen Größe von meist nur 5–50 μm als ein höchst kompliziert gebautes Gebilde (Abb. 37).

Wie die Untersuchungen zeigten, sind die Zellen der Bakterien und Blaualgen wesentlich einfacher

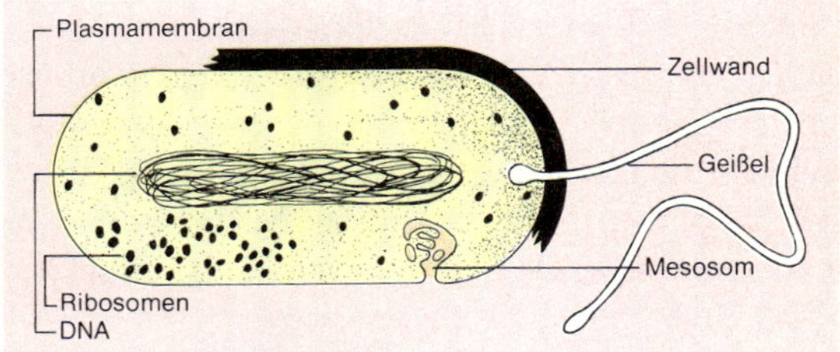

Abb. 38: Schema der Protocyte. Die charakteristische Form erhält die Zelle durch eine Zellwand (Netzwerk von Polysaccharid- und Peptidketten). Die Zellmembran (Plasmamembran) innerhalb der Zellwand kontrolliert wie die Zellmembran der Eucyte den Transport von Stoffen nach innen und außen; sie ist aus Lipiden und Proteinen aufgebaut. Im Cytoplasma findet man stets Ribosomen und RNA, ferner ein fädiges Knäuel (Nukleoid) von DNA. Mesosom: Reaktionsraum, der durch Einfaltung der Zellmembran entsteht.

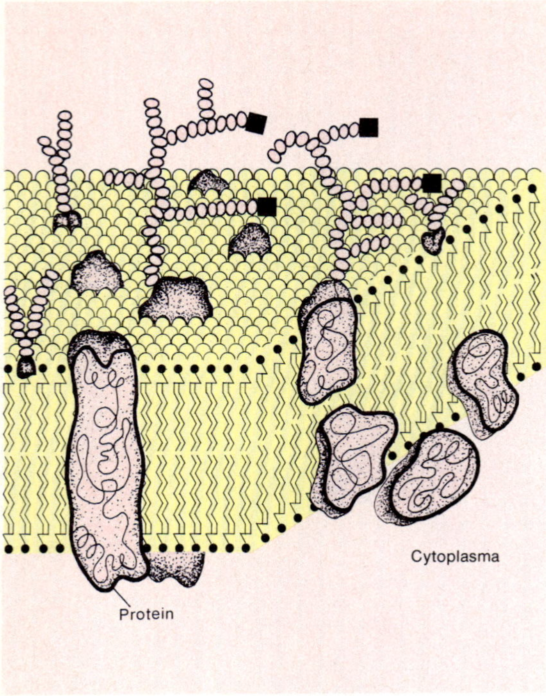

Abb. 39: Modell der Elementarmembran. Aus der Außenmembran tierischer Zellen ragen Ketten von Zuckermolekülen (oval und quadratisch) als Glykokalyx heraus. Die Zukker sind mit den Proteinmolekülen (rot, mit Kette der Aminosäuren) und den Lipidmolekülen (gelb) verbunden.

gebaut als die aller übrigen Einzeller und aller vielzelligen Tiere und Pflanzen. Ihnen fehlt ein von einer Membran umschlossener Zellkern. Man faßt daher Bakterien und Blaualgen auch als *Prokaryonten* zusammen und nennt ihre Zelle die *Protocyte.* Alle anderen Lebewesen besitzen Zellen mit Zellkernen, sie heißen *Eukaryonten.* Ihre durch diesen Kern und durch zahlreiche weitere, gut ausgebildete Zellorganellen charakterisierte Zelle heißt *Eucyte.*

Die Eukaryontenzelle ist durch zahlreiche Membranen in viele *Zellkompartimente* (Reaktionsräume) aufgeteilt, so daß vielerlei aufbauende und abbauende Reaktionen gleichzeitig ablaufen können. Jedem Kompartiment lassen sich bestimmte Reaktionen zuordnen. Bei der Protocyte ist die Kompartimentierung weit weniger ausgeprägt.

Die Membranen der Zelle sind im Prinzip alle gleichartig aufgebaut; sie bestehen vorwiegend aus polaren Lipiden und Proteinen (Membranproteine). Man spricht daher von der *Elementarmembran* (Abb. 39). Der Mengenanteil der beiden Bausteine kann sehr stark schwanken, ebenso die Dicke der Membran (7–10 nm). Die Membran ist nicht starr, insbesondere die Lipide sind dauernd in Bewegung. Die Proteine werden dadurch in der Membran bewegt wie »Eisberge im Wasser«. Auf die Membran können zusätzlich noch weitere Proteine aufgelagert sein, auch können Membranproteine an ihrer Oberfläche Polysaccharidketten tragen: es handelt sich dann um *Glykoproteine.*

Trotz dem komplizierten Membran- und Organellensystem der Euzyte gibt es nur zwei grundsätzlich verschiedene Arten von Räumen oder Phasen, die *plasmatische* und die *nichtplasmatische Phase* (Abb. 37). An jede Elementarmembran grenzt an die eine Seite die plasmatische, an die andre Seite die nichtplasmatische Phase. Bei Vereinigung von Kompartimenten unter Membranauflösung können sich nur gleiche Phasen vereinigen. Werden zwei plasmatische Bereiche voneinander getrennt, so ist das nur unter Zwischenschaltung der nichtplasmatischen Phase möglich, es wird eine Doppelmembran oder Hülle ausgebildet.

Die Vorgänge der Verschmelzung und der Abtrennung von Membranen sowie des fortlaufenden Auf- und Abbaus von Membranbestandteilen nennt man *Membranfluß.* Durch ihn können bei Bedarf neue Räume in der Zelle für bestimmte Stoffwechselreaktionen gebildet oder bestehende Reaktionsräume wieder aufgelöst werden.

4.3 Struktur und Funktion der Zellbestandteile

Gliederung der Zellorganellen. Nach ihrem Bau kann man in der Eukaryontenzelle (Eucyte) drei Gruppen von Zellorganellen unterscheiden:

1. Organellen mit Doppelmembran (Hülle). Dies sind: der *Zellkern,* die *Mitochondrien* und bei Pflanzen die *Plastiden.* Diese Organellen gehen stets durch Teilung aus vorhandenen hervor.
2. Organellen mit einfacher Membran. Ihr Inneres ist von nichtplasmatischer Phase erfüllt. Neue Organellen entstehen so, daß Teile bestehender Membranen sich abtrennen und ein Stück nichtplasmatische Phase umschließen.
3. Organellen ohne Membranen. Sie entstehen durch Zusammenlagerung der sie aufbauenden Moleküle, die »von selbst« erfolgt (self-assembly oder Selbstaufbau). Auch die Elementarmembran entsteht durch einen derartigen Vorgang.

Cytoplasma und Zellmembran. Alle Organellen liegen in einem *Grundplasma* (*Cytoplasma*), das stets aus Proteinen, Wasser und Ionen (vor allem Natrium-, Kalium, Calcium-, Chlorid-, Phosphat- und Sulfationen) besteht. In wechselnden Mengen findet man im Cytoplasma auch lösliche Kohlenhydrate und Nukleinsäuren. Die ganze Zelle ist umschlossen von der *Zellmembran* (bei Pflanzen *Plasmalemma* genannt). Durch diese muß der Stoffaustausch zwischen Zelle und Umgebung vor sich gehen. Auch viele wichtige Vorgänge in der Zelle sind von Eigenschaften der Zellmembranen abhängig (z. B. die Tätigkeit von Sinnes- und Nervenzellen, die Wirkung der Hormone).

Die Zellmembran der Tiere enthält zahlreiche Glykoproteinmoleküle, deren Kohlenhydratketten an der äußeren Zelloberfläche liegen. Auch an Lipide der Membran sind Zucker gebunden. Diese Kohlenhydrate der Zelloberfläche nennt man in ihrer Gesamtheit *Glykokalyx.* Sie dient dem Kontakt benachbarter Zellen und der Zellkommunikation. Bei tierischen Zellen können sich die Zellmembranen benachbarter Zellen in bestimmten Zonen stark nähern; dadurch ist der Stoffaustausch zwischen Nachbarzellen erleichtert. Einer Oberflächenvergrößerung, die den Stoffaustausch der Zelle mit der Umgebung erheblich beschleunigt, dienen bei tierischen Zellen die *Mikrozotten* (*Mikrovilli*). Sie können die Zelloberfläche verzwanzigfachen.

Organellen ohne Membran. Aus Ribonukleinsäuren und Proteinen sind die *Ribosomen* aufgebaut. Sie haben einen Durchmesser von 15–25 nm und sind die Orte der Proteinsynthese. Ribosomen bestehen aus zwei Untereinheiten, die getrennt im Cytoplasma liegen, wenn sie nicht bei der Proteinsynthese tätig sind.

Besonders bei beweglichen Zellen (z. B. Amöben, weiße Blutkörperchen) findet man in der Nähe der Zellmembran im Cytoplasma langgestreckte, röhrenförmige Gebilde mit einem Durchmesser von etwa 24 nm. Sie heißen *Mikrotubuli.* Sie sind aus einzelnen Proteinmolekülen (*Tubulin*) aufgebaut und von Bedeutung für Bewegungsvorgänge innerhalb der Zelle. Sie sind das »Skelett« der Zelle, an dem ATP-spaltende Proteine ansetzen und dann die Bewegung hervorrufen. Diese Proteine zeigen häufig fadenartige Strukturen und heißen dann *Mikrofilamente.* Sie sind die »Muskeln« der Zelle. Die *Geißeln* enthalten Mikrotubuli als wichtigste Bauelemente. Alle Geißeln von Eukaryontenzellen sind gleich aufgebaut: 9 periphere Gruppen aus je 2 Tubuli umgeben 2 zentrale Tubuli (Abb. 41). Ebenso wie die Geißeln sind die *Wimpern* (*Cilien*) gebaut, die bei Wimpertierchen und bei Vielzellern vorkommen (vgl. 6.2).

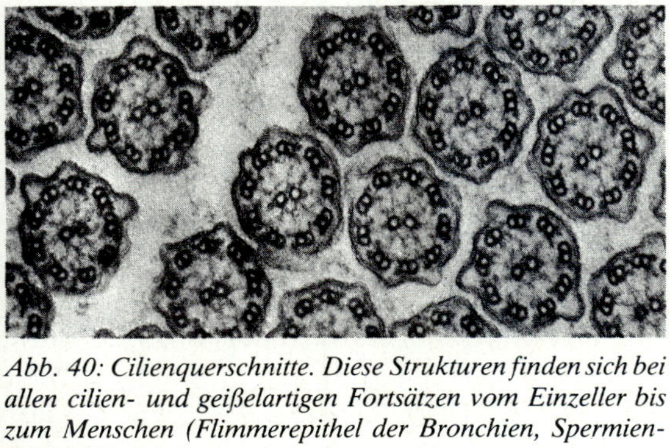

Abb. 40: Cilienquerschnitte. Diese Strukturen finden sich bei allen cilien- und geißelartigen Fortsätzen vom Einzeller bis zum Menschen (Flimmerepithel der Bronchien, Spermienschwanz).

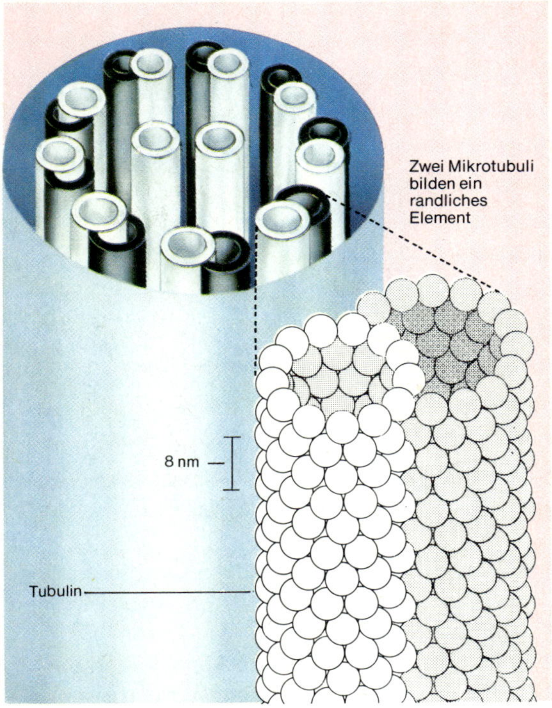

Abb. 41: Aufbau einer Cilie. Sie enthält 9 Paare Mikrotubuli randlich und zwei im Bereich der Achse. Jeder Mikrotubulus ist eine elastische Röhre aus Tubulin-Molekülen (einem globulären Protein). Auch in den Spindelfasern der Mitose finden sich Mikrotubuli (s. Abschnitt 7).

Die Zellen der Tiere und vieler Pflanzen enthalten zumeist 2 der bei der Zellteilung mitwirkenden *Centriolen* (Zentralkörperchen). Auch diese besitzen Mikrotubuli als Bauelemente. Die Centriolen teilen sich nicht; sie vermehren sich so, daß an jedem Centriol durch Anlagerung von Tubulin ein Tochter-Centriol aufgebaut wird. Die Basalkörper der Geißeln gehen ebenfalls aus Centriolenvorstufen hervor.

Organellen mit einfacher Membran. Das Cytoplasma der meisten Zellen ist von einem Netzwerk membranumhüllter Kanälchen durchzogen. Dieses verzweigte Kanal-System heißt *Endoplasmatisches Reticulum* (*ER*). Es dient dem Transport von Stoffen, auch können Fette, Glykogen oder Hormone darin

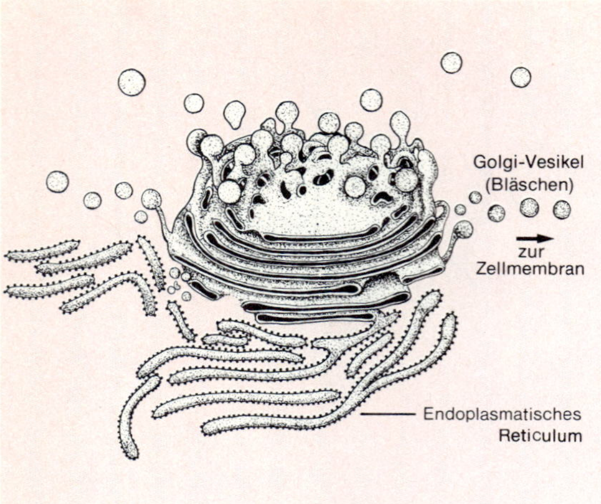

Abb. 42: Dictyosom mit anschließendem Membransystem des endoplasmatischen Reticulums und mit Golgi-Bläschen

gespeichert werden. Wenn auf der Cytoplasma-Seite Ribosomen an die ER-Membran angelagert sind, spricht man von *granulärem ER.* Die von diesen Ribosomen gebildeten Proteine können direkt in die ER-Kanäle eingeschleust und dort transportiert werden.

Als *Golgi-Komplex* (oder Golgi-Apparat, benannt nach dem Entdecker GOLGI) bezeichnet man die Gesamtheit aller in einer Zelle vorkommenden *Dictyosomen;* das sind Stapel flacher Hohlräume (Cisternen), die an ihrem Ende Bläschen *(Golgi-Vesikel)* abschnüren. Die Nachbildung der Hohlräume erfolgt aus dem ER. In den Dictyosomen werden Polysaccharide gebildet und Proteine sowie Lipide für die spätere Sekretion angereichert. Die Bläschen bringen die Stoffe zur Zelloberfläche und geben sie dort nach außen ab (vgl. 5.4).

Bestimmte Enzyme für verschiedene Stoffwechselvorgänge sind in membranumhüllte Räume eingeschlossen; diese Zellpartikel nennt man *Microbodies.* Auch die proteinabbauenden Enzyme müssen in der Zelle in besonderen Organellen eingeschlossen sein; diese heißen *Lysosomen,* weil sie die auflösenden, zellverdauenden Enzyme enthalten. Aus Lysosomen gehen die Verdauungsvakuolen der Einzeller und die großen Vakuolen der Pflanzenzellen hervor. Lysosomen werden ihrerseits aus dem ER nachgebildet.

Organellen mit Hülle (Doppelmembran). Der auch mit dem Lichtmikroskop gut erkennbare *Zellkern* (*Nukleus, Karyon*) ist durch eine Hülle deutlich vom Cytoplasma abgegrenzt. Die Kernhülle aus äußerer und innerer Membran, wird vom ER ausgebildet und steht daher mit diesem in Verbindung. Sie enthält Poren, die den Durchtritt von Makromolekülen erlauben. Das Innere des Zellkerns zeigt nach Anfärbung ein wirres Fadenwerk (Chromatin), das vor allem aus Desoxyribonukleinsäure (DNA) und Proteinen besteht. Dieses *Chromatin* wird bei der Zellteilung (vgl. Abschn. 6) zu langen Fäden, den *Chromosomen,* zusammengezogen (s. auch 7.). Der Zellkern enthält meist noch zwei Kernkörperchen (*Nukleoli,* Einzahl Nukleolus). In ihnen wird die Ribonukleinsäure gebildet, die im Cytoplasma zur Bildung der Ribosomen erforderlich ist.

Auf der Weitergabe der DNA, die im Chromatin bzw. den Chromosomen enthalten ist, beruht die Vererbung der Eigenschaften der Organismen. Dies ist heute durch zahlreiche Versuche bewiesen (vgl. Abschnitt Genetik).

Die *Mitochondrien* sind Zellorganellen unterschiedlicher Gestalt, die bis über 10 µm lang werden (vgl. auch Abb. 125 im Abschnitt »Stoffwechsel der Pflanze«). Die innere Membran der Mitochondrienhülle erfährt durch kammförmige, röhrenförmige oder sackartige Einstülpungen in den plasmatischen Innenraum (Mitochondrien-Matrix) eine Oberflächenvergrößerung. Als Orte der Zellatmung sind sie gewissermaßen die Kraftwerke der Zelle. Ihre Zahl

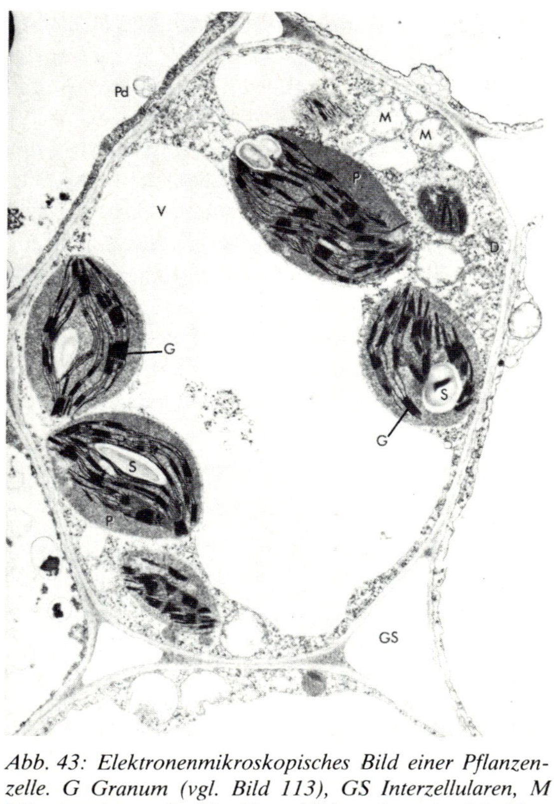

Abb. 43: Elektronenmikroskopisches Bild einer Pflanzenzelle. G Granum (vgl. Bild 113), GS Interzellularen, M Mitochondrien, P Plastiden (Chloroplasten), Pd Plasmodesmen, S Stärkekörner, V Vakuole (6000 fach)

Organellen der Eukaryontenzelle (Eucyte)

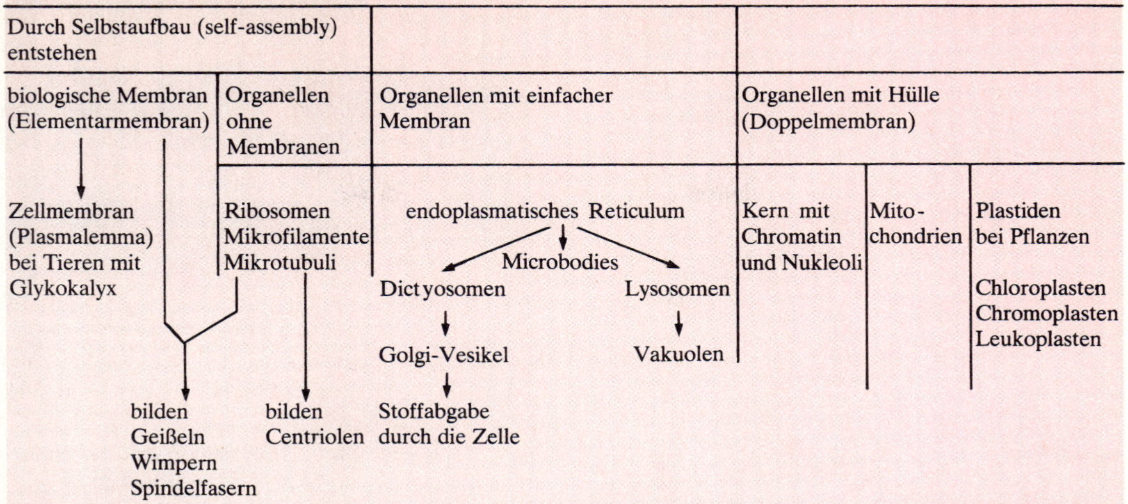

Der Protocyte fehlen die Organellen mit Ausnahme von Membranen, Membranbläschen und Ribosomen. Manche Prokaryonten haben auch Vakuolen, Geißeln und Mikrotubuli.

je Zelle hängt von der Funktion der Zelle ab; die stoffwechselaktive Leberzelle enthält weit über 1000 Mitochondrien.

Nur in Pflanzenzellen kommen die *Plastiden* vor. Auch sie können in großer Zahl (über 100) in den Zellen der Blätter auftreten, bei einigen Algen sind es aber nur 1–2. Man unterscheidet die grünen *Chloroplasten,* die roten oder gelben *Chromoplasten* und die farblosen *Leukoplasten.* Die Chloroplasten dienen der Photosynthese, die Chromoplasten färben viele Blüten und Früchte, und die Leukoplasten beteiligen sich am Aufbau der Reservestärke in den farblosen Pflanzenteilen (Wurzelstöcke, Knollen). Der Bau der Chloroplasten ist im Abschnitt 2.3.2 von »Stoffwechsel der Pflanze« beschrieben.

Besonderheiten der Pflanzenzelle

Plastiden (vgl. 4.3)

Vakuole mit Zellsaft (einer wässrigen Lösung von Ionen und organischen Verbindungen, z. B. Zuckern, Säuren, Farbstoffen, Alkaloiden; vgl. Abb. 43)

Zellwand, ihr Hauptbestandteil ist Cellulose (fibrillär gebaut); die Zellwand verholzt durch Einlagerung von Lignin. Durch Poren der Zellwand ziehen Plasmastränge (Plasmodesmen) von einer Zelle zur benachbarten.

4.4 Trennung von Zellorganellen und biologischen Makromolekülen

Isolierung von Zellorganellen. Um die Funktion der Zellorganellen erforschen zu können, muß man die Zellbestandteile voneinander trennen. Dazu werden Gewebestücke in einem Mixer (*Homogenisator*) zerrissen und zu einem homogenen Brei verrieben. Der Zellinhalt wird dabei freigesetzt. Nun trennt man die Bestandteile durch Zentrifugieren. In der Zentrifuge wird die Erdbeschleunigung durch die Zentrifugalbeschleunigung ersetzt. Bei rascher Umdrehung des Zentrifugenröhrchens kann die Zentrifugalkraft ein Vieltausendfaches, bei der Ultrazentrifuge ein Vielhunderttausendfaches der Schwerkraft betragen. Große und schwere Teilchen setzen sich schon bei niedriger, kleine und leichte Teilchen erst bei hoher Drehzahl ab. In mehreren Zentrifugenläufen mit steigender Umdrehungszahl und längeren Laufzeiten (*fraktionierte Zentrifugation*), lassen sich z. B. nacheinander Zellkerne, Mitochondrien, Membranstücke und Ribosomen isolieren. Die Zellorganellen können so getrennt voneinander auf ihre Funktionen untersucht werden.

Zur Verbesserung der Trennwirkung (z. B. zur Gewinnung einer reinen Ribosomen-Fraktion) führt man in der Ultrazentrifuge häufig *Dichtegradienten-Zentrifugationen* durch. Man schichtet dazu im Zentrifugenröhrchen Rohrzuckerlösungen abnehmender Konzentration aufeinander. Durch Diffusion entsteht in der Flüssigkeitssäule ein Dichtegefälle (*Dichtegradient*), d. h. die Dichte nimmt vom Boden des Röhrchens zur Oberfläche hin kontinuierlich ab. Tropft man auf die Flüssigkeitsoberfläche vorsichtig ein Ribosomen-reiches Gemisch von Zellbestandteilen, so werden bei geeigneter Zentrifugiergeschwindigkeit innerhalb weniger Stunden die Teilchen sehr viel besser und vollständiger getrennt als ohne den Dichtegradienten (Abb. 45).

Trennung von Makromolekülen. Die Dichtegradienten-Zentrifugation läßt sich aber auch dazu verwenden, in der

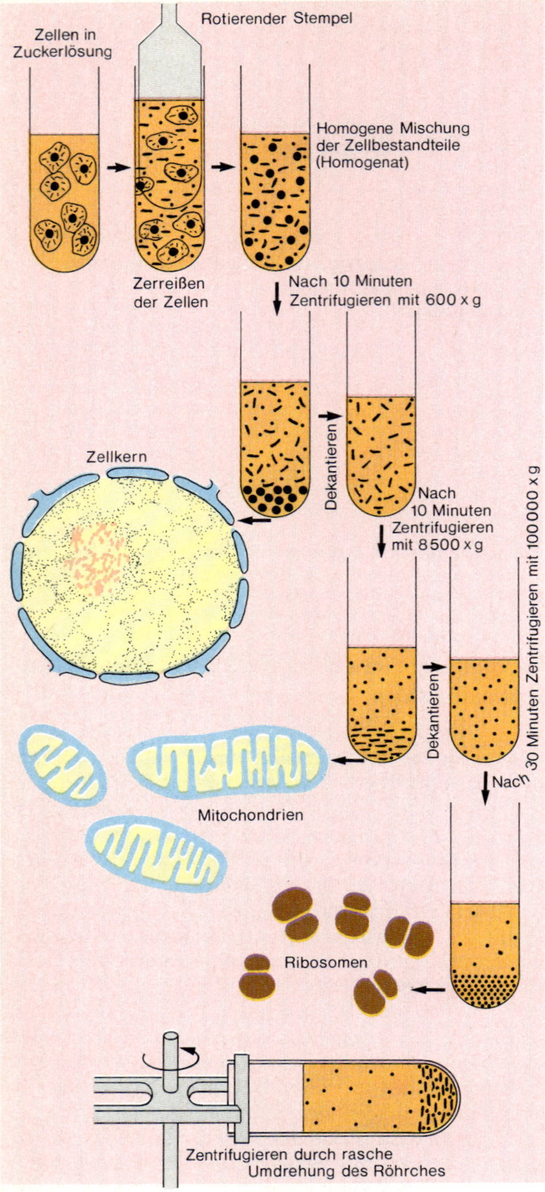

Abb. 44: Schema zur Trennung der Zellbestandteile durch Zentrifugieren. Beträgt die Beschleunigung in der Zentrifuge das 600fache der Erdbeschleunigung, setzen sich die Zellkerne ab; beträgt sie das 100000fache, setzen sich auch die Ribosomen ab.

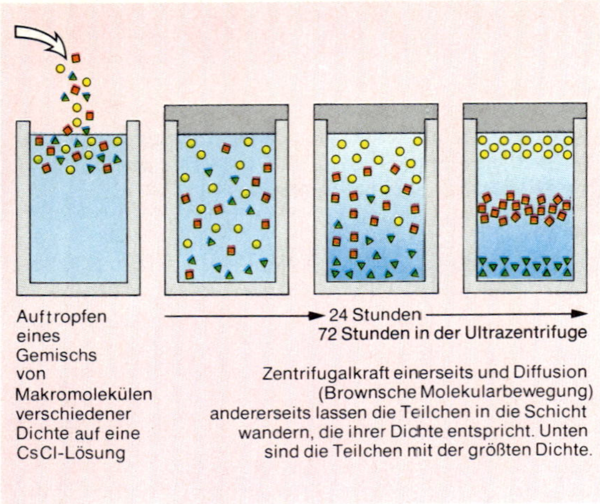

Abb. 45: Trennung von Teilchen unterschiedlicher Dichte durch Gleichgewichts-Dichtegradienten-Zentrifugation

Ultrazentrifuge Makromoleküle nach ihrer Schwere und Gestalt voneinander zu trennen. So können reine Fraktionen von nur einem Typ Makromolekül gewonnen und Molekulargewichte von Nukleinsäuren und Proteinen ermittelt werden. Zentrifugiert man eine konzentrierte Salzlösung hoher Dichte (zumeist Cäsiumchlorid) bei hoher Umdrehungszahl (35000 U/min), so wandern die Ionen mit dem Schwerefeld in Richtung Boden des Zentrifugenröhrchens. Gleichzeitig diffundiert aber das Salz vom Ort hoher Konzentration weg, also dem Schwerefeld entgegen. Nach 1–2 Tagen Zentrifugation hat sich ein Gleichgewicht, d.h. ein stabiler Dichtegradient eingestellt. Man nennt dieses Verfahren *Gleichgewicht-Dichtegradienten-Zentrifugation.* Gibt man bei dem Experiment Makromoleküle, z.B. DNA, zusammen mit dem Salz in das Zentrifugenröhrchen, so findet man die DNA nachher in derjenigen Zone schwebend im Dichtegradienten, deren Dichte ihrer eigenen Dichte entspricht. Die Schicht, in der sich die DNA ansammelt, nennt man »Bande«, ihre Dichte Schwebedichte.

Die Trennung von Zellbestandteilen durch Zentrifugieren zeigt, daß die im Elektronenmikroskop beobachteten Zellorganellen keine Kunstprodukte sind, die erst durch das Präparieren entstanden sind. Unter bestimmten Voraussetzungen können isolierte Zellorganellen ihre Funktion sogar außerhalb der Zelle in den Geräten des Laboratoriums, also gewissermaßen im »zellfreien System«, ausüben.

Nur bei solchen »in-vitro«-Untersuchungen im zellfreien System liegen genau bekannte Bedingungen vor und kennt man alle beteiligten Komponenten. Sie sind daher für die Forschung von sehr großer Bedeutung.

5. Stoff- und Energiehaushalt der Zelle

5.1 Grundprinzipien der Stoff- und Energie-Umsetzungen in der Zelle

Die Umsetzungen von Stoffen in der Zelle sind durch chemische Reaktionen zu beschreiben. Jede chemische Reaktion ist mit Energieveränderungen verknüpft und läuft mit einer bestimmten Geschwindigkeit ab.

Chemisches Gleichgewicht. Die meisten chemischen Vorgänge sind umkehrbar. Ein Gemisch von Wasserstoff und Sauerstoff kann man durch Zünden in der Knallgasreaktion zu Wasser umsetzen. Dabei wird Energie frei, wie der explosionsartige Reaktionsablauf zeigt. Erhitzt man Wasserdampf auf Temperaturen über 1000°, führt ihm also Energie zu, so setzt umgekehrt ein Zerfall von Wassermolekülen zu Wasserstoff und Sauerstoff ein.

Ein gut untersuchter Fall von Verbindung und Spaltung organischer Stoffe ist die Umsetzung von Alkohol und Säure zum Ester.

$$CH_3-\overset{\overset{\displaystyle O}{\|}}{C}-OH + HO-CH_2-CH_3 \underset{\text{Hydrolyse}}{\overset{\text{Synthese}}{\rightleftarrows}} CH_3-\overset{\overset{\displaystyle O}{\|}}{C}-O-CH_2-CH_3 + H_2O$$

Führt man die Reaktion in einem abgeschlossenen Gefäß aus, so entsteht aus den Ausgangsstoffen unter Wasserbildung eine bestimmte Menge Ester; daneben bleiben aber auch Alkohol und Säure in bestimmter Menge erhalten. Es stellt sich (bei gegebener Temperatur) ein Endzustand ein, in dem alle vier Stoffe in bestimmten Mengen vorliegen. Der gleiche Endzustand läßt sich erreichen, wenn man reinen Ester mit Wasser vermischt, es werden dann Alkohol und Säure durch Esterspaltung (Hydrolyse) gebildet. Den bei Verwendung gleicher Konzentrationen der Stoffe stets gleichen Endzustand nennt man den *Zustand des chemischen Gleichgewichts.*

Diese am Beispiel der Esterbildung und -spaltung erläuterte Erscheinung gilt allgemein. Können sich die Stoffe A und B in die Stoffe C und D umsetzen, so reagieren umgekehrt auch die neuentstandenen Stoffe C und D miteinander unter Rückbildung von A und B.

$$\text{Hinreaktion} \quad A + B \longrightarrow C + D$$

$$\text{Rückreaktion} \quad C + D \longrightarrow A + B$$

Schließlich wird ein Zustand erreicht, bei dem die Geschwindigkeit von Hin- und Rückreaktion gleich groß ist. Das Verhältnis der Konzentrationen der Ausgangsprodukte und der Endprodukte bleibt dann konstant.

$$\text{Gleichgewicht} \quad A + B \rightleftarrows C + D$$

In diesem Gleichgewichtszustand scheint die Reaktion stillzustehen, weil sich die Umsetzungen in beiden Richtungen gegenseitig aufheben. Es ist nun ein stabiler Zustand entstanden, der ohne Zufuhr von Energie bestehenbleibt. Andrerseits liefert eine chemische Umsetzung im Zustand des Gleichgewichts auch keine Energie und kann somit keine Arbeit leisten.

Wenn man hingegen aus dem System dauernd einen der Stoffe entnimmt (in unserem Beispiel etwa das Wasser stetig entfernt), so kann sich das Gleichgewicht nicht einstellen und die Reaktion läuft immer weiter in einer Richtung ab (bis die Ausgangsstoffe völlig umgesetzt sind). Infolge der fortgesetzten Entnahme einer Komponente aus der Reaktion liegt kein *geschlossenes System* mehr vor, sondern ein *offenes System* mit Stofftransport. In offenen Systemen stellen sich chemische Gleichgewichte nicht ein.

Energieumsatz. Der mit jeder chemischen Reaktion verknüpfte Energieumsatz ist daran zu erkennen, daß Energie freigesetzt wird oder zur Durchführung der Umsetzung aufgewendet werden muß. Diese Energie tritt häufig als Wärme in Erscheinung; man spricht daher auch von der *Wärmetönung* oder *Reaktionswärme* einer Umsetzung. Der Energiehaushalt einer Reaktion wird aber noch durch eine zweite Größe beeinflußt, nämlich durch das Entstehen von Ordnung oder Unordnung im Verlauf der Umsetzung. Jede Zunahme von Ordnung erfordert einen bestimmten Energieaufwand. Ein solcher Fall liegt beispielsweise vor, wenn ein kompliziertes organisches Molekül (dessen Ordnung die Strukturformel angibt) aus einfachen Stoffen (CO_2, H_2O) aufgebaut wird. Als Maß für die Unordnung einer Substanz oder eines Systems dient die *Entropie.* Je größer die Unordnung, um so größer ist die Entropie des Systems. Reaktionswärme und Entropie zusammen geben ein Maß für die Triebkraft einer Reaktion und damit für die Energie, welche die Reaktion im günstigsten Fall zur Leistung von Arbeit zur Verfügung stellen kann (= freie Energie). Diese Größe ist für den Organismus von Bedeutung; sie gibt z.B. an, wieviel Energie eine bestimmte Zuckermenge im Körper bzw. in der Zelle maximal zu liefern vermag.

Es gilt:

Triebkraft der Reaktion = freiwerdende Reaktionswärme minus Energie, die zur Herstellung von Ordnung verwendet wird

oder kurz: $\Delta G = \Delta H - T\Delta S$

ΔG = Triebkraft der Reaktion = freie Enthalpie ΔH = Reaktionswärme, ΔS = Entropie

Die Bezeichnung Δ gibt an, daß diese Größen nur als Differenz zwischen Ausgangs- und Endzustand gemessen werden können. Die Größe T ist die Temperatur; die Energie, die zur Herstellung von Ordnung aufzuwenden ist, hängt von der Temperatur ab.

Reaktionen, bei denen Energie frei wird, heißen *exergonische Reaktionen.* Nach Vereinbarung wird für solche Reaktionen ΔG mit negativem Vorzeichen versehen. Umsetzungen, die der Energiezufuhr bedürfen, können ohne diese nicht ablaufen, man nennt sie *endergonisch,* ihr ΔG-Wert ist positiv.

Wie ein Wagen sich von allein nur bergab, also in Richtung niederer potentieller Energie in Bewegung setzt, so verlaufen auch chemische Reaktionen freiwillig nur in Richtung eines geringeren Energieinhalts der gebildeten Stoffe, d. h. als exergonische Reaktionen. Je größer die Differenz im Energieinhalt zwischen Ausgangsstoffen und Endprodukten ist, um so größer ist die Tendenz zur Bildung der Endprodukte.

Nun weiß man aber, daß in der Zelle auch endergonische Reaktionen ablaufen. Wie ist dies möglich? Will man erreichen, daß sich ein Wagen ohne eigene Energie (ohne Verwendung eines Motors) bergauf in Bewegung setzt, so muß man ihn mit einem Seil über eine Rolle mit einem zweiten, bergab rollenden Wagen verbinden (Seilbahn). Wegen der Reibung muß dieser Wagen schwerer sein als der erste. Entsprechend kann auch im Organismus eine endergonische Reaktion nur dann ablaufen, wenn sie mit einer exergonischen gekoppelt ist, die mehr Energie liefert als die endergonische benötigt. Die Energiebilanz beider Reaktionen muß also exergonisch sein. Die überschießende Energie wird als Wärme frei. Nachfolgendes Beispiel soll dies erläutern:

(1) Glucose + Phosphorsäure	→ Glucose ~ Phosphat	Energiezufuhr:	$\Delta G = +\ 12{,}6$ kJ/Mol
(2) ATP	→ ADP + Phosphorsäure	Energieabgabe:	$\Delta G = -\ 29{,}4$ kJ/Mol
(3) Glucose + ATP	→ Glucose ~ Phosphat + ADP	Energieüberschuß:	$\Delta G = -\ 16{,}8$ kJ/Mol

Die Reaktion (1) ist endergonisch und verläuft nicht spontan. Die Reaktion (2) ist exergonisch und verläuft bei Anwesenheit des entsprechenden Enzyms spontan. Auch bei Koppelung beider Reaktionen (3) ist der Prozeß noch exergonisch und läuft spontan ab. Der überschüssige Energiebetrag wird als Wärme frei. Allgemein läßt sich die Koppelung von Aufbau- und Abbauvorgängen durch folgendes Schema ausdrücken:

Exergonischer Vorgang: Abbau von A zu B unter Abgabe von Energie

Endergonischer Vorgang: Aufbau von D aus C unter Aufnahme der beim exergonischen Vorgang freigesetzten Energie

ATP als Energieüberträger. Für alle Lebensvorgänge braucht die Zelle Energie. Für den Stoffaufbau ist chemische Energie, für die Arbeit der Muskelzellen mechanische Energie, für die Arbeit der Nervenzellen elektrische Energie und für die Aufrechterhaltung der Körpertemperatur Wärme erforderlich. Auch für die Zelle gilt der Satz von der Erhaltung der Energie. Sie erhält die von ihr benötigte Energie durch Umsetzung chemischer Verbindungen, die ihr mit der Nahrung zugeführt werden oder die sie bei Besitz von Chloroplasten durch Photosynthese selbst gewinnt. Zerlegt man z. B. Traubenzucker wieder in seine Grundbestandteile CO_2 und H_2O, so wird die bei seiner Synthese aufgenommene und in ihm festgelegte Energie wieder frei.

Die exergonische Reaktion des Abbaus von Glucose liefert die Energie für die erwähnten endergonischen Reaktionen. Nun laufen diese aber (z. B. der Neuaufbau eines Stoffes) in der Zelle nicht genau dort ab, wo Glucose abgebaut wird. Zwischen der exergonischen Glucose-Abbau-Reaktion und einer ganz bestimmten endergonischen Reaktion läßt sich aber eine Kopplung herstellen, wenn der dabei entstehende Stoff beweglich ist und die bei seiner Bildung aufgenommene Energie an Bedarfsorte der Zelle transportiert. Dort kann sie dann durch Abbau des energiereichen Stoffes wieder freigesetzt werden. Für die Kopplungsreaktion benutzt die Zelle in den meisten Fällen die Bildung von Adenosintriphosphat (ATP) aus Adenosindiphosphat (ADP) und einem Phosphorsäurerest (P_i). Diese Reaktion ist endergonisch und nimmt in der Zelle freiwerdende Energie auf. Die umgekehrte Reaktion ATP $\rightarrow$ ADP + P_i ist nach dem Gesetz der Energieerhaltung exergonisch $\Delta G = -29{,}4$ kJ/Mol. Sie kann mit irgendeiner endergonischen Reaktion (z. B. Bindung von Phosphorsäure an Glucose, obiges Beispiel) verknüpft werden und ermöglicht deren Ablauf.

Die Kopplung sieht also so aus:

1 g Glucose	liefert bei Verbrennung →	16 kJ Verbrennungswärme
1 g Glucose	liefert beim Abbau in der Zelle (Zellatmung) →	10 kJ chem. Energie (zur Bildung von ATP) 6 kJ Wärme (geht an Umgebung verloren)

In Formeln der Biochemie wird die Phosphorsäure mit dem Zeichen P_i (i für inorganic = anorganisch, nicht an eine organische Verbindung gebunden), ein gebundener Phosphorsäurerest häufig durch Ⓟ ausgedrückt. Das Zeichen ~ gibt eine energiereiche Bindung an. Es weist darauf hin, daß die so gebundenen Atomgruppen leicht mit anderen Stoffen unter Freiwerden von Energie reagieren und dabei endergonische Reaktionen ermöglichen.

Die Bezeichnung »energiereiche Bindung« meint allerdings nicht, daß die Energie in einer chemischen Bindung stecke und bei der Spaltung dieser Bindung freigesetzt würde. Sie drückt nur aus, daß zwischen dem Energiegehalt der reagierenden Substanz ATP und dem Energiegehalt der Reaktionsprodukte ADP und P_i eine verhältnismäßig hohe Energiedifferenz besteht.

Weil sich ATP bei Energiezufuhr leicht aufbauen und unter Freisetzung dieser Energie auch leicht wieder abbauen läßt, ist es eine geeignete Verbindung, um Energie von einer Reaktion auf die andere zu übertragen, ebenso um bei exergonischen Reaktionen freigewordene Energie vorübergehend zu speichern oder um eine Energieform in eine andere zu

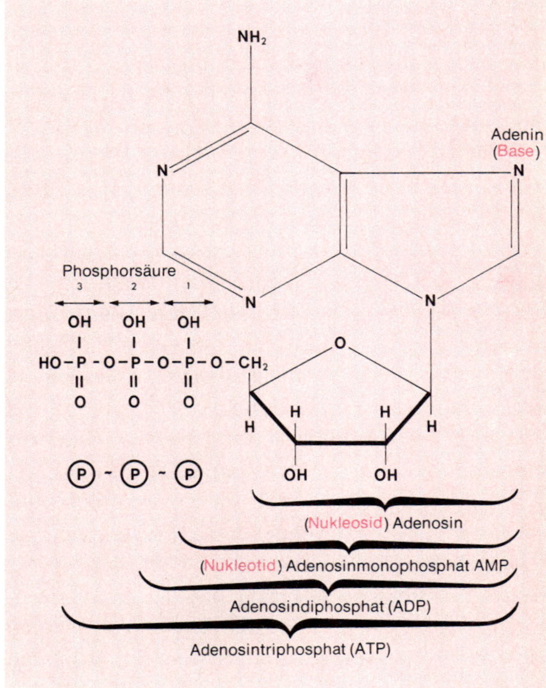

Abb. 46: Aufbau des ATP

verwandeln. ATP ist in allen Zellen vorhanden; seine Konzentration in der Zelle liegt bei 0,5–2,5 mg/ml Gewebe.

Adenosintriphosphat ist ein Nukleotid, das aus der Base Adenin, dem Zucker Ribose und drei Phosphorsäureresten aufgebaut ist. Die bei der Verknüpfung von Phosphorsäure und Adenosin aufgenommene Energie macht ATP zu einer energiereicheren Verbindung. Ebenso wie Adenosin werden auch viele andere am Zellstoffwechsel beteiligten Stoffe (z. B. alle Monosaccharide) mit Phosphorsäure verestert; man nennt dies *Phosphorylierung*. Die dafür aufzuwendende Energie macht die phosphorylierten Verbindungen energiereicher und reaktionsbereit. Die Stoffe werden durch Phosphorylierung »aktiviert«.

Reaktionsgeschwindigkeit. Eine bestimmte Reaktionsfähigkeit, gemessen als negativer ΔG-Wert einer Reaktion, sagt nichts über die Geschwindigkeit dieser Reaktion aus. Er bedeutet nur, daß die Umsetzung unter Freisetzung von Energie möglich ist. Die Geschwindigkeit, mit der die Reaktion abläuft, ist von den Energieverhältnissen unabhängig.

Organische Stoffe können in Gegenwart von Sauerstoff zu einfachen anorganischen Verbindungen (CO_2, H_2O) oxidiert werden. Diese Reaktionen sind stark exergonisch, das Gleichgewicht liegt also bei Zimmertemperatur völlig auf der Seite der niedermolekularen anorganischen Verbindungen. Da aber organische Verbindungen in Gegenwart von Sauerstoff existieren können, muß die Geschwindigkeit, mit der sich das Gleichgewicht einstellt, bei Zimmertemperatur außerordentlich gering sein. Obwohl kein Gleichgewichtszustand bei den normalen Temperaturen unserer Umwelt herrscht, bleibt die Reaktion mit Sauerstoff aus; die Verbindungen sind *metastabil*. Erst wenn man einen gewissen Energiebetrag, die *Aktivierungsenergie* (z. B. durch Anzünden) zuführt, reagieren die organischen Stoffe mit Sauerstoff.

Die Reaktionsgeschwindigkeit chemischer Reaktionen nimmt mit steigender Temperatur zu. Als Faustregel (RGT-Regel) gilt, daß eine Temperaturzunahme um 10° C die Reaktions-Geschwindigkeit etwa verdoppelt. Wenn man ein metastabiles System (eine organische Verbindung bei Gegenwart von Sauerstoff) örtlich erhitzt (Anzünden), so kommt die Reaktion an dieser Stelle in Gang. Da die Reaktion selber Energie liefert, erhält sie sich und läuft vollständig ab. Die aufzuwendende Aktivierungsenergie bestimmt also die Reaktionsgeschwindigkeit. Ist die Aktivierungsenergie so gering, daß die Zimmertemperatur sie liefert, so läuft die Reaktion sofort und spontan ab. Metastabil ist ein System nur, wenn die Aktivierungsenergie für die Umsetzung groß ist.

Durch *Katalysatoren* kann man die Aktivierungs-

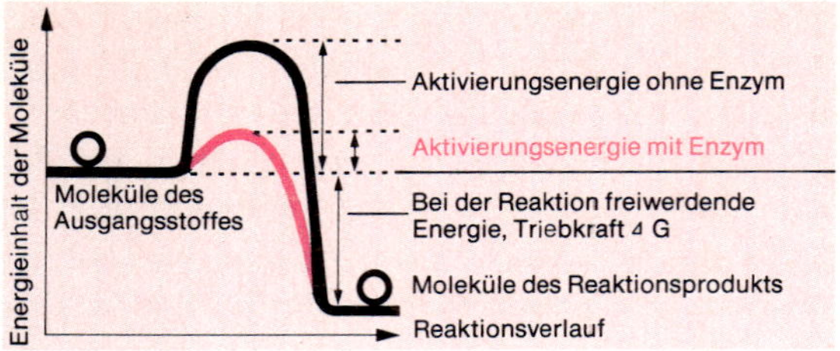

Abb. 47: Schema zur Wirkung des Enzyms bei einer Stoffwechselreaktion. Durch das Enzym wird die Aktivierungsenergie der Reaktion so weit verringert, daß die Energie der Zimmertemperatur ausreicht, um die Reaktion in Gang zu setzen. Sie läuft dann als exergonischer Vorgang (△ G negativ) rasch ab.

energie für eine bestimmte Reaktion herabsetzen, weil Katalysatoren die beteiligten Moleküle (die Substratmoleküle) in einen reaktionsbereiten Zustand versetzen. Die Lage des Gleichgewichts und die Triebkraft der Reaktion können sie nicht verändern, sondern nur deren Geschwindigkeit. Da Katalysatormoleküle nach der Umsetzung der Substratmoleküle wieder zur Verfügung stehen, können relativ geringe Mengen eines Katalysators große Substratmengen umsetzen.

5.2 Die Enzyme

Bau und Wirkung der Enzyme. Da sich die chemischen Umsetzungen in der Zelle in der Regel an metastabilen Verbindungen abspielen, müssen sie durch Katalysatoren beschleunigt werden. Die Katalysatoren der Organismen nennt man *Enzyme*, die von ihnen umgesetzten Stoffe heißen *Substrate*. Ein einziges Enzymmolekül kann in der Minute etwa 100 000 Moleküle (Katalase bis zu 5 Millionen) seines Substrates umsetzen.

Fügt man z. B. einer 10%igen Harnstofflösung eine Spur des käuflichen Enzyms Urease hinzu, so wird der Harnstoff alsbald in Ammoniak und Kohlendioxid gespalten. Das entstehende Ammoniakwasser färbt zugesetztes Phenolphthalein rot. Die Harnstoffspaltung unterbleibt, wenn keine Urease zugesetzt wird, aber auch, wenn die Urease vor dem Zusatz erhitzt wurde. Die Urease hat sich also bereits durch schwaches Erhitzen verändert. Da dies sonst nur bei Eiweißstoffen zu beobachten ist, liegt die Vermutung nahe, daß Enzyme ebenfalls Proteine sind. Die chemische Analyse der Enzyme bestätigt dies. *Alle Enzyme sind Proteine.* Manche Enzyme haben noch eine niedermolekulare Nicht-Eiweißverbindung ans Molekül gebunden, die bei der Katalyse mitwirkt. Man nennt sie *Coenzym* oder *prosthetische Gruppe*. Im einfachsten Fall ist die prosthetische Gruppe nur ein Ion, das ans Enzymprotein gebunden werden muß, um dessen volle Aktivität herzustellen. Solche aktivierenden Ionen sind je nach Enzym: Ca^{++}, Mg^{++}, Fe^{++}, Zn^{++} oder Cu^{++}. Die entscheidende katalytische Funktion kommt aber stets dem Protein zu. Enzymkatalysierte Reaktionen im Organismus bilden und lösen kovalente Bindungen. Hingegen werden schwache Bindungen (Ionenbindungen, Wasserstoffbrücken) ohne Mitwirkung von Enzymen ausgebildet oder verändert.

Enzyme arbeiten normalerweise bei Temperaturen unter 50° C, bei etwa 60° C setzt die Eiweiß-Denaturierung ein. Daher können Zellen bei höherer Temperatur (von wenigen Lebewesen in heißen Quellen abgesehen) nicht existieren.

Spezifität der Enzyme. In einer nicht spezialisierten Zelle laufen sehr viele (oft über 1000) verschiedene Reaktionen ab, die alle durch Enzyme katalysiert werden. Es nimmt daher nicht wunder, daß eine bestimmte Verbindung auf verschiedene Weise umgesetzt werden kann. So läßt sich eine Aminosäure z.B. unter Abspaltung von NH_3 zur Ketosäure oxidieren oder CO_2 von ihr abspalten oder ihre NH_2-Gruppe auf Oxalessigsäure übertragen. Jede dieser Reaktionen wird von einem andern Enzym katalysiert. *Enzyme sind also reaktionsspezifisch (wirkungsspezifisch).*

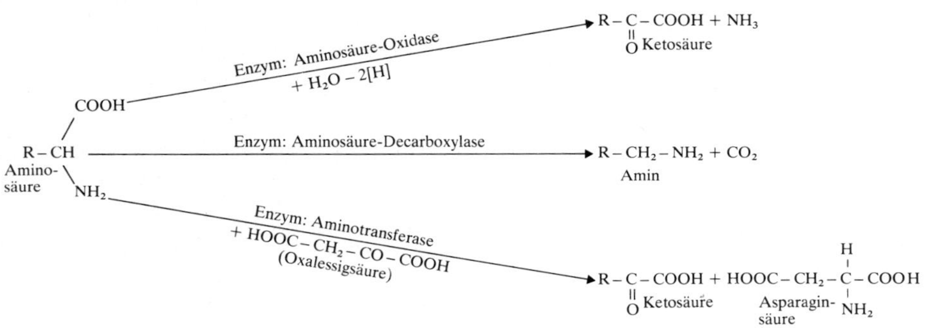

Aminosäure-Decarboxylase und Aminotransferase haben das gleiche Coenzym. Die Reaktionsspezifität hängt also allein vom Enzymprotein ab. Sowohl die Aminosäure-Decarboxylase als auch die Aminotransferase katalysieren die angegebene Reaktion nicht bei allen Aminosäuren. Nur bestimmte Aminosäuren sind für sie Substrate; *Enzyme sind substratspezifisch.*

Bei der Reaktion eines Enzyms mit seinem Substrat tritt ein Teil des Enzymproteins mit dem Substratmolekül in enge Verbindung. Diesen Molekülteil des Enzyms nennt man *aktives Zentrum.* Bei vielen Enzymen liegt dieses in einer Vertiefung oder Spalte des Enzymproteins. In ihr wird das Substratmolekül (oder ein Teil davon) gebunden; so entsteht ein *Enzym-Substrat-Komplex.* Da das Enzymprotein aus Aminosäuren aufgebaut ist, sitzen im aktiven Zentrum an der Oberfläche des Proteins zahlreiche verschiedene Aminosäure-Seitenketten (zum Teil mit Ladungen), die ein spezifisches Muster ausbilden. Auf dieses von Enzym zu Enzym wechselnde Muster paßt jeweils nur ein entsprechend gebautes Substratmolekül. Durch die Gestalt des aktiven Zentrums und das spezifische Aminosäure- und Ladungs-Muster ist die *Spezifität des Enzyms* festgelegt. Schon bei geringen Abweichungen in der Struktur von Verbindungen werden diese oft nicht mehr vom Enzym als Substrate gebunden und umgesetzt. Wenn die Struktur einer Verbindung dem Substrat sehr ähnlich ist, wird das Molekül zwar ans Enzym gebunden, aber nicht umgesetzt. Das Enzym-Molekül ist blockiert und die Wirksamkeit des Moleküls herabgesetzt (kompetitive Hemmung).

Bei der Enzymreaktion wirken mehrere der Seitenketten verschiedener Aminosäuren im aktiven Zentrum auf das Substrat ein; die Aktivierungsenergie wird verringert und die Reaktion läuft ab. Das gleichzeitige Eingreifen mehrerer Aminosäure-Seitenketten ist für Enzymwirkungen charakteristisch; man spricht von *multifunktioneller Katalyse.* Nach der Umsetzung lösen sich die Reaktionsprodukte vom Enzymmolekül, so daß neues Substrat gebunden werden kann. Eine stärkere Veränderung des pH-Werts verursacht Veränderungen im Ladungsmuster. Die Reaktionsfähigkeit des Enzyms verringert sich dadurch oder hört sogar ganz auf. Jedes Enzym hat ein bestimmtes pH-Optimum, bei dem es seine stärkste Wirksamkeit entfaltet.

Regulierbarkeit der Enzymwirkung. Manche der zahlreichen Enzyme einer Zelle sind regulierbar, d.h. ihre Wirkungsfähigkeit als Katalysator wird durch Bindung eines Stoffes (außer dem Substrat) verändert. Dadurch ändert sich bei gleichbleibender Substratkonzentration auch die Reaktionsgeschwindigkeit. Den wirksamen Stoff bezeichnet man als *Effektor*. Er ist ein beim Stoffwechsel entstehender Stoff (*Metabolit*). Wird die Reaktionsgeschwindigkeit durch Bindung von Effektormolekülen herabgesetzt, so spricht man von *Hemmung;* nimmt die Reaktionsgeschwindigkeit dagegen zu, so liegt eine *Aktivierung* vor. Die Effektoren können eine völlig andere Struktur als das Substrat haben. Sie werden nicht am aktiven Zentrum, sondern an einer besonderen Bindungsstelle gebunden, diese ist in ihrer Struktur an den spezifischen Effektor angepaßt. Diese Bindungsstelle nennt man allosterisches (anders gestaltetes) Zentrum, die ganze Erscheinung *Allosterie.* In der Regel kommt es dabei zu kleinen Gestaltveränderungen des Proteinmoleküls und damit des aktiven Zentrums. Nur bestimmte Enzyme zeigen diese Art von Regulationsfähigkeit ihrer Wirksamkeit, man nennt sie kurz *allosterische Enzyme.*

Enzyme werden durch die Endung *-ase* gekennzeichnet. Für einige sehr lange bekannte Enzyme sind oft noch alte Trivialnamen im Gebrauch, die meist auf *-in* enden, z.B. Ptyalin des Speichels, Pepsin des Magens, Emulsin der bitteren Mandeln.

5.3 Zellstoffwechsel

Stoffwechselketten und Fließgleichgewicht. In der Zelle stehen alle enzymkatalysierten Reaktionen untereinander in Verbindung, da die Produkte einer Reaktion die Ausgangsstoffe für eine oder mehrere Reaktionen sind. Die Stoffwechselreaktionen bilden also ganze Ketten:

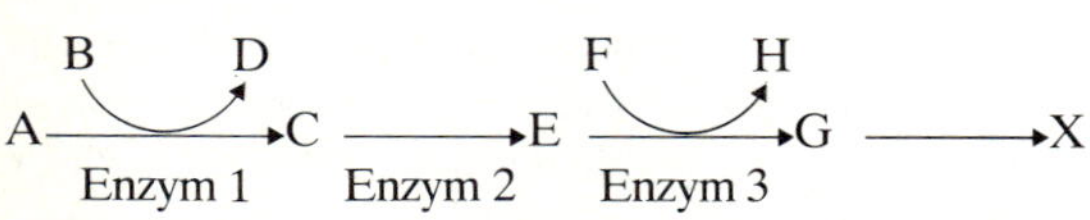

A, B, C ... sind die an den Reaktionen beteiligten Stoffe.

Wenn bei einer energetisch indifferenten Reaktion $A + B \rightleftharpoons C + D$ im Gleichgewicht 50% Produkte $C + D$ und 50% Ausgangsstoffe $A + B$ vorliegen, so läßt sich durch fortlaufende Entnahme von C und D dennoch ein vollständiger Umsatz von A und B erzielen. Ein Reaktionsgleichgewicht tritt in einem solchen Falle nicht ein. Auch in der Zelle können die einzelnen chemischen Reaktionen die energetische Gleichgewichtslage nicht erreichen, weil jedes entstehende Produkt in der Stoffwechselkette wieder umgesetzt wird. Allerdings hat jede Stoffwechselkette einen Anfang und ein Ende. Die Reaktionskette beginnt dann, wenn die Zelle aus ihrer Umgebung Stoffe aufnimmt, und sie endet, wenn sie Endprodukte der Reaktionsfolge an die Umgebung abgibt. Soweit die Ausgangsstoffe (z.B. A und B) dauernd von außen nachfließen und die Endprodukte (z.B. X) dauernd abgegeben werden, so entsteht ein andersartiger Gleichgewichtszustand, der durch die Geschwindigkeit von Zu- und Abfluß der Stoffe bestimmt wird (vgl. 1.1). Man nennt ihn **Fließgleichgewicht** (*steady state*).

Die Geschwindigkeit jeder Teilreaktion ist abhängig von der Konzentration des sie steuernden Enzyms. In einem Fließgleichgewicht ist deshalb die Konzentration der einzelnen Reaktionspartner eine Funktion der Enzymkonzentration im Gegensatz zu einem geschlossenen System, wo sie unabhängig von der Enzymkonzentration ist.

Alle Stoffwechselvorgänge in der Zelle laufen in der Form von Stoffwechselketten oder von Stoffwechselzyklen ab. Bei Zyklen wird ein Endprodukt der Reaktionskette wieder für die Anfangsreaktion benötigt. Die gesamten Vorgänge nennt man *Metabolismus;* die dabei auftretenden Stoffe *Metaboliten.* Wenn sie gleichzeitig allosterische Effektoren sind, heißen sie auch *Regelmetaboliten.*

Einzelne Enzymreaktionen lassen sich mit isolierten Enzymen im Reagenzglas (*in vitro*) durchführen und auf diese Weise untersuchen, oft gelingt dies sogar für ganze Stoffwechselketten. Die Untersuchung von Vorgängen in der lebenden Zelle (*in vivo*) ist dagegen meist schwierig, da infolge der vielfachen Stoffwechselbeziehungen (Stoffwechselvernetzung) über Zwischenmetabolite und Regelmetabolite praktisch »jedes auf alles« wirkt. Wenn z.B. bei einem bestimmten Vorgang Energie oder gewisse Metaboliten benötigt werden, fehlen diese bei andern gleichzeitig ablaufenden Prozessen, die sich dadurch zwangsläufig ändern. Werden Zellen (oder Zellorganellen) zur besseren Untersuchung aus ihrer natürlichen Umgebung herausgenommen, kann das Änderungen ihres Verhaltens zur Folge haben. Daher lassen sich so gewonnene Ergebnisse auf die natürlichen Verhältnisse im Organismus nur mit Vorsicht übertragen.

Steuerung des Zellstoffwechsels. Die Stoffwechselreaktionen in der Zelle werden durch Enzyme katalysiert, deshalb steuern Zahl und Bau der einzelnen Enzymprotein-Moleküle den Stoffwechsel. Die Zahl der Enzym-Moleküle ist erschließbar aus ihrer Synthese- und ihrer Abbaurate (Fließgleichgewicht!). Der Bau der Enzymmoleküle ist festgelegt durch den richtigen Ablauf ihrer Synthese. Die Information für den Bau der Enzyme ist in der Nukleotid-(Basen-)abfolge der DNA im Zellkern enthalten (s. 3.4.6). An der DNA wird eine RNA gleicher Information, d.h. gleichartiger Nukleotidabfolge, gebildet, die nun ins Cytoplasma wandert und sich dann mit Ribosomen verbindet. An diesen Ribosomen findet die Proteinsynthese statt, wobei die Information der RNA in eine bestimmte Aminosäuresequenz übersetzt wird. Damit liegt ein Enzymprotein vor, das eine bestimmte Reaktion katalysiert.

Substrat A

DNA → RNA → Protein = Enzym des Stoffwechsels → ↓

(s. Kapitel Genetik)

Produkt B

5.4 Der Stofftransport in die Zelle und aus der Zelle

Diffusion. Die Zelle nimmt dauernd Stoffe aus der Umgebung auf, setzt sie um und gibt Reaktionsprodukte wieder an die Umgebung ab. Sind die Teilchen der Stoffe sehr klein, so können sie zwischen den Molekülen, welche die Membran aufbauen, hindurchtreten und durch Diffusion ausgetauscht werden. Dies gilt z.B. für Wassermoleküle. Der Bau der Membran (vgl. Abb. 39) macht verständlich, daß unpolare Moleküle auch dann hindurchdiffundieren können, wenn sie etwas größer sind als Wassermoleküle.

Unterschichtet man in einem Standzylinder Wasser vorsichtig mit einer gesättigten Lösung von Kupfersulfat oder Zucker, so sind die beiden Flüssigkeiten zunächst deutlich voneinander getrennt. Allmählich tritt aber infolge der Eigenbewegung der Teilchen Vermischung ein, indem Ionen bzw. Zuckermoleküle in das Wasser und, umgekehrt, Wasserteilchen in die Lösung eindringen, bis schließlich in beiden Flüssigkeiten die gleiche Konzentration herrscht. Die durch die Eigenbewegung der Teilchen herbeigeführte Durchdringung bezeichnet man als **Diffusion;** sie tritt überall da ein, wo zwischen mischbaren Stoffen ein Unterschied in der Konzentration, ein *»Konzentrationsgefälle«,* besteht, und sie hört erst auf, wenn dieser Unterschied ausgeglichen ist (Abb. 48). Die Diffusionsgeschwindigkeit ist abhängig vom Konzentrationsgefälle, von der Temperatur und von der Art des diffundierenden Stoffes.

Schneller als in Flüssigkeiten läuft die Diffusion in Gasen ab. In eine beiderseits verschließbare Glasröhre wird auf die eine Seite ein Schälchen mit Salzsäure, auf die andere ein Schälchen mit Ammoniakwasser geschoben. Nach kurzer Zeit bildet sich ein weißlicher Ring aus NH_4Cl auf der Seite der Salzsäure. Da das Molekulargewicht von HCl größer ist als das von NH_3, muß die *Diffusionsgeschwindigkeit* um so kleiner sein, je größer das Molekulargewicht ist. Verwendet man eine doppelt so lange Glasröhre, so dauert es nicht nur doppelt so lang, sondern viel länger bis zum Auftreten des NH_4Cl-Ringes. Die Diffusionsgeschwindigkeit nimmt also mit der Entfernung ab. Der Grund hierfür liegt in der freien Beweglichkeit der Teilchen, die ihre Bahn durch Aufeinanderprallen ständig ändern. Die aus den Schälchen in das Rohr diffundierenden Moleküle bewegen sich deshalb ungeordnet, zum Teil also auch wieder rückwärts. Der Anteil der »Rückdiffusion« wird um so größer, je weiter die Moleküle von den Schälchen entfernt sind. Die Diffusion von Stoffen geht also rasch vor sich, wenn der Transportweg kurz ist und die bewegten Moleküle klein sind.

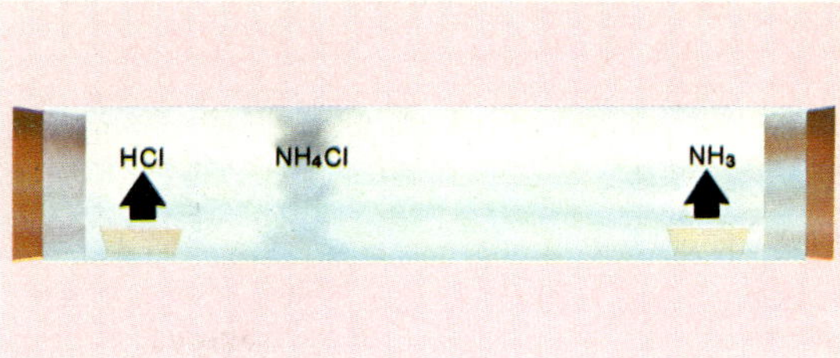

Abb. 49: Versuch zur Diffusion von Gasen

Osmose. Diffusion durch eine semipermeable Membran heißt *Osmose.* Sie ist zu beobachten, wenn eine wäßrige Lösung hoher Konzentration (z.B. Zuckerlösung) durch eine Membran vom Wasser getrennt ist und die Membranporen für Wasser leicht, für größere Moleküle dagegen nicht durchlässig sind. Man nennt solche Membranen halbdurchlässig oder *semipermeabel.*

Da die Konzentration der Wassermoleküle auf der Membranaußenseite größer ist als auf der Innenseite, diffundieren in der gleichen Zeit mehr Wassermoleküle in die Lösung hinein als von dieser nach außen. Füllt man die Lösung in eine allseitig geschlossene, als semipermeable Wand wirkende Schweinsblase und hängt diese in reines Wasser, so

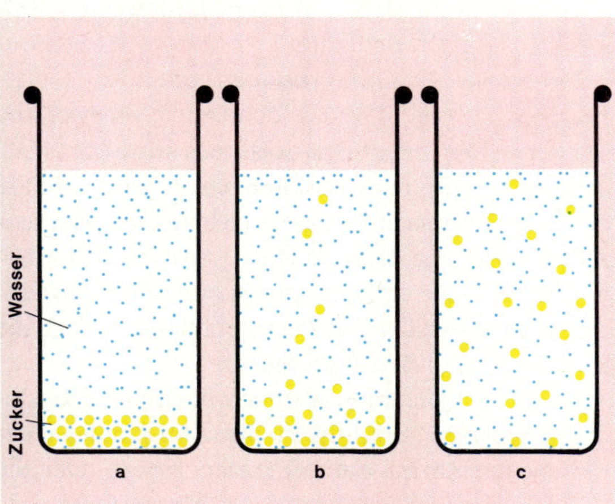

Abb. 48: Schema der Diffusion. Die Gefäße zeigen Phasen der Durchmischung von Lösungsmittel (Wasser) und gelöstem Stoff (Zucker) bis zur völlig gleichmäßigen Durchmischung.

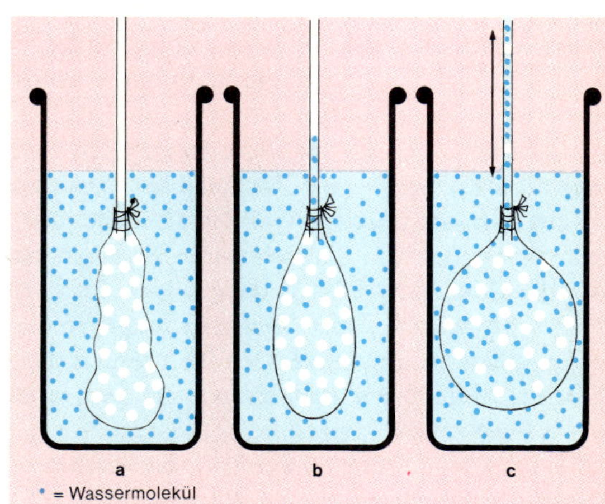

Abb. 50: Schema der Osmose. Erklärung im Text. Im Stadium b und c sind eingedrungene Wassermoleküle angedeutet.

entsteht in der Blase durch das Eindringen von Wasser ein zunehmender Überdruck, bis schließlich das einströmende Wasser dem ausströmenden das Gleichgewicht hält. Man bezeichnet den als Wasserdruck gemessenen Überdruck als *osmotischen Druck* einer Lösung; er steigt mit der Konzentration des gelösten Stoffes. Wenn im Innern einer Zelle die Konzentration der gelösten Stoffe höher ist als in ihrer Umgebung und die Zellmembran näherungsweise als semipermeabel angesehen werden darf, dringt durch Osmose Wasser ins Zellinnere.

Diffusion und Osmose sind passive Transportvorgänge und benötigen keine Energie. Allerdings können die Zellen diese Vorgänge für den Stofftransport nur deshalb nützen, weil die Zellen sehr klein sind.

Aktiver Transport. Der Transport größerer Moleküle (Zucker, Aminosäuren) und der von hydratisierten Ionen ist oft nur unter Aufwand von Energie möglich, die in der Regel als ATP zur Verfügung gestellt wird. Man nennt ihn daher »aktiven Transport«. Er kann wie Enzym-Reaktionen durch Gifte unterbunden werden. Verschiedene Gifte verhindern hierbei die Aufnahme jeweils bestimmter Teilchensorten. Daraus darf man schließen, daß Membranproteine den aktiven Transport besorgen. Sie wirken als Träger (*carrier*) der Teilchen, und zwar ganz spezifisch, d.h. sie befördern jeweils nur eine ganz bestimmte Sorte von Molekülen oder Ionen. Da der Transport mit ATP-Verbrauch verbunden ist, kann er auch gegen ein Konzentrationsgefälle erfolgen, so daß z.B. eine starke (weit über 100fache) Anreicherung von Ionen in der Zelle gegenüber der Umgebung möglich ist. Auch Exkretstoffe können von der Zelle selbst dann abgegeben werden, wenn ihre Konzentration außen höher ist als in der Zelle.

Wenn entsprechend dem Konzentrationsgefälle Ionen in die Zelle eindringen, die stören, werden sie durch aktiven Transport wieder nach außen befördert.

Endocytose. Flüssige und feste Stoffe (z.B. Nahrungspartikel), welche die Zellmembran erreichen, können auch auf folgende Weise in die Zelle gelangen: Sie werden von der dehnbaren Zellmembran bläschenförmig umschlossen; das gebildete Bläschen trennt sich dann von der Membran und befördert seinen Inhalt ins Zellinnere. Den Bläschentransport flüssiger Stoffe nennt man *Pinocytose,* den fester Stoffe *Phagocytose.*

Bei der Phagocytose verschmilzt das Bläschen im Zellinnern in der Regel mit einem Lysosom, das Verdauungsenzyme enthält (vgl. Abb. 51). Aus dem Phagocytosebläschen ist dann eine Verdauungsvakuole geworden. Die Bläschen können ihren Inhalt auch von einer Zellseite zur andern transportieren und

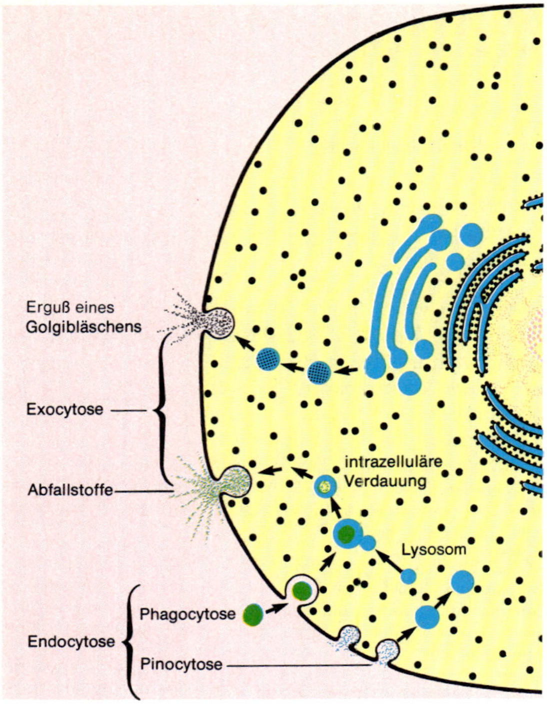

Abb. 51: Endocytose: Aufnahme von Wasser und darin gelösten Stoffen (Pinocytose) sowie von festen Körperchen (Phagocytose) durch Einstülpung der Zellmembran und Bildung eines ins Zellinnere wandernden Bläschens. Exocytose (Ausscheidung): Bläschen mit in der Zelle abgebauten oder aufgebauten Stoffen wandern an die Zelloberfläche und entleeren sich nach außen. Ausschleusung von Sekreten aus dem Dictyosom durch Abschnürung eines Golgibläschens

dort wieder nach außen entleeren. Auf diese Weise wird der Bläscheninhalt einfach durch die Zelle hindurch geschleust (z.B. Nahrungsteilchen durch Zellen der Darmschleimhaut).

Exocytose. Die Dictyosomen schnüren Golgi-Bläschen ab (vgl. 4.3), die dann zur Zelloberfläche wandern. Der Inhalt des Bläschens wird dort nach außen abgegeben und die Bläschenmembran geht in der Zellmembran auf. Als Bläscheninhalt in Drüsenzellen findet man Sekrete (Enzymproteine, Hormone, Lipide). Bei Pflanzenzellen werden Zellwandbausteine in den Dictyosomen gebildet und durch die Exocytose nach außen gebracht.

Durch die Membranflußmechanismen der Endo- und Exocytose, d.h. durch die Abtrennung einer Bläschenmembran von der Zellmembran oder die Wiederverschmelzung der beiden Membranen, werden nicht Einzelmoleküle, sondern Lösungen oder auch größere geformte Partikel in die Zelle bzw. aus der Zelle transportiert, ohne daß diese die Zellmembran passieren müssen.

6. Bewegung und Reizbarkeit der Zelle

6.1 Plasmabewegung

In fast allen Zellformen sind Plasmabewegungen zu beobachten. Manche Einzeller, wie z.B. die Amöbe (Abb. 52) kriechen durch Ausbildung von Scheinfüßchen (Pseudopodien) umher. Solche amöboiden Bewegungen können auch Zellen im vielzelligen Organismus aufweisen, z.B. weiße Blutkörperchen. Amöben wie weiße Blutkörperchen nehmen durch Umfließen auch feste Teilchen auf (Phagocytose). Viele Pflanzenzellen zeigen Plasmaströmung: das Cytoplasma bewegt sich ständig und transportiert dabei auch die Zellorganellen in der Zelle umher.

Diese Plasmabewegungen kommen zustande durch die Tätigkeit des Mikrotubuli-Mikrofilament-Systems (vgl. Abschnitt 4.3). Die Mikrofilamente enthalten ein ATP-spaltendes Protein, das *Myosin* genannt wird. Durch die ATP-Spaltung wird die Energie für eine gegenseitige Verschiebung der fädig angeordneten Proteinmoleküle geliefert; dies verursacht die Bewegung.

6.2 Bewegung der Geißeln, Wimpern und Muskelfibrillen

Viele Einzeller (z.B. Euglena) besitzen Geißeln als Bewegungsorganellen; bei anderen findet man zahlreiche Wimpern (Cilien), so z.B. beim Pantoffeltierchen (Abb. 53). Ebenso wie die Cilien des Pantoffeltierchens bewegen sich bei vielzelligen Tieren auch die Wimpern der Schleimhautzellen von Atmungs-, Verdauungs-, Ausscheidungs- und Fortpflanzungsorganen. Sie bewirken den Transport von Stoffen im jeweiligen Organ. Man bezeichnet solche bewimperten Schleimhaut-Zellschichten als *Flimmerepithelien.*

Die Cilien sind gleich aufgebaut wie die Geißeln, nur sind sie meist kleiner. Auch Geißeln und Cilien enthalten ein ATP-spaltendes Protein, das dem Myosin ähnlich ist. Es verursacht Bewegungen der Mikrotubuli gegeneinander.

In den Muskelzellen, die bei vielzelligen Tieren der Ortsbewegung dienen, findet man ebenfalls Myosin als ATP-spaltendes Protein. Es liegt hier dasselbe Prinzip vor, das in jeder Zelle die Bewegungen verursacht. Nur sind die Muskelzellen ausschließlich auf diese Funktion spezialisiert, und deshalb ist das Bewegungsprinzip bei ihnen besonders hoch entwickelt (vgl. Abschnitt Muskulatur).

6.3 Membranpotential

Sticht man eine Elektrode in eine Zelle und taucht eine zweite Elektrode in das die Zelle umgebende Medium, so kann man eine elektrische Spannung (Potentialdifferenz) zwischen den beiden Elektroden messen. Das Cytoplasma ist gegenüber dem Medium, dem man willkürlich das Potential Null gibt, negativ geladen. Die unterschiedlichen Ladungen werden durch die Zellmembran getrennt. Man bezeichnet eine solche Spannung über der Zellmembran als *Membranpotential.* Das Membranpotential von ruhenden (nicht gereizten) Zellen beträgt −50 bis −200 mV. Man nennt es das *Ruhepotential* der Zelle. Dieses Ruhepotential ist eine Grundeigenschaft aller Zellen.

Zur Potentialdifferenz tragen zwei unterscheidbare Ursachen bei: (1) Die verschiedenen aktiven Transportvorgänge erzeugen eine ungleiche Verteilung der Ionen im Cytoplasma und im Außenraum. So enthält beispielsweise das Innere

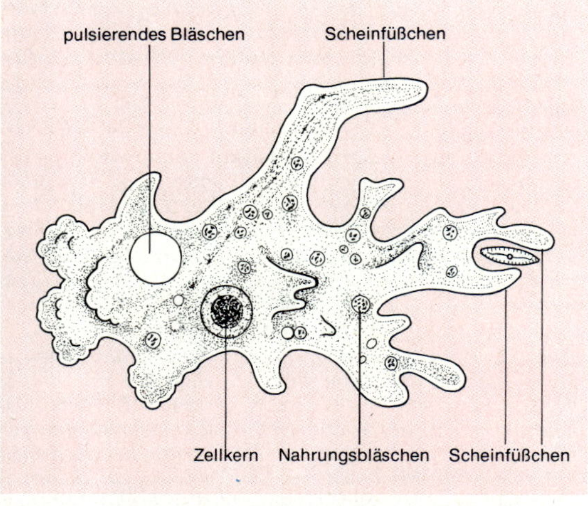

Abb. 52: Amöbe oder Wechseltierchen (Amoeba proteus), etwa 200fach vergrößert. Ortsveränderung durch Plasmabewegung

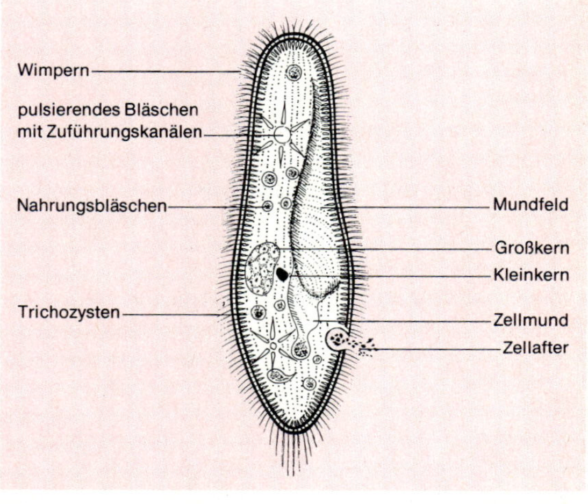

Abb. 53: Pantoffeltierchen (Paramaecium caudatum, 200fach vergrößert). Fortbewegung durch Wimpern. Trichozysten sind ausschleuderbare Körperchen, die möglicherweise als Waffen dienen.

der Zellen eine höhere Konzentration an K^+-Ionen als der Außenraum. K^+-Ionen diffundieren deshalb infolge der Tendenz zum Konzentrationsausgleich nach außen. Wenn nun aufgrund des Membranbaus die Anionen langsamer durch die Membran diffundieren als die K^+-Ionen, entsteht eine elektrische Spannung, bei der die Innenseite der Membran negativ geladen erscheint. (2) Zellen nehmen oft bestimmte Ionen bevorzugt auf, nicht aber die zur elektrischen Neutralität erforderlichen Gegenionen. Die Folge ist eine elektrische Spannung zwischen Plasma und Außenmedium. (Nähere Einzelheiten der Entstehung des Ruhepotentials s. Sinnesorgane und Nervensystem 1.2.)

6.4 Reizbarkeit der Zelle

Jede Zelle ist reizbar, d.h. sie ist fähig, auf Veränderungen der Umwelt zu reagieren. Wird eine Zelle gereizt (mechanisch, chemisch, elektrisch oder durch Licht- oder Temperaturänderungen), so verändert sich bei den meisten Zellen das Membranpotential. Es wird in der Regel dabei kleiner. Je höher die Reizintensität, um so stärker verändert sich das Membranpotential.

In Nervenzellen, manchen Muskelfasern und einigen Pflanzenzellen gibt es eine besondere Form der Veränderung des Membranpotentials – das *Aktionspotential.* Dabei fällt das Membranpotential sehr rasch ab, zum Teil kehrt es sich sogar um (das Cytoplasma wird positiv). Anschließend wird der ursprüngliche Wert des Membranpotentials (das Ruhepotential) wieder hergestellt. Der ganze Vorgang dauert bei Nerven- und Muskelzellen nur etwa 1 Millisekunde, bei den Pflanzenzellen allerdings erheblich länger. Das Aktionspotential ist das Ergebnis einer kurzzeitigen Strukturveränderung der Membran. Das Aktionspotential kann sich rasch über große Entfernungen ausbreiten und dient so der Informationsübertragung (s. Sinnesorgane und Nervensystem). Ebenso wie bei der Betrachtung der Bewegungsvorgänge erkennen wir auch hier, daß eine grundsätzlich in jeder Zelle vorhandene Fähigkeit zu hoher Leistung entwikkelt wird, wenn sich die Zelle ausschließlich darauf spezialisiert.

7. Vermehrung der Zellen durch Teilung. Mitose

Noch nie hat man beobachtet, daß eine Zelle aus ungeformten Stoffen neu entsteht. Stets geht bei der Zellbildung eine bereits vorhandene Zelle in Tochterzellen auf. Sowohl Einzeller als auch vielzellige Organismen vermehren sich durch Zellteilung. Der Ausgangspunkt ist eine einzige Zelle, eine Eizelle oder eine Spore. *Die Zellteilung ist daher ein Grundvorgang der Entwicklung.*

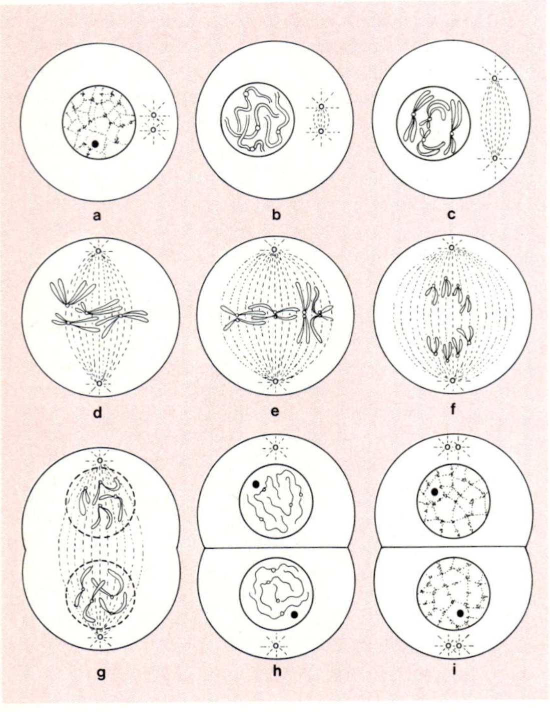

Abb. 54: Schema der Kern- und Zellteilung. a Zelle vor der Teilung, Kern mit Chromatingerüst und Nukleolus, b Chromosomen werden sichtbar, jedes Chromosom mit 2 Chromatiden, die am Centromer verbunden sind (Prophase), c und d Kernhülle und Nukleolus verschwinden, das Centriol hat sich verdoppelt, die beiden Centriolen wandern an entgegengesetzte Pole und bauen den Spindelapparat auf (Spindelfasern aus Mikrotubuli und Mikrofilamenten), e Chromosomen ordnen sich in der Äquatorialplatte, senkrecht zu den Centriolen an, die Centromere teilen sich (Metaphase), f Spindelfasern setzen an den Centromeren an und ziehen jeweils die eine Chromatide zum einen Spindelpol und die Schwesterchromatide zum anderen Spindelpol (Anaphase), g und h beginnende Einschnürung des Zellkörpers; die Chromatiden sind nun die Chromosomen der Tochterzellen und bilden je einen neuen Kern mit Kernhülle und Nukleolus, Spindel wird aufgelöst, i Chromosomen der Tochterkerne formen wieder ein Chromatingerüst, das Centriol verdoppelt sich (Telophase).

Abb. 55: Mikroaufnahmen von der Mitose in den Zellen der Wurzelspitzen der Königslilie. 1. Reihe: Kern vor der Teilung, Chromosomen werden sichtbar; 2. Reihe: Die Chromosomen sind kontrahiert, die Längsspaltung in zwei Chromatiden wird erkennbar. Im Bereich des Centromers weisen die Chromosomen eine Einschnürung auf, da hier die Chromatiden noch nicht getrennt sind; 3. Reihe: Die Chromatiden trennen sich und wandern zu den Polen; 4. Reihe: An den beiden Polen beginnen sich die Chromatiden zu entschrauben, die beiden Tochterkerne umgeben sich mit Kernhüllen, die Kernteilung ist beendet.

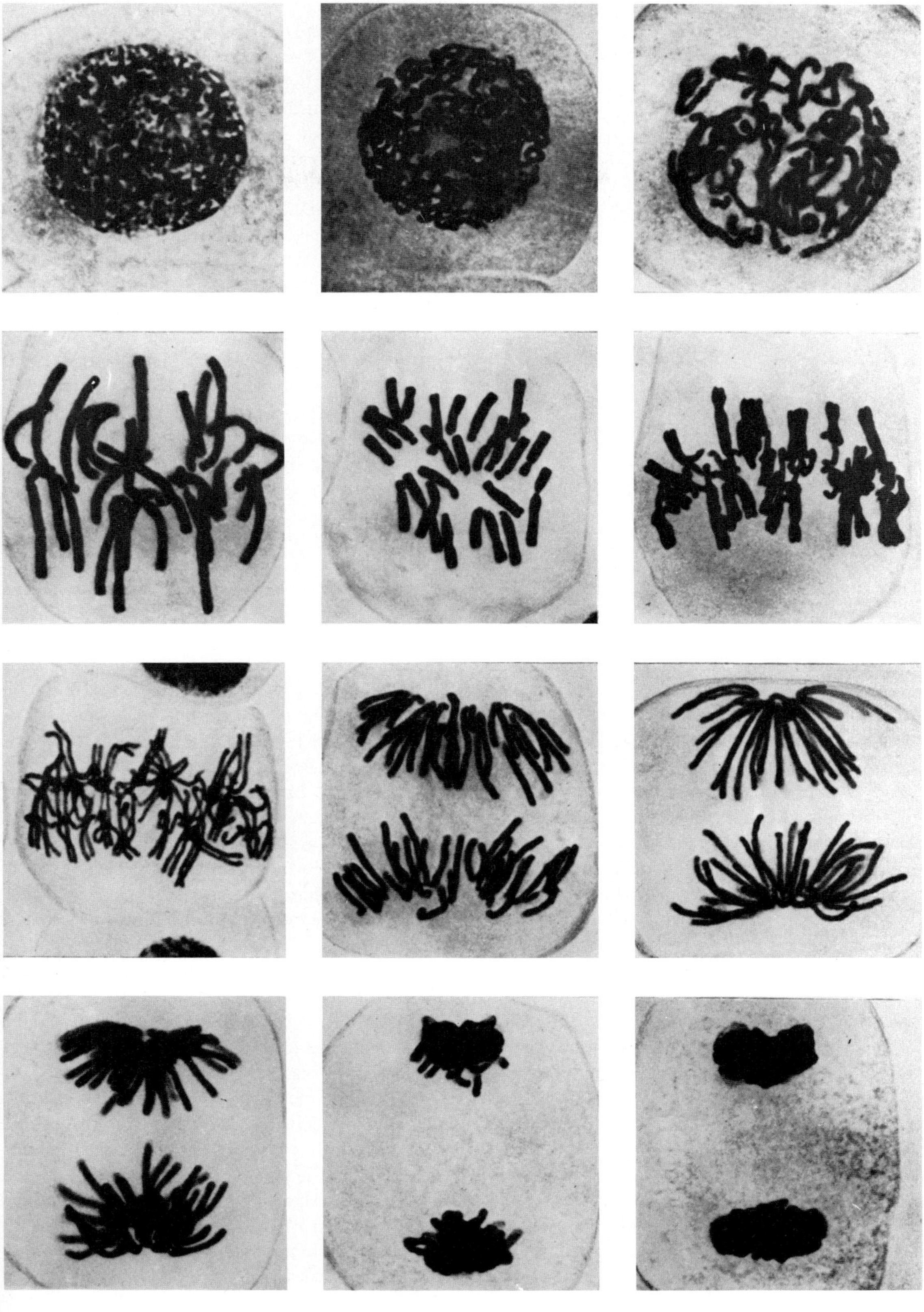

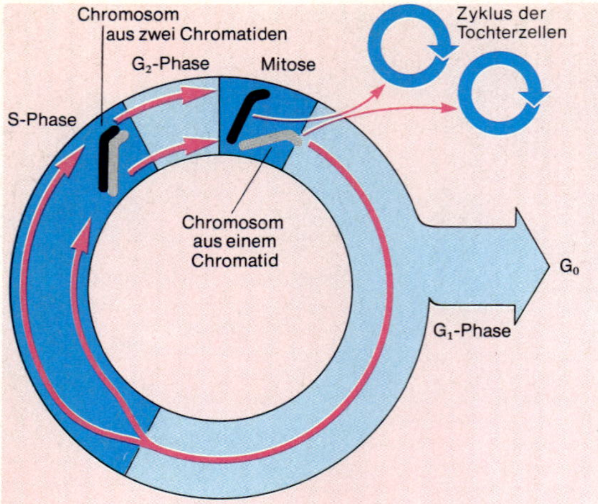

Abb. 56: Zellzyklus und zeitliche Verteilung der Phasen. Nach der Mitose folgt zunächst eine Wachstumsphase der Zelle, aber ohne Synthese von Chromatidenmaterial (DNA und Proteine). Man bezeichnet sie als G_1-Phase (gap = Pause). Dann folgt die S-Phase (Synthese-Phase), in der die DNA verdoppelt wird. An sie schließt eine weitere Phase ohne Synthese, die G_2-Phase an. Bei der nun folgenden neuen Mitose gelangt eine Chromatide in die eine Tochterzelle, die andre Chromatide in die andere Tochterzelle. Die zeitliche Verteilung der Phasen bezieht sich auf Säugerzellen (Zyklusdauer ca. 22 Stunden). Differenziert sich die Zelle und wird zur Dauergewebszelle (s. 8.3), tritt sie von der G_1-Phase ohne Synthese in die stabile G_0-Phase über und teilt sich nicht mehr.

Bei allen Eukaryonten läuft die normale Zellteilung grundsätzlich auf gleiche Weise ab. Der Teilung der Zelle geht die Teilung des Zellkerns voraus. Diese heißt **Mitose.**

Zu Beginn der Zellteilung kontrahieren sich die DNA-haltigen Chromosomen (Kernschleifen) und werden dadurch sichtbar (vgl. 4.2). Jedes Chromosom besteht aus zwei identisch gebauten zylinderförmigen Strängen, den Chromatiden, die sich vollständig voneinander trennen und nur noch durch das *Centromer* (oder *Kinetochor*) zusammengehalten sind. Aus dem Zentralkörperchen (Centriol) hat sich spätestens zu diesem Zeitpunkt ein zweites gebildet. Beide wandern an entgegengesetzte Seiten des Kerns; zwischen ihnen entsteht eine *Kernteilungsspindel,* deren Fasern aus Mikrotubuli und daran seitlich ansetzenden ATP-spaltenden Proteinmolekülen bestehen. Der Aufbau der Spindelelemente gleicht also dem der Geißelelemente (vgl. 6.2). Gleichzeitig lösen sich Kernhülle und Kernkörperchen auf. Die Chromatiden werden schraubenförmig verkürzt und verdickt (*Spiralisation*); sie nehmen die Form kompakter Schraubenzylinder an. Dann ordnen sie sich in der Äquatorebene der Kernspindel zu einer sternförmigen Figur, der *Äquatorialplatte,* an. Nun treten Spindelfasern mit dem Centromer (einer besonderen Struktur der Chromatiden) in Verbindung, worauf sich die beiden Schwester-Chromatiden eines Chromosoms voneinander trennen und an die entgegengesetzten Pole der Spindel wandern. Dadurch erhält jeder Pol einen vollständigen Chromatidensatz. Nie wandern die beiden Schwester-Chromatiden an denselben Pol. Anschließend verschwindet die Kernspindel; die jetzt zu den Chromosomen des Tochterkerns gewordenen Chromatiden lockern sich in lange, dünne Fäden auf, so daß sie im Lichtmikroskop nicht mehr einzeln erkennbar sind. Jede Tochterzelle hat nach der Zellteilung dieselbe Zahl von Chromosomen, wie sie die Zelle vor der Teilung besaß. Kernkörperchen und Kernhülle werden wieder ausgebildet: aus dem alten Kern sind zwei neue entstanden. Während der Kernteilung teilen sich auch die Mitochondrien und, soweit vorhanden, ebenso die Chloroplasten, so daß jede Tochterzelle die erforderlichen Organellen erhält. Der Zellkörper schnürt sich im Äquator durch oder bildet dort eine Querwand aus; so entstehen zwei neue Zellen, die zur Größe der Mutterzelle heranwachsen. Mit der Entschraubung der Chromatiden nimmt ihre Stoffwechselaktivität wieder zu. In der Zeit bis zur nächsten Kernteilung verdoppeln sich die Chromatiden wieder. Dazu ist die Synthese neuer DNA-Moleküle und der Chromatiden-Proteine nötig. Die Chromatiden werden aber erst bei der nächsten Teilung wieder sichtbar. Die Vorgänge vom Abschluß der Mitose, bei der die Zelle gebildet wird, bis zum Abschluß der folgenden Mitose, bei der die Zelle geteilt wird, bezeichnet man als *Zellzyklus* (in Abb. 56 dargestellt).

Der komplizierte Mitosevorgang sichert die gleichmäßige Aufteilung der Chromatiden auf die beiden Tochterkerne. Dadurch wird die vollständige Weitergabe der in den Chromatiden enthaltenen Erbanlagen von Zelle zu Zelle gewährleistet. – Eine Mitose dauert zumeist zwischen ½ und 2 Stunden.

Die *Chromosomen* bedürfen noch einer genaueren Betrachtung. Es sind winzige Gebilde, die gewöhnlich nur eine Länge von wenigen μm aufweisen. Die Zahl der Chromosomen ist in den Zellen des Bildungsgewebes jeder Pflanzen- und Tierart konstant; sie kann jedoch selbst bei nahverwandten Arten verschieden sein. Sie treten in Paaren und daher in gerader Zahl auf. Unter den Chromosomen sind in der Regel je zwei der Form und Größe nach völlig gleich (*homologe Chromosomen*). Die Chromosomenausstattung der Zelle besteht daher aus einem doppelten Chromosomensatz. Die einzelnen Chromosomenpaare unterscheiden sich meist schon in der Gestalt voneinander. Die Chromosomen entstehen stets durch Selbstverdoppelung aus bereits vorhandenen Chromosomen (s. Genetik). Über die Keimzellen gehen sie von einer Generation auf die andere über.

Die Übereinstimmung der Zellteilungsvorgänge bei Pflanzen und Tieren zeigt außerdem, daß zwischen diesen beiden Organismenreichen trotz aller Verschiedenheit in Bau und Lebensweise ihrer Vertreter doch eine innere Verwandtschaft besteht, die durch Abstammung von gemeinsamen Vorfahren verständlich wird.

Die Größe des Zellkerns steht in Beziehung zur Menge des ihn umgebenden Plasmas (*Kern-Plasma-Relation*). Eine Vermehrung des Plasmas durch Wachstum ändert diese Kern-Plasma-Relation; sie wird als eine der Ursachen angesehen, welche die Zellteilung auslösen.

8. Differenzierung der Zelle

Alle Zellen sind aus den beschriebenen Grundbestandteilen aufgebaut. Doch beobachten wir deutliche Unterschiede in der Gestalt und Struktur der Zellen, je nachdem, welche Funktion sie im Organismus haben. Offensichtlich ist ihr Bau der spezifischen Leistung angepaßt. Wir sprechen deshalb von einer *funktionsspezifischen Differenzierung der Zellen.* Die Muskelzelle dient nur noch der Bewegung, die Nervenzelle der Erregungsleitung und die Drüsenzelle der Bildung von Drüsensekret. Auf solche Weise werden die Grundfunktionen des Lebens im vielzelligen Organismus auf verschiedene Zelltypen verteilt. Die Abb. 57 und 58 zeigen Beispiele für die Umwandlung undifferenzierter Zellen in differenzierte Zelltypen.

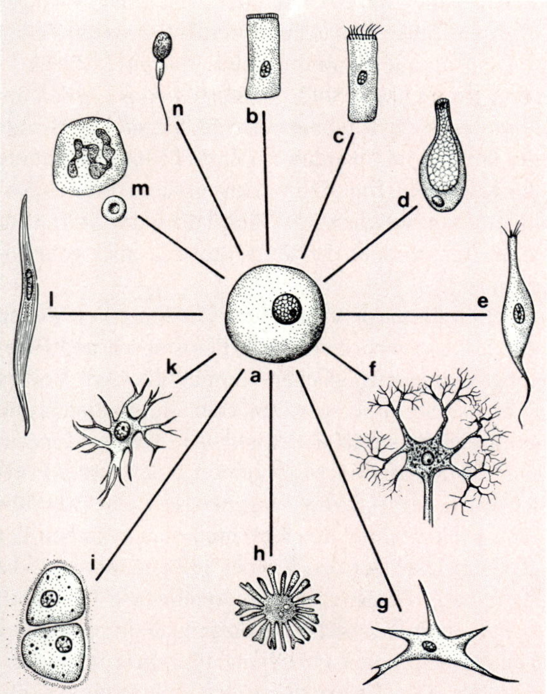

Abb. 57: Beispiele für die Differenzierung tierischer Zellen, a Eizelle, b Epithelzelle, c Wimperepithelzelle, d Drüsenzelle, e Sinneszelle, f Nervenzelle, g Bindegewebszelle, h Farbstoffzelle, i Knorpelzellen, k Knochenzelle, l glatte Muskelzelle, m Blutzellen, n Samenzelle

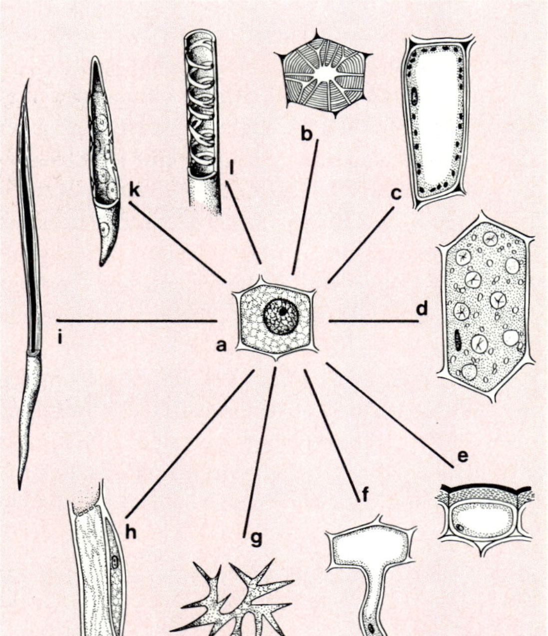

Abb. 58: Beispiele für die Differenzierung pflanzlicher Zellen, a undifferenzierte Zelle, b Steinzelle, c Assimilationszelle, d Speicherzelle, e Epidermiszelle, f Wurzelhaarzelle, g Sternhaar, h Siebzelle mit Geleitzelle, i Bastfaser, k Tracheide, l Trachee

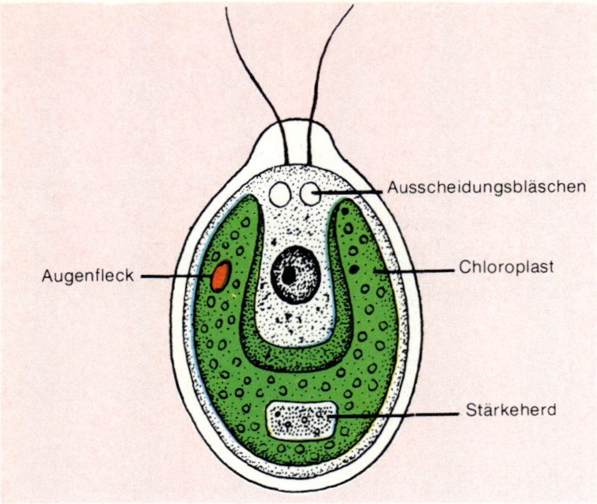

Abb. 59: Geißelalge Chlamydomonas (nat. Größe 1/50 mm)

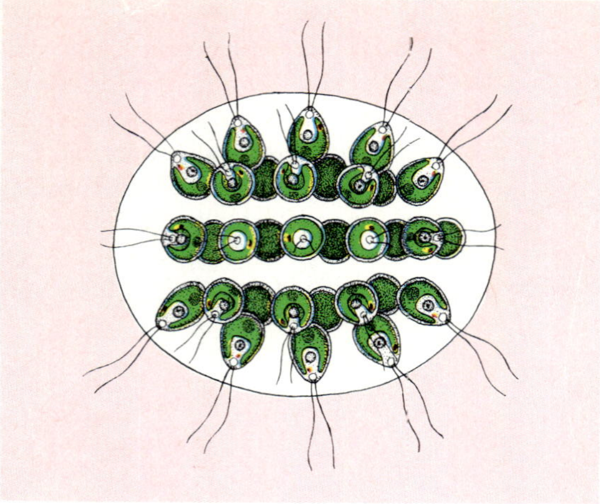

Abb. 61: Eudorina (nat. Größe 1/10 mm)

8.1 Differenzierung der Pflanzenzelle bei Grünalgen

Die ersten Anfänge einer Zelldifferenzierung begegnen uns schon bei den Einzellerkolonien der Grünalgen. Während die Form *Chlamydomonas* (Abb. 59) stets nur als einzelliges Wesen lebt, bildet der ihr nah verwandte Geißelträger *Gonium* plattenförmige Kolonien aus meist 16 gleichartigen Einzelzellen, die durch eine Gallerthülle miteinander verbunden sind. Bei der Vermehrung entsteht in jeder Zelle durch je vier Teilungsschritte eine kleine Kolonie von Einzelzellen. Durch Zerfall der alten werden die jungen Kolonien frei, die einzelnen Zellen lassen sich voneinander trennen und erweisen sich dann als völlig selbständig. Außer der räumlichen Verbundenheit besteht also keine erkennbare gegenseitige Abhängigkeit der Zellen.

Die Form *Eudorina* bildet kugelförmige Kolonien aus 32 gleichartigen Zellen, die in die dicke Wandung einer Gallerthohlkugel eingelagert sind. Alle Einzelzellen können durch Teilung neue Kolonien liefern.

Noch weiter fortgeschritten ist die Koloniebildung bei der Kugelalge *Volvox*. Sie besteht aus sehr vielen (bis zu 20000) Einzelzellen, die in regelmäßigen Abständen in der Wandung einer Gallerthohlkugel stekken und ihre zwei Geißeln nach außen kehren. Jede Einzelzelle ist mit den benachbarten durch Plasmabrücken verbunden. Die Fortbewegung besorgt der gemeinsame Geißelschlag aller Zellen. Die vorn gelagerten Zellen sind lichtempfindlicher als die Zellen in der Nähe des hinteren Poles. Zur ungeschlechtlichen Vermehrung sind nur noch wenige Zellen am Hinterende der Kolonie befähigt. Sie sind größer als die übrigen und werden bei ihrer Teilung ins Innere der Kugel gedrängt. Dort wachsen sie zu neuen Kolonien heran, welche durch Aufplatzen der Mutterkolonie frei werden; die Mutterkolonie aber geht zugrunde.

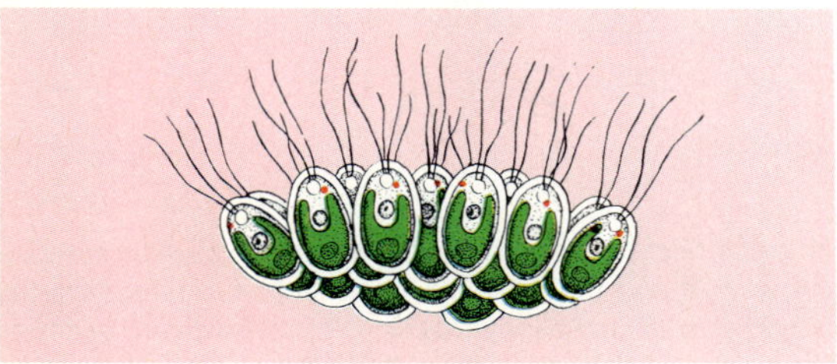

Abb. 60: Gonium (nat. Größe 1/10 mm)

Schon die enge Verbindung der einzelnen Zellen durch Plasmabrücken, die Stoffaustausch und Erregungsleitung ermöglichen, erhebt die Art Volvox über die Stufe der gewöhnlichen Zellkolonien und kennzeichnet sie als *Zwischenglied zwischen den Ein- und Vielzellern.* Noch stärker zeigt sich dieser Fortschritt in der *Arbeitsteilung zwischen den einzelnen Zellen.* Nach ihrer Leistung muß man zwischen der großen Masse der den Körper aufbauenden und die Bewegung, Ernährung und Orientierung besorgenden *Körperzellen* und den wenigen, allein zu weiterer Teilung befähigten *Fortpflanzungszellen* unterscheiden. Nur diese liefern durch ihre Teilung neue Kolonien, in denen sie gewissermaßen weiterleben und die wiederum durch Ausbildung von Fortpflanzungszellen neue Lebewesen erzeugen. Die Körperzellen dagegen haben nur noch beschränkte Lebensdauer; sie

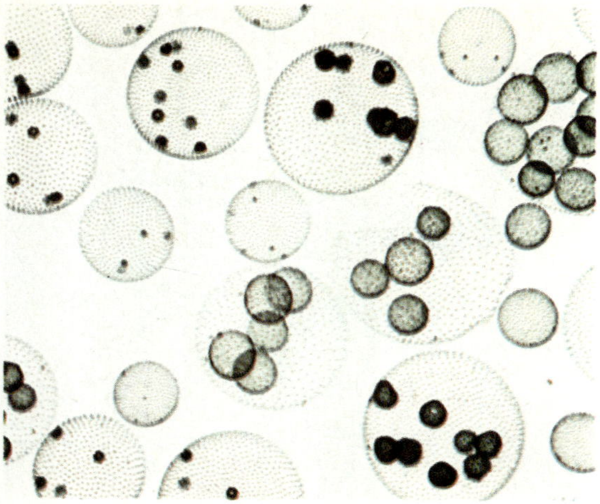

Abb. 62: *Volvox mit Tochterkolonien (nat. Größe bis 0,8 mm)*

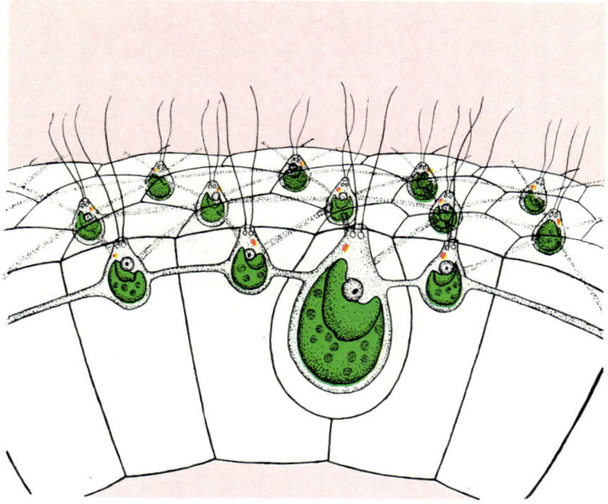

Abb. 63: *Ausschnitt aus der Wand der Kugel von Volvox, die Plasmabrücken zwischen den einzelnen Zellen zeigend. Die größere Zelle ist vermehrungsfähig*

sterben, auch ohne äußere Ursachen, ab. Dieser *Alterstod,* der hier erstmals beim Zusammenschluß von Einzelzellen zu Verbänden auftritt, erscheint als unabwendbare Folge der eingetretenen Arbeitsteilung. Der Körper *muß* sterben; nur die Keimzellen vermögen neues Leben zu erzeugen.

8.2 Die Differenzierung der tierischen Zelle beim Schwamm und beim Süßwasserpolyp

Volvox ist ein Modell für eine Zwischenform zwischen pflanzlichem Einzeller und Vielzeller. Auch bei den Tieren gibt es Zwischenformen; die wichtigsten sind die **Schwämme:** Sie sind wasserbewohnende Lebewesen mit kugelförmigem Körper. Die Körperwandung wird aus zwei Zellschichten gebildet. Die innere Zellschicht dient der Verdauung; sie besteht aus begeißelten Zellen, die Wasser ins Schwamminnere strudeln und die Nahrung aufnehmen. Die äußere Zellschicht besteht aus plattenförmigen Deckzellen (*Epithelzellen*) und amöboid beweglichen Zellen, die Nahrungsstoffe transportieren und sowohl Keimzellen wie auch Zellen für die ungeschlechtliche Fortpflanzung ausbilden. Diese *Archäocyten* sind also sehr wenig differenziert. Zwischen beiden Zellschichten liegt eine gallertige Stützschicht, in welche besondere Zellen der äußeren Zellschicht ein Stützskelett aus Hornfasern, Kiesel- oder Kalknadeln ausscheiden. Muskel-, Nerven- und Sinneszellen, die für alle anderen mehrzelligen Tiere charakteristisch sind, besitzen die Schwämme nicht.

Der **Süßwasserpolyp** weist bereits eine weitergehende Differenzierung der Zellen auf. Auch bei ihm ist die Körperwand aus zwei Schichten aufgebaut, dem äußeren Ektoderm und dem inneren Entoderm. Dazwischen liegt eine gallertige Stützschicht mit vereinzelten Zellen, so daß ein Stoffaustausch zwischen den beiden Schichten leicht möglich ist.

Das Ektoderm enthält Hautmuskelzellen, welche die Bewegung und Gestaltveränderung des Körpers ermöglichen, außerdem kompliziert gebaute, Gift enthaltende Nesselzellen zum Beutefang sowie Sinneszellen zur Reizaufnahme. An der Basis der Sinneszellen entspringen lange Fasern, die zu den auf der Stützschicht liegenden, vielfältig verästelten Nervenzellen führen, deren Gesamtheit ein den ganzen Körper durchziehendes Nervennetz bildet.

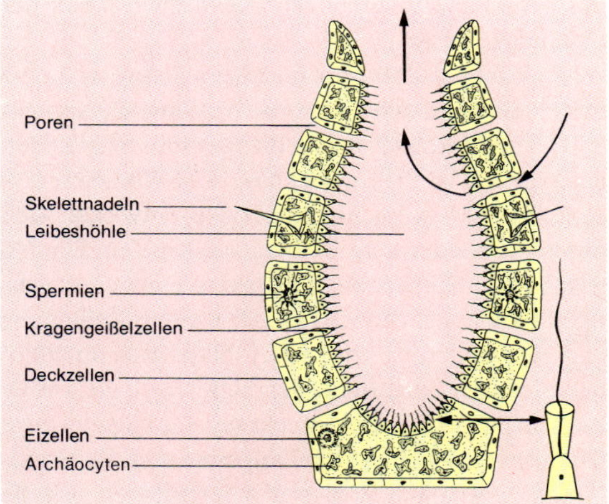

Abb. 64: *Schema vom Aufbau eines Schwammes (Längsschnitt)*

Abb. 65: *Süßwasserpolyp (nat. Größe bis 3 cm). Präparat gefärbt*

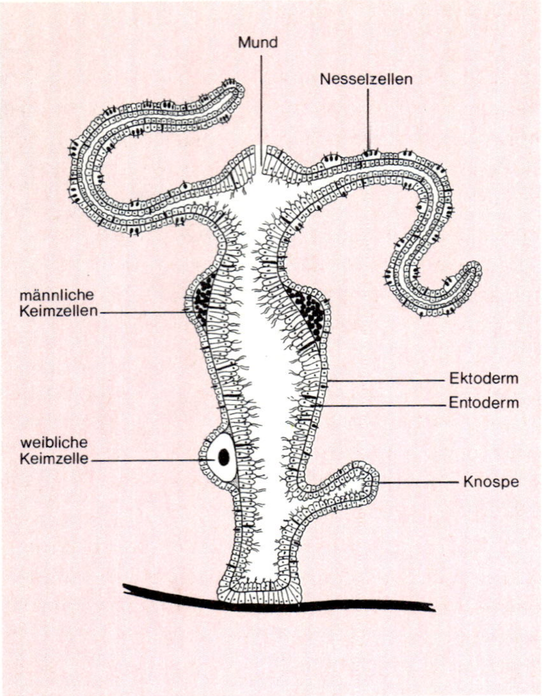

Abb. 66: Süßwasserpolyp, schematischer Längsschnitt

Im Entoderm lassen sich Drüsenzellen und Freßzellen unterscheiden. Die Drüsenzellen scheiden Verdauungssäfte in den Körperhohlraum aus, wodurch die Nahrung vorverdaut und in kleine Brocken zerlegt wird. Die Freßzellen phagocytieren die festen Nahrungsteilchen. Im Innern der Freßzellen wird die Nahrung in Nahrungsbläschen zu Ende verdaut und das Verdaute dann an die übrigen Zellen weitergegeben. Männliche und weibliche Keimzellen dienen der Erhaltung der Art.

Die Zahl der Zellformen ist beim Süßwasserpolyp größer als beim Schwamm. Er hat Sinnes-, Nerven- und Hautmuskelzellen. Wie die spezialisierten Zellen entstehen, zeigt die Entwicklung des Süßwasserpolypen: aus der befruchteten Eizelle entwickelt sich durch oft wiederholte Teilung zunächst ein Haufen gleichartiger Zellen, die sich bald zu einer einschichtigen Hohlkugel ordnen. Durch weitere Zellteilung und Einwanderung von Zellen bildet sich anschließend auf der Innenseite der Hohlkugel die zweite Zellschicht aus. Danach streckt sich das kugelförmige Gebilde in die Länge; die Fangarme und die Mundöffnung entstehen. Erst jetzt differenzieren sich die Zellen der beiden Schichten aus und erhalten so ihre besondere Funktion.

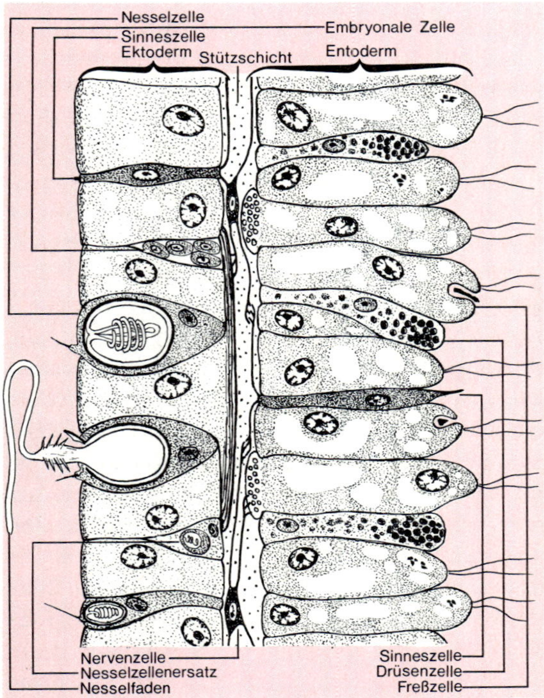

Abb. 67: Längsschnitt durch die Körperwand des Süßwasserpolypen, stark vergrößert

8.3 Gewebe- und Organbildung

Beim Süßwasserpolypen sind es einzelne Zellen, die eine bestimmte Funktion übernehmen. Bei den höher entwickelten Tieren spezialisieren sich viele Zellen einheitlich auf eine bestimmte Leistung. Derartige, aus *Zellen gleicher Gestalt und Leistung bestehende Zellverbände bezeichnet man als* **Gewebe.**

Die Gewebe entstehen aus jungen, noch nicht spezialisierten Zellen, die sich ihrer künftigen Funktion entsprechend umwandeln. Danach verlieren die Zellen die Fähigkeit, sich durch Teilung zu vermehren. Gewebe aus solchen differenzierten Zellen heißen *Dauergewebe.* Doch bleiben im Organismus stets auch einzelne wenig differenzierte Zellen oder ganze Gewebe aus solchen teilungsfähigen Zellen erhalten. Von diesen *Stammzellen* bzw. *Bildungsgeweben* gehen das Körperwachstum und der Ersatz für gealterte, funktionsuntüchtige Gewebeteile aus. Der Organismus wächst also nicht nur durch Zellvergrößerung, sondern hauptsächlich durch Vermehrung der Zellen. Man unterscheidet bei höheren Tieren *labile Gewebe,* wo Bildung und Abbau von Zellen rasch erfolgt (Haut, Schleimhaut, Knochenmark. – Das Knochenmark eines Erwachsenen bildet in jeder Minute 70 Millionen neue Zellen!), *stabile Gewebe* mit langsamem Zellumsatz (Muskel, Leber) und *permanente Gewebe,* bei denen absterbende Zellen nicht ersetzt werden können (Nervengewebe). Durch Muskeltraining kann die Zahl der Muskelzellen also vermehrt werden. Die Dauergewebe zeichnen sich durch gesteigerte Leistungsfähigkeit aus, sind aber einseitig in ihren Funktionen, so daß mehrere, verschieden differenzierte Gewebe zur Zusammenarbeit zusammentreten.

Dadurch entstehen **Organe,** die als deutlich abgegrenzte Teile des Pflanzen- und Tierkörpers eine ganz bestimmte Aufgabe zu erfüllen haben. Solche Organe sind z. B. die Wurzeln, Blätter und Blüten der Pflanzen oder die Sinnesorgane, Atmungsorgane und Muskeln der Tiere. Ein Organ besteht also aus verschiedenen Geweben.

Im Pflanzenkörper unterscheiden wir neben dem aus wenig differenzierten Zellen bestehenden Grund- und Speichergewebe (Abb. 135 sowie 58a, d) vor allem das Leitgewebe mit Siebröhren und Wasserleitgefäßen (Abb. 58 h, k, l), das Festigungsgewebe mit wandverdickten, oft langgestreckten, häufig toten Zellen (Abb. 58b, i) und das Abschlußgewebe (Epidermis, oft mit Haaren besetzt, Abb. 58e, g). (Die Gewebe werden im Zusammenhang mit ihren Funktionen in den Abschnitten »Bau- und Energiestoffwechsel« sowie »Entwicklung« besprochen.)

Im Tierkörper findet man die folgenden Gewebegruppen: Deck- (Epithel-), Binde-, Muskel- und Nervengewebe.

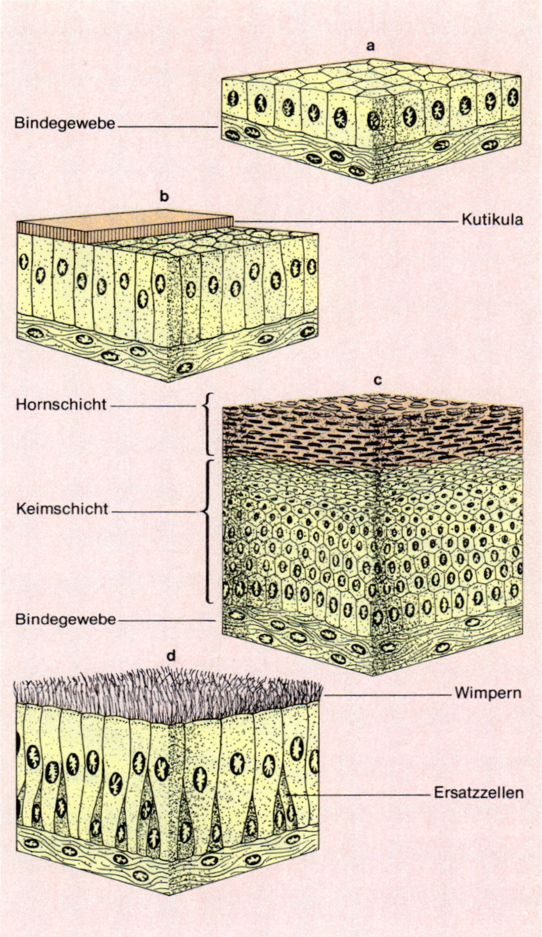

Abb. 68: Deckgewebe. a Pflasterepithel (in vielen Drüsen), b Zylinderepithel (Auskleidung des Magen-Darmkanals), c vielschichtiges Epithel der menschlichen Haut, d Flimmerepithel (Auskleidung der Luftröhre)

Hinzu kommen die Zellbestandteile der Körperflüssigkeit und die Fortpflanzungszellen.

Das **Deckgewebe** bildet als Haut die abschließende und schützende Hülle des Körpers. Der Aufgabe entsprechend lagern die gleichartig geformten Zellen dicht und fest beisammen. Bei wirbellosen Tieren besteht das Deckgewebe aus einer einzigen Lage von Zellen, die nach außen häufig ein festes Häutchen, die *Kutikula,* abscheiden. Durch Einlagerung von Kalk in die Kutikula entsteht daraus die Kalkschale der Muscheln und Schnecken, durch Abscheidung des widerstandsfähigen Chitins der Panzer der Insekten und Krebse. Die Deckgewebe der Wirbeltiere sind mehrschichtig. Bei den Landwirbeltieren verhornen die Zellen der äußeren Schichten (Schuppenbildung, Hornpanzer der Kriechtiere). Besonders geformte Hornbildungen sind Nägel, Krallen und Hufe. Das Deckgewebe ist auch an der Bildung der Federn, Haare und Hörner beteiligt.

Auch die Körperhohlräume (Mundhöhle, Darm, Luftröhre) sind mit meist einschichtigem Deckgewebe, der Schleimhaut, ausgekleidet. Eine Sonderform der Deckge-

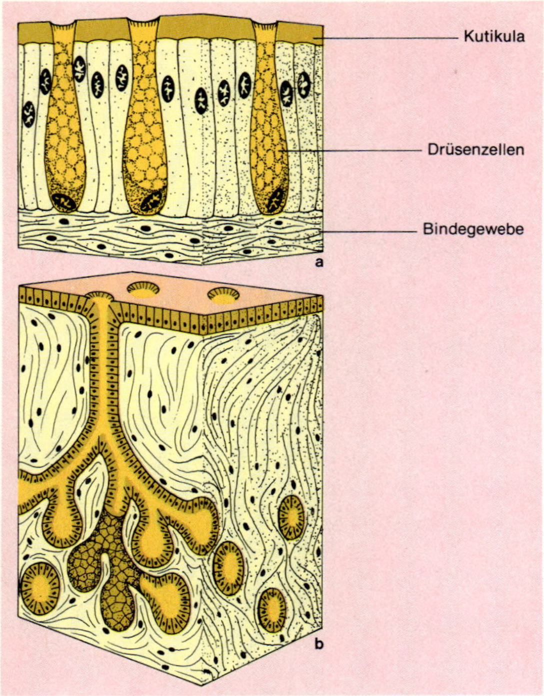

Abb. 69: Drüsen, a becherförmige Drüsenzellen (Haut des Regenwurmes), b zusammengesetzte Drüse (Talgdrüse)

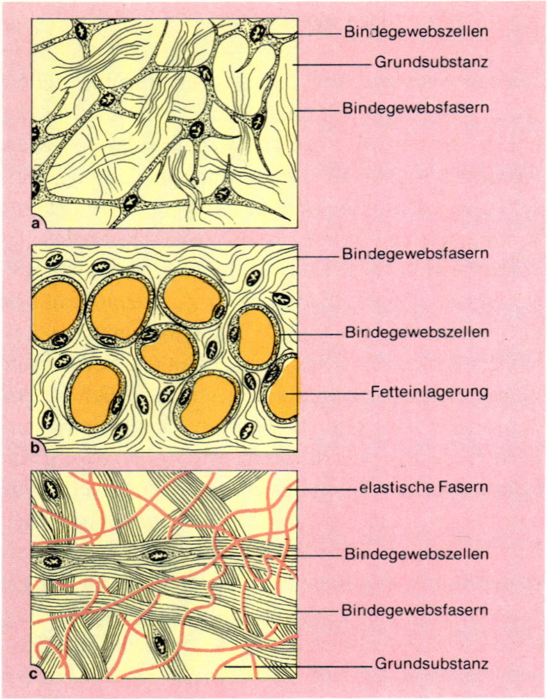

Abb. 70: Bindegewebe. a Gallertgewebe, b Fettgewebe, c faseriges Bindegewebe

webszellen sind die Drüsenzellen, von denen oft eine große Zahl zu einem Drüsengewebe vereinigt ist; sie bilden Schleim, Speichel, Milch, Galle, Schweiß, Gifte. Viele Drüsen sind mit Bindegewebe, Blutgefäßen und Nerven zu Drüsenorganen zusammengeschlossen (Bauchspeicheldrüse, Leber, Niere, Brustdrüse).

Das **Bindegewebe** dient zur Stützung des Körpers, zur Verbindung von Organen und zur Ausfüllung von Zwischenräumen. Knorpel, Knochen und Fettgewebe sind Formen des Bindegewebes. Bindegewebszellen scheiden nach außen *Faserproteine* ab, die entscheidenden Einfluß auf die Funktion des Bindegewebes haben. Sie verbinden hohe Zugfestigkeit und Stabilität mit hoher Elastizität.

Das wichtigste Faserprotein ist das *Kollagen.* Es besteht aus Molekülen, die sich aus drei schraubigen Peptidketten zusammensetzen. Die Ketten sind umeinander gewunden und durch Wasserstoffbrücken verknüpft. Der Molekülaufbau gleicht also dem eines Seiles. Die einzelnen Moleküle sind ebenfalls durch leicht verschiebbare Wasserstoffbrükken aneinander gebunden; das Bindegewebe ist daher elastisch. Zwischen den Proteinmolekülen werden jedoch auch kovalente Bindungen ausgebildet. Ihre Zahl nimmt mit dem Alter zu und entsprechend sinkt die Elastizität des Bindegewebes.

(Muskel- und Nervengewebe werden in Verbindung mit ihrer Funktion besprochen.)

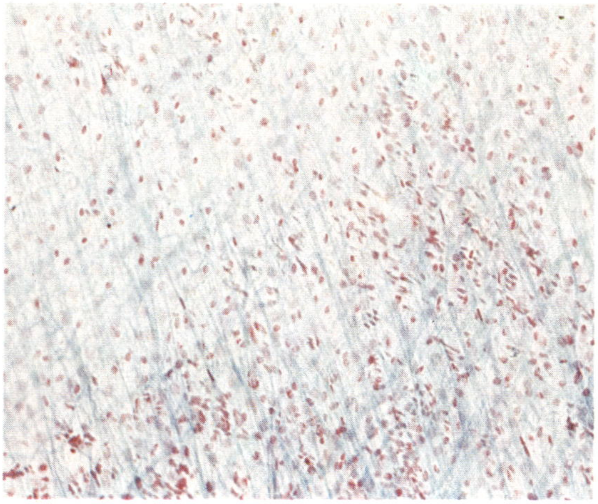

Abb. 71: Fibrilläres Bindegewebe aus dem Gekröse des Kaninchens. Netzförmig verflochtene Fasern und Bindegewebszellen

9. Der Organismus als System

Der aus einer Zelle oder aus vielen Zellen bestehende Organismus ist ein System mit all den typischen Eigenschaften, die am Beispiel von *Euglena* besprochen und als Kennzeichen lebender Systeme herausgestellt wurden (vgl. 1.2). Ein lebendes System ist immer ein offenes System, seine Strukturen und Funktionen werden durch Fließgleichgewichte aufrechterhalten. Es strebt unabhängig von den Anfangsbedingungen einem konstanten (stationären) Zustand zu, der gegen Störungen von außen (aus der Umwelt des Organismus) aufrechterhalten wird (*Homöostase*). Allerdings kann nicht jedes offene System, das sich im Fließgleichgewicht befindet, seinen Zustand gegenüber äußeren Störungen aufrechterhalten und die Eigenschaft der Homöostase zeigen. Der Wasserstand in einem Brunnentrog, der einen Zufluß und einen Abfluß hat, ist z. B. von der Zufluß- und Abflußgeschwindigkeit abhängig.

Will man im offenen System »Brunnentrog« den Wasserstand konstant halten, muß man ihn dauernd messen. Sinkt er ab, muß die Zuflußgeschwindigkeit erhöht (oder die Abflußgeschwindigkeit erniedrigt) werden. Ebenso muß einem Ansteigen des Wasserstandes durch Änderung der Zu- und Abflußgeschwindigkeit entgegengewirkt werden. Ein solches Meß- und Steuersystem kann den Wasserstand auch gegenüber anderen Störungen (z. B. zusätzliche Wasserentnahme durch Herausschöpfen) konstant halten. Das geschilderte System bezeichnet man in der Technik als *Regelkreis.* Ein solcher Regelkreis wurde bei *Euglena* bereits beschrieben. Die in großer Zahl in allen Zellen und Organismen vorhandenen Regelkreise sind die Ursache der Systemeigenschaft Homöostase.

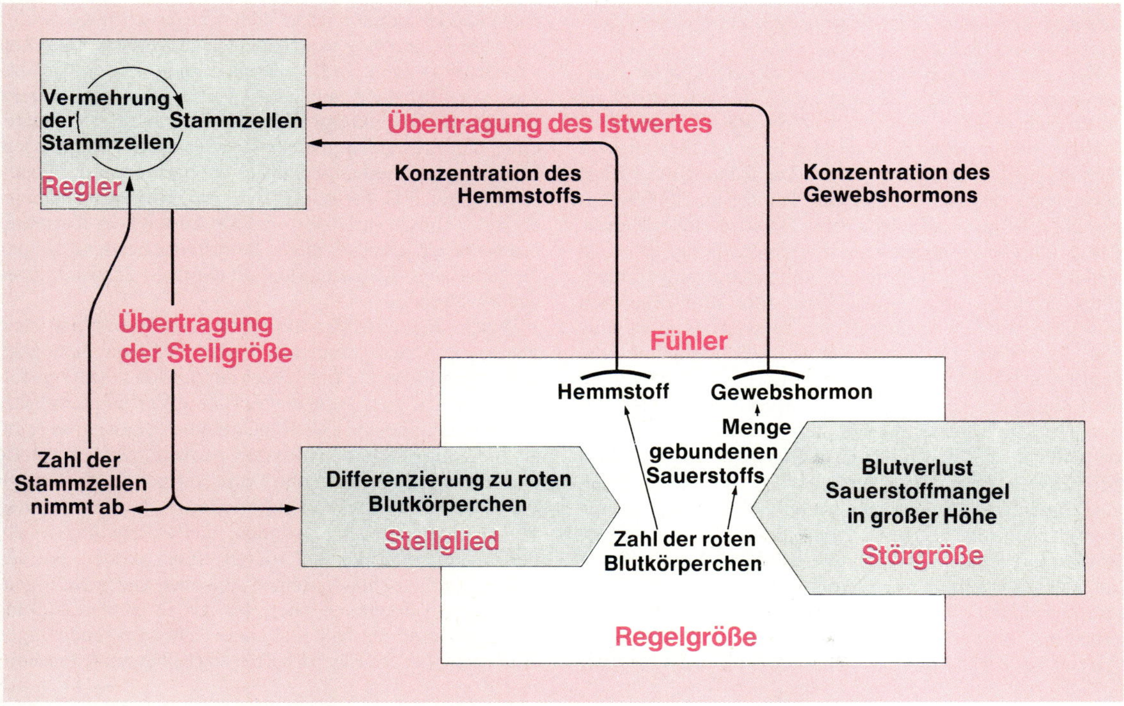

Abb. 72: Regelkreis der Differenzierung roter Blutkörperchen. Der Regelkreis ist durch zwei getrennte Istwert-Meldungen (über Hemmstoff und über Gewebshormon) abgesichert. Steigt der Istwert über den im Organismus erblich festliegenden Sollwert, so wird er über das Stellglied wieder erniedrigt; sinkt der Istwert unter den Sollwert, wird er über das Stellglied erhöht. Diese negative Rückkopplung wirkt einer Störung entgegen und hat zur Folge, daß der Istwert auf der Höhe des Sollwerts gehalten wird. Als Fühler wirkt die Menge an Hemmstoff und an Gewebshormon, die von der Zahl der vorhandenen roten Blutkörperchen abhängt. Die Differenzierung von Stammzellen zu roten Blutkörperchen führt zu einer Verminderung der Zahl von Stammzellen. Dadurch wird deren Teilungsrate erhöht. Dieser zusätzliche Regelkreis ist durch die beiden Pfeile links außen angedeutet. Zu den Regelbegriffen (rot) vgl. Abschnitt 1.2

Sowohl der Aufbau wie auch die Funktion lebender Systeme sind hierarchisch geordnet. Die Stufenreihe der Strukturen (der stofflichen Komponenten, der »hardware« in Computersprache) kann kurz durch die Begriffe Makromolekül, Self-assembly-System (4.3), Organell, Zelle, Gewebe, Organ, Organismus wiedergegeben werden. Die Stufenreihe der Funktionen ist weniger gut bekannt. Man kann sie als eine Hierarchie von »Programmen« für bestimmte Abläufe beschreiben (»software« in Computersprache). Das Grundprogramm ist festgelegt als »genetisches Programm« in der DNA. Verwirklicht werden Programme durch Steuerungs- und Regelungsvorgänge. Stets kann man die Systeme einer Strukturstufe (z. B. der Zelle) als Untersysteme der nächst höheren Strukturstufe (z. B. des Organs) auffassen und ihre Programme als Unterprogramme der nächsthöheren Funktionsstufe.

Viele Reaktionsketten des Zellstoffwechsels bilden Regelkreise aus. Auch viele Vorgänge in vielzelligen Organismen lassen sich als Regelkreis beschreiben, dies zeigt z. B. die Regelung des Blutdrucks (vgl. Abb. 178), der Körpertemperatur (s. S. 185) und der Gelenkstellungen (s. Abb. 259), sowie der Pupillenreflex (Abb. 225). In Regelkreisen liegt immer eine *negative Rückkopplung* vor. Es treten dabei Wirkungen auf, die den äußeren Störungen entgegengesetzt sind und diese aufheben.

Positive Rückkopplungen hingegen führen zu Verstärkungen einmal eingeleiteter Veränderungen. Sie spielen z. B. bei der Differenzierung von Zellen eine Rolle. Jedoch sind auch in solchen Fällen Regelkreise mit negativer Rückkopplung von Bedeutung.

Betrachten wir das Beispiel der Entstehung roter Blutkörperchen (Abb. 72). Es zeigt, daß eine Differenzierung von Zellen, also ein cytologischer Vorgang, als System darstellbar ist und dabei noch weitere Eigenschaften rückgekoppelter Systeme sichtbar macht. Die Bildung roter Blutkörperchen geht aus von Stammzellen, die durch Differenzierung die funktionsfähigen roten Blutkörperchen liefern. Durch ein *Gewebshormon* werden sie veranlaßt, sich nach Teilung in einem komplizierten Reifungsvorgang zu roten Blutkörperchen umzubilden. Viele rote Blutkörperchen transportieren viel Sauerstoff, der seinerseits die Bildung von Gewebshormon hemmt. So wirkt die Menge des von den roten Blutkörperchen transportierten Sauerstoffs auf die Bildung des Gewebshormons zurück und reguliert dadurch die Differenzierung von Stammzellen zu roten Blutkörperchen. Zusätzlich ist diese Rückkopplung gesichert durch einen *Hemmstoff,* den die funktionsfähigen roten Blutkörperchen abgeben. Die weitere Differenzierung von Stammzellen wird also umso mehr verhindert, je mehr rote Blutkörperchen bereits vorhanden sind. Wenn Stammzellen unter der Wirkung des Gewebshormons differenziert werden, so wird auch ihre Teilung angeregt; die Anzahl undifferenzierter Stammzellen bleibt dadurch ziemlich konstant.

Bei starker Blutung sinkt die Zahl der roten Blutkörperchen und zugleich wird weniger Sauerstoff transportiert. Als Folge davon wird weniger Hemmstoff gegen die Differenzierung der Stammzellen gebildet und die Produktion von Gewebshormon zur Differenzierung steigt an. Beide Vorgänge erhöhen die Bildung roter Blutkörperchen. Der Blutverlust (die eingetretene Störung) wird auf diese Weise ausgeglichen. Bei Sauerstoffmangel in großen Höhen wird auf gleiche Weise durch die angegebene Rückkopplung über Gewebshormon und Hemmstoff die Zahl der roten Blutkörperchen vermehrt. Allerdings dauert die Differenzierung von Stammzellen zu funktionsfähigen Blutkörperchen mindestens 2 Tage. Die Störung wird also nicht sofort, sondern erst erhebliche Zeit später beantwortet. Man nennt die Zeit zwischen dem Beginn einer Änderung der Regelgröße und dem Beginn der Wirkung des Stellgliedes die *Totzeit.* Sie kommt dadurch zustande, daß die Informationsübertragung innerhalb der Regelkreise Zeit braucht. Eine auftretende Störung kann also erst eine gewisse Zeit später beantwortet werden.

Totzeiten von Regelsystemen im Zellstoffwechsel betragen meist nur Bruchteile von Sekunden. Im Vergleich dazu ist die Totzeit bei der Bildung roter Blutkörperchen recht lang. In solchen Fällen kann sich die Korrektur möglicherweise erst auswirken, wenn die Störung bereits beendet ist. Dann steigt der Istwert der Regelgröße über den Sollwert hinaus an, und eine Gegenkorrektur setzt ein. Dies führt zu Schwankungen der Regelgröße um einen Mittelwert. Der Regelkreis gerät ins Schwingen. Dies ist beim Regelkreis der roten Blutkörperchen tatsächlich nachgewiesen worden.

Ist die Totzeit lang und (oder) die auftretende Korrektur sehr groß, so kann ein Regelkreis instabil werden. Der Istwert schwingt dann von einem Extremwert zum andern. Biologische Regelkreise sind allerdings zumeist so aufgebaut, daß Schwankungen der Regelgröße nur in geringem Umfang oder überhaupt nicht zu beobachten sind. In manchen Fällen, z. B. bei starker Alkoholeinwirkung, kann jedoch die Totzeit verlängert und das Ausmaß der Korrektur verstärkt sein. Deshalb zeigen Betrunkene bei der Regelung der aufrechten Körperhaltung oft deutliche Schwankungen der Regelgröße.

Welche Eigenschaften ein bestimmtes System hat, kann man nur erkennen, wenn man sowohl die Eigenschaften der beteiligten Elemente (ihre Strukturen: Moleküle, Organellen, Zellen ...) als auch die Art ihrer Verknüpfung (ihre Funktionen: allosterische Regulationen, Transportvorgänge, Steuerungen durch Hormone, sowie durch Hemmstoffe und Nerven ...) genau kennt. Dann läßt sich das System auf einem Computer nachbilden (simulieren), und man kann so seine Eigenschaften herausfinden. Für das Regelungssystem der Glykolyse ist dies z. B. durchgeführt worden. Bei den meisten biologischen Systemen sind aber weder die Eigenschaften der Elemente noch die Art ihrer Verknüpfung genau bekannt. Deshalb kann man auch keine endgültigen Aussagen über die Eigenschaften solcher Systeme machen.

Ökologie – Die Wechselbeziehungen zwischen den Organismen und ihrer Umwelt

Alle Lebewesen sind von ihrer Umwelt abhängig und beeinflussen sie ihrerseits. Mit diesen Wechselbeziehungen beschäftigt sich die **Ökologie.**

Ein Hase braucht Gras und Kräuter als Nahrung und Wasser zum Trinken. Er benötigt einen Unterschlupf, um sich zu verstecken oder Junge zur Welt zu bringen. Er paart sich mit Artgenossen und ist in seiner Lebensweise abhängig vom Klima. Fuchs und Habicht stellen ihm nach, und in seinem Fell sitzen Läuse. So ist der Hase in vielerlei Weise mit seiner belebten und unbelebten Umwelt verbunden. Gleiches gilt für jedes andere Lebewesen. Man bezeichnet alle Einflüsse, die von anderen Lebewesen auf einen Organismus ausgeübt werden, als **biotische Faktoren** der Umwelt. Bei Tieren sind dies Nahrung, Feinde, Beziehungen zu Artgenossen (Konkurrenz, Paarung, Brutpflege, Gruppenbildung), Parasiten oder symbiontischen Organismen. Einflüsse der unbelebten Umwelt auf einen Organismus wie solche des Bodens oder des Klimas bezeichnet man als **abiotische Faktoren.**

1. Wechselbeziehungen zwischen den Pflanzen und ihrer Umwelt

1.1 Einfluß abiotischer Faktoren

Eine Pflanze wächst dort, wohin der Same fällt und keimt. Aus der Umwelt wirken Klima und Boden auf die Pflanze ein. Unter **Klima** verstehen wir den durchschnittlichen Witterungsverlauf (Temperatur, Wasser, Luftbewegung, Licht) in einer Landschaft. Der Wuchsort der einzelnen Pflanze, ihr Standort, hat sein eigenes Kleinklima, das etwa bezüglich der Temperatur oder der Luftfeuchtigkeit vom Großklima abweichen kann.

Innerhalb desselben Klimabereiches gibt es also recht unterschiedliche Lokalklimata. In Mitteleuropa findet man an Nordhängen häufig Wald, während Südhänge Trockenrasen oder Weinberge tragen.

Daß die Ansprüche der Pflanze an das Klima sehr verschieden sind, zeigt sich schon beim Anbau von Nutzpflanzen im Garten. Wärmeliebende Pflanzen wie Tomate, Gurke, Bohne erfrieren schon beim ersten Frost; kälteharte wie Lauch und Krauskohl überwintern ungeschädigt.

Die bei nächtlicher Ausstrahlung sich abkühlende Bodenluft fließt bei geneigtem Gelände talwärts und bildet in Senken und Tälern Kaltluftseen. Diese schädigen den Anbau vieler Kulturpflanzen (Wein, Obst). In kaltluftgefährdeten Gebieten müssen daher besondere Frostschutzmaßnahmen unter Wärmezufuhr ergriffen werden (Heizung, Ventilation, künstliche Beregnung).

Lichtpflanzen verlangen volles Sonnenlicht: Salat, Gurke. Andere ertragen auch Halbschatten: Lauch, Sellerie.

Beim Klima wirken eine Reihe von Einzelfaktoren zusammen. Das Jahresmittel der Temperatur und die winterlichen Tiefstwerte wirken sich besonders stark aus. Roggen hält $-25°$ C aus, Mais nur 0–1° C. Bei welligem Gelände bestimmen Gefälle und Sonnenlage die Wärme- und Lichtmenge, die einer Pflanze zukommen. Am Südhang sind die wärmebedürftigsten Pflanzen zu Hause, da er mehr als die doppelte Strahlenmenge des Nordhangs erhält. An Niederschlägen verlangt z. B. der mitteleuropäische Wald eine Jahresregenmenge von mehr als 40 cm.

Die Abhängigkeit der Pflanze von den klimatischen Verhältnissen ist sehr deutlich in den Alpen zu beobachten. Mit zunehmender Höhe nimmt die Temperatur ab und wird der Winter länger; auch erschwert die gesteigerte Windwirkung die Wasserversorgung. In höheren Lagen treten nur noch kleinwüchsige Formen auf, die sich dem schützenden Boden anschmiegen. Infolgedessen kommt es zu der auffallenden Gürtelung der Vegetation. Eine ähnlich differenzierte Gürtelung zeigt das Ufer von Seen (vgl. Abb. 81).

Auch die **Boden**beschaffenheit beeinflußt das Pflanzenwachstum. Manche Pflanzen verlangen einen stark gedüngten Boden: Kohl, Tomate, Kartoffel; andere entwickeln sich auch in nährstoffärmeren Böden recht gut: Bohne, Möhre, Zwiebel. Auch die Wasserführung des Bodens ist von großer Bedeutung; lockerer Sandboden trocknet leicht aus und erwärmt sich daher rascher. Schwerer, stark wasserbindender Tonboden erwärmt sich wegen der hohen spezifischen Wärme des Wassers langsam; er ist kalt und wird daher von wärmeliebenden Pflanzen gemieden. Noch mehr gilt dies für den Moorboden. Der Humusgehalt und die Art und Menge der mineralischen Nährstoffe beeinflussen das Vorkommen der Pflanzen ebenfalls. Jede Pflanze ist auf eine bestimmte Reaktion des Bodenwassers eingestellt. Es gibt Arten, die nur auf saurem Boden (Heidekraut), und andere, die nur auf neutralem oder leicht alkalischem Boden (Huflattich, Leberblume) gedeihen.

Weil manche Pflanzen ganz bestimmte Ansprüche an die Standortbeschaffenheit stellen, benützt man sie als **Zeigerpflanzen** und beurteilt nach ihrem Auftreten die Standortseigenschaften (Nährsalz-, Wasser-, Temperatur-, Lichtverhältnisse). Vgl. auch Stoffwechsel und Energiehaushalt der Pflanze 6.3.

1.2 Einfluß biotischer Faktoren

1.2.1 Wettbewerb zwischen den Pflanzen

Nicht jede Pflanzenart kommt überall vor. Man sucht ein Buschwindröschen nur im Laubwald, eine Sumpfdotterblume nur in einer feuchten Wiese. Pflanzen, die ähnliche Ansprüche an Boden und Lokalklima stellen, kommen zusammen vor; sie sind miteinander vergesellschaftet. In einer derartigen *Pflanzengesellschaft* herrscht ein ständiger Wettbewerb, eine Konkurrenz zwischen den Arten. Dieser Wettbewerb bestimmt in ausgeprägtem Maße die Zusammensetzung von Pflanzengesellschaften.

An einen bestimmten Standort können Samen vieler Pflanzenarten gelangen. Wenn sie auskeimen, stehen bereits die Keimlinge untereinander in Konkurrenz um Licht, Wasser und Nährsalze. Solche, die rascher wachsen, nutzen das Licht voll aus und beschatten andere, die dadurch gehemmt werden oder gar zugrunde gehen. An einem Standort kommen deshalb unter natürlichen Bedingungen nicht alle Pflanzen vor, die an sich dort gedeihen könnten, son-

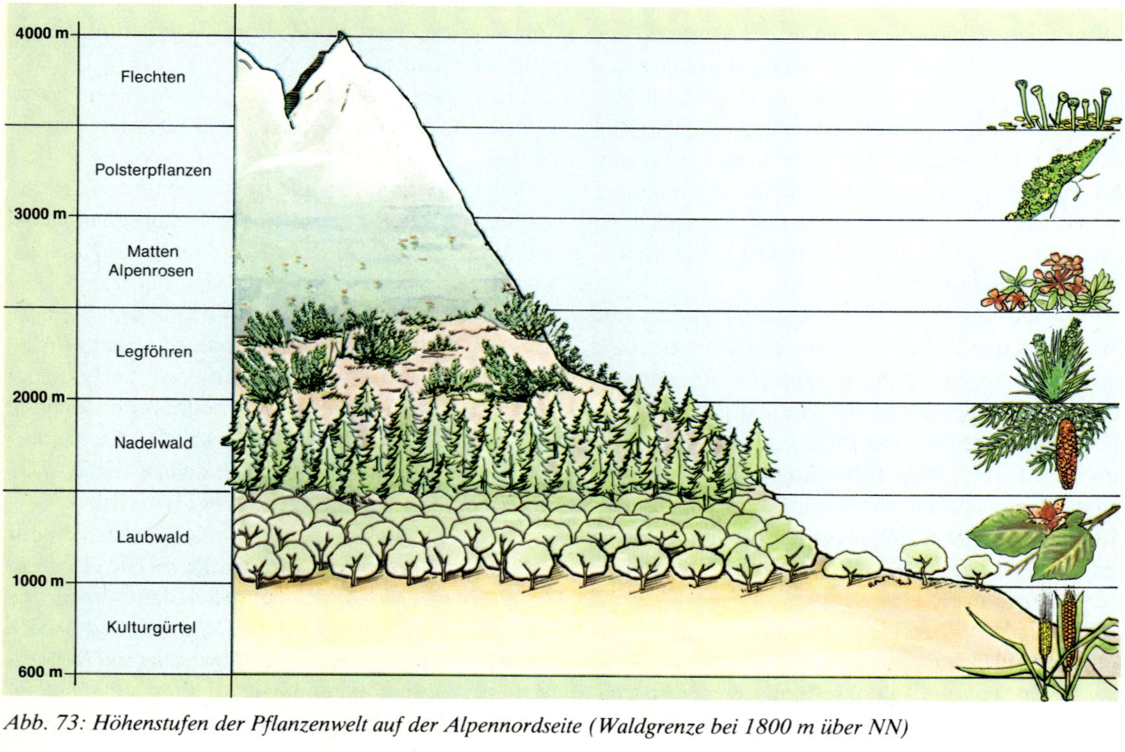

Abb. 73: Höhenstufen der Pflanzenwelt auf der Alpennordseite (Waldgrenze bei 1800 m über NN)

dern nur solche, die sich unter den herrschenden Konkurrenzverhältnissen gegen andere durchsetzen. Im Wettbewerb unterliegende Arten können nur gedeihen, wenn die Konkurrenz (z. B. durch gärtnerische Maßnahmen) ausgeschaltet ist.

Die Konkurrenzfähigkeit einer Art ist durch innere Faktoren und die Umweltverhältnisse (Licht- und Temperaturverhältnisse, Wasserversorgung, Bodenreaktion) bedingt. Innere Faktoren sind die Vermehrungsfähigkeit, die Ausbreitungsfähigkeit und die Behauptungsfähigkeit.

Die Vermehrungsfähigkeit hängt von der Zahl der Samen ab; sie ist weit größer als die Ausfälle durch Absterben artgleicher Individuen ausmachen. Es gibt Arten, bei denen die Samenzahl einer Pflanze eine Million übersteigen kann (z. B. Weißer Gänsefuß). Die Ausbreitungsfähigkeit einer Pflanze bemißt sich danach, wie weit sich die Samen ausbreiten können. Je leichter die Samen wandern und je zahlreicher sie sind, desto größer ist die Wahrscheinlichkeit, daß einige einen geeigneten Keimplatz finden und wachsen; bevorzugt sind dabei die Windwanderer, wie z. B. der Löwenzahn.

Zwischen den Pflanzen eines Standorts entwickelt sich ein Wettbewerb, dessen Ergebnis vor allem von der Behauptungsfähigkeit der Arten abhängt. Einjährige Pflanzen können den eroberten Siedlungsraum nicht dauernd behaupten. Im Herbst sterben sie ab; bestenfalls geben sie den Platz an ihre Nachkommen weiter. Ausdauernde Arten dagegen überwintern und halten ihren Siedlungsraum durch Jahrzehnte, Holzgewächse durch Jahrhunderte oder gar Jahrtausende besetzt.

Als Folge der Konkurrenz kommt eine Art häufig nicht dort vor, wo sie alleinstehend optimal gedeihen könnte. Vielmehr tritt jede Art dort auf, wo sie sich im Wettbewerb mit anderen Arten am besten durchsetzt. Eiche, Esche, Rotbuche oder Kiefer sind an das mitteleuropäische Klima angepaßt und haben auch ähnliche Lichtbedürfnisse. Weil aber ihre Ansprüche an die Wasserverhältnisse und die Reaktion des Bodens verschieden sind, kommen sie unter natürlichem Wettbewerb jeweils nur in bestimmten Gebieten zur Vorherrschaft.

Weitere biotische Faktoren für die Pflanzen sind auch die Tiere, die von ihnen zehren, sie bestäuben oder ihre Früchte und Samen verbreiten.

Die Untersuchung der Pflanzengesellschaften ist Aufgabe der *Pflanzensoziologie.* Sie erstellt *Vegetationskarten,* indem sie die in einem bestimmten Gebiet auftretenden Pflanzengesellschaften kartiert. Da jede Pflanzengesellschaft Rückschlüsse auf Bodenbeschaffenheit und Klima erlaubt, geben die Vegetationskarten Hinweise für die günstigsten Nutzungsmöglichkeiten einer Landschaft (ob für Ackerbau, Wiesen oder Weiden geeignet oder welche Waldbäume den höchsten Holzertrag liefern). Mit ihrer Hilfe werden geeignete Baum- und Straucharten für die Landschaftspflege ausgewählt (Begrünung von Böschungen, Straßeneinschnitten, Schutthalden).

2. Wechselbeziehungen zwischen den Tieren und ihrer Umwelt

2.1 Einfluß abiotischer und biotischer Faktoren

So wie die Pflanzen nur an ihnen zusagenden Standorten gedeihen können, leben auch die Tiere an Orten, die ihre von Art zu Art wechselnden Ansprüche an abiotische und biotische Faktoren wie Klima, Nahrung, Schutz, Brutmöglichkeiten u. a. erfüllen.

Die **Temperatur** beeinflußt das Vorkommen der Tiere stark, da viele Arten nur innerhalb bestimmter Temperaturbereiche ihre Lebenstätigkeit voll entfalten können. Nur die warmblütigen (homöothermen) Säuger und Vögel sind durch ihre Fähigkeit zur Temperaturregulation weniger temperaturabhängig. Homöotherme Tiere benötigen zur Aufrechterhaltung ihrer Körpertemperatur eine größere Nahrungsmenge als wechselwarme; deshalb ist die Nahrung bei vielen von ihnen ein begrenzender Faktor des Vorkommens.

Für die Wärmeabgabe ist die Oberfläche der Tiere maßgebend, während der Stoffwechsel und damit die Wärmeproduktion vom Volumen der Tiere abhängen. Bei Größenzunahme steigt das Volumen in der dritten Potenz, die Oberfläche aber nur im Quadrat an. Darum geben größere Tiere mit ihrer im Verhältnis zum Volumen kleineren Oberfläche rela-

Abb. 74: Köpfe von Füchsen aus (1) dem heißen Wüstengürtel Amerikas (Fenek), (2) der gemäßigten Zone (Rotfuchs) und (3) der arktischen Zone (Polarfuchs, im Sommer braun, im Winter weiß)

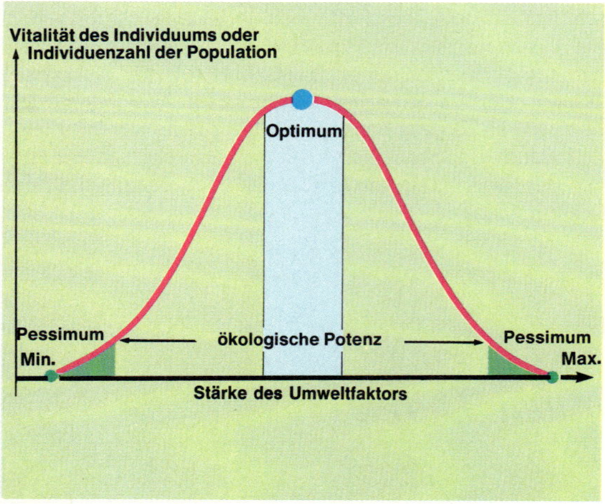

Abb. 75: Kardinalpunkte der Reaktion einer Art auf Einflüsse von Umweltfaktoren. Die ökologische Potenz ist gekennzeichnet durch denjenigen Einflußbereich eines Umweltfaktors, in dem sich die Art noch fortpflanzt. Der Bereich, in dem sich eine Art nicht mehr fortpflanzt, aber gerade noch zu existieren vermag, wird als Pessimum bezeichnet. Für den Umweltfaktor Temperatur ist dies ein bestimmter niederer und hoher Temperaturbereich. Unterhalb einer bestimmten Umwelttemperatur (Minimum) und oberhalb einer bestimmten Umwelttemperatur (Maximum) kann die Art nicht mehr existieren. In der Natur wirken alle Umweltfaktoren zusammen, was zu anderen Auswirkungen führt, als sich bei der Betrachtung eines Einzelfaktors erwarten läßt. Die Schattenverträglichkeit mancher Pflanzenarten steigt mit dem Nährstoffreichtum des Bodens. Die Temperaturabhängigkeit vieler Tierarten ändert sich mit der Luftfeuchtigkeit oder dem Ernährungszustand. Das ökologische Optimum einer Art ist durch die günstigste Kombination der Umweltfaktoren gekennzeichnet.

tiv weniger Wärme ab; sie sind dadurch in kälterem Klima begünstigt. Innerhalb eines Verwandtschaftskreises findet man deshalb bei Säugern und Vögeln häufig in kälteren Gebieten größere Arten (oder Rassen einer Art) als in wärmeren (BERGMANNsche Regel). So kommen die größten Pinguinarten (Kaiserpinguin, über 1 m) in der Antarktis vor, die kleinste Art (Galapagos-Pinguin, rd. 50 cm) in der Nähe des Äquators.

Abstehende Körperteile, die leicht auskühlen (lange Ohren, Schwänze), sind bei Arten kalter Gebiete meist kleiner ausgebildet als bei verwandten Arten wärmerer Zonen (ALLENsche Regel).

Bei wechselwarmen Tieren hängt die Stoffwechselintensität stark von der Temperatur ab. Deshalb treten viele wechselwarme Tiergruppen in den Tropen in größerer Mannigfaltigkeit (Insekten, Reptilien) und größerem Wuchs auf (Riesenkäfer, Krokodile, Riesenschlangen).

Auf die Bedeutung der abiotischen Faktoren *Wasser* und *Sauerstoffgehalt* sowie der biotischen Faktoren *Nahrungspflanzen, Beutetiere, Feinde, Parasiten* wird in den folgenden Abschnitten 2.2 und 2.3 sowie bei der Betrachtung von Ökosystemen eingegangen.

Den Bereich eines Umweltfaktors (z. B. der Temperaturbereich), innerhalb dessen eine Tierart lebensfähig ist, bezeichnet man als ihre **ökologische Potenz** (ökologische Valenz) gegenüber dem Umweltfaktor. Sie kann eng oder weit sein. Die Zahl der Individuen einer Art wird durch die ungünstigsten Umweltfaktoren begrenzt (**Wirkungsgesetz der Umweltfaktoren** oder Pessimum-Gesetz).

2.2 Die ökologische Nische

Tiere nützen in ihrem Lebensraum nur wenige der vorhandenen Möglichkeiten für ihre Ernährung, zur Anlage ihres Brutplatzes u. a. aus. So leben zwei Seeschwalbenarten im gleichen Lebensraum an der Meeresküste und brüten auch an gleichen Plätzen. Jedoch brütet die eine Art im Oktober/November und ernährt sich von Landinsekten, die andere Art hingegen brütet im Januar/Februar und lebt von Seetieren. Auf demselben Baum können Ringel- und Hohltaube nisten, erstere im Geäst, letztere in einer Spechthöhle. Die Ringeltaube frißt vorwiegend in der Nähe ihres Nestes Früchte, Raupen, Würmer und Schnecken, die Hohltaube dagegen sucht in weitem Umkreis nach Früchten verschiedener Art. Beide Beispiele zeigen, daß die Tierarten jeweils im gleichen Lebensraum auftreten, aber unterschiedliche Faktoren darin ihre Lebensweise bestimmen. Man bezeichnet die Gesamtheit aller biotischen und abiotischen Umweltfaktoren, die für die Existenz einer bestimmten Art wichtig sind, als die ökologische Nische der Art. »Ökologische Nische« bezeichnet nicht einen Raum, wie der Begriff zunächst vermuten läßt, sondern eine Vielzahl von Beziehungen zwischen einer Art und ihrer Umwelt. Er drückt aus, daß bestimmte Umweltgegebenheiten durch die Art in spezifischer Weise genutzt werden. Die Umwelt wird gewissermaßen auf verschiedene Arten aufgeteilt.

Möglichkeiten der Einnischung

1. Nah verwandte Arten leben in verschiedenen Biotopen: z. B. Feldhase-Schneehase; Feldmaus-Waldmaus; Moorfrosch-Grasfrosch; Eichelhäher-Tannenhäher
2. Die Arten leben im selben Lebensraum, nutzen diesen aber unterschiedlich.
   - 2.1 Einnischung durch Verlegung der Hauptaktivität auf verschiedene Zeiten: z. B. Tagraubvögel-Eulen
   - 2.2 Einnischung bezüglich der Nahrung:
     - 2.21 Unterschiedliche Größe der Nahrung (häufig bei verwandten Raubtierarten): Die unterschiedliche Größe der Raubtiere bedingt unterschiedlich große Beutetiere. Beispiele: Fuchs (klein) – Wolf (groß), Sperber (klein) – Habicht (groß)
     - 2.22 Unterschiedlicher Ort der Nahrungssuche: z. B. Kohlmeise sucht ihre Nahrung am Boden und im Innern der Baumkronen, Blaumeise im Bereich der Astspitzen.
     - 2.23 Spezialisierung von Parasiten auf bestimmte Körperteile des Wirts: z. B. Kopflaus – Kleiderlaus – Schamlaus (Filzlaus) beim Menschen
   - 2.3 Einnischung bezüglich der Temperatur: z. B. die Strudelwürmer *Planaria alpina* im Bachoberlauf und *Pl. gonocephala* im Mittel- und Unterlauf des Baches.
   - 2.4 Einnischung bezüglich des Fortpflanzungsverhaltens: Verschiedene Fortpflanzungszeit: z. B. verschiedene Seeschwalbenarten.

Wenn zwei Arten eines Gebietes dieselbe ökologische Nische besetzen würden, so müßte zwischen ihnen totale Konkurrenz herrschen. Die unter den gegebenen Umweltbedingungen jeweils lebenstüchtigere Art würde die andere schließlich völlig verdrängen (*Konkurrenzausschlußprinzip* oder Gause-Volterrasches Prinzip). Dies läßt sich experimentell überprüfen (Abb. 78). Das führt dazu, daß in einem bestimmten Lebensraum nie zwei Arten mit völlig gleichen ökologischen Nischen vorkommen.

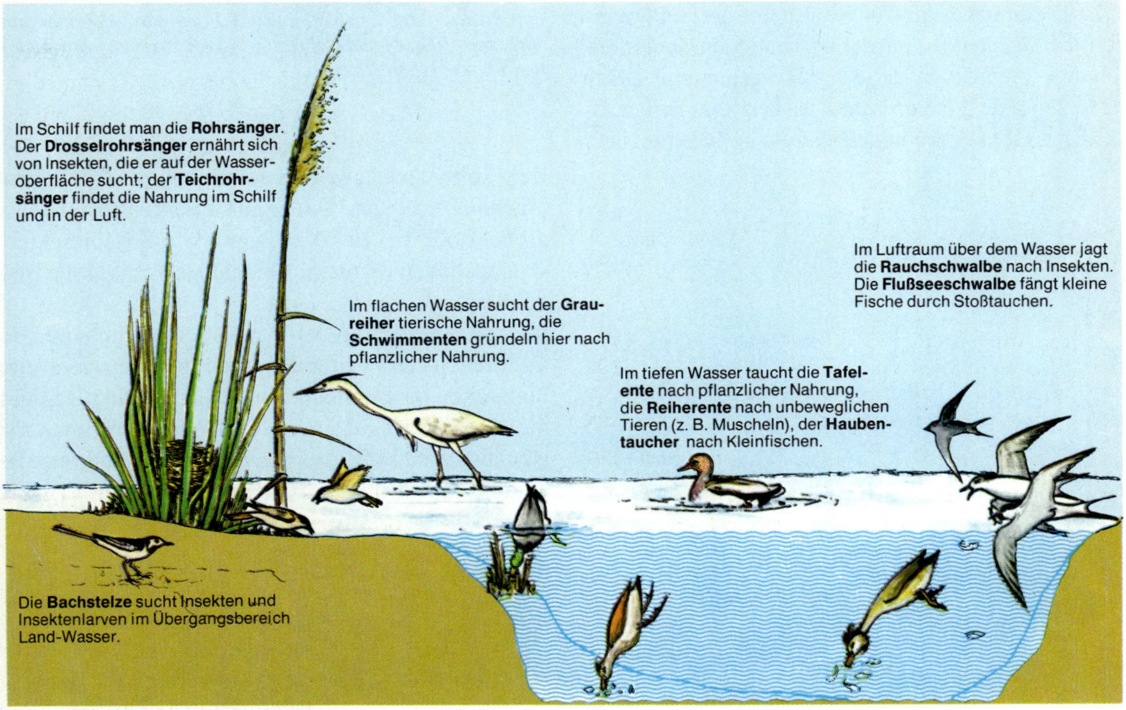

Abb. 76: Nahrungsnischen einiger Vögel der Teiche. Die beiden Rohrsänger und ebenso Tafel- und Reiherente zeigen die unterschiedliche Einnischung von Arten einer Gattung. Die beiden Vögel, Rauchschwalbe und Flußseeschwalbe, im Luftraum über dem offenen Wasser, haben bei ähnlicher Lebensweise sehr ähnliche Gestalt (Konvergenz); ihre Nahrungsnischen sind jedoch deutlich verschieden.

Arten, die in geographisch getrennten Gebieten leben, können hingegen sehr ähnliche ökologische Nischen ausbilden und in Anpassung an diese viele Ähnlichkeiten in Gestalt und Lebensweise (Konvergenzen) aufweisen. Ein Beispiel aus dem Tierreich sind die Kolibris von Südamerika, Nektarvögel von Afrika und Honigfresser von Australien. Sie sind gestaltlich sehr ähnliche, nektarsaugende Vögel, aber nicht miteinander verwandt. Als Beispiel aus dem Pflanzenreich seien die Kakteen in amerikanischen, Wolfsmilchgewächse in afrikanischen und Schwalbenwurzgewächse in afrikanischen und asiatischen Trockengebieten erwähnt. Sie haben alle ähnlichen Wuchs, sie sind Sukkulenten (vgl. Abb. 142).

2.3 Regelung der Bestandesdichte

Setzt man eine Kultur von Pantoffeltierchen an und fügt täglich eine bestimmte Menge Bakterien als Nahrung hinzu, so vermehren sich die Tiere bis zu einer ganz bestimmten Zahl. Dieser Grenzwert der Individuenzahl wird als maximale Populationsdichte bezeichnet, er ist in unserem Beispiel in erster Linie durch die Nahrungszufuhr bestimmt. Die Menge der Nahrung ist hier der wichtigste dichtebegrenzende Faktor. Ähnliches gilt für Raubtiere, deren Populationsdichte von der Zahl der vorhandenen Beutetiere abhängt. Aber auch das Angebot geeigneter Brutplätze kann dichtebegrenzend wirken. Das trifft z. B. für die in Höhlen brütenden Meisen im Wald zu. Ihre Zahl läßt sich daher durch Anbringen von Nistkästen erheblich erhöhen. Da sie als Insektenfresser eine große Rolle bei der Vertilgung von Schadinsekten spielen, haben derartige Maßnahmen praktische Bedeutung.

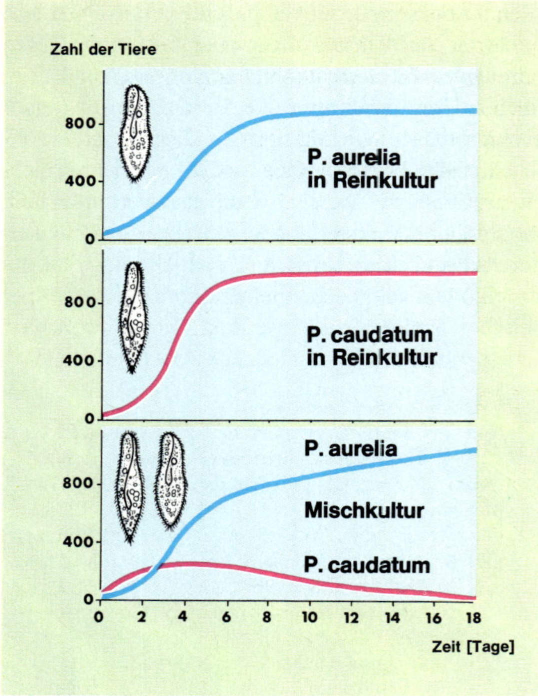

Abb. 78: Zwei Arten von Pantoffeltierchen in getrennter und in gemeinsamer Kultur
Wenn sich beide Arten unter bestimmten Bedingungen gemeinsam in einer Kultur befinden, wird Paramaecium caudatum im Lauf der Zeit völlig durch P. aurelia verdrängt und stirbt aus. In der Natur leben die beiden Arten in verschiedenen ökologischen Nischen.

Für die Regelung der Populationsdichte sind vor allem Faktoren wichtig, die durch das Anwachsen der Population ins Minimum geraten (z. B. die je Individuum zur Verfügung stehende Nahrungsmenge). Es gibt aber auch Einflüsse, die von der Populationsgröße unabhängig sind (z. B. winterliche Kälte).

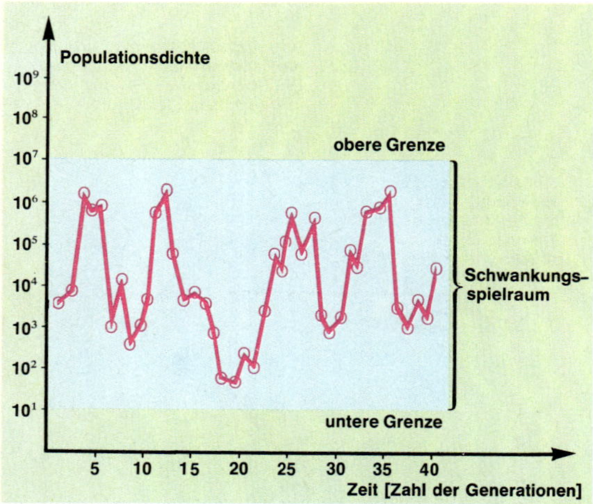

Abb. 77: Schwankungen der Populationsdichte (in einem begrenzten Lebensraum) bei der Stubenfliege durch Konkurrenz unter Artgenossen. Die unmittelbaren Ursachen der Schwankungen sind Fruchtbarkeit, Sterblichkeit sowie Ein- und Auswanderung der Tiere.

Dichtebegrenzende Faktoren

Dichteabhängige:	innerartliche Konkurrenz, Feinde (Parasiten, Räuber), Krankheiten
Dichteunabhängige:	zwischenartliche Konkurrenz, Klimaeinflüsse (Temperatur, Niederschläge, Luftfeuchtigkeit, dazu ihre Folgen wie Dürre, Überschwemmungen usw.)

Unter den dichtebegrenzenden Faktoren sind also solche, deren Wirkung mit zunehmender Individuenzahl zunimmt (dichteabhängige Faktoren) und solche, deren Wirkung von der Individuenzahl unabhängig ist (dichteunabhängige Faktoren).

Alle dichtebegrenzenden Faktoren wirken sich aus über die Zahl der Nachkommen und die Sterblichkeit der Individuen. Die Größe einer Population wird durch das Zusammenwirken aller dichtebegrenzenden Umweltfaktoren festgelegt.

2.4 Bevölkerungspyramiden

Auch Populationen (s. S. 253) sind wie andere biotische Systeme (Zellen, Organismen) offene, dynamische Systeme, die sich durch ständigen Zustrom und Abgang von Individuen im Fließgleichgewicht halten. Die Altersverteilung in einer Population kann man durch Bevölkerungspyramiden (Alterspyramiden) darstellen.

Die Abszisse in Abb. 79 gibt die Zahl der Individuen an, die Ordinate die jeweilige Altersgruppe. Aus der Gestalt läßt sich ersehen, ob eine Population wächst, die Individuenzahl etwa konstant bleibt (d. h. stabil ist, dann ändert sich die Gestalt der Pyramide mit der Zeit nicht) oder abnimmt. Eine breite Basis der Pyramide, d. h. eine große Anzahl von Nachkommen, deutet auf ein Anwachsen der Population hin, eine schmale Basis auf Abnahme. Um künftige Veränderungen der Population aus der Bevölkerungspyramide ablesen zu können, muß allerdings die Gestalt

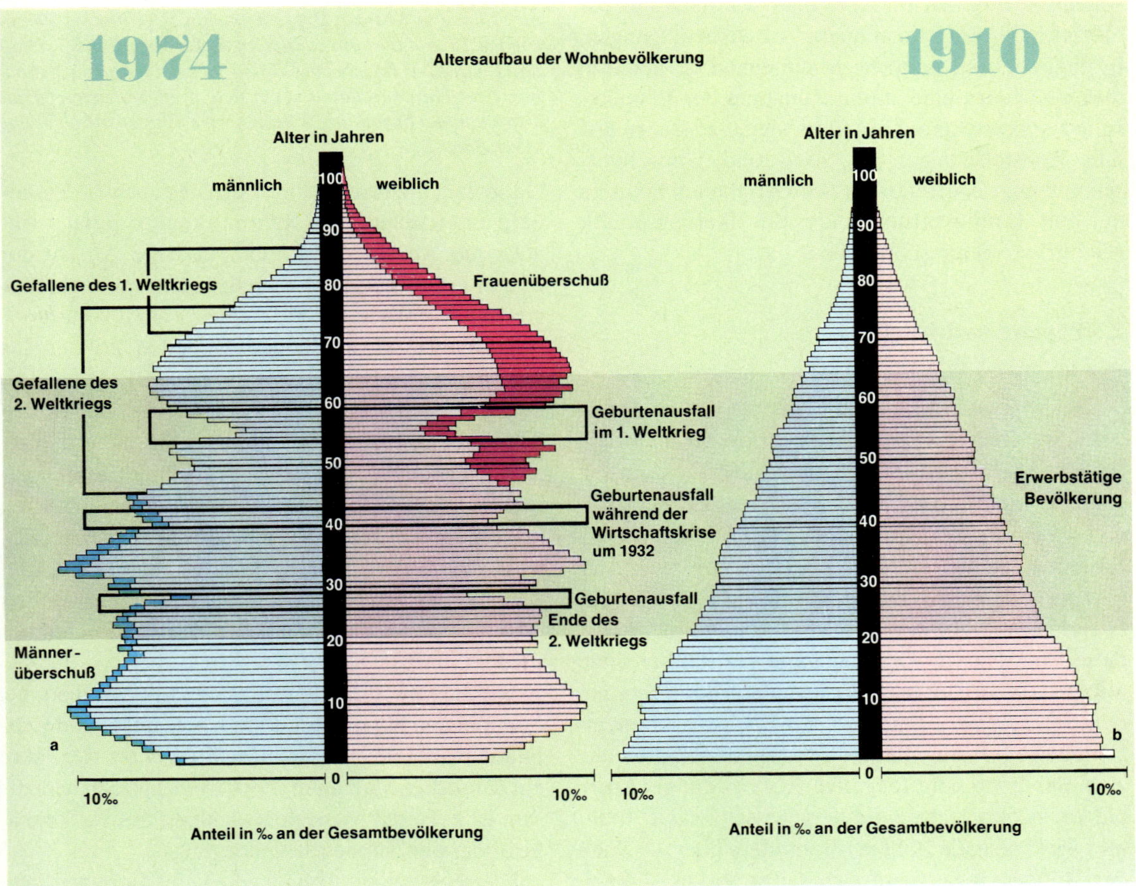

Abb. 79: Bevölkerungspyramiden verschiedener menschlicher Populationen. Links ist jeweils der prozentuale Anteil der Männer, rechts der prozentuale Anteil der Frauen, bezogen auf die Gesamtbevölkerung wiedergegeben. So läßt sich das Zahlenverhältnis der Geschlechter erkennen. a Bundesrepublik Deutschland 1974: Zeigt näherungsweise das Bild einer stabilen Population. Die starken Unregelmäßigkeiten sind Folgen der Kriege. Die dunklen Farben kennzeichnen jeweils den Frauen- bzw. Männerüberschuß. b Deutsches Reich 1910: Ungestörte Pyramide einer wachsenden Population. Einen entsprechenden Aufbau haben die Bevölkerungspyramiden für Österreich. Pyramidenformen wie bei b, oft mit noch breiterer Basis, finden sich heute in Entwicklungsländern. Es ist dann starkes Anwachsen der Population zu erwarten.

der Pyramide für eine stabile Population der betreffenden Art, d. h. für den Zustand des Fließgleichgewichts (Geburtsrate = Sterberate), bekannt sein. Die Gestalt dieser Pyramide ist abhängig von der Altersverteilung der Sterblichkeit.

Ist etwa von Speisefischen die natürliche Populationspyramide bekannt, so kann man aus festgestellten Veränderungen der Pyramide Schlüsse auf etwaige Übernutzung ziehen und u. U. durch Vorschriften über die Maschengröße der Netze den Fang auf ältere Individuen beschränken.

Um die Ursachen der Bevölkerungsdynamik menschlicher Gesellschaften (Staaten) zu ermitteln, werden die wichtigsten Einflüsse (Geburten und Todesfälle, Anzahl der Eheschließungen pro Zeiteinheit, Wanderungsgewinne und -verluste pro Zeiteinheit und Anzahl der Frauen im gebärfähigen Alter) statistisch untersucht. Als Folge der Senkung der Sterblichkeit durch humanere Arbeitsbedingungen, hygienische und ärztliche Maßnahmen ist heute in vielen Ländern eine starke Zunahme der Bevölkerung zu beobachten. Dies führt wieder zu Nahrungs- und Rohstoffmangel, zu Streß und Umweltverschmutzung. Auftretenden Schwierigkeiten läßt sich nur mit verantwortungsvoller Bevölkerungspolitik (Geburtenregelung) begegnen.

2.5 Populationsdynamik und biologisches Gleichgewicht

Ernährt sich eine Tierart (Räuber) von einer andern Art (Beute) desselben Lebensraumes und wandern weder Tiere zu noch ab, dann steigt die Zahl der Räuber, wenn die Zahl der Beutetiere zunimmt. Je mehr Nahrung, desto mehr Nachkommen können die Räuber aufziehen. Die Zahl der Beutetiere wirkt sich also positiv auf die Zahl der Räuber aus. Je länger die Generationsdauer der Räuber ist, desto später tritt diese Wirkung ein. Die Zunahme der Räuber setzt also erst einige Zeit nach der Zunahme der Beutetiere ein (»Totzeit«). Da nun mehr Räuber auch mehr Beutetiere fressen, mindert die Zahl der Räuber die Zahl der Beutetiere (negative Rückwirkung). Auch hierbei beobachtet man eine gewisse Totzeit. Indirekt wirkt also die Zahl der Beutetiere über die Zahl der Räuber negativ auf sich selbst zurück. Dieser Vorgang kann als Regelkreis beschrieben werden.

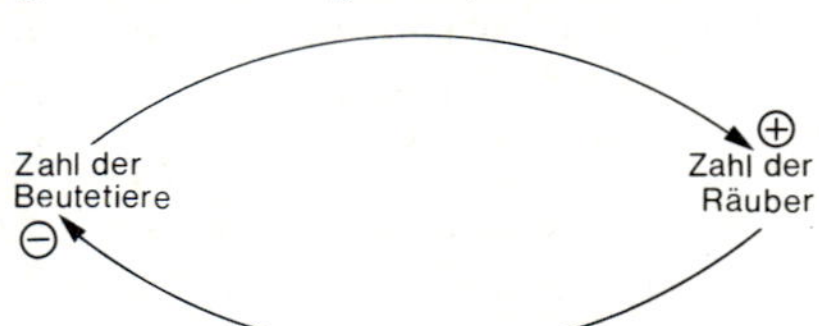

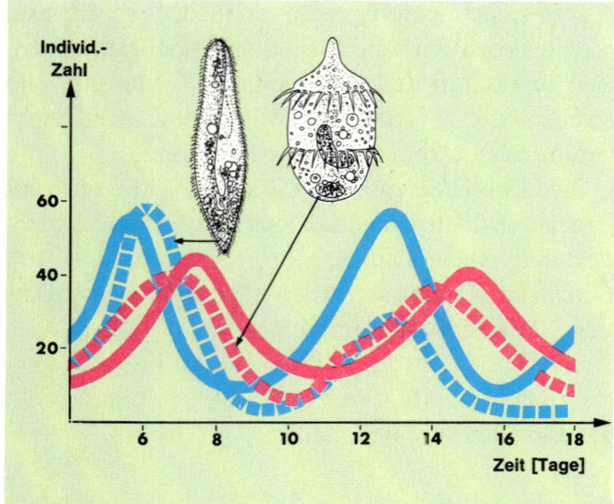

Abb. 80: Populationswellen beim Räuber-Beute-Verhältnis Ausgezogene Kurven: Populationsschwankungen von Beute (blau) und Räuber (rot) nach den Berechnungen von Volterra. Punktierte Kurven: Experimentelles Ergebnis bei Versuchen mit Paramaecium caudatum und seinem Räuber, Didinium nasutum. Im Abstand von je 3 Tagen wurden regelmäßig je ein Paramaecium und ein Didinium neu zugesetzt, die Populationsschwankungen zeigen eine Phasenverschiebung gegeneinander.

Da sowohl die Räuber unter sich wie auch die Beutetiere untereinander um Nahrung konkurrieren, wirkt auch die Anzahl der Räuber und die Anzahl der Beutetiere direkt auf sich selbst ein (vgl. dichtebegrenzende Faktoren).

Regelsysteme mit langen Totzeiten können ins Schwingen geraten (vgl. Cytologie 9). Dies muß sich in einem Räuber-Beute-System in dauernden Schwankungen der Populationsdichte äußern. Tatsächlich hat man in genau überblickbaren Kulturversuchen mit einzelligen Organismen solche ständigen Schwankungen der Populationsdichte auch beobachtet (s. Abb. 80). Man bezeichnet derartige periodische Bevölkerungsschwankungen als **Populationswellen** (wenn sie sich in annähernd gleichen Zeitabschnitten wiederholen).

Besonders auffällig sind Populationswellen bei Lemmingen, Hasen, Wühlmäusen, Schnee- und Rebhühnern; bei ihnen erscheint alle drei bis vier Jahre ein deutliches Maximum. Forstwirtschaftlich bedeutsam ist z. B. die Massenentwicklung des Borkenkäfers oder der Nonne (Schmetterling).

Die gegenseitige Abhängigkeit von Tierarten kann so gesetzmäßig sein, daß sie rechnerisch zu erfassen ist. Die Berechnungen des Mathematikers VOLTERRA wurden nicht nur in Laboratoriumsversuchen, sondern auch in der Natur beim Massenwechsel von Schnee-Eule, Luchs und Polarfuchs und ihren Beutetieren Lemming und Schneehase bestätigt.

Die Übervölkerung eines Lebensraumes kann auch zur Auswanderung von Tieren in andere Gebiete zwingen. Solche Massenwanderungen sind z. B. von Lemming, Seidenschwanz und Tannenhäher bekannt.

Die Schwankungen der Größe und Dichte einer Population werden als **Populationsdynamik** bezeichnet.

Ernährt sich eine Tierart von mehreren Arten Beutetieren oder Nahrungspflanzen, dann schwankt die Populationsdichte beim Ausfall der bevorzugten Nahrung nur geringfügig, da ja auf andere Nahrung ausgewichen werden kann. Im allgemeinen bestehen in der Natur sogar recht vielfältige Abhängigkeitsbeziehungen, und die Vermehrung einer Art wird von vielen anderen Arten begrenzt. Dadurch verschwinden die Schwankungen der Individuenzahl fast ganz. Der gegenseitige Wettbewerb und das Abhängigkeitsverhältnis der Arten untereinander führt zu einem als **biologisches Gleichgewicht** bezeichneten Zustand. Dieses Gleichgewicht ist bedingt durch die gegenseitige Konkurrenz; es ist also ein dynamisches Gleichgewicht. Je artenreicher eine Lebensgemeinschaft ist, desto weniger werden Populationsschwankungen auftreten, und desto weniger störanfällig ist das bestehende biologische Gleichgewicht. Der Ausfall einer Art wirkt sich bei Artenreichtum kaum aus, und dem Überhandnehmen einer Art sind durch konkurrierende Arten enge Grenzen gesetzt.

3. Ökosysteme

3.1 Das Aquarium als Modell eines Ökosystems

Ein großes Aquarium, dessen Boden mit Sand aus einem Teich bedeckt wurde, füllt man zur Hälfte mit Teichwasser. Dann setzt man verschiedene Wasserpflanzen und kleinere Fische sowie Schnecken ein. Das Teichwasser enthält Algen, Urtierchen und Bakterien. Das Aquarium wird mit einer Glasplatte, deren Rand mit Vaseline bestrichen ist, abgedichtet, so daß kein Luftaustausch mit der Umgebung möglich ist. Werden diesem Aquarium weder Stoffe zugeführt noch entnommen, so spricht man von einem stofflich geschlossenen System. In ihm lassen sich wechselseitige Abhängigkeiten der Organismen untereinander und von ihrer Umwelt besonders gut erkennen. Energetisch ist das Aquarium offen, es tauscht Wärme mit der Umgebung aus und erhält Licht für die Photosynthese der Wasserpflanzen von außen. In dem sich selbst überlassenen Aquarium stellt sich im Laufe der Zeit ein Zustand ein, der durch Konstanz der Individuenzahlen der einzelnen Organismenarten gekennzeichnet ist.

Weil alle grünen Pflanzen aus anorganischen Stoffen (Kohlendioxid, Wasser und Mineralsalzen) hochmolekulare organische Verbindungen aufbauen können, werden sie als **Produzenten** bezeichnet.

Die mineralischen Nährstoffe werden durch Vermodern der abgestorbenen Pflanzenteile wieder freigesetzt und stehen für das Wachstum neuer Pflanzen wieder zur Verfügung. So entsteht ein dauernder Kreislauf der Stoffe. Er wird unterhalten durch die Tätigkeit der Bakterien und Pilze, welche als **Destruenten** (Reduzenten) die organischen Stoffe zerlegen.

Zur Lebensgemeinschaft unseres Aquariums gehören auch Tiere. Sie sind als **Konsumenten** auf Pflanzen angewiesen, die Pflanzenfresser unmittelbar, alle anderen Tiere mittelbar. Ihre Ausscheidungen und Leichen werden wie die pflanzlichen Stoffe zersetzt und kommen so wieder neuen Produzenten zugute.

Im Gleichgewichtszustand halten sich die Aufbauprozesse in den grünen Pflanzen und die Abbauprozesse in den Tieren und Mikroorganismen die Waage, wobei ein dauernder Kreislauf der Stoffe stattfindet.

Produzenten → Konsumenten
↖↖ ↙
Destruenten

Die Menge der umgesetzten Stoffe wird durch die von den Produzenten (Algen und höhere Pflanzen) erzeugte organische Substanz bestimmt. Sie ist abhängig von der CO_2-Konzentration, der eingestrahlten Lichtmenge, der Temperatur und vor allem von der Konzentration der Mineralsalze. Je höher diese ist, desto höher ist die Masse der Produzenten und damit die Masse der produzierten organischen Substanz. Dadurch steigt auch die Anzahl der Konsumenten und Destruenten. Die Vielzahl von Lebewesen läßt das Wasser trüb erscheinen; je nährstoffärmer Wasser ist, desto klarer erscheint es. Die Zunahme des Nährstoffgehaltes im Wasser bezeichnet man als **Eutrophierung**. In unserem Modellsystem erreicht man eine Eutrophierung durch Zugabe einer Nährsalzlösung. Je höher die Nährsalzkonzentration wird, desto mehr Organismen entwickeln sich dann in unserem Aquarium. Wir stellen aber noch eine andere Wirkung fest: bei steigendem Eutrophiegrad nimmt die Individuenzahl zu, die Artenzahl jedoch ab. Die geringere Artenzahl erklärt sich dadurch, daß extremere Bedingungen, z. B. hohe Nährsalzkonzentration, nur von einigen Organismenarten ertragen werden, die sich dann aber reichlich vermehren. Aus dem gleichen Grund beobachtet man auch in extrem nährstoffarmem Wasser eine geringere Artenzahl.

Unser Modellsystem Aquarium ist zunächst nur mäßig eutroph. Eine einmalige Zufuhr organischer Stoffe (Fischfutter, Kondensmilch) führt zu kurzzeitiger Erhöhung der Zahl der Destruenten und Konsumenten, da die Entwicklung dieser Organismen durch den Stoffzusatz vorübergehend nicht mehr von der Produktion organischer Stoffe durch die Produzenten begrenzt ist. Nach Abbau der organischen Substanz stellt sich der alte Zustand wieder ein *(biologische Selbstreinigung)*, es sei denn, die Nährsalzkonzentration hat sich wesentlich erhöht.

Führen wir unserem Aquarium regelmäßig organische Stoffe zu (wie z. B. einem mit Fischen besetzten Aquarium durch die ständige Fütterung), so bleibt die Zahl der Konsumenten und Destruenten dauernd erhöht. Deshalb lassen sich in einem Aquarium bei Fütterung erheblich mehr Fische halten als ohne sie. Durch die Fütterung würde unser geschlossenes System in ein offenes verwandelt. Konsumenten und Destruenten brauchen aber auch Sauerstoff. Die Produzenten erzeugen zwar Sauerstoff, aber weniger als die Konsumenten und Destruenten verbrauchen. Da sich die Konzentration an Mineralsalzen durch die Tätigkeit der Destruenten recht langsam erhöht, wachsen und vermehren sich die Produzenten nur allmählich. Daher muß man einem dicht besetzten Aquarium mit entsprechend hoher Zufütterung auch dauernd Sauerstoff zuführen. Ohne Belüftung würde sich bei einem dauernden Zusatz organischer Substanz der Gehalt an Sauerstoff im Wasser verringern, weil ihn die Destruenten beim Abbau verbrauchen. Schließlich wird zunächst am Grund, später aber auch an der oberflächennahen Schicht des Aquariums der Sauerstoff aufgezehrt sein. Dann siedeln sich anaerobe Bakterien an, und das Wasser beginnt zu stinken. Man sagt: das System ist »umgekippt«. Verhindert man die weitere Zufuhr organischer Substanz, stellt sich meistens nicht mehr der alte Gleichgewichtszustand ein, da inzwischen viele Organismenarten abgetötet wurden.

Eine Lebensgemeinschaft oder Biozönose umfaßt also Produzenten, Konsumenten und Destruenten, die durch Nahrungsbeziehungen im Zusammenhang stehen. Die Lebensgemeinschaft entsteht und erhält sich in einem abgegrenzten Lebensraum (Biotop) aus dem Gegeneinanderwirken (Antagonismus) aller Glieder im Wettbewerb, durch den sich schließlich ein Gleichgewicht zwischen allen beteiligten Tier- und Pflanzenarten herausbildet *(ökologisches Gleichgewicht)*. Die Lebensgemeinschaft stellt bei Störung ihr Gleichgewicht wieder her, wobei die Lebensgemeinschaft als Ganzes erhalten bleibt.

Die im Modellsystem gewonnenen Erfahrungen über die wechselseitigen Beziehungen zwischen den Organismen einer Biozönose sowie zwischen der Biozönose und ihrer Umwelt gelten auch für natürliche Verhältnisse. Man bezeichnet den Lebensraum einer Biozönose mit all seinen Umweltbedingungen als **Biotop** und die Einheit von Biozönose und Biotop mit ihren Zusammenhängen und Wechselwirkungen als **Ökosystem.** Die Gesamtheit aller Ökosysteme der Erde (Wälder, Steppen, Tundren, Flüsse, Seen, Meere) bilden die **Biosphäre (Ökosphäre).**

3.2 Teich und See

Ein Teich ist kein geschlossenes System. Zuflüsse und Niederschläge einerseits, Verdunstung an der Oberfläche andrerseits lassen den Wasserspiegel schwanken. Die Zuflüsse bringen auch Mineralsalze und verwesende Pflanzenteile mit. Stechmücken und Frösche leben als Larven im Teich, erwachsen aber auf dem umgebenden Land. Vögel und Insekten, deren Wohnraum außerhalb des Teiches liegt, holen Nahrung daraus. Stoffzufuhr und Stoffverlust machen den Teich deshalb zu einem *offenen System*. Doch bleiben auch in ihm Zahl und Art der Individuen innerhalb gewisser Grenzen, der natürlichen Schwankungsbreite, konstant. Der Teich hat also die Fähigkeit zur **Selbstregulation**, die Lebensgemeinschaft des Teiches ist gegenüber äußeren Einflüssen in gewissem Ausmaß stabil.

Der See ist in verschiedene Lebensräume gegliedert (Abb. 82). Man unterscheidet eine Zone freien Wassers (Pelagial) vom Seeboden (Benthal). Die Uferzone (Litoral) des Seebodens ist der Bereich, in dem das Licht bis zum Grund reicht, so daß der Boden von grünen Pflanzen bewachsen ist. Im randlichen Schilfgürtel findet man Pflanzen, die aus dem Wasser ragen. Er beherbergt eine charakteristische Tierwelt (Rohrdommel, Rohrsänger, Schilfkäfer, Wasserfrosch) und die Nistplätze verschiedener Wasservögel.

Der Boden im Schilfgürtel ist häufig von sauerstofffreiem Faulschlamm bedeckt. In etwas tieferem Wasser folgt die Zone der Pflanzen mit Schwimmblättern. Als Bewohner

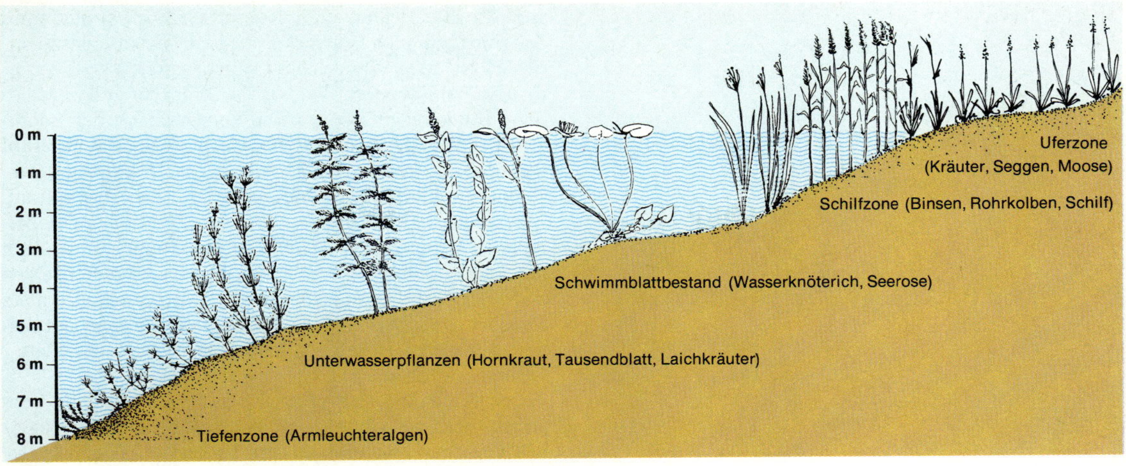

Abb. 81: Gürtelung des Pflanzenwuchses in einem See (schematisch)

findet man regelmäßig Teichhühner und eine Vielzahl von Insekten. Noch tieferes Wasser ist gekennzeichnet durch untergetauchte Wasserpflanzen, wobei Armleuchteralgen und z. T. das Brachsenkraut neben einigen Fadenalgen besonders weit hinabreichen. Hier treffen wir vor allem Flohkrebse, Wasserasseln, Wasserflöhe, Hüpferlinge, Wassermilben, Rädertierchen, Moostierchen, Insektenlarven und Fischbrut verschiedenen Alters. Im ganzen Litoralbereich sind Libellen, Eintagsfliegen und andere Wasserinsekten, Schlammschnecke und Posthornschnecke, Süßwasserpolyp und Süßwasserschwamm zu Hause.

In größeren Seen liegt im Sommer eine warme Oberschicht (Epilimnion) über einer kalten Tiefenschicht (Hypolimnion). Beide sind durch die Sprungschicht (Metalimnion) getrennt. In ihr sinken Sauerstoffgehalt und Temperatur sprunghaft ab. Das Tiefenwasser hat eine Temperatur von +4° C, weil bei dieser Temperatur das Wasser seine größte Dichte hat. Die Sprungschicht verhindert durch den raschen Temperaturabfall jeden Austauschvorgang zwischen Oberschicht und Tiefenschicht (Stagnation im Sommer). Im Herbst kühlt sich die Oberschicht ab. Wird sie kälter als die Unterschicht, fließt das kalte Oberflächenwasser zum Grund und drängt das wärmere Tiefenwasser mitsamt seinen durch Zersetzung abgesunkenen Materials entstandenen Nährstoffen nach oben. Diese Herbstzirkulation durchmischt das Wasser des ganzen Sees. Die Zirkulation hört auf, wenn das Wasser etwa +4° C erreicht hat. Unterhalb 4° C ist das Wasser wieder leichter, so daß sich im Winter über einem Tiefenwasser von 4° C eine kältere Oberschicht bildet, die von Eis bedeckt ist (Winterstagnation). Im Frühjahr tritt eine erneute Umwälzung (Frühjahrszirkulation) ein. Mit ansteigenden Temperaturen wird das Wasser zunächst wieder schwerer und sinkt ab. Das Absinken hört dann wieder auf, wenn die Temperatur des Oberflächenwassers 4° C überschreitet. Die weitere Durchmischung übernehmen heftige Wellenbewegungen durch den Wind.

Im Sommer ist die Oberschicht des Sees die am stärksten besiedelte Zone. Hier lebt die Hauptmasse des *Planktons,* das sind die im Wasser schwebenden Algen und Kleintiere. Da die Lichtintensität mit der Wassertiefe abnimmt, sind die Produzenten nahezu ausschließlich auf diese Oberschicht beschränkt. Der Sauerstoffgehalt ist relativ hoch. Die Tiefenschicht ist von der Atmosphäre abgeschlossen, und sauerstofferzeugende Organismen fehlen darin. Die dort lebenden Konsumenten und Destruenten zehren von der durch die Frühjahrszirkulation zugeführten Sauerstoffreserve. Ihre Nahrung finden sie in dem aus der Oberschicht ständig nach unten sinkenden Regen abgestorbener Pflanzen und Tiere *(Detritus).* Je nach Tiefe des Sees erreichen diese den Boden in mehr oder weniger abgebautem Zustand. Deshalb unterscheidet sich die Lebensgemeinschaft der Bodenzone *(Benthos)* von tiefen und flachen Seen sehr stark. In tiefen Seen ist das Nahrungsangebot am Boden gering, die Besiedlungsdichte und die Sauerstoffzehrung ebenfalls. In flacheren Seen dagegen setzt sich die Fäulnis der abgestorbenen

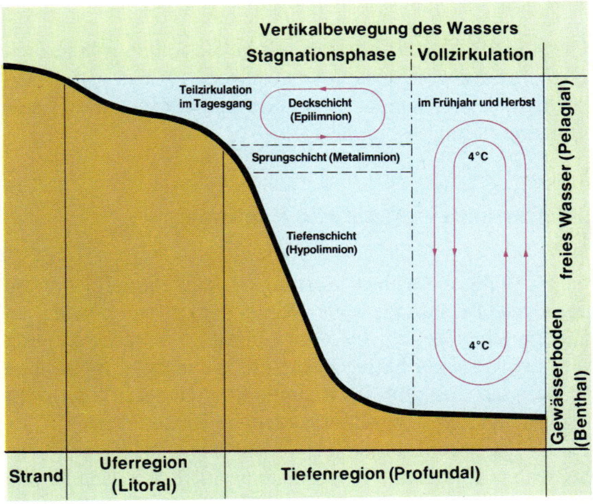

Abb. 82: Die Lebensräume im tiefen Süßwassersee und die Vertikalbewegungen des Wassers. Die gut durchleuchtete Zone des Sees enthält die Produzenten (Planktonalgen und am Boden des Litorals gedeihende höhere Wasserpflanzen). Diese Zone ist die Nährschicht des Sees; ihre Tiefe ist abhängig von der Planktondichte und dem Gehalt an Trübestoffen. In der dunklen Zone der Zehrschicht finden sich nur Konsumenten und Destruenten.

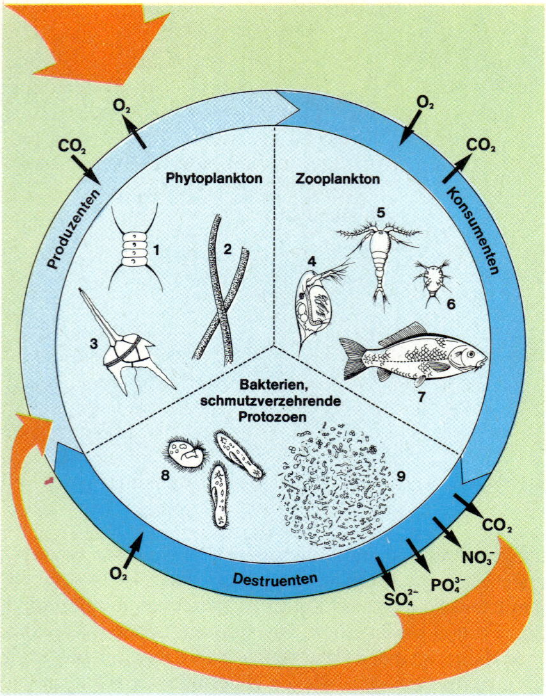

Abb. 83: Lebensbeziehungen und Stoffkreislauf im Wasser. 1 Grünalgenkolonie Scenedesmus 25f., 2 fadenförmige Blaualgen 250f., 3 Geißelalge Ceratium 25f., 4 Wasserfloh 13f., 5 Hüpferling 13f., 6 Nauplius (Larve des Hüpferlings) 13f., 7 Karpfen 1/16f., 8 Wimpertierchen 90f., 9 Bakterien 500f. und Schmutzteilchen. Die von den Destruenten freigesetzten Ionen stehen den Produzenten zum Aufbau der Biomasse wieder zur Verfügung.

Organismen am Grunde fort. Hohe Besiedlungsdichte mit starkem Sauerstoffschwund, bei eutrophen Seen sogar völliges Fehlen von Sauerstoff am Grunde, erkennbar an Faulschlammbildung, ist die Folge.

3.3 Der mitteleuropäische Laubwald

Der Wald ist die am weitesten verbreitete Landbiozönose der Erde. Er stünde, in der Regel als Laubmischwald, an nahezu allen Standorten Mitteleuropas, wenn der Mensch ihn nicht gerodet hätte. Zwar sind die mitteleuropäischen Wälder fast ausnahmslos Kulturwälder (Forsten), dennoch sind sie häufig noch relativ naturnahe Biozönosen.

Der Pflanzenbestand eines Hochwaldes ist aus mehreren Schichten aufgebaut. In der Baumschicht wölben sich die Kronen der Bäume zu einem Blätterdach. Zur Strauchschicht zählt auch der Nachwuchs der Bäume. Darunter folgt die Krautschicht mit den krautigen Waldpflanzen und die dem Boden unmittelbar auflagernde Moosschicht. Einjährige Pflanzen fehlen fast ganz. Der Boden, in den sich die Wurzeln der verschiedenen Schichten ebenfalls stockwerkartig teilen, führt außerdem die Pilzschicht.

Der Stockwerksbau entspricht den Lichtbedürfnissen und der Lichtversorgung. Die Baumschicht empfängt das Sonnenlicht unmittelbar, die anderen Schichten erhalten nur das vom Laubwerk durchgelassene Licht. Schattenertragende Arten sind auch mit einem anspruchsloseren Platz zufrieden; sie entfalten sich aber wie die Sträucher und verschiedene Kahlschlagpflanzen beim Verschwinden der Baumschicht sofort üppig. Schattenbedürftige Pflanzen dagegen, wie der Sauerklee, gehen im vollen Sonnenlicht zugrunde.

Die Frühlingsblüher des Waldes (Scharbockskraut, Buschwindröschen) nutzen die kurze Zeit vor der Belaubung zu einem großen Teil ihrer Entwicklung aus, da nach der Laubentfaltung nur noch eine geringe Lichtmenge den Boden erreicht. Sie sind dazu in der Lage, da sie in Knollen, Zwiebeln oder Wurzelstöcken Reservestoffe angehäuft haben, mit deren Hilfe sie rasch heranwachsen und Blätter ausbilden können.

Das Maximum der pflanzlichen Stoffproduktion verschiebt sich im Laubwald während des Jahres in Abhängigkeit von den Lichtverhältnissen. Es liegt im Winter in der Moosschicht, im Frühjahr in der Krautschicht, im Frühsommer in der Strauchschicht und im Hochsommer bis zum Ende der Vegetationsperiode in der Baumschicht. Nur durch diese periodische Verlagerung der Stoffproduktion wird die Existenz so vieler Pflanzenarten ermöglicht, von denen wiederum eine reiche Fauna abhängig ist.

Der Waldboden wird von einer großen Menge tierischer Kleinlebewesen bewohnt. Wurzelfüßler, Rädertiere, Fadenwürmer, Milben, Spinnen, Insekten, Insektenlarven und Schnecken nehmen durch Ernährung, Verdauung und Atmung an der Zerkleinerung und Umsetzung (Mineralisierung) der organischen Stoffe teil. Regenwürmer, aber auch größere Tiere, wie z. B. Mäuse oder Wildschweine, lagern die Stoffe durch ihr Wühlen und Graben um und mischen sie bis in tiefere Schichten. Dieses Bodenleben lockert und durchlüftet den Boden und schafft damit günstige Verhältnisse für die Wurzeln der höheren Pflanzen.

Die verschiedenen Schichten des Pflanzenwuchses vom Waldgrund bis in die Baumkronen geben zahlreichen Tieren Wohnung und Nahrung.

Abb. 84: Naturgemäßer Mischwald aus Kraut-, Strauch- und Baumschicht. Je dichter der Kronenschluß der Bäume, desto dünner besetzt ist die Krautschicht. Frühblüher wie Buschwindröschen, Bärlauch oder Feigwurz haben ihre Hauptentwicklung vor der Baumbelaubung und ziehen sich dann in den Boden zurück.

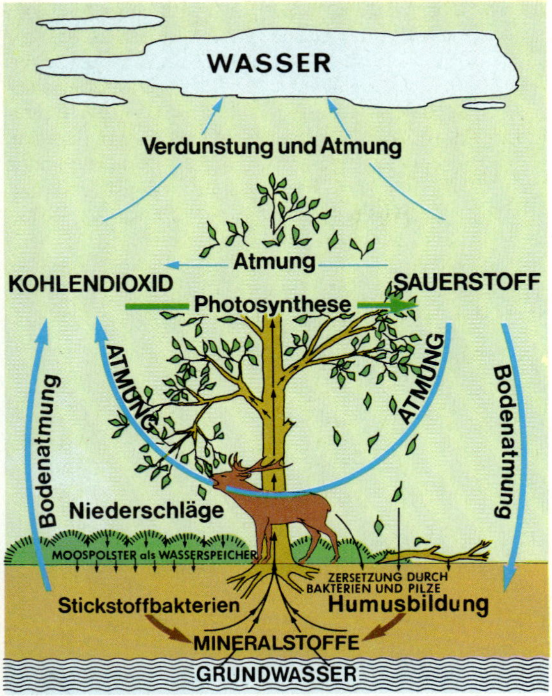

Abb. 85: Die Lebensbeziehungen und der Kreislauf der Stoffe im Wald. Das Ökosystem ist offen, weil Tiere zuwandern und abwandern und Nährsalze aus dem Boden ausgewaschen werden.

Durchschnittliche Zahl von Bodentierchen in Wald- und Wiesenböden Mitteleuropas pro dm³:

Einzeller (Urtierchen und Algen)	1 000 000 000
Räder- und Bärtierchen	500
Fadenwürmer	30 000
Springschwänze	1 000
Milben	2 000
Kleine Spinnen, Krebse, Tausendfüßler, Insekten	100
Borstenwürmer	50
Regenwürmer	2

Zwischen den Pflanzen und Tieren des Waldes bestehen auch Beziehungen, die beiden Teilen Vorteile bringen. Viele Pflanzen werden durch Tiere vermehrt und verbreitet. Die Bestäubung erfolgt bei den meisten Waldbäumen Mitteleuropas zwar durch den Wind; doch bestäuben auf der Suche nach Nektar und Pollen auch Insekten bestimmte Bäume (Linde, Wildkirsche, Weiden). Pflanzen der Krautschicht, die sich vor der Belaubung der Baumkronen entfalten, locken mit auffallenden Farben Insekten zur Bestäubung an. Samen nahrhafter Früchte werden von Tieren oft unverdaut ausgeschieden. Stachlige und klebrige Früchte und Samen bleiben an vorbeistreifenden Tieren hängen.

Auch innerhalb der Tierwelt des Waldes herrschen Konkurrenz- und Abhängigkeitsbeziehungen. Raubinsekten vernichten andere Insekten; so sind Ameisen starke Verbündete des Menschen gegen Schadinsekten. Schlupfwespen legen ihre Eier in die Larven anderer Insekten und töten diese dadurch.

Am stärksten wird die Insektenwelt von den Singvögeln in Schranken gehalten; Greifvögel, Eulen und Raubsäuger wie Marder und Fuchs nähren sich wieder von diesen und den Kleinsäugern des Waldes.

Alle die hier beschriebenen Beziehungen wirken an der Aufrechterhaltung des Gleichgewichts im Ökosystem Laubwald mit, das durch die Selbstregelung erhalten bleibt.

3.4 Das Meer

Das Meer bedeckt rund 71% der Erdoberfläche und ist damit der größte Lebensraum der Erde. Seine Besonderheiten liegen in der großen Tiefe, der Ausdehnung und den dadurch sehr weiträumigen Nahrungsbeziehungen, seinem in engen Grenzen konstant hohen Gehalt an anorganischen Ionen und den großräumigen horizontalen und vertikalen Wasserströmungen. Die Fauna des Meeres ist artenreicher als die des Süßwassers, da es mehr ökologische Nischen gibt; auch hier sind die ökologischen Grundtypen Plankton und Nekton zu finden.

Zwei große Lebensbereiche, der Meeresboden *(Benthal)* und das freie Wasser *(Pelagial)* haben in Abhängigkeit vom Untergrund und der Tiefe ihr eigenes Gepräge. Der Meeresboden gliedert sich in die Küstenzone *(Litoral)* und den Tiefseeboden. Das Litoral reicht von der Küste bis dorthin, wo noch photosynthetisch wirksames Licht in das Wasser eindringt. Häufig fällt diese Grenze mit dem Ende des Kontinentalsockels *(Schelf)* in etwa 200 m Tiefe zusammen. Beim Pelagial werden das durchlichtete Gebiet (*euphotische* Zone, Epipelagial) und die Tiefsee mit einer Dämmerungszone (*Bathyal;* etwa bis 1000 m Tiefe) und einer lichtlosen Zone *(aphotische Zone, Abyssal)* unterschieden. Die für die Stoffproduktion im Meer ausschlaggebende durchlichtete Zone gliedert sich in den vom Kontinent beeinflußten Bereich der Flachsee und den ozeanischen Bereich (Hochsee). Obwohl die Flachsee nur etwa 10% der gesamten Meeresfläche umfaßt, enthält sie etwa 50% der Lebewelt des Meeres. Sie wird von den einmündenden Flüssen mit Nährstoffen versorgt.

Für die Entwicklung des Phytoplanktons sehr wichtig sind vertikale Wasserströmungen, welche die von den Bakterien in den Tiefenzonen mineralisierte organische Substanz als Nährsalze wieder an die Oberfläche führen. In den Ozeanen außerhalb der Tropenzone entstehen im Spätwinter und Frühjahr Konvektionsströmungen ähnlich den Umschichtungen in einem See. Dadurch entsteht ein Frühjahrsmaximum des Phytoplanktons, dem ein Maximum des Zooplanktons (Kleinkrebse, Larven) folgt. Das Zooplankton dient seinerseits den größeren Tieren als Hauptnahrung. In tropischen Ozeanen fehlt die Umschichtung des Wassers. Trotz günstiger Lichtverhältnisse gibt es daher keine Massenentfaltung von Plankton, das Wasser ist völlig klar und blau. Nur dort, wo kalte, nährstoffreiche Meeresströmungen in die Tropen vorstoßen (Westränder der Südkontinente), gibt es reiches Planktonleben. Diese Meeresströmungen sind gleichzeitig die für die menschliche Ernährung so wichtigen Fischfanggründe.

Der Regen absinkender toter Organismen (Detritus) ist die einzige primäre Nahrungsquelle für die Tiefsee. Diese ist daher ein unvollständiges oder abhängiges Ökosystem. In

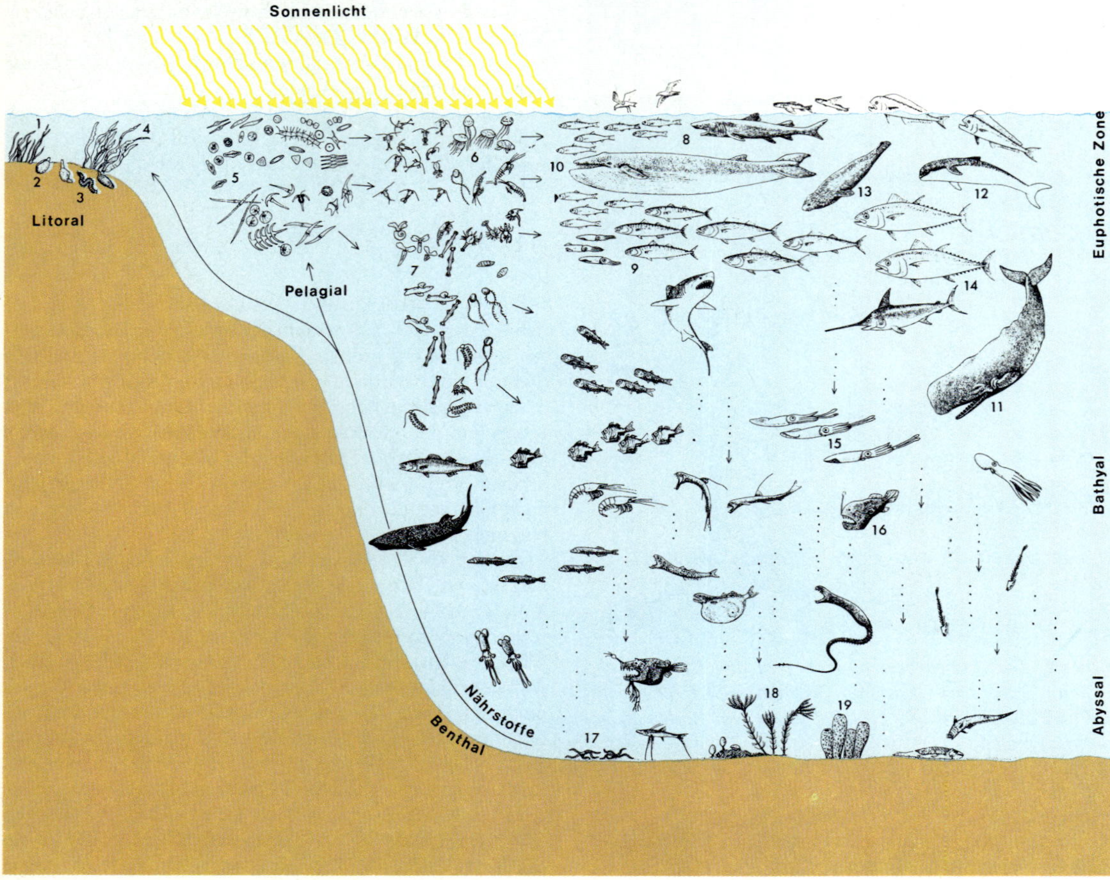

Abb. 86: Die Lebensräume im Ozean und einige wichtige Nahrungsbeziehungen. 1 Seegras, 2 Muscheln, 3 Ringelwurm, 4 Tang, 5 Phytoplankton mit Kieselalgen und Panzergeißelalgen, 6 Zooplankton mit Kleinkrebsen, Krill, Quallen, 7 Flügelschnecken, Pfeilwürmer, Ringelwürmer, Rippenquallen, 8 Hai, 9 Makrelen, 10 Blauwal, 11 Pottwal, 12 Delphin, 13 Seehund, 14 Thunfisch, 15 Tintenfische, 16 Anglerfisch, 17 Seesterne, 18 Seelilien, 19 Schwämme. Die Organismen sind in unterschiedlichen Maßstäben dargestellt.

der Tiefsee herrscht in der Regel Nahrungsmangel, und man findet Fische mit riesigen Freßwerkzeugen. Infolge des Fehlens von Druckschwankungen durch Wellenbewegungen sind die Organismen zart gebaut, ihre Skelettelemente rückgebildet. Da die Temperatur der Tiefsee ziemlich konstant bei 4°C liegt, haben die dort lebenden Tiere infolge niedriger Körpertemperatur nur eine geringe Stoffwechselrate und wachsen langsam. Die Dämmerungszone bevölkern Fische und Tintenfische mit riesigen Augen und Leuchtorganen. Die in vielen Farben auftretenden Leuchtmuster dienen wohl zum Erkennen des Geschlechtspartners, vielleicht auch zum Anlocken von Beute. Bei Tieren im Abyssal sind die Lichtsinnesorgane oft ganz zurückgebildet, und ihre Hauptpigmentierung verschwindet wie bei Höhlentieren.

Einer direkten Beobachtung sind Teile der Litoralzone zugänglich. Im Strandbereich liegt ein Streifen, der infolge des regelmäßigen Gezeitenwechsels periodisch trockenfällt (Eulitoral); auch herrscht häufig Brandung. Die hier lebenden Organismen müssen daher einen starken Wasserdruck aushalten können. An der Felsküste treten derbe Grün- und Braunalgen (z. B. *Fucus*) sowie Seepocken, Napfschnecken und dickschalige Muscheln auf. Im Bereich flacher Sandstrände findet man in der Spritzwasserzone Blaualgen, in der Gezeitenzone die Gesellschaften des Wattenmeeres. Der Wattboden besteht aus Schlick, der etwa 10% organische Substanz enthält, oder aus Schill (hoher Gehalt an Schalentrümmern) oder aus Sand und Kies. Das ablaufende Wasser sammelt sich in Prielen, die auch bei Niedrigwasser nie ganz trockenfallen. Die meisten Tiere des Watts leben im Boden (viele Würmer, z. B. der Sandwurm *Arenicola;* Salzkäfer, Schlickkrebs). Die Wattbewohner bieten Nahrung für eine reiche Vogelwelt (Möwen, Austernfischer, Strandläufer). In den Prielen gibt es Miesmuschelbänke, in denen auch Polypen und Seerosen vorkommen. Daneben findet man See- und Schlangensterne, Seeigel, Krabben, Seepocken, Einsiedlerkrebse und Bohrmuscheln. Auf festem, schlickfreiem Boden können sich Austernbänke entwickeln. Diese sind mit Seepocken und Polypen bewachsen. Bei der Untersuchung von Austernbänken prägte MÖBIUS 1877 den Begriff der Lebensgemeinschaft.

3.5 Die Stadt als Ökosystem

Die Stadt ist ein vollständig durch den Menschen gestaltetes Ökosystem, in dem heute die Mehrheit der Bevölkerung lebt und das nur durch hohe Stoff- und Energiezufuhr erhalten werden kann. Nahezu alle Umweltfaktoren sind künstlich verändert, was neben vielen Vorteilen und Annehmlichkeiten auch Risiken und Gefährdungen mit sich bringt. Eine ökologisch sinnvolle Städteplanung muß versuchen, negative Folgen der Bevölkerungsmassierung gering zu halten und das Wohlbefinden der Stadtbewohner möglichst wenig zu beeinträchtigen; sie muß sich vor allem mit den nachfolgend geschilderten Problemen auseinandersetzen.

3.5.1 Klima

Das Stadtklima wird durch Bebauung, Abwärme der Heizungsanlagen und Luftverunreinigung beeinflußt. Die Gebäude vermindern den natürlichen Luftaustausch, die Jahresdurchschnittstemperatur steigt um 1°–2° C, und die Nebeltage sind häufiger. Zur Klimaverbesserung braucht die Stadt ausgedehnte Grünanlagen sowie Luftschneisen zum Stadtkern, die von Bebauung freigehalten werden, um den Luftwechsel im Stadtinnern zu fördern. Das Wohn- und Arbeitsklima innerhalb der Gebäude kann zwar durch künstliche Beleuchtung, Belüftung und Heizung nahezu ganz unabhängig von den natürlichen Bedingungen gehalten werden, doch nur um den Preis eines hohen Energieaufwands.

3.5.2 Luftverschmutzung

Die Luft wird hauptsächlich verunreinigt vom Kraftverkehr, von den Haushalt- und Kleingewerbefeuerungen und der Industrie. Die Abgase der Motoren enthalten an giftigen Stoffen Kohlenmonoxid, Kohlenwasserstoffe (z. B. das krebserzeugende Benzpyren), Stickoxide, Schwefeldioxid sowie Bleiverbindungen aus den bisherigen Antiklopfmitteln des Benzins. Auch Flugzeugabgase und Staub verschmutzen die Luft. Der Staub enthält Flugasche und Ruß aus den Kaminen und Abrieb von Autoreifen und Asphaltbelägen. Industrielle Abgase können Chlorwasserstoff und Fluorwasserstoff enthalten.

Die über Ballungsgebieten häufig sich bildenden *Dunstglocken* absorbieren einen Teil der Sonnenstrahlung und besonders stark deren Ultraviolett-Anteil. Mangel an UV-Strahlung führt durch Herabsetzung der keimtötenden Wirkung zu erhöhter Infektionsgefährdung und setzt auch die Bildung von Vitamin D in der Haut herab. Die in die Lunge eindringenden Staubteilchen sammeln sich dort an (Staublunge) oder treten ins Blut über und schädigen Enzyme.

Besonders gefährlich ist der über industriereichen Ballungsgebieten drohende *Smog,* eine Mischung aus Rauch (smoke) und Nebel (fog). Smog kann bei winterlichen Hochdruckwetterlagen auftreten, wenn warme Luft über einer Kaltluftschicht lagert.

Sehr stark ist die Gesundheit durch den *Tabakrauch* in der Atemluft gefährdet, er schädigt auch den, der selbst nicht raucht.

Abb. 87: Die Konzentration der Luftverunreinigungen ist am stärksten in »Kinderhöhe« (ppm = parts per million = Teile auf eine Million Teile).

Auch die Vegetation wird durch chronische Luftverschmutzung geschädigt. Verschmutzte Luft zerstört Putz, Ziegel und Steine der Gebäude sowie im Freien stehende Kunstwerke. Verunreinigte Luft läßt sich nicht mehr reinigen. Die Luftverschmutzung muß deshalb am Ort des Entstehens bekämpft werden: Entgiften der Motorenabgase, Kontrolle und Verbesserung der Verbrennungsvorgänge in

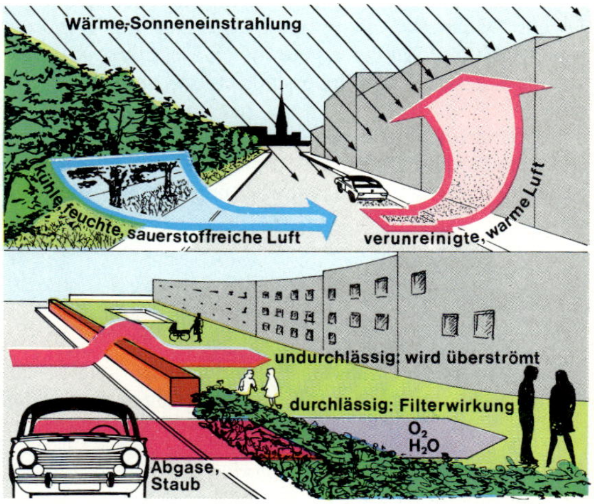

Abb. 88: Die günstige Wirkung von Grünanlagen im Stadtgebiet. Bäume, Sträucher und Grasflächen reinigen die Luft von Staubteilchen und schädlichen Abgasen, dämpfen den Lärm und reichern die Luft mit Sauerstoff (Photosynthese) und Feuchtigkeit (Transpiration) an. An heißen, windstillen Tagen erzeugen sie eine Luftzirkulation, die verunreinigte Luft aus den Häusermassen abführt und Frischluft zuführt. Eine Schutzhecke zwischen Häusern und Straße filtert einen beträchtlichen Teil der Abgase und Staubteilchen (Bleistaub, Gummiabrieb) vom Straßenverkehr aus. Die im Laub gebundenen Schadstoffe gelangen durch Regen und Laubfall ins Erdreich. Eine kompakte Mauer wird dagegen von der Schadstoffe führenden Luft einfach überströmt.

den Heizungsanlagen, Filtereinrichtungen zum Auffangen von Stäuben und schädlichen Abgasen der Industrie. Auch mit baulichen Maßnahmen kann man der Luftverschmutzung begegnen, etwa mit hohen Kaminen zur Ableitung der Schadstoffe in bewegtere Luftschichten (rasche Verdünnung), durch von der Bebauung ausgesparte Frischluftschneisen zum Stadtkern und durch Schutzpflanzungen von Hecken und Gehölzen zur Filterung der Luft. Schon ein Hektar Wald filtert 20–60 Tonnen Staub aus der Luft.

3.5.3 Müll (feste Abfälle)

Pro Einwohner fallen jährlich etwa 4 m^3 (175 kg) Müll an (Hausmüll, Sperrmüll, Straßenkehricht, Autowracks, Altreifen, Bauschutt, Industriemüll). Er muß ohne Beeinträchtigung der Umwelt beseitigt werden. Es geht deshalb nicht an, Abfälle einfach in Erdgruben zu füllen oder auf Halden zu kippen. Solche Müllplätze sind Brutstätten für Ungeziefer, und deren Umgebung wird durch Staub, Rauch und Geruch belästigt. Die aus dem Müll ausgeschwemmten Stoffe verunreinigen das Grundwasser. – Drei Wege der Müllbeseitigung werden heute beschritten: 1. Die Ablagerung in einer geordneten Deponie, welche die Umgegend nicht belästigt und wo durch Abdichtung des Untergrunds und Reinigung des ablaufenden Wassers dafür gesorgt ist, daß das Grundwasser nicht verschmutzt wird. 2. Die Müllkompostierung und Ablagerung der nicht verrottbaren Stoffe (Metall, Glas und durch Mikroben nicht abbaubare Kunststoffe) in einer geordneten Deponie. Der gewonnene Müllkompost, häufig vermischt mit Klärschlamm aus den Abwasserkläranlagen, ist ein wertvoller Humusdünger. 3. Die Müllverbrennung und Lagerung der Verbrennungsrückstände in einer geordneten Deponie; sie ist die wirksamste, wenn auch teuerste Methode der Müllbeseitigung.

Die Schwierigkeiten der Abfallbeseitigung ließen sich wesentlich verringern, wenn die Abfälle wieder verwertet würden (Recycling = in den Verarbeitungsprozeß zurückführen).

3.5.4 Lärm

Kraftfahrzeuge, Maschinen und auch Flugverkehr erfüllen das Stadtökosystem oft mit solchem Lärm, daß Gehörschädigungen und psychische Störungen auftreten können. Ob die Stärke der Geräusche störend, also als »Lärm« empfunden wird, ist individuell verschieden und von Lebensalter, Gesundheitszustand, abstumpfender Gewöhnung oder zunehmender Sensibilisierung abhängig. Doch lassen sich bei starkem Lärm Gesundheitsschäden auch dann nachweisen, wenn sich die Betroffenen scheinbar an den Lärm gewöhnt haben. Gegenmaßnahmen sind die Konstruktion leiser Motoren und Maschinen, Geräuschdämmung in Betrieben, Lärmschutzwälle vor Hauptverkehrsstraßen. Jeder Lärmerzeuger (durch Rundfunkgeräte und Musikinstrumente, Haus- und Gartengeräte, Motorfahrzeuge und Baumaschinen) sollte sich bewußt sein, daß er auch Lärmbetroffener ist.

Lautstärke und Gesundheit

Lautstärke in Phon:

Hörbeginn (Reizschwelle)	0
leises Flüstern	10
leichtes Blätterrauschen	20
Uhrticken	30
mittleres Wohngeräusch, leiser Rundfunk	35–45
Unterhaltungssprache	50
ruhige Straße	45–60
Straßenbahn	70
verkehrsreiche Straße	75–80
Motorrasenmäher, Hundegebell	80–90
Lastkraftwagen, Motorräder ohne Schalldämpfer bis	100
Preßlufthämmer, Flugzeugmotoren bis	120
Düsenflugzeuge über	120

Lärmwirkungen

psychische Wirkungen	bei 30–65 Phon
schwere psychische Wirkungen	bei 90–120 Phon
Lärmschwerhörigkeit	bei über 120 Phon
Schmerzschwelle	130 Phon

Wünschenswert für die Gesundheit wären

in Wohngebieten bei Tag höchstens	50 dB(A)
in Wohngebieten bei Nacht höchstens	35 dB(A)
im Wohnraum bei Tag höchstens	35 dB(A)
im Schlafraum bei Nacht höchstens	30 dB(A)

Bei einem Ton von 1000 Hz stimmt die Lautstärkeskala in Phon mit dem in dB(A) = Dezibel(A) gemessenen Schallpegel überein.

4. Produktivität und Energiefluß in Ökosystemen

4.1 Biologische Stoffproduktion

Will man über ein Ökosystem mehr erfahren, als sich durch Untersuchung der Komponenten ergibt, so muß man den Energiehaushalt betrachten. Dazu ist es zunächst erforderlich, die Organismenmasse oder **Biomasse** zu bestimmen. Man mißt sie am einfachsten als Lebend- oder Trockengewicht. Da organisches Material verbrannt werden kann und hierbei eine bestimmte Wärmemenge je Gewichtseinheit freigesetzt wird, kann man den Energieinhalt der Biomasse in Kilojoule angeben. Neue Biomasse wird nur durch die Produzenten gebildet. Diese Stoffproduktion durch Photosynthese bezeichnet man als *Bruttoprimärproduktion.* Von der auf die Pflanzen auftreffenden Sonnenenergie werden hierzu etwa 1–3% verwendet. Ein Teil der pflanzlichen Produktion wird von der Pflanze selbst veratmet, da sie Energie für ihre Lebensvorgänge benötigt. Was verbleibt, dient dem Zuwachs der Pflanzen oder der Speicherung. Diese pflanzliche Biomasse gibt die *Nettoprimärproduktion* wieder. Sie steht den Konsumenten als Nahrung zur Verfügung. Die gesamte jährliche Nettoprimärproduktion der Erde beträgt etwa 1,64 × 10^{11} t Trockengewicht an pflanzlicher Biomasse.

Bruttoprimärproduktionsrate in Gramm Trockenmaterial je m^2 und Tag	
Freies Meer	bis 0,5
Grasfluren, Kontinentalschelf	0,5–3,0
Feuchtwälder, Ackerbau	3–10
intensiver Ackerbau	10–25

Ein Hektar Laubwald mit 275 Tonnen Biomasse erzeugt jährlich etwa 24 Tonnen neue organische Substanz. Von dieser Bruttoproduktivität des Pflanzenbestandes wird die Hälfte von den Pflanzen selbst wieder veratmet. Die Nettoproduktivität dieses Waldes beträgt also 12 Tonnen jährlich, nämlich 4 Tonnen Laub, 5 Tonnen Holz, 1 Tonne Gräser, Kräuter und Moose und 2 Tonnen Wurzeln (alle Angaben in Trockengewicht). In 12 Tonnen Biomasse sind nahezu 230 Millionen kJ chemisch gespeichert, das sind 0,5% des jährlichen Lichteinfalls auf einen Hektar Fläche.

4.2 Nahrungskette und Nahrungsnetz

Die als Nettoprimärproduktion verbleibende Biomasse und die darin enthaltene Energie wird durch wiederholtes Fressen und Gefressenwerden über verschiedene Konsumentenebenen weitergegeben. Diesen Vorgang nennt man Nahrungskette.

Nahrungskette	*Beispiel*	*Ernährungsebene*
Pflanze	Luzerne	Produzent
↓	↓	
Pflanzenfresser	Rind	Konsument 1. Ordnung
↓	↓	
Fleischfresser	Mensch	Konsument 2. Ordnung

Eine Nahrungskette mit 5 Gliedern ist z. B.:

Pflanze → Blattlaus → Marienkäfer → Singvogel → Greifvogel

Von Parasiten abgesehen, ernährt sich eine Art in der Regel nicht nur von einer einzigen anderen, wie man z. B. durch Untersuchung des Mageninhalts oder des Kotes der Tiere ermitteln kann. Dadurch entsteht ein komplexes Netzwerk von Nahrungsketten, ein Nahrungsnetz (Abb. 89). Die Nahrungswege im Netz lassen sich mit Hilfe radioaktiver Markierung erkennen. So muß ^{32}P, von Pflanzen aufgenommen, in jedem folgenden Glied der Kette nachweisbar sein.

In der Nahrungskette nimmt – grob geschätzt – das Gewicht des Fressenden nur um $^1/_{10}$ der aufgenommenen Nahrungsmenge zu. Mit 10 000 kg Planktonalgen können etwa 1000 kg Planktontiere heranwachsen, und diese liefern den Zuwachs von 100 kg Kleinfischen. Die Kleinfische dienen dem Thunfisch als Nahrung und erhöhen sein Körpergewicht um 10 kg. Mit dieser Menge Thunfischfleisch nimmt der Mensch um 1 kg zu. Der Verlust von einer Nahrungsebene zur nächsten beträgt deshalb rund 90%, weil ein großer Teil der verzehrten Nahrung veratmet

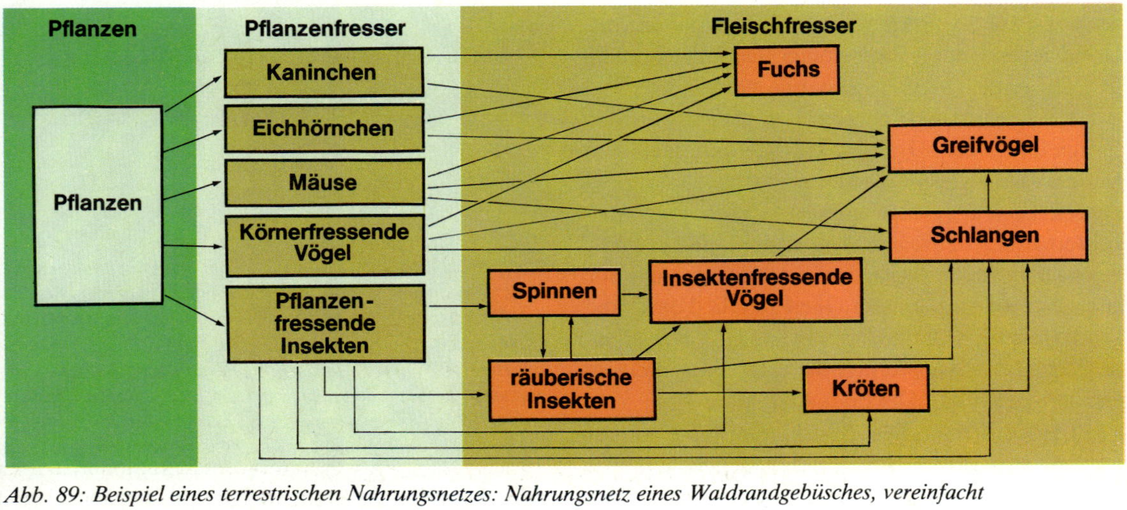

Abb. 89: Beispiel eines terrestrischen Nahrungsnetzes: Nahrungsnetz eines Waldrandgebüsches, vereinfacht

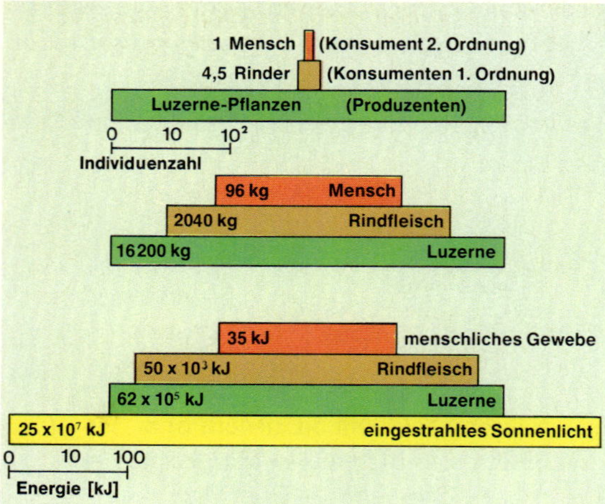

Abb. 90: Drei Typen ökologischer Pyramiden in schematischer Darstellung für das Nahrungsketten-Beispiel im Text. Der Maßstab ist logarithmisch. Oben: Pyramide der Individuenzahl. Mitte: Pyramide der Biomasse, unten: Energiepyramide. Eine große Produzentengemeinschaft ernährt nur eine kleine Pflanzenfressergruppe und diese nur eine sehr kleine Zahl Fleischfresser

oder im Verdauungsprozeß ausgeschieden wird; außerdem wird nicht die ganze Biomasse einer Stufe von Angehörigen der nächsten Stufe gefressen.

Die Beziehungen zwischen den Gliedern einer Nahrungskette lassen sich als ökologische Pyramiden darstellen (Abb. 90).

4.3 Energiefluß im Ökosystem

Die von Tier und Mensch aufgenommene Nahrung wird zum Aufbau körpereigener Substanz und zur Energielieferung für Lebensvorgänge benötigt. Die im Körper aufgebaute organische Substanz enthält weniger Energie, als in der Nahrung enthalten war, da bei jeder Energieumformung unvermeidbar ein gewisser Anteil in Wärmeenergie verwandelt wird und diese eine für Lebewesen nicht verwertbare Energieform ist. Die im Organismus gebildete Wärme wird an die Umgebung abgegeben oder bei homöothermen (gleichwarmen) Tieren zur Aufrechterhaltung der Körpertemperatur benutzt. Infolgedessen gibt es bezüglich der Energieweitergabe nur eine »Einbahnstraße« von Glied zu Glied durch die Nahrungskette. Man bezeichnet sie als *Energiefluß*. Im Gegensatz dazu werden die Stoffe in ständigem Kreislauf gehalten (Abschnitt 4.4).

Mit jedem Ernährungs-Niveau nimmt die mit der Nahrung weitergereichte Energiemenge ab. Als Faustregel gilt hierbei, daß von Stufe zu Stufe die Energie jeweils auf $^1/_{10}$ abnimmt; d. h. 90% der in der Nahrung enthaltenen Energie werden nicht an die nächste Stufe weitergegeben. Bei der Bildung der Biomasse durch Pflanzen wird sogar nur $^1/_{100}$ der Strahlungsenergie der Sonne ausgenutzt. Eine lange Nahrungskette ist somit mit großen Energieverlusten verbunden (siehe Energiepyramide Abb. 90). Diese Erkenntnis ist für die menschliche Ernährung von Bedeutung: pflanzliche Ernährung nutzt die Primärproduktion am günstigsten aus; Nutztiere verbrauchen den größten Teil der aufgewendeten Biomasse selbst. Fleischnahrung ist also von der Energie her gesehen aufwendig. Der ärmere Teil der Weltbevölkerung lebt daher vorwiegend von pflanzlicher Nahrung. Zur Produktion einer Ernährungseinheit Fleisch wird das Zehnfache an pflanzlicher Produktion benötigt. Eine ausreichende Fleischversorgung der ganzen Welt erforderte also eine Vervielfachung der landwirtschaftlichen Nutzfläche oder eine ent-

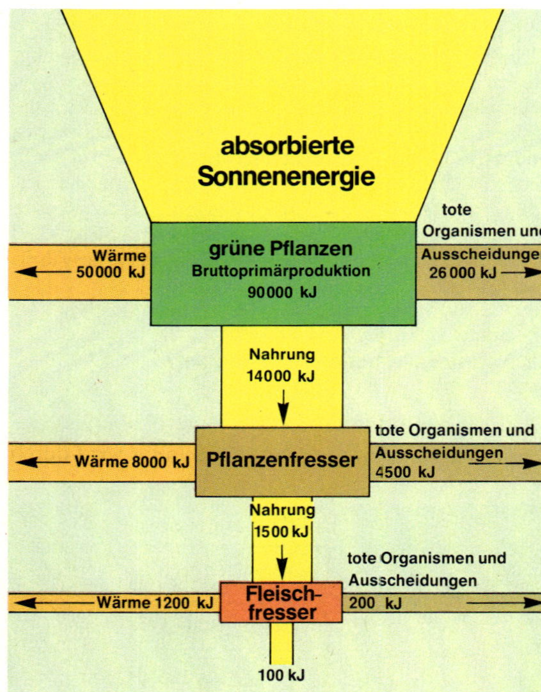

Abb. 91: Energiefluß durch eine Biozönose. Die gesamte Stoffproduktion der Pflanzen durch Photosynthese heißt Bruttoprimärproduktion. Was davon nicht veratmet wird, ist die Nettoprimärproduktion, sie steht den Pflanzenfressern (Konsumenten) zur Verfügung. Die beim Stoffwechsel entstehende Wärme wird in die Umgebung abgegeben, der Organismus kann sie nicht verwerten. Von der auf die Pflanze auftreffenden Sonnenenergie wird nur $^1/_{100}$ durch die Photosynthese ausgenützt, und die mit der Nahrung weitergereichte Energie nimmt von Stufe zu Stufe auf rund $^1/_{10}$ ab. Zahlenangaben $kJ/m^2 \cdot Tag$

sprechende Ertragssteigerung des Ackerbaus. Beides ist nicht möglich. Bei ausschließlich pflanzlicher Ernährung besteht allerdings die Gefahr, daß der Mensch zuwenig Eiweiß erhält. Diese »Proteinlükke« ist ein schwerwiegendes Welternährungsproblem. Dazu kommt, daß in vielen pflanzlichen Proteinen bestimmte Aminosäuren, die der menschliche Körper nicht selbst aufbauen kann, in zu geringer Menge enthalten sind.

Globale tägliche Energiezufuhr auf die Erdoberfläche durch Sonneneinstrahlung		$6{,}7 \cdot 10^{18}$ kJ
davon durch Photosynthese in chemische Energie umgewandelt (auf der Landfläche 0,3%, in den Meeren 0,07%)		0,12%
Globale tägliche Netto-Pflanzenproduktion		$4{,}5 \cdot 10^{8}$ t (Trockensubstanz)
davon als pflanzliche Nahrungsmittel genutzt (Beitrag des Meeres zur Gesamt-Nahrungsmittelerzeugung 1%)		1%
Täglicher	Energieverbrauch des Menschen	
	in Form von Nahrung	2500 kcal = 10500 kJ
	in Form von Strom und Wärme (in Mitteleuropa; 90% dieser Energie liefern Erdöl, Erdgas und Kohle)	138000 kJ

Zur Erzeugung von 1 Nahrungskalorie benötigt die moderne Landwirtschaft die 5–10fache Energiemenge für Maschinen, Düngemittel, Biocide und Bewässerung (diese Energie stammt ebenfalls aus dem ständig schwindenden Vorrat fossiler Brennstoffe). 1 kcal = 4,186 kJ

4.4 Stoffkreislauf in der Biosphäre

Während die Energie von den Organismen im Nahrungsnetz fortlaufend in die wertlose Form der Wärme übergeführt wird und nur dauernde Zufuhr in Form der Sonnenstrahlung das Fließgleichgewicht aufrechterhält, sind die Stoffe in einem fortgesetzten Kreislauf. Die Elemente durchlaufen die Nahrungsnetze in Form von vielerlei Verbindungen und gelangen durch Ausscheidung oder Mineralisierung wieder in den abiotischen Bereich. Von dort werden sie erneut durch Organismen aufgenommen. Zusammen mit lebensnotwendigen Elementen sind auch Stoffe in die Kreisläufe einbezogen, die entweder keine biologische Funktion haben oder sogar schaden können. Werden solche Elemente im abiotischen Bereich des Ökosystems angereichert (Bsp. Quecksilber, Blei), so gelangen sie auch in größerer Menge in die Orga-

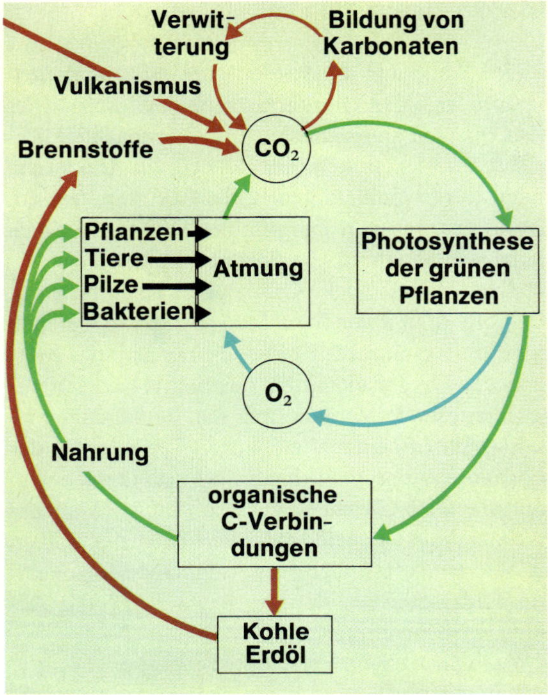

Abb. 92: Kohlenstoffkreislauf und Sauerstoffkreislauf sind über die Atmung miteinander verknüpft

nismen und können im Verlauf der Nahrungskette Vergiftungen hervorrufen. Manche Elemente sind nur in sehr geringer Menge in den Organismen anzutreffen, aber lebensnotwendig. Das völlige Fehlen eines solchen Spurenelements (z. B. Co, Mo) wirkt sich auf die Produktionsrate in einem Ökosystem genauso aus wie Mangel an einem Makronährstoff (z. B. K, Ca, N). Jeweils der im Minimum befindliche Stoff begrenzt die Produktion (LIEBIGsche Regel).

Betrachten wir als Beispiel den Kreislauf des Kohlenstoffs (Abb. 92). Die Pflanzen nutzen zur Produktion organischer Verbindungen als C-Quelle das Kohlendioxid der Luft. Die organischen Stoffe treten in die Nahrungsketten ein. Durch die Atmung der Organismen wird CO_2 direkt wieder der Atmosphäre zugeführt. Ein anderer Teil des Kohlenstoffs erreicht in Form der organischen Verbindungen über die Konsumentenkette schließlich die Destruenten und wird hier durch Fäulnis wieder zu CO_2 umgesetzt. Bei der Bildung von Torf, Kohle, Erdöl und Erdgas wird Kohlenstoff in Form organischer Verbindungen aus dem Kreislauf ausgeschieden und abgelagert. Früher gebildete fossile Brennstoffe werden heute wieder der Erdkruste entnommen und dienen der Energieerzeugung. Das gebildete CO_2 gelangt in die Atmosphäre. So greift der Mensch in den natürlichen Kohlenstoff-Kreislauf ein.

4.5 Sukzession und Klimax

Jede Änderung eines abiotischen oder biotischen Faktors in einer Biozönose verändert diese. Dies kann man gut an einem Heuaufguß beobachten. Zunächst entwickelt sich eine Menge von Bakterien. Ihnen folgen Geißeltierchen, die Bakterien fressen. Etwas später treten Pantoffeltierchen auf, die sich räuberisch ernähren. Im Verlauf einiger Tage erscheinen dann auch Grünalgen, Rädertierchen, Kleinkrebse und Amöben. Man findet aber daneben weiterhin vereinzelte Exemplare der anfangs herrschenden Organismenarten. Die hier in wenigen Tagen eintretende Veränderung der Bedingungen im Biotop führt zu einer allmählichen Veränderung der Biozönose, bis schließlich ein Endzustand mit einem weitgehenden Gleichgewicht erreicht ist. Man bezeichnet die Aufeinanderfolge verschiedener Stadien als *Sukzession* (lat. successus Aufeinanderfolge) und den Endzustand als *Klimaxgemeinschaft* (oder Zustand der Klimax).

Was hier an einem Versuchsbeispiel gezeigt wurde, läuft in entsprechender Weise auch in der Natur ab, allerdings in viel längeren Zeiträumen. In besonders günstigen Fällen kann man aber die normalerweise zeitlich aufeinanderfolgenden Sukzessionsstadien auch räumlich nebeneinander beobachten, so etwa bei einem verlandenden Teich. Die räumliche Abfolge der Pflanzengesellschaften vom offenen Wasser bis zum Sumpf oder zur Vermoorung (vgl. Abb. 81) entspricht der zeitlichen Abfolge bei der Verlandung an einer bestimmten Stelle. Ausgelöst wird der Verlandungsvorgang durch Einschwemmung von Sedimenten durch die Zuflüsse, und in manchen Fällen durch Anhäufung abgestorbener, aber nicht völlig abgebauter Pflanzenteile.

Unter den klimatischen Verhältnissen Mitteleuropas ist der stabile Endzustand der Vegetation stets der Wald. Nur Hochgebirge, Felskanten, Seen, Moore und Meeresküsten sind von Natur aus waldfrei. Heute aber ist nur noch etwa ein Viertel des deutschen Bodens waldbedeckt; das ist ausschließlich auf die Tätigkeit des Menschen zurückzuführen. Ohne sie würde das Land in verhältnismäßig kurzer Zeit wieder vom Wald erobert werden.

5. Das Eingreifen des Menschen in Ökosysteme

Eingriffe des Menschen bewirken Änderungen der natürlichen Ökosysteme. Sie begannen mit der Jungsteinzeit und bestanden zunächst in Rodung, Beweidung und Ackerbau. Im Laufe der Zeit wurde mit der Zunahme der Zahl der Menschen und der Verbesserung der Methoden (Entwicklung der Technik) diese Einflußnahme immer intensiver, und es entwickelte sich die Kulturlandschaft, die heute fast ausschließlich aus Monokulturen hochgezüchteter Nutzpflanzen besteht. Dazu gehören auch die naturfernen Forste aus einer Baumart, die als richtige Holzplantagen anzusprechen sind.

Eine ökologisch sinnvolle Nutzung ist nur wenig umweltschädigend, wie z. B. die mitteleuropäische Kulturlandschaft mit dem hier seit rund 5000 Jahren betriebenen Ackerbau zeigt. Sehr viel komplexer werden die Verhältnisse in den Systemen der modernen Zivilisation mit Industrie und maschinell betriebener Land- und Forstwirtschaft. Durch Erschließung der Rohstoff- und Energiequellen von Kohle, Erdöl und Erdgas muß die CO_2-Menge in der Atmosphäre ansteigen. Diese Energieträger sind im Verlauf der Erdgeschichte in einem Zeitraum von mehr als 500 Millionen Jahren durch Photosynthese entstanden. Nun verbraucht sie der Mensch in weniger als 1000 Jahren. Die auf diesen Rohstoffen aufbauende Industrie besteht seit knapp 200 Jahren und hat in dieser Zeit die Umwelt bereits tiefgreifend beeinflußt. Viele neue, vom Menschen geschaffene Ökosysteme sind entstanden (Monokulturen, Industrielandschaft). Die Produktivität solch künstlicher Ökosysteme ist zwar viel höher als diejenige natürlicher oder naturnaher Systeme, doch werden dabei Neben- und Abfallprodukte angehäuft. Sie bestehen aus Stoffen, die natürlichen Kreisläufen entzogen wurden. Viele naturnahe Ökosysteme werden durch solche Vorgänge gestört und schließlich zerstört. Eine Übersicht über diese Beziehungen gibt die Abb. 93.

Eine hohe biologische Stoffproduktion in landwirtschaftlichen Kulturen ist nur zu erreichen durch Düngung, Schädlingsbekämpfung und Bodenbearbeitung

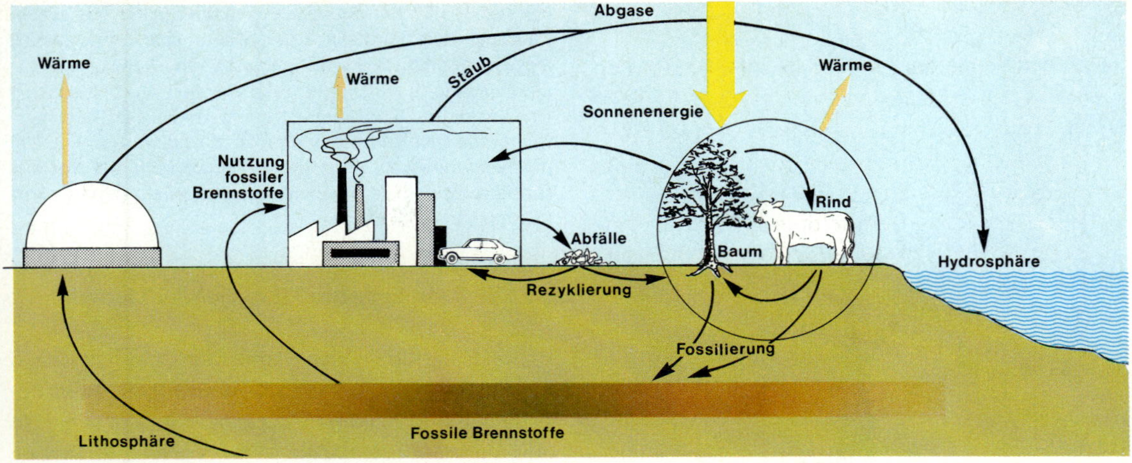

Abb. 93: Durch Industrialisierung verursachte Veränderungen der natürlichen ökologischen Situation (Kreis). Der Mensch führt im Erdinnern liegende und von ihm synthetisch gewonnene Stoffe zusätzlich in den natürlichen Kreislauf ein. Dies birgt die Gefahr, daß seine Rohstoffquellen versiegen und sich ansammelnde Abfälle ihn schädigen. Fossilisierung: Zersetzung toter Organismen bis auf Reste, die erhalten bleiben; unter Luftabschluß kann sich dabei Kohle oder Erdöl bilden.

(u. U. mit Entwässerung oder Bewässerung). Der Energieaufwand für die Bearbeitungsmaßnahmen und die Herstellung des Düngers und der Maschinen dafür übersteigt die von den wachsenden Nutzpflanzen aufgenommene Sonnenenergie.

5.1 Probleme der Schädlingsbekämpfung

Die Schädlingsbekämpfung ist eine Maßnahme, die zwangsläufig mit der Nutzung der Natur durch menschengeschaffene Kulturen gekoppelt ist. In natürlichen Lebensgemeinschaften sind dem Überhandnehmen eines Schädlings durch Feinde, Parasiten, Konkurrenten enge Grenzen gesetzt. Ein ausbalanciertes biologisches System regelt Störungen rasch wieder aus. Anders steht es bei **Monokulturen** in der Landwirtschaft und in der Forstwirtschaft. Die Gleichförmigkeit der Vegetation auf den Äckern und im reinen Fichten- oder Kiefernwald löscht viele ökologische Nischen in der Naturlandschaft aus und läßt die daran angepaßten Organismenarten verschwinden. Dafür kommt es bei den restlichen Arten leicht zu einer Massenvermehrung, denn die zuvor wenigstens partiell vorhanden gewesene Konkurrenz durch Arten der verschwundenen Nischen fällt weg. Die starke Populationszunahme der verbleibenden Arten läßt sie zu Schädlingen werden.

Die hauptsächlich verwendeten Mittel gegen Schädlinge (*Biocide* oder *Pesticide*) sind *Insekticide* (gegen Insekten), *Nematocide* (gegen Fadenwürmer), *Fungicide* (gegen Pilze) und *Herbicide* (gegen Unkräuter).

Schädlingsbekämpfungsmittel vernichten aber nicht nur Schädlinge, sondern auch viele unschädliche und nützliche Lebewesen ebenso wie die Bodenfauna, deren Tätigkeit für Humusbildung und Bodenlockerung bedeutsam ist. Zudem werden manche Biocide erst nach längerer Zeit mikrobiell abgebaut und meist zu gesundheitlich nicht unbedenklichen Endprodukten. Da aber Schädlingsbekämpfung notwendig ist, um die ständig wachsende Menschheit zu ernähren, versucht der *integrierte Pflanzenschutz* die Verwendung der chemischen Mittel nach Möglichkeit auf rasch abbaubare, selektiv nur den Schädling treffende Stoffe zu beschränken. Unter integriertem Pflanzenschutz versteht man die Kombination von chemischer Bekämpfung, biologischer Bekämpfung und Pflegemaßnahmen (Düngung, Bodenbedeckung, Baumschnitt) zur Verbesserung der Widerstandsfähigkeit sowie Züchtung und Anbau schädlingsresistenter Sorten. Der biologischen Bekämpfung dient der Schutz und die Vermehrung der natürlichen Feinde der Schädlinge, so z. B. durch Anpflanzen von Hecken als Lebensraum für maus- und insektenfressende Säuger und Vögel, durch Aussetzen von Raubinsekten, Schlupfwespen, Raupenfliegen und durch Aussetzen gezüchteter Krankheitserreger (Viren, Bakterien und Parasiten, Pilze, Protozoen, Nematoden). Als Beispiel sei die San-Jose-Schildlaus genannt. Sie kam von Kalifornien zu uns und ist heute ein gefürchteter Schädling in allen gemäßigten Zonen der Erde, da die von ihr befallenen Kernobst- und Steinobstbäume absterben können. Eine 0,8 mm große Zehrwespe (Schlupfwespe) legt ein Ei unter den Schild der Laus, und die sich daraus entwikkelnde Larve frißt sie auf. Auf Kürbissen oder Melonen vermehrte Schildläuse ermöglichen die Zucht der nützlichen Zehrwespe.

Ein biologisches *Selbstvernichtungsverfahren* ist der Großeinsatz von herangezüchteten und durch Bestrahlung sterilisierten Männchen der Schadinsekten. Jedes von einem sterilen Männchen begattete Weibchen legt seine Eier unbefruchtet, also nicht entwicklungsfähig ab. Dadurch wird die Population drastisch vermindert. So verfährt man z. B. gegen die Schraubenwurmfliege, deren Made im südlichen Nordamerika unter der Haut der Rinder schmarotzt. Die Rinder leiden darunter, der Fleischzuwachs geht zurück,

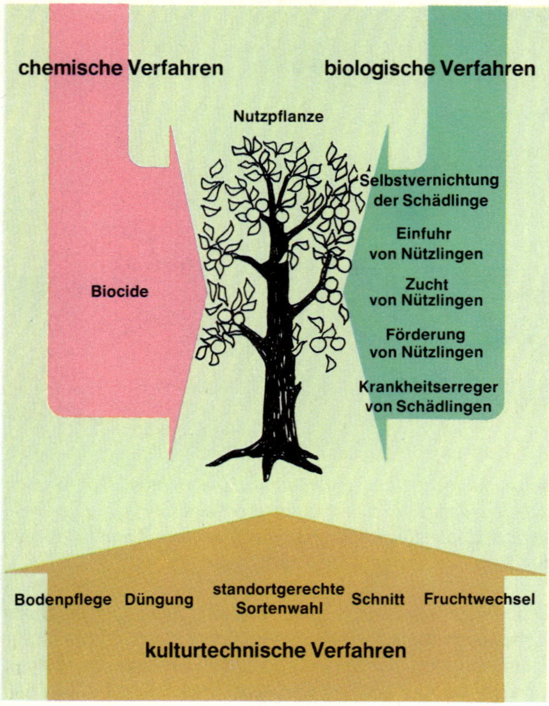

Abb. 94: Wichtige Mittel und Methoden des integrierten Pflanzenschutzes

und das Fell läßt sich nicht zu Leder verarbeiten, weil es von den ausschlüpfenden Insekten durchlöchert wird.

Ein weiteres erfolgversprechendes Selbstvernichtungsverfahren zur Bekämpfung von Schadinsekten beruht auf folgendem: Besondere Duftdrüsen der Weibchen erzeugen artspezifische Signalduftstoffe (Pheromone). Schon in Nanogramm-Mengen locken diese die Männchen aus kilometerweiten Entfernungen an. Man kann nun reusenartige Insektenfallen mit den Duftstoffen bestimmter Schädlinge beködern und so die Männchen aus weitem Umkreis anziehen. Die Schädlingspopulation geht daraufhin stark zurück.

Gegen Maikäfer-Engerlinge und Larven des Kartoffelkäfers hat man die Sporen gezüchteter insektenparasitischer Pilze ausgesprüht. Die infizierten Larven wurden vom Pilz durchwuchert und gingen zugrunde. *Bacillus thuringiensis* wird eingesetzt z. B. gegen Kohlweißlinge, Gespinstmotten und Eichenwickler; der *Bacillus* ist für Bienen ungefährlich.

Zur Bekämpfung der Kaninchenplage in Australien verwendete man das Myxomatose-Virus, das bei Kaninchen eine tödlich verlaufende Krankheit erzeugt und durch stechende Insekten übertragen wird. Das europäische Kaninchen war 1788 mit den ersten Siedlern nach Australien gekommen, hatte sich dort mangels natürlicher Feinde massenhaft ausgebreitet und wurde durch Auffressen der Feldkulturen zu einer verheerenden Kalamität. Man züchtete deshalb auf Hühnerembryonen das Myxomatose-Virus und ließ es durch künstlich infizierte Kaninchen auf die Wildpopulation übertragen. Die Bekämpfung 1950 bis 1952 war mit 90% Sterblichkeit ein durchschlagender Erfolg. Durch überlebende, gegen das Virus immune Kaninchen erholten sich die Kaninchenbestände zwar wieder, aber nach Erreichen einer gewissen Populationsdichte breitete sich die Seuche erneut aus. Man beobachtete nämlich in den Folgegenerationen der immunen Kaninchen eine abnehmende Virusimmunität, andrerseits aber bei den Viren auch eine abnehmende *Virulenz* (krankmachende Aktivität). Als Endzustand in Australien ist ein Wirts-Erreger-Gleichgewicht zwischen Kaninchen und Virus zu erwarten. Die Kaninchenpopulation wird dann kleiner sein als vor der Einführung des als regulierender Begrenzungsfaktor wirkenden Virus.

5.2 Die Bedrohung der Pflanzen- und Tierwelt

Die Eingriffe in den Landschaftshaushalt durch Straßenbau, Regulierung von Wasserläufen, Flurbereinigung und Bebauung verändern und vermindern die Vegetationsbestände. Die Verbreitungsareale vieler Pflanzen- und Tierarten schrumpfen. Im Umkreis der Verdichtungsräume werden die Verluste an Blütenpflanzen und Farn-Arten auf 6–17% des Bestandes geschätzt. Zwar sind viele bedrohte Pflanzen und Tiere unter Naturschutz gestellt, doch helfen diese Schutzbestimmungen nicht gegen Veränderungen der Standortsbedingungen und des Lebensraums. Mit dem Aussterben einer Pflanzen- oder Tierart geht nicht nur ein in seiner Eigenart einmaliger Organismus unwiederbringlich verloren; auch die Biozönose, deren Glied er war, wird geschwächt. Mit der Verarmung der Biozönose schwindet die Fähigkeit zur Selbstregelung des biologischen Gleichgewichts.

Wie viele Tiere durch unmittelbare oder mittelbare Einwirkung des Menschen ausgerottet worden sind, ist schwer zu schätzen. In den vergangenen 2000 Jahren sind zahlreiche Säugetier- und Vogelarten ausgestorben. Weitaus mehr Arten sind in ihrer Existenz bedroht. In den letzten 70 Jahren haben die insektenfressenden Singvögel um 90% abgenommen (Vogelfang und Biocide). Über die Verluste der Kleintierwelt fehlen Unterlagen. Viele ursprüngliche Biotope sind durch die Begradigung der Wasserläufe, durch Urbarmachung von Mooren und Sümpfen, durch Monokulturen der Land- und Forstwirtschaft verschwunden. Biocide haben auch nichtschädliche Tiere unmittelbar oder über die Nahrungskette (Vögel, Fledermäuse) vernichtet. Die Verunreinigung des Wassers hat die Fischbestände stark dezimiert und wertvolle Speisefische an manchen Stellen ganz ausgerottet. Wild, Igel und Vögel fallen dem Straßenverkehr zum Opfer.

Ähnlich wie in der Pflanzenwelt beobachtet man auch in der Tierwelt als Folge gestörter Ökosysteme neben dem völligen Aussterben vieler Arten eine auffallende Massenzunahme anderer, die dadurch zu

Schädlingen werden (Feldmäuse, Stare, Amseln, Sperlinge, Möwen, Tauben).

5.3 Die Gefährdung des Bodens

Neue Wohnsiedlungen, Industrieanlagen, Straßen und Flugplätze entziehen ständig wertvollen Boden seiner landwirtschaftlichen Nutzung (der Verlust beträgt z. Zt. jährlich 0,1%). Mit der Verminderung der landwirtschaftlichen Nutzflächen geht eine Verschlechterung der Bodenqualität einher. Die Motorisierung in der Landwirtschaft verlangt großflächige Bearbeitung. Der *Flurbereinigung* fallen deshalb oft Anbauterrassen, Böschungen, Hecken und Feldgehölze zum Opfer. So wird die Feldflur heute stärker der Erosion durch Wind und Regen ausgesetzt. Die Terrassen hatten das Hanggefälle und damit das Abschwemmen von Boden verringert, die Schutzhecken den abgespülten Boden aufgefangen. Auch ebene, weiträumig gleichartig bewirtschaftete und vor dem Wachsen der Feldfrucht bloßliegende Ackerflächen sind ungeschützt dem Bodenabtrag durch Wasser und Wind ausgeliefert. Dabei wird gerade die wertvolle oberste Bodenschicht, der humushaltige, belebte Mutterboden, weggeführt; die Folge ist eine Ertragsminderung.

Ein ernstes Problem ist auch die vielfach schon eingetretene Bodenverschmutzung durch Mineralöle, Bleiverbindungen aus Motorabgasen, Schädlingsbekämpfungsmitteln und von Streusalz im Umkreis von Straßen. Die Bodenverschmutzung mindert den Pflanzenertrag. Trotz Filterwirkung und Absorptionsfähigkeit der Bodenteilchen gelangt ein Teil der Verunreinigung ins Grundwasser und beeinträchtigt dessen hygienische Qualität.

5.4 Die Verunreinigung des Wassers

Wie in den Abschnitten 3.1 und 3.2 ausgeführt, besitzen Gewässer die Fähigkeit zur *biologischen Selbstreinigung*. Bei Zufuhr organischer Schmutzstoffe durch Abwasser vermehren sich die Destruen-

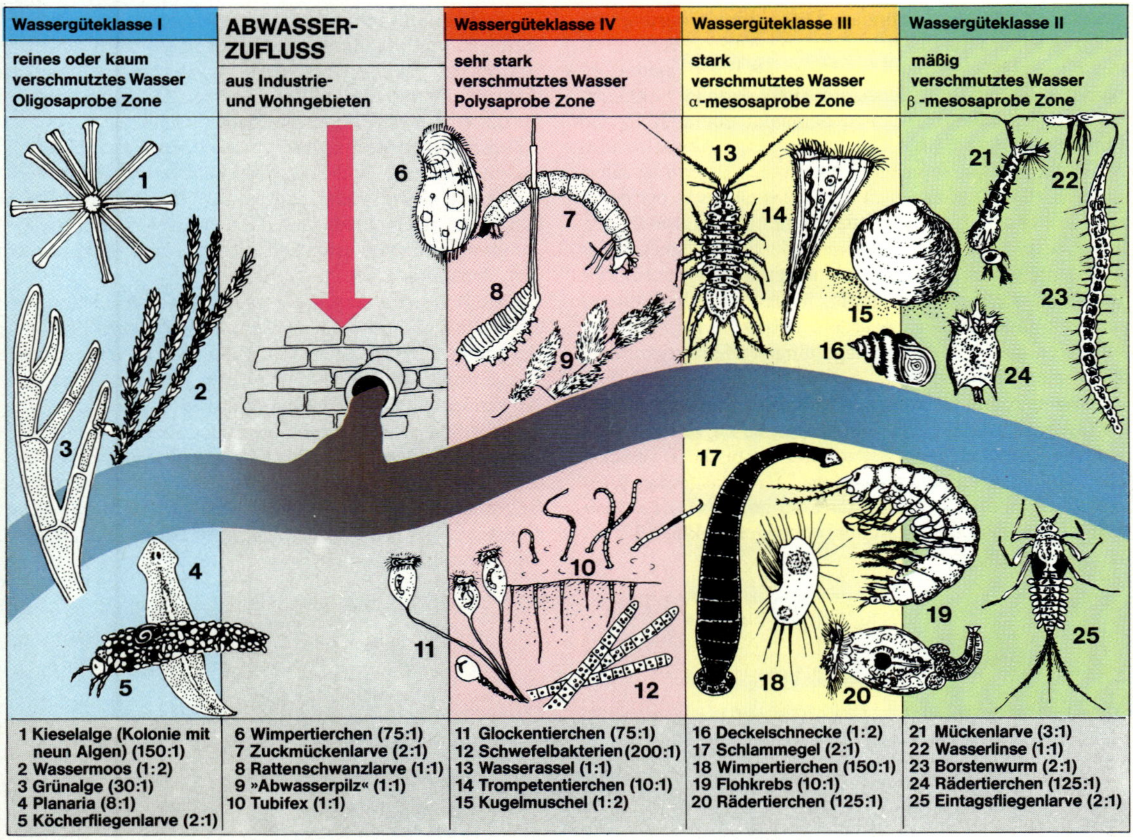

Abb. 95: Die Wassergüteklassen und für verschieden stark verschmutzte Zonen kennzeichnende Organismenarten (Saprobien). Sie lassen den Grad der Verschmutzung und damit die Wassergüte erkennen (biologische Wasseranalyse).

ten im Wasser (Bakterien, Urtierchen, Insektenlarven und Würmer) so stark, daß diese Stoffe abgebaut werden. Heute sind jedoch viele Flüsse und Seen durch Abwässer aus Haushaltungen, Industrie und Gewerbe in so hohem Maße verunreinigt, daß die biologische Selbstreinigungskraft der Gewässer überschritten wird. *Der Rhein befördert im Unterlauf täglich 6900 m^3 absetzbare Stoffe, 30000 t Kochsalz, 16000 t Sulfate, 2200 t Nitrate, 100 t Phosphate, 3 t Arsen, 0,4 t Quecksilber.*

Was die Selbstreinigungskraft nicht mehr leisten kann, muß zwangsläufig durch aufwendige Reinigungsanlagen nachgeholt werden. Diese Kläranlagen ahmen auf kleinem Raum den natürlichen Reinigungsvorgang nach.

Das Abwasser wird in der Kläranlage zunächst durch Grob- und Feinrechen von gröberen Verunreinigungen befreit. Im anschließenden Absetzbecken setzen sich Schwebestoffe ab. Der entstehende Schlamm wird in einen Faulraum gepumpt und dort einer Methangärung unterworfen. Das mechanisch vorgeklärte Abwasser gelangt in Belüftungsbecken. Dort wird es entweder über große Oberflächen (z. B. Koks) verrieselt, oder es wird direkt Luft eingeblasen. Dabei entstehen Schlammflocken aus Bakterien, Protozoen und organischen Schmutzstoffen, in denen ein intensiver Abbau stattfindet. Diese Intensivierung des Schmutzabbaus durch Luftzufuhr und Anreicherung aerober Kleinlebewesen bezeichnet man als Belebungsverfahren. Die entstandenen Flocken werden dann im Nachklärbecken abgeschieden, dessen Schlamm ebenfalls in den Faulraum gepumpt wird. Das jetzt geklärte Abwasser wird in Bäche und Flüsse geleitet (Vorfluter). Es enthält allerdings noch die ursprünglich vorhandenen sowie die durch den biologischen Abbau entstandenen Mineralsalze. Um eine Überdüngung (Eutrophierung) der natürlichen Gewässer zu vermeiden, wird häufig noch eine dritte, chemische Reinigungsstufe nachgeschaltet, in der vor allem Nitrate und Phosphate entfernt werden. Giftstoffe im Abwasser schädigen die in der Kläranlage tätigen Mikroorganismen und setzen deren Reinigungswirkung erheblich herab. Der Abwasserschlamm wird nach Ausfaulen und Kompostieren zu Dünger verarbeitet. Seine bakterielle Zersetzung beim Kompostieren kann eine Selbsterhitzung bis 70° C verursachen, die Infektionserreger und die Eier parasitischer Würmer vernichtet. Eine Vernichtung der im Abwasser enthaltenen Krankheitserreger ist nur durch Desinfektion (Chlor, Hitze) möglich.

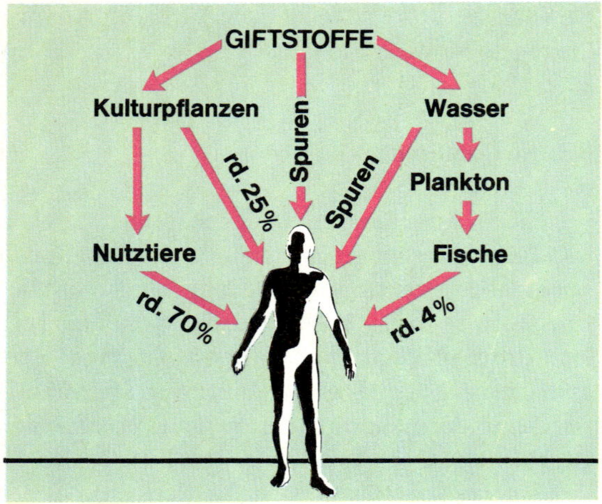

Abb. 96: Herkunft von Giftstoffen im menschlichen Körper, die über biologische Ketten (z. B. aus Schädlingsbekämpfungsmitteln oder Abwässern) hereingelangen

Eine weitere Ursache der Verunreinigung von Grundwasser, Wasserläufen und Seen ist der heutige hohe Verbrauch von Düngemitteln zur Steigerung der landwirtschaftlichen Erzeugung. Durch Auswaschung des Mineraldüngers gelangen Nitrate und Phosphate in die Gewässer und begünstigen Phytoplankton und andere Wasserpflanzen. Aus dem ursprünglich nährstoffarmen (oligotrophen) wird ein nährstoffreiches (eutrophes) Gewässer. Sterben die Pflanzen dann ab, mindern die erhöhten aeroben Abbauprozesse den für die Wassertiere und Bakterien notwendigen Sauerstoff. Ähnlich wirken sich die phosphathaltigen Waschmittel aus. Die in der Land- und Forstwirtschaft verwendeten Insekten- und Unkrautbekämpfungsmittel (Insekticide und Herbicide) gelangen ebenfalls in die Gewässer, wirken auf Organismen giftig und erreichen über die Nahrungskette auch den Menschen.

Eine Belastung der Gewässer ist auch die Einleitung von erwärmtem Kühlwasser aus den Kraftwerken. Erst viele Kilometer flußabwärts hat das Wasser wieder seine normale Temperatur, wenn inzwischen nicht weitere Kraftwerke ihre Abwärme eingeleitet haben. Warmes Wasser kann aber weniger Sauerstoff aufnehmen; zudem beschleunigt es die Vermehrung der Bakterien so stark, daß der noch vorhandene Sauerstoff zu schnell verbraucht wird. Die thermische Belastung mindert die biologische Selbstreinigungskraft der Gewässer. Wärmeempfindliche Fischarten (Aal, Hecht, Plötze) sterben aus.

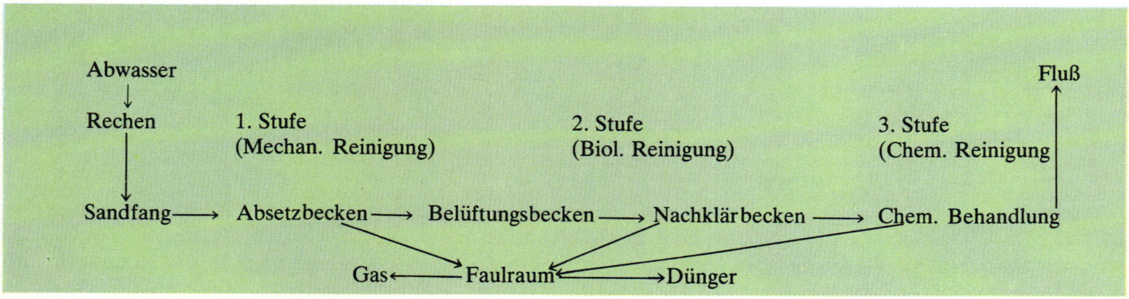

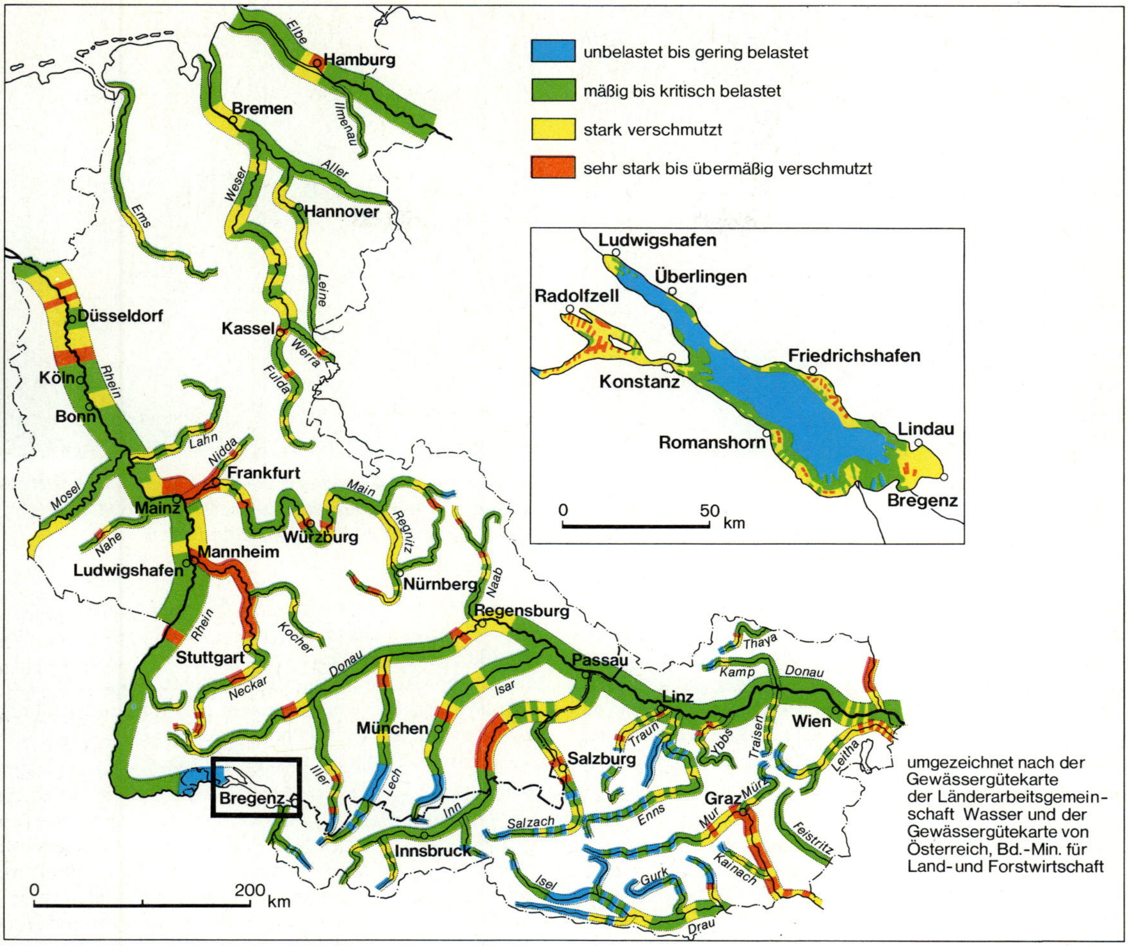

Abb. 97: Verschmutzungsgrad der Flüsse in der Bundesrepublik Deutschland und in Österreich; im Vergleich dagegen die Verhältnisse im Bodensee

5.5 Flußregulierung und Bachbegradigung

Da der Wildlauf des Rheins in der Oberrheinischen Tiefebene bis ins vorige Jahrhundert immer wieder schwere Überschwemmungen verursachte, begann man 1838 mit der Rheinkorrektion. Zwar erzielte man die beabsichtigte Vertiefung der Flußsohle, und die Hochwasser blieben aus; aber sehr rasch sank der Grundwasserspiegel bis zu sieben Metern ab, so daß große Teile der Rheinauewälder abstarben. Schließlich kam es sogar zur *Versteppung* von Ackerland. Zusätzliche Schäden durch weitere Grundwassersenkung entstanden mit dem Ausbau des Rheinseitenkanals; man versucht sie durch den Bau von Staustufen zu beheben oder wenigstens zu verringern. Ähnliche Folgen zeigte die Regulierung der Donau im Wiener Becken.

Trotz dieses warnenden Beispiels werden bis heute kleinere Flüsse begradigt, um verhältnismäßig kleine Flächen, wie etwa die Wiesen der Talauen, hochwasserfrei zu machen. Abgesehen von der Vernichtung wertvoller naturnaher Ufer-Biotope hat die Maßnahme einen rascheren Abfluß des Niederschlags zur Folge, der im Unterlauf zu erhöhter Hochwassergefahr führt. Daher macht die Begradigung nach einiger Zeit den Bau von Staubeckenketten im Ober- und Mittellauf erforderlich. Allerdings ist im Staubereich infolge geringerer Strömung der Sauerstoffgehalt erniedrigt und die Selbstreinigung deshalb erschwert.

5.6 Einführung neuer Glieder in eine Lebensgemeinschaft

Viele Pflanzen- und Tierarten besiedeln nicht alle Gebiete, deren abiotische Faktoren für sie geeignet wären, weil natürliche Schranken (Meere, Gebirge) sie daran hindern. Doch hat der Mensch solche Arten oft in andere Biozönosen verpflanzt. In manchen Fällen ist dies ohne Schwierigkeiten vor sich gegangen (Fasan, Damwild, Amerikan. Roteiche, Douglasie). Nicht selten aber führt dies zu empfindlichen Störungen des Gleichgewichts in den ursprünglichen Biozönosen und damit zu verhängnisvollen Folgen.

Ein Beispiel dafür ist das Verhalten des Mungo, eines in Ostindien heimischen Raubtiers von Mardergröße, auf Jamaika; er sollte die von Schiffen eingeschleppten Ratten vertilgen, weil sie an Zuckerrohrpflanzungen großen Scha-

Abb. 98: Natürlicher Zustand eines Flusses und begradigter Flußlauf. Natürlich: schlingenreicher Lauf, Gebüsch schützt die Ufer und bietet einer reichhaltigen Tierwelt Lebensmöglichkeiten, hohe selbstreinigende Kraft und Fischreichtum. Begradigt: abnehmende Fähigkeit zur Selbstreinigung, Verlust der Uferbiotope, Verarmung der Landschaft

den anrichteten. Die 1872 eingeführten Tiere vermehrten sich stark und verminderten die Zahl der Ratten. Mit deren Abnahme ging der Mungo aber dazu über, auch andere Tiere zu fressen: Wild, Geflügel, Kleinvögel und ihre Eier, Eidechsen, Schlangen und Lurche. Durch das Vertilgen von Insektenfeinden nahmen Schadinsekten verheerend zu, und 1890 war der Schaden durch den Mungo schon viel größer als sein Nutzen. Jetzt wurde die Verfolgung freigegeben, worauf sich allmählich ein neuer Gleichgewichtszustand einstellte; doch war dieser von anderer Art als zuvor. – In Mitteleuropa ist die Bisamratte durch ihre Wühlarbeiten an Flußufern und Dämmen zu einem gefährlichen Schädling geworden. Sie wurde 1905 bei Prag ausgesetzt und hat sich seitdem in alle Richtungen ausgebreitet.

6. Umweltschutz

6.1 Allgemeines

Unter »Umweltschutz« verstehen wir alle Maßnahmen, die dem Menschen eine ihm dienliche Umwelt sichern. Hierin eingeschlossen ist der Schutz der Pflanzen- und Tierwelt und der Schutz von Boden, Luft und Wasser vor nachteiligen menschlichen Eingriffen. Der ökologische Umweltschutz kümmert sich vor allem um den Naturschutz und die Landschaftspflege; der technisch-hygienische Umweltschutz befaßt sich mit der Reinhaltung von Boden, Luft und Wasser, mit der Vermeidung von Lärm und mit der Abfallbeseitigung.

Eine große Zahl gesetzlicher Bestimmungen soll die Ziele des Umweltschutzes verwirklichen helfen. Entscheidend für die Erhaltung einer menschenwürdigen Umwelt sind jedoch Wissen und Einsicht in das richtige persönliche Verhalten jedes einzelnen. Der Wunsch des Menschen, den erreichten Lebensstandard zu erhalten, zu verbessern und nach Belieben zu konsumieren, stößt auf den gleichfalls vorhandenen Wunsch, in einer sauberen, gesunden Umwelt ohne Gefahren, Nachteile und Belästigungen zu leben. *Umweltschutz* ist deshalb auch ein gesellschaftliches Problem.

6.2 Naturschutz und Landschaftspflege

Aus der Einsicht in die gefährlichen Folgen naturwidrigen Verhaltens entstand schon früh der Naturschutzgedanke. Er äußerte sich in dem Bemühen, die wenigen noch vorhandenen Reste unberührter Natur als *Naturschutzgebiete* zu erhalten oder sie in ihrer Entwicklung sich selbst zu überlassen. Deshalb wurden gesetzliche Bestimmungen erlassen mit der Absicht, die heimatliche Natur in allen ihren Erscheinungen zu schützen und zu pflegen, wenn deren Erhaltung wegen ihrer Seltenheit, Schönheit und Eigenart oder wegen ihrer wissenschaftlichen, heimatlichen, forstlichen oder jagdlichen Bedeutung im allgemeinen Interesse liegt. Die Naturschutzbestimmungen erstrecken sich auf

a) Pflanzen und nicht jagdbare Tiere (im Gesetz sind namentlich aufgeführt die geschützten Tierarten sowie die vollkommen geschützten Pflanzenarten, die teilweise geschützten Arten, bei denen sich der Schutz auf die unterirdischen Teile (Zwiebel, Wurzelstock) oder die Rosetten bezieht, und die Arten mit Sammelverbot, die also nicht für gewerbliche Zwecke verwendet werden dürfen).
b) Naturdenkmäler (d. h. erhaltenswerte Naturgebilde wie Felsen, Wasserfälle, geologische Aufschlüsse, alte oder seltene Bäume);
c) Naturschutzgebiete (d. h. abgegrenzte Gebiete, in denen die Natur vor Eingriffen des Menschen geschützt wird);
d) Landschaftsteile besonderer Art (z. B. Alleen, Parks, Gebüschgruppen, Raine, Hecken).
Verboten ist auch bei nicht geschützten Pflanzen u. a. das Verwüsten ihrer Bestände und die unbefugte Entnahme von Schmuckreisig. Verboten ist das Abbrennen der Pflanzendecke und das Aussäen oder Anpflanzen standortfremder Gewächse sowie das Aussetzen oder Ansiedeln gebietsfremder Tiere.

Naturschutzgebiete werden in der Regel nicht wirtschaftlich genutzt. Doch schützen Sammel-, Jagd- und Eingriffsverbote nicht vor dem mittelbaren Einfluß des Menschen, der durch die Belastung der Biosphäre die Lebensverhältnisse vieler Organismen nachteilig verändert. Es geht aber bei weitem nicht nur um gefühlsbedingtes Mitleid für existenzbedrohte Tier- und Pflanzenarten. Die Naturschutzbestrebungen wollen letztlich auch die Lebensbedingungen des Menschen verbessern und bedürfen deshalb der Ausweitung durch einen großräumigen Landschaftsschutz und eine gestaltende Landschaftspflege.

Die **Landschaftsschutzgebiete** unterliegen nicht den strengen Schutzbestimmungen wie die Naturschutzgebiete. Ihre bisherige land- und forstwirtschaftliche Nutzung bleibt bestehen; doch bedürfen alle Vorhaben, bei denen Gefahr besteht, daß sie das Landschaftsbild verunstalten oder die Natur schädigen, einer besonderen amtlichen Genehmigungsprüfung. Das Anliegen der Landschaftspflege richtet sich auf einen Ausgleich zwischen den Leistungs- und Belastungsmöglichkeiten der Natur, d. h. ihrer Ökosysteme einerseits und den Lebensbedürfnissen des Menschen andrerseits. Auch die **Naturparke** dienen als großräumige Landschaften durch ihre Schönheit der Erholung der Bevölkerung und sind zugleich Regenerationsräume für die gestörte umgebende Landschaft. Auch in der intensiv genutzten Kulturlandschaft sollte zur Erhaltung naturnaher ökologischer und klimatischer Verhältnisse ein bestimmter Anteil ursprünglicher Lebensgemeinschaften (Waldbezirke, Flurgehölze, Hecken, Ufergebüsch, Tümpel) nicht fehlen.

Trotz der Bedeutung der Erholungslandschaft für die körperliche und seelische Gesundheit werden immer noch stadtnahe Wälder der wirtschaftlichen Entwicklung geopfert, wenn auch vielerorts die Waldfläche durch Aufforstung von Grenzertragsböden wieder zunimmt.

Auch eine »Zersiedelung« der Landschaft durch ungeordnet entstehende Streusiedlungen am falschen Platz würde Erholungs- und Freiräume stören und ihre Zugänglichkeit für die Allgemeinheit behindern. Eingezäunte Privatgrundstücke mitten in der freien Landschaft – oft mit Wochenendhäusern oder Wohnwagen – zerstückeln die Landschaft. Seeufer müssen für jedermann zugänglich sein.

7. Ökologische Grenzen des Wirtschafts- und Bevölkerungswachstums

Bevölkerungswachstum, Nahrungsmittelerzeugung, Rohstoffverbrauch und Umweltverschmutzung sind die wichtigsten ökologischen Probleme der Menschheit. Sie hängen eng miteinander zusammen und können nur über die Ländergrenzen hinweg global gelöst werden. Der Verbrauch an Rohstoffen (z. B. an Erdöl, Aluminium, Kupfer, Zink) steigt exponentiell an nicht nur als Folge der Bevölkerungszunahme, sondern auch wegen steigender Bedürfnisse des einzelnen. Da die Rohstoffvorräte der Erde begrenzt sind, müssen sie sich eines Tages erschöpfen. Durch Recycling (Rückführung in den Wirt-

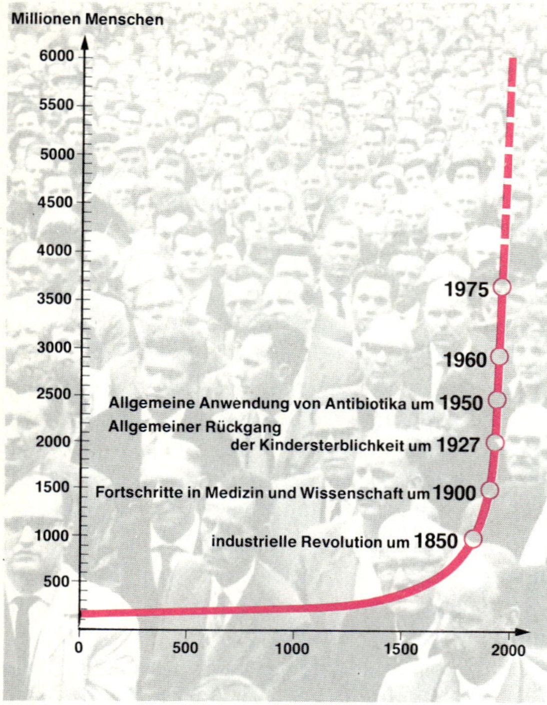

Abb. 99: Das Wachstum der Weltbevölkerung seit dem Jahre 1. Die Fortschritte der Wissenschaft nutzten der Landwirtschaft, der Pflanzen- und Tierzüchtung und der Nahrungsmittelerzeugung

schaftskreislauf) wird diese Erschöpfung nur hinausgeschoben, denn eine Regeneration verbrauchter Rohstoffe ist nur bedingt oder überhaupt nicht möglich (Erdöl, Kohle). Diejenigen Rohstoffe, die sich zuerst erschöpfen und nicht durch andere ersetzen lassen, begrenzen das wirtschaftliche Wachstum und die Bevölkerungszahl.

Der steigende Bedarf an Energie und Gütern läßt bei ihrer Produktion auch mehr Schadstoffe entstehen – die Umweltverschmutzung steigt. Ihre Folgen sind Gesundheitsschäden, die schließlich einen bedrohlichen Umfang annehmen können.

Je größer die Zahl der Menschheit, desto schwieriger gestalten sich die Probleme ihrer Versorgung mit Nahrungsmitteln, Gebrauchsgütern und Energie sowie die Probleme der Reinhaltung von Luft und Wasser. Der Lebensraum der Menschheit ist naturgegeben begrenzt, deshalb stoßen sich die Entfaltungsbedürfnisse des einzelnen mit den Lebensbedürfnissen der Mitwelt (der belebten Umwelt).

Die Erschließung neuer Nahrungsquellen für eine hungernde Menschheit hatte bisher nur begrenzte Erfolge. Die bisher erörterten Möglichkeiten sind zum Teil nur unter schwer zu erfüllenden Bedingungen zu verwirklichen. Hohe landwirtschaftliche Produktivität benötigt vor allem einen großen Aufwand an der sich ständig verteuernden Energie.

Möglichkeiten zur Erhöhung der Nahrungsmittelproduktion und die Voraussetzungen

Bewässerung trockener Gebiete (erfordert viel Süßwasser und viel Energie)

Bearbeitung und Düngung des Bodens (hoher Kostenaufwand)

Anwendung von Mitteln zur Schädlings- und Unkrautbekämpfung sowie zum Schutz des Saat- und Ernteguts (Anreicherung in Nahrungsmitteln führt zu Gesundheitsschäden)

Züchtung ertragreicher Kultursorten (erfordert Grundlagen- und angewandte Forschung)

Nahrung aus dem Meer (Übernutzung und Verschmutzung läßt den Fischertrag von Jahr zu Jahr sinken; Wale sind fast ausgerottet; Bedingungen für Massenproduktion von Algen nur an wenigen Küstenstreifen gegeben)

Ein ökologisches Gleichgewicht ohne verhängnisvolle Folgen für die Menschheit ist nur zu erreichen, wenn die Zahl der Menschen auf der Erde den natürlichen Energie-, Nahrungs- und Rohstoffquellen sowie dem verfügbaren Lebensraum angepaßt ist. Bei der derzeitigen Wachstumsrate vermehrt sich die Weltbevölkerung in jedem Jahr um über 70 Millionen Menschen. Man rechnet für jeden Menschen zur ausreichenden Ernährung eine Landfläche von 0,4 Hektar, bei reichlicher Ernährung sogar 0,9 Hektar. Für die im Jahre 2000 zu erwartenden 7 Milliarden Menschen stehen aber weniger als 0,4 Hektar landwirtschaftlich nutzbarer Fläche zur Verfügung. Die Bevölkerung vermehrt sich rasch in armen, unterentwickelten Ländern und steigt nur langsam bei hochindustrialisierten Nationen. Seit 1930 nahm die Bevölkerung Asiens um 1 Milliarde, die Europas nur um 100 Millionen zu. Ein Wachstum der Weltbevölkerung im bisherigen Umfang muß aber eines Tages zur Überlastung der Biosphäre und zur Erschöpfung der Nahrungs- und Rohstoffquellen führen.

Die endgültigen Grenzen des Wachstums sind heute noch nicht erreicht. Doch kann der Mensch als Art auf lange Sicht nur dann überleben, wenn er wieder in ein Gesamtgleichgewicht mit seiner Umwelt zurückfindet. Die Ökologie lehrt, daß ein solches Gleichgewicht nicht Stillstand bedeutet, sondern dynamischen Charakter hat und erwünschte Veränderungen durchaus zuläßt, soweit die Regenerationskraft der Ökosysteme nicht überfordert wird.

Stoffwechsel und Energiehaushalt der Pflanze

Dem Organismus werden ständig Stoffe zugeführt, er baut sie um, und sie verlassen ihn wieder in anderer Zusammensetzung. Auf diese Weise erhält das Lebewesen die Stoffe, die es zum Wachstum nötig hat, und gewinnt aus ihrer chemischen Umsetzung auch seine Energie für die Lebensvorgänge. Mit dem Wechsel der Stoffe, die durch das Lebewesen »hindurchfließen«, ist daher auch ein Wechsel der Energiezustände verknüpft. Alle Lebensleistungen sind mit Stoffwechsel (*Metabolismus*) verbunden. Man unterscheidet einen *Betriebsstoffwechsel,* der zur Aufrechterhaltung der Zellstrukturen und zur Arbeitsleistung erforderlich ist, und einen *Baustoffwechsel,* der dem Neuaufbau von Zellmaterial und damit dem Wachstum dient. Betrachtet man vorwiegend die Energieverhältnisse, so spricht man vom *Energiehaushalt* oder *Energiestoffwechsel.*

Der Pflanzenkörper besteht wie der Körper der Tiere und des Menschen neben Wasser ganz überwiegend aus organischen Stoffen. Die Pflanze gedeiht jedoch in einer Nährsalzlösung, die frei von organischen Bestandteilen ist. Demnach kann sie die erforderlichen organischen Verbindungen selbst bilden. Wie dies geschieht, soll im folgenden gezeigt werden.

1. Die Nährstoffe

Eine hiebreife Eiche liefert mehrere Tonnen Holz. Der Baum ist hervorgegangen aus einer wenige Gramm schweren Eichel. Die Pflanze hat also während ihres Lebens ihre Masse millionenfach vermehrt. Die Stoffe dazu muß sie ihrer Umgebung entnommen haben. Welche Elemente die Pflanze mit ihrer Nahrung aufnimmt, zeigt die *chemische Analyse des Pflanzenkörpers.*

Vergleicht man das Gewicht einer frischen und einer getrockneten Pflanze, stellt man fest: Krautige Pflanzen enthalten 70–90% Wasser, Holz etwa 50%; selbst in ganz harten Früchten und Samen lassen sich noch durchschnittlich 10% Wasser nachweisen. Im Durchschnitt liegt der Wassergehalt der Pflanze zwischen 60 und 90%.

Beim Verbrennen einer abgewogenen Menge getrockneter Pflanzen entstehen Asche und beträchtliche Mengen Kohlendioxid. Aus der entstehenden CO_2-Menge kann man errechnen, wie hoch der Kohlenstoffgehalt des Ausgangsmaterials war: er macht etwa 40–50% der Trockensubstanz aus. Außerdem sind in den Verbrennungsgasen noch Wasser, Stickstoff und Ammoniak festzustellen.

Das Gewicht der Asche beträgt in der Regel unter 10% des Trockengewichts. Die Asche besteht aus anorganischen Verbindungen, deren Zusammensetzung bei den verschiedenen Pflanzen wechselt, die aber in keiner Pflanze, ja in keinem Pflanzenteil ganz fehlen. Es können viele Elemente vertreten sein, doch kommen nur wenige in jeder Pflanze vor. Um festzustellen, welche davon für die Pflanze unentbehrlich sind, zieht man Pflanzen anstatt in Erde in *Nährlösungen.* Sie bestehen aus destilliertem Wasser, dem die in der Pflanze aufgefundenen Elemente in Form von Salzen zugesetzt werden.

Zahlreiche Versuche dieser Art haben gezeigt, daß zum Gedeihen der Pflanze die 10 Elemente C, H, O, N, S, P, K, Ca, Mg, Fe notwendig sind. Die Pflanzen

Abb. 100: Nährlösungsversuche. Von links nach rechts Pflanze in reinem Wasser, in Nährlösung mit allen notwendigen Salzen, in Nährlösung ohne Eisen-, ohne Phosphor-, ohne Stickstoff-Salze. Verwendet wurden ursprünglich gleichgroße, erbgleiche Pflanzen.

können nicht gedeihen, wenn nur ein einziges dieser für die Ernährung grundlegenden Elemente fehlt, selbst wenn alle übrigen reichlich vorhanden sind.

Nährlösung nach v. d. Crone

(pH = 6,37)
1 l destill. Wasser
1 g KNO_3
0,5 g $CaSO_4 \cdot 2\,H_2O$
0,5 g $MgSO_4 \cdot 7\,H_2O$
0,25 g $Ca_3\,(PO_4)_2$
0,25 g $Fe_3\,(PO_4)_2$

Zieht man Pflanzen in einer von Stickstoffverbindungen freien Nährlösung, so kümmern sie und gehen schließlich zugrunde. Mit Ausnahme einiger Bakterien und verschiedener Blaualgen sind Pflanzen also nicht fähig, sich die ungeheuren Mengen des freien Luftstickstoffs nutzbar zu machen, sondern sind auf die Stickstoffverbindungen des Bodens angewiesen. Anders ist es mit dem Kohlenstoff. Die grünen Pflanzen gewinnen ihren gesamten Kohlenstoffbedarf mit Hilfe ihrer Blätter aus der Luft, obwohl diese nur 0,03% Kohlendioxid enthält. Es werden daher von den genannten 10 Elementen 9 mit den Wurzeln aus dem Boden aufgenommen, und zwar H und O als Wasser, die »Nährsalze« (Nitrate und Ammoniumverbindungen, Phosphate, Sulfate, Karbonate und Chloride) mit dem Wasser in Form von Ionen. Die aus der Umgebung aufgenommenen körperfremden Stoffe werden von der Pflanze in körpereigene umgewandelt. Man nennt diesen Vorgang *Assimilation.*

Das Gedeihen der Pflanze richtet sich nach dem Nährstoff, der ihr am wenigsten zur Verfügung steht. Dieses von LIEBIG entdeckte *Gesetz des Minimums* ist für die Bodendüngung sehr wichtig.

Außer den zehn erwähnten Elementen sind aber noch weitere für das Gedeihen der Pflanzen notwendig. Sie werden nur in solch geringen Mengen aufgenommen, daß sie lange Zeit der Beachtung entgingen. Man hat sie deshalb als *Spurenelemente* oder *Mikronährstoffe* bezeichnet und stellt ihnen die zehn oben genannten als *Makronährstoffe* gegenüber. Wichtige Mikronährstoffe sind: Mn, Cu, Zn, Mo, Co, Na, B, Cl, Si. Einige davon sind Bestandteile von Enzymen.

2. Die Photosynthese

2.1 Die Entdeckung der Photosynthese

Der Engländer JOSEPH PRIESTLEY hatte beobachtet, daß gewöhnliche Luft in einem abgeschlossenen Behälter durch eine brennende Kerze oder eine lebende Maus verändert wurde. Die Kerze erlosch nach einer Weile, und die Maus starb. Nun brachte er eine Kerze in den Behälter der toten Maus und stellte fest, daß die Flamme sofort ausging. Die Maus und die Flamme zerstörten oder verbrauchten offenbar den gleichen Bestandteil der Luft und machten die Luft dadurch wertlos. Da aber auf der ganzen Erde alle Lebewesen fortwährend atmen, müßte eines Tages der Teil der Luft, der Leben und Feuer erhält, verbraucht sein – zumindest müßte er unablässig abnehmen. Dieses Problem bereitete Priestley einiges Kopfzerbrechen – bis er eine neue, interessante Entdeckung machte: »... am 17. August 1771 brachte ich einen Minzezweig in eine Luftmenge, in der eine Wachskerze erloschen war, und fand, daß am 27. desselben Monats eine neue Kerze gut darin brannte.« Daraus folgerte Priestley, daß die Pflanze die »verbrauchte Luft« wieder in »gute Luft« verwandelt hatte.

Abb. 101: Einige der bahnbrechenden Versuche Priestleys: Erläuterung im Text

Anderen Forschern mißglückte der gleiche Versuch. Der holländische Arzt JAN INGENHOUSZ zeigte 1779, daß nur die grünen Teile der Pflanzen, nicht aber chlorophyllfreie, wie z. B. Wurzeln, in der Lage sind, die Umwandlung zu vollziehen, und daß dazu immer Licht erforderlich ist. Bald darauf erkannte der französische Chemiker LAVOISIER, daß der entscheidende Anteil der »verbrauchten Luft« das Kohlendioxid ist und derjenige der »guten Luft« der Sauerstoff. 1783 bestätigte der Schweizer JEAN SENEBIER, daß grüne Pflanzen CO_2 aufnehmen.

Im Jahre 1804 beobachtete der Schweizer DE SAUSSURE, daß die Pflanze durch die Aufnahme des Kohlendioxids ihren Kohlenstoffgehalt vergrößert, also an Substanz zunimmt, und dabei auch Wasser beteiligt ist, und endlich konnte 1862 der deutsche Botaniker JULIUS SACHS zeigen,

Abb. 102: Photosynthese eines verdunkelten, teilweise verdunkelten und nicht verdunkelten Geranienblattes. Stärkenachweis durch Blaufärbung mit Jod-Jodkaliumlösung nach Extraktion der Blattfarbstoffe

daß sich bei diesem Vorgang in den Chloroplasten Stärke bildet. So wurde schließlich durch die Beiträge zahlreicher Wissenschaftler aus verschiedenen Ländern der Vorgang der Kohlenstoff-Assimilation in seinen Grunderscheinungen aufgeklärt.

Die grüne Pflanze besitzt die Fähigkeit, aus Kohlendioxid und Wasser Kohlenhydrate aufzubauen und dabei Sauerstoff auszuscheiden. Weil zu diesem Vorgang Licht notwendig ist, bezeichnet man ihn als *Photosynthese.*

Folgende Versuche bestätigen dies: Man verdunkelt ein Blatt teilweise mit einer Schablone aus Aluminiumfolie und belichtet dann dieses Blatt einige Stunden lang. Danach entfernt man das Blatt von der Pflanze und löst die Blattfarbstoffe heraus. Setzt man nun eine Jod-Jodkaliumlösung (Stärkenachweis!) hinzu, so färbt sich nur der vorher belichtete Teil des Blattes blau.

Belichtet man abgeschnittene Stengel der Wasserpest in einem mit Wasser gefüllten Versuchsgefäß, so treten aus der Schnittstelle Gasblasen aus, die sich als Sauerstoff identifizieren lassen. Während der Sauerstoffentwicklung kann man in den Blättern auch die Bildung von Stärke nachweisen. Allerdings bilden sich Sauerstoff und Stärke nur, wenn die Pflanzen belichtet werden und im Wasser Kohlendioxid gelöst ist. Da Stärke aus Glucosebausteinen aufgebaut ist, vermutete man, daß bei diesem Prozeß zunächst Glucose und dann erst Stärke gebildet wird.

Heute weiß man, daß keine freie Glucose, sondern ein Hexose-Phosphat entsteht, aus dem dann unmittelbar Stärke aufgebaut wird. Da sich aber das Hexose-Phosphat auch zu anderen Zuckern umsetzen kann, gibt man in vereinfachten Reaktionsgleichungen als Photosyntheseprodukt eine Hexose an. Wenn

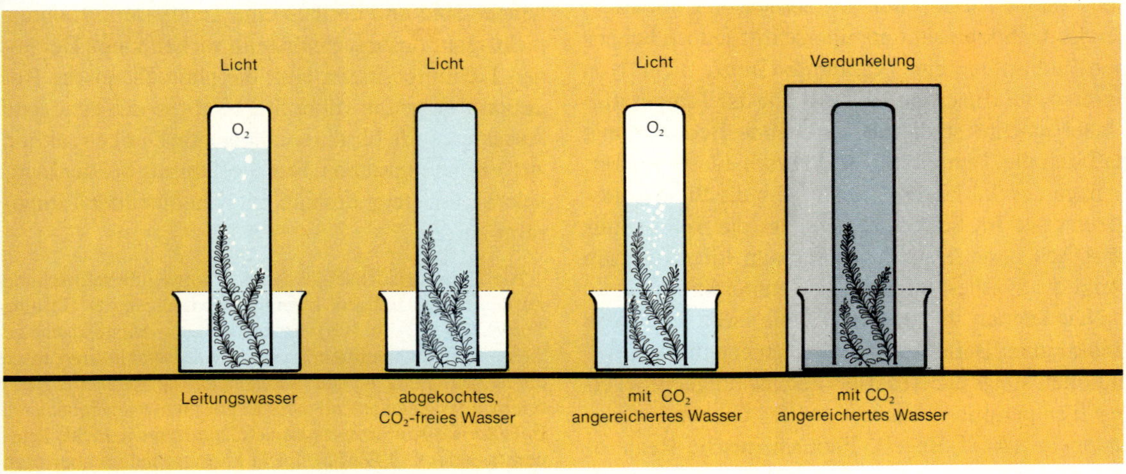

Abb. 103: Nachweis der Abhängigkeit der Photosynthese (Kohlenstoff-Assimilation) von Licht und Kohlendioxid. Wasserpest als Versuchspflanze

aus CO_2 und Wasser bei Belichtung Zucker und Sauerstoff entsteht, so erhält man für den Vorgang der Photosynthese die vereinfachte Grundgleichung

$$6\,CO_2 + 6\,H_2O \xrightarrow{\text{Licht}} C_6H_{12}O_6 + 6\,O_2 \quad \Delta G = +\,2872\text{ kJ } (+\,686\text{ kcal})$$

Nun sind sowohl CO_2 als auch H_2O niedermolekulare, energiearme Verbindungen, während Zucker eine höhermolekulare Verbindung größeren Energieinhalts ist. Zucker verbrennt z. B. mit Sauerstoff zu CO_2 und H_2O unter Freisetzung von Wärme. Von dieser Überlegung ausgehend, stellte der Heilbronner Arzt ROBERT MAYER als erster (1845) die These auf, daß bei der Photosynthese Lichtenergie in chemische Energie umgewandelt und in der von der Pflanze erzeugten organischen Substanz gespeichert wird: »Die Pflanzenwelt bildet ein Reservoir, in welchem die flüchtigen Sonnenstrahlen fixiert und zur Nutznießung geschickt niedergelegt werden.«

In der angegebenen Bilanzgleichung zeigt sich die Photosynthese deutlich als ein Problem mit zwei Aspekten: es ist zu klären, auf welche Weise die Lichtenergie in chemische Energie umgewandelt wird und über welche Reaktionen und Zwischenstufen der Aufbau der Kohlenhydrate (Zucker, Stärke) vor sich geht.

2.2 Die Licht- und Dunkelreaktionen der Photosynthese

Der Engländer BLACKMAN untersuchte bei konstanter Temperatur die Wirkung verschiedener Lichtstärken auf die Photosynthese. Wie erwartet, stieg anfänglich die Photosyntheseleistung mit wachsender Lichtintensität an, überschritt jedoch bei hohen Intensitäten eine bestimmte Grenze nicht. Nun untersuchte BLACKMAN die Wirkung der Temperatur. Dabei machte er die überraschende Beobachtung, daß sich die Temperatur ganz verschieden auswirkt, je nach der Stärke des Lichtes, dem die Pflanze ausgesetzt ist: Im Schwachlicht bleibt die Temperatur praktisch ohne Einfluß, bei starkem Licht dagegen steigt die Syntheserate mit der Temperatur an.

Nun kennen wir in der Chemie zwei Arten von Reaktionen: Bei lichtunabhängigen chemischen Reaktionen steigt die Reaktionsgeschwindigkeit bei einer Temperaturerhöhung von 10 °C etwa auf das Doppelte (RGT-Regel). Photochemische Reaktionen dagegen sind temperaturunabhängig. Beide Arten von Prozessen können dadurch voneinander unterschieden werden. Deshalb zog BLACKMAN schon 1905 aus seinen Beobachtungen den Schluß, daß die Photosynthese aus zwei Reaktionsfolgen besteht: einer lichtabhängigen, jedoch temperaturunabhängigen Reaktion (Lichtreaktion) und einer weiteren, lichtunabhängigen, jedoch temperaturabhängigen Reaktion (Dunkelreaktion). Aus der Annahme einer Licht- und einer Dunkelreaktion lassen sich die Kurven der Abbildungen 104 und 105 leicht erklären. Bei niedriger Lichtintensität wird in der photochemischen Reaktion eine so geringe Stoffmenge umgesetzt, daß für Folgereaktionen zu wenig Stoffe vorhanden sind und deshalb eine Temperaturerhöhung nicht reaktionsbeschleunigend wirken kann. Bei hohen Lichtintensitäten läuft die photochemische Reaktion dagegen in voller Stärke ab, so daß genügend Ausgangsstoffe für die nachfolgende Dunkelreaktion zur Verfügung stehen. Der Stoffumsatz bei der Dunkelreaktion steigt deshalb mit zunehmender Temperatur an.

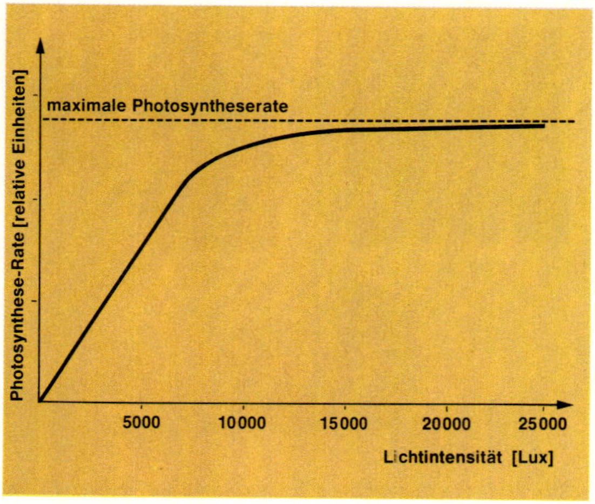

Abb. 104: Einfluß verschiedener Beleuchtungsstärken auf die Photosynthese. Bei geringer Lichtintensität wirkt die Lichtreaktion begrenzend, die Photosynthese-Rate steigt mit zunehmender Beleuchtungsstärke linear an. Bei hoher Lichtintensität ist die Dunkelreaktion begrenzend, die Photosynthese-Rate steigt mit zunehmender Beleuchtungsstärke nicht mehr, sondern bleibt konstant (maximale Photosynthese-Rate).

Als Hauptversuchsobjekte der Photosyntheseforschung werden die einzelligen, kugeligen Grünalgen der Gattung *Chlorella* (vgl. Abb. 106) verwendet. *Chlorella* stellt geringe Ansprüche und vermehrt sich in Nährsalzkulturen rasch durch Zellteilung, so daß in kurzer Zeit große Mengen untereinander gleicher Zellen für Experimente verfügbar sind. In *Chlorella*-Kulturen lassen sich Faktoren wie Licht, Temperatur oder CO_2-Zufuhr leicht konstant halten oder nach Belieben variieren, um ihre Wirkung auf die Photosynthese zu untersuchen.

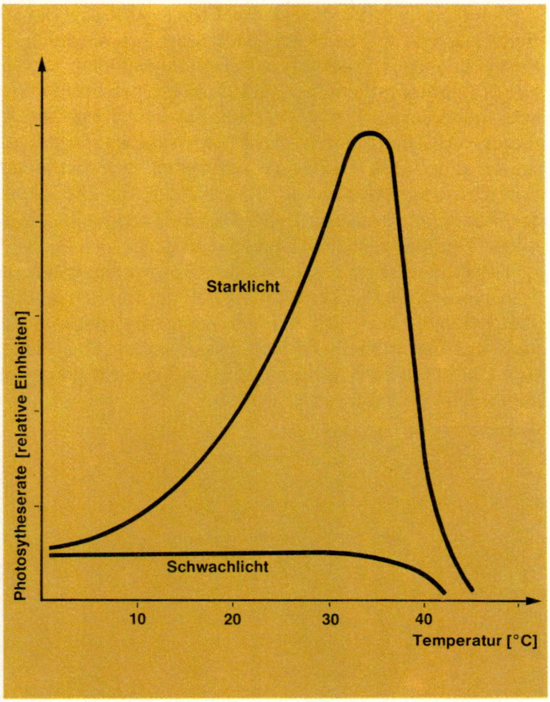

Abb. 105: Einfluß der Temperatur auf die Photosyntheseleistung bei niedriger und hoher Beleuchtungsstärke (Erläuterung im Text)

Abb. 106: Grünalge Chlorella

2.3 Die Lichtabsorption durch die Blattfarbstoffe. Die Chloroplasten

Sonnenstrahlen sind wie alle Lichtstrahlen Träger von Energie. Die Energie eines Lichtquants (Photons) ist von der Wellenlänge des Lichtes abhängig; sie wird durch die Gleichung

$$E = h \cdot \nu$$

ausgedrückt (h Plancksches Wirkungsquantum, ν Frequenz der Lichtwellen). Die Quanten des kurzwelligen Lichtes besitzen also einen höheren Energiebetrag als die Quanten des langwelligen Lichtes.

Lichtenergie läßt sich nur dann in chemische Energie verwandeln, wenn das Licht absorbiert wird. Das Licht, das die Energie für die Photosynthese liefert, wird durch die Blattfarbstoffe absorbiert. Belichtet man z. B. ein panaschiertes (teilweise farbstofffreies) Blatt einige Stunden lang, extrahiert die Blattfarbstoffe und weist die Stärke mit Jod nach, so stellt man fest, daß sich die Stärke nur an den vorher grünen Stellen findet (Abb. 107). Um also einen Einblick in die Vorgänge der Energieumwandlung zu gewinnen, müssen wir uns den Blattfarbstoffen zuwenden.

Zur genaueren Untersuchung der Farbstoffe werden sie mit einem Lösungsmittel (z. B. Aceton, Benzol) aus den Blättern extrahiert und dann durch Papier- oder Dünnschichtchromatographie (vgl. Cytologie 3.4.8) aufgetrennt.

Die Chromatographie zeigt, daß Blattfarbstoffe aus einem Gemisch von Chlorophyll a und b sowie rötlich bis gelb gefärbten Carotinoiden (Carotinen und Xanthophyllen) bestehen (Abb. 108). Die Absorption der photosynthetisch wirksamen Strahlung erfolgt hauptsächlich durch die Chlorophylle.

Abb. 107: Stärkenachweis in einem panaschierten Blatt. An den chlorophyllfreien Stellen findet keine Photosynthese statt, daher keine Blaufärbung durch Jod.

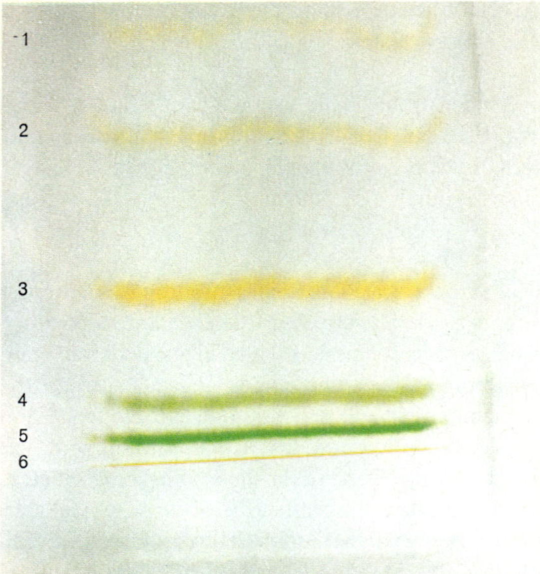

Abb. 108: Chromatogramm der Blattfarbstoffe. 1-3 Xantophylle, 4 Chlorophyll b, 5 Chlorophyll a, 6 Carotine; (Kiesel-gel-Dünnschichtplatte, Laufmittel: Methanol-Aceton-Wasser 20:4:3).

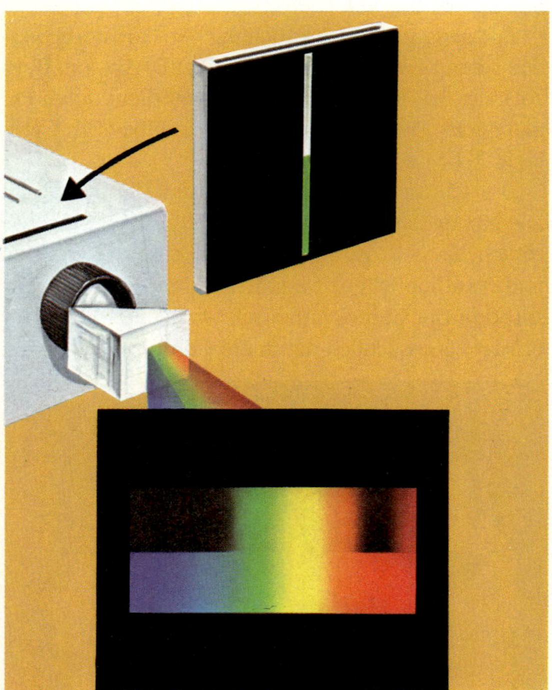

Abb. 109: Demonstration des Absorptionsspektrums der Blattfarbstoffe. Eine schmale Küvette, die zur Hälfte mit Chlorophyllösung gefüllt und bis auf einen kleinen Spalt mit Alu-Folie abgedeckt ist, wird mit Licht durchstrahlt. Das schmale Lichtbündel wird mit einem Prisma spektral zerlegt. Man erkennt, daß die Blattfarbstoffe im blauen und roten Bereich des Spektrums absorbieren.

Diesen Sachverhalt belegt der ENGELMANNsche Bakterienversuch (Abb. 110). Engelmann projizierte ein durch ein Prisma erzeugtes Spektrum auf einen Algenfaden. Je stärker die photosynthetische Wirksamkeit eines bestimmten Spektralbereiches war, desto mehr Sauerstoff entstand an diesem Abschnitt durch die Photosynthese. Zugesetzte sauerstoffliebende Bakterien sammelten sich besonders dort an, wo Sauerstoff reichlich vorhanden war. Die Menge der Bakterien diente also als Maß für die Photosyntheseleistung. Vergleicht man die Bereiche, in denen sich die meisten Bakterien sammelten, mit dem Absorptionsspektrum des Chlorophylls, so erkennt man, daß der Bereich größter photosynthetischer Aktivität mit dem Absorptionsmaximum des Chlorophylls im Rot zusammenfällt. Die blaue, vom Chlorophyll ebenfalls stark absorbierte Strahlung ist photosynthetisch schwächer wirksam.

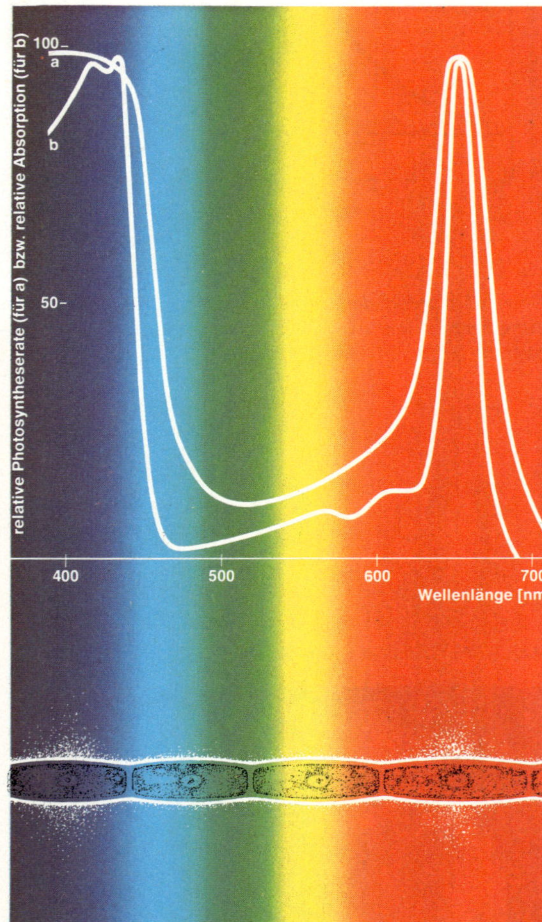

Abb. 110: Oben: Wirkungsgrad der Photosynthese in Abhängigkeit von der Absorption des Lichtes durch das Chlorophyll. Kurve a Photosyntheserate bei den verschiedenen Wellenlängen = Wirkungsspektrum der Photosynthese, Kurve b Absorptionsspektrum von Chlorophyll a. Unten: Engelmannscher Bakterienversuch. Auf den Faden einer Grünalge wird ein Spektrum projiziert. Die Bakterien sammeln sich dort an, wo viel Sauerstoff erzeugt wurde. Man sieht, daß die Hauptabsorptionsbereiche des Chlorophylls photosynthetisch besonders wirksam sind (Wellenlänge in nm).

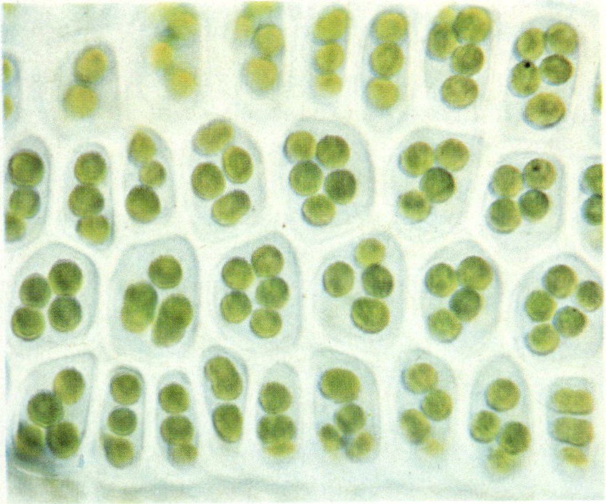

Abb. 111: Chloroplasten in Blattzellen des Mooses Mnium

Der Versuch läßt sich noch weiter verfeinern, indem man die Photosynthese-Rate bei verschiedenen Wellenlängen mißt. Daraus erhält man das Wirkungsspektrum der Photosynthese (Abb. 110). Es stimmt mit dem Absorptionsspektrum der Chlorophylle weitgehend überein. Dies beweist, daß Chlorophylle die wichtigsten Farbstoffe der Photosynthese sind. Stets ist die Übereinstimmung des Absorptionsspektrums eines Farbstoffs mit dem Wirkungsspektrum einer Reaktion der wichtigste Hinweis auf eine Funktion des Farbstoffs bei dieser Reaktion.

Im Bereich zwischen 450 und 500 nm weichen das Wirkungsspektrum der Photosynthese und das Absorptionsspektrum der Chlorophylle etwas voneinander ab. In diesem Bereich absorbieren die gelben Farbstoffe aus der Gruppe der Carotinoide. Davon tragen einige zur Photosynthese bei, indem sie die Energie des absorbierten blauen Lichtes auf Chlorophyll a übertragen. Auch Chlorophyll b überträgt die Energie des von ihm absorbierten Lichts auf Chlorophyll a. Die Funktion weiterer Carotinoide bei der Photosynthese ist noch unklar.

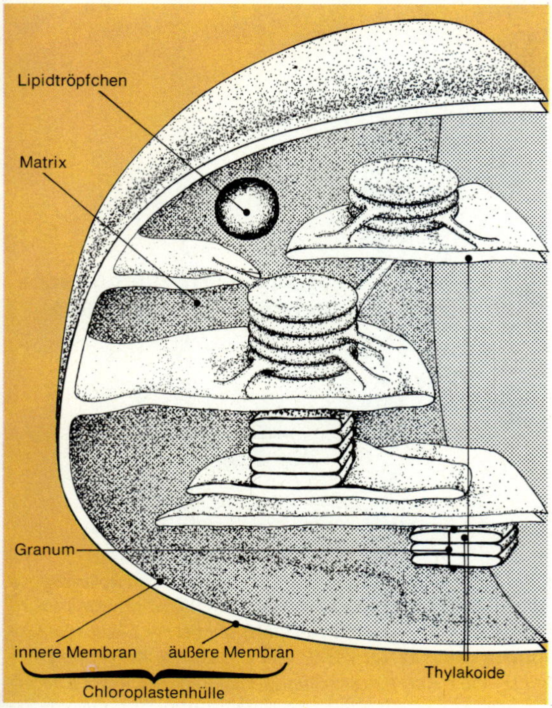

Abb. 112: Schema des Chloroplasten-Aufbaus.

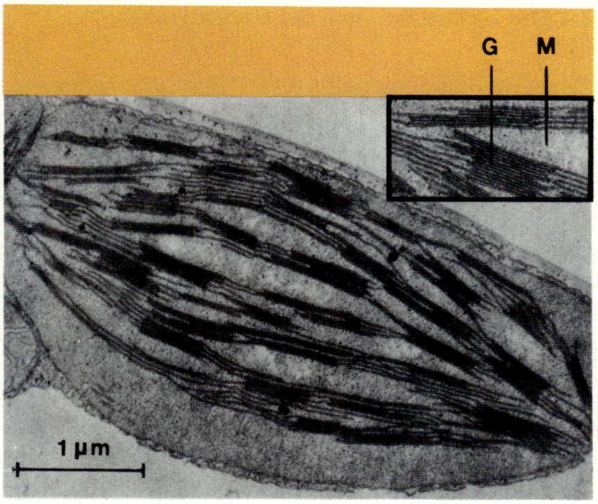

Abb. 113: Elektronenmikroskopisches Bild eines Chloroplasten. Aufnahme eines Ultradünnschnittes. Rechts oben stärker vergrößerter Ausschnitt. Ein Granum G besteht aus einem Stapel Thylakoide (Reaktionsräume in Form flacher Blasen). In die dunkel erscheinenden Thylakoidmembranen sind Chlorophylle und Enzyme eingelagert. M Matrix

Der Bau der Chloroplasten. Die Blattfarbstoffe sind an die Chloroplasten gebunden, die als linsenförmige Organellen von 2–8 µm Länge oft zu Hunderten in einer Zelle liegen. Sie sind von einer Hülle (Doppelmembran) begrenzt. Die innere Hüllmembran bildet zahlreiche, lamellenartige, flachgedrückte Membransäckchen im Innenraum des Chloroplasten aus. Man bezeichnet diese als *Thylakoide.* Sie sind oft zu ganzen Stapeln übereinandergelagert, so daß ein vielschichtiges Hohlraumsystem entsteht. Diese Thylakoidstapel heißen *Grana,* sie liegen in der Grundsubstanz des Chloroplasten, der *Matrix* (= *Stroma*). In den Membranen liegt das Chlorophyll, auch die Enzyme der Lichtreaktion finden sich dort. Die Enzyme der Dunkelreaktionen sind in der Matrix enthalten.

Isolierte Chloroplasten erzeugen bei Belichtung Sauerstoff und Kohlenhydrate, können also auch außerhalb der Zelle noch photosynthetisch aktiv sein. Sie enthalten demnach alle für die Photosynthese benötigten Enzyme.

2.4 Die Lichtreaktionen der Photosynthese

2.4.1 Die Bildung von ATP (Photophosphorylierung)

Wenn Atome oder Moleküle Licht absorbieren, gehen sie in einen energiereicheren angeregten Zustand über, indem Elektronen vom Grundzustand auf ein höheres Energieniveau gehoben werden. Bei ihrer Rückkehr in den Grundzustand wird Energie in Form von Wärme oder Fluoreszenzstrahlung frei. Im angeregten Zustand haben Atome oder Moleküle einen höheren Energiegehalt als im Grundzustand; die Rückkehr zu ihm ist eine exergonische Reaktion.

Erfolgt die Anregung eines Moleküls durch sichtbares Licht, so wird ein Teil davon absorbiert, der übrige Teil reflektiert, und der betreffende Stoff erscheint farbig. Dies trifft für Chlorophyll zu.

Die Energieabgabe durch Fluoreszenzstrahlung kann man bei Chlorophyll leicht beobachten: Beleuchtet man eine Chlorophyllösung mit monochromatischem Blaulicht, so erscheint sie leuchtend rot.

Die exergonische Reaktion des Übergangs angeregter Chlorophyll-Moleküle in den Grundzustand ist nun in den Chloroplasten-Membranen mit endergonischen Reaktionen gekoppelt.

Die Vermutung liegt nahe, mindestens eine dieser Reaktionen sei die ATP-Bildung. Tatsächlich konnte ARNON nachweisen, daß isolierte Chloroplasten im zellfreien System bei Belichtung ATP erzeugen, wenn ADP und Phosphat anwesend sind, CO_2 aber fehlt.

Die ATP-Bildung im Rahmen der Photosynthese nennt man *Photophosphorylierung.*

2.4.2 Die Wasserspaltung (Photolyse des Wassers)

Die ATP-Bildung kann nicht der einzige endergonische Prozeß sein, der die Energie der Rückreaktion zum Grundzustand des Chlorophylls aufnimmt. Isolierte Chloroplasten können nämlich im Dunkeln aus CO_2 keine Kohlenhydrate aufbauen, auch wenn sie mit genügend ATP versorgt werden. Die Rückreak-

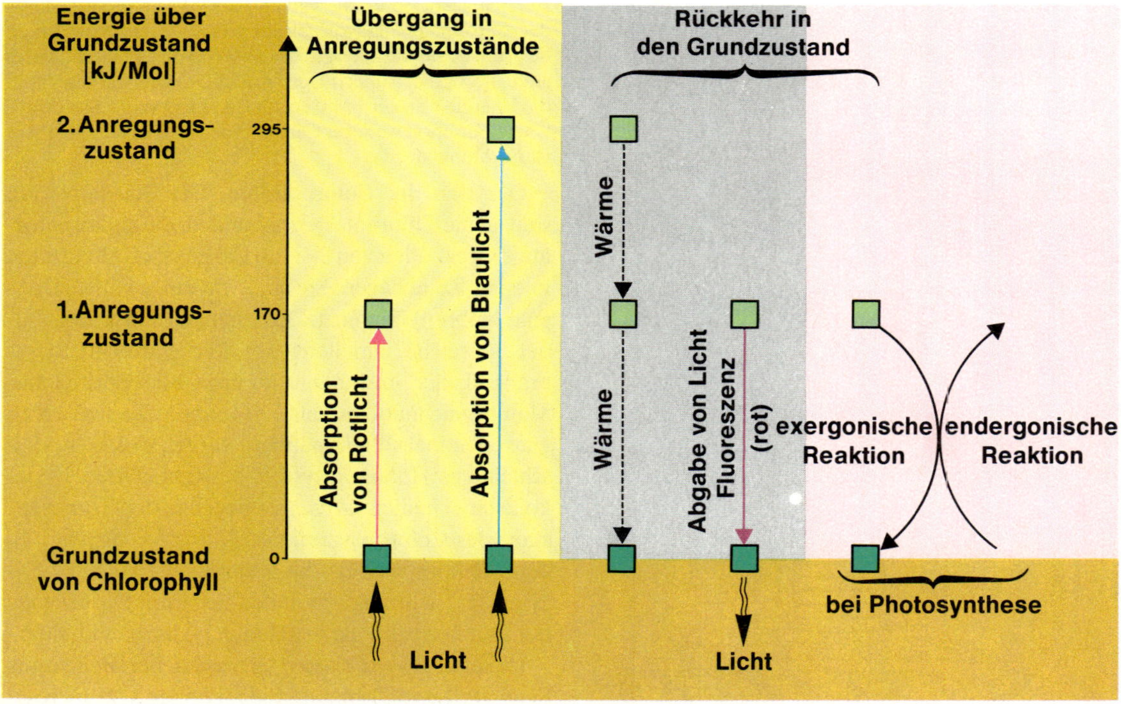

Abb. 114: Grundzustand und Anregungszustände von Chlorophyll. Durch Absorption von Rotlicht wird ein Elektron auf ein höheres Energieniveau (den ersten Anregungszustand) gehoben. Bei der Rückkehr des Elektrons in den Grundzustand wird die Energie als Wärme oder Fluoreszenzstrahlung frei. Die Rückkehr ist eine exergonische Reaktion, die bei der Photosynthese mit einer endergonischen Reaktion gekoppelt ist (z. B. mit dem Aufbau von ATP aus ADP und P_i). Durch Absorption von Blaulicht erreicht das Elektron einen noch höheren Energiezustand (zweiter Anregungszustand), entsprechend mehr Energie wird bei der Rückkehr in den Grundzustand frei. Der Mehrbetrag gegenüber dem ersten Anregungszustand ist aber für die Photosynthese nicht nutzbar, da er stets als Wärme frei wird.

tion zum Chlorophyll ist also noch mit mindestens einer anderen endergonischen Reaktion gekoppelt. Da bei der Photosynthese Sauerstoff entsteht, muß man annehmen, daß einer der beiden Reaktionspartner, CO_2 oder H_2O, gespalten wird.

Die purpurfarbenen Schwefelbakterien verwenden bei der Photosynthese nicht CO_2 und H_2O, sondern CO_2 und H_2S als Ausgangssubstanzen. Die Photosynthese läuft hier nach folgender Gleichung ab:

$$6\,CO_2 + 12\,H_2S \rightarrow C_6H_{12}O_6 + 12\,S + 6\,H_2O$$

Da bekannt ist, daß bei den Schwefelbakterien ein grundsätzlich gleichartiger Mechanismus der Photosynthese vorliegt, darf man vermuten, daß bei grünen Pflanzen das Wasser gespalten wird, analog zur Spaltung von H_2S bei den Schwefelbakterien.

Diese Annahme versuchte man durch Verwendung des schweren Sauerstoffisotops ^{18}O zu bestätigen. Man stellte einer Pflanze Wasser mit $H_2{}^{18}O$ zur Verfügung und untersuchte, wo sich dann später das ^{18}O fand, im Zucker oder im ausgeschiedenen Sauerstoff. Die Experimente verliefen nicht ganz eindeutig, da sich das $H_2{}^{18}O$ mit CO_2 zum Teil nach folgender Gleichung umsetzt:

$$CO_2 + H_2{}^{18}O \rightleftarrows H_2CO_2{}^{18}O \rightleftarrows H_2O + CO^{18}O$$

Trotzdem scheint der Schluß richtig zu sein, daß der gesamte ausgeschiedene Sauerstoff aus dem Wasser stammt. Es erfolgt also eine lichtabhängige Wasserspaltung oder *Photolyse* des Wassers.

Das wird auch durch folgenden Versuch bestätigt: Isolierte Chloroplasten vermögen ohne CO_2-Zufuhr bei Belichtung Sauerstoff aus Wasser zu entwickeln. Der entstehende Wasserstoff kann in diesem zellfreien System auf geeignete Substanzen (sogenannte Akzeptorsubstanzen, z. B. Chinon) übertragen werden. In der intakten Zelle dient als Akzeptorsubstanz Nikotinamid-Adenosin-Dinukleotid-Phosphat (NADP), das damit zum NADPH wird.

Da der ausgeschiedene Sauerstoff vom Wasser stammt, muß die Grundgleichung der Photosynthese lauten:

$$6\,CO_2 + 12\,H_2O \rightarrow C_6H_{12}O_6 + 6\,H_2O + 6\,O_2$$

Das auf der rechten Seite der Gleichung stehende H_2O wird durch einen bei der Dunkelreaktion zu beschreibenden Reduktionsvorgang gebildet.

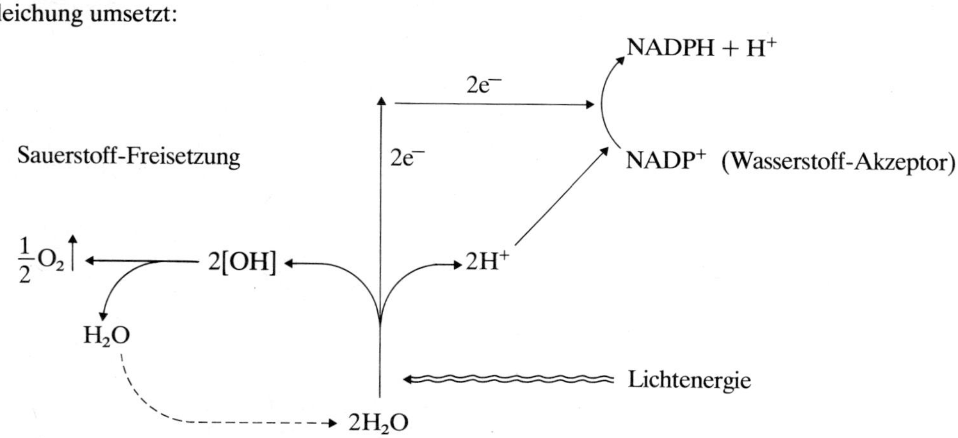

Zur Vereinfachung schreibt man die oxidierte Form $NADP^+$ oft als NADP und die reduzierte Form als $NADPH_2$; dabei wird der oxidierten und der reduzierten Form je ein Elektron hinzugerechnet. (Dasselbe gilt für $NAD/NADH_2$).

Fügt man zu isolierten Chloroplasten CO_2, ATP und $NADPH_2$ hinzu, so kann im Dunkeln Zucker gebildet werden. Fehlt eine der Komponenten, so entsteht kein Zucker. $NADPH_2$ und ATP sind die stabilen Endprodukte der Lichtreaktion. Die vom Chlorophyll absorbierte Lichtenergie ist damit in chemische Energie umgewandelt. $NADPH_2$ und ATP reichen aus, um die Dunkelreaktionen ablaufen zu lassen.

2.4.3 Der Ablauf der chemischen Primärreaktionen

Ein durch Licht angeregtes Chlorophyllmolekül hat andere chemische Eigenschaften als Chlorophyll im Grundzustand. Da sich bei ihm ein Elektron auf einem höheren Energieniveau befindet, kann dieses Elektron leicht abgegeben werden. Das Chlorophyll wird dabei zu Chlorophyll$^+$ oxidiert. Der Reaktionspartner, der das Elektron aufnimmt, wird reduziert. Das angeregte Chlorophyll kann also Substanzen reduzieren, die Chlorophyll im Grundzustand nicht zu reduzieren vermag.

Im Chloroplast ist dieser Reaktionspartner für einen Teil der Chlorophyll-a-Moleküle das *Ferredoxin;* es ist ein eisenhaltiges (Name!) Protein. Ferredoxin kann seinerseits Elektronen an NADP abgeben, das dadurch reduziert wird und deshalb sofort mit H^+-Ionen reagiert und $NADPH_2$ bildet.

An der Spaltung eines Moleküls Wasser sind zwei Anre-

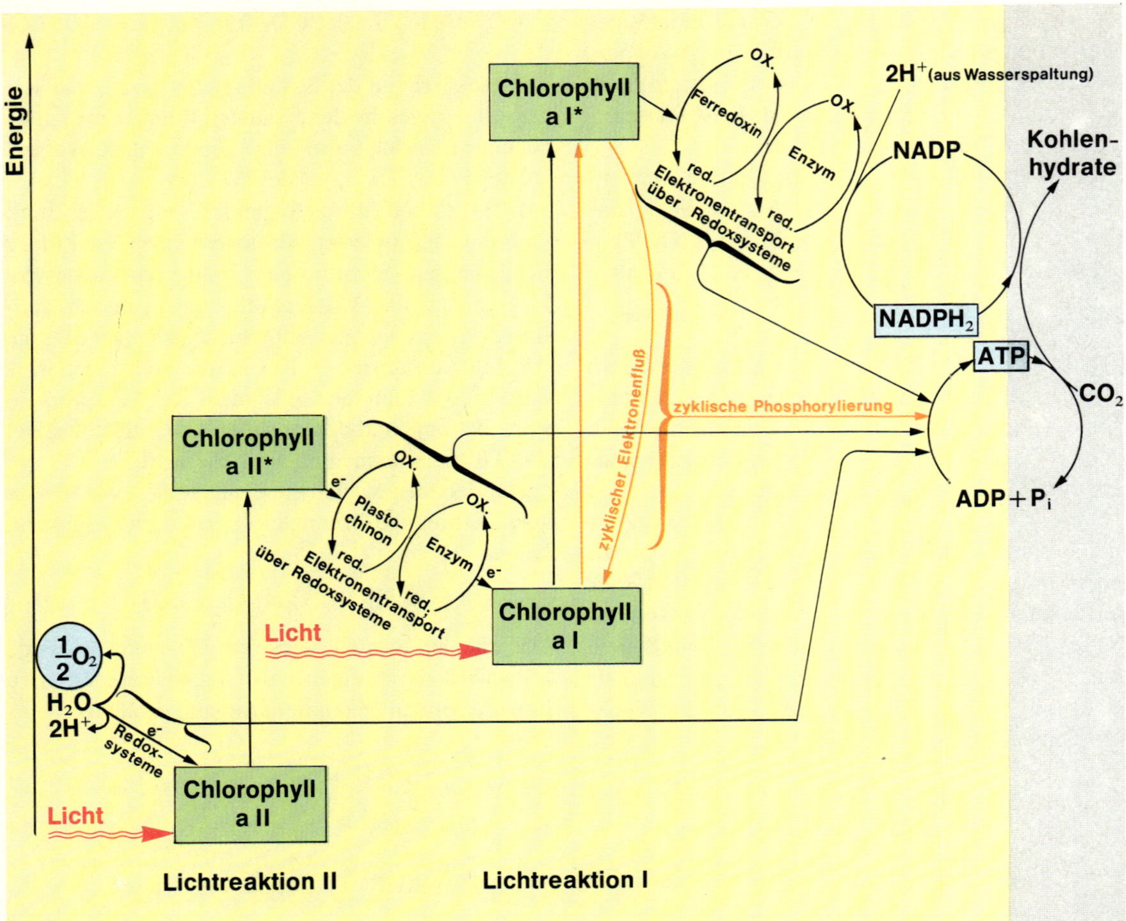

Abb. 115: Schema der Primärreaktionen (Lichtreaktionen) der Photosynthese. Bei den Lichtreaktionen wird Wasser gespalten in Sauerstoff und Wasserstoff sowie Energie gebunden durch Aufbau von ATP. Chlorophyll = angeregtes Chlorophyll. Produkte der Lichtreaktionen. Zur Vereinfachung ist nur der Transport eines Elektrons dargestellt; die Reduktion von NADP benötigt in Wirklichkeit zwei Elektronen.*

gungsreaktionen von Chlorophyll a beteiligt. Die beiden Reaktionen werden als Lichtreaktion I und II unterschieden, die zugehörigen Chlorophylle heißen aI und aII. Die bisher besprochene Reaktion ist die Lichtreaktion I. Nun muß das oxidierte Chlorophyll aI (Chl aI^+) seinerseits wieder ein Elektron aufnehmen (reduziert werden). Andernfalls wäre eine erneute Anregung dieses Moleküls nicht mehr möglich und die Photosynthese käme zum Erliegen. Das erforderliche Elektron wird durch eine elektronenabgebende Substanz geliefert, die ihrerseits wiederum durch einen andern Stoff, das *Plastochinon,* Elektronen nachgeliefert erhält. Das Plastochinon seinerseits wird reduziert, indem es Elektronen vom angeregten Chlorophyll aII der Lichtreaktion II aufnimmt. Seine Funktion entspricht also der des Ferredoxins beim Chlorophyll aI.

Nach der Abgabe der Elektronen kehrt das Chlorophyll aII wieder in den Grundzustand zurück. Die abgegebenen Elektronen (1 je Molekül) liefert das Wasser nach, wobei das Chlorophyll aII wieder reduziert wird. Bei erneuter Anregung des Chlorophylls durch Licht setzt sich der Prozeß fort. Werden aber dem Wasser Elektronen entzogen, so führt dies zur Wasser-Spaltung, das Wasser wird zu Sauerstoff oxidiert, H^+-Ionen werden frei.

Der Elektronentransport verläuft also über eine ganze Reihe von Stoffen, die fortgesetzt oxidiert und wieder reduziert werden (*Elektronentransportkette über Redoxsysteme*). Zeitlich die ersten Reaktionen sind die Anregung der Chlorophyllmoleküle und ihre Elektronenabgabe im angeregten Zustand. Diese Vorgänge halten die nachfolgende Kette von Reaktionen in Gang; sie führt schließlich am einen Ende zur Reduktion von NADP zu $NADPH_2$ und am andern Ende zur Oxidation von H_2O zu O_2.

In der Elektronentransportkette sind die Anregungsreaktionen der Chlorophylle endergonisch. Sie werden ermöglicht durch die Absorption der Lichtenergie. Alle anderen Reaktionen sind exergonisch und setzen Energie frei, die zum Teil zur Bildung von ATP genutzt wird. Mit der Wasserspaltung ist daher stets eine ATP-Bildung verbunden, die man als *nichtzyklische Photophosphorylierung* bezeichnet.

Daneben besteht auch die Möglichkeit, daß ein Elektron vom Ferredoxin über andere Redoxsysteme direkt zum Chlorophyll aI zurückkehrt. In diesem Fall läuft nur die

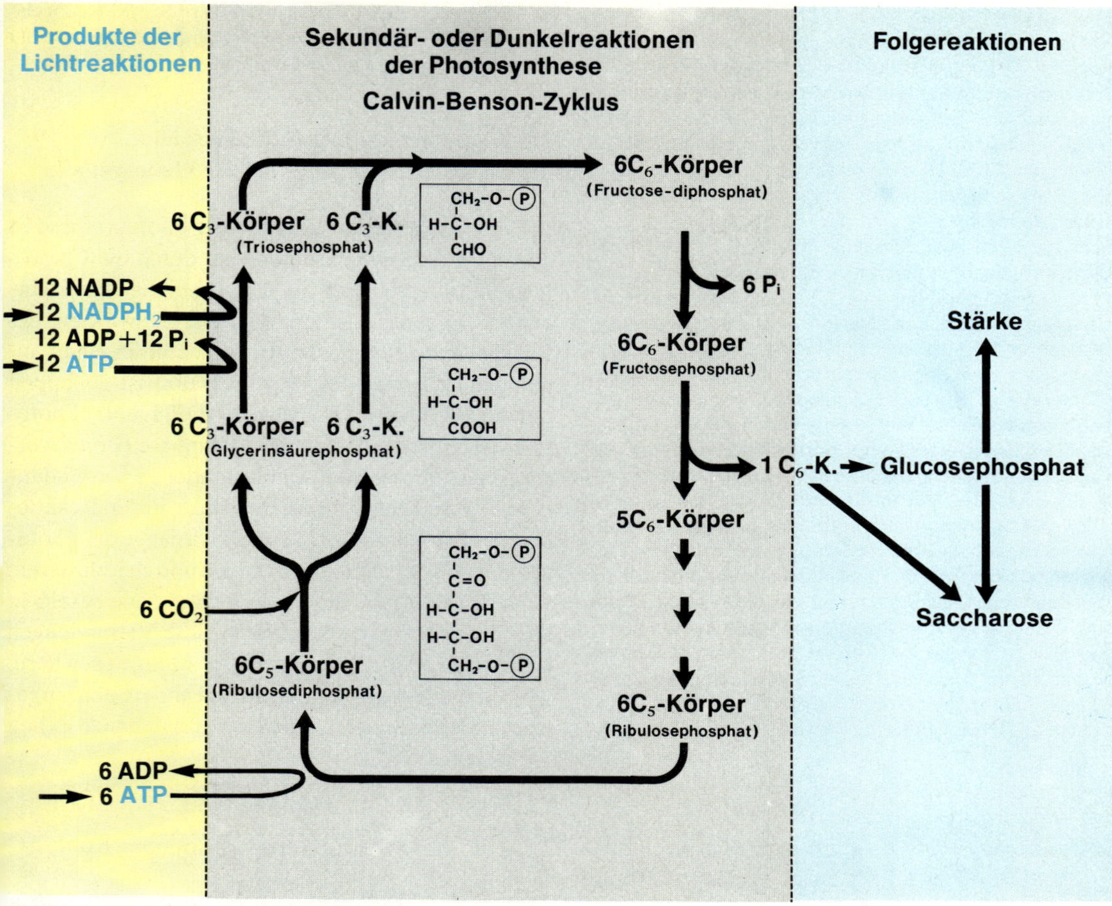

Abb. 116: Schema der Dunkelreaktionen (Sekundärreaktionen) der Photosynthese und des Aufbaus von Zucker und Stärke. Die Sekundärreaktionen laufen als Stoffwechselzyklus ab, er heißt CALVIN-BENSON-Zyklus.

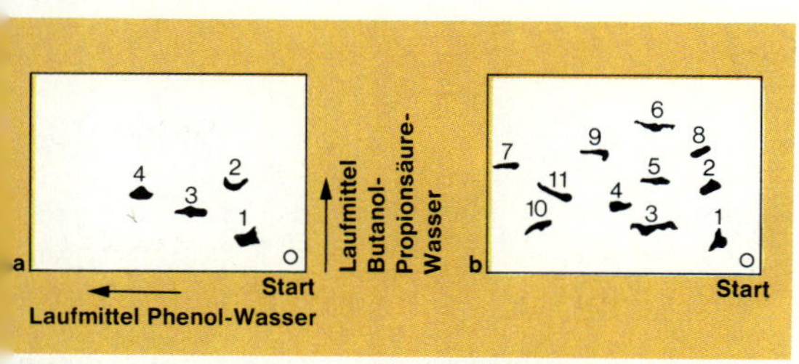

Abb. 117: Chromatogramm von Chlorella-Extrakten aufeinanderfolgender Reaktionen bei der Photosynthese. a 5 sec, b 30 sec nach Beginn der Photosynthese (zweidimensionales Chromatogramm). 1 Monosaccharid-diphosphate, 2 Phosphoglyzerinsäure, 3 Monosaccharid-monophosphate, 4 Triosephosphate, 5 Asparaginsäure (A), 6 Äpfelsäure, 7 Alanin (A), 8 Citronensäure, 9 Glutaminsäure (A), 10 Saccharose, 11 Glycin und Serin (A). A = Aminosäuren. Nach den angegebenen Zeiten wurde die Photosynthese durch Zusatz von heißem Alkohol unterbrochen und der Chlorella-Extrakt chromatographiert. Bei Auflage des Chromatogramms auf einen Film tritt dort an all den Stellen eine Schwärzung auf, wo sich gegenüber eine radiokohlenstoffhaltige Verbindung befindet (Autoradiographie). Diese Stellen werden aus dem Chromatogramm ausgeschnitten und der dort befindliche Stoff analysiert.

Lichtreaktion I ab, eine Wasserspaltung (O_2-Freisetzung) und somit auch eine NADP-Reduktion unterbleibt. Es kann aber die bei der Rückkehr der Elektronen zum Chlorophyll aI freiwerdende Energie zur ATP-Bildung dienen: *zyklische Photophosphorylierung.*

2.5 Die Dunkelreaktionen der Photosynthese

Der Amerikaner CALVIN »fütterte« Chlorella-Algen mit CO_2 des radioaktiven Isotops ^{14}C. Nimmt die Pflanze diese Verbindung auf, so sind alle Zwischenprodukte (Metaboliten) auf dem Weg zum Kohlenhydrat durch dieses ^{14}C markiert. Man kann nun den Vorgang der Photosynthese zu jedem beliebigen Zeitpunkt unterbrechen und nach den schon gebildeten Zwischenprodukten suchen.

Seine Experimente hatten folgendes Ergebnis (vgl. Abb. 117). Das aufgenommene CO_2 reagiert zunächst mit Ribulosediphosphat, einer Verbindung aus dem Zucker Ribulose, an dessen beiden Molekülenden jeweils ein Phosphatrest gebunden ist. Die Ribulose ist eine Pentose, hat also 5 C-Atome, daher kann man sie kurz als C_5-Körper bezeichnen. Durch die Reaktion mit CO_2 müßte aus dem C_5-Körper ein C_6-Körper gebildet werden. Dieser spaltet sich aber schon am Enzym zu 2 Molekülen eines C_3-Körpers auf. Als erstes CO_2-Fixierungsprodukt entsteht daher ein C_3-Körper, das Glycerinsäurephosphat, auch Phosphoglycerinsäure genannt. Diese Verbindung wird unter Zufuhr von Energie (ATP) mit dem Wasserstoff des aus den Lichtreaktionen stammenden $NADPH_2$ zu Glycerinaldehydphosphat (Triosephosphat) reduziert. Mit diesem Zuckerphosphat ist die Stufe der Kohlenhydrate erreicht.

Nun reagieren zwei Moleküle des C_3-Körpers Triosephosphat miteinander und bauen ein Molekül des C_6-Körpers Fructosediphosphat auf. Von diesem wird ein Phosphatrest abgespalten. Das so entstehende Fructosephosphat wandelt sich dann zu Glucosephosphat um. Zum Fortgang der Reaktion, also zu erneuter CO_2-Fixierung, muß aber der C_5-Körper zurückgebildet werden. Dies geschieht, indem sich fünf von sechs gebildeten Fructosephosphat-Molekülen in einer komplizierten Reaktionsfolge wieder zu Ribulosediphosphat umsetzen. Es liegt also ein Stoffwechselzyklus vor, der nach den Entdeckern CALVIN-BENSON-Zyklus (reduktiver Pentosephosphatzyklus) heißt.

Nur jedes sechste Fructosephosphat-Molekül bleibt als Reingewinn beim CALVIN-BENSON-Zyklus und steht für die Umsetzung zum Glucosephosphat zur Verfügung. Dieses Molekül kann in weiteren Reaktionen entweder mit Fructosephosphat zu Saccharose (Rohrzucker) reagieren oder als Baustein für die Stärkebildung dienen. Saccharose ist der erste freie Zucker, der bei der Photosynthese höherer Pflanzen entsteht. Bildet sich Stärke, so wird sie in der Chloroplasten-Matrix als mikroskopisch sichtbare Körnchen abgelagert. Schließlich kann Fructosephosphat auch unmittelbar dem energieliefernden Zuckerabbau zugeführt werden.

2.6 Zusammenfassender Überblick über die chemischen Vorgänge bei der Photosynthese

Der entscheidende Vorgang der Photosynthese ist die Absorption von Lichtenergie durch die Chloroplastenfarbstoffe und die Umwandlung der Lichtenergie in chemische Energie. Die Einwirkung des Lichtes versetzt Chlorophyll-Moleküle in einen angeregten Zustand. Die Rückreaktion ist gekoppelt mit der Bildung von ATP und $NADPH_2$ unter Photolyse des Wassers. Die in der Lichtphase (Primärvorgänge der Photosynthese) entstandenen Verbindungen ATP und $NADPH_2$ dienen dazu, in den Reaktionen der Dunkelphase (Sekundärvorgänge der Photosynthese) Kohlendioxid zu binden und zu reduzieren. In ATP und $NADPH_2$ ist die Lichtenergie bereits in chemische Energie verwandelt; diese Verbindungen lassen sich aber nicht in größerer Menge speichern, wohl aber Zucker oder Stärke und andere neue organische Verbindungen, die zum Aufbau neuer Zellen

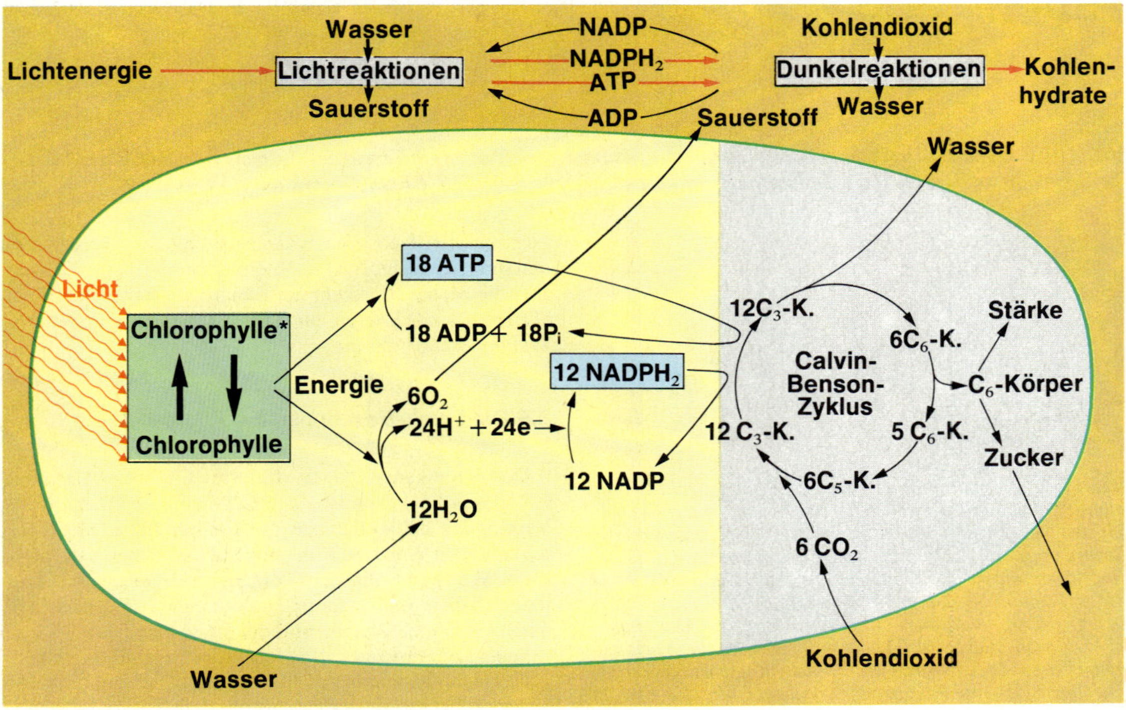

*Abb. 118: Vereinfachtes Schema der Reaktionsfolge bei der Photosynthese. Blau Produkte der Lichtreaktionen. $NADPH_2$ liefert den Wasserstoff für die Reduktion des CO_2 bei den Dunkelreaktionen und ATP liefert die Energie für die Dunkelreaktionen. (Die oxidierte Form von NADP liegt in Wirklichkeit als $NADP^+$ vor und die reduzierte Form als $NADPH + H^+$. Bei der vereinfachten Schreibweise (NADP bzw. $NADPH_2$) wurde der oxidierten und der reduzierten Form je ein Elektron zugerechnet). *Angeregter Zustand*

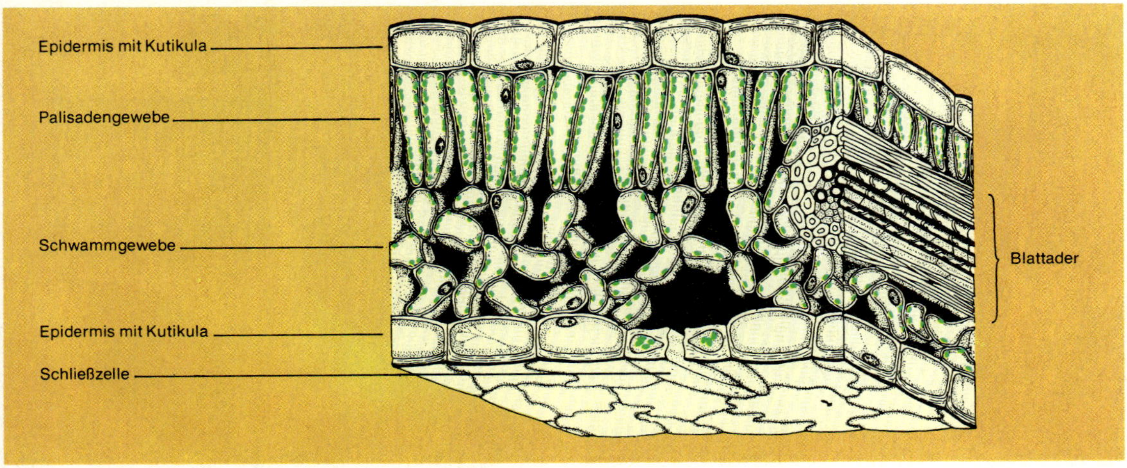

Abb. 119: Der innere Bau eines Blattes (das Blatt ist von unten gesehen dargestellt)

benutzt werden oder durch ihren Abbau der Energielieferung dienen. Der Nutzeffekt der Energieumwandlung bei der Photosynthese ist etwa 30%.

Zunächst hat man viele Experimente nur an isolierten Chloroplasten ausgeführt und damit nicht das komplexe natürliche System, sondern ein vereinfachtes Modellsystem untersucht. Erst durch Messungen an ganzen Zellen oder an Geweben einer großen Zahl verschiedener Pflanzenarten fand man, daß in allen Geweben ein Teil der gebildeten Zuckerphosphate in einer mit der Photosynthese eng verknüpften Reaktionskette sofort wieder zu CO_2 abgebaut wird. Bei dieser Lichtatmung (Photorespiration) wird kein ATP gebildet, also keine Energie gewonnen. Welche Bedeutung die Lichtatmung für die Pflanze hat, ist noch ungeklärt. Bei verschiedenen höheren Pflanzen ist der Ablauf der Sekundärvorgänge noch komplizierter; er steht in Zusammenhang mit einer Anpassung an bestimmte Standorte (vgl. 2.9). Zukünftige Experimente werden weitere Erkenntnisse liefern und möglicherweise zur Korrektur oder Ergänzung unserer heutigen Vorstellungen führen (vgl. Erkenntniswege der Biologie, S. 352).

2.7 Das Blatt als Organ der Photosynthese

In allen grünen Geweben einer Pflanze kann Photosynthese ablaufen. Bei den meisten höheren Pflanzen haben aber besonders ausgebildete Organe, die Laubblätter, den Hauptanteil an der Photosynthese.

Ein Querschnitt durch ein Blatt zeigt, daß die oberste Schicht, die *Epidermis,* in der Regel nur aus einer einzigen Lage lebender, meist chlorophyllfreier Zellen besteht, die lückenlos zusammenschließen. Ihre Außenwände sind stark verdickt und von der Kutikula, einer wasserabstoßenden Schicht, überzogen. So entsteht ein fester Überzug über das ganze Blatt, der es vor Beschädigung schützt und die Verdunstung von Wasser herabsetzt. Darunter folgen eine oder mehrere Lagen langgestreckter Zellen, die senkrecht zur Oberfläche stehen: das *Palisadengewebe.* Sie enthalten reichlich Chlorophyll. Das Palisadengewebe ist der Hauptort der Photosynthese. Die darunterliegenden Zellen sind unregelmäßig gestaltet; sie stehen zwar untereinander und auch mit den Palisadenzellen in Verbindung, lassen aber große Lufträume zwischen sich frei, weshalb diese Gewebeschicht als *Schwammgewebe* bezeichnet wird. Es dient in erster Linie der Durchlüftung des Blattes. Den unteren Abschluß des Blattes bildet wieder eine Schicht Epidermiszellen, die von zahlreichen schlitzförmigen Poren, den *Spaltöffnungen,* durchbrochen sind (Abb. 120). Sie stehen mit dem Hohlraumsystem im Blattinnern in Verbindung und vermitteln den Gasaustausch. Das Blatt ist von dem reichverzweigten Netz der *Blattadern* (Leitbündel) durchzogen, die auch seine Fläche versteifen.

Die Kenntnis des inneren Baues macht die »blatt«förmige Gestalt des Laubblattes als Aufnahmeorgan für das Licht verständlich. Die flächenhafte Ausbreitung begünstigt die Lichtabsorption, zumal sich die Blätter in der Regel senkrecht zur Haupteinfallsrichtung des Lichtes stellen. Bei der geringen Dicke der Blätter liegen die Spaltöffnungen nahe an der assimilierenden Fläche. Außerdem bewirken die lokkere Anordnung der assimilierenden Zellen und das weitverzweigte Hohlraumsystem im Blattinnern eine beträchtliche Oberflächenvergrößerung, wodurch der Gasaustausch gefördert wird.

Während der Photosynthese findet im Blattinnern ein ununterbrochener Transport von Stoffen statt. Die Wasserleitungsbahnen in den Blattadern liefern Wasser an und geben es an alle Zellwände ab, aus denen es die Zelle aufnimmt. Aus den Zellwänden geht das Wasser durch Verdunstung auch als Wasserdampf in das Hohlraumsystem über und tritt – ebenso wie der bei der Photosynthese gebildete Sauerstoff – durch die Spaltöffnungen aus. Gleichzeitig diffundiert durch die Spaltöffnungen Kohlendioxid in das Hohlraumsystem des Blattes ein und gelangt ebenfalls in die Zellen, wo es ständig beim Aufbau von Zucker oder Stärke

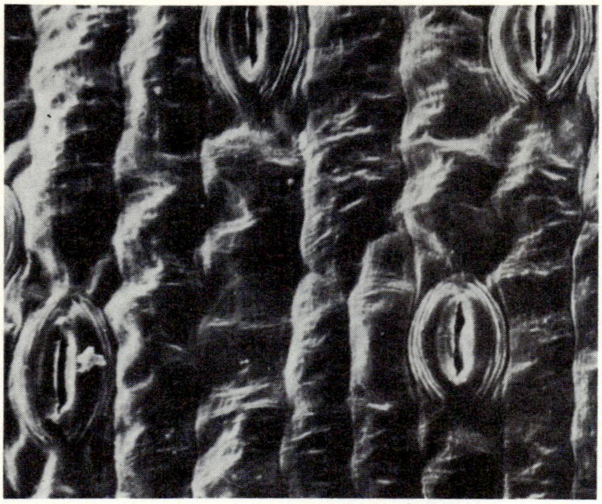

Abb. 120: Spaltöffnungen auf der Blattunterseite der Lilie. Rasterelektronenmikroskopische Aufnahme

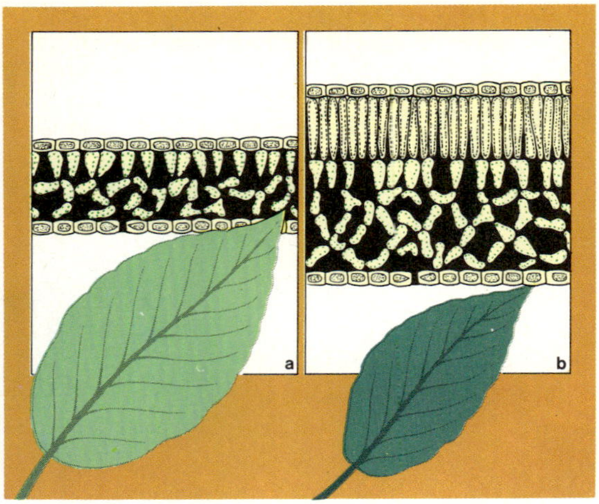

Abb. 121: Schattenblatt (a) und Lichtblatt (b) der Rotbuche mit den entsprechenden Blattquerschnitten

verbraucht wird. Hauptsächlich bei Nacht verwandelt sich die Stärke wieder in Zucker zurück, der über die Siebteile der Leitbündel in andere Teile der Pflanze wandert.

Bei der Kleinheit der Spaltöffnungen und der geringen CO_2-Konzentration der Luft scheint die ausreichende Zufuhr von Kohlendioxid nicht ohne weiteres verständlich, ist doch eine Spaltöffnung nur etwa $^1/_{25}$ mm lang und $^1/_{100}$ mm breit. Ihre Zahl ist jedoch außerordentlich groß; auf 1 mm^2 kommen durchschnittlich 50–60 Spaltöffnungen. Ein Eichenblatt weist auf seiner Unterseite etwa 600000 Spaltöffnungen, ein Sonnenblumenblatt 13 Millionen auf.

Bei den blutfarbenen Laubblättern (Blutbuche, Bluthasel) wird das Chlorophyll von den im Zellsaft gelösten Anthocyanfarbstoffen überdeckt. Anthoczyan absorbiert hauptsächlich den mittleren Teil des sichtbaren Spektrums, stört also die Photosynthese nur wenig.

Eine hundertjährige Buche hat
200000 Blätter
1200 m^2 Blattfläche mit 120000000 Spaltöffnungen, 10^{14} Chloroplasten mit 180 g Chlorophyll und 15000 m^2 innere Oberfläche des Blatt-Hohlraumsystems zum Gasaustausch.

An einem Sonnentag werden
9400 l CO_2 assimiliert;
dazu sind erforderlich 36000 m^3 Luft;
9400 l O_2 erzeugt,
das entspricht dem Sauerstoffgehalt von

$$\frac{9400 \cdot 100}{21} \approx 45000 \text{ l Luft;}$$

gebildet werden: 12 kg Kohlenhydrat.

2.8 Der Stoffumsatz bei der Photosynthese

Der **Verbrauch an Kohlendioxid** durch die assimilierenden Pflanzen ist ganz gewaltig. 1 m^2 Blattfläche (die Blattfläche einer mittelgroßen Sonnenblume) erzeugt stündlich etwa $^1/_2$ g Stärke. Schätzungsweise werden jährlich 150–200 Milliarden Tonnen Kohlenstoff aus dem CO_2 der Luft und des Wassers durch die Photosynthese in Kohlenhydrate umgewandelt. Der Kohlendioxidvorrat der Luft wäre in wenigen Jahrzehnten erschöpft, wenn er nicht ständig ergänzt würde (Atmung der Organismen, Zersetzung abgestorbener Pflanzen und Tiere durch Mikroorganismen (vgl. Abb. 85).

2.9 Die Abhängigkeit der Photosynthese von Außeneinflüssen, besonders vom Licht

Die *Ansprüche an das Licht* sind nicht bei allen Pflanzen gleich. Die Sonnenpflanzen brauchen volles Licht und sterben schon bei geringer Beschattung allmählich ab. Schattenpflanzen fühlen sich nur im Streulicht wohl, und volle Bestrahlung ist für sie tödlich.

Bei **Sonnenpflanzen** finden wir häufig kleinere, aber dicke, derbe Blätter mit mehrschichtigem Palisadengewebe. Oft haben sie noch Wachs- und Haarüberzüge, durch welche die starke Verdunstung bei der Erwärmung im Sonnenlicht abgeschwächt wird. Glänzende Oberflächen werfen einen Teil des Lichtes zurück.

Schattenpflanzen besitzen meist dünne, zarte, oft recht große Blätter, die sich flach ausbreiten, um möglichst viel von dem spärlichen Licht aufzufangen. Das Palisadengewebe ist einschichtig und niedrig, das Schwammgewebe locker. Beide führen reichlich Chlorophyll.

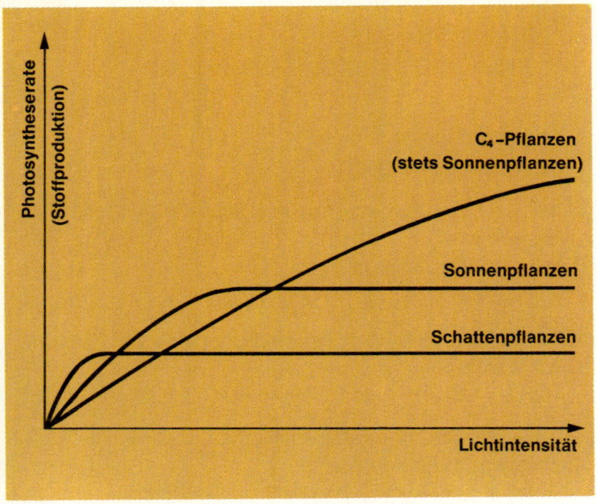

Abb. 122: Abhängigkeit der Photosyntheserate (Stoffproduktion) von der Lichtintensität bei verschiedenen Pflanzengruppen

Beide Blattformen können an ein und derselben Pflanze vorkommen. Die der Sonne ausgesetzten äußeren Blätter der Buche sind klein, dick und derb, die inneren »Schattenblätter« dagegen groß, dünn und viel zarter gebaut (Abb. 121).

Auch in der Photosynthesetätigkeit zeigen sich Unterschiede zwischen Sonnen- und Schattenpflanzen. Die Sonnenpflanzen entfalten ihre Höchstleistungen nur bei vollem Lichtgenuß, wo sie den Schattenpflanzen weit überlegen sind, während die Schattenpflanzen auch unter recht dürftigen Lichtverhältnissen immer noch einen Überschuß an Assimilation erzielen (Abb. 122).

Bei verschiedenen Pflanzenarten weist der chemische Ablauf der Photosynthesevorgänge Abweichungen auf, durch die sie an besondere Standorte angepaßt sind.

So gibt es eine Reihe von Arten (z. B. Mais, Zuckerrohr), deren Chloroplasten im Palisadengewebe keine Stärke, hingegen große Mengen von Carbonsäuren (zumeist Äpfelsäure) bilden. Erst in den Chloroplasten besonderer Zellen, die kranzförmig um die Blattleitbündel herum angeordnet sind, entstehen Zucker und Stärke. Bei diesen Arten wird das CO_2 an einen C_3-Körper gebunden, wobei nach Reduktion die C_4-Verbindung Äpfelsäure entsteht. Daher nennt man Pflanzen mit dieser Form der CO_2-Bindung: *C_4-Pflanzen.* Die Äpfelsäure wird in die Kranzzellen transportiert, dort wieder gespalten und das CO_2 über den CALVIN-BENSON-Zyklus gebunden. Der Vorteil der doppelten Fixierung des CO_2 liegt darin, daß die Reaktion von CO_2 mit dem C_3-Körper bei viel geringerer CO_2-Konzentration ablaufen kann, als sie für die Bindung an Ribulosediphosphat nötig ist. Somit wird das verfügbare CO_2 besser ausgenutzt; selbst bei nahezu geschlossenen Spaltöffnungen und deshalb herabgesetzter Wasserabgabe ist noch Photosynthese möglich. Andrerseits ist zur doppelten CO_2-Bindung mehr ATP erforderlich, das durch die Primärreaktionen bereitgestellt werden muß. Es leuchtet ein, daß C_4-Pflanzen stets Sonnenpflanzen sind, die bei hoher Lichtintensität viel assimilieren und daher eine hohe Stoffproduktion erzielen, sie wachsen dann rasch (vgl. Abb. 122).

Manche Pflanzen, wie Fetthennen-, Mauerpfeffer- und Hauswurz-Arten, haben eine andere Anpassung an trockene und sonnige Standorte entwickelt. Sie binden *während der Nacht* CO_2 unter Bildung von Äpfelsäure. Dazu muß die Energie durch Abbau tagsüber gebildeter Stärke geliefert werden. Am Tag wird dann die Äpfelsäure wieder gespalten und das dabei entstehende CO_2 nun durch Photosynthese zu Zucker und Stärke umgesetzt. So können die Spaltöffnungen am Tag lange Zeit geschlossen bleiben, was die Wasserabgabe der Pflanze herabsetzt. Die Äpfelsäure dient einfach als Speicher für das CO_2. Auch diese Pflanzen brauchen zu der zweifachen CO_2-Fixierung eine große ATP-Menge. Da sie aber die Äpfelsäure nachts aufbauen und hierzu keine Photosynthese-Energie verfügbar ist, müssen sie gespeicherte Stoffe zum Energiegewinn abbauen; sie haben daher selbst bei hoher Lichtintensität nur eine geringe Stoffproduktion, d. h. sie wachsen langsam.

3. Die Chemosynthese

Setzt man eine Spur Ackererde zu einer rein anorganischen Nährlösung, die Stickstoff nur in Form von Ammoniumsalzen enthält, und stellt diese Kultur im Dunkeln auf, so entwickeln sich darin Bakterien. Da Licht als Energiequelle nicht in Frage kommt, muß die Energiequelle in der Nährlösung selbst gesucht werden. Es fällt auf, daß die sich entwickelnden Bakterien viel Sauerstoff verbrauchen und die Ammoniumionen allmählich verschwinden, dafür aber Nitrat auftritt. Diese Bakterien gewinnen also offensichtlich die Energie zur Synthese ihrer organischen Stoffe aus der Oxidation anorganischer Stoffe. Eine solche Art des Aufbaus organischer Verbindungen bezeichnet man als *Chemosynthese.* Verschiedene Bakterien sind zur Chemosynthese befähigt. Sie leben auch im Dunkeln völlig *autotroph,* d. h., sie ernähren sich selbständig und brauchen im Gegensatz zu den übrigen Bakterien keine organischen Verbindungen als Nahrung.

Die Umsetzung von Ammonium- zu Nitrationen verläuft in zwei Stufen. Die Nitritbakterien oxidieren zu Nitritionen und die Nitratbakterien oxidieren die

Nitritionen zu Nitrationen.

Die Tätigkeit dieser im Boden weitverbreiteten »nitrifizierenden Bakterien« ist für den Kreislauf des Stickstoffs von großer Bedeutung, weil sie das Entweichen des bei der Eiweißzersetzung entstehenden Ammoniaks verhindert und den Stickstoff so bindet, daß er von den Pflanzen wieder aufgenommen werden kann.

Über weitere Wege der Energiegewinnung von chemosynthetisch tätigen Bakterien unterrichtet die nebenstehende Tabelle.

Die Chemosynthese unterscheidet sich von der Photosynthese dadurch, daß die Energie für den Aufbau von ATP und die Reduktion von NADP nicht vom Sonnenlicht, sondern aus der exergonischen Oxidation anorganischer Verbindungen stammt.

Nitrifizierende Bakterien

Nitritbakterien

$2\,NH_4^+ + 3O_2 \rightarrow 2\,NO_2^- + 2H_2O + 4H^+$ $\Delta G = -662$ kJ

Nitratbakterien

$2NO_2^- + O_2 \rightarrow 2NO_3^-$ $\Delta G = -151$ kJ

farblose Schwefelbakterien (in Schwefelquellen, Kläranlagen usw.)

$2H_2S + O_2 \rightarrow 2H_2O + 2S$ $\Delta G = -494$ kJ

$2S + 3O_2 + 2H_2O \rightarrow 2SO_4^{2-} + 4H^+$ $\Delta G = -988$ kJ

Eisenbakterien (bilden Raseneisenerz, in Fe^{2+} -haltigem Wasser)

$Fe^{2+} + 2H_2O \rightarrow FeO(OH) + 3H^+$ $\Delta G = -67$ kJ

Methanbakterien (oxidieren Methan, das bei der Cellulosevergärung entsteht)

$CH_4 + 2O_2 \rightarrow CO_2 + 2H_2O$ $\Delta G = -892$ kJ

4. Stoffabbau durch Atmung und Gärung

Aus dem Zucker oder der Stärke, die bei der Photosynthese im Chloroplasten entstehen, baut die Pflanze eine große Zahl verschiedener Verbindungen auf (Proteine, Nukleinsäuren, Membranlipide, Fette, Cellulose u. a.). An ihrer Bildung sind zahlreiche Stoffwechselvorgänge beteiligt, viele davon benötigen Energie. Die Energie für die Stoffumwandlungen und den Stofftransport gewinnt die Pflanze in der Hauptsache durch den Abbau von Kohlenhydraten. Dabei wird die bei der Photosynthese gebundene Energie wieder freigesetzt. Erfolgt der Abbau vollständig, so ist hierzu wie bei der Atmung von Mensch und Tier Sauerstoff erforderlich; deshalb bezeichnet man diesen Vorgang auch bei der Pflanze als Atmung.

Der Ablauf der Veratmung von Zucker bei der Pflanze entspricht der Summengleichung

$$C_6H_{12}O_6 + 6O_2 \rightarrow 6CO_2 + 6H_2O \quad \Delta G = -2872\ \text{kJ}\ (-686\ \text{kal})$$

Bei der Atmung wird also die gesamte Energie wieder frei, die bei der Assimilation als Lichtenergie aufgenommen wurde. Die je Mol Zucker entstehende Energie von 2872 kJ ist wieder für chemische Umsetzungen verfügbar. Da normalerweise die Photosynthese einen Überschuß über die Atmung erzielt, legen die Pflanzen in den Assimilaten einen großen Energiebetrag fest. Von ihm zehren alle nichtgrünen Pflanzen und Tiere, denen die als Nahrung aufgenommenen Pflanzenteile nicht nur die organischen Körperbausteine, sondern auch die erforderliche Energie liefern.

Außer Zucker kann die Pflanze auch andere Stoffe veratmen, namentlich Speicherstoffe wie Stärke und Fette. Nur bei völliger Erschöpfung der Kohlenhydrat- und Fettvorräte werden in der Pflanze wie auch

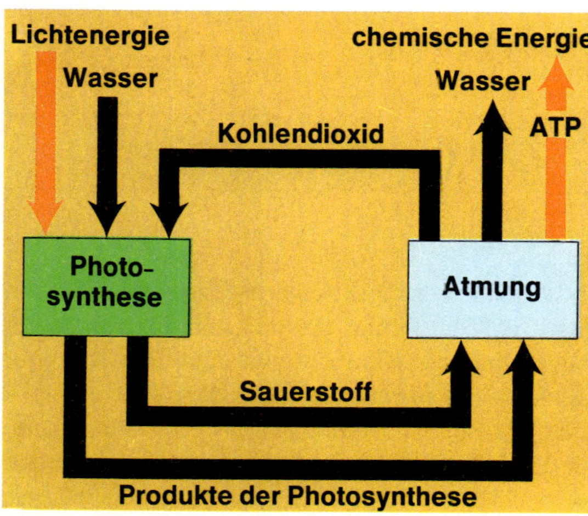

Abb. 123: Zusammenhang zwischen Photosynthese und Atmung. Die grüne Pflanze veratmet ihre eigenen Photosynthese-Produkte. Das Tier nimmt die Photosynthese-Produkte als Nahrung auf.

im hungernden Tier die Proteine der Zelle abgebaut. Die Pflanze atmet ununterbrochen bei Tag und Nacht, wogegen die Photosynthese nur bei Tag möglich ist.

Ein unvollständiger Abbau von Kohlenhydraten ist auch ohne Zufuhr von Sauerstoff möglich; man spricht dann von *Gärung*. Alle Abbauvorgänge (Atmung und Gärung) werden unter der Bezeichnung *Dissimilation* zusammengefaßt.

4.1 Untersuchung des Stoffabbaus

Es ist anzunehmen, daß der Kohlenhydratabbau in der Zelle als eine Kette aufeinanderfolgender Reaktionen abläuft. Jede dieser Reaktionen muß von einem bestimmten Enzym katalysiert werden. Es liegt also eine Reaktionsfolge nach folgendem Schema vor:

$$A \xrightarrow{\text{Enzym 1}} B \xrightarrow{\text{Enzym 2}} C \xrightarrow{\text{Enzym 3}} D \xrightarrow{\text{Enzym 4}} E$$

Das Ausgangsprodukt A wird über eine Reihe von Zwischenstufen in das Endprodukt oder die Endprodukte E verwandelt. Um festzustellen, welche Stoffe den Zwischenstufen B, C, D usw. entsprechen, verwendet man folgende Verfahren:

1. Man bietet der Zelle radioaktiv markiertes A an. Alle in der Zelle gefundenen radioaktiven Stoffe müssen dann aus A entstanden sein (vgl. 2.4).
2. Man versucht, ein vermutetes Zwischenprodukt mit einem Stoff reagieren zu lassen, den man zusetzt. Entsteht eine neue Verbindung, so häuft sie sich an; das Zwischenprodukt läßt sich dann identifizieren. Daß der gebundene Stoff tatsächlich ein Zwischenprodukt auf dem untersuchten Stoffwechselweg ist, zeigt sich am Ausfall des Endprodukts.
3. Man vergiftet ein bestimmtes Enzym (z. B. Enzym 3), dann häuft sich das Substrat dieses Enzyms (die Substanz C) an. So blockiert z. B. Monojodessigsäure im Kohlenhydratabbauweg das Enzym, das Glyzerinaldehydphosphat weiterverarbeitet. Das Glyzerinaldehydphosphat häuft sich an und ist damit als ein Zwischenprodukt beim Zuckerabbau erkannt.
4. Man isoliert die einzelnen Enzyme oder Enzymkomplexe aus der Zelle, untersucht deren Fähigkeiten und läßt nach Zusammenfügen der erforderlichen Enzyme ganze Reaktionsketten in vitro ablaufen (vgl. Cytologie 5.3).

4.2 Ablauf des Stoffabbaus und der biologischen Oxidation

Man hat heute auf Grund der Anwendung der verschiedenen Methoden ein ziemlich genaues Bild von den Vorgängen beim Stoffabbau und der damit verbundenen biologischen Oxidation der Nährstoffe.

Der als Zellatmung bezeichnete Abbau von Koh-

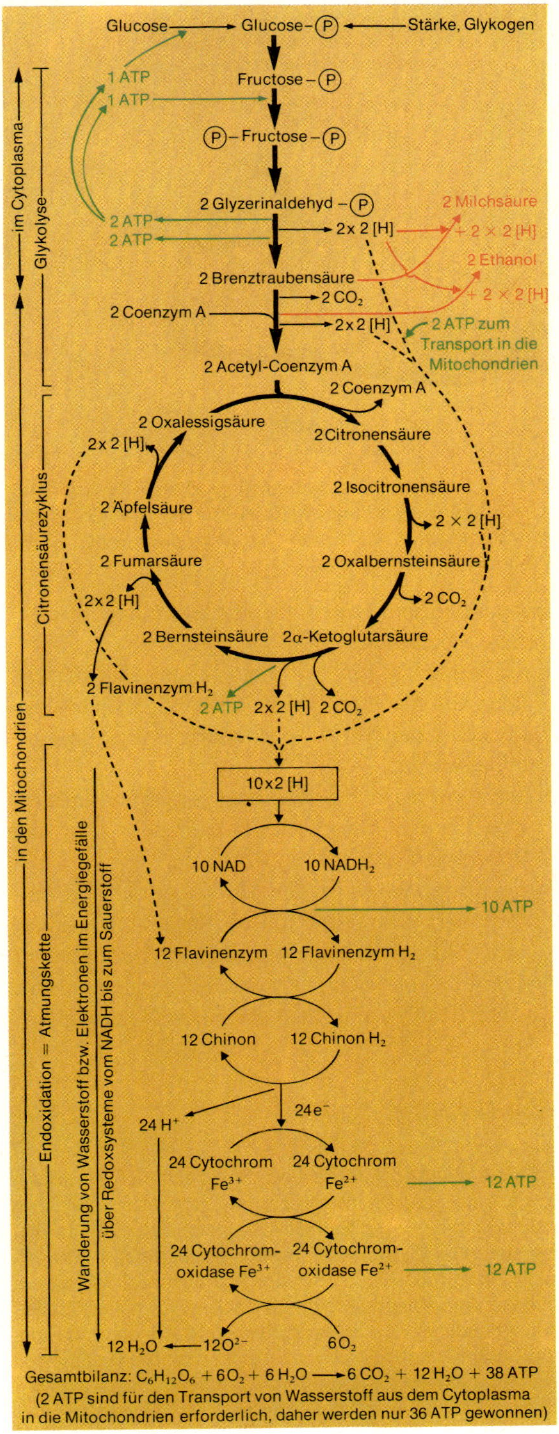

Abb. 124: Vereinfachtes Schema der Vorgänge beim Abbau der Kohlenhydrate zur Energiegewinnung. Dicke schwarze Pfeile: Substrat-Umsetzungen von Glykolyse und Citronensäurezyklus. Dünne schwarze Pfeile: Wasserstoff- und Elektronentransport über Redoxsysteme der Endoxidation. Grüne Pfeile: ATP-Gewinn und Verbrauch. Rote Pfeile: Reaktionen der alkoholischen Gärung und der Milchsäuregärung

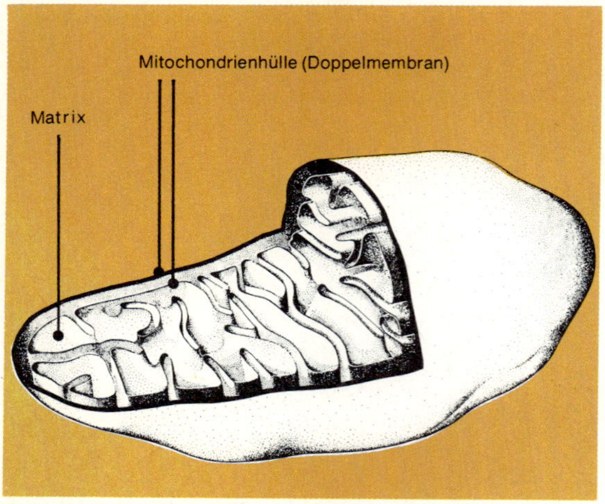

Abb. 125: Bau des Mitochondriums. Durch Faltenbildung wird die Fläche der inneren Hüllmembran mit den Enzymen der Endoxidation außerordentlich vergrößert. Natürl. Größe 0,5 × 2 μm

lenhydraten und Fetten gliedert sich in mehrere getrennte Abschnitte:

1. die *Glykolyse* bzw. die Fettspaltung, bei der aus den komplizierten Molekülen C_2-Bruchstücke (Acetyl-Coenzym A = aktivierte Essigsäure) gebildet werden;
2. der *Citronensäurezyklus* oder Tricarbonsäurezyklus (in den Mitochondrien), in dem CO_2 und Wasserstoff abgespalten wird;
3. die *Endoxidation* (in den Mitochondrien), in welcher der Wasserstoff durch Sauerstoff oxidiert wird. Mit der dabei freiwerdenden Energie baut sich ATP auf. Das ATP steht als Energiequelle für weitere Stoffwechselreaktionen zur Verfügung.

4.2.1 Glykolyse

Der Abbau von Zuckern beginnt mit einer Reaktionskette, die ohne Sauerstoffverbrauch im Cytoplasma abläuft; sie heißt Glykolyse. Aus Einfachzuckern entstehen durch Anlagerung von Phosphat (*Phosphorylierung*) unter Aktivierung Zuckerphosphate. Bei der Spaltung von Saccharose und von Stärke werden ebenfalls Zuckerphosphate gebildet. Alle gebildeten Zuckerphosphate lagern sich dann zu Fructosephosphat um. Dieses wird in einer weiteren Reaktion zu Fructosediphosphat phosphoryliert und dann zu zwei C_3-Zuckerphosphaten gespalten. Anschließend erfolgt unter Wasserstoffabspaltung eine Oxidation, die zur Bildung von Brenztraubensäure führt. Der Wasserstoff bindet sich an NAD: NAD + 2 [H] → $NADH_2$.

Die Brenztraubensäure wandert in die Mitochondrien. Dort entsteht zunächst unter Abspaltung von CO_2 ein C_2-Körper, der nach Oxidation und Reaktion mit dem Coenzym A eine energiereiche Verbindung, das Acetyl-Coenzym A (»aktivierte Essigsäure«) bildet.

4.2.2 Citronensäurezyklus oder Tricarbonsäurezyklus (TCC)

Bei der nun anschließenden, ebenfalls in den Mitochondrien verlaufenden Reaktionsfolge wird der Acetylrest an Oxalessigsäure gebunden unter Freisetzung von Coenzym A. Dabei entsteht Citronensäure, eine Tricarbonsäure. Aus ihr wird über eine Reihe von Zwischenstufen unter Abspaltung von Wasserstoff und Kohlendioxid Oxalessigsäure zurückgebildet, die damit wieder zu erneuter Reaktion mit aktivierter Essigsäure zur Verfügung steht. Dieser Teil des Stoffabbaus bildet also einen Zyklus; er wurde 1937 von KREBS entdeckt und heißt Citronensäurezyklus (Citratzyklus) oder Tricarbonsäurezyklus (TCC). Der TCC erreicht einen vollständigen Stoffabbau, denn ebenso viele C-Atome, wie in Form von aktivierter Essigsäure in ihn eintreten, werden durch Abspaltung als CO_2 freigesetzt.

4.2.3 Endoxidation (Atmungskette)

Der im TCC abgespaltene Wasserstoff bindet sich an NAD. Das gebildete $NADH_2$ muß nun wieder zu NAD oxidiert werden, da sonst die Oxidationsvorgänge der Glykolyse und des TCC zum Erliegen kämen. $NADH_2$ gibt seinen Wasserstoff an Enzyme ab, die in der inneren Mitochondrienmembran gebunden sind. Sie bilden eine Kette hintereinandergeschalteter Redox-Systeme (Atmungskette), die jeweils durch [H]-Aufnahme reduziert, durch [H]-Abgabe an das nächstfolgende Enzym oxidiert werden. Das letzte Enzym reagiert mit dem von außen aufgenommenen Sauerstoff, wodurch der Wasserstoff zu Wasser oxidiert wird. Durch die Hintereinanderschaltung der verschiedenen (mindestens 6) Redoxsysteme läßt sich erreichen, daß die beträchtliche bei der Oxidation von Wasserstoff zu Wasser (Knallgas) freiwerdende Energie nur stufenweise in für die Zelle unschädlicher Form freigesetzt wird. Sie dient der ATP-Bildung. Wichtige an der Atmungskette beteiligte Enzyme sind die eisenhaltigen *Cytochrome.*

Alle zum Citronensäurezyklus, der Atmungskette und einigen anderen Reaktionsketten gehörenden Enzyme finden sich in den Mitochondrien räumlich vereinigt, so daß die Reaktionszwischenprodukte ohne längere Wege von Enzym zu Enzym wandern und weiter umgesetzt werden können. Da ein wesentlicher Teil des Stoffabbaus und der Energiegewinnung der Zellen in den Mitochondrien abläuft, bilden diese Organellen sehr wichtige Reaktionsräume (Kompartimente, vgl. Cytologie 4.2). Nur infolge dieser Kompartimentierung ist es möglich, daß in einer assimilierenden Zelle gleichzeitig Photosynthese und Atmung getrennt ablaufen können.

Die beim Zuckerabbau freigesetzte Energie wird zum Aufbau von ATP aus ADP und anorganischem Phosphat P_i verwendet. Beim Abbau eines Moleküls Traubenzucker zu CO_2 und H_2O werden 36–38 Moleküle ATP aus ADP gebildet. Da jede neu gebildete P-Bindung mindestens 29 kJ/Mol speichert, beträgt der Wirkungsgrad der Atmung, d. h. das Verhältnis zwischen gespeicherter und freigesetzter Energie, (36 · 29): 2872 = 0,37 oder etwa 37%. Der Wirkungsgrad einer Dampfmaschine beträgt demgegenüber rund 10% und der eines Verbrennungsmotors rund 35%.

4.2.4 Fettabbau

Der Abbau der Fette spielt bei Pflanzen vor allem bei der Samenkeimung eine wichtige Rolle, da viele Samen als Nährstoffe vorwiegend Fette enthalten. Der Abbau beginnt mit einer Hydrolyse; aus dem Fett entstehen freie Fettsäuren und Glycerin. Das Glycerin wird als C_3-Körper nach Phosphorylierung in die Glykolyse (4.2.1) einbezogen. Die Fettsäuren werden nach Bindung an Coenzym A stufenweise abgebaut. In jeder Reaktionsstufe, die aus je vier Teilreaktionen besteht, spaltet sich ein Acetyl-Coenzym A ab. Dadurch wird die Fettsäure jeweils um 2 C-Atome kürzer, bis sie schließlich vollständig zerlegt ist. Die entstandenen Acetyl-Coenzym A-Moleküle treten dann wie geschildert in den TCC ein.

4.2.5 Der Citronensäurezyklus als zentraler Umschlagplatz des Stoffwechsels (»Stoffwechseldrehscheibe«)

Der Abbau von Proteinen führt unter Hydrolyse zur Bildung von Aminosäuren. Diese können weiter umgesetzt werden, wobei schließlich Verbindungen des Tricarbonsäurezyklus entstehen. Umgekehrt werden Bausteine für die Bildung der Aminosäuren, verschiedener Carbonsäuren und der Porphyrinverbindungen (Cytochrome, Chlorophylle) aus dem Citronensäurezyklus entnommen. Der Citronensäurezyklus ist daher als »zentraler Umschlagplatz und Sammelbecken des Stoffwechsels« zu betrachten, in das ständig Stoffe aus dem Abbau einströmen und dem wiederum Reaktionsprodukte für den Aufbau entnommen werden.

Reaktionszyklen im Stoffwechsel der Zelle (Citronensäurezyklus bei der Atmung, Calvin-Benson-Zyklus bei der Photosynthese) gleichen einem Fließband, das nicht nur am Anfang bestimmte Einzelteile aufnimmt und am Ende das angefertigte Endprodukt entläßt, sondern das noch während des Fertigungsvorganges Zwischenprodukte an Nebenfließbänder liefert, die dann ein anderes Endprodukt daraus erzeugen (vgl. Schema des Zusammenhangs der im Stoffwechsel umgebauten Stoffe). Die Produktionswege der in der Zelle entstehenden Stoffe sind deshalb eng miteinander verbunden. Zwischenprodukte (Metaboliten) der einen Reaktionskette können Ausgangsstoffe für andere Reaktionsketten sein. Eine weitere Eigenschaft des Zyklus ist die ständige Regeneration einer bestimmten Verbindung, die

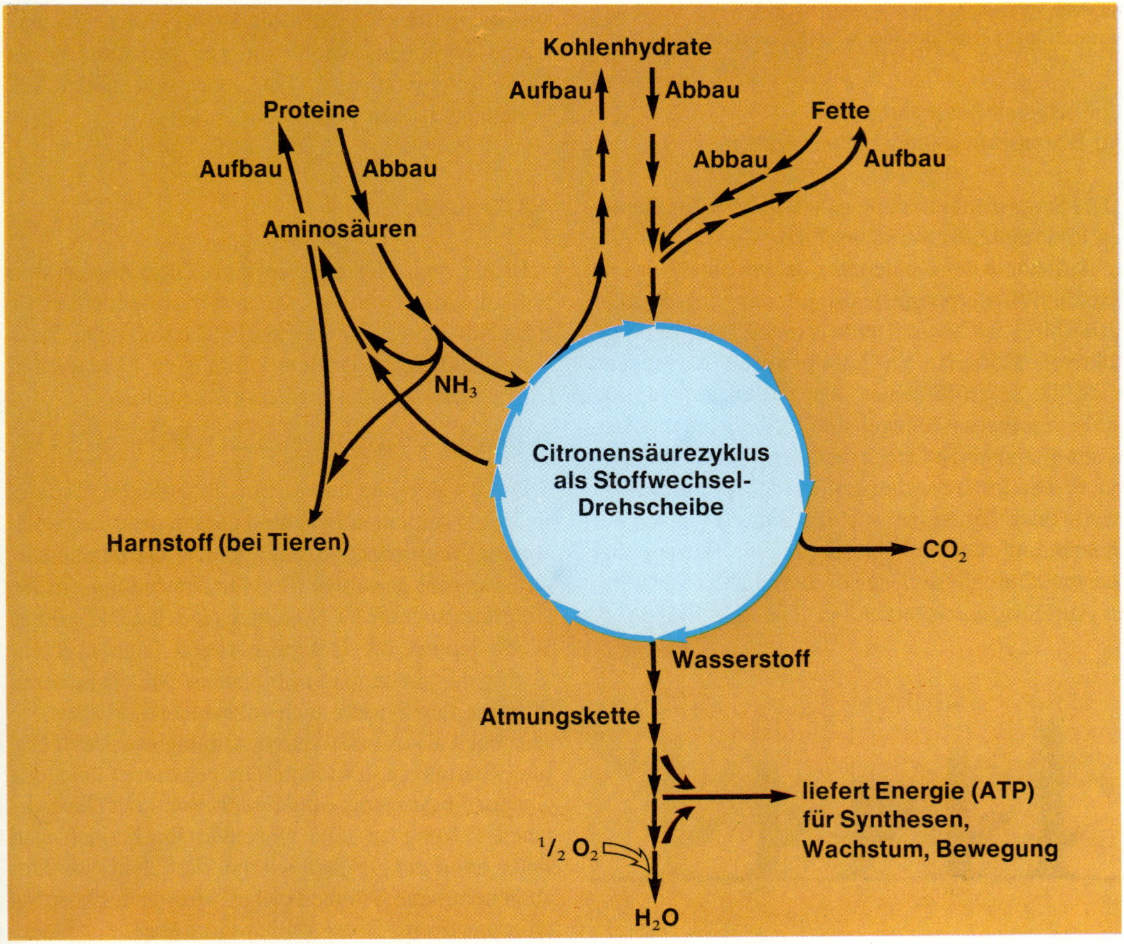

Abb. 126: Überblick über Stoffumsetzungen und Energiegewinn in der Zelle. Die Abbauvorgänge liefern Grundbausteine einerseits für den Aufbau körpereigener Stoffe und andrerseits für die Oxidation zur Gewinnung von Energie.

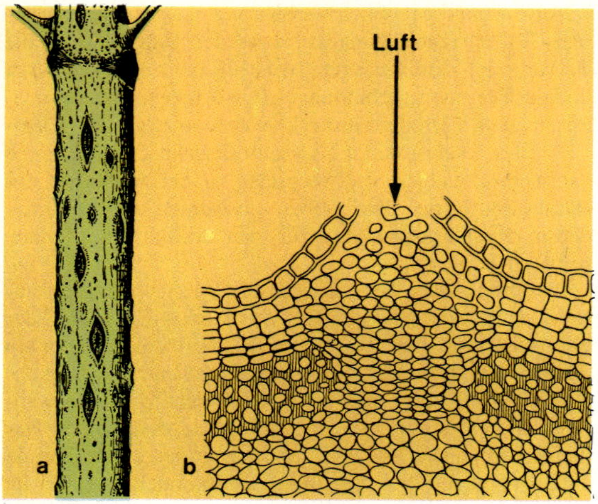

Abb. 127: Rindenporen des Holunders, b Schnitt durch eine Rindenpore

den in die Reaktion eintretenden Stoff bindet. Beim CALVIN-BENSON-Zyklus ist dies Ribulosediphosphat für die Bindung von CO_2, beim Citronensäurezyklus ist es die Oxalessigsäure für die Bindung von Acetyl-Coenzym A.

4.2.6 Sauerstoffaufnahme und Wärmeentwicklung bei der Atmung

Die Sauerstoffaufnahme geht bei den assimilierenden Pflanzenteilen auf demselben Weg vor sich wie die Aufnahme des Kohlendioxids, bei untergetaucht lebenden Wasserpflanzen also mit der ganzen Oberfläche ihres flächenhaft entwickelten oder fein zerschlitzten Körpers, bei Landpflanzen vorwiegend durch die Spaltöffnungen. Am verholzten und mit Rinde versehenen Stengel sind es die Rindenporen, an den Wurzeln die Oberhautzellen, welche den Sauerstoff ins Innere gelangen lassen. In luftarmem Lehm- oder Tonboden wachsen daher Pflanzen nur schlecht, und zum Gedeihen der Kulturpflanzen trägt eine gute Durchlüftung des Bodens durch regelmäßiges Auflockern wesentlich bei. Die Sumpfpflanzen, deren Wurzeln im schlammigen Untergrund nicht genügend Sauerstoff finden, weisen im Innern ihrer Blätter und Stengel große luftgefüllte Hohlräume auf, die bis zu den Wurzeln hinabreichen und sie mit Luft versorgen.

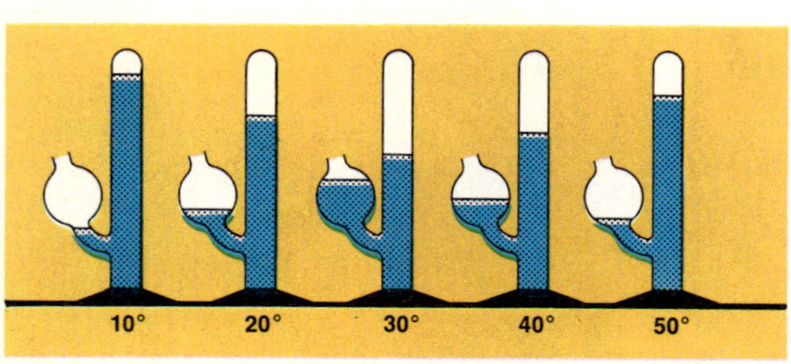

Abb. 128: Abhängigkeit der Gärung von der Temperatur, gezeigt an der Ansammlung von CO_2. In den Gärröhrchen befindet sich eine mit Hefe beimpfte Zuckerlösung.

Die bei der Atmung nicht im ATP gespeicherte Energie wird als Wärme frei. Sie ist jedoch in der Regel nicht fühlbar, da sie rasch wieder an die Umgebung abgegeben wird. Doch können sich Frühlingspflanzen mit Hilfe dieser Atmungswärme geradezu einen Weg durch den Schnee schmelzen. Leicht nachweisbare Temperaturerhöhungen treten bei keimenden Samen und im Innern von Blüten auf. Im Blütenkolben einer Aronstabart hat man Temperaturzunahmen von über 20° beobachtet. Besonders viel Wärme wird von kräftig atmenden Pilzen und Bakterien erzeugt. Darauf beruht die Erwärmung im Misthaufen und Mistbeet sowie die Selbstentzündung von feuchtem Heu.

Auch das Leuchten einiger Bakterien und Pilze ebenso wie der Leuchtkäfer ist die Folge von Atmungsvorgängen, wobei ein Teil der Energie als Licht freigesetzt wird. Das Leuchten erlischt bei Mangel an freiem Sauerstoff.

4.3 Gärungen

Bringt man Hefepilze in eine Zuckerlösung und schließt diese vom Luftsauerstoff ab, gedeihen sie trotzdem darin, ja sie vermehren sich sogar. Der Zukker wird dabei in großem Umfang zu Ethanol und CO_2 umgesetzt nach der Summengleichung:

$$C_6H_{12}O_6 \rightarrow 2C_2H_5OH + 2CO_2 \quad \Delta G = -234\ kJ$$

Diesen Vorgang nennt man alkoholische Gärung; sie liefert nur einen Bruchteil der bei der Sauerstoffatmung freiwerdenden Energie. Die Gärung bedeutet zwar eine gewaltige Stoffverschwendung, für die Hefepilze aber die Erschließung eines neuen Biotops. Wenn jedoch die Hefepilze freien Sauerstoff zur Verfügung haben, dann können sie wie die anderen Pflanzen den Zucker auch vollständig oxidieren. Sie vermögen also sowohl durch Atmung wie durch Gärung Energie zu gewinnen. Die genannte Gleichung gibt nur die Ausgangs- und Endprodukte der alkoholischen Gärung an. Die einzelnen Reaktionen sind weitgehend die gleichen wie bei der Glykolyse. Der aufgenommene Traubenzucker wird nach Phosphorylierung bis zur Brenztraubensäure abgebaut. Dabei spaltet sich Wasserstoff ab und bindet sich an NAD. Da kein Sauerstoff zur Verfügung steht, kann der

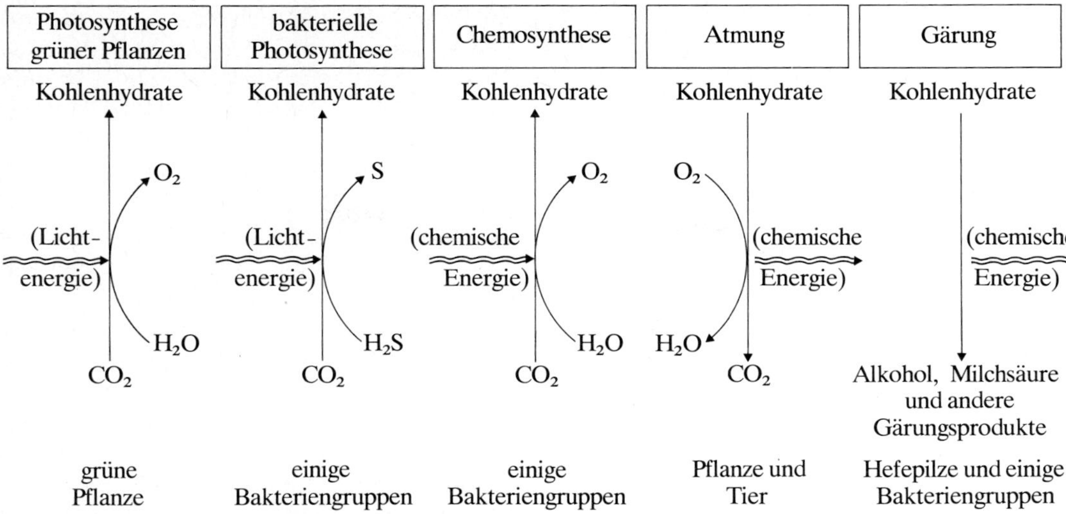

Abb. 129: Formen der Bindung und Freisetzung von Energie bei Organismen

Wasserstoff nicht oxidiert, sondern muß wieder auf die entstandenen Stoffe übertragen werden. Im Fall der alkoholischen Gärung wird von der Brenztraubensäure zunächst CO_2 abgespalten. Der so entstandene Acetaldehyd wird durch den Wasserstoff zu Ethanol (Ethylalkohol) reduziert.

Auch viele Bakterien können Energie gewinnen, ohne daß sie dazu Sauerstoff benötigen. Sie lagern wie die Hefen energiereiche Moleküle in energieärmere um und benützen die dadurch frei werdende Energie für ihre Lebensvorgänge. Alle derartigen Abbauvorgänge bei Abwesenheit von Sauerstoff heißen Gärungen.

Die Milchsäurebakterien gewinnen Energie, indem sie Zuckermoleküle zu Milchsäuremolekülen abbauen:

$$C_6H_{12}O_6 \rightarrow 2CH_3 - CHOH - COOH \quad \Delta G = -218 \text{ kJ}$$

Bei dieser *Milchsäuregärung,* die auch im arbeitenden Muskel bei ungenügender Sauerstoffversorgung abläuft, wird der beim Verlauf der Glykolyse freigesetzte Wasserstoff auf die Brenztraubensäure übertragen und diese dadurch zu Milchsäure reduziert.

Milchsäurebakterien sind die Ursache für das Sauerwerden der Milch, wirken im Sauerteig bei der Brotherstellung und spielen bei der Bereitung von Käse und Sauerkraut sowie bei der Herstellung von Gärfutter die Hauptrolle. Die entstehende Milchsäure enthält noch Energie und kann sauerstoffatmenden Lebewesen als Nahrung dienen.

Für manche Gärungserreger ist freier *Sauerstoff* geradezu *schädlich.* Zu ihnen gehört die Gruppe der *Buttersäure*bakterien, sie gewinnen ihre Energie dadurch, daß sie Kohlenhydrate in Buttersäure und andere Stoffe vergären. Bei Anwesenheit von Sauerstoff gehen diese Organismen zugrunde.

An der als Fäulnis bezeichneten Eiweißzersetzung sind neben atmenden (*aeroben*) auch gärende (*anaerobe*) Mikroorganismen beteiligt. Sie bauen die Aminosäuren, in die das Eiweiß zunächst zerlegt wird, weiter ab, wobei unter anderem stets CO_2, NH_3 und H_2S entstehen.

Die sogenannte *Essigsäuregärung* ist keine echte Gärung, bei ihr wird durch verschiedene Arten von Essigbakterien Alkohol zur energieärmeren Essigsäure oxidiert; dazu ist freier Sauerstoff notwendig:

$$C_2H_5OH + O_2 \rightarrow CH_3 - COOH + H_2O / \Delta G = -490 \text{ kJ}$$

5. *Stoffaufbau, Stoffumwandlung und Stoffspeicherung*

Bei der Photosynthese entsteht zunächst Fructosephosphat und daraus zumeist Rohrzucker oder Stärke (vgl. S. 88). Aus diesen Stoffen müssen nun die zahlreichen Verbindungen aufgebaut werden, die in

Pflanzenzellen auftreten. Zu ihrem Aufbau verwenden die Zellen oft Stoffe, die bei der Glykolyse oder im Citronensäurezyklus auftreten.

5.1 Kohlenhydrate

Neben der Stärke spielen unter den pflanzlichen Polysacchariden vor allem die Baustoffe der Zellwand eine große Rolle. Es sind dies neben dem Hauptbestandteil *Cellulose* die *Hemicellulosen* und die *Pektinstoffe*. Die verschiedenen Zuckerbausteine dieser Polysaccharide bilden sich durch Umwandlung von Zuckerphosphaten. Freie Zucker müssen zur Umsetzung stets zuerst phosphoryliert werden.

Durch Umbau von Fructosephosphat entsteht beispielsweise Glucosephosphat, das die Glucosebausteine zum Aufbau von Stärke und Cellulose liefert. Die Bildung der Polymeren erfordert Energie, daher werden die Zucker durch Bindung des Zuckerphosphats an ein Nukleotid energiereicher gemacht; es entstehen *Zuckernukleotide*. So wird z. B. aus ATP und Glucosephosphat die ADP-Glucose gebildet; sie dient als energiereicher Glucoselieferant für das stärkebildende Enzym in den Chloroplasten. Andere Nukleotide der Glucose sind Glucoselieferanten für das cellulosebildende Enzym in der Zellmembran (*Plasmalemma*). Da an unterschiedlichen Orten unterschiedliche Enzyme mit unterschiedlichen Glucoselieferanten vorliegen, kann eine Zelle aus Glucosephosphat-Bausteinen gleichzeitig Stärke und Cellulose aufbauen.

5.2 Lipide

Polare Lipide werden als wichtige Bausteine aller Biomembranen in jeder Zelle gebildet. In Form der *Fette* (Triglyceride) sind Lipide außerdem wichtige Speicherstoffe. Die Bildung der Fette umfaßt die Synthese der Fettsäuren und deren Veresterung mit Glycerin, dessen Vorstufe aus der Glykolyse entnommen wird. In polare Lipide werden noch hydrophile Molekülteile (phosphathaltige Gruppe oder Zucker) eingebaut.

Die Fettsäuren bilden sich aus C_2-Körpern, die als Acetyl-Coenzym A in energiereicher Form vorliegen. Da stets C_2-Bausteine benutzt werden, entstehen nur Fettsäuren mit gerader C-Zahl. Die Synthese erfolgt an einem Aggregat aller dazu erforderlichen Enzyme (insgesamt 7), die so angeordnet sind, daß die entstehende Fettsäure von einem Enzym zum anderen weiter wandert und dabei immer an den »Multienzymkomplex« gebunden bleibt, also niemals vor ihrer endgültigen Fertigstellung frei wird. Dieser Multienzymkomplex ist im Elektronenmikroskop sichtbar gemacht worden. Auch für andere Reaktionsketten des Stoffwechsels ist nachgewiesen worden, daß die beteiligten Enzyme zu einem Multienzymkomplex zusammengefaßt sind.

5.3 Aminosäuren und Proteine

Aus Stickstoffverbindungen, vor allem Nitrat- und Ammoniumionen, deckt die höhere Pflanze ihren Stickstoffbedarf für die Bildung der *Aminosäuren* und der daraus aufgebauten *Proteine*. Ammoniumionen werden durch ein Enzym unmittelbar an die α-Ketoglutarsäure gebunden, die im Citronensäurezyklus vorliegt. Dabei entsteht die Glutaminsäure. Diese kann ihre Aminogruppe auf andere Kohlenstoff-Verbindungen zur Bildung verschiedener Aminosäuren übertragen. Die notwendigen C-Verbindungen werden der Glykolyse, dem Citronensäurezyklus oder dem Monosaccharidstoffwechsel entnommen. Auch die Dunkelreaktionen der Photosynthese können Vorstufen liefern. Da Ammoniumionen in größerer Menge für die Zelle giftig sind und ihre Aufnahme in manchen Böden auch erschwert ist, nehmen viele höhere Pflanzen bevorzugt Nitrationen auf. Diese müssen in der Zelle zunächst unter Energieaufwand zu Ammoniumionen reduziert werden.

Einige Bakterien des Erdbodens (z. B. *Azotobacter*), verschiedene Blaualgen und die in Symbiose mit Schmetterlingsblütlern lebenden Knöllchenbakterien können auch den Stickstoff der Luft binden und dabei nach dessen Reduktion zu Ammoniumionen Aminosäuren aufbauen (Symbiose s. 9.4).

Die Reduktion des Luftstickstoffs erfordert zur Aktivierung des chemisch sehr trägen N_2-Moleküls einen hohen Energieaufwand, der durch Atmungsvorgänge gedeckt werden muß. Die symbiontischen Stickstoff-Binder entnehmen ihrer Wirtspflanze daher sehr viel Kohlenhydrate.

Die Knöllchenbakterien (*Rhizobium*) der Schmetterlingsblütler (Erbse, Bohne, Lupine, Klee usw.) kommen auch frei im Boden vor, können dann aber keinen Stickstoff binden. Sie dringen in die Rindenzellen der Wurzeln ein und lösen Gewebswucherungen in Form von *Wurzelknöllchen* aus. Der von den Knöllchenbakterien gebundene Stickstoff kommt auch der Wirtspflanze zugute. Daher gedeihen Schmetterlingsblütler selbst auf ungedüngtem, stick-

Abb. 130: Wurzelknöllchen der Lupine

stoffarmem Boden. Durch die Symbiose werden etwa 200–300 kg Stickstoff je ha und Jahr gebunden. Mitunter verwendet man Schmetterlingsblütler zur Gründüngung auf magerem Boden, indem man ihre oberirdischen Teile in den Boden einpflügt.

Sanddorn und Erle stehen in einer ähnlichen Symbiose mit stickstoffbindenden Bakterien (sog. Strahlenpilzen). Sie dienen ebenso wie Schmetterlingsblütler als Pionierpflanzen bei der Kultivierung humusarmer Sand- und Rohböden.

Die jährliche Produktion von Stickstoffverbindungen durch N_2-bindende Organismen schätzt man für die ganze Erde auf über 180 Millionen t; die industrielle Weltproduktion von Stickstoffdünger liegt bei etwa 40 Millionen t.

5.4 Nukleotide

Die Nukleotide sind die Bausteine der Nukleinsäuren (vgl. Cytologie 3.4.6). Ihre Bildung geht aus von Ribosephosphat, das aus dem Zuckerstoffwechsel stammt, und von Aminosäuren, welche die Bausteine für die Basen liefern. Die Synthese führt unmittelbar zu Nukleotiden, nie zu freien Basen oder Nukleosiden.

Beim Abbau von Nukleotiden werden hingegen die Basen freigesetzt. Die Basen Guanin und Adenin können im Tierkörper zu Harnsäure oxidiert werden. In manchen Pflanzen (Kakao, Tee, Kaffee) werden diese Basen zunächst teilweise oxidiert und anschließend werden Methylgruppen eingebaut; so entstehen Theobromin, Theophyllin und Coffein.

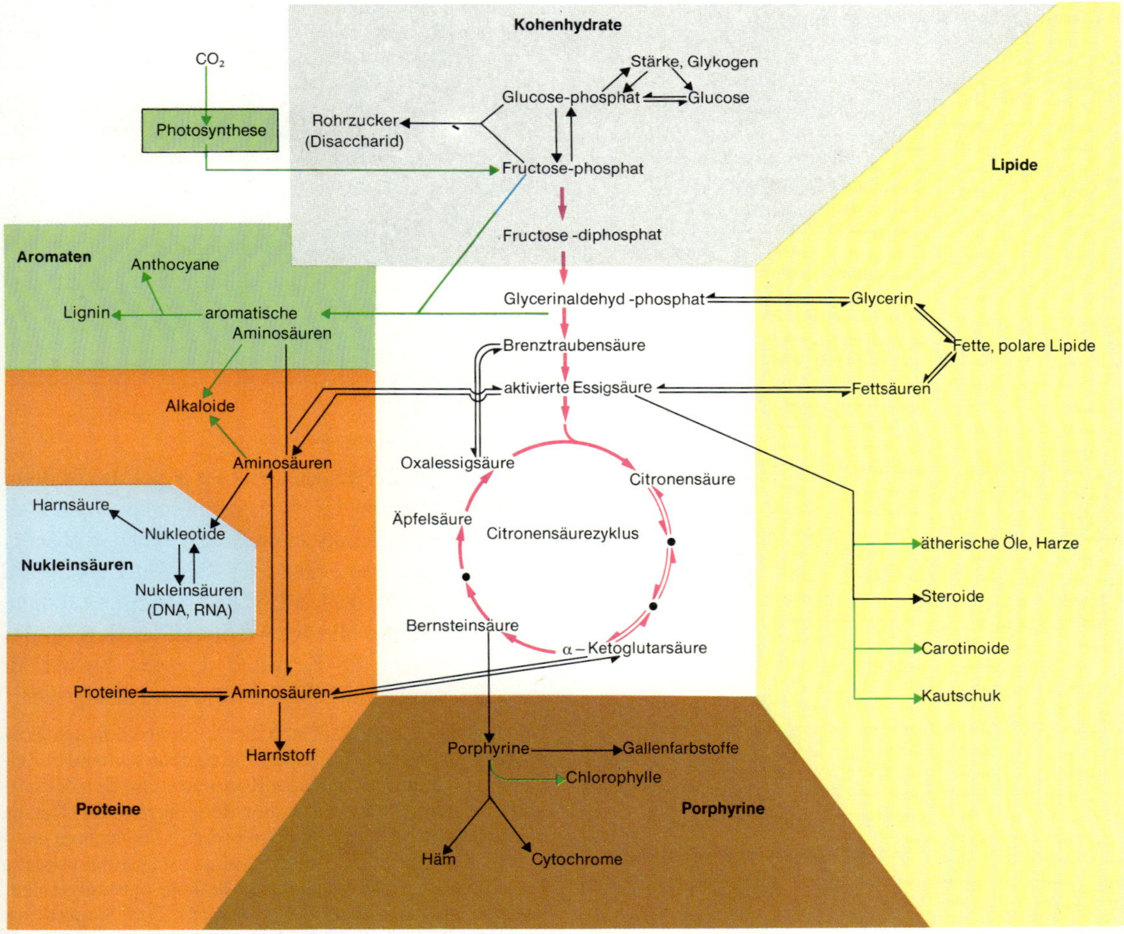

Abb. 131: Schema des Zusammenhangs der im Stoffwechsel der Zelle von Tier und Pflanze aufgebauten und abgebauten Stoffe. Der Abbau der Kohlenhydrate durch die Glykolyse und die Umsetzung der entstehenden aktivierten Essigsäure im Citronensäurezyklus ist mit roten Pfeilen dargestellt. Grüne Pfeile kennzeichnen Reaktionsketten, die nur in der Pflanze ablaufen.

5.5 Sekundäre Pflanzenstoffe

Eine große Zahl von Stoffen, die von den Pflanzen gebildet werden, sind in ihrem Wert für sie schwer einzuschätzen. Oft sind sie wohl nur Neben- und Endprodukte des Stoffwechsels. Man nennt sie sekundäre Pflanzenstoffe. Hierher gehören neben einigen Carbonsäuren vor allem die Mehrzahl der *Terpenoide* (ätherische Öle, Harze, Gummistoffe), die stickstoffhaltigen *Alkaloide* (z. B. Coffein, Nikotin, Morphin) und die *Glykoside* (z. B. die Anthocyanfarbstoffe, viele Gerbstoffe). Manche dieser Stoffe haben oder hatten technische Bedeutung (so z. B. die *Gerbstoffe*). Andere werden als Arzneimittel verwendet (z. B. die Glykoside des Fingerhuts *Digitalis,* das Alkaloid *Atropin* aus der Tollkirsche *Atropa,* das Alkaloid *Morphin* aus dem Milchsaft des Schlafmohns) oder dienen als Genußmittel (z. B. das *Coffein* aus der Kaffeebohne und den Blättern des Teestrauches).

Harze, die zähflüssigen Ausscheidungsstoffe von Nadelhölzern, liefern Terpentinöl, Lacke und Firnisse. Unter den Gummistoffen ist der Kautschuk der wichtigste. Natürlicher Kautschuk wird hauptsächlich aus dem Milchsaft (*Latex*) des brasilianischen Kautschukbaumes (*Hevea*) gewonnen.

5.6 Die Speicherung von Stoffen

Was von den Assimilaten nicht sofort verbraucht wird, lagert die Pflanze in Form von **Speicherstoffen** ab. Zur Speicherung dienen bei ausdauernden krautigen Pflanzen die großen Füllgewebszellen in den Sproßachsen, Wurzeln, Knollen, Zwiebeln und Wurzelstöcken, bei Holzpflanzen die lebenden Zellen des Stammes und der Rinde. Außerdem rüsten die Pflanzen ihre Samen mit einem Nahrungsvorrat aus, der dem Keimling zur Bildung der Keimwurzel und der ersten Blätter dient.

Gehalt an Speicherstoffen in Prozenten des Frischgewichts

Stärke		**Fett**	
Kartoffel	20%	Olive, Fruchtfleisch	40–56%
Weizen	67%	Sojabohne	17–19%
Roggen	71%	Sonnenblume	25–35%
Eiweiß		Lein	33–40%
Kartoffel	2%	Raps	30–45%
Roggen	9%	Erdnuß	46%
Weizen	12%	Mohn	50%
Erbse	16%	Ölpalme, Fruchtfleisch	65–72%
Sojabohne	23%		

Einer der häufigsten *Speicherstoffe* ist die *Stärke.* Sie ist in Form von Körnern, deren Gestalt und Schichtung bei jeder Pflanzenart verschieden ist, in Plastiden der Zellen eingelagert. *Rohrzucker* wird insbesondere von Zuckerrübe (bis zu 21%) und Zuckerrohr gespeichert, *Fette und Öle* finden sich besonders reichlich in Samen. *Proteine* werden teils in gelöstem Zustand, teils in Form fester Körner *(Aleuronkörner)* eingelagert.

6. Die Aufnahme des Wassers und der Ionen

Während untergetaucht lebende Wasserpflanzen Wasser und Nährsalze durch die gesamte Oberfläche aufnehmen, haben die Landpflanzen dafür in den Wurzeln besondere Organe entwickelt. Zur Erläuterung der Wurzeltätigkeit sei zunächst die Wasseraufnahme durch eine einzelne Pflanzenzelle geschildert.

6.1 Wasserhaushalt der Zelle

Zum Verständnis der Vorgänge bei der **Wasseraufnahme** durch die Zelle dient folgender Versuch: Man legt ein Stückchen einer Zwiebelschuppenepidermis oder einen Algenfaden in eine konzentrierte Salz- oder Zuckerlösung. Nach kurzer Zeit beobachtet man in den Zellen, wie sich das Protoplasma von der Zellwand ablöst: es tritt **Plasmolyse** ein. Bringt man nun dasselbe Präparat in Leitungswasser, so legt sich das Protoplasma wieder an die Zellwand an. Das Volumen des Zellsaftraumes (der Vakuole) ist demnach abhängig von der Konzentration des Außenmediums. Der Plasmolyse muß also ein osmotischer Vorgang zugrunde liegen (vgl. Cytologie 5.4). Weil sich dabei das Protoplasma von der Zellwand abhebt, muß die halbdurchlässige Membran im Bereich des Plasmas liegen, die Zellwand dagegen sowohl für Wasser als auch für gelöste Stoffe durchlässig sein.

Durch Plasmolyse läßt sich die Konzentration des Zellsaftraums bestimmen. Man legt die zu untersuchenden Zellen in Lösungen verschiedener Konzentration. Der Zellsaftraum hat dann die Konzentration derjenigen Außenlösung, bei der gerade keine Plasmolyse mehr zu beobachten ist.

Die Konzentration des Zellsaftes ist verhältnismäßig hoch, und die Pflanzenzelle steht deshalb unter einem beträchtlichen Innendruck (*Turgordruck*). Der Turgordruck preßt das Protoplasma fest gegen die Zellwand und hält die ganze Zelle unter Spannung. Dadurch werden krautige Pflanzen versteift; Mangel an Wasser läßt sie welken. Dies gilt natürlich nicht für tote Zellen, ebenso nicht für embryonale (meristematische) Zellen ohne großen Zellsaftraum.

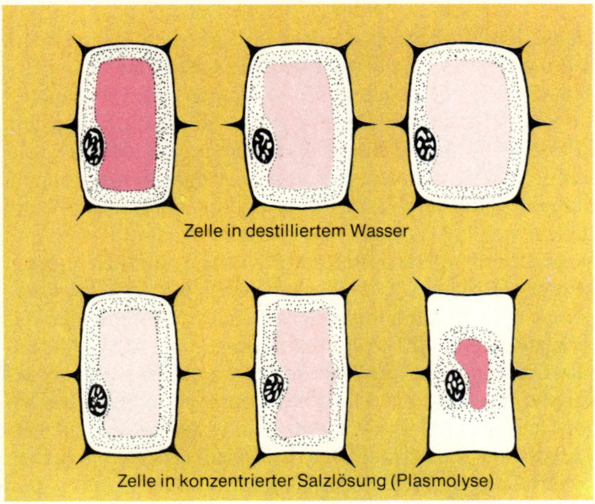

Abb. 132: Plasmolyse-Versuche mit einer einzelnen Blattzelle

Bei Pflanzenzellen mit großer Vakuole wird Wasser stets durch Osmose aufgenommen.

6.2 Die Wurzel als Organ der Wasser- und Ionenaufnahme

Die Wurzel nimmt Wasser und Ionen aus dem Boden auf, verankert die Pflanze im Boden und speichert häufig auch Assimilate.

6.2.1 Bau der Wurzel

Das *Wurzelsystem* ist je nach Pflanzenart und Bodenbeschaffenheit sehr verschieden ausgebildet. Viele Pflanzen haben eine Pfahlwurzel (Kiefer), andere treiben mehrere gleich starke Wurzeln nach unten (Buche). Bei wieder anderen verkümmert die Hauptwurzel, dafür bilden sich kräftige Seitenwurzeln flach im Boden (Fichte, Einkeimblättrige). An diesen entspringen ringsum weitere zahlreiche Seitenwurzeln, die sich immer weiter verzweigen und den Boden nach allen Richtungen durchwachsen. Dadurch entsteht ein Wurzelsystem von oft erstaunlicher Gesamtlänge. An einer einzigen frei stehenden Getreidepflanze beträgt die Gesamtlänge des Wurzelsystems, mit dem sie einen Bodenraum von 4 bis 5 m^3 im Umkreis von 1,5 m durchzieht, etwa 80 km.

Die Wurzeln wachsen nur an der Spitze (Abb. 308). Hierbei wird der zarte Vegetationskegel durch eine *Wurzelhaube* geschützt, die wie ein Fingerhut auf der Wurzelspitze sitzt und aus verschleimenden Zellen besteht, welche das Vorwärtsdringen der Wurzelspitze im Boden erleichtern. Die junge Wurzel ist von einer einschichtigen Oberhaut aus dünnwandigen Zellen umgeben. Dicht hinter der Wurzelspitze wächst ein Teil der Oberhautzellen zu schlauchförmigen, wenigen Millimeter langen **Wurzelhaaren** aus. Diese zwängen sich in die Lücken des Bodens ein und verkleben dabei mit den Bodenteilchen. Da sie sehr zahlreich sind (beim Mais bis zu 400 Haare auf 1 mm^2), vergrößern sie die aufnehmende Oberfläche beträchtlich. Die Haare werden nur einige Tage alt; doch entstehen hinter der wachsenden Wurzelspitze ständig neue, welche dann mit frischen Bodenteilchen in Berührung kommen. Auf diese Weise »durchpflügt« die Pflanze den Boden. Hinter der Zone der Wurzelhaare sterben die Oberhautzellen ab. Die Rindenzellen verkorken darunter und werden undurchlässig, so daß die Aufnahme des Wassers und der Ionen im wesentlichen auf eine kurze Zone hinter der Wurzelspitze begrenzt ist.

6.2.2 Die Wasseraufnahme durch die Wurzel

Das Wasser tritt zunächst in die kleinen Hohlräume (Kapillaren) der Zellwände ein. In diesen Zellwand-Kapillaren wird das Wasser durch die ganze Wurzelrinde bis zu deren innerster Schicht geleitet. Wasser kann auch osmotisch in die Zellen aufgenommen und von Zelle zu Zelle weitergegeben werden, weil die Konzentration der gelösten Stoffe im Zellsaftraum der Wurzelhaar- und Wurzelrindenzellen höher ist als im umgebenden Boden.

Die innerste Zellschicht der Wurzelrinde heißt *Endodermis*. Ihre seitlichen Zellwände sind durch Einlagerung korkähnlicher Stoffe wasserundurchlässig. Hier muß daher alles Wasser, das in die Zellwand gelangt, vor der Weiterleitung in die Zellen aufgenommen werden. Dadurch ist die Pflanze in der Lage, die Aufnahme zu regulieren. Diese Regulationsmöglichkeit ist wichtig, weil im Wasser auch viele Ionen und Moleküle enthalten sind.

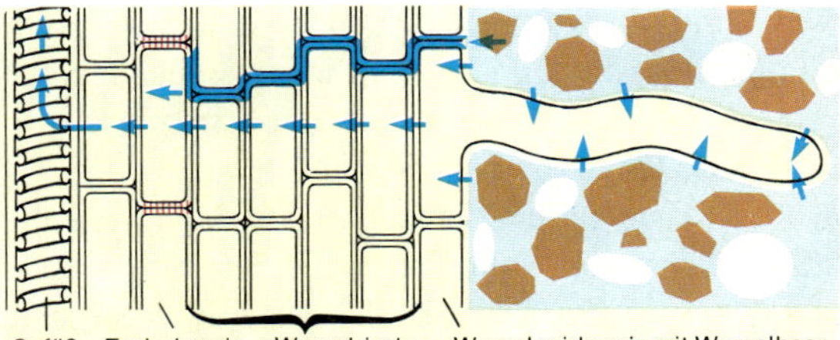

Abb. 133: Wasseraufnahme durch die Wurzel. Rechts ein Wurzelhaar, das sich zwischen die von Wasser und Luft umgebenen Bodenteilchen zwängt. Die Pfeile zeigen die Richtung des Wassertransports durch die Zellen, die blaue Linie den Wassertransport durch die Zellwände an. Die Zellwand der Endodermis-Zellen (rot) ist wasserabstoßend, so daß auch das über die Zellwand geleitete Wasser (und darin gelöste Stoffe) nur über eine Aufnahme ins Innere der Zellen zu den Wasserleitungsbahnen gelangen kann.

6.2.3 Ionenaufnahme durch die Wurzel

Die Ionen sind im Boden in der Regel in geringerer Konzentration vorhanden als in der Pflanze. Die Wurzel kann sie also entgegen dem Konzentrationsgefälle aufnehmen. Dies spricht für die Beteiligung aktiver, energieverbrauchender Transportvorgänge. Aktive Transportvorgänge sind substratspezifisch, d. h., gewisse Stoffe werden bevorzugt transportiert, andere überhaupt nicht. Dies macht die unterschiedliche Zusammensetzung der Aschensubstanz verschiedenartiger Pflanzen verständlich, auch wenn sie auf demselben Boden wurzeln. Es erklärt auch die Anreicherung gewisser Stoffe in der Pflanze, selbst dort, wo sie in der Umgebung nur in sehr geringer Menge vorkommen (z. B. Jod in Meeresalgen, Lithium in Tabakpflanzen).

6.3 Pflanze und Boden

Als *Boden* bezeichnet man die durch Verwitterung entstandene oberste Erdschicht. Der Boden besteht hauptsächlich aus *mineralischen Bestandteilen,* die durch Verwitterung aus Gestein entstehen. Außerdem enthält er mehr oder weniger *Humus* und wird von zahlreichen Kleinlebewesen bewohnt, die man in ihrer Gesamtheit *Edaphon* nennt. Der bei der Zersetzung toter Pflanzen und Tiere entstehende Humus besteht wie der mineralische Ton aus großen Molekülen mit teilweise elektrisch geladenen Oberflächen. Diese Moleküle können also Ionen aus dem umgebenden Wasser an ihre Oberfläche anlagern (adsorbieren). Dadurch werden lösliche Salze (z. B. Düngemittel) festgehalten. Die Pflanze kann die angelagerten Ionen dadurch freisetzen, daß sie andere Ionen an den Boden abgibt (Ionenaustausch). Zur Aufnahme von Kationen werden H^+-Ionen, zur Aufnahme von Anionen HCO_3^--Ionen von der Pflanze abgegeben. So sind auch feste Bodenbestandteile (z. B. Kalk) in lösliche Form zu bringen.

Das Gedeihen der Pflanzen ist mit den physikalischen und chemischen Eigenschaften des Bodens aufs engste verbunden. Als wichtigste seien genannt die Struktur des Bodens, sein Wassergehalt und seine Wasserdurchlässigkeit, die Durchlüftung und Erwärmbarkeit, der Nährstoffgehalt und der pH-Wert.

Die Unterschiede in der Zusammensetzung des Pflanzenkleides auf Böden verschiedener Eigenschaften verraten, daß die Pflanzen recht verschiedene Ansprüche an die Bodenbeschaffenheit stellen. Zwar kommen viele Pflanzen fast auf jedem Boden vor. Daneben aber gibt es sog. bodenstete Pflanzen, die nur auf einer ganz bestimmten Bodenart wachsen, so daß sie geradezu als *Bodenanzeiger* dienen können. Manche Pflanzen verlangen besonders viel Stickstoff und siedeln sich mit Vorliebe auf Ödstellen, Schuttplätzen und Wegrändern an, die mit stickstoffhaltigen Abfällen gedüngt werden (Brennessel, Gänsefußarten). Mit Jauche überdüngte Wiesen kann man am reichlich vorkommenden Bärenklau erkennen. *Salzpflanzen* ertragen bis zu 17% Kochsalz im Boden und halten deshalb am Meer und in der Salzsteppe aus, wo andere nicht mehr fortkommen. Besonders auffallend sind die Unterschiede auf Böden mit verschiedenem Kalkgehalt. Auf kalkreichen Böden gedeihen Leberblümchen, Seidelbast, Silberdistel oder in den Alpen die behaarte Alpenrose. Auf kalkarmen Böden (Sandstein, Grundgebirge) sind die Heidelbeere, das Heidekraut, der rote Fingerhut, der Besenginster und in den Alpen die Rostblättrige Alpenrose kennzeichnend. Jedoch ist für die meisten Arten weniger der Kalkgehalt als vielmehr der Säurezustand des Bodens ausschlaggebend. Kalkarme Böden pflegen sauer, kalkreiche Böden neutral oder schwach alkalisch zu reagieren. Die *kalkliebenden* Pflanzen verlangen neutrale oder alkalische Böden, während die Wurzeln der *kalkfliehenden* Pflanzen nur bei einem gewissen Säuregrad des Bodens arbeiten können, obwohl auch sie das Calcium unbedingt zum Leben brauchen.

Unter natürlichen Verhältnissen bleiben die abgestorbenen Pflanzen an Ort und Stelle und werden dort zersetzt, so daß die Ionen wieder in den Boden zurückkehren. Den Kulturböden dagegen entzieht die Ernte alljährlich beträchtliche Mengen anorganischer Ionen, die durch die Aufbereitung ungelöster Bodenbestandteile nicht so rasch wieder ersetzt werden. Infolgedessen verarmt der Boden allmählich an Ionen, er wird »erschöpft«. Um ihn ertragsfähig zu halten, muß man die fehlenden Stoffe künstlich zuführen. Dies geschieht durch **Düngung:** sie ist abhängig vom unterschiedlichen Nährstoffbedürfnis der verschiedenen Kulturpflanzen (vgl. Tabelle).

	N	P_2O_5	K_2O	CaO
Weizen	70	30	50	12
Gerste	50	25	55	15
Zuckerrüben	150	60	180	120
Kartoffeln	90	40	160	50
Heu	90	40	120	80

Nährstoffentnahme in kg je ha

7. Wasser- und Stofftransport in der Pflanze

7.1 Leitgewebe

Da die Diffusionsgeschwindigkeit mit steigender Entfernung rasch kleiner wird, ist der Transport von Wasser und organischen Stoffen von Zelle zu Zelle nur bei kleinen Pflanzen (viele Algen, Pilze) oder innerhalb von Geweben höherer Pflanzen (Wurzelrinde, Blattgewebe) ausreichend. Für die Fernleitung sind bei Farn- und Blütenpflanzen besondere Leitgewebe ausgebildet. Zur Wasserleitung dienen tote, langgestreckte, hintereinandergereihte oder zu Röhren verschmolzene Zellen, die man als *Tracheiden* und *Gefäße* (*Tracheen*) bezeichnet. Zum Transport organischer Stoffe sind lebende Zellstränge ausgebildet, deren Zellen *Siebröhren* genannt werden.

Die *Tracheiden* bestehen aus einzelnen Zellen, die durch besondere Öffnungen, die Tüpfel, leitend miteinander verbunden sind. Die Gefäße oder Tracheen sind weite, durch teilweises oder vollständiges Auflösen der Querwände entstandene Röhren. Sie erreichen oft beträchtliche Längen; bei Eichen sind sie 10 cm bis zu 1 m lang. Die Wände der Tracheen und Tracheiden sind verholzt und durch allerlei Verdickungen versteift (Netz-, Ring-, Spiralgefäße, vgl. Abb. 134 u. 58). Ihre Weite schwankt zwischen 0,25 mm (Eiche) und 0,06 mm (Linde). In den toten Gefäßen und Tracheiden lassen sich in der Regel nur Wasser und Ionen nachweisen. Sie besorgen also offensichtlich die Leitung dieser Stoffe.

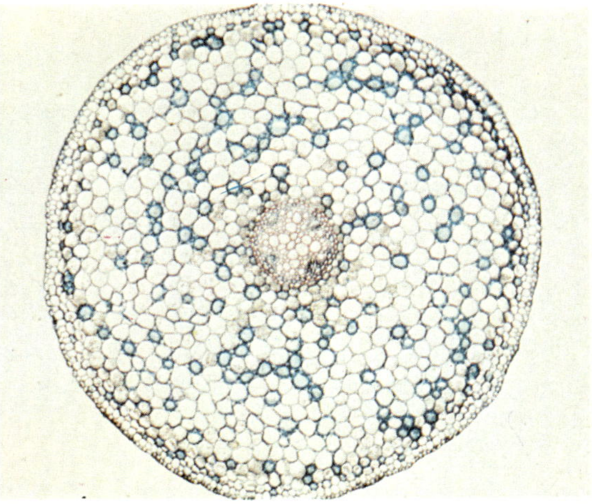

Abb. 135: Wurzel einer zweikeimblättrigen Pflanze (Hahnenfuß) im Querschnitt. 40fach vergr., gefärbt. Von außen nach innen: Wurzelhaut, Rinde mit Speichergewebe, Endodermis, Zentralzylinder mit zentralem, radialem Leitbündel

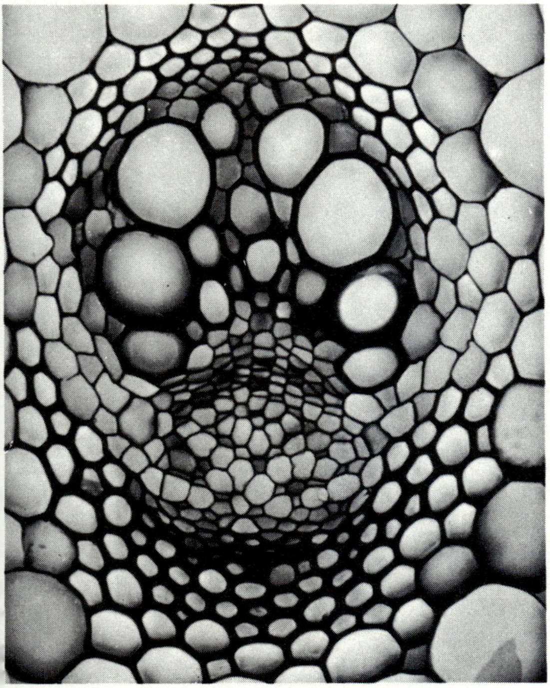

Abb. 134: Leitbündel vom Hahnenfuß im Querschnitt. 240fach vergr. Oben Holzteil mit einigen weiten Gefäßen, darunter der Siebteil mit Siebröhren und Geleitzellen

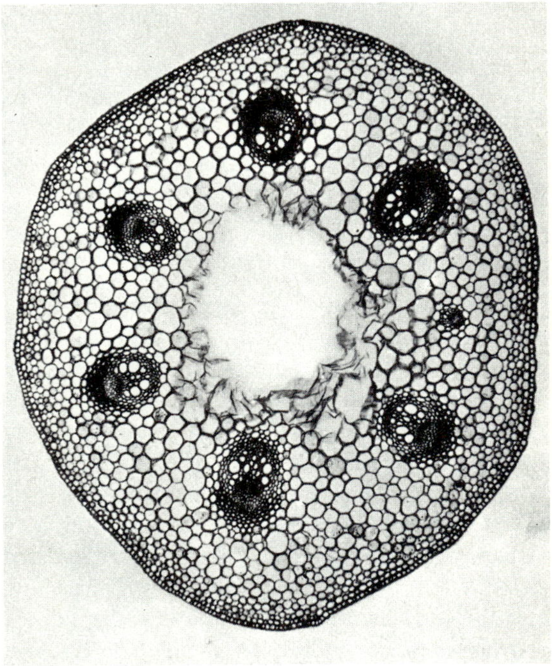

Abb. 136: Stengel einer zweikeimblättrigen Pflanze (Hahnenfuß) im Querschnitt

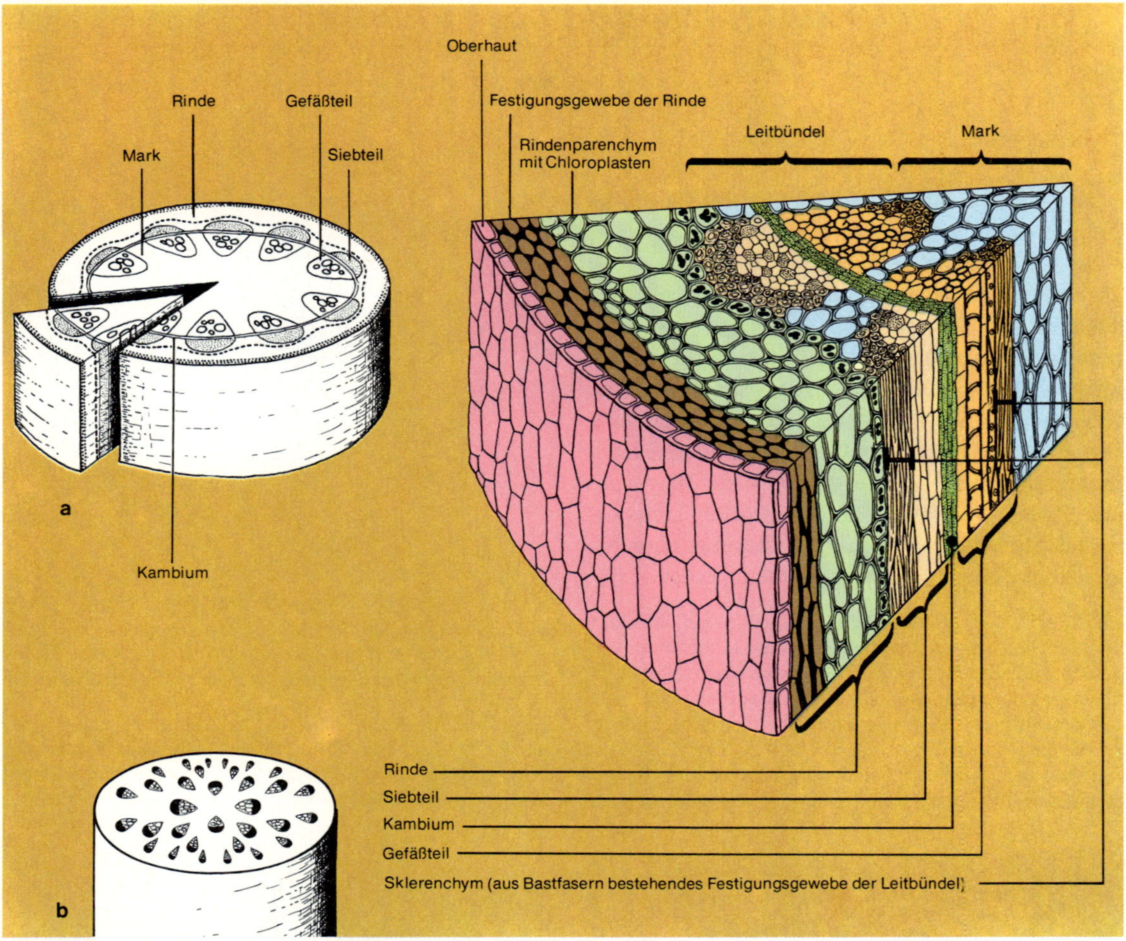

Abb. 137: a Innerer Bau des Stengels einer zweikeimblättrigen Pflanze, b Anordnung der Leitbündel im Stengel der Einkeimblättrigen

Die *Siebröhren* dagegen sind lebende Zellen. Ihre Querwände sind siebartig durchbrochen (Siebplatte), durch die Löcher verlaufen Plasmastränge von Zelle zu Zelle. Sie dienen zur Leitung von Zuckern (besonders Rohrzucker), Aminosäuren und anderen kleinen organischen Molekülen.

Die Leitgewebe sind bei den Blütenpflanzen zu bündelförmigen Strängen, den **Leitbündeln,** vereinigt. Ein Leitbündel besteht aus dem wasserleitenden *Holzteil* und dem die Assimilate leitenden *Siebteil (Bastteil)* mit den Siebröhren. Beide enthalten in der Regel auch noch dünnwandige, lebende Zellen, das Leitparenchym. Der Siebteil liegt im Stengel stets außen, in den Blättern unten. Zwischen Holz- und Siebteil befindet sich bei den Nadelhölzern und den zweikeimblättrigen Pflanzen noch eine Schicht teilungsfähigen Gewebes, das *Kambium,* das beim Dikkenwachstum der Holzpflanzen eine Rolle spielt. Häufig sind die Leitbündel noch von *Festigkeitsgewebe* aus dickwandigen, stark verholzten Zellen umgeben.

Die *Anordnung der Leitbündel* ist in den einzelnen Teilen der Pflanze verschieden. In den *Wurzeln* sind sie im Zentralzylinder vereinigt. Im *Stengel* sind sie bei den Nadelhölzern und den Zweikeimblättrigen im Kreis angeordnet, bei den Einkeimblättrigen dagegen über den ganzen Querschnitt verteilt. Zwischen den Leitbündeln liegen die *Markstrahlen.* Sie bestehen aus Grundgewebe mit dünnwandigen Zellen und besorgen den Stoffaustausch zwischen Mark und Rinde. In den *Blättern* bilden Leitbündel zusammen mit Festigungsgewebe die *Blattadern* oder *-nerven,* die bei den Einkeimblättrigen zumeist parallel zueinander verlaufen, bei den Zweikeimblättrigen aber ein Netzwerk bilden.

7.2 Transpiration und Wassertransport

Wasserpflanzen vertrocknen an der Luft rasch. Die Landpflanzen sind jedoch an die besonderen Verhältnisse im Luftraum angepaßt. Wurzeln versorgen über Leitungsbahnen die oberirdischen Teile mit Wasser. Schließzellen regulieren weitgehend die Wasserdampfabgabe durch die Spaltöffnungen. Auch die Kutikula mindert den Wasserverlust, sie ist aber nicht ganz undurchlässig. Bei dauerndem Verschluß der Spaltöffnungen würde allerdings zu wenig Kohlendioxid ins Blatt gelangen und die Photosynthese gedrosselt. Deshalb kann keine Pflanze die Verdunstung völlig verhindern.

Die als *Transpiration* bezeichnete dauernde Wasserdampfabgabe ist um so beträchtlicher, je trockener die umgebende Luft und je größer die Blattfläche ist, welche mit der Luft in Berührung kommt. Die für die Photosynthese notwendige Ausbildung einer großen Gesamtblattfläche gefährdet daher die Pflanze durch beträchtliche Wasserverluste, wenn nicht ständig aus dem Boden Wasser nachgezogen wird. So entsteht ein Wasserstrom, der die Pflanze durchfließt und zugleich dem Ionentransport dient. Denn mit dem Transpirationsstrom gelangen auch die aus dem Boden aufgenommenen Ionen zu den Blättern, wo sie durch die Verdunstung des Wassers angereichert werden. Tatsächlich ist der Aschengehalt der Blätter stets größer als in den übrigen Pflanzenteilen, in Sonnenblättern mit lebhafter Wasserabgabe höher als in Schattenblättern. Zugleich wirkt die Verdunstung abkühlend und verhindert dadurch eine gefährliche Überhitzung der Pflanze bei Sonneneinstrahlung.

Eine mannshohe Sonnenblume gibt täglich über 1 l Wasser ab. Eine größere, freistehende Birke verdunstet an einem heißen und trockenen Sommertag 300–400 l. Jeder Hektar Buchenhochwald entzieht dem Boden durchschnittlich an jedem Tag 20000 l Wasser. Dies entspricht im Jahr der Verdunstung eines Niederschlages von 360 mm Höhe, was den Einfluß des Waldes auf das Klima verständlich macht.

Bei Wassermangel kann die Pflanze die Wasserabgabe durch *Verschluß der Spaltöffnungen* vorübergehend stark einschränken. Hält jedoch der Wassermangel längere Zeit an, dann welkt die Pflanze schließlich doch.

Da die Leitbündel von den Wurzeln durch den Stengel oder Stamm bis hin zu den Zweigen und Blättern ununterbrochene Stränge ausbilden, ist dadurch ein Wasser- und Stofftransport in alle Pflanzenteile gewährleistet.

Die Geschwindigkeit des in den Holzteilen aufsteigenden Wasserstromes schwankt zwischen 1 m (bei der Buche) und 43 m (bei der Eiche) in der Stunde. Viel langsamer, beim Zuckerrohr z. B. mit einer Stundengeschwindigkeit von 42–96 cm, bewegt sich der in den Siebröhren wandernde Strom der Assimilate.

Abb. 138: Ringelungsversuch. Zunächst bleibt die Pflanze frisch, stirbt aber später ab, da die Wurzeln nicht mehr mit Assimilaten versorgt werden.

Abb. 139: Saugkraft eines Zweigs. Quecksilber wird hochgezogen. Die Saugkraft entsteht durch die Transpiration.

Die *Triebkräfte* des Assimilattransports in den Siebröhren sind nicht vollständig bekannt.

Mehr weiß man über die Kräfte, die das Wasser entgegen dem Zug der Schwerkraft bis zu einer Höhe von 30 bis 40 m, ja bei den höchsten Bäumen bis zu 100 m und mehr emporheben. Es ist in erster Linie *die Sogwirkung der transpirierenden (wasserverdunstenden) Blätter,* welche die durch Kohäsionskräfte zusammengehaltenen Wasserfäden in den toten Leitungsbahnen hochzieht, ohne daß die Pflanze dafür Energie aufzuwenden braucht.

Das Hohlraumsystem der Blätter verliert infolge der Transpiration durch die Spaltöffnungen hindurch fortlaufend Wasserdampf. Aus den Zellwänden verdunstet daher Wasser ins Hohlraumsystem. Die Zellwände im Blatt sind aber alle miteinander verbunden und treten im Bereich der Leitbündel mit den Wasserleitungsbahnen in Verbindung. Durch die Sogwirkung der Verdunstung entsteht deshalb ein Wasserstrom in den Kapillaren der Zellwände vom Leitbündel zum Hohlraumsystem. In den Tracheiden und Gefäßen bildet sich dadurch ein Unterdruck, der sich bis in die Wurzel fortsetzt.

Auch der *Wurzeldruck* spielt im Frühling, wenn verdunstende Blätter noch nicht entfaltet sind, eine Rolle. Er ist jedoch meist gering, beträgt aber z. B. bei der Birke etwa 2 Atmosphären.

Schneidet man eine Pflanze, die reichlich Wasser zur Verfügung hat, dicht über dem Boden ab, dann sieht man aus dem Stumpf Saft austreten. Bekannt ist diese Erscheinung von Reben und Birken, wo sie als Bluten bezeichnet wird. Der ausgepreßte Saft ist kein reines Wasser, sondern enthält Ionen und im Frühjahr auch reichlich Zucker gelöst. Eine Birke liefert im Frühjahr täglich bis 5 l Blutungssaft mit $1\frac{1}{2}$% Zuckergehalt, der amerikanische Zuckerahorn insgesamt 50–150 l Saft mit etwa 3 kg Zucker. Für den Wurzeldruck sind aktive Transportvorgänge in der Wurzel verantwortlich.

Bei manchen Pflanzen (Erdbeeren, Frauenmantel, Getreidekeimlingen) kann man gelegentlich beobachten, wie aus Wasserspalten der Blätter Wassertropfen ausgepreßt werden, welche dann wie Tautropfen an den Blattspitzen hängen. Es geschieht dies jedoch nur, wenn bei wasserdampfgesättigter Luft die Transpiration aufhört und wenn der Pflanze genügend Bodenwasser zur Verfügung steht. Diese Abgabe flüssigen Wassers wird durch den Wurzeldruck verursacht und *Guttation* genannt.

8. Abhängigkeit der Pflanzen von Wasserführung und Temperatur des Standorts

Den Pflanzen stehen an den einzelnen Standorten recht verschiedene Wassermengen zur Verfügung. Ebenso wechselt mit der Lage des Standorts ihr Wasserverbrauch durch die Transpiration. Langdauernde Besonnung (Erwärmung) und trockene, bewegte Luft fördern sie, während sie im Schatten und bei wasserdampfgesättigter, unbewegter Luft nur gering ist. Die Beziehungen der Pflanzen zu den Wasser- und Temperaturverhältnissen ihres Standorts sind daher besonders auffällig und prägen sich im Aussehen der Einzelpflanze wie in Zusammensetzung des Pflanzenkleides am Standort und in großen Gebieten der Erdoberfläche aus. Für den Wasserhaushalt der Pflanzen ist weniger die Gesamtmenge des zur Verfügung stehenden Wassers als das Verhältnis von Wasserabgabe zu Wasseraufnahme wichtig, die sich etwa entsprechen müssen.

Pflanzen trocken-warmer Standorte müssen vorübergehende starke Wasserverluste ohne bleibende Schäden ertragen können. Man bezeichnet sie als *dürreresistent.* Unter ihnen gibt es Arten, die sich gegen den Wasserverlust kaum schützen; sie gehen in eine *Trockenstarre* über (Flechten, Moose, manche Algen, wenige Arten von Blütenpflanzen in Wüsten und an Felsen). Die meisten höheren Pflanzen regu-

Abb. 140: Blattform von Wasserpflanzen am Beispiel des wurzellosen Tausendblattes.

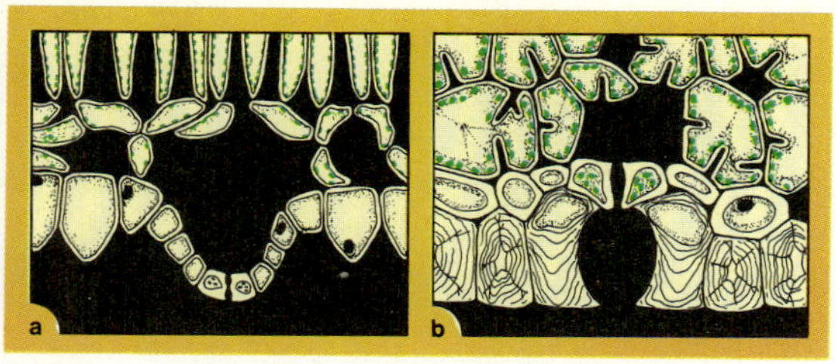

Abb. 141: a Emporgehobene Spaltöffnung eines Hygrophyten (der tropischen Schattenpflanze Ruellia), b Eingesenkte Spaltöffnung eines Xerophyten (Kiefer). Das Assimilationsgewebe besitzt ins Zellinnere ragende Versteifungsleisten. Sie verleihen Formbeständigkeit auch bei unzureichendem Wassernachschub und mangelndem Turgordruck.

lieren ihren Wasserhaushalt über die Transpiration; bei zu starkem Wasserverlust gehen sie zugrunde.

Die untergetaucht lebenden **Wasserpflanzen** (*Hydrophyten*) sind ganz auf das Überangebot von Wasser eingestellt. Die Außenwände der Oberhautzellen sind so dünn, daß die Pflanzen das Wasser samt den darin gelösten Ionen mit der ganzen Oberfläche aufnehmen können. Wurzeln dienen daher nur noch zum Festhalten oder sind ganz rückgebildet. Nicht selten ist die Körperoberfläche durch feine Zerteilung der Blattflächen oder durch Ausbildung langer, bandförmiger, meist sehr zarter Blätter noch besonders vergrößert. Auch das Kohlendioxid, das den Unterwasserpflanzen ja als Kohlensäure zur Verfügung steht, wird mit der gesamten Oberfläche aufgenommen; Spaltöffnungen fehlen in der Regel.

Die **Pflanzen feuchter Standorte** (*Hygrophyten,* die Bewohner der schattigen Laubwälder, der Sümpfe, Ufer und der tropischen Regenwälder) leiden selten unter Wassermangel, eher noch wegen der hohen Luftfeuchtigkeit an zu geringer Transpiration. Zur ausreichenden Versorgung mit Ionen muß also die Verdunstung erhöht werden. Diese Pflanzen besitzen daher meist dünne, große Blätter mit einer zarten Oberhaut. Die Spaltöffnungen sind häufig über die Oberfläche des Blattes emporgehoben. Die großen Blätter können auch das Licht gut ausnützen. Da häufig feuchter und schattiger Standort zusammenfallen, ist dies besonders wichtig. Die Hygrophyten ertragen nur geringe Schwankungen des Wasserhaushaltes und welken bei Wassermangel rasch.

Dagegen vermögen **Pflanzen trockener Standorte** (*Xerophyten*) zeitweise oder dauernd starke Trockenheit des Bodens und der Luft auszuhalten. Sie bewohnen Gegenden, in welchen Regenzeiten mit längeren Trockenzeiten abwechseln (Mittelmeerländer, Steppen, Wüsten), oder sie wachsen auf Standorten, die immer wasserarm sind oder doch stark austrocknen und wo außerdem durch den Wind und starke Sonnenbestrahlung die Transpiration gesteigert wird (Felsen, sonnige Hügel mit durchlässigem Untergrund). Sie besitzen zur Aufrechterhaltung ihres Wasserhaushaltes die verschiedenartigsten Einrichtungen, die einerseits die Wasserversorgung möglichst ausgiebig gestalten, andererseits die Wasserabgabe zeitweise stark einschränken. Das Wurzelwerk ist bei den meisten Xerophyten im Verhältnis zu den oberirdischen Teilen sehr stark entwickelt. Hohe osmotische Saugwerte entreißen dem Boden das Wasser. Die Wasserverdunstung durch die Oberhaut wird durch Verkleinerung der Blätter herabgesetzt. Die Assimilationsintensität ist infolge der starken Sonnenbestrahlung ohnehin hoch.

Sehr häufig kommen stark verdickte Oberhäute vor, und im Blattinnern wird sehr viel Festigungsgewebe gebildet. Dies verhindert das Schlaffwerden bei Wasserverlust. Solche Blätter nennt man *Hartlaubblätter.* Man trifft sie häufig bei Pflanzen aus dem Mittelmeergebiet (Lorbeer, Ölbaum, Kermeseiche, Myrte). Die Zahl der Spaltöffnungen ist bei den Xerophyten in der Regel nicht geringer, sondern eher größer als bei Feuchtigkeit liebenden Pflanzen. Auch können sie weit geöffnet werden, so daß bei ausreichender Wasserversorgung der Gasaustausch und damit die gesamte Lebenstätigkeit der Trockenpflanzen sehr rege ist. Dagegen sind die Spaltöffnungen häufig eingesenkt

Abb. 142: Stammsukkulenten. Links Stapelie (Südafrika), Mitte Kaktus (Mittelamerika), Rechts Säulenwolfsmilch Euphorbia (Afrika). Der Blütenbau zeigt, daß sie trotz ähnlicher Gestalt zu ganz verschiedenen Familien gehören.

Abb. 143: Blattsukkulenten. Links Fetthenne (Mittelmeergebiet, Afrika, Amerika), Mitte Agave (aus Amerika), Rechts Lithops (lebende Steine, je nur 2 Blätter, Südafrika)

oder in Vertiefungen und Rinnen untergebracht und werden oft noch durch Falten und Einrollen der Blätter vor dem austrocknenden Wind besonders geschützt, so daß bei Wassermangel die Wasserabgabe fast völlig unterbunden werden kann. Alle Trockenpflanzen ertragen starke Feuchtigkeitsschwankungen ohne Schaden.

Auf eigenartige Weise regeln die *Sukkulenten* der Steppen und Wüstengebiete ihre Wasserversorgung. Sie nehmen in der kurzen Regenzeit reichlich Wasser auf, speichern es im Innern und geben es während der Trockenzeit nur sehr sparsam wieder ab. Für alle kennzeichnend ist die weitgehende Verkleinerung der verdunstenden Oberfläche. Wo die Blätter die Wasserspeicherung übernehmen, sind sie ungewöhnlich dick und fleischig (*Blattsukkulenten*). Bei den *Stammsukkulenten* fehlen die Blätter völlig und der faß- oder kugelförmig angeschwollene Stamm besorgt neben der Wasserspeicherung auch die Assimilation. Der chemische Ablauf der Photosynthese ist bei vielen Sukkulenten ebenfalls einer sparsamen Wasserabgabe angepaßt (vgl. 2.8). Blattsukkulenten sind der einheimische Mauerpfeffer und die Hauswurz sowie die Aloe- und Agavenarten. Die bekanntesten Stammsukkulenten sind die Kakteen Amerikas und die in der Gestalt oft ganz ähnlichen Wolfsmilchgewächse Afrikas. Erstaunlich ist, daß unter gleichen Daseinsbedingungen Pflanzen aus ganz verschiedenen Familien so gleichartig geformt sind (Konvergenz).

An **wechselfeuchten Standorten** finden wir neben Xerophyten eine weitere Gruppe von Pflanzen, die man *Tropophyten* nennt. Zu ihnen gehören zahlreiche holzige und krautige Steppen- und Wüstenpflanzen, die in der Regenzeit ihre Assimilationsorgane entwickeln. Während der Trockenzeit werfen Holzpflanzen die Blätter ab, bei Krautpflanzen vergehen oft alle oberirdischen Teile. Sie überdauern die Dürre als *Knollen, Zwiebeln* oder *Wurzelstöcke.* Ähnlich verhält sich die Mehrzahl unserer einheimischen Pflanzen, weil die starke Temperaturerniedrigung im Winter auch dort, wo der Boden nicht gefroren ist, die Wurzeltätigkeit derart herabsetzt, daß die Pflanzen so gut wie kein Wasser aufnehmen können. Bei anhaltender Transpiration müßten die Pflanzen Dürreschäden erleiden, wenn sie nicht ähnlich wie die Trockenpflanzen mit Hartlaubblättern ausgerüstet (Nadelhölzer, Efeu) oder durch Abwerfen der Blätter an die winterliche Trockenzeit angepaßt wären.

Abb. 144: Überwinterung der Tropophyten. Die überwinternden Teile sind rot gezeichnet.

Langanhaltender Frost und dadurch verhinderte Wasseraufnahme kann zu Trockenschäden führen. Diese *Frosttrocknis* verursacht die meisten Frostschäden bei Pflanzen Mitteleuropas.

Frostresistenz wird von den ausdauernden Pflanzen in Gebieten mit Winterfrost als Schutz vor dem Erfrieren ausgebildet. Eisbildung in den Zellen würde ihre hochgeordneten Strukturen (Membranen, Organellen) zerstören. Als Schutz dienen Verringerung des Wassergehalts der Gewebe, Erhöhung der Zellsaftkonzentration (wodurch dessen Gefrierpunkt herabgesetzt wird) sowie eine besondere Frosthärtung, die mit Veränderungen in der Zusammensetzung von Membranen verknüpft ist. Wird Eis gebildet, so erfolgt dies im Hohlraumsystem der Gewebe und kann keine Zellen zerstören.

Für manche Arten ist eine winterliche Schneedecke wichtig. Unter dem Schnee bleiben die Temperaturen unabhängig von der Lufttemperatur knapp unterhalb 0° C. Im Hochgebirge gibt es zahlreiche Zwergsträucher, die nicht über die mittlere Schneehöhe emporwachsen (z. B. Alpenrose). Sie bilden die Zwergstrauchheiden.

9. Besondere Ernährungsarten. Heterotrophie

Die grüne Pflanze ist im Gegensatz zum Tier in ihrer Ernährung durchaus selbständig und von anderen Lebewesen unabhängig, sie ist **autotroph.**

Es gibt aber nicht wenige Pflanzen, die kein Chlorophyll besitzen und nicht zur Photosynthese fähig sind, nämlich die *Saprophyten* und die *Parasiten.* Sie müssen sich wie die Tiere von organischen Stoffen ernähren; wir bezeichnen sie als **heterotroph**.

9.1 Moderpflanzen oder Saprophyten

Zu den Saprophyten gehört die Masse der *Bakterien* und der *Pilze,* die von den Ausscheidungen lebender und den Überresten abgestorbener Pflanzen und Tiere leben. Sie greifen nahezu alle organismischen Stoffe an und bauen sie stufenweise in immer einfachere Verbindungen bis zu den anorganischen Ausgangsstoffen ab.

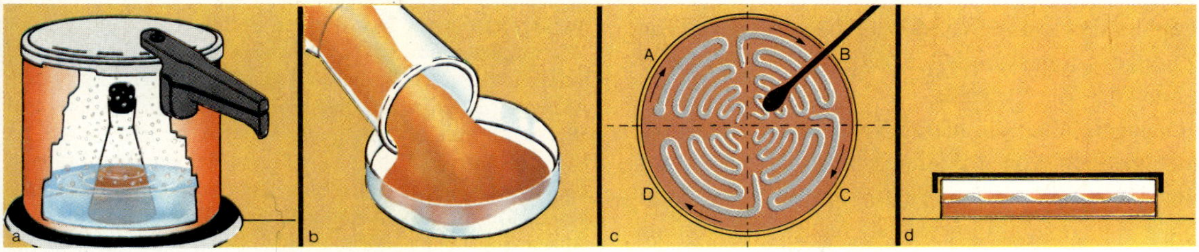

Abb. 145: Züchtung von Bakterien auf künstlichem Nährboden (z. B. destilliertes Wasser mit Zusatz von Fleischextrakt und Agar): a Sterilisieren des Nährbodens im Dampfdrucktopf bei 120° C; b Ausgießen des noch flüssigen Nährbodens in sterile Petrischalen und Abdecken der Schale; c Beimpfen des festgewordenen Nährbodens (Plattenaufsicht mit Impföse). Probenentnahme von bakterienhaltigem Material (z. B. faulende Stoffe) mit steriler Glasnadel oder ausgeglühter Platindrahtöse und zickzackförmigem Ausstreichen auf Nährbodenteil A. Erneutes Ausglühen der Impföse und Verteilung einer Probe von A auf dem Nährbodenteil B. Entsprechende Wiederholung bei C und D zur steigenden Verdünnung der Bakterienprobe; d Nach Bebrütung im Brutschrank bei etwa 30° C zeigen sich auf Ausstrich D Einzelkolonien, die aus je einem Bakterium durch Teilung hervorgegangen sind (Reinkultur)

9.2 Schmarotzer oder Parasiten

Die Schmarotzer befallen *lebende* Pflanzen und Tiere und entziehen ihnen die Nährstoffe, die sie für den Lebensunterhalt brauchen. Dadurch schädigen sie ihren »Wirt«. Man kann verschiedene Stufen der parasitischen Lebensweise feststellen.

Die **grünen Halbschmarotzer**, von denen unter den einheimischen Blütenpflanzen *Augentrost (Euphrasia), Wachtelweizen (Melampyrum), Läusekraut (Pedicularis), Klappertopf (Rhinanthus)* und *Bergflachs (Thesium)* zu nennen sind, haben zwar noch wohlentwickelte grüne Blätter, ihr Wurzelsystem ist jedoch verkümmert und ohne Wurzelhaare. Dafür heften sie sich mit kleinen knopfähnlichen Saugwarzen (Haustorien) an die Wurzeln anderer Pflanzen an. Durch diese Verbindung dringen dann Leitungsbahnen des Parasiten in die Leitungsbahnen des Wirtes hinein und zapfen ihm Wasser und Nährsalze ab. Anders die *Mistel,* sie wächst auf den Ästen und Zweigen von

Abb. 147: Links Quirlblättriges Läusekraut (auf Blaugras schmarotzend), ein Halbschmarotzer; rechts Sommerwurz (Orobanche), ein Vollschmarotzer

Abb. 146: Links Mistel; rechts Senker der Mistel im Holzkörper ihrer Wirtspflanze

Pappeln, Obstbäumen und Nadelhölzern, wo sie ihre zu Senkern umgewandelten Wurzeln in die Wasserbahnen des Wirtes treibt.

Dagegen leben die **nichtgrünen Ganzschmarotzer** ausschließlich von fremder organischer Substanz. Viele Parasiten haben sich ganz einseitig an bestimmte Wirte angepaßt, ohne die sie nicht leben können. Der Verlust des Chlorophylls hat bei den höheren Pflanzen die Rückbildung der Blätter zur Folge, die auch als Transpirationsorgane nicht mehr gebraucht werden. Dementsprechend sind die Wasserleitungsorgane nur kümmerlich entwickelt. Da die Schmarotzer das Licht als Energiequelle nicht mehr benötigen, können sie auch an lichtschwachen Standorten wachsen. Viele leben im Erdboden oder gar im Innern ihres Wirtes, und nur ihre Fortpflanzungsorgane erscheinen zur Ausbreitung der Samen oder Sporen an der Oberfläche.

Zu den *Parasiten* gehört neben einigen Blütenpflanzen ein Teil der *echten* Pilze und der *Bakterien.* Die *Seiden (Cuscuta),* von denen besonders die *Klee-,* die *Flachs-* und die *Hopfenseide* durch ihre verheerenden Wirkungen an den betreffenden Kulturgewächsen gefürchtet sind, umwinden mit ihren blassen, fadenartigen Stengeln die Sprosse der Wirtspflanzen. Saugwarzen wachsen bis in die Gefäßbündel hinein und entziehen diesen organische Stoffe. Die *Schuppenwurz (Lathraea)* und die *Sommerwurz (Orobanche)* sind Wurzelschmarotzer, die in der Hauptsache unterirdisch leben und nur ihre chlorophyllfreien gelben oder braunen Blütentriebe über die Erdoberfläche schicken. In den Tropen bilden *Rafflesia*-Arten außerhalb ihres Wirtes nur noch Blüten aus.

Zahlreiche *Pilze* befallen lebende Pflanzen. Ihr Myzel wuchert auf der Oberfläche oder im Innern des Wirtes, die Hyphen dringen in die lebenden Zellen ein und saugen die nötigen Stoffe heraus. Zu ihnen gehören die gefürchtetsten Schädlinge unserer Kulturpflanzen. Das Getreide wird von *Rost-, Brand-* und *Mutterkornpilzen* befallen, die in Mitteleuropa alljährlich ein Zehntel der Ernte vernichten.

In den Blättern und Früchten unserer Obstbäume leben die Erreger der *Schorfkrankheit* und der *Fruchtschimmel* und vernichten mindestens den zehnten Teil der Ernte. Am Weinstock verursachen Mehltaukrankheiten (z. B. die Peronospora) Schäden im Umfang von einem Fünftel des Ertrages. Die dichte Bebauung riesiger Flächen mit Kulturpflanzen begünstigt die Vermehrung und Ausbreitung ihrer Schädlinge.

Ernährungsweise, Stoffwechsel und Energiegewinnung der Organismen lassen sich in folgender Weise zusammenfassen:

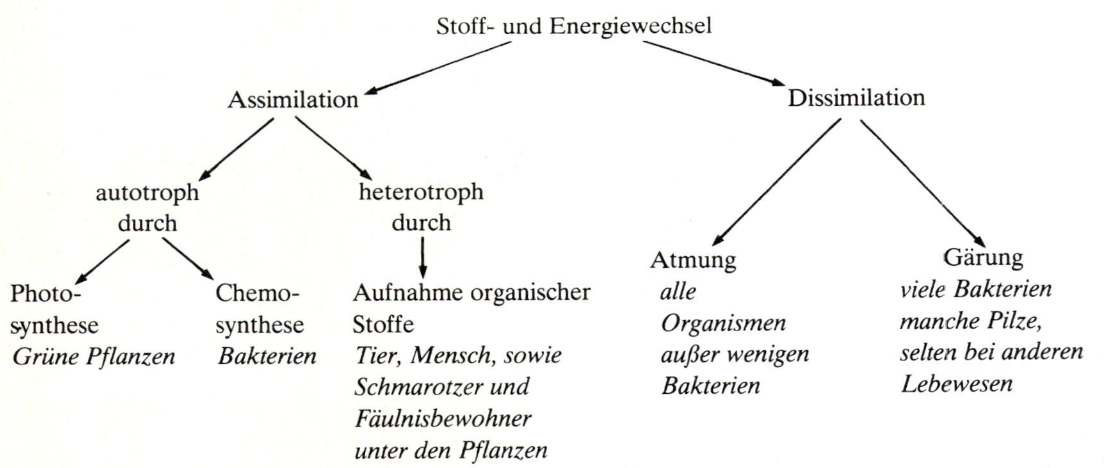

9.3 Insektenfressende Pflanzen

Einen Übergang zu heterotropher Lebensweise bilden die tierfangenden Blütenpflanzen, welche in fast 500 Arten über die ganze Erde zerstreut sind. Sie vermögen durch Enzyme das Fleisch ihrer Opfer, zumeist Insekten, aufzulösen. Die dabei entstehenden Peptide und Aminosäuren sowie Ionen werden aufgenommen und zum Aufbau des Körpers verwendet. Alle insektenfressenden Pflanzen besitzen Chlorophyll und Wurzeln und können sich auch autotroph ernähren. Da sie aber zumeist an Standorten leben, an dem die Aufnahme von Nitrat, Ammonium- und anderen Ionen erschwert ist oder Mangel daran besteht, ist dieser zusätzliche Erwerb von Stickstoffverbindungen und Ionen für eine hohe Wachstumsrate erforderlich.

Bei dem in den Mooren vorkommenden *Sonnentau* trägt die Oberseite der Blätter zahlreiche Drüsenhaare, deren rote Köpfchen einen klebrigen Schleim ausscheiden. Sie locken damit Insekten an, die festkleben und bei ihren vergeblichen Befreiungsversuchen immer neue Drüsenköpfchen berühren. Diese Berührung löst eine Bewegung der Drüsenstiele aus, welche ihre Köpfchen über das gefangene Insekt beugen; bei starker Reizung krümmt sich auch die Blattfläche, so daß das Insekt schließlich ganz eingehüllt wird. Dann sondern die Drüsenköpfchen reichliche Mengen einer enzymhaltigen Flüssigkeit ab, die in wenigen Tagen

Abb. 148: Blüte des Vollschmarotzers Rafflesia. Die Pflanze lebt in den Wurzeln tropischer Lianen, aus denen die riesigen Blüten hervorbrechen (bis über 1 m Durchmesser, größte bekannte Blüten)

Abb. 149: Mutterkorn auf Roggen, aus einem im Fruchtknoten sich entwickelnden Hyphengeflecht gebildet

Abb. 150: Nesselseide (Cuscuta europaea). Die Cuscuta-Arten haben kein Chlorophyll und keine Wurzeln. An den Stengeln sitzen kleine Blattschüppchen und in Knäueln angeordnet kleine, rosa Blüten.

Abb. 151: Fruchtschimmel (Monilia). Das Myzel im Fruchtfleisch bildet an der Oberfläche ringförmige Sporenlager aus.

Abb. 152: Sonnentau

Venusfliegenfalle

die Eiweißsubstanz auflöst, so daß nur noch die Chitinteile übrigbleiben. Die gelösten Eiweißabbaustoffe und die Ionen werden dann von den Köpfchen aufgesaugt.

Beim *Fettkraut,* das auf feuchtem, torfigem Boden wächst, ist die Oberseite der dickfleischigen Blätter mit winzigen Drüsen dicht besetzt, die einen zähen Schleim absondern. Hat sich auf diesem ein Insekt gefangen, so bewirkt die Berührung eine vermehrte Absonderung enzymhaltigen Schleims. Gleichzeitig rollen sich die Blattränder über das gefangene Tier oder schieben es gegen die Mitte des Blattes. Allseitig von Schleim umhüllt, wird das Körpereiweiß in kurzer Zeit verflüssigt und resorbiert.

Die *Fliegenfalle (Dionaea)* Nordamerikas fängt Insekten durch rasches Zusammenklappen ihrer Blattflächen. Der als Fangapparat eingerichtete Teil des Blattes ist am Rande mit langen Zähnen besetzt und trägt auf jeder Blattfläche drei Borsten, bei deren Berührung die Blattflächen fast augenblicklich zusammenklappen und das Insekt mit Hilfe der ineinandergreifenden Blattzähne wie ein Tellereisen festhalten. Dann wird von kleinen Drüsen auf der Blattfläche eine Verdauungsflüssigkeit abgesondert.

Abb. 153: Links Alpen-Fettkraut, rechts Kannenpflanze

Eine Art Fallgrube findet sich bei den *Kannenpflanzen (Nepenthes),* die in den feuchten Urwäldern der Tropen als *Epiphyten (Überpflanzen)* leben. Der Blattstiel bildet eine schnurförmige Ranke, an deren Ende die Blattfläche zu einem kannenförmigen, von einem Deckel überwölbten Gebilde umgestaltet ist. Der Rand der Kanne leuchtet in bunten Farben. Unter ihrem Innenrand wird reichlich Nektar ausgeschieden, und ihre Innenseite ist so glatt, daß Besucher den Halt verlieren und in die Kanne hinabgleiten, wo sie in einer verdauenden Flüssigkeit ertrinken. Die abgebauten Körperstoffe der Insekten werden dann resorbiert.

9.4 Symbiosen

Symbiose nennt man das Zusammenleben verschiedener Arten, wobei in der Regel jeder Partner von diesem Zusammenleben Vorteile hat. Doch gibt es zahlreiche Übergänge von einer ausgeglichenen Symbiose bis zur überwiegenden oder völlig einseitigen Ausnutzung des einen Partners; letzteres führt zum reinen Schmarotzertum. Wir können bei der Symbiose alle Stufen der Vergesellschaftung vom lockeren Zusammenschluß bis zur Entstehung ganzheitlicher Lebensformen beobachten.

Das bekannteste Beispiel einer Pflanzensymbiose sind die *Flechten.* Durch die innige Vereinigung von kugel- oder fadenförmigen Algen mit dem Fadengeflecht von Pilzen entstehen einheitliche, neuartige Lebensformen. Der Pilz bildet das Gerüst der Flechte, in das die Algen eingelagert sind. Die Algen erzeugen organische Stoffe, auf die der Pilz angewiesen ist. Der Pilz dagegen liefert den Algen sein Atmungskohlendioxid und Wasser. Ionen werden durch abgeschiedene Flechtensäuren aus dem Untergrund gelöst. Flechten siedeln sich daher auch dort an, wo

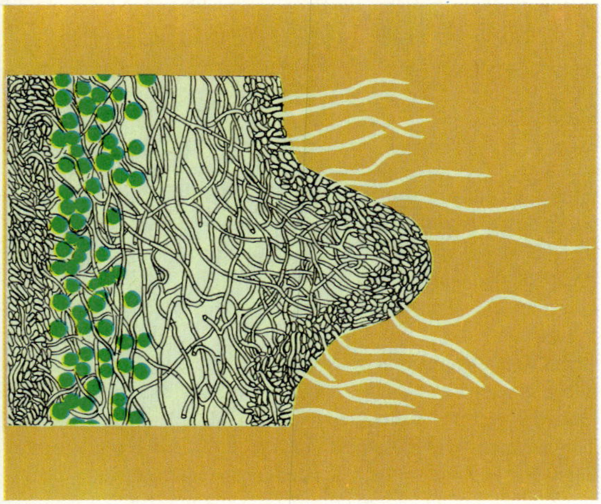

Abb. 154: Querschnitt durch den Körper (Thallus) einer Flechte

Pilz und Alge für sich allein nicht gedeihen könnten, wie z. B. in der arktischen Tundra, in Wüsten oder auf nackten Geröll- und Gesteinsfluren. Damit werden sie zu Wegbereitern der Pflanzenwelt bei der Eroberung von Neuland.

Eine weitere Form der Symbiose ist die *Mykorrhiza*. Bei vielen Waldbäumen (Buche, Eiche, Birke, Lärche, Kiefer u. a.), Orchideen und den Heidekrautgewächsen sind die Wurzelenden der obersten humusreichen, aber nährsalzarmen Bodenschicht mit einem Filz von Pilzfäden umgeben, die auch in die Wurzel eindringen. Dafür fehlen an diesen Stellen die Wurzelhaare. Ihre Aufgabe übernehmen die Pilze. Sie zerlegen mit Hilfe von Enzymen die stickstoffreichen organischen Humusstoffe des Bodens in Verbindungen, die von den Baumwurzeln aufgenommen werden können. Auch versorgen sie die Bäume mit Wasser und Ionen. Andererseits beziehen die Pilze von den Wurzeln Kohlenhydrate.

Abb. 156: Nestwurz (heterotrophe Orchidee)

Die bleichfarbenen Moderorchideen (Nestwurz, Korallenwurz, Widerbart) lassen sich sogar ganz von den Pilzen ernähren und können daher auch im dichtesten Waldesschatten leben.

Zu besonderen Anpassungen haben die symbiontischen Beziehungen zwischen Blüten und ihren Bestäubern geführt. Viele Blüten sind auf Insekten angewiesen und werden nicht bestäubt, wenn diese fehlen. Sie locken ihre Bestäuber durch Duft, Farbe und Form an und bieten ihnen Nektar und Pollen als Nahrung, ohne die wiederum die Insekten nicht leben können. Zur Sicherung der Bestäubung sind die Blüten häufig für den Besuch ganz bestimmter Insekten eingerichtet (Fliegen-, Bienen-, Hummel-, Tagfalter-, Schwärmerblumen), die ihrerseits nur durch die Ausbildung besonderer Einrichtungen, namentlich von Rüsseln, zur Nahrung gelangen. Ähnliche Anpassungen bestehen auch zwischen Kolibris, Honigvögeln sowie tropischen Fledermäusen und den Blüten, aus denen sie Nektar saugen.

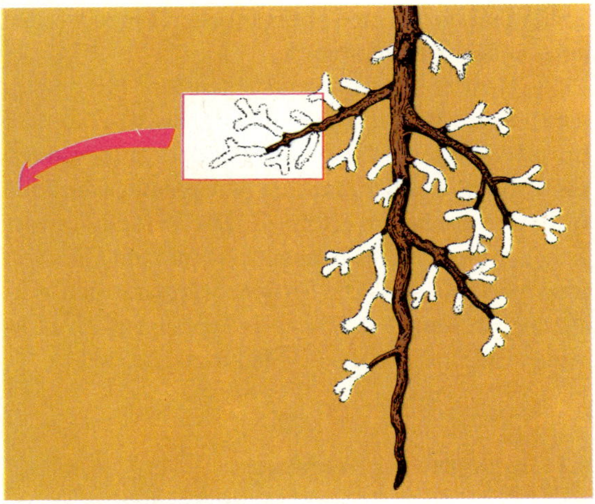

Abb. 155: Links Mykorrhiza (Pilzwurzel) der Kiefer: Von Pilzfäden umsponnene, verdickte und korallenartig verzweigte Seitenwurzeln; rechts Schema

Stoffwechsel und Energiehaushalt bei Tier und Mensch

1. Die Ernährung

Ein Tier kann nicht wie die grüne Pflanze aus anorganischen Stoffen organische Substanz aufbauen, sondern muß den Bedarf an Baustoffen und Energie aus den von der Pflanze hergestellten organischen Stoffen decken. Das Leben von Tier und Mensch ist daher ganz von der Lebenstätigkeit der grünen Pflanze abhängig.

1.1 Die Verdauung als enzymatischer Vorgang

Der Körper kann die einverleibte Nahrung erst verwerten, wenn sie durch die Zellwände hindurch in das lebende Plasma gelangt ist. Nun sind aber die meisten in der Nahrung enthaltenen Stoffe hochmolekular und können nicht unmittelbar in eine Zelle aufgenommen werden. Außerdem ist in artfremdem Eiweiß die Anordnung der Aminosäuren in den Eiweißmolekülen anders als im arteigenen Eiweiß. Durch die Verdauung werden die makromolekularen Nährstoffe mittels Hydrolyse in niedermolekulare Bruchstücke aufgespalten, so daß sie

1. ihre artspezifische Struktur verlieren und
2. von der Darmwand aufgenommen werden können und zum Weitertransport in Blut und Lymphe gelangen.

Die Eiweißstoffe (Proteine) werden zu Aminosäuren, die Fette zu Glyzerin und Fettsäuren, die Kohlenhydrate zu Monosacchariden und die Nukleinsäuren zu Nukleotiden abgebaut. Wasser, Vitamine und die meisten anorganischen Ionen werden unverändert aufgenommen.

Die Reaktionen beim Aufspalten der Makromoleküle in ihre Bausteine sind exergonisch. Daß man Eiweiß, Stärke und Fett unverändert aufbewahren kann, macht deutlich, daß ihre Aufspaltung eine hohe Aktivierungsenergie erfordert. Die Verdauungsvorgänge im Organismus können daher nur mit Hilfe von Enzymen ablaufen. Die Enzyme werden in den Verdauungsdrüsen gebildet und sind die eigentlich wirksamen Bestandteile der Verdauungssäfte.

1.2 Die Organe der Verdauung

Die Verdauungsorgane sind bei den verschiedenen Tiergruppen trotz gleichartiger Funktion unterschiedlich ausgebildet. Hohltiere und niedere Würmer haben einen *blind endigenden Darm.* In ihm wird die Nahrung durch Enzyme so weit abgebaut, daß sie von Zellen der Darmwand durch Phagocytose aufgenommen und zu Ende verdaut werden kann. In der Wand findet man daher Freßzellen und Drüsenzellen.

Bei den höherentwickelten Wirbellosen und allen Wirbeltieren ist der Verdauungsvorgang ganz in den Hohlraum des Darmes verlegt. Verdaut wird also außerhalb der Zellen, *extrazellulär.* Die Zellen müssen jetzt nur noch die Verdauungssäfte herstellen und die verdauten Nahrungsbestandteile resorbieren. Hand in Hand damit geht die Ausbildung eines *durchgehenden Darmrohres.* Dadurch ist die Möglichkeit gegeben, fortlaufend größere Nahrungsmengen aufzunehmen. Auch wirken die Enzyme jetzt nacheinander auf den Nahrungsstrom ein. Durch diese »Fließbandarbeit« wird die Nahrung besser ausgenützt. Der Darmkanal, der bei den Ringelwürmern den Körper noch als ein einfaches Rohr durchzieht, wird bei den höherentwickelten Tieren stärker differenziert. Durch Zusammenlagerung von Drüsenzellen entstehen Drüsenorgane, die zum Teil vom Darm weg in die Leibeshöhle verlagert werden. Diese *Verdauungsdrüsen* können sich weiter spezialisieren und nur noch ganz bestimmte Enzyme liefern. Auch im Bereich des Darmkanals ist eine Arbeitsteilung zu beobachten. Bei den Wirbeltieren übernimmt der vordere Abschnitt die mechanische Zerkleinerung, die Speicherung und die Vorverdauung. Der mittlere Teil ist der Ort der Hauptverdauung und der Resorption, während der Endabschnitt die Resorption beendet und den Kot formt. Der Darm ist durch Schlingenbildung verlängert und seine resorbierende Oberfläche durch Ausbildung von Falten und Zotten beträchtlich vergrößert.

1.3 Die Ernährung des Menschen

Nachweis der wichtigsten Nährstoffe. Um herauszufinden, welche Stoffe in den Nahrungsmitteln enthalten sind, lassen sich Nachweisreaktionen ausführen. Eine tiefblaue Färbung beim Zutropfen von Jodlösung zeigt Stärke an. Wird eine zerkleinerte Nahrungsmittelprobe mit Wasser ausgeschüttelt und die entstandene Lösung mit Fehlingscher Lösung bis zum Kochen erhitzt, so weist ein roter Niederschlag auf das Vorhandensein von Zucker hin. Eine sich beim Erhitzen mit konzentrierter Salpetersäure gelb färbende Untersuchungsprobe enthält Eiweiß. Fettbestandteile verursachen »Fettflecken« und färben sich mit dem fettlöslichen Farbstoff Sudan-III-Rot intensiv rot. Verbrennt man eine Nahrungsmittelprobe, so bleiben die darin enthaltenen anorganischen Ionen als Asche zurück. Untersuchungen solcher Art zeigen, daß unsere Nahrung ebenso wie die der Tiere die Grundnährstoffe Eiweiß, Fette, Kohlenhydrate und anorganische Ionen, Vitamine und Wasser enthält.

Die Bestandteile unserer Nahrung. Die **Eiweißstoffe** dienen hauptsächlich zum Aufbau des Körpereiweißes. Sie werden auch nach Abschluß des Wachstums gebraucht, da sie zum Teil einem dauernden Verschleiß unterliegen (Haare, Nägel, Hornhaut). Außerdem werden die Körperzellen während des ganzen Lebens umgebaut. Im Verlauf eines Jahres wird die Substanz des menschlichen Körpers zu über 90% erneuert. Die Eiweißstoffe werden nur selten zur Energiegewinnung verwendet. Ausnahmen beobachtet man bei einseitiger Ernährung mit Eiweiß, anhaltendem Hungern oder bei körperlichen Höchstleistungen.

Nahrungseiweiß in 100 g, bezogen aus	Daraus aufgebautes Körpereiweiß in g durch:		
	Ratte	Hund	Mensch
Hühnerei	95	79	91
Kuhmilch	88	–	74
Rindfleisch	72	57	67
Erdnuß	60	–	56
Weizenmehl	59	–	41

Der menschliche Organismus kann die Mehrzahl der Aminosäuren, die das Körpereiweiß aufbauen, selbst herstellen. Die übrigen müssen ihm in der Nahrung fertig geboten werden. Fehlt auch nur eine dieser *essentiellen Aminosäuren,* stellen sich schwere Schädigungen des Eiweißstoffwechsels ein. Nur Eiweiß, dessen essentielle Aminosäuren etwa dieselbe prozentuale Zusammensetzung aufweisen wie menschliches Eiweiß, ist vollwertig. In dieser Hinsicht ist alles Eiweiß tierischer Herkunft, wie Fleisch, Eier, Milch und Käse, sowie das Eiweiß der Kartoffel und der Sojabohne vollwertig. Weniger wertvoll sind trotz ihres hohen Eiweißgehalts Hülsenfrüchte, da sie von einigen essentiellen Aminosäuren zu wenig enthalten. Man muß daher übergroße Mengen dieser Nahrungsmittel verzehren. Da der Körper kaum Eiweiß speichern kann, darf es in der täglichen Kost nicht fehlen. Der Energiebedarf des Körpers sollte jedoch durch Kohlenhydrate und Fette befriedigt werden.

Die Hauptmenge der **Kohlenhydrate** liefern die Pflanzen in Form von stärke- und zuckerhaltigen Nahrungsmitteln. Die Cellulose in der pflanzlichen Kost ist für den Menschen unverdaulich. Da sich die Pflanzenstärke in gequollenem Zustand besser ausnützen läßt, werden stärkehaltige Nahrungsmittel durch Kochen oder Backen zubereitet. Das wichtigste Kohlenhydrat aus dem Tierreich ist der Milchzukker der Milch (im Liter 45 g). Kohlenhydrate sind billig und leicht zu beschaffen. Sie bilden die Grundlage der menschlichen Ernährung.

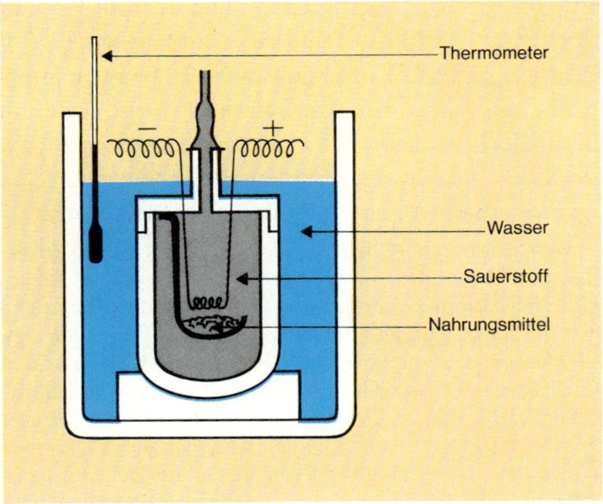

Abb. 157: Schema eines Kalorimeters. Die entstehende Verbrennungswärme erwärmt das umgebende Wasser. Eine Temperaturerhöhung um 1° C je l Wasser entspricht 1 kcal = 4,18 kJ

Die **Fette** sind die energiereichsten Nahrungsstoffe. Wir beziehen sie aus dem Tier- und Pflanzenreich. Tierische und pflanzliche Fette werden vom Körper gleich gut verwertet, doch werden flüssige Fette (Öle) besser ausgenützt. Bei übermäßiger Kohlenhydratzufuhr (Kuchen, Süßspeisen, Süßigkeiten) speichert der Körper Fett. Er kann also Kohlenhydrate in Fett umwandeln. Trotzdem können Kohlenhydrate Fette nicht voll ersetzen, da die fettlöslichen Vitamine A und D nur zusammen mit Fett aufgenommen werden können. Außerdem braucht der Körper einige ungesättigte Fettsäuren, die er nicht selbst herstellen kann (*essentielle Fettsäuren*) und deshalb mit Pflanzenfetten aufnehmen muß.

Zusammen mit den Fetten findet man meistens **Lipoide** (z. B. Lecithin). Sie sind unter anderem am Aufbau der Zellmembranen beteiligt. Reich an Lipoiden sind Eidotter und Getreidekeimlinge.

Die bei der vollständigen Oxidation der Nährstoffe freiwerdende Energie läßt sich im Kalorimeter bestimmen. Fett liefert 39 kJ/g (9,3 kcal/g), Kohlenhydrate und Eiweiß liefern dagegen nur 17 kJ/g (4,1 kcal/g).

Unser Körper besteht zu zwei Dritteln aus **Wasser**. Täglich werden etwa 3 l Wasser durch Nieren, Darm, Lunge und Haut ausgeschieden, die wieder ersetzt werden müssen. Das geschieht zum größten Teil schon mit der festen, reichlich Wasser enthaltenden Nahrung. Auch entstehen durch die Oxidation der Nährstoffe im Körper selbst täglich etwa 350 ml Wasser.

Die **anorganischen Salze** stehen in ihrer Bedeutung den Hauptnährstoffen nicht nach, obwohl sie keine

Energie liefern. Der menschliche Körper enthält etwa 3 kg. Als Baustoff sind sie unentbehrlich. Es gibt keine organische Körpersubstanz, die frei von anorganischen Salzen ist. Am höchsten ist ihr Anteil in den Knochen, die zu 60% aus anorganischen Salzen bestehen, und in den Zähnen (Zahnbein mit 72%, Schmelz mit 90% anorganischen Bestandteilen).

Manche anorganische Ionen sind Bestandteile von Enzymen und Hormonen. Viele Enzyme arbeiten nur bei Anwesenheit bestimmter anorganischer Ionen. Andere Ionen sorgen für ein konstantes Säure-Basen-Verhältnis (pH-Wert). Wieder andere regulieren den osmotischen Druck in den Geweben und Körperflüssigkeiten und sind auch am Stoffaustausch durch die Zellmembran beteiligt. Der normale Ablauf des Zellgeschehens hängt daher weitgehend von der Anwesenheit und dem richtigen Verhältnis der anorganischen Ionen ab. Da auch die anorganischen Bestandteile des Körpers ständig ausgetauscht werden, würde eine völlig salzfreie Kost in kurzer Zeit zum Tode führen.

In größerer Menge kommen die folgenden Elemente im Körper vor: Na, K, Ca, Mg, S, P und Cl; sie bilden zusammen 99% der anorganischen Körperbestandteile. Von den restlichen ebenfalls unentbehrlichen Elementen seien genannt: Fe, Cu, Zn, Mn, Co, Mo, J, F, Si. Die meisten von ihnen finden sich nur in winzigen Mengen im Körper.

Die **Vitamine** sind für den Ablauf der Lebensvorgänge unentbehrlich und in sehr kleinen Mengen wirksam. Ihr Name wurde gebildet aus Vita (= Leben) und Amin, weil man zunächst der Auffassung war, sie seien Amine. Ihr chemischer Bau ist jedoch recht unterschiedlich.

Da sie trotz ihrer geringen Menge so große Wirkung entfalten, liegt die Vermutung nahe, daß diese katalytischer Natur ist. Tatsächlich konnte für eine Reihe Vitamine nachgewiesen werden, daß sie entweder selbst Coenzyme sind oder zum Aufbau von Coenzymen benötigt werden. Nur ein Teil der Coenzyme muß mit der Nahrung aufgenommen werden, andere vom Körper selbst gebildete Coenzyme haben keinen Vitamincharakter. Doch ist das von Tierart zu Tierart verschieden. Auch Bakterien brauchen andere Vitamine als der Mensch. Wenn nähere Angaben fehlen, bezieht sich die Einstufung eines Stoffes als Vitamin auf den Menschen.

Der Begriff »Vitamin« bedeutet also, daß der betreffende Stoff unentbehrlich ist, aber nur in geringen Mengen benötigt wird. Der Begriff ist in zweierlei Hinsicht nicht sauber abgegrenzt: Einmal ist der Tagesbedarf mancher essentiellen Aminosäuren nicht wesentlich höher als der des Vitamins C; sie werden aber nicht als Vitamin bezeichnet. Zum anderen kann eine bestimmte Substanz von einer Tierart selbst synthetisiert werden, während sie eine andere Tierart oder der Mensch mit der Nahrung aufnehmen muß. So kann z. B. das Vitamin C von der Ratte, aber nicht vom Menschen synthetisiert werden. Diese Substanz ist also beim Menschen ein Vitamin, nicht dagegen bei der Ratte. Die Eigenschaft, Vitamin zu sein, gilt für einen Stoff nicht grundsätzlich; er hat diese Eigenschaft nur für bestimmte Tier- oder Bakterienarten.

Der Vitaminbedarf hängt vom Alter, der Art der Ernährung, der körperlichen und geistigen Beanspruchung und dem Gesundheitszustand ab. Der Bedarf ist im jugendlichen und vorgerückten Alter, bei schwerer körperlicher Arbeit und bei vielen Erkrankungen besonders groß. Ausgesprochene Vitaminmangelkrankheiten (*Avitaminosen*) kommen bei vernünftiger Ernährung bei uns kaum mehr vor. Wohl aber sind gewisse zeitlich begrenzte Allgemeinerscheinungen, wie Erschöpfungszustände (Frühjahrsmüdigkeit), erhöhte Anfälligkeit für Infektionen, verlangsamte Wundheilung sowie die erhöhte Sterblichkeit im Frühjahr auf den in dieser Jahreszeit nicht ganz ausreichenden Vitamingehalt der Nahrung zurückzuführen. Mengenmäßig liegt der Tagesbedarf des Menschen für alle Vitamine unter 10 mg, nur von Vitamin C werden etwa 75 mg je Tag benötigt.

Vitaminmangelkrankheiten hat es bei einseitiger Ernährung von jeher gegeben. Der *Skorbut* (Scharbock) war früher der Schrecken der Seefahrer. VASCO DA GAMA verlor daran während seiner Weltreise 55 Mann. Alte Heilmittel gegen Skorbut waren rohes Sauerkraut, Zwiebeln, Zitronensaft und frische Kiefernnadeln. *Rachitis* trat hauptsächlich im Winter auf. Gegen die Krankheit halfen Lebertran und Sonne. Doch waren die Ursachen dieser Krankheiten unbekannt. Erst 1895 begann ein holländischer Arzt mit der Untersuchung einer in Ostasien weit verbreiteten Krankheit, der *Beriberi* (d. h. große Schwäche). Er fand, daß sie mit der Einführung »moderner« Schälverfahren, welche beim Reis das Silberhäutchen entfernten, in Zusammenhang stand. Beriberi konnte geheilt werden, wenn man dem geschälten Reis wieder Reiskleie zufügte. Damit setzte die Vitaminforschung ein, hauptsächlich durch Ernährungsversuche mit Tieren. Man bezeichnete die damals bekannten Vitamine zunächst mit Buchstaben, die jedoch nach dem heutigen Wissensstand meist mehrere Vitamine mit verschiedenartiger Wirkung umfassen. Auch ihr chemischer Bau ist gut bekannt, so daß man schon über ein Dutzend synthetisch herstellen kann. Sie werden am einfachsten in fettlösliche und wasserlösliche Vitamine eingeteilt. Die *fettlöslichen Vitamine* A, D, E und K kommen vorwiegend in fetthaltigen Nahrungsmitteln wie Milch und Milchprodukten, fetten Fischen, Lebertran, pflanzlichen Ölen u. a. vor. Die *wasserlöslichen Vitamine* umfassen die B-Gruppe und das Vitamin C. Sie fehlen in den Fetten, finden sich aber in vielen pflanzlichen und tierischen Nahrungsmitteln. Gegen Kochen sind sie empfindlich (deshalb sind Konserven daran meist ärmer), auch gehen sie infolge ihrer Wasserlöslichkeit leicht ins Kochwasser über.

Notwendige (essentielle) Nahrungsbestandteile sind auch die ungesättigten Fettsäuren Arachidonsäure, Linolsäure und Linolensäure. Man hat sie daher zum Teil auch als *Vitamin F* bezeichnet.

1.3.1 Die Grundlagen einer richtigen Ernährung

Eine **vollwertige Kost** muß dem Körper alle Nährstoffe in ausreichender Menge und im richtigen Verhältnis zueinander zuführen. Der wachsende Mensch braucht eine anders zusammengesetzte Nahrung als der Erwachsene. Je nach Schwere der Arbeit setzt

Übersicht über die wichtigsten Vitamine

Bezeichnung, Eigenschaften, bisher bekannte Bedeutung	Mangelerscheinungen	Vorkommen
Vitamin A *(Retinol)* Fettlöslich, dient zum Aufbau des Sehpurpurs, spielt eine Rolle im Stoffwechsel der Haut.	Austrocknung und Verhornung von Haut und Schleimhäuten; Augendürre. Nachtblindheit. Verlangsamung des kindlichen Wachstums.	Als Vorstufe (Carotin) in Pflanzen (Möhren, Spinat, Salat, Petersilie, Kohlarten). Als Vitamin in Leber, Fisch- und Wal-Lebertran, Fischen, Eigelb. In Milch und Butter nur zur Zeit der Grünfütterung.
Vitamin B_1 *(Thiamin)* Wasserlöslich, Bestandteil des Co-Enzyms der Brenztraubensäuredekarboxylase (verwandelt Brenztraubensäure in aktivierte Essigsäure, s. S. 94) und einiger anderer Enzyme.	Beriberi (Nervenerkrankung, Lähmung und Schwund der Gliedmaßenmuskulatur. Tod durch Herzmuskelschwäche).	Alle B-Vitamine kommen gemeinsam in pflanzlichen und tierischen Stoffen vor: Hefe, Randschichten und Keime der Getreidekörner (Vollkornbrot), frische Gemüse, Leber, Niere, Schweinefleisch, Ei. Einige B-Vitamine werden auch durch Darmbakterien erzeugt.
Vitamin B_2-Gruppe Wasserlöslich, *Riboflavin* ist Bestandteil einiger Enzyme der Endoxidation (s. S. 94). *Nikotinsäure* ist Bestandteil der wasserstoffübertragenden Co-Enzyme NAD und NADP (s. S. 85, 94). *Pantothensäure* ist Bestandteil des Co-Enzyms A (s. S. 94)	B_2-Mangel verursacht u. a. Augen-, Haut-, Darm- und Leberkrankheiten; Wachstumsstörungen beim Kleinkind.	
Vitamin B_6 *(Pyridoxin)* Wasserlöslich, Bestandteil des Co-Enzyms der Transaminasen (übertragen NH_2-Gruppen von Aminosäuren auf Ketosäuren) und der Aminosäuredekarboxylasen (spalten CO_2 von Aminosäuren ab)	B_6-Mangel verursacht Haut- und Nervenkrankheiten.	
Vitamin B_{12} *(Cobalamin)* wasserlöslich, spielt eine Rolle beim Nukleinsäurestoffwechsel, enthält Kobalt	B_{12}-Mangel verursacht u. a. die bösartige Blutarmut (perniziöse Anämie): Störungen bei der Bildung der roten Blutkörperchen.	
Vitamin C *(Ascorbinsäure)* Wasserlöslich	Skorbut: Blutungen in der Haut und Muskulatur. Entzündungen und Blutungen des Zahnfleisches, Lockerung der Zähne, Muskelschwund, Tod durch Herzschwäche. Frühjahrsmüdigkeit, Anfälligkeit für Infektionskrankheiten.	Kartoffeln (500 g decken den Tagesbedarf). Kohlarten, auch rohes Sauerkraut. Früchte, bes. schwarze Johannisbeeren, Hagebutten, Sanddorn, Zitronen, Orangen.
Vitamin D *(Calciferol)* Fettlöslich, spielt eine Rolle im Mineralhaushalt.	Rachitis: Störungen im Ca- und P-Stoffwechsel und im Wachstum, Verkrümmungen des Knochengerüstes (krumme Beine, Trichterbrust) und mangelhafte Zahnbildung infolge ungenügender Kalkeinlagerung, Knochenerweichung bei Erwachsenen. In ihrer schweren Form seit Einführung von Vitamin-D-Präparaten (1927) fast ganz verschwunden.	Entsteht aus der in grünen Pflanzen vorkommenden Vorstufe (Ergosterin) in der Haut unter der Einwirkung ultravioletter Strahlen (Sonnenlicht, Höhensonne). In Großstädten wird seine Bildung wegen der Abschwächung der Sonnenstrahlen durch die Dunstglocke beeinträchtigt. Fertiges Vitamin in Fischlebertran, Säugetierleber, Eidotter.

Vitamin E *(Tocopherol)* Fettlöslich	Fehlen führt zu Leberverfettung, Muskeldegeneration und Störungen im Haushalt der Geschlechtshormone.	Getreidekeime, Erdnußöl.
Vitamin K *(Phyllochinon)* Fettlöslich, am Aufbau eines für die Blutgerinnung wichtigen Stoffes (Prothrombin) beteiligt.	Fehlen verhindert die Bildung des Blutgerinnungsenzyms Prothrombin in der Leber.	Grünes Gemüse, Pflanzenöl, Leber. Wird auch durch Darmbakterien gebildet.

man 125–210 kJ (30–50 kcal) je kg Körpergewicht als Tagesbedarf des erwachsenen Menschen an.

Der *Eiweißanteil* der Nahrung soll etwa 20% der Tagesenergiemenge ausmachen, mindestens aber 1 g für das kg Körpergewicht betragen. Der Zehnjährige braucht das Doppelte, der Sechzehnjährige das 1½fache. Auch im höheren Alter braucht man eine größere Menge hochwertigen Eiweißes in der Nahrung. Bei der Auswahl ist darauf zu achten, daß alle essentiellen Aminosäuren geboten werden. Mindestens ⅓ sollte daher tierisches Eiweiß sein. Vollwertige und zugleich billige Eiweißspender sind Milch, Quark, Käse und Seefische.

Der *Kohlenhydratanteil* der Nahrung soll etwa 40% der Tagesenergiemenge betragen und weitgehend in Form von Stärke (Getreideerzeugnisse, Kartoffeln) gedeckt werden.

Vollkornbrot enthält auch den an Eiweiß, Fett, anorganischen Salzen und Vitaminen reichen Keim, wird aber weniger gut ausgenützt. Weißbrot und aus Weißmehl bereitete Speisen sind leicht verdaulich, jedoch fast reine Energieträger. Die Kartoffel enthält neben der gut aufschließbaren Stärke auch Vitamin B und C.

Der *Fettanteil* soll etwa 40% der Tagesenergiemenge betragen. Von den tierischen Fetten liefern uns Milch und Butter zugleich fettlösliche Vitamine. Pflanzliche Fette enthalten essentielle Fettsäuren.

Die wichtigsten Salz- und Vitaminträger sind Milch und Milcherzeugnisse, Gemüse und Früchte aller Art, Kartoffeln, Vollkornbrot, Leber, Fisch und Eier. Konservieren durch Erhitzen und langes Kochen beeinträchtigen den Gehalt an Vitaminen und Aromastoffen. Eine die Inhaltsstoffe schonende Haltbarmachung der Lebensmittel erzielt man mit dem Gefrierverfahren.

Mengenmäßig ungenügende oder biologisch nicht vollwertige Nahrung zählt auch heute noch zu den wichtigsten Krankheitsursachen. Enthält die Nahrung zu wenig an lebenswichtigen Aminosäuren, ungesättigten Fettsäuren, Spurenelementen und Vitaminen, dann ist die Widerstandsfähigkeit gegen Infektionskrankheiten herabgesetzt.

In den Industrieländern besteht derzeit nicht so sehr die Gefahr einer Unterernährung als vielmehr die der Überernährung. Durch die heutige Lebensweise verbrauchen die meisten Menschen weniger Energie als in früheren Zeiten. Da sich die Eßgewohnheiten aber oft nicht geändert haben, entsteht Übergewicht. Es besteht ein deutlicher Zusammenhang zwischen dem Körpergewicht und der Lebenserwartung. Fettleibige mit einem Übergewicht von 30% und mehr leben durchschnittlich zehn Jahre weniger. Die längste Lebensdauer und die beste Gesundheit haben Menschen mit einem geringen »Untergewicht«.

1.3.2 Verdauungsorgane und Verdauungsvorgänge

Der Darm des Menschen ist etwa 3½ m lang. An die *Mundhöhle* schließt die *Speiseröhre* an. Sie durchzieht die Brusthöhle, führt durch das Zwerchfell und mündet in den *Magen.* Dann folgt der *Dünndarm.* Sein Anfangsteil heißt *Zwölffingerdarm.* Hier münden die wichtigsten Verdauungsdrüsen, die *Leber* und die *Bauchspeicheldrüse,* ein. Der Dünndarm setzt sich in den kürzeren und wesentlich weiteren *Dickdarm* fort, der in kleinen Abständen ringförmig eingeschnürt ist. Er beginnt mit dem *Blinddarm* und dessen Anhang, dem *Wurmfortsatz.* Der Darm endet mit dem *Mastdarm.*

Verdauung im Mund. Im Mund wird die Nahrung durch Kauen und Einspeicheln für die Verdauung vorbereitet. Der *Mundspeichel* wird in zahlreichen kleinen Drüsen in den Wänden der Mundhöhle und der Zunge, vor allem aber in drei Paar großen Speicheldrüsen, den *Ohrspeicheldrüsen,* den *Unterkieferdrüsen* und den *Unterzungendrüsen,* bereitet.

Der Speichel reagiert in der Regel neutral. Er enthält Schleim, das Enzym *Ptyalin* und Salze. Die Menge und die Zusammensetzung des erzeugten Speichels hängt stark von der Beschaffenheit der Nahrung ab. Beim Kauen von Zwieback fließt 12mal soviel Speichel wie beim Kauen von Äpfeln. Bei schmackhaften Speisen ist die Speichelabsonderung weit größer als bei reizlosen. Die ursprüngliche Aufgabe des Speichels ist das Durchfeuchten und Schlüpfrigmachen der Speise. Das Ptyalin baut einen Teil der Stärke über Dextrin bis zu Malzzucker ab. Ptyalin arbeitet nur im neutralen und schwach alkalischen Bereich. Deshalb wird die Stärkeverdauung im Magen durch die Magensäure bald unterbrochen.

Verdauung im Magen. Die zerkleinerte und einge-

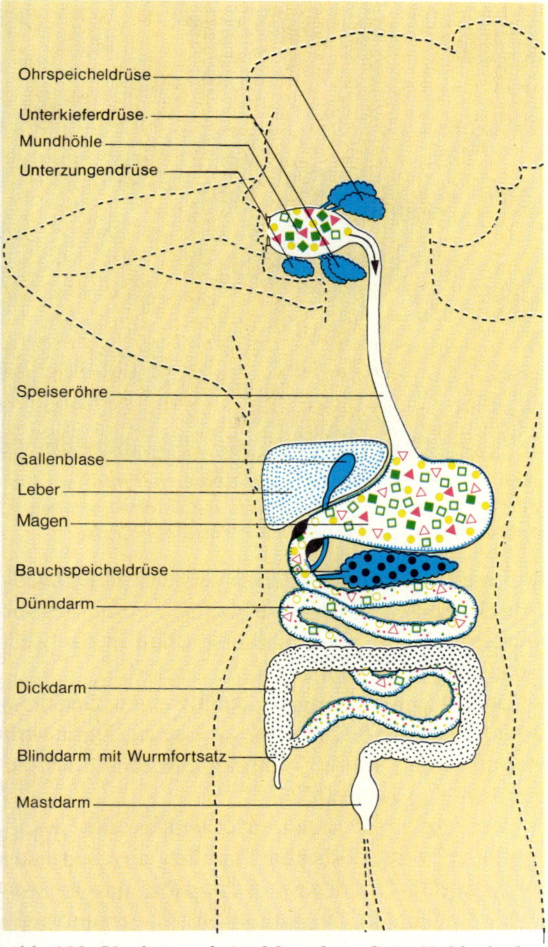

Abb. 158: Verdauung beim Menschen: Grün Kohlenhydrate, rot Eiweißstoffe, gelb Fette, blau Verdauungsdrüsen

speichelte Nahrung gleitet beim Schlucken in die Speiseröhre. Durch peristaltische Wellen wird sie an den Mageneingang transportiert und schließlich in den Magen gedrückt. Eine *peristaltische Welle* entsteht, wenn sich die Ringmuskulatur an einer Stelle kontrahiert. Dadurch wird das Innere der Speiseröhre stark eingeengt. Die Kontraktionswelle wandert über die Speiseröhre in Richtung Magen und schiebt dabei die Speise vor sich her.

Der Magen ist der weiteste Teil des Darmkanals. Zu den zwei Muskelschichten, die für den ganzen Darmkanal kennzeichnend sind (Ring- und Längsmuskeln), kommt in der Magenwand noch eine innerste Schrägmuskellage. Die Ringmuskelschicht bildet am Mageneingang und besonders am Magenausgang (Pförtner) dicke *Schließmuskeln,* die den Austritt des Mageninhalts regulieren. Der Magen dient als Vorratsspeicher, der die Nahrung ansammelt und nur allmählich in kleinen Mengen an den Darm abgibt. Das erlaubt es dem Menschen, mit wenigen großen Mahlzeiten am Tage auszukommen.

Die Magenschleimhaut ist sehr reich an kleinen, schlauchförmigen *Drüsen.* In diesen Drüsen finden sich vor allem Hauptzellen und Belegzellen.

Die *Belegzellen* erzeugen *Salzsäure.* Die Zelle (Abb. 159) durchzieht ein System von Kanälchen (Ca), die durch einen gemeinsamen Ausgang (Ca′) in das Innere des Drüsenschlauches (Lu) einmünden. Die Oberfläche der Kanälchenwandung wird durch Ausstülpungen (Mikrovilli, Mv) stark vergrößert. Die schlauchförmigen Tubuli (Tu) im Zellinnern haben eine offene Verbindung zu den Kanälchen. Das Cytoplasma der Zelle reagiert neutral, der Inhalt der Kanälchen dagegen stark sauer. Das die Kanälchenwand auskleidende Plasma kann also Wasserstoffionen entgegen dem Konzentrationsgefälle in die Kanälchen hinein absondern. Wahrscheinlich wird nur das Wasserstoffion aktiv transportiert, das Chlorion strömt passiv nach.

Die *Hauptzellen* sondern im wesentlichen *Pepsinogen,* eine Vorstufe des *Pepsins,* ab. Im Pepsinogen ist das aktive Zentrum des Pepsins durch ein Stück der Peptidkette abgedeckt. Dieses Stück wird unter Einwirkung von Salzsäure sehr langsam abgespalten. Bereits gebildetes Pepsin katalysiert diese Abspaltung zusätzlich. Im frisch gebildeten Magensaft bildet sich also zunächst nur unter der Einwirkung von Salzsäure – langsam – Pepsin, das dann seinerseits – rasch –

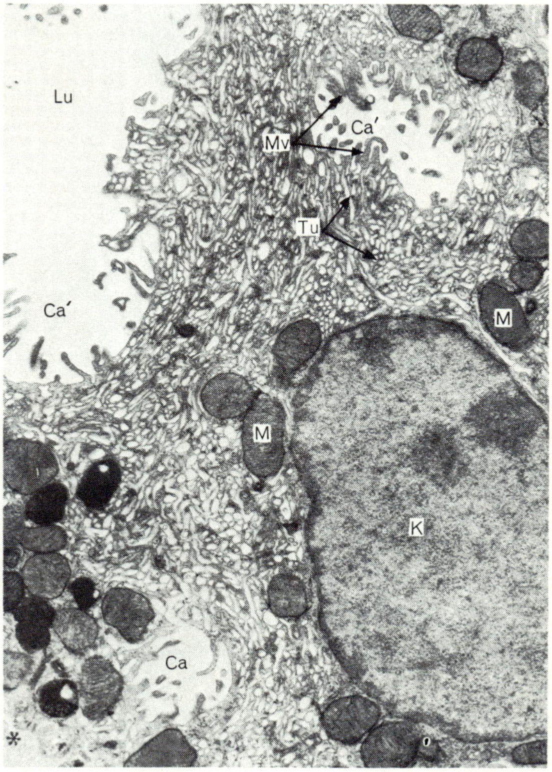

Abb. 159: Belegzelle des Magens. K Kern, M Mitochondrium, weitere Abkürzungen im Text, Vergr. 8000fach

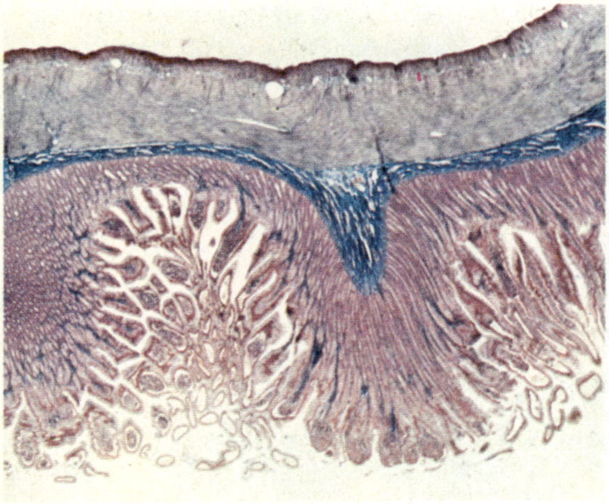

Abb. 160: Dünndarm der Katze, quer. Oberflächenvergrößerung durch Schleimhautfalten und Zotten. Vergr. 30fach

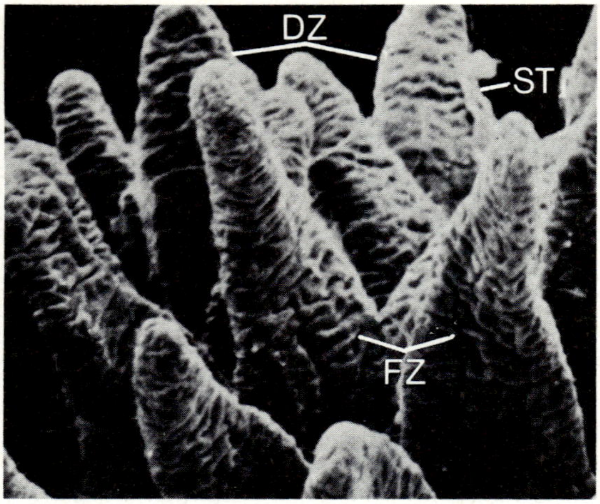

Abb. 162: Rasterelektronenmikroskopisches Bild der Dünndarmschleimhaut. Vergr. 260fach. DZ Dünndarmzotten, ST Schleimtröpfchen, FZ Falten der Zottenoberfläche

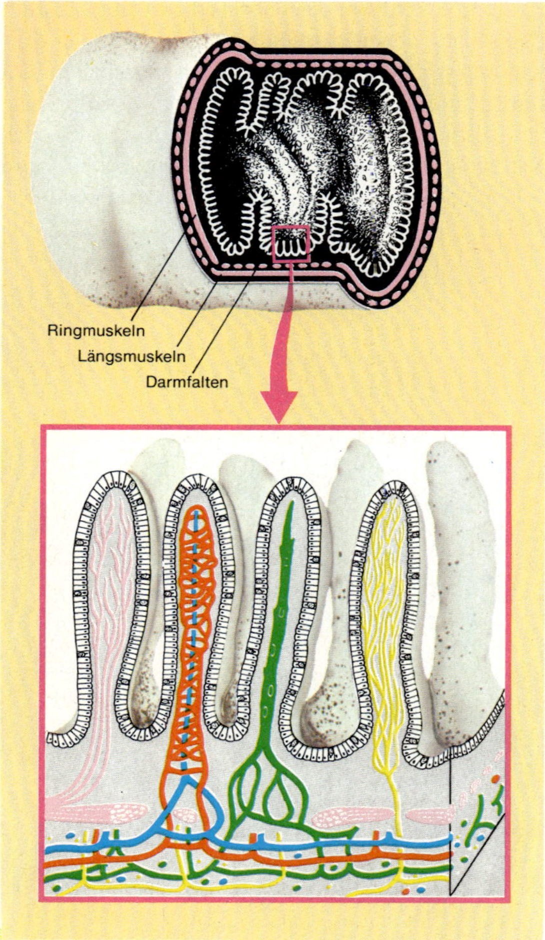

Abb. 161: Oben: Ausschnitt aus dem Dünndarm. Die Muskelschicht wird außen von Bindegewebe umhüllt. – Unten: Darmzotten, stark vergrößert. Rot Arterien, blau Venen, grün Lymphgefäße, gelb Nerv, rosa Muskulatur

weiteres Pepsinogen in Pepsin verwandelt. Durch die Abscheidung des Pepsins in inaktiver Form wird verhindert, daß es seine Wirkung schon in der Zelle entfaltet und dadurch die Zelle zerstört.

Der Magensaft reagiert durch seinen Gehalt an freier Salzsäure (0,2–0,5%) stark sauer. Diese wirkt desinfizierend auf die Nahrung. Sie denaturiert außerdem die Eiweißstoffe.

Das Pepsin baut in saurem Milieu fast alle Eiweißstoffe zu wasserlöslichen Peptiden ab. Besonders rasch wird das Bindegewebe aufgelöst, das die Muskelfasern umhüllt. Deshalb zerfällt Fleisch im Magen schnell zu Brei. Der verflüssigte Mageninhalt wird durch die starke *Peristaltik* des unteren Magenabschnitts portionsweise in den Zwölffingerdarm gedrückt.

Die Selbstverdauung der Magen- und Darmwände durch die eiweißspaltenden Enzyme wird wahrscheinlich dadurch verhindert, daß die Zellen durch einen Schleimbelag geschützt sind und die eiweißspaltenden Enzyme in inaktiver Form abgeschieden werden. Nach dem Tode bleiben die Verdauungssäfte zunächst noch wirksam und greifen dann die Magenwände an. Die Gerichtsmedizin kann dadurch feststellen, wann der Tod eingetreten ist.

Verdauung im Darm. Die Innenseite des Darmes wird von der einschichtigen Darmschleimhaut bedeckt, die sich ständig erneuert. Die abgestoßenen Zellen bilden einen Teil des Kotes. Querfalten der Darmwand vergrößern die Oberfläche. Im Bereich des Zwölffinger- und Dünndarmes ist sie außerdem noch mit *Darmzotten* besetzt, 1 mm lange, zapfenförmige Ausstülpungen der Schleimhaut, die dicht gedrängt beieinander stehen (bis zu 30 je mm^2, im ganzen 4 bis 6 Millionen). Jede Zotte enthält ein Lymph-

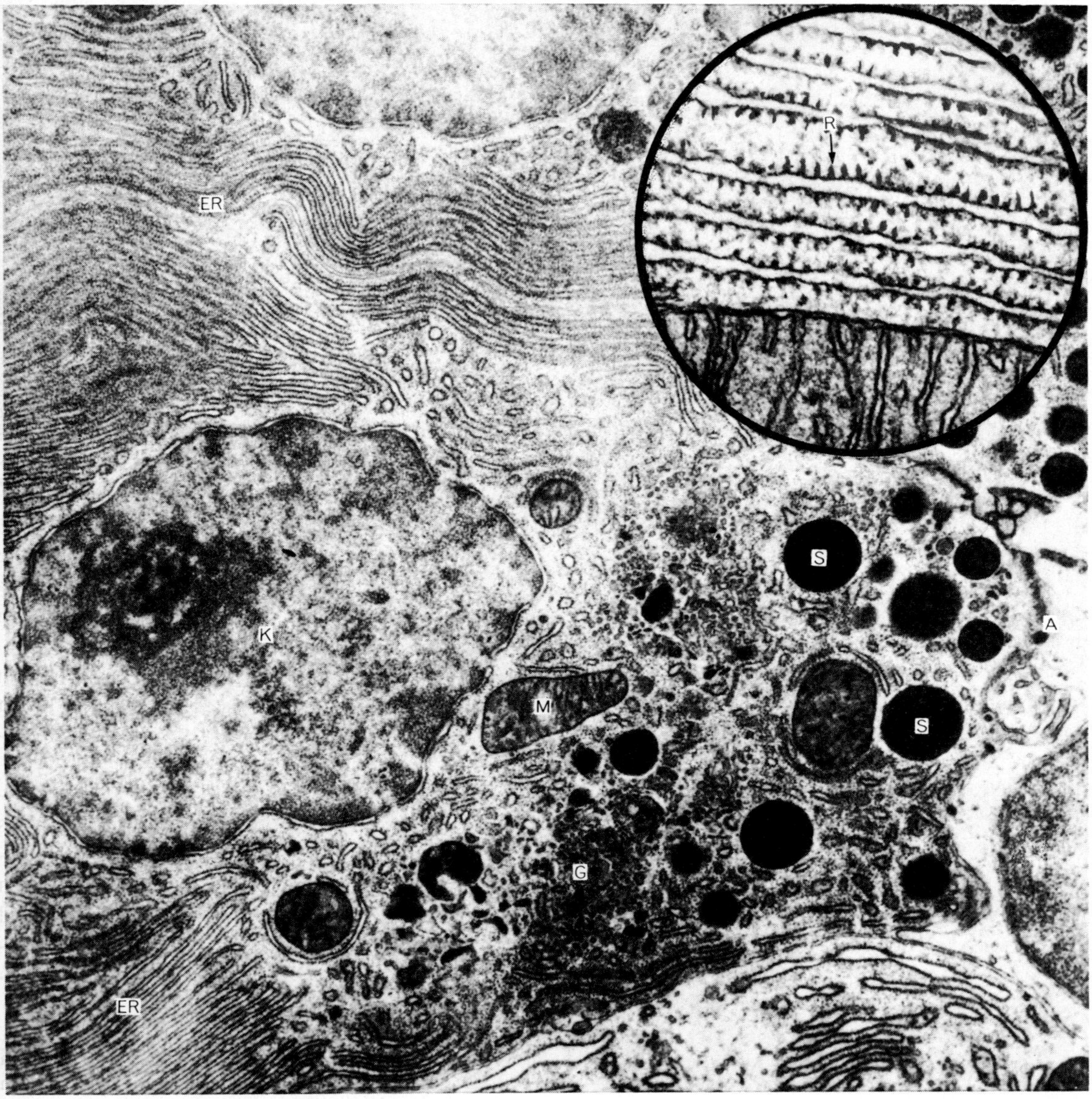

Abb. 163: Drüsenzelle der Bauchspeicheldrüse. An den Ribosomen R im endoplasmatischen Reticulum ER werden die Verdauungsenzyme gebildet, im Golgiapparat G gesammelt und in den Sekrettröpfchen S ausgeschieden. A Ausführkanälchen, M Mitochondrium, K Kern. Vergrößerung 15 000fach, im Einschaltbild (ER) 70 000fach

gefäß und Blutgefäße. Die Darmzotten vergrößern die Dünndarmoberfläche auf 40–50 m^2. In noch viel stärkerem Maße tut dies ein Besatz feinster Plasmafortsätze (*Mikrovilli*) an der Oberfläche der resorbierenden Zellen (200 Mill./mm^2). Durch sie erreicht die der Stoffaufnahme dienende Fläche des Dünndarmes eine Größe von über 2000 m^2.

Dünndarm. Die Dünndarmschleimhaut scheidet den *Darmsaft* ab. Er reagiert infolge seines Bikarbonatgehaltes alkalisch. Er enthält außerdem *Erepsine* (Proteasen, die Polypeptidketten von ihren Enden her abbauen), mehrere kohlenhydratspaltende Enzyme und *Enterokinase* (aktiviert das Trypsin des Bauchspeichels). Außerdem entleeren die Bauchspeicheldrüse und die Leber ihre Säfte in den Dünndarm.

Die hinter dem Magen liegende **Bauchspeicheldrüse** ist die zweitgrößte Drüse unseres Körpers. Sie liefert den alkalisch reagierenden Bauchspeichel, der alle zur Verdauung notwendigen Enzyme enthält. Das elektronenmikroskopische Bild einer der *Drüsenzellen* steht stellvertretend für alle eiweißabscheidenden Zellen. Auffällig ist die starke Entwicklung des mit Ribosomen besetzten endoplasmatischen Reticulums. Die Ribosomen sind die Orte der Proteinsynthese.

Zwischen dem Drüsengewebe eingestreute Zellhaufen, die *Langerhansschen Inseln,* sondern das wichtige Hormon *Insulin* ab.

Im Bauchspeichel findet man Trypsine, Erepsine, Nukleasen, Lipasen, mehrere kohlenhydratspaltende Enzyme und Alkalikarbonate. Die *Trypsine* spalten Eiweiß. Sie müssen jedoch erst durch die Enterokinase des Darmsaftes »aktiviert«, d. h. wirksam gemacht werden (ähnlich wie Pepsin, nur daß hier das den aktiven Bereich abdeckende Peptid durch ein besonderes Enzym, die Enterokinase, abgespalten wird). Die *Erepsine* bauen Peptide zu Aminosäuren ab. Pepsin und Trypsine greifen die Aminosäureketten der Eiweiße in der Mitte an und zerlegen sie in größere Bruchstücke, die Erepsine spalten die Aminosäuren Stück um Stück am Ende der Ketten ab. *Nukleasen* spalten die Nukleinsäuren der Zellkerne in Nukleotide. *Amylase* und *Maltase* überführen Stärke über Malzzucker in einfache Zucker. Die *Lipase* zerlegt Fette in Glyzerin und freie Fettsäuren.

Die **Leber** ist die größte Drüse im menschlichen Körper. Die Leberzellen ordnen sich zu kleinen, fingerförmigen Gebilden, den Leberläppchen an. Diese werden von den feinsten Verzweigungen der *Pfortader* durchzogen. Die Pfortader sammelt das Blut, das von Magen, Darm und Milz kommt und mit Nährstoffen beladen worden ist, und führt es zur Leber. (Alles Blut, das von den Verdauungsorganen kommt, muß die Leber durchlaufen!) Ein zweites Kapillarnetz, das von der *Leberarterie* ausgeht, versorgt die Leberzellen mit Sauerstoff. Ein drittes System, die *Gallenkanälchen,* sammelt die in der Leber dauernd sich bildende *Gallenflüssigkeit* und führt sie zur *Gallenblase.* Dort wird sie eingedickt und nach Bedarf in den Darm gepreßt. Die bittere, alkalisch reagierende Flüssigkeit enthält keine Enzyme. Die in ihr enthaltenen Gallensäuren können Fett in feinste Tröpfchen aufteilen (emulgieren) und wirken auch bei der Lösung der sonst nicht wasserlöslichen Fettsäuren mit. Die Galle ist also sehr wichtig für die Verdauung der Fette.

Ihre grünlichgelbe Farbe rührt von den *Gallenfarbstoffen* her, die von den Leberzellen aus dem Farbstoff abgebauter roter Blutkörperchen gebildet werden. Umgewandelte Gallenfarbstoffe verursachen auch die Braunfärbung des Kotes und die Gelbfärbung des Harns.

Die Leber ist an fast allen Stoffwechselvorgängen wesentlich beteiligt. Sie entzieht dem Blut Giftstoffe und baut verbrauchte rote Blutkörperchen ab. Sie speichert Kohlenhydrat als Glykogen, baut Körpereiweiß und Fett auf, wandelt Zucker in Fett um, bildet aus den Eiweißabbaustoffen NH_3 und CO_2 Harnstoff und Harnsäure. Durch erhöhten Stoffwechsel in den Leberzellen kann Wärme erzeugt und die Körpertemperatur erhöht werden. Man kann die Leber daher als »chemische Zentrale« des Körpers bezeichnen.

Die Vorgänge im Dickdarm. Der Dünndarm mündet seitlich in den 5–8 cm weiten Dickdarm ein. Ein Schließmuskel sowie zwei in das Innere des Dickdarms vorspringende Hautfalten verhindern das Zurücktreten von Dickdarminhalt in den Dünndarm. Am Übergang vom Dünndarm in den Dickdarm schließt sich der *Blinddarm* mit dem *Wurmfortsatz* an, der sich leicht entzündet (»Blinddarmentzündung«). Die meisten Säuger haben einen wohlentwickelten Blinddarm. Bei den höheren Affen und beim Menschen dagegen ist er zurückgebildet.

Pro Tag abgesonderte Verdauungssäfte:

Mundspeichel	1–2 l
Magensaft	1½–2 l
Bauchspeichel	1 l
Darmsaft	3 l
Galle	¾ l

Die Drüsen der Dickdarmschleimhaut liefern nur Schleim, aber keine Enzyme. Der Dickdarm ist von zahlreichen Bakterien besiedelt. Sie erzeugen unter anderem Vitamine (B, K). Einseitige Ernährung und Arzneimittel können die Zusammensetzung der Darmflora ungünstig beeinflussen. Dem dünnflüssigen Darminhalt wird im Dickdarm Wasser entzogen, so daß der Körper einen großen Teil der Flüssigkeit wieder zurückgewinnt. Als Kot gelangt der Darminhalt schließlich in den *Mastdarm.* Der Kot besteht aus den unverdaulichen und nicht verdauten Resten der Nahrung sowie aus abgestoßenen Darmzellen und Darmbakterien, die bis zu einem Drittel der Kotmenge ausmachen. Der Mastdarm wird durch die starken Schließmuskeln des Afters abgeschlossen und ist gewöhnlich leer. Tritt Kot in ihn ein, so löst dies das Gefühl des Stuhldranges aus.

Resorption. Die verdauten Nahrungsstoffe werden ganz überwiegend im Dünndarm resorbiert. Die Frage, ob ein bestimmter Stoff durch einen aktiven Transportvorgang resorbiert oder passiv in das Blut diffundiert, läßt sich durch folgenden Versuch beantworten: Man füllt den gewaschenen Darmteil eines

Abb. 164: Zellen der Darmschleimhaut als Beispiele für resorbierende Zellen. D Darminnenraum, GM glatte Muskelfaser, K Kern, Kp Blutkapillare, M Mitochondrien, Mv Mikrovilli, Sz Schleimzelle, Vergrößerung 6800fach

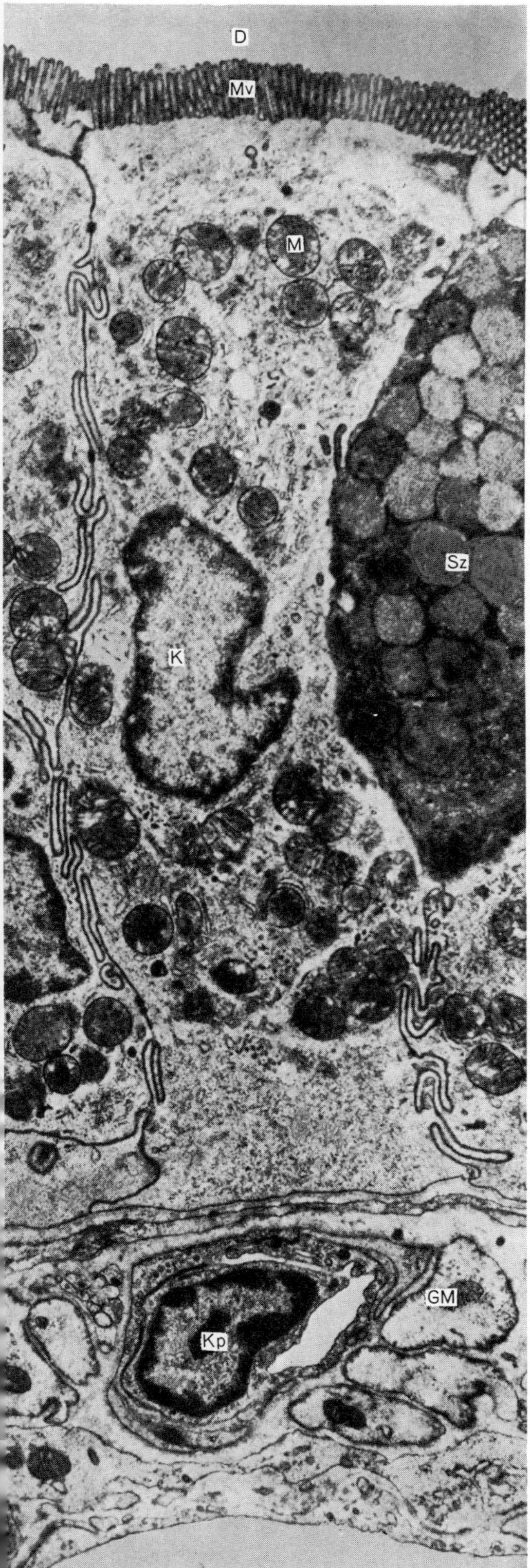

Versuchstieres mit einer Lösung des bestimmten Stoffes (z. B. Glucose) und legt ihn in eine Lösung des gleichen Stoffes von gleicher Konzentration. Da nun ein Konzentrationsgefälle fehlt, kann keine Diffusion eintreten. Wird trotzdem Glucose aus dem Darminneren resorbiert, ist also nach einiger Zeit die Glucosekonzentration im Darminneren niedriger als in der umgebenden Lösung, so muß ein aktiver Stofftransport stattgefunden haben. Solche Versuche zeigen, daß die meisten Stoffe aktiv resorbiert werden. Da die Zellen für diese Tätigkeit viel Energie benötigen, findet man in ihnen zahlreiche Mitochondrien (s. Abb. 125). Da die jeweilige Stoffkonzentration im Darminneren geringer ist als im Blut, muß eine Rückdiffusion verhindert werden. Wahrscheinlich hat die starke Verzahnung der nebeneinanderliegenden Zellen (Abb. 164) den Sinn, die Entstehung von Spalten zwischen den Zellen und damit die Rückdiffusion zu verhindern.

Die Aminosäuren und die einfachen Zucker werden in die Blutgefäße der Darmzotten befördert. Das Glyzerin und die Fettsäuren, zum Teil auch ganze Fetttröpfchen gelangen in das zentrale Lymphgefäß im Innern der Zotten und vereinigen sich spätestens dort wieder zu Fett. Sie werden weitgehend in Tröpfchenform durch Pinocytose aufgenommen.

Die Lymphgefäße der Darmwand vereinigen sich zum Lymphbrustgang, der in die linke Schlüsselbeinvene einmündet. So gelangt das Fett schließlich doch in den Blutkreislauf. Aus dem Blut nehmen Körperzellen das Fett auf, um es zunächst zu speichern. Ein Teil davon wird dann früher oder später zur Energiegewinnung oxidiert; das übrige bleibt als Vorrat im Körper.

Der Traubenzucker und die Aminosäuren kommen mit dem Darmblut durch die Pfortader in die Leber. Dort wird ein Teil des Traubenzuckers zurückgehalten und als *Glykogen,* eine der Stärke ähnliche Verbindung, in den Leberzellen gespeichert. Nach Bedarf wird es wieder in Traubenzucker zurückverwandelt und an das Blut abgegeben. Die Leber kann bis zu 18% ihres Gewichtes an Glykogen speichern. Auch in anderen Körperzellen, besonders reichlich in den Muskeln, wird Glykogen gelagert. Die Aminosäuren gelangen unverändert ins Blut und werden erst in den Zellen zu Eiweiß zusammengefügt.

1.4 Die Steuerung der Verdauungsvorgänge

Ein Verdauungssystem arbeitet dann besonders wirkungsvoll, wenn die Tätigkeit der einzelnen Organe an die jeweiligen Bedürfnisse angepaßt ist. Daß dies zutrifft, ergibt sich aus folgenden Beobachtungen:

Schon der Anblick einer leckeren Speise oder der Geruch, der von ihr ausgeht, ruft eine **Absonderung von Speichel** hervor, ja selbst beim bloßen Gedanken an eine Lieblingsspeise »läuft uns das Wasser im Mund zusammen«. Bekanntlich macht davon die Werbung reichlich Gebrauch. Besonders lebhaft aber wird der Speichelfluß, wenn beim Kauen die Nahrung auf die Sinnesorgane der Mundhöhle einwirkt.

Wenn man ein Röhrchen in den Ausführgang einer der Ohrspeicheldrüsen des Hundes einfügt und so eine künstliche Verbindung nach außen herstellt, läßt sich die Speichelabsonderung unmittelbar beobachten. Es zeigt sich dann, daß der Speichel schon zu fließen beginnt, wenn der Hund das Fleisch nur riecht, und daß beim Anblick des Fleisches ein vermehrter Speichelfluß einsetzt. Noch stärker aber wird er, wenn der Hund das Fleisch in den Mund bekommt und zu den »Fernreizen« Geruch und Anblick noch Tast- und Geschmacksreize hinzukommen. Wird beim Füttern stets eine bestimmte Lichtquelle gezeigt oder eine Glocke angeschlagen, dann genügt nach einiger Zeit schon das Aufleuchten oder der Ton allein, um den Speichel zum Fließen zu bringen (*bedingter Reflex;* PAWLOW 1926). Gibt man dem Hund jedoch nur Kieselsteine in den Mund, so wird kein Speichel abgesondert, wohl aber dann, wenn trokkener Sand oder Zitronensaft auf die Zunge gebracht wird (Verdünnungs- oder Spülspeichel!). Auch hier kann nach häufiger Wiederholung des Versuchs schon der bloße Anblick von Sand oder der Säureflasche den Speichelfluß hervorrufen.

Die Versuche zeigen, daß der Speichel ohne Beeinflussung durch unseren Willen rein reflektorisch auf bestimmte, von der Nahrung ausgehende Reize hin abgesondert wird (*unbedingter Reflex*). Ja schon die gedankliche Verbindung mit der Speise (das Lesen der Speisekarte, das Geklapper der Teller, der Anblick eines schön gedeckten Tisches) kann die Speicheldrüsen in Tätigkeit setzen (bedingter Reflex). Es hat also seinen guten Grund, daß wir einladende Speisen bevorzugen.

In ganz ähnlicher Weise wird die **Absonderung der Magensäfte** angeregt, wie ebenfalls durch Tierversuche erwiesen ist. Zu diesem Zweck stellte man bei Hunden einen künstlichen Magenausgang her, durch den der Magensaft nach außen abfließt. Man kann dann feststellen, daß auf alle Reize (Anblick, Geruch, Geschmacksempfindungen), die den Speichel zum Fließen bringen, auch die Abscheidung von Magensaft einsetzt, und zwar schon ehe die Speise im Magen ist. Auch die im Magen eingetroffene Speise regt ihn zur Sekretion an. Das läßt sich beweisen, indem man in den Magen eines Versuchstieres Speise einführt, nachdem die Nervenverbindungen vom Magen zum übrigen Organismus unterbrochen wurden. Auch in diesem Fall wird Magensaft abgegeben. Da eine mechanische Reizung nicht über das Nervensystem weitergeleitet werden kann, müssen chemische Wirkungen der Speisen vorliegen.

Die beim Abbau von Eiweiß entstehenden Peptide regen die Magendrüsen zur Tätigkeit an. Die gleiche Wirkung haben auch Fleischextrakt, Fleischbrühe und Gewürze; ihre Verwendung als appetitanregende Stoffe und der Brauch, die Suppe an den Beginn der Mahlzeit zu setzen, sind also begründet.

Auch die **Absonderung des Bauchspeichels** setzt bereits auf Reize von Sinnesorganen in der Mundschleimhaut ein, noch bevor die Speise den Magen erreicht. Wie beim Magen wird die Sekretion aber nicht nur über das Nervensystem in Gang gebracht, sondern auch durch chemische Einwirkung. Füllt man die obersten Dünndarmabschnitte mit einer 0,5%igen Salzsäurelösung, so beobachtet man eine starke Absonderung von Bauchspeichel. Den gleichen Vorgang kann man auch bei völliger Entnervung von Darm und Bauchspeicheldrüse beobachten.

Stellt man aus der Schleimhaut des Zwölffingerdarmes eines getöteten Tieres einen salzsauren wäßrigen Auszug her und injiziert diesen nach Neutralisation in die Blutbahn eines Versuchstieres, so wird ebenfalls Bauchspeichel ausgeschieden. Die weitere Untersuchung zeigt, daß nach Einwirkung von Salzsäure von den Epithelzellen des Darmes ein Stoff (*Sekretin*) abgeschieden wird, der auf dem Blutweg zur Bauchspeicheldrüse gelangt und dort die Sekretion auslöst.

1.5 Ernährungsformen der Säugetiere

Bei allen Wirbeltieren ist der Verdauungsapparat nach demselben Grundplan gebaut. Seine mannigfaltigen Abwandlungen erlauben recht unterschiedliche Arten der Ernährung.

a) **Fleischfressende Säugetiere.** Fleischnahrung ist nährstoffreich und leicht verdaulich. Die Fleischfresser haben deshalb einen kurzen Darm, der wenig Raum beansprucht.

b) **Pflanzenfressende Säugetiere.** Pflanzenkost enthält im allgemeinen wenig Nährstoffe, die außerdem noch von festen Zellwänden umschlossen sind. Der verwertbare Eiweißanteil ist gering. Um satt zu werden, müssen die Pflanzenfresser große Nahrungsmengen aufnehmen: eine 600 kg schwere Milchkuh benötigt täglich 50–60 kg Gras. Der Darm der Pflanzenfresser ist meist lang und mit besonderen Vorratsräumen, Gärkammern und langen Blinddärmen zur Celluloseverdauung ausgerüstet.

Verhältnis von Körperlänge zu Darmlänge

Fledermaus	1:1,9
Wolf	1:4
Hund	1:5
Pferd	1:10
Rind	1:20
Schaf	1:25
Kaulquappe bei Fleischkost	1:4,5
bei Pflanzenkost	1:7

Bei allen Pflanzenfressern ist der Magen außerordentlich groß. Bei den **Wiederkäuern** (Rind) besteht er aus vier Abschnitten. Die beiden ersten, *Pansen* und *Netzmagen,* dienen als Vorratsspeicher und Gärkammern. Dort wird durch cellulosespaltende Bakterien die Cellulose, für deren Verdauung auch die Wiederkäuer keine Enzyme besitzen, zerlegt und dadurch der Zellinhalt den Verdauungssäften zugänglich gemacht. Ein Teil der Bakterien wird von bestimmten Wimpertierchen gefressen, die dort in Massen leben und sich rasch vermehren. Die Bakterien sind zur *Eiweißsynthese* aus einfachen Stickstoffverbindungen wie Harnstoff und Ammoniumsalzen befähigt und werden samt den Wimpertierchen in den folgenden Darmabschnitten verdaut. Der von den Bakterien zum Eiweißaufbau benützte Harnstoff stammt aus dem Blut des Tieres. Er wird

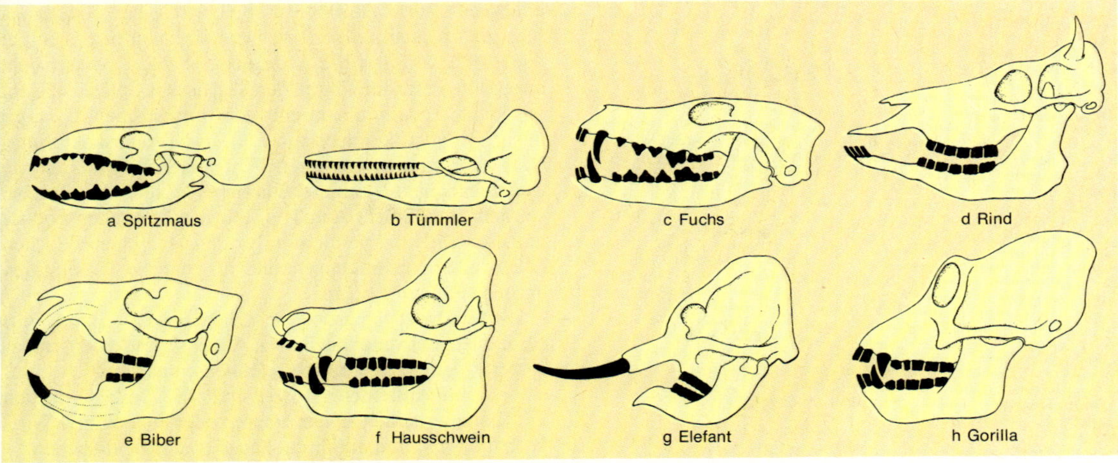

Abb. 165: Die Gebißtypen der Säuger entsprechen der vorherrschenden Nahrung. a Insektenfressergebiß: Zähne spitzkegelig oder mit spitzen Höckern, in Gestalt und Größe wenig verschieden. b Fanggebiß: Zahlreiche nach hinten gerichtete Zähne zum Festhalten und Zerreißen der Beute. c Fleischfressergebiß: Scharfe Schneidezähne, dolchförmige Eckzähne, Backenzähne mit scharfschneidenden Kanten. d Pflanzenfressergebiß: Eckzähne oft fehlend, Backenzähne breitkronig, mit Schmelzfalten durchsetzt, die eine rauhe Kaufläche bewirken (Mahlzähne). e Nagetiergebiß: 2 wurzellose Schneidezähne, die ständig wachsen (Nagezähne); Eckzähne fehlen, Backenzähne bilden geschlossene Kaufläche, die beim Bewegen des Unterkiefers von vorn nach hinten wie eine Raspel wirkt. f und h Allesfressergebisse (stehen zwischen Fleischfresser- und Pflanzenfressergebiß). g umgewandeltes Pflanzenfressergebiß: Obere Schneidezähne als Stoßzähne, in jeder Kieferhälfte ein einziger Backenzahn. – Säugetiere haben in der Regel ein Milchgebiß und ein Erwachsenengebiß. Bei Fischen, Lurchen, Kriechtieren werden verlorengegangene Zähne ständig ersetzt.

also nicht wie bei andern Tierarten als Eiweißabbauprodukt in vollem Umfang durch die Niere ausgeschieden, sondern auf diesem Umweg in ökonomischer Weise erneut in die Körpersubstanz eingebaut.

Die derart vorbereitete Nahrung wird nochmals ausgiebig »wiedergekaut« und kommt dann, von der aus zwei Hautfalten bestehenden Schlundrinne gesteuert, in den *Blättermagen*. Dort wird ihr Wasser entzogen. Zuletzt wird der Speisebrei in den anschließenden *Labmagen* gedrückt, der dem menschlichen Magen entspricht. Dort sowie im Dünndarm findet dann erst die eigentliche Verdauung statt.

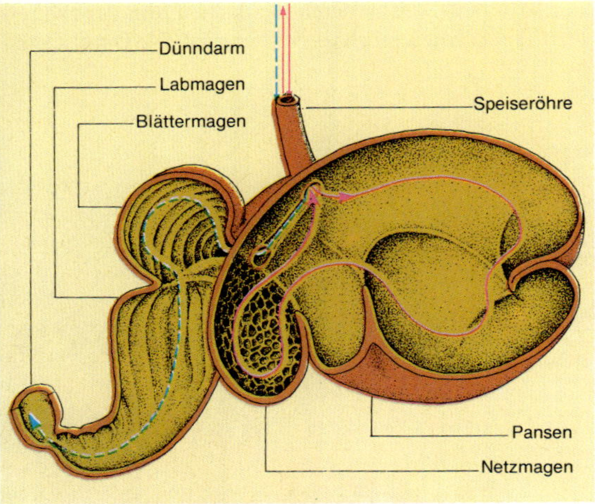

Abb. 166: Bau des Wiederkäuermagens

1.6 Tierische Schmarotzer

Schmarotzer oder Parasiten sind im Tierreich weit verbreitet. Sie entnehmen ihre Nahrung anderen lebenden Wesen, die sie dadurch schädigen, aber meist nicht töten. Dadurch unterscheidet sich der Schmarotzer vom Raubtier. Doch bestehen keine scharfen Grenzen, wie es auch gleitende Übergänge zur Symbiose gibt. Alle Parasiten stammen von freilebenden Vorfahren ab und haben sich in Bau und Lebensweise allmählich dem Schmarotzen angepaßt. Dies

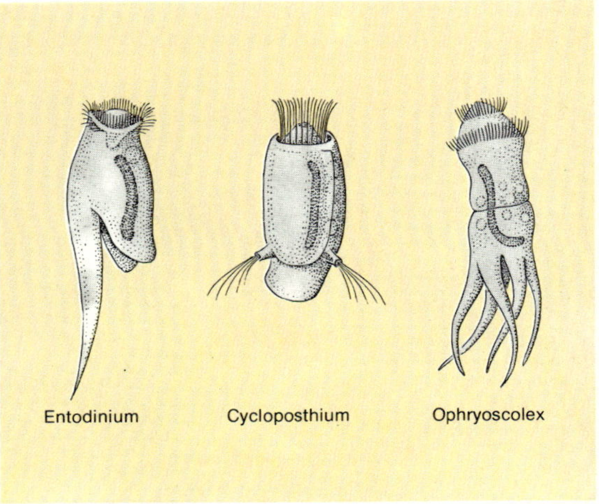

Abb. 167: Wimpertierchen aus dem Pansen von Wiederkäuern, 300fach vergr.

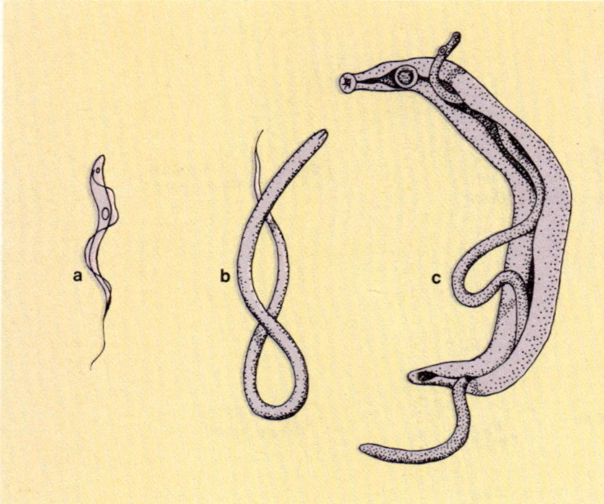

Abb. 168: Blutschmarotzer des Menschen. a Trypanosoma gambiense, der Schlafkrankheitserreger, b Wuchereria bancrofti, erzeugt die Filariakrankheit (unförmige Anschwellung im Bereich der Beine, Elefantiasis), c Saugwurm Schistosoma haematobium, der Erreger der Bilharziakrankheit, eine der häufigsten Tropenkrankheiten (Nieren-, Blasen- und Darmstörungen). Das fadenartige Weibchen liegt in einer Bauchfalte des Männchens (Größen a 0,02 mm, b ♂ 49 mm, ♀ bis 80 mm, c ♂ 14 mm, ♀ bis 20 mm)

hat in manchen Fällen zu einer so weitgehenden Umgestaltung des Körpers geführt, daß die verwandtschaftliche Zugehörigkeit kaum mehr festzustellen ist. Die meisten Schmarotzer haben sich auf einzelne Organe ganz bestimmter Tierarten spezialisiert, außerhalb derer sie nicht leben können. Die Schwierigkeit, immer das geeignete Opfer zu erreichen, hat dazu geführt, daß die Schmarotzer zur Erhaltung der Art eine ungeheure Anzahl von Eiern erzeugen; das ist aber nur bei dem Überfluß an hochwertiger Nahrung möglich. Die Schmarotzer schädigen ihren »Wirt« durch Nahrungsentzug, Beeinträchtigung der Organfunktion und durch giftige Ausscheidungen. Die Schädigung hält sich im allgemeinen in Grenzen. Diese Tatsache läßt sich folgendermaßen verstehen: Ein Parasit kann nur einem voll lebenstüchtigen Wirt genügend Nahrung entziehen. Schädigt er also den Wirt zu stark oder führt er gar seinen Tod herbei, schädigt er damit sich selbst. Deshalb beeinträchtigen gut angepaßte Parasiten ihre Wirte nicht erheblich. Nur schlecht angepaßte Parasiten führen den Tod herbei. Solche schlecht angepaßte Parasiten sind entweder Organismen, die auch noch frei leben können (wie z. B. das Tetanusbakterium) oder aber an einen anderen Wirt angepaßt sind, den sie wenig schädigen. Trichinen führen bei Nagetieren selbst bei starkem Befall nicht zum Tod. Für den Menschen sind sie lebensgefährlich. Die meisten für den Menschen tödlichen bakteriellen Erkrankungen sind für manche Tiere relativ harmlos und umgekehrt.

Die meisten Schmarotzer leben dauernd mit ihrem Wirt zusammen, entweder auf dessen Außenseite (Außenschmarotzer) oder in seinem Innern (Innenschmarotzer).

Bekannte **Außenschmarotzer** sind z. B. *Tierläuse,* die sich mit Klammerbeinen an den Haaren oder Federn ihres Wirts festhalten und ihm mit ihrem Saugrüssel Blut entziehen.

Innenschmarotzer kommen in allen Teilen des Körpers vor, besonders häufig im Darm und im Blut. In der *Blutflüssigkeit* des Menschen können neben zahlreichen Bakterien auch die als Erreger der Schlafkrankheit bekannten *Trypanosomen,* ein winziger *Fadenwurm* und ein *Saugwurm* vorkommen. Sie ernähren sich vom Blutplasma, haben alle die gleiche fadenförmige Körpergestalt und bewegen sich schlängelnd fort (Abb. 168).

Der *Darmkanal* wird vorwiegend von schmarotzenden Einzellern und Würmern bewohnt. Eine Amöbe (*Entamoeba histolytica)* zerstört die Zellen der Darmschleimhaut und ruft dadurch beim Menschen die tropische Amöbenruhr hervor. *Spul-* und *Bandwürmer* dagegen leben vom Darminhalt. Die Bandwürmer sind mit Saugnäpfen und manche Formen auch mit einem Kranz von Haken am Vorderende des Körpers versehen, mit denen sie sich im Darm festhalten. In den *Geweben* des Körpers entwickeln sich die *Muskeltrichinen* und die *Jugendformen* (Finnen) *von Bandwürmern.*

Nervensystem und Sinnesorgane sind bei den Innenschmarotzern im Gegensatz zu den Außenschmarotzern stark zurückgebildet und wenig leistungsfähig. Da sie in fertig verdauter Nahrung leben, ist auch ihr Darm stark vereinfacht oder wie bei den Bandwürmern ganz verschwunden. Diese nehmen die Nahrung mit der Körperoberfläche auf, welche durch die flache Form der zahlreichen Glieder beträchtlich vergrößert wird. Die Darmschma-

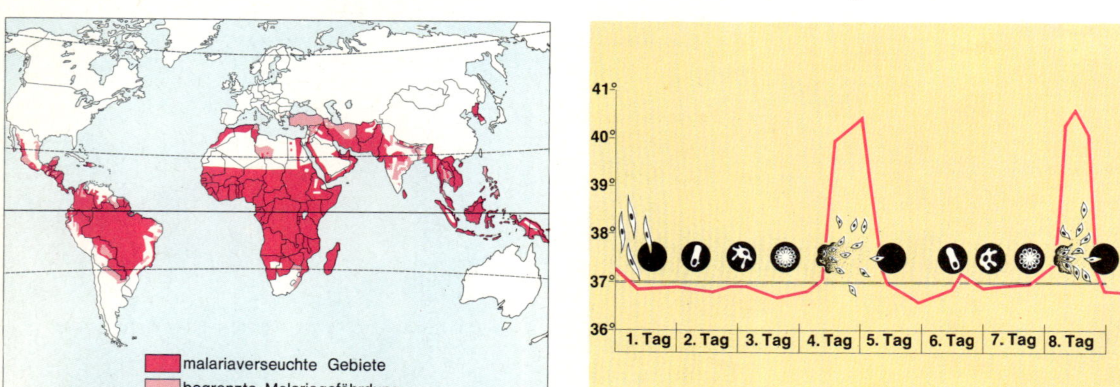

Abb. 169: a) Verbreitung der Malaria; b) Entwicklungsgang des Malariaerregers im Blut des Menschen, mit Fieberkurve (Malaria quartana). Der regelmäßig wiederkehrende Fieberanfall beginnt nach einer Inkubationszeit von 23–42 Tagen

rotzer, denen kein Luftsauerstoff zur Verfügung steht, gewinnen Energie nicht durch Oxidation, sondern durch Gärung (vgl. S. 96). Es ist bemerkenswert, daß weder die Darmschmarotzer selbst noch die durch den Darm gehenden Zwischenformen von den Verdauungsenzymen angegriffen werden. Viele Innenschmarotzer haben einen *Wirtswechsel,* ihre Larven parasitieren in *Zwischenwirten.*

Im folgenden werden die Entwicklungsgänge einiger Schmarotzer geschildert: Die **Malaria** wird durch die Fiebermücke *Anopheles* auf den Menschen übertragen. Beim Blutsaugen gelangen die einzelligen Erreger (das Sporentierchen *Plasmodium*) mit dem Speichel der Mücke auf Umwegen in die Blutbahn des Menschen. Dort wandern sie in rote Blutkörperchen ein und vermehren sich darin durch Teilung. Dann sprengen die Nachkömmlinge aller von einer Ansteckung stammenden Parasiten gleichzeitig ihre Blutkörperchen, schwärmen ins Blut aus und dringen einzeln in neue Blutkörperchen ein. Dabei bekommt der Kranke durch die freiwerdenden Stoffwechselendprodukte der Erreger einen Fieberanfall. Dieser Vorgang wiederholt sich je nach Art des Erregers alle 2 oder 3 Tage, wobei jedesmal Fieber auftritt. Nach einiger Zeit entstehen dann Geschlechtsformen, die sich im Blut des Menschen nicht weiterentwickeln, sondern bei einem erneuten Stich in den Darm einer Fiebermücke kommen müssen. Dort machen die Erreger eine komplizierte Entwicklung durch und gelangen schließlich in die Speicheldrüsen und beim Stechen wieder in das Blut des Menschen.

Die Eier des im menschlichen Darm lebenden **Rinderbandwurms** kommen mit dem Kot nach außen und mit dem Dung auf die Felder. Dort müssen sie vom grasenden Rind gefressen werden, in dessen Muskelfleisch sie sich zu Finnen entwickeln. Durch Genuß ungenügend gekochten oder gebratenen Fleisches gelangen dann die noch lebenden Finnen wieder in den Darm des Menschen. Die Eier vom **Fischbandwurm** des Menschen müssen ins Wasser kommen. Aus ihnen schlüpfen bewimperte Larven aus, die in kleine Hüpferlinge (Cyklops, Diaptomus) eindringen, in welchen sie sich weiterentwickeln. Wird dann ein solcher Kleinkrebs von einem Fisch gefressen, bohren sich die Entwicklungsformen des Bandwurmes in die Muskulatur ein und wachsen zu Finnen heran, die mit ungenügend gekochtem oder geräuchertem Fischfleisch wieder in den Darm des Menschen kommen, wo sie zum Bandwurm werden.

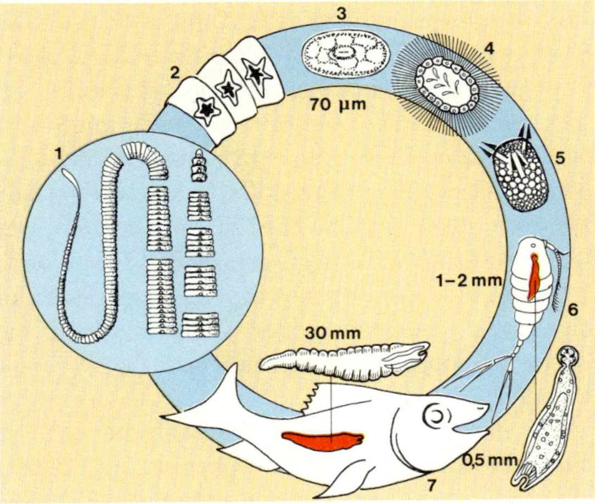

Abb. 170: Entwicklungsgang des Fischbandwurms des Menschen. 1 Bandwurm im Darm des Menschen. 2 Reife Glieder mit Eiröhren. 3 Freigewordenes Ei. 4 Flimmerlarve. 5 Hakenlarve. 6 Erster Zwischenwirt (Kleinkrebs) mit Vorfinne im Darm. 7 Zweiter Zwischenwirt (Süßwasserfisch) mit Finne im Muskelfleisch

2. Der Stofftransport im Körper (Blut und Blutkreislauf)

Die im Darm resorbierten Nährstoffe müssen zu den verbrauchenden Zellen gelangen. Das könnte grundsätzlich durch Diffusion geschehen. Die Diffusionsgeschwindigkeit nimmt aber mit steigender Entfernung rasch ab. Deshalb können nur kleine Tiere wie die Einzeller ohne besondere **Einrichtungen für den Stofftransport** auskommen. Größere Tiere müssen dagegen durch Ausbildung besonderer Transportsysteme die Diffusionswege abkürzen.

Bei den *Hohltieren* und den *Plattwürmern* ist der Darm ziemlich groß und blind geschlossen. Er durchzieht den ganzen Körper und tritt dadurch nahe an alle verbrauchenden Zellen heran. Bei großen Tieren ist er im allgemeinen stark verästelt. Die Diffusionswege sind also hier dadurch abgekürzt, daß die Nährstoffe gleichmäßig im Darm verteilt werden. Sie können dann überall aus dem Darm resorbiert und den unmittelbar benachbarten Zellen zugeführt werden. Diese Art des Stofftransports setzt voraus, daß alle Teile des Darmes zur Resorption fähig sind. Die einzelnen Teile des Darmkanales dürfen also nur wenig spezialisiert sein. Eine Spezialisation einzelner Darmabschnitte führt dazu, daß nur noch ein Teil des Darmes zur Resorption fähig ist; das hätte aber große Diffusionswege zur Folge. Spezialisation im Darmkanal muß deshalb notwendigerweise mit der Ausbildung besonderer Transportsysteme gekoppelt sein.

Bei den *Fadenwürmern* mit durchgehendem Darm erfolgt der Transport durch die *Leibeshöhlenflüssigkeit,* die den Hohlraum zwischen Darm und Körperwand ausfüllt. Sie erhält vom Darm die Nährstoffe, von der Haut den Sauerstoff, und die arbeitenden

Zellen scheiden dorthin ihre Abfallstoffe aus. Die Stoffe in der Leibeshöhle werden durch die Körperbewegungen des Tieres nur ungeordnet verteilt. Dadurch gelangt auch dauernd neue, nicht mit Sauerstoff beladene Leibeshöhlenflüssigkeit an die Körperoberfläche. Das Sauerstoffkonzentrationsgefälle zwischen außen und innen ist deshalb bei bewegter Leibeshöhlenflüssigkeit größer als bei Tieren ohne Leibeshöhle. Damit ist auch die Diffusionsgeschwindigkeit für Sauerstoff größer. Gleiches gilt für die Konzentrationsgefälle am Darm und den verbrauchenden Zellen.

Bei einem *Blutkreislaufsystem* vollzieht sich der dauernde Austausch der Flüssigkeit an der Körperoberfläche, dem Darm und den verbrauchenden Zellen wesentlich rascher. Damit steigen auch das Konzentrationsgefälle und die Austauschgeschwindigkeit weiter. Außerdem ist eine gezielte Versorgung der gerade arbeitenden Organe möglich.

Tiere mit Blutkreislaufsystem besitzen im allgemeinen ebenfalls Leibeshöhlen. Die Bedeutung der Leibeshöhlenflüssigkeit für den Stofftransport ist aber dann, gemessen an der des Blutkreislaufsystems, gering.

2.1 Der Blutkreislauf der Wirbellosen

Bei den *Ringelwürmern* (Regenwurm) findet sich ein zusammenhängendes, **geschlossenes Blutgefäßsystem.** Es besteht aus einem Rücken- und einem Bauchgefäß, die in den einzelnen Abschnitten durch ringförmig den Darm umgebende Gefäßschlingen verbunden sind. In der Haut ist zur Aufnahme des Sauerstoffs ein Hautblutgefäßnetz entwikkelt. Ein Darmblutgefäßnetz versorgt den Darm mit Sauerstoff und empfängt von ihm die Nährstoffe. Den Antrieb besorgen das Rückengefäß sowie einige als »Herzen« ausgebildete stärkere Gefäßschlingen. Sie treiben das Blut im Rückengefäß von hinten nach vorn, im Bauchgefäß nach hinten (Abb. 492). In einem solchen geschlossenen Blutkreislaufsystem ist das in den Blutgefäßen kreisende Blut von der Leibeshöhlenflüssigkeit getrennt.

Bei den *Insekten* ist das Blutgefäßsystem sehr vereinfacht. Es besteht nur aus einem dem Rückengefäß der Ringelwürmer entsprechenden langgestreckten Herzschlauch. Das Blut tritt im Hinterleib durch ventilartige Öffnungen aus der Leibeshöhle in das Herz ein. Das Herz kontrahiert sich rhythmisch und treibt dadurch das Blut in den Kopf. Von dort strömt es durch Lücken zwischen den Organen wieder nach hinten. Das Blut fließt also frei in der Leibeshöhle (**offenes Blutgefäßsystem**). Blut und Leibeshöhlenflüssigkeit sind nicht getrennt. Offene Blutgefäßsysteme haben auch Krebse, Spinnen und Weichtiere (Abb. 495 und 498).

2.2 Der Blutkreislauf der Wirbeltiere

Bei den Wirbeltieren ist das Blutkreislaufsystem geschlossen. Man kann bei ihnen also ebenfalls zwischen dem *Blut* und der *Leibeshöhlenflüssigkeit* unterscheiden. Als dritte Körperflüssigkeit kommt noch die *Lymphe* hinzu. Als Lymphe bezeichnet man die Flüssigkeit zwischen den einzelnen Zellen und in den Gewebespalten. Blut und Lymphe stehen über den Lymphbrustgang miteinander in Verbindung.

Der Antrieb des Blutes erfolgt zentral durch ein bauchwärts gelegenes Herz. Die vom Herzen ausgehenden Gefäße bezeichnet man als *Arterien* (Schlagadern, Pulsadern). Ihre starken Wände sind elastisch dehnbar. Glatte Muskelzellen verleihen den Gefäßen außerdem die Fähigkeit sich zu verengen. Gefäße, die das Blut wieder dem Herzen zuführen, heißen *Venen*. Sie haben nur wenig Druck auszuhalten, ihre Wände sind daher dünn und wenig elastisch. Taschenartige Klappen im Innern der Venen verhindern das Zurückfließen des Blutes.

Der Stoffaustausch spielt sich in den *Kapillaren* ab, den letzten Verzweigungen der Arterien. Sie bilden ein feinstes Netzwerk sehr enger Röhrchen mit sehr großer Oberfläche, das alle Organe und Gewebe durchzieht. Die Kapillaren vereinigen sich wiederum zu den Venen. Die Wände bestehen nur aus einer einzigen Schicht flacher Zellen und ermöglichen dadurch einen raschen und ausgiebigen Stoffaustausch.

Bei den *Knochenfischen* wird der Kreislauf durch ein Herz angetrieben. Es besteht aus einer Vor- und einer Herzkammer. Das CO_2-haltige, venöse Körperblut wird von der

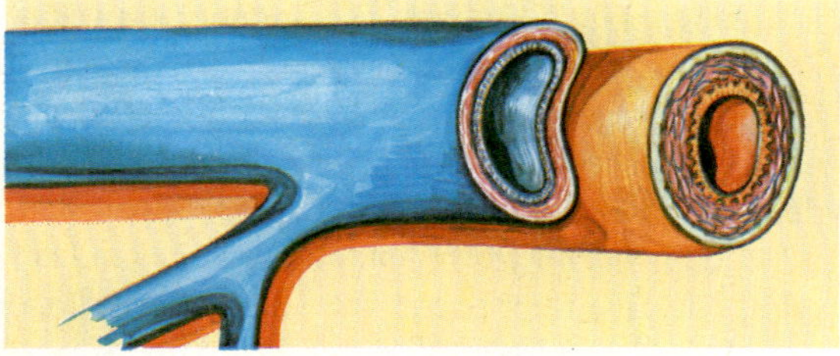

Abb. 171: Arterie (rechts, mit bindegewebiger Innenschicht und Bindegewebshülle) und Vene (links, Wand mit Bindegewebe durchsetzt) im Querschnitt

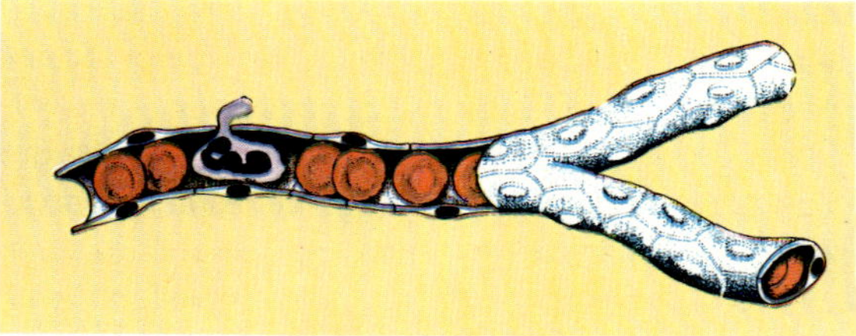

Abb. 172: Eine Kapillare mit Blutkörperchen. Ein weißes Blutkörperchen verläßt eben das Blutgefäß

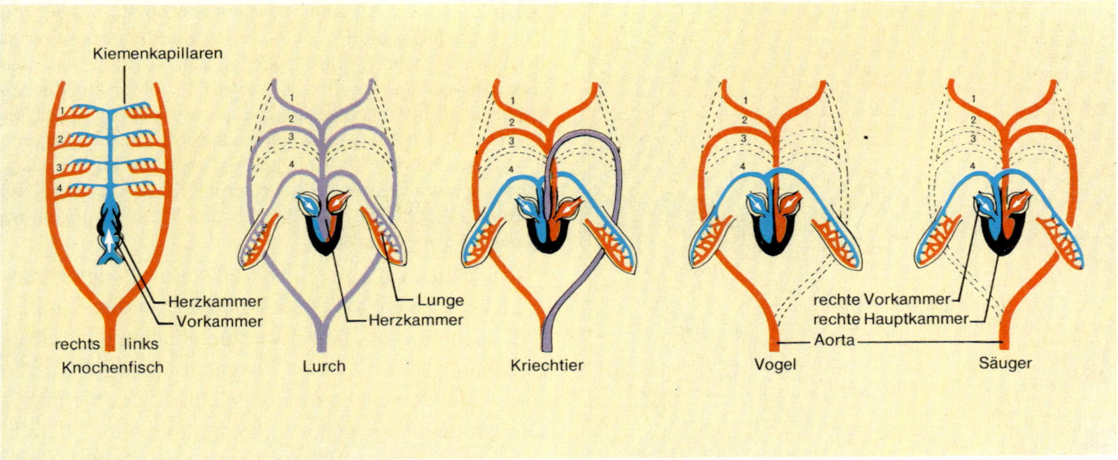

Abb. 173: Schematische Darstellung des Herzens und der herznahen Gefäße bei den Wirbeltierklassen. Arterielles Blut rot, venöses Blut blau, Mischblut violett. Punktierte Gefäße werden bei der Keimesentwicklung angelegt und dann zurückgebildet

Vorkammer angesaugt und von der Herzkammer in die *Kiemenschlagader* gepumpt. Von dort gelangt es in 4 Paar Kiemenarterien (= *Arterienbögen*) und von da in die Kiemenkapillaren. Aus diesen sammelt sich das arteriell gewordene Blut in den paarigen *Aortenwurzeln,* die sich zur großen Körperschlagader (= *Aorta*) vereinigen; sie führt das Blut wieder dem Körper zu (**einfacher Kreislauf**). Das Herz enthält nur venöses Blut (Abb. 173).

Mit dem Übergang zur Lungenatmung wird der Blutkreislauf wesentlich umgestaltet. Das Blut kehrt nämlich nach dem Verlassen der Atmungsorgane zunächst wieder zum Herzen zurück und erhält dort einen neuen Antrieb. So entsteht ein **doppelter Kreislauf.** Die Trennung der beiden Kreisläufe durch Ausbildung einer Scheidewand in der Herzkammer ist bei *Lurchen* und *Reptilien* unvollkommen.

Erst bei den *Vögeln* und *Säugetieren* kommt es zu einer völligen Trennung der beiden Herzhälften und damit der beiden Kreisläufe. Damit gelangt in den Körper nur sauerstoffreiches, in die Lungen nur sauerstoffarmes Blut.

2.3 Der Blutkreislauf beim Menschen

Überblick. Aus der linken Herzkammer entspringt die große Körperschlagader, die *Aorta.* Sie führt den Organen sauerstoffreiches Blut zu. Aus den Darmkapillaren sammelt die *Pfortader* das venös gewordene und jetzt mit Nährstoffen beladene Blut und leitet es zur Leber. Dort löst sie sich erneut in Kapillaren auf. Durch die untere Hohlvene fließt es dann in das Herz zurück. Eine besondere Arterie versorgt die Leber unmittelbar. Nach dem Durchlaufen der Körperkapillaren wird das sauerstoffarm gewordene Blut wieder gesammelt und der rechten Vorkammer zugeführt (*großer Kreislauf*), die es an die rechte Herzkammer weitergibt. Diese pumpt das Blut durch die Lungenarterie in das Kapillarnetz der Lungen. Dort nimmt es Sauerstoff auf und gibt CO_2 ab. Als arterielles Blut kehrt es durch die Lungenvenen zur linken Vor- und Herzkammer zurück (*kleiner Kreislauf*). Die linke Herzhälfte enthält also nur arterielles, die rechte nur venöses Blut.

Bau und Tätigkeit des Herzens. Das Herz ist ein kräftiger Hohlmuskel. Die beiden Herzhälften sind vollständig getrennt, so daß das Herz zwei nebeneinanderliegenden Saug-Druck-Pumpen gleicht. Jede

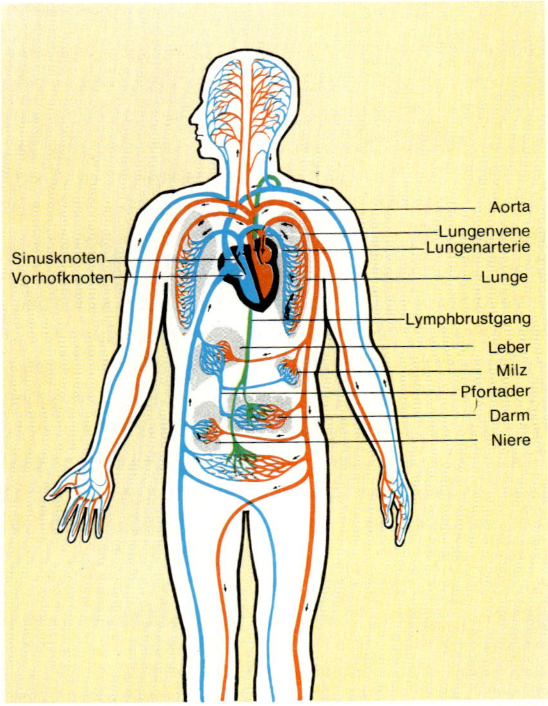

Abb. 174: Schema des Blutkreislaufs beim Menschen. Arterielles Blut rot, venöses Blut blau

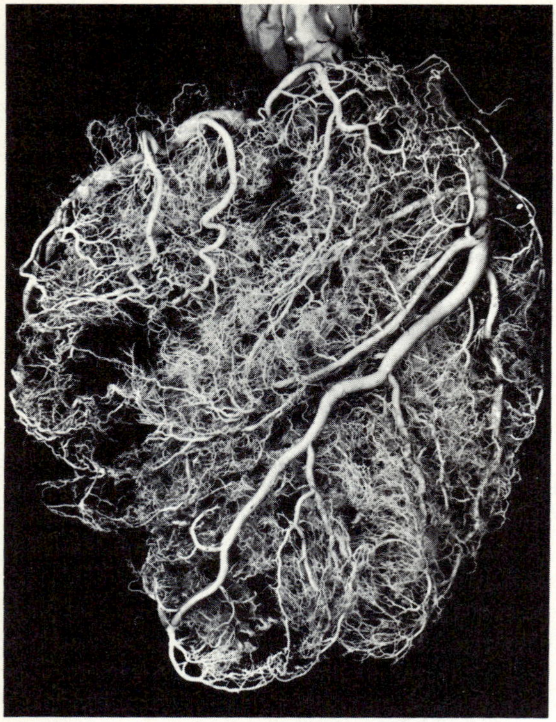

Abb. 175: Menschliches Herz. Ausgußpräparat der Herzkranzarterien und -arteriolen von der Bauchseite betrachtet. Zur Herstellung wird noch dünnflüssiges Kunstharz in die Herzkranzarterien gepreßt. Nach Erstarren wird die organismische Substanz enzymatisch aufgelöst und weggespült. Das fertige Präparat gibt nur den Hohlraum der Gefäße wieder.

Hälfte besteht aus einer *Vor-* und einer *Herzkammer.* Zwischen Vor- und Herzkammern liegen ventilartig wirkende *Segelklappen.* Sie verschließen beim Zusammenziehen der Herzkammer die Öffnung zur Vorkammer. *Taschenförmige Klappen* am Ursprung der aus den Herzkammern abzweigenden Arterien verhindern den Rückfluß des Blutes in die sich erweiternden Herzkammern (Abb. 176).

Beide Herzhälften arbeiten gleichzeitig, wobei sich die Kammern bzw. Vorkammern abwechselnd zusammenziehen (*Systole*) und erweitern (*Diastole*). Zunächst kontrahieren die Vorkammern und geben ihr Blut an die erschlaffenden Herzkammern ab. Dann ziehen sich die Herzkammern zusammen und drücken das Blut in die Schlagadern. Gleichzeitig wird durch die sich erweiternden Vorkammern von neuem Blut aus den Venen angesaugt. Darauf folgt eine kurze Ruhezeit.

Die bei jedem Herzschlag beförderte Blutmenge (*Schlagvolumen*) beträgt 70 cm^3. Da das Herz beim ruhenden Erwachsenen in der Minute 70–80mal schlägt, strömen in dieser Zeit 5–6 l Blut, soviel wie die gesamte Blutmenge, durch das Herz. Zur Überwindung des Reibungswiderstandes in den Gefäßen sind hohe Drücke nötig. Der **Blutdruck** in der linken Herzkammer beträgt während der Systole 150 Torr (mm Quecksilbersäule = 200 mbar), der in der rechten 50 Torr (70 mbar). Die Drücke in den Vorkammern sind nur etwa ein Zehntel dieser Werte. Der unterschiedlichen Beanspruchung entsprechend ist die Muskelschicht der linken Herzkammer etwa dreimal so dick wie die der rechten.

Wie alle tätigen Muskeln erzeugt auch das Herz elektrische Impulse (Elektrokardiogramm, EKG). Aus dem EKG können Rückschlüsse auf krankhafte Veränderungen am Herzen gezogen werden.

Das Blut wird vom Herz stoßweise bewegt. Beobachtet man dagegen Blutkörperchen in den Kapillaren, so sieht man, daß dort eine gleichmäßige Strömung herrscht. Welche Vorgänge verwandeln die stoßweise Bewegung in ein gleichmäßiges Strömen? Die große Oberfläche der Kapillaren und kleinen Arterien setzt dem Blut einen starken Reibungswiderstand entgegen. Das Blut kann deswegen während einer Systole nicht einfach abfließen. Deshalb erzeugt die Herzkontraktion eine Druckerhöhung in der Aorta, die sich als Druckwelle über die Arterien fortpflanzt. Die Druckwelle ist als Pulsschlag fühlbar. Sie weitet die elastischen Wände der Arterien. Nach dem Ende der Systole üben die nun gedehnten Wände der Arterien einen Druck auf das Blut aus. Dieser Wanddruck sorgt auch nach dem Ende der Systole für einen erhöhten Innendruck in den Gefäßen: das Blut strömt weiter.

Systolischer und diastolischer Blutdruck nehmen vom Herzen bis zum Kapillargebiet dauernd ab. In der Oberarmarterie beträgt er beim Zwanzigjährigen im Durchschnitt in der Systole 120 Torr (160 mbar) und 80 Torr (107 mbar) in der Diastole. Die Höhe des *Druckabfalls* pro cm Rohrlänge ist in weiten Röh-

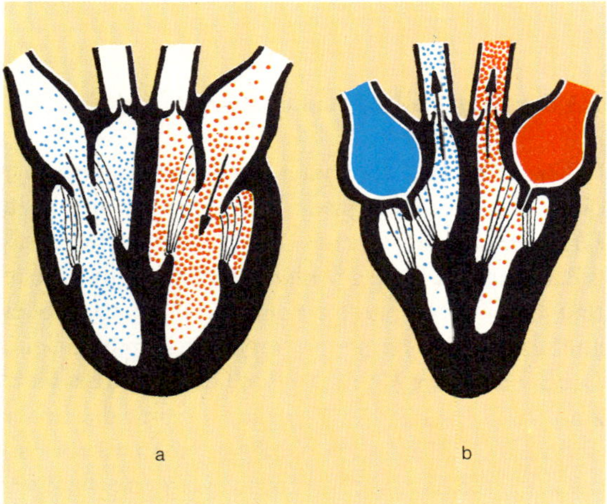

Abb. 176: Die Tätigkeit des Herzens. a Zusammenziehen der Vorkammern, Erschlaffen (Diastole) der Herzkammern, b Zusammenziehen (Systole) der Herzkammern, Erschlaffen und Erweitern der Vorkammern

ren geringer als in engen. Deshalb ist der Druckabfall im Bereich der kleinsten Arterien besonders groß. Der Blutdruck beträgt im Kapillargebiet nur noch 15–30 Torr (20–40 mbar), in den Venen 0–15 Torr (0–20 mbar). In manchen Venen kann er vorübergehend sogar negative Werte (Unterdruck) annehmen.

Eine Arterie verzweigt sich in viele kleine Arterien. Das Blutvolumen, das durch eine dieser kleinen Arterien pro Zeiteinheit fließt, ist proportional zu r^4 (r = Radius dieser Arterie). Eine geringfügige Veränderung des Arteriendurchmessers führt also zu einer erheblichen Änderung des hindurchströmenden Blutvolumens. Das bedeutet, daß bereits durch geringe Veränderungen des Durchmessers der versorgenden Arterien große Veränderungen in der Blutversorgung der Organe auftreten. Veränderungen des Durchmessers werden durch die Kontraktion von glatten Muskelzellen in der Wand der Arterien erzeugt.

2.4 Steuerung des Herzens und der Gefäße

Ein Herz (z. B. ein Froschherz) schlägt unter geeigneten Bedingungen auch außerhalb des Körpers weiter. Die Kontraktion wird also vom Herzen selbst ausgelöst. Beim Froschherz ist die Einmündungsstelle der Venen in die Vorkammer als deutliche Erweiterung abgesetzt (Sinus venosus). Schnürt man die Erweiterung vom Herzen ab, hört es auf zu schlagen. Die Erregung für die Herzkontraktion scheint also an dieser Stelle gebildet zu werden. Durch anatomische und elektrophysiologische Untersuchungen wurde eine besondere Stelle gefunden (*Sinusknoten*), von der im lebenden Organismus elektrische Impulse im Rhythmus des Herzschlags ausgehen.

Wird der Sinusknoten vom Herzen getrennt, bleibt das Herz trotzdem nicht dauernd stehen. Vielmehr setzen die Kontraktionen nach einiger Zeit wieder ein, allerdings mit einer wesentlich langsameren Frequenz. Als Ort dieser langsameren Erregungsbildung kann durch Abschnüren oder durch Abtasten mit feinen Elektroden eine Stelle in der Vorhofwand (*Vorhofknoten*) ermittelt werden. Unter normalen Bedingungen gewinnt das Erregungsbildungszentrum mit der höheren Eigenfrequenz, der Sinusknoten, die Vorherrschaft. Der Vorhofknoten hat dann nur die Aufgabe der Reizübermittlung. Seine Eigenfrequenz tritt erst in Erscheinung, wenn der Sinusknoten ausfällt.

Die Herztätigkeit (Pulsfrequenz, Blutdruck) kann den wechselnden Bedürfnissen angepaßt werden. Das Erregungsbildungszentrum muß also von außen zu beeinflussen sein. An das Herz treten sowohl Nervenfasern des Sympathikus wie des Vagus heran. Reizt man die sympathischen Fasern elektrisch, be-

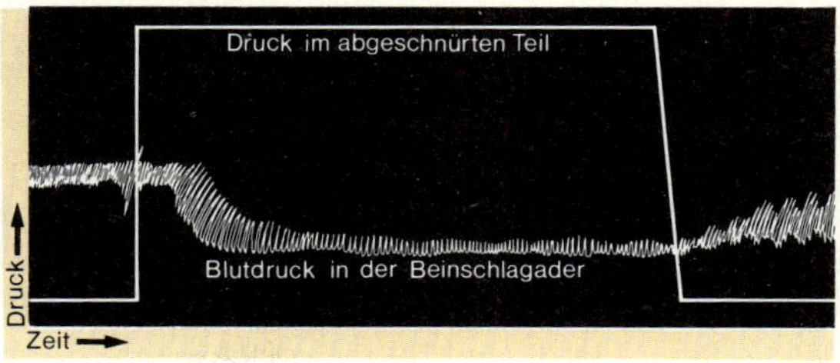

Abb. 177: Versuche am Hund in Narkose. Gleichzeitige Registrierung des künstlichen Innendrucks im abgeschnürten Arterienteil und des Blutdrucks der Beinschlagader (vgl. Text)

obachtet man eine Beschleunigung der Herzfrequenz und eine Erhöhung der Kontraktionsstärke. Künstliche Reizung des Vagus bewirkt das Gegenteil. Das Nervensystem beeinflußt also die Tätigkeit des Erregungsbildungszentrums im Herzen, löst aber bei Ausfall dieses Zentrums keine Kontraktionen aus.

Der *Blutdruck* wird durch einen Regelkreis konstant gehalten. Er ist folgendermaßen aufgebaut: In der Wand der Aorta und der Kopfschlagader befinden sich druckempfindliche Sinneskörperchen (Fühler), die den Innendruck der Gefäße (Istwert) an das Gehirn (Regler) melden. Bei einem Versuchstier kann man denjenigen Teil der Kopfschlagader, der die Drucksinneskörperchen enthält, abschnüren. Führt man dann in den abgeschnürten Teil eine Kanüle ein, läßt sich durch Einpressen von physiologischer Salzlösung der Innendruck des abgeschnürten

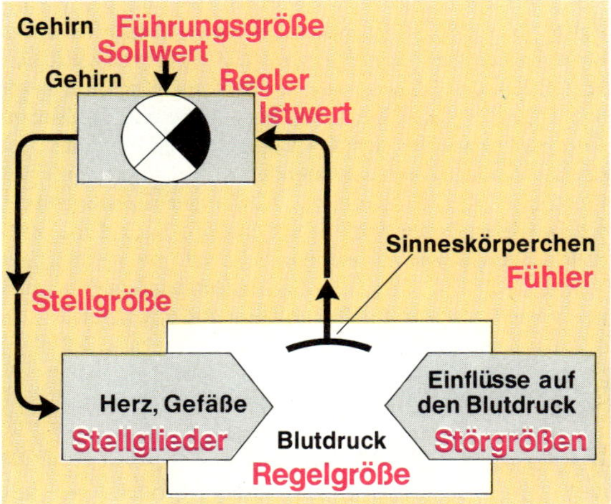

Abb. 178: Regelkreis zur Aufrechterhaltung des Blutdrucks. Den Sollwert bestimmt eine Führungsgröße im Gehirn. Der dunkle Kreissektor deutet an, daß eine hier eingehende Meldung eine Gegenreaktion erzeugt (negative Auswirkung des Eingangs). Gehen Meldungen in einem hellen Sektor ein – in unserem Beispiel die Führungsgröße (Information über den Sollwert) – haben diese eine positive Auswirkung.

Teils beliebig verändern, ohne daß sich die Druckänderungen direkt auf den Blutdruck im restlichen Kreislauf auswirken können. Während der Druckänderung im abgeschnürten Teil registriert man den Blutdruck im übrigen Kreislaufsystem. Sobald der Druck im abgeschnürten Teil steigt, fällt entsprechend der arterielle Blutdruck im übrigen Kreislauf. Außerdem sinkt die Pulsfrequenz. Vagus und Sympathikus müssen demnach durch Meldungen von Drucksinneskörperchen in den Adern gesteuert werden. Das Absinken des Blutdrucks ist eine Folge der verminderten Kraft des Herzschlages und der geringeren Gefäßspannung (Stellglieder).

Im intakten Tier messen die Drucksinneskörperchen nicht den Druck eines abgeschnürten Teilstücks, sondern den Druck des ganzen Kreislaufsystems. Eine Druckerhöhung über einen bestimmten Sollwert hinaus führt also hier zu einer Absenkung des Blutdruckes zurück auf den Sollwert. Umgekehrt löst jede Erniedrigung des Blutdruckes unter den Sollwert eine nachfolgende Erhöhung des Blutdrukkes zurück zum Sollwert aus.

Die Blutgefäße werden durch das vegetative Nervensystem ebenfalls beeinflußt. Das Hormon Adrenalin wirkt wie der Sympathikus gefäßverengend, CO_2 und manche Stoffwechselprodukte wirken dagegen gefäßerweiternd. Da die lebenden Zellen bei ihrer Tätigkeit CO_2 und Wärme erzeugen, vermag schon der Zellstoffwechsel die Versorgung der Zellen mit Nahrung und O_2 sowie die Beseitigung der Stoffwechselendprodukte zu steuern.

Durch die heutigen Lebensumstände wird das die Herztätigkeit steuernde Nervensystem überreizt, was schließlich zu bedrohlichen Herz- und Kreislaufschäden führen kann. Der Tod durch diese Leiden steht zur Zeit an erster Stelle unter den Todesursachen. Auch Alkohol, Tabak und Coffein, im Übermaß genossen, schädigen das Herz empfindlich. Bedenklich ist auch der zunehmende Verbrauch schwerer Betäubungs- und Schlafmittel. Einseitiger Leistungssport schadet dem Herzen durch Überbeanspruchung. Eine geregelte Lebensweise, ausreichender Schlaf, ein vernünftiger Wechsel von Arbeit und erholsamer Entspannung verhüten den vorzeitigen Verschleiß von Herz und Kreislauf.

2.5 Die Vorgänge in den Körperkapillaren

Die Lymphe. In den Kapillaren steht dem Blut für den Stoffaustausch eine riesige Oberfläche zur Verfügung. Allein in der Muskulatur des Menschen wird die Gesamtlänge der Kapillaren auf 100000 km, ihre Oberfläche auf über 2000 m^2 geschätzt. Der Gesamtquerschnitt aller aus einer Arterie hervorgehenden Kapillaren ist wesentlich größer als der Arterienquerschnitt. So hat die Aorta eine Querschnittsfläche von 0,8 cm^2, die durch sie gespeisten Kapillaren haben eine Gesamtquerschnittsfläche von etwa 600 cm^2. Entsprechend beträgt die Strömungsgeschwindigkeit in den Kapillaren nur etwa den 700-sten Teil der Geschwindigkeit in der Aorta. Dadurch verlängert sich die Verweildauer des Blutes in den Kapillaren, was den Stoffaustausch mit dem umgebenden Gewebe begünstigt. 1 mm^3 Blut braucht etwa $4^1/_2$ Stunden, um den Querschnitt einer Kapillare zu passieren.

Die Wände der Kapillaren sind durchlässig für niedermolekulare Stoffe und Wasser, aber undurchlässig für die meisten als Kolloid gelösten Eiweißstoffe. In den Kapillaren herrscht ein höherer Druck als in der die Kapillaren umgebenden Gewebsflüssigkeit. Deshalb treten dauernd Wasser und niedermolekulare Stoffe aus der Kapillare in die Gewebsflüssigkeit über. Dieser Flüssigkeitsaustritt ist aber nicht unbegrenzt. Im Blut findet man nämlich Eiweißstoffe in hoher Konzentration, während die Gewebsflüssigkeit kaum Eiweiß enthält. Da die Kapillarwand für Eiweißstoffe undurchlässig ist, erzeugen die Bluteiweiße einen gewissen osmotischen Druck (*kolloidosmotischer Druck*). Er beträgt beim Menschen 23 Torr (31 mbar) und ist damit etwa so groß wie der mittlere Kapillardruck. Im Anfangsteil einer Kapillare ist der Innendruck höher als der kolloidosmotische Druck: es tritt Flüssigkeit aus den Kapillaren aus. Am Ende einer Kapillare ist dagegen der kolloidosmotische Druck größer als der Innendruck: hier saugt die Kapillare Flüssigkeit aus dem Gewebe auf. Insgesamt tritt etwas mehr Flüssigkeit aus, als später wieder aufgesaugt wird. Diese Flüssigkeit, die sich in den Gewebespalten ansammelt, bezeichnet man als **Lymphe.** Ihre Zusammensetzung entspricht der Zusammensetzung des Blutes ohne Blutkörperchen und Eiweißstoffe. Sie ist damit ein *Ultrafiltrat* der Blutflüssigkeit.

Die Lymphe umspült alle Zellen. Aus ihr entnehmen dann die Zellen die benötigten Stoffe und scheiden ihre Abfallstoffe dorthin ab. Die Gewebeflüssigkeit wird von Lymphkapillaren aufgenommen. Diese vereinigen sich zu *Lymphgefäßen* und schließlich zum *Lymphbrustgang*. In diesen münden auch die vom Darm kommenden, mit dem resorbierten Fett beladenen Lymphgefäße. Der Lymphbrustgang ergießt seinen Inhalt in die linke Schlüsselbeinvene; dadurch gelangt die Lymphe wieder in den allgemeinen Blutkreislauf zurück.

Der Abtransport der sich dauernd neu bildenden Gewebsflüssigkeit durch die Lymphgefäße ist beschränkt. Tritt bei bestimmten Krankheiten mehr

Flüssigkeit aus den Kapillaren aus als normal, kann diese Flüssigkeit nicht schnell genug abtransportiert werden. Sie läßt dann das Gewebe anschwellen (*Ödem*).

Die größeren Lymphgefäße sind wie die Venen mit Taschenklappen versehen und treiben die Lymphe durch peristaltische Bewegungen weiter. Zahlreiche in die Lymphgefäße eingeschaltete *Lymphknoten* haben die Aufgabe, die Lymphe vor ihrem Eintritt in die Blutbahnen von Bakterien, Bakteriengiften und anderen Fremdstoffen zu reinigen (s. S. 136).

2.6 Das Blut

Das Blut der Wirbeltiere besteht aus dem flüssigen *Blutplasma* und den darin schwimmenden festen Bestandteilen, den *Blutkörperchen*. Beim erwachsenen Menschen, auf dessen Blut sich die folgende Beschreibung bezieht, beträgt die gesamte Blutmenge 5–6 l, von denen die festen Bestandteile etwa 45, die flüssigen 55 Volumenprozent ausmachen.

Die roten Blutkörperchen (Erythrocyten). Unter den festen Bestandteilen stehen die roten Blutkörperchen der Menge nach an erster Stelle. Es sind scheibenförmige, im Umriß runde, kernlose Zellen mit verdicktem Rand. Infolge ihrer elastischen Verformbarkeit können sie selbst die engsten Kapillaren passieren. Sie haben eine semipermeable Hülle. Ihr Inneres besteht aus einem Gerüst von Lipoiden und Eiweiß, dessen Hohlräume mit dem roten Blutfarbstoff *Hämoglobin* ausgefüllt sind. Jedes Hämoglobinmolekül hat vier Sauerstoffbindungsstellen. Das gesamte Blut eines Menschen enthält rund 750 g Hämoglobin. 1 g Hämoglobin kann 1,34 ml O_2 binden.

Rote Blutkörperchen

Anzahl/mm³: 4,5–5 Millionen
Gesamtzahl: 25 Billionen
Gesamtoberfläche: 3000–3500 m²

Die roten Blutkörperchen transportieren den Sauerstoff. Dieser löst sich in der Lunge zunächst im Blutplasma der Lungenkapillaren. Die Menge des gelösten Sauerstoffs hängt von seinem Teildruck (*Partialdruck*) in der aufgenommenen Luft ab. Unter dem Teildruck eines Gases in Gasgemischen versteht man seinen Anteil am Gesamtdruck. Für Sauerstoff in Luft beträgt der Partialdruck bei einem Luftdruck von 985 mbar also $(985 \cdot 21):100 = 207$ mbar $=$ 155,4 mm Hg. Die Menge eines gelösten Gases ist bei konstanter Temperatur stets proportional dem Partialdruck des betreffenden Gases

$$cO_2 = K \cdot pO_2$$

(cO_2 = Konzentration des gelösten Gases, K = temperaturabhängige Konstante, pO_2 = Sauerstoff-Partialdruck). Aus der Gleichung folgt, daß bei Erniedrigung des Sauerstoff-Partialdrucks so lange Sauerstoff aus der Lösung entweicht, bis seine Konzentration darin dem neuen Partialdruck entspricht. Umgekehrt geht bei Erhöhung des Partialdruckes weiterer Sauerstoff in Lösung.

Der im Blutplasma gelöste Sauerstoff verbindet sich mit dem Hämoglobin. Dadurch sinkt die Sauerstoffkonzentration der Blutflüssigkeit, und neuer Sauerstoff kann aus den Lungenbläschen ins Blut

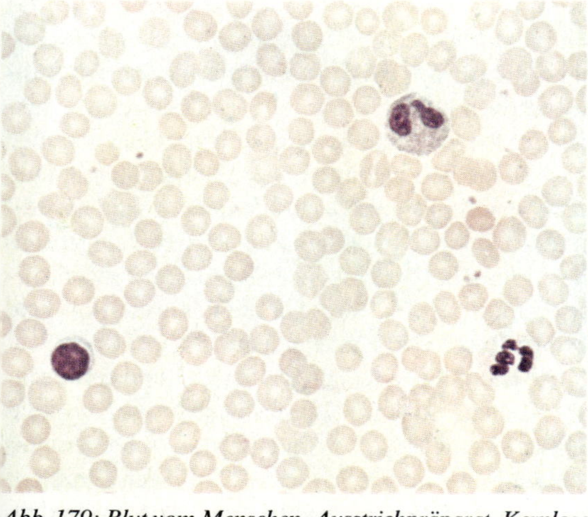

Abb. 179: Blut vom Menschen, Ausstrichpräparat, Kernlose rote Blutkörperchen und verschiedene Formen weißer Blutkörperchen. Vergrößerung 600fach

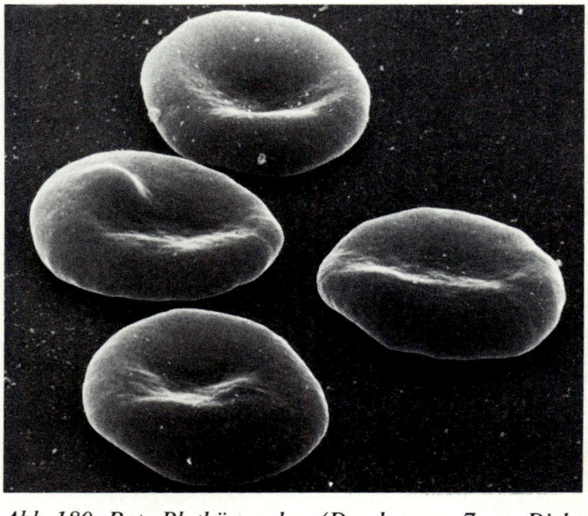

Abb. 180: Rote Blutkörperchen (Durchmesser 7 µm, Dicke 2 µm). Rasterelektronenmikroskopische Aufnahme

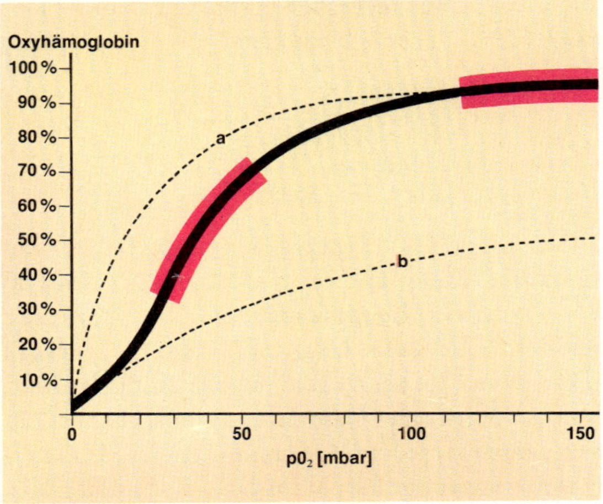

Abb. 181: Ausgezogene Kurve: Sauerstoffsättigung des Hämoglobins in Abhängigkeit vom Sauerstoffpartialdruck. Der flache Verlauf des oberen Kurventeils zeigt, daß auch beim Absinken des Sauerstoffpartialdrucks am Ende eines Atemzugs noch fast alles Hämoglobin oxidiert wird. Der steile Verlauf des unteren Kurventeils zeigt, daß in den Kapillaren bei nur geringfügiger Abnahme des Sauerstoffpartialdrucks große Mengen Sauerstoff freigesetzt werden. Gestrichelte Kurven: siehe Text

übergehen. Die Lage des Gleichgewichtes

$$\text{Hämoglobin} + O_2 \rightleftarrows \text{Oxyhämoglobin}$$

ist vom Sauerstoff-Partialdruck abhängig (Abb. 181). Bei dem in der Lunge herrschenden Sauerstoff-Partialdruck wird fast das ganze Hämoglobin oxydiert. Bei dem im arbeitenden Gewebe auftretenden niedrigen Sauerstoff-Partialdruck gibt das Oxyhämoglobin den Sauerstoff dann weitgehend wieder ab.

Die Form der Sauerstoffbindungskurve (Abb. 181 bedarf einer Erklärung. Würde die Bindung zwischen Sauerstoff und Hämoglobin nur dem Massenwirkungsgesetz gehorchen, ergäben sich Kurven wie die gestrichelten in Abb. 181. Im Fall a würde zwar das Hämoglobin in der Lunge voll mit Sauerstoff gesättigt. Eine nennenswerte Sauerstoffabgabe würde aber erst bei sehr niederen Sauerstoffpartialdrücken eintreten. Bei einer Kurve wie b könnte das Hämoglobin in der Lunge nicht mit Sauerstoff gesättigt werden. Die Sauerstoffbindung entsprechend der geschwungenen Kurvenform bringt also wesentliche Vorteile. Sie kann so gedeutet werden, daß ein von einem Hämoglobinmolekül gebundenes Sauerstoffmolekül die Bindungsfähigkeit der noch freien Sauerstoffbindungsstellen erhöht. Im Verlauf der Stammesentwicklung hat sich die Form der Sauerstoffbindungskurve immer mehr der geschwungenen Form genähert.

Die Sauerstoffbindungskurve verschiebt sich bei Erhöhung des CO_2-Partialdruckes nach rechts, bei Erniedrigung des CO_2-Partialdruckes nach links. Dadurch wird im arbeitenden Gewebe schneller Sauerstoff frei.

Das Hämoglobin kann sich auch mit anderen Gasen verbinden. Die Verbindung mit CO zerfällt jedoch bei niedrigen CO-Partialdrucken kaum. Je nach dem Grad einer Stadtgas- oder Motorabgasvergiftung fällt damit ein mehr oder weniger großer Teil des Hämoglobins für den Sauerstofftransport aus.

Die roten Blutkörperchen entstehen im roten Knochenmark. Durch Anwendung radioaktiv markierter Elemente konnte festgestellt werden, daß ihre mittlere Lebensdauer beim Menschen 100–120 Tage beträgt. Dann werden sie hauptsächlich in der Milz und der Leber abgebaut. Täglich müssen also rund 1% neu gebildet werden.

Form und Größe der roten Blutkörperchen sind bei den Wirbeltieren recht verschieden. Die größten weisen die Molche (bis 77 μm), die kleinsten das Moschustier (2,5 μm) auf. Im allgemeinen nimmt die Größe mit zunehmender Organisationshöhe ab, ihre Anzahl in 1 mm^3 jedoch zu; damit steigt auch die Gesamtoberfläche der Blutkörperchen. Aber auch während des individuellen Lebens ist die Zahl der umlaufenden Blutkörperchen starken Schwankungen unterworfen. Beim Menschen nimmt sie bei Aufenthalt in größerer Höhe dem geringeren Sauerstoffgehalt der Luft entsprechend zu (bis auf 8 Mill. im mm^3 bei 5000 m Meereshöhe).

Die weißen Blutkörperchen (Leukocyten). Im Gegensatz zu den roten Blutkörperchen haben die stets kernhaltigen weißen Blutkörperchen keine feste Form. Sie sind zu amöboider Eigenbewegung befähigt.

Weiße Blutkörperchen

Anzahl/mm^3: 5000–10000
Gesamtzahl: 35 Milliarden
Verh. von weißen zu roten Blutkörperchen 1 : 600–800

Man kann verschiedene Formen weißer Blutkörperchen mit jeweils spezifischer Funktion unterscheiden. Während die roten Blutkörperchen an die Blutgefäße gebunden sind und darin passiv vom Blutstrom mitgeschwemmt werden, können die weißen Blutkörperchen diese verlassen und in die Gewebe einwandern. Mit Hilfe radioaktiv markierter Blutkörperchen wurde festgestellt, daß sich wahrscheinlich nur etwa 5% aller im Körper befindlichen weißen Blutkörperchen im strömenden Blut aufhalten. Dies hängt mit ihrer Funktion zusammen: sie sind am Abbau der Gewebe beteiligt, phagocytieren eingedrungene Fremdkörper und bilden Antikörper gegen körperfremde Stoffe. Ihre Hauptbildungsstätten sind Lymphdrüsen und Knochenmark.

Die Blutplättchen (Thrombocyten) sind keine echten Zellen, sondern Bruchstücke von Knochenmarksriesenzellen. Sie sind farblos, scheiben- bis spindelförmig und recht klein (0,5–2,5 μm). Ihre Lebensdauer beträgt nur wenige Tage. An Wunden ballen sie sich zusammen. Der dadurch gebildete Pfropf kann zu einem vorläufigen Wundverschluß führen.

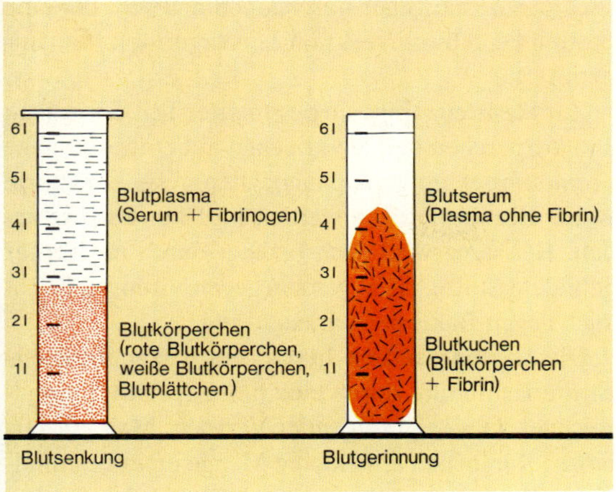

Abb. 182: Zusammensetzung des Blutes

Die Blutplättchen enthalten außerdem mehrere Enzyme, die wesentlich an der Blutgerinnung beteiligt sind. Beim Verlassen der Blutgefäße zerfallen sie rasch.

Das Blutplasma. Das Blutplasma besteht aus 90% Wasser und 10% darin gelösten Stoffen. Beim Gerinnen des Blutes bildet sich der Blutfaserstoff (**Fibrin**). Er entsteht aus einer im Blutplasma gelösten Vorstufe, dem *Fibrinogen* (s. 2.7). Das Fibrin bildet ein Netzwerk, in dem sich die Blutkörperchen verfangen. Läßt man das Blut in einem Gefäß gerinnen, setzt sich das Fibrin zusammen mit den Blutzellen am Boden ab. Darüber bleibt eine schwach gelb gefärbte Flüssigkeit stehen: das **Blutserum.** Es entspricht dem Blutplasma ohne Fibrinogen.

Der Wassergehalt des Blutes bleibt stets auf derselben Höhe. Übermäßige Wasserzufuhr wird durch Ausscheidung von Wasser, Wassermangel durch Wasserabgabe aus den Geweben an das Blut ausgeglichen.

Die häufigsten Bestandteile des Blutplasmas (Mittelwerte)

Wasser	90%
Eiweißstoffe	7–8%
Fette und Lipoide	0,5–0,8%
Traubenzucker	0,1%
Kochsalz	0,6%

Die *gelösten Bestandteile* sind Eiweißstoffe, Fette, Lipoide, 0,1% Traubenzucker, Stoffwechselendprodukte wie Harnstoff und Milchsäure sowie anorganische Salze.

Die *Serumeiweißkörper* lassen sich in die Gruppen der *Albumine* und der *Globuline* einteilen. Die Auftrennung der Eiweißstoffe in verschiedene Albumin- und Globulinfraktionen ist klinisch bedeutsam, da sich die Zusammensetzung des Serumeiweißes bei bestimmten Krankheiten ändert. Die Auftrennung wird mit Hilfe der Elektrophorese durchgeführt (vgl. Cytologie 3.4.8).

Die Funktionen der Serumeiweißstoffe sind vielfältig. Ein Teil ist einfach eine osmotisch wenig wirksame Transportform für Aminosäuren. Dieses Eiweiß kann im Kapillargebiet aufgespalten werden. Die entstehenden kleinen Peptide und Aminosäuren vermögen als niedermolekulare Stoffe die Kapillarwandung und die Zellmembranen zu durchdringen. Manche Eiweißkörper können wasserunlösliche Stoffe wie Lipoide anlagern und so deren Transport ermöglichen. Aber auch andere Stoffe werden an Eiweiß gebunden transportiert. Manche Globuline dienen der Abwehr von Krankheitserregern.

Tropft man verdünnte Salzsäure oder Natronlauge in ein Gefäß mit einigen Kubikzentimetern Blut oder Serum, ändert sich die Reaktion (der pH-Wert) der Blutprobe kaum: das Blut ist stark gepuffert. Für diese Eigenschaft sind neben Phosphaten und Karbonaten vor allem die Serumeiweißstoffe und das Hämoglobin verantwortlich. Jedes Eiweißmolekül hat an seiner Oberfläche viele positiv ($-NH_3^+$) oder negativ ($-COO^-$) geladene Gruppen. Dort können OH^- oder H^+-Ionen angelagert werden. Sie wirken sich damit nicht auf die Reaktion der Blutflüssigkeit aus (nähere Einzelheiten s. Lehrbücher der Chemie).

Der Gehalt des Blutes an *löslichen Salzen* ist wegen der Aufrechterhaltung des osmotischen Druckes konstant. Er wird durch die Nieren reguliert.

CO_2 wird nicht an Hämoglobin gebunden, sondern in gelöster Form, hauptsächlich als HCO_3^--Ion transportiert. Die eigentlich zu erwartende Veränderung der Reaktion (pH-Wert) des Serums tritt nicht ein, vor allem wegen der Pufferwirkung der Eiweißmoleküle.

2.7 Die Gerinnung des Blutes

Bei Verletzungen gerinnt das Blut zu einer gallertartigen Masse. Das Gerinnsel verstopft die Wunde und schützt dadurch den Körper vor übermäßigem Blutverlust. Es handelt sich dabei um einen äußerst komplizierten Vorgang, der noch nicht in allen Einzelheiten geklärt ist. Es sind viele enzymatisch wirkende Blutfaktoren an der Blutgerinnung beteiligt. Bei der Bluterkrankheit fehlt ein bestimmtes Globulineiweiß (Faktor VIII), so daß das Blut nur sehr langsam gerinnt. Selbst kleine Wunden können dann schon zum Verbluten führen. Dieses Globulin läßt sich heute aus Blut gewinnen.

Am Ende der verwickelten Gerinnungsreaktionen wird der im Blutplasma enthaltene Eiweißstoff *Fibrinogen* durch ein Enzym zum *Fibrin* umgesetzt. Das Fibrin bildet ein Netzwerk feinster Fäden, das die Blutkörperchen festhält und auch dem Blutserum den Austritt erschwert. So entsteht eine zusammenhängende Kruste, der Wundschorf, unter dessen Schutz sich dann die Wunde durch Neubildung von Zellen wieder schließt. Bei krankhaften Zuständen kann ein derartiges Gerinnsel (Thrombus) auch innerhalb der Gefäße entstehen. Man spricht dann von einer *Thrombose.* Wird ein Thrombus vom Blut weggeführt, so bezeichnet man ihn als Embolus. Er kann als Fernwirkung der Thrombose an einer anderen Stelle zu lebensgefährlicher Verstopfung der Blutwege führen (*Embolie*).

2.8 Das Immunsystem

Nicht jeder Krankheitserreger, der in den Körper gelangt, löst eine Erkrankung aus. Der Körper verfügt offenbar über ein Abwehrsystem gegen eingedrungene Fremdkörper. Dieses kann entweder auf alle Erreger oder doch auf eine größere Gruppe von Erregern einwirken (Resistenz) oder aber sehr spezifisch nur den Erreger unschädlich machen, der eine bestimmte Abwehrreaktion hervorgerufen hat (Immunität).

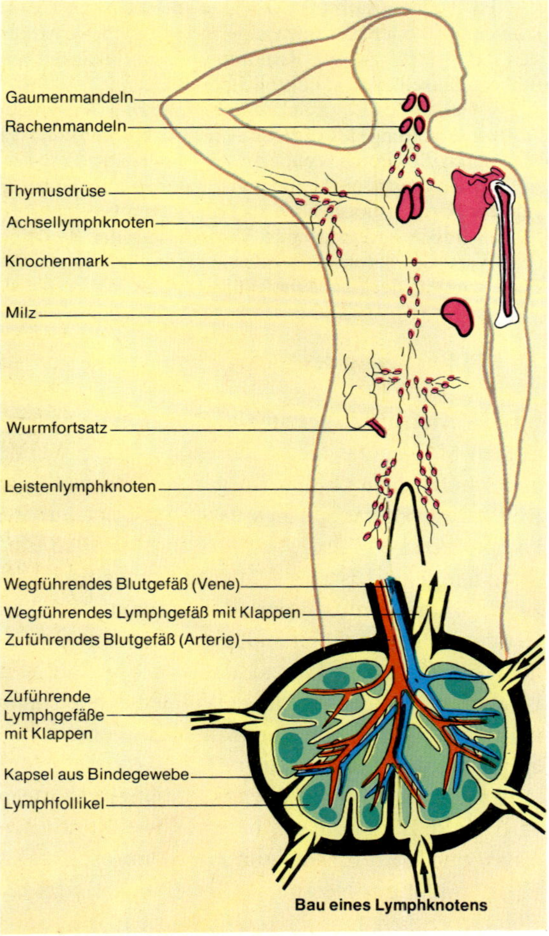

Abb. 183: Das Immunsystem des Menschen mit den primären Lymphorganen Thymusdrüse und rotem Knochenmark (auch der platten Knochen) sowie den sekundären Lymphorganen Milz, Gaumen- und Rachenmandeln, Wurmfortsatz und zahlreichen in die Lymphbahnen eingeschalteten Lymphknoten. In den Follikeln der Lymphknoten werden Antikörper erzeugt und Gedächtniszellen gebildet, auch Antigen-Antikörper-Reaktionen laufen dort ab.

Zur **Resistenz** trägt ein bestimmter Teil der weißen Blutkörperchen bei. Sie kriechen auf eingedrungene Fremdkörper zu und phagocytieren sie. Zerstörte weiße Blutkörperchen werden im Eiter ausgeschieden. Resistenz wird auch bedingt durch im Körper gebildete Stoffe, die allgemein gegen Viren, vielleicht auch gegen Bakterien wirksam sind.

Die Immunreaktion. Im Gegensatz zur Resistenz ist die Immunität durch eine hohe Spezifität ausgezeichnet. Das zeigt folgender Versuch: Man injiziert einem Kaninchen eine kleine Menge einer bestimmten Bakterienart und wiederholt dies im Laufe einiger Wochen mehrmals. Anschließend entnimmt man dem Kaninchen einige cm^3 Blut und gewinnt das Serum daraus. Verdünnt man nun das Serum im Verhältnis 1:1000 und mischt es mit einer Kultur der injizierten Bakterienart, so verklumpen die Bakterien. Beim Vermischen der Bakterien mit Serum nicht behandelter Kaninchen tritt kein Verklumpen auf, ebensowenig beim Vermischen von Bakterien einer anderen Art mit dem Serum des behandelten Kaninchens. Man kann daraus schließen, daß im Körper des Kaninchens Stoffe (**Antikörper**) gebildet werden, die mit der Bakterienzellmembran so reagieren, daß die Bakterien verklumpen. Antikörper werden offenbar nur gebildet, wenn körperfremde Stoffe (**Antigene**) – im vorliegenden Fall die Stoffe der Zellmembran des Bakteriums – in die Blutbahn des Kaninchens gelangt sind. Die Antikörper reagieren ausschließlich mit demjenigen Antigen, das die Bildung des betreffenden Antikörpers verursacht hat (*Antigen – Antikörperreaktion*, s. auch Abb. 187, 188).

Während Resistenz bei vielen Wirbellosen auftritt, ist die Antikörperbildung bisher nur bei Wirbeltieren festgestellt worden. Sie dient als Schutz gegen eingedrungene Krankheitserreger und entartete körpereigene Zellen. In manchen Fällen werden Antikörper sogar gegen normale körpereigene Gewebe gebildet, was zu krankhafter Störung der Organfunktionen führt (*Autoimmunkrankheiten*).

Aus der chemischen Untersuchung des Serums wissen wir, daß die Antikörper des Blutes Eiweißstoffe sind. Wir nennen sie **Immunglobuline.**

Es gibt mehrere Typen von Immunglobulinen. Zum häufigsten Typ gehören die Immunglobuline G. Ihr Molekül hat zwei Haftstellen für Antigene, die so gebaut sind, daß dort nur solche Antigene gebunden werden können, welche die Bildung des betreffenden Antikörpers veranlaßt haben. Ein Antikörpermole-

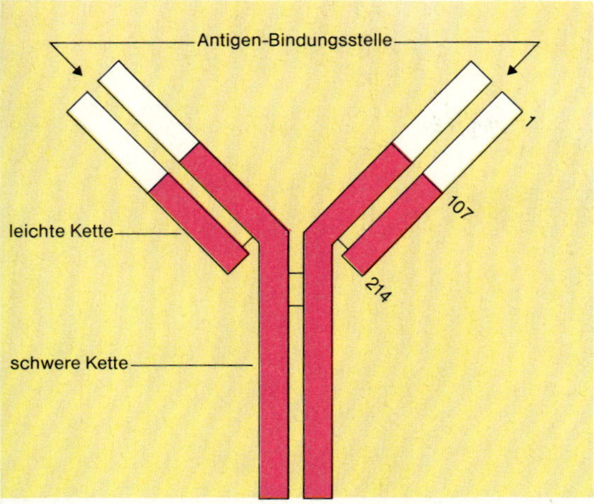

Abb. 184: Bau des Immunglobulin-G-Moleküls; Schema. Konstante Kettenteile rot, variable Teile weiß. 1–214 Anzahl der Aminosäuren

kül verbindet sich also mit zwei Antigen-Molekülen. Dadurch entstehen, ähnlich einer Polymerisationsreaktion, größere Partikel.

Ein Immunglobulin-G-Molekül besteht aus zwei schweren und zwei leichten Polypeptidketten (Abb. 184). Die Analyse der Aminosäuresequenz der einzelnen Polypeptidketten verschiedener Immunglobulin-G-Moleküle des Menschen ergab, daß die basalen Abschnitte der leichten und schweren Ketten in allen Immunglobulin-G-Molekülen gleich gebaut sind (Konstante Teile). Die der Antigen-Bindungsstelle naheliegenden Teile der Ketten unterscheiden sich aber in unterschiedlichen Immunglobulin-G-Molekülen (Variable Teile). Die Antigen-Bindungsstelle wird immer von den variablen Teilen beider Ketten gemeinsam gebildet.

Als Antigene können Eiweißstoffe oder Polysaccharide wirken. Der Antikörper wird dabei nicht gegen das ganze Antigenmolekül gebildet, sondern nur gegen bestimmte chemische Gruppierungen auf diesen Molekülen (sogenannte *antigene Determinanten*).

Die Bildung der Antikörper ist nach den heutigen Vorstellungen an einen Typ der weißen Blutkörperchen, die **Lymphocyten**, gebunden. Die Lymphocyten machen etwa 25% der gesamten weißen Blutkörperchen aus. Es gibt zwei Formen von Lymphocyten: Die T-Lymphocyten wandern offensichtlich während der Embryonalentwicklung aus dem Knochenmark in die Thymusdrüse ein. Die Thymusdrüse reicht bei Jugendlichen in Form zweier Lappen im oberen Brustabschnitt vom Kehlkopf bis fast zum Herzen. Beim Erwachsenen ist sie bis auf unbedeutende Reste rückgebildet. Später wandern die T-Lymphocyten in die sekundären Immunorgane (Mandeln, Wurmfortsatz, Lymphknoten) aus, wo sie sich festsetzen und weitervermehren. Im erwachsenen Menschen ist die Thymusdrüse kaum mehr an den Immunreaktionen beteiligt, ihre Funktion wird von den sekundären Immunorganen übernommen. Kindern, die ohne Thymusdrüsen zur Welt kommen, fehlt die Fähigkeit zu Immunreaktionen.

Die B-Lymphocyten wandern wahrscheinlich direkt vom Knochenmark (bone-marrow) in die sekundären Immunorgane ein.

Bildung der Antikörper. Wir beobachten, daß die Antikörperproduktion parallel läuft mit der starken Vermehrung eines bestimmten Typs von Lymphocyten, den **Plasmazellen**. Sie besitzen ein großes endoplasmatisches Reticulum mit zahlreichen Ribosomen, scheinen also viel Protein zu synthetisieren. Daß es sich bei dem Protein um Antikörper handelt, läßt sich auf zweierlei Weise zeigen: 1. Man isoliert einzelne Plasmazellen und kann dann beobachten, daß sie Antikörper in die Kulturflüssigkeit abgeben. 2. Man immunisiert ein Tier mit einem eisenhaltigen Protein, dem Ferritin, und isoliert dann dessen Plasmazellen. Zerstört man anschließend vorsichtig die Membran dieser Zellen und bringt sie daraufhin mit Ferritin zusammen, so findet man im Elektronenmikroskop das Ferritin an das endoplasmatische Reticulum gebunden. Als schwermetallhaltiges Molekül hebt es sich deutlich vom anderen Zelleiweiß ab.

Die Entstehung der Plasmazellen ist noch nicht völlig geklärt. Die teilweise noch hypothetischen Vorstellungen sind etwa folgende: Kommt ein Antigen erstmals in den Körper, läuft die Immunreaktion in drei Phasen ab. In der ersten Phase, der **Erkennungsphase**, muß das Antigen an der Oberfläche eines Lymphocyten gebunden werden. Dieser Lymphocyt besitzt an seiner Oberfläche Rezeptormoleküle, die ähnlich gebaut sind wie Immunglobulin G. Die Rezeptormoleküle eines Lymphocyten haben alle die gleichen Antigenbindungsstellen. Das Antigen kann also nicht mit jedem Lymphocyten reagieren, sondern muß auf einen Lymphocyten treffen, dessen Rezeptormoleküle die zu diesem Antigen passende Antigen-Bindungsstelle haben. Wahrscheinlich gibt es eine riesige Zahl verschiedener Lymphocyten, wobei sich die einzelnen Lymphocyten nur durch unterschiedliche Antigen-Bindungsstellen ihrer Rezeptormoleküle voneinander unterscheiden. Hat ein Lymphocyt an seiner Oberfläche Antigen gebunden, so beginnt er sich zu teilen. Damit fängt die zweite Phase der Immunreaktion an.

In dieser **Differenzierungsphase** wandern die von Antigen aktivierten Lymphocyten in Lymphknoten ein und vermehren sich dort durch mehrmalige Teilungen. Gleichzeitig differenzieren sich die Zellen. Die ganze Differenzierungsphase wird ausgelöst und aufrechterhalten durch ein kompliziertes Zusammenspiel von T- und B-Lymphocyten. Während der Differenzierungsphase entstehen vor allem aus antigenaktivierten B-Lymphocyten Plasmazellen und

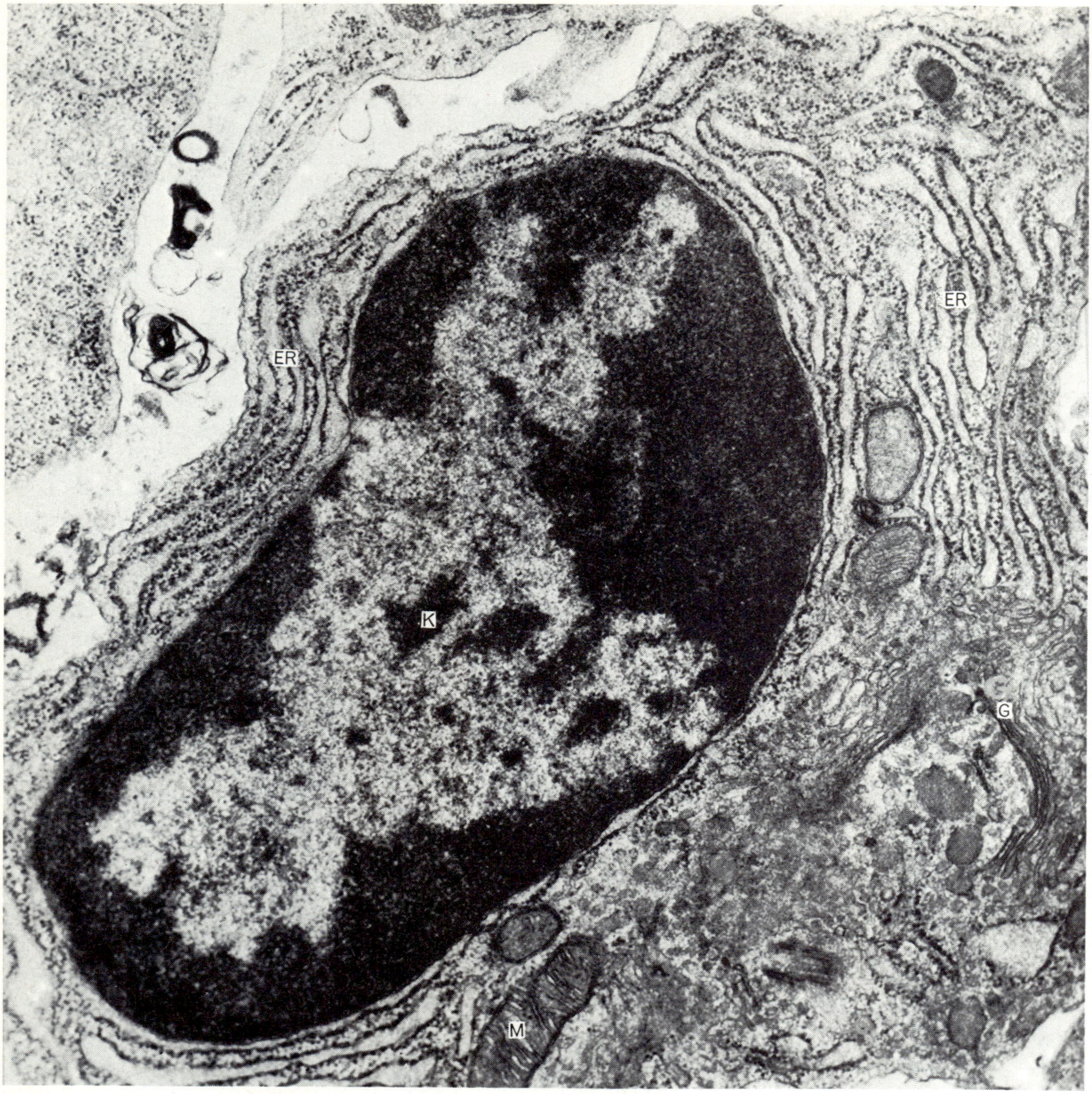

Abb. 185: Plasmazelle im Elektronenmikroskop, Vergrößerung 26000fach, K Kern, ER Endoplasmatisches Reticulum, dessen Membranen dicht mit Ribosomen besetzt sind, G Golgiapparat, M Mitochondrium

(wahrscheinlich aus B-Lymphocyten) sogenannte *Gedächtniszellen.* Die Plasmazellen produzieren Immunglobulin-G-Moleküle. Alle Plasmazellen, die aus einem Lymphocyten hervorgegangen sind, produzieren Immunglobulin-G-Moleküle mit der gleichen Antigen-Bindungsstelle. Diese reagieren nur mit dem Antigen, das sich mit den Rezeptormolekülen des Lymphocyten verbinden konnte. Ein Antigen löst also die Vermehrung desjenigen Lymphocytentyps aus, der in der Lage ist, Antikörper zu erzeugen, die mit dem betreffenden Antigen reagieren.

Die dritte Phase der Immunreaktion ist die **Reaktion zwischen Antigen und Antikörper.** Da das Immunglobulin-G-Molekül zwei Antigen-Bindungsstellen hat, kann es sich mit zwei Antigenmolekülen verbinden. Dadurch ist es in der Lage, lösliche Antigenmoleküle zu großen Aggregaten zu vereinigen und damit auszufällen. Ist das Antigen Teil einer Wandstruktur z. B. eines Bakteriums, so verklumpen diese Bakterien zu größeren Einheiten. In beiden Fällen ist das Antigen damit für phagocytierende weiße Blutkörperchen zugänglich geworden. In manchen Fällen genügt offensichtlich die Bindung eines Antikörpers an ein Bakterium, um eine Reihe von Serumproteinen (das sogenannte *Komplementsystem*) zu aktivieren; sie lösen die Zellwand auf und zerstören damit das Bakterium.

Kommt ein Antigen zum zweitenmal in den Körper, findet es eine große Zahl von Gedächtniszellen vor. Die Erkennungs- und Differenzierungsphase laufen dadurch schnell ab. Die Reaktion ist also wesentlich heftiger als bei der Erstinfektion.

Immunreaktionen können erst einige Tage bis Wochen nach der Geburt ablaufen. Während der Embryonalentwicklung muß das Immunsystem also »lernen«, körpereigene von körperfremden Stoffen zu unterscheiden. Vielleicht geschieht das dadurch, daß in dieser Zeit alle Lymphocyten eliminiert werden, die Antigenbindungsstellen für körpereigene Stoffe haben.

Verpflanzt man ein Organ in einen fremden Körper, so bildet er Antikörper gegen das fremde Gewebe. Diese Immunreaktion läuft in ähnlicher Weise ab wie bei löslichen Antigenen oder Bakterien. Die körperfremden Stoffe in dem transplantierten Organ werden von Lymphocyten erkannt, die entsprechende Antigen-Bindungsstellen besitzen. Die so aktivierten Lymphocyten vermehren sich daraufhin. Schließlich entstehen aus T-Lymphocyten sogenannte *Killer-Lymphocyten*. Sie tragen Antikörper an ihrer Zelloberfläche und zerstören das fremde Gewebe. Diese **zelluläre Immunreaktion** wird außer durch fremdes Gewebe noch durch Infektionen mit bestimmten Bakterien, Pilzen und Viren ausgelöst. Auch Autoimmunerkrankungen und Allergien können auf sie zurückgehen.

Die Verpflanzung von Organen von einem Körper in einen andern ist also nur erfolgreich, wenn die zur Abstoßung des Fremdorgans führende Antikörperbildung unterdrückt wird. Man verwendet dazu Stoffe, welche die Lymphocyten funktionsunfähig machen (Antilymphocytenserum).

Die bei manchen Menschen zu beobachtende Überempfindlichkeit (*Allergie*) gegenüber bestimmten, sonst harmlosen Stoffen (z. B. Blütenstaub, Erdbeeren, Fischeiweiß) ist ebenfalls auf die Bildung von Antikörpern zurückzuführen, die sich bei wiederholter Zufuhr des betreffenden Stoffes in den Schleimhäuten oder Epidermiszellen bilden (zelluläre Immunität). Eine solche allergische Reaktion liegt z. B. beim Heuschnupfen vor.

Die Schutzimpfung. Übersteht der Mensch eine Pockenerkrankung, dann ist er in der Regel sein Leben lang vor einem neuen Ausbruch dieser Krankheit bewahrt. Erinnerungszellen gegen diese Krankheit bleiben also lange erhalten und geben dadurch Schutz vor einer neuen Ansteckung derselben Art; der Körper ist gegen die betreffende Krankheit »immun« geworden. Auf dieser Tatsache beruht die erstmals von dem englischen Arzt JENNER 1796 angewandte Schutzimpfung zur Immunisierung des Körpers.

Bei der **aktiven Immunisierung** regt man den Körper selbst auf eine für ihn ungefährliche Weise zur Bildung der Antikörper an. Dazu injiziert man abgetötete oder abgeschwächte Krankheitserreger. Diese rufen keine Krankheit mehr hervor, veranlassen aber den Körper zu einer Immunreaktion. Tritt einige Zeit

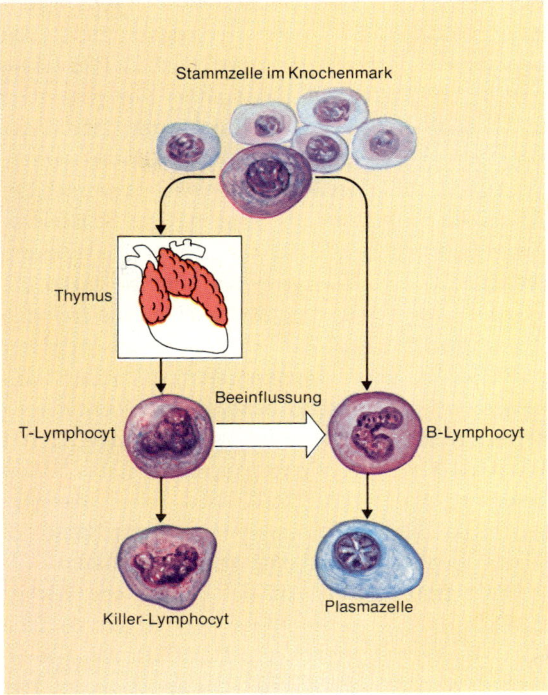

Abb. 186: Herkunft verschiedener, die Immunität bestimmender Zellen. Stark schematisiert

später eine natürliche Infektion durch diesen Erreger ein, erfolgt sofort eine heftige Reaktion, die den entsprechenden Erreger unschädlich macht. Da Erinnerungszellen sehr langlebig sind, wirkt eine aktive Immunisierung für längere Zeit vorbeugend.

Bei der *Pockenschutzimpfung* überträgt man den Pockenerreger zuerst auf Kälber, die nur leicht dadurch erkranken. Im Tierkörper werden die Erreger jedoch so geschwächt, daß sie nach der Übertragung in den menschlichen Körper diesen zwar zur Bildung der Antikörper veranlassen, aber die Krankheit nicht zum Ausbruch kommen lassen. Andere Erreger können auch abgetötet eine Immunreaktion auslösen. In diesen Fällen lassen sich dann abgetötete Erreger für die Schutzimpfung verwenden.

Bei der **passiven Immunisierung** verlegt man die Bildung der Antikörper auf ein anderes Lebewesen und überträgt dessen Serum, in dem die Antikörper enthalten sind, in den Körper des Erkrankten. Die passive Immunisierung dient zur Heilung bereits ausgebrochener Infektionskrankheiten. Durch die von außen zugeführten, fertig gebildeten Antikörper wird der Organismus in seinem Kampf gegen die Erreger unterstützt, bis genügend eigene Antikörper entstanden sind.

Zur Gewinnung von *Diphtherieheilserum* spritzt

man, nach EMIL VON BEHRING (1894), Pferden steigende Mengen von Diphtherieerregern ein, so daß sich die Antikörper gegen sie reichlich im Pferdeblut bilden. Sie können aus abgezapftem Blut gewonnen und längere Zeit steril aufbewahrt werden. Rechtzeitig einem Diphtheriekranken eingespritzt, vermag das Heilserum in der Regel den vollen Ausbruch der Krankheit zu verhindern. Eine passive Schutzimpfung ist normalerweise nur wenige Wochen wirksam. Der menschliche Körper bildet nämlich gegen das Pferdeeiweiß Antikörper. Diese fällen die fremden Antikörper bald aus. Wird ein zweites Mal Pferdeserum injiziert, fällt die Immunreaktion oft äußerst heftig aus (*anaphylaktischer Schock*). Zur Vermeidung solcher Reaktionen verwendet man bei wiederholter Impfung, z. B. gegen Wundstarrkrampf, das Serum einer anderen Tierart (Pferd, Rind, Schaf). Aus diesem Grund wird in den Impfpaß auch der Name des Tieres eingetragen, von dem das Serum stammt.

Die Serumreaktion. Auf der Bildung spezifischer Antikörper gegen artfremdes Eiweiß beruht auch die Serumreaktion. Da jede Tierart ihr arteigenes Eiweiß besitzt, veranlaßt eingespritztes Fremdblut den Organismus zur Bildung von Antikörpern, die das artfremde Eiweiß ausfällen. Bringt man jetzt im Reagenzglas Blutserum des Empfängerblutes mit dem Serum des zur Einspritzung verwendeten Fremdblutes zusammen, so kann man die Ausfällung als Niederschlag unmittelbar beobachten. Die Antikörper sind nur gegen diejenige Blutart voll wirksam, welche ihre Bildung veranlaßt hat. Die Serumreaktion dient in der Gerichtsmedizin zur Unterscheidung von Menschen- und Tierblut.

Will man einen Blutfleck als Menschenblut nachweisen, dann löst man ihn in physiologischer Kochsalzlösung auf. Vorher hat man einem Kaninchen mehrmals menschliches Blut injiziert, so daß dessen Blut genügend Antikörper gegen menschliches Eiweiß enthält. Man entnimmt diesem Kaninchen Blut und gewinnt daraus das Serum. Diesem Serum setzt man das in physiologischer Kochsalzlösung aufgelöste Blut zu. Entsteht ein Niederschlag, dann handelt es sich um Menschenblut, während das Ausbleiben des Niederschlags Menschenblut ausschließt.

Die Reaktion zwischen Antigen und Antikörper wird in der Biochemie wegen ihrer hohen Empfindlichkeit und Spezifität zur Identifikation von Eiweißstoffen verwendet. Es gibt mehrere Techniken. Die gebräuchlichste ist die **Immundiffusions-Methode** (Ouchterlony-Technik). Man gießt in eine Petrischale eine Agarschicht und stanzt drei Löcher aus. In eines der Löcher wird die Lösung eines bekannten Eiweißstoffes (Antigen) gefüllt, in ein zweites Loch Serum eines Kaninchens, das man vorher gegen dieses Eiweiß immunisiert hatte. In das verbleibende Loch wird die zu testende Lösung gegeben. Die in den Lösungen enthaltenen Substanzen diffundieren in die Agarschicht. Treffen ein Antigen und ein zugehöriger Antikörper zusammen, fällen sie sich

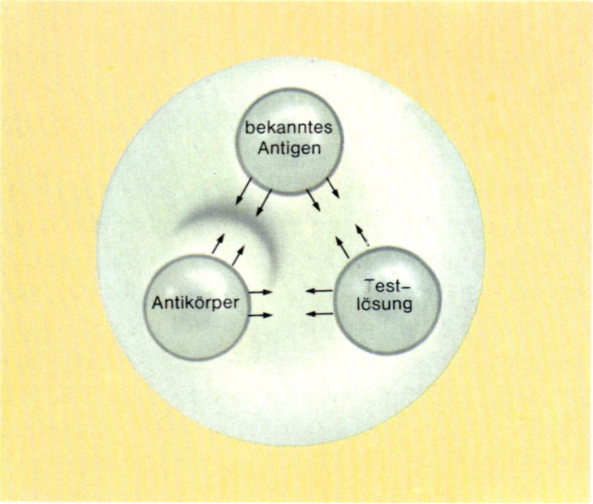

Abb. 187: Schema der Immundiffusions-Methode. Die Antigen-Antikörper-Reaktion verursacht einen Niederschlag. Da die zu prüfende Testlösung mit dem antikörperhaltigen Serum keinen Niederschlag liefert, kann sie also das bekannte Antigen nicht enthalten

aus. Deshalb entsteht zwischen dem Serum und der bekannten Eiweißlösung allmählich eine deutlich sichtbare Bande aus ausgefälltem Antigen-Antikörper-Komplex. Entsteht auch zwischen der Testlösung und dem Serum eine Bande, muß die Testlösung denselben Eiweißstoff wie die Eiweißlösung bekannter Zusammensetzung enthalten.

Durch Kombination der Immundiffusions-Technik mit der Elektrophorese entsteht die **Immunelektrophorese.** Dabei wird die Testlösung zuerst in einer Agarschicht elektrophoretisch aufgetrennt. Nach dem Aufbringen einer Antikörperlösung an den Rand des Elektrophoresestreifens können die einzelnen Komponenten an ihren typischen Banden besonders gut erkannt werden.

2.9 Blutgruppen, Blutübertragung

Bringt man Blut verschiedener Personen zusammen, so kann es sich entweder einfach vermischen, oder es werden die Blutkörperchen zu kleinen Klumpen zusammengeballt. Als Ursache dieser Verballung (*Agglutination*) hat der Österreicher LANDSTEINER 1901 zwei verballungsfähige Stoffe A und B erkannt. Die Stoffe A und B liegen in der Membran der roten Blutkörperchen. Es gibt Menschen, deren rote Blutkörperchen einen dieser Stoffe besitzen. Bei anderen kommen beide gemeinsam vor und bei wieder anderen fehlen beide. Die Zusammenballung selbst wird durch zwei verschiedene Antikörper, Anti-A und Anti-B hervorgerufen. Die Antikörper sind im Blutplasma gelöst. Blutkörperchen der Gruppe A werden nur von Anti-A, solche der Gruppe B nur von Anti-B verballt. Die Antikörper können daher im Serum nur dann vorhanden sein, wenn die entspre-

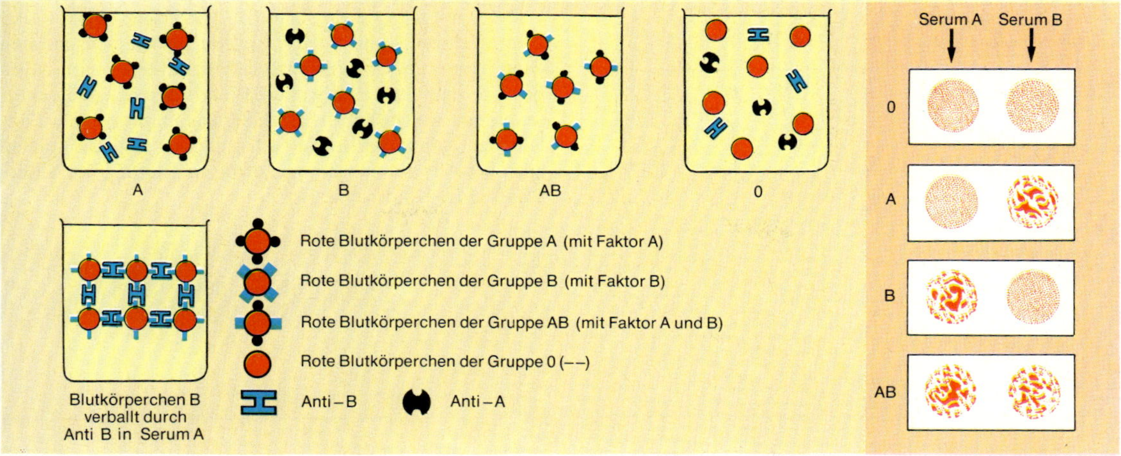

Abb. 188: Blutgruppenbestimmung

chenden Blutkörperchen fehlen, und umgekehrt. Nach der Verteilung dieser Stoffe hat man beim Menschen vier verschiedene Blutgruppen aufgestellt. Angehörige der *Blutgruppe A* haben Blutkörperchen mit der Eigenschaft A und im Blutserum den Antikörper Anti-B. *Blutgruppe B* besitzt Blutkörperchen mit der Eigenschaft B und den Antikörper Anti-A. Bei der *Blutgruppe AB* weisen die Blutkörperchen beide Eigenschaften, also A und B, auf; sie besitzt im Serum keinen der Antikörper Anti-A oder Anti-B und kann deshalb auch kein fremdes Blut zum Verklumpen bringen. Die Blutkörperchen der *Blutgruppe 0* (Null) haben weder die Eigenschaft A noch B. Das Serum dieser Blutgruppe enthält sowohl Anti-A als auch Anti-B und kann daher jede andere Blutgruppe außer der eigenen zusammenballen.

Die Antikörper Anti-A und Anti-B werden im Gegensatz zu den bisher besprochenen Antikörpern nicht erst dann gebildet, wenn das betreffende Antigen ins Blut kommt, sondern sind von Geburt an vorhanden.

Außer den 4 klassischen Blutgruppen, dem A-B-0-System, kennt man ein weiteres, für die Blutübertragung wichtiges Blutmerkmal, den **Rhesusfaktor.** Er ist ebenfalls an die roten Blutkörperchen gebunden. Entdeckt wurde er 1940 im Blutserum von Kaninchen, das mit Blut von Rhesusaffen zur Antikörperbildung angeregt worden war. Menschen mit dem Rhesusfaktor bezeichnet man als Rh-positiv (Rh), die übrigen als Rh-negativ (rh). Ein Antikörper gegen den Rhesusfaktor bildet sich erst nach einer Übertragung von Rh-positivem Blut auf Rh-negative Menschen. Deshalb schadet einem Rh-negativen Menschen die erstmalige Übertragung von Rh-positivem Blut nicht. Da die nach der Erstübertragung gebildeten Antikörper jedoch längere Zeit erhalten bleiben, können weitere Übertragungen von Rh-positivem Blut zu schweren Schädigungen oder gar zum Tode führen.

Bei Rh-positiven Neugeborenen aus Ehen zwischen Rh-positiven Männern und Rh-negativen Frauen tritt zuweilen eine schwere Krankheit (Erythroblastose) auf. Bei der ersten Geburt können Blutkörperchen des Rh-positiven Kindes in das Rh-negative mütterliche Blut übergehen und dort die Bildung von Antikörpern bewirken. Diese gelangen dann bei folgenden Schwangerschaften in das Blut des Kindes und zersetzen dessen rote Blutkörperchen. Dabei entstehen aus dem Hämoglobin gelb und grün gefärbte Abbaustoffe. Sie erzeugen Gelbsucht. Weitere Kinder aus solchen Ehen werden daher entweder tot geboren oder sind nur kurze Zeit lebensfähig. Deshalb injiziert man der rhesus-negativen Mutter nach Geburt des ersten rhesus-positiven Kindes ein Serum mit Antikörpern gegen den Rhesusfaktor. Diese Antikörper lagern sich an die eingedrungenen Blutzellen des Kindes an. Daher können die Rhesus-Faktoren in der Mutter dann keine Bildung von Antikörpern mehr auslösen. Die eingedrungenen Blutzellen und die injizierten Antikörper werden wie bei einer passiven Immunisierung abgebaut.

Die Blutgruppenzugehörigkeit und der Rhesusfaktor bleiben während des ganzen Lebens unverändert. Sie werden nach den Mendelschen Regeln vererbt. Blutgruppen sind bei allen menschlichen Rassen nachgewiesen worden.

Die Blutgruppenzugehörigkeit ist für die *Blutübertragung* von größter Bedeutung. Es wird grundsätzlich nur Blut von Angehörigen derselben Blutgruppe übertragen. Genauere Untersuchungen machen eine Aufteilung der Blutgruppe A in die Untergruppen A_1 und A_2, beim Rhesusfaktor in die Gruppen C, D und E notwendig. Ihre Häufigkeit in unserer Bevölkerung nach der letzten Ermittlung zeigt die folgende Tabelle:

	0	A_1	A_2	B	A_1B	A_2B	
Rh	36,6	29,1	7	8,1	2,4	0,7	84%
rh	7	5,6	1,3	1,6	0,5	0,1	16%
	43,6	34,7	8,3	9,7	2,9	0,8	100%

Die Gerichtsmedizin benützt die Zugehörigkeit von Blut-, Schweiß- und Speichelspuren zu einer bestimmten Blutgruppe, um bei Verbrechen Verdächtige auszuschließen. Sie zieht dazu auch weitere Blutkörpercheneigenschaften heran, welche für die Blutübertragung wegen des Fehlens der Antikörper meist bedeutungslos sind. Sie spielen auch bei Abstammungsfragen etwa zur Klärung der Vaterschaft eines Kindes eine Rolle.

3. Die Atmung

Lebensvorgänge erfordern ständig Energiezufuhr. Der Körper gewinnt diese Energie hauptsächlich durch Oxidation der in der Nahrung enthaltenen energiereichen Stoffe im Innern der lebenden Zellen (Zellatmung, innere Atmung). Den dazu nötigen Sauerstoff entnehmen die Zellen ihrer Umgebung. Was man gewöhnlich unter Atmung versteht, ist nur ein äußerer Vorgang, der dazu dient, Sauerstoff in den Körper aufzunehmen und das entstehende Kohlendioxid daraus zu entfernen (äußere Atmung). Die ausgeschiedene Kohlendioxidmenge ist ein Maß für die Intensität der Atmung eines Organismus.

3.1 Die Ausbildung von Atmungsorganen

Die **diffuse Hautatmung** findet sich bei kleinen Wassertieren, deren Oberfläche im Verhältnis zur Masse noch sehr groß ist. Der Sauerstoff wird mit der gesamten Körperoberfläche aufgenommen. Alle Einzeller, die Schwämme, die Hohltiere und die Strudelwürmer atmen auf diese Weise. Neben anderen Atmungsweisen bleibt die Hautatmung bei allen weichhäutigen Tieren bestehen. So decken z. B. die Frösche während ihrer Winterruhe im Schlamm der Gewässer ihren gesamten Sauerstoffbedarf durch die Haut.

Je höher die Sauerstoffkonzentration außerhalb des Körpers und je geringer die Sauerstoffkonzentration im Körper ist, desto mehr Sauerstoff diffundiert pro Zeiteinheit durch die Haut. Die Menge des aufgenommenen Sauerstoffs ist also abhängig vom Unterschied der Sauerstoffkonzentration innen und außen. Schon die Bewegung des Außenmediums an der Körperoberfläche vorbei (z. B. Pantoffeltierchen, Schwämme, Strudelwürmer) führt immer neues, sauerstoffreiches Wasser heran und erhöht so die Konzentrationsdifferenz. Bei höheren Tieren findet man Einrichtungen zur Vermehrung und Beschleunigung des Gasaustausches. Die bewegte Körperflüssigkeit nimmt an der atmenden Oberfläche den Sauerstoff auf und führt ihn den verbrauchenden Zellen zu. Deshalb herrscht innen in der atmenden Haut stets ein geringer Sauerstoffpartialdruck. Die Aufnahmefähigkeit der Körperflüssigkeit für Sauerstoff wird durch Ausbildung von Blutfarbstoffen noch gesteigert. Sie binden den hereindiffundierenden Sauerstoff chemisch. Der Sauerstoffpartialdruck des Blutes steigt dadurch auch bei Aufnahme großer Sauerstoffmengen nur langsam an. Bei Wassertieren kann deshalb der Sauerstoffgehalt pro ml Flüssigkeit im Blut wesentlich höher sein als im umgebenden Wasser.

Mit zunehmender Größe gestaltet sich das Verhältnis zwischen der Oberfläche des Körpers und der Körpermasse für die Hautatmung immer ungünstiger. Auch sind die meisten Tiere gegen Verletzungen und Austrocknen mit schützenden Hüllen aus Chitin, Kalk oder Horn versehen, die für Luft wenig durchlässig sind. Der Gasaustausch ist deshalb auf bestimmte Stellen des Körpers beschränkt. An diesen Stellen ist die Atmungsfläche durch Falten, Ausstülpungen und Verästelungen so stark vergrößert, daß sie die Körperoberfläche um ein Vielfaches übertrifft (**lokalisierte Atmung**). So entstehen bei Wassertieren als Ausstülpungen in das umgebende Wasser hinein die *Kiemen.* Bei den landlebenden Wirbeltieren entwickeln sich im Innern des Körpers die *Lungen.* Beide Atmungsorgane werden reichlich von Blut durchflossen. Ihre Lage in geschützten Räumen erfordert ständige Erneuerung des Atemwassers bzw. der Atemluft, ohne die der Gasaustausch rasch zum Stillstand käme (*Atembewegungen*).

Abb. 189: Tracheen aus dem Darm der Stabheuschrecke, mit Kupfersulfid (CuS) gefärbt, 85fach vergr.

Abb. 190: Australischer Lungenfisch (Neoceratodus), Länge bis 1¾ m

3.2 Die Tracheenatmung

Die Insekten machen von dieser Entwicklung eine Ausnahme, indem sie Luft durch ein weitverzweigtes Röhrensystem unmittelbar den verbrauchenden Zellen zuführen.

Diese Luftröhren oder *Tracheen* beginnen in jedem Körperabschnitt links und rechts mit je einem *Atemloch* oder *Stigma*. Die Hauptstämme verzweigen sich im Innern des Körpers sehr stark und umspinnen alle Organe. Ihre blind geschlossenen Verästelungen endigen zwischen den einzelnen Zellen, zum Teil sogar im Innern von Zellen.

Die Zufuhr von O_2 und die Abgabe von CO_2 erfolgt im einfachsten Fall durch reine Diffusion. Viele Insekten unterstützen die Diffusion durch aktive Atembewegungen der Brust und des Hinterleibs. Dabei werden die Tracheen zusammengedrückt und wieder gedehnt, d. h. die Ausatmung ist aktiv, die Einatmung passiv.

3.3 Die Kiemenatmung der Wassertiere

Wasser enthält pro Volumeneinheit wesentlich weniger Sauerstoff als Luft. Für die Aufnahme der gleichen Sauerstoffmenge muß daher in einer Kieme wesentlich mehr Wasser mit der Atmungsfläche in Berührung kommen als Luft in einer Lunge. Die Atembewegungen haben also in einer Kieme ein größeres Volumen zu transportieren. Wasser ist außerdem schwerer als Luft. Deshalb wäre es bei einer Kieme sehr energieaufwendig, das Atemwasser zuerst in einen Hohlraum aufzunehmen und dann von dort wieder auszustoßen, wie es mit der Atemluft bei einer Lunge geschieht. Wahrscheinlich strömt deshalb das Atemwasser meistens gleichmäßig an den Kiemen vorbei. Die im Wasser lebenden *wirbellosen Tiere* können Kiemen an den verschiedensten Stellen des Körpers tragen (s. Baupläne).

Bei den wasserlebenden *Wirbeltieren* gehen die Atmungseinrichtungen vom Vorderdarm aus.

Die *Haifische* haben in der Regel beiderseits des Kopfes sechs *Kiemenspalten,* die frei nach außen münden. Ihre Innenflächen sind mit zahlreichen parallel gestellten Hautfalten, den *Kiemenblättchen,* besetzt. Die Knochenfische besitzen nur noch fünf Kiemenspalten. Die Kiemenblättchen sind an die Außenseite der trennenden Wände gerückt. Zu ihrem Schutz dient ein Kiemendeckel, welcher von vorn her den Kiemenraum überwölbt.

Das Atemwasser wird mit dem Maul aufgenommen und durch die Kiemenspalten gepreßt, wobei es die Kiemenblättchen umspült. Der Gasaustausch erfolgt in den stark durchbluteten und mit Hautfältchen bedeckten Kiemenblättchen.

Bei den altertümlichen *Lungenfischen,* deren Vorfahren bereits in der Devonzeit auftraten, ist die Innenwand der Schwimmblase wabenartig vergrößert und reichlich durchblutet. Mit dieser »Lunge« können sie Luft atmen.

Bei den *Lurchen* atmen die *Larven* noch durch Kiemen. Nach der Umwandlung verschwinden die Kiemen, und mit dem Verlassen des Wassers übernehmen die Lungen ihre Aufgabe.

3.4 Die Lungenatmung der Wirbeltiere

Die Lungen sind bei den *Molchen* noch einfache, glattwandige Säcke. Bei den *Fröschen* ist die Innenwand durch vorspringende Falten wabenartig gekammert und erreicht dadurch zwei Drittel der Körperoberfläche. Bei den *Eidechsen* sind diese Falten in sich noch einmal gefältelt, und bei den *Krokodilen* und *Schildkröten* ist der ganze Innenraum in zahlreiche Kammern, Nischen und Bläschen aufgeteilt, so daß in der Mitte nur noch ein enger Gang, der *Bronchus,* übrigbleibt, durch welchen die Luft in die Kammern geleitet wird. In der **Säugetierlunge** teilt sich dieser Luftweg in mehrere Äste, die *Nebenbronchien,* auf, die sich weiter verzweigen. Ihre letzten Verästelungen enden in zahlreichen feinen Bläschen, den *Lungenbläschen.* Diese sind mit einem engmaschigen Blutgefäßnetz umsponnen, so daß hier der Gasaustausch vor sich gehen kann.

Bei *Erneuerung der Atemluft* beim Menschen fördert ein gewöhnlicher, ruhiger Atemzug nur etwa ½ l Luft. Bei stärkster Ein- und Ausatmung können jedoch bis zu 6 l gewech-

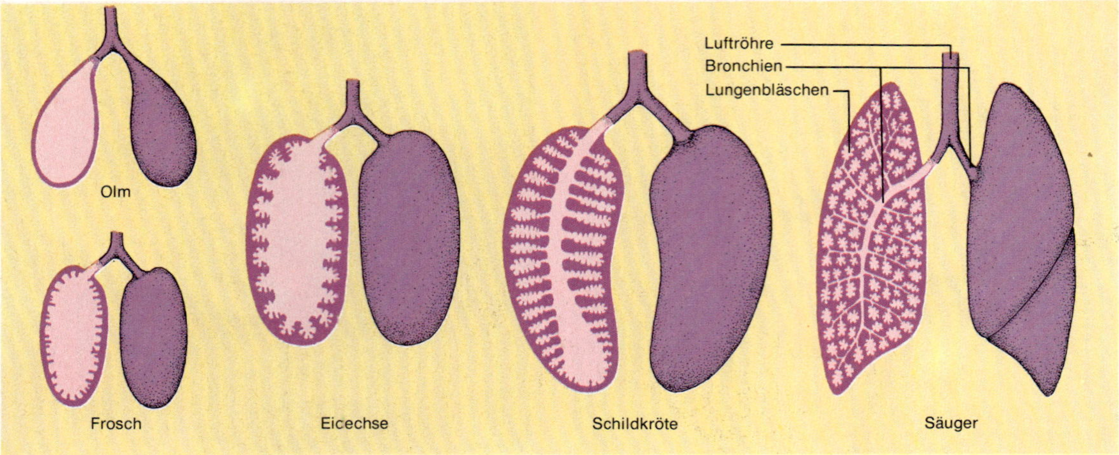

Abb. 191: Schemata des Lungenbaus in der Wirbeltierreihe, die zunehmende Vergrößerung der inneren Oberfläche zeigend

selt werden (Vitalkapazität). Dabei bleiben immer noch rund 1200 cm^3 Luft in der Lunge zurück (Residualluft), so daß niemals die gesamte Luft erneuert wird. Da die eingeatmete Luft sich mit der zurückgebliebenen mischt, hat die Lungenluft, die wir gewöhnlich veratmen, einen geringeren Sauerstoffgehalt und einen höheren Gehalt an Kohlendioxid als die Frischluft.

	Außenluft	*Lungenluft*
O_2	20,00%	12–15%
CO_2	0,03%	4– 5%

Das Maß für die Belüftung ist das *Atemzeitvolumen,* d. h. das je Minute eingeatmete Luftvolumen. Es ist das Produkt aus Atmungsfrequenz/Min. und dem je Atemzug aufgenommenen Luftvolumen. Das Atemzeitvolumen steigt mit der körperlichen Belastung, so beim Menschen von 5–8 l/Min. im Ruhestand auf 90–120 l bei starker Muskeltätigkeit, etwa bei sportlichen Hochleistungen.

Besondere Verhältnisse herrschen in großen Höhen. Hier ist der Luftdruck und damit auch der Sauerstoffpartialdruck geringer. Deshalb wird das Hämoglobin nicht mehr in vollem Umfang oxidiert; den Zellen steht zu wenig Sauerstoff zur Verfügung. Der Körper sucht sich dem Sauerstoffmangel durch verstärkte Atmung, Beschleunigung des Herzschlags, Einstellen aller sonstigen Tätigkeiten auf »Schongang« und bei längerem Aufenthalt durch Vermehrung der roten Blutkörperchen anzupassen. Trotzdem kommt es in Höhen über 4000 m zu der gefürchteten *Höhenkrankheit* (Müdigkeit, Schwindel, Entschlußunfähigkeit, Bewußtseinsstörungen); in Höhen um 7000 m besteht Lebensgefahr, die nur durch Sauerstoffzufuhr gebannt werden kann.

Verhältnis der Körperoberfläche zur Atmungsfläche der Lunge:

Frosch	3:2
Mensch	1:150

Lungenbläschen beim Menschen

Durchmesser: 1/4 mm
Gesamtzahl: 300–400 Mill.
Atmungsfläche: 80–130 m^2

4. Der Energie- und Wärmehaushalt

4.1 Allgemeines

Alle Lebensvorgänge verbrauchen Energie. Diese Energie wird in den Zellen des Organismus erzeugt. Die sich dabei abspielenden Vorgänge bezeichnet man als *Zellatmung.* Sie verlaufen in der gleichen Weise wie bei Pflanzen (*Glykolyse, Citronensäurezyklus, Endoxidation*). Die hierbei frei werdende Energie wird auch im tierischen und menschlichen Organismus im ATP gespeichert und von ihm an die Orte übertragen, wo die gespeicherte Energie in andere Energieformen umgewandelt werden soll. Auch bei völliger äußerer Untätigkeit muß für die Erhaltung der inneren Organ- und Gewebsfunktionen Energie erzeugt werden. Diesen Energiebetrag liefert der **Grundumsatz.**

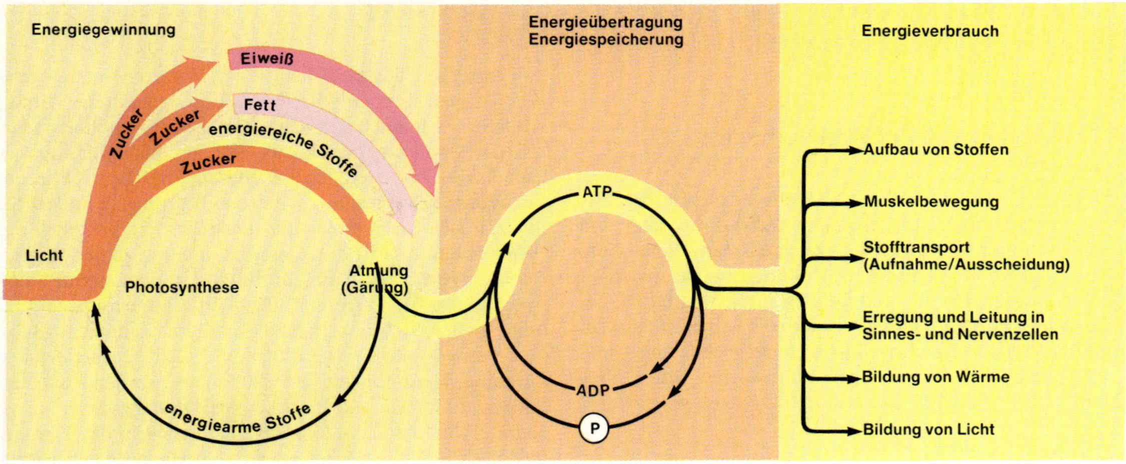

Abb. 192: Schema vom Energieumsatz in Organismen

Um ihn bestimmen zu können, muß man zunächst wissen, welche Nährstoffe veratmet werden. Dann kann man aus der Menge des ausgeschiedenen CO_2 die Menge des veratmeten Nährstoffs bestimmen und damit auch den erzeugten Energiebetrag.

Welcher Nährstoff im Augenblick bevorzugt zur Energiegewinnung benützt wird, erkennt man am sogenannten *Atmungsquotienten*. Als Atmungsquotient bezeichnet man das Verhältnis des Volumens des ausgeatmeten Kohlendioxids zum verbrauchten Sauerstoff ($CO_2 : O_2$). Bei alleiniger Oxidation von Kohlenhydraten ist er gleich 1, weil die Kohlenhydrate so viel Sauerstoff im Molekül enthalten, wie zur Oxidation ihres Wasserstoffs nötig ist. Der eingeatmete Sauerstoff dient also ganz zur Oxidation des Kohlenstoffs:

$$C_6H_{12}O_6 + 6\,O_2 \rightarrow 6\,CO_2 + 6\,H_2O$$

Fette enthalten weniger Sauerstoff. Bei Oxidation von Fetten wird also ein Teil des eingeatmeten Sauerstoffs bei der Oxidation des Wasserstoffs zu Wasser verbraucht. Es kann deshalb nicht so viel Kohlendioxid entstehen, wie Sauerstoff aufgenommen wird. Der Atmungsquotient ist also kleiner als 1. So würde die Oxidation von Palmitinsäure nach der Gleichung:

$$C_{15}H_{31}COOH + 23\,O_2 \rightarrow 16\,CO_2 + 16\,H_2O$$

den Atmungsquotienten $CO_2 : O_2 = 16 : 23 = 0{,}7$ ergeben. Der Atmungsquotient gibt daher Auskunft, aus welchen Stoffarten der Körper hauptsächlich seine Energie gewinnt.

Weiß man, welche Stoffe oxidiert wurden, kann man aus der Höhe des Sauerstoffverbrauchs den Energieumsatz bestimmen. Der Grundumsatz ist beim jugendlichen Organismus höher als beim erwachsenen, bei lebhaften Tieren größer als bei ruhigen, bei Gleichwarmen erheblich größer als bei Wechselwarmen.

Für den erwachsenen Menschen beträgt der Grundumsatz eine kcal (4 kJ) je kg Körpergewicht und Stunde. Jede darüber hinausgehende Leistung verlangt einen höheren Energieaufwand. Dieser zusätzliche Energieverbrauch heißt *Leistungszuwachs*. Er hängt von dem Ausmaß der geleisteten Arbeit ab und ist bei Muskelarbeit am größten, bei geistiger Arbeit am geringsten. Leichte körperliche Arbeit erfordert beim Menschen an Ergänzung zum Grundumsatz etwa 50 kcal/Std (210 kJ/Std), mäßige körperliche Arbeit etwa 100 kcal/Std (420 kJ/Std.) und schwere Arbeit 200 kcal/Std. (835 kJ/Std.). Reicht die zugeführte Nahrungsenergie nicht aus, dann greift der Körper auf die in Form von Glykogen und Fett gespeicherten Energievorräte zurück. Das Glykogen kann verhältnismäßig schnell zu Glucose abgebaut werden (s. S. 197) und deshalb einen plötzlich auftretenden erhöhten Energiebedarf kurzzeitig decken. Die Fettreserven lassen sich nicht so schnell mobilisieren. Sie dienen also mehr der Überbrückung eines länger dauernden erhöhten Energiebedarfs oder eines länger dauernden Hungerzustandes. Sind die Vorräte erschöpft, dann werden auch die Proteine der Körperorgane angegriffen, zuletzt das Herz und das Nervensystem. Niedere Tiere können dabei über 90% (Hydra 99,5%!), Fische drei Viertel, Säuger bis zur Hälfte des Körpergewichts verlieren, bevor sie zugrunde gehen.

Die *chemischen Umsetzungen im Tierkörper* und damit der Ablauf des Stoffwechselgeschehens sind wie beim Pflanzenkörper stark *von der Temperatur abhängig*. Normalerweise steigt die Geschwindigkeit chemischer Reaktionen bei einer Erhöhung der Temperatur um 10° C auf das 2- bis 3fache an (*R-G-T-Regel*). Oberhalb 45° C machen sich allerdings Veränderungen der Eiweißstruktur der Enzyme bemerkbar. Bei weiterer Erhöhung der Temperatur steigt also die Reaktionsgeschwindigkeit nicht mehr an, sondern fällt ab. Der Faktor, um den sich die Geschwindigkeit eines bestimmten Prozesses bei einer Temperaturerhöhung um 10° steigert, nennt man Q_{10}. Physikalische Prozesse (wie z. B. Diffusion) haben Q_{10}-Werte in der Nähe von 1, chemische Prozesse in der Nähe von 2. Die Bestimmung des Q_{10} spielt also überall da eine wichtige Rolle, wo man zwischen physikalischen und chemischen Prozessen unterscheiden möchte. Hat z. B. ein bestimmter Transportvorgang durch eine Membran hindurch einen Q_{10} von 1,1, so sind aktive Transportvorgänge nicht wesentlich beteiligt. Ein aktiver Transport besäße als chemischer Vorgang einen wesentlich höheren Q_{10}.

4.2 Wärmehaushalt der Wechselwarmen

Außer bei den Vögeln und Säugern entspricht die Körpertemperatur der Tiere etwa der Außentemperatur und ändert sich mit ihr. Deshalb bezeichnet man solche Tiere als *wechselwarm.* Wechselwarme können nur bei günstiger Außentemperatur ihre volle Lebenstätigkeit entfalten, bei Abkühlung werden sie träge. Ihr aktives Leben ist daher in unseren Breiten stark eingeschränkt und großen tages- und jahreszeitlichen Schwankungen unterworfen. Ihrer Vertreitung über die Erde sind dadurch Grenzen gesetzt.

4.3 Wärmehaushalt der Gleichwarmen

Nur ein Teil der Energie, die bei exergonischen Reaktionen frei wird, kann in ATP gespeichert werden. Der Rest wird als Wärme frei. Am günstigsten ist die Energieausnützung bei der Muskelarbeit, wo nahezu 30% der in der Nahrung gespeicherten Energie in mechanische Arbeit umgewandelt wird. Das entspricht dem Wirkungsgrad der besten technischen Maschinen. Bei wechselwarmen Tieren wird ein großer Teil der beim Stoffwechsel entstehenden Wärme nach außen abgeführt. Bei gleichwarmen (homoiothermen) Säugern und Vögeln dagegen vermindern Fettschichten in der Unterhaut sowie das im Haar- oder Federkleid steckende wärmedämmende Luftpolster die Wärmeabgabe nach außen. Deshalb liegt die Körpertemperatur wesentlich über der Umgebungstemperatur. Nervöse Regulationsvorgänge halten die Körpertemperatur konstant (s. S. 185). »Gleichwarme« oder »eigenwarme« Tiere (etwa 1% der gesamten Tierwelt) können daher unabhängig von der Außentemperatur zu allen Zeiten ihre volle Aktivität entfalten und als »Warmblütler« auch die kalten Lebensräume der Erde bewohnen. Allerdings wird diese biologische Überlegenheit der Gleichwarmen dadurch eingeschränkt, daß sie schon zur Erhaltung der Körperwärme der ständigen Zufuhr von Nahrung bedürfen. Sie erhöhen in kalter Umgebung den Grundumsatz, wobei die Leber einen besonderen Anteil an der Wärmeerzeugung hat. Bei Wechselwarmen wird mit sinkender Temperatur der gesamte Stoffwechsel stark herabgesetzt. Deshalb können sie ohne Schaden viel längere Zeit hungern als Gleichwarme.

4.4 Winterschlaf

Unter den Säugern gibt es einige Tierarten, die zeitweise die Konstanz der Körpertemperatur aufgeben: die Winterschläfer. Es handelt sich dabei zumeist um Nagetiere (Murmeltier, Hamster, Haselmaus, Siebenschläfer) und um insektenfressende Tiere (Igel, Fledermäuse), denen es bei uns im Winter schwerfällt, ausreichend Nahrung zu finden. Sie mästen sich im Sommer und beziehen mit Einbruch des Winters ein frostsicheres Versteck, um dort in den Winterschlaf zu verfallen. In diesem Zustand ist der gesamte Stoffwechsel stark herabgesetzt. Die Körpertemperatur fällt bis nahe an den Nullpunkt; bei Fledermäusen kann sie sogar bis auf etwa −4° sinken. Der Blutzuckergehalt vermindert sich; Atmung, Herztätigkeit und Blutumlauf werden stark verlangsamt. Droht jedoch bei hohen Kältegraden eine zu starke Abkühlung des Körpers, dann erwacht das Tier und erzeugt unter verstärkter Atem- und Herztätigkeit Eigenwärme. In den Kaltzonen fehlen die Winterschläfer, sie würden durch die niedrigen Umwelttemperaturen zu häufig geweckt. Während des Winterschlafs wird der Stoffwechsel lediglich durch Oxidation von Fett aufrechterhalten. Der Eintritt in den Winterschlaf wird nicht in erster Linie durch Nahrungsmangel oder beginnende Kälte, sondern hauptsächlich durch Hormone in Verbindung mit dem vegetativen Nervensystem ausgelöst. Beim Erwachen steigt die Körpertemperatur in kurzer Zeit auf das Normale.

Murmeltier	wach	im Winterschlaf
Körpertemperatur	36°	3°
Herzschläge	80/min	4–5/min
Atemzüge	25–30/min	0,2/min
Energieverbrauch	1700 kJ/Tag	113 kJ/Tag

Bär und Dachs sind keine Winterschläfer. Sie können wohl eine wochenlange Winterruhe einlegen, doch tritt dabei der für die echten Winterschläfer so charakteristische Temperaturabfall nicht ein.

4.5 Licht- und Elektrizitätserzeugung

Eine kleine, aber auf nahezu alle Tierstämme verteilte Gruppe von Lebewesen vermag Energie auch in Form von Licht freizusetzen. Die meisten »leuchtenden« Tiere sind Meeresbewohner. Besonders bekannt ist das von Geißeltierchen verursachte Meeresleuchten. Zu den wenigen leuchtenden Landtieren gehört unser Glühwürmchen (Leuchtkäfer). Das flügellose Weibchen trägt wie das geflügelte Männchen besondere Leuchtorgane auf der Unterseite der letzten Hinterleibsringe. Das Licht entsteht meist durch Oxidation besonderer Leuchtstoffe (z. B. Luziferin) mit Hilfe eines Enzyms (z. B. Luziferase). Das aus dem amerikanischen Leuchtkäfer *Photinus* gewonnene, käufliche Luziferin-Luziferase-Gemisch leuchtet im Dunkeln auf, wenn ATP in Anwesenheit von Magnesiumionen hinzugefügt wird. Die Intensität des entstehenden Lichtes läßt sich messen. Dies ist der einfachste quantitative Nachweis für ATP.

Einige Fische (Zitterrochen, südamerikanischer Zitteraal, afrikanischer Zitterwels) können Elektrizität erzeugen. Die elektrische Spannung entsteht in Organen, die aus der Muskulatur gebildet worden sind. Beim Zitteraal, dem stärksten elektrischen Fisch, machen diese elektrischen Organe 1/3 des Körpergewichts aus. Es wurden Spannungen bis zu 860 Volt und Stromstärken bis zu 1 Ampere gemessen. Die erzeugte Elektrizität, die sich in kräftigen Schlägen äußert, dient als Abwehrmittel wie auch zum Erwerb der Nahrung. Viele Fische können schwache elektrische Impulse aussenden und deren Rückkehr wahrnehmen. So erkennen sie Beute und Hindernisse und verständigen sich auf diese Weise auch mit Artgenossen. Die Spannungen werden auf die gleiche Weise wie in Nervenzellen gebildet.

5. Die Ausscheidung

Im Energie- und Baustoffwechsel entstehen dauernd *Abbaustoffe* (Stoffwechselendprodukte). Sie sind für den Körper wertlos oder gar schädlich und müssen deshalb ausgeschieden werden (*Exkrete*). Die *Ausscheidung* ist damit ein natürlicher Teilvorgang im allgemeinen Stoffwechselgeschehen. Kohlenhydrate und Fette werden vollständig zu CO_2 und H_2O oxidiert. Als Endprodukte des Eiweißabbaues entstehen CO_2, H_2O und NH_3. Das Kohlendioxid wird zumeist durch die Atmungsorgane aus dem Körper entfernt. Das giftig wirkende Ammoniak ist leicht wasserlöslich und kann deshalb nur von Wassertieren über die Atmungsorgane ausgeschieden werden. Viele Tiere, vor allem die landlebenden, verwandeln Ammoniak in den leicht löslichen Harnstoff oder in die fast unlösliche Harnsäure. Beide Stoffe werden, ebenso wie auch andere Abbaustoffe, nicht nur durch die Haut, sondern auch durch besondere Organe, die Ausscheidungs- oder Nierenorgane, aus dem Körper entfernt.

5.1 Die Ausscheidungsorgane

Die Ausscheidungsorgane der Wirbellosen lassen sich auf drei Grundformen zurückführen.

Die **Protonephridien** der Plattwürmer sind ein verzweigtes, blind geschlossenes Röhrensystem. Die einzelnen Röhrchen beginnen mit *Wimperflammenzellen.* Durch den Schlag der Wimpern, die in den Anfang der Röhren hineinragen, wird Flüssigkeit weitergetrieben und nach außen gedrückt.

Die höheren Wirbellosen, die eine Leibeshöhle besitzen, haben als Ausscheidungsorgane **Nephridien.** Diese sind ebenfalls röhrenförmig, beginnen aber offen in der Leibeshöhle mit einem Wimpertrichter. Der schleifenförmige Ausscheidungskanal ist ebenfalls teilweise bewimpert (Abb. 193 und 492). In das Ausscheidungsorgan gelangt die Leibeshöhlenflüssigkeit. Im ausgeschiedenen Harn sind nur noch solche Stoffe enthalten, die der Körper nicht mehr verwerten kann. Daraus kann man schließen, daß die Zellen des Ausscheidungskanals die noch verwertbaren Stoffe der Leibeshöhlenflüssigkeit dem Kanalinhalt entziehen können.

Die Ausscheidungsorgane der luftlebenden Gliederfüßler, die **Malpighischen Gefäße**, sind dünne, schlauchförmi-

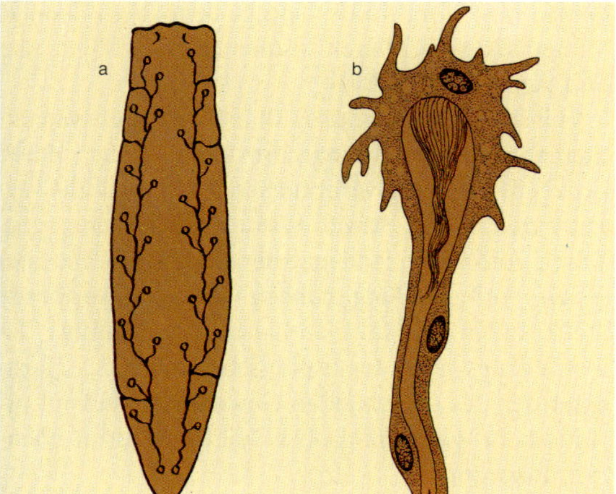

Abb. 193: Protonephridien eines Plattwurms, a Lage im Körper, b Anfangsabschnitt eines Protonephridiums mit Wimperflammenzelle

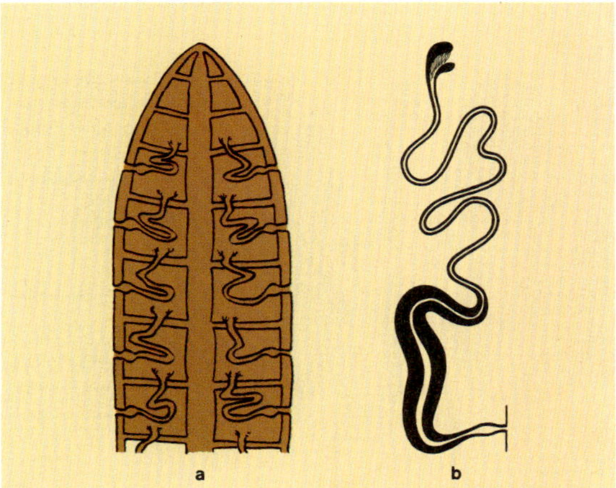

Abb. 194: Nephridien des Regenwurms, a Lage im Körper, b Schema des Baus

ge, geschlossene Nierenorgane, die in den Enddarm münden. Die Ausscheidung der Abbaustoffe aus der umspülenden Leibeshöhlenflüssigkeit durch ihre Wandzellen bestätigt folgender Versuch:

Injiziert man einem Insekt (z. B. einer Stabheuschrecke) eine kleine Menge 0,1%ige Indigokarminlösung (blauer Farbstoff) in die Leibeshöhle, so sind nach 1–2 Stunden nur die Malpighi-Gefäße dunkelblau gefärbt. Nach weiteren 1–2 Stunden erscheint der Farbstoff im Kot.

Das Ausscheidungsorgan der Wirbeltiere ist die Niere. Sie ist trotz ihrem komplizierten Bau funktionell und anatomisch an die Nephridien der Ringelwürmer anzuschließen.

5.2 Bau und Leistung der menschlichen Niere

Beim Menschen liegen die Nieren zu beiden Seiten der Wirbelsäule an der hinteren Wand der Bauchhöhle. Ein langer, enger Schlauch, der Harnleiter, führt den Harn zur Harnblase ab. Starke Blutgefäße versorgen die Nieren reichlich mit Blut; die Nieren gehören zu den am stärksten durchbluteten Organen des Körpers.

Im Schnitt erkennt man einen inneren Hohlraum, das *Nierenbecken.* Aus ihm entspringt der Harnleiter. Die dicke Wand besteht aus der äußeren gekörnelten *Rindenschicht* und der inneren, radial gestreiften *Markschicht.* Aus der Markschicht springen 10–15 kegelförmige *Nierenpyramiden* gegen das Nierenbecken vor. Der eigentliche Ausscheidungsapparat wird von den *Nephronen* (über 1 Million) gebildet. Jedes Nephron besteht aus einem *Nierenkörperchen* und dem daraus abgehenden Nierenkanälchen. Die doppelwandige *Bowmansche Kapsel* des Nierenkörperchens umhüllt einen Blutgefäßknäuel *(Glomerulus).* Das Nierenkanälchen ist in der Rindenschicht

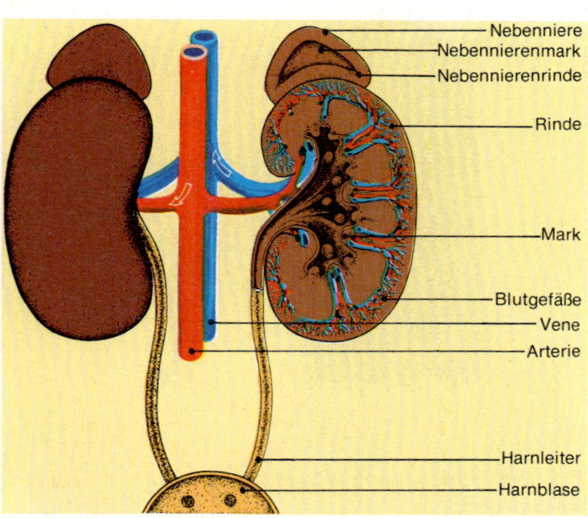

Abb. 195: Niere des Menschen

aufgeknäuelt, geht in einer Schleife (Henlesche Schleife) gerade durch die Markschicht und wieder zurück in die Rinde, dort knäuelt es sich erneut und endet dann in einem Sammelkanälchen, das auf der Spitze der Nierenpyramide in das Nierenbecken mündet. Die Nierenkanälchen sind überall reich von Blutkapillaren umsponnen.

Der Harn wird offensichtlich dem Blut entzogen. Vergleicht man jedoch die stoffliche Zusammensetzung von Blutplasma und Harn, stellt man erhebliche Unterschiede fest. Auch die Konzentration beider Flüssigkeiten ist unterschiedlich. Das Blutplasma hat einen osmotischen Druck von etwa 7 Atmosphären (7 bar), der Harn von durchschnittlich 21.

Man bezeichnet die Flüssigkeit, die in die Bowmansche Kapsel abgeschieden wird, als *Primärharn.* Durch Einführen einer feinen Pipette (Punktieren) in die Bowmansche Kapsel kann man winzige Mengen des Primärharns gewinnen. Seine Zusammensetzung läßt sich mit modernen Mikromethoden bestimmen. Der Primärharn ist fast ganz frei von Eiweiß, enthält aber alle andern im Blutplasma vorkommenden Stoffe in der dort vorliegenden Konzentration. Er scheint also im Prinzip auf die gleiche Weise zu entstehen wie die Gewebeflüssigkeit im Kapillargebiet. Allerdings ist der Blutdruck in den Kapillaren des Nierenkörperchens höher als in anderen Kapillargebieten, weil die zuführende Arterie besonders weit ist. Da hier der Blutdruck deutlich höher ist als der kolloidosmotische Druck des Blutes, tritt besonders viel Flüssigkeit aus den Kapillaren aus. Demnach ist der Primärharn ein Ultrafiltrat, d. h., er ist aus dem Blut durch Ausfiltern der geformten Bestandteile und der Makromoleküle hervorgegangen. Die Menge des Ultrafiltrats beträgt beim Menschen je Minute in beiden Nieren zusammen etwa 120 ml, das sind täglich etwa 170 l.

Während des Abflusses durch das Nierenkanälchen werden dem Primärharn hauptsächlich durch aktive, d. h. energieverbrauchende Prozesse die verwertbaren Stoffe sowie Wasser wieder entzogen. Durch Punktieren fand man heraus, daß am Ende der ersten Aufknäuelung nahezu keine verwertbaren Stoffe mehr im Harn enthalten sind. Infolge des Stoffentzugs sinkt der osmotische Druck des Harns unter den des umgebenden Gewebes, so daß auf osmotischem Wege ein großer Teil des Wassers ebenfalls ausströmt.

Im übrigen Teil des Nierenkanälchens muß nun dem Harn weiteres Wasser entgegen dem osmotischen Gefälle, also aktiv, entzogen werden. Daß bei diesem komplizierten Vorgang die Henlesche

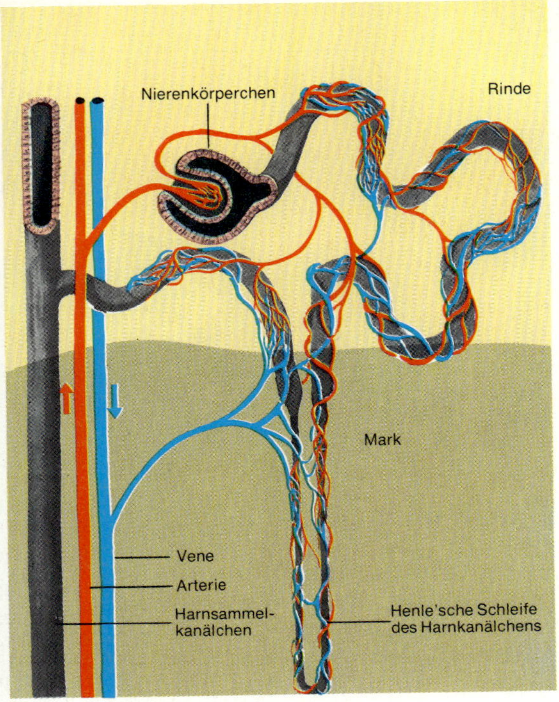

Abb. 196: Einzelnes Nephron

Schleife beteiligt ist, läßt sich schon daraus vermuten, daß Tiere mit hochkonzentriertem Harn auch besonders lange Henlesche Schleifen besitzen.

Die Wandzellen des Nierenkanälchens können aber nicht nur dem Harn aktiv Stoffe entziehen, sondern bestimmte Stoffe (z. B. Medikamente) auch aktiv in das Innere des Kanälchens abscheiden.

Der osmotische Druck des menschlichen Harns schwankt zwischen 1 und 56 Atmosphären. Welche Konzentration der Harn annimmt, wird durch ein Hormon der Hypophyse (Adiuretin) bestimmt. Es beeinflußt den Harn-Konzentrierungsprozeß in der Weise, daß bei einem erhöhten Wassergehalt des Gewebes ein verdünnter, bei geringem Wassergehalt des Gewebes aber ein konzentrierter Harn abgegeben wird. Die Niere ist auf diese Weise wesentlich an der Regulierung des Wassergehaltes der Gewebe beteiligt.

Täglich werden durchschnittlich $1^1/_2$ l Harn mit 50–60 g darin gelösten Stoffwechselendprodukten abgeschieden, und zwar 30–40 g Harnstoff, 6–12 g Kochsalz, Harnsäure, Phosphate, Sulfate, Karbonate, Ammoniumverbindungen sowie vielerlei von außen zugeführte, nicht verwert- oder speicherbare Stoffe. Die gelbe Farbe des Harns rührt von Abbauprodukten des Hämoglobins her. Die Nieren spielen daher nicht nur im Wasserhaushalt, sondern auch bei der so wichtigen Regelung des Salzhaushalts und der Entgiftung des Körpers eine wichtige Rolle.

Bei Ausfall der Niere reichert sich im Blut der Harnstoff an, so daß Vergiftungsgefahr entsteht. In der künstlichen Niere wird dann das Blut des Kranken in einen Dialysierschlauch mit semipermeabler Membran geleitet, worauf der abnorm vermehrte Harnstoff durch Osmose in die den Schlauch umspülende Flüssigkeit übertritt. Diese hat die gleiche Ionenkonzentration wie das Blut, so daß keine Ionen aus dem Blut verloren gehen können. Das gereinigte Blut wird wieder in die Blutbahn zurückgeführt (Hämodialyse).

5.3 Der Wasserhaushalt

Der Körper verliert ständig beträchtliche Mengen von Wasser mit den Ausscheidungen und durch Verdunstung an der Körperoberfläche. Dieses abgegebene Wasser muß wieder ersetzt werden.

Die *Wasseraufnahme* geschieht bei weichhäutigen Wassertieren fast ausschließlich durch die Haut, bei Landtieren durch den Darm mit der Nahrung und als Trinkwasser. Pflanzenkost enthält 70–95%, Fleisch 70–80%, Milch 88% Wasser. Im menschlichen Körper entstehen bei der Oxidation der Nahrung täglich etwa 350 cm^3 Wasser. Viele Wüstentiere decken den Wasserbedarf ganz aus der festen Nahrung. Bei Meeresfischen ist die Salzkonzentration im Blut niedriger als im umgebenden Wasser. Sie verlieren also dauernd Wasser durch Osmose. Um den Wasserverlust auszugleichen, trinken sie Meerwasser. Das überschüssige Salz wird durch die Kiemen aktiv ausgeschieden. Umgekehrt dringen in den Körper von Süßwassertieren ständig erhebliche Mengen Wasser ein, welche die Nieren ausscheiden. Der Harn kann auch bei diesen Tieren nicht völlig salzfrei gehalten werden. Deshalb verliert ihr Körper mit den großen Harnmengen, die sie ausscheiden, auch Salze. Diese Salze können nur zum Teil wieder aus der Nahrung ersetzt werden. Zum anderen Teil werden sie durch aktive Transportvorgänge in der Haut oder den Kiemen dem umgebenden Wasser entzogen.

Der Übergang vom Wasser- zum Landleben erfordert *Einrichtungen für einen sparsamen Wasserhaushalt.* Vor allem wird die Wasserabgabe durch die Haut eingeschränkt. Bei weichhäutigen Tieren finden sich Schleimhüllen; Insekten besitzen Chitinpanzer; bei den Landwirbeltieren verhornt die Oberhaut. Bei den Lurchen ist der Verdunstungsschutz noch wenig wirksam; als »Feuchtlufttiere« sind sie daher in der Auswahl ihres Lebensraums beschränkt. Bei Kriechtieren und Vögeln verliert die Haut bei zunehmender Verhornung ihre Drüsen und wird für den Wasseraustausch bedeutungslos. Auch die Ausscheidung von schwerlöslicher und somit osmotisch wenig wirksamer Harnsäure bei Insekten und Kriechtieren wirkt als Sparmaßnahme im Wasserhaushalt.

Hohe Anforderungen an die Wasserversorgung des Körpers werden bei Säugern, welche die Körpertemperatur durch Schwitzen oder Hecheln regeln, gestellt. Deshalb droht der Mensch schon bei einem Wasserverlust von 10–15% zu verdursten, obwohl sein Körper bis zu 60% aus Wasser besteht.

Zimmerpflanzen stellen die Blätter so ein, daß ihre Fläche senkrecht vom Licht getroffen wird. Eine geschlossene Tulpenblüte, aus der Kälte ins warme Zimmer gebracht, öffnet sich alsbald. Die Fiederblättchen der Feuerbohne senken sich, wenn es Abend wird, am Morgen heben sie sich wieder. Diese Beobachtungen zeigen, daß auch Pflanzen auf Reize ansprechen.

Sie antworten auf Licht-, Schwerkraft-, Temperatur- und Feuchtigkeitsänderungen sowie auf chemische und mechanische Reize.

Ist die Richtung der Bewegung von der Richtung des einwirkenden Reizes abhängig, so spricht man von *Tropismen.* Als *Nastie* bezeichnet man eine Bewegung, bei der die Bewegungsrichtung des Pflanzenteils schon durch dessen Bau festgelegt ist, also nicht von der Einwirkungsrichtung des Reizes abhängt. *Taxien* nennt man die durch Reize gerichteten Ortsveränderungen frei beweglicher Pflanzen und Tiere.

1. Reizung durch Licht

Einseitig wirkendes Licht löst eine einseitige Wachstumsbewegung aus, welche als **Phototropismus** bezeichnet wird. Der junge Sproß wendet sich dem Lichte zu, er ist *positiv phototropisch.* Die Wurzeln dagegen sind *negativ phototropisch* eingestellt und werden so zu den Nährstoffen des Bodens hingeleitet. Ein Versuch mit seitlich beleuchteten Pflanzen in Wasserkultur zeigt dieses Verhalten deutlich (Abb. 198). Sauerklee und Robinie breiten in zerstreutem Licht ihre Fiederblättchen flach aus, im Sonnenlicht dagegen nehmen sie vor zu starker Bestrahlung durch Senken eine Schutzstellung ein. Es liegt also *Photonastie* vor. Bei manchen Kleearten, der Mimose u. a., wechseln die Fiederblättchen zwischen »Tag- und Nachtstellung«, d. h., sie senken sich am Abend und heben sich am Morgen. Daß es sich dabei um eine Einwirkung des Lichtes handelt, geht daraus hervor,

Abb. 198: Positiver Phototropismus der Blätter und negativer Phototropismus der Wurzeln. Lichteinfall von rechts (Fleißiges Lieschen)

Abb. 197: Sauerklee im Schatten (links) und im Sonnenlicht (rechts)

daß das Zusammenfalten der Fiederblättchen auch am Tage durch Verdunkelung erzwungen werden kann.

Die *Lichtempfindlichkeit* der Pflanzen ist sehr groß, jedoch anders als die des menschlichen Auges. Es genügen schon Lichtblitze von $^{1}/_{1000}$ bis $^{1}/_{2000}$ Sekunden Dauer, um phototropische Bewegungen auszulösen, wenn nur das Licht stark genug ist. Schwaches Licht muß entsprechend länger einwirken.

2. Reizung durch Schwerkraft

Da bei Ausschaltung des Lichtreizes eine keimende Pflanze ihre Wurzel stets senkrecht nach unten, den Sproß dagegen senkrecht nach oben schickt, liegt die Vermutung nahe, daß die *Wachstumsrichtung* durch die *Schwerkraft* beeinflußt wird. Wenn man Keimpflanzen am Außenrand einer sich rasch drehenden Scheibe befestigt, beobachtet man nach wenigen Tagen, daß die Sprosse der Achse zu, die Wurzeln jedoch in der entgegengesetzten Richtung wachsen. Die Fliehkraft hat die gleiche Wirkung wie die Schwerkraft. Die Fähigkeit, unter dem Einfluß der Schwerkraft gerichtete Bewegungen ausführen zu können, wird als **Geotropismus** bezeichnet.

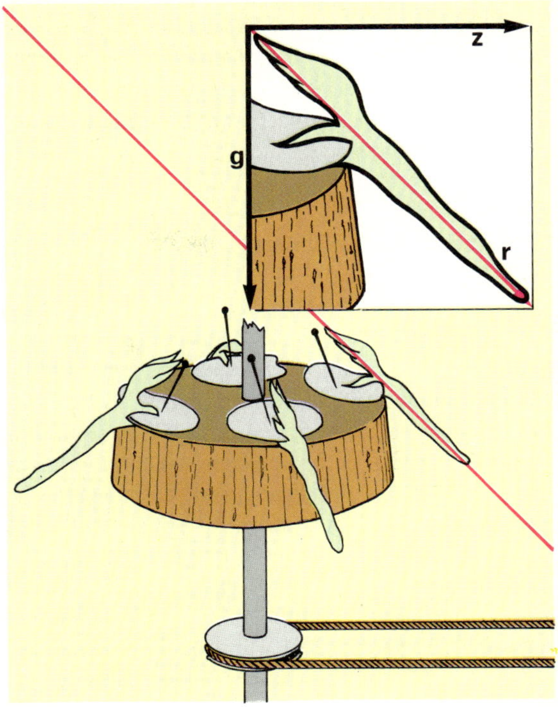

Abb. 200: Zentrifugalapparat mit rotierenden Keimpflanzen der Bohne. Die Wurzeln wachsen schräg nach unten auswärts, die Sprosse schräg nach oben und innen, in Richtung der Resultanten r im Kräfteparallelogramm aus Zentrifugalkraft z und Schwerkraft g.

3. Reizung durch chemische Stoffe

Manche Teile von Pflanzen reagieren auf chemische Reize. Die männlichen Keimzellen der Moose und Farne werden durch chemische Stoffe zu den Eizellen gelockt; ebenso wird die Wachstumsrichtung des Pollenschlauchs von der Narbe zur Eizelle durch chemische Reize gelenkt. Für die Faserwurzeln ist der **Chemotropismus** von größter Bedeutung. Sie werden durch die Feuchtigkeit, den Ionengehalt und wohl auch durch den Sauerstoff im Boden gereizt und ihr Wachstum zur Nahrung hingeleitet. Besonders

Abb. 199: Geotropische Krümmung der Stengel einer umgekehrten Pflanze

Abb. 201: Durch Bodenrutschen schiefgestellte Bäume richten sich unter Bildung eines Baumknies wieder auf.

gut ist die chemische Reizwirkung an den Drüsenhaaren der Blätter vom Sonnentau zu beobachten. Diese reagieren schon bei $^{1}/_{2500}$ mg eines eiweißhaltigen Stoffes mit einer Einkrümmung der Drüsenhaare und des Blattbodens.

4. Reizung durch Berührung

Berührungsreize spielen beim Klettern mit Ranken (Kürbis, wilder Wein, Zaunrübe, Zaunwicke, Clematis) eine Rolle. Die fadenförmigen Ranken führen kreisende Suchbewegungen aus, bis sie einen festen Gegenstand berühren. Auf diesen Reiz hin krümmen sie sich durch ungleiches Wachstum rasch auf die Seite der Berührung und umschlingen dadurch den Gegenstand, der so zur Stütze wird. Auffallend sind die große Empfindlichkeit und das Unterscheidungsvermögen der Ranken. Auftropfender Regen oder gallertige Stoffe üben keine Wirkung aus, dagegen vermögen schon die feinen Druckunterschiede bei Berührung mit einer rauhen Baumwollfaser einen Reiz auszulösen.

Am auffallendsten ist die *Reizbarkeit der gefiederten Blätter der Mimose.* Wird ein äußeres Fiederblättchen grob berührt, dann klappen die übrigen Fiederblattpaare in der Reihenfolge von außen nach innen rasch aufwärts zusammen, worauf sich der Blattstiel ruckartig herabsenkt. Daraufhin ist das Blatt für einige Minuten nicht mehr reizbar. Läßt man aus einer Pipette einen kleinen Wassertropfen aus wenigen Millimeter Höhe auf ein Fiederblättchen der Mimose fallen, tritt keine Reaktion ein. Erst wenn der Tropfen aus größerer Höhe fällt, klappen die Blättchen nach oben. Unterhalb einer gewissen Reizintensität, der sog. *Reizschwelle,* wird also der Reiz nicht beantwortet. Nach einem starken Reiz kann die Bewegung auch auf die benachbarten Blätter übergreifen, die sich zunächst senken und dann ihre Fiederchen von innen nach außen fortschreitend zusammenklappen. Nach einiger Zeit »erholt« sich die Pflanze, und die Blätter nehmen wieder ihre frühere Stellung ein.

Abb. 203: Ranken der Passionsblume. Nach dem Umschlingen der Stütze rollt sich der mittlere Teil der Ranken spiralig ein und zieht dadurch die Pflanze näher an die Stütze heran.

5. Der Ablauf einer Reizerscheinung

Wie eine Reizerscheinung zustande kommt, soll an einem besonders gut untersuchten Beispiel gezeigt werden.

Abb. 202: Mimose ungereizt (links) und gereizt (rechts)

Belichtet man im Dunkeln aufgezogene Haferkeimlinge durch seitlich einfallendes Licht, dann krümmen sie sich nach der Seite des Lichteinfalls hin (Abb. 204). Diese Krümmung tritt auch ein, wenn man den unteren Teil des Keimlings verdunkelt. Sie erfolgt jedoch nicht, wenn nur die Spitze durch ein aufgesetztes Hütchen verdunkelt wird (b). Daraus folgt, daß die Spitze besonders lichtempfindlich ist und daß offenbar eine Erregungsleitung von der Spitze zu der Stelle hin stattfindet, an welcher sich der Keimling krümmt, also der Reiz beantwortet wird. Weitere Versuche geben über die Art der Erregungsleitung Auskunft. Wenn man sofort nach der Belichtung die Spitze des Keimlings abschneidet, erfolgt keine Krümmung. Sie tritt aber ein, wenn man die abgeschnittene Spitze wieder aufsetzt (c). Es muß also eine Erregungsleitung, die von der Spitze ausgeht, über die Schnittstelle hinweg stattfinden. Trennt man aber Spitze und Stumpf durch ein undurchlässiges Aluminiumplättchen, dann unterbleibt die Krümmung, während ein dazwischengeschobenes Gelatineplättchen die Erregungsleitung nicht behindert (d). Nun läßt Gelatine Flüssigkeiten hindurchdiffundieren; es muß daher an der Erregungsleitung ein in Wasser gelöster Stoff beteiligt sein, welcher von der Spitze zur Basis wandert. Durch Aufsetzen von abgeschnittenen Keimlingsspitzen auf Agarplättchen gelang es, einen Stoff, der in den Agar hineindiffundierte, abzufangen. Ein weiterer Versuch bestätigte, daß dieser Stoff die Reizbeantwortung auslöst. Befestigt man nämlich ein Agarblöckchen, das den Stoff in sich aufgenommen hat, seitlich an im Dunkeln aufgewachsenen Keimlingen, denen die Spitze abgeschnitten wurde (e), so tritt ohne vorherige Belichtung eine Krümmung ein. Dieser Stoff ist nicht spezifisch, denn er wirkt auch bei anderen Pflanzen (f). Es handelt sich dabei um das pflanzliche Hormon *Auxin* (vgl. Fortpflanzung und Entwicklung 1.5).

Man kann also im Ablauf der Reizerscheinungen deutlich zwischen **Reizaufnahme, Erregungsleitung** und **Reizbeantwortung** unterscheiden.

Organe für die Reizaufnahme konnte man bei Pflanzen nicht sicher nachweisen. Ebensowenig kennt man besondere Leitungsbahnen für Erregungen, wie sie die Nerven der Tiere darstellen, doch Wachstumsbewegungen auf Lichtreizung hin werden hauptsächlich durch Hormone veranlaßt (vgl. Entwicklung 1.5). Bei der Mimose sind es neben elektrischen Erscheinungen bestimmte chemische Stoffe, die wandern und noch in einer Verdünnung von 1 : 100 Millionen Bewegungen auslösen. Berührungsreize werden in Ranken und bei der Mimose mit 30–40 mm/sec geleitet.

Der Reiz dient lediglich als Auslöser. Seine Beantwortung erfolgt teils durch langsam verlaufende *Wachstumsvorgänge,* teils auch durch rasche *Turgorbewegungen.* Bei Wachstumsbewegungen wächst das Gewebe an der Außenseite der Krümmung stärker, wobei die Verteilung und die lokalen Konzentrationen der Auxine in den Pflanzenteilen Stärke und

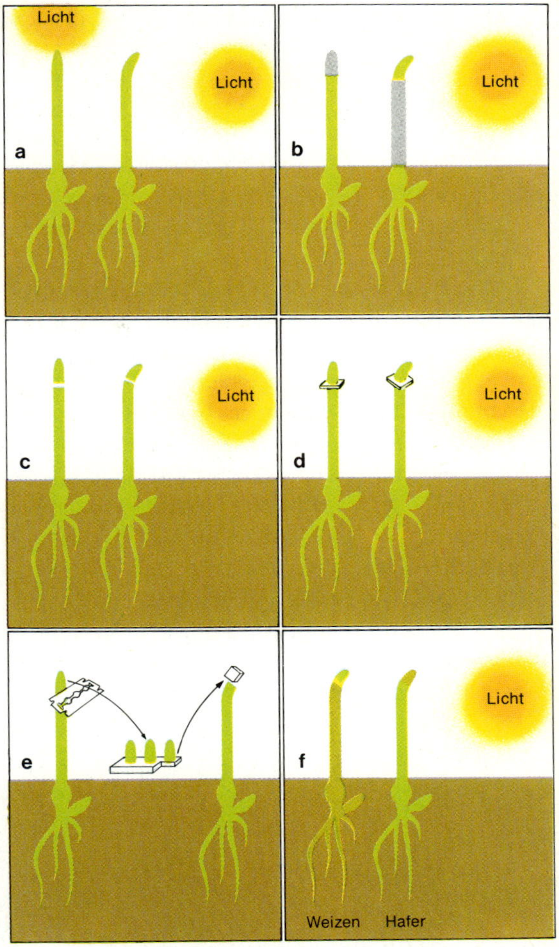

Abb. 204: Reizleitungsversuche mit Haferkeimlingen (Erklärung im Text)

Richtung des Wachstums bestimmen. Nimmt die Auxinkonzentration zu, wächst die Pflanze schneller, sehr hohe Auxinkonzentrationen hemmen allerdings das Wachstum. Die Auxine erreichen ihre Wirkungsorte durch Diffusion und aktive Transportvorgänge und dadurch auch gegen ein Konzentrationsgefälle. Zu den Wachstumsbewegungen gehören die meisten geo-, photo- und chemotropischen Bewegungen.

Die rasch verlaufenden Turgorbewegungen beruhen auf Änderung der Gewebespannung. Solche verursachen z. B. die Blattbewegungen bei der Mimose. Bei vielen Pflanzen (Mimose, Bohne) werden die Bewegungen durch besondere Gelenkpolster auf der Unterseite des Blattstielansatzes ausgeführt, deren locker gelagerte Zellen rasch Zellsaft in die Zwischenzellräume abgeben. Dadurch läßt ihre Spannung nach, und der Blattstiel senkt sich.

Sinnesorgane und Nervensystem

Alle Tiere können auf bestimmte Reize reagieren. Als *Reiz* bezeichnet man eine physikalische oder chemische Einwirkung, die Sinneszellen erregt. Reize können aus der Umwelt oder dem Körperinneren stammen.

Schon Einzeller nehmen Reize auf und beantworten sie. Besondere Einrichtungen für die Reizaufnahme und die Erregungsleitung treten bei den Vielzellern auf. Beim Süßwasserpolypen ist die Reizaufnahme an Sinneszellen gebunden. Sie geben die Erregung an *Nervenzellen* weiter, welche für die Weiterleitung zu den Orten der Reizbeantwortung sorgen.

Bei den höherentwickelten Tieren treten die Sinneszellen zu *Sinnesorganen* zusammen. Die Zellkörper der Nervenzellen vereinigen sich an bestimmten Stellen des Körpers zu Ganglien, und ihre zu Bündeln zusammengefaßten Fortsätze besorgen als »Nerven« die Fernleitung der Erregung. Die leitenden und schaltenden Organe bilden das *Nervensystem.*

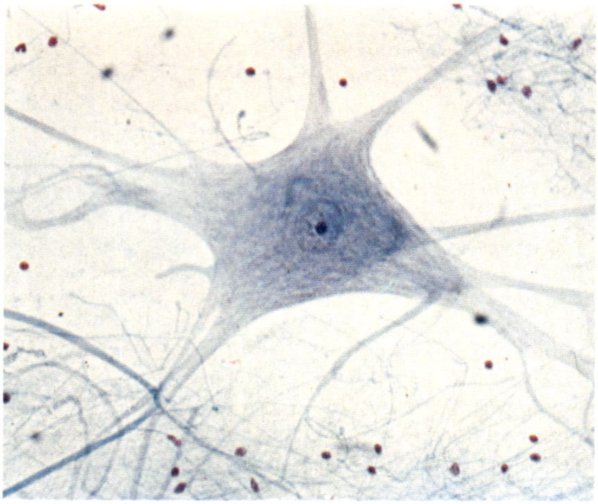

Abb. 206: Isolierte motorische Nervenzelle aus dem Rückenmark des Rindes, 200fach vergrößert. Deutlich sind Zellkern, Zellfortsätze und die polygonale Form des Zellkörpers zu erkennen.

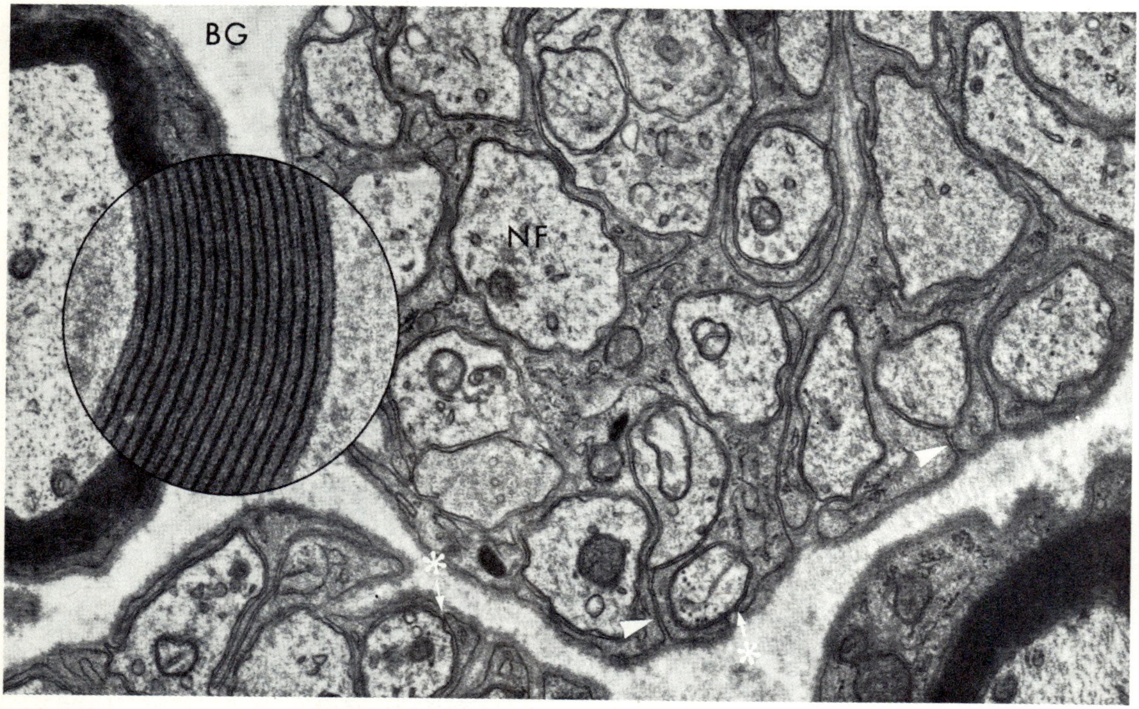

*Abb. 205: Ausschnitt aus einem peripheren Nerv der Maus. Vergrößerung 20 900fach, Einschaltbild 87 200fach. Im linken Bildteil eine rasch leitende Nervenfaser von einer Myelinscheide (Schwannsche Scheide) umgeben. Im Einschaltbild wird der lamellenartige Aufbau dieser Scheide deutlich. Im rechten Bildteil langsam leitende Nervenfasern (NF), von einer Schwannschen Zelle umgeben. Bei * faltet sich die Plasmamembran der Schwannschen Zelle von der Oberfläche aus und umgibt die Faser. Bei ▶ ist eine tieferliegende Faser durch einen engen Kanal mit der Oberfläche verbunden. BG stützendes Bindegewebe.*

1. Erregungsleitung in Nervenfasern

1.1 Der Bau der Nervenzelle

Der Grundbaustein des Nervensystems ist die Nervenzelle (*Neuron*). Ein typisches Neuron ist eine motorische Nervenzelle (Motoneuron) im Rückenmark. Sie besteht aus dem bis 0,25 mm großen *Zellkörper* und mehreren Fortsätzen verschiedener Form und Länge. Einige Fortsätze sind kurz und stark verästelt. Diese *Dendriten* gehen übergangslos aus dem Zellkörper hervor. Einer der Fortsätze kann sehr lang

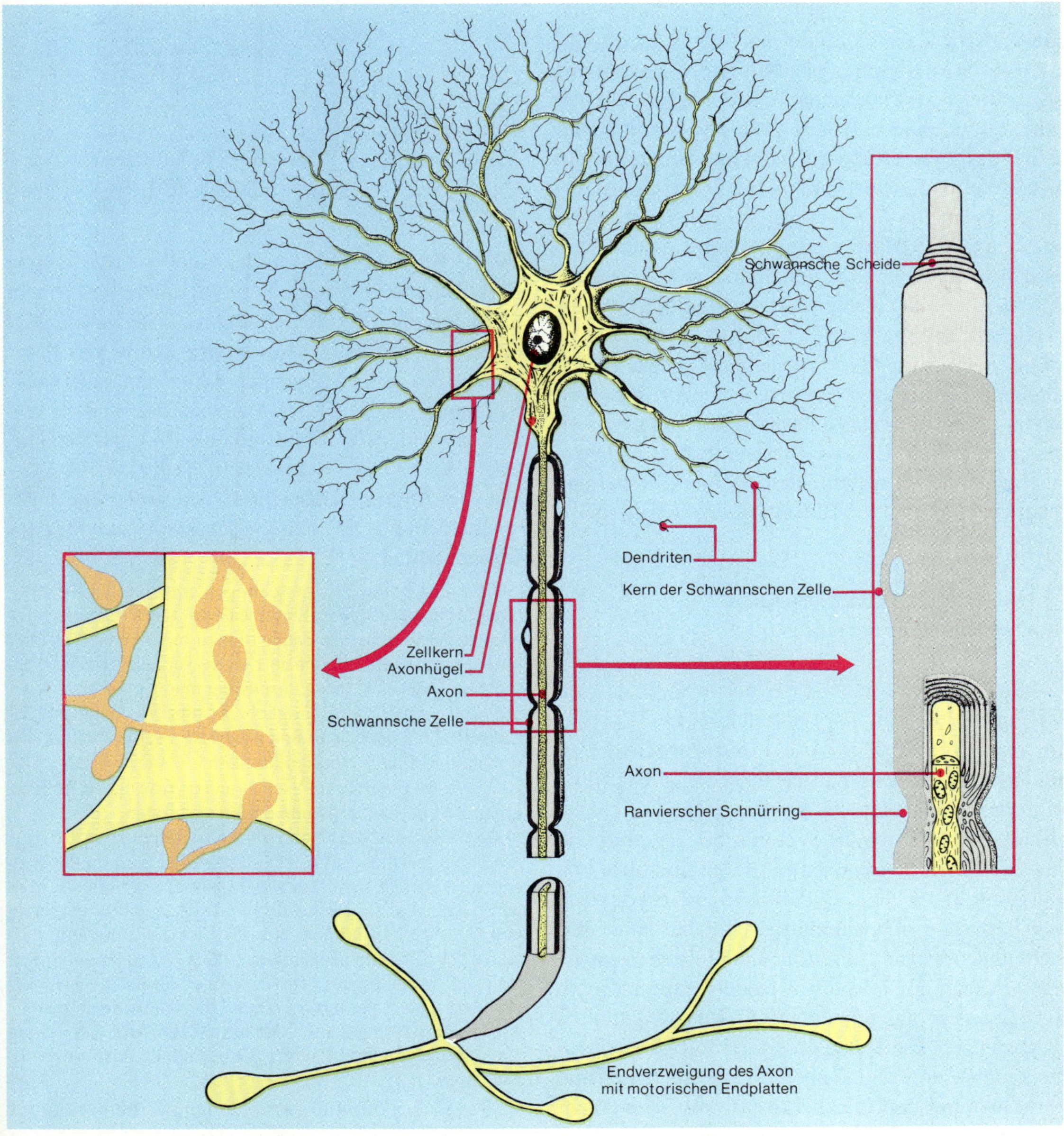

Abb. 207: Nervenzelle (Motoneuron im Rückenmark), schematisch. Durchmesser des Axons etwa 5 bis zu 20 μm. Das linke Einschaltbild zeigt in dunklerer Färbung Fasern von anderen Nervenzellen, die Synapsen mit Zellkörper und Dendriten des Neurons bilden. Im rechten Einschaltbild ist das Axon mit der Schwannschen Scheide vergrößert abgebildet.

sein (beim Menschen über 1 m). Er heißt *Nervenfaser, Neurit* oder *Axon.* Die Stelle, an der das Axon aus dem Zellkörper entspringt, nennt man Axonhügel.

Die Axone sind oft von sogenannten *Schwannschen Zellen* umgeben. Bei den Wirbellosen und bei den langsam leitenden Neuriten der Wirbeltiere sind meistens mehrere Axone in eine Schwannsche Zelle eingesenkt. Die rasch leitenden Axone der Wirbeltiere (bei Säugetieren etwa die Hälfte aller Axone) sind von einer *Schwannschen Scheide* (Myelinscheide, Markscheide) umgeben. Diese entsteht dadurch, daß sich während der Embryonalentwicklung eine Schwannsche Zelle mehrmals um den Neuriten wikkelt. Die Schwannsche Scheide besteht deshalb aus vielen Lagen der Plasmamembran der Schwannschen Zelle. Sie hat also eine lamellenartige Struktur und isoliert das Axon elektrisch von seiner Umgebung. In Abständen von etwa 1 mm ist die Scheide von Einschnürungen, den *Ranvierschen Schnürringen,* unterbrochen. Sie sind die Grenzen der nebeneinanderliegenden Schwannschen Zellen. Man nennt Axone mit Myelin- oder Markscheide auch markhaltige Nervenfasern, solche ohne Scheide marklose Nervenfasern.

Die zahlreichen Berührungsstellen zwischen zusammengeschalteten Nervenzellen oder zwischen Nervenzellen und Muskelfasern oder Drüsenzellen heißen *Synapsen.* Ein *Nerv* besteht aus Bündeln parallel laufender Neuriten. Die einzelnen Bündel und der ganze Nerv sind von Bindegewebszellen umhüllt.

1.2 Die Erregungsleitung im Axon ohne Schwannsche Scheide

GALVANI konnte schon 1791 nachweisen, daß die Erregungsleitung im Nerv mit elektrischen Vorgängen verknüpft ist. Um diese Vorgänge genauer zu studieren, untersucht man nicht einen ganzen Nerv, sondern ein einzelnes, isoliertes Axon. Für solche Versuche haben sich die Riesenfasern (Axone) von Tintenfischen besonders bewährt. Sie sind nicht von Schwannschen Zellen umhüllt und außerordentlich dick (etwa 0,5 mm Durchmesser). Man kann also leicht feine Elektroden ins Innere einführen (*intrazelluläre Ableitung*). Solche Elektroden bestehen heute normalerweise aus einer mit KCl-Lösung gefüllten Glaskapillare. Die Spitze derartiger Kapillarelektroden kann weniger als 0,5 μm Durchmesser haben und ist deshalb mit dem Lichtmikroskop oft kaum mehr zu erkennen. Beim Einstich legt sich die Membran des Axons so dicht an die Elektrode an, daß kein Stoffaustausch durch die Wunde möglich ist. Eine

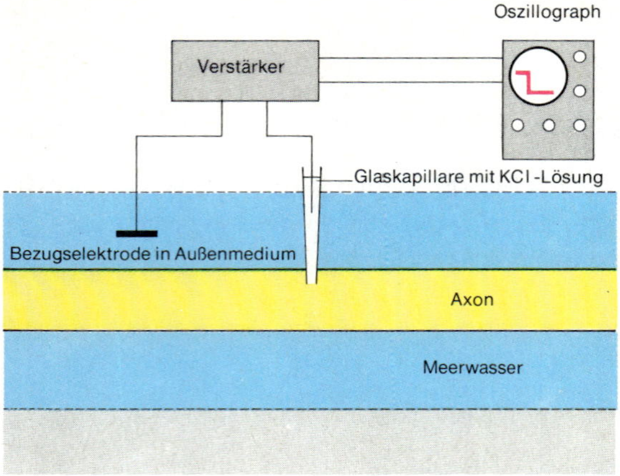

Abb. 208: Elektrophysiologische Versuchsanordnung für intrazelluläre Ableitung, schematisch. Auf dem Oszillographenschirm ist der Spannungsverlauf beim Einstechen der Kapillarelektrode in die Zelle zu sehen.

zweite Elektrode liegt außen an der Faser. Beide Elektroden sind über einen Verstärker mit einem Oszillographen verbunden. Beim Einstechen der Kapillarelektrode in das Innere der unerregten Faser beobachtet man wie bei allen Zellen eine elektrische Spannung (ein Potential) zwischen der Außen- und Innenseite der Faser (s. Cytologie 6.3). Bei Nervenfasern hat sie eine Höhe von 50–90 mV. Die Außenseite des Axons ist dabei positiv, die Innenseite negativ geladen. Die Spannung heißt *Ruhespannung* oder **Ruhepotential.**

Nach den heutigen Vorstellungen entsteht das Ruhepotential folgendermaßen: Durch einen aktiven Transportvorgang werden dauernd Natriumionen aus der Nervenfaser heraus- und Kaliumionen in die Nervenfaser hineintransportiert. Diesen Vorgang bezeichnet man als *Natrium-Kaliumpumpe.* Durch ihre Tätigkeit entsteht eine ungleiche Ionenverteilung außerhalb und innerhalb der Faser: Im Aussenmedium findet man hauptsächlich Natrium- und Chloridionen, im Innern der Faser dagegen vorwiegend Kaliumionen und negativ geladene organische Ionen.

Die Membran der Nervenfaser ist durchlässig für Kaliumionen und bis zu einem gewissen Grad auch für Chloridionen. Natriumionen und die organischen Anionen können dagegen die Fasermembran praktisch nicht durchdringen. Deshalb diffundiert ein Teil der Kaliumionen nach außen, ein Teil der Chloridionen nach innen. Dadurch entsteht im Außenmedium ein Überschuß an positiven Ionen, im Innern der Nervenfaser ein Überschuß an negativen Ionen. Die so aufgebaute Spannung verhindert, daß weitere Kaliumionen nach außen bzw. Chloridionen nach innen diffundieren.

Das Ruhepotential kann man experimentell durch Anlegen einer schwachen Spannung erniedrigen. Man sagt auch: die Nervenfaser wird *depolarisiert.* Die Spannung zwischen der Außenseite und der In-

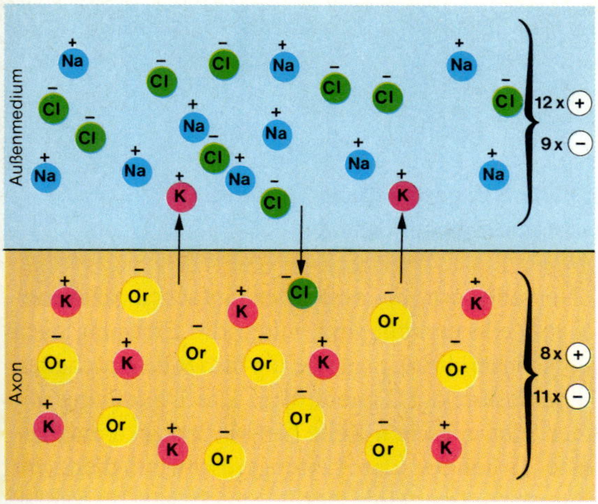

Abb. 209: Schema zur Entstehung des Ruhepotentials. Ursprünglich seien im Innern des Axons 10 K^+-Ionen (rot) und 10 organische Anionen (gelb), außerhalb der Faser 10 Na^+-(blau) und 10 Cl-Ionen (grün) vorhanden. Durch die selektive Permeabilität der Membran entsteht im Außenmedium ein Überschuß an positiven, im Inneren der Faser ein Überschuß an negativen Ionen (Summen siehe rechter Rand).

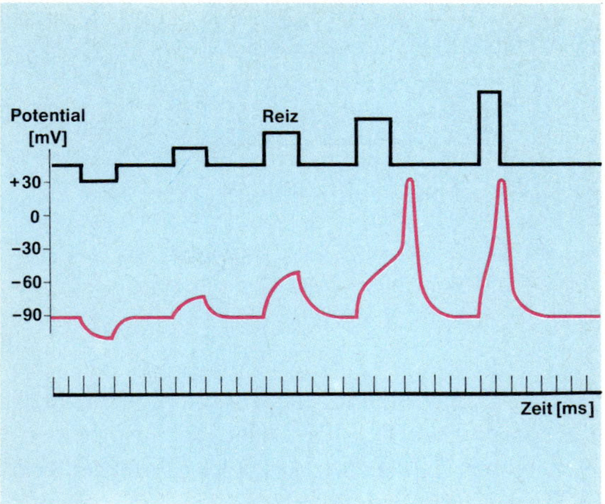

Abb. 211: Reizung einer Nervenfaser mit steigender Reizspannung (obere Linie). Die rote Linie zeigt das Membranpotential der Faser. Wenn der Reiz das Membranpotential unter den Schwellenwert erniedrigt, entsteht ein Aktionspotential (die beiden letzten Spitzen der roten Linie). Die Amplitude der Aktionspotentiale ist unabhängig von einer weiteren Erhöhung der Reizspannung.

nenseite der Faser (das *Membranpotential*) hat also jetzt nicht mehr ihren Ruhewert (das Ruhepotential). Ist die Depolarisierung gering, kehrt das Membranpotential nach Abschalten der Spannung wieder zu seinem Ruhewert, dem Ruhepotential zurück (Abb. 211). Je höher die angelegte Spannung, desto stärker sinkt das Membranpotential ab. Senkt man das Membranpotential jedoch unter einen bestimmten Wert (Schwellenwert), so wird die Membran an dieser Stelle kurzzeitig außen negativ und innen positiv. Dieser nur etwa 1 ms dauernde Impuls wird **Aktionspotential,** Aktionsspannung, spike oder einfach als Impuls bezeichnet. Seine Höhe ist unabhängig von der Höhe der angelegten Spannung. Wenn der Schwellenwert erreicht wird, entsteht ein Aktionspotential, wird er nicht erreicht, unterbleibt es (*Alles-oder-Nichts-Gesetz*). Das Aktionspotential wandert vom Ort seiner Entstehung nach beiden Seiten über die Nervenfaser. Es ist also in der Lage, eine Information weiterzuleiten.

Der Begriff »Potential« wird in der Elektrophysiologie manchmal entgegen der physikalischen Definition und außerdem doppeldeutig benützt. Beim Ruhepotential bzw. Membranpotential bezeichnet er eigentlich eine Potentialdifferenz oder Spannung, beim Aktionspotential eine Änderung der Spannung in der Zeit, wobei außerdem der Nullpunkt das Ruhepotential ist.

Die Depolarisation unter den Schwellenwert erhöht die Durchlässigkeit der Membran für Natriumionen erheblich, während die Durchlässigkeit für Kaliumionen zunächst gleich bleibt. Deshalb strömen am Beginn eines Aktionspotentials pro Zeiteinheit mehr Natriumionen nach innen als Kaliumionen nach außen. Dadurch entsteht im Innern der Faser ein Überschuß an positiver Ladung. Die Membran ist also gegenüber vorher gerade umgekehrt geladen. Die Zunahme der Permeabilität für Natriumionen hält nur 1–2 ms an. Ihr folgt dann eine etwas länger dauernde Erhöhung der Permeabilität für Kaliumionen, während die Permeabilität für Natriumionen rasch wieder den Ruhewert erreicht. Durch den so erhöhten Kalium-Ausstrom kehrt das Membranpotential rasch wieder zum Ruhewert zurück (kurzzeitig wird dieser sogar unterschritten). Der Einstrom an Natrium- und der Ausstrom an Kalium-Ionen während eines Aktionspotentials wird durch den aktiven Transportvorgang (Natrium-Kalium-Pumpe) allmählich wieder ausgeglichen. Solange nach einem Aktionspotential die Permeabilität der Membran für Kalium-Ionen erhöht ist, bleibt die gereizte Stelle der Nervenfaser unerregbar (*refraktär*). Die Menge der wandernden Ionen ist außerordentlich gering. Daher tritt nach einem einzigen Aktionspotential keine meßbare Veränderung der Ionenverteilung ein.

Die Weiterleitung des Aktionspotentials vollzieht sich so: Wenn durch Reizung einer bestimmten Stelle

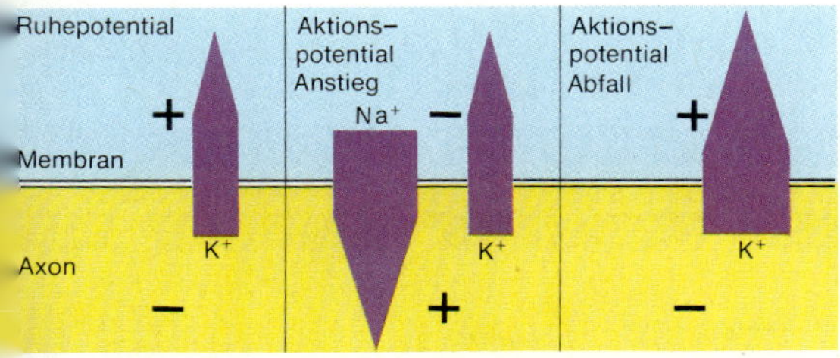

Abb. 210: Richtung und Stärke der Ionenströme beim Ruhe- und Aktionspotential, schematisch. Die Dicke der Pfeile veranschaulicht die unterschiedlichen Mengen der durch die Membran hindurchtretenden Ionen.

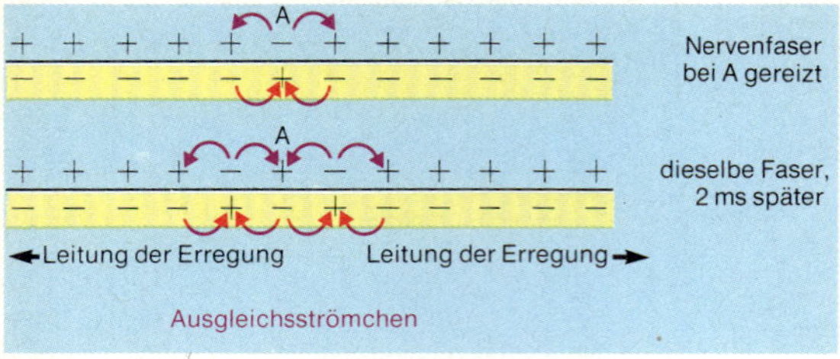

Abb. 212: Weiterleitung eines Aktionspotentials, schematisch

(A) ein Aktionspotential entsteht, grenzen an dieser Stelle positive und negative Ladungen ohne trennende Membran aneinander. Ausgleichsströmchen sind die Folge. Diese erniedrigen das Membranpotential der benachbarten Stellen, so daß auch hier ein Aktionspotential erzeugt wird.

Die neu entstandenen Aktionspotentiale erniedrigen ihrerseits wieder das Membranpotential der benachbarten Stellen, aber auch der Stelle A, an der die alte Membranpolarität wieder hergestellt ist. Diese Stelle ist jedoch noch unerregbar, so daß hier kein Aktionspotential auftreten kann. Die Nervenfaser leitet demzufolge nach beiden Seiten, was experimentell auch bestätigt wurde.

Häufig werden Aktionspotentiale nicht durch in die Faser eingestochene Kapillarelektroden registriert (intrazelluläre Ableitung), sondern durch zwei außen in einem gewissen Abstand an die Faser angelegte Elektroden (*extrazelluläre Ableitung*). In der ruhenden Faser tritt dann keine Spannung zwischen den Elektroden auf. Läuft ein Aktionspotential über die Faser, erreicht es zunächst eine der Elektroden, die damit negativ wird, später die andere, die dann ebenfalls negativ wird. Die Registrierung des Aktionspotentials zeigt also einen Verlauf wie in Abb. 213. Die Form des registrierten Aktionspotentials hängt also von den Ableitbedingungen ab.

Die Weitergabe eines Aktionspotentials ist ein aktiver, d. h. Energie verbrauchender Vorgang. Würde sich ein Aktionspotential nur passiv, d. h. ohne weitere Energiezufuhr, nur durch Ausgleichsströmchen ausbreiten, würde es sich bei der Weitergabe stark abschwächen.

1.3 Die Erregungsleitung im Axon mit Schwannscher Scheide

Nervenfasern, die von einer einfachen Schwannschen Zelle umhüllt sind, leiten die Erregung nach den gleichen Prinzipien wie die bisher besprochenen Riesenfasern der Tintenfische. Die Umhüllung mit einer Schwannschen Zelle bewirkt lediglich eine gewisse Erhöhung der Leitungsgeschwindigkeit. Im Unterschied zu den bisher besprochenen Nervenfasern können im Axon mit Schwannscher Scheide Ionen nur an den Ranvierschen Schnürringen zwischen Faser und Außenmedium ausgetauscht werden. Aktionspotentiale bilden sich also nur an diesen Stellen, und die Erregung wird durch Ausgleichsströmchen von Schnürring zu Schnürring weitergegeben (*saltatorische Nervenleitung*). Da bei dieser Art der Leitung der größte Teil des Weges durch rein elektrische Vorgänge zurückgelegt wird, pflanzt sich die Erregung mit hoher Geschwindigkeit fort. Man hat Geschwindigkeiten von maximal 120 m je Sekunde gemessen.

Rasch leitende Axone ohne Schwannsche Scheide müssen einen großen Durchmesser haben, weil der elektrische Widerstand mit abnehmendem Axondurchmesser ansteigt. Eine Leitungsgeschwindigkeit von 25 m/sec mißt man beim Riesenaxon des Tintenfisches (ohne Schwannsche Zelle) bei einem Durchmesser von etwa 600 µm, beim Regenwurm (mit Schwannscher Zelle) bei einem Durchmesser von 100 µm und beim Frosch (mit Schwannscher Scheide) bei einem Durchmesser von 10 µm. Die Vorteile der saltatorischen Erregungsleitung sind also: raschere Erregungsleitung und Materialersparnis.

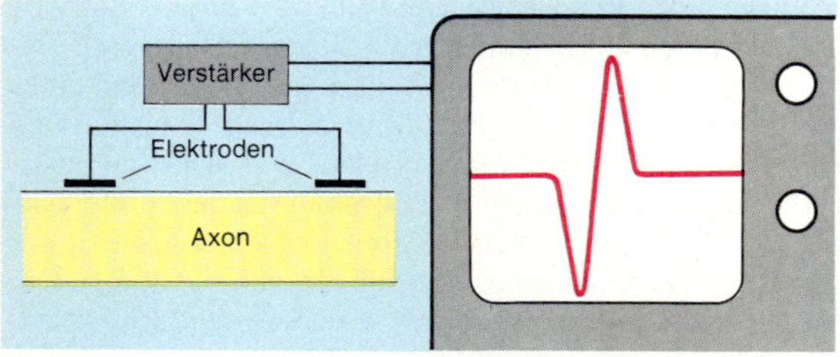

Abb. 213: Extrazelluläre Ableitung von Aktionspotentialen, schematisch. Der Oszillograph ist nur ausschnittweise gezeichnet. Auf dem Oszillographenschirm ist ein Aktionspotential zu sehen.

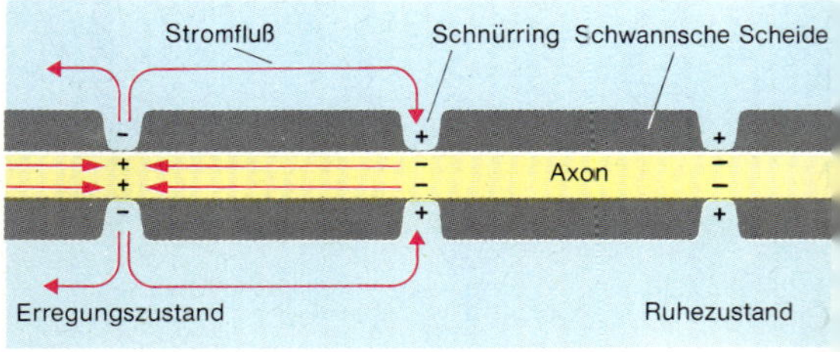

Abb. 214: Sprunghafte (saltatorische) Erregungsleitung in einer Nervenfaser mit Schwannscher Scheide

2. Die Vorgänge an den Synapsen

Die Endverzweigungen eines Axons sind knopfartig erweitert. Diese Endknöpfe legen sich an den Zellkörper oder die Dendriten eines anderen Neurons oder auch an eine Muskelfaser an. Zwischen dem Endknopf eines Axons und der Membran der folgenden Nerven- oder Muskelzelle ist ein schmaler Spalt (synaptischer Spalt). Ein Neuron empfängt im allgemeinen Synapsen von vielen Nervenzellen, wie es auch Synapsen mit vielen anderen Zellen bildet. Die Zahl der Synapsen auf Zellkörper und Dendriten einer einzigen Nervenzelle kann im Wirbeltiergehirn bis zu 500000 betragen.

Die ersten Untersuchungen zur Synapsenfunktion wurden an den Synapsen zwischen Nervenfasern und Muskelfasern, den **motorischen Endplatten** durchgeführt. Diese sind wesentlich größer als die Synapsen zwischen zwei Neuronen, aber grundsätzlich gleich gebaut. Erreicht ein Aktionspotential den Endknopf der Nervenfaser, wird dort aus kleinen Bläschen (*Synaptische Bläschen*) *Acetylcholin* freigesetzt. Man bezeichnet Acetylcholin als den Überträgerstoff (*Transmitter*) der motorischen Endplatte. Das Acetylcholin diffundiert über den Spalt zur Muskelfasermembran. Die Muskelfaser hat wie die Nervenfaser ein Ruhepotential. Acetylcholin erniedrigt dieses Ruhepotential. Die Differenz zwischen dem Ruhepotential und dem erniedrigten Membranpotential bezeichnet man als *Endplattenpotential*. Freigesetztes Acetylcholin wird durch das Enzym Cholinesterase in äußerst kurzer Zeit in Essigsäure und Cholin gespalten; dies verhindert eine Dauerreizung. Beide Stoffe werden wieder in die Nervenendigung aufgenommen, wo aus ihnen erneut Acetylcholin gebildet wird. Das Acetylcholin wird in den synaptischen Bläschen gespeichert. So entsteht ein ständiger Kreislauf von Acetylcholin und seinen Abbauprodukten.

Das Endplattenpotential löst in der Umgebung der Endplatte ein normales Aktionspotential aus. Dieses breitet sich über die Muskelfaser aus und veranlaßt sie zur Kontraktion. Das Aktionspotential wird in der Muskelfaser auf die gleiche Weise weitergeleitet wie in der Nervenfaser.

Die Erregungsübertragung in der Synapse kann durch Chemikalien gestört werden. So hemmt das Pflanzenschutzmittel E 605 die Cholinesterase. Dadurch steigt der Acetylcholinspiegel dauernd an: es entstehen Muskelkrämpfe. Das Pfeilgift Curare hemmt die Auslösung des Endplattenpotentials durch Acetylcholin, indem es wahrscheinlich die Rezeptormoleküle für Acetylcholin in der Muskelfaser blockiert. Damit kann keine Information auf die Muskelfaser mehr übertragen werden. Beide Gifte führen durch Lähmung der Atemmuskulatur den Tod herbei.

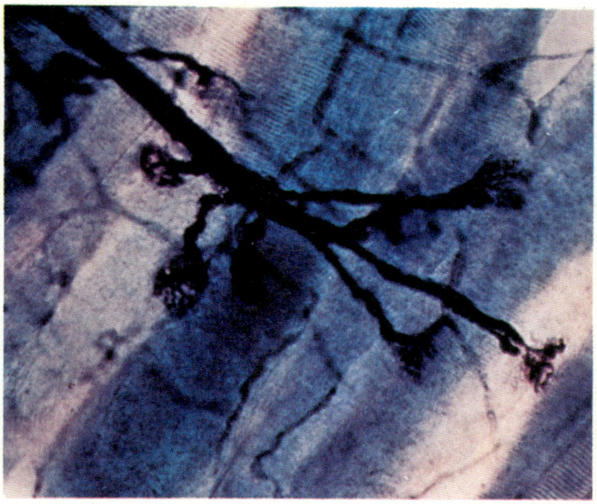

Abb. 215: Motorische Innervierung der Muskulatur. Die Nervenfasern spalten sich auf und bilden am Ende die Endknöpfe der motorischen Endplatten. Vergr. 800fach

Die **Synapsen zwischen zwei Nervenzellen** (interneurale Synapsen) arbeiten grundsätzlich wie die motorische Endplatte. Als Überträgerstoffe findet man neben Acetylcholin noch Noradrenalin, γ-Amino-

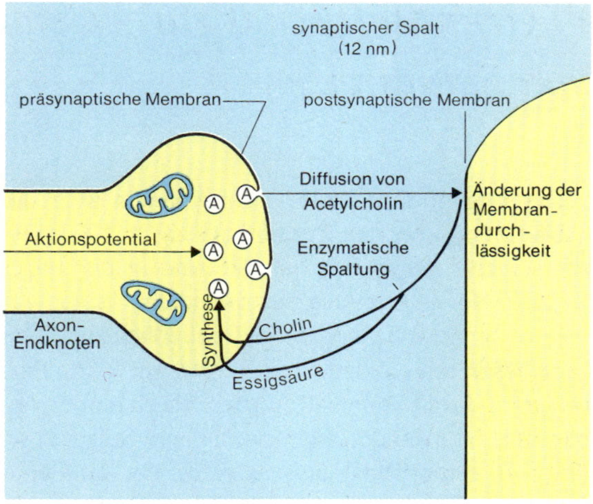

Abb. 216: Schema des Acetylcholinkreislaufs an der Synapse. Weil synaptische Bläschen mit Überträgerstoff A nur im Axon-ende liegen, nicht aber im Dendriten, kann eine Erregung nur in einer Richtung, vom Axon zum Dendriten des folgenden Neurons (oder zur Muskelfaser) und nicht umgekehrt, geleitet werden (Gleichrichterfunktion der Synapsen). Der synaptische Spalt ist unverhältnismäßig breit gezeichnet, in Wirklichkeit hat er etwa doppelte Membrandicke.

buttersäure und andere Stoffe. Enzyme bauen auch hier die Überträgerstoffe in äußerst kurzer Zeit wieder ab und verhindern dadurch eine Dauerreizung.

In einer Nervenzelle tritt sowohl im Zellkörper und in den Dendriten wie auch im Axon ein Ruhepotential auf. Aktionspotentiale bilden sich aber nur im Axon. Die Erniedrigung des Membranpotentials an einer Synapse muß sich also passiv bis zum Ursprung des Axons, dem Axonhügel, ausbreiten. Dabei schwächt sie sich ab. Im allgemeinen kann eine einzige Synapse das Membranpotential von Zellkörper und Dendriten nur geringfügig verändern. Das Membranpotential des Axonursprungs wird also über eine einzige Synapse nicht bis zur Erregungsschwelle erniedrigt. Nun treten aber an eine Nervenzelle und ihre Dendriten sehr viele Synapsen von verschiedenen Nervenzellen heran (z. B. an die Purkinjezelle im Kleinhirn mehr als 10^5). Ist eine größere Zahl dieser Synapsen gleichzeitig tätig, summieren sich ihre Wirkungen. Dadurch sinkt das Membranpotential des Zellkörpers und damit auch des Axonursprungs stark ab. Bei Erreichen eines bestimmten Schwellenwerts des Membranpotentials am Axonursprung entsteht dann dort ein Aktionspotential, das nun über das Axon wandert. Jedes Aktionspotential, das an einer Synapse ankommt, setzt eine bestimmte Menge des Überträgerstoffes frei. Eine hohe Frequenz der Aktionspotentiale gibt viel Überträgerstoff frei und setzt dadurch das Membranpotential der Folgezelle stärker herab. Je höher also die Impulsfrequenz, die an einer Synapse ankommt, desto stärker ist die Wirkung auf das Potential der Folgezelle.

Im Nervensystem gibt es neben den erregenden auch *hemmende Synapsen.* Die Überträgerstoffe dieser hemmenden Synapsen erhöhen das Membranpotential der nachfolgenden Nervenzelle. Damit erschweren sie die Auslösung eines Aktionspotentials an deren Axonursprung.

An den Dendriten und dem Zellkörper eines Neurons liegen eine große Zahl von erregenden und hemmenden Synapsen. Ihre Wirkungen auf das Potential dieser Zelle überlagern sich. Werden erregende Synapsen von insgesamt mehr Aktionspotentialen pro Zeiteinheit erreicht als hemmende Synapsen, sinkt das Membranpotential des Zellkörpers ab. Der Zellkörper »verrechnet« also die an den verschiedenen Synapsen einlaufenden Impulsfrequenzen miteinander (*Summation).*

Es kann auch sein, daß die ersten an einer Synapse eintreffenden Aktionspotentiale die Wirkung nachfolgender Aktionspotentiale erhöhen. Man spricht dann von *Bahnung.*

3. Grundsätzliches zur Aufnahme und Verarbeitung von Sinnesreizen

Der Organismus nimmt Informationen über die Umwelt und über den Zustand des eigenen Körpers mit seinen Sinneszellen auf. Sie sind in der Lage, Reize in Nervenerregung umzuwandeln.

Eine Sinneszelle spricht ausschließlich auf eine ganz bestimmte, »adäquate« Reizart an. Wenn Sinneszellen durch andere Reizarten überhaupt erregbar sind, dann nur durch eine viel höhere Reizintensität (z. B. einen Schlag auf das Auge, der dann eine Lichtempfindung auslöst). Für jede Reizart gibt es also einen bestimmten, spezifischen Sinneszellentyp.

Dem Bau nach unterscheidet man *primäre* und *sekundäre Sinneszellen* sowie *Sinnesnervenzellen* (Abb. 217). Sekundäre Sinneszellen kommen nur bei Wirbeltieren vor.

Die Sinneszellen übersetzen Reize in Nervenerregung, d. h. in Aktionspotentiale gleicher Höhe und Dauer, die längs der Nervenfaser weiterlaufen. Die Amplituden der weitergeleiteten Potentiale sind unabhängig von der Stärke des auslösenden Reizes (Alles-oder-Nichts-Gesetz). Zwar können verschiedene Nervenfasern unterschiedlich hohe Aktionspotentiale aufweisen, in derselben Faser haben sie jedoch stets die gleiche Höhe.

Trifft die als Rezeptor wirkende Sinneszelle ein adäquater Reiz, sinkt das Membranpotential der Sinneszelle ab. Man bezeichnet die Differenz zwischen Ruhepotential und Membranpotential nach Reizung als *Rezeptorpotential.* In den meisten Fällen ist das Rezeptorpotential proportional zum Logarithmus der Reizintensität. Es gibt aber auch Fälle, in denen es nahezu proportional zur Reizintensität ist. Je grö-

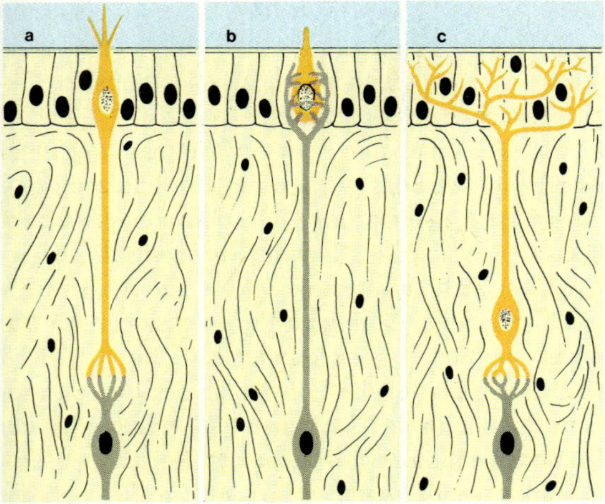

Abb. 217: Schema der Sinneszellen. a primäre Sinneszelle. Sie nimmt den Reiz auf und leitet auch die Erregung weiter. b sekundäre Sinneszelle. Die Erregung wird durch eine besondere Nervenzelle abgeleitet. c Sinnesnervenzelle. Die Sinneszelle sitzt in der Tiefe und schickt Dendriten als „freie Nervenendigungen" zur Aufnahme des Reizes an die Oberfläche. Sinneszellen gelb, Nervenzellen grau

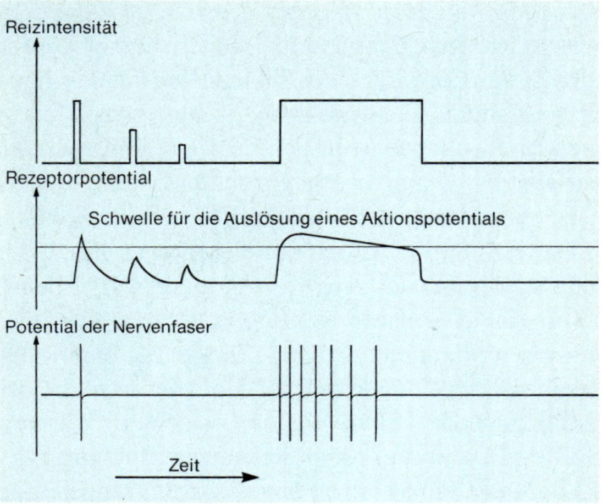

Abb. 218: Obere Reihe: Reizung einer Sinneszelle mit Reizen verschiedener Höhe und Dauer. 2. Reihe: Das von den Reizen erzeugte Rezeptorpotential (intrazelluläre Ableitung aus der Sinneszelle). 3. Reihe: Aktionspotentiale in der Nervenfaser (extrazelluläre Ableitung von der zugehörigen Nervenfaser). Schematisch

ßer also der Reiz, desto stärker sinkt das Membranpotential der Sinneszelle.

Auch bei großem Rezeptorpotential entsteht im Zellkörper der Sinneszelle kein Aktionspotential. Aktionspotentiale können erst im Axon entstehen. Deshalb muß sich das Rezeptorpotential von der gereizten Stelle her passiv über den Zellkörper hin zum Beginn des Axons ausbreiten. Kann es dort das Membranpotential um einen ausreichenden Betrag erniedrigen, entsteht ein Aktionspotential, das über das Axon wandert. Die Frequenz der weitergeleiteten Aktionspotentiale (d. h. Zahl der Impulse pro Zeiteinheit) ist proportional zum Rezeptorpotential. Damit ist sie meistens proportional zum Logarithmus der Reizintensität. Die Stärke eines Reizes wird also durch die Frequenz der Aktionspotentiale angegeben (*codiert*).

Die Frequenz der Aktionspotentiale ist bei den meisten Sinneszellen nicht nur eine Funktion der Reizintensität, sondern auch der Zeit. Bei gleichbleibender Reizintensität ist zu Beginn eines Reizes die Impulsfrequenz hoch. Sie fällt dann im Verlauf einiger Sekunden oder Minuten auf einen niedrigeren, jetzt konstant bleibenden Wert ab. (Das Rezeptorpotential ändert sich entsprechend, es ist ja die Ursache der Aktionspotentiale.) Nicht alle Sinneszellen zeigen die gleiche Abhängigkeit der Impulsfrequenz von der Zeit. Man kann drei verschiedene Typen unterscheiden: Sinneszellen, die sich wie die eben geschilderten verhalten, bezeichnet man als *phasisch-tonisch*. Zu diesem Typ gehören die meisten Sinneszellen. Bei anderen fällt die Impulsfrequenz bei gleichbleibender Reizung schließlich auf Null ab (*phasische Sinneszellen*). Einige wenige Sinneszellen (z. B. solche in Statocysten) ändern bei Dauerreizung ihre Impulsfrequenz fast gar nicht (*tonische* Sinneszellen).

Alle Reize führen völlig unabhängig davon, ob es sich um Licht-, Ton-, Geschmacks- oder andere Reize handelt, zu gleichartigen elektrischen Impulsen in den weiterleitenden Nervenfasern. Welche Empfindungen die Aktionspotentiale auslösen,

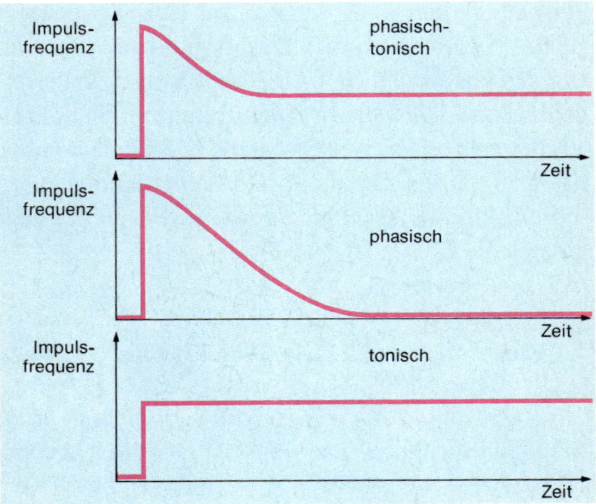

Abb. 219: Das Verhalten verschiedener Sinneszellentypen auf einen konstanten Reiz (Erklärung im Text)

hängt davon ab, an welchem Zentrum im Gehirn sie eintreffen. Eine Empfindung entsteht also erst durch das Zusammenwirken der Sinneszellen mit den ihnen zugeordneten Gehirnzentren. Sinnesorgan, Sinnesnerv und Gehirnzentrum gehören als »Sinnessystem« zusammen. Daraus wird verständlich, daß z. B. eine Lichtempfindung auftritt, einerlei ob eine normale Lichtreizung des Auges, ein elektrischer Reiz oder ein Schlag auf das Auge die Ursache war. Ebenso führt eine elektrische Reizung im Ohr zu einer Geräuschempfindung, an der Zunge zu einer Geschmacksempfindung, an der Haut je nach Art des aufnehmenden Sinnesorgans zu einer Wärme-, Kälte-, Berührungs- oder Schmerzempfindung.

Daß man Sinnesorgan, Sinnesnerv und zugehörige Gehirnzentren bei der Untersuchung von Sinnesleistungen nicht trennen kann, zeigt auch folgender Versuch: Hält man sich vor das linke Auge ein grünes Filter, vor das rechte ein rotes und blickt dann auf eine weiße Fläche, so erscheint diese zwar dunkler als vorher, aber nach wie vor weiß. Nur mit dem linken Auge betrachtet, erscheint die Fläche grün, nur mit dem rechten betrachtet rot. Die Empfindung Weiß kann also nicht schon im Auge, sondern erst im Gehirn zustande gekommen sein.

Ein Reiz führt nur dann zur Weiterleitung einer Erregung, wenn das von ihm ausgelöste Rezeptorpotential am Axonursprung ein Aktionspotential erzeugen kann. Man bezeichnet die Reizintensität, die gerade ein Aktionspotential auslöst, als *Reizschwelle* der Sinneszelle. Geringere Reizintensitäten werden nicht empfunden, sie sind unterschwellig.

Die Energie für die Entstehung des Rezeptorpotentials und für das Entstehen und Weiterleiten der Aktionspotentiale wird nicht der Reizenergie entnommen, sondern stammt aus dem Stoffwechsel der betreffenden Zelle. Was vom Reiz auf die Frequenz der Aktionspotentiale übergeht, ist die darin enthaltene Information. Man kann also sagen: Der Reiz *steuert* die Entstehung und die Frequenz der Aktionspotentiale.

4. Der Lichtsinn

Das Protoplasma der Einzeller weist bereits eine allgemeine Empfindlichkeit für Licht auf. Vielzeller bilden besondere Zellen mit erhöhter Lichtempfindlichkeit, die Sehzellen, aus. Sie verwandeln die aufgenommenen Lichtreize in Nervenerregung. Im einfachsten Falle sind die Sehzellen einzeln in die Haut eingelagert und über den ganzen Körper verstreut (z. B. beim Regenwurm). Derartige *zerstreute Lichtsinneszellen* ermöglichen Helldunkelsehen. In den eigentlichen Lichtsinnesorganen treten zu den Sehzellen Pigmentzellen. Sie schirmen die Sehzellen einseitig ab. Optische Apparate (Linsen, Blenden usw.) sorgen für eine Abbildung der Umwelt auf den Sinneszellen.

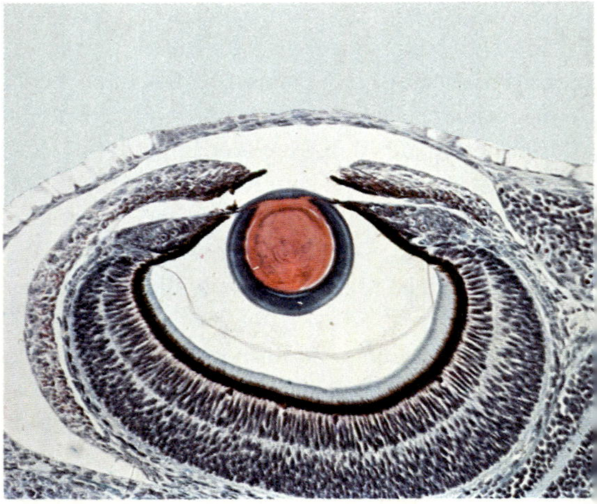

Abb. 220: Tintenfischauge, Längsschnitt

4.1 Einige Typen von Lichtsinnesorganen

Die *Flachaugen* (bei Quallen, Seesternen, Ringelwürmern) enthalten nicht sehr viele Sehzellen. Weil ein optischer Apparat fehlt, können solche Augen nur die ungefähre Richtung des einfallenden Lichtes bestimmen. Bei anderen Tieren wie den Strudelwürmern, manchen Ringelwürmern und Schnecken senkt sich der pigmentumhüllte Sehfleck schalenförmig ein (*Pigmentbecherauge*). Dadurch wird zwar das »Sehfeld« verkleinert, aber dafür kann die Richtung einer Lichtquelle besser festgestellt werden. Das Pigmentbecherauge kann auch eine ungefähre Vorstellung von der Helldunkelverteilung in der Umgebung vermitteln.

Vom Becherauge leitet sich das *Grubenauge* ab (alter-

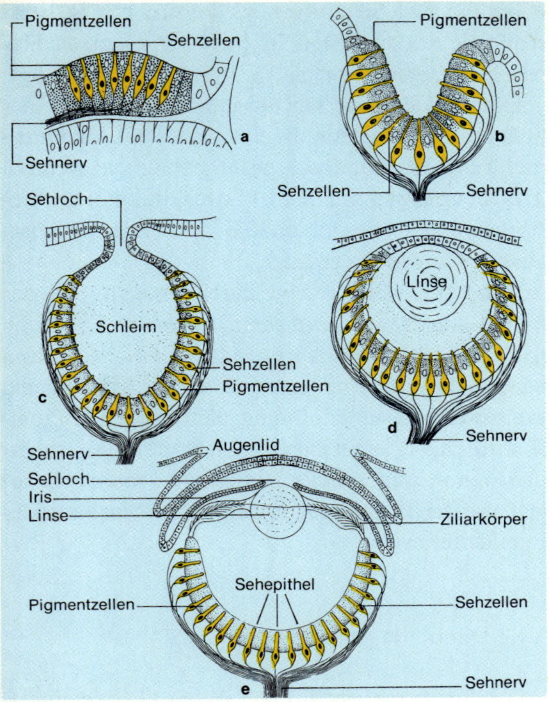

Abb. 221: Lichtsinnesorgane wirbelloser Tiere. a Flachauge einer Qualle. b Pigmentbecherauge einer Napfschnecke. c Grubenauge einer Seeohrschnecke. d Einfaches Linsenauge der Purpurschnecke. e Linsenauge eines Tintenfisches

tümliche Tintenfische, manche Würmer und Schnecken). Es entsteht, wenn die Einsenkung Blasenform annimmt und die Öffnung sich bis auf ein kleines Loch verengt. Ein solches Auge entwirft dann wie eine Lochkamera auf dem Augenhintergrund ein Bild. Das Bild ist lichtschwach und nicht besonders scharf. Je enger das Sehloch, desto lichtschwächer, aber auch schärfer ist das Bild. Der Vergleich der verschiedenen Augenformen bei Ringelwürmern und Weichtieren zeigt, wie wir uns die Entwicklung vom lichtschwachen Grubenauge zum höchstentwickelten Lichtsinnesorgan, dem *Linsenauge,* denken müssen. Wenn sich der Hohlraum des Grubenauges mit einer lichtbrechenden Substanz füllt und die Sehöffnung sich mit einer lichtdurchlässigen Haut schließt, entsteht ein einfacher optischer Apparat. Er kann ein scharfes und gleichzeitig lichtstarkes Bild entwerfen. Seine Leistungsfähigkeit steigt mit der Ausbildung einer Sammellinse, der Vermehrung der Sehzellen, der Vergrößerung sowohl des Auges als auch der zugehörigen Zentren im Gehirn.

4.2 Das Facettenauge

Bei den Facettenaugen (Komplexaugen) der Gliederfüßler sind zahlreiche, optisch voneinander isolierte Einzelaugen zu einem zusammengesetzten Auge vereinigt. Das Einzelauge (*Ommatidium*) besteht aus einem Lichtbrechungsapparat, Pigmentzellen zur gegenseitigen Abschirmung und Sinneszellen. Bei den Insekten hat das Einzelauge meist 8 Sinneszellen. Die optischen Achsen nebeneinander liegender Einzelaugen weichen voneinander ab, jedes Einzelauge »blickt« also in eine andere Richtung. Damit nimmt jedes Einzelauge einen anderen Ausschnitt aus der Umgebung wahr. Das von den Einzelaugen entworfene Gesamtbild ist also aufrecht und setzt sich mosaikartig aus so vielen Bildpunkten zusammen, wie es Einzelaugen gibt. Die Sehschärfe des Facettenauges hängt daher von der Zahl der Einzelaugen ab.

Das Insektenauge sieht in die Ferne wesentlich unschärfer als das Säugetierauge und kann, obwohl *Akkommodation* nicht möglich ist, beim Sehen unmittelbar an den Gegenstand herankommen. Da durch einen bewegten Bildpunkt die Einzelaugen nacheinander gereizt werden, eignet es sich

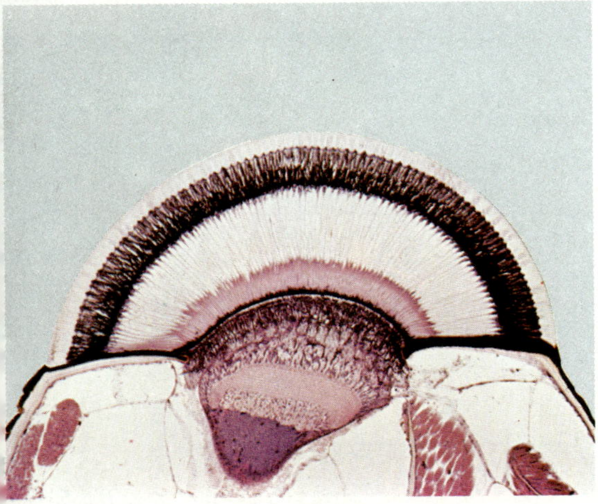

Abb. 222: Facettenauge eines Insekts. Die einzelnen Ommatidien sind längs geschnitten, unterhalb des Auges sind Teile des Gehirns zu sehen.

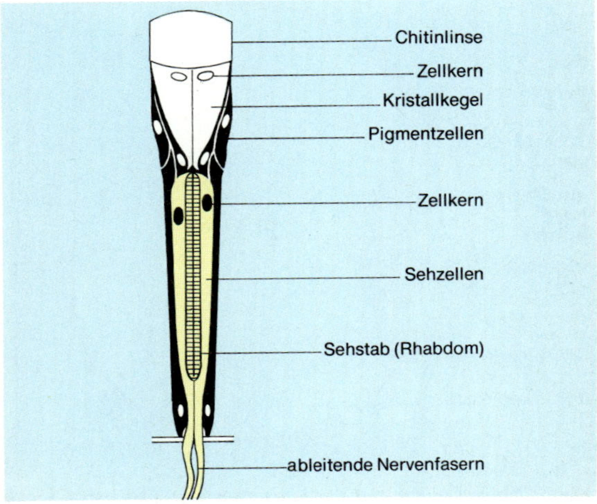

Abb. 223: Längsschnitt durch ein Ommatidium. Chitinlinse und Kristallkegel als Lichtbrechungsapparat; Sehzellen mit lichtempfindlichem Sehstab; Pigmentzellen zur Abschirmung gegen schräg einfallendes Licht

auch gut zur *Wahrnehmung von Bewegungen.* Ein Nachteil des Facettenauges ist seine *geringe Lichtstärke.* Doch wandert bei manchen nächtlich lebenden Insekten bei schwachem Licht der isolierende Farbstoff nach vorn, so daß auch schräg einfallendes Licht zu den Sehstäben der Nachbaraugen gelangen kann. Dadurch wird zwar das Bild unschärfer, die Lichtstärke jedoch wesentlich erhöht.

4.3 Das menschliche Auge als Beispiel eines Linsenauges

4.3.1 Übersicht über den Bau

Die Wand des Auges wird von der widerstandsfähigen *harten Augenhaut* gebildet. Zusammen mit dem *Glaskörper* und dem Kammerwasser, die das Innere des Augapfels ausfüllen, bestimmt und bewahrt sie die Form des Auges. Als nächste Schicht liegt die *Aderhaut* der Innenseite der harten Augenhaut an. Als dritte Schicht folgt die schwarze *Pigmenthaut.* Ihre Zellen sind mit dunklen Farbstoffkörnern (Pigment) angefüllt, welche die Reflexion des eingefallenen Lichtes verhindern. Als innerste Schicht kleidet die *Netzhaut* oder *Retina* die Hohlkugel des Augapfels aus. Sie ist von einem eigenen Blutgefäßnetz überzogen.

Die Netzhaut enthält die Sinneszellen. Zwei Stellen fallen in ihr besonders auf: der gelbe und der blinde Fleck. Der *gelbe Fleck* ist eine flache Einsenkung in der Mitte des Augenhintergrundes. Man nennt ihn auch Sehgrube oder Fovea centralis. Er ist die Stelle des schärfsten Sehens. Hier stehen die Sinneszellen besonders dicht.

Der *blinde Fleck* liegt an der Austrittsstelle des Sehnervs. Dort fehlen die Sinneszellen. Es kann somit kein Lichteindruck wahrgenommen werden. Trotzdem haben wir kein »Loch« in unserem Gesichtsfeld, denn der fehlende Bildteil wird im Gehirn aus der Umgebung ergänzt.

Den vorgewölbten und durchsichtigen Teil der harten Augenhaut nennt man *Hornhaut.* Durch sie tritt das Licht in das Auge ein. Die *Regenbogenhaut* oder *Iris* liegt vorn der Linse auf. Sie umschließt eine kreisförmige Blendenöffnung, die Pupille. Die Pupille wird enger, wenn sich die Lichtintensität erhöht, und weiter, wenn die Lichtintensität absinkt. Sie regelt also den Lichteinfall in das Auge (Regelkreis des Pupillenreflexes).

4.3.2 Die Bilderzeugung

Die Lichtstrahlen, die von einem Gegenstand in das Auge einfallen, werden durch einen *optischen Apparat* so gesammelt, daß auf der Netzhaut ein umgekehrtes und verkleinertes Bild entsteht. An der Lichtbrechung sind Hornhaut und Linse beteiligt. Da ihre Vorderseite an Luft grenzt, ist die Brechkraft der Hornhaut größer als diejenige der Linse; sie beträgt 43 Dioptrien

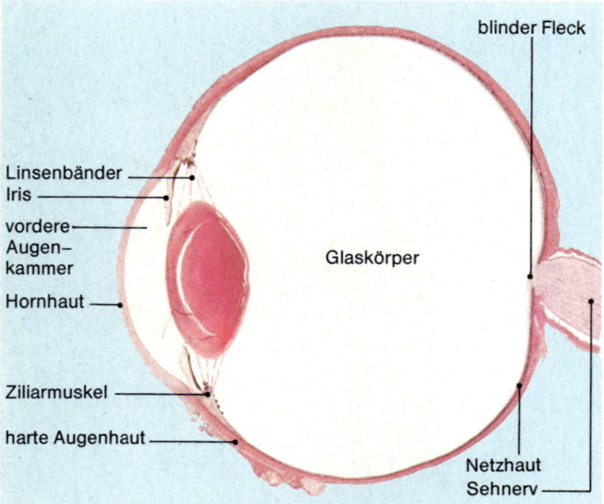

Abb. 224: Schnitt durch ein Säugetierauge. Der gelbe Fleck liegt außerhalb der Schnittebene in der Höhe des blinden Flecks

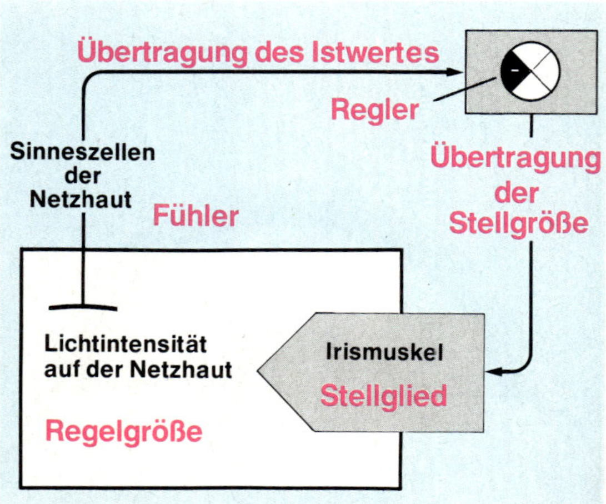

Abb. 225: Der Regelkreis des Pupillenreflexes. Bei Steigerung der Lichtintensität wird die Pupille kleiner. Der Regelkreis hält den Lichteinfall auf die Netzhaut nicht völlig konstant. Er verringert nur die in der Umgebung herrschenden Beleuchtungsunterschiede.

Eine Dioptrie (= 1 D) entspricht der Brechkraft einer Linse von 100 cm Brennweite. Eine Linse von 2 D hat eine Brennweite von 100:2 = 50 cm, eine solche von 60 D eine Brennweite von 100:60 = 1,6 cm. Je größer die Dioptrienzahl ist, desto kleiner die Brennweite.

Die Linse wird durch den Ziliarkörper in ihrer Lage festgehalten. Sie ist kein starres Gebilde. Vielmehr kann die Krümmung besonders der vorderen Linsenfläche und damit die Brechkraft ziemlich stark verändert werden. Die Brechkraft schwankt zwischen 19 D bei Ferneinstellung und 33 D bei Naheinstellung. Die Einstellung erfolgt mit Hilfe des Ziliarkörpers. Er besteht aus dem Ziliarmuskel, der die Linse ringförmig umgibt. Von seiner Innenseite ziehen feine Fasern, die Linsenbänder, zum Rand der Linse. Sie zerren bei der Ferneinstellung des Auges ringsum an der Linse und flachen sie ab. Zum Betrachten naher Gegenstände *»akkomodiert«* das Auge. Dabei kontrahieren sich die Fasern des Ziliarmuskels. Dadurch werden die Linsenbänder entspannt, und die Linse kann sich, ihrer natürlichen Elastizität folgend, der Kugelform nähern. Dieser Vorgang vergrößert ihre Brechkraft. Der Ziliarmuskel ist einer der tätigsten Muskeln des Körpers. Langdauernde Akkomodation führt zu Ermüdungserscheinungen.

Der nächste Punkt, den man ohne Akkomodation scharf sieht, liegt 5-6 m vom Auge entfernt. Mit zunehmendem Alter verliert die Linse an Elastizität, so daß der nächste Punkt, der mit Akkomodation scharf gesehen wird, der Nahpunkt, immer weiter vom Auge abrückt. Bei Siebzigjährigen ist die Linse meist völlig starr und kann sich nicht mehr auf Nahsehen einstellen.

Im Linsenauge erzeugt die Linse ein Bild der Umwelt auf der Netzhaut. Dieses Bild wird durch die Sinneszellen der Netzhaut in einzelne Bildpunkte zerlegt: es wird aufgerastert. Im Facettenauge dagegen wird das Umweltbild schon durch den optischen Apparat in einzelne Bildpunkte zerlegt. Auf der Ebene der Sinneszellen ist dann das Bild beim Facetten- wie beim Linsenauge »aufgerastert«, so daß keine prinzipiellen Unterschiede mehr bestehen. Im Facettenauge ist dieses Raster allerdings gröber als im Linsenauge.

4.3.3 Der Bau der Netzhaut

In der Netzhaut liegen die *Sinneszellen* am weitesten außen (dem Licht abgewandt). Dann folgen nach innen zu mehrere Schichten von Nervenzellen, welche die Lichtreize schon in der Netzhaut verarbeiten. Die Sehzellen treten in der Säugetiernetzhaut mit *Schaltzellen* (Bipolar- und Horizontalzellen) in Verbindung. Mehrere Bipolarzellen werden wieder von einer *Nervenzelle* zusammengefaßt. Außerdem bestehen Querverbindungen über die Horizontalzellen. Jede Nervenzelle erhält also Meldungen von einer größeren Zahl von Sinneszellen. In der Regel leitet aber auch jede Sinneszelle auf mehrere Nervenzellen

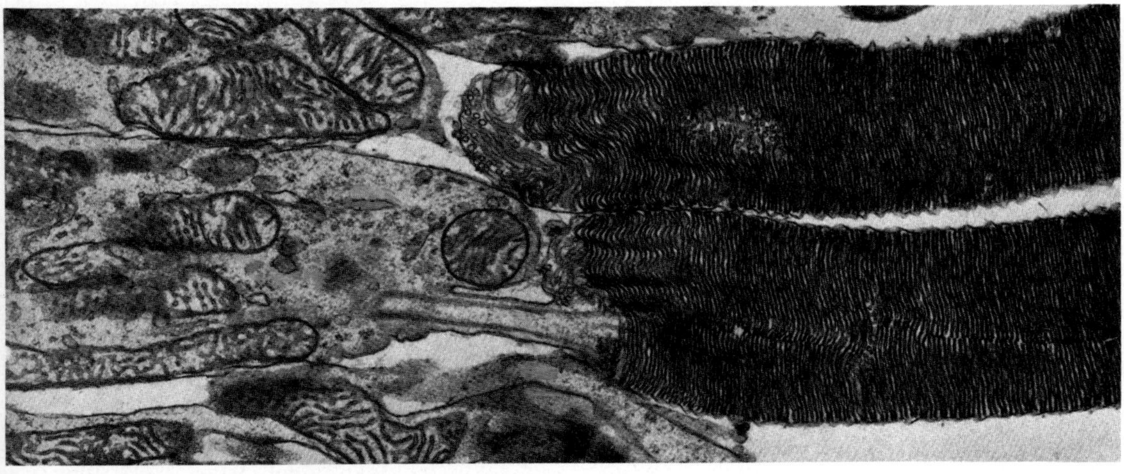

Abb. 226: Sinneszellen der Wirbeltierretina. Rechts das Außenglied, das in seinen dicht gepackten Membranstapeln den Sehfarbstoff trägt. Das Außenglied ist über eine geißelähnliche Struktur (Bildmitte) mit dem eigentlichen Zellkörper (links) verbunden, der den Kern (im Bild nicht zu sehen), zahlreiche Mitochondrien und das endoplasmatische Reticulum enthält. Das Licht kommt in der Abbildung von links. Vergrößerung 22000fach

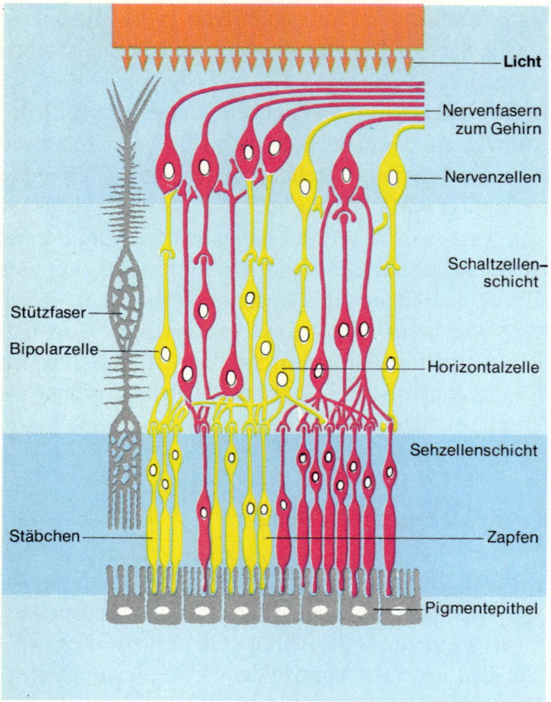

Abb. 227: Vereinfachtes Schema vom Bau der Netzhaut, wie er sich aus der Anwendung verschiedener Methoden der Neuroanatomie ableiten läßt. In der rechten Bildhälfte sind die Leitungswege rot dargestellt, über die eine einzelne Nervenzelle Meldungen von den Sinneszellen erhält. In der linken Bildhälfte sind alle Leitungswege, die von einer bestimmten Sinneszelle Informationen empfangen, rot gezeichnet.

ab. Nur in der Sehgrube liegen genauso viele Nervenzellen wie Sinneszellen. In den anderen Teilen der Netzhaut ist die Zahl der Nervenzellen wesentlich kleiner als die Zahl der Sinneszellen. Die Neuriten der Nervenzellen bilden den optischen Nerv. Insgesamt führen etwa 1 Million Nervenfasern von der Netzhaut zum Gehirn.

4.4 Die Vorgänge in den Sehzellen

Die Sehzellen sind primäre Sinneszellen. Sie bestehen im allgemeinen aus dem eigentlichen Zellkörper und einem Abschnitt, der sich aus dichten, geordneten Membranpaketen zusammensetzt.

Bei Wirbeltieren bilden diese Membranpakete das sogenannte Außenglied. Es ist, wie der Name sagt, vom Licht abgewendet. Bei Gliederfüßlern werden die Membranstapel von Fortsätzen (Mikrovilli) der Sehzellmembran gebildet. Die Mikrovilli stehen seitlich an der langgestreckten Sehzelle. Die einzelne Sinneszelle hat also die Form einer Bürste, wobei der Holzgriff dem Zellkörper, die Borsten den dicht gepackten Mikrovilli entsprechen. Meist sind die Mikrovilli in das Innere des Einzelauges hinein gerichtet. Die Mikrovilli aller Sehzellen eines Einzelauges bilden dann einen gemeinsamen Sehstab (Rhabdom).

In der Säugetiernetzhaut dienen der Reizaufnahme zwei Arten von Sehzellen: die Stäbchen und die Zapfen. Die *Stäbchen* sind schlank zylinderförmig, die *Zapfen* dickbauchig und etwas kürzer. Auf 1 Zapfen kommen beim Menschen 18 Stäbchen. Auf jedem Quadratmillimeter der Netzhaut sitzen durchschnittlich 400000 Sehzellen, in der ganzen Netzhaut etwa 125 Millionen. Stäbchen und Zapfen sind nicht gleichmäßig über die Netzhaut verteilt. Im gelben Fleck kommen nur Zapfen vor. In seiner Umgebung sind Stäbchen und Zapfen durchmischt. Die Randteile der Netzhaut enthalten fast nur Stäbchen. Die Stäbchen sind sehr viel lichtempfindlicher als die Zapfen. Da es nur eine Sorte von Stäbchen gibt, ist das »Stäbchen-Sehsystem« farbenblind. Von den Zapfen gibt es mehrere verschiedene Typen, die auf jeweils unterschiedliche Farben ansprechen. Das »Zapfen-Sehsystem« kann also Farben unterscheiden. Die Zapfen sprechen wegen ihrer geringen Lichtempfindlichkeit in der Dämmerung nicht mehr an. Im Mondlicht kann man also keine Farben erkennen. Im hellen Licht sehen wir dagegen fast ausschließlich mit den Zapfen.

Licht kann nur dann eine Erregung auslösen, wenn es von einem Farbstoff absorbiert wird. Der lichtempfindliche Farbstoff der Stäbchen wird **Sehpurpur** *(Rhodopsin)* genannt. Rhodopsin ist ein Proteid, das aus Retinal (Aldehyd des Vitamins A) und dem Protein Opsin besteht. Es wird durch Licht in seine Bestandteile gespalten. Dadurch entsteht auf noch unbekannte Weise ein Rezeptorpotential. Aus den Spaltprodukten wird der Sehpurpur erneut synthetisiert.

Rasch aufeinander folgende Lichtblitze verschmelzen beim Menschen zu einem einheitlichen Eindruck, wenn ihre Frequenz höher als 16 Hertz ist. Bei manchen Insekten liegt diese *Verschmelzungsfrequenz* bei 200-300 Hertz. Solche Tiere könnten in einem Film die einzelnen Bilder getrennt wahrnehmen, wogegen sie für den Menschen ineinander fließen.

Eine weiße Fläche strahlt in der Dämmerung wesentlich weniger Licht zurück als eine schwarze Fläche, die in der Sonne steht. Trotzdem erscheint uns die eine immer weiß, die andere immer schwarz. Unser Auge kann sich also an verschiedene Lichtverhältnisse anpassen. Man bezeichnet einen solchen Vorgang als Adaptation. An ihm sind mehrere Teilprozesse beteiligt: vor allem der bereits besprochene Pupillenreflex und das Umschalten von einem Sehsystem auf das andere. Aber auch die einzelne Sehzelle kann sich an veränderte Umwelthelligkeit anpassen (phasisch-tonisches Verhalten der Sinneszelle). Wanderungen des Pigmentes, das die Sehzellen umgibt, tragen ebenfalls zur Adaptation bei.

4.5 Die Auswertung optischer Information

4.5.1 Das Prinzip der gegenseitigen Hemmung

In einem Facettenauge kann nur dann ein scharfes Bild entstehen, wenn sich die Blickfelder der Einzelaugen nicht wesentlich überschneiden. Dann fällt das Licht eines Bildpunktes ausschließlich in ein Einzelauge. Überraschenderweise stellte man jedoch fest, daß das Licht einer punktförmigen Lichtquelle in mehrere Einzelaugen gelangt. Ein Tier mit Facettenauge müßte demzufolge ein recht unscharfes Bild von seiner Umgebung erhalten. Man prüfte deshalb die Sehschärfe einiger Insekten durch Verhaltensexperimente und fand sie wesentlich größer, als es die unscharfe Abbildung erwarten läßt. Die sich widersprechenden Befunde lassen einen nervösen Mechanismus vermuten, der die unscharfe Abbildung zum Teil wieder korrigiert.

Dieser nervöse Vorgang wurde am Pfeilschwanzkrebs (*Limulus*) näher untersucht. Das Tier besitzt ein Facettenauge. Aus jedem Einzelauge führen zwar mehrere Nervenfasern zum Gehirn, doch können bei Belichtung nur in einer dieser Fasern Aktionspotentiale registriert werden. Zwischen den Nervenfasern verschiedener Ommatidien findet man kurz nach dem Austritt aus dem Ommatidium zahlreiche Querverbindungen. Dann vereinigen sich die Einzelfasern zum optischen Nerv, der zum Gehirn zieht.

In einem ersten Versuch wurde nur ein Einzelauge belichtet. Die benachbarten Ommatidien blieben dunkel. Gleichzeitig wurden die Aktionspotentiale von der Nervenfaser abgeleitet, die zu dem belichteten Ommatidium gehört. Es zeigte sich ein typisches phasisch-tonisches Verhalten der Sinneszellen.

Bei Dauerlicht beobachtete man eine von der Lichtintensität abhängige Impulsfrequenz (Abb. 229 erster Teil). Wurden dann zusätzlich auch die benachbarten Einzelaugen beleuchtet, so sank in der Nervenfaser des zuerst belichteten Einzelauges die Impulsfrequenz zunächst auf Null ab. Sie stieg dann allmählich wieder an, allerdings nur bis zu einem Wert, der erheblich unter der früheren Frequenz lag. Während der ganzen Zeit hatte sich die Belichtung des ersten Einzelauges nicht geändert. Seine Erregung mußte also im zweiten Teil von Abb. 229 von den benachbarten Einzelaugen gehemmt worden sein.

Die Nervenfasern der anschließend belichteten Nachbaraugen hatten zunächst eine hohe Impulsfrequenz, die dann allmählich sank und auf einem niedrigeren Wert konstant blieb (phasisch-tonische Sinneszellen). Die Nachbaraugen hemmen also das erste Einzelauge um so stärker, je höher ihre eigene Impulsfrequenz ist.

Abb. 228: Pfeilschwanzkrebs (Limulus). Größe 30 cm

Die Hemmung wird in den Fasern des optischen Nervs beobachtet. Sie muß also über Nervenbahnen erfolgen, die noch innerhalb des Auges verlaufen. Die weiteren Versuche bestätigten, daß jedes Einzelauge seine Nachbarn hemmt, umgekehrt aber auch von allen Nachbarn gehemmt wird (gegenseitige Hemmung oder laterale Inhibition). Je stärker das hemmende Einzelauge belichtet wird, desto stärker ist seine Hemmwirkung. In Abb. 230 (obere Hälfte) hemmt also das intensiv belichtete mittlere Einzelauge die schwächer belichteten Nachbaraugen erheblich, während umgekehrt die schwächer belichteten Einzelaugen das stark belichtete nur schwach hemmen. Die laterale Inhibition vergrößert also den Unterschied zwischen stark und schwach belichteten Einzelaugen. Das ist nichts anderes als eine Verschär-

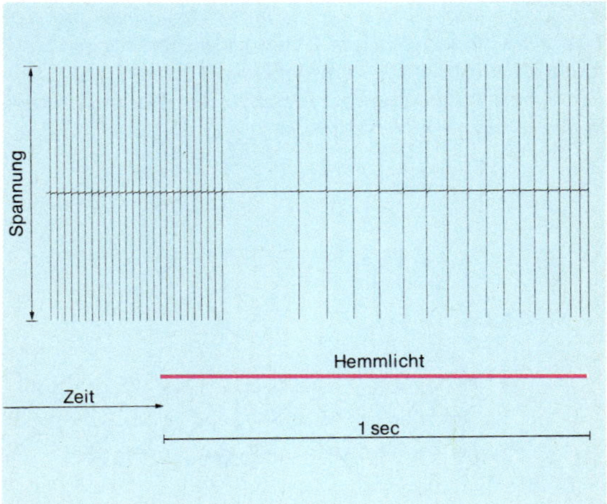

Abb. 229: Aktionspotentiale aus dem optischen Nerv des Pfeilschwanzkrebses. Nachweis der gegenseitigen Hemmung. Im ersten Teil der Aufnahme ist nur das Einzelauge belichtet, von dem die getestete Nervenfaser stammt. „Hemmlicht" bedeutet das zusätzliche Belichten der benachbarten Ommatidien. Unter seinem Einfluß fällt die Impulsfrequenz in der getesteten Nervenfaser zunächst auf Null ab und steigt dann allmählich wieder auf einen niedrigeren Wert an.

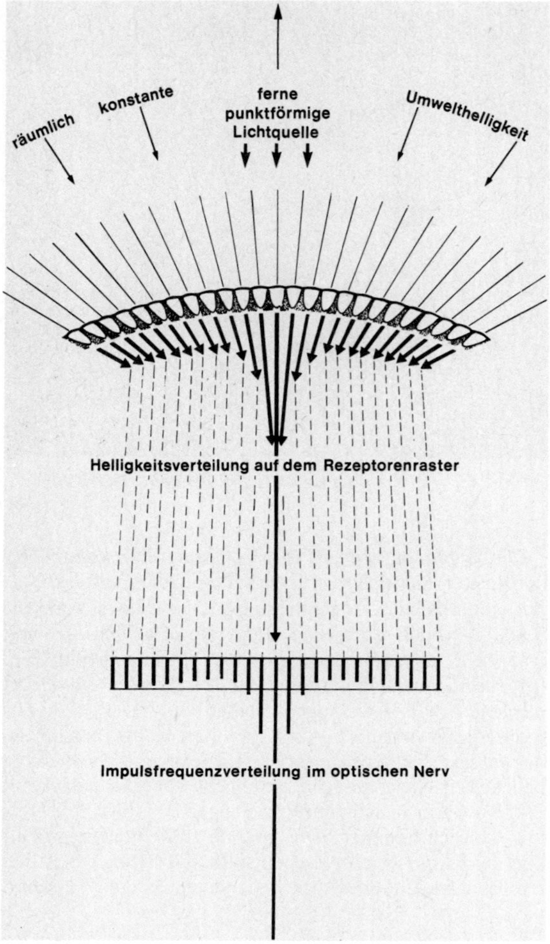

Abb. 230: Abbildung eines Lichtpunktes (oben) auf dem Raster der Sinneszellen und Wirkung der gegenseitigen Hemmung im Auge des Pfeilschwanzkrebses (unten). Die Länge der Balken symbolisiert die Frequenz der Aktionspotentiale in den ableitenden Nervenfasern.

Abb. 232: Kontrasterscheinung. Beim Fixieren einer Kreuzungsstelle der weißen Gitterstreifen erscheinen die Kreuzungsstellen dunkler – mit Ausnahme der fixierten Stelle.

fung der zunächst unscharfen Abbildung. Der untere Teil von Abb. 230 zeigt das im Tier gemessene Ergebnis. Danach führt die gegenseitige Hemmung nicht nur zur Schärfung unscharfer Abbildungen, sondern erhöht auch die Kontraste. So ist im Beispiel von Abb. 230 das Bild der Lichtquelle von einem dunklen Saum umgeben (niedrigere Impulsfrequenzen in der Nähe der stark gereizten mittleren Fasern). Es tritt dadurch deutlicher heraus.

Wahrscheinlich spielt die gegenseitige Hemmung auch im menschlichen Auge eine wesentliche Rolle. So ist die optische Täuschung von Abb. 232 mit gegenseitiger Hemmung leicht zu erklären: Die Kreuzungspunkte sind von mehr hellen Flächen umgeben als die dazwischenliegenden weißen Bänder. Die von den Kreuzungspunkten ausgelösten Erregungen werden also stärker gehemmt als die von den weißen Bändern ausgelösten Erregungen. Sie erscheinen deshalb dunkler. Die Erscheinung ist im Fixierpunkt nicht zu beobachten. Daraus ist zu folgern, daß gegenseitige Hemmung im gelben Fleck entweder keine große Rolle spielt oder nur auf wenige, unmittelbar benachbarte Sinneszellen wirkt.

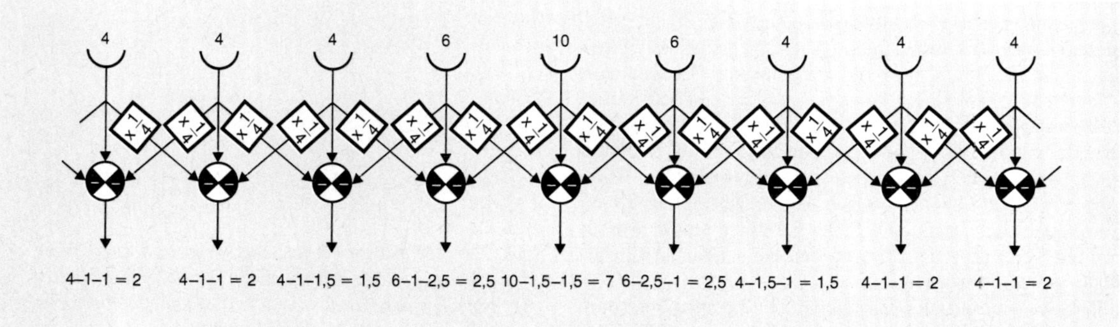

Abb. 231: Schema mit Zahlenbeispiel für die gegenseitige Hemmung. Von jeder Bahn, die von einer Sinneszelle zum ZNS führt, zweigen seitliche Bahnen ab. In diesen Bahnen wird die von den Sinneszellen kommende Erregung mit 1/4 multipliziert. Die abgeschwächte Erregung wird von der Erregung der benachbarten Sinneszellen subtrahiert. Der Multiplikationsfaktor ist in Wirklichkeit wesentlich geringer. ≻– Sinneszelle mit Angaben relativer Helligkeit.

4.5.2 Das Farbensehen

Welche Arten von Sinneszellen am Farbensehen beteiligt sind, zeigen schon sehr einfache Experimente: Man kann weißes Licht durch ein Glasprisma in die Regenbogenfarben zerlegen. Das Licht einer bestimmten Farbe ist durch seine Wellenlänge charakterisiert. Das für den Menschen sichtbare Spektrum erstreckt sich über den Wellenlängenbereich $\lambda = 700$ nm (Rot) bis $\lambda = 400$ nm (Violett). Licht, das nur eine bestimmte Wellenlänge hat, bezeichnet man als spektralrein.

Man kann nun verschiedene spektralreine Farben mischen, indem man sie übereinanderprojiziert (*additive Farbmischung*). Die wichtigsten Ergebnisse solcher additiver Farbmischungen sind: Eine Mischung aller Spektralfarben ergibt den Eindruck »Weiß«. Den Eindruck Weiß erhält man aber auch durch die Mischung von nur drei spektralreinen Farben, nämlich Rot, Grün und Blau. Man nennt diese Farben *Grund-* oder *Primärfarben*. Die Mischung zweier Grundfarben ergibt eine neue Farbe, die sich mit der dritten Grundfarbe zu Weiß ergänzt. Zwei Farben, die sich zu Weiß ergänzen, heißen Ergänzungs- oder *Komplementärfarben*. So ist zum Beispiel Gelb die Komplementärfarbe zu Blau, Purpur zu Grün und Grünblau zu Rot. Durch Mischung verschiedener Anteile der drei Grundfarben läßt sich jeder beliebige Farbeindruck herstellen. Das Vorhandensein von Komplementärfarben oder die Tatsache, daß jede beliebige Farbe durch Mischen der drei Grundfarben herzustellen ist, läßt sich physikalisch nicht begründen, sondern kommt durch Besonderheiten unseres Sehsystems zustande.

Aus den geschilderten Versuchen stellte der Physiker Young schon 1801 die Hypothese auf, daß unser Auge alle Farbempfindungen aus drei Grundfarben zusammensetze. Helmholtz folgerte 1852, daß dementsprechend in der Netzhaut drei verschiedene Sorten von Zapfen vorhanden sein müßten. Drei für verschiedene Farben empfindliche Sorten Zapfen ließen sich tatsächlich nachweisen. Außerdem fand man dreierlei Farbstoffe, die bei Belichtung ähnlich wie der Sehpurpur zerfallen. Jede Zapfensorte ist mit einem dieser drei Farbstoffe ausgestattet: Diese Farbstoffe sind im Prinzip wie Rhodopsin gebaut. Die drei verschiedenen Zapfenfarbstoffe unterscheiden sich durch ihr unterschiedliches Absorptionsspektrum voneinander (Abb. 233). Ein spektralreines Licht von 400 nm Wellenlänge erregt nur den »Blaurezeptor« unter den Zapfen. Ein solches von 450 nm erregt den »Blaurezeptor« stark und den Grünrezeptor sehr schwach. Licht von 500 nm Wellenlänge läßt alle drei Zapfensorten ansprechen. Die einzelnen Farben werden also durch unterschiedliche Erregungsstärke der einzelnen Zapfensorten angegeben. Erregung aller Zapfen führt zum Eindruck Weiß.

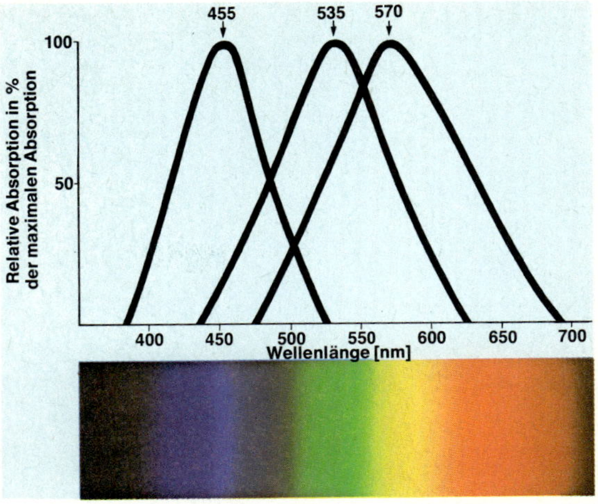

Abb. 233: Absorptionskurven der verschiedenen Zapfensorten, schematisiert. Jede Zapfensorte hat einen anderen lichtempfindlichen Farbstoff. Die Zahlen und Pfeile über den Absorptionskurven markieren das Absorptionsmaximum.

Die Unfähigkeit, Farben zu sehen oder zu unterscheiden, wird als Farbenblindheit bezeichnet. Bei der sehr seltenen totalen Farbenblindheit können keine Farben mehr unterschieden werden. Häufiger kommt eine teilweise Farbenblindheit, besonders die Rotgrünblindheit, vor. Rot und Grün sind dann nicht mehr unterscheidbar. Viel seltener ist die Blaugelbblindheit (vgl. auch Abb. 414).

Während die Frage, welche Sinneszelltypen an der Farbwahrnehmung beteiligt sind, weitgehend gelöst ist, hat man das Problem, wie die Meldungen der einzelnen Zapfentypen miteinander verrechnet werden, bis jetzt kaum erforscht.

4.5.3 Das räumliche Sehen

Wir sehen einen Gegenstand, den wir mit beiden Augen betrachten, einfach, obwohl zwei etwas verschiedene Bilder entstehen. Das ist dadurch zu erklären, daß sich die Gesichtsfelder beider Augen weitgehend überdecken und die Augen so eingestellt werden, daß die Bilder auf einander entsprechende Netzhautstellen fallen. Solche Stellen sind der gelbe Fleck, aber auch alle Stellen, die in beiden Augen in derselben Richtung und Entfernung vom gelben Fleck liegen. Bilder dieser Art lösen in den Nervenzellen der Sehrinde des Gehirns eine einheitliche Empfindung

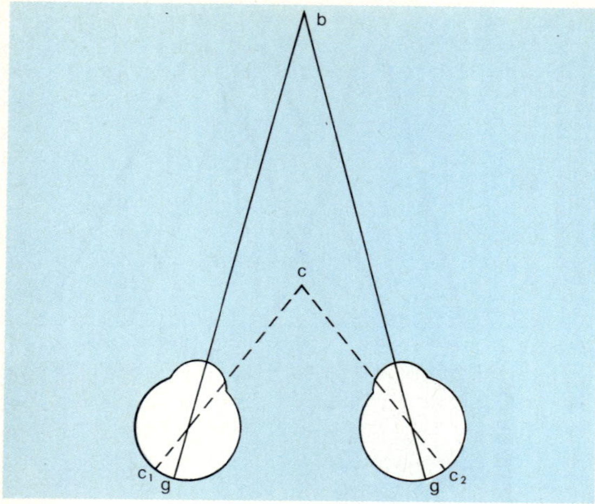

Abb. 234: Einfach- und Doppeltsehen. Wenn b fixiert wird, fallen in beiden Augen die Bilder auf den gelben Fleck g; b wird deshalb einfach gesehen. Die Bilder c_1 und c_2 fallen dann nicht auf einander entsprechende Netzhautstellen (Deckstellen), so daß c doppelt gesehen wird.

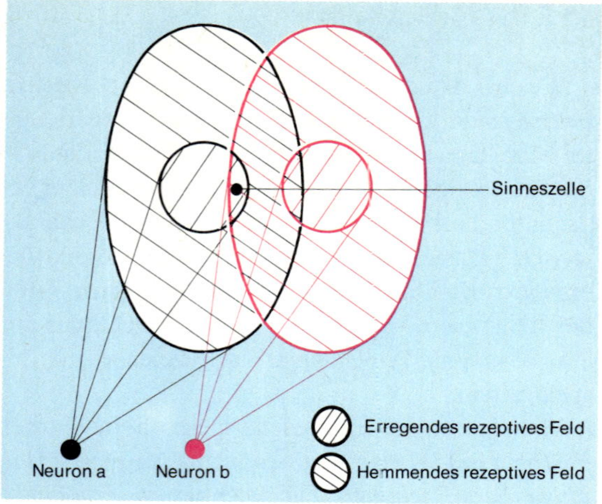

Abb. 235: Zwei Neurone der Retina mit ihren rezeptiven Feldern. Die eingezeichnete Sinneszelle erregt Neuron a und hemmt Neuron b.

aus. Entstehen die Bilder jedoch nicht auf den einander entsprechenden Stellen der Netzhaut, dann werden zwei Bilder wahrgenommen. Mit dem zweiäugigen Sehen hängen das räumliche Sehen und die Tiefenwahrnehmung zusammen. Da das linke Auge den Gegenstand mehr von links, das rechte Auge ihn mehr von rechts sieht, entsprechen sich die beiden Bilder nicht völlig. Dieser Unterschied löst den Eindruck des Körperlichen aus. Der Unterschied zwischen dem Links- und dem Rechtsbild ist bei nahen Gegenständen größer als bei entfernten; wir lernen ihn beurteilen und danach die Entfernung der Gegenstände abschätzen. Zur Tiefenwahrnehmung ist also Sehen mit beiden Augen notwendig.

4.5.4 Rezeptive Felder in der Retina der Säugetiere

Eine Nervenzelle in der *Wirbeltierretina* empfängt Meldungen aus vielen Sinneszellen (Abb. 227). Man bezeichnet das Gebiet der Sinneszellschicht, das Erregungen zu einer Nervenzelle ableitet, als das **rezeptive Feld** dieser Nervenzelle. In Abb. 227, rechte Hälfte, bilden die rot gezeichneten Sinneszellen das rezeptive Feld des rot gezeichneten Neurons. Jede Sinneszelle hat aber zu mehreren Nervenzellen Verbindung. Deshalb überschneiden sich die rezeptiven Felder benachbarter Nervenzellen.

Elektrophysiologische Untersuchungen haben gezeigt, daß ein Neuron von einer Gruppe im Zentrum des rezeptiven Feldes liegender Sinneszellen erregt und von einem darum herum liegenden Ring von Sinneszellen gehemmt wird. Dabei kann wie in Abb. 235 eine Sinneszelle auf ein Neuron erregend, auf das danebenliegende aber hemmend wirken. Die zentrale erregende Zone hat im gelben Fleck der menschlichen Netzhaut einen Durchmesser von etwa 20 μm. Daneben gibt es aber auch Neurone, die ein zentrales hemmendes und ein peripheres erregendes rezeptives Feld besitzen. Die rezeptiven Felder aller Neurone der Säugetiernetzhaut sind etwa kreisrund.

Ein Neuron spricht dann am stärksten an, wenn das erregende rezeptive Feld voll ausgeleuchtet ist, das hemmende aber dunkel bleibt. Deshalb reagieren die Neurone der Netzhaut, die ein erregendes Zentrum haben, am stärksten auf helle Punkte in dunklem Untergrund. Neurone der Netzhaut mit einem hemmenden Zentrum sprechen am besten auf dunkle Punkte im hellen Grund an.

Der von den Axonen der Retina-Neurone gebildete Sehnerv tritt im Zwischenhirn in das Gehirn ein. Von dort ziehen Nervenbahnen zur Sehrinde im Hinterhauptlappen des Großhirns. In der Sehrinde besteht eine genaue Punkt-zu-Punkt-Verbindung zur Netzhaut. Allerdings nimmt die Projektion der Netzhautperipherie auf der Sehrinde nur einen kleinen Teil ein. Der größte Teil der Rindenfläche entfällt auf den gelben Fleck und seine unmittelbare Umgebung. Dabei entspricht einem Fleck von 5 μm Durchmesser auf der Netzhaut eine Großhirn-Rindenfläche von etwa 500 μm Durchmesser.

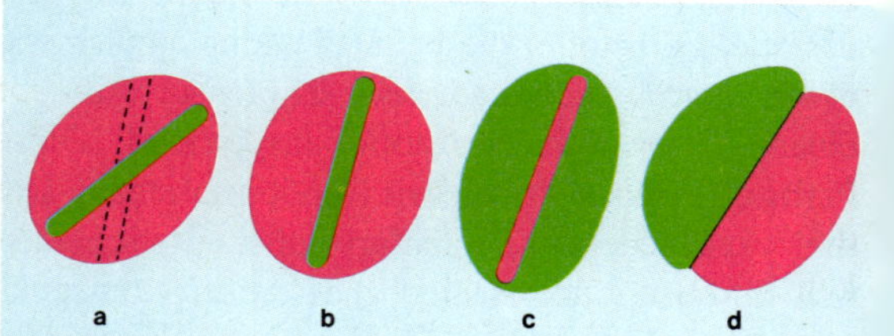

Abb. 236: Die rezeptiven Felder von vier verschiedenen Neuronen der Sehrinde. Grün erregend, rot hemmend. Erklärung im Text

Die rezeptiven Felder der *Neurone des Zwischenhirns* sind ebenfalls kreisrund. Die *Neurone der Sehrinde* dagegen haben nur noch selten runde, sondern im allgemeinen langgestreckte rezeptive Felder. Zum Teil sind die erregenden und hemmenden Zonen asymmetrisch verteilt (Abb. 236).

Das Neuron der Sehrinde mit dem rezeptiven Feld a (Abb. 236) spricht am stärksten an, wenn eine helle Linie genau durch das erregende Feld verläuft. Ist die helle Linie anders geneigt (in der Zeichnung gestrichelt dargestellt), reagiert das Neuron nur noch sehr schwach oder gar nicht mehr, da der beleuchtete Bereich des erregenden Feldes nur klein, der beleuchtete Bereich des hemmenden Feldes aber groß ist. Statt dieser Zelle spricht das Neuron mit dem rezeptiven Feld b, das an derselben Stelle der Retina liegen möge, maximal an. Das Neuron mit dem rezeptiven Feld c reagiert maximal auf dunkle Linien, das mit dem Feld d auf Hell-Dunkel-Grenzen. Neben den aufgezählten Neuronen gibt es noch andere Typen, auch solche, die nur auf bewegte, nicht aber auf ruhende Muster reagieren. Jeder Punkt des gelben Flecks ist durch eine Vielzahl von Neuronen z. B. des Types a/b repräsentiert. Bei jedem dieser Neurone liegt das erregende Feld in einem anderen Winkel zur Senkrechten. Fällt also eine helle Linie auf einen bestimmten Bezirk der Netzhaut, spricht nur ein Neuron maximal an, nämlich dasjenige, dessen erregendes Feld in der gleichen Richtung wie die helle Linie verläuft. Entsprechendes gilt auch für Neurone der Typen c und d. Jeder Punkt der Netzhaut ist also durch eine große Zahl von Neuronen mit jeweils spezifischen Eigenschaften repräsentiert. Ein Bild auf der Netzhaut wird also nicht einfach nur auf die Sehrinde übertragen, sondern es werden gleichzeitig auch gewisse Eigenschaften dieses Bildes erfaßt. Wie aber der eigentliche Erkennungsprozeß im Anschluß an diese Vorverarbeitung abläuft, ist noch völlig unbekannt.

5. Mechanische Sinne

Die Sinnesorgane der mechanischen Sinne sprechen auf Kräfte an, welche die reizaufnehmenden Teile der Sinneszellen verformen. Sinnesorgane, die auf körpereigene Reize ansprechen, heißen **propriorezeptive Organe.**

5.1 Der Stellungssinn

In den Skelettmuskeln der Wirbeltiere liegen Sinnesorgane, welche die Muskellänge messen. Man bezeichnet sie als **Muskelspindeln** (Abb. 237). Sie sind mit ihrer Bindegewebshülle fest mit den umgebenden Muskelfasern verbunden. Im Innern der Muskelspindel liegen einige dünne Muskelfasern, deren Kontraktionszustand vom Zentralnervensystem über eigene motorische Nervenfasern (sogen. γ-Motoneurone) verändert werden kann. In die Muskelfasern sind Spannungssinneskörperchen (sensible Endigungen von Nervenfasern) eingeschaltet.

Die Muskelspindeln dienen der Regelung der Muskellänge. Bei der Betrachtung dieses Regelkreises muß man zwischen dem Kontraktionszustand des Muskels (ohne die Muskelfasern der Muskelspindeln) und dem Kontraktionszustand der Spindelmuskelfasern unterscheiden.

Erschlafft der Muskel, so wird die Muskelspindel passiv gedehnt. Dies führt zur Erregung der sensiblen Endigungen. Die Erregung läuft über sensible, d. h. von Sinnesorganen kommende Nervenfasern zum Rückenmark. Sie wird dort auf motorische, also zum Muskel zurückführende Nervenfasern (sogen. α-Motoneurone) umgeschaltet und veranlaßt den Muskel zur Kontraktion (nicht aber die Spindelmuskelfasern). Auf diese Weise wird die Muskellänge konstant gehalten. Veranlassen höhere Nervenzentren über die γ-Motoneurone die Muskelfasern der Spindel (nicht den Muskel) zur Kontraktion, so werden die sensiblen Endigungen darin erregt. Der Muskel kontrahiert sich dann so weit, bis die sensiblen Endigungen wieder die normale Spannung melden. Eine Kontraktion der Spindelmuskelfasern zieht deshalb eine Kontraktion des Muskels nach sich. In diesem Regelkreis wird also eine Veränderung des Sollwerts (Kontraktionszustand des Muskels) im Sinnesorgan (Muskelspindel) erzielt. Die Muskelspindeln sind damit zugleich Fühler und Regler im Regelkreis. (s. Abb. 259)

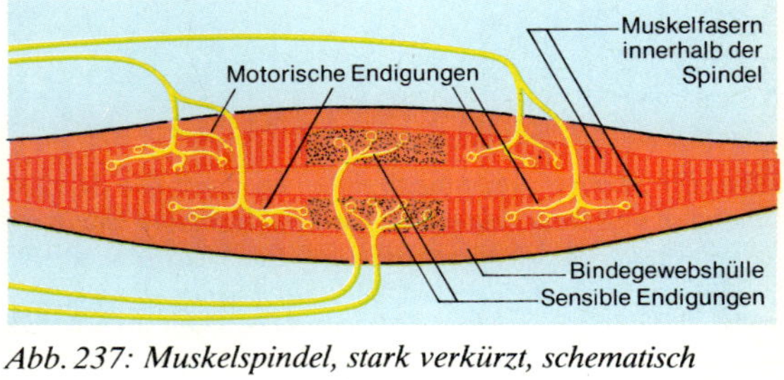

Abb. 237: Muskelspindel, stark verkürzt, schematisch

Der Erregungszustand einer motorischen Nervenzelle im Rückenmark wird nicht nur von den Meldungen der zugehörigen Muskelspindeln beeinflußt. So wirken z. B. Meldungen aus den Muskelspindeln des antagonistischen Muskels oder aus den Spannungssinneskörperchen in der Sehne des zugehörigen Muskels hemmend und verhindern dadurch eine übermäßige Kontraktion. Das Gehirn kann auch direkt und nicht nur auf dem Umweg über die Muskelspindeln die entsprechenden motorischen Nervenzellen beeinflussen (z. B. bei schnellen Bewegungen). Der oben besprochene Regelkreis ist also nur ein Ausschnitt aus dem Gesamtsystem. Er darf nur dann isoliert betrachtet werden, wenn man die anderen Einflüsse konstant hält.

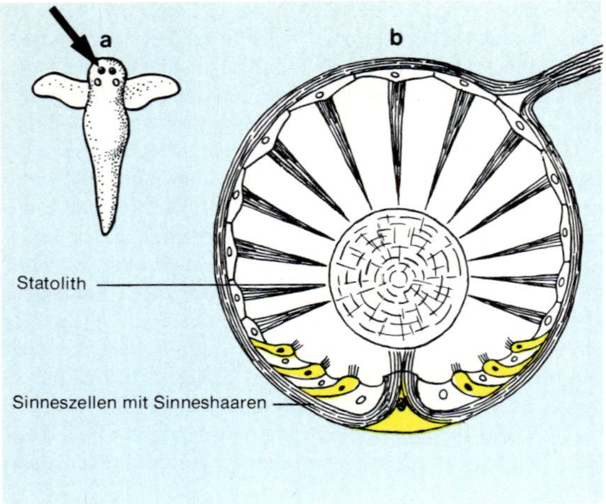

Abb. 239: Schweresinnesorgan einer Schwimmschnecke. a Lage, b Bau

5.2 Der Tastsinn

Der Tastsinn ist wohl der verbreitetste Sinn, der keinem Tier fehlt. Er ist ein Nahsinn und unterrichtet über Gegenstände, mit denen das Tier in Berührung kommt. Am besten ist der Tastsinn beim Menschen untersucht. Die Druckempfindungen vermittelnden Hautstellen werden als *Druckpunkte* bezeichnet. Sie stehen an behaarten Stellen in Verbindung mit Haaren, welche durch Hebelwirkung den Reiz übertragen. Der Mensch besitzt etwa 600000 Druckpunkte, jedoch in verschiedener Verteilung. Am dichtesten stehen sie an den Fingerballen, wo auf 1 mm^2 der Oberfläche 23 Druckpunkte kommen, in der ganzen Handoberfläche mögen es insgesamt gegen 15000 sein. Am spärlichsten sind sie auf dem Rücken. Als Maß für die Feinheit des Tastsinns wird angegeben, in welchem Mindestabstand voneinander zwei gleichzeitig aufgesetzte Zirkelspitzen als getrennte Berührungsreize empfunden werden. Man bezeichnet diese für die räumliche Trennung der Empfindungen wichtigen Werte als *Raumschwelle.* Auf der Fähigkeit, mehrere gleichzeitige Berührungsreize lokalisieren zu können, beruht die Blindenschrift.

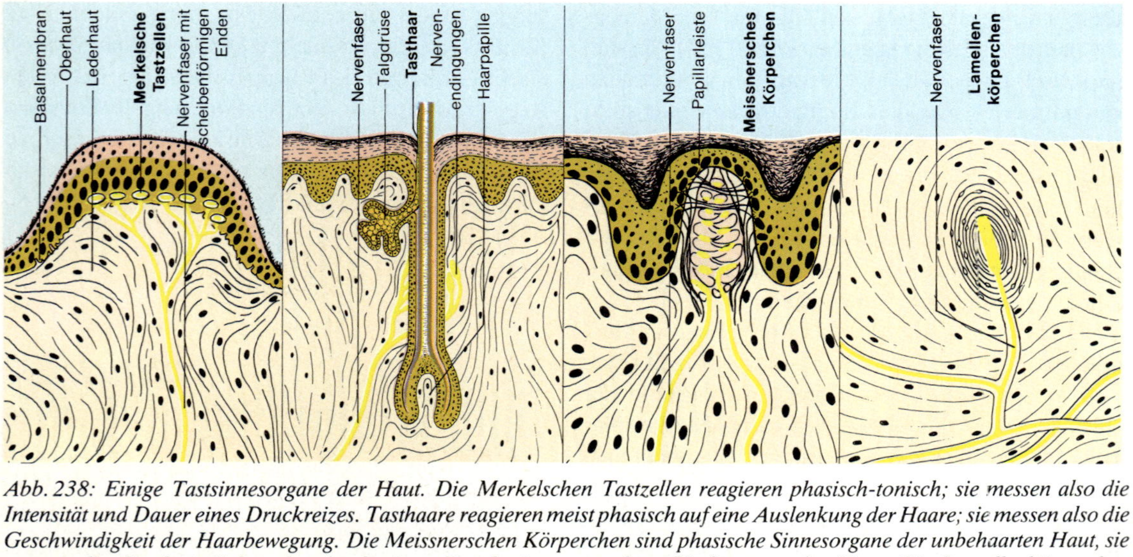

Abb. 238: Einige Tastsinnesorgane der Haut. Die Merkelschen Tastzellen reagieren phasisch-tonisch; sie messen also die Intensität und Dauer eines Druckreizes. Tasthaare reagieren meist phasisch auf eine Auslenkung der Haare; sie messen also die Geschwindigkeit der Haarbewegung. Die Meissnerschen Körperchen sind phasische Sinnesorgane der unbehaarten Haut, sie messen die Geschwindigkeit der durch einen Druckreiz verursachten Verformung der Haut. Die Lamellenkörperchen (Vater-Pacinische Körperchen) reagieren ebenfalls phasisch, aber mit äußerst kurzer Adaptationszeit, sie sprechen vor allem bei Vibration der Haut an.

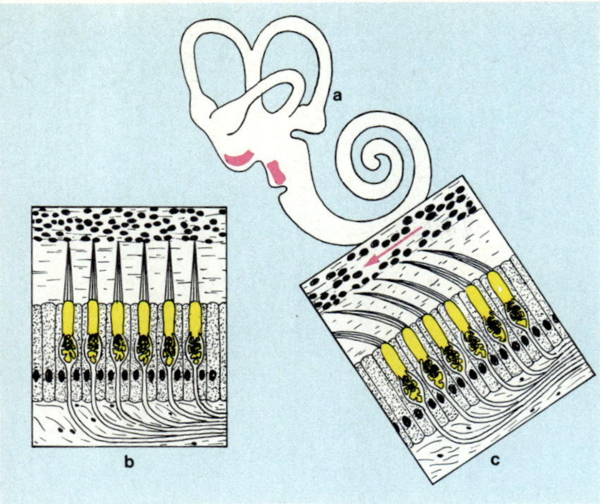

Abb. 240: Lagesinnesorgan im oberen und unteren Bläschen des menschlichen Labyrinths, a Lage des Organs. Das Organ b in Normallage, c bei Schiefstellung, schematisch. Erklärung im Text

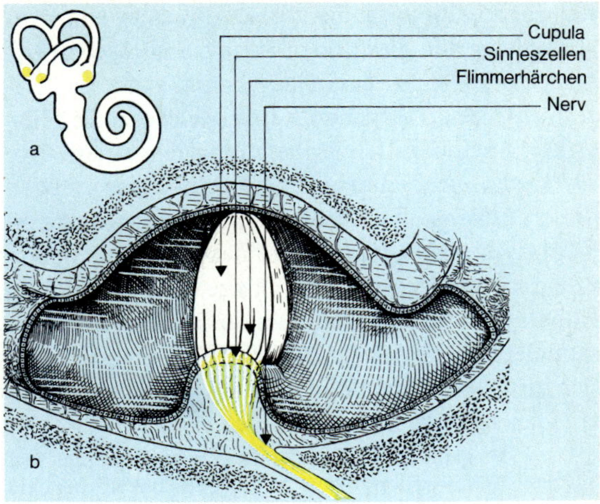

Abb. 241: Drehsinnesorgan in der Anschwellung eines Bogengangs. a Lage der Organe, b ihr Bau

5.3 Der Raumlagesinn

Die Schwerkraft unterscheidet sich von anderen Reizen dadurch, daß Stärke und Richtung konstant sind. Diese Konstanz macht die Erdschwere zu einer idealen Bezugsgröße, auf die Organismen ihre Lage im Raum beziehen können. Deshalb spielt die Bestimmung der Winkel, welche die Körperachsen mit dem Schwerelot bilden, besonders bei Tieren, die häufig labile Körperhaltungen einnehmen, eine große Rolle. Das Erfassen der Schwerkraftrichtung dient aber nicht nur zur Aufrechterhaltung einer bestimmten Körperstellung, sondern ist zugleich eine Orientierungshilfe bei der Fortbewegung.

Schweresinnesorgane sind meistens als **Statocysten** ausgebildet. Ein schwerer Körper (*Statolith*) liegt einem Polster von Sinneszellen auf, wie Abb. 239 zeigt.

Die Schweresinnesorgane der Wirbeltiere bestehen aus einem mit Flüssigkeit gefüllten Hohlraum, welcher sich durch eine Einschnürung in ein oberes Bläschen (*Utriculus*) und ein unteres Bläschen (*Sacculus*) teilt. Am oberen Bläschen entspringen bei den Wirbeltieren drei halbkreisförmige, in das Bläschen zurücklaufende Kanäle. Von dem unteren Bläschen zweigt sich von den Lurchen an das Hörorgan ab. Die ganze Einrichtung hat schon GALEN, ein griechischer Arzt, *Labyrinth* genannt.

Die beiden Bläschen, vor allem das untere, wirken als Schweresinnesorgan. Jedes trägt am Boden einen Besatz von Sinneszellen, auf deren Haaren beim Menschen zahlreiche winzige Kalkkörperchen (0,002–0,005 mm Durchmesser) liegen. Die Kalkkörperchen sind durch eine Gallertmasse untereinander und mit den Sinneshaaren verklebt. Als Statolith wirkt hier die Gallertmasse mit den eingelagerten Kalkkörperchen.

Beim Flußkrebs sitzt die Statocyste als offenes Bläschen jeweils am Grunde des ersten Fühlerpaars. Beim Häuten wird ihre Auskleidung samt den als Statolithen dienenden Sandkörnchen regelmäßig abgestoßen. Als Ersatz nimmt der Krebs mit den Scheren Sandkörnchen auf und führt sie in das Bläschen ein. Ein Krebs, den man vor der Häutung in ein Gefäß brachte, dessen Boden mit Eisenfeilspänen bestreut war, benutzte diese anstelle von Sandkörnchen als Statolithen. Als man nun dem frei im Wasser schwimmenden Krebs einen Magneten auf den Rücken hielt, drehte er sich sofort um und schwamm so lange in Rückenlage, wie die Wirkung des Magneten anhielt.

Bei den gut untersuchten Statocysten der Krebse und Wirbeltiere sind der Statolith oder die in Gallerte eingeschlossenen Kalkkörnchen fest mit den Sinneshaaren verbunden. Die Statolithenmasse läßt sich nur parallel zur Oberfläche des Sinnesepithels bewegen. Dabei werden die Sinneshaare gebogen. Diese Biegung (und nicht der Druck des Statolithen auf das Sinnespolster) liefert also den Reiz für die Sinneszellen.

5.4 Der Drehsinn

Die mit Flüssigkeit gefüllten Bogengänge der Wirbeltiere sind ein *Drehsinnesorgan*. Sie sind so nach den drei Richtungen des Raumes angeordnet, daß auch die einander entsprechenden senkrechten Bogengänge im linken und rechten Labyrinth zueinander senkrecht stehen. Jeder Bogengang weist nahe der Einmündung in das obere Bläschen eine Anschwellung auf. Ihr Boden ist mit Sinneszellen besetzt, deren lange, feine Sinneshaare in eine Gallertzunge (Cupula) eingebettet sind, welche in die Flüssigkeit im Innern der Erweiterung hineinragt. Ihre *Wirkungsweise* beruht auf dem Beharrungsvermögen dieser Flüssigkeit. Dreht man beispielsweise den Kopf nach rechts, dann bleibt die Flüssigkeit in den waagrechten Bogengängen infolge ihrer Trägheit in Ruhe, während die Wandung der Bogengänge mitsamt der Cupula bewegt wird. Die Flüssigkeit bewegt sich also relativ zur Wandung und biegt die Cupula ab. Dies reizt die Sinneszellen.

Die Flüssigkeit im Innern der Bogengänge bewegt sich nur dann relativ zu den Bogengängen, wenn der Körper eine Drehbeschleunigung erfährt. Bei gleichbleibender Drehgeschwindigkeit folgt sie bald der Drehung. Gemessen wird also nicht die Drehbewegung, sondern die Drehbeschleunigung.

Da uns Drehbewegungen bewußt werden, können wir folgern, daß im Zentralnervensystem aus den am Beginn und am Ende einer Drehbewegung auftretenden Drehbeschleunigungen der Verlauf der Drehbewegung selbst ermittelt wird.

Eine bekannte Falschmeldung ist der *Drehschwindel.* Bei dauerndem Drehen in gleicher Richtung macht schließlich auch die Flüssigkeit in den Bogengängen diese Bewegung mit und strömt infolge ihrer Trägheit weiter, wenn die Körperbewegung plötzlich aufhört. Dadurch wird die Cupula in Richtung der strömenden Flüssigkeit abgebogen, was das Gefühl entgegengerichteter Drehbewegung auslöst.

5.5 Der Gehörsinn

Hörorgane sind nur für die Wirbeltiere und einige Insekten nachgewiesen (z. B. Heuschrecken, Zikaden, Stechmücken).

Das **menschliche Ohr** besteht aus drei Abschnitten:

1. dem *äußeren Ohr* mit Ohrmuschel, Gehörgang und Trommelfell;
2. dem mit Luft gefüllten *Mittelohr* (Paukenhöhle), welches durch die Brücke der Gehörknöchelchen den Schall zum Hörorgan weiterleitet; und
3. dem flüssigkeitsgefüllten *Innenohr* mit der Schnecke, dem eigentlichen Hörorgan.

Das *Trommelfell* kann man nicht als eine einfache, gespannte Membran betrachten. Eine solche Membran hätte eine bestimmte Resonanzfrequenz. Schallschwingungen in der Nähe der Resonanzfrequenz würden dadurch verstärkt, Schallschwingungen mit Frequenzen, die sich stark von der Resonanzfrequenz unterscheiden, dagegen abgeschwächt werden. Durch den komplizierten Bau und die weiche Aufhängung des Trommelfells und des daran befestigten Gehörknöchelchens (Hammer) wird erreicht, daß keine Resonanzfrequenzen im hörbaren Schallbereich auftreten.

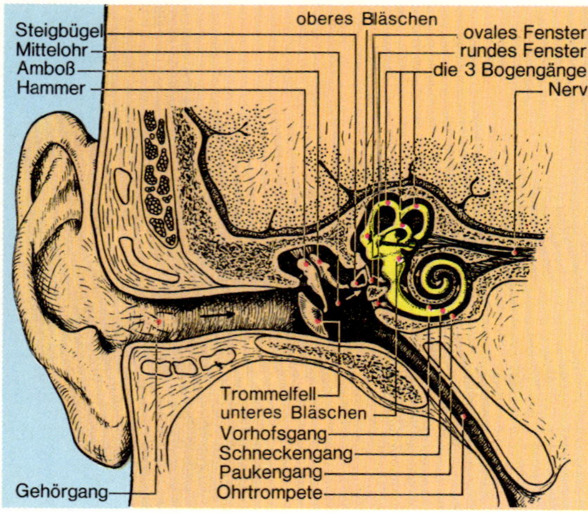

Abb. 242: Übersicht über den Bau des menschlichen Ohrs. (Die Ohrmuschel ist im Verhältnis zu klein gezeichnet)

Eine Verbindung zwischen der Paukenhöhle und der Mundhöhle, die *Ohrtrompete* oder *Eustachische Röhre,* sorgt bei heftigen Druckwellen für Druckausgleich und verhindert dadurch eine Beschädigung des Trommelfells infolge eines starken einseitigen Drucks. Drei miteinander verbundene *Gehörknöchelchen* Hammer, Amboß und Steigbügel, übertragen die Trommelfellschwingungen auf das Innenohr.

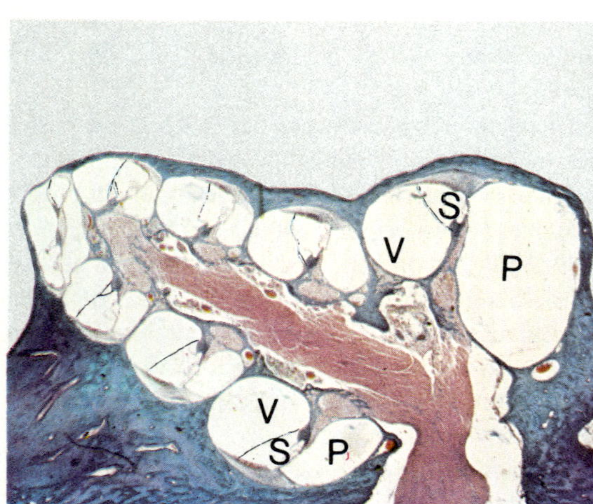

Abb. 243: Schnitt durch die Schnecke eines Säugetiers, 15fach vergr. P Paukengang, S Schneckengang, V Vorhofgang

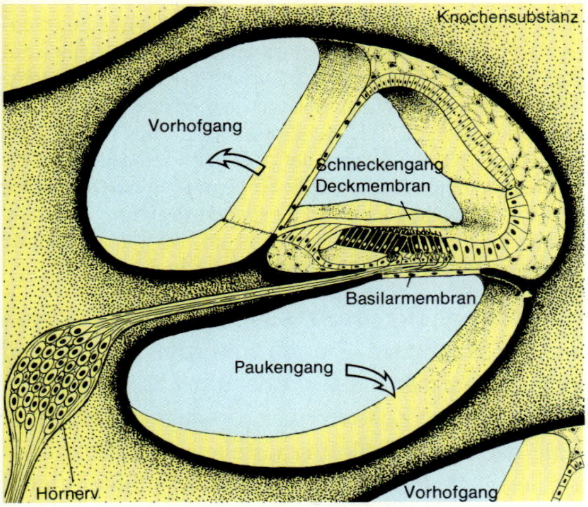

Abb. 244: Querschnitt durch einen Umgang der knöchernen Schnecke im Ohr des Menschen (Sinneszellen schwarz)

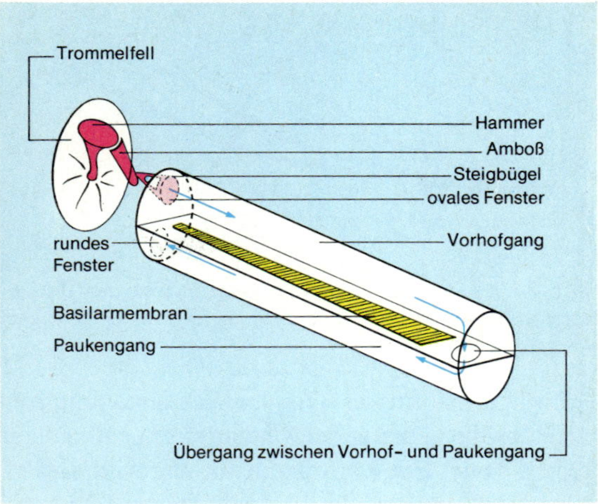

Abb. 245: Schema des Säugtierohres. Mittel- und Innenohr sind in gestreckter Anordnung dargestellt.

Sie bilden einen Hebelapparat, der die großen, aber mit geringer Kraft geführten Ausschläge des Trommelfells in kleinere, aber kräftigere Ausschläge verwandelt (etwa 20fache Untersetzung). Dies ist notwendig, weil im Innenohr nicht Luft, sondern eine schwer verschiebbare Flüssigkeit bewegt werden muß.

Das innere Ohr ist in einen spiralig gewundenen Knochengang des Felsenbeins, die $2^1/_2$ Umgänge umfassende *knöcherne Schnecke,* eingelagert. Sie bildet zusammen mit den Hohlräumen für die drei Bogengänge und für das obere und untere Bläschen das *knöcherne Labyrinth.* Zwei fensterartige, durch Häute verschlossene Durchbrechungen des Knochens, das ovale und das runde Fenster, verbinden die Schnecke mit dem Mittelohr. In dem knöchernen Labyrinth ist das *häutige Labyrinth* als zartes Gebilde so an Bändern aufgehängt, daß zwischen ihm und der Knochenumhüllung noch flüssigkeitsgefüllte Räume frei bleiben. Ein solcher ist der *Vorhof,* der an das ovale Fenster grenzt. Zur Schallwahrnehmung dient nur der Teil des häutigen Labyrinths, der als Schneckengang den Windungen der Schnecke folgt. Er ist seitlich an der Wand der knöchernen Schnecke befestigt, läßt aber oben und unten je einen mit Flüssigkeit erfüllten Raum frei. Die Windungen der knöchernen Schnecke sind also in drei Räume geteilt: den oberen *Vorhofgang,* den mittleren, von der häutigen Schnecke gebildeten *Schneckengang* und den unteren *Paukengang.* Der Schneckengang endet blind vor der Spitze der knöchernen Schnecke. Vorhof- und Paukengang gehen dort ineinander über.

Der Boden des Schneckengangs wird von der rund 33 mm langen *Basilarmembran* gebildet. Sie wird nach der Schneckenspitze zu immer breiter. Auf ihr sitzen, von Stützzellen getragen, die Sinneszellen. Über den Sinneszellen liegt eine sie berührende Deckmembran. Der adäquate Reiz besteht in einer Abbiegung der Sinneshaare durch eine Bewegung der Deckmembran relativ zur Basilarmembran.

Als Töne werden Schallwellen mit einfachen periodischen Schwingungen bezeichnet. Komplizierte und nicht periodische Schwingungen ergeben Geräusche.

Mischt man zwei Töne verschiedener Frequenz, können je nach der gegenseitigen Phasenlage unterschiedliche Schwingungsformen entstehen (Abb. 246). Die Empfindung ist aber immer gleich. Daraus kann man schließen, daß es nicht auf die

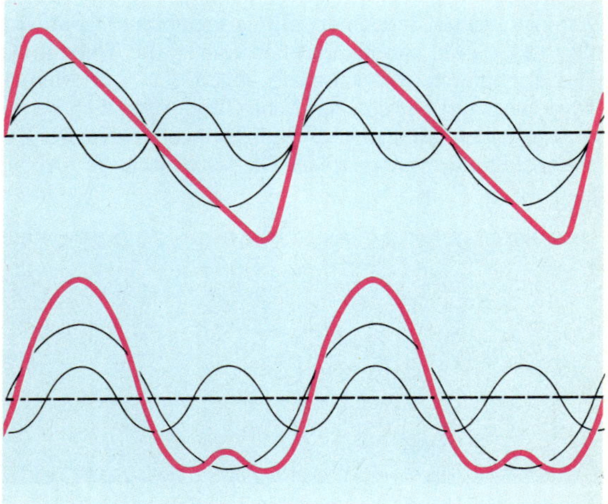

Abb. 246: Zusammensetzung zweier Sinusschwingungen (Grundton und Oktave), oben ohne und unten mit Phasenverschiebung. Die resultierende Schwingung ist rot gezeichnet. Beide Schwingungen rufen die gleiche Tonempfindung hervor.

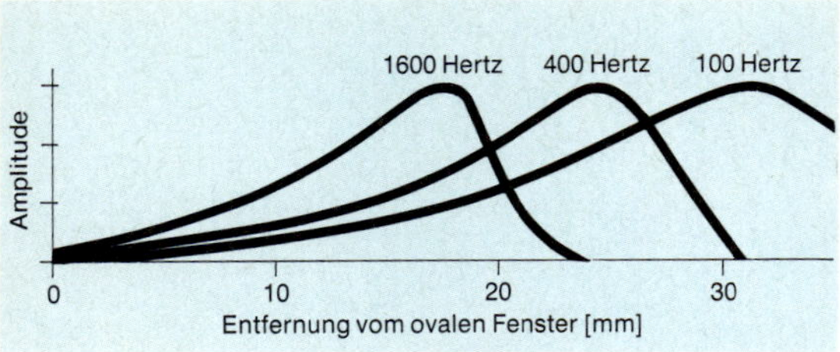

Abb. 247: Lage des Schwingungsmaximums der Basilarmembran für sinusförmige Schwingungen verschiedener Frequenz

Schwingungsform des Trommelfells ankommt, sondern auf die in dieser Schwingungsform enthaltenen reinen Töne. Ein eintreffender Klang wird also offensichtlich in seine Bestandteile (reine Töne) zerlegt. Im Experiment zeigt sich tatsächlich, daß die einzelnen Tonhöhen unterschiedliche Bezirke der Basilarmembran zum Schwingen bringen (Abb. 247).

Obere Hörgrenze (in kHz)	
Aal	0,5
Elritze	7
Zwergwels	13
Taube	12
Huhn	38
Heuschrecke	90
Nachtfalter	100–175
Fledermaus	175
Delphin	bis zu 200
Mensch: Kind	15
35jähriger	15
50jähriger	12
Greis	5

Nach Abb. 247 schwingt auch bei einem reinen Ton ein ziemlich großer Bereich der Basilarmembran. Damit wird eine große Zahl von Sinneszellen gereizt, der Ton auf der Basilarmembran also unscharf abgebildet. Der Mensch kann nun zwei verschieden hohe Töne wesentlich besser unterscheiden, als man nach der Schwingungsweise der Basilarmembran erwarten sollte. Die sehr unscharfe »Abbildung« eines Tones auf der Basilarmembran wird also offensichtlich im Gehirn nachträglich verschärft. Tatsächlich hat sich elektrophysiologisch nachweisen lassen, daß einzelne Neurone im Gehirn nur noch auf ein schmales Frequenzband ansprechen. Wahrscheinlich spielt bei dieser Verschärfung der Abbildung der Vorgang der gegenseitigen Hemmung eine entscheidende Rolle. Neben Neuronen, die nur auf ein schmales Frequenzband reagieren, treten in höheren Hörzentren auch solche auf, die auf bestimmte Klangmuster ansprechen.

Außer zum Hören dient das Ohr auch zur **Orientierung im Schallraum.** Ein von links kommender Schall erreicht zuerst das linke und dann erst das rechte Ohr. Dieser geringe Zeitunterschied genügt, um die Richtung der Schallquelle festzustellen. Wahrscheinlich spielen auch die Unterschiede der Schallintensität in beiden Ohren eine Rolle. Zum Richtunghören sind daher beide Ohren notwendig. Der Mensch kann noch zwei Schallquellen im Winkelabstand von weniger als 10° getrennt wahrnehmen.

Die untere Hörgrenze liegt beim Menschen bei 20 Hz (Hertz), die obere Hörgrenze zwischen 15 und 20 kHz (1 Kilohertz = 1000 Schwingungen in der Sekunde). Beim Hund liegt die obere Hörgrenze zwischen 30 und 50 kHz. Der Hund nimmt also noch Töne wahr, die für den Menschen unhörbar sind (Hundepfeife!). Weit in den Bereich des Ultraschalls fällt die obere Hörgrenze der Fledermäuse mit 175 kHz. Sie erklärt die nächtliche Orientierung dieser Tiere. Fledermäuse sind Ultraschallsender und -empfänger und orientieren sich nach dem Prinzip der Echoortung. Sie stoßen während des Fluges fortwährend Tonstöße in einer Frequenz von 30–80 kHz aus. Die Schallwellen werden beim Auftreffen auf ein Hindernis zurückgeworfen und gelangen als Echo dann ins Ohr. Auf Grund des Zeitunterschieds zwischen Schallaussendung und Rückkehr des Echos kann die Fledermaus den Gegenstand orten. Das gleiche Verfahren wenden die Delphine an.

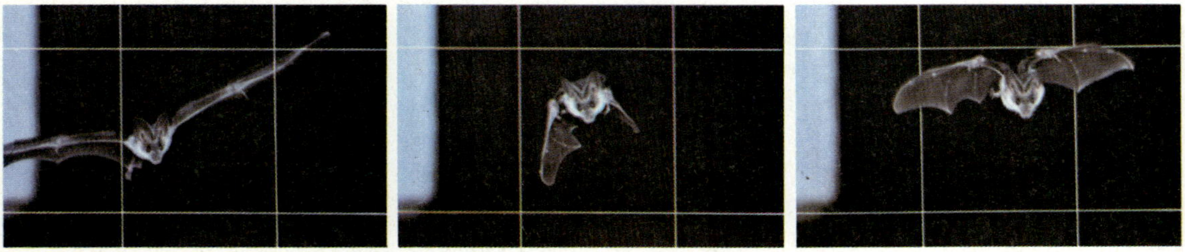

Abb. 248: Eine Fledermaus fliegt durch ein Drahtgitter (drei aufeinander folgende Stadien). Sie kann in völligem Dunkel mit Hilfe ihrer Ultraschallortung noch Drähte von 0,1 mm Dicke wahrnehmen.

6. Chemische Sinne

Getrennte Geruchssinnes- und Geschmackssinnesorgane sind nur bei den Wirbeltieren und gewissen Wirbellosen (Schnecken, Insekten) ausgebildet. Viele Wirbellose besitzen einen einheitlichen chemischen Sinn, der auf Flüssigkeiten oder darin gelöste Stoffe anspricht. Der chemische Sinn gehört zu den wichtigsten unter den Sinnen und fehlt bei keinem Tier.

6.1 Der Geschmackssinn

Beim Menschen und bei den meisten Wirbeltieren liegen die Geschmackssinnesorgane auf der Zunge und im Innern der Mundhöhle. Hier sind sie vor Austrocknung geschützt. Im folgenden werden vor allem die Verhältnisse bei Säugetieren und hier insbesondere beim Menschen näher betrachtet.

Die Geschmackssinneszellen sind sekundäre Sinneszellen. Sie besitzen also keine eigenen ableitenden Axone. 4–20 solcher Schmeckzellen liegen zusammen in einer *Geschmacksknospe.* Die Geschmacksknospen ihrerseits liegen seitlich oder an der Spitze von *Schmeckpapillen* (Abb. 250). Eine Geschmacksknospe enthält neben Sinneszellen noch Stützzellen und Basalzellen (Abb. 250). Die Sinneszellen ragen in einen mit Flüssigkeit gefüllten Raum hinein. Ihre Oberfläche ist an dieser Stelle durch die Ausbildung von Mikrovilli stark vergrößert. Der mit Flüssigkeit gefüllte Raum im Innern der Geschmacksknospe steht durch eine Öffnung mit der Mundhöhle in Verbindung.

Ein erwachsener Mensch besitzt etwa 2000 Geschmacksknospen. Bei älteren Menschen und starken Rauchern ist die Anzahl der Geschmacksknospen stark vermindert.

Der Mensch kann nur vier **Geschmacksqualitäten** unterscheiden: Salzig, sauer, süß und bitter. Es ist bisher in keinem Fall gelungen, grundsätzliche Zusammenhänge zwischen der chemischen und physikalischen Natur eines Stoffes und seiner Geschmackswirkung aufzufinden. Reizt man die menschliche Zunge mit verschiedenen Schmeckstoffen, ergibt sich folgende Verteilung der Empfindlichkeiten: Bittere Stoffe werden vor allem am Zungengrund, saure und salzige an den Rändern, süße an der Zungenspitze wahrgenommen.

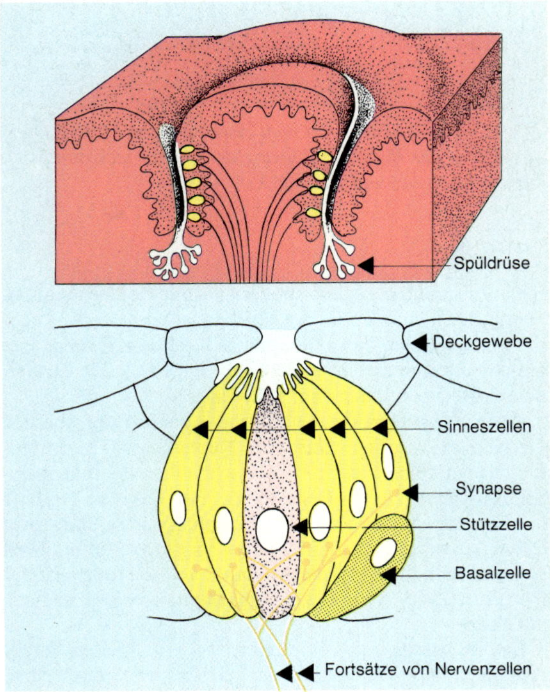

Abb. 250: Oben: Schmeckpapille der menschlichen Zunge. Seitlich liegen Geschmacksknospen, die von Nervenfasern versorgt werden. Am Grunde der Rinne münden Spüldrüsen; unten: Einzelne Geschmacksknospe (schematisch). Die Mikrovilli der Sinneszellen ragen in einen mit Flüssigkeit erfüllten Raum. Von den etwa 50 in die Geschmacksknospe tretenden Nerven sind nur zwei mit ihren Verzweigungen eingezeichnet.

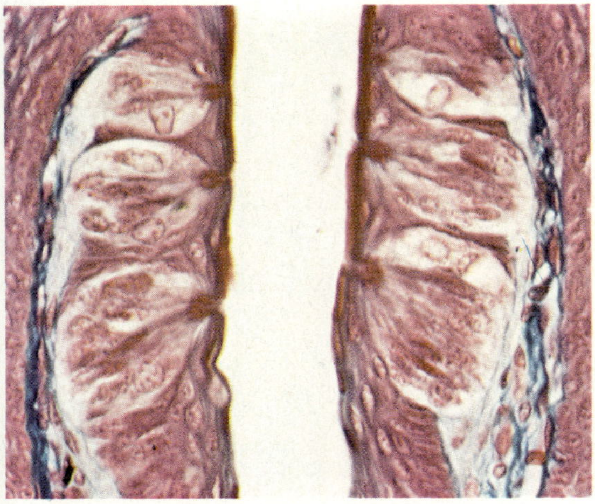

Abb. 249: Geschmacksknospen an den Seiten zweier durch eine Rinne getrennter Schmeckpapillen. Man erkennt die Sinneszellen und die Öffnung zur Mundhöhle.

In eine Geschmacksknospe treten etwa 50 Nervenfasern ein und verzweigen sich in ihr. Jede Nervenfaser nimmt mit ihren Verzweigungen Kontakt mit mehreren Sinneszellen auf. Jede Schmeckzelle hat ihrerseits Kontakt mit den Verzweigungen von bis zu 12 Nervenfasern. Eine einzelne Geschmackssinneszelle hat nur eine Lebensdauer von wenigen Tagen. Sie wird durch eine nachrückende Zelle ersetzt; diese ist Abkömmling einer Basalzelle. Dabei müssen die synaptischen Verknüpfungen mit der alten Schmeckzelle gelöst und mit der neuen wiederhergestellt werden.

Sticht man eine Elektrode in eine Geschmackssinneszelle und reizt nacheinander mit verschiedenen Schmeckstoffen, so zeigt sich, daß die Sinneszelle nicht nur auf eine Ge-

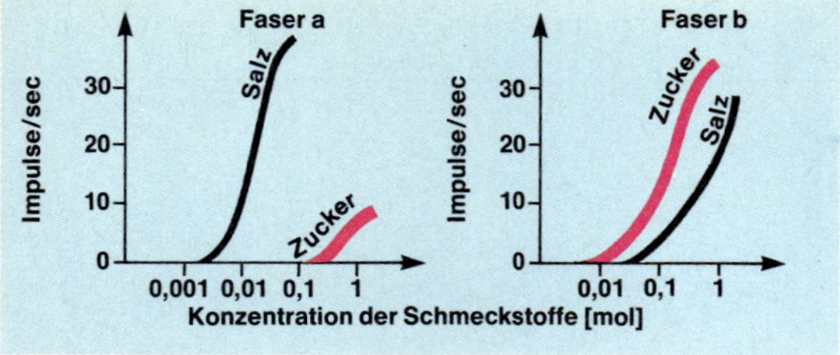

Abb. 251: Elektrische Aktivität zweier Schmeckfasern (Nervenfasern) der Ratte bei Reizung der Geschmackssinneszellen mit Kochsalz und Rohrzucker

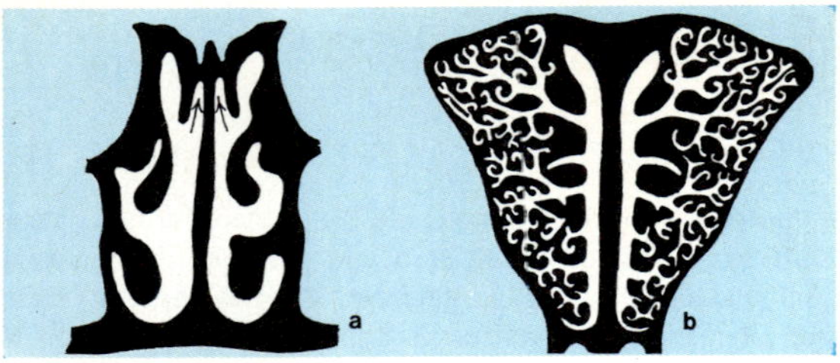

Abb. 252: Querschnitte durch die Nasenhöhlen von Mensch (a) und Reh (b). Beim Menschen bedeckt die Riechschleimhaut nur die durch Pfeile bezeichnete Fläche, beim Reh die gesamte Innenfläche

schmacksqualität reagiert, sondern auf alle vier Grundqualitäten. Aber jeweils eine der Grundqualitäten (z. B. Kochsalz) erzeugt eine besonders starke Reaktion. Eine andere Geschmackssinneszelle spricht am stärksten auf Zucker, eine dritte am stärksten auf Säure an.

Auch wenn man die elektrische Aktivität der aus den Geschmacksknospen tretenden Nervenfasern registriert, findet man keine Fasern, die ausschließlich qualitätsspezifisch antworten. In der Regel meldet eine Faser bei Reizung mit Schmeckstoffen aller vier Qualitäten. Im Gehirn wird durch Auswertung der Aktivitäten einer größeren Zahl von Nervenfasern die Geschmacksqualität und die Intensität des Reizes bestimmt. Wie das im einzelnen geschieht, ist noch unbekannt.

Die Beurteilung des »Geschmacks« von Speisen beruht nicht nur auf Meldungen der Geschmackssinneszellen, sondern auch der Geruchssinneszellen (siehe »Geruchssinn«); weiterhin sind der Temperatur-, der Tast- und gegebenenfalls der Schmerzsinn beteiligt.

6.2 Der Geruchssinn

Der Geruchssinn ist bei den meisten Wirbeltieren wichtiger als der Geschmackssinn. Er ist empfindlicher und hat durch eine ungleich höhere Zahl an Geruchsqualitäten ein größeres Unterscheidungsvermögen.

In der Nasenhöhle des Menschen und der höheren Wirbeltiere liegt als besonders gestaltete Region die mit Geruchssinneszellen ausgestattete *Riechschleimhaut.* Sie ist beim Menschen etwa 5 cm^2 groß, bei Säugetieren mit sehr ausgeprägtem Geruchsvermögen ist sie wesentlich ausgedehnter (Abb. 252). Die Riechschleimhaut besteht aus dreierlei Zellen: den *Sinneszellen,* den *Stützzellen* und den *Basalzellen.* Die primären Sinneszellen enden in einem Sinneskolben, der über die Oberfläche des Epithels hinaus in die Schleimschicht der Riechschleimhaut hineinragt. Der Kolben entsendet feine Härchen – die sogenannten olfaktorischen Cilien – in den Schleim. Sie sind bei manchen Tieren beweglich. Ihre Funktion ist unklar. Die Axone der Geruchssinneszellen bilden den Riechnerv, der zum Vorderhirn zieht.

Die **Leistungen des Geruchssinns** werden im allgemeinen durch Verhaltensexperimente erforscht. Beim Menschen liegt die Wahrnehmungsschwelle für Geruchsreize je nach Duftstoff zwischen 10^7 und 10^{17} Molekülen pro cm^3 Reizluft. An dieser absoluten Schwelle ist jedoch meist keine Identifizierung des Duftes möglich, man hat nur eine unbestimmte Duftempfindung. Erst bei stärkerer Konzentration einer Substanz wird deren charakteristischer Geruch wahrnehmbar und eine qualitativ eindeutige Empfindung hervorgerufen: Die *Erkennungsschwelle* ist erreicht. Für manche Gerüche ist die menschliche Nase außerordentlich empfindlich. Beispielsweise erfüllt schon 1 mg des nach Fäkalien riechenden Skatols eine ganze Fabrikhalle von 250000 m^3 Rauminhalt mit einem für Menschen widerlichen Gestank. Hunde besitzen ein noch wesentlich feineres Riechvermögen; zur Auslösung einer Geruchswahrnehmung genügt ein Molekül eines Duftstoffes pro mm^3 Luft. Die wenigen durch die Schuhsohle eines Menschen diffundierenden Fettsäuremoleküle (Fettsäuren sind Bestandteile des Schweißes) ermöglichen es deshalb dem Hund, eine Fährte aufzunehmen.

Der Aal kann 1 ml Phenyläthylalkohol, mit der 58fachen Wassermenge des Bodensees verdünnt, gerade noch riechen. Dies bedeutet, daß zwei Moleküle Duftstoff eine Geruchswahrnehmung auslösen.

Bei den Insekten sind die Fühler Träger der Geruchsorgane. Beim männlichen Seidenspinner genügt wahrscheinlich ein einziges auf eine Riechzelle treffendes Molekül des

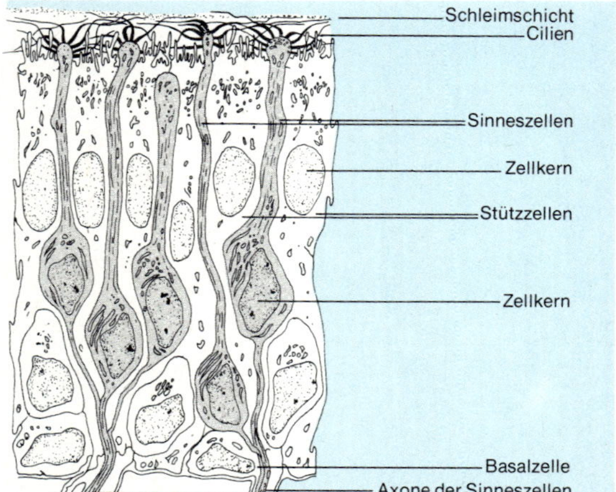

Abb. 253: Riechschleimhaut des Hundes. Zeichnung nach elektronenmikroskopischen Aufnahmen. Die mittlere der fünf Sinneszellen ist noch nicht vollständig differenziert

weiblichen Sexuallockstoffes, um in dieser Zelle ein Aktionspotential zu erzeugen. Die Reaktion des Männchens – ein charakteristisches Schwirren – kommt allerdings erst dann zustande, wenn von den etwa 30 000 Riechzellen eines Fühlers 200–300 von je einem Duftstoffmolekül gleichzeitig getroffen werden.

Ein Mensch kann schätzungsweise 10^4 **Geruchsqualitäten** unterscheiden. Die Zahl ist – verglichen mit den vier Geschmacksqualitäten – außerordentlich hoch. Man kennt Tausende von chemischen Verbindungen, die Geruchsempfindungen hervorrufen. Hinzu kommen Duftgemische, die nicht nur Mischdüfte, sondern auch neue Duftqualitäten ergeben können. Die meisten Duftstoffe sind organische Verbindungen; unter den anorganischen Verbindungen finden sich nur einige wenige duftende Substanzen, z. B. Chlor, Brom oder Schwefelwasserstoff.

7. Weitere Sinne

Neben den bisher besprochenen besitzt der Mensch noch weitere Sinne. Getrennte Wärme- und Kältesinnesorgane messen die Hauttemperatur. Mechanische Sinnesorgane in den Gelenkkapseln dienen neben den Muskelspindeln zur Registrierung der Gelenkstellung.

Ein Sinn sei noch besonders herausgegriffen: **der Schmerzsinn.** Sicheres über den Schmerzsinn ist begreiflicherweise nur vom Menschen bekannt; doch läßt sich aus dem Verhalten der Tiere schließen, daß auch sie schmerzempfindlich sind. Gänzlich unempfindlich sollen nur die Insekten sein, möglicherweise auch Würmer und andere niedere Tiere. Im übrigen scheint die Schmerzempfindlichkeit im Tierreich mit steigender Organisationshöhe zu wachsen.

Punktdichte der Hautsinne pro cm²

	Wärme	Kälte	Druck	Schmerz
Gesicht	0,6	8	50	184
Nasenspitze	1,0	13	100	44
Oberkörper	0,3	9	29	196
Vorderarm-Innenseite	0,4	6	15	203
Handrücken	0,5	7	14	188

Da man den Schmerz durch Narkose ausschalten kann, wobei die Druckempfindung weiterbesteht, muß der Schmerzsinn ein eigener Sinn sein. Als Organe der Schmerzempfindung werden freie Nervenendigungen nahe der Hautoberfläche angesehen. Unter den Hautsinnesorganen stehen die Schmerzpunkte mit etwa 3–4 Millionen an erster Stelle. Aber auch im Körperinnern, vor allem in den Häuten (Bauchfell, Brustfell, Knochen- und Gelenkhäute), ist Schmerzempfindung vorhanden. Gänzlich unempfindlich sind Herz, Lunge und Gehirn, nicht aber der Herzbeutel und die Hirnhäute. Der Schmerzsinn ist etwa 1000mal weniger empfindlich als der Drucksinn.

Die *biologische Bedeutung* des Schmerzes ist umstritten. Man könnte ihn wohl als Warnreiz betrachten, der nur Unlustgefühle auslöst und dadurch auf schädliche äußere Einwirkungen und auf Unstimmigkeiten im Körper aufmerksam macht. Allein, manche schwere Krankheit, z. B. Krebs, beginnt schmerzlos. Der Schmerzschrei des gequälten Tieres ist möglicherweise ein Hilfe- und Warnruf für die Artgenossen.

Bei manchen Tieren finden wir Sinne, die dem Menschen fehlen. So haben die *Grubenottern* (zu denen die Klapperschlange gehört) am Kopf grubenartige Sinnesorgane, mit denen sie Wärmestrahlen »sehen« können. Die Organe reagieren empfindlich auf Temperaturunterschiede in der Umgebung. Die Tiere sind damit in der Lage, warmblütige Beutetiere zu orten.

Elektrische Fische können nicht nur elektrische Stromstöße aussenden, sondern auch Änderungen des elektrischen Feldes wahrnehmen. Manche Insekten und Vögel sind offensichtlich in der Lage, sich am *Magnetfeld* der Erde zu orientieren.

8. Sinnestätigkeit und Umwelt

In der Ausrüstung der Tiere mit Sinnen und in der Leistung der Sinnesorgane bestehen große Unterschiede. Selbst die höchstentwickelten Lebewesen erfassen nur einen Teil der Reizwirkungen aus ihrer Umgebung. Der Mensch nimmt Schallwellen nur zwischen 16 und 20 000 Hertz wahr. Sein Sehbereich ist auf die Wellenlänge zwischen rund 400 und 700 nm beschränkt. Unterscheidung von Warm und Kalt ist nur innerhalb eines sehr engen Temperaturbereichs möglich. Sein Geruchssinn ist im Vergleich mit den guten Riechern unter den Tieren ausgesprochen schlecht entwickelt. Vieles erreicht unser Bewußtsein überhaupt nicht, weil wir dafür keine Aufnahmeorgane haben.

Jedes Lebewesen, auch der Mensch, erfaßt von der Umwelt nur so viel, wie ihm seine Sinne mitteilen. Daher sind die Vorstellungen, welche die Lebewesen von ihrer Umgebung haben, sehr verschieden. Der Mensch lebt vorwiegend in einer Sehwelt, der Hund in einer Riechwelt, die Fledermaus in einer Hörwelt, die Spinne in einer Tastwelt, die Raupe wahrscheinlich in einer sehr engen Schmeckwelt. Die Reichhaltigkeit der Merkwelten hängt von der Leistungsfähigkeit des jeweils zur Verfügung stehenden »Empfängers« und des Gehirns ab und nimmt im allgemeinen mit steigender Organisationshöhe zu. Zu einem niedrig organisierten Tier gehört auch eine räumlich eng begrenzte Merkwelt von dürftigem Inhalt. Verschieden ausgerüstete Tiere haben also in derselben Umgebung sehr verschiedene artspezifische Merk- und Wirkwelten.

Der Mensch hat es jedoch verstanden, den Wahrnehmungsbereich durch die Entwicklung »technischer Sinnesorgane« gewaltig zu erweitern und bisher Unsichtbares sichtbar, Unhörbares hörbar zu machen.

9. Das Nervensystem

9.1 Nervensysteme der wirbellosen Tiere

Das einfachste Nervensystem ist in Gestalt eines **Nervennetzes** bei den Hohltieren entwickelt. Beim Süßwasserpolypen liegen im Ektoderm in unmittelbarer Nähe der Muskelfasern zahlreiche Nervenzellen in gleichmäßiger Verteilung. Sie sind durch Fortsätze netzartig miteinander verbunden. Am Mund und an den Fangarmen, wo der Körper am häufigsten von Reizen getroffen wird, ist das Netz etwas dichter.

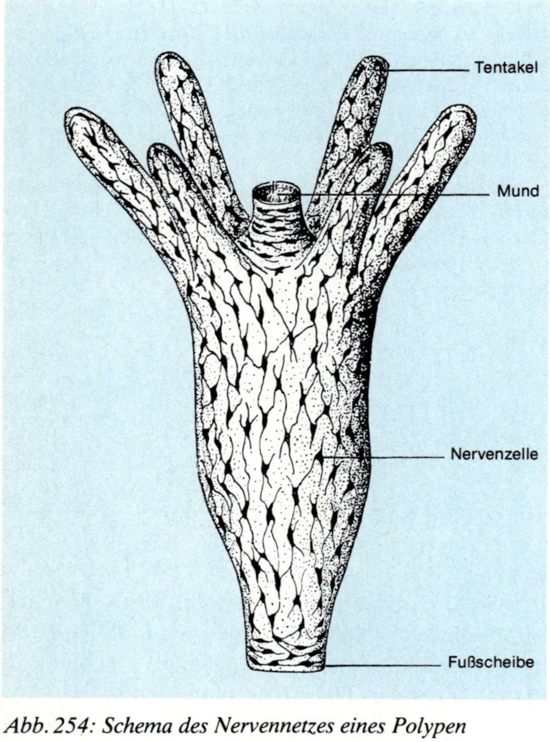

Abb. 254: Schema des Nervennetzes eines Polypen

Mit der Höherentwicklung der Tiere ist eine zunehmende Zentralisation der Nervenzellen verbunden. Man kann ein *zentrales Nervensystem (ZNS)* von einem *peripheren Nervensystem* unterscheiden. Das periphere Nervensystem besteht aus der Gesamtheit aller Nerven, welche die einzelnen Organe versorgen.

Im **Strickleiternervensystem** der Gliedertiere (Articulaten) ist der größte Teil der Nervenzellen im Körperinnern zu *Nervenknoten (Ganglien)* zusammengezogen. Die Ganglien sind unter sich und mit den Sinneszellen, Muskeln und Drüsen durch Nervenbahnen verbunden.

Bei den *Gliederfüßlern* ist das Strickleiternervensystem vor allem im Bereich der Brust und des Kopfes konzentriert. Bei den Insekten ist das Gehirn besonders stark entwickelt und differenziert. Dies steht in Zusammenhang mit den sehr leistungsfähigen Sinnesorganen des Kopfes und dem reichhaltigen Instinktrepertoire.

9.2 Das Nervensystem der Wirbeltiere

Bei allen Wirbeltieren liegt das Nervensystem auf der Rückenseite des Körpers. Es entsteht auf der Oberseite des Keimes aus einer rinnenförmigen Einsenkung der Außenhaut, die sich abschnürt und zu

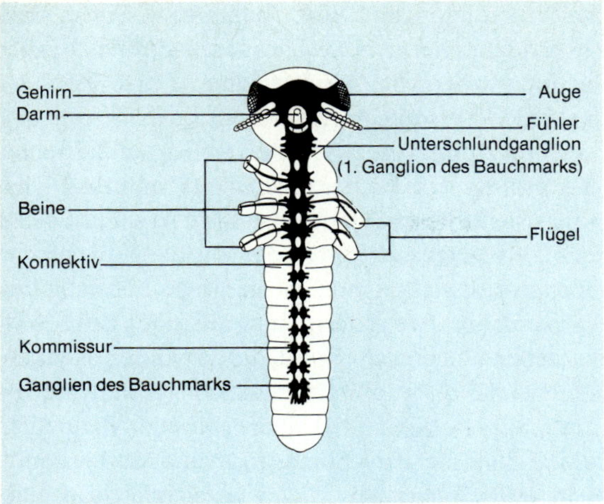

Abb. 255: Grundbauplan des Strickleiternervensystems eines Insekts. Die Ganglienpaare sind durch Querverbindungen (Kommissuren) und Längsverbindungen (Konnektive) miteinander verknüpft.

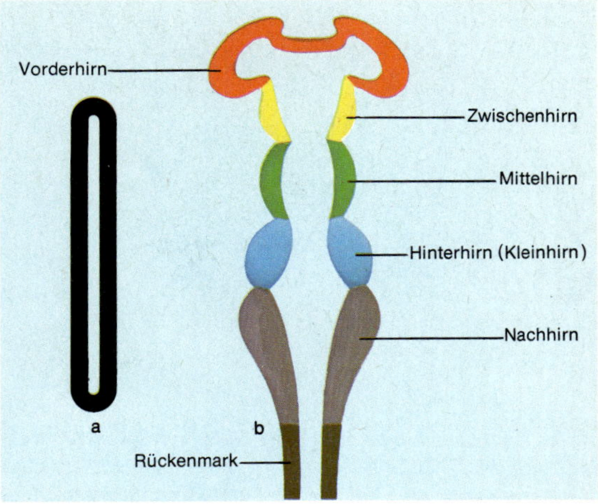

Abb. 256: Umbildung des Nervenrohres zum Gehirn. a Längsschnitt durch das ursprüngliche Nervenrohr. b Längsschnitt durch die Anlage der fünf Gehirnabschnitte

einem röhrenförmigen Gebilde zusammenschließt. Das Hinterende liefert das den Körper durchziehende *Rückenmark.* An seinem Vorderende entsteht das später von der Schädelkapsel umschlossene *Gehirn.* Es entwickelt sich aus fünf bläschenförmigen Erweiterungen des Nervenrohres, so daß im Grundplan aller Wirbeltiergehirne von vorn nach hinten die fünf Abschnitte *Vorderhirn, Zwischenhirn, Mittelhirn, Hinterhirn* und *Nachhirn* oder *verlängertes Mark* zu unterscheiden sind. Gehirn und Rückenmark werden als *Zentralnervensystem (ZNS)* bezeichnet, während die Nervenstränge, die ihm die Sinneseindrücke zuführen oder Befehle an die ausführenden Organe übertragen, das *periphere Nervensystem* bilden. Ein weitgehend autonomes Nervensystem versorgt als *vegetatives Nervensystem* die Eingeweide. Nervenfasern, die Erregungen von den Sinneszellen zum ZNS leiten, nennt man *afferent,* solche, die Erregungen vom ZNS zu Muskeln oder Drüsen leiten, heißen *efferent.*

9.2.1 Das Rückenmark

Der Beschreibung des Rückenmarks sind die Verhältnisse beim Menschen zugrunde gelegt. Es liegt im Wirbelkanal der Wirbelsäule, den es bis zum ersten Lendenwirbel durchzieht. Es besteht aus zwei deutlich getrennten Schichten, der äußeren weißen Substanz und der inneren grauen Substanz, die im Querschnitt etwa die Form eines H aufweist. Die graue Substanz besteht im wesentlichen aus Nervenzellen und einem Geflecht von Dendriten und Neuriten, während die weiße Substanz Nervenfasern in großer Zahl enthält, welche die Verbindung zum Gehirn sowie zwischen den einzelnen Teilen des Rückenmarks herstellen. Die Neurone des ZNS sind von bindegewebsartigen Zellen umgeben; man nennt sie *Glia-Zellen.*

Zwischen je zwei Wirbeln entspringt jederseits ein Rückenmarksnerv mit einer vorderen und hinteren Wurzel aus der grauen Substanz, insgesamt 31 Paare. Die vordere Wurzel sendet motorische Nervenfasern zu den Muskeln des Rumpfes. Durch die hintere Wurzel leiten sensible Nervenbahnen Sinneserregungen dem Rückenmark zu. Beide Wurzeln vereinigen

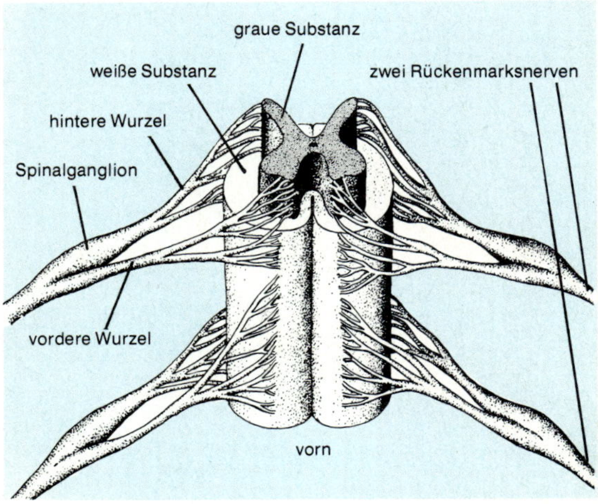

Abb. 257: Bau des menschlichen Rückenmarks mit austretenden Rückenmarksnerven. Oben ist die weiße Substanz weggenommen, um die Form der grauen Substanz zu zeigen.

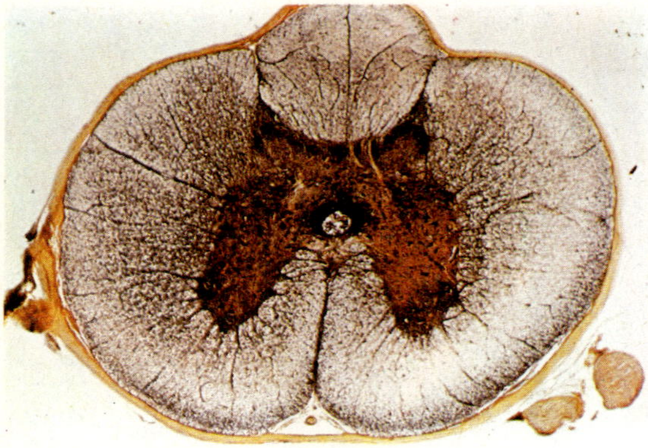

Abb. 258: Rückenmark der Katze quer, von Rückenmarkshaut umhüllt. Weiße Substanz aus markhaltigen Nervenfasern, graue Substanz mit Vorder- und Hinterhörnern, Zentralkanal. Vergr. 8fach

sich nicht weit vom Rückenmark zu einem gemischten Nerv, welcher sich bald wieder aufteilt und außerdem eine Verbindung zum vegetativen Nervensystem entsendet. Die motorischen Nervenfasern haben ihre Zellkörper in der grauen Substanz. Die Zellkörper der sensiblen Fasern liegen außerhalb des Rückenmarks in einer Anschwellung der hinteren Wurzel, dem *Spinalganglion.* Sensible und motorische Neurone treten innerhalb der grauen Substanz miteinander in Verbindung. Die Verbindung erfolgt häufig über sogenannte *Interneurone.* Dies sind Neurone, die völlig innerhalb des ZNS verlaufen. Jeder Rückenmarksnerv versorgt einen gesonderten Körperbezirk.

Werden durch einen leichten Schlag auf die Sehne des großen Unterschenkelstreckers unterhalb der Kniescheibe Muskelspindeln gereizt, so senden diese eine Erregungswelle durch die sensible Nervenbahn über das Spinalganglion in die graue Substanz des Rückenmarks, wo die Erregung auf motorische Nervenzellen umgeschaltet wird, die den Unterschenkelstrecker zur Kontraktion veranlassen (*Kniesehnenreflex,* s. S. 171). Eine solche, über ein Ganglion laufende Verbindung zwischen Sinnesorgan und Muskel nennt man *Reflexbogen.* Als *Reflex* bezeichnet man eine stets gleichartige Beantwortung eines bestimmten Reizes. Reflexbahnen sind im Bereich des Rückenmarks in großer Zahl vorhanden. Beim Kniesehnenreflex bilden Sinnesorgan und reagierendes Organ eine räumliche Einheit. Solche Reflexe bezeichnet man als *Eigenreflexe.*

In der grauen Substanz können aber auch Umschaltungen auf andere Teile des Rückenmarks erfolgen und so Erregungen auf Muskeln und Muskelgruppen übertragen werden, die vom Reizort weit entfernt liegen (z. B. Wegziehen des Arms, wenn der

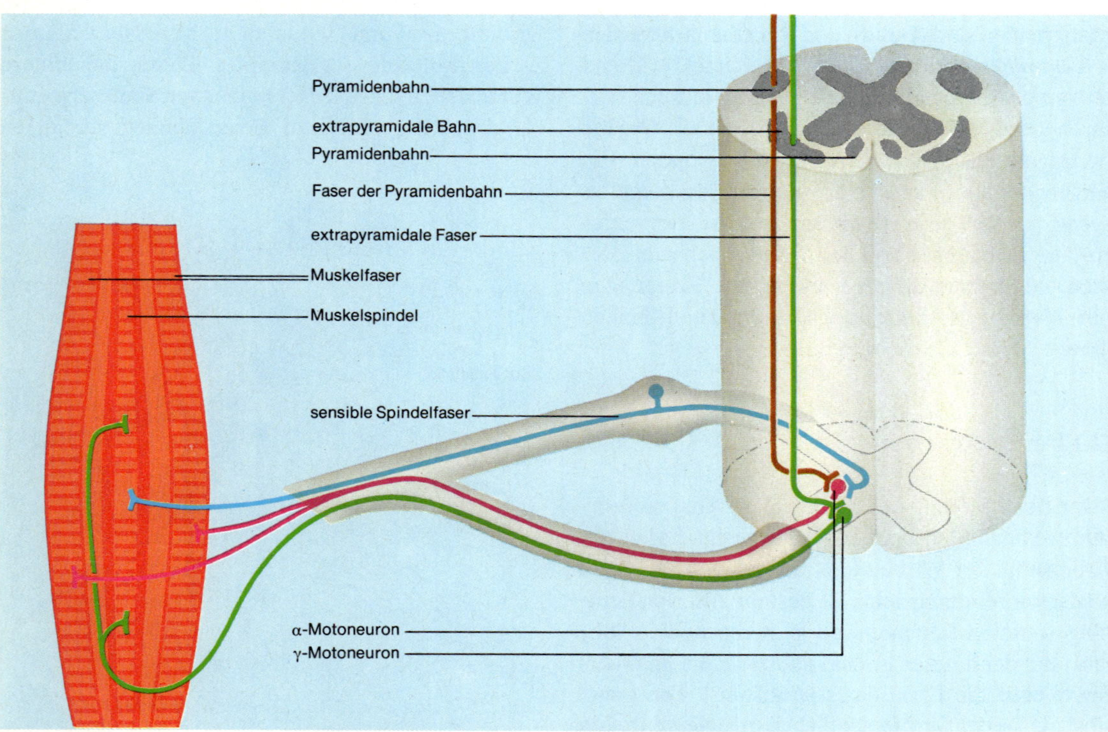

Abb. 259: Muskelspindelregelkreis, Pyramidenbahn und extrapyramidale Bahn, stark schematisiert

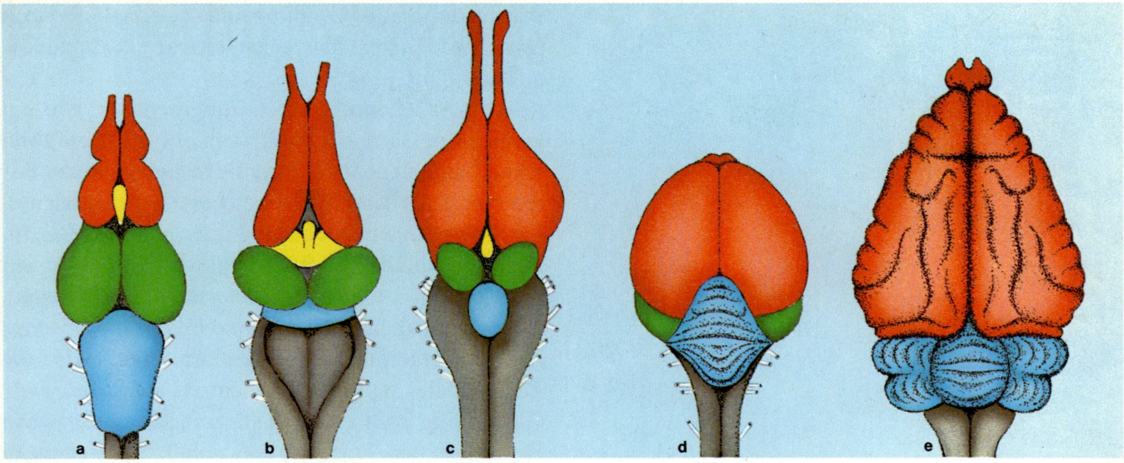

Abb. 260: Gehirne verschiedener Wirbeltiere, von oben gesehen. a Knochenfisch, b Lurch (Frosch), c Kriechtier (Krokodil), d Vogel (Taube), e Säuger (Hund). Vorderhirn (Großhirn) rot; Zwischenhirn gelb; Mittelhirn grün; Hinterhirn (Kleinhirn) blau; Nachhirn grau

Finger einen heißen Gegenstand berührt). Diese Art von Reflexen heißt *Fremdreflex.*

Zur Ausführung willkürlicher Bewegungen muß das Gehirn in die Tätigkeit der Neurone des Rückenmarks eingreifen. Dies geschieht im wesentlichen über zwei Leitungswege: direkt über die Nervenfasern der Pyramidenbahnen und indirekt über die Fasern der extrapyramidalen Bahnen. Der Name Pyramidenbahn kommt von einer als Pyramide bezeichneten Struktur im Hirnstamm, die nur von den Pyramidenbahnen, nicht aber von den extrapyramidalen Bahnen durchlaufen wird.

Die Zellkörper der Fasern der **Pyramidenbahn** liegen in der Großhirnrinde. Die Axone dieser Zellen laufen ohne Unterbrechung bis ins Rückenmark. Die Fasern enden im allgemeinen an Interneuronen, die ihrerseits auf die α-Motoneurone desselben Rückenmarksegmentes einwirken. Fasern der **extrapyramidalen Bahnen** kommen ebenfalls von der Großhirnrinde, sind aber durch eine oder mehrere Synapsen unterbrochen. Es bestehen enge Verbindungen zum Kleinhirn und zu dem Gehirnabschnitt, der die Schweresinnesorgane innerviert. Die Fasern der extrapyramidalen Bahnen enden bevorzugt an γ-Motoneuronen. Auf dem Umweg über den Muskelspindel-Regelkreis erregen sie damit die α-Motoneuronen. Über die extrapyramidalen Fasern wird also der Sollwert dieses Regelkreises festgelegt (s. S. 171). Aus dem Gesagten wird verständlich, daß die Pyramidenbahn im wesentlichen für die Steuerung schneller Willkürbewegungen, die extrapyramidalen Bahnen für die Steuerung von langsamen Bewegungen und von Haltefunktionen verantwortlich sind.

Das Rückenmark empfängt von allen außerhalb des Kopfes liegenden Sinnesorganen Meldungen, die es an das Gehirn weitergibt. Das Rückenmark ist also auch eine wichtige Durchgangsstation für Nervenerregungen. Werden solche Verbindungen durch eine Rückenmarksverletzung unterbrochen, dann ist für den abgetrennten Bereich das Gefühl völlig ausgeschaltet; willkürliche Bewegungen sind dort nicht mehr möglich (Querschnittslähmung).

9.2.2 Das Gehirn

Die fünf Abschnitte der Gehirnanlage haben im Verlauf der stammesgeschichtlichen Entwicklung der Wirbeltiere beträchtliche Umwandlungen erfahren.

Das Nachhirn oder verlängerte Mark ist bei allen Wirbeltieren gleichartig ausgebildet. Es ist die Übergangsstelle zwischen Rückenmark und Gehirn. Von hier entspringen mehrere Nerven, welche die Kopfregion motorisch und sensibel innervieren, sowie der *Nervus vagus.* Es ist Schalt- und Durchgangsstelle aller vom Gehirn zum Rückenmark und umgekehrt ziehenden Nervenbahnen. Es ist aber auch Sitz vieler *Reflexzentren* (Kauen, Speichelfluß, Schlukken, Erbrechen, Husten, Niesen, Tränenfluß, Atmung, Kreislauf). Das Zentrum für die auf S. 131 besprochene Regelung des Blutdrucks liegt ebenfalls hier.

Das Hinterhirn oder Kleinhirn ist bei den Tiergruppen, die oft wenig stabile Körperhaltungen einnehmen (Fische, Vögel, Säuger), groß. Es ist klein bei den Lurchen und Kriechtieren, bei denen der Körper

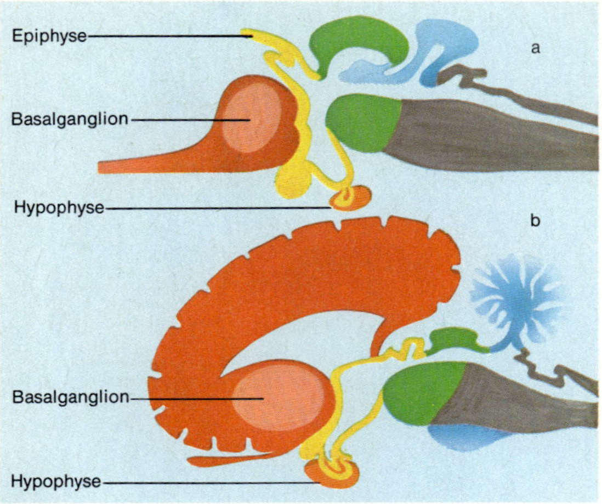

Abb. 261: Längsschnitt durch das Gehirn a vom Knochenfisch, b vom Hund. Hypophyse im Verhältnis zu anderen Gehirnteilen zu groß gezeichnet (sie hat Kirschkerngröße). Kennzeichnung der Gehirnabschnitte wie in Abb. 260

in einem wesentlich stabileren Gleichgewicht auf den Beinen ruht. Daraus kann man schließen, daß das Kleinhirn für die Erhaltung des Gleichgewichts eine wesentliche Rolle spielt.

Das Kleinhirn wird über alle Meldungen von und nach den motorischen Zentren der Großhirnrinde informiert. Es empfängt auch Meldungen aus Sinnesorganen, welche die Gelenkstellungen messen sowie Meldungen aus den Bogengängen, den Schweresinnesorganen und den Augen. Es ist also über die Stellung des Körpers im Raum, die Lage der einzelnen Gliedmaßen zueinander sowie über gerade auslaufende Bewegungsbefehle orientiert. Das Kleinhirn gibt seine Befehle entweder direkt an die motorischen Zentren der Großhirnrinde oder an das extrapyramidale System, das seinerseits die γ-Motoneurone beeinflußt.

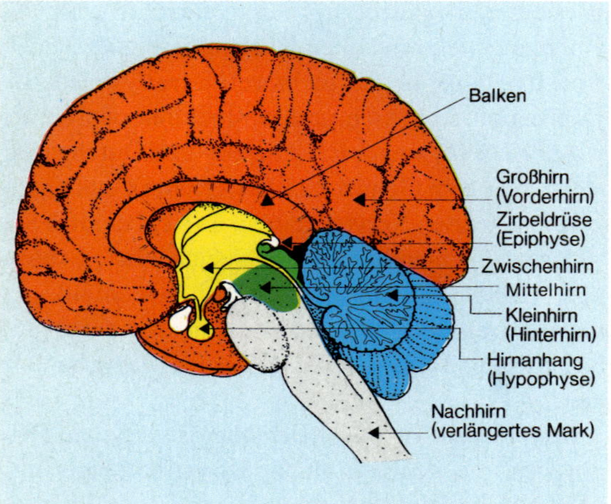

Abb. 262: Längsschnitt durch das menschliche Gehirn

Ist das Kleinhirn gänzlich ausgeschaltet, tritt ein taumelnder Gang auf. Außerdem ist es nicht möglich, schnell aufeinanderfolgende Bewegungen auszuführen (wie z. B. beim Klavierspielen). Bei zielgerichteten Bewegungen beobachtet man starkes Zittern. Funktionsunfähigkeit des Kleinhirns führt also nicht zum Ausfall bestimmter motorischer Fähigkeiten, vielmehr wird die Zusammenarbeit der motorischen Zentren fehlerhaft. Das Kleinhirn stimmt also die Tätigkeit der motorischen Zentren aufeinander ab. Gleichzeitig paßt es die Tätigkeit der motorischen Zentren in der Weise an, daß bei allen Bewegungen die gewünschte Körperhaltung aufrechterhalten wird.

Das **Mittelhirn** ist bei niederen Wirbeltieren die Hauptumschaltstelle zwischen den Sinnesorganen und der Muskulatur. Bei Säugetieren hat es in dieser Hinsicht nur untergeordnete Bedeutung.

Die graue Substanz des Rückenmarks setzt sich als dichter Filz von Neuronen ins Gehirn hinein fort. Man bezeichnet dieses Nervengeflecht als **Formatio reticularis.** Es durchzieht die basalen Gehirnabschnitte bis in das Mittelhirn hinein, wo es seine größte Ausdehnung hat. Aus der Formatio reticularis fließt ständig ein aktivierender Strom von Erregung zum Gehirn, dessen Höhe die Bewußtseinslage steuert. Sobald dieser aktivierende Zustrom aufhört, fällt der Organismus in Schlaf oder einen schlafähnlichen Zustand (Narkose, Bewußtlosigkeit). Das Bewußtsein beruht danach auf einem Zusammenwirken von Großhirnrinde und Formatio reticularis. Die Formatio reticularis ist gegen Chemikalien besonders empfindlich, so daß die Bewußtseinslage über sie leicht zu beeinflussen ist. Die Weckamine (z.B. Pervitin) erhöhen ihre Aktivität, Barbiturate (Schlafmittel) setzen sie herab.

Die wichtigsten Teile des **Zwischenhirns** sind der Thalamus und der Hypothalamus. Der Thalamus ist bei Säugern die Hauptumschaltstelle zwischen den Sinnesorganen und dem Großhirn. Der Hypothalamus ist das Steuerzentrum für das vegetative Nervensystem. An seiner Unterseite liegt die *Hypophyse,* an der Oberseite des Zwischenhirns die *Epiphyse* (Zirbeldrüse).

In den **Thalamus** münden Nervenfasern von allen Sinnesorganen mit Ausnahme der Geruchssinnesorgane, die vom Vorderhirn aus direkt versorgt werden. Einem bestimmten Sinnesorgan ist ein bestimmtes Gebiet des Thalamus zugeordnet. Von den Thalamusfeldern wird die Erregung zu den sensorischen Feldern der Großhirnrinde weitergeleitet. Es handelt sich dabei nicht nur um ein bloßes Weiterleiten der Information, sondern auch um Auswerteprozesse. Das erkennt man z. B. an der Tatsache, daß die rezeptiven Felder der optischen Bereiche im Thalamus ungefähr kreisrund, in der Großhirnrinde aber langgestreckt sind (s. S. 170).

Der **Hypothalamus** dient der Konstanthaltung der inneren Bedingungen des Organismus. Er stimmt die Tätigkeit des vegetativen Nervensystems sowie auch von Teilen des willkürlichen Nervensystems und des Hormonsystems aufeinander ab. Vom Hypothalamus werden unter anderem geregelt: Die *Körpertemperatur* (s. u.), der *Wassergehalt des Gewebes* (bei zu niedrigem Wassergehalt veranlaßt der Hypothalamus die Hypophyse zur Abgabe eines Hormones, das die Wasserabgabe durch die Nieren verringert); die *Nahrungs- und Flüssigkeitsaufnahme* (die Zerstörung der entsprechenden Zentren führt zu hemmungsloser Freßgier bzw. zu geringer Flüssigkeitsaufnahme), der *Sexualtrieb* (bei der Ausschaltung des Zentrums ist der Geschlechtstrieb nahezu aufgehoben). Die Befehle gibt der Hypothalamus nicht nur in Form von Nervenimpulsen an die jeweiligen Stellglieder weiter, sondern auch durch Hormone. Die Produktion der verschiedenen Hormondrüsen wird meistens über die Hypophyse beeinflußt (s. Hormone 2.2). Der Hypothalamus ist also die Schaltstelle zwischen Nervensystem und Hormonsystem. Er ist Nervenzentrum und Hormondrüse in einem.

Die Regelung der Körpertemperatur. Bei der Körpertemperatur der Warmblüter muß man die Temperatur des Körperinneren, die sogenannte Kerntemperatur, von der Temperatur der Gliedmaßen und der Haut, der sogenannten Schalentemperatur, unterscheiden. Während die Schalentemperatur beträchtlich mit der Außentemperatur schwankt, ist die Kerntemperatur fast konstant. Sie wird also offensichtlich geregelt. Eine lokale Erwärmung eines kleinen Bezirkes im vorderen Teil des Hypothalamus erzeugt eine Absenkung der Körpertemperatur. Hier liegen also spezialisierte Neurone, welche die Kerntemperatur messen können. Werden sie über den Sollwert hinaus erwärmt, erhöhen sie die Durchblutung der Haut. Das steigert die Wärmeabgabe der Haut. Bei stärkerer Erhöhung der Temperatur wird Schwitzen ausgelöst. Beide Vorgänge senken die Körpertemperatur.

Die Schalentemperatur wird durch einen eigenen Regelkreis kontrolliert. Die Fühler dieses Regelkreises sind die Kälterezeptoren der Haut. Sie melden ein Absinken der Schalentemperatur, bevor die Kerntemperatur absinkt. Die Meldung veranlaßt ein Wärmezentrum im hinteren Teil des Hypothalamus, eine Erhöhung der Muskelspannung und des Grundumsatzes auszulösen. Dadurch bildet sich mehr Wärme. Die Erhöhung des Grundumsatzes wird vor allem durch Ausscheiden von Adrenalin aus der Nebenniere bewirkt.

Bei Außentemperaturen unter 37° C ist die Kerntemperatur höher als die Schalentemperatur. Die beiden Regelkreise arbeiten also gegeneinander. Der Schalentemperatur-Regelkreis versucht unter normalen Bedingungen die Schalentemperatur zu erhöhen. Dadurch wird gleichzeitig die Kerntemperatur angehoben. Eine Anhebung der Kerntemperatur über den Sollwert wird jedoch vom Kerntemperatur-Regelkreis verhindert. So pendelt sich ein Gleichgewicht zwischen den beiden Systemen ein.

Fieber kann als Sollwertverstellung aufgefaßt werden. Nach einer Sollwertverstellung auf z. B. 39° C wird eine Kerntemperatur von 37° als zu kalt empfunden. Schüttelfrost (Muskelzittern) steigert dann die Temperatur bis zur Erreichung des neuen Sollwerts. Fiebersenkende Mittel bewirken eine Sollwertsenkung.

Das Vorder- oder Großhirn. Wie in allen Teilen des ZNS, so kann man auch im Vorderhirn eine graue Substanz (sie enthält die Zellkörper) von einer weißen Substanz (sie besteht im wesentlichen aus Nervenfasern) unterscheiden. *Graue Substanz* findet man im Inneren des Vorderhirns in den sogenannten Stammganglien und in der gesamten Rinde. Während bei niederen Wirbeltieren die Rindenschicht nur klein ist, nimmt sie mit steigender Organisationshöhe an Größe zu. Das Vorderhirn besteht aus zwei Hälften, den *Vorderhirnhemisphären.* Bei den niederen Wirbeltieren und den primitiveren und kleinen Säugern ist die Oberfläche der Hemisphären glatt. Mit zunehmender Ausdehnung der Rindenschicht bei den höheren Säugern ist die Oberfläche immer stärker gefurcht. Beim Menschen ist nur ein Drittel der Großhirnoberfläche sichtbar, zwei Drittel sind in den Furchen verborgen. Die Oberflächenvergrößerung führt zu einer starken Vermehrung der Neurone der Rindenschicht. In der *weißen Substanz* im Inneren des Großhirns verlaufen Nervenfasern, welche die einzelnen Teile des Großhirns miteinander und mit anderen Teilen des Nervensystems verbinden. Die starke Verbindungsbahn zwischen den beiden Großhirnhemisphären bezeichnet man als *Balken.*

Über die interessantesten Fähigkeiten des Großhirns, nämlich die Umwandlung von Erregungen in

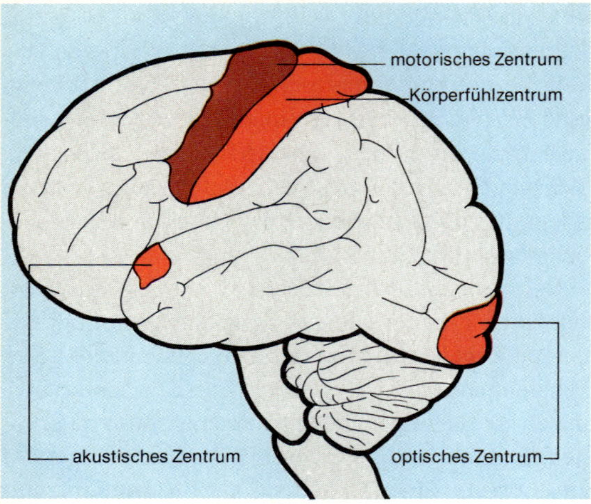

Abb. 263: Die wichtigsten sensorischen und motorischen Felder der Großhirnrinde des Menschen

Wahrnehmungen und Gefühle sowie über das Entstehen von Handlungsentwürfen und deren Umwandlung in motorische Befehle, weiß man bis heute nur wenig. Alle diese Fähigkeiten sind wahrscheinlich Systemeigenschaften gewisser Teile der Großhirnrinde. Da man aber noch nicht einmal den anatomischen Feinbau irgendeines Teils der Großhirnrinde genau kennt, geschweige denn die Eigenschaften der Synapsen weiß, kann diese sehr wahrscheinlich zutreffende Hypothese noch nicht bestätigt werden.

In der Großhirnrinde lassen sich schon anatomisch viele Felder unterscheiden. Durch das Studium von Ausfallserscheinungen nach der Zerstörung einzelner Felder oder durch ihre elektrische oder chemische Reizung versucht man herauszufinden, welche Funktion die einzelnen Felder haben. Dabei zeigt sich, daß die einzelnen Felder ineinander übergehen. So entspringen die Fasern der Pyramidenbahn zwar besonders dicht in der in Abb. 263 mit »motorisches Zentrum« bezeichneten Stelle, vereinzelt aber auch in den dahinterliegenden sensorischen Zentren und in den davor liegenden Assoziationszentren. Der Name eines Feldes bezeichnet also die Leistung, die es hauptsächlich vollbringt.

In den **motorischen Projektionsfeldern** entspringen die Fasern der Pyramidenbahn und der extrapyramidalen Bahnen. Bestimmten Bereichen sind bestimmte Muskelpartien des Körpers zugeordnet. In den **sensorischen Projektionsfeldern** enden die von den Sinnesorganen kommenden Faserzüge. Sie wurden mit Ausnahme der Geruchsbahn im Thalamus auf neue Neurone umgeschaltet. Einen ersten Einblick in die Arbeitsweise eines sensorischen Feldes hat die Forschung im optischen Zentrum gewinnen können (s. S. 170 u. 187). Die sensorischen und motorischen Felder der rechten Körperseite liegen in der linken Hemisphäre und umgekehrt.

Die sensorischen und motorischen Felder nehmen bei niederen Säugern einen Großteil der Großhirnrinde ein. Bei höherentwickelten Säugern und beim Menschen wird ihr Anteil an der Großhirnrinde immer geringer. Die unspezifischen Felder (sie sind nicht nur mit einem bestimmten Teil der Peripherie verbunden) werden dagegen immer größer. Man nennt sie **Assoziationszentren,** weil man früher annahm, daß in ihnen die Verknüpfung der verschiedenen Sinneseindrücke (Assoziationen) zustande käme. Heute weiß man, daß die Bildung von Assoziationen nur eine von vielen Aufgaben dieser Zentren ist, behält aber den Namen trotzdem bei. Man hat früher versucht, die Assoziationsfelder zu unterteilen und bestimmten Arealen bestimmte Funktionen zuzuordnen. Inzwischen ist bekannt, daß die höheren Gehirnleistungen der Zusammenwirkung vieler Teile der Großhirnrinde und der niederen Gehirnteile, vor allem des Zwischenhirns und der Formatio reticularis, bedürfen. Außerdem können nach Ausfall eines Teils der Assoziationsfelder allmählich auch andere Gehirnteile deren Funktion wenigstens teilweise übernehmen.

Besonders schwer einem bestimmten Assoziationsfeld zuzuordnen sind **Gedächtnis** und Lernfähigkeit. Lernen im motorischen Bereich (z. B. das Lernen bestimmter Bewegungsabläufe) scheint sich so zu vollziehen, daß bestimmte Synapsen Erregungen leichter passieren lassen. Dadurch werden bestimmte neue Schaltkreise geschaffen.

Beim Gedächtnis im engeren Sinne kann man zwischen zwei Formen unterscheiden. Das *Kurzzeitgedächtnis* speichert Ereignisse mit abnehmender Intensität einige Minuten lang. Es ist z. B. durch Elektroschocks oder kurzzeitige Durchblutungsstörungen wesentlich zu beeinträchtigen. So ist nach einer Gehirnerschütterung oft nicht nur der Unfall selbst, sondern auch alles, was sich einige Minuten vorher ereignet hat, dem Gedächtnis unwiederbringlich verloren gegangen. Das *Langzeitgedächtnis* dagegen ist durch solche Eingriffe nicht lahmzulegen. Es übersteht auch Eingriffe, bei denen die normale Gehirntätigkeit kurzzeitig erloschen war (z. B. bei schweren Unfällen).

Da das Kurzzeitgedächtnis relativ leicht erlöschen kann, beruht es möglicherweise auf den bekannten, elektrophysiologisch meßbaren Erscheinungen in Gehirnzellen. Das Langzeitgedächtnis ist damit nicht zu erklären, da es Eingriffe übersteht, welche die ganze elektrische Aktivität des Gehirns lahmlegen. Es beruht wahrscheinlich auf stofflichen oder strukturellen Änderungen in Nervenzellen. Es scheint diffus über weite Bereiche des Großhirns verteilt zu sein. In den letzten Jahren wurde vermutet, daß die Gedächtnisinhalte in bestimmten Strukturen von Molekülen niedergelegt sind. Um diese Hypothese zu prüfen, wurden Gehirnauszüge von einem Tier, das durch Dressur etwas gelernt hatte, auf ein untrainiertes Tier übertragen. Manche Versuchsergebnisse kann man so deuten, daß die mit Gehirnextrakt trainierter Tiere behandelten untrainierten Tiere einfache Gedächtnisinhalte übertragen erhielten. Der Gedächtnisinhalt scheint also in Form eines im Extrakt enthaltenen Stoffes niedergelegt zu sein. Möglicherweise ist dieser Stoff in einigen Fällen ein Peptid. Ob man solche Einzelergebnisse verallgemeinern darf, ist bis jetzt fraglich.

Im folgenden seien einige Ausfallserscheinungen nach Zerstörung bestimmter Teile der Assoziationszentren besprochen. Eine solche ist die *Agnosie,* die Unfähigkeit, einen Gegenstand in seiner Bedeutung zu erkennen, obwohl er wahrgenommen werden kann. So ist der Patient bei der Optischen Agnosie (*Seelenblindheit*) nicht blind. Er kann beim Gehen Gegenständen ausweichen, er sieht sie also. Er ist aber unfähig, sie zu benennen. Kann er den Gegenstand, z. B. einen Stuhl, aber betasten, erkennt er ihn als Stuhl. Unter *Apraxie* versteht man die Unfähigkeit, geordnete Bewegungen auszuführen, wenn die Bewegungsfähigkeit auch nur geringfügig gestört ist. Meistens gelingen gut eingelernte Bewegungen, wie z. B. die Hand zum Munde führen. Wird der Patient aber aufgefordert, eine solche Bewegung vorzuführen, dann ist er dazu nicht in der Lage.

Bei der *Aphasie* kann der Patient die Sprachmuskulatur betätigen und damit einzelne Laute äußern. Er kann aber nicht sprechen, da der Gebrauch der Sprachsymbole gestört ist. Er ist deswegen meist auch nicht in der Lage zu schreiben. Bei Tätigkeiten, die keine Sprache erfordern, verhält er sich dagegen normal. Aphasie tritt beim Rechtshänder im allgemeinen nur dann auf, wenn das zerstörte Gebiet in der linken Hemisphäre liegt. Fallen die entsprechenden Bezirke der rechten Hemisphäre aus, beobachtet man nur selten Aphasie.

Die *Vorherrschaft der linken Hemisphäre bei sprachlichen Leistungen* zeigt sich besonders deutlich auch bei Patienten, bei denen die Verbindung zwischen den beiden Hemisphären operativ durchgetrennt wurde. Eine solche Operation wird in bestimmten Fällen sehr schwerer, unheilbarer Epilepsie durchgeführt und bessert das Leiden. In einer natürlichen Umgebung verhalten sich die operierten Patienten völlig normal. In einer bestimmten Versuchsapparatur, in der Sinnesmeldungen entweder nur in die rechte oder nur in die linke Hemisphäre gelangen, stellt man aber fest, daß die Patienten nur dann Gegenstände benennen können, wenn die entsprechenden Sinnesmeldungen in der linken Hemisphäre einlaufen. Gelangen sie in die rechte Hemisphäre, werden den Patienten die Sinneseindrücke nicht bewußt. Bewußtseinsvorgänge scheinen also mit dem Sprachzentrum verknüpft zu sein. Die rechte Hemisphäre ist offensichtlich für alle Bewußtseinsprozesse bedeutungslos.

Von besonderer Bedeutung ist noch das **limbische System.** Es umfaßt im wesentlichen Gebiete an der Basis des Großhirns. Durch Reizungen in diesem Gehirngebiet sind Organe, die vom vegetativen Nervensystem versorgt werden, zu beeinflussen, ebenso die Hormonproduktion der Hypophyse. Es handelt sich also um eine Art vegetatives Gehirn, das dem Hypothalamus übergeordnet ist. Reiz- und Ausschaltversuche in diesem Gebiet ergaben weiter, daß gewisse Teile für die emotionale Tönung des Verhaltens wesentlich sind. Gefühle wie Angst oder Geborgenheitsgefühl, Stumpfheit oder Wut gehen von hier aus. Auch für die affektive Bedeutung eines Sinneseindrucks (ob wir z. B. einem bestimmten Reiz gegenüber positiv eingestellt sind oder ob er uns gleichgültig ist) ist das limbische System wesentlich. Da der Erinnerungswert eines Eindrucks von den ihn begleitenden Gefühlen abhängt, wird verständlich, daß das Kurzzeitgedächtnis an das normale Funktionieren des limbischen Systems gekoppelt ist. Schließlich kann das limbische System eine Reihe von Trieb- und Instinkthandlungen auslösen. Es ist durch Chemikalien leicht zu beeinflussen. Vermutlich greift hier eine Reihe von Drogen und Psychopharmaka an.

Bei der Geburt enthält das Gehirn des Menschen etwa 13 Milliarden Nervenzellen. Tag für Tag gehen etwa 100000 Nervenzellen zugrunde. Demnach verbleiben nach 50 Lebensjahren noch rund 10 Milliarden Nervenzellen, die für die Leistungen des Gehirns ausreichen. Der Neuronen-Schwund kann sich unter dem Einfluß von Genußmitteln und Krankheiten wesentlich erhöhen, so daß es dann zu einem Leistungsabfall kommt.

Von der Kopfhaut der Schädeldecke lassen sich mit Elektroden Spannungsschwankungen ableiten, die man als *E*lektro*e*ncephalo*g*ramm (EEG, Hirnstromkurve) bezeichnet. Ihre Ursache ist die Aktivität der Neuronen in der Hirnrinde. Die aus der Kurvenform zu entnehmende Frequenz, Höhe und Form der Spannungsschwankungen ermöglichen Rückschlüsse auf die Art der Gehirntätigkeit, so z. B. auf die Verarbeitung von Sinnesreizen oder auf geistige Tätigkeit. Alter und bestimmte Krankheiten (Epilepsie, Hirntumor) verändern das EEG ebenfalls in charakteristischer Weise. Ein Erlöschen der Gehirnaktivität zeigt den Hirntod an; erst nach diesem eindeutigen Todeszeichen dürfen dem Körper Organe zur Transplantation entnommen werden.

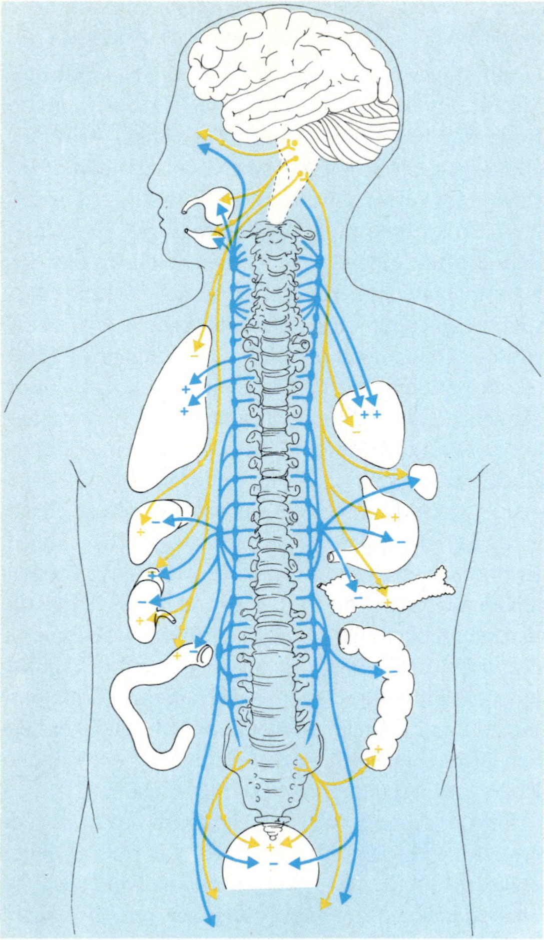

Abb. 264: Verlauf und Einwirkung des vegetativen Nervensystems, schematisch und vereinfacht dargestellt. Der Sympathikus ist blau, seine Gegenspieler sind gelb gezeichnet. Durch + ist die anregende, durch – die hemmende Tätigkeit angedeutet.

9.3 Vegetatives Nervensystem

Das *vegetative Nervensystem* steuert die Funktion der inneren Organe. Die Zellkörper seiner Neurone liegen außerhalb des Zentralnervensystems in sogenannten *vegetativen Ganglien.* Diese erhalten ihre Befehle vom ZNS. Im vegetativen Nervensystem kann man zwei Teile unterscheiden: das sympathische und das parasympathische Nervensystem.

Die **sympathischen Ganglien** liegen in einer Reihe zu beiden Seiten der Wirbelsäule. Beide Reihen sind untereinander verbunden (Grenzstrang des Sympathikus). Die Neurone der sympathischen Ganglien empfangen Befehle von Nervenfasern, die aus dem Rückenmark kommen. Die Axone der sympathischen Ganglienzellen ziehen zur glatten Muskulatur aller inneren Organe (Blutgefäße, Eingeweide, Ausscheidungsorgane), zum Herzmuskel und zu den Drüsen. Sie bilden dort Synapsen. Der Überträgerstoff dieser Synapsen ist ein Gemisch aus Adrenalin und Noradrenalin. Beide Überträgerstoffe wirken auf die glatte Muskulatur der Eingeweide und Ausscheidungsorgane sowie auf die Verdauungsdrüsen hemmend, auf alle anderen Organe aber erregend. Interessant ist in diesem Zusammenhang das Nebennierenmark. Diese Hormondrüse besteht aus umgewandelten sympathischen Nervenzellen, die bei einer Erregung Adrenalin freisetzen. Das Adrenalin gelangt in den Kreislauf. Hier zeigt sich die Eigenschaft einer jeden Nervenzelle, Stoffe nach außen abzugeben, d. h. auch als Drüsenzelle zu wirken, besonders deutlich.

Die **parasympathischen Ganglien** liegen verstreut in der Nähe der versorgten Organe. Sie beziehen ihre Befehle vom ZNS über den *Nervus vagus,* der im Hirnstamm entspringt, und über Fasern aus dem untersten Teil des Rückenmarks. Mit Ausnahme der Blutgefäße werden alle vom Sympathikus versorgten Organe auch vom Parasympathikus innerviert. Die Überträgersubstanz der parasympathischen Fasern ist Acetylcholin. Dieses wirkt auf die einzelnen Organe gerade umgekehrt wie die Überträgersubstanzen der sympathischen Fasern.

Der Sympathikus steigert die Tätigkeit des Blutkreislaufsystems und hemmt die Eingeweidetätigkeit. Er erhöht damit die Bereitschaft des Organismus zu Angriff, Verteidigung oder Flucht. Der Parasympathikus dagegen fördert Vorgänge, die der Erholung des Organismus dienen.

Seelische Vorgänge wie Stimmungen und gefühlsbetonte Erlebnisse und nervöse Dauerbelastung durch die Umwelt können über das vegetative System Einfluß auf körperliche Funktionen bekommen. Man bezeichnet die Gesamtheit der körperlichen Reaktionen auf diese Einflüsse als *Streß.* Auf die Dauer führen sie sogar zu Organerkrankungen, wie z. B. zu Schädigungen von Herz und Kreislauf. Die Beseitigung seelischer Störungen hat daher nicht selten auch ein Abklingen körperlicher Erkrankungen zur Folge (Psychotherapie). Da das vegetative System schon durch bloße Vorstellungen erregt wird, können auch Worte, Bilder und Textinhalte die körperlichen Funktionen beeinflussen. Umgekehrt können sich körperliche Störungen auch psychisch auswirken. Bei manchen Menschen reagiert das vegetative Nervensystem auch auf bestimmte Wetterlagen (Föhn, Durchzug von Wetterfronten).

1. Bau der Muskeln

Die Bauelemente der Muskeln sind bei den Wirbeltieren entweder Muskelzellen oder Muskelfasern.

Muskelzellen sind spindelförmige Zellen, deren Protoplasma zu einem großen Teil aus Muskelfibrillen besteht. Diese verlaufen in der Längsrichtung der Zelle und haben die Fähigkeit sich zusammenzuziehen (zu kontrahieren).

Die **Muskelfasern** sind ähnlich gebaut; sie enthalten jedoch zahlreiche Kerne, sind also ein vielkerniges Gebilde (*Syncytium*). Sie besitzen mehr Fibrillen als die Muskelzellen. Während die Muskelzellen meist nur Bruchteile eines Millimeters lang sind, erreichen die Muskelfasern eine Länge von 10 und mehr Zentimetern. Sie sind zwischen 10 und 100 μm dick und durchlaufen meist die Gesamtlänge des Muskels.

Die *Fibrillen* treten sowohl in den Muskelzellen als auch in den Muskelfasern in zwei Ausbildungsformen auf. Entweder sind sie in ihrer ganzen Länge völlig gleichmäßig beschaffen, dann nennt man sie *glatt;* oder sie weisen eine regelmäßige *Querstreifung* auf. Die quergestreifte Muskulatur arbeitet viel rascher als die glatte. Beim Menschen kommen glatte Muskelzellen in der Wand des Darmes und der Blutgefäße vor. Die *Muskulatur des Herzens* ist quergestreift. Sie besteht aus netzartig miteinander verbundenen Muskelzellen. Die *Skelettmuskulatur* setzt sich aus quergestreiften Muskelfasern zusammen.

Elektronenmikroskopische Untersuchungen zeigen, daß die Muskelfibrillen der quergestreiften Muskulatur im wesentlichen aus regelmäßig angeordneten, langgestreckten Filamenten bestehen. Man kann die dünnen *Aktin-* und die dickeren *Myosinfilamente* unterscheiden. Die Mitten der Aktinfilamente sind an den sogenannten Z-Membranen befestigt. Die Z-Membranen verlaufen quer durch die ganze Fibrille. Zwischen den Aktinfilamenten liegen die Myosinfilamente, die sich mit den Aktinfilamenten teilweise überlappen (s. Abb. 267 und 271). Der Abschnitt zwischen zwei Z-Membranen (Sarkomer) ist in der Regel 2–3 μm lang.

Durch die regelmäßige Anordnung der Filamente und dadurch, daß einander entsprechende Abschnitte aller Fibrillen einer Faser auf gleicher Höhe liegen, entsteht der Eindruck der Querstreifung. Bei der glatten Muskulatur sind die einzelnen Teile unregelmäßiger angeordnet. Die Aktin- und die Myosinfilamente sind fadenartige Aggregate langgestreckter Eiweißmoleküle.

Jede Muskelfibrille setzt sich beiderseits in eine dünne *Sehnenfibrille* fort, so daß die Muskelfasern in Sehnenfasern auslaufen. Zahlreiche Muskelfasern sind durch eine Hülle aus Bindegewebe zu einem Faserbündel zusammengefaßt; zahlreiche Faserbündel bilden den eigentlichen Muskel, der von der dehnbaren *Muskelhaut* umgeben ist. Die Sehnenfaserbündel dagegen vereinigen sich zur *Sehne,* welche den Muskel am Knochen befestigt. Mit jedem Muskel tritt ein Nerv in Verbindung.

2. Funktion der quergestreiften Muskelfasern

Quergestreifte Muskelfasern oder ganze Muskeln kann man künstlich reizen, wenn man entweder zwei Elektroden in den Muskel einsticht oder im zugehörigen Nerv durch elektrische Reizung ein Aktionspotential auslöst. Ein einzelner elektrischer Reiz oder

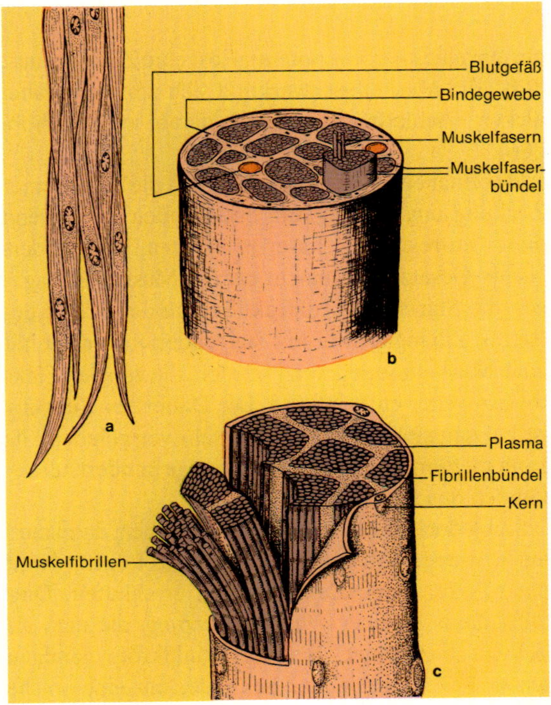

Abb. 265: Muskelgewebe. a glatte Muskelzellen, b Stück eines Muskels, c Stück einer quergestreiften Muskelfaser

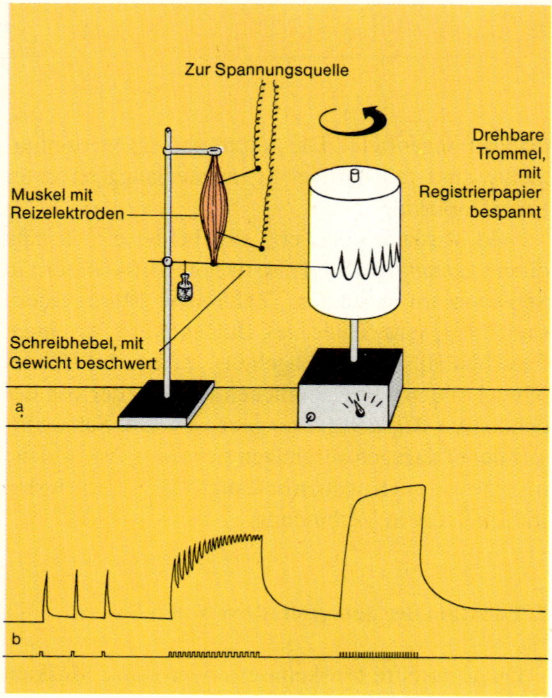

Abb. 266: Elektrische Muskelreizung. a Versuchsapparatur, b Registrierstreifen, auf dem zusätzlich der Reiz eingezeichnet ist (untere Linie). Ein einzelner Reiz löst eine Zuckung aus, bei etwa 20 Reizen pro Sekunde (mittlere Aufzeichnung) tritt unvollständiger, bei etwa 50 Reizen pro Sekunde (rechte Aufzeichnung) vollständiger Tetanus auf.

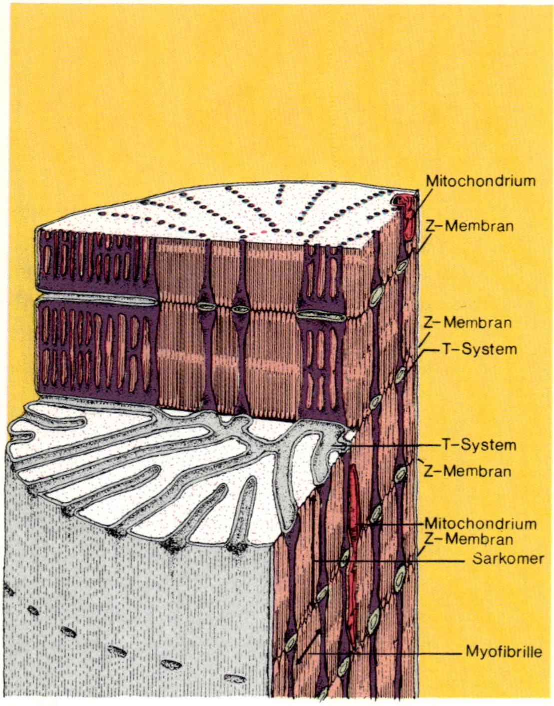

Abb. 267: Dreidimensionale Darstellung des Aufbaus einer Muskelfaser, schematisch. Zellmembran und ihre transversalen Einstülpungen (T-System) grau, endoplasmatisches Reticulum violett. Das endoplasmatische Reticulum der Muskelfaser ist nicht mit Ribosomen besetzt.

ein einzelnes Aktionspotential löst eine Zuckung aus, d. h., die Muskelfaser verkürzt sich und wird dabei dicker, erschlafft jedoch gleich darauf wieder (Abb. 266).

Bei einer einzelnen Muskelfaser ist die Stärke einer Zuckung unabhängig vom auslösenden Reiz, wenn dieser ausreicht, die Faser zu erregen. (Alles-oder-Nichts-Gesetz). Bei einem ganzen Muskel ist dagegen die Stärke der Kontraktion von der Stärke des Reizes abhängig, weil mit steigender Reizintensität auch Muskelfasern gereizt werden, die von den Elektroden weiter entfernt sind. Die Dauer der Zuckung ist bei den einzelnen Tierarten sehr verschieden. Sie kann mehrere Sekunden oder wenige hundertstel Sekunden dauern.

Soll jedoch der Muskel verkürzt bleiben, dann muß auf den ersten Reiz rasch ein zweiter folgen, damit der Muskel keine Zeit findet zu erschlaffen. Dies führt dann zu einer *Dauerverkürzung,* die man als *Tetanus* bezeichnet. Bei der Schildkröte genügen schon 2–3 Reize in der Sekunde, um eine solche hervorzurufen, beim Frosch sind dazu 20–30, beim Menschen mindestens 50 (bis zu 150) Impulse in der Sekunde notwendig. – Mit dem Aufhören der Erregung erschlafft der tetanisch verkürzte Muskel wieder.

Ein Aktionspotential wird vom Nerv über die motorische Endplatte auf die Muskelfaser übertragen (s. S. 159). Von dort aus breitet es sich über die Oberfläche der Muskelfaser aus und dringt auch über fingerförmige Einstülpungen der Muskelfasermembran, das sogenannte T-System, in das Innere der Faser vor.

Im allgemeinen versorgt eine Nervenfaser mehrere Muskelfasern. Tritt in dieser Nervenfaser ein Aktionspotential auf, kontrahieren sich alle von ihr versorgten Muskelfasern gleichzeitig. Man nennt deshalb alle von einer Nervenfaser versorgten Muskelfasern eine motorische Einheit. Ein Wirbeltiermuskel besteht aus sehr vielen motorischen Einheiten. Fein abgestufte Bewegungen werden dadurch erzeugt, daß jeweils eine wechselnde Anzahl von motorischen Einheiten aktiviert wird.

Neben den eben besprochenen Zuckungs- oder schnellen Muskelfasern gibt es in der quergestreiften Muskulatur der Wirbeltiere in geringer Anzahl auch sogenannte **tonische**

oder langsame Muskelfasern. Sie unterscheiden sich im mikroskopischen Bild kaum von den tetanischen Fasern. Ein einzelner Reiz löst bei ihnen keine Zuckung aus. Erst eine rasche Folge von Aktionspotentialen erzeugt eine anhaltende Kontraktion. Dabei ist die Stärke der Kontraktion von der Frequenz der Aktionspotentiale abhängig. Die tonischen Muskelfasern gehorchen also nicht dem Alles-oder-Nichts-Gesetz. Tonische Muskelfasern sind z. B. auch die Muskelfasern im Inneren der Muskelspindeln.

3. Molekulare Grundlagen der Muskelkontraktion

Soweit wir wissen, sind die molekularen Grundlagen für die Kontraktion bei allen Muskeln die gleichen. Für die Eigenschaft der Kontrahierbarkeit ist der Komplex aus Aktin und Myosin verantwortlich. Das geht aus folgendem Versuch hervor: Mit einem Glyzerin-Wassergemisch werden alle Stoffe außer Aktin und Myosin aus einer Muskelfaser extrahiert und damit alle Zellorganellen wie Kerne, Zellwand, Mitochondrien entfernt. Das verbleibende, nur noch aus Aktin und Myosin bestehende »Muskelfasermodell« kontrahiert sich sofort, wenn man ATP zusetzt. Das ATP wird dabei in ADP und Phosphat gespalten. Der ganze Vorgang läuft nur in Anwesenheit von Calciumionen ab.

Bei der Kontraktion gleiten die dünnen Aktinfilamente zwischen die Myosinfilamente, indem die beiden Molekülarten wechselseitig chemische Bindungen eingehen oder solche lösen. Mit jeder neu geknüpften Bindung wird das Aktin am Myosin vorbeigezogen. Die genauen Einzelheiten dieses Vorgangs sind bis jetzt noch nicht vollständig bekannt.

Den beschriebenen Vorgang kann man auch in intakten Muskelfasern beobachten. Eine lebende

Abb. 269: Querschnitt durch einen quergestreiften Muskel (Insektenflugmuskel). Vergrößerung 36 000fach. Die dicken Myosinfilamente heben sich deutlich von den dünneren Aktinfilamenten ab.

Muskelfaser enthält aber immer ATP. Trotzdem kontrahiert sie sich nicht dauernd. Der Kontraktionsvorgang muß also in der ruhenden Faser blockiert sein. Man hat festgestellt, daß die für die Kontraktion benötigten Calciumionen im Plasma der ruhenden Faser fehlen, dagegen in hoher Konzentration an das endoplasmatische Reticulum gebunden sind. Läuft ein Aktionspotential über die Faser und das T-System, werden – aus bisher unbekannten Gründen – die Calciumionen aus dem endoplasmatischen Reticulum frei. Dieser Vorgang wird dadurch begünstigt, daß T-System und endoplasmatisches Reticulum unmittelbar benachbart sind. Die Calciumionen diffun-

Abb. 268: Quergestreifte Muskelfasern 700fach vergr.

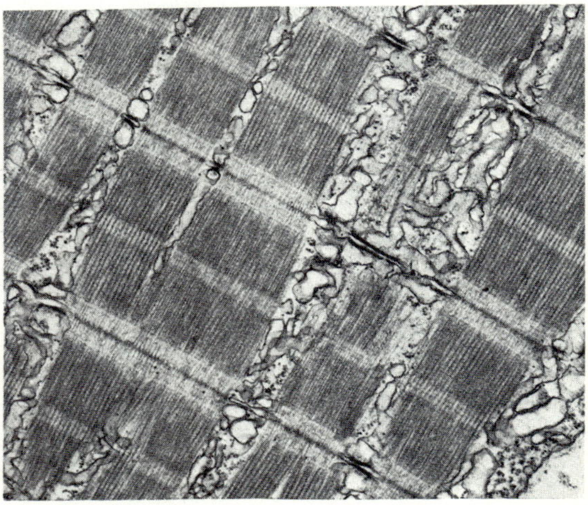

Abb. 270: Elektronenoptische Aufnahme eines quergestreiften Muskels, längs, 10 000fach. Zu sehen sind Ausschnitte aus 4 Fibrillen.

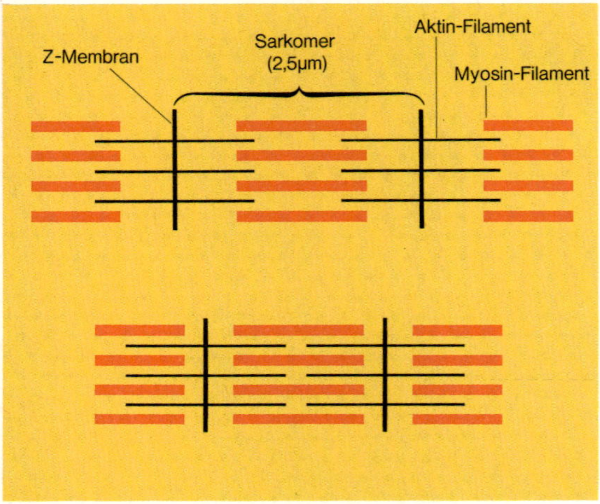

Abb. 271: Gleitmodell der Muskelkontraktion. Oben entspannt, unten kontrahiert durch Einschiebung der Aktinfilamente zwischen die Myosinfilamente. Sarkomer = Struktureinheit der Muskelfibrille.

dieren dann zu den Fibrillen und lösen deren Kontraktion aus. Unmittelbar darauf werden sie wieder ins endoplasmatische Reticulum zurückgepumpt: die Faser erschlafft. Man kann also zusammenfassend sagen: Ein über die Muskelfaser laufendes Aktionspotential breitet sich von der motorischen Endplatte über das T-System ins Innere der Faser aus. Unter seinem Einfluß werden Calciumionen aus dem endoplasmatischen Reticulum entlassen. Wenn Calciumionen und das immer vorhandene ATP mit dem Aktin-Myosin-Komplex zusammenkommen, verkürzt sich dieser, wobei ADP und Phosphat entstehen. Das Zurückpumpen der Calciumionen in das endoplasmatische Reticulum beendet die Kontraktion.

Fehlt ATP in der Muskelfaser, können die Aktin- und die Myosinfilamente nicht mehr ineinandergleiten. Wirkt von außen eine Kraft auf den Muskel ein, so ist dieser nicht mehr elastisch. Das Fehlen von ATP im Muskel ist die Ursache der Totenstarre.

Energetische Prozesse bei der Muskelkontraktion. Energielieferant für die Muskelarbeit ist das ATP. Es wird durch drei Prozesse bereitgestellt:

1. Das im Muskel reichlich vorhandene Kreatinphosphat geht unter Aufbau von ATP in freies Kreatin über:

$$\text{Kreatinphosphat} + \text{ADP} \rightarrow \text{Kreatin} + \text{ATP}$$

In der Erholungsphase des Muskels, während der reichlich ATP aus der aeroben Zellatmung entsteht, wird Kreatinphosphat resynthetisiert.

2. Die aerobe Zellatmung liefert das meiste ATP. Dabei wird die Glucose oxidiert, die aus dem im Muskel gespeicherten Glykogen gebildet wurde. Der benötigte Sauerstoff wird nur zum Teil direkt dem Blut entzogen. Vor allem bei hohem Sauerstoffbedarf stammt er auch aus dem Sauerstoffvorrat des Muskels. Der Muskel enthält nämlich in hoher Konzentration den roten sauerstoffbindenden Farbstoff Myoglobin. Myoglobin ist ähnlich gebaut wie eine Untereinheit des Hämoglobins. Es ist im ruhenden Muskel sauerstoffgesättigt. Die rote Farbe der Muskulatur wird im wesentlichen durch das Myoglobin hervorgerufen.

3. Wenn bei starker Beanspruchung des Muskels die eigene Sauerstoffreserve erschöpft ist und die Sauerstoffzufuhr durch das Blut nicht ausreicht, wird Glucose durch anaerobe Glykolyse (Gärung) zu Milchsäure abgebaut. Die ATP-Ausbeute ist nur gering. Die Milchsäure wird anschließend wieder in der Leber zu Glykogen synthetisiert. Bei Anreicherung von Milchsäure entsteht der Muskelkater.

Durch **körperliches Training** läßt sich die Leistungsfähigkeit der Muskulatur steigern. Daran sind mehrere Komponenten beteiligt: Vergrößerung der Muskeln, Verringerung des Energiebedarfs durch eine bessere Ökonomie bei gut eingeschliffenen Muskelbewegungen; die Förderleistung des Herzens wird erhöht, die Sauerstoffaufnahme durch eine verbesserte Atemtechnik vergrößert, die Sauerstoffversorgung des Muskels durch Erhöhung der Zahl der Kapillaren im Muskel verbessert; wahrscheinlich vergrößert sich auch die Toleranz des Organismus gegenüber Milchsäure.

Hormone

1. Allgemeines

Neben dem Nervensystem gibt es eine zweite informationsübertragende Instanz im Körper: das System der Hormone. Man bezeichnet diese chemischen Substanzen auch als Botenstoffe. Es sind Stoffe, die der Organismus selbst erzeugt.

Die *Wirkungsweise eines Hormones* wird durch folgenden Versuch deutlich: Frösche können die Farbe ihrer Haut dem jeweiligen Untergrund anpassen. Dabei dehnen sich Farbstoffzellen in ihrer Haut mehr oder weniger stark aus. Ein Frosch, der längere Zeit auf einem hellen Untergrund sitzt, hat eine ganz helle Haut. Kommt er auf einen dunklen Untergrund, färbt er sich allmählich dunkel. Wird nun aus seiner Hypophyse ein Extrakt hergestellt und in die Blutbahn eines Frosches mit heller Haut injiziert, so färbt sich die Haut auch dieses Tieres dunkel, obwohl es weiterhin auf hellem Untergrund sitzt. Die Haut wird aber auch dann dunkel, wenn man dem hellen Frosch Hypophysenextrakt von einem Säugetier injiziert (Abb. 272). Wir schließen daraus: Hormone sind nicht artspezifisch. Für den Menschen bestimmte Hormonpräparate können also aus Tieren gewonnen werden. Hormone werden über das Blut transportiert und erreichen so alle Zellen und Gewebe des Körpers. Es reagieren aber nur diejenigen Gewebe und Zellen, die für das betreffende Hormon empfänglich sind. So hat z. B. Hypophysenextrakt beim Menschen keinen Einfluß auf die Pigmentierung der Haut. Hormone sind also wirkungsspezifisch.

Im genannten Versuch verschwindet die dunkle Färbung des Frosches nach einiger Zeit wieder. Hormone werden demnach im Körper abgebaut. Nur durch den Abbau des Hormons ist der Körper in der Lage, eine Hormonkonzentration zu verringern. Die Änderung der Hormonmenge ist aber die Voraussetzung dafür, daß eine bestimmte Organfunktion überhaupt gesteuert werden kann.

Hormone wirken schon in außerordentlicher Verdünnung. Das Hormon der Schilddrüse zeigt noch bei einer Verdünnung von 1 : 500 Millionen eine deutliche Wirkung, das Adrenalin des Nebennierenmarks sogar noch bei Verdünnung von 1 : 1000 Millionen.

Die meisten Hormone entstehen in Drüsen, die ihre Sekrete unmittelbar an das durchströmende Blut abgeben. Man spricht deshalb von Drüsen mit innerer Abscheidung oder *innersekretorischen (endokrinen) Drüsen.* Beim Menschen sind dies die Hypophyse (Hirnanhangsdrüse), die Epiphyse (Zirbeldrüse), die Schilddrüse, die Nebenschilddrüse (Epithelkörperchen), die Langerhansschen Inseln der Bauchspeicheldrüse, die Nebennieren und die Keimdrüsen.

Den Drüsenhormonen stellt man *Gewebshormone* gegenüber, die in fast allen Geweben und Zellen

Abb. 272: Zwei Frösche, die längere Zeit auf einem hellen Untergrund saßen. Dem dunklen Frosch wurde 15 min vor der Aufnahme Hypophysenextrakt eines Säugetiers injiziert. Er war vorher genau so gefärbt wie der helle Frosch.

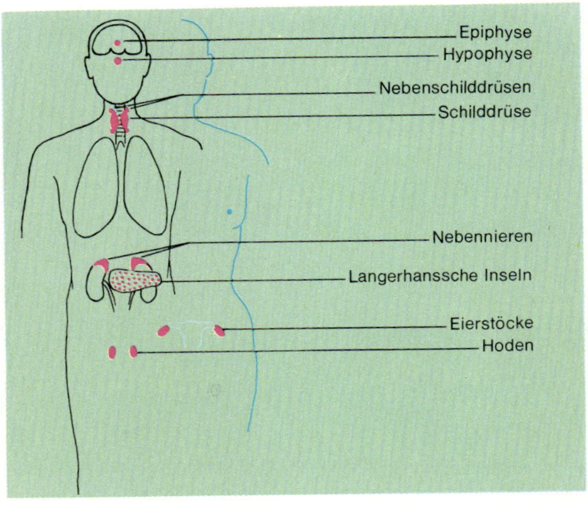

Abb. 273: Die Lage der Hormondrüsen beim Menschen

entstehen. Ihr Wirkungsbereich ist aber im allgemeinen auf das Entstehungsgebiet und seine Umgebung beschränkt. Ein Gewebshormon wurde in Form des Acetylcholins als Überträgerstoff in den Synapsen bereits besprochen. Das Adrenalin und die Neurohormone des Hypothalamus zeigen, daß es Übergänge zwischen Drüsenhormonen und Gewebshormonen gibt.

Hormone übertragen ebenso wie Nerven Informationen im Organismus. Bildung, Ausschüttung und Transport der Hormone durch das Blut beansprucht Minuten oder Stunden. Hormone sind daher nicht in der Lage, sofortige Reaktionen im Organismus auszulösen. Dies vermag nur das Nervensystem, das Informationen durch schnell ablaufende elektro-chemische Prozesse überträgt. Auch sind die Organe über Nerven direkt versorgt. Hormone dagegen wandern mit dem Blut durch den ganzen Körper, aber nur einzelne, je nach Hormon unterschiedliche Gewebe sind Empfänger ihrer Information.

Da die Verhältnisse beim Menschen am besten untersucht sind, bezieht sich die folgende Beschreibung im wesentlichen auf ihn.

2. Wichtige Hormondrüsen und ihre Leistungen

2.1 Die Schilddrüse

Beim Menschen liegt die Schilddrüse als zweilappiges, etwa 30 g schweres Gebilde vor dem Schildknorpel des Kehlkopfes. Eine krankhafte Wucherung der Schilddrüse ist der Kropf. Seine völlige Entfernung führt zu schweren Störungen; daher war die Schilddrüse auch die erste, deren Bedeutung als Hormondrüse erkannt wurde. Ihr Hormon ist das jodhaltige *Thyroxin* (ein Abkömmling der Aminosäure Tyrosin). Der Körper des Erwachsenen enthält etwa 10–15 mg Thyroxin. Es beschleunigt die oxydativen Prozesse in allen Zellen und führt damit zu einer Erhöhung des Grundumsatzes. 2–3 mg Thyroxin erhöhen den Grundumsatz um 20–30%.

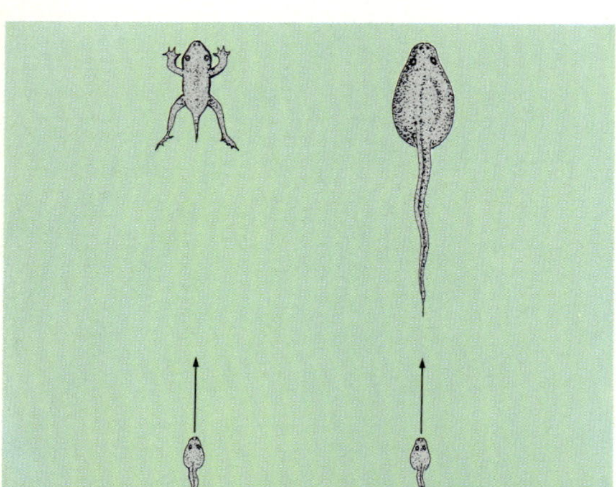

Abb. 274: Versuche mit Kaulquappen. a überstürzte Entwicklung durch Fütterung mit Schilddrüsengewebe, b normales Wachstum

Bei Unterfunktion der Schilddrüse ist der gesamte Stoffwechsel stark herabgesetzt, das Herz schlägt langsamer, die Körpertemperatur sinkt um 1–2 Grad. Es kommt zu schwammigen Anschwellungen der Haut (Myxödem) und trotz Appetitlosigkeit zu Fettansatz. Zugleich lassen auch die geistigen Funktionen nach; Schlafsucht, Teilnahmslosigkeit, verlangsamtes Denken bis zu Schwachsinn machen sich bemerkbar. Daß dieses Krankheitsbild auf Thyroxinmangel beruht, geht daraus hervor, daß die Symptome nach Thyroxininjektionen verschwinden.

Bei Überfunktion der Schilddrüse kommt es zu der erstmals von dem Merseburger Arzt Basedow (1799 bis 1854) beschriebenen *Basedowschen Krankheit.* Die Schilddrüse schwillt mäßig an (weicher Kropf), die Augen quellen heraus (Glotzaugen), die Haut ist stark durchblutet und neigt zum Schwitzen, der Herzschlag ist erhöht und die Körpertemperatur steigt. Das Nervensystem ist übermäßig erregt; Schlaflosigkeit, Herzbeschwerden, rasche, fahrige Bewegungen, ja sogar Angstzustände und geistige Verwirrung sind die Folgen.

Durch Wucherung des Bindegewebes in der Schilddrüse entsteht der »harte« Kropf. Bei seiner Bildung scheint der Jodmangel des Bodens und Trinkwassers eine Rolle zu spielen. Jodmangel führt besonders in Gebirgsgegenden zum sog. endemischen Kretinismus, der sich in Wachstumshemmung, Kropfbildung und Idiotie äußert.

Da das Wachstumshormon der Hypophyse nur bei Anwesenheit von Thyroxin seine Wirkung entfalten kann, bleibt beim Fehlen von Thyroxin im Jugendlichen der Körper zwerghaft klein, und die Entwicklung der Geschlechtsorgane verzögert sich. Oft treten dazu auch geistige Störungen (bis zur Idiotie) auf.

Den Einfluß auf Entwicklung und Wachstum kann man im Tierversuch zeigen: Verfüttert man Schilddrüsengewebe an Kaulquappen, so entstehen daraus fliegengroße Frösche. Andererseits verhindert das Herausnehmen der Schilddrüse die Umwandlung der Kaulquappe zum Frosch.

Während die Schilddrüse Wachstum, Stoffwechsel und die Tätigkeit des Nervensystems beeinflußt, wird ihre eigene Tätigkeit durch ein Hormon der Hypophyse angeregt. Auch bestehen Beziehungen zu den Keimdrüsen, zu den Nebennieren und zur Bauchspeicheldrüse.

Ein weiteres Schilddrüsenhormon ist das *Calcitonin.* Es greift regulierend in den Calciumstoffwechsel ein.

2.2 Die Hypophyse

Die Hypophyse (Hirnanhangsdrüse) liegt als kirschkern- bis bohnengroßes Gebilde an der Unterseite des Zwischenhirns. Sie nimmt unter den Hormondrüsen eine zentrale Stellung ein.

Der Hypophysenvorderlappen scheidet spezifische Hormone aus, welche die Tätigkeit der Schilddrüse, der Nebennierenrinde und der Keimdrüsen anregen und sie zur Abgabe ihrer eigenen Hormone veranlassen. Ein starker Anstieg dieser Hormone im Blut wirkt jedoch über das Zwischenhirn auf die Hypophyse zurück und verringert dort die Abgabe der die Hormondrüsen anregenden Hypophysenhormone. Es liegt also ein Regelkreis vor, der die Konzentration der jeweiligen Hormone konstant hält.

Ein weiteres Hormon des Hypophysenvorderlappens ist ein Wachstumshormon. Es beeinflußt das Körperwachstum: übernormale Abscheidung führt beim Jugendlichen zu Riesenwuchs, beim Erwachsenen zu abnormer Vergrößerung von Händen und Füßen; unternormale Abscheidung verursacht Zwergwuchs.

Ein Hormon des Hypophysenhinterlappens *(Adiuretin)* steuert die Konzentrierung des Harns in der Niere. Bei Ausfall des Adiuretin scheidet der Körper täglich bis zu 20 l sehr verdünnten Harn aus. Ein weiteres Hormon des Hinterlappens *(Ocytozin)* bewirkt das Zusammenziehen der Gebärmutter beim Geburtsvorgang (Wehen).

Alle Hypophysenhormone sind Peptide oder Proteine.

Hypophyse und Hypothalamus stehen durch Nervenfasern miteinander in Verbindung. Über diese Bahnen beeinflußt der Hypothalamus die Tätigkeit der Hypophyse. Die Hormone des Hypophysenhinterlappens werden wahrscheinlich im Hypothalamus

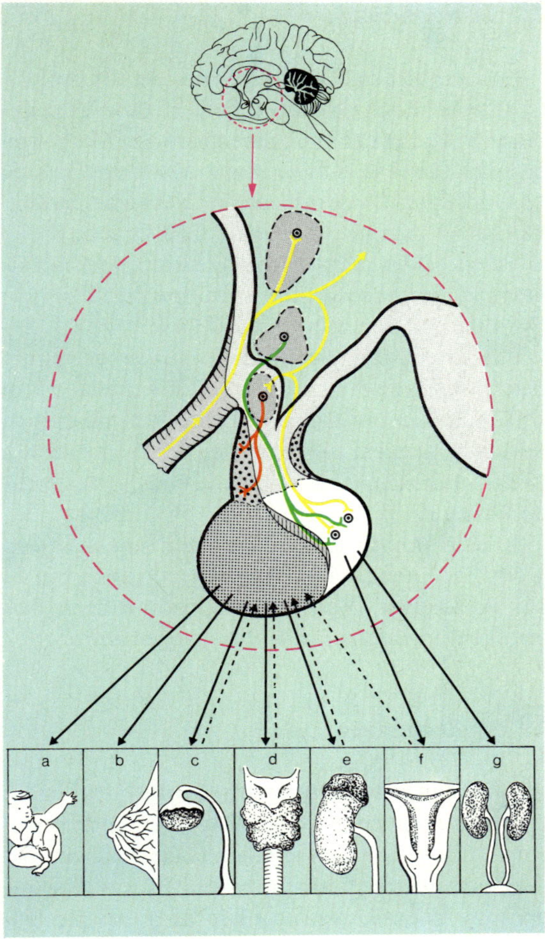

Abb. 275: Die Hypophyse und ihre Lage im Gehirn. Die Hypophysenhormone wirken auf a Wachstum, b Milchsekretion; auf die Hormonbildung c der Keimdrüsen, d der Schilddrüse, e der Nebennierenrinde; auf f Kontraktion der Gebärmutter und g Wasser- und Salzhaushalt. Gelbe Linie = vegetative Bahn aus der Sehrinde, die den 24-Stundenrhythmus der Hypothalamus- und Hypophysenaktivität steuert. Grüne Linie = Nervenbahnen, an denen Hormone von den neurosekretorischen Zellen der Hypothalamuskerne in den Hinterlappen der Hypophyse geleitet werden. Rote Linie = Nervenbahnen, an denen solche Stoffe (releasing Faktoren) in den Vorderlappen geleitet werden, welche die Hormonbildung auslösen.

gebildet, dann innerhalb von Nervenfasern zum Hypophysenhinterlappen transportiert, dort gespeichert und nach Bedarf abgegeben. Aber auch die Bildung und Abgabe von Vorderlappenhormonen wird über Neurohormone (*releasing factors,* d. h. auslösende Faktoren) des Hypothalamus gesteuert.

2.3 Die Nebennieren

Jede der beiden Nebennieren besteht aus zwei getrennten innersekretorischen Drüsen: der Nebennierenrinde und dem Nebennierenmark. Im Mark werden die Hormone *Adrenalin* und *Noradrenalin* (s. S. 188) gebildet. Die Hormone der Nebennierenrinde bezeichnet man als *Corticoide.* Eine Gruppe dieser Hormone *(Mineralcorticoide)* greift in den Mineralhaushalt ein und sorgt für das richtige Verhältnis von Na^+- und K^+-Ionen in Blut und Gewebe.

Eine zweite Gruppe *(Glucocorticoide)* beeinflußt den Kohlehydrat- und Eiweißstoffwechsel. Dazu gehört das *Cortisol,* das in der Leber die Synthese von Glucose, vor allem aus Produkten des Proteinabbaus fördert. Es hat außerdem eine entzündungshemmende Wirkung.

Beide Hormongruppen haben darüber hinaus eine große Bedeutung bei Belastungen (»stress«), wie sie bei Infektionen, Verletzungen, übermäßigen Anstrengungen und seelischen Erregungen auftreten.

2.4 Die Keimdrüsen

Den Keimdrüsen kommt nicht nur die Funktion zu, durch Ausbildung der Keimzellen den Fortbestand der Art zu sichern. Es ist schon lange bekannt, daß ihre frühzeitige Entfernung aus dem Körper (Kastration) die Entwicklung der sekundären Geschlechtsmerkmale verhindert, so daß Wesen entstehen, die zwischen den Geschlechtern stehen. Dies gilt nicht nur für die körperlichen Merkmale, sondern auch für Charakter und Temperament. Der eigenwillige, schwer zu behandelnde Stier wird zum gutmütigen, arbeitswilligen Ochsen, der zu Fettansatz neigt. Nach frühzeitiger Kastration bilden Hirsch und Reh kein Geweih. Der kastrierte Hahn (Kapaun) verliert Kamm und Kehllappen, er kräht nicht mehr und verliert Kampflust sowie Geschlechtstrieb. Dagegen bleibt sein farbenprächtiges Gefieder erhalten. Bei nachträglicher Einpflanzung von Keimdrüsengewebe oder Zufuhr von Keimdrüsenhormon entwickelt sich ein solches Tier wieder normal. Auch Menschen wurden früher die Keimdrüsen entfernt (Eunuchen, Kastraten). Beim Knaben führte das zur Veränderung des Körperbaus. Der Körper wurde hochwüchsig und neigte zu Fettansatz. Das Becken wurde breit, und die Arme und Beine entwickelten sich übermäßig lang. Die Stimme blieb knabenhaft hoch. Auch die geistige Haltung wurde verändert.

Heute wissen wir, daß Hormone der Keimdrüse sowohl die geschlechtliche Entwicklung als auch den Körperbau, das Stoffwechselgeschehen und das Seelenleben des Menschen stark beeinflussen. Die Reifung der Keimdrüsen bewirkt eine tiefgreifende Umgestaltung des Körpers und der Seelenhaltung bei Mann und Frau, ihr natürlicher Ausfall in höherem Alter hat auch das Nachlassen der Leistung zur Folge.

In jedem Körper kreisen auch geringe Mengen von Keimdrüsenhormon des anderen Geschlechts. Übersteigen diese das normale Maß, dann kommt es zu der Erscheinung des »Mannweibes« oder des »weibischen« Mannes, ja es kann sich sogar eine »Zwitterform« ausbilden, deren genetisch bestimmtes Geschlecht jedoch durch Chromosomenuntersuchungen z. B. an Schleimhautzellen eindeutig feststellbar ist (s. Abb. 410).

Das wichtigste männliche Sexualhormon ist das *Testosteron.* Es prägt die sekundären Geschlechtsmerkmale des Mannes aus, hat einen Einfluß auf das Wachstum und beendet in höherer Konzentration das Körperwachstum in der Pubertät. Wenn nun Testosteron sowohl die Bildung von Samenzellen, wie das Wachstum des Körpers oder die Entwicklung von Barthaaren veranlaßt, so muß es in verschiedenen Organen und Geweben als Auslöser von Reaktionsketten wirken, die je nach Gewebe unterschiedlich ablaufen.

Weibliche Sexualhormone siehe 3.2.

3. Die Steuerung von Körpervorgängen durch Hormone

3.1 Die Steuerung des Zuckerhaushaltes

In der Bauchspeicheldrüse entdeckte LANGERHANS (1869) inselartig verteilte 0,3 mm große Zellgruppen, die sich deutlich vom übrigen Drüsengewebe unterschieden. 1889 stellte man fest, daß die völlige Entfernung der Bauchspeicheldrüse beim Tier *Zuckerkrankheit* hervorrief. Wurde nur der Ausführungsgang der Drüse für den Bauchspeichel unterbunden, trat keine Zuckerkrankheit auf.

Daraus ging hervor, daß die Bauchspeicheldrüse auch als eine Hormondrüse arbeitet, die ihre Produkte unmittelbar ins Blut abgibt. Es lag nahe, die Hormonfunktion den LANGERHANSschen Inseln in der Bauchspeicheldrüse zuzuschreiben. 1921 gelang es, aus den LANGERHANSschen Inseln das Hormon Insulin zu isolieren, das in den Zuckerhaushalt des Körpers eingreift. Insulin ist ein kleines Protein. Seine genaue Struktur ist heute bekannt.

Außer Insulin liefern die LANGERHANSschen Inseln das Hormon Glukagon, das dem Insulin entgegenwirkt. Glukagon ist ebenfalls ein Protein.

Das Zentralorgan für den Zuckerstoffwechsel ist die Leber. Sie entnimmt aus dem Pfortaderblut die vom Darm kommende Glucose, wandelt sie in Glykogen um und gibt davon nach Bedarf wieder Zucker an das Blut ab. Durch diesen Vorgang wird der Blutzuckergehalt mit 0,1% dauernd auf gleicher Höhe gehalten. Der »Blutzuckerspiegel« wird durch die Wechselwirkung von Insulin einerseits und Glukagon sowie Hormonen der Hypophyse, der Nebennierenrinde und der Schilddrüse andererseits konstant gehalten. Wird der Blutzuckergehalt zu hoch, dann scheiden die Langerhansschen Inseln Insulin aus. Dieses bewirkt, daß der überschüssige Zucker teils oxidiert, teils in Leber und Muskeln zu Glykogen aufgebaut und gespeichert wird. Sinkt der Blutzuckergehalt, dann greifen das Glukagon und die anderen Hormone ein und veranlassen die Leber, durch Abbau von Glykogen Traubenzucker ans Blut abzugeben.

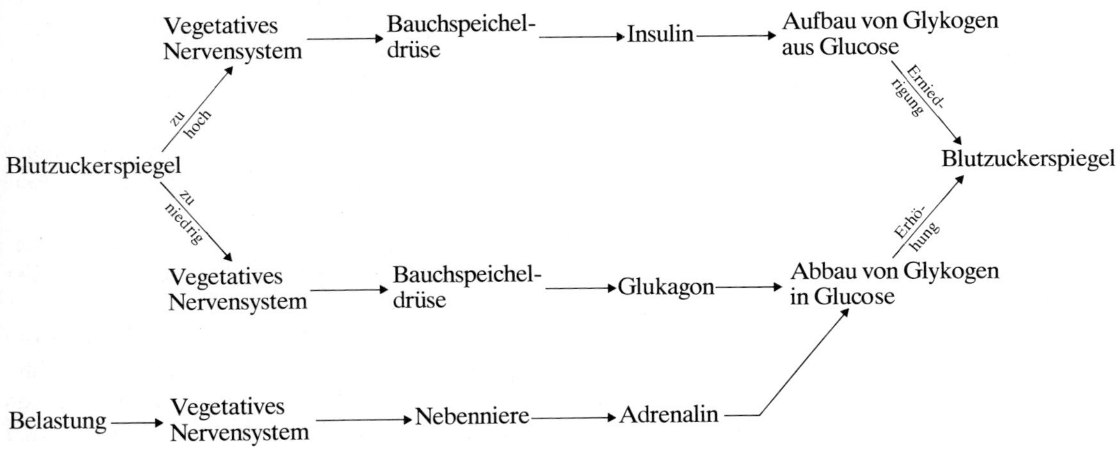

Ungenügende Insulinbildung ruft die Zuckerkrankheit (Diabetes mellitus) hervor. Insulinmangel setzt einerseits den Glucoseabbau im Gewebe herab, erhöht aber andererseits den Glykogenabbau und die Glucoseneubildung aus Fett und Eiweiß. Alle diese Vorgänge führen zu einem Ansteigen des Blutzuckerspiegels. Die Niere ist dann nicht mehr in der Lage, die gesamte im Blut enthaltene Glucose zurückzuhalten. Infolgedessen wird Glucose im Harn ausgeschieden. Der stark erhöhte Eiweiß- und Fettabbau sowie die Veränderung des osmotischen Gleichgewichts durch den höheren Glucosespiegel im Blut haben tiefgreifende Stoffwechselschäden zur Folge. Insulinzufuhr vermag die Krankheitserscheinungen für die Dauer der Insulinwirkung zu beseitigen. Zu große Mengen von Insulin lassen den Blutzuckergehalt allerdings rasch absinken, so daß es zu schweren Krämpfen, Bewußtlosigkeit und Atemlähmung kommen kann. Deshalb müssen Insulingaben genau dosiert sein.

Für die Entstehung der Zuckerkrankheit ist eine Krankheitsbereitschaft maßgebend, die manchmal auf erblichen Anlagen beruht.

In Augenblicken der Gefahr schüttet das Nebennierenmark, vom Sympathikus veranlaßt, Adrenalin und Noradrenalin aus. Sie erzeugen einen erhöhten Glykogenabbau in den Muskeln und der Leber; der Blutzuckergehalt steigt dann rasch an.

Adrenalin und Noradrenalin sind außerdem Überträgerstoffe der Synapsen im sympathischen Nervensystem. Deshalb sind sie auch für alle vom Sympathikus hervorgerufenen Wirkungen verantwortlich. Die Ausschüttung von Adrenalin und Noradrenalin erfolgt sehr rasch. Ihre Wirkung hält aber nicht lange an, da sie verhältnismäßig schnell abgebaut werden. Sie dienen also normalerweise nicht als Gegenspieler des Insulins. Ihre rasche Ausschüttung befähigt vielmehr den Organismus, sich auf plötzlich eintretende Belastungen einzustellen.

3.2 Die Steuerung des weiblichen Geschlechtszyklus beim Menschen

Die Eireifung im *Eierstock (Ovar)* spielt sich in einem regelmäßig wiederkehrenden Zyklus von etwa 28 Tagen ab. Dieser Zyklus wird durch ein sehr kompliziertes, auch heute noch nicht ganz geklärtes hormonelles Regelsystem in Verbindung mit zentralnervösen Vorgängen gesteuert. Er ist im folgenden in vereinfachter Weise dargestellt.

Der Zyklus beginnt mit der Reifung eines *Follikels* (Eibläschen) in einem der beiden Ovarien. Dieser Vorgang wird durch das *follikelstimulierende Hormon* (FSH) der Hypophyse ausgelöst. Der heranwachsende Follikel bildet das *Follikelhormon* (FH), das im wesentlichen aus *Östradiol* besteht. Östradiol ist das wichtigste Hormon aus der Gruppe der *Östrogene,* die in der Pubertät für die Ausbildung der sekundären weiblichen Geschlechtsmerkmale verantwortlich sind. Nach der Pubertät fördern sie die Verdickung und die erhöhte Durchblutung der Uterusschleimhaut. Östradiol hemmt über den Hypothalamus die Produktion von follikelstimulierendem Hormon und regt die Hypophyse zu einer verstärkten Ausschüttung von *luteinisierendem Hormon* (LH) an. Gleichzeitig setzt die Bildung von *luteotropem Hormon* (LTH) in der Hypophyse ein. Das luteotrope Hormon fördert die Milchsekretion. Der Follikel reift innerhalb von 14 Tagen, platzt und entläßt die Eizelle in den Trichter des Eileiters *(Ovulation).* Im Eileiter findet die Befruchtung statt, indem ein *Spermium* in die Eizelle eindringt. Die befruchtete Eizelle wandert im Laufe einer Woche durch den Eileiter in den Uterus, wo sie sich in die blutgefäßreiche Schleimhaut einnistet. Die Einnistung wird durch das *Gelbkörperhormon* ermöglicht. Der Gelbkörper (Corpus luteum) entsteht aus dem geplatzten Follikel unter der Wirkung des luteinisierenden Hormons. Der Gelbkörper bildet Östrogene und das Gelbkörperhormon (CL, Progesteron). Das *Progesteron* bedingt zusammen mit den Östrogenen eine Umwandlung der Uterusschleimhaut, die dadurch für die Einnistung des Eies vorbereitet wird. Das Progesteron hemmt auch zusammen mit dem Follikelhormon die Reifung weiterer Follikel. Durch die hormonale Umstellung steigt die Körpertemperatur unmittelbar nach der Ovulation um 0,5° an. Die erhöhte Temperatur bleibt so lange erhalten, wie Progesteron im Blut kreist.

Wird die Eizelle nicht befruchtet, so stirbt sie innerhalb weniger Stunden ab. Der Gelbkörper degeneriert langsam und vermindert die Abgabe von Progesteron so stark, daß 14 Tage nach dem Eisprung die Uterusschleimhaut unter Blutungen *(Menstruation)* abgestoßen wird.

Da nach der Ovulation die Hemmwirkung des Follikelhormons auf die Hypophyse nachläßt und bei der Nichtbefruchtung des Eies die Bildung von Progesteron aufhört, kann nach der Menstruation wieder ein weiterer Follikel, diesmal im anderen Ovar reifen. Damit beginnt der Zyklus von neuem. Die Follikel reifen abwechslungsweise in den beiden Ovarien heran.

Nach Einnisten des jungen Keimes beginnt die Zottenhaut (S. 242) mit der Hormonbildung. Das zunächst entstehende *Gonadotropin* hält den Gelbkörper in Funktion. Er bildet weiterhin Progesteron. Die Uterusschleimhaut wird deshalb nicht abgebaut. Etwa zwei Monate nach der Befruchtung be-

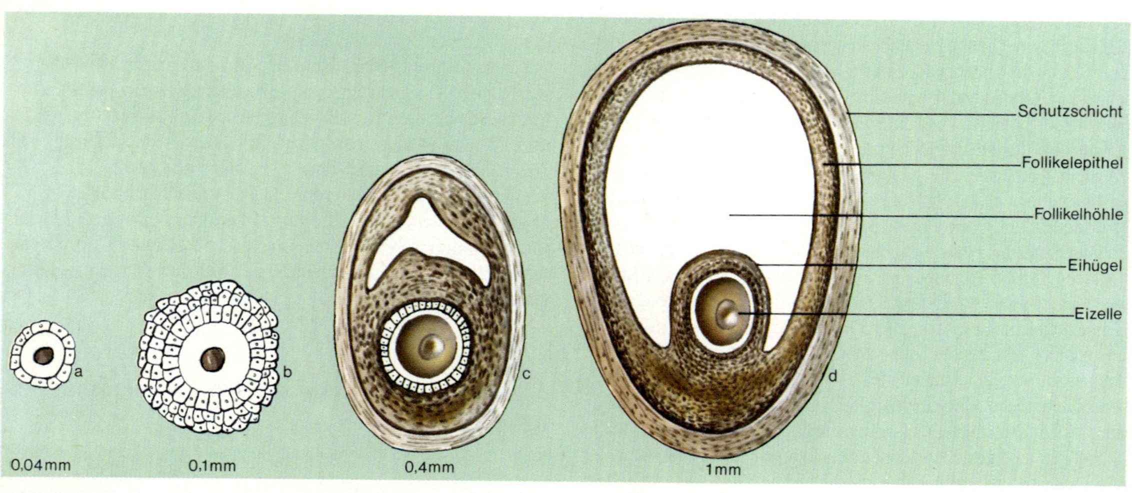

Abb. 276: Reifung des Follikels im Ovar. a Primärfollikel mit einschichtigem Epithel um die Eizelle; b Sekundärfollikel mit mehrschichtigem Epithel; c wachsender Follikel (im Follikelepithel entsteht ein Spaltraum); d reifer Follikel (Graafscher Follikel). Die Eizelle liegt in einer Vorwölbung des Follikelepithels (Eihügel). Bis zum Follikelsprung wächst der Follikel auf 15–20 mm Größe heran.

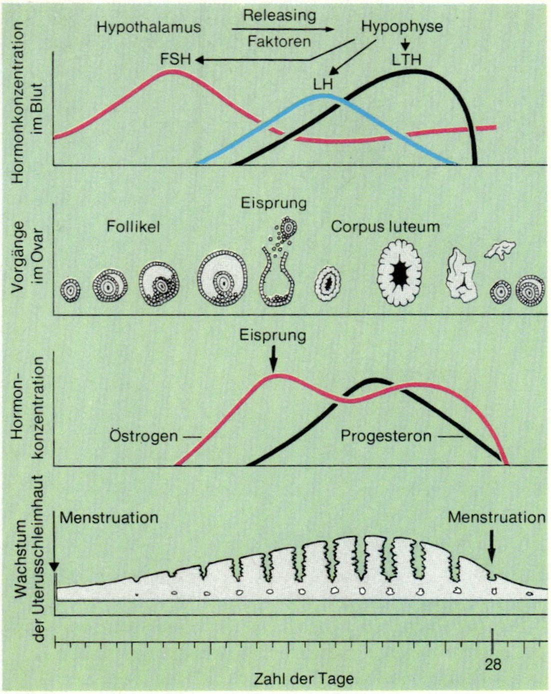

Abb. 277: Zusammenwirken der Hormone bei Eireifung und Menstruation (vgl. Text). Die Kurven zeigen die Konzentrationsänderungen der Ovarialhormone (unten) und der Hypophysenhormone (oben) im Blut.

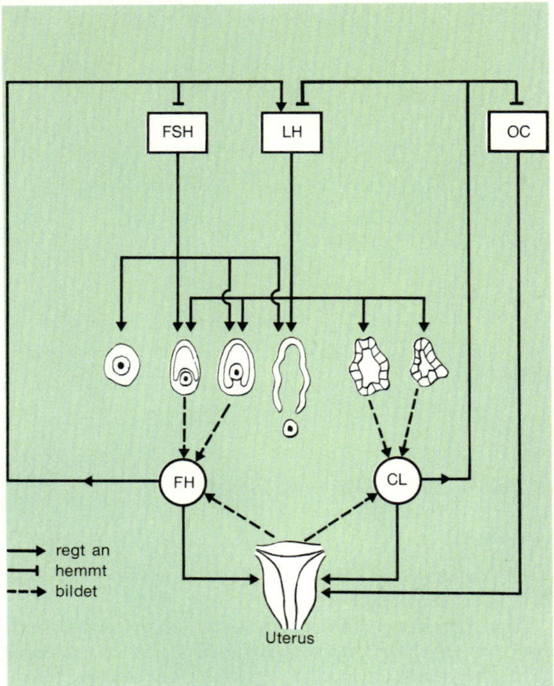

Abb. 278: Schema des Wirkungszusammenhangs der beim weiblichen Zyklus tätigen Hormone: FSH = follikelstimulierendes Hormon, LH = luteinisierendes Hormon, OC = Wehenhormon (Ocytozin), FH = Follikelhormon, CL = Gelbkörper (Corpus luteum)-Hormon

ginnt die Plazenta mit der Erzeugung von Östrogen und Progesteron. Beide Hormone regen in dieser Phase das Uteruswachstum und die Brustdrüsen an. Die Vorbereitung der Brustdrüsen für die Milchsekretion wird unterstützt durch das luteotrope Hormon. Seine Bildung wird ebenfalls durch die Gonadotropin-Ausschüttung der Plazenta gefördert. Der hohe Östrogen- und Progesteron-Spiegel während einer Schwangerschaft hemmt die Bildung neuer Follikel sowie die Abgabe des Wehenhormons *Ocytozin.* Am Ende der Schwangerschaft stellt die Plazenta die Hormonbildung ein.

Der in seinen Grundzügen bekannte Wirkungszusammenhang der Geschlechtshormone beim weiblichen Zyklus hat auch eine sozial bedeutsame Anwendung bei der Geburtenkontrolle durch die ovulationshemmende Pille gefunden. Durch Einnahme von *Ovulationshemmern,* die Östrogen und Progesteron enthalten, wird die Abgabe von FSH und LH aus der Hypophyse gehemmt. Daher können wie bei einer Schwangerschaft keine neuen Follikel reifen.

3.3 Die Rolle des cAMP

Ein Hormon beeinflußt den Stoffwechsel bestimmter Zellen. Auf welche Weise geschieht dies nun? Bei der Untersuchung der Frage entdeckte SUTHERLAND 1958 das *cyclische Adenosin-mono-phosphat* (cAMP). Diese Verbindung entsteht in der Zelle aus ATP unter Abspaltung zweier Phosphatreste. Die Reaktion wird durch das Enzym *Adenylcyclase* katalysiert. Adenylcyclase ist an die Zellmembran gebunden. Ihr aktives Zentrum liegt an der Innenseite der Membran. Normalerweise ist das Enzym inaktiv. Bestimmte Hormone (Adrenalin, Glukagon, gewisse Hypophysenhormone und andere) können aber Adenylcyclase aktivieren. Sie werden an der Außenseite der Membran von spezifischen Rezeptormolekülen (Proteinen) gebunden. Diese treten auf nicht genau bekannte Weise mit der Adenylcyclase in Reaktion und aktivieren sie. Die hormonaktivierte Adenylcyclase setzt dann ATP in cAMP um. Das entstandene cAMP wird allmählich durch ein anderes Enzym in nichtcyclisches AMP umgewandelt und dadurch unwirksam gemacht.

Das cAMP aktiviert in verschiedenen Geweben unterschiedliche Enzyme. Seine Wirkung ist also gewebsspezifisch. In der Leber aktiviert cAMP z. B. ein Enzym, das seinerseits ein glykogenspaltendes Enzym aktiviert; cAMP führt also in Leberzellen zum Abbau von Glykogen. Da es in anderen Zellen andere Wirkungen hat, ist es verständlich, daß die Zellmembran undurchlässig für cAMP ist. Das

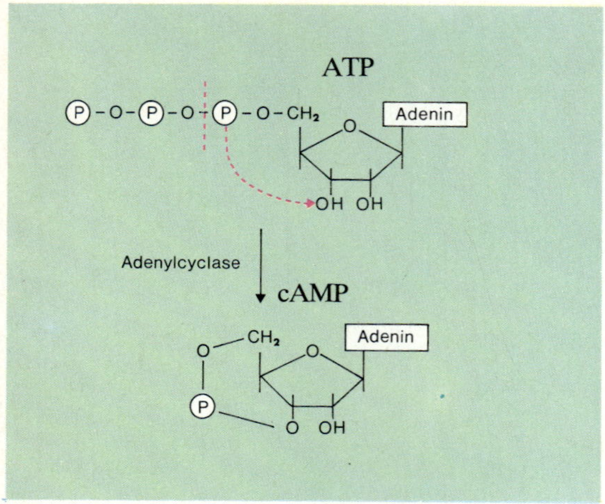

Abb. 279: *Bildung von cAMP aus ATP*

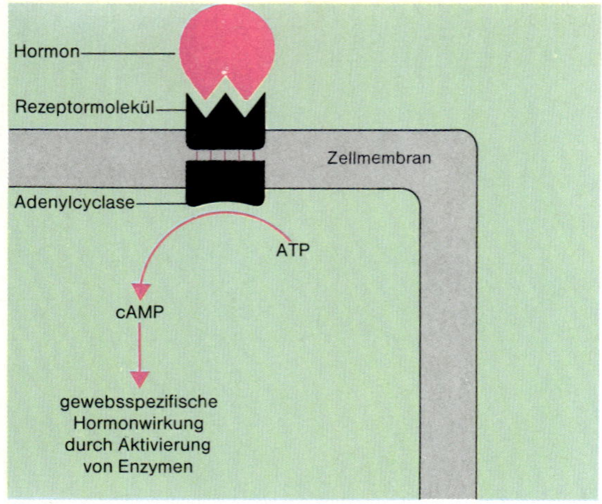

Abb. 280: *Wirkungsweise des Adenylcyclase-Systems*

cAMP kann deshalb nur in der Zelle seine Wirkung entfalten, in der es gebildet wurde.

In verschiedenen Geweben wird die Adenylcyclase durch unterschiedliche Hormone aktiviert. Die Rezeptormoleküle, die mit der Adenylcyclase verbunden sind, müssen also in den einzelnen Geweben verschieden sein. Ein Hormon kann vermutlich nur in denjenigen Zellen seine Wirkung entfalten, die ein Rezeptormolekül für dieses Hormon besitzen. Welchen Einfluß das Hormon in dieser Zelle dann hat, hängt einfach davon ab, wie das von ihm erzeugte cAMP hier wirkt. Das Adenylcyclase-cAMP-System hat demnach die Aufgabe, die vom Hormon an die Zelloberfläche gebrachte Information in das Zellinnere zu leiten.

Die Beteiligung des cAMP ist für viele Hormonwirkungen nachgewiesen worden. Sicher sind aber nicht alle Hormonwirkungen auf diese Weise zu erklären. Die Sexualhormone dringen z. B. in die Zellen ein. Dort werden sie an spezifische Rezeptorproteine gebunden und zum Kern transportiert. Im Kern aktivieren sie bestimmte Gene. Auch das Insektenhormon Ecdyson wirkt durch Genaktivierung (s. Genetik 8.13).

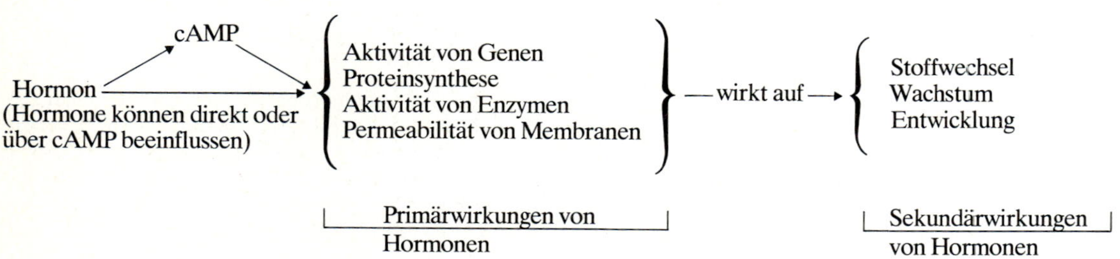

Verhalten (Ethologie)

Tiere stehen in dauernder Wechselwirkung mit ihrer Umgebung. Sie müssen Nahrung suchen und aufnehmen, Feinde abwehren, zur Fortpflanzung einander finden, die Jungen füttern und beschützen. Die Gesamtheit dieser Tätigkeiten nennt man *Verhalten.* Man kann verschiedene Formen des Verhaltens unterscheiden: angeborenes Verhalten, Lernverhalten und einsichtiges Verhalten. Jede dieser Formen kann am Gesamtverhalten eines Lebewesens beteiligt sein.

Um festzustellen, welche Verhaltensweisen einem Tier angeboren und welche erlernt sind, werden Versuchstiere von Geburt an von ihren Artgenossen und ihrer natürlichen Umwelt *isoliert* und auf ihr Verhalten hin beobachtet. Alle Verhaltensweisen, in denen sie dann mit ihren Artgenossen übereinstimmen, werden wohl angeboren sein; denn sie konnten sie nirgendwo erlernen. Bei anderen Experimenten kann man zur Bestimmung der handlungsauslösenden Reize die natürliche Reizquelle (z. B. ein Feind) durch eine künstliche (eine Feindattrappe) ersetzen. Durch vielfache Abwandlung der *Attrappen* und Beobachtung der jeweils darauf folgenden Reaktion läßt sich dann die handlungsauslösende Reizsituation genau bestimmen. Durch *elektrische Reizung* bestimmter Gehirngebiete können spezifische Verhaltensweisen künstlich ausgelöst werden, was Einblick in die nervösen Grundlagen des Verhaltens ermöglicht. Untersuchungen über das Verhalten der Tiere stellt man auch in der Erwartung an, Hinweise auf die Ursachen menschlichen Verhaltens zu erhalten und dadurch das Wesen des Menschen besser verstehen zu lernen.

1. Angeborenes Verhalten

Den angeborenen Handlungsweisen liegen fertige Handlungsprogramme zugrunde; sie brauchen also nicht individuell erlernt zu werden. Hierzu zählen die unbedingten Reflexe, Automatismen und Instinkthandlungen.

1.1 Unbedingte Reflexe

Es sind dies verhältnismäßig einfache Vorgänge, die auf einen bestimmten Reiz hin stets in gleicher Weise über einen Reflexbogen (Abb. 281) ablaufen. Auf Beleuchtungswechsel hin erweitert oder verengt sich die Pupille; beim Kauen einer schmackhaften Speise fließt Speichel; Beutetiere lösen beim Süßwasserpolypen Fangbewegungen der Tentakel aus. Bei einfach organisierten Tieren beruht ein großer Teil des Verhaltens auf Reflexen, aber auch bei höherstehenden Lebewesen sind Reflexe häufig. Viele Reflexe sind Teile von Regelkreisen.
Ob durch Untersuchungen über das Verhalten der Tiere auch Hinweise auf die Ursachen menschlichen Verhaltens zu erhalten sind, bedarf in jedem Einzelfall sorgfältiger Prüfung.

1.2 Automatismen

Die Körper- und Gliedmaßenbewegungen der Wirbeltiere, z. B. die Schlängelbewegung des Aals, die Flossenbewegung der Fische sowie die Gliedmaßenbewegungen der Säuger sind rhythmisch und aufeinander abgestimmt (koordiniert).

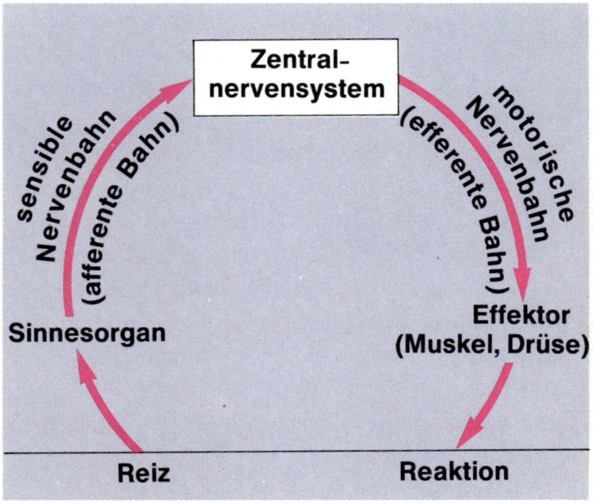

Abb. 281: Schema eines Reflexbogens

Bei Versuchen mit Fischen wurden die sensiblen Wurzeln der Rückenmarksnerven und die Verbindung zwischen Rückenmark und Nachhirn durchtrennt. Die Flossen dieser Tiere schlugen spontan in gleichmäßigem Rhythmus.

Da der Einfluß sowohl der Sinnesorgane als auch des Gehirns operativ ausgeschaltet war, muß das Rückenmark in der Lage sein, ohne den Einfluß äußerer Reize selbständig rhythmische Erregungen zu produzieren.

Die beobachteten Flossenbewegungen ergaben Aufschlüsse über das zentralnervöse Zusammenspiel der Erregungszentren. Jede Flosse hat einen Eigenrhythmus, dem sich der Eigenrhythmus einer anderen Flosse überlagern kann. Geriet z. B. der Rhythmus der Rückenflosse durch etwas schnellere Schlagfolge aus dem Gleichtakt mit der Brustflosse, dann wurde er vom Rhythmus der Brustflosse gezwungen, durch einen schnelleren Zwischenschlag in Gleichtakt zu fallen. Die durch diese Versuche nachgewiesenen Automatiezentren können von Sinnesmeldungen oder von anderen Teilen des Nervensystems beeinflußt werden.

1.3 Instinkthandlungen

Instinkthandlungen liegen angeborene und arteigene Handlungsprogramme zugrunde. Das Tier verwirklicht sie, ohne sie je gelernt zu haben; sie gehören wie sein Körperbau zum ererbten Besitz. Beispiele dafür sind der Netzbau der Spinne, die »Sprache« der Bienen und die Art, darauf zu reagieren, die Laichwanderungen der Fische und der Vogelzug, der Nestbau der Vögel und die mannigfaltigen Ausdrucksbewegungen bei der Balz sowie der Kampf mit Artgenossen.

Eine *Instinkthandlung* kann man z. B. beim Fliegenfang eines Frosches beobachten. Ein Frosch, der längere Zeit gehungert hat, richtet seinen Körper nach beweglichen Objekten bestimmter Größe. Man hat den Eindruck, als suche er zielgerichtet nach Beute. Beim Anblick eines Beuteobjektes, z. B. einer Fliege, wendet er sich mit einer orientierenden Bewegung so der Beute zu, daß die Schnauzenspitze genau auf sie gerichtet ist. Ist das Beuteobjekt in Reichweite, so zögert der Frosch kurz, springt und schnellt die Zunge heraus. Bewegt sich die Beute während dieser kurzen Pause, so schlägt die Zunge daneben. Der Zungenschlag kann nicht mehr ortskorrigiert werden; er läuft in starrer Weise ab. Dieser Ablauf der Beutefanghandlung läßt schon das Grundsätzliche einer Instinkthandlung erkennen. Die Zielwendung beim Beutefang ist eine *Orientierungsbewegung,* der Zungenschlag die eigentliche *instinktive Komponente.* Sie besteht aus einer einfachen Bewegung, die in ihrem Ablauf erblich festgelegt, artspezifisch und unabhängig von Lernprozessen ist. Solche angeborenen Bewegungen heißen *Instinktbewegungen* (Erbkoordinationen); sie sind für eine Tierart genau so typisch wie deren Gestalt.

Abb. 282: Beutefanghandlung des Frosches. a Zielwendung b Erbkoordination (Instinktbewegung des Zungenschlags)

An unsrem Beispiel wird auch der Ablauf einer Instinkthandlung deutlich. Zunächst muß eine innere Bereitschaft (Antrieb) gegeben sein; diese kann durch innere oder äußere Faktoren aktiviert werden. Solche Faktoren sind z. B. der Glucosemangel bei Hungerzuständen, Hormone u. a. Spritzt man Mäusen das Hormon *Progesteron* ein, so erhöht sich die Nestbaubereitschaft. Aktivierend können auch zen-

Abb. 283: Das „Sperren" der Jungvögel wirkt auf den Altvogel als Auslöser für das Füttern (Rohrsänger). Auffällig ist die Färbung des Schnabelrandes und des Rachens der Jungvögel.

tralnervöse Erregungen sein. Sie lösen bei Fischen die rhythmischen Flossenbewegungen aus.

Der Instinkthandlung geht ein aktives Suchverhalten voraus. Dieses erhöht die Wahrscheinlichkeit, eine Reizsituation anzutreffen, welche die Instinkthandlung auslöst. Man nennt dieses antriebsbedingte Verhalten *Appetenzverhalten.*

Die Instinkthandlung selbst wird ausgelöst durch eine spezielle Kombination von Einzelreizen, etwa bestimmte Merkmale des Beutetieres. Diese Reizkombination heißt *Schlüsselreiz.* Geht er von einem Sozialpartner aus, nennt man ihn *Auslöser.* Welche Reize als Schlüsselreiz wirken, läßt sich durch Attrappenversuche feststellen. So kann man das Beutefangverhalten des Frosches auch durch kleine bewegte Papierschnitzel auslösen, die an einem Faden befestigt sind. Wiederholt man das Verfahren mehrmals ohne Erfolg für den Frosch, dann unterbleibt schließlich die Handlung. Weitere Beobachtungen sind folgende: Ein langsam bewegtes Papierschnitzel setzt die Reaktionsstärke derart herab, daß Sprung und Zuschnappen weniger häufig erfolgen als bei einem stark bewegten Objekt. Die gleiche Wirkung hat der Sättigungsgrad des Tieres. Ein sehr hungriger Frosch schnappt nach allen bewegten Objekten, ein halbgesättigter wesentlich weniger häufig und ein satter Frosch reagiert nicht mehr.

Als Schlüsselreize können alle Reize und Reizkombinationen wirken, die von Sinnesorganen des Tieres wahrgenommen werden. Im Falle der Fliege als Beutetier wirkt aber nicht die Gesamtheit aller

Abb. 284: Akustische Auslösung des Brutpflegeverhaltens beim Huhn. a Das Küken reagiert mit dem „Weinen des Verlassenseins" unter einer schalldichten Glasglocke. Die Henne kümmert sich nicht darum. b Die Henne hört nur den Angstruf des Kükens und eilt herbei, ohne es zu sehen.

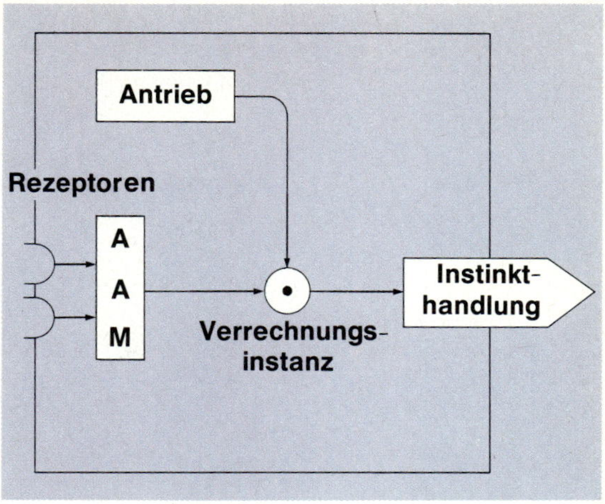

Abb. 285: Funktionsschaltbild für das Instinktverhalten, das durch einen Schlüsselreiz ausgelöst wird. AAM: Instanz, die nur dann Erregung weitergibt, wenn das durch einen Schlüsselreiz ausgelöste adäquate Erregungsmuster eintrifft. ⊙ Instanz, die nur dann Erregungen an die bei einer Instinkthandlung tätigen Organe weitergibt, wenn gleichzeitig über den AAM und von der Antriebsseite her Erregungen einlaufen.

von ihr ausgehenden Reize (Form, Farbe, Geruch, Größe u. a.) als Schlüsselreiz für die Auslösung der Fanghandlung des Frosches, sondern nur eine einfache Kombination von zwei Reizen: Bewegung und Größe.

Die blutsaugende Zecke, die auf Blättern von Bäumen und Sträuchern sitzt, läßt sich nur dann fallen, wenn sie den für den Schweiß von Säugetieren kennzeichnenden Geruch von Buttersäure wahrnimmt. Das Stechen der Zecke wird ausgelöst durch die einfache Kombination des chemischen Reizes der Buttersäure und eines Temperaturreizes von etwa 37° C. Trotz der Einfachheit der Schlüsselreizkombination wird sie in der Natur eben nur beim Wirt der Zecke, dem Säugetier, angetroffen.

Eine Gluckhenne eilt einem unsichtbaren Küken auf dessen Klageruf zu Hilfe; sie kümmert sich aber nicht um dieses, wenn es unter einer schalldichten Glasglocke sitzt und sie es nur sieht, aber nicht hört. Allein der Klageruf wirkt als Auslöser. Eine Pute erkennt ihre Küken ebenfalls nur mit dem Gehör. Sie füttert einen ausgestopften Iltis, der mittels eines Tonbandes in seinem Innern nach Kükenart piept, tötet aber ihre eigenen Jungen, wenn sie taub ist.

Auslöser sind auch beim Menschen nachgewiesen. Das Weinen eines Säuglings, das er selbst bei Sättigung und Schmerzfreiheit hören läßt, ist als Kontaktruf nach der betreuenden Person aufzufassen. Es löst beim Erwachsenen die betreuende Zuwendung aus. Das angeborene Lächeln des Säuglings, das auch

Abb. 286: Kindchenschema. Die Tierabbildungen der linken Spalte (Wüstenspringmaus, Pekinese, Rotkehlchen) sind Köpfe erwachsener Tiere, ebenso diejenigen der rechten Spalte (Hase, Hund, Pirol).

taub- und blindgeborene Kinder zeigen, ist Auslöser für die Zuneigung der Eltern.

Die Auslösung einer Instinkthandlung durch einen Schlüsselreiz erfordert einen nervösen Mechanismus, der auf das durch den Schlüsselreiz ausgelöste Erregungsmuster anspricht. Man bezeichnet diesen Mechanismus als angeborenen auslösenden Mechanismus oder kurz als AAM.

Ein bekannter AAM des Menschen ist das *»Kindchen-Schema«*. Er spricht auf eine Kombination von Merkmalen an, die für Kleinkinder typisch ist: hohe Stirn, im Verhältnis zum Gesamtkopf große Augen, Pausbacken, Stupsnase, rundliche Körperformen. Diesen AAM macht sich die Werbung zunutze, indem ein Sympathie weckendes Kleinkind in Verbindung mit einem bestimmten Produkt abgebildet wird. Eine solche Merkmalkombination löst Brutpflegehandlungen aus, gleichgültig ob es sich dabei um einen Säugling oder um ein Tier handelt. Die in Abb. 286 links dargestellten Tiere (Wüstenspringmaus, Pekinese, Rotkehlchen) entsprechen etwa dem »Kindchen-Schema« und wecken das Pflege- und Zärtlichkeitsbedürfnis, obwohl sie ausgewachsen sind.

Die *Stärke* einer Instinkthandlung ist abhängig von der Intensität des auslösenden Reizes und der Antriebsstärke. Daraus folgt, daß die gleiche Stärke einer Instinkthandlung entweder bei stark auslösendem Reiz und schwachem Antrieb oder bei schwach auslösendem Reiz und starkem Antrieb auftritt (s. Abb. 289). Je stärker der Antrieb ist, desto unspezifischer kann der Reiz sein, um eine Handlung auszulö-

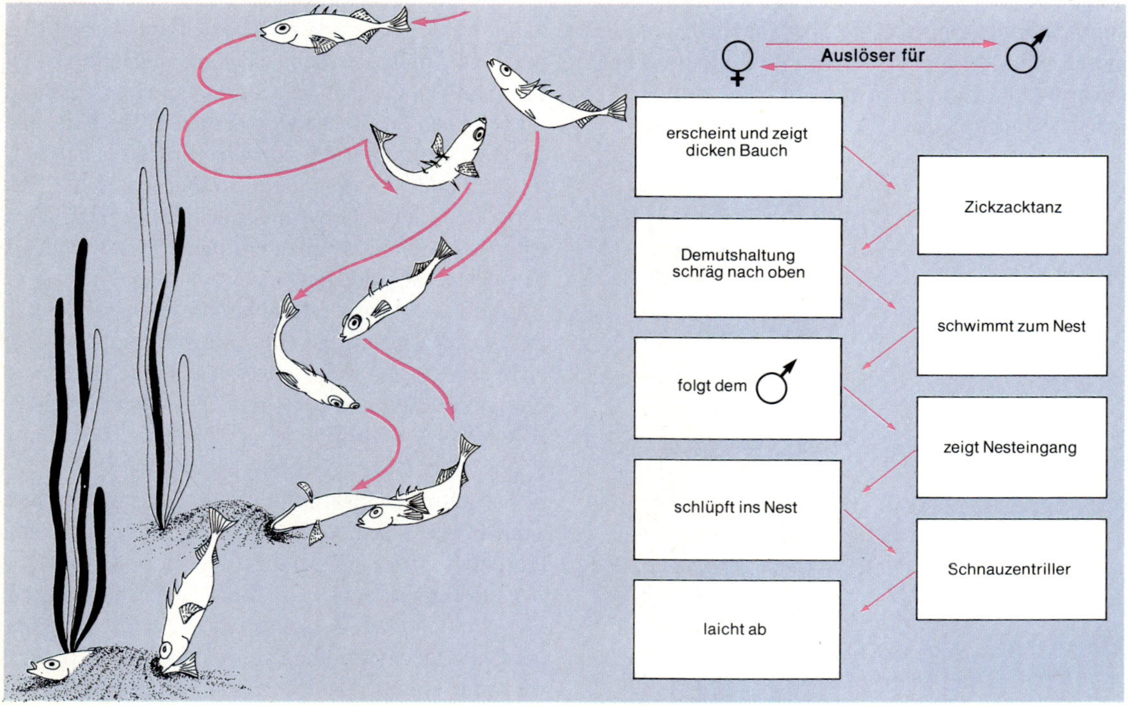

Abb. 287: Paarungsverhalten des dreistachligen Stichlings mit aufeinanderfolgenden auslösenden Handlungen des Männchens und Weibchens. Dazu Schema der Auslöser

sen. Ein Samtfalter in hoher Balzstimmung balzt fliegende Blätter, eine in der Luft sich bewegende Hand oder sogar seinen eigenen Schatten an. Daraus ist ein wichtiger Schluß zu ziehen: Je stärker der Antrieb, desto stärker setzen sich biologisch bedingte Verhaltenstendenzen durch.

Viele Beobachtungen an Tieren haben ergeben, daß sich zwei Antriebe nicht gleichzeitig in Handlungen umsetzen. Die verschiedenen Antrieben zugeordneten Verhaltensweisen laufen vielmehr zeitlich nacheinander ab. Der beutefangende Frosch, der bei der Fixierreaktion gestört wird, flüchtet sofort. Es setzt sich in dieser Situation nur der stärker aktivierte Antrieb zur Flucht durch und nicht derjenige für die Beutefanghandlung. Die durch Antriebe aktivierten Verhaltenstendenzen hemmen sich gegenseitig. Nur die am stärksten aktivierte Tendenz setzt sich durch.

1.4 Handlungsketten

In der Regel bestehen Instinkthandlungen aus einer Kette von Einzelhandlungen, die zeitlich geordnet aufeinander folgen. Beim Fortpflanzungsverhalten des Stichlings löst das Erscheinen eines Weibchens im Nestrevier eines Männchens wechselseitige Reaktionen beider Tiere aus. Beim Anblick der durch die Eier aufgetriebenen Unterseite des Weibchens (Auslöser) schwimmt der männliche Stichling mit offenem Maul auf dieses zu und macht kurz vor ihm eine halbe Kehrtwendung. Diese Bewegungsform wird mehrmals wiederholt und heißt *Zickzacktanz* (Auslöser). Das Weibchen stellt sich daraufhin schräg nach oben und zeigt dabei seinen dicken Bauch (Auslöser). Nun schwimmt das Männchen zum Nest (Auslöser), das Weibchen folgt (Auslöser). Dann steckt das Männchen, auf der Seite liegend, den Kopf ins Nest (Auslöser), und das Weibchen schlüpft hinein (Auslöser). Das Männchen stellt sich schräg hinter das Weibchen und »trillert« mit raschen Schnauzenschlägen auf die Schwanzwurzel des Weibchens (Schnauzentriller). Auf diesen Auslöser hin laicht das Weibchen ab und schlüpft aus dem Nest. Das Männchen besamt die Eier und vertreibt das Weibchen aus dem Revier. Die einzelnen Phasen dieses Ablaufs lassen sich auch mit einer Männchenattrappe auslösen, wenn man mit ihr das Verhalten des Männchens imitiert. Das Weibchen folgt einer Attrappe genauso wie dem männlichen Stichling: es schlüpft ins Nest, wenn man ihm mit der Attrappe den Nesteingang zeigt, und laicht ab, wenn man mit einem Holzstäbchen den Schnauzentriller nachahmt.

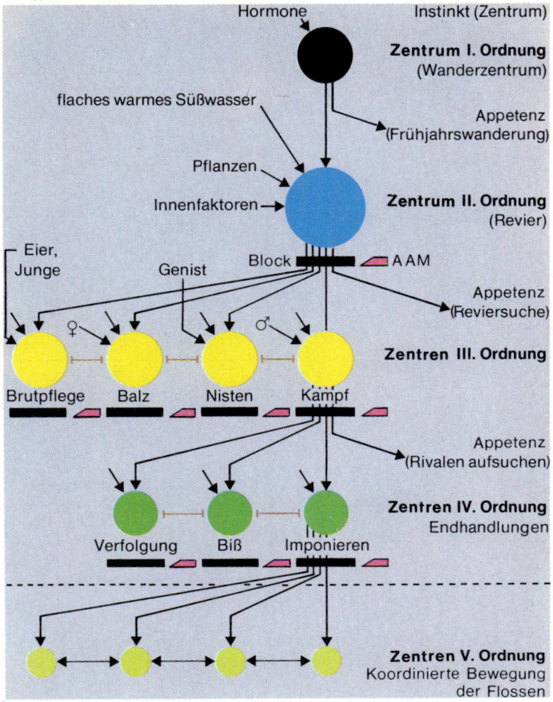

Abb. 288: Hierarchie der Instinkte am Beispiel des Fortpflanzungsverhaltens des männlichen Stichlings (Modell nach Tinbergen). Das Zentrum I. Ordnung besitzt keinen Block und benötigt daher auch keinen AAM zur Entblokkung; wird es z. B. durch Hormone aktiviert, so veranlaßt dies den Stichling, in einen geeigneten Biotop zur Reviergründung einzuwandern. Das Zentrum I. Ordnung erregt das Zentrum II. Ordnung; dieses ist jedoch blockiert und kann deshalb keine Erregung an die Zentren III. Ordnung abfließen lassen. Bei geeignetem Schlüsselreiz (warmes Wasser oder Wasserpflanzen) wird das Zentrum II. Ordnung über einen entsprechenden AAM entblockt und erregt dann die Zentren III. Ordnung. Tritt anschließend ein anderes Männchen als Rivale auf, so wird durch den Schlüsselreiz „roter Bauch" über einen entsprechenden AAM das Zentrum III. Ordnung für „Kampf" entblockt und die Erregung fließt zu den Zentren IV. Ordnung für Endhandlungen ab. Dringt der Rivale in das Revier ein (Schlüsselreiz), wird über den entsprechenden AAM das Zentrum IV. Ordnung für „Imponieren" entblockt. Dieses erregt jetzt die Zentren V. Ordnung für koordinierte Bewegungen der Flossen; der Stichling nimmt eine Imponierhaltung ein (Endhandlung). – Bei Erregung mehrerer Zentren durch ein höheres Zentrum gibt das am stärksten erregte Zentrum seine Erregung an niedere Zentren weiter. ⏢ AAM, → äußere oder innere Reize, ⊢⊣ gegenseitige Hemmung, ↔ koordiniertes Zusammenspiel, ▬ Block

1.5 Instinktzentren

Der Nachweis von Zentren im Gehirn, die instinktives Verhalten auslösen, gelang zuerst dem Schweizer Forscher W. R. Hess bei Katzen. Mit verbesserter Technik führte der deutsche Zoologe E. v. Holst

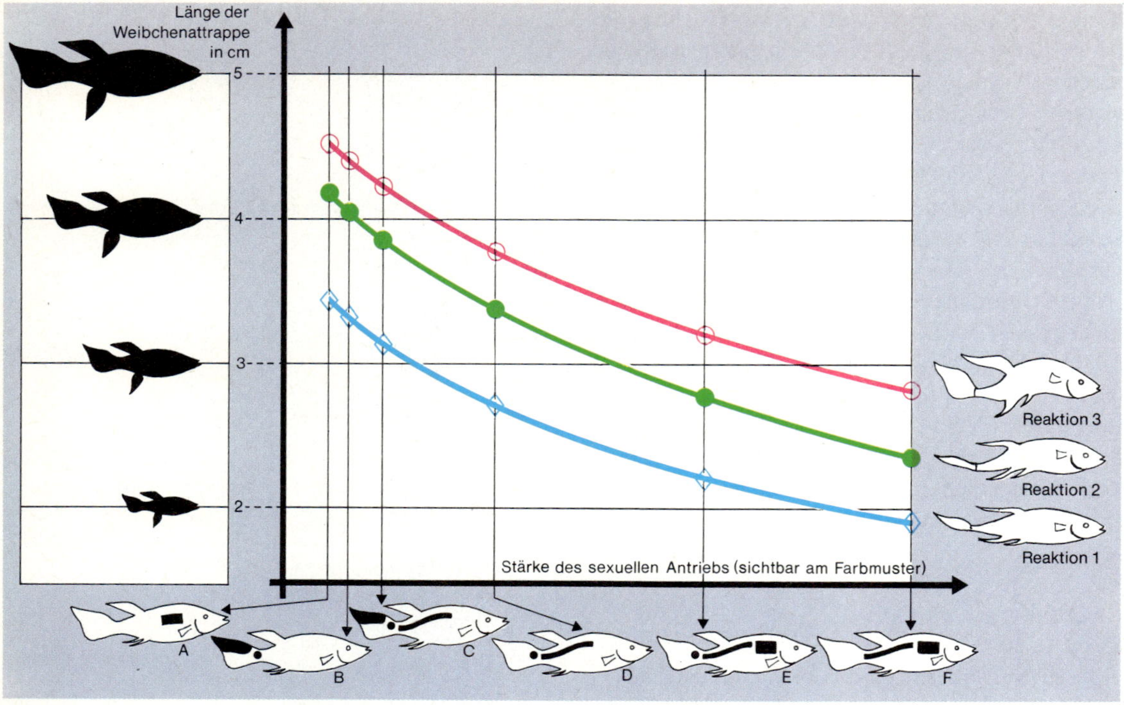

Abb. 289: Balzverhalten eines Guppymännchens. Die Balzhandlung besteht aus drei Reaktionen: 1. Nachfolgen, 2. schwache S-förmige Körperkrümmung (schwache S-Biegung mit gefalteten Flossen) vor dem Weibchen, 3. starke S-förmige Körperkrümmung (starke S-Biegung mit gespreizten Flossen) vor dem Weibchen. Das äußerlich sichtbare Farbmuster des Tieres ist ein Maß für die sexuelle Antriebsstärke. Tiere mit hoher Antriebsstärke führen eine bestimmte Balzreaktion nach Erblicken einer Weibchenattrappe bestimmter Größe häufiger aus als Tiere mit niedriger Antriebsstärke. Abszisse = Antriebsstärke (äußerlich sichtbar am Zeichnungsmuster). Ordinate = Länge der Weibchenattrappe. Die Kurvenpunkte geben an wie groß die Attrappe sein muß, um bei einem Männchen mit einer bestimmten Antriebsstärke, sichtbar an seiner Körperzeichnung, die betreffende Reaktion gerade noch auszulösen. Ein Männchen mit dem Muster A, d. h. der niedersten Antriebsstärke, reagiert erst auf eine 3,5 cm lange Attrappe mit der Nachfolgereaktion, während ein Männchen mit dem Muster F, d. h. der höchsten Antriebsstärke, schon auf eine 2 cm lange Attrappe mit der gleichen Reaktion antwortet.

diese Versuche an Hühnern fort. Er reizte mit verschiebbaren Elektroden von 0,18 mm Durchmesser verschiedene Stellen des Stammhirns (Teile des Mittel- und Zwischenhirns) und konnte damit z. B. das Feindverhalten auslösen. Bei niederer Reizspannung gackerte das Huhn aufmerksam und lief unruhig umher. Stellte man einen ausgestopften Iltis (Bodenfeind) vor das Huhn und steigerte gleichzeitig die Reizspannung, dann wurde der Iltis zunächst angedroht und bei weiterem Anstieg der Reizspannung schließlich wütend angegriffen. Das Huhn flüchtete aber, wenn es ihm nicht gelang, den angegriffenen Iltis vom Experimentiertisch zu werfen. Die gleiche Reaktionskette, wie sie hier durch Reizung künstlich ausgelöst wurde, ist auch in der Natur gegen Bodenfeinde zu beobachten: Aufmerken – Unruhigwerden – Androhen des Feindes – Angriff oder Flucht, wenn der Feind nicht flieht. Die Versuche zeigen, daß ein Verhalten an bestimmte nervöse Strukturen gebun-

Abb. 290: Hahn mit eingepflanztem Elektrodenhalter, der die Drähte für die elektrische Reizung des Gehirns enthält. Durch Verschieben der Elektroden kann bei Reizung Balzen, Flucht, Angriff oder ein anderes Verhalten ausgelöst werden.

den ist und daß die dem Verhalten zugrunde liegenden zentralnervösen Programme hierarchisch gestuft sind, erkennbar an der verschieden hohen Auslösungsschwelle der Einzelreaktionen.

1.6 Übersprunghandlungen, Leerlaufhandlung und Intentionsbewegungen

Übersprunghandlungen (deplazierte Handlungen). Nicht immer laufen Instinkthandlungen zweckmäßig und sinnvoll ab.

In besonderen Situationen kann man Handlungen beobachten, die in der augenblicklichen Situation sinnlos erscheinen. Kämpfende Haushähne picken plötzlich auf den Boden, als wollten sie Futter aufnehmen. Kämpfende Säbelschnäbler stecken vorübergehend die Schnäbel in Schlafstellung unter das Gefieder, ein Stockentenerpel putzt bei starker geschlechtlicher Erregung die Flügel. Gemeinsam ist diesen Reaktionen, daß bei Triebkonflikten, z. B. zwischen Angriff und Flucht, Verhaltensweisen auftreten, die anderen Antriebsbereichen zugeordnet sind.

Auch beim Menschen sind Übersprunghandlungen nachweisbar. Man beobachtet sie häufig bei Rednern. Das Auftreten vor den Zuhörern aktiviert sowohl Angriffs- als auch Fluchttendenzen, denen der Redner nicht nachgeben kann, weil er ja die Rede halten muß. In dieser Situation treten Verlegenheitsgebärden auf, die aus dem Bereich der Körperpflege (Kratzen an Kinn oder Kopf, Reiben an der Nase, Ablecken der Lippen u. a.) sowie der Nahrungsaufnahme (Kauen am Bleistift) stammen.

Abb. 292: Übersprunghandlung bei Vögeln. a Säbelschnäbler stecken während des Kampfes den Schnabel in Schlafhaltung ins Gefieder. b Scheinpicken beider Hähne während einer Kampfpause

Leerlaufhandlung. Wird eine Instinktbewegung längere Zeit nicht ausgelöst, erniedrigt sich die Schwelle für ihre Auslösung. Bleibt selbst ein schwacher Reiz aus, so läuft die Instinktbewegung schließlich als Folge der Erregungsstauung ohne Schlüsselreiz ab, gleichsam ins Leere hinein (Leerlaufhandlung). So wurde beobachtet, wie ein Schwan auf einem schneebedeckten Feld die Nestbauhandlung im Leerlauf ausführte. Er machte Rupfbewegungen und türmte mit typischen Nestbaubewegungen die nicht

Abb. 291: Feindverhalten des Huhns bei Stammhirnreizung durch eine Gehirnelektrode. a Bei steigender Reizspannung wird eine Faust leicht angedroht. b Ein ausgestopfter Iltis (Bodenfeind) wird bei steigender Reizspannung wütend angegriffen. Nach Abschalten des Reizstromes wird nur leicht gedroht. c Bei anhaltender Reizspannung flieht das Huhn, wenn der Iltis nicht entfernt wird.

vorhandenen Halme zu einem nicht entstehenden Nest auf. Ein im Zimmer gehaltener Jungstar, der stets mit der Hand gefüttert wurde und einige Zeit gehungert hatte, jagte plötzlich im Zimmer nicht vorhandene Fliegen und führte die gesamte Fanghandlung bis zu Schluckbewegungen aus, als fräße er eine Fliege. Gerade solche Leerlaufhandlungen zeigen, daß Instinktbewegungen erblich festgelegte Verhaltensformen sind.

Intentionsbewegungen. Manche Instinkthandlungen sind frühestens nach Reifung auslösbar, sie reifen und vervollkommnen sich erst im Laufe der individuellen Entwicklung. Bevor in solchen Fällen der gesamte Ablauf einer Instinkthandlung vollständig ausgebildet ist, treten schon erste Andeutungen von Instinktbewegungen als sogenannte Intentionsbewegungen auf. Auch bei geringer Triebstärke laufen Instinktbewegungen nur unvollständig als Intentionsbewegungen ab. An ihnen lassen sich Erregungszustand oder Stimmung des Tieres ablesen. Das zeigt folgendes Beispiel: Beim Nestbau legt eine Gans das mit dem Schnabel aufgelesene Nistmaterial mit einer typischen Kopfbewegung über die Schulter zurück und läßt es fallen. Die Instinktbewegung des Zurücklegens tritt schon lange vor dem Nestbau isoliert ohne Beziehung zum Nistort auf und wirkt in dieser Situation sinnlos. Die gleiche Bewegung ist aber auch Verhaltenselement bei der Paarungseinleitung. Dies ist ein Hinweis darauf, daß solche im zugehörigen Handlungsbereich sinnlos erscheinenden Instinktbewegungen eine neue Bedeutung in einem andern Instinktbereich erhalten. Sie werden hier durch Bedeutungswandel zu neuen Auslösern.

1.7 Ritualisierung

Die Zahl der Merkmale und Verhaltensweisen, die, miteinander kombiniert, zu Schlüsselreizen werden, ist verhältnismäßig gering. Beim Stichling sind dies z. B. Senkrechtstellen beim Ausheben der Nistgrube, schnelles Wegschwimmen bei Flucht, direktes Zuschwimmen beim Angriff und Zustoßen auf den Feind. Im sozialen Kontakt mit Artgenossen, etwa bei der Balz oder beim Kampfverhalten, ist die Mannigfaltigkeit von handlungsauslösenden Bewegungen ungleich größer (Zickzacktanz, Schwimmen zum Nest, Schnauzentriller, Rammstoß, Drohhaltung u. a.). Wenn sich z. B. Stichlinge androhen, stellen sie sich, die rotgrüne Breitseite einander zugekehrt, senkrecht nach unten. Diese Drohhaltung ist aber ursprüngliches Verhaltenselement bei der Nestbauhandlung des Grubeaushebens. Sie wurde offensichtlich im Instinktbereich des Kampfes zur Drohgebärde, die dem Rivalen anzeigt, daß die Gebärde nur ihm gilt. Solche zu *optischen Signalen* umgebildeten Instinktbewegungen, die einprägsam und unverwechselbar sind, heißen *Ausdrucksbewegungen.* Sie haben mitteilende Funktion und dienen im sozialen Leben der Art als Verständigungsmittel. Besonders häufig entwickeln sich solche Ausdrucksbewegungen aus Übersprunghandlungen und Intentionsbewegungen. Man bezeichnet die Erscheinung, daß eine Instinktbewegung durch Bedeutungswechsel zu einem neuen selbständigen, unverwechselbaren Verständigungsmittel unter Artgenossen wird, als *»Ritualisierung«.* Durch Ritualisierung wird das Register angeborener Auslöser sehr stark erweitert. Diese Erweiterung ist

Abb. 293: Die Entstehung der Balz bei verschiedenen Fasanenvögeln aus dem Futterlocken. a Haushahn futterlockend; b Lockphase beim Jagdfasan; c „Ekstase" beim Glanzfasan; d „Ekstase" des Pfaus vor der Henne

biologisch bedeutsam, da im Sozialleben neue Situationen auftreten können, die mitteilbar gemacht werden müssen, wie z. B. die Koordinierung des gemeinsamen Jagens der Beute, gemeinsame Brutpflege, Abwehr von Feinden, Verhinderung der Tötung der Artgenossen u. a. Ähnlich wie die stammesgeschichtliche Abwandlung ein und desselben Organs, z. B. der Wirbeltierextremität, sich in einer Reihe abgestufter Ähnlichkeiten ordnen läßt, kann man auch ritualisierte Instinktbewegungen für solche Vergleiche heranziehen. Bei der Balz scharrt der Haushahn ein paarmal auf dem Boden, tritt etwas zurück und pickt dann unter Lockrufen auf den Boden. Die Henne eilt herbei und sucht vor dem Hahn nach Futter. Diese Form der Balz ist eine ritualisierte Futterlockbewegung. Beim Pfauhahn ist diese Form der Werbung fast bis zur Unkenntlichkeit ritualisiert. Er spreizt vor der Henne die Schwanzfedern, beugt den Schwanzfächer nach vorn und zeigt bei aufgerichtetem Hals mit dem Schnabel nach unten. Das Weibchen läuft auf den Hahn zu und sucht vor ihm auf dem Boden Futter. Zwischen diesen extremen Verhaltensweisen gibt es gleitende Übergänge bei Fasanen, die darlegen, daß solche Instinkthandlungen auf der gleichen Grundbewegung des Futterlockens beruhen.

2. *Erfahrungsbedingtes Verhalten (Lernen)*

Tiere, die nur angeborenermaßen handeln, haben einen recht geringen Spielraum, sich den Gegebenheiten der Umwelt anzupassen, da ihr Verhalten ziemlich fest in Reflexen und Instinktabläufen vorprogrammiert ist. Die Fähigkeit zu lernen, d. h. sich individuell an neue Situationen anzupassen, erweitert den Handlungsspielraum. Voraussetzung für das Lernen ist ein *Gedächtnis,* das Erfahrungen als Gedächtnisinhalt speichern kann. Der Gedächtnisinhalt ist dann zur Bewältigung neuer Situationen verfügbar. So ist z. B. die Nagebewegung dem Eichhörnchen angeboren, wie es aber eine Haselnuß benagen muß, um sie rasch und arbeitsparend zu öffnen, lernt es durch Probieren, wobei es das erfolgbringende Vorgehen im Gedächtnis behält. Gelerntes kann aber auch wieder vergessen werden. Vergessen ist ein aktiver Vorgang.

2.1 Lernformen

Lernen durch bedingten Reflex. Bekannt wurde diese Form des Lernens durch die Untersuchungen des russischen Forschers PAWLOW an Hunden (s. S. 124).

Auch beim Menschen konnten bedingte Reflexe nachgewiesen werden. Ein kurzer Luftstoß aus einer feinen Düse löst am Auge den Lidschlußreflex aus. Wird unmittelbar vor oder fast gleichzeitig mit dem Luftstoß ein Summton gegeben, so reagiert nach mehrmaliger Wiederholung das Auge allein auf den Summton mit dem Lidschlußreflex. Bei diesem Versuch geht dem reflexauslösenden Reiz (Luftstrahl) als unbedingtem Reiz mehrmals ein neutraler Reiz (Summton) unmittelbar (0,1 bis 0,5 Sek.) voraus. Der Lernvorgang besteht darin, daß der neutrale Reiz mit dem folgenden reflexauslösenden Reiz verknüpft und schließlich selbst zum reflexauslösenden Reiz wird. Man nennt ihn bedingten Reiz und den auf ihn folgenden Reflex bedingten Reflex. Wird nach dem Erlernen der Reaktionen der Summton nun ständig ohne Luftstoß gegeben, schließt sich das Lid nach einiger Zeit immer seltener auf diesen Reiz hin. Der bedingte Reflex erlischt allmählich (Extinktion), wenn keine *Bekräftigung* mehr durch die Koppelung von Summton und Luftstoß erfolgt.

Eine höhere Stufe des Lernens sind solche Lernvorgänge, die man als **Lernen am Erfolg** bezeichnet.

Bietet man hungrigen Elritzen jeweils vor einer roten Scheibe im Aquarium Futter, dann schwimmen sie nach mehrmaliger Wiederholung des Fütterungsversuches nur noch an die rote Scheibe, um dort Futter zu suchen, auch wenn dieses fehlt. Das Tier hat die Erfahrung gemacht, daß an der roten Scheibe Futter zu finden ist, und diese Erfahrung im Gedächtnis gespeichert. Bei diesem Lernvorgang wurde eine *Wahrnehmung* (= rote Farbe) mit einer *Belohnung* (Befriedigung des Antriebs zur Nahrungsaufnahme) verknüpft (assoziiert). Tritt von neuem der Reiz Rot auf, dann wird dieser für das hungrige Tier zum neuen auslösenden Reiz für Futtererwartung bzw. Futteraufnahme. Auch *Verhaltensweisen* können in einem

Lernprozeß von Tieren dazu eingesetzt werden, um einen für sie biologisch günstigen Zustand zu erreichen. Eine Dackelhündin, die sich spielenderweise auf den Rücken legte und die Beine auseinanderstreckte, wurde für diese »drollige« Haltung durch einen begehrten Bissen belohnt. In der Folgezeit zeigte sie dieses Verhalten jedesmal, wenn sie einen Leckerbissen bemerkte und ihn haben wollte. Die Haltung des Tieres ist ein *Verhaltenselement* aus dem Verhalten junger Welpen, die mit diesem Verhalten die Mutter zur Körperpflege auffordern. Das Tier macht die Erfahrung, daß ein bestimmtes Verhalten eine Belohnung einbringt. Es verknüpft daher den durch Belohnung befriedigten Antrieb mit der entsprechenden Verhaltensweise. Da bei diesem Lernvorgang ein Verhalten gleichsam das Instrument ist, durch das ein angestrebter Zustand (z. B. Sättigung) erreicht wird, bezeichnet man diese Form des Lernens auch als *instrumentelles Lernen* (instrumentelle oder operante Konditionierung).

Ein Lernerfolg wird bei Tieren meist dadurch erreicht, daß sie nach der Methode von »Versuch und Irrtum« Verhaltensweisen ausprobieren. Führt ein bestimmtes Verhalten zu einem Mißerfolg (»Irrtum«), so dämpft dies die Neigung, dieses Verhalten zu wiederholen. Hat das Verhalten aber Erfolg, wirkt dies verstärkend auf die Wiederholung des erfolgbringenden Verhaltens in gleichen Situationen. Bei der Dressur von Tieren wird das gewünschte, vom Tier zufällig gezeigte Verhalten durch Belohnung bekräftigt. Diese Bekräftigung (*reinforcement*) führt in der Regel schneller zum Erfolg als eine Bestrafung.

Prägung. Sie ist eine von K. Lorenz entdeckte besondere Form des Lernens. Gänseküken folgen kurz nach dem Schlüpfen demjenigen bewegten Objekt (Mensch, fahrender Wagen), das ihre angeborene Nachfolgereaktion auslöst. Unter natürlichen Umständen wird dies die eigene Mutter sein. Wird diese Reaktion jedoch zuerst von einem Menschen ausgelöst, dann folgt das Küken fortan nur noch dem Menschen und nicht der Mutter. Die Prägung bezieht sich aber nur auf eine bestimmte Reaktion, z. B. auf Handlungen des Nachfolgens oder der Fortpflanzung. Eine männliche Dohle, die man als Nestling aufzieht, kann sich wohl einem Dohlenschwarm anschließen; zur Balzzeit wird sie aber, wenn die Möglichkeit besteht, immer den Menschen anbalzen, auch wenn sie mit Dohlenweibchen in sozialem Kontakt steht. Die Prägung ist nur in einer zeitlich begrenzten, *sensiblen Periode* des Individuallebens möglich. Bei Gänsen liegt diese Periode zur Prägung des Nachfolgens in den ersten sechs Stunden nach dem Schlüpfen, bei Entenküken zwischen der 13. und 16. Stunde. Die erworbene Kenntnis des Prägeobjekts wird zeitlebens beibehalten.

2.2 Lernleistungen bei Tieren

Lernvermögen ist bei vielen Tieren nachzuweisen. Zu erstaunlichen Lernleistungen sind Vögel und Säugetiere fähig. Tauben, Papageien, Rabenvögel und Eichhörnchen lernten es, aus einer großen Anzahl von Futterkörnern eine bestimmte Anzahl herauszu-

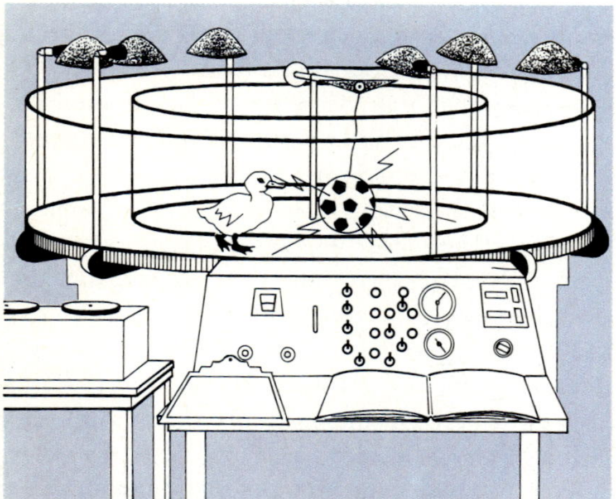

Abb. 294: Apparatur zur Prägung eines Entenkükens auf einen Fußball. Der Ball muß sich bewegen und entsprechende Lockrufe abgeben.

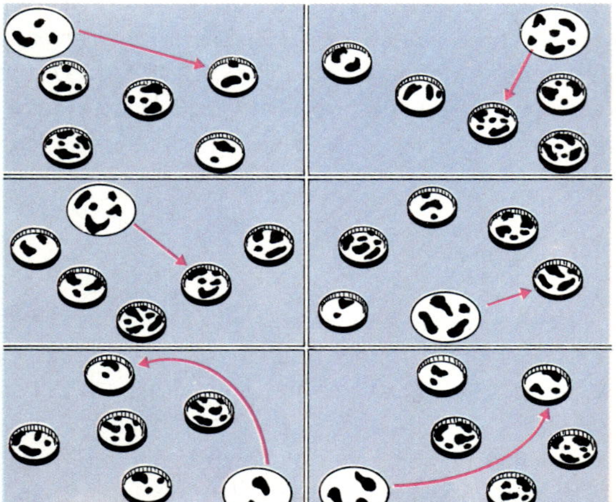

Abb. 295: Wahl nach Anweisertafel durch einen Kolkraben. Auf den mit Futter versehenen Schälchen liegen verschiedene Anzahlen an Plastilinstückchen. Die Pfeile verbinden jeweils die Tafel mit dem vom Raben gewählten Futternapf

nehmen. Rabenvögel und Papageien lernten sogar, nach einer Anweisertafel zu handeln. In einer Reihe verdeckter Schälchen waren die Deckel jeweils mit einer Anzahl Plastilinstückchen verschiedener Form und in unterschiedlicher räumlicher Anordnung versehen. Vor den Schälchen lag eine Anweisertafel mit einer bestimmten Anzahl von Punkten. Die Tiere hoben entsprechend der Anweisertafel den Deckel des Schälchens mit gleicher Anzahl ab und fraßen den darinliegenden Köder. Erlernt wurde auch die Anzahl der in der Zeit aufeinanderfolgenden Ereignisse. In einer Reihe von sieben verdeckten Schälchen waren Futterkörner verteilt. Ein Graupapagei lernte auf zwei, drei oder vier Signaltöne, jeweils so viel Schälchen abzudecken, bis die Summe der gefressenen Körner gleich der Anzahl der Signaltöne war. Die höchste erkannte Anzahl war beim Kolkraben und Graupapagei acht, bei Wellensittich und Dohle sieben, bei der Taube fünf. Höhere Wirbeltiere sind also imstande, aus einer gleichen Anzahl von Gebilden, die in Form und räumlicher Anordnung verschieden sind, das Gemeinsame, nämlich die *Anzahl,* herauszufinden. Die Tiere haben also schon das Vermögen, zu abstrahieren und nicht benannte bildliche Begriffe zu bilden (*unbenanntes Denken*).

3. Neugier- und Spielverhalten

Bei vielen Tieren schiebt sich zwischen früher Kindheit und Erwachsenenalter ein Verhaltensabschnitt ein, in welchem sie ihre Umwelt erkunden. Selbst in vertrauter Umgebung suchen sie gezielt neue, von ihnen entdeckte Dinge auf, um sie zu untersuchen (Neugierverhalten). Kolkraben behandeln jeden in der vertrauten Umgebung neu entdeckten Gegenstand erst einmal als Feind. Das Tier nähert sich zunächst vorsichtig, entfernt sich dann wieder, greift schließlich an, hackt auf den Gegenstand ein oder trägt ihn weg.

Das neugierige Erkunden der Umwelt geht fließend ins Spielen über, dem eine *Spielappetenz* zugrundeliegt. Das Spielverhalten enthält sowohl angeborene als auch erlernte Verhaltensanteile. Diese werden oft nicht in einen biologisch sinnvollen Handlungsablauf eingesetzt, sondern frei kombiniert. Nur so ist es verständlich, daß z. B. bei jungen Katzen, die mit einem Wollknäuel spielen, die Verhaltensweisen des Beutefangs (Anschleichen – Sprung – Zubeißen) in beliebiger Reihenfolge abwechseln. Angeborene Verhaltensweisen können beim Spiel in abgewandelter Form auftreten. Junge Hunde beißen beim Angriffsspiel nicht ernstlich zu, und spielende Katzen strecken beim Fangschlag mit der Pfote keine Krallen aus. Dem Spiel fehlt damit der Bezug zum Ernstfall. Auch das *Nachahmen* von Verhaltensweisen durch die Jungtiere kann in das Spiel einbezogen sein, dabei werden vor allem Verhaltensweisen der Eltern in das eigene Verhalten übernommen und erlernt. Bei höher entwickelten Säugetieren ist die Spielphase mit ihrer Vielfalt an Verhaltensweisen sehr ausgeprägt, obwohl dies dem Tier keinen augenblicklichen Nutzen bringt. Doch werden im Spiel nützliche und anwendbare Erfahrungen für das künftige Leben gesammelt.

4. Einsichtiges Verhalten

Die höchste Stufe des Verhaltens ist das einsichtige Verhalten. Hierbei werden sinnvolle Zusammenhänge erfaßt, die durch Überlegen gefunden wurden. Einsichtiges Verhalten ist keineswegs auf den Menschen beschränkt, sondern zeigt sich in den Anfängen auch bei Tieren. Bekannt sind die Versuche von W. Köhler mit Menschenaffen. Die Tiere benutzten, ohne vorher die entsprechende Erfahrung gemacht zu haben, Stöcke zum Herbeiholen von Bananen außerhalb ihres Käfigs, türmten Kisten aufeinander,

Abb. 296: Einsichtiges Verhalten bei Schimpansen. Kistenversuch, Stockversuche, Verlängern eines Stockes durch Aufstecken kleinerer Stöcke. Das ungeschickte Aufeinanderstellen der Kisten zeigt die Begrenzung der Einsicht.

die zufällig in ihrem Käfig herumlagen, oder steckten Stöcke mit hohlen Enden zusammen, um eine an der Käfigdecke aufgehängte Banane herunterzuholen. Bei den Versuchen wurde ausgeschlossen, daß die Tiere ihr Verhalten von anderen abschauen konnten. Sie probierten auch nicht herum, wie dies für das Lernen am Erfolg charakteristisch ist. Offensichtlich haben die Tiere Einsicht in ihr Tun. Die Leistungen der Affen sind dadurch gekennnzeichnet, daß durch Überlegung die erfolgversprechende Handlung zunächst in Gedanken vorentworfen und dann ohne Zögern oder Probieren ausgeführt wird. Ein Stock, mit dem sich gerade ein Affe kratzt, wird von einem Artgenossen nicht weggenommen, um damit eine Banane zu angeln. Die Tiere erkennen nicht den Bedeutungswandel. Sie können die Bedeutung eines Stocks als Kratz- *und* als Angelinstrument nicht gleichzeitig erfassen. Die zu Erreichung des Zieles benutzten Gegenstände sind für den Affen zweckdienliche Werkzeuge, aber keine Geräte, deren Verwendung zu einem bestimmten Zweck im voraus überlegt worden wäre. Nach Befriedigung des Bedürfnisses werden die Werkzeuge wieder bedeutungslos.

5. Weitergabe von Erfahrung. Tradition

Makaken »erfanden« das Waschen erdiger Kartoffeln mit Wasser und trennten Sand und Reiskörner mit der Technik des Goldwaschens. Andere fischten Tang und Muscheln aus dem Meer. Diese Verhaltensweisen müssen einem Artgenossen, der sie anwandte, abgeschaut werden, sind also nicht angeboren. Die Fähigkeiten sind wohl ursprünglich durch Lernen am Erfolg erworben worden und werden nun über Generationen hinweg weitergegeben. Für diese Auffassung spricht, daß alle Mitglieder der einen Gruppe eine bestimmte Verhaltensweise beherrschen, andere Gruppen aber oft nicht. Hier werden die ersten Anfänge einer *Traditionsbildung* durch Weitergabe von individuell erworbenem Wissen sichtbar. Allerdings bleibt bei Tieren die Weitergabe der erworbenen Kenntnisse an die Gegenwart des Objektes gebunden, auf das sich die Kenntnisse beziehen. Im Freiland wurde beobachtet, daß Schimpansen mit dünnen Stöcken Termiten aus ihren Schwärmlöchern holten, indem sie diese erweiterten und die Stöcke hineinsteckten. Die Termiten bissen sich daran fest und wurden dann von den Schimpansen abgeleckt. Sie benutzten zerknüllte Blätter, um aus Astlöchern Wasser aufzusaugen, das sie mit den Lippen nicht erreichen konnten. Diese Verhaltensweisen sind möglicherweise ursprünglich durch Einsicht entstanden und werden nun an spätere Generationen weitergegeben (»tradiert«).

6. Sozialverhalten

6.1 Vergesellschaftung

Bei den meisten Tierarten geht jedes Individuum für sich der Nahrung nach, verteidigt sich, sucht Schutz u. a., ohne sich um den Artgenossen zu kümmern. Lediglich zur Erhaltung der Art finden sich zeitweise die Geschlechter zusammen. Bei vielen Tierarten gibt es zwar Gruppierungen mehrerer Artgenossen, aber nicht in jeder kommt es zu sozialen Beziehungen. Häufig bleiben Tiere, die am gleichen Ort zur gleichen Zeit aus dem Ei geschlüpft sind, so lange beisammen, als ihnen Nahrung (Blattläuse, Schmetterlingsraupen) geboten wird. Auch das Schutzbedürfnis führt Tiere an günstigen Stellen zusammen (Fledermäuse). Es gibt aber auch länger andauernde Zusammenschlüsse mehrerer artgleicher Tiere. Eine einfache Form des sozialen Zusammenschlusses ist der *anonyme Verband.* Er besteht aus einer lockeren Vergesellschaftung von Tieren, die sich persönlich nicht kennen. Solche lockeren Tiergesellschaften sind die Nistgemeinschaften zahlreicher Vögel (Saatkrähen, Uferschwalben, Reiher), die Wanderschwärme der Heuschrecken, Libellen, Heringe und Stare, die Laichzüge der Aale und Lachse, die Wanderzüge der Lemminge sowie die sozialen Herden Afrikas, in denen Strauße, Zebras, Gazellen und Antilopen einen lockeren Sozialverband bilden. In den meisten dieser Fälle handelt es sich um Schutz- oder Nahrungsgemeinschaften. Anders ist die Sozialstruktur im *individualisierten Verband,* wie sie z. B. in den Familienverbänden der Affen, Wildschweine, Pinguine, Elefanten oder in den Dauerehen der Dohlen und Wildgänse anzutreffen ist. Die verschiedenen Verhaltensweisen wie Nahrungserwerb, Schutz der Nachkommen, Brutpflege u. a. erfordern eine enge Bindung der Sozialpartner aneinander. Sie wird oft durch Prägung ausgelöst und gefestigt und führt zu einer persönlichen Kenntnis des Sozialpartners. Voraussetzung für das gemeinsame und wohlgeordnete Handeln in einem solchen Verband ist die gegenseitige Verständigung.

6.2 Verständigung der Tiere untereinander (Kommunikation)

Ein Kontakt zum Artgenossen läßt sich auf vielerlei Weise herstellen. Höhere Tiere verständigen sich oft durch ritualisierte Verhaltenselemente. Durch Lockrufe verständigen sich z. B. Mutter und Kind, Warnrufe sowie Rufe des Verlassenseins zeigen eine Gefahr an. Besondere Duftstoffe (Nestgeruch!) oder auffallende optische Signale (auffällige Gefiederzeichnung bei Vögeln) dienen dem gegenseitigen Erkennen. Durch Bewegungen des Kopfes oder Schwanzes, Aufrichten der Ohren oder Sträuben der Haare, bei Delphinen auch durch Augenzwinkern, verständigen sich die Artgenossen. Graugänse drohen Artgenossen mit einer bestimmten Ausdrucksbewegung, dem vorgestreckten Hals. Bei der Paarbildung wird diese Drohgebärde durch Ritualisierung zu einem Auslöser für die soziale Bindung.

6.3 Sozialverhalten und Kommunikation bei Bienen

Die Organisation des Bienenstaates ist so geordnet, daß kein Mitglied allein für sich leben kann. Bemerkenswert ist der streng geregelte Arbeitswechsel im Lebenslauf einer Arbeitsbiene.

Zuerst verrichtet die junge Arbeitsbiene ihren

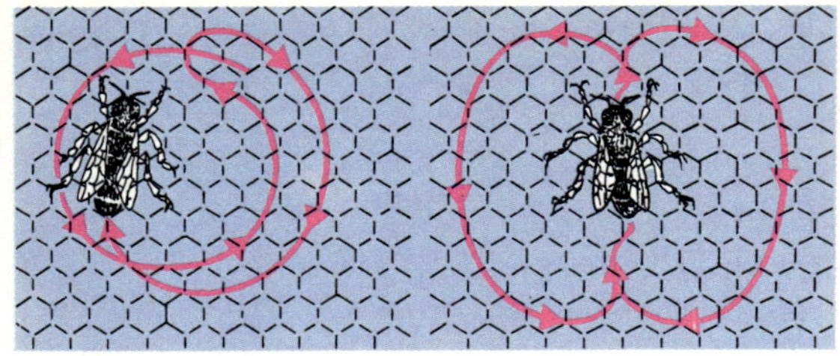

Abb. 297: Die Sprache der Bienen: links Rundtanz, rechts Schwänzeltanz

Dienst im Stockinneren. Sie reinigt die Zellen, hält die Brutzellen warm und füttert dann bis zum fünften Lebenstag die älteren Maden mit Blütenstaub und Honig. Inzwischen sind ihre Speicheldrüsen herangewachsen und erzeugen einen eiweißhaltigen Futtersaft, mit dem sie jetzt die jungen Larven füttert. Nach Rückbildung der Futterdrüsen stellt sie ihre Brutpflegetätigkeit ein und übernimmt vom zehnten Lebenstag an andere Arbeiten im Stock. Sie nimmt den heimkehrenden Trachtbienen den Nektar ab und füllt ihn in die Zellen oder füttert damit hungrige Stockgenossen; sie scheidet Wachs aus und baut Waben; sie hält den Stock rein und übernimmt schließlich den Wächterdienst am Flugloch. Später unternimmt sie die ersten Orientierungsflüge. Erst vom 20. Lebenstag an beginnt sie mit dem Außendienst und trägt dann bis an ihr Lebensende Blütenstaub, Nektar oder Wasser ein. Die festgelegte Aufeinanderfolge von Tätigkeiten im Lebenslauf der Arbeitsbienen muß erbbedingt sein. Die Reihenfolge ist jedoch nicht starr. Ändern sich die Bedürfnisse im Stock, so übernimmt die Arbeiterin kurzfristig auch andere Aufgaben. Fehlt es z. B. an Wächterbienen, nimmt ein Teil der Sammelbienen wieder den früheren Wächterdienst auf. Die Art der Tätigkeit der Biene wird also durch ein Zusammenspiel von genetischen und Umweltfaktoren bestimmt.

Wie finden nun die Trachtbienen eine günstige Futterquelle? Stellt man im Freien einen mit Honig getränkten Papierbogen oder ein Schälchen mit Zukkerwasser auf einen Tisch, vergehen unter Umständen einige Stunden, bis die erste Biene diese Futterquelle entdeckt hat. Kurze Zeit, nachdem die erste Biene wieder abgeflogen ist, wächst jedoch die Zahl der anfliegenden Bienen rasch auf Dutzende an. Offenbar können sich die Bienen untereinander verständigen.

Um festzustellen, wie dies geschieht, hat v. FRISCH die zuerst ankommende Biene mit einem Farbtupfen markiert. Dann wurde das Verhalten der gekennzeichneten Biene nach ihrer Rückkehr in den Stock beobachtet. Lag die Futterquelle in unmittelbarer Nähe des Stocks, so führten die heimkehrenden Sammlerinnen auf einer senkrecht stehenden Wabe (Abb. 297) einfache Rundtänze auf. Wurde das Futterschälchen immer weiter vom Stock entfernt, gingen die Tanzbewegungen bei einer Entfernung von 80 bis 100 Meter in sogenannte *Schwänzeltänze* über. Beim Schwänzeltanz in Form einer Acht betont die Tänzerin das Mittelstück der Tanzfigur und schwänzelt dabei mit dem Hinterleib. Als Bezugsrichtung dient die Richtung der Erdschwerkraft, die im dunklen Stock der Richtung zur Sonne beim Flug entspricht. Die Richtung des Schwänzeltanzes verläuft senkrecht nach oben, wenn die Futterquelle genau in der Richtung des Sonnenstandes liegt. Sie weicht um so viel Winkelgrade von der Senkrechten ab, wie der Winkelabstand zwischen der Richtung zur Futterquelle und dem jeweiligen Sonnenstand beträgt. Mit zunehmender Entfernung zur Futterquelle werden die Umläufe langsamer, der Schwänzellauf des Mittelstücks aber immer ausgeprägter. Die Zahl der Umläufe je Zeiteinheit scheint also eine Entfernungsangabe zu sein. Liegt die Futterquelle bei gleicher Entfernung vom Stock das eine Mal bergauf, das andere Mal bergab, ist die Zahl der Umläufe je Zeiteinheit beim Bergaufflug kleiner als beim Bergabflug. Es wird also nicht die absolute Entfernung, sondern die Flugleistung bis zum Erreichen des Zieles angegeben. Ähnliche Verhältnisse wurden auch bei Gegenwind beobachtet. Bei Umwegen um einen Berg wird stets die Richtung der Luftlinie zur Trachtquelle angege-

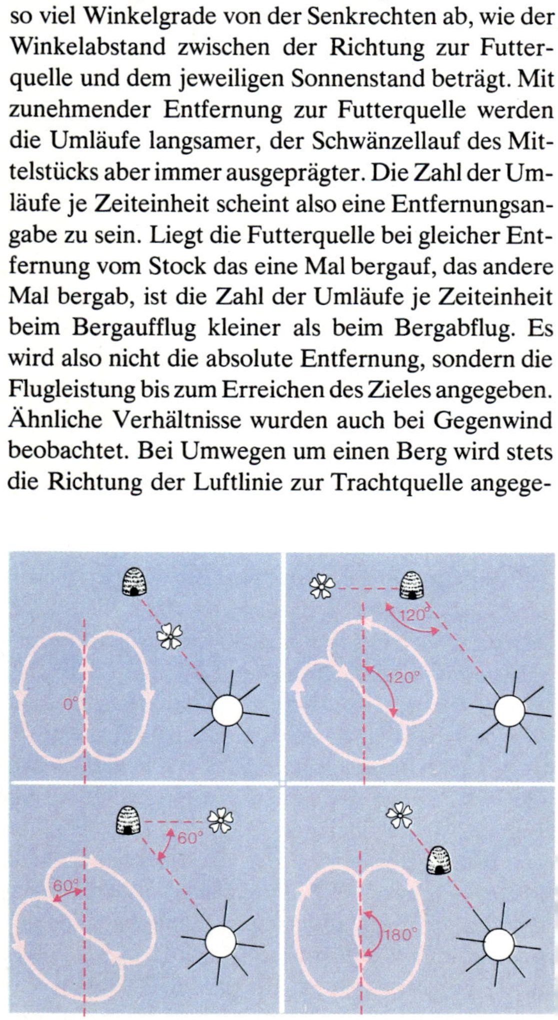

Abb. 298: Richtungsweisung der Bienen nach dem Sonnenstand. Die Art des Tanzes enthält noch zusätzliche Informationen über die Menge des Futters und seine Entfernung vom Stock; der Duft der Tracht enthält Informationen über die Art der Futterpflanzen.

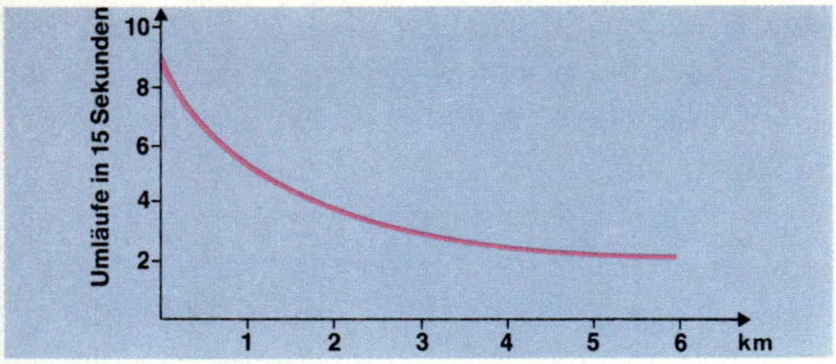

Abb. 299: Häufigkeit des Durchlaufs der Tanzfigur pro Zeiteinheit in Abhängigkeit von der Entfernung

ben, aber die Umwegstrecke als Entfernung angezeigt. Auch wenn die Sonne verdeckt ist und nur ein kleiner Fleck blauen Himmels sichtbar bleibt, können die Bienen aus der *Schwingungsrichtung des polarisierten Himmelslichtes* den Sonnenstand erkennen. Da ihr Auge für *ultraviolettes Licht* sehr empfindlich ist, können sie auch bei geschlossener Wolkendecke die Sonne direkt sehen. Bienen berücksichtigen bei dieser Richtungsweisung mit Hilfe eines gut entwickelten Zeitsinnes auch die Änderung des Sonnenstandes.

Um die Information der Tanzsprache übernehmen zu können, folgen die Stockgenossen der tanzenden Biene dichtauf. Da die Biene auf der senkrecht hängenden Wabe tanzt, muß sie die Information über den Winkel zwischen Sonne und Flugrichtung in den Winkel zwischen der Lotrechten und der Tanzrichtung übersetzen, und die Empfängerbienen müssen diese Information ihrerseits wieder zurückübersetzen.

Abb. 300: Sprachähnliche Kommunikation der Schimpansin Sarah. Das Tier handelt gemäß der gegebenen Anweisung, nachdem es zuvor mit den verwendeten Wortsymbolen eingehend vertraut gemacht wurde. Es versteht also nicht nur die Wortbedeutung, sondern auch den Sinn des Satzes (s. Text).

6.4 Sprachähnliche Kommunikation bei Schimpansen

Um das Mitteilungsvermögen von Schimpansen im Sinne einer Benennung von Dingen zu prüfen, wurde vom Forscherehepaar Gardner dem Schimpansenweibchen *Washoe* eine bildhafte Zeichensprache beigebracht, wie sie von Taubstummen zur gegenseitigen Verständigung und auch bei der nichtverbalen »Geheimsprache« zwischen Kindern benutzt wird. Im Verlauf von 22 Monaten erlernte das Tier 34 Zeichen und konnte diesen bestimmte Begriffe zuordnen und diese auch durch Zeichen mitteilen. Der Begriff »süß« wurde durch das Berühren der wackelnden Zungenspitze mit dem Zeigefinger repräsentiert und immer dann signalisiert, wenn das Tier nach der Mahlzeit einen Nachtisch wollte oder ein Bonbon begehrte. Trinken deutete die Schimpansin durch Berühren des Mundes mit dem von der Faust abgespreizten Daumen an und verwendete diese Geste für die Begriffe Wasser, Arznei und Limonade. Limonade verband sie oft mit »süß«. Einem Beobachter konnte *Washoe* durch gelernte Zeichen mitteilen, was sie auf einem Bild sah. Sie kombinierte auch selbständig Zeichen, z. B. öffnen – essen – trinken, wenn sie andeuten wollte, daß der Kühlschrank geöffnet werden sollte.

Premack lehrte die Schimpansin *Sarah*, daß Plastikstückchen von bestimmter Form und Farbe (Symbole für Worte), einem bestimmten Objekt, einer Tätigkeit oder einer Eigenschaft zugeordnet sind. Mit solchen Plastikfiguren, von denen jede einem bestimmten Wort entsprach, konnte z. B. folgender Satz gelegt werden: Sarah – legen – Banane – Eimer – Apfel – Schüssel. Die Schimpansin verstand den Sinn der Kombination der Plastikfiguren, legte die Banane in den Eimer und den Apfel in die Schüssel. Die Versuche zeigen, daß Affen durch Symbole Mitteilungen machen können, die einer sprachähnlichen Kommunikation entsprechen.

6.5 Revierverhalten

Die meisten Tiere leben dauernd in einem bestimmten Gebiet. Ein Ausschnitt dieses Gebietes, in welchem sie ihre Nahrung erwerben, ihr Nest bauen, schlafen, sich fortpflanzen, brüten, wird gegen Artgenossen abgegrenzt und verteidigt. Man nennt solche Gebiete Reviere oder Territorien. Säugetiere grenzen ihre Reviere oft durch Duftmarken aus Drüsensekreten ab, die sie an bestimmten Stellen des Reviers anbringen. Wölfe markieren durch Harn, Dachs und Marder mit dem Sekret einer Drüse an ihrer Schwanzwurzel. Singvögel bedeuten mit ihrem Gesang den Artgenossen, daß ein Revier besetzt ist. Der Besitzer ist im Revier instinktiv kampfgestimmt und fühlt sich im Revierzentrum besonders stark. Daher kann selbst ein schwächeres Tier einen stärkeren Artgenossen aus seinem Revier vertreiben, da ein revierfremder Artgenosse fluchtgestimmt ist.

Die biologische Bedeutung des Revierverhaltens liegt darin, daß durch Gebietsabgrenzung die Bevölkerungsdichte ziemlich konstant bleibt und den jeweiligen Lebensansprüchen des betreffenden Tieres gut angepaßt ist. Wird das Revier von Tieren durch Übervölkerung eingeengt, dann treten körperliche Störungen und Verhaltensänderungen auf, die sogar tödlich wirken können (*sozialer Streß*).

Diese Erscheinung wurde an Spitzhörnchen untersucht. Wenn die Tiere in einem Gehege fortwährend Artgenossen um sich haben, denen sie nicht ausweichen können, sterben sie nach kurzer Zeit durch Versagen der Nieren. Bei erwachsenen Weibchen ist die Funktion der Milchdrüsen und damit die Stillfähigkeit gestört, die Duftdrüse zum Duftmarkieren der Jungen scheidet kein Sekret mehr ab, und die nicht duftmarkierten Jungen werden von Artgenossen aufgefressen. Außerdem tragen trächtige Weibchen ihre Jungen nicht mehr aus. Beim Männchen verzögert sich die Entwicklung der Hoden. Diese Vorgänge setzen die Fortpflanzung so weit herab, daß jedem überlebenden Tier die erforderliche Reviergröße wieder zur Verfügung steht.

6.6 Rangordnung

In vielen Gemeinschaften besteht innerhalb des Verbandes eine Rangordnung, in welcher jedes Mitglied seinen bestimmten Platz einnimmt. Die Rangordnung wird durch Ausscheidungskämpfe festgelegt, bei denen Kraft, Geschicklichkeit und Ausdauer über die Rangfolge entscheiden. Damit wird sichergestellt, daß das stärkste und gewandteste Tier die Führung der Gruppe übernimmt. Dies gilt z. B. für Wölfe, Pferde, Schafe, Dohlen. Bei Affen sind die Führer der Gruppe meist erfahrene Alttiere. Haushühner erkämpfen sich durch Picken oder Hakken ihre Rangordnung. Das ranghöchste Tier (α-Tier) hackt alle andern Tiere, das rangniederste wird von allen gepickt. Das ranghöchste Tier hat Vorrecht beim Futtertrog und bei der Wahl seines Ruheplatzes. Innerhalb einer solchen Rangordnung kann es zur Umorientierung des Verhaltens kommen. Ein Affe, der von einem Ranghöheren bedroht oder angegriffen wird, wehrt sich nicht gegen diesen, sondern greift einen Rangniederen an (*Radfahrerreaktion*). Beim Streit zwischen zwei Mantelpavianen kann es vorkommen, daß der Schwächere plötzlich zum ranghohen Anführer der Gruppe flieht und dessen aufkommende Aggressivität durch eine besondere Demutsgebärde beschwichtigt. Gleichzeitig aber droht er im Schutze des Ranghohen gegen seinen Widersacher und lenkt damit die Aggression des Ranghohen auf diesen.

6.7 Aggression und ihre Motivationen

Unter Aggression versteht man in der Verhaltensforschung jede Auseinandersetzung mit anderen Lebewesen. Sie kann gegen die eigenen Artgenossen (intraspezifische Aggression) oder gegen Artfremde (interspezifische Aggression) gerichtet sein. Aggressives Verhalten tritt in den verschiedensten Verhaltenssituationen auf und unterliegt verschiedenen Motivationen.

Aggression gegen den lebensbedrohenden Feind. Viele Beutetiere wehren sich gegen den Angreifer mit einem Gegenangriff, wenn sie auf der Flucht eingeholt oder in die Enge getrieben werden (»Mut der Verzweiflung«).

Aggression gegen Eindringlinge in das Revier. Sie äußert sich in den Revierkämpfen all der Tiere, die ein Revier abgrenzen und verteidigen. Die Aggressivität ist hier an die Behauptung eines durch Lernvorgänge erworbenen Gebietes gebunden.

Aggression gegen die Gruppenhierarchie. Die Motivation für dieses Verhalten liegt im Behaupten einer erreichten Rangstufe oder im Bestreben, eine höhere Rangstufe innerhalb der sozialen Rangordnung in der Gruppe zu erringen.

Aggression gegen den Gruppenfeind. In Gruppen lebende Tiere greifen auf den Angstschrei eines Gruppengenossen kollektiv den Feind an. Auf Tiere, die den Angstschrei nicht gehört haben, wird die Angriffsstimmung übertragen; sie greifen mit an. Gruppenaggression wirkt stimulierend und anstekkend auf Artgenossen.

Aggression gegen den Gruppenaußenseiter (Ausstoßungsreaktion). Artgenossen, die nicht dem normalen Artbild entsprechen, werden von anderen Artgenossen angegriffen und bisweilen getötet. Man betupfte z. B. den roten Kamm eines Huhns mit einem Farbfleck. Diese geringe Veränderung löste sofort die Ausstoßungsreaktion aus. Altvögel greifen unsicher fliegende Jungvögel an, so daß diese abstürzen. Kranke und sich abnorm verhaltende Jungtiere von Raubkatzen werden vom Muttertier getötet. Überfütterte Jungvögel unterlassen oft die Sperreaktion und werden daraufhin von den fütternden Elternvögel aus dem Nest geworfen.

Aggressives Verhalten hat sich in der Evolution der Tiere erhalten, auch der Mensch hat diese Eigenschaft. Daraus ist zu schließen, daß Aggression biologische Vorteile bringt. Sie werden aus folgenden Betrachtungen sichtbar:

Bei der Revieraggression werden vom Einzeltier oder einer Gruppe bestimmte Territorien besetzt und andere Artgenossen vertrieben. Dies führt zur Verteilung der Individuen über größere Gebiete. Damit wird die Bevölkerungsdichte eines Gebietes auf ein tragbares Maß begrenzt und die Existenz der Art gesichert. Aggressives Verhalten beim Aufbau und bei der Erhaltung einer Gruppenhierarchie gewährleistet die Stabilität einer Gruppe und die Möglichkeit, daß die gewandtesten und intelligentesten Tiere zur Fortpflanzung gelangen.

6.8 Aggressionshemmung

Um die Aggression innerhalb der Artgenossen zu dämpfen oder zu verhindern, haben sich im Laufe der Stammesgeschichte Kontroll- und Hemmungsmechanismen entwickelt, die sich gegen die Tötung des Artgenossen richten. An die Stelle des wirklichen Kampfes, der ja mit dem Tod des artgleichen Rivalen enden könnte, treten häufig ritualisierte Demutsgebärden und Grußzeremonielle, welche die Aggression des Sozialpartners bremsen. Schimpansen umarmen sich und berühren sich gegenseitig mit den Lippen, wenn sie Bekannten begegnen. Die Umarmung ist aus der Instinktbewegung der kindlichen Klammerreaktion, das Lippenberühren aus der Mund-zu-Mund-Fütterung zwischen Mutter und Jungem abzuleiten. Auch die Bettelbewegungen des Schimpansen – gestreckter Arm mit nach oben offener Hand – wird zur Grußzeremonie. Wenn ein Schimpanse dem Anführer der Gruppe begegnet, streckt er ihm den Arm entgegen und der Anführer antwortet ihm, indem er seine Hand darauf legt. Mit der gleichen Geste sichern sich Schimpansen auch das Einverständnis des Gruppenführers, wenn sie von der gemeinsamen Futterstelle Nahrung holen wollen.

Eine weitere Maßnahme, dem Rivalenkampf seine vernichtende und damit artschädigende Wirkung zu

Abb. 301: Das Gefecht zwischen rivalisierenden Eidechsenmännchen besteht in einem ungefährlichen Kneifen in den Hinterkopf des Gegners.

nehmen, besteht darin, daß Rivalenkämpfe nach festen Regeln (*Kommentkampf*) ausgetragen werden. Wenn sich zwei Eidechsenmännchen während der Balzzeit begegnen, nehmen sie eine *Imponierhaltung* ein, indem sie mit der Breitseite und nach unten abgeknicktem Kopf ruckartig aufeinander zulaufen. Anschließend beißen sie sich abwechselnd in den Hinterkopf, bis einer durch eine *Demutsgeste* – Ducken und schnelles Auf-der-Stelle-Treten (ritualisierte Flucht) – erkennen läßt, daß er den Kampf aufgibt. Der Kampfantrieb des überlegenen Partners wird durch diese Demutshaltung gehemmt: er stellt den Beißkampf ein. Das gesamte Kampfverhalten – Beißen nach festen Regeln – Demutshaltung und Tötungshemmung – wird als *moralanaloges Verhalten* bezeichnet, da es einem menschlichen Streit ähnlich ist, dessen Regeln auf einem allgemeinen Moralkodex beruhen. Imponier- und Drohgebärden, die vorwiegend auf eine Selbstvergrößerung abzielen, wie z. B. Aufblasen, Aufplustern, Aufstellen der Haare, des Schwanzes und der Ohren, sind weit verbreitet, ähnlich wie die Demutshaltungen, die sich in einer Selbstverkleinerung durch Ducken, Anlegen der Ohren, Einziehen der Beine u. a. kundtun.

Wie beim »Kommentkampf« der Eidechsen beobachtet man bei vielen Tieren eine Tötungshemmung, die nicht vom Willen diktiert ist, sondern durch Signale ausgelöst wird. Der im Kampf schwächere Hund wirft sich auf den Rücken und liefert sich dem Stärkeren aus. Der »Sich-Unterwerfende« fällt gewissermaßen in die Rolle eines Welpen und blockiert damit die Angriffslust des »Überlegenen«. Krähen töten Beutevögel durch Hacken in den Hinterkopf.

Bei Kämpfen zwischen Artgenossen hält der Schwächere dem Sieger den Hinterkopf hin, und sofort ist dessen Aggression so lange blockiert, wie der Unterlegene in der Demutsstellung verharrt. Gerade bei Arten mit gefährlichen Waffen (Gebiß, Geweih, Hörner) oder ausgeprägtem Aggressionsverhalten beobachtet man solche Tötungshemmungen, sie sind für die Erhaltung der Art von großer Bedeutung.

7. Biologische Grundlagen des menschlichen Handelns

7.1 Menschliche Eigenart und angeborene Verhaltensformen

Das menschliche Verhalten wird durch drei wesentliche Merkmale bestimmt: Sprache, Denken und Tradition.

Die menschliche Sprache ist eine Begriffssprache und muß erlernt werden. Durch einen Denkakt bildet der Mensch von den Gegebenheiten, Dingen, Erscheinungen Begriffe (abstrakte Vorstellungen), die er in Form von Lautzeichen benennt, so daß Beziehungen zwischen den Dingen, persönliche Erfahrungen und Überlegungen mitteilbar werden.

Die tierische »Sprache« ist im wesentlichen angeboren und Ausdruck von Stimmungen, die auf Auslösung und Steuerung sozialer Verhaltensweisen abzielen. Das Zeichensystem besteht aus einem angeborenen starren Code, der auch symbolische Zeichen enthalten kann, aber die Laute sind in ihrer Bedeutung festgelegt.

Beim Menschen vollzieht sich in einem *Denkakt* die Bildung von Begriffen, Ideen, Urteilen und Schlußfolgerungen. Über die Denkinhalte kann losgelöst von den konkreten Dingen und Situationen verfügt werden. Das »Denken« hochentwickelter Tiere ist dadurch gekennzeichnet, daß es eine konkrete Situation durch Überlegung erfassen kann (z. B. Angeln einer Banane mit einem Stock); entsprechend dieser Einsicht handelt dann das Tier.

Die *menschliche Tradition,* deren Voraussetzung die Sprache ist, beruht auf der Weitergabe von Erfahrungen, Kenntnissen und Einsichten. Sie werden heute in Informationsspeichern wie Schriftstücken, Büchern und Datenbanken jederzeit verfügbar aufbewahrt und verdichten sich in einem von Generation zu Generation fortschreitenden Prozeß, der zur Schaffung sittlicher und moralischer Normen, zu Rechtsformen, religiösen Glaubenssätzen, sozialen Ordnungsformen, Dichtung, Kunst und wissenschaftlicher Erkenntnis führt.

Der Mensch ist ein Natur- und Geistwesen zugleich. Dies bedeutet, daß sein Verhalten sowohl von seiner biologisch-genetischen Grundausstattung wie auch von seiner Umwelt beeinflußt wird. Welchen Anteil beide Einflüsse am Gesamtverhalten haben, ist schwer zu bestimmen. Die von der Verhaltensforschung an Tieren gewonnenen Ergebnisse können nicht einfach auf den Menschen übertragen werden und wichtige, bei Tieren anwendbare Untersuchungsverfahren (z. B. Eingriffe ins Gehirn, isolierte Aufzucht) scheiden aus. Ähnliche Verhaltensweisen, z. B. bei Menschenaffen und beim Menschen, können auch durch konvergente Anpassung entstehen, beweisen also nicht von vornherein ihr Angeborensein. Andererseits geben Beobachtungen mit unfallbedingten Hirnschäden sowie vergleichende Beobachtungen – an Menschen unterschiedlicher Kulturen oder an Neugeborenen – doch viele Hinweise auf angeborene Anteile auch im menschlichen Verhalten. Wir lachen z. B., wenn andere lachen, wir weinen, wenn andere weinen. (Stimmungsübertragung). Wir werden durch Gähnen angesteckt und fühlen einen Drang, dem andern in der Not zu helfen. Ist dieses Verhalten nun angeboren oder erlernt? Taub- und blindgeborene Kinder hören nie einen Laut und sehen nie das Gesicht ihrer Angehörigen. Trotzdem lachen und weinen sie, sind zornig oder ärgerlich, je nach Stimmung; und ihr Gesichtsausdruck gleicht dann unverwechselbar dem gesunder Kinder. Mimik und Gestik der Menschen aller Rassen und Entwicklungsstufen zeigen auffallend viele Ähnlichkeiten. Stimmungen aus dem Gesichtsausdruck (Zuneigung, Verachtung), einladende oder abwehrende Gesten werden weltweit verstanden, auch wenn keine sprachliche Verständigung möglich ist. Bei allen Völkern klammern sich Kinder schutzsuchend an die Mutter und werden schützend umarmt. Überall legt man den Arm um den Bedrängten als Ausdruck des Willens, ihm stützend und helfend beizustehen.

Eine instinktive Grundlage haben viele als *rituali-*

sierte Gesten zu verstehende Ausdrucksbewegungen. Die Begrüßung durch Verneigen oder durch Hinstrecken der offenen Hand sind ritualisierte Demuts- oder Beschwichtigungsgebärden, wie man sie in ähnlicher Form bei Affen findet.

Die Imponiergebärde des Sich-Großmachens, bei der mit grimmigem, unbeweglichem Gesichtsausdruck die Arme in die Hüfte gestemmt werden und die Brust vorgewölbt wird, stimmt mit Gebärden bei Primaten in gleicher Situation überein.

Auch die Angriffsbewegung des zornigen Aufsprungs ist als instinktive Reaktion zu werten. Häufig ist damit eine durch Umorientierung entstandene Handlung gekoppelt, bei der mit der Faust auf den Tisch geschlagen wird, statt auf den Partner, der diese Handlung auslöst.

Die Herstellung einer sozialen Rangordnung, wie wir sie bei vielen Wirbeltiergruppen finden, ist auch beim Menschen zu beobachten. Sie wird durch Schaffung von *Statussymbolen* (Wappen, Titel, Kleidung, Autotypen) sowie durch das Streben nach sozialem Aufstieg deutlich. Aufrichtbare Federkronen und Haarschöpfe gehören zum Droh- und Imponiergehabe vieler Tiere. Vielleicht sollen beim Menschen Kronen, Zylinderhüte, Helme mit Federbüscheln dem Träger einen größeren »Eindruckswert« verleihen, wenn auch nur für den ersten Augenblick.

Auch der menschliche Sozialverband, die Familie oder Sippe, ist bestrebt, ein Revier für sich zu reservieren und es gegen andere zu verteidigen. Innerhalb der Territorien sucht sich jeder sein eigenes Reich zu schaffen. Er »umfriedet« sein Grundstück mit Zäunen und wertet das unerlaubte Eindringen in seine Wohnung als »Hausfriedensbruch«. Viele Menschen bevorzugen bestimmte Plätze an Orten, wo sie sich häufig aufhalten (Stammplatz am Mittagstisch oder im Strandbad, Sitzordnung im Klassenzimmer); sie sind verstimmt, wenn ihr Platz besetzt ist. Auch der Mensch hat ein angeborenes Bedürfnis nach einem gewissen Mindestabstand vom Mitmenschen. Dieser persönliche Freiraum wird durch das enge Zusammenleben in der modernen Gesellschaft, z. B. in einer Großstadt oder in industriellen Ballungsräumen eingeengt. Der Zustrom der Menschen in solche Gebiete ist bedingt durch vielerlei unterschiedliche Arbeitsmöglichkeiten, durch die guten Versorgungseinrichtungen (Energie, Waren, Schulen, Bildungsstätten, öffentliche Verkehrsmittel) und viele andere hier angebotene Dienstleistungen. Die dichte Massierung der Menschen, die stoßweise auftretende Überfüllung der Straßen, Bahnen, Läden und Büros sowie ein beengtes Wohnen und Arbeiten, d. h. die dauernde unausweichliche Gegenwart vieler anderer Menschen in dichter Nähe, bringt eine seelische Belastung des einzelnen mit sich. Dieser **soziale Streß** führt zu aggressivem Verhalten, und wo es aus Gründen eines notwendigen Zusammenlebens unterdrückt wird, kann es zu seelischen Erkrankungen (Neurosen) oder Ersatzhandlungen, vom Streit bis zu Gewalttätigkeiten kommen.

7.2 Mutter-Kind-Bindung und Hospitalismus

Die schon S. 203 betrachteten angeborenen Auslöser des Säuglings befriedigen sein Kontaktbedürfnis. Diese Kontaktbindung bezieht sich zunächst nicht auf eine bestimmte Person (nichtindividuelle Bindung); sie wird dann etwa ab dem zweiten Lebensmonat abgelöst von der individuellen Bindung. Von dieser Zeit an wendet sich der Säugling aktiv der betreuenden Mutter (Bezugsperson) zu, indem er sie voll ansieht und lächelt. Während der nächsten drei Monate entwickelt sich ein Bekanntheitsgefühl für das Gesicht der Mutter, das er zwischen dem 6. und 10. Monat von anderen Gesichtern unterscheiden lernt. Damit ist die individuelle Bindung geknüpft. In dieser Zeit beginnt das Kind auch zu »fremdeln«, indem es fremde Gesichter ablehnt und sich ängstlich der Mutter anschließt. Die individuelle Zuwendung an die Mutter als Bezugsperson gibt dem Kind Angstfreiheit und Sicherheit, um von sich aus soziale Kontakte zur Außenwelt aufzubauen. Diese frühe Bindung des Kindes an die Mutter ist die Grundlage seines unbedingten Vertrauens zu ihr, das als »Urvertrauen« bezeichnet wird. Sein Entstehen ist ein entscheidender Schritt zur späteren gesunden Entwicklung der gesamten Persönlichkeit des Kindes. Die Mutter-Kind-Bindung, die zur Bildung des Urvertrauens führt, ist dem Vorgang der Prägung bei Tieren ähnlich. Sie vollzieht sich in einer sensiblen Periode zwischen dem 3. und 18. Lebensmonat und besonders stark zwischen dem 6. und 10. Monat; sie ist nicht mehr rückgängig zu machen. Selbst abschrekkende Erfahrungen, wie Mißhandlungen durch die Mutter, sind nicht in der Lage, diese Bindung aufzuheben.

Die Mutter-Kind-Bindung wird gestört, wenn etwa bei Unterbringung des Kindes in einem Heim die betreuende Person während der prägungsähnlichen Phase häufig wechselt; dies führt dann oft zu tiefgreifenden Verhaltensstörungen im späteren Leben (Hospitalismus). Im Säuglingsalter treten Depressionen auf und die Entwicklung verzögert sich. Im

Kleinkindalter verlangsamt sich die Entwicklung des Sprechens und der Intelligenz. Im Schulalter ist oft das sprachliche Ausdrucksvermögen gestört, und Lern- und Konzentrationsschwächen treten auf. Als Erwachsene zeigen diese Menschen häufig Gemütsarmut, mangelhaftes Mitgefühl gegenüber Mitmenschen, wenig Bindungsfähigkeit gegenüber Sozialpartnern und geringe soziale Verantwortung.

7.3 Aggressives Verhalten und Aggressionshemmung

Aggressives Verhalten ist beim Menschen in vielen Situationen aufzeigbar. Es reicht von Streitereien über die Diskriminierung gruppenfremder Personen (andere Rasse, andere Sprache, andere Ansicht) bis hin zu Gewaltkriegen. Ähnlich wie bei Tieren verfügt auch der Mensch über aggressionsbeschwichtigende Ausdrucksformen. Hierzu gehört vor allem das Lächeln. Man lächelt entschuldigend, wenn man dem andern etwas versagen muß. Durch Lächeln baut man Fremdheit und Mißtrauen ab. Eine Beschwichtigungsgebärde scheint auch der Gruß zu sein. Von diesen Gesten geht offenbar eine beruhigende, Angst und Kampfbereitschaft abbauende Wirkung aus. Oft gibt man Geschenke, etwa wenn man als Besucher ein fremdes Revier (Wohnung) betritt. Höflichkeit wirkt ohne Zweifel ebenfalls aggressionsdämpfend. Starken Aggressionen stehen angeborene, tötungshemmend wirkende Ausdrucksformen (Weinen, Schreien) oder durch kulturelle Gewohnheiten gefestigte und überlieferte Demutsgebärden (Kniefall, Hochheben der Hände) gegenüber.

Beim Menschen funktionieren die aggressionshemmenden Mechanismen aber nicht mehr mit der gleichen Verläßlichkeit wie bei Tieren. So hat es sich nicht verhindern lassen, daß die Schöpfungen des Menschen, die seine eigene Entfaltung fördern und seine Existenz sichern, wie z. B. die Nutzung der Atomenergie, der Motor, das Flugzeug, die elektronischen Kommunikationsmittel u. a. für aggressive Zwecke mißbraucht wurden. Wenn nun bei Anwendung weitreichender Waffen der persönliche Kontakt zwischen den kämpfenden Gegnern fehlt, können tötungs-und aggressionshemmende Auslöser ohnehin nicht wirksam werden.

Folgende Erklärungsversuche, die das menschliche Aggressionsverhalten deuten, seien angeführt:

Die Trieb- oder Instinkttheorie der Aggression geht davon aus, daß aggressives Verhalten angeboren, also eine vorprogrammierte Instinkthandlung ist. Der Antrieb zu diesem Verhalten kann sich anstauen und bei längerem Fehlen der auslösenden Reize spontan in gefährlicher Weise im Leerlauf abreagiert werden. Die einzige Möglichkeit, schädigende Aggressionen zu verhindern, besteht darin, den angestauten Antrieb in solche Bahnen zu lenken, daß die Antriebsenergie auf ungefährliche Weise (z. B. durch Ventilsitten wie sportliche Wettkämpfe, Hobbys u. a.) abgeleitet wird.

Die Frustrations-Aggressions-Hypothese behauptet, daß aggressivem Verhalten immer eine Frustration vorausgeht. Demnach ist die Aggression stets eine Reaktion auf die Versagung von Triebwünschen bzw. Bedürfnissen.

Nach der Theorie »Aggressives Handeln ist erlernt« soll die Aggression ein durch Erziehung beigebrachtes Merkmal des Menschen sein. Für diese Auffassung spreche die starke Variabilität aggressiven Verhaltens und seine Abhängigkeit von den Bedingungen der sozialen Umwelt. Mißerfolge oder schlechtes Beispiel Erwachsener können zu Aggressionen führen. Auch die Darstellung aggressiver Verhaltensweisen in Film und Fernsehen würden zur Nachahmung reizen.

Keine dieser Auffassungen erklärt die Aggression befriedigend; wahrscheinlich spielen beim menschlichen Aggressionsverhalten angeborene und erworbene Anteile in einem komplexen Geschehen zusammen.

Die ursprüngliche biologische Funktion der Aggression, die Selbstbehauptung und das Durchsetzungsvermögen, verliert in einem System sozialer Sicherung an Bedeutung, ja sie wirkt sich bei dichtem Zusammenleben der Menschen störend und in der Gewaltkriminalität gefährlich aus. Die Erziehung kann aggressives Verhalten mindern, indem sie häufige Frustrationen vermeidet und an die Stelle von Bedrohung und Unterdrückung das Überzeugen durch einsichtige Argumente setzt. Zu wünschen und zu hoffen ist eine auf Vernunft aufbauende Änderung des Verhaltens aller Menschen, nicht nur einzelner Gruppen. Dazu muß aber die Kenntnis der biologischen Grundlagen menschlichen Handelns und sozialen Zusammenlebens Allgemeingut werden. Aus dieser Kenntnis wächst die Forderung, im Menschen nicht den Gegner, sondern den Mitmenschen zu sehen, für dessen Wohl jeder einzelne mitverantwortlich ist, schon um seiner eigenen Existenz willen. Mit der Entwicklung eines alle erfasssenden gesellschaftlichen Verantwortungsbewußtseins würde auch jenen Verhältnissen und Verhaltensweisen der Boden entzogen, auf denen die Macht und ihr Mißbrauch beruht.

Die Instinktgrundlagen menschlichen Handelns lassen sich nur durch die Betrachtung der stammesgeschichtlichen Entwicklung des Menschen verstehen. Auch heute als nachteilig oder störend empfundene Instinktreaktionen hatten in früherer Zeit eine lebens- und arterhaltende Funktion. Im Laufe der Menschheitsentwicklung wurden zwischen Auslöser und eigentlicher Handlung zunehmend Überlegung, Erfahrung und Erkenntnis eingeschoben. Sie überformen das instinktive Handeln des Menschen, so daß Instinkthandlungen auch unterlassen werden können. Mit der Einschränkung der Instinktgebundenheit erweitert sich der menschliche Handlungsspielraum (z. B. durch Erlernen von Verhaltensweisen) beträchtlich.

7.4 Soziale Beziehungen in der menschlichen Gesellschaft und Tradition

Das Leben des Menschen ist an das Leben in Gruppen gebunden. Ein Hinweis dafür sind u. a. die Mutter-Kind-Bindung und die Folgen bei ihrem Ausbleiben. Dies macht deutlich, daß der Mensch von Natur aus, d. h. angeborenermaßen, ein soziales Wesen ist. Die Gruppe bietet Schutz, Sicherheit, Wärme und kommt auch in gleichem Maße den elementaren Bedürfnissen und Erwartungen des Menschen nach Kommunikation, persönlicher Zuwendung, gefühlsmäßig gewünschten Beziehungen, Treue und Hilfsbereitschaft entgegen. Jede Form der Entfremdung des einzelnen gegenüber dem Mitmenschen führt zu einer Art *Verlassenheitsangst,* die sich im Gefühl der Verlorenheit und des Alleinseins äußert und zu tiefgreifenden Änderungen der Gesamtpersönlichkeit führen kann. Die Erkenntnis, daß soziales Miteinander notwendig zum menschlichen Dasein gehört und biologische Wurzeln hat, spiegelt sich in den Bemühungen um einen humanen Strafvollzug, um Resozialisierung ehemaliger Strafgefangener, in der Hilfe für geistig und körperlich Behinderte sowie in der Betreuung alter und einsamer Menschen wider.

Das Leben in Gruppen ist nicht frei von Spannungen und Konflikten, zumal verschieden motiviertes Aggressionsverhalten innerhalb und zwischen Gruppen auch beim Menschen wirksam ist. Damit die Gruppe zusammenhält, muß der Mensch sich Kontrollmechanismen durch Setzung von Normen und Geboten schaffen. Dieser Funktion dienen gruppenspezifische Verhaltensweisen, die durch *kulturelle Ritualisierung* entstehen. Diese Art der Ritualisierung gleicht den stammesgeschichtlich entstandenen Riten der Tiere. Das durch die Kultur bedingte Verhalten wird aus einem anderen Funktionskreis übernommen, demonstrativ übertrieben und verselbständigt und wirkt, wenn es einmal geprägt ist, genau so starr wie das stammesgeschichtlich entwickelte ritualisierte Verhalten. Das Lüften des Hutes bei Begrüßung von Bekannten hat sich kulturgeschichtlich aus dem Abheben des schützenden Helms, das Antippen des Mützenrandes mit dem Finger oder der Hand (Soldatengruß, Faschingsgeste u. a.) aus dem Hochheben des Visiers an den Ritterrüstungen entwickelt. Die ursprüngliche Funktion solcher Handlungen war die Darbietung verletzbarer Körperteile nach dem Kampf als Zeichen der Aufgabe und Unterwerfung. Sie wurden zu Grußzeremonien ritualisiert, die jetzt beschwichtigende Funktion haben.

Durch kulturelle Ritualisation haben sich im Laufe der Kulturgeschichte in einzelnen Kulturgruppen spezifische Handlungsmuster wie Zeremonien, Manieren (Tischmanieren, Begrüßungsgesten), gruppenbildende Gewohnheiten (Haltungen), besondere Kleidung (»Uniform«), modifizierte Sprachgewohnheiten (»Jargon«) herausgebildet, die den Gruppenzusammenhalt weiter festigen. Dieser wird noch gesteigert durch die Abschirmung der Gruppe gegen gruppenfremde Einflüsse.

Die durch kulturelle Ritualisierung entstandenen Normen und Ordnungsmuster sind das Gerüst jeder Kultur. Gefahren entstehen dann, wenn sich die Gruppen in ihren kulturell bestimmten Verhaltensweisen so weit auseinanderentwickeln, daß die vorher verbindlichen sozialen Signale als Norm nicht mehr verstanden werden. Damit reißt zwischen den Gruppen die verbindende Tradition ab, was zu schweren Störungen der Gesellschaft führen kann. Die Starrheit kulturell entstandener Riten verhindert andererseits ihre Anpassung an die Änderung äußerer Verhältnisse, die vor allem durch die rasche technologische Entwicklung stark beschleunigt wird. Kulturelle Normen bedürfen daher der stetigen Überprüfung, ob sie noch in die Gegenwart passen. Es ist allerdings schwer zu beurteilen, welche der vorgegebenen kulturell bedingten ritualisierten Verhaltensweisen und Normen unentbehrlich und welche für die Erhaltung menschlicher Gesellschaft entbehrlich sind. Dieses Nichtwissen darf aber nicht zur Folge haben, daß man die Gesamtheit der durch Tradition überlieferten Normen sozialen Verhaltens radikal ändert und damit auf jegliche Tradition verzichtet. Das müßte zum Verfall und zur Auslöschung einer Kultur führen.

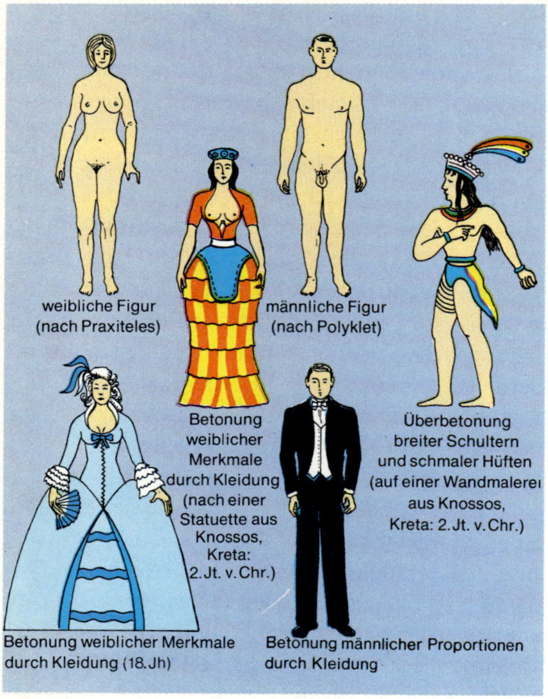

Abb. 302: Mann- und Weib-Schema und entsprechende Betonung typisch männlicher oder typisch weiblicher Merkmale durch die Kleidung. Offenbar waren die Merkmalskombinationen „männlich" und „weiblich" schon im Altertum als Schlüsselreize erkannt worden, was auf einen AAM hinweist.

7.5 Sexualverhalten des Menschen

Das sexuelle Verhalten des Menschen dient sowohl der *Fortpflanzung* als auch der *individuellen Partnerbindung.* Die Partnerbindung wird durch das Ansprechen der Partner auf angeborene *sexuelle Auslöser* eingeleitet. Ähnlich dem im Brutpflegebereich wirksamen Kindchen-Schema löst im Sexualbereich das *Mann-und-Weib-Schema* sexuelle Reaktionen aus. Das Weib-Schema weist folgende Merkmale auf: weiche Gesichtszüge, Brüste, schmale Schultern, breite Hüften, wohlgeformte Beine und einen abgerundeten Körperumriß. Das Mann-Schema ist durch markante Gesichtszüge, breite Schultern, enge Hüften, hervortretendes Muskelprofil und Bartwuchs gekennzeichnet. Die Bereitschaft zum Ansprechen auf sexuelle Auslöser nützt die Werbung aus, indem sie auf Bildern Einzelmerkmale übertreibt (übernormale Attrappen) oder wirksam miteinander verbindet. Durch Einsicht in solche Zusammenhänge kann man der Verhaltensbeeinflussung durch Werbung und Propaganda leichter widerstehen. Auch die Kokettierbewegungen der Frau, bei denen besonders die Hüfte, Beine und Brust zur Geltung kommen, fördern den hetero-sexuellen Kontakt. Diese Bewegungen sind ein ritualisiertes Weglaufen der Frau, um die Nachfolgereaktion des Mannes auszulösen. Das Flirtverhalten mit Blickkontakt – Kopfsenken und Niederschlagen der Augenlider, verbunden mit einem Wechsel der Blickrichtung – entspricht einer ritualisierten Abwendebewegung, die in den Dienst der Paarbildung gestellt wurde. In gleicher Weise wirken auch die aus dem Körper- und Brutpflegeverhalten ableitbaren ritualisierten Verhaltensweisen des Streichelns, Umarmens und Küssens.

Eine besondere Rolle spielt die weibliche Brust sowohl in der Beziehung der Geschlechter untereinander als auch bei der sozialen Bindung. Die Signalbedeutung der Brust für die soziale Bindung ist wohl durch ihre Funktion bei Säuglingen und Kleinkindern entstanden. Bei vielen Naturvölkern, welche die Brust noch nicht verhüllt haben, fliehen Kleinkinder bei Angstzuständen zur Mutter, nehmen die Brustwarze in den Mund, ohne dabei zu trinken, und beobachten beruhigt die sie schreckende Umgebung. Selbst bei Erwachsenen wirkt das Bergen des Kopfes an der Brust beruhigend.

Das sexuelle Verhalten des Menschen ist nicht ausschließlich auf Fortpflanzung ausgerichtet. Es dient im gleichen Maße der individuellen Partnerbindung. Diese ist biologisch notwendig, weil durch die lange Jugendentwicklung des Menschen die Mutter des Schutzes bedarf, damit sie ihre Kinder intensiv betreuen kann. Dies gelingt am besten, wenn sie durch einen individuellen Partner beschützt und versorgt wird. Die individuelle Partnerbindung durch den Geschlechtsakt ist für das partnerbindende sexuelle Verhalten des Menschen kennzeichnend. Das subjektive Erleben des Aktes stärkt die Bindung. Das gegenseitige Sichbeschenken, das Gefühl der menschlichen Entsprechung, das im Akt erlebt wird, das Bewußtsein, daß der Akt nicht an die Zeugung von Nachkommenschaft gebunden ist, sondern auch der partnerschaftlichen Zuwendung dient, schafft die notwendige *Innigkeit von Partnern* und damit die Grundlage für das gesunde und ungestörte Aufwachsen der eigenen Kinder.

Fortpflanzung und Entwicklung

Das Leben eines mehrzelligen Organismus spielt sich in aufeinanderfolgenden Phasen ab. Auf seine Entstehung folgt zunächst eine Periode des *Wachstums* und der *Differenzierung,* d. h. der Ausbildung verschiedenartig spezialisierter Zelltypen, Gewebe und Organe, bis der Organismus den *Reifezustand* erreicht, in dem sich Aufbau- und Abbauvorgänge die Waage halten. In der Phase des *Alterns* überwiegt dann der Abbau, bis schließlich die Lebensvorgänge überhaupt still stehen und der Tod eintritt. Man bezeichnet den Ablauf dieser Phasen als *Entwicklung des Organismus (Ontogenie).* Um den Bestand des Lebens zu sichern, gehört zum Tod notwendig der Ersatz des vernichteten Lebens durch Nachkommen. Durch den Vorgang der Fortpflanzung bringen Lebewesen aus Zellen ihres Körpers neue Lebewesen der gleichen Art hervor.

1. Fortpflanzung und Entwicklung der Pflanzen

1.1 Ungeschlechtliche Fortpflanzung. Vegetative Vermehrung

Nahezu alle blütenlosen Pflanzen bilden besondere Zellen zur ungeschlechtlichen Fortpflanzung aus, die **Sporen,** von denen jede *für sich allein* ein neues Wesen erzeugen kann.

Bei wasserlebenden niederen Pflanzen tragen die Sporen Geißeln zur aktiven Verbreitung im Wasser (*Schwärmsporen*); bei Landpflanzen werden sie durch den Wind verbreitet. Ihre Zahl kann sehr groß sein, ein einziger Hutpilz erzeugt viele Millionen Sporen.

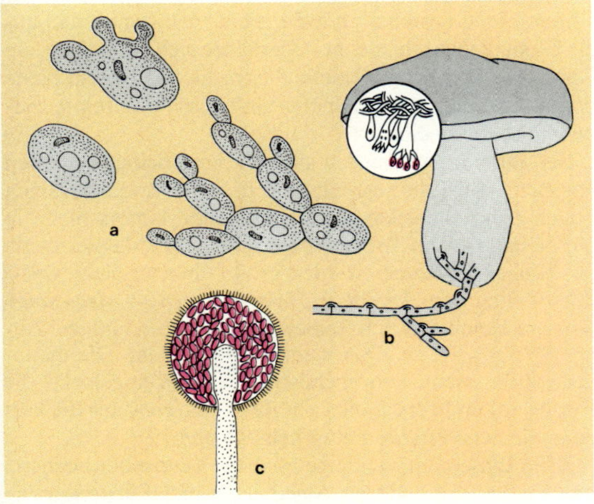

Abb. 303: Vermehrung durch Sprossung a bei Hefe (kleine Zellen schnüren sich ab); Vermehrung durch Sporen b bei einem Hutpilz, c beim Köpfchenschimmel

Abb. 304: Bildung von Blattstecklingen bei der Begonie. a und b: Eine Epidermiszelle an der Schnittstelle bildet durch vielfache Teilungen eine Knospe.

Die Zweiteilung der Bakterien und Blaualgen sowie die Sprossung der Hefe wird als **vegetative Vermehrung** bezeichnet. Vegetativ vermehren sich auch viele höher organisierte Pflanzen, indem sich ganze Zellgruppen vom Körper der Mutterpflanze loslösen. So bilden sich beim Scharbockskraut in den Blattachseln *Brutknospen,* die abfallen und zu neuen Pflanzen werden. Erdbeere und Kriechender Hahnenfuß erzeugen oberirdische, Quecke und Taubnessel unterirdische *Ausläufer,* die zu neuen Pflanzen auswachsen. Dahlien und Scharbockskraut vermehren sich durch *Wurzelknollen,* Kartoffeln durch *Sproßknollen.* Alle auf ungeschlechtlichem Wege von einer Mutterpflanze abstammenden Nachkommen sind untereinander erbgleich. Sie bilden zusammen einen *Klon.*

Pflanzen haben in der Regel die Fähigkeit, verlorengegangene oder fehlende Teile neu zu bilden **(Selbstergänzung** oder **Regeneration).**

Die Gärtnerei benutzt die Regenerationsfähigkeit in vielfältiger Weise. Aus einem Begonienblatt, das mit Einschnitten versehen auf feuchten Sand gelegt wird, erwächst an

Abb. 305: Vermehrung a durch ungeschlechtliche Schwärmsporen bei der Grünalge Ulothrix, b durch Wurzelknollen und durch Brutknospen beim Scharbockskraut

jedem Einschnitt eine neue Pflanze. Viele Bäume, z. B. Pappeln und Weiden, werden ausschließlich durch abgeschnittene Zweigstücke (*Stecklinge*) vermehrt; so gut wie alle Pyramidenpappeln in Mitteleuropa sind auf diese Weise aus Steckreisern eines aus Italien eingeführten männlichen Baumes herangezogen worden. Auch viele Zier- und Nutzpflanzen werden so vermehrt (Sproßstecklinge bei Geranien, Fuchsien, Chrysanthemen, Johannisbeeren u. a.); der Weinstock, das Zuckerrohr, die Banane, die gar keine Samen mehr bildet, werden nur auf vegetativem Wege vermehrt. Ebenso kann das im Garten-und Obstbau übliche Okulieren und Pfropfen als vegetative Vermehrung angesehen werden.

1.2 Geschlechtliche Fortpflanzung

Die geschlechtliche Fortpflanzung beruht auf der Vereinigung der Kerne zweier Geschlechtszellen oder **Gameten** zu einer **Zygote;** diesen Vorgang be-

Abb. 306: a Gleichartige Geschlechtszellen (Isogameten) bei der Alge Ulothrix. b Ungleich gestaltete Geschlechtszellen (Eizellen und Spermatozoiden) beim Blasentang (Fucus)

zeichnet man als Befruchtung. Aus der Zygote entwickelt sich dann die neue Pflanze. Man unterscheidet männliche und weibliche Geschlechtszellen, die je in besonderen männlichen und weiblichen Organen gebildet werden. Wenn diese auf zweierlei Einzelpflanzen derselben Art verteilt sind, spricht man von *getrenntgeschlechtlichen* oder *zweihäusigen* Arten, von männlichen und weiblichen Einzelpflanzen. Bei den *gemischtgeschlechtlichen* Arten bildet die Einzelpflanze beiderlei Geschlechtszellen aus, wobei die männlichen und weiblichen Organe getrennt (*einhäusige Arten*) oder – bei Blütenpflanzen – in einer Blüte, einer *Zwitterblüte,* vereinigt sein können.

Im einzelnen tritt die geschlechtliche Fortpflanzung in mannigfaltigen Formen auf. Bei vielen Algen sind die begeißelten Gameten nach Gestalt und Größe gleich (*Isogameten*). Daß aber trotz der äußeren Gleichheit der Gameten Unterschiede bestehen müssen, sieht man daran, daß nur die Gameten verschiedener Algenfäden sich vereinigen, die Gameten des gleichen Fadens aber nicht. Die Unterschiede in der Anziehung der Gameten sind durch bestimmte chemische Stoffe bedingt.

Bei anderen Algenarten sind die begeißelten Gameten ungleich groß (*Anisogamie*) und bei noch anderen Algen zeigen die Keimzellen sogar auffallende Unterschiede in Größe und Gestalt. In besonderen Behältern, die sich beide ins Wasser entleeren, werden große, unbewegliche weibliche Zellen oder Eizellen *(Makrogameten = Megagameten)* und kleinere, durch Geißeln bewegliche männliche Zellen (*Mikrogameten, Spermatozoiden*) gebildet. Die männliche Zelle sucht, von chemischen Stoffen angelockt, die Eizelle auf und verschmilzt mit ihr zur *Zygote,* aus der sich dann die neue Pflanze entwickelt *(Oogamie).*

Beim Blasentang vereinigen sich die Keimzellen noch frei im Wasser. Bei anderen Algen, z. B. der Süßwasseralge *Oedogonium,* verläßt die Eizelle die Mutterpflanze nicht mehr, sondern wird dort von den männlichen Zellen aufgesucht.

Die geschlechtliche Fortpflanzung zeigt über die Stufen der *Isogamie, Anisogamie* und *Oogamie* eine *fortschreitende Differenzierung der Geschlechtszellen* und der Vorgänge im Sinne einer Arbeitsteilung. Die Eizelle übernimmt die Aufgabe der ersten Ernährung des neuen Lebewesens; sie enthält die Nährstoffe. Sie ist deshalb größer und nicht selbstbeweglich wie die männlichen Geschlechtszellen.

1.3 Keimesentwicklung, Samenkeimung und Wachstum

Aus der befruchteten Eizelle bildet sich die aus Milliarden von Zellen bestehende Pflanze. Den Beginn der Entwicklung nennt man *Keimesentwicklung*. Sie sei bei zweikeimblättrigen Pflanzen beschrieben. Bei ihnen entsteht nach den ersten Teilungen der Eizelle eine stielförmige Zellreihe, deren Endzelle sich durch vermehrte Teilungen zu einem maulbeerartigen Embryo umbildet. Daraus geht später die Pflanze hervor. Das stielförmige Gebilde (Embryoträger) ist nur ein Hilfsorgan, das den Embryo in das umgebende Nährgewebe hineinschiebt und später zugrunde geht. Der Embryo gliedert sich im weiteren Verlauf der Entwicklung in die Anlage der Wurzel und in zwei lappenförmige Keimblätter, die von einem kurzen Stengelteil getragen werden. Zwischen den beiden Keimblättern liegt die Anlage des Vegetationskegels, aus dem später die Sproßachse heraus-

Abb. 308: Rasterelektronenmikroskopische Aufnahme der Wurzelspitze. WHZ Wurzelhaarzone (die Wurzelhaare sind kurzlebig und bilden sich ständig spitzenwärts neu); SZ Zone der Zellstreckung und Zelldifferenzierung; WH Wurzelhaube (schützt das darunterliegende empfindliche Bildungsgewebe)

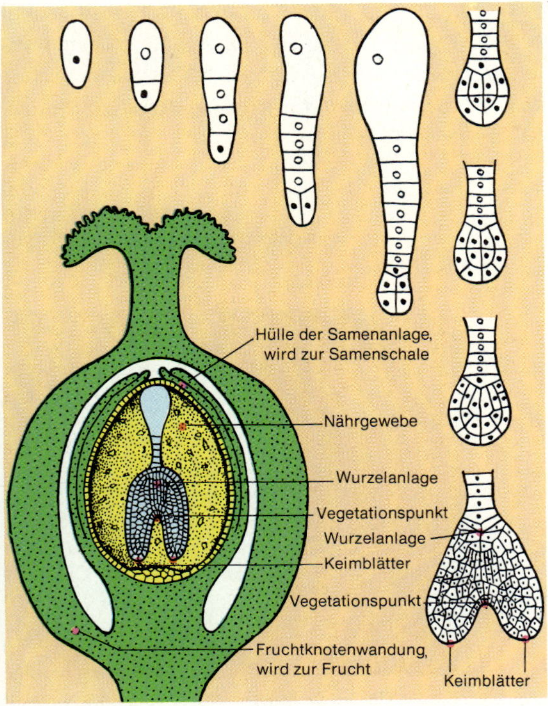

Abb. 307: Keimesentwicklung einer zweikeimblättrigen Pflanze

wächst. Während der Keimesentwicklung wird ein Nährgewebe gebildet, das dem Keimling die nötigen Nährstoffe zum Wachsen liefert. Viele Samen speichern Nährstoffe in den Keimblättern (z. B. Bohne) oder außerhalb des Keimlings (z. B. Rizinus, Pfeffer). Schließlich bilden sich die Hüllen der Samenanlagen zu einer festen Schale um. Damit ist der Samen fertig.

Der Samenzustand ist für die junge Pflanze ein Ruhezustand, in dem das aktive Leben durch Wasserentzug nahezu stillgelegt ist. Bei vielen Pflanzen sind die ausgereiften Samen sofort keimfähig. Andere Samen keimen erst nach einer gewissen Ruhezeit. Die Samen der Frostkeimer werden erst nach eingetretenem Frost zur Keimung angeregt (viele Alpenpflanzen). Die Samen der Lichtkeimer (Tabak, Mistel) brauchen zum Keimen Licht; bei den Dunkelkeimern (Kürbis, Stiefmütterchen) wird die Keimung durch das Licht gehemmt.

Beim Keimungsvorgang werden die im Samen aufgespeicherten Nährstoffe unter der Mitwirkung von Hormonen (vgl. 1.5) in lösliche Stoffe umgewandelt und dem Keim zugeführt; damit beginnt sein Wachstum.

Durch Differenzierungsvorgänge entstehen bei den Samenpflanzen die Zellen der drei Grundorgane: Wurzel, Sproßachse und Blatt. Entsprechend ihrer unterschiedlichen Funktion sind diese Zellen auch unterschiedlich gebaut (s. Abb. 158).

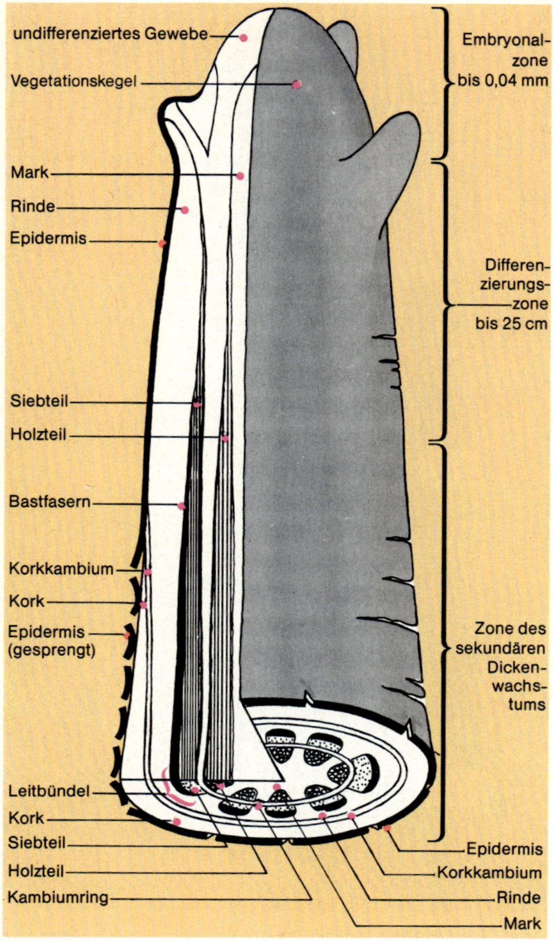

Abb. 309: Wachstum der Sproßspitze bei Zweikeimblättrigen mit sekundärem Dickenwachstum

Abb. 311: Schnitt durch den Vegetationskegel der Wasserpest mit Blattanlagen

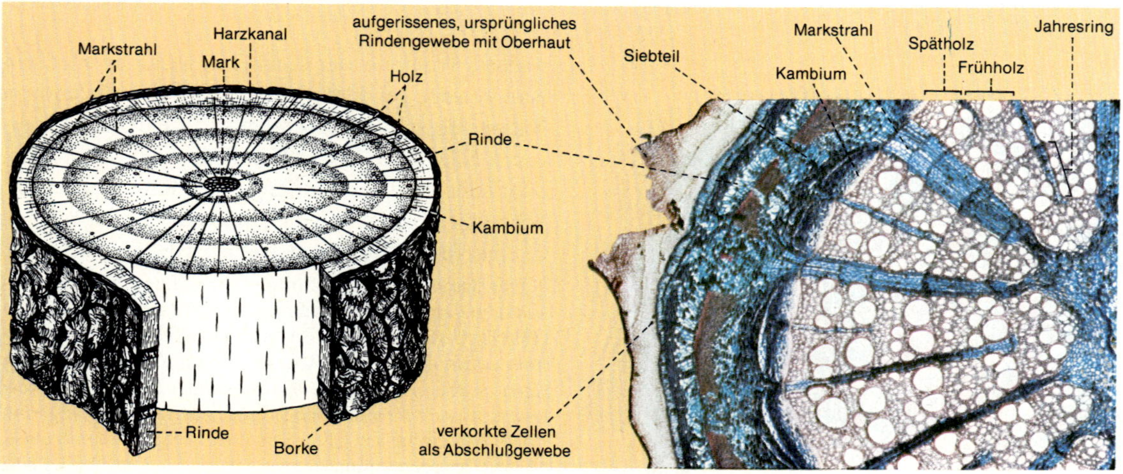

Abb. 310: Dickenwachstum der Nadelhölzer und der Zweikeimblättrigen. Links: Übersicht. Rechts: Querschnitt durch einen vierjährigen Stamm des Pfeifenstrauchs. Man erkennt die im Schema angegebenen Teile; das Frühjahrsholz hat weite, das Spätholz enge Gefäße. Das Dickenwachstum sprengt die Rinde.

Das **Längenwachstum** geht von den Wachstumsstellen an den Wurzel- und Sproßenden und in den Blattachseln aus, wo sich dauernd teilungsfähige Zellen befinden. Stengel mit Knoten (Gräser) wachsen auch in der Nähe der Knoten. Bei den Wurzeln ist das Längenwachstum auf eine kurze Strecke hinter der Wurzelspitze beschränkt; hinter dieser Zone brechen dann die Seitenwurzeln *von innen heraus.* Die wachsende Spitze des Sprosses, der Wachstumskegel, ist von älteren Blattanlagen schützend umhüllt; das Ganze wird als *Knospe* bezeichnet. Die Sproßachse wächst in größerer Entfernung vom Vegetationspunkt in die Länge, jedoch nicht durch Zellteilung, sondern durch Zellstreckung. Seitenzweige und Blätter entstehen aus *Auswölbungen* des Wachstumskegels. Kürbispflanzen können bis zu 1 mm in 10 Minuten, Bambussprößlinge 60–80 cm in einer Nacht wachsen. Der Bambussprößling wächst gleichzeitig an allen Knoten und an der Halmspitze.

Die mächtigen Stämme der Holzpflanzen entstehen durch *Dickenwachstum.* Dieses geht bei den Nadelhölzern und den zweikeimblättrigen Laubhölzern von den teilungsfähigen Zellen des *Kambiums* aus. Bei jungen Trieben noch auf die Leitbündel beschränkt, breitet sich das Kambium zu Beginn des Dickenwachstums auch auf die Markstrahlen aus und bildet dann zwischen Mark und Rinde eine geschlossene Schicht teilungsfähigen Gewebes. Dieses erzeugt nun während der Wachstumszeit sowohl nach innen als auch nach außen neue Zellen. Innerhalb des Kambiums liegt das *Holz,* außerhalb davon befindet sich die *Rinde.* Da aber mehr Holzzellen als Rindenzellen gebildet werden, wächst der Holzkörper viel stärker in die Dicke als die Rinde. Nach außen hin verkorkt die Rinde frühzeitig, stirbt dann ab und wird zur *Borke.* Infolgedessen können die älteren Teile der Rinde dem Dickenwachstum des Holzkörpers in der Regel (Ausnahme z. B. Buche) nicht folgen; die Rinde wird gesprengt und bekommt tiefe Längsrisse oder fällt in Form von Schuppen oder Streifen ab.

Die Aufgaben des Holzkörpers sind:

1. Festigung des Pflanzenkörpers
2. Leitung des Wassers von der Wurzel zu den Blättern
3. Speicherung von Nahrungsstoffen im Holzparenchym (S. auch S. 103 f.).

1.4 Steuerung der Entwicklung durch Außenfaktoren

Die Entwicklung einer Pflanze wird – abgesehen von der Nährstoffzufuhr – hauptsächlich durch Licht und Temperatur beeinflußt. Bestrahlt man Samen von Kopfsalat kurzzeitig (5 Min.) mit hellrotem Licht (von 660 nm Wellenlänge), dann keimen diese Samen auch im Dunkeln. Sie verlieren aber im Dunkeln ihre Keimfähigkeit, wenn sie nach einer Gabe hellroten Lichts sofort mit dunkelrotem Licht (von 730 nm

Abb. 312: Einfluß des Lichtes auf das Wachstum der Kartoffelpflanze. a Pflanze im Licht, das Wachstum ist normal, b Pflanze im Dunkeln: etiolierte Pflanze, zeigt starkes Längenwachstum der Sproßachse, die Blätter bleiben sehr klein und knospenförmig.

Wellenlänge) bestrahlt werden. Die Keimfähigkeit ist also von der Wellenlänge des Lichtes abhängig. Dabei ist nur das jeweils zuletzt eingestrahlte Licht wirksam.

Photomorphogenese. Hellrotes Licht hemmt das Wachstum der Sproßachse, fördert aber Wachstum

Abb. 313: Nachweis für die Funktion des Hellrot-Dunkelrot-Photoreaktionssystems. Bohnenpflanze a wurde täglich 12 Stunden lang mit Weißlicht bestrahlt, dem die dunkelrote Komponente fehlte. Anschließend wurde die Pflanze dunkel gestellt. Pflanze b wurde wie Pflanze a behandelt, erhielt aber vier Tage lang vor dem Dunkelstellen 5 Minuten dunkelrotes Licht: Es tritt eine starke Streckung der Sproßachse auf wie bei einer Vergeilung. Pflance c wurde wie Pflanze b behandelt, erhielt aber nach den 5 Minuten Dunkelrot noch 5 Minuten hellrotes Licht. Sie verhält sich wie Pflanze a.

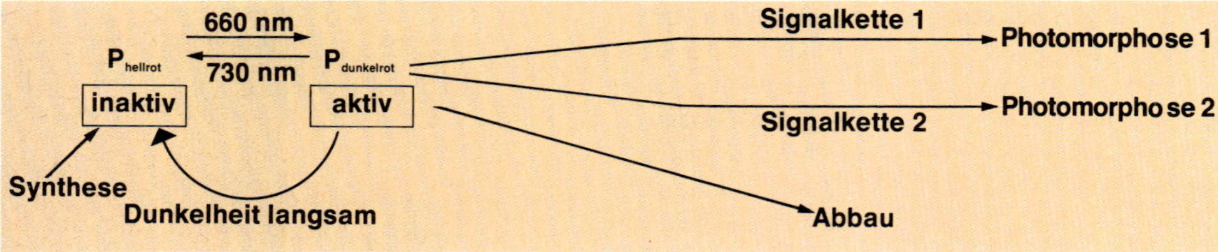

Abb. 314: Vereinfachtes Schema des Phytochrom-Systems, P photoreversibles Phytochrom-Molekül. P dunkelrot bewirkt über eine Kette aufeinanderfolgender Reaktionen (Signalkette) die Photomorphosen.

und Differenzierung der Blätter (Abb. 313). Pflanzen, die bei Dunkelheit heranwachsen, zeigen die Merkmale des Etiolements (Vergeilung, Abb. 312). Sie können durch kurzzeitige Hellrot-Bestrahlung verhindert werden, treten aber auf, wenn man anschließend mit Dunkelrot bestrahlt oder wenn man die Pflanzen ausschließlich bei dunkelrotem Licht von 730 nm wachsen läßt. Die Gestaltbildung der Pflanze unter dem Einfluß des Lichtes nennt man *Photomorphogenese,* die Änderung eines Merkmals (z. B. Verkürzung des Stengels), heißt *Photomorphose.*

Die Bedeutung der Photomorphogenese wird in Abb. 312 deutlich. Im Dunkel des Bodens oder unter Schutt werden die gespeicherten Nahrungsstoffe fast nur zur Streckung des Sprosses verwendet. Die Ausbildung der Blätter und der Chloroplasten unterbleibt; sie wären ja aus Lichtmangel ohnehin funktionslos. So verwenden die Pflanzen Baustoffe und Energie zunächst dazu, ans Licht zu kommen, weil sie im Dunkeln verhungern müßten.

Da sowohl hell- als auch dunkelrotes Licht Wirkungen hervorbringt, muß in den Pflanzen ein Farbstoff vorhanden sein, der hellrotes und dunkelrotes Licht absorbiert. Dieser Farbstoff heißt *Phytochrom*; er besteht aus einer Farbstoff- und einer Eiweißkomponente, ist also ein *Chromoprotein.* Der Farbstoffanteil des Moleküls ist bei allen Pflanzen gleich und ähnelt in seiner Struktur den Gallenfarbstoffen. Das inaktive Phytochrom ($P_{hellrot}$) absorbiert Licht vor allem im Bereich von 660 nm (hellrot). Es wird durch Lichtabsorption *aktiviert* und geht dadurch in eine Form über, die im Dunkelrot (730 nm) Licht *absorbiert* ($P_{dunkelrot}$). Durch dunkelrotes Licht wird die aktive Form wieder in die inaktive umgewandelt, das gleiche geschieht auch bei Dunkelheit im Verlauf mehrerer Stunden (Abb. 314). Je nach Einstrahlung von Licht mit Wellenlängen zwischen 660 und 730 nm kann man die Anteile von aktivem Phytochrom am Gesamt-Phytochrom verändern.

Das aktive Phytochrom löst verschiedene Stoffwechselvorgänge aus, die ihrerseits Grundlage der sichtbaren Photomorphosen sind. $P_{dunkelrot}$ veranlaßt die Synthese bestimmter Enzyme und verhindert die Bildung anderer. Aktives Phytochrom hat also fördernde und hemmende Wirkungen.

Die jeweiligen Wirkungen von Phytochrom sind u. a. vom Entwicklungszustand der Zellen bzw. des Gewebes abhängig. Eine bestimmte Wirkung kann nur zustande kommen, wenn bestimmte Vorbedingungen erfüllt sind. So unterbleibt in der Regel die Chlorophyllsynthese, an der das Phytochrom beteiligt ist, in den Epidermiszellen der Blätter.

Photoperiodismus. Lichtwirkungen hat man auch bei der Blütenbildung beobachtet. Es gibt Pflanzen, welche nur dann blühen, wenn sie eine bestimmte Zahl von Tagen einer längeren Lichtwirkung ausgesetzt sind, als ihrer »kritischen Tageslänge« entspricht. »Langtagpflanzen« stammen oft aus nördlichen Ländern, sie blühen bei uns in der Zeit der langen Tage im Sommer, wie z. B. die Getreidearten oder Salat und Spinat, die nur im Frühjahr oder Herbst reichlich Blattmasse bilden; im Sommer dagegen »schießt« der Sproß. In den Tropen und bei künstlicher Verkürzung der Tageslänge entwickeln Langtagpflanzen keine Blüten. Andere Pflanzen kommen mit einem täglichen Lichtgenuß von sieben bis elf Stunden zum Blühen, doch muß die Tagesdauer unter ihrer »kritischen Tageslänge« liegen. Zu diesen Kurztagpflanzen gehören Herbstblüher wie Dahlien, Chrysanthemen und Tabak sowie die Winterblüher Weihnachtskaktus und Weihnachtsstern. Auch Sojabohnen sind Kurztagpflanzen, was ihren Anbau in Mitteleuropa erschwert. Die kritische Tageslänge ist artspezifisch und gibt die Zahl

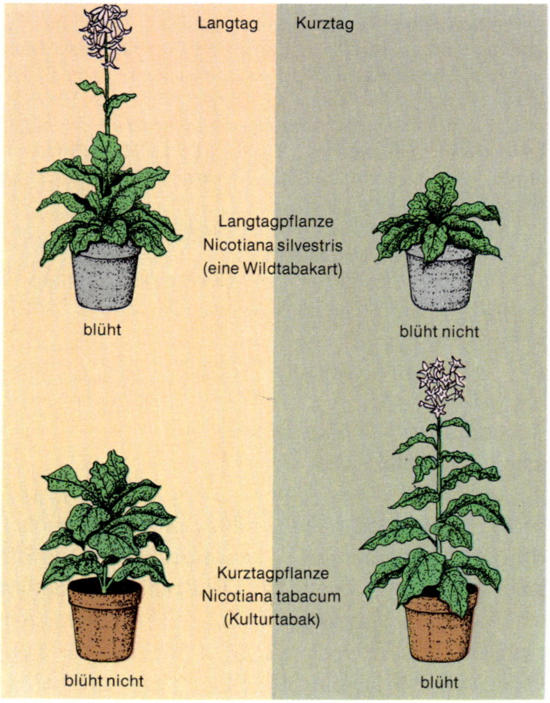

Abb. 315: Langtag- und Kurztagpflanze und ihre Reaktion auf Langtag bzw. Kurztag

der täglichen Hellstunden an, oberhalb der die Langtagpflanzen und unterhalb der die Kurztagpflanzen zum Blühen kommen. Tagneutrale Pflanzen (Sonnenblume, Vogelmiere) lassen sich durch die Tageslänge in ihrer Entwicklung nicht beeinflussen.

Man nennt die Reaktionsfähigkeit der Organismen auf die Tages- bzw. Nachtlänge *Photoperiodismus.* Da die Pflanzen in der Lage sind, die Änderungen der Tageslänge während des Jahres zu registrieren, können sie ihre Entwicklung so steuern, daß die einzelnen Lebensabschnitte (Knospenruhe, Bildung von Blüten oder Speicherorganen) in die dafür richtige Jahreszeit fallen.

Viele Pflanzen, die wie unser Wintergetreide erst im zweiten Jahr nach der Aussaat Blüten ansetzen, blühen und fruchten schon im folgenden Jahr, wenn auf die Samen eine Zeitlang die Winterkälte eingewirkt hat. Hält man Wintergetreide nach der Aussaat dauernd warm, so bestockt es sich wohl kräftig, bildet aber keine Ähren aus. Wenn man jedoch das leicht angequollene Saatgut einige Wochen lang bei Temperaturen von + 3 °C und einem bestimmten Feuchtigkeitsgehalt hält, kommt es auch bei Frühjahrsaussaat noch im gleichen Jahr zum Blühen. Dieses Verfahren wird als Keimstimmung, Jarowisation oder Vernalisation (d. h. Versömmerung) bezeichnet. Es ist wichtig für Länder mit ungünstigem Winterklima (Rußland), in denen das Getreide auszuwintern droht.

Im Gegensatz zu den Frostkeimern ist bei den vernalisationsbedürftigen Arten die Kälte nicht zur Keimung, sondern für die viel später folgende Blütenbildung erforderlich.

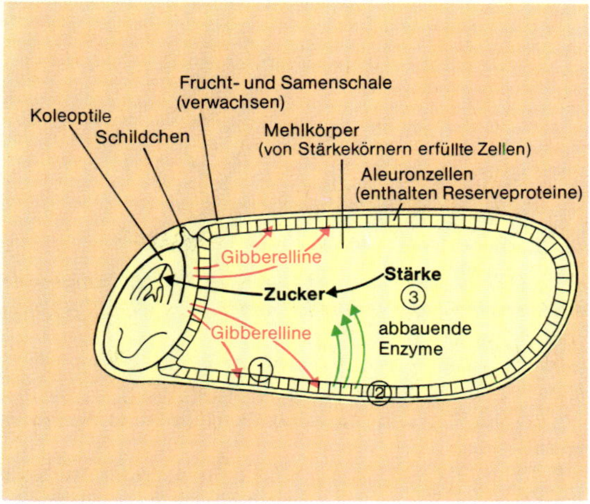

Abb. 316: Die Wirkung der Gibberelline bei der Keimung des Getreidekorns als Beispiel der Wirkung pflanzlicher Hormone. Gibberelline werden vom Embryo über das Schildchen abgegeben (1), sie lösen in den Zellen der Aleuronschicht die Bildung von Enzymen des Lipidstoffwechsels aus. Mit den Lipiden werden in den Aleuronzellen neue Membranen gebildet, die Zellen werden aktiviert. Außerdem kommt es zur Synthese von α-Amylase und anderer hydrolytischer Enzyme (2); diese bauen die Reservestärke im Mehlkörper zu Zucker ab (3), der, vom Schildchen aufgenommen, dem Keimling Baumaterial und Energie liefert. Koleoptile: Scheide um den Vegetationskegel des Sprosses

1.5 Steuerung der Entwicklung durch Innenfaktoren

Pflanzenhormone. Die Versuche S. 153 zeigen, daß wie bei Tieren so auch bei Pflanzen Entwicklung und Wachstum durch *Hormone* beeinflußt werden. Hormone finden sich, wenn auch in äußerst geringen Mengen, in allen Teilen der Pflanze; sie bilden sich zum Teil in jungen, wachsenden Geweben, zum Teil in den Wurzeln und wandern dann in der Pflanze. Die wichtigsten Gruppen der Phytohormone sind *Auxine, Gibberelline* und *Cytokinine.* Sie fördern das Wachstum, regen zu vermehrter Zellteilung und Zellstrekkung an und beeinflussen den Stoffwechsel, die Zelldifferenzierung sowie die Blütenbildung. Das Hormon *Abscisinsäure* wirkt vorwiegend hemmend auf den Stoffwechsel und die Entwicklungsvorgänge; seine Menge vermehrt sich während der Ruhephase der Pflanzen im Frühwinter. Diese Ruheperiode dauert bei der Kirsche bis Anfang Dezember, beim Flieder bis Anfang Oktober. Nach dieser Zeit kann man abgeschnittene Zweige durch Warmstellen vorzeitig zum Blühen bringen (Frühtreiben). Durch das »Reifungshormon« *Ethylen* werden Fruchtreifung und Gewebsalterung gefördert, die Keimung und das Austreiben von Knospen dagegen gehemmt.

Als Beispiel einer Hormonwirkung betrachten wir den Einfluß der Gibberellinsäure (Gibberellin A_3) auf die Keimung von Getreidekörnern (Abb. 316). Der Mehlkörper des Getreidekorns enthält große Mengen Stärke. Sie wird bei der Keimung durch stärkespaltende Enzyme (Amylasen) abgebaut. Unter dem Einfluß von Gibberellin, das der Embryo abgibt, werden Enzyme gebildet oder aktiviert, die Reservestoffe im keimenden Getreidekorn abbauen und sie dem Stoff- und Energiewechsel des wachsenden Keimlings verfügbar machen. Wenn man die Getreidekörner querteilt, tritt der Stärkeabbau nur in den embryohaltigen Hälften ein. In den embryolosen Hälften kann er aber durch Zugabe von Gibberellinsäure-Lösung ausgelöst werden.

Im Gartenbau werden Auxine zu verschiedenen Zwecken verwendet. Bei der Stecklingsvermehrung wird die Wurzelbildung am abgeschnittenen Sproßstück beschleunigt, wenn man es vor dem Einpflanzen in Auxinlösung taucht. Apfel- und Citrusbäume werfen die Früchte später ab, wenn sie mit Auxinlösung besprüht werden. Übersprühen der Blüten von Tomaten und Melonen führt zu samenlosen Früchten. Mit Pflanzenhormonen lassen sich Riesenwuchs und Riesenblüten erzeugen, Frühkeimung von Samen auslösen und andrerseits das Austreiben der Kartoffeln im Keller verhindern. Synthetische Stoffe mit auxinartiger Wirkung verwendet man z. B. im Getreidefeld oder im Rasen als Unkrautvertilgungsmittel (*Herbicide*), weil sie die wuchsstoffempfindlicheren zweikeimblättrigen Pflanzen zu einem schnel-

Abb. 317: Bewurzelter Steckling der Weide. Bildung der Wurzeln stets am ursprünglich unteren Ende des Stecklings, auch bei verkehrter Aufhängung

len, krankhaften und zum Absterben führenden Wachstum veranlassen.

Polarität. Hängt man zwei Stücke eines Weidenzweiges in einen feuchten Raum, das eine in normaler Lage, das andere aber umgekehrt, so treiben Wurzeln nur am ursprünglich unteren Ende der Zweigstücke (Abb. 317). Die *Polarität* als

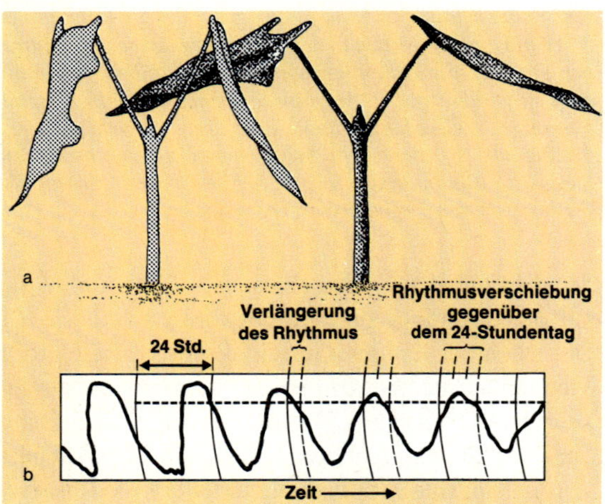

Abb. 318: a Die ersten Laubblätter der Feuerbohne führen tagesperiodische Bewegungen aus. Links: Nachtstellung, rechts Tagstellung. In der Nachtstellung erfolgt Senkung der Blattflächen und Hebung der Blattstiele. b Mit dem Schreiber aufgezeichnete Blattbewegungen der ersten Laubblätter einer Feuerbohne. Die Pflanze wurde in schwachem Dauerlicht gehalten, dadurch fällt die Synchronisation des Bewegungsrhythmus mit dem 24-Stundentag weg. Die Periodenlänge verschiebt sich auf etwa 27 Stunden. Dies ist die genetisch festgesetzte, endogene circadiane Rhythmik.

Beziehung zwischen unten und oben ist auch bei der Pfropfung von Bedeutung. Das Pfropfreis muß mit dem »unteren Pol« auf die Unterlage gesetzt werden. Entfernt man die Sproßspitze, so wachsen darunterliegende Seitenknospen aus, deren Austrieb zuvor gehemmt war. Es müssen demnach Wechselwirkungen zwischen den Organen bestehen. Auch hierfür sind in erster Linie Hormone verantwortlich. Die jungen Zellen der Sproßspitze bilden Auxin, das im Sproß abwärts wandert und in Knospen die Bildung von Ethylen auslöst; dieses verhindert das Austreiben der Knospen. Sobald die Auxinzufuhr von oben her aufhört, treibt die nunmehr höchstgelegene Seitenknospe aus und übernimmt die Funktion der Sproßspitze.

Biologische Uhr. Wie sehr innere Faktoren die pflanzlichen Wachstums- und Entwicklungsvorgänge beeinflussen, zeigen die Erscheinungen der *inneren Rhythmik.* Darunter versteht man periodisch wiederkehrende Änderungen im Verhalten der Pflanze, die durch innere Bedingungen bestimmt sind. Unsere Laubbäume werfen alljährlich im Herbst die Blätter ab. Dieser Vorgang ist keineswegs nur klimatisch bedingt. Versetzt man z. B. unsere Laubbäume (Eiche) in die immerfeuchten Tropen mit gleichbleibendem Klima, so geht dieser Rhythmus zwischen Belaubung und Laubfall wie auch der Wechsel zwischen Früh- und Spätholz weiter, zeigt jedoch keine Beziehung mehr zum ursprünglichen Jahresrhythmus. Der jährliche Blattfall wird also durch eine innere Rhythmik hervorgerufen, deren Frequenz nicht genau mit der Jahreslänge übereinstimmt, bei uns jedoch durch den Wechsel der Jahreszeiten synchronisiert wird.

Eine innere Rhythmik, deren Frequenz etwa Tageslänge (21–27 Stunden) aufweist, heißt *circadiane Rhythmik.* Sie liegt vielen Blatt- und Blütenblattbewegungen zugrunde (z. B. der Bewegung der ersten Laubblätter der Bohne) und ist auch im Stoffwechsel nachweisbar. Durch die Tagesperiodik der Erde von 24 Stunden wird die circadiane Rhythmik unter natürlichen Bedingungen an diese Periodik angeglichen (synchronisiert).

Die Ursache der als »biologische Uhr« bezeichneten inneren Rhythmik ist noch nicht bekannt. Auch Vorgänge bei Tieren und beim Menschen zeigen circadiane Rhythmen.

2.1 Ungeschlechtliche Fortpflanzung

Ungeschlechtliche Fortpflanzung erfolgt im Tierreich durch Teilung und Knospung. **Zweiteilung** kommt namentlich bei den Einzellern vor.

Auch vielzellige Tiere können sich durch Teilung fortpflanzen. Bei Seerosen wird sowohl Längsteilung als auch Querteilung beobachtet. Bei anderen Arten von Hohltieren entsteht die freischwimmende Qualle durch wiederholte Querteilung der Polypenform; jeweils die oberste Scheibe löst sich als Qualle ab. Manche Ringelwürmer bilden in der Körpermitte einen neuen Kopf, worauf sich an dieser Stelle der hintere Teil des Tieres lostrennt. Die so entstandenen Tiere ergänzen dann wieder die Zahl ihrer Körperabschnitte. Eine ganz besondere Art ungeschlechtlicher Vermehrung ist der *Keimzerfall.* Darauf beruht die Bildung der *eineiigen Zwillinge,* die nicht nur beim Menschen, sondern auch bei vielen Wirbeltieren vorkommen. Sie entstehen dadurch, daß der Keim in einem sehr frühen Zeitpunkt seiner Entwicklung in Einzelzellen oder Zellgruppen zerfällt. Bei manchen Gürteltierarten ist die Vermehrung durch die Spaltung des Keims in 4–12 Teile, aus denen entsprechend viele Einzelwesen hervorgehen, sogar die Regel.

Bei der **Knospung** wächst der neue Organismus aus dem Muttertier heraus (z. B. Süßwasserpolyp). Bei den stockbildenden Korallen verbleiben die durch Knospung erzeugten Nachkommen im Zusammenhang mit dem Muttertier; auf diese Weise entstehen *Tierstöcke.*

2.2 Geschlechtliche Fortpflanzung

Bei der geschlechtlichen Fortpflanzung vereinigen sich zwei, meist verschieden gestaltete Geschlechtszellen (Keimzellen, Gameten) im Vorgang der *Befruchtung* zur befruchteten Eizelle (*Zygote*). Die Keimzellen unterscheiden sich von den Körper- oder Somazellen dadurch, daß sie von jedem homologen Chromosomenpaar nur einen Partner besitzen. Der Chromosomensatz besteht daher nur aus der Hälfte der Chromosomen einer Körperzelle; die Zelle ist *haploid.*

2.2.1 Bildung und Bau der Keimzellen. Meiose

Die Tatsache, daß Keimzellen haploid sind, erfordert einen Vorgang, der jeweils die Zahl der Chromosomen halbiert. *Bei der Bildung der Geschlechtszellen wird durch den besonderen Teilungsvorgang der* **Meiose** *die Chromosomenzahl auf die Hälfte reduziert (Reduktionsteilung).* Dieser Vorgang spielt sich folgendermaßen ab: Diploide Zellen, die in die

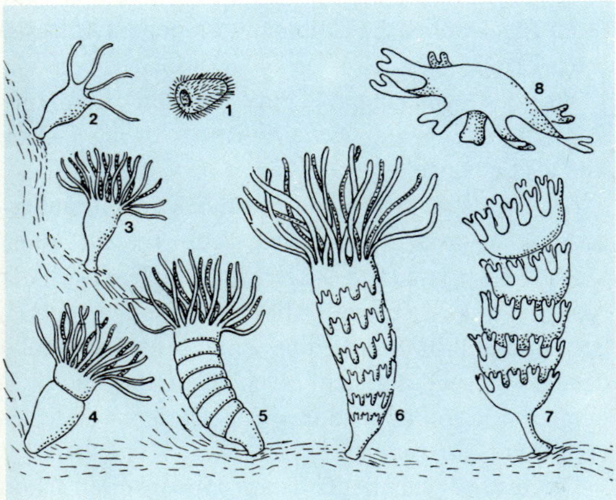

Abb. 319: Entwicklung der Ohrenqualle Aurelia. Die geschlechtlich erzeugte Wimpernlarve (1) setzt sich zu Boden und wächst zu einem Polypen (2 und 3) aus, welcher durch Querteilungen (4–7) auf ungeschlechtlichem Wege Quallen (8) abschnürt.

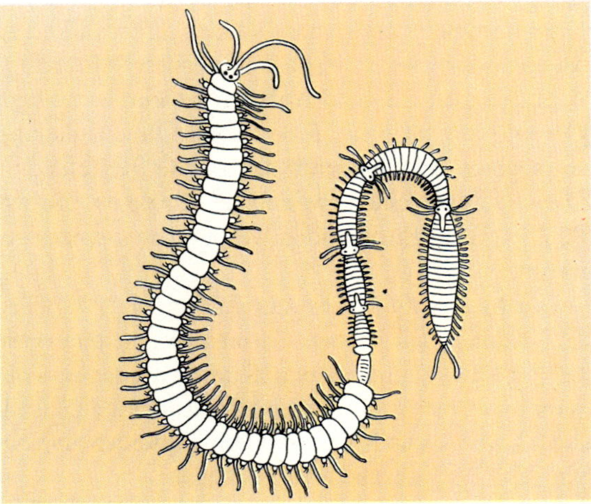

Abb. 320: Ungeschlechtliche Vermehrung durch Sprossung bei einem Meeres-Ringelwurm. Die Sprossungszone ist am letzten Körpersegment. Kopf und Hinterende der Sproßabschnitte werden in der Polaritätsrichtung des Muttertieres regeneriert.

Meiose eintreten, besitzen je zwei homologe Chromosomen. Jedes homologe Chromosom besteht aus zwei Schwesterchromatiden, die ein gemeinsames Centromer aufweisen. Die Reduktion der Chromosomenzahl auf die Hälfte ist erreicht, wenn die aus der Meiose hervorgehenden Zellen von jedem homologen Chromosom je eine Chromatide enthalten. Dazu sind zwei Teilungen erforderlich, die man als Reifeteilungen bezeichnet (Abb. 321).

Die Meiose beginnt nach dem Sichtbarwerden der Chromosomen mit deren Paarung, der **Synapsis**; sie ist der entscheidende Ordnungsvorgang bei der Meiose. Homologe Chromosomen lagern sich eng und parallel nebeneinander. Da sie aus je zwei Chromatiden aufgebaut sind, entstehen **Chromatiden-Tetraden**, die jeweils aus zwei äußeren und zwei inneren Chromatiden bestehen. Danach wird die Paarung wieder lockerer. Die Chromatidenpaare weichen etwas auseinander, wobei die inneren Tetradenpartner an verschiedenen Orten durch Kontaktstellen (*Chiasmen*) zusammengehalten werden. Nach Trennung der inneren Nichtschwester-Chromatiden ordnen sich die Chromatiden-Tetraden (also nicht Chromosomen wie bei der Mitose) an der Äquatorialebene der Kernteilungsspindel an. Nun wandern von der Tetrade die zwei Schwester-Chromatiden des einen homologen Chromosoms zum einen Spindelpol und die zwei Schwester-Chromatiden des anderen homologen Chromosoms zum anderen Spindelpol der Zelle. Es trennen sich also bei dieser ersten Reifeteilung die homologen Chromosomen und damit die Nichtschwester-Chromatiden. Hierbei bleibt es dem Zufall überlassen, welches der beiden homologen Chromosomen (mit seinen beiden Chromatiden) zu welchem Pol gelangt. Nach dieser ersten Reifeteilung befinden sich an beiden Polen je ein homologes Chromosom mit zwei Chromatiden. Ohne Ruhepause beginnt anschließend die zweite Reifeteilung. Diese läuft wie eine gewöhnliche Mitose ab; die beiden Schwesterchromatiden werden voneinander getrennt.

Die Meiose führt also zur Bildung von 4 Zellen (Keimzellen) mit je einer Chromatide, die dann (wie bei der Mitose) durch Reduplikation wieder ein vollständiges Chromosom mit zwei Chromatiden ausbildet. Damit ist die Reduktion vom diploiden zum haploiden Chromosomensatz vollzogen.

Bei der Spermienbildung geht aus jeder der vier haploiden Zellen je eine Spermienzelle hervor. Die Eireifung verläuft ebenso, doch wird das Plasma ungleich geteilt: Die Eimutterzelle schnürt bei der Reduktionsteilung nur eine vergleichsweise sehr kleine Zelle ab, welche die Hälfte der Chromosomen erhält. Diese plasmaarme Zelle heißt Richtungskörperchen, weil sie bei der Entwicklung der befruchteten Eizelle, der Zygote, in Beziehung zur ersten Furchungsebene steht. Der Vorgang wiederholt sich bei der zweiten Teilung, wobei sich gleichzeitig auch das erste Richtungskörperchen teilt. Auf diese Weise entstehen wie bei der Samenreifung vier Zellen, von denen aber nur *eine* Zelle zu einer befruchtungsfähigen Eizelle wird. Sie erhält fast das ganze Plasma der Eimutterzelle; die drei übrigen gehen zugrunde.

Durch die Reduktionsteilung erhält jede reife Geschlechtszelle einen einfachen, aber vollständigen Satz von Chromosomen. Bei der Befruchtung treten eine männliche und eine weibliche Geschlechtszelle zusammen, und damit wird für die befruchtete Eizelle der doppelte Chromosomensatz wiederhergestellt. Im Entwicklungsgang aller Lebewesen, die sich geschlechtlich fortpflanzen, wechseln somit diploide mit haploiden Zellen ab.

Chromosomen entstehen also niemals neu, sondern stets durch identische Verdopplung vorhandener Chromosomen; sie werden auf dem Weg über die Keimzellen an die folgende Generation weitergegeben.

Bei manchen Tierarten kann man schon sehr früh die Zellen, aus denen sich später Keimzellen entwickeln, von den Zellen unterscheiden, die den Körper aufbauen. Die Folge von Zellen, die mit der Bildung von Keimzellen endet, bezeichnet man als *Keimbahn.* Der Körper ist aus dieser Sicht nur Träger der Keimzellen. Die Bildung der Chromosomen aus ihresgleichen gewährleistet ihre Kontinuität von der befruchteten Eizelle über die Keimbahn wieder zur befruchteten Eizelle.

Bei den vielzelligen Tieren kommen die Geschlechtszellen stets in zwei Formen vor, als Eizelle und als Samenzelle.

Die *Eizelle* ist im Verhältnis zur Samenzelle außerordentlich groß. Das menschliche Ei hat einen Durchmesser von etwa 0,2 mm und ist eben noch mit bloßem Auge sichtbar (Abb. 324); sein Volumen beträgt das 200 000fache der Samenzelle. Die Größe des Eis beruht auf dem reichlichen Protoplasmainhalt; weit größer wird das Vogelei durch Speicherung von Nährstoffen.

Die Eier verschiedener Tiergruppen weisen schon äußerlich einen polaren Bau auf. Das Cytoplasma ist in bestimmte Bereiche verschiedener chemischer Zusammensetzung differenziert. Sichtbar wird dies an unterschiedlich gefärbten Eizonen (z. B. Amphibien, Seeigel).

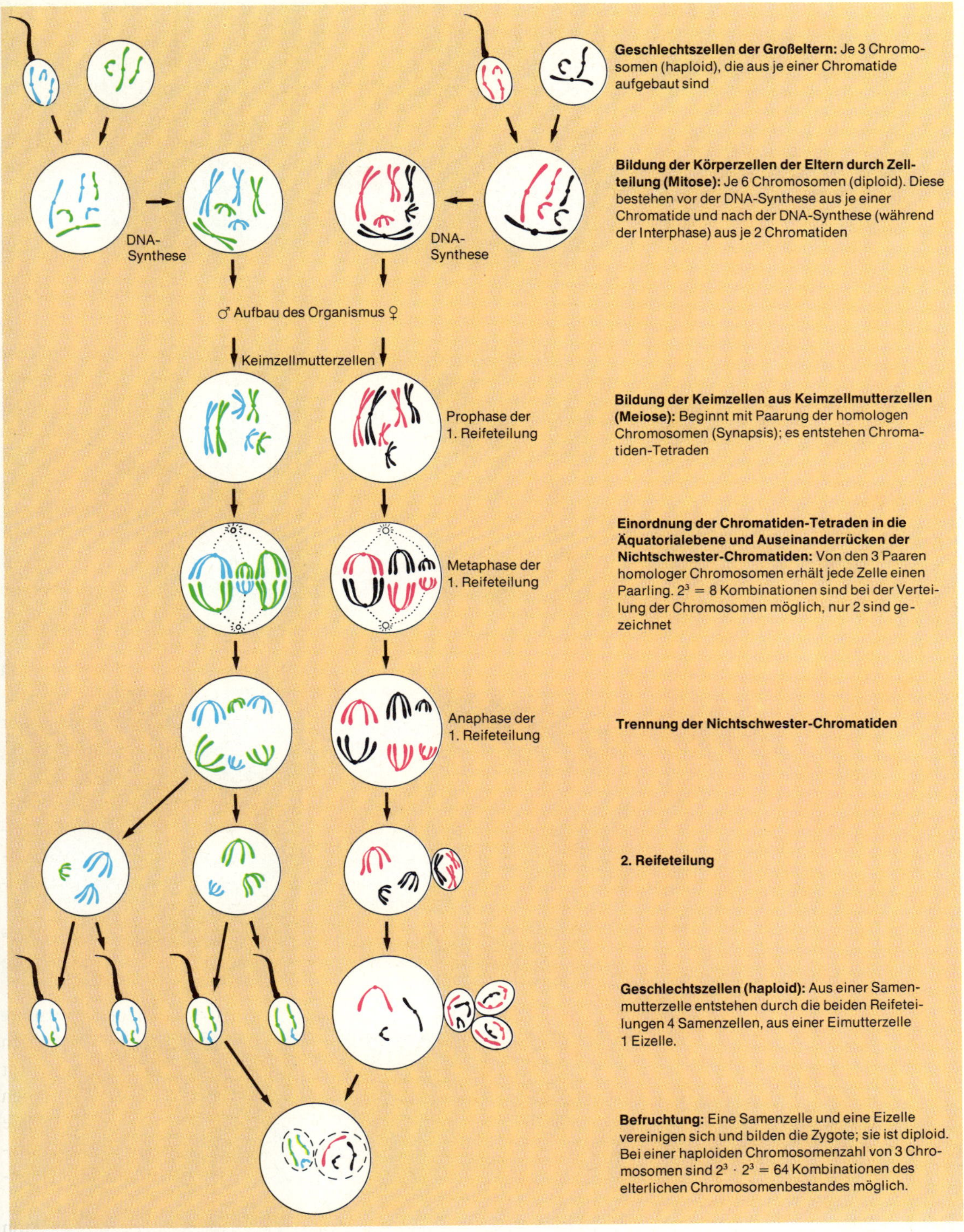

Abb. 321: Schematische Darstellung der Meiose mit Keimzellenbildung. (Die Zahl der Chromosomen ist willkürlich gewählt; die Teilungsspindel und das Ansetzen der Spindelfasern am Centromer ist nur bei einer Phase angedeutet.) Bedeutung der Meiose: 1. Erhaltung der artspezifischen Chromosomenzahl. Aus diploiden Körperzellen werden haploide Keimzellen und die Verschmelzung von zwei Keimzellen führt wieder zu diploiden Körperzellen. 2. Neukombination der Chromosomen und damit der Erbanlagen in jeder Zygote; so entstehen die individuellen Unterschiede bei den Lebewesen einer Art.

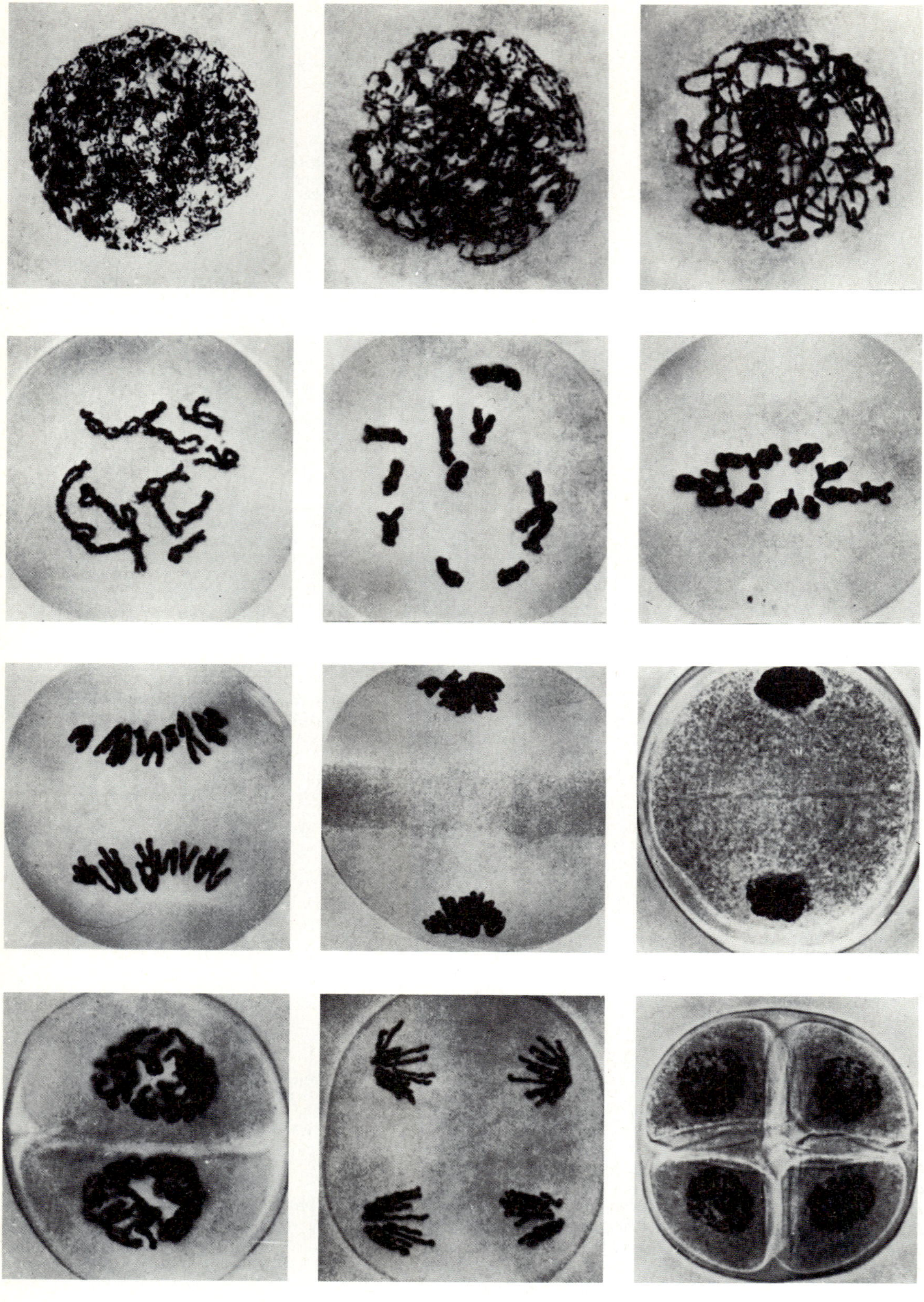

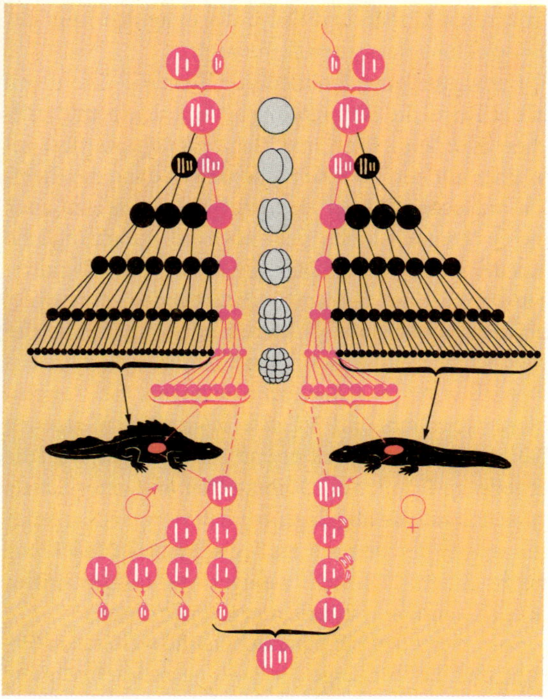

Abb. 323: Schematische Darstellung der Keimbahn. Rot: die Folge der Keimzellen mit Einschluß der Reifeteilungen; in einem Teil davon sind die Chromosomen eingezeichnet. Schwarz: die Folge der Körperzellen

Abb. 322: Meiose in den Pollenmutterzellen der Königslilie
1. Reihe: Im Zellkern werden die Chromosomen sichtbar
2. Reihe: Die Chromosomen kontrahieren sich und die Längsspaltung in zwei Chromatiden wird erkennbar. Die homologen Chromosomen treten paarweise zusammen und ordnen sich in der Äquatorialplatte an.
3. Reihe: Die homologen Chromosomen (mit je 2 Chromatiden) trennen sich und wandern an entgegengesetzte Pole, so daß sich an jedem Pol nur die Hälfte der Chromosomen einfindet (Reduktionsteilung).
4. Reihe: Zweite meiotische Teilung. Die Chromosomen werden, wie bei einer mitotischen Teilung, in die beiden Chromatiden getrennt, wobei eine Chromatide an den einen Pol, die andere an den anderen Pol wandert. Die Chromatiden jedes Pols entschrauben sich und bilden einen Kern mit Kernhülle. Dann erfolgt die Trennung der Zellen. Auf diese Weise entstehen aus einer Pollenmutterzelle vier Pollenkörner.
Die Meiose verläuft also genau so wie bei der Keimzellenbildung der Tiere: Aus einer diploiden Zelle entstehen vier haploide Zellen.

Nach außen ist die Eizelle von der Eirinde (Kortikalschicht) begrenzt. Diese ist durch Steuerung der frühen Entwicklungsvorgänge von entscheidender Bedeutung für die Keimesentwicklung.

Die *Samenzellen* oder *Spermatozoen* sind beweglich und sehr klein. Stets werden sie in sehr großer Zahl gebildet. Sie bestehen aus dem Kopfstück, einem kleinen Mittelstück, welches das Zentralkörperchen enthält und einem geißelförmigen Schwanz, der durch peitschenartige Bewegungen die Zelle vorwärtstreibt. Der Inhalt des Kopfstücks besteht ganz aus Kernsubstanz. Der vordere Teil des Kopfstücks ist ein besonderes Organell, das vom Golgikörper gebildete *Akrosom.* Es ist reich mit Enzymen ausgestattet und wirkt beim Eindringen des Spermiums in das Ei und bei den darauffolgenden Vorgängen entscheidend mit.

Die Keimzellen werden in den Keimdrüsen gebildet; die Eizellen in den weiblichen Keimdrüsen (Eierstöcke, Ovarien), die Samenzellen in den männlichen Keimdrüsen (Hoden). Manche Tierarten besitzen als *Zwitter* gleichzeitig männliche und weibliche Keimdrüsen; meist sind aber die Keimdrüsen auf verschiedene und damit getrenntgeschlechtliche Individuen verteilt. Im Gegensatz zu den höheren Pflanzen sind die höheren Tiere fast durchweg *getrenntgeschlechtlich.* Auch bei den zwittrigen Arten erfolgt meist *Fremdbefruchtung,* indem sich zwei Tiere wechselseitig begatten (Weinbergschnecke, Regenwurm).

2.2.2 Befruchtung

Eizelle und Samenzelle vereinigen sich bei der *Befruchtung.* Dieser Vorgang ist erstmals 1875 von dem Zoologen Oskar Hertwig beim Seeigel beobachtet worden. Der Seeigel entläßt die Keimzellen frei ins Wasser. Die beweglichen Samenzellen schwimmen, von *Befruchtungsstoffen* angezogen, auf die Eizelle zu und heften sich mit dem Akrosom an die Gallerthülle des Eies an. Ein Enzym des Spermienkopfes verflüssigt lokal die Gallerthülle. Gleichzeitig wird vom Akrosom ein fadenförmiges Gebilde (Akrosomfilament) auf die Eirinde geschleudert. Daraufhin lockert sich diese auf, das Spermium dringt mit Kopf und Mittelstück in das Eiplasma ein und wirft den Schwanzteil ab. Diese 1–2 Sekunden dauernde *Kortikalreaktion* breitet sich innerhalb 60 Sekunden über die ganze Eizelle aus und führt zur Abhebung einer durchsichtigen Befruchtungsmembran. Zwischen ihr und der Eirinde liegt ein flüssigkeitsgefüllter Spaltraum.

Nach dem Eindringen des Spermiums wird der Kerninhalt des Kopfes frei. Aus dem Mittelstück tritt das Zentralkörperchen heraus. Der durch Flüssigkeitsaufnahme aufgeblähte Spermakern bewegt sich auf den Eikern zu. Dann vereinigen sich Eikern und

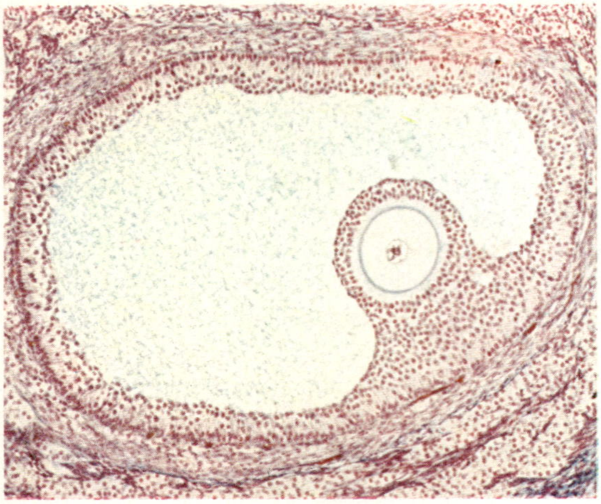

Abb. 324: Eierstock eines Säugetiers. Sprungreifer Graafscher Follikel mit reifer Eizelle, 50fach vergr., gefärbt

Spermakern zu einem einheitlichen Kern. Damit ist die Befruchtung vollzogen. Währenddessen hat sich das Zentralkörperchen verdoppelt. Die beiden Tochterkörperchen rücken auf gegenüberliegende Seiten des Kerns. Anschließend beginnt die *Teilung* der befruchteten Eizelle und damit der erste Schritt in der Entwicklung des neuen Lebewesens.

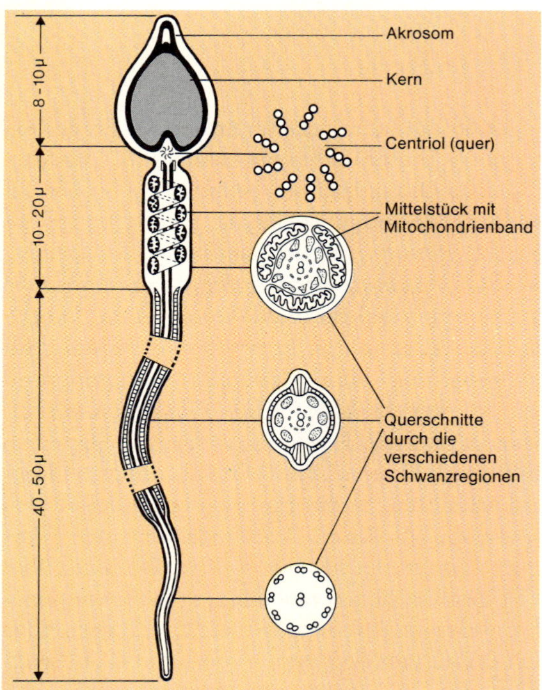

Abb. 325: Samenzelle. Das Zentralkörperchen regt die Teilung der befruchteten Eizelle an. Die Atmungsenzyme der Mitochondrien bilden ATP für den Energiebedarf der Schwanzbewegung. Das Schwanzvorderteil ist wie alle Geißeln gebaut (neun äußere Doppelfibrillen und zwei Innenfibrillen). Länge der menschl. Samenzelle 60 µm.

Bei wasserlebenden niederen Tieren vollzieht sich in der Regel die Befruchtung außerhalb des mütterlichen Körpers; Eier und Samenzellen werden ins Wasser entleert, wo die Samenzellen dann die Eizellen aufsuchen. Unter den Wirbeltieren zeigen auch die Fische und Lurche meist noch diese ursprüngliche Art der Befruchtung. Dagegen muß bei den Landtieren eine *innere Befruchtung* stattfinden; sie erfolgt bei den höheren Wirbeltieren im Ausführgang der weiblichen Keimdrüsen, dem Eileiter, wohin die Samenzellen bei der *Begattung* gelangen. Bei Amphibien, Reptilien und Vögeln sowie den niedersten Säugetieren (Schnabeltier und Ameisenigel) wird die Eizelle im Eileiter mit Nährstoffen und einer Schale versehen und so abgelegt; bei den übrigen Säugetieren macht der befruchtete Keim seine Entwicklung bis zu einem mehr oder weniger weit fortgeschrittenen Zustand im mütterlichen Körper durch.

So verschieden die männlichen und weiblichen Organe und die Vorgänge der Paarung und Befruchtung im einzelnen sind, so gleichen sich im grundsätzlichen die Befruchtung der Eizelle des Blasentangs, des Seeigels oder eines Säugetiers doch erstaunlich. Der gleichartige Verlauf der Befruchtung bei Pflanze und Tier weist auf eine gemeinsame Wurzel beider hin. Er ist ein Zeichen dafür, daß es sich dabei um einen für Eukaryonten grundlegenden Vorgang handelt. *Die Befruchtung besteht in der Vereinigung der Kernmassen zweier von verschiedenen Einzelwesen stammenden Zellen.*

2.2.3 Parthenogenese

Bei einer als Parthenogenese (Jungfernzeugung) bezeichneten Fortpflanzungsart entwickeln sich die Eizellen ohne Befruchtung. Bei manchen Stabheuschrecken, einigen Regenwurmarten, Rundwürmern und Rädertieren ist dies die einzige Art der Fortpflanzung. Bei der Honigbiene und anderen Hautflüglern entstehen die weiblichen Tiere aus befruchteten, die Männchen aus unbefruchteten Eiern. Eine unbegattete Bienenkönigin erzeugt deshalb nur haploide Drohnen; man spricht auch von *haploider Parthenogenese.* Bei einigen Tierarten (Blattläuse, Gallwespen, Wasserflöhe) wechseln parthenogenetische und geschlechtliche Fortpflanzung regelmäßig ab. Bei Wasserflöhen entsteht im Sommer eine Reihe von parthenogenetisch erzeugten Weibchengenerationen; im Herbst dagegen treten Männchen und Weibchen auf. Die Weibchen legen befruchtungsbedürftige Eier, die als befruchtete diploide Dauereier überwintern. Aus ihnen entwickeln sich im Frühjahr diploide Weibchen, die sich parthenogenetisch fortpflanzen (*diploide Parthenogenese*).

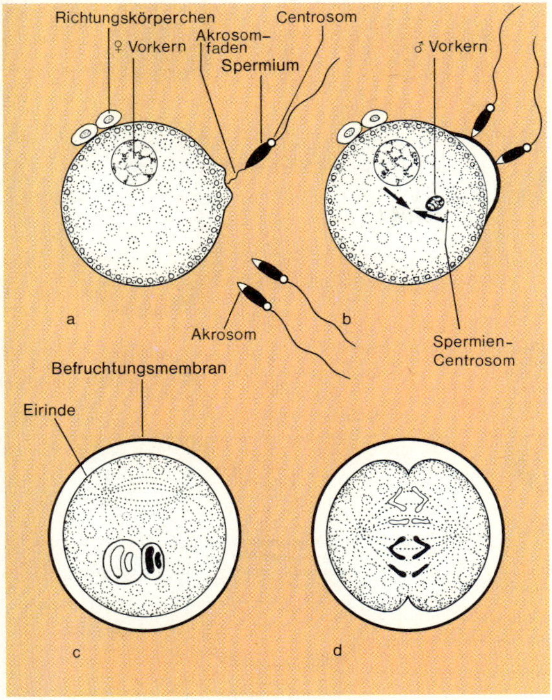

Abb. 326: Schematische Darstellung der Befruchtung. a Enzyme des Akrosoms erleichtern das Eindringen des Spermiums durch die Eirinde (Eizellmembran), Bildung des Befruchtungshügels. b Die Kerne der Geschlechtszellen (Vorkerne genannt) vereinigen sich zum Zygotenkern; Befruchtungsmembran beginnt sich zu bilden. c Zusammenlagerung der männl. und weibl. Chromosomen; die Chromosomen bestehen noch aus einer Chromatide. Abheben der Befruchtungsmembran von der Eirinde. d Erste Furchungsteilung mit Trennung der zwischenzeitlich ausgebildeten Schwesterchromatiden. Weitere Erklärungen im Text

Parthenogenese ist auch bei einigen amerikanischen Eidechsenarten nachgewiesen. Unbefruchtete Truthenneneier entwickeln sich in 30% der Fälle ohne Befruchtung bis zu bestimmten Keimstadien. In einzelnen Fällen entwickeln sich sogar befruchtungsfähige Männchen.

Parthenogenese kommt auch bei Pflanzen vor; der Löwenzahn pflanzt sich stets ohne Befruchtung fort.

Ein unbefruchtetes Ei kann auch durch künstliche Reize chemischer, mechanischer oder thermischer Art zur Entwicklung angeregt werden. Loeb brachte Eier von Seeigeln in Meerwasser, dessen Zusammensetzung durch Zusatz verschiedener Salze verändert worden war. Die Eizellen teilten sich durch diese Behandlung auch ohne vorhergehende Befruchtung und entwickelten sich zu normalen Tieren. Froscheier konnten durch Anstechen mit einer feinen Glasnadel, an der etwas Blut haftete, zur Entwicklung angeregt werden. Es ist sogar gelungen, eine aus dem Eierstock eines Chinchilla-Kaninchens entnommene Eizelle durch verschiedene chemische Reizmittel so anzuregen, daß sie nach Übertragung in den Eileiter eines Albino-Kaninchens ohne Befruchtung mit der Furchung begann und sich zu einem normalen Tier entwickelte. Das so entstandene vaterlose Kaninchen wies nur Merkmale des Chinchilla-Kaninchens auf, dem die Eizelle entstammte, und keinerlei Merkmale des Albino-Kaninchens, von dem es ausgetragen worden war.

Die Parthenogenese ist keine ursprüngliche Art der Fortpflanzung; sie zeigt aber, daß eine vorausgehende Befruchtung für die weitere Entwicklung des Eis nicht immer notwendig ist. Wesentlich ist jedoch die Aktivierung des Eies durch Anregung der Kortikalreaktion, sichtbar am Abheben der Befruchtungsmembran, sowie die Aktivierung des Zentralkörperchens der Eizelle zur Bildung einer Teilungsspindel.

2.3 Keimesentwicklung am Beispiel der Amphibien

Aus dem befruchteten Ei entsteht das vielzellige Tier durch viele aufeinanderfolgende Zellteilungen. Der erste Abschnitt dieses Entwicklungsvorgangs wird als *Furchung* bezeichnet, da die Zellteilungen zuerst durch Furchen auf der Oberfläche des kugelförmigen Eis erkennbar werden. Kennzeichnend für die Furchung ist eine Vermehrung der Zellenzahl ohne Zunahme der lebenden Masse. Auf die Furchung folgen *Keimblattbildung, Sonderung der Organanlagen* und *Gewebedifferenzierung.* Diese Entwicklungsschritte sind besonders gut bei den dotterarmen Eiern des Grasfrosches zu verfolgen.

Furchung. Die befruchtete Eizelle (*Zygote*) ist in verschiedene Plasmabezirke differenziert. Diese sind schon äußerlich an ihrer unterschiedlichen Färbung erkennbar. Die animale Hälfte ist dunkel gefärbt, die vegetative hell. Zwischen beiden liegt eine graugefärbte Zone, der *graue Halbmond.* Diese Bereiche werden bei der Furchung auf verschiedene Zellen verteilt, die bei der Weiterentwicklung jeweils bestimmte Organe liefern. Die erste Furchungsteilung der befruchteten Eizelle liefert zwei Furchungszellen (*Blastomeren*); die zweite, die senkrecht zur ersten verläuft, liefert vier Zellen. Die dritte Teilungsebene steht auf den beiden ersten senkrecht und läßt zwei Zellkränze zu je vier Zellen entstehen. Die Zellen des oberen Zellkranzes sind kleiner (*Mikromeren*) als die des darunterliegenden (*Makromeren*). Die Furchung ist *total-inäqual,* weil die ganze Eizelle durchgefurcht wird, aber ungleich große Zellen entstehen.

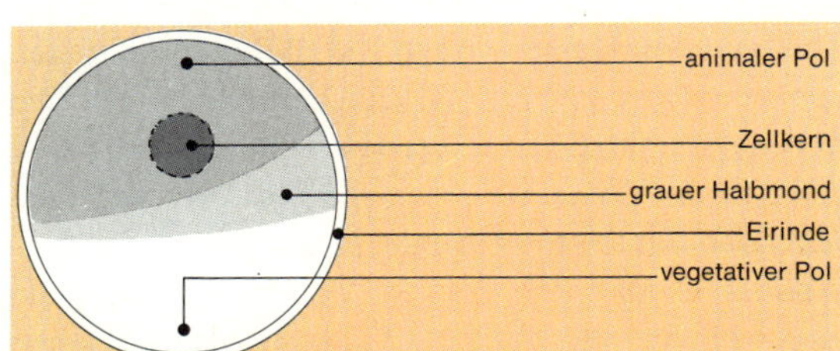

Abb. 327: Befruchtetes Ei (ohne Gallerthülle) des Grasfrosches

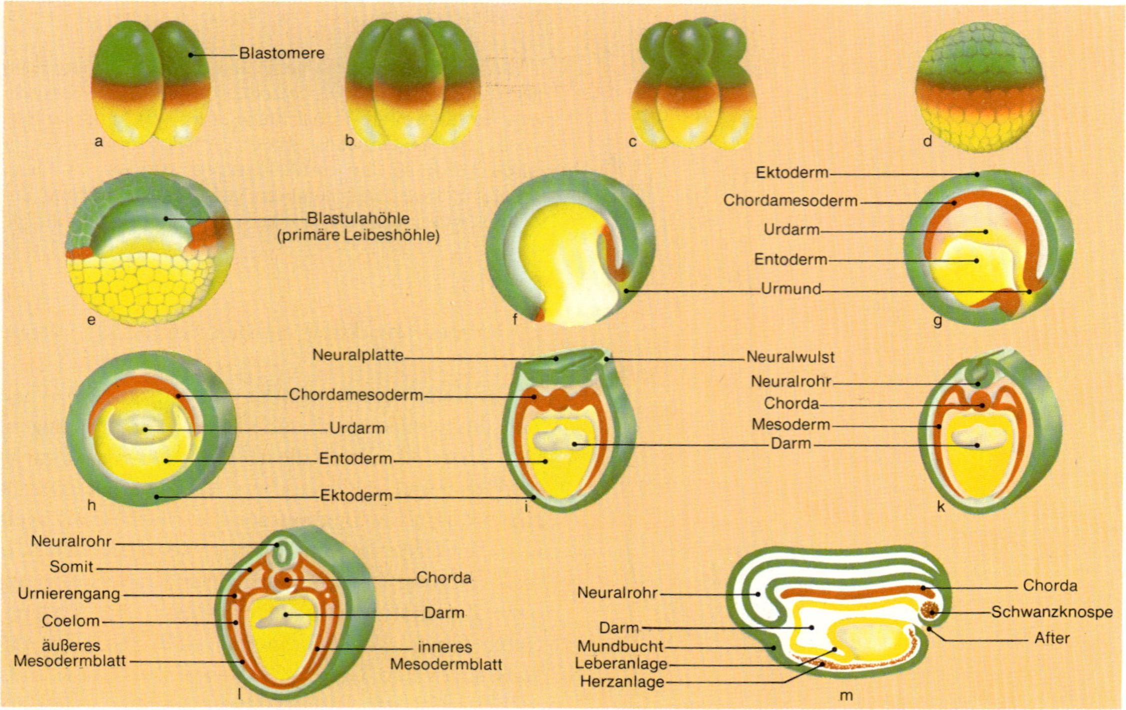

Abb. 328: Entwicklung der Amphibien: a–d Furchung bis zur Bildung der Morula; e Blastula (Querschnitt). Beginnende Gastrulation; f–g Gastrulation (Längsschnitt) und Gastrula; h Lage der Keimblätter nach der Gastrulation (Querschnitt); i–l Neurulation und Bildung der Körpergrundgestalt; m Junge Larve kurz vor Durchbruch des Mundes. Die Farben bezeichnen auf den Stadien bis zur Gastrulation animales Plasma (grün), graues Halbmondplasma (rot) und vegetatives Plasma (gelb) entsprechend den chemodifferenzierten Zonen der befruchteten Eizelle. Nach Abschluß der Gastrulation kennzeichnen die Farben die gebildeten Keimblätter: Ektoderm (grün) Chordamesoderm (rot), Entoderm (gelb)

Die folgenden Teilungen führen zur Bildung eines kugeligen Zellhaufens von der Form einer Maulbeere, dem Maulbeerkeim oder der *Morula.* Nun bildet sich im Innern des Keims ein Hohlraum, die Blastulahöhle oder das *Blastocoel* aus; dadurch entsteht eine Hohlkugel, deren Wand zunächst aus einer Zellschicht, später aber aus mehreren besteht. Dieser Keim wird als Blasenkeim oder *Blastula* bezeichnet. Auf diesem Stadium sind die in der Eizelle unterschiedlich gefärbten Zonen noch zu erkennen; eine obere *animale Zone,* eine mittlere *Randzone* und eine untere *vegetative Zone.* Bei der weiteren Entwicklung gehen daraus verschiedene Keimteile hervor.

Keimblattbildung. Nach weiteren Teilungen kommt es zu einer Einstülpung der Hohlkugel. Die Zellen der animalen Zone teilen sich sehr schnell und drängen die Zellen der Randzone und der vegetativen Zone durch eine Öffnung in das Innere der Blastulahöhle. Dadurch entsteht der Becherkeim, die *Gastrula,* die verschiedene Zellschichten aufweist. Die Außenschicht, das *Ektoderm,* besteht aus den Zellen der animalen Zone. Die Innenschicht umfaßt zwei Zellplatten: den Urdarmboden, der aus den Zellen der vegetativen Zone gebildet wird (*Entoderm*), und das Urdarmdach (*Chordamesoderm*), das aus den Zellen der Randzone hervorgeht. Das Urdarmdach wächst nach unten und drängt sich zwischen das Ektoderm und das nach oben wachsende Entoderm ein. Das Ergebnis ist ein dreischichtiger Keim, der aus drei Keimblättern *Ektoderm, Chordamesoderm* und *Entoderm* besteht. Der vom Entoderm eingeschlossene Hohlraum ist der *Urdarm,* seine Öffnung nach außen ist der *Urmund.* Dieser wird beim Grasfrosch wie auch bei allen Wirbeltieren im Lauf der weiteren Entwicklung nicht zum Mund, sondern zum After und bezeichnet das Hinterende des Tieres. Mit Abschluß des als *Gastrulation* bezeichneten Vorganges haben sich die einfachsten Organanlagen gebildet.

Neurulation und Organbildung. Im weiteren Verlauf der Entwicklung streckt sich der bisher annähernd kugelförmige Keim in die Länge. Auf seiner Rückenseite entsteht im Ektoderm eine schuhsohlenförmige Aufwulstung. Die Wulstränder laufen

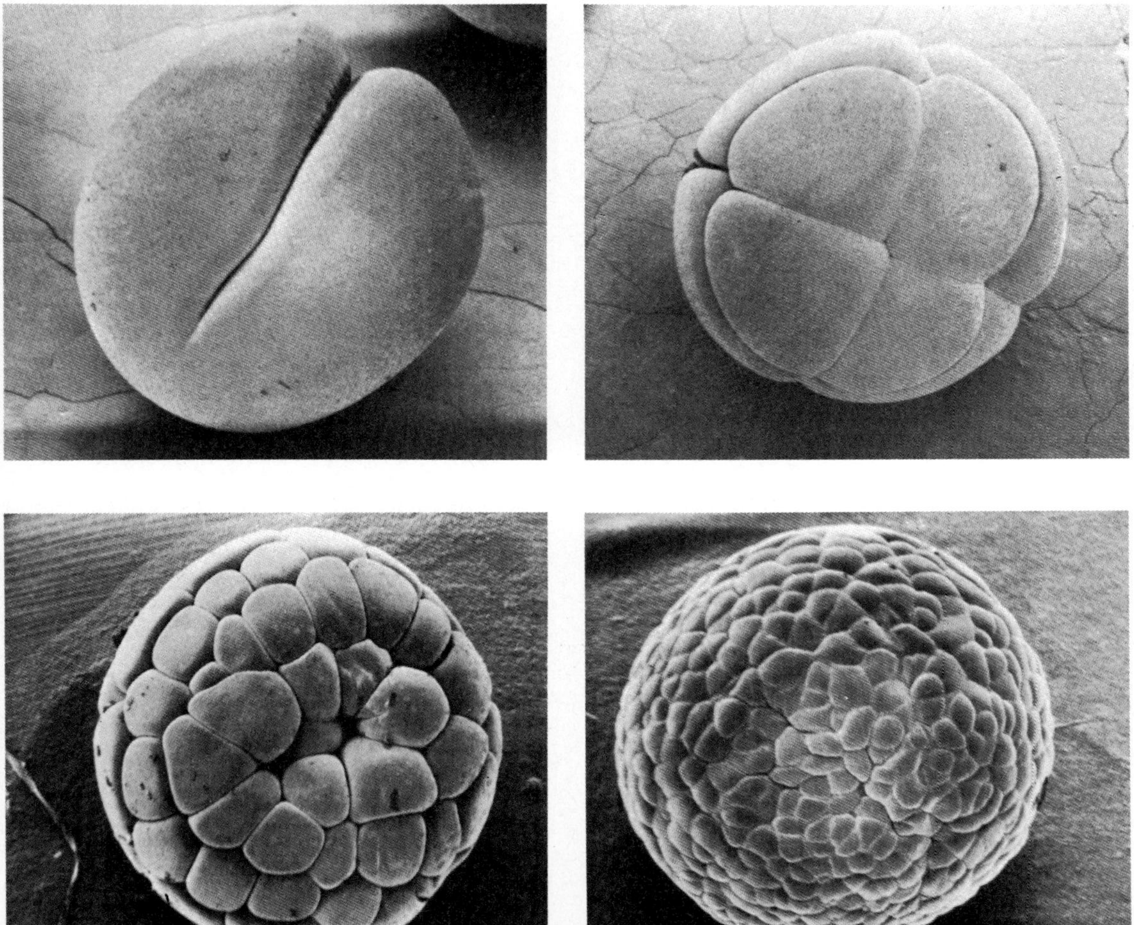

Abb. 329: Rasterelektronenmikroskopische Aufnahmen von der Entwicklung eines Amphibieneies. Die Abbildungen zeigen in der Reihenfolge von links nach rechts und von oben nach unten: Zweizellstadium, 8-Zellstadium mit vier Mikromeren und vier darunterliegenden Makromeren, Blastula, beginnende Gastrula, Bildung des Neuralrohres mit Abheben des Neuralwulstes (der Pfeil kennzeichnet die Lage des Urmundes), Bildung der Neurula mit Verschluß des Neuralrohres (Urmund ist noch sichtbar).

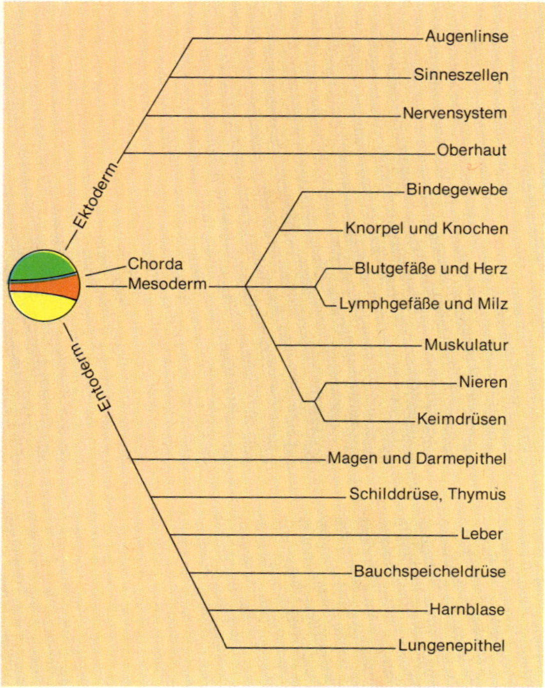

Abb. 330: Prospektive Bedeutung der Eiplasmabezirke und Differenzierung der Körpergewebe aus den Keimblättern bei Wirbeltieren

aufeinander zu und bilden schließlich eine Rinne, die sich zu einem Rohr schließt (*Neuralrohr*). Dieses ist die Anlage des zentralen Nervensystems. Aus dem Ektoderm entstehen außerdem die Körperhaut und eine Reihe von Sinnesorganen. Am Vorderende dieses als *Neurula* bezeichneten Keimstadiums bricht der eigentliche Mund durch; am Mund und After stülpt sich das Ektoderm zu Vorder- und Enddarm ein.

Das Chordamesoderm bildet auf seiner Oberseite eine Ausstülpung, die sich als solider elastischer Strang abschnürt und zur *Chorda* wird. Beim Lanzettfischen bleibt die Chorda dauernd als Stützorgan erhalten. Bei allen Wirbeltieren wird sie embryonal angelegt, später aber durch die Wirbelsäule ersetzt. Die Seitenteile des ursprünglichen Chordamesoderms (jetzt als *Mesoderm* bezeichnet) umwachsen das Entoderm vollständig und gliedern sich im oberen Teil längs des Keims in eine Reihe hintereinander liegender segmental angeordneter Abschnitte, Ursegmente oder *Somiten*. Aus ihnen geht u. a. die Körpermuskulatur hervor. Der untere Teil des Mesoderms differenziert sich in die Seitenplatten, diese bilden durch Ausbildung eines Hohlraums die sekundäre Leibeshöhle (*Coelom*). Das Mesoderm liefert außer der Muskulatur das Blutgefäßsystem, die Ausscheidungs- und Fortpflanzungsorgane sowie das Skelett. Das Entoderm bildet das Mittelstück des endgültigen Darmkanals mit Leber und Bauchspeicheldrüse sowie die Lunge oder die Kiemen und die Harnblase. Die Geschlechtszellen gehen aus Zellen hervor, die keinem Keimblatt zugeordnet sind; sie sondern sich schon frühzeitig während der Embryonalentwicklung ab. Durch Versuche an *Drosophila* und anderen Tieren wurde nachgewiesen, daß ein bestimmter Plasmateil der Eizelle in Zellen gelangt, die sich zu Geschlechtszellen entwickeln. Die Zerstörung dieses Plasmateils in der Eizelle führt zur Unfruchtbarkeit des sich daraus entwickelnden Tieres.

Im weiteren Verlauf der Entwicklung werden die aus den Keimblättern hervorgehenden Organanlagen durch Differenzierung der Zellen und Gewebe zu den Organen in ihrer endgültigen Form. Die Zellen des Bindegewebes, der Haut und der Schleimhäute behalten dabei ihre Teilungsfähigkeit, die Nervenzellen der Wirbeltiere verlieren sie.

Die Keimesentwicklung des Grasfrosches führt zu einer wasserlebenden, fischähnlichen Larve (Kaulquappe), die in ihrem Körperbau an das Wasserleben angepaßt ist. Durch komplizierte Umwandlungsprozesse entsteht aus der Larve durch *Metamorphose* das landlebende Amphibium, der Frosch.

2.4 Keimesentwicklung bei Reptilien, Vögeln und Säugern

Bei den Reptilien und Vögeln, die ihre Entwicklung auf dem Land durchlaufen, sind die Eier groß und mit reichlich Nährmaterial (Dotter) versehen. Das Ei furcht sich nur auf einer engumgrenzten Stelle der Dotterkugel (*diskoidale Furchung*).

Frühzeitig bildet sich das Ekto- und Entoderm als doppelte Zellschicht heraus. Beide Keimblätter umschließen einen Hohlraum, die *Keimhöhle*. Das Mesoderm wuchert als Zellstrang in die Keimhöhle ein. Zum Schutz des zarten Keimlings bilden sich um diesen zusätzliche *Embryonalhüllen* aus. Das Ektoderm faltet sich um die Embryonalanlage auf und umschließt diese in Form von zwei Häuten, dem *Amnion* und der *Serosa*. In der mit Flüssigkeit gefüllten Amnionhöhle liegt der Embryo. Die Serosa dient der Versorgung mit Nahrung. An sie legt sich eine Ausstülpung des embryonalen Darms an, die *Allantois*. Sie nimmt zunächst die Stoffwechselprodukte des Embryos auf und unterstützt nach ihrer Verbindung mit der Serosa deren Aufgabe, den Embryo mit Nahrung zu versorgen.

Bei den Säugern wächst der Keim im mütterlichen Körper heran und wird von ihm ernährt. Die Eier sind dotterarm. Ihre Bildungsstätte sind die Eierstöcke (*Ovarien*), deren Tätigkeit beim Menschen im 12.–13. Lebensjahr beginnt; von dieser Zeit an wächst alle 3–4 Wochen ein reifes, befruchtungsfähiges Ei heran. Das Ei gelangt in den Anfangsteil des Eileiters, wo die Befruchtung erfolgt. Der Keim

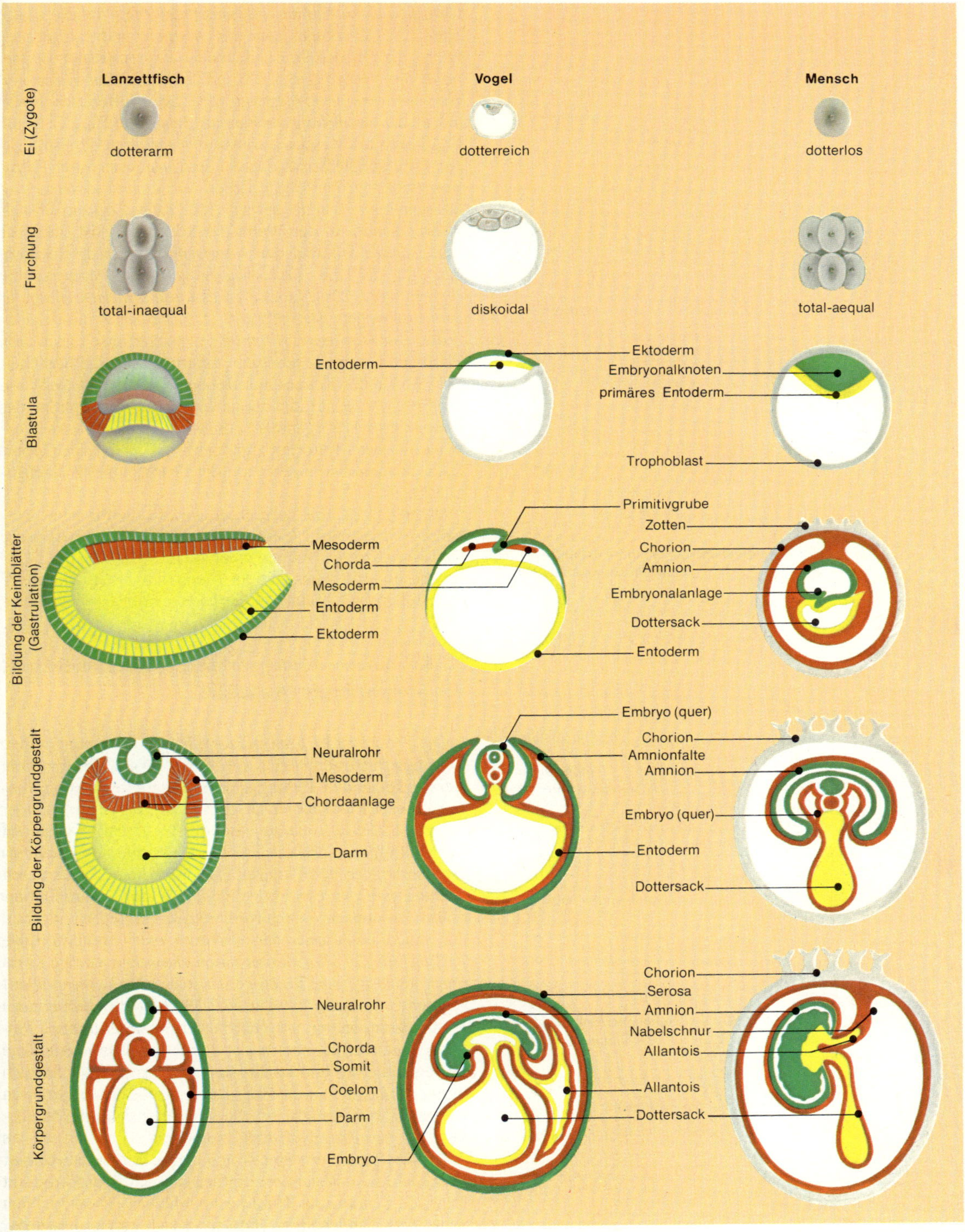

Abb. 331: Entwicklungsstufen von Lanzettfisch, Vogel und Mensch. Die einzelnen Entwicklungsstadien sind zum besseren Verständnis auf gleiche Größe gebracht. In Wirklichkeit sind sie unterschiedlich groß.

wandert dann, von den Flimmerzellen des Eileiters befördert, in die Höhle des *Fruchthalters (Gebärmutter, Uterus)* und nistet sich in dessen gefäßreiche Schleimhaut ein (s. auch S. 198). Die weitere Entwicklung des Keimes geht im Uterus vor sich. Bei den ersten Furchungsteilungen bis zum Bläschenkeim bilden sich gleichgroße Blastomeren (total-

Abb. 332: Stadien der Entwicklung eines Ringelwurms. Die einzelnen Stadien sind 60fach vergrößert.

äquale Furchung). Die weitere Entwicklung ist ähnlich wie bei den Reptilien, ein Hinweis darauf, daß die Säugetiere von solchen Tierformen abzuleiten sind. Der Keim bildet frühzeitig zwei Hüllen (*Eihäute*) aus, eine innere glatte Haut, die *Schafhaut* oder das *Amnion,* und eine äußere Hülle, die mit den ihr anhängenden Zotten (daher *Zottenhaut* oder *Chorion)* in der Wand des Uterus festwächst und zum *Mutterkuchen (Plazenta)* wird. Der Mutterkuchen vermittelt die Ernährung des Keimes. In seinem Bereich treten Kapillaren des Keimes so dicht an Kapillaren der mütterlichen Blutgefäße heran, daß ein Stoffaustausch durch Diffusion zwischen dem mütterlichen und dem kindlichen Blut erfolgen kann. Der heranwachsende Keim liegt zunächst als flacher Schild an der Wand der Schafhaut, löst sich aber später unter Bildung der *Nabelschnur* ab und schwimmt dann in der mit *Fruchtwasser* gefüllten Amnionhöhle (Fruchtblase). Die Nabelschnur ist von kräftigen Blutgefäßen durchzogen. Sie verbindet jetzt den Keim mit der Plazenta. Der *Harnsack (Allantois),* der sich frühzeitig aus dem künftigen Darmrohr ausstülpt, nimmt anfangs die Ausscheidungsstoffe des Keimes auf. Bei der Geburt reißt die Wand der Fruchtblase auf, das Junge wird durch Kontraktion des Uterusmuskels ausgepreßt, der Nabelstrang als letzte Verbindung zum Muttertier durchgetrennt. Nach der Geburt löst sich auch die Plazenta mit der Fruchtblase als Nachgeburt los.

Wenn das Ei nicht befruchtet wird, ist die für seine Aufnahme vorbereitete Gebärmutterschleimhaut überflüssig. Sie löst sich unter Bildung einer Wundfläche von ihrer Unterlage ab und wird – beim Menschen unter Blutung – abgestoßen (vgl. Steuerung durch Hormone).

2.5 Keimesentwicklung wirbelloser Tiere am Beispiel der Ringelwürmer (Annelida)

Die Furchung ist total-inäqual. Durch die ersten beiden Teilungsschritte entstehen vier gleich große Makromeren. Bei den folgenden Teilungsschritten gliedern die Makromeren kleinere Mikromeren ab, die sich spiralig gegeneinander anordnen (*Spiralfurchung*). Bei der Gastrulation gelangen die Makromeren und ein Teil der Mikromeren ins Keiminnere und bilden den Urdarm. Eine Mikromere liefert durch Teilung zwei Urmesodermzellen, die in die primäre Leibeshöhle einwandern. Durch fortlaufende Teilungen entstehen aus ihnen beiderseits des Urdarms zwei streifenförmige Zellmassen, die Mesodermstreifen, die sich in paarige Kammern gliedern. Aus ihnen gehen später die Leibeshöhlensegmente (Coelomsäcke) hervor. Der hintere Abschnitt der jetzt entstandenen Larve (nach ihrem Wimpernschopf *Trochophoralarve* genannt) bildet durch Sprossung neue Körpersegmente aus und wächst so zum Wurm heran. Trochophora-ähnliche Larven finden sich auch bei Weichtieren, was auf stammesgeschichtliche Verwandtschaft der Weichtiere mit den Ringelwürmern hinweist.

Bei den Tieren mit Spiralfurchung (z. B. Strudelwürmer, Ringelwürmer, Weichtiere) bilden sich aus dem Ektoderm folgende Strukturen: Hautmuskelschlauch, Kiemen, Nervensystem, Sinnesorgane und soweit vorhanden auch das Außenskelett. Demgegenüber differenziert sich das Mesoderm nur wenig; es liefert die Auskleidung der sekundären Leibeshöhle und die Fortpflanzungsorgane. Aus dem Entoderm entwickeln sich die Verdauungsorgane und deren Anhangsdrüsen. Ein weiterer Unterschied zu den Wirbeltieren besteht darin, daß bei vielen Gruppen wirbelloser Tiere der Urmund zum späteren Mund wird und der After sich neu bildet; bei den Wirbeltieren dagegen wird der Urmund zum After und der Mund bildet sich neu. Dementsprechend gibt es entwicklungsgeschichtlich zwei große Stammgruppen der vielzelligen Tiere: die *Protostomia* (Urmundtiere) und die *Deuterostomia* (Neumundtiere).

2.6 Experimentelle Erforschung des Entwicklungsverlaufs bei Tieren

2.6.1 Geschichtliches

Über die Tatsache, daß aus dem scheinbar völlig undifferenzierten befruchteten Ei ein organisiertes Wesen von ganz bestimmter Art entsteht, hatten sich schon Naturforscher des 17. und 18. Jahrhunderts Gedanken gemacht. Die Vertreter der Theorie einer **Präformation** lehrten, daß das Ei nur scheinbar eine formlose Masse bilde, daß vielmehr das künftige Tier darin schon in allen seinen Teilen *vorgebildet* sei und nur noch zu wachsen, sich zu *entfalten* brauche. Als gegen Ende des 17. Jahrhunderts durch das Mikroskop die Samenzellen sichtbar gemacht wurden, glaubten Beobachter, in jedem Spermium einen wirklichen kleinen Menschen sehen zu können. Sie nahmen deshalb an, daß nicht im Ei, sondern in der männlichen Keimzelle das gestaltende Element zu erblicken sei. Die Anschauungen der Präformisten wurden schließlich durch die Untersuchungen von K. F. Wolff (1733–1794) über die Entwicklung des Hühnchens widerlegt. Er wies nach, daß die Organe des künftigen Tieres nicht in der Eizelle vorgebildet sind, sondern allmählich und nacheinander entstehen. Alle seither durchgeführten Untersuchungen über den Werdegang eines tierischen Lebewesens haben dieser Lehre von der **Epigenesis** recht gegeben: Aus der – scheinbar undifferenzierten – Eizelle entwickelt sich allmählich das ausgewachsene Lebewesen in seiner Mannigfaltigkeit. Aus Lösungsversuchen zur Entscheidung, ob die Entwicklung präformistisch oder epigenetisch erfolgt, hat sich die Entwicklungsphysiologie herausgebildet.

2.6.2 Mosaik- und Regulationseier

Aus Untersuchungen um die Jahrhundertwende wurde gefolgert, daß es anscheinend zwei Arten von Eizellen gebe. An den Eiern des Seeigels entdeckte Driesch, daß isolierte Furchungszellen noch die Fähigkeit hatten, sich zu vollständigen Individuen zu entwickeln. Er löste im Zwei- bzw. Vierzellstadium die Furchungszellen (Blastomeren) durch Schütteln des Kulturgefäßes oder durch Einlegen der Eier in calciumfreies Meerwasser voneinander und ließ sie sich getrennt entwickeln. Aus jeder Einzelblastomere bildete sich noch ein vollständiger Keim. Jede Blastomere, die im Zellverband einen Halb- oder Viertelkeim ausgebildet hätte, besaß auch isoliert noch die Fähigkeit, sich zu einem Ganzkeim auszugestalten. Demnach muß – wie die Eizelle – auch die Einzelblastomere noch die umfassende Fähigkeit besitzen, den ganzen Organismus hervorzubringen.

Man bezeichnet die gesamte Entwicklungsmöglichkeit, die einer Blastomere oder einem Keimteil innewohnt, als *prospektive Potenz* und diejenige, die bei der normalen Entwicklung tatsächlich verwirklicht wird, als *prospektive Bedeutung*. Im Verlauf der Keimesentwicklung wird die prospektive Potenz der Keimteile immer mehr eingeschränkt. Wenn nun, wie der Versuch zeigt, auch Teile eines Keims noch in der Lage sind, einen vollständigen Organismus zu bilden, besitzen sie die Fähigkeit zur Regulation ihrer weiteren Entwicklung. Eier, die sich zu Keimen mit dem Vermögen zur Regulation entwickeln, heißen *Regulationseier*.

Abb. 333: Wie Leeuwenhoek, ein Vertreter der Präformation, 1677 die Samen-„Tierchen" als Menschen sah

Ganz anders verläuft die Entwicklung nach Blastomerentrennung bei Ringelwürmern, Schnecken und Manteltieren. Als Beispiel betrachten wir Experimente an der Meeresschnecke *Patella*. Durch Einlegen in calciumfreies Meerwasser kann man die verschiedenen Furchungsstadien in lebensfähige Einzelzellen zerlegen. Bei ungestörter Entwicklung bildet sich aus der Eizelle eine bewimperte *Trochophoralarve*. Eine Blastomere des Zweizellstadiums liefert nur eine halbe Larve, eine bestimmte Zelle des Achtzellstadiums nur noch ein Viertel der oberen Larvenhälfte und eine bestimmte Zelle des Sechzehnzellstadiums nur noch vier Wimperzellen. Nimmt man eine Zelle oder Zellgruppe aus dem Keim heraus, dann fehlt am fertigen Tier das, was aus dem Entnommenen geworden wäre. Ei und Keim verhalten sich so, wie wenn sie aus einem Mosaik einzelner Bereiche bestünden. Solche Eier heißen *Mosaikeier*.

Die bisherigen Versuche zur Entwicklung des Eies lassen sich in folgendem Ergebnis zusammenfassen: Bei den Mosaikeiern setzt die Differenzierung des Eicytoplasmas bereits bei der Bildung der Eier im Eierstock ein. Die Differenzierung äußert sich in der chemischen Verschiedenheit räumlich geordneter Eibereiche (*Chemodifferenzierung*). Bei der Furchung gelangen die unterschiedlichen Eibereiche in verschiedene Blastomeren, die deshalb nur bestimmte Keimteile liefern können.

Bei den Regulationseiern vollzieht sich die Chemodifferenzierung erst nach der Befruchtung und während der ersten Furchungsteilungen. Der *Unterschied* zwischen Mosaikeiern und Regulationseiern liegt also nur im *Zeitpunkt* ihrer Differenzierung.

2.6.3 Experimente am Amphibienkeim

Einen entscheidenden Fortschritt in der Aufklärung des Entwicklungsgeschehens brachten die Untersuchungen von Hans Spemann (1869–1941) und seiner Schule. Spemann war durch die 1892 von dem Zoologen Weismann aufgestellte Determinantenhypothese zu seinen Untersuchungen angeregt worden. Danach sollten im Zellkern der befruchteten Eizelle in einem dreidimensionalen Muster kleine entwicklungssteuernde Einheiten (Determinanten) liegen, die das spätere Schicksal der Blastomeren bestimmen. Bei der

Furchung sollten die Determinanten in verschiedener Weise auf die Blastomeren verteilt werden und entsprechend ihren determinierenden Eigenschaften die Differenzierung leiten. Falls diese Hypothese richtig ist, so folgerte SPEMANN, müssen 1. die bei der Furchung entstehenden Blastomeren qualitativ verschieden sein, 2. eine experimentelle Störung der normalen Furchung zu einer abnormen Verteilung der Determinanten und damit auch zu Abnormitäten in der Entwicklung führen. Die aus der Hypothese abgeleiteten Aussagen wurden experimentell geprüft. SPEMANN wählte als Versuchsobjekte Molcheier oder Molchkeime aus, weil die Entwicklung dieser Tiere schon gut bekannt war und die Eier für experimentelle Eingriffe geeignet erschienen. Er erfand für seine Versuche am nur 1–2 mm großen Keim genial einfache mikrochirurgische Operationsinstrumente (Glasmesser, Glasnadeln, Transplantationspipetten).

Schnürungs- und Verschmelzungsexperimente. Wurden Molcheier im Zweizellstadium mit einer Schlinge aus feinem Säuglingshaar geschnürt, so entwickelte sich bei völliger Trennung des grauen Halbmondes aus jeder der beiden Blastomeren ein ganzes Tier. Lag die Schnürungsebene aber so, daß nur eine der beiden Blastomeren den grauen Halbmond enthielt, so entwickelte sich nur diese zu einer vollständigen Larve. Die andere lieferte dagegen eine undifferenzierte Gewebemasse.

Wurden bei der Schnürung die beiden Blastomeren nicht ganz voneinander getrennt, dann entstanden Doppelwesen mit teilweisen Verwachsungen ähnlich den »siamesischen Zwillingen«.

Von den Schülern SPEMANNS durchgeführte Verschmelzungsexperimente an Molchkeimen im Zweizellenstadium zeigten, daß bei der Verschmelzung der grauen Halbmonde zu einem einzigen Bereich eine Riesenlarve heranwuchs. Blieben die Bereiche des grauen Halbmonds getrennt, so bildeten sich zwei miteinander verwachsene Embryonen.

Diese Versuche bestätigten, daß es schon in der Eizelle einen *plasmatischen Vorzugsbereich* – eben den grauen Halbmond – gibt, der das frühe Entwicklungsgeschehen grundlegend beeinflußt.

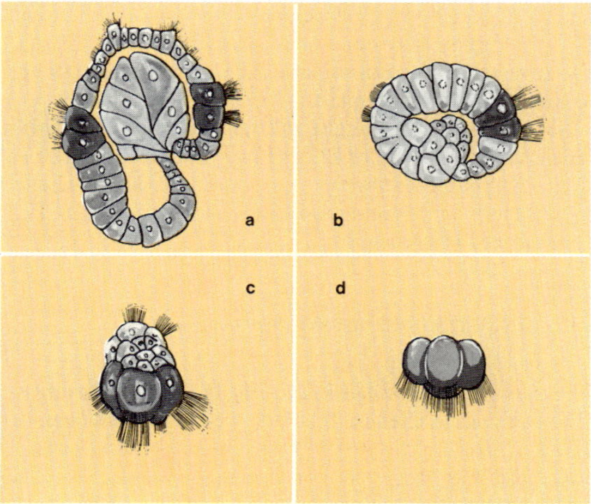

Abb. 334: Entwicklung getrennter Blastomeren bei der Meeresschnecke Patella, a normale Larve (Längsschnitt), b Stadium aus der Einzelblastomere des Zweizellstadiums, c des Achtzellstadiums, d des Sechzehnzellstadiums

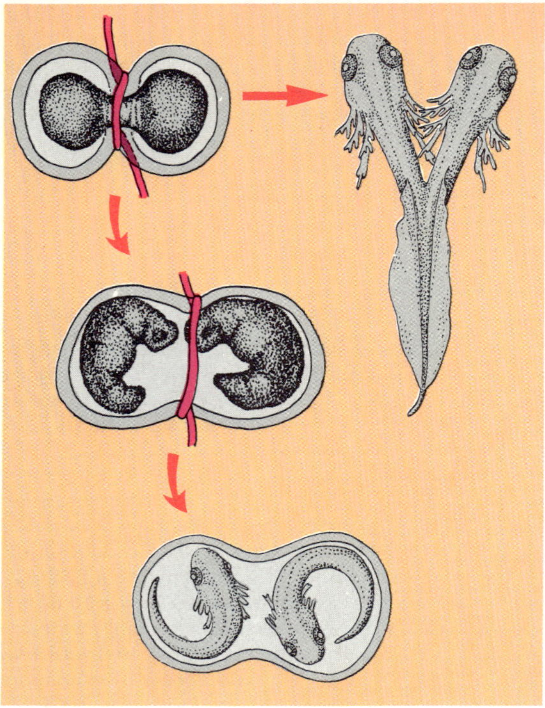

Abb. 335: Schnürungsversuch mit befruchteten Molcheiern auf der Zweizellenstufe. Bei unvollständiger Durchschnürung entsteht eine zweiköpfige Larve (rechts), die vollständige Durchschnürung ergibt eineiige Zwillinge (unten).

Präsumptive Keimbereiche. Durch eine besonders ausgearbeitete Färbemethode wurde geklärt, zu welchen Organen sich bestimmte Bereiche der Blastula (präsumptive Keimbereiche) entwickeln. Daraus ließen sich Rückschlüsse auf die Weiterentwicklung bestimmter Bereiche der Blastula ziehen. Entnimmt man präsumptive Keimteile der Blastula und legt sie in eine sterile Salzlösung, so entwickelt sich präsumptives Hautektoderm nur zu Strukturen, die auch in der Normalentwicklung gebildet werden, wie z. B. Haut und Hautdrüsen. Präsumptives Neuroektoderm liefert ausschließlich Hautgewebe, aber kein Nervengewebe. Präsumptives Entoderm bildet nur Darm und Darmdrüsen, präsumptives Chordamesoderm aber bildet Chorda-, Mesoderm-, Haut- und Darmgewebe. Das Chordamesoderm, welches das gesamte Material des grauen Halbmondes enthält, besitzt also von allen präsumptiven Bereichen die größte Fülle an Entwicklungsmöglichkeiten.

Transplantationsexperimente. Transplantiert man von einem Molch- oder Froschkeim zu Beginn der Gastrulabildung ein Stück, das später zur Bauchhaut würde, auf einen anderen Keim an eine Stelle der Neuralrinne (die später Nervensystem liefert), so entwickelt es sich hier am Ort der Einpflanzung *ortsgemäß,* nämlich zu Nervensystem. Gleiches gilt für die umgekehrte Verpflanzung. Die umgepflanzten Stücke können also zu diesem Zeitpunkt noch nicht endgültig darauf festgelegt sein, ein bestimmtes Gewebe zu werden; ihr Schicksal wird vielmehr durch die Umgebung bestimmt. Die Herkunft der Zellen ist aber ebenfalls von entscheidender Bedeutung. Dies zeigte ein Experiment, bei dem die Bauchhaut eines Frosches in die Mundregion eines

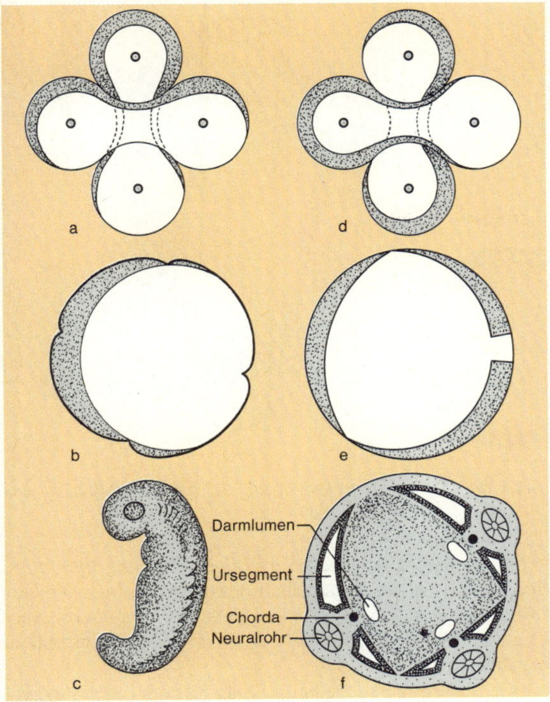

Abb. 336: Keimverschmelzung. Zweizellstadien von Amphibien werden beim Einbringen in eine membranlockernde Salzlösung hantelförmig. (a) Zwei solche Hantelstadien werden kreuzförmig so übereinandergelegt, daß die grauen Halbmonde der Blastomeren (pigmentiert) aneinandergrenzen. Der Verschmelzungskeim (b) entwickelt sich zu einem Riesenembryo (c). (d) Zwei Hantelstadien werden kreuzweise so übereinanderglegt, daß die grauen Halbmondzonen durch unpigmentiertes Cytoplasma voneinander getrennt sind, dann entwickelt sich der Verschmelzungskeim (e) mit drei getrennten Zonen von grauem Halbmondmaterial zu einem Embryo (f) mit drei Achsensystemen („siamesische Drillinge").

Abb. 337: Die siamesischen Zwillinge Chang und Eng

Molches verpflanzt wurde und umgekehrt. Die in die Mundregion eingepflanzten Stücke wurden zu Mundteilen; die Bauchhaut des Frosches gab aber in der Mundregion des Molches Mundteile von Froschart und die Bauchhaut des Molches in der Mundregion des Frosches Mundteile von Molchart. Die verpflanzten Gewebeteile entwickelten sich demnach ortsgemäß, bildeten aber die Einzelorgane dieser Region *herkunftsgemäß* aus. Die Bauchhaut des Frosches kann nur zu Mundteilen von Froschart umgestimmt werden.

2.6.4 Determination und Induktion

Anders verlaufen die Versuche, wenn sie erst nach Beendigung der Gastrulation ausgeführt werden. Dann verhalten sich die verpflanzten Stücke nicht mehr ortsgemäß, sondern nur noch herkunftsgemäß; ein Stück verpflanztes Neuralgewebe wird überall nur noch zu Nervengewebe. Wir schließen daraus, daß von einem bestimmten Zeitpunkt an die künftige Bestimmung verschiedener Regionen des Keimes festgelegt ist: sie sind *determiniert*.

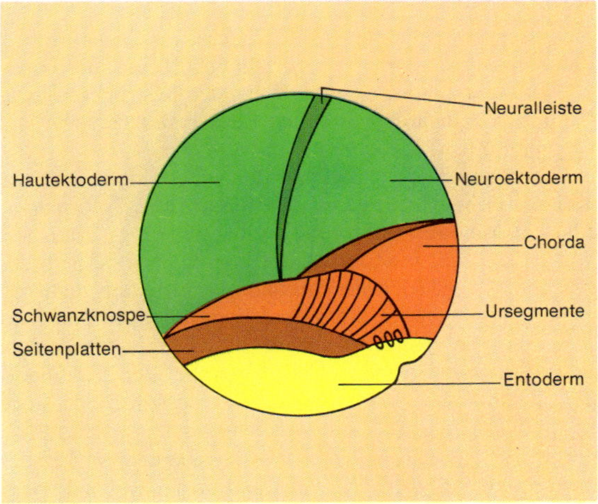

Abb. 338: Schema der prospektiven Bedeutung der Teile der Molchblastula (Präsumptive Keimbereiche)

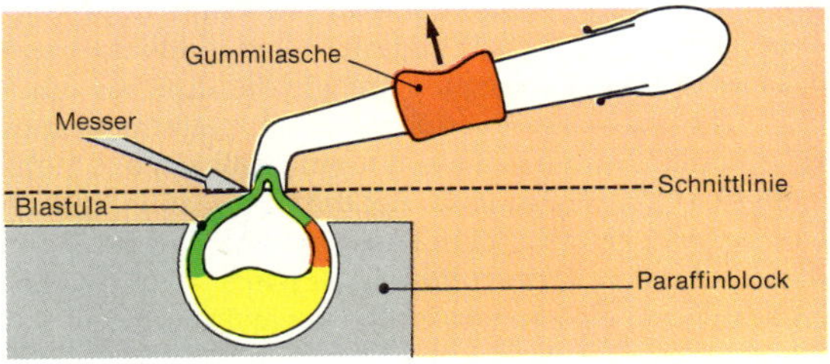

Abb. 339: Transplantationspipette und ihre Anwendung

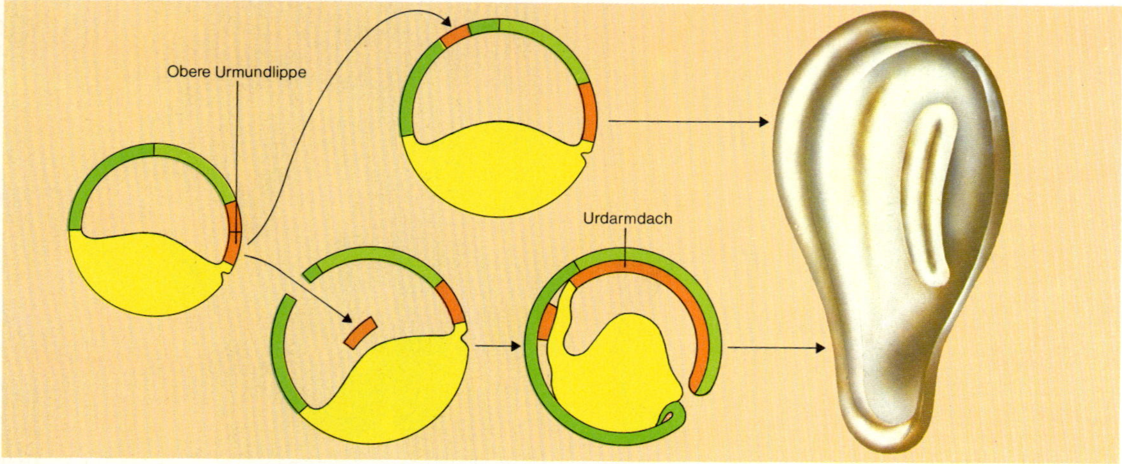

Abb. 340: Organisatorexperiment nach der Transplantations- und nach der Einsteckmethode. In beiden Fällen ist das Ergebnis die Bildung einer zusätzlichen Embryonalanlage.

Die Determination ist mikroskopisch zunächst nicht erkennbar, spielt sich also im molekularen Bereich des Zellgeschehens ab. Der Determination folgt die *Differenzierung.* Darunter versteht man die strukturelle und funktionelle Spezialisierung von Zellen in verschiedene Zelltypen. Sie kommt dadurch zustande, daß je nach dem entstandenen Zelltyp nur bestimmte Gene in der Zelle tätig werden (s. differentielle Genaktivität). Die räumliche Organisation der Differenzierung vieler Zellen bezeichnet man als *Musterbildung,* sie führt zur Herausbildung einer bestimmten Gestalt eines Organs oder eines ganzen Organismus. Diese Gestaltbildung heißt *Morphogenese.* Zu ihr gehört eine koordinierte Wanderung von Zellen (z. B. bei der Gastrulation), was dann zu der charakteristischen Gestalt der Gewebe und Organe führt.

Die Frage, ob der Zeitpunkt der Determination für alle Keimbereiche gleich ist, wurde durch weitere Transplantationsexperimente überprüft. Auf Anregung SPEMANNS wurde der Teil des Chordamesoderms, der oberhalb des Urmundes liegt (dorsale Urmundlippe) und aus dem sich später Chordagewebe bildet, in die präsumptive Bauchhaut einer Blastula verpflanzt. Damit sollte festgestellt werden, ob sich der Gewebeteil zu Chordagewebe oder Bauchhautgewebe umbildet, d. h. ob er schon determiniert oder noch umbildungsfähig ist. Nach der Transplantation senkte sich an dieser Stelle das überpflanzte Gewebe und ein Teil der Umgebung durch eine Art Gastrulation ein, wobei das verpflanzte Gewebestück sich der Bauchhaut unterlagerte. Es bildete sich dann, wie bei der Normalentwicklung, ein *Achsensystem,* bestehend aus Neuralrohr, Chorda und Ursegmenten (Somiten). Damit entsteht in dem sich entwickelnden Wirtskeim die Anlage eines zweiten Keims, dessen Gewebe großteils aus dem Wirtsgewebe und nicht vom transplantierten Gewebe stammt. Das gleiche Ergebnis erhält man mit dem *Einsteckversuch.* Das zu transplantierende Gewebestück wird durch einen feinen Schlitz in den Hohlraum einer Blastula gesteckt. Bei der Gastrulation wird das Gewebestück ebenfalls dem Ektoderm unterlagert. Wie im vorhergehenden Versuch entsteht auch hier – diesmal ohne Gastrulation – ein zweites Achsensystem. Daraus geht hervor, daß das Gewebe der dorsalen Urmundlippe das darüberliegende Ektoderm veranlaßt, sich zum Neuralrohr umzubilden. Man nennt diesen wichtigen Vorgang *Induktion.* Spemann bezeichnete das die Induktion veranlassende Gewebestück der dorsalen Urmundlippe als *Organisator,* weil es anscheinend in der Lage war, einen zweiten Embryo zu organisieren.

Wie neuere Versuche beim Krallenfrosch (*Xenopus*) ergaben, hat hier die Eirinde die gleichen induktiven Fähigkeiten wie die dorsale Urmundlippe. Man kann auf dem Morulastadium die Blastomerenmembran derjenigen Blastomeren abschälen, die später die Urmundlippe ausbilden und sie auf eine befruchtete Eizelle transplantieren. Der sich entwickelnde Keim besitzt dann ebenfalls ein zweites Achsensystem. Umgekehrt führt das Abschälen der Eirinde des künftigen Bereichs der Urmundlippe bei der Eizelle nur bis zur Entwicklung einer Blastula. Ohne das Stück Eirinde ist eine Gastrulation und damit die Bildung des induktionswirksamen Urdarmdaches unmöglich.

Auch kernlos gemachte Eizellen, die künstlich zur Entwicklung angeregt wurden, entwickelten sich bis zum Blastulastadium. Darin liegt ein Hinweis, daß die Information für die Entwicklung zur Blastula schon im Cytoplasma fertig vorliegt. Man weiß heute, daß diese Information in der Form zunächst inaktiver (maskierter) m-RNA vorhanden ist (s. Molekulargenetik).

2.6.5 Induktionsketten

Ein Großteil des Entwicklungsgeschehens kann als eine Reihenfolge von Induktionsschritten aufgefaßt werden. Ein durch Induktion entstandener Gewebeteil erhält selbst wieder induktive Fähigkeiten und induziert die Umbildung eines weiteren Gewebestücks, das nach der Umbildung seinerseits wieder zum Induktor wird. Ein Beispiel für solche Induktionsketten ist die Augenentwicklung beim Grasfrosch. Die Kette beginnt mit der Induktion des Neuralrohres durch das Urdarmdach. Nach der Induktion des Gehirns stülpen sich aus diesem seitlich zwei Augenblasen aus, die sich unter das Ektoderm vorschieben. Beide Blasen stülpen sich dann zum Augenbecher ein. Unter der induktiven Wirkung des Augenbechers gliedert sich ein Ektodermbläschen in diesen ab und bildet sich zur Linse um. Das über der

Becheröffnung liegende Ektoderm wird unter dem Einfluß der Augenlinse zur durchsichtigen Hornhaut des Auges. Verpflanzt man einen Augenbecher in die künftige Bauchhaut eines Keimes, dann wird an dieser einem Auge nicht entsprechenden Stelle ebenfalls Linse und Hornhaut gebildet.

Induktionsstoffe. Ein Hautstück eines Keims, das in den Bereich der dorsalen Urmundlippe eines anderen Keims eingepflanzt wird, zeigt nach Herausnahme und Wiedereinpflanzung in einen dritten Keim selbst die Eigenschaft eines Organisators und veranlaßt die Bildung eines zweiten Achsensystems. Offenbar nimmt das in den Organisatorbereich verpflanzte Gewebestück von diesem Bereich chemisch wirksame Stoffe auf, oder es werden Stoffe in ihm aktiviert, die dann in der neuen Umgebung wirken. Ein Brei aus zerriebenen Zellen der oberen Urmundlippe oder ein Auszug aus abgetöteten Zellen dieser Region zeigen ebenfalls Organisatorwirkung. Selbst artfremde Gewebestücke wie Leber- und Nierengewebe von Vögeln und Säugern oder organische chemische Verbindungen (z. B. Ölsäure) wirken induktiv. Das läßt darauf schließen, daß die induktionswirksamen Stoffe nicht artspezifisch sind.

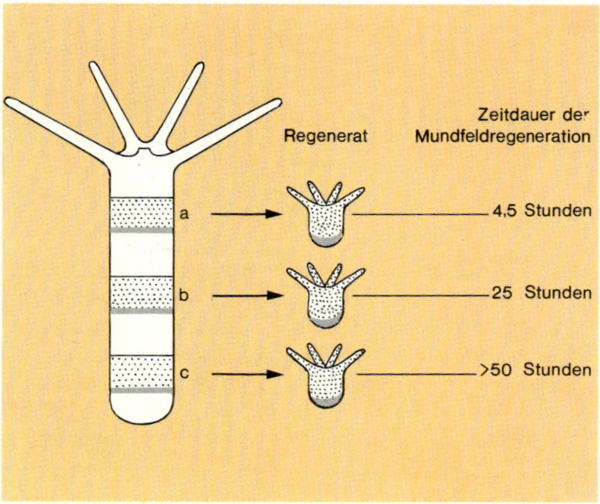

Abb. 342: Regeneration beim Süßwasserpolypen. Die Querscheiben brauchen für eine Regeneration um so mehr Zeit, je weiter entfernt von der Mundregion sie entnommen wurden (Gradienteneffekt). Tentakeln regenerieren an einer herausgeschnittenen Querscheibe nur aus dem Teil der Querscheibe, der dem Mundfeld des Polypen näher liegt (obere Schnittkante – dünn gezeichnet) und nicht aus dem mundfeldferneren Teil der Querscheibe (untere Schnittkante – dicht gepunktet gezeichnet).

2.7 Regeneration

Entdifferenzierungsleistungen von Geweben sind wahrscheinlich auch bei der Regeneration wirksam. Manche niederen Tiere haben wie Pflanzen die Fähigkeit aus einzelnen Stücken ihres ausgewachsenen Körpers verlorengegangene Teile wiederherzustellen. Einen Süßwasserpolypen kann man in mehrere Querscheiben zerschneiden. Aus jeder Scheibe regeneriert dann ein neues Tier.

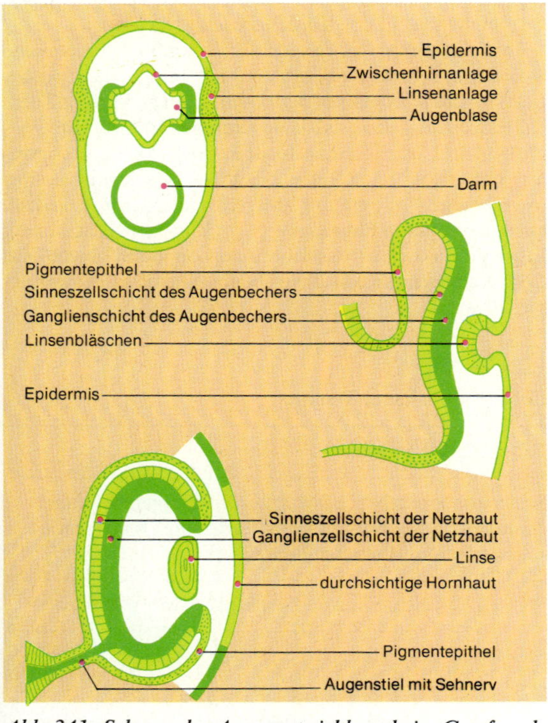

Abb. 341: Schema der Augenentwicklung beim Grasfrosch. Gezeichnet sind nur Ektoderm und Neuralohr

Beim Seestern kann aus einem einzelnen Arm das ganze Tier regenerieren. Im allgemeinen nimmt die Fähigkeit der Regeneration mit zunehmender Entwicklungshöhe der Tiere ab. Bei Wirbeltieren ist sie nur noch in geringem Umfang möglich. Am besten regenerieren Schwanzlurche, die sogar Beine und Augenlinsen wiederherstellen können, schwanzlose Lurche dagegen regenerieren nur im Kaulquappenstadium.

Auch die Regeneration fehlender Teile eines Organismus ist eine *Morphogenese.* Dabei entsteht ein geordnetes *Muster* von Zellen verschiedener Differenzierung (beispielsweise aus der mesodermalen Anlage einer Wirbeltierextremität ein Muster von Muskeln, Knochen, Blutgefäßen ganz bestimmter Anordnung). Um dies leisten zu können, muß jede Zelle während jedes Entwicklungszustandes ihre Lage in dem entstandenen Organ »kennen«, d. h. sie muß über ihre Position informiert sein (**Positionsinformation**). Diese kommt durch eine Wechselwirkung zwischen der Lage im Zellverband und der Aktivität bestimmter Gene zustande. Eine solche Erkennung des Orts durch eine Zelle kann z. B. ermöglicht werden durch ein längere Zeit aufrechterhaltenes Konzentrationsgefälle bestimmter Stoffe (durch einen Stoffgradienten).

2.8 Tumorbildung – Krebs

Kennzeichnend für die Morphogenese von Strukturen ist neben der Musterbildung durch Positionsinformation auch das begrenzte Wachstum von Strukturen (Organen). In der Regel stehen die Zellteilungen, die zur Bildung von Organen führen, unter scharfer Kontrolle des Organismus, da

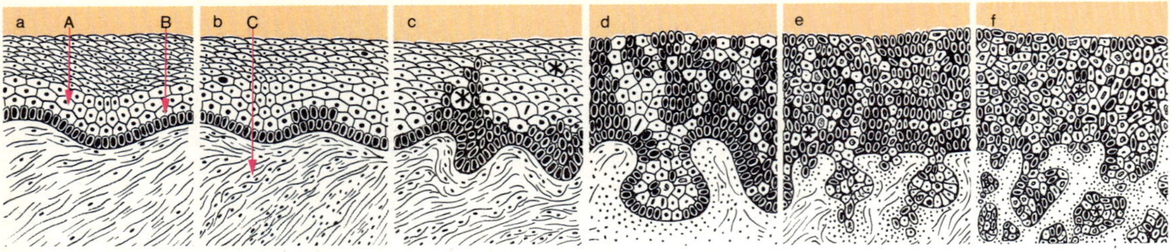

Abb. 343: Entstehung eines Carcinoms, am Beispiel des Gebärmuttermund-Carcinoms. a Normaler Zustand des Schleimhautepithels (A obere Zellschichten der Schleimhaut, B Basalzellen der Schleimhaut, C Bindegewebe). b Erste Veränderungen: Basalzellen mehrschichtig. c Basalschicht ufert aus, im Schleimhautepithel überall Mitosen. d Carcinom „in situ", d. h. beschränkt auf die Schleimhaut. Normale Ordnung in der Schleimhaut zerstört. Bindegewebe nicht angegriffen. e Beginn des Eindringens ins Bindegewebe. Lymphocyten (schwarze Punkte) versuchen die Krebszellen abzuwehren. Bis zu diesem Stadium läßt sich das Krebsgewebe leicht chirurgisch entfernen. f Wucherndes Epithelgewebe wächst ungeordnet ins Bindegewebe. Gelangen Krebszellen in die Blutbahn, können sie an anderen Körperstellen Tochtergeschwülste erzeugen.

eine ungesteuerte Zellvermehrung zu tödlichen Organstörungen führen würde. Die Steuerung der Zahl der Zellteilungen wird z. B. deutlich bei der Wundheilung (Regeneration). Entfernt man ein Stück Lebergewebe operativ, so wird das fehlende Gewebe durch Teilung der an die Wunde grenzenden Zellen regeneriert. Die Zellteilungen hören aber auf, sobald die ursprüngliche Größe des Organs wieder erreicht ist. Die Leberzellen bilden einen Hemmfaktor aus, und jede Leberzelle trägt zu seiner Gesamtmenge bei. Ist eine bestimmte Konzentration des Hemmfaktors erreicht, teilen sich die Zellen nicht mehr. Dieser Mechanismus der negativen Rückkoppelung hält ein Gewebe immer in der richtigen Größe. Die Hemmfaktoren sind gewebespezifische Proteine; man nennt sie *Chalone.* Können Zellen kein Chalon mehr bilden oder verlieren sie die Reaktionsfähigkeit gegenüber Chalonen, so bildet sich ein *Tumor.*

Darunter versteht man Gewebewucherungen, die durch fortgesetzte Zellteilung entstehen. Wenn sie gewebezerstörend weiterwuchern, nennt man sie bösartige (maligne) Tumoren oder Krebsgeschwülste (Carcinome).

Ursachen, die einen Tumor auslösen, bezeichnet man als *Carcinogene.* Von den zahlreichen bis jetzt bekannten Carcinogenen seien einige genannt: Asbest, Nickelstaub, Bleiverbindungen, aromatische Kohlenwasserstoffe (entstehen bei unvollkommener Verbrennung, finden sich also in Abgasen von Hausbrand, Autos und im Tabakrauch), Nitrosamine (entstehen bei Nitritzusatz zur Konservierung von Fleischwaren), Aflatoxine (aus Schimmelpilz Aspergillus auf verschimmelten Nahrungsmitteln), UV-Strahlen (anhaltende intensive Besonnung kann zu Hautkrebs führen), radioaktive Strahlen, chronischer Wundreiz, Tumorviren (Polyomaviren, Leukämieviren).

Carcinogene können einen Tumor nur dann auslösen, wenn viele Bedingungen erfüllt sind: Ein chemisches Carcinogen muß zunächst in die Zelle eindringen können, darf dort nicht entgiftet und muß dann aktiviert werden; es müssen empfängliche Zellbereiche getroffen werden; das Carcinogen muß mit den empfindlichen Zellbereichen reagieren, und schließlich dürfen die Folgen dieser Reaktion nicht rückgängig gemacht werden: erst dann wird eine ungehemmte Zellteilung ausgelöst.

Es hängt also stark vom physiologischen Zustand einer Zelle ab, ob ein bestimmtes Carcinogen in bestimmter Menge eine Gewebewucherung verursachen kann. Aber selbst eine bereits ausgebildete Tumorzelle kann noch durch die Immunabwehr des Körpers beseitigt werden.

Treffen mehrere carcinogene Einzeleinflüsse (chemische Stoffe oder ionisierende Strahlen) zusammen, dann potenziert sich das Krebsrisiko (*Syncarcinogenese*). Man muß deshalb davon ausgehen, daß viele Krebsgeschwülste eine *multifaktorielle* Ursache haben. Es ist möglich, daß ein bestimmter Stoff allein noch keine bösartige Geschwulst auslöst (carcinogene Wirkung nur unterschwellig); trifft er jedoch mit einer weiteren Einwirkung (*Co-Carcinogen*) zusammen, so wird er aktiviert; das führt zum Carcinom, obwohl das Co-Carcinogen für sich allein ebenfalls keinen Krebs verursachen würde.

Gutartige (benigne) Tumoren	Bösartige (maligne) Tumoren
Meist langsames Wachstum	Oft rasches Wachstum
Scharf begrenzt, keine Metastasen (Tochtergeschwülste) an anderen Stellen des Organismus	Schlecht abgrenzbar, Einwachsen in Blutgefäße, daher Bildung von Metastasen (durch Transport von Tumorzellen mit dem Blut an andere Orte)
Beschaffenheit des Muttergewebes weitgehend erhalten	Starkes Abweichen von der Struktur des Muttergewebes
Wenig Zellteilungen	Meist viele Zellteilungen

Genetik (Vererbung)

Die Nachkommen von Lebewesen zeigen die Merkmale ihrer Eltern. Wir bezeichnen diese Erscheinung als *Vererbung* und die Wissenschaft von der Vererbung als *Genetik.* Jahrhundertelang bemühten sich Naturforscher, Ärzte und Philosophen, hinter das Geheimnis des Erbgeschehens zu kommen. 1865 veröffentlichte der Lehrer für Naturwissenschaften und spätere Abt im Augustinerkloster zu Brünn, JOHANN GREGOR MENDEL, eine Arbeit: »Versuche über Pflanzenhybriden«. Er beschrieb darin seine Kreuzungsversuche an verschiedenen Erbsenrassen im Garten seines Klosters und die von ihm aus den Versuchen abgeleiteten Gesetzmäßigkeiten der Vererbung. Die wissenschaftliche Welt hatte jedoch die Bedeutung seiner Forschungen nicht erkannt. Erst 16 Jahre nach seinem Tod, um die Jahrhundertwende, wurden die Vererbungsgesetze gleichzeitig und unabhängig voneinander durch drei Botaniker von neuem entdeckt, den Deutschen CORRENS, den Österreicher TSCHERMAK und den Holländer DE VRIES.

Abb. 344: Johann Gregor Mendel (1822–1884)

1. Die Mendelschen Regeln

1.1 Kreuzungsversuche mit einem Merkmalpaar

1.1.1 Dominant-rezessive Wirkung

Ein Beispiel ist die Kreuzung zwischen einer rotblühenden und einer weißblühenden Erbsenrasse. Die Ausgangsformen sind die Elterngeneration (*Parentalgeneration*, abgekürzt P). Bestäubt man die Narbe der rotblühenden Pflanze mit Pollen der weißblühenden Pflanze – oder umgekehrt (*reziproke Kreuzung*) – und sät die entstehenden Samen aus, so erhält man in der ersten Tochtergeneration (*1. Filialgeneration*, F_1) nur rotblühende Pflanzen. Bei der Kreuzung von Pflanzen der F_1 -Generation unter sich entstehen in der nächsten Generation (F_2) zweierlei Nachkommen: $^3/_4$ rotblühende und $^1/_4$ weißblühende. Das Zahlenverhältnis von 3 : 1 zwischen rot- und weißblühenden Pflanzen tritt um so genauer auf, je mehr Nachkommen auf die Verteilung der Merkmale hin untersucht werden.

Kreuzt man weißblühende Pflanzen unter sich, erhält man von da an nur noch weißblühende Nachkommen; ebenso bringt $^1/_3$ der rotblühenden Pflanzen nur noch rotblühende Nachkommen hervor. Die übrigen $^2/_3$ der rotblühenden Pflanzen ergeben aber in der F_3-Generation wieder rotblühende und weißblühende Tochterpflanzen im Verhältnis 3 : 1. Der Bastard (Mischling oder Hybride) der F_1-Generation zeigt nur das Merkmal der rotblühenden Elternpflanze. Das Merkmal des anderen, weißblühenden Elters ist scheinbar völlig verschwunden; in Wirklichkeit wird es von dem Merkmal der rotblühenden Pflanze so überdeckt oder beherrscht, daß es nicht in Erscheinung treten kann. Man nennt deshalb das eine Merkmal das *dominante* (*überdeckende*), das andere das *rezessive* (*überdeckte*) Merkmal.

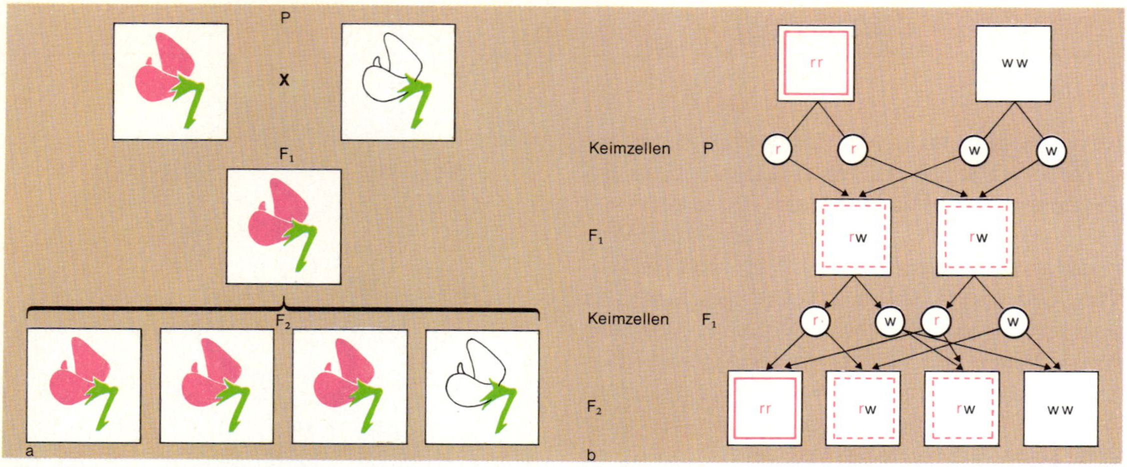

Abb. 345: a Kreuzungsexperiment mit Erbsen, die sich in einem Merkmal unterscheiden. Die rote Blütenfarbe ist dominant, die weiße rezessiv. b Erklärung des nebenstehenden Experiments. Monohybrider Erbgang

Diese dominant-rezessive Vererbung ist die weitaus häufigste Form der Vererbung. So dominiert, wie schon MENDEL bei seinen Erbsenversuchen fand, gelbe Farbe der Samen über grüne, runde Gestalt der Samen über kantige, hoher Wuchs über niedrigen.

Beim Mais dominiert blaue Farbe der Körner über weiße, glatte Oberfläche über runzelige, beim Löwenmaul zweiseitig symmetrische Blütenform über strahlig symmetrische, beim Weizen Rostanfälligkeit über Rostresistenz. Beim Rind dominiert schwarze Farbe über rote, Einfarbigkeit über Scheckung, beim Meerschweinchen Kurzhaarigkeit über Langhaarigkeit, beim Hund Dackelbeinigkeit über Normalbeinigkeit.

Zahlenverhältnis der Nachkommen (F1) bei der Kreuzung von Erbsen mit gelben und grünen Samen

	gelb	**grün**	**Verhältnis**
Mendel 1865	6022	2001	3,01 : 1
Correns 1900	1394	453	3,077 : 1
Tschermak 1900	3580	1190	3,008 : 1
Hurst 1904	1310	445	2,944 : 1
Bateson 1905	11903	3903	3,049 : 1
Lock 1905	1438	514	2,797 : 1
Darbishire 1905	109060	36186	3,013 : 1
Winge 1924	19195	6553	2,929 : 1
zusammen	153902	51245	3,003 : 1

1.1.2 Erklärungsversuch von MENDEL

Wenn bei der dominant-rezessiven Vererbung in F_2 neben rot- auch weißblühende Pflanzen in einem ganz bestimmten Zahlenverhältnis auftreten, so muß die Blütenfarbe in Einheiten weitergegeben werden, die MENDEL Anlagen nannte. Es müssen dann die rotblühenden Pflanzen der F_1 sowohl eine Anlage für Rot als auch eine solche für Weiß in sich tragen. Das stimmt mit ihrer Abstammung von den rein rot- und weißblühenden Eltern (P) überein. Auch bei den rotblühenden Pflanzen von F_2 müssen Anlagen für Rot und für Weiß angenommen werden, und daraus ist zu schließen, daß die Anlage für die Blütenfarbe in jeder Pflanze doppelt vorhanden ist, entweder ungleich oder gleich. Nun werden aber die Anlagen von einer Generation zur anderen durch die Keimzellen (Gameten) übertragen; diese können daher die Anlage für die Blütenfarbe nur einmal aufweisen, entweder für Rot oder für Weiß. Durch ihr Zusammentreten bei der Befruchtung entsteht dann wieder eine Pflanze, die von den zwei Eltern her je eine Anlage für die Blütenfarbe erhält und somit die Anlage doppelt in sich trägt. Je nach dem Zusammentreten der Anlagen für Rot und Weiß entstehen die verschiedenen Färbungen der F_2-Generation. Die rotblühenden und die weißblühenden Pflanzen mit je einem Paar gleicher Erbanlagen heißen *reinerbig oder homozygot*, die rotblühenden Pflanzen mit zwei ungleichen Anlagen, die bei weiterer Kreuzung wieder im Verhältnis 3 : 1 aufspalten, heißen *mischerbig* oder *heterozygot*.

1.1.3 Intermediäre Wirkung

Neben der dominant-rezessiven Merkmalsausbildung gibt es auch eine *intermediäre* Form. In diesem Fall zeigen die *Hybriden* in der F_1-Generation eine Mittelstellung zwischen den Merkmalen der reinerbigen Eltern (Bsp. Blütenfarbe der Wunderblume). In der F_2-Generation spalten die Merkmale dann im

Verhältnis 1 : 2 : 1 auf. Wir wissen heute, daß intermediäre und dominant-rezessive Ausbildung der Merkmale nur Grenzfälle der Wirkung von Erbanlagen sind. Bei heterozygoten Individuen ist die rezessive Erbanlage zwar nicht ausgeprägt, aber oft nicht völlig unterdrückt. Ihr Vorhandensein ist an kleinen Unterschieden gegenüber der homozygot dominanten Form zu erkennen. Es gibt also Übergänge zwischen intermediärer und dominant-rezessiver Merkmalsausbildung.

1.1.4 Rückkreuzung

Um die Richtigkeit seiner Annahmen zu überprüfen, hat schon MENDEL die Rückkreuzung eines Mischlings der F_1 mit einem seiner Eltern durchgeführt. Bei der dominant-rezessiven Vererbung (Erbse) müßte die Rückkreuzung mit dem reinerbig rezessiven (weißen) Elter nach dem Schema Abb. 347 rot- (mischerbige) und weißblühende (reinerbige) Pflanzen im Verhältnis 1 : 1 ergeben; bei Rückkreuzung mit dem reinerbig dominanten (roten) Elter dagegen ausschließlich rotblühende Pflanzen (je zur Hälfte reinerbig und mischerbig).

Tatsächlich ergaben alle Versuche diese theoretisch geforderten Ergebnisse und bestätigten damit die Richtigkeit der Annahmen. Die Rückkreuzung mit einem reinerbigen Elter ist deshalb auch ein Mittel, um Reinerbigkeit oder Mischerbigkeit eines Individuums festzustellen; sie ist eine *Testkreuzung.*

MENDEL hat seine Ergebnisse in zwei Regeln zusammengefaßt:

1. *Kreuzt man zwei reinerbige Individuen einer Art, die sich in einem einzigen Merkmal unterscheiden, so sind alle entstehenden Mischlinge (F_1-Generation) unter sich gleich* **(Uniformitätsregel).** Uniformität der F_1-Individuen tritt auch auf, wenn bei der Kreuzung das Geschlecht der Eltern vertauscht ist (reziproke Kreuzung). Man bezeichnet daher die Uniformitätsregel auch als **Reziprozitätsregel.**
2. *Kreuzt man diese Mischlinge unter sich, so spalten in der Enkelgeneration (F_2) die Merkmale im Zahlenverhältnis* 1 : 2 : 1 *oder* 3 : 1 *wieder auf* **(Spaltungsregel).**

1.2 Kreuzungsversuche mit zwei Merkmalpaaren

Eine weitere Bestätigung der von MENDEL gefundenen Erbregeln liefern Kreuzungen von Rassen, die sich in zwei oder mehr Merkmalen voneinander unterscheiden. MENDEL kreuzte zwei Erbsensorten mit gelb-runden und grün-kantigen Samen, wobei gelb über grün, rund über kantig dominiert. Er erhielt in F_1 nach der Uniformitätsregel nur runde, gelbe Erbsen, in F_2 dagegen Erbsen mit den Eigenschaften gelb und rund, gelb und kantig, grün und rund, grün und kantig im Verhältnis 9 : 3 : 3 : 1. Ein entsprechendes Beispiel aus dem Tierreich ist die Kreuzung von zwei Rinderrassen, die sich in der Fellfarbe und der Ver-

Abb. 346: Intermediäre Wirkung der Erbanlagen bei der Wunderblume

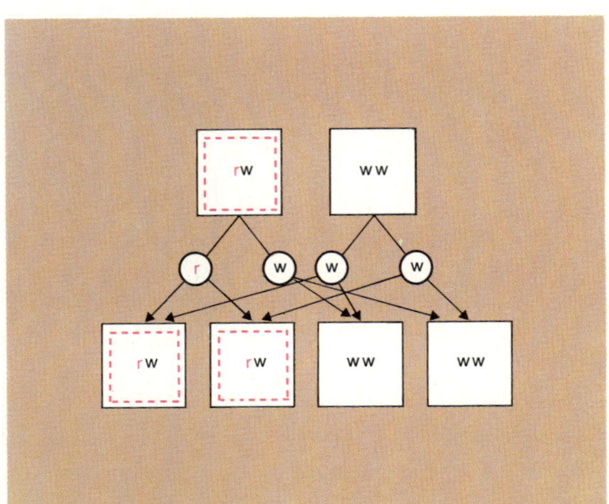

Abb. 347: Schema der Rückkreuzung

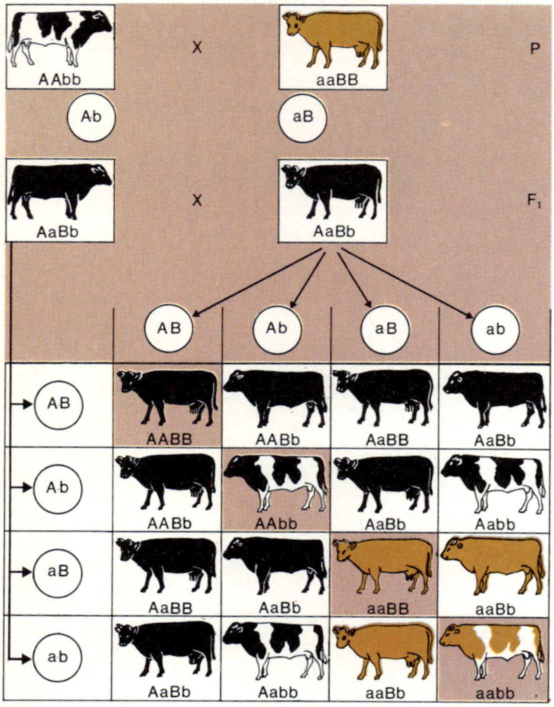

Abb. 348: Erbgang mit zwei Merkmalpaaren (Dihybrider Erbgang)

teilung der Farbe unterscheiden, und zwar eine schwarz-gescheckte Rasse mit einer rot-ungescheckten. Dabei dominiert schwarz über rot, ungescheckt über gescheckt. Die Tiere der F_1-Generation sind demnach durchweg schwarz und ungescheckt. Bei der Kreuzung dieser Mischlinge ergeben sich 4 verschiedene Erscheinungsformen: schwarz-ungescheckt, schwarz-gescheckt, rot-ungescheckt, rot-gescheckt im Zahlenverhältnis 9 : 3 : 3 : 1. Die Erklärung dieses Verhältnisses zeigt die Abb. 348. Es soll angenommen werden, daß den gegensätzlichen Merkmalen schwarz-rot und ungescheckt-gescheckt je ein besonderes Paar von Anlagen zugrunde liegt, von denen die Anlage für schwarz als dominant mit A, für rot mit a bezeichnet werde, entsprechend die Anlage ungescheckt (dominant) mit B, gescheckt mit b. Dann muß von den beiden reinrassigen Eltern die schwarz-gescheckte Rasse in ihren Körperzellen die Anlagen AAbb, die rot-ungescheckte Rasse die Anlagen aaBB besitzen, also jede ein dominantes und ein rezessives Anlagenpaar homozygot. Jede reinerbige Form kann nur einerlei Geschlechtszellen bilden, die erste solche mit den Anlagen A und b, die zweite mit a und B. Die F_1-Generation erhält damit den Anlagenbestand AaBb, ist also für beide Anlagenpaare heterozygot. Wenn wir nun annehmen, daß sich bei der Bildung der Keimzellen der F_1-Generation die Partner der beiden Anlagenpaare unabhängig voneinander trennen und frei miteinander kombinieren, so können viererlei Geschlechtszellen entstehen: AB, Ab, aB und ab. Für jede Anlagenkombination besteht die gleiche Wahrscheinlichkeit, die vier Arten von Geschlechtszellen werden daher je in gleicher Anzahl vorhanden sein. Daraus ergeben sich für die Vereinigung der Geschlechtszellen bei einer Mischlingskreuzung theoretisch 16 gleich wahrscheinliche Möglichkeiten der Anlagenkombination

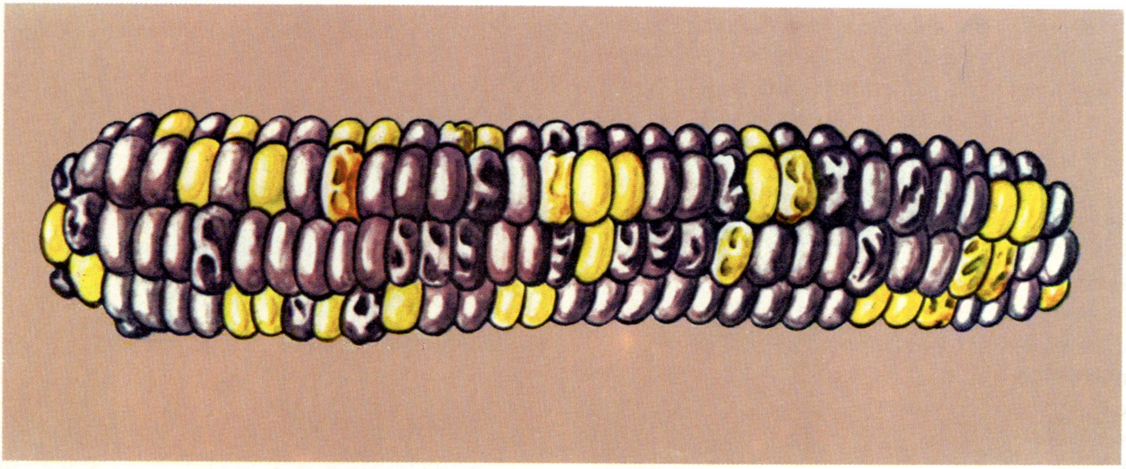

Abb. 349: Ein Maiskolben der F_2-Generation aus der Kreuzung zweier Rassen, deren Körner sich in zwei Merkmalpaaren unterscheiden (blau-gerunzelt x gelbglatt, wobei blau und glatt dominieren). Die vier Erbkombinationen dieser Dihybridkreuzung sind blau-glatt, blau-gerunzelt, gelb-glatt und gelb-gerunzelt. Ihre Auszählung am Bild ergibt annähernd das Verhältnis 9:3:3:1.

in F_2, die in dem Kombinationsquadrat dargestellt sind. Untersucht man sie genauer, dann zeigt sich, daß einige davon mehrmals auftreten, so daß im *Erbbild (Genotyp)* 9 verschiedene Kombinationen möglich sind, die aber dem Aussehen nach, d. h. im *Erscheinungsbild (Phänotyp)*, nur 4 Formen im Zahlenverhältnis 9 : 3 : 3 : 1 ergeben, was in Wirklichkeit auch zutrifft.

In derselben Weise kann das Ergebnis einer Kreuzung von zwei Rassen, die sich in drei Merkmalen unterscheiden, errechnet werden. So kreuzte MENDEL eine Erbsenrasse von hohem Wuchs und gelben runden Samen mit einer Rasse von niederem Wuchs und grünen kantigen Samen. Die F_1-Generation muß dann bei freier Kombination der Anlagen der 3 Merkmalpaare acht (2^3) verschiedene Geschlechtszellen erzeugen; das Kombinationsquadrat von 64 ($2^3 \cdot 2^3$) Feldern ergibt, daß unter den Nachkommen acht verschiedene Pflanzen entstehen müssen mit den möglichen acht Kombinationen der drei Merkmale im Verhältnis 27 : 9 : 9 : 9 : 3 : 3 : 3 : 1.

Die Übereinstimmung der theoretisch gefundenen Werte mit den Ergebnissen der Kreuzungsforschung beweist, daß die Vererbungsvorgänge auf selbständige Erbeinheiten, die *Gene*, zurückgehen.

Die Kreuzungsversuche mit zwei Merkmalpaaren zeigen außerdem, daß sich bei der Bildung der Keimzellen die Gene verschiedener Merkmalpaare unabhängig voneinander trennen und sich frei miteinander kombinieren. Daraus leitet sich die dritte Mendelsche Regel ab:

Die einzelnen Erbanlagen werden unabhängig voneinander vererbt und bei der Keimzellenbildung neu kombiniert **(Regel von der Unabhängigkeit der Erbanlagen** oder der **Neukombination der Gene).** Vgl. aber 3. 2.

1.3 Die Bedeutung Mendels

Viele Forscher hatten schon vor MENDEL Kreuzungsversuche durchgeführt, ohne aber die »Vererbungsgesetze« zu entdecken. MENDELS Erfolge beruhten auf einer Versuchsmethodik, die sich in verschiedener Hinsicht von derjenigen seiner Vorgänger unterschied:

1. Durch die Wahl günstiger Versuchsobjekte (die Erbse ist Selbstbestäuber, doch ist Fremdbestäubung möglich und sie hat eine kurze Generationsdauer sowie eine große Zahl von Nachkommen),
2. durch die sorgfältige Wahl des Ausgangsmaterials (MENDEL führte zwei Jahre lang Vorzuchten durch, um für die P-Generation reinerbige Pflanzen zu erhalten);
3. durch Beschränkung der Untersuchung auf das Erbverhalten von nur ein oder zwei variierenden Merkmalen, die leicht zu unterscheiden sind (z. B. Blütenfarbe, Gestalt und Farbe der Samen);
4. durch Kontrollexperimente zur Bestätigung oder Widerlegung seiner Deutung der bisherigen Ergebnisse (reziproke Kreuzung, Rückkreuzung);
5. durch statistische Auswertung der Versuchsergebnisse, wobei die Verteilung der Merkmale auf die Nachkommen durch Generationen hindurch verfolgt wurde.

2. *Populationsgenetik*

Für die Genetik ist nicht nur die Vererbung der Gene bei der Nachkommenschaft bestimmter Eltern von Interesse, sie untersucht auch die Verteilung der Erbanlagen in der Nachkommenschaft ganzer Populationen. Die *Population* umfaßt alle artgleichen Individuen eines Gebietes, die sich in der Regel beliebig miteinander paaren können; die Population bildet eine Fortpflanzungsgemeinschaft. Den Gesamtbestand aller in einer Population vorhandenen Gene bezeichnet man als *Gen-Pool* und die Häufigkeit eines Gens in einer Population als *Gen-Frequenz.* Nehmen wir als Beispiel an, daß zwei Gruppen der gleichen Tierart zusammenleben und sich in einem einzigen Merkmal unterscheiden. Bei Reinerbigkeit in bezug auf dieses Merkmal besitzen sie die Kombination AA oder aa. Bezeichnen wir die Häufigkeit der Tiere mit der Genkombination AA mit p (z. B. 80% = 0,8) und die Häufigkeit mit der Kombination aa mit q (z. B. 20% = 0,2), dann verhält sich die Häufigkeit der von diesen Tieren gebildeten Keimzellen mit Gen A zur Häufigkeit der Keimzellen mit Gen a wie p : q (0,8 : 0,2 = 8 : 2). Unter der Voraussetzung, daß die Wahrscheinlichkeit für die Paarung beliebiger verschiedengeschlechtlicher Partner gleich groß ist, können wir für eine große Population nebenstehendes Kombinationsquadrat aufstellen.

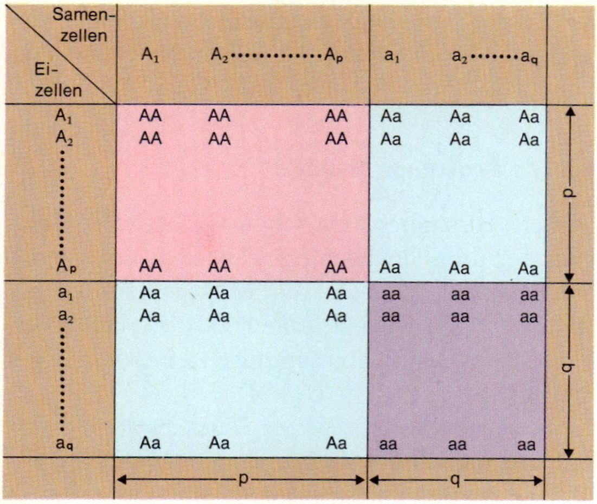

Abb. 350: Bei der Vereinigung von p Samenzellen mit dem Gen A und q Samenzellen mit dem Gen a mit p Eizellen mit dem Gen A und q Eizellen mit dem Gen a entstehen p^2 Nachkommen mit der Kombination AA, 2 pq Nachkommen mit der Kombination Aa und q^2 Nachkommen mit der Kombination aa.

Bei der Befruchtung verschmelzen je 2 Keimzellen miteinander. Die Häufigkeit der Individuen mit dem Genpaar AA beträgt also $p \cdot p = p^2$, die der Individuen mit der Kombination Aa beträgt $p \cdot q + q \cdot p = 2pq$ und die der Individuen mit der Kombination aa beträgt $q \cdot q = q^2$. Das Verhältnis der AA-, Aa- und aa-Typen ist also $p^2 : 2pq : q^2$ (HARDY-WEINBERG-Formel). Die Tatsache, daß das Verhältnis der Genotypenhäufigkeit über die Generationen hinweg in einer Population konstant bleibt (wenn das Verhältnis von A-Keimzellen zu a-Keimzellen sich nicht verändert), wurde schon 1908 von HARDY und WEINBERG gefunden. Die HARDY-WEINBERG-Formel gilt allerdings nur, wenn die ihrer Herleitung zugrunde liegenden Voraussetzungen vorliegen: 1. Das Verhältnis p : q muß unverändert bleiben. Dies ist der Fall, solange keine Erbänderungen auftreten und keine der drei möglichen Kombinationen Vorteile gegenüber den andern durch größere Überlebenschancen hat. 2. Die einzelnen Individuen der Population müssen sich wahllos paaren können, und die Population muß so groß sein, daß der zufällige Tod eines Merkmalsträgers das Verhältnis p : q noch nicht ändert, was bei kleinen Populationen der Fall wäre.

In einer *realen Population* bleibt das Verhältnis p : q auf die Dauer gesehen nicht konstant. Die *Hardy-Weinberg*-Formel gilt also nur für *ideale Populationen*. Für kurze Zeitabstände lassen sich aber die Gesetzmäßigkeiten idealer Populationen auch für eine reale Population zugrundelegen. Es muß jedoch im Einzelfall immer geprüft werden, ob die Voraussetzungen für die Anwendung der *Hardy-Weinberg*-Formel erfüllt sind.

Mit der *Hardy-Weinberg*-Formel läßt sich u. a. errechnen, wie häufig die Träger eines bestimmten rezessiven Gens in einer Population sind. So hat man beobachtet, daß unter 10000 Kindern eines an Phenylketonurie leidet (s. S. 279). Die Häufigkeit der heterozygoten Anlagenträger errechnet sich dann so: $p^2 + 2pq + q^2 = 1; q^2 = \frac{1}{10000}$, somit $q = \frac{1}{100}$ und $p = 1 - q = 1 - \frac{1}{100} \approx 1$. Heterozygot sind $2\,pq = 2 \cdot 1 \cdot \frac{1}{100} = \frac{1}{50}$, d. h. etwa jeder fünfzigste Mensch ist Anlagenträger (heterozygot).

3. Die Chromosomentheorie der Vererbung

3.1. Grundlagen

Die Bedeutung des Zellkerns für die Bildung der Merkmale eines Organismus läßt sich anschaulich durch Pfropfversuche bei der Meeresalge *Acetabularia* belegen. Diese bis 10 cm große Alge ist einzellig und einkernig. Sie ist mit einem wurzelartigen Ausläufer (Rhizoid), der den Kern enthält, am Boden festgewachsen und trägt am entgegengesetzten Ende einen je nach Art unterschiedlich gestalteten gekammerten Hut. Schneidet man eine Acetabulariazelle mit kleinem und wenigkammerigem Hut vor der Hutbildung kurz über dem den Kern enthaltenden Rhizoid ab und pfropft darauf ein kern- und hutloses Stück einer Zelle mit großem Hut auf, so entwickelt das Pfropfstück einen kleinen Hut. Die Gestalt des Hutes wird also vom Zellkern bestimmt. Nun liegen im Zellkern die Chromosomen; ihre Verteilung und Weitergabe bei der Bildung der Geschlechtszellen zeigt eine auffallende Parallelität zum theoretisch erschlossenen Verhalten der Erbanlagen. Die nachfolgende Gegenüberstellung zeigt, daß sich *die Ergeb-*

nisse der Chromosomenforschung und der Kreuzungsversuche entsprechen. Ein Zusammenhang liegt nahe: *die Chromosomen sind die Träger der Erbanlagen.* Von jedem Genpaar (z. B. Aa) liegt jeweils eines der Gene (entweder A oder a) in einem der beiden Partner eines Chromosomenpaares, so daß auch der einfache, haploide Chromosomensatz der Geschlechtszellen den vollständigen Anlagenbestand eines Lebewesens enthält. Das Verhalten der Chromosomen bei der Reifeteilung macht die Mendelschen Vererbungsregeln verständlich: Das Auseinandergehen der Paarlinge erklärt die Spaltung der Erbanlagen; die rein zufällige Verteilung der Partner jedes einzelnen Chromosomenpaars erklärt die Möglichkeit, sich bei der Befruchtung neu zu kombinieren.

Nachdem bereits 1900 Correns in den Chromosomen die Erbträger sah, wurde dann 1903 durch den Deutschen Boveri und den Amerikaner Sutton unabhängig voneinander die **Chromosomentheorie der Vererbung** begründet. Sie sagt aus, daß die Chromosomen die Träger der Erbanlagen sind. In dieser Theorie begegnen sich zwei bis dahin völlig getrennt verlaufende Forschungsrichtungen, die *Zellforschung* und die *Kreuzungsforschung.* Beide zusammen haben die Chromosomentheorie der Vererbung zu einer der bestbegründeten naturwissenschaftlichen Theorien gemacht.

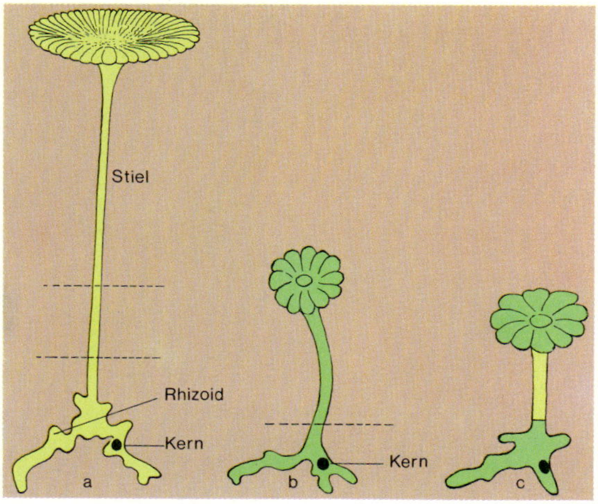

Abb. 351: Experiment zur Funktion des Kerns bei Acetabularia, a Acetabularia mediterranea, b Acetabularia wettsteinii, c Ergebnis der Pfropfung von Mediterranea-Stiel auf kernhaltiges Wettsteinii-Rhizoid

Ergebnisse der Chromosomenforschung	**Ergebnisse der Erbversuche**
 Die Chromosomen sind selbständige Einheiten, die als solche weitergegeben werden.	Die Erbanlagen (Gene) sind selbständige Einheiten, die nicht vermischt oder aufgeteilt, sondern als Ganzes weitergegeben werden. 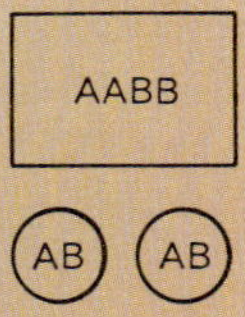
Die Chromosomen treten in den Körperzellen paarweise auf und bilden in ihrer Gesamtheit einen doppelten Satz.	Alle Erbanlagen sind in den Körperzellen paarweise vorhanden und bilden in ihrer Gesamtheit einen doppelten Satz.
Durch die Reduktionsteilung gelangt von jedem Chromosomenpaar ein Paarling in die Geschlechtszellen. Diese enthalten einen einfachen, aber vollständigen Chromosomensatz.	Die Geschlechtszellen erhalten von jedem Anlagenpaar eine Anlage; sie enthalten einen einfachen Anlagensatz (Spaltungsregel, Reinheit der Gameten).
Bei der Reduktionsteilung werden die Paarlinge väterlicher und mütterlicher Herkunft unabhängig voneinander nach Gesetzen der Wahrscheinlichkeit in freier Kombination auf die Geschlechtszellen verteilt.	Von den Anlagenpaaren werden bei der Bildung der Geschlechtszellen die einzelnen Anlagen unabhängig voneinander auf die Geschlechtszellen verteilt, so daß eine freie Kombination der Erbanlagen stattfindet (Unabhängigkeitsregel, freie Kombination der Gene).

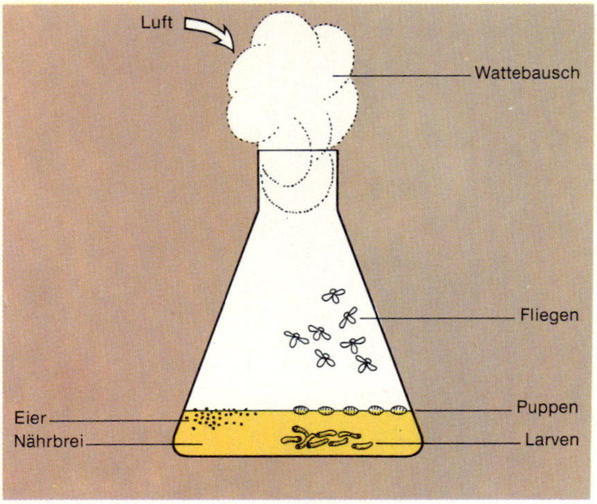

Abb. 352: Zucht von Drosophila. Futter aus Bananenbrei mit etwas Hefe

3.2. Koppelung von Genen

Im weiteren Verlauf der Forschung hat sich gezeigt, daß die Regel von der freien Kombination der Erbeinheiten nicht unbeschränkt gültig ist. Es ergab sich nämlich immer wieder, daß ganze Gruppen von Genen gemeinsam, gewissermaßen gekoppelt, vererbt werden. Auch ist die Zahl der nachgewiesenen Gene sehr viel höher als die haploide Chromosomenzahl. Es müssen also viele Gene gemeinsam in einem Chromosom liegen. Da aber die Chromosomen nur als Ganzes weitergegeben werden, können auch die in einem Chromosom vereinigten Gene nicht unabhängig voneinander »mendeln«, sondern müssen sich

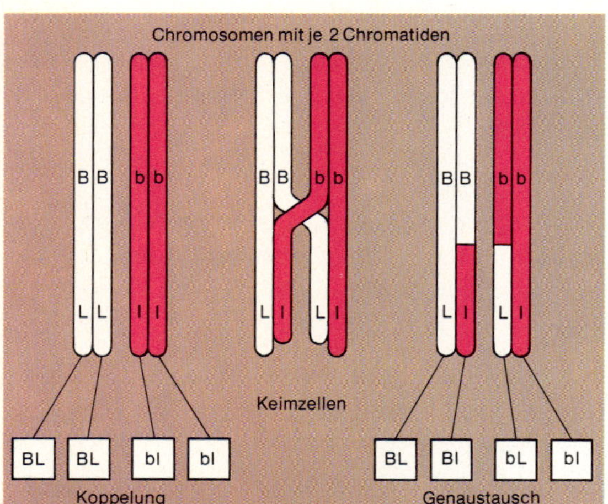

Abb. 353 Genaustausch zwischen 2 Nichtschwester-Chromatiden von homologen Chromosomen während der Meiose und Rekombination bei den entstehenden Gameten

gemeinsam vererben. Den Nachweis einer solchen »Koppelung von Genen« erbrachten die Forschungen des amerikanischen Zoologen Morgan und seiner Mitarbeiter an der Frucht- oder Taufliege (*Drosophila melanogaster*), die seit etwa 1915 zu dem erbkundlich am besten erforschten Lebewesen geworden ist. Im Freien lebt diese 3 mm große Fliege an Fallobst und von gärenden Pflanzensäften. Ihre Zucht ist einfach und ihre Nachkommenschaft zahlreich, auch entwickelt sie sich innerhalb von 14 Tagen zum fortpflanzungsfähigen Tier. Die haploide Chromosomenzahl beträgt 4. Da bei Drosophila sehr viele Erbanlagen bekannt sind, müssen Hunderte von Genen in einem Chromosom vereinigt und darum auch miteinander gekoppelt sein. Tatsächlich besitzt Drosophila melanogaster im ganzen 4 Koppelungsgruppen; dies entspricht den 4 Chromosomen des einfachen Satzes. Einige andere Drosophila-Arten haben 3, 5 und 6 Chromosomen im einfachen Satz; bei ihnen wurden entsprechend 3, 5 und 6 Koppelungsgruppen festgestellt. Ebenso entspricht die Anzahl der in einer Koppelungsgruppe feststellbaren Gene der Länge der Chromosomen.

3.3 Crossing-over und lineare Anordnung der Gene

Die Koppelung von Genen eines Chromosoms kann auch durchbrochen werden. Ein Vererbungsversuch des amerikanischen Forschers Bateson möge das zeigen. Er kreuzte zwei Rassen der wohlriechenden Platterbse (*Lathyrus odoratus*), eine blaublühende mit länglichen Pollenkörnern (beide Merkmale dominant und gekoppelt, daher Erbformel BBLL) und eine rotblühende mit runden Pollenkörnern (bbll). Er erhielt in der F_2-Generation folgende Pflanzen: 485 blau-länglich, 20 blau-rund, 20 rot-länglich, 148 rot-rund. Das ist weder das Verhältnis 9 : 3 : 3 : 1 der vier Phänotypen, das bei ganz freier Kombination der Gene zu erwarten wäre, noch das Verhältnis 3 blau-länglich zu 1 rot-rund, wie es bei vollständiger Koppelung der beiden Gene B und L bzw. b und l sein müßte. Die Zahlen sprechen dafür, daß zwar in der Hauptsache eine Koppelung der beiden Gene besteht, daß aber in einem gewissen Teil der Fälle eine Trennung der Gene eintritt. Offenbar hat der Bastard der F_1-Generation nicht nur die Keimzellen BL und bl gebildet, die bei absoluter Koppelung allein möglich wären, sondern daneben auch die Keimzellen Bl und bL in gleicher Zahl. Bei ihnen muß ein Austausch der Gene zwischen zwei homologen Chromosomen und damit eine Durchbrechung der strengen Koppelung erfolgt sein. Die Berechnung ergibt, daß auf je 15 Keimzellen BL und bl je 1 Keimzelle Bl und bL gekommen sein mußte.

MORGAN fand diese Entkoppelung von Genen auch bei seinen Versuchen mit Drosophila. Seine Erklärung: Wenn die Koppelung von Genen darauf beruht, daß sie auf demselben Chromosom liegen, dann muß ein Austausch von Genen dadurch zustande kommen, daß Chromosomenstücke ausgetauscht werden. Nun paaren und umschlingen sich bei der Reifeteilung die homologen Chromosomen. Man könnte deshalb annehmen, daß dabei ein Bruch der Fäden an einer bestimmten Stelle und eine kreuzweise Wiedervereinigung der Teilstücke erfolgt, wie es in Abb. 355 dargestellt ist. Durch eine solche »Überkreuzung« würden die auf den abgetrennten Teilstücken liegenden Gene tatsächlich aus ihrer bisherigen Koppelungsgruppe gelöst, »entkoppelt«, und gegeneinander ausgetauscht (*Crossing-over*). Der Prozentsatz der entkoppelten Formen wird Austauschwert genannt. Tatsächlich läßt sich unter dem Mikroskop gelegentlich eine Überkreuzung von zwei Chromatiden (*Chiasma*) feststellen. Die Häufigkeit, mit der ein Chiasma bei einem bestimmten Chromosom beobachtet wird, entspricht der Häufigkeit von Crossing-over bei der Koppelungsgruppe dieser Chromosomen. Die Bedeutung des Crossing-over liegt darin, daß neue, bisher fehlende Gen-Kombinationen entstehen, während in den beiden vom Chiasma nicht betroffenen Chromatiden die bisherigen Koppelungsverhältnisse erhalten bleiben.

Alle neuen Kombinationen von Genen wie sie bei der Verschmelzung von zwei Keimzellen (s. auch Meiose S. 231) entstehen, nennt man *Rekombinationen* und die betreffenden Organismen *Rekombinanten.*

Zwischen zwei Genen ist ein konstanter Austauschwert festzustellen, sofern unter konstanten Versuchsbedingungen gearbeitet wird. So beträgt z. B. bei Drosophila der Austauschwert zwischen den im selben Chromosom vorkommenden Genen *gelber Körper* und *stachelige Augen* immer 5,5%, zwischen den Genen *stachelige Augen* und *rubinäugig* immer

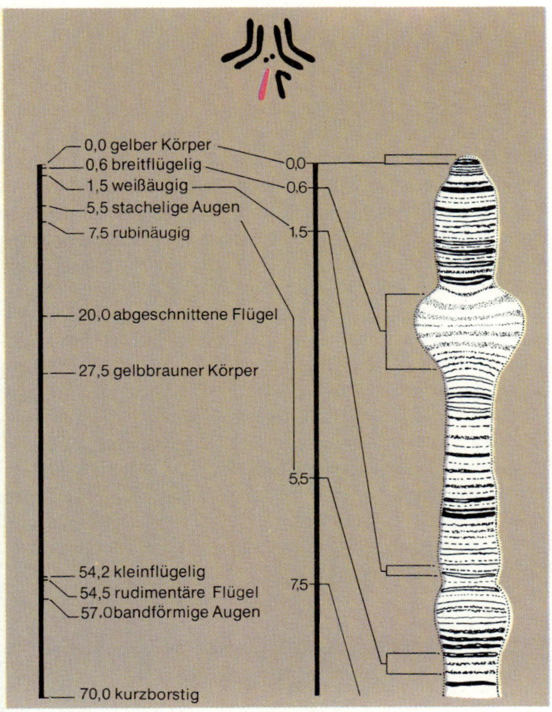

Abb. 354: Ausschnitt aus der Genkarte des X-Chromosoms von Drosophila. Zwischen den Merkmalen »abgeschnittene Flügel« und »rudimentäre Flügel« wird weit häufiger ein Kopplungsbruch eintreten als zwischen »kleinflügelig« und »rudimentäre Flügel«. Links Genkarte aufgrund des Crossing-over. Rechts Anfangsstück des Riesenchromosoms mit Angabe des Ortes einiger Gene (cytologische Genkarte). Die Zahlenwerte sind relative Abstände (Morgan-Abstände).

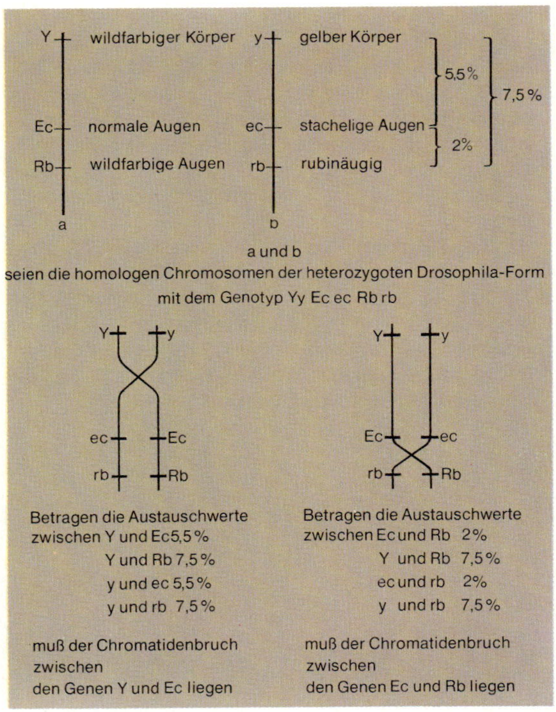

Abb. 355: Beispiel für den Zusammenhang zwischen Austauschwert als Folge eines Crossing-over und der Anordnung der Gene auf den Chromatiden: Methode der Aufstellung einer Genkarte. Die Gene liegen auf dem X-Chromosom von Drosophila; untersucht wurden in diesem Fall Weibchen, da nur diese zwei homologe X-Chromosomen aufweisen.

2%. Für *gelber* Körper und *rubinäugig* aber ergab sich der Austauschwert 7,5%, welcher gleich der Summe der beiden einzelnen Austauschwerte ist. Diese Tatsachen führten zu der Annahme, daß die drei Gene *gelber Körper, stachelige Augen* und *rubinäugig* in dieser Reihenfolge mit entsprechenden Abständen im Chromosom liegen **(lineare Anordnung der Gene)** und daß der Austauschwert zweier Gene ein Maß für ihren Abstand ist. Die Wahrscheinlichkeit eines Bruchs zwischen zwei Genen ist nämlich um so größer, je weiter sie voneinander entfernt sind; die beiden an den Enden des Chromosoms liegenden Gene werden durch jeden überhaupt auftretenden Chromatidenbruch voneinander getrennt, zwei nebeneinanderliegende Gene nur in dem seltenen Fall, daß der Bruch genau zwischen ihnen liegt.

Auf Grund der Austauschwerte kann man die relative Lage der Gene auf einem Chromosom ermitteln und damit eine Gen-Karte des Chromosoms entwerfen. Gen-Karten liegen heute für viele Organismenarten vor, auch für einzelne Chromosomen des Menschen wurden Gen-Karten aufgestellt (10.6).

Folgende weitere Tatsachen sprechen für die Anschauungen MORGANS:

Man kann durch Röntgenbestrahlung Chromosomenstücke absprengen. Dies verursacht den Ausfall eines bestimmten Teils der in jenem Chromosom liegenden Koppelungsgruppe. In besonderen Fällen lagern sich die abgesprengten Stücke an andere nicht homologe Chromosomen an. Dies hat dann eine andersartige Genkoppelung zur Folge.

Es gelang, Drosophilarassen zu kreuzen, bei denen die Chromosomen eines bestimmten Paares an den Enden Formunterschiede zeigen; in der F_2-Generation fanden sich Chromosomen, die das Vorderende des Chromosoms der einen Rasse und das Hinterende des Chromosoms der anderen Rasse aufweisen, ein sichtbarer Beweis dafür, daß ein Crossing-over stattgefunden hatte.

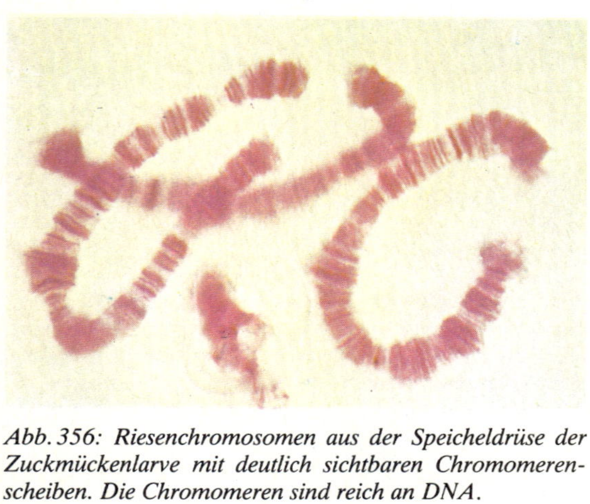

Abb. 356: Riesenchromosomen aus der Speicheldrüse der Zuckmückenlarve mit deutlich sichtbaren Chromomerenscheiben. Die Chromomeren sind reich an DNA.

Abb. 357: Thomas Hunt Morgan (1866–1945)

Zur stärksten Stütze der MORGANschen Theorie wurden die Untersuchungen an den Riesenchromosomen der Speicheldrüsen von Drosophila. Diese entstehen ohne Teilung des Zellkerns durch Paarung der homologen Chromosomen mit anschließender Vervielfachung der Chromatiden, so daß schließlich dicke Chromatidenbündel – Riesenchromosomen genannt – vorliegen. Jede Chromatide besteht aus Chromomeren und Zwischenstücken. Die Aneinanderlagerung entsprechender Chromomeren der zahlreichen Chromatiden zeigt sich im mikroskopischen Bild in Form von Querscheiben auf dem Riesenchromosom (Abb. 356). Ein experimentell erzeugter Ausfall eines bestimmten Chromosomenstückes kann an den Riesenchromosomen direkt mikroskopisch am Fehlen bestimmter Querscheiben beobachtet werden. Auf diese Weise läßt sich der Genort für eingetretene Merkmalsveränderungen auffinden. Die mit dieser Methode erzielte Bestimmung der Gen-Reihenfolge auf dem Chromosom stimmt mit der durch Erbanlagenaustausch ermittelten überein.

3. 4 Parasexualität

Bei Bakterien und Pilzen gibt es Rekombinationsvorgänge des Erbguts, die ohne Meiose und Verschmelzung von Keimzellen ablaufen. Bei *Escherichia coli,* dem genetisch am besten untersuchten Bakterium, beobachtet man, daß sich zwei Zellen aneinanderlegen und eine Plasmabrücke bilden (*Konjugation*). Bakterien besitzen keinen Zellkern, ihre Nukleinsäure liegt im Cytoplasma. Über die Plasmabrücke wandert nun der Nukleinsäurefaden von der einen Zelle (Spenderzelle) in die andere (Empfängerzelle) hinüber. Man spricht deshalb auch von *Parasexualität.* In der Empfängerzelle kommt es dann zu einem Austausch von Nukleinsäure-Stücken. Nach dem Austausch wird der eingewanderte Nukleinsäurefaden mitsamt seinem ausgetauschten Stück im Cytoplasma der Empfängerzelle resorbiert. Jedenfalls werden bei der Teilung der Empfängerzelle nur ihre Eigenschaften und die des durch Austausch eingelagerten Stücks vererbt. Man kann nun eine Konjugation herbeiführen zwischen einem *Escherichia*-Stamm mit den beiden Merkmalen »fehlende Fähigkeit zum Lactoseabbau« (lac^-) und »Fähigkeit zur Bildung der Aminosäure Threonin« (thr^+) und einem Stamm, der »Fähigkeit zum Lactoseabbau« (lac^+) und »fehlende Fähigkeit zur Threoninbildung« (thr^-) aufweist. Zu diesem Zweck mischt man beide Stämme im Kulturmedium vorsichtig miteinander. Überträgt man anschließend die Bakterien auf einen Nährboden, der als einzige Kohlenstoffquelle Lactose und kein Threonin enthält, so kann keiner der beiden Ausgangsstämme darauf wachsen. Überraschenderweise wachsen trotzdem einige Kolonien darauf; es muß deshalb die Neukombination (lac^+, thr^+) entstanden sein.

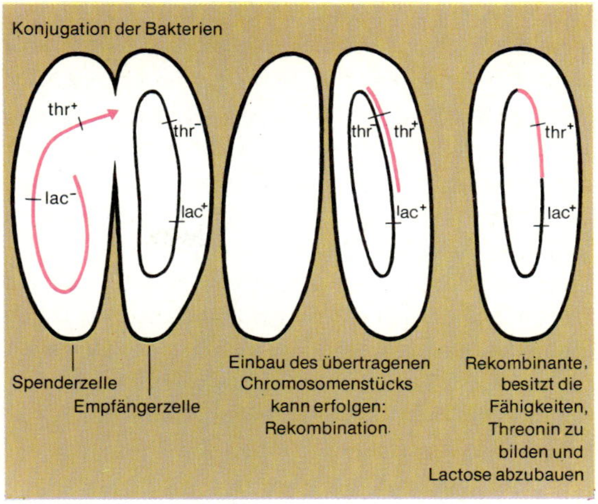

Abb. 358: Schema der Konjugation und Rekombination bei Bakterien. Das Bakterienchromosom ist ringförmig. Erklärung im Text

4. Geschlechtsbestimmung und geschlechtschromosomengebundene Vererbung

4.1 Genotypische Geschlechtsbestimmung

Das Geschlechtsverhältnis zwischen Weibchen und Männchen ist in der Regel etwa 1 : 1. Weil dieses Aufspaltungsverhältnis auch bei einer Rückkreuzung auftritt, wurde schon früh vermutet, daß die das Geschlecht bestimmenden Erbfaktoren in dem einen Geschlecht homozygot und im anderen heterozygot vorliegen. Hinweise auf die Richtigkeit dieser Vermutung erbrachte die Untersuchung der Chromosomen von *Drosophila* und anderen Tierarten.

Von den vier Chromosomenpaaren der *Drosophila* sind drei bei beiden Geschlechtern völlig gleich gestaltet, es sind die *Autosomenpaare.* Das vierte Paar besteht beim Weibchen aus X-Chromosomen, beim Männchen aus einem X- und einem (größeren) Y-Chromosom. Diese Chromosomen stehen in Beziehung zur Ausprägung des Geschlechts, man nennt sie *Geschlechtschromosomen (Gonosomen* oder *Heterosomen*).

Bei der Reduktionsteilung werden die Partner eines jeden Chromosomenpaares getrennt. Es müssen daher alle Eizellen (neben einem Satz Autosomen) ein X-Chromosom besitzen, während die eine Hälfte der Samenzellen ein X-Chromosom, die andere Hälfte aber ein Y-Chromosom mitbekommt. Das Zusammentreten der Geschlechtszellen bei der Befruchtung würde dann je zur Hälfte die Kombination XX und XY, d. h. Weibchen und Männchen im Zahlenverhältnis 1 : 1 ergeben, was auch tatsächlich zutrifft. Die Geschlechtsbestimmung ist demnach bei *Drosophila* ein Vorgang der Vererbung und beruht

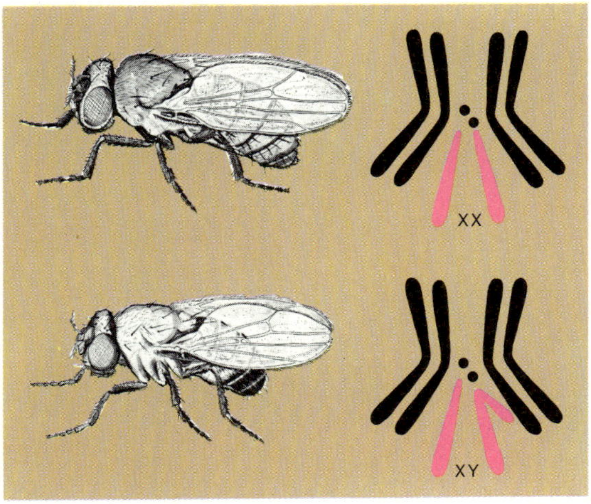

Abb. 359: Die beiden Geschlechter von Drosophila und ihr Chromosomensatz (XX Weibchen, XY Männchen)

auf der Kombination eines besonderen Chromosomen-Paares. *Das Geschlecht des künftigen Wesens ist daher mit der Befruchtung festgelegt.* Gleiches gilt für zweihäusige Pflanzen (z. B. Salweide, Sanddorn), bei denen jedes Individuum entweder nur männliche oder weibliche Blüten trägt. Beim Menschen bestimmt die An- oder Abwesenheit des sehr kleinen Y-Chromosoms die Geschlechtsentwicklung.

Bei *Drosophila* hat sich jedoch gezeigt, daß die Ausbildung des männlichen Geschlechts nicht durch das Y-Chromosom, sondern durch die Autosomen festgelegt wird, da das Verhältnis zwischen der Anzahl der X-Chromosomen und der Anzahl der Autosomensätze entscheidend ist. Ist das Verhältnis der Autosomensätze A zur Zahl der X-Chromosomen gleich 1 (AAXX oder AAXXY), so entstehen Weibchen, ist dieses Verhältnis aber 2 : 1 (AAXY oder AAX oder AAXYY), so werden Männchen ausgebildet, unabhängig davon, ob ein Y-Chromosom oder in gelegentlich auch auftretenden anomalen Fällen gar mehrere Y-Chromosomen vorhanden sind oder ob das Y-Chromosom fehlt.

Meist sind die weiblichen Tiere in bezug auf die Geschlechtschromosomen homozygot, die männlichen heterozygot, so daß die Samenzellen zu gleichen Teilen das weibliche und das männliche Geschlecht bestimmen. Bei Vögeln, einigen Reptilien und Schmetterlingen ist es umgekehrt; bei ihnen entscheidet also der Chromosomeninhalt der Eizelle über das künftige Geschlecht (Heterogametie im weiblichen Geschlecht).

Der Vorgang der Geschlechtsbestimmung läßt beide Geschlechter in gleicher Zahl erwarten. Dies stimmt auch tatsächlich im großen ganzen; bei einzelnen Lebewesen treten aber doch *Abweichungen von dem Geschlechtsverhältnis* 1 : 1 auf, die über das nach Wahrscheinlichkeitsgesetzen zulässige Maß hinausgehen. So werden bei allen Rassen des Menschen auf 100 Mädchen 106-107 Knaben geboren. Auch bei den Haustieren sind Abweichungen zu beobachten. Bei der getrenntgeschlechtlichen Lichtnelke konnte Correns nachweisen, daß die starke Störung des Geschlechtsverhältnisses (bis zu 230 weibliche auf 100 männliche Pflanzen) darauf zurückzuführen ist, daß die Pollenschläuche der weiblich bestimmenden Pollen durchschnittlich schneller wachsen als die der männlich bestimmenden und deshalb in mehr Fällen die Befruchtung herbeiführen als die anderen. Bei Tieren nimmt man an, daß sich Y-Spermien schneller bewegen als X-Spermien und daher häufiger eine Eizelle zuerst erreichen.

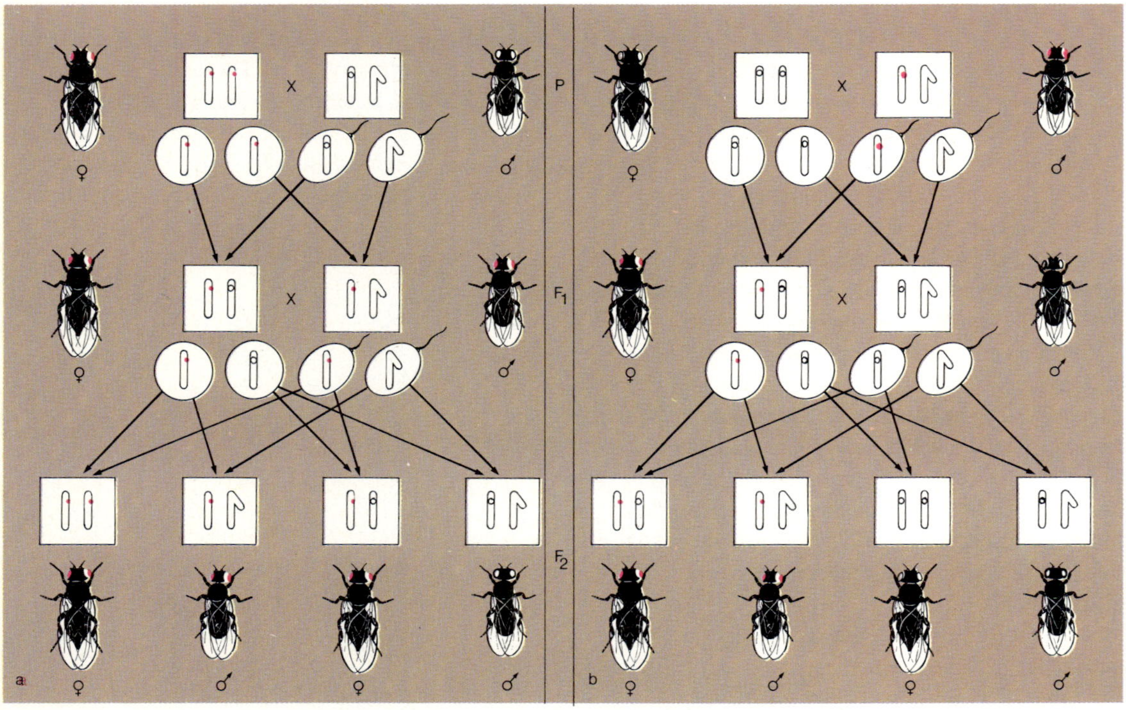

Abb. 360: Schema der Vererbung eines geschlechtsgebundenen rezessiven Merkmals (reziproke Kreuzung). Das hakenförmige Y-Chromosom enthält kein Gen für die Augenfarbe. Erklärung im Text

4.2 Geschlechtschromosomengebunde Vererbung

Es gibt Erbgänge, bei welchen gewisse Merkmale vorwiegend bei einem Geschlecht auftreten:

a. Kreuzt man rotäugige Weibchen von *Drosophila* mit weißäugigen Männchen, wobei Rot über Weiß dominiert, so haben in F_1 alle Tiere rote Augen, und die beiden Geschlechter treten im Verhältnis 1 : 1 auf. Dies entspricht durchaus der ersten Mendelschen Regel und dem Mechanismus der Geschlechtsbestimmung.

b. Die Kreuzung von weißäugigen Weibchen mit rotäugigen Männchen ergibt dagegen schon in F_1 rot- und weißäugige Tiere im Verhältnis 1 : 1, wobei alle Weibchen rote, alle Männchen weiße Augen haben.

Dieser Fall erklärt sich dadurch, daß die X-Chromosomen nicht nur Anlagen für die Ausbildung des Geschlechts tragen, sondern auch andere Gene, die zusammen eine Koppelungsgruppe bilden. Sie sind geschlechtschromosomgebundene Gene.

4.3 Phänotypische Geschlechtsbestimmung

Bei dem Meereswurm *Bonellia* gehen aus den Eiern geschlechtlich nicht differenzierte Larven hervor. Setzt sich eine solche Larve am Rüssel eines erwachsenen Weibchens fest, so entwickelt sich daraus ein (viel kleineres) Männchen; bleibt sie freilebend, so entsteht ein Weibchen. Zur Geschlechtsdeterminierung führen hier Stoffe, die von den erwachsenen Weibchen abgegeben werden.

Wie bei *Bonellia* wird auch bei vielen anderen wirbellosen Tieren durch Umwelteinflüsse bestimmt, ob die das männliche oder das weibliche Geschlecht festlegenden Gene wirksam werden.

5. *Extrachromosomale Vererbung*

Nicht nur die Chromosomen im Kern sind Träger von Genen (chromosomale Vererbung), es gibt auch Gene in anderen Teilen der Zelle (*extrachromosomale* oder *plasmatische Vererbung*). Mitochondrien und Chloroplasten können sich selbst verdoppeln (vermehren). Die Informationen dafür stammen nur zum Teil aus dem Zellkern. Kreuzungsversuche mit Amöben, Pantoffeltierchen, Hefe und Blütenpflanzen ergaben ebenfalls, daß außerhalb des Kerns selbständige Gene vorkommen müssen. Die Gesamtheit der nicht in den Chromosomen liegenden Erbanlagen bezeichnet man als *Plasmon;* es ist mitbestimmend für den Phänotypus. Von der normalen Bäckerhefe, die auf einem festen Nährboden zu großen Kolonien auswächst, gibt es eine Variante, die nur kleine Kolonien bildet. Bringt man von dieser haploide Zellen, die sich von Normalzellen durch einige weitere Erbmerkmale unterscheiden, mit haploiden normalen Zellen zusammen, so verschmelzen beide Zellen zu einer diploiden Zygote. Bei der Sporenbildung entstehen aus jeder der Zygoten haploide Sporen. Aus diesen gehen aber stets nur Zellen hervor, die normale große Kolonien bilden, während die andern unterschiedlichen Erbmerkmale im Verhältnis 1 : 1 mendeln. Die Vermutung liegt nahe, daß der Faktor für »kleine Kolonien« an plasmatische Strukturen der Variante gebunden ist, sich aber bei Anwesenheit von Plasma der Normalform nicht auswirken kann. (Abb. 361). Die Feststellung nicht-mendelnder Eigenschaften ist ein wichtiger Hinweis auf die Existenz von extrachromosomalen Genen. Ein weiterer Hinweis sind Fälle, wo bestimmte Merkmale nur von der Eizelle übertragen werden oder wo die Nachkommen dem mütterlichen Elter mehr als dem väterlichen ähneln. Dies läßt sich einleuchtend dadurch er-

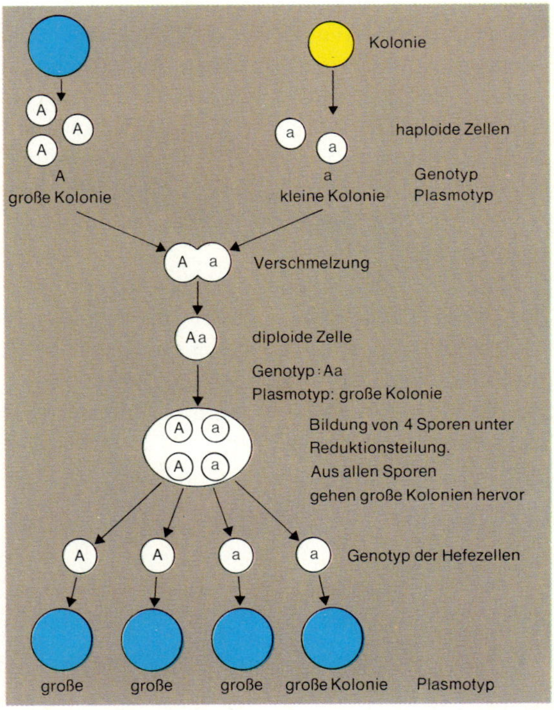

Abb. 361: Schema der plasmatischen Vererbung des Merkmals »Kleine Kolonie« bei der Bäckerhefe. A und a sind Allele auf den Chromosomen.

klären, daß die Eizelle reichlich mit Plasma, also auch mit den in den Zellorganellen und im Cytoplasma liegenden Genen ausgestattet ist; die Spermien dagegen übertragen fast nur Centriolen und Kernmasse. So führt die Kreuzung von Eselhengst mit Pferdestute zum Maultier, das dem Pferd näher steht als dem Esel. Die Kreuzung von Pferdehengst mit Eselstute gibt dagegen den Maulesel.

6. Mutationen

Die verschiedenen Rassen unserer Haustiere und Kulturpflanzen haben sich aus Wildformen entwikkelt, die der Mensch in Zucht genommen hat. Zur Bildung der Vielfalt aus einer Ausgangsform mußten Änderungen im Erbbestand der Wildform aufgetreten sein, die als veränderte Merkmale weitervererbt wurden. Solche Änderungen im Erbgefüge nennt man *Mutationen.* Die über 500 Formen von Drosophila, mit denen man heute experimentiert, sind in den Zuchten als Mutationen entstanden.

Die *rotblättrigen Formen* der Hasel, des Ahorns und der Berberitze, *geschlitztblättrige* Buchen, Holunder, Erlen und Flieder wie auch die »*Trauerformen*« der Weide, Esche, Buche, Birke und Ulme sind solche Mutationen. Die meisten unserer *Zierpflanzen* sind durch Mutationen von Blütenformen und -farben entstanden. Alle *Rassen des Haushundes* sind Mutationen, die vom Menschen weitergezüchtet wurden. Erbliche Änderungen können das einzelne Gen betreffen (*Genmutation*), doch können auch einzelne Chromosomen in ihrer Struktur (*Chromosomenmutation*) oder sogar der gesamte Chromosomenbestand, das Genom (*Genommutation*), verändert werden.

Mutationen sind in jeder Zelle des Körpers möglich. An die Nachkommen werden jedoch nur solche Mutationen weitergegeben, die in der Keimbahn (s. Fortpflanzung 2.2.1) entstanden sind. Mutationen in Körperzellen (Somazellen) werden normalerweise nicht an die Nachkommen vererbt. Bei Pflanzen ist eine Trennung in Zellen der Keimbahn und des übrigen Körpers nicht möglich. Aus einer Knospenmutation kann ein Sproß mit anderen Erbeigenschaften (z. B. mit wertvolleren Früchten bei Obstbäumen) entstehen. Eine solche Mutation läßt sich durch Pfropfung oder Samen vom mutierten Sproß vermehren.

Abb. 363: Mutanten bei der Fruchtfliege Drosophila (Multiple Allelie)

6.1 Genmutationen

Genmutationen sind die häufigste und wichtigste Form der Mutationen. Sie erfolgen zufällig; man

Abb. 362: Gleichgerichtete Mutationen. Schlitzblättrigkeit bei Schöllkraut (a), Rotbuche (b), Hasel (c) und Walnuß (d). Links ist jeweils die Normalform, rechts die Mutante dargestellt. (a–c 1/3, d 1/10 nat. Größe)

kann nicht voraussagen, welches der Gene und wann es mutieren wird; es läßt sich auch nicht voraussehen, in welcher Richtung sich das Gen und das von ihm bestimmte Merkmal verändern wird.

Die Häufigkeit (Mutationsrate), mit der sich ein Gen verändert, beträgt im Mittel 10^{-4} bis 10^{-9} je Gen und Generation. Die Mutationsrate ist bei den einzelnen Pflanzen- und Tierarten, ja selbst zwischen den Genen einer Art verschieden groß.

Die meisten Genmutationen sind rezessiv, es treten aber auch dominant und intermediär sich vererbende Gene neu auf. Welches Gen mutiert, steht in keinem erkennbaren Zusammenhang zu Umwelteinflüssen. Mutationen sind richtungslos und sind keine Anpassungserscheinungen an einen auslösenden Reiz und damit an die Umwelt.

Für ihren Träger sind sie in vielen Fällen gleichgültig (Schlitzblättrigkeit, Hängeformen), sehr oft nachteilig (verkrüppelte Flügelformen bei Drosophila), bei Reinerbigkeit manchmal tödlich (letal); in diesem Fall spricht man von einem *Letalfaktor*. Seltener treten vorteilbringende Mutationen auf, solche werden erhalten und verdrängen die weniger vorteilhaften Formen. Daß nachteilige Mutationen häufiger zu beobachten sind, ist nicht verwunderlich, da die heute lebenden Organismen, deren Vorfahren in langen Zeiten der Auslese unterworfen waren, an sich schon eine verhältnismäßig günstige Kombination von Eigenschaften aufweisen.

Multiple Allelie. An gleichen Stellen homologer Chromosomen liegende Gene bezeichnet man als *Allele*, soweit sie das gleiche Merkmal bestimmen, z. B. die Färbung der Blüte. Allele Gene mutieren unabhängig voneinander, dadurch wird das Lebewesen in bezug auf die betreffende Erbanlage heterozygot.

Ein und dasselbe Gen vermag in der Geschlechterfolge mehrmals zu mutieren. Bei Drosophila kann durch wiederholte Mutation desselben Gens stufenweise Flügelverkümmerung bis zu gänzlichem Flügelverlust eintreten. Beim Löwenmaul kennt man mehr als zehn Abänderungen (*Allele*) eines Gens für die Blütenfarbe, die Abstufungen von Rot über eine Reihe von Zwischenstufen bis zu Weiß verursachen. Die aus der Mutierung eines einzigen Gens hervorgehenden Gene heißen *multiple Allele*. Ein diploider Kern kann jedoch immer nur zwei Allele enthalten. Ein Allel ist ein bestimmter Zustand eines Gens. Durch Mutation wird ein Allel in ein anderes Allel übergeführt.

Ein Beispiel hierfür sind die Blutgruppen des Menschen. Den vier Blutgruppen (A, B, AB und 0) liegen die drei Gene I^A, I^B und i zugrunde. Sie sind Allele, die sich gegenseitig vertreten können. I^A und I^B wirken gleich stark, beide dominieren jedoch über i. Jeder Mensch bekommt von beiden Eltern je eine dieser Anlagen, daraus ergeben sich die in der Tabelle aufgezeichneten Genkombinationen und Blutgruppen.

Genotyp	Phänotyp (Blutgruppe)
I^A I^A	A
I^A i	A
I^B I^B	B
I^B i	B
I^A I^B	AB
i i	0

6.2 Chromosomenmutationen

Chromosomenmutationen beruhen auf Änderungen in der Struktur einzelner Chromosomen. Diese können bei der Teilung auseinanderbrechen; die kleineren Teilstücke lösen sich auf (Deletion) oder heften sich aneinander an (Duplikation) oder an ein anderes Chromosom (Translokation). Innerhalb eines Chromosoms kann sich nach einem Bruch ein Chromosomenstück auch umgekehrt wieder einfügen (Inversion). Solche Änderungen haben Verlust oder Verlagerung der betroffenen Erbanlagen zur Folge (vgl. Abb. 364). Es hat sich dabei gezeigt, daß die Wirkungsweise eines Gens von dem Ort abhängig ist, den es innerhalb der übrigen Gene des Chromosoms einnimmt (Positions-Effekt). Für die Eigen-

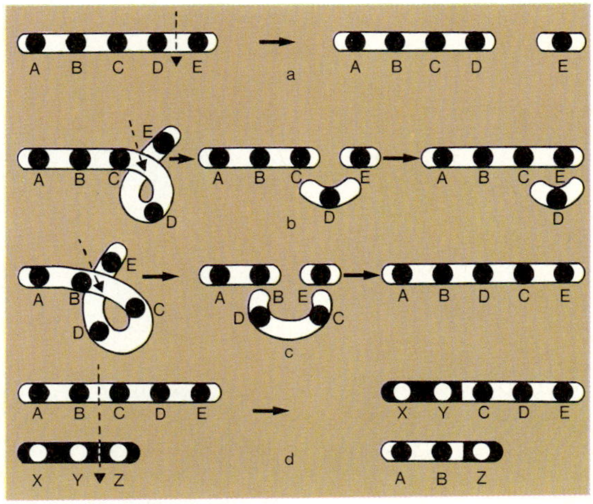

Abb. 364: Schema von Chromosomenmutationen. a Verlust eines Endstücks , b Verlust eines Zwischenstücks, c Umkehrung durch Schleifenbildung, d Austausch mit einem zweiten Chromosom

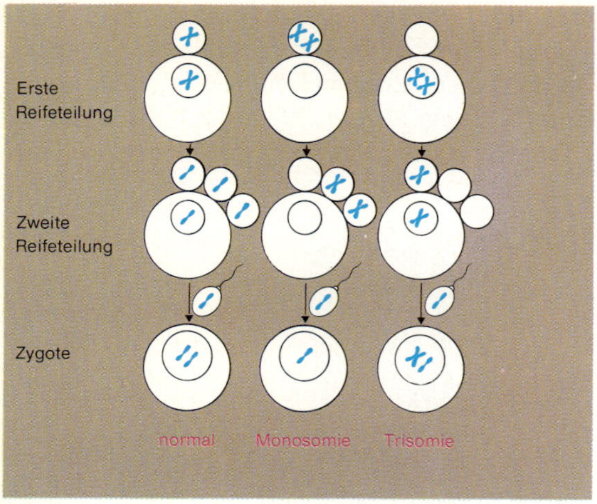

Abb. 365: Abweichungen der Chromosomenzahl durch Nichttrennen der Chromosomen (Nondisjunktion) während der Meiose bei der Eizellenbildung. Bei Monosomie fehlt einem Chromosom das homologe Chromosom. Bei Trisomie ist ein Chromosom dreifach vorhanden.

schaften eines Organismus ist also nicht allein der Genbestand, sondern auch die Anordnung der Gene auf den Chromosomen maßgebend.

6.3 Genomutationen

Bei Genomutationen verändert sich die Anzahl der Chromosomen, das »Genom«. Unregelmäßigkeiten bei den Zellteilungen können bewirken, daß einzelne Chromosomen nicht repliziert oder einzelne Chromosomenpaare bei der Verteilung auf die Tochterzellen während der Meiose nicht getrennt werden (*Nondisjunktion*). Dadurch vermehrt oder vermindert sich die Zahl der Chromosomen (*Aneuploidie*);

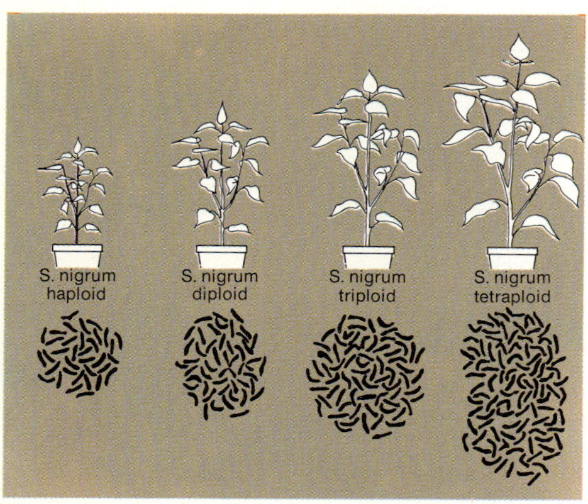

Abb. 366 : Polyploidie beim Nachtschatten (Solanum nigrum)

statt 2 n Chromosomen (d. h. 2 normalen Chromosomensätzen) können 2n + 1, 2n + 2, 2n − 1 usw. vorkommen.

Von *Euploidie* spricht man, wenn die Veränderung ganze Chromosomensätze betrifft, also entweder Haploidie auftritt oder Chromosomensätze hinzugefügt werden (*Polyploidie*).

Durch Hemmungen bei den Reifeteilungen können statt haploiden (n) diploide Keimzellen (2 n) entstehen, die bei der Befruchtung zusammen mit einer normalen Keimzelle einen triploiden Satz (3 n) ergeben. Beim Zusammentreten zweier diploider Keimzellen entsteht ein tetraploider Satz (4 n). Auf ähnliche Weise können bis zu 16fache Sätze entstehen. Fortpflanzungsfähig sind allerdings nur geradzahlige Polyploide; bei ungeradzahligen wie auch bei einzelnen überzähligen oder fehlenden Chromosomen treten Störungen bei den Reduktionsteilungen auf. Bei vielen unserer Nutz- und Zierpflanzen liegt Polyploidie vor. Pflanzen mit vervielfachter Chromosomenzahl haben gewöhnlich größere Zellen; Verdoppelung der Chromosomen führt etwa zur Verdoppelung des Zellvolumens, so daß man bei nah verwandten Arten aus der Zellgröße auf den Polyploidiegrad schließen kann. Sie zeichnen sich meist durch üppigeren Wuchs vor den Normalpflanzen aus; aus diesen Gründen werden sie bevorzugt in Kultur genommen. Bei der Rose (n = 7) sind Formen mit 14, 28, 42, 56, 70, 84 und 112 Chromosomen, also bis zum 16fachen Satz, bekannt.

Unter natürlichen Verhältnissen hat eine andere Art von Polyploidie bei Pflanzen größere Bedeutung. Ein Bastard aus zwei verschiedenen Pflanzenarten ist normalerweise steril, da eine ordnungsgemäße Paarung der Chromosomen in der Meiose nicht möglich ist, weil sich der Chromosomensatz des männlichen Elters von dem des weiblichen unterscheidet. Verdoppelt sich nun der Chromosomensatz, so wird der Bastard fortpflanzungsfähig und zu einer neuen Art mit spezifischen Eigenschaften. Eine Aufspaltung der Bastard-Nachkommen in die ursprünglichen Elternformen kann jetzt nicht mehr auftreten, weil die Keimzellen je einen Chromosomensatz von beiden Ausgangseltern haben. Man spricht hier von *Allopolyploidie.*

Viele unserer Kulturpflanzen sind auf diese Weise entstanden. Die heutigen Weizensorten sind allo-hexaploid und besitzen 42 Chromosomen, während die Stammarten Einkorn und *Aegilops* 14 Chromosomen (n = 7) aufweisen. Die Zygote einer Kreuzung von Wildeinkorn und dem Wildgras *Aegilops* hat 7 + 7 = 14 Chromosomen. Verdoppeln sie sich beim Bastard durch Polyploidisierung, so entsteht der Emmer mit 28 Chromosomen. Die Kreuzung von Emmer mit *Aegilops* (28 + 14) führt zum Kulturweizen mit 42 Chromosomen. Dieser Weg der Herausbildung des Kulturweizens wurde von der Forschung nachvollzogen, wobei man die Bastarde zur Polyploidisierung mit Colchizin, dem Gift der Herbstzeitlose behandelte. Colchizin löst Polyploidie durch Hemmung der Kernspindelbildung aus.

Bei Tieren ist Polyploidie selten (Goldhamster, Molche, Salinenkrebschen).

6.4 Mutationsauslösung

Experimente haben eine Reihe von Ursachen für Mutationen aufgedeckt. MULLER konnte 1927 durch Bestrahlung der Keimzellen von *Drosophila* mit Röntgenstrahlen Mutationen künstlich hervorrufen, die den natürlichen entsprachen. Das gleiche gelingt mit ultravioletter und radioaktiver Bestrahlung. Der Prozentsatz der auftretenden Mutationen ist der angewandten Strahlenmenge (Produkt aus Strahlungsintensität und Strahlungsdauer) proportional. Auch chemische Substanzen sowie abnorm hohe und tiefe Temperaturen können Mutationen verursachen; durch Erhöhung der Zuchttemperatur um 10% steigt bei Drosophila die Zahl der Mutanten auf das 3- bis 5fache. Umweltfaktoren (z. B. Temperaturabweichungen, Höhenstrahlung und Strahlung radioaktiver Mineralien) sind auch als auslösende Ursachen an den natürlichen Mutationen beteiligt. Faktoren, die Mutationen auslösen, bezeichnet man als *Mutagene.*

7. Modifikationen

Da Vererbung darin besteht, daß die Erbanlagen unverändert von den Eltern an die Nachkommen weitergegeben werden, müßten sich eigentlich die Lebewesen gleichen Erbguts in allen Einzelheiten gleichen. Wie die Erfahrung lehrt, ist dies aber nicht der Fall.

Jedermann weiß, daß der Ertrag unserer Kulturpflanzen nicht nur von der Güte des Saatgutes abhängt. Auf einem nährstoffarmen und steinigen Boden ist er geringer als auf gut gedüngtem und tiefgründigem. Auch Besonnung, Niederschlag, Temperatur und Behinderung durch andere Pflanzen wirken sich aus. Eine junge Löwenzahnpflanze wurde durch einen Längsschnitt halbiert und die eine Hälfte im Tiefland, die andere im Hochgebirge angepflanzt. Die beiden völlig erbgleichen Pflanzen entwickelten sich ganz verschieden (s. Abb. 367).

Auch viele andere Beobachtungen zeigen, daß Lebewesen unter wechselnden Bedingungen bei gleichem Erbgut oft erheblich variieren. Man nennt diese Erscheinung *Modifikabilität,* und die auf bestimmte Einflüsse der Umwelt zurückzuführenden Abwandlungen heißen *Modifikationen.*

Wenn man den Einfluß von Umweltfaktoren untersuchen will, muß man mit völlig erbgleichen Individuen arbeiten. Man erhält solche, wenn man z. B. ein Pantoffeltierchen sich nur vegetativ vermehren läßt. Es bildet sich ein *Klon.* Abb. 368 zeigt das

Abb. 367: Umwelteinwirkung beim Löwenzahn. a Tieflandform, b Hochgebirgsform

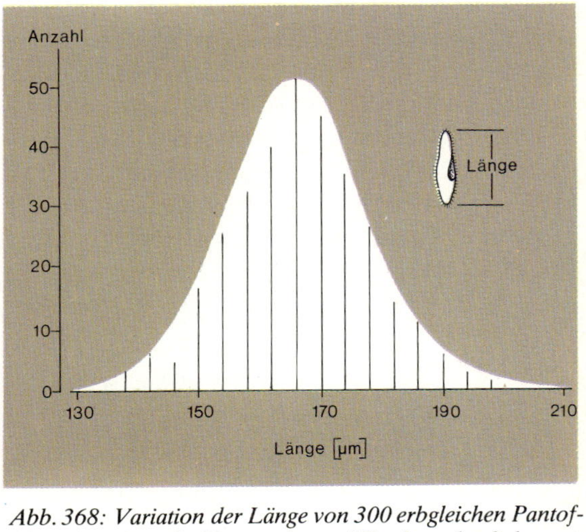

Abb. 368: Variation der Länge von 300 erbgleichen Pantoffeltierchen. Je mehr Untersuchungsfälle, desto deutlicher entsteht das Bild einer Glockenkurve.

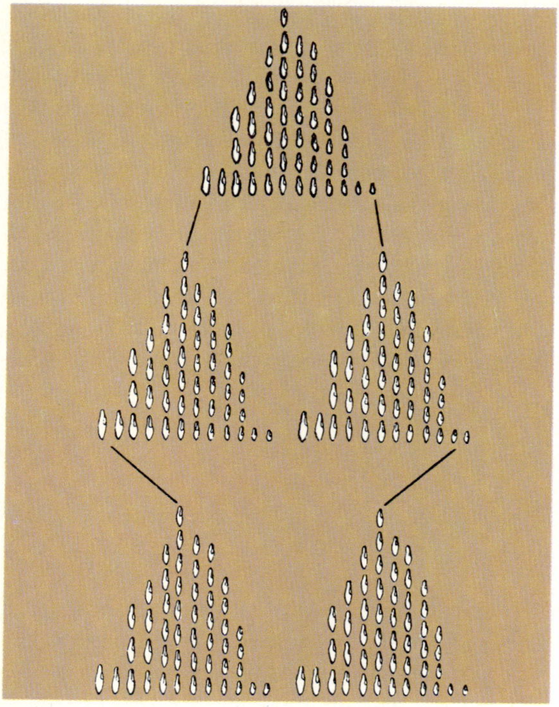

Abb. 369: Variabilität beim Pantoffeltierchen. Innerhalb einer reinen Linie ist die Auslese wirkungslos

Ergebnis der Längenmessung von 300 Pantoffeltierchen eines Klons (Abkömmlingen eines einzigen Tierchens). Am häufigsten traten die mittleren Längen zwischen 164 und 168 µm auf, von hier ab fielen die Werte nach beiden Seiten gleichmäßig ab.

Worin ist diese Verteilung begründet? Die Größe eines Pantoffeltierchens hängt von einer erheblichen Zahl wachstumsfördernder und wachstumshemmender Einzelbedingungen ab, von Nahrung, Temperatur, Licht, Sauerstoff u. a. Nach den Regeln der Wahrscheinlichkeit sind diejenigen zufälligen Kombinationen, in denen sich die fördernden und hemmenden Faktoren gerade die Waage halten, am häufigsten. Am seltensten treten ausschließlich hemmende oder fördernde Faktorengruppen auf. Daher ist auch eine mittlere Größe die häufigste.

Die stufenlosen Abwandlungen eines Merkmals bezeichnet man als *fließende Modifikabilität.* Ihr steht die *umschlagende Modifikabilität* gegenüber, bei der keine stufenlosen Übergänge vorkommen. Zieht man eine chinesische Primel bei einer Temperatur von über 30° C, so blüht sie weiß; hält man sie auf niedrigerer Temperatur, so blüht sie rot. Die Bildung der Blütenfarbe ist also von der Temperatur abhängig.

Die Auswirkung einer Erbanlage kann durch äußere wie auch durch innere (körpereigene) Einflüsse mehr oder weniger stark abgewandelt, modifiziert werden; jede Erbanlage zeigt eine gewisse *Modifikationsbreite* (Reaktionsbreite).

Vererbt wird also die Reaktionsnorm, d. h. die Art und Weise, auf die jeweils gegebenen Außenbedingungen (Umwelt) zu reagieren.

Die Grenzen des Spielraums, innerhalb dessen ein Merkmal variiert, sind festgelegt. Je nach Erbanlage kann die Variationsbreite für die Merkmalsbildung klein oder groß sein. Man darf deshalb von den in Erscheinung tretenden Merkmalen, dem Erscheinungsbild oder *Phänotyp,* nicht ohne weiteres auf das Erbbild, *den Genotyp,* schließen.

Der Phänotyp eines Organismus entsteht erst aus dem Zusammenspiel zwischen dem Genotyp und den auf ihn einwirkenden äußeren und inneren Faktoren. Ein Pantoffeltierchen trägt erbmäßig die Möglichkeit in sich, 130 bis 200 µm groß zu werden; wie groß es innerhalb dieser Grenzen tatsächlich wird, entscheidet sich auf Grund der einwirkenden Umwelteinflüsse.

Werden nun Modifikationen auf die Nachkommen vererbt oder können sie schließlich erblich werden, wenn die abändernden Umwelteinflüsse über viele Generationen wirken? Die Frage nach der **»Vererbbarkeit erworbener Eigenschaften«** ist ein biologisches Problem von großer Bedeutung.

Wird ein Nachkomme einer ins Hochgebirge verpflanzten Löwenzahnpflanze nach mehreren Generationen ins Tiefland zurückverpflanzt, so entwickelt er sofort wieder die Tieflandform.

Trotz zahlreicher Versuche mit vielen Organismen gelang bisher in keinem Fall der Nachweis, daß durch Modifikationen dauernde Veränderungen des Erbguts hervorgerufen werden. *Modifikationen sind also nicht erblich.*

8.1 Desoxyribonukleinsäure (DNA) als Träger der genetischen Information

Die Eigenschaften eines Organismus gehen auf seine Erbanlagen zurück, also müssen die Gene in den Chromosomen eine Anweisung (Information) für die Ausbildung dieser Eigenschaften besitzen. Als stoffliche Träger der Gene können nur Proteine oder Nukleinsäuren in Frage kommen, weil die Chromosomen aus diesen beiden Stoffen zusammengesetzt sind. Die ersten Untersuchungen zur Klärung der Frage, um welche der beiden Stoffe es sich handelt, wurden an *Pneumokokken* durchgeführt. Sie sind die Erreger der Lungenentzündung. Normalerweise bilden sie eine Kapsel um die Zelle. Es gibt nun einen Stamm von Pneumokokken, der die Fähigkeit zur Kapselbildung infolge einer Mutation verloren hat und auch nicht krankheitserregend (virulent) ist. Wenn man Mäusen kapselbildende Pneumokokken injiziert, so sterben sie. Tötet man die Pneumokokken vorher ab, werden die Mäuse nicht krank. Wenn man aber lebende kapsellose Pneumokokken (nicht krankheitserregende!) zusammen mit abgetöteten kapselbildenden Pneumokokken injiziert, so sterben die Mäuse, und im Blut lassen sich einige lebende Kapsel-Formen nachweisen. Die abgetöteten Pneumokokken haben demnach ihre Eigenschaften (krankheitserregend und kapselbildend) auf die harmlosen Formen übertragen. Eine solche Übertragung genetischer Eigenschaften bezeichnet man als *Transformation.* Dem amerikanischen Forscher AVERY gelang es 1944, nachzuweisen, daß die transformierende Substanz *Desoxyribonukleinsäure* (DNA) ist (Abb. 370). Überträgt man nämlich die DNA aus kapselbildenden virulenten Stämmen in Kulturen von harmlosen Stämmen, so bilden einige von ihnen Kapseln aus: sie wurden zu bekapselten, virulenten Formen transformiert. Die Desoxyribonukleinsäure enthält also die genetische Information für die Kapselbildung und für das Merkmal »krankheitserregend«. Behandelt man die DNA von Spender-Bakterien vor der Übertragung mit dem DNA-spaltenden Enzym Desoxyribonuklease, so wird ihre Fähigkeit zur Transformation zerstört. Vererbung muß also auf stofflichen Vorgängen beruhen. Stoffliche Vorgänge sind aber Umsetzungen von Molekülen. Man bezeichnet deshalb die sich damit befassende Forschungsrichtung der Genetik als **Molekulargenetik.**

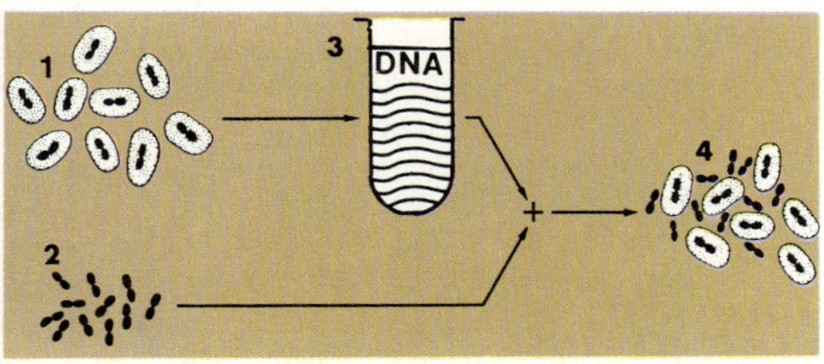

Abb. 370: Schema der Übertragung einer Erbeigenschaft von einem Pneumokokkenstamm auf den anderen durch Übertragung von DNA. 1 kapselbildende, krankheitserregende Form, 2 kapsellose, harmlose Form, 3 DNA-Extrakt von Stamm 1, 4 Bakterien von Stamm 2 erhalten Eigenschaften von Stamm 1 durch Aufnahme von DNA

8.2 Bakterien und Viren als Untersuchungsobjekte der Molekurlargenetik

Bakterien. Bakterienarten wie z. B. *Escherichia coli,* das im Darm von Säugetieren und vom Menschen lebt, haben für molekulargenetische Untersuchungen folgende Vorzüge:

1. Sie lassen sich mit wenig Aufwand auf kleinstem Raum in großen Mengen züchten, wenn man bestimmte Stoffe aus ihnen isolieren will.
2. Sie haben eine sehr kurze Generationsdauer. Unter günstigen Bedingungen teilen sie sich alle 20–30 Minuten.
3. Sie sind haploid. Ein mutiertes Gen wirkt sich sofort aus, weil es nicht durch ein zweites Allel in seiner Wirkung überdeckt werden kann.
4. Gene können bei manchen Bakterienarten von einem Individuum zum andern übertragen werden, so daß eine Rekombination von Genen möglich ist (s. 3.4).

Viren. Eine Viruspartikel (*Virion*) besteht aus einer Nukleinsäure, die von einer Proteinhülle umgeben ist. Wegen dieser einfachen Organisation werden sie ebenfalls zu molekularbiologischen Untersuchungen herangezogen. Der Vergleich von Viren und Zellen (Tabelle) zeigt, daß Viren nicht alle Kennzeichen des Lebendigen tragen. Es fehlt ihnen ein eigener Stoffwechsel. Sie können sich daher nicht selbst vermehren, sondern veranlassen die Zellen, die sie befallen haben, Virusnukleinsäure und Virusprotein und damit neue Viren zu bilden.

Viele Viren sind Krankheitserreger. Beim Menschen verursachen sie z. B. Kinderlähmung, Grippe, Schnupfen, Masern, Pocken; auch sind sie wahrscheinlich Erreger bestimmter Arten von Krebs. Viruskrankheiten der Haustiere sind Maul- und Klauenseuche, Kuhpocken, Tollwut, Schweine- und Hühnerpest.

Im Elektronenmikroskop sind die Viren als rundliche oder stäbchenförmige Gebilde sichtbar (Abb. 371). Sie sind aber so klein, daß sie durch bakteriendichte Filter hindurch-

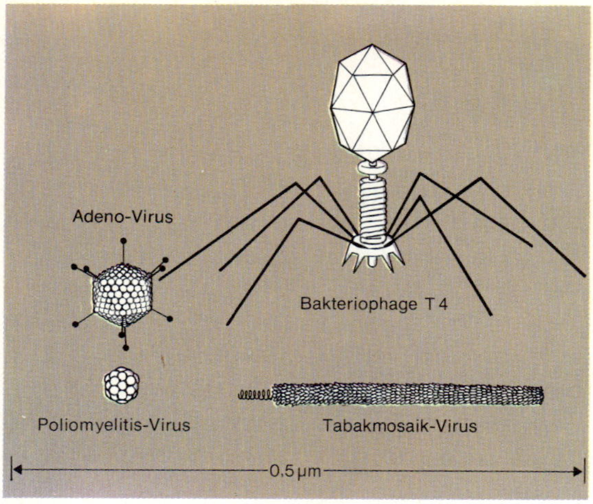

Abb. 371: Schematische Darstellung verschiedener Viren. Man beachte den Maßstab

gehen. Ihre Größe liegt zwischen derjenigen der größten Proteinmoleküle (20 nm) und der der kleinsten Bakterien (300 nm). In Viren findet man nur eine Art von Nukleinsäure, also entweder DNA oder RNA. Man unterscheidet danach zwischen DNA-Viren und RNA-Viren, bei diesen ist RNA die genetische Substanz (z. B. Tabakmosaikvirus).

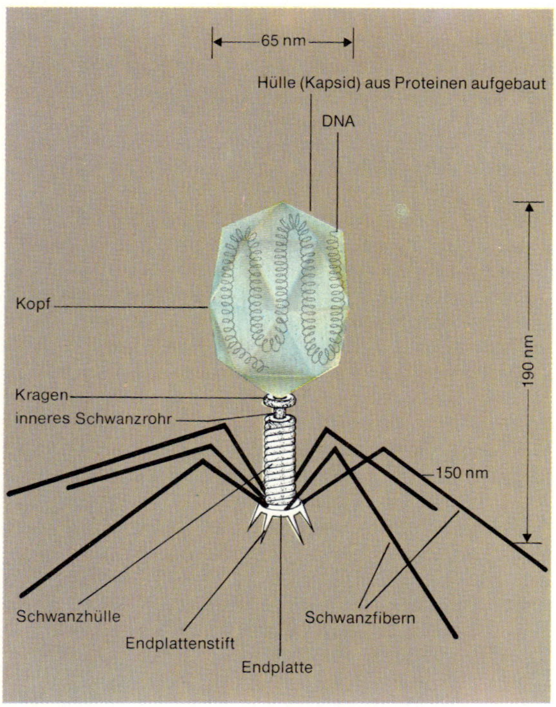

Abb. 372: Bakteriophage T4. Er besteht aus einem Kopf (enthält in einer Proteinhülle die DNA), einem schmalen Kragen und dem Schwanzstück. Die Proteinscheide des Schwanzstückes ist kontraktil. Durch die Kanüle kann die DNA in das Bakterium injiziert werden. Die Grundplatte mit Stacheln und die Schwanzfibern dienen der Festheftung an der Zellwand des Bakteriums.

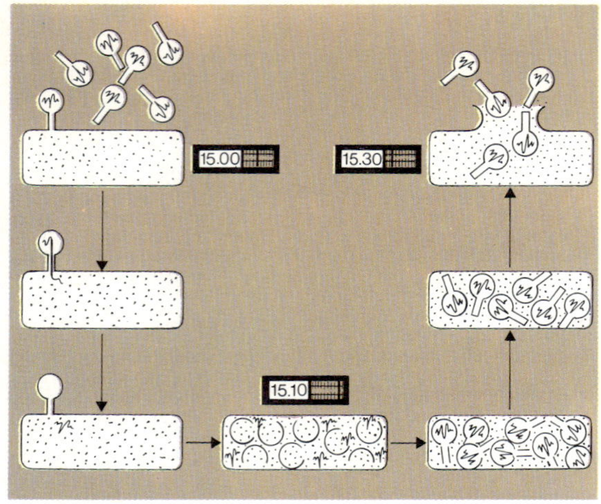

Abb. 373: Vermehrung eines Bakteriophagen. Erklärung im Text

Vergleich von Viren und Zellen

	Virus	Zelle
Nukleinsäuren	DNA *oder* RNA	DNA *und* RNA
Fähigkeit zur Mutation	vorhanden	vorhanden
Stoffwechsel	fehlt	vorhanden
Vermehrung	nur in Wirtszellen möglich	durch Spaltung, mitotische oder meiotische Teilung
Begrenzende Membran	fehlt	vorhanden

Eine Gruppe von Viren, die *Bakteriophagen* (kurz *Phagen*), befällt Bakterien. Bringt man Phagen mit dem Wirtsbakterium zusammen, so heften sich die Phagen an bestimmte Stellen der Zellwand an. Nun wird durch ein Enzym (*Lysozym*) örtlich die Bakterienwand aufgelöst und durch das gebildete Loch die Nukleinsäure in die Bakterienzelle injiziert. Die Proteinhülle bleibt auf der Oberfläche des Bakteriums zurück. Dies konnte man durch Infektion von Bakterien mit Phagen beweisen, deren Proteinhülle radioaktiv markiert war, nicht aber deren DNA. Die Markierung bleibt dann außen an der Bakterienwand haften. Etwa 20–30 min nach der Injektion platzt die Bakterienzelle auf und entläßt 30–200 neue Phagen (Abb. 373).

Um festzustellen, was sich innerhalb dieser 20–30 min abspielt, hat man die Zellen zu verschiedenen Zeiten nach der Infektion untersucht. Zunächst wird Ribonukleinsäure synthetisiert, dann beginnt die Bildung von Phagenproteinen. Schließlich wird neue Phagen-DNA gebildet. Nach etwa 10 min sind in der Wirtszelle Phagenköpfe nachzuweisen, der Aufbau des Phagen aus seinen Bausteinen hat also begonnen. Gleichzeitig mit der Bildung der Köpfe werden Schwanzstücke und Schwanzfibern aufgebaut. Anschließend treten diese Teile miteinander in Verbindung. Schließlich wird durch starke Lysozymbildung die Bakterienwand zum Teil aufgelöst (*Lyse*).

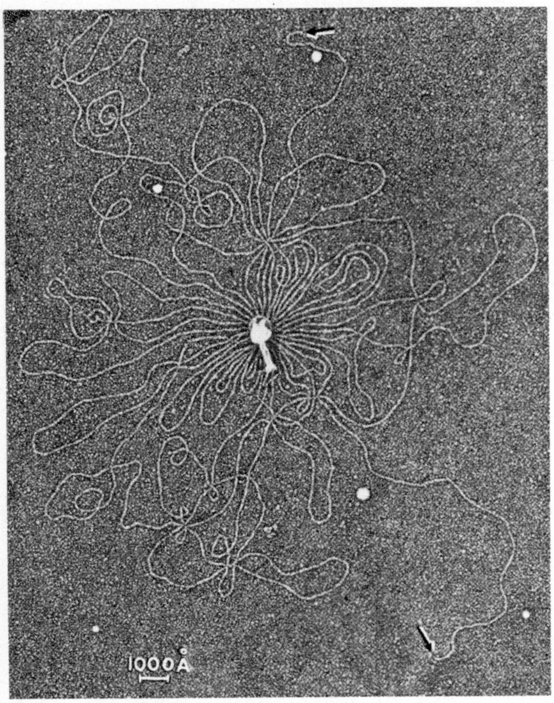

Abb. 374: Elektronenmikroskopische Aufnahme eines Nukleinsäurefadens, der aus einem Phagen ausgestoßen wurde. Der DNA-Faden hat eine Länge von 56 μm, die Molekülmasse beträgt demnach ca. 108 Millionen Atommasseneinheiten. Pfeile: Anfang und Ende des Fadens

8.3 Weitere Beweise für die DNA als genetische Substanz

1. Manche Phagen lösen bei einer Infektion die Bakterienzellen nicht auf, weil sie in den Zellen nicht vermehrt werden. Die Zellen enthalten aber stets Viruspartikel, die wieder infektiös werden können. Die Phagen müssen deshalb in den Bakterien in einer inaktiven, maskierten Form enthalten sein. Man spricht dann von *Prophagen.* Sie schaden in dieser Form der Bakterienzelle nicht, können aber unter bestimmten Bedingungen (z. B. durch Temperaturschock) wieder aktiv werden und zur Auflösung (*Lyse*) der Zelle führen. Bakterienzellen, die Prophagen enthalten, heißen *lysogen* (d. h. unter gewissen Bedingungen wieder lysierbar). Phagen, die in einem bestimmten Prozentsatz der Infektionen ins Prophagen-Stadium übergehen, heißen *temperent* (gemäßigt).

Bei temperenten Phagen kommt es vor, daß sie beim Übergang vom Prophagenstadium in den aktiven Zustand in die eigene DNA auch DNA-Stücke des Wirtsbakteriums einbauen. Wenn solche Phagen dann einen anderen Bakterienstamm befallen, so bilden sich bei diesem wieder in gewisser Zahl Prophagen aus. Dabei wird ihre DNA einschließlich der DNA des ursprünglichen Wirtsbakteriums der genetischen Substanz des neuen Bakteriums hinzugefügt. Die neuen Wirte bilden nun bestimmte Merkmale der alten Wirte aus, nämlich solche, deren Gene mit der Phagen-DNA »eingeschleppt« wurden. Diese Übertragung genetischer Substanz mit Hilfe temperenter Phagen heißt *Transduktion.*

2. Man kann Bakterien mit der isolierten Phagen-DNA infizieren. Die Bildung von Viren-Nachkommen verläuft dann genauso, als wären die Bakterien von normalen Viren befallen. Die genetischen Informationen zur Erzeugung von kompletten Tochter-Phagen müssen also allein in der Phagen-DNA enthalten sein.

3. Nicht alle UV-Strahlen erzeugen Mutationen in gleichem Ausmaß. Bestimmt man die Mutationsrate bei verschiedenen Wellenlängen und stellt man ein Wirkungsspektrum der Mutationsauslösung auf, so fällt dieses mit dem Absorptionsspektrum der DNA zusammen.

8.4 Vorkommen und Struktur der Nukleinsäuren

Die Zellen der Organismen enthalten zwei Arten von Nukleinsäuren. Die *Ribonukleinsäure* (RNA) findet sich sowohl im Zellkern wie auch außerhalb des Kerns im Cytoplasma, in den Mitochondrien, den Ribosomen und den Chloroplasten. Die *Desoxyribonukleinsäure* (DNA) ist Bestandteil der Chromosomen, ist aber auch in Chloroplasten und Mitochondrien enthalten (vgl. 5.).

Alle Nukleinsäuren sind Ketten von Nukleotiden (Polynukleotide, s. Cytologie 3.4.6). Da die Zucker- und Phosphorsäurereste der Nukleotidbausteine der DNA durch die ganze Kette hindurch völlig gleich sind, muß die genetische Information an die Basen gebunden sein. Wir dürfen vermuten, daß die Abfolge der Basen (bzw. der Nukleotide) für die Speicherung der Information von Bedeutung ist.

In der DNA ist die molare Menge an Adenin gleich der molaren Menge an Thymin und die molare Menge an Cytosin gleich der molaren Menge an Guanin. Mit dieser Regel kann man die prozentuale Basenzusammensetzung einer DNA angeben, wenn der Prozentgehalt nur einer Base bekannt ist. Beträgt z. B. der Prozentsatz an Adenin 17%, dann muß Thymin ebenfalls zu 17% und Cytosin und Guanin müssen zu je 33% vorliegen. Es scheint, daß sowohl Adenin und Thymin als auch Cytosin und Guanin nur aneinander gebunden vorkommen.

Ein Makromolekül hat auch eine bestimmte räumliche Anordnung. WATSON und CRICK entwickelten 1953 ein Modell der DNA-Struktur, dessen Richtigkeit mittlerweile durch zahlreiche Versuchsergebnisse erwiesen ist. Danach besteht die DNA aus zwei langen Polynukleotidsträngen, die über die Basen der Nukleotide strickleiterartig zu einem *Doppelstrang* verknüpft sind. Das ganze Gebilde ist außerdem schraubig gedreht, wobei 10 Nukleotidpaare auf eine Windung kommen. Man spricht von einer Doppelschrauben- oder *Doppelhelix-Struktur.* Die vier Ba-

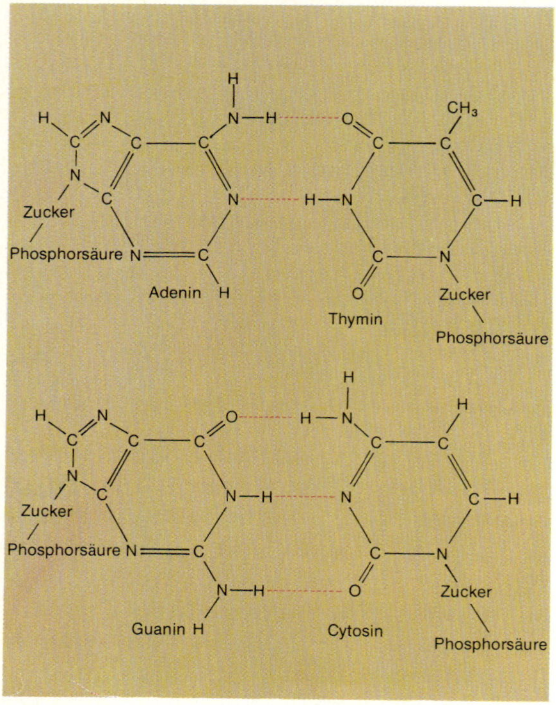

Abb. 375: Die Basenpaarungen in der DNA. · · · Wasserstoffbrücken. Thymin und Uracil sind in ihrer chemischen Struktur nah verwandt; beim Uracil steht nur an Stelle der CH_3-Gruppe ein H-Atom.

sen der DNA ordnen sich einander gegenüber immer so an, daß sie räumlich zusammenpassen und zwischen ihnen Wasserstoffbrückenbindungen optimaler Länge und in höchstmöglicher Zahl ausgebildet werden. Guanin paart deshalb mit Cytosin unter Ausbildung von 3 Wasserstoffbrücken, Adenin mit Thymin unter Bildung von zwei Wasserstoffbrücken (*Gesetz der spezifischen Basenpaarung*). Die beiden zusammengehörigen Stränge der Doppelhelix sind daher nicht identisch, sondern komplementär gebaut, so daß durch jede der Basen des einen Stranges der zu ihr gehörende Partner des anderen Stranges festgelegt ist. Der zweite Strang enthält also die gleiche Information wie der erste, nur gewissermaßen als »Negativ«. Die beiden Stränge der Doppelhelix haben entgegengesetzte Polarität: in einer festgelegten Richtung wird ein Strang vom 3'- zum 5'-Ende, der andere umgekehrt von 5' nach 3' durchlaufen (*antiparallele Stränge* (vgl. Cytologie 3.4.6)). Die Reihenfolge der Basenpaare im DNA-Molekül ist aperiodisch und die Anzahl der Paare je nach Länge des DNA-Moleküls verschieden.

Die RNA ist einstrangig, kann aber innerhalb des Stranges Basenpaarungen und deshalb Schlingen ausbilden. Außerdem ist Thymin durch Uracil ersetzt, das mit Adenin die gleiche Wasserstoffbrückenbindung eingehen kann wie Thymin.

8.5 Die DNA als Speicher der genetischen Information

Die genetische Substanz muß die Fähigkeit haben, Information zu speichern. Tatsächlich kann die aperiodische Abfolge (*Sequenz*) der vier Nukleotide in den Polynukleotidsträngen als Informationsträger wirksam sein. Ähnlich einem Morsetext auf einem Papierstreifen, der durch freie Kombination von zwei Zeichen (Punkt, Strich) alle möglichen Nachrichten verschlüsselt enthält, haben wir bei der DNA ein System, das mit vier frei kombinierbaren Zeichen, den vier Basen, auf einem chemischen Faden, der Polynukleotidkette, genetische Information zu speichern vermag. Die Informationsmenge läßt sich durch die Zahl der Variationsmöglichkeiten angeben. Bei einem Mononukleotid bestehen durch Auswahl unter vier verschiedenen Basen 4^1 Variationsmöglichkeiten, bei einem Dinukleotid 4^2, einem Trinukleotid 4^3 und bei einer Nukleinsäure mit 300 Nukleotiden 4^{300} Variationsmöglichkeiten. Da aber die DNA aus über 100000 Nukleotidpaaren besteht, könnte sogar jedes Individuum seine eigene DNA-Nukleotid-Abfolge haben. Die DNA von *Escherichia coli* ist etwa 1 mm

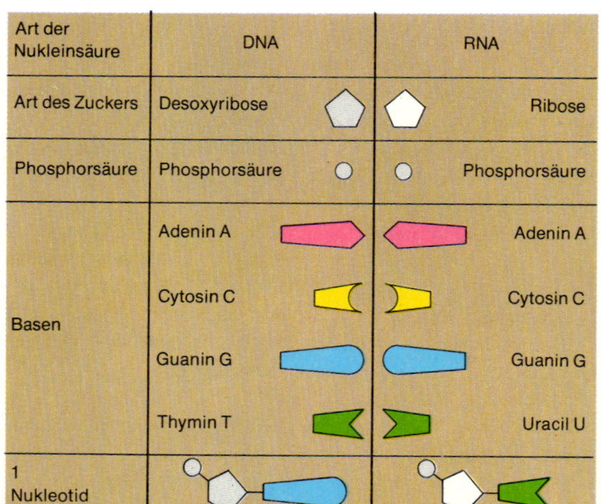

Abb. 376: a Grundbausteine der Nukleinsäuren. b Bei der DNA sind zwei komplementäre Polynukleotid-Stränge durch Wasserstoffbrücken zu einem Doppelstrang verbunden und c schraubig gedreht: Doppelhelix-Struktur der DNA. d Kalottenmodell eines Ausschnittes der DNA-Doppelhelix (H weiß, C schwarz, O rot, N blau, P orange. Die Stickstoff-Atome zeigen die Lage der Basen an. Die beiden Polynukleotidstränge sind so angeordnet, daß sie abwechselnd eine größere (Mitte) und eine kleinere (oben) Furche freilassen.

lang, also 1000 mal so lang wie der Durchmesser dieser Bakterienzelle. Die DNA-Moleküle aus den Chromosomen einer menschlichen Zelle ergeben aneinandergereiht eine Länge von etwa zwei Metern. Ihr Informationsgehalt ist so hoch wie der von 500 verschiedenen Büchern mit je 1500 Seiten.

8.6 Die Replikation der DNA

Neben der Fähigkeit der Informationsspeicherung muß die Erbsubstanz auch die Fähigkeit zur identischen Reproduktion dieser Information haben, damit Vererbung überhaupt möglich ist. In der Zeit zwischen zwei Zellteilungen entstehen zwei Chromatiden je Chromosom. Während der Zellteilung erhält dann jede der beiden Tochterzellen eine der beiden identischen Chromatiden jedes Chromosoms. Deshalb müssen sich auch die in den Chromosomen enthaltenen DNA-Moleküle verdoppeln. Diesen Vorgang der DNA-Verdoppelung bezeichnet man als *Replikation* (Reduplikation = Verdoppelung).

Zu Beginn der Replikation lösen sich die beiden komplementären Stränge der DNA voneinander. An die nunmehr ungepaarten Basen lagern sich komplementäre Nukleotide an. Hat an einer Stelle der alte Strang die Base A, dann lagert sich ein Nukleotid mit der Base T an und wo die Base C ist, ein Nukleotid mit der Base G. Die angelagerten Nukleotide werden

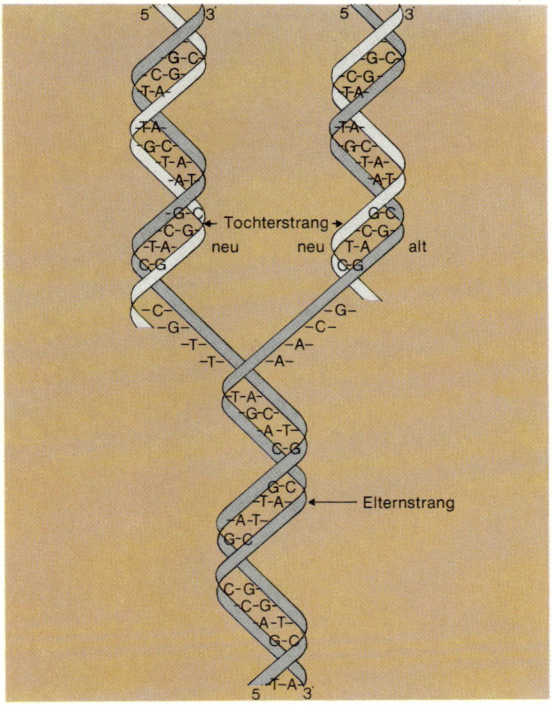

Abb. 377: Die Replikation der DNA. Sie erfolgt stets von 5' nach 3'. Jeder Tochterstrang wird zunächst in Form kurzer Stücke gebildet, die dann zum vollständigen Strang durch das Enzym DNA-Ligase verknüpft werden. (Die kurzen Stücke heißen nach ihrem Entdecker OKAZAKI-Stücke.)

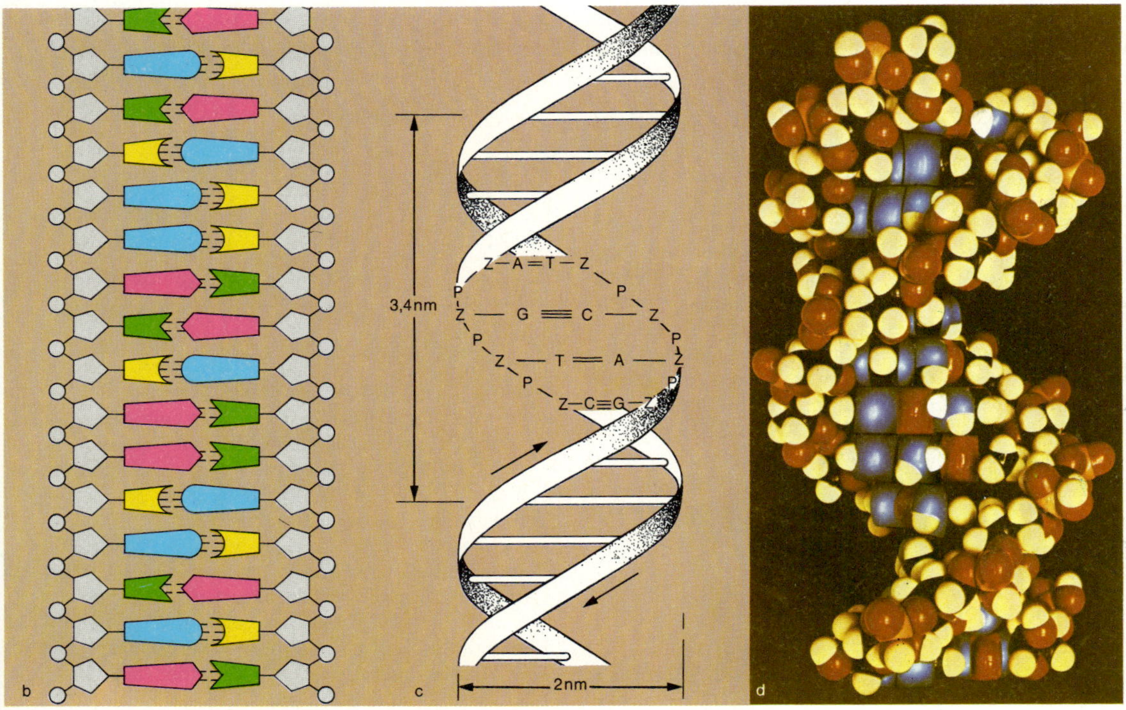

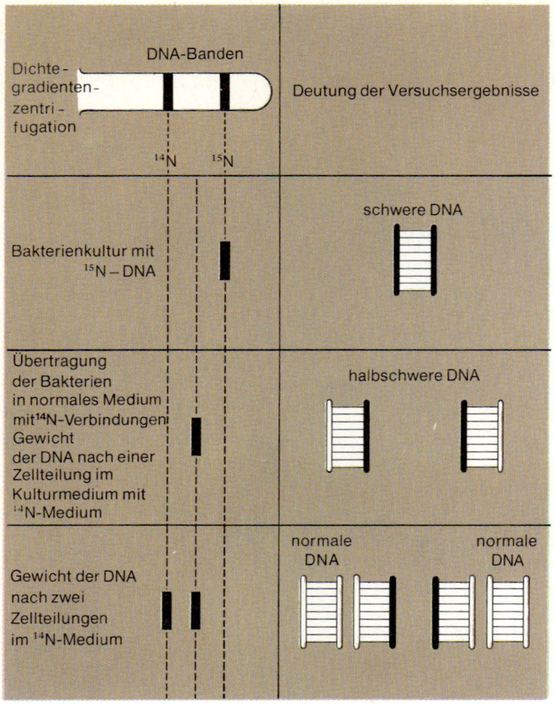

Abb. 378: Versuch von Meselson und Stahl. Erklärung s. Text

von dem Enzym *DNA-Polymerase (Replikase)* zu einem neuen, aber komplementären Strang (Tochterstrang) verbunden. Jeder der beiden voneinander getrennten Stränge wirkt also als Matrize, an der ein neuer komplementärer Strang gebildet wird. Auf diese Weise entstehen aus einem Doppelstrang zwei neue, mit ihm völlig identische Doppelstränge.

Den experimentellen Beweis für die beschriebene Form der DNA-Verdoppelung lieferten MESELSON und STAHL. Die Forscher züchteten Escherichia coli in einem Medium, das Stickstoff nur in Form des schweren Isotops ^{15}N (als $^{15}NH_4Cl$) enthielt. Die Bakterien bauen in ihre Zellbestandteile, also auch in die DNA, den schweren Stickstoff ein. Dann brachten die Forscher die Bakterien wieder in normales Medium (mit ^{14}N). Alle nunmehr neu gebildete DNA kann nur gewöhnlichen Stickstoff enthalten. Nach der ersten Verdopplung der Bakterienpopulation, der eine DNA-Replikation vorausgeht, entnahm man eine Probe und untersuchte die DNA durch Dichtegradienten-Zentrifugation. Dabei fand man »halbschwere« DNA, d. h. die Doppelhelix enthielt einen Strang mit ^{15}N in den Basen und einen Strang mit ^{14}N. Nach der nächsten Verdopplung der Bakterienzahl fand man halbschwere und normale Doppelstränge im Verhältnis 1 : 1.

8.7 Reparatur der DNA

Die Struktur der DNA als Doppelstrang-Molekül erweist sich als außerordentlich stabil. Deshalb wird die DNA über unzählige Zellteilungen, ja über viele Generationen hinweg, unverändert weitergegeben. Auch wenn Schäden an der DNA auftreten, etwa durch UV-Strahlung oder Chemikalien, lassen sich diese wieder beheben, sofern nur einer der beiden Stränge im DNA-Molekül betroffen ist. Bei der Wiederherstellung der DNA sind *Reparaturenzyme* beteiligt. Das beschädigte Strangstück wird durch eine Enzym herausgeschnitten und dann abgebaut. Dann bildet sich das fehlende Stück neu, wobei der komplementäre, unbeschädigte Strang als Matrize dient. Bleibende Veränderungen der DNA sind aber dann zu erwarten, wenn beide Stränge der DNA geschädigt worden sind.

8.8 Die Ribonukleinsäuren als Mittler zur Verwirklichung der genetischen Information

Transkription. Die genetische Information der DNA wird zunächst auf eine Ribonukleinsäure übertragen. Dieser Vorgang heißt *Transkription* (von engl. transcription). Er ist der Replikation der DNA ähnlich. Die beiden Stränge der DNA-Doppelhelix lösen sich örtlich voneinander, und die nunmehr ungepaarten Basen eines der beiden DNA-Stränge treten mit komplementären Ribonukleotiden in Wechselwirkung, die dann durch ein Enzym (RNA-Polymerase) miteinander verknüpft werden. Das neu gebildete Polynukleotid ist eine Ribonukleinsäure (RNA). Die Ribonukleinsäure löst sich von der DNA und wandert als einstrangiges Molekül aus dem Kern ins Cytoplasma, wo sich Ribosomen an sie anheften. Die in der aperiodischen Nukleotidsequenz der DNA liegende Information ist nun in der Nukleotidsequenz der RNA enthalten und dadurch transportabel geworden. Die RNA trägt die Information als Bote oder *messenger* weiter und heißt deshalb *mRNA.*

A C T A C G T	Stück einer DNA
U G A U G C A	Komplementäres Stück der mRNA

Die DNA hat demnach zwei Funktionen:

1. Sie dient als Matrize für die Bildung einer neuen identischen DNA und sichert damit die unveränderte Vermehrung und Weitergabe der genetischen Information von Zelle zu Zelle und über die Keimzellen vom Elternorganismus zum Tochterorganismus.
2. Sie dient als Matrize für die Synthese der mRNA, welche die genetische Information aus dem Kern ins Cytoplasma trägt und ihre Verwirklichung in den Merkmalen steuert.

Eine Reihe von RNA-Viren kann in der Wirtszelle die Bildung des Enzyms *Revertase* (reverse Transkriptase) auslösen, das dann an einer RNA-Matrize (z. B. der Virus-RNA) eine komplementäre DNA bildet. Dies ist die Umkehrung des normalen Transkriptionsvorgangs, daher der Name des Enzyms. Man kann reine Revertase gewinnen und mit ihr experimentell eine DNA aufbauen, indem man die ihr entsprechende mRNA zufügt. Auf diese Weise sind bereits DNA-Abschnitte hergestellt worden, die ganzen Genen entsprechen (s. 8.9).

Außer mRNA findet man in der Zelle RNA als Bestandteil der Ribosomen. Sie heißt *ribosomale RNA* oder *rRNA*. Weitere Ribonukleinsäuren binden Aminosäuren und tragen sie zum Ribosom, wo sie zu einem Polypeptid verknüpft werden. Die Reihenfolge der Aminosäuren, die das Polypeptid bilden, wird bestimmt von der in der mRNA enthaltenen genetischen Information (8.10). Die aminosäure-übertragenden RNA-Moleküle nennt man *transfer-RNA* oder *tRNA* (Abb. 383).

8.9 Genetischer Code

In den Proteinen treten in der Regel 20 verschiedene Aminosäuren auf. Deren Reihenfolge muß in der aperiodischen Nukleotidsequenz der mRNA und damit letztlich der DNA verschlüsselt (*codiert*) vorliegen. In den Nukleinsäuren kommen 4 Basen vor. Würde eine Aminosäure durch eine einzige Base bestimmt, so ließen sich den 4 Basen nur 4 Aminosäuren zuordnen. Würde man jeweils 2 Basen, z. B. AG oder GT, zur Festlegung einer Aminosäure kombinieren, so ergäben sich $4^2 = 16$ Kombinationsmöglichkeiten. Auch diese Zahl reicht zur Bestimmung von 20 Aminosäuren nicht aus. Erst bei der Kombination von 3 Basen, etwa AGT oder ATA, ergeben sich genügend viele, nämlich $4^3 = 64$ Möglichkeiten zur Bestimmung jeder der 20 Aminosäuren. Es ist also zu vermuten, daß einem bestimmten Basen-Triplett (Trinukleotid) eine bestimmte Aminosäure zugeordnet ist. Ein Triplett codiert eine Aminosäure. Man nennt die Basen-Tripletts der DNA, die Aminosäuren codieren, *Codogene*. Dem Codogen entspricht nach der Transkription ein *Codon* auf der mRNA. Der transkribierte Strang der DNA heißt *codogener Strang*. In Code-Tabellen werden üblicherweise die Codons angegeben. Ihre Gesamtheit ist der *genetische Code,* und die Einheit der genetischen Information ist das Codon.

Zahlreiche Untersuchungen an Viren, Prokaryonten- und Eukaryonten-Zellen lieferten übereinstimmend den Beweis, daß alle Organismen denselben Code haben, also die gleichen Codons für die gleichen Aminosäuren benutzen. *Der genetische Code ist universell.*

Die Annahme, daß ein Basen-Triplett (Nukleotid-Triplett) eine Aminosäure codiert, ließ sich mit Hilfe von *Rastermutationen* überprüfen. Unter Raster versteht man hier die Aufeinanderfolge der Basen. Man kann dieses Raster verändern, indem man z. B. *Acridine* zufügt. Acridinmoleküle vermögen sich zwischen zwei Nukleotide zu drängen. Bei der Replikation der DNA wird dann an dieser Stelle am komplementären Strang irgendein Nukleotid neu eingesetzt. Durch diese Veränderung der Nukleotidabfolge, also des Ableserasters, werden dann andere Proteine, z. B. nicht mehr funktionsfähige Enzyme, gebildet. Das Hinzufügen oder Wegnehmen von zwei Basen hat das gleiche Ergebnis. Werden hingegen drei aufeinanderfolgende Basen weggenommen oder hinzugefügt, so ist im darauffolgenden Teil der DNA die genetische Botschaft wieder sinnvoll geworden, weil das Raster wieder stimmt. Dies beweist, daß drei Basen (ein Basen-Triplett) die Einheit der genetischen Information sind. Ferner läßt sich daraus ersehen, daß die Codierung keine »Pausezeichen« zur Unterscheidung der Tripletts benötigt. Daß die Ablesung des Codes »ohne Überlappung« vor sich geht, ist ebenfalls mit Hilfe von Mutanten zu erkennen. Eine einzelne Basenaustauschmutation führt höchstens zur Änderung einer Aminosäure im zugehörigen Protein. Jedes Nukleotid ist nur an *einem* Codon beteiligt.

Welche Tripletts (*Codons*) nun welche Aminosäuren be-

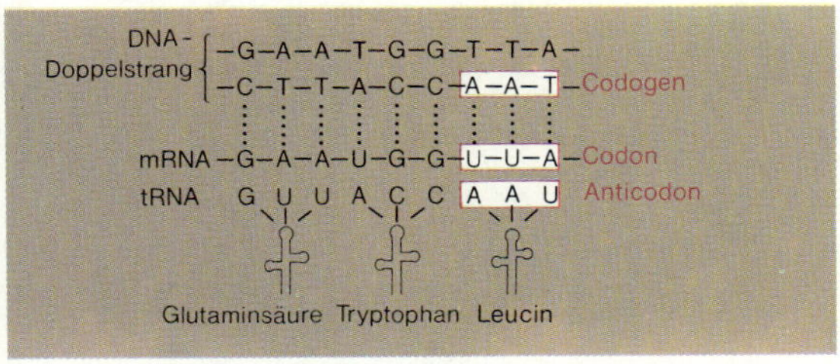

Abb. 379: Die Verwirklichung der genetischen Information beginnt mit der Übersetzung (Translation) der Nukleotidabfolge (Sequenz) des Gens (DNA-Abschnitt) in die Aminosäureabfolge (Sequenz) einer Polypeptidkette. Diese bildet ein Protein, z. B. ein Enzym-Protein oder ein Antikörper-Protein oder ein Regulator-Protein oder ein Struktur-Protein (etwa des Muskel-, Knorpel-, Bindegewebes).

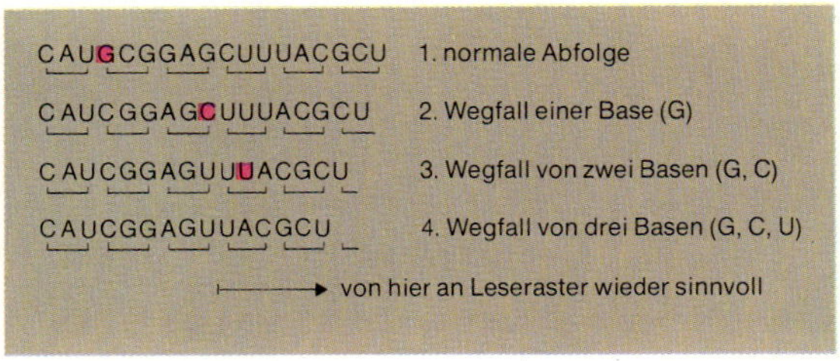

Abb. 380: Nachweis für das Vorliegen von Triplett-Codewörtern durch Wegfall von Basen. Bei 2 und 3 sind alle dem ersten Triplett folgenden Tripletts anders zusammengesetzt als bei 1. Bei 4 ist das zweite und dritte Triplett anders als bei 1, ein Triplett fehlt, alle folgenden sind wieder so zusammengesetzt wie bei 1.

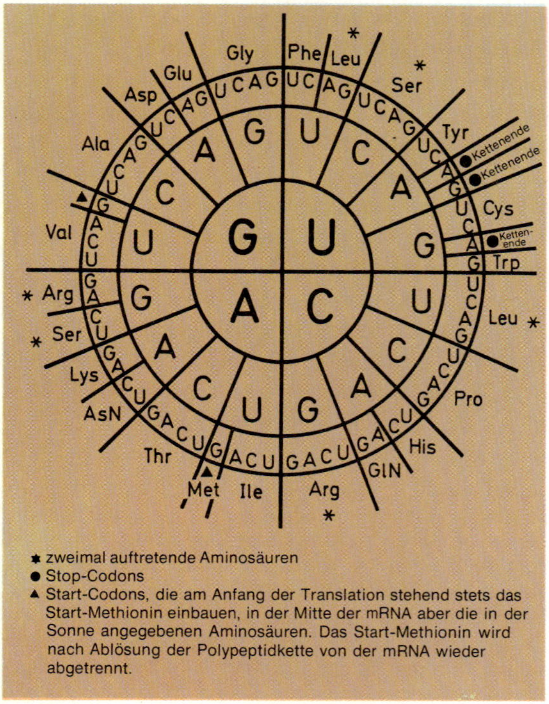

Abb. 381: Der genetische Code. Die Codewörter sind für die m-RNA angegeben. Die Codons sind von innen (5) nach außen (3) zu lesen, außen sind die zugehörigen Aminosäuren angegeben. Beispiel: Die Aminosäure Glycin wird bestimmt durch die Tripletts GGU, GGC, GGA und GGG. Phe Phenylalanin, Leu Leucin, Ser Serin, Tyr Tyrosin, Cys Cystein, Trp Tryptophan, Pro Prolin, His Histidin, GlN Glutamin, Arg Arginin, Ile Isoleucin, Met Methionin, Thr Threonin, AsN Asparagin, Lys Lysin, Val Valin, Ala Alanin, Asp Asparaginsäure, Glu Glutaminsäure, Gly Glycin

stimmen, wurde geklärt, nachdem die Synthese von Proteinen im zellfreien System (*in vitro*) mit Hilfe von mRNA, Ribosomen, aktivierten Aminosäuren, energiereichen Phosphaten und den für die einzelnen Reaktionen zusätzlich erforderlichen Enzymen möglich war. Mit Hilfe künstlicher RNA-Moleküle gelang es dann, die Bedeutung aller 64 möglichen Tripletts zu klären (s. Abb. 381, NIRENBERG, OCHOA, MATTHAEI). Wenn in RNA-Molekülen die Tripletts UAG, UAA oder UGA auftraten, erfolgte überhaupt keine Polypeptid-Synthese bzw. wurde eine begonnene abgebrochen. Diese drei Tripletts liefern demnach die Information »Ende der Polypeptidkette«; sie sind *Stop-Codons* (Terminations-Codons). Solche Codons für den Abbruch der Polypeptid-Synthese sind notwendig, weil die mRNA die Information mehrerer Gene und damit für mehrere Polypeptide enthalten kann. Entsprechend den Stop-Codons gibt es auch *Start-Codons.* Es sind dies AUG und GUG. Beide signalisieren den Start für die Ablesung der mRNA, wenn ein Stop-Codon vorausgegangen ist. Im Innern der mRNA codieren sie für Methionin und Valin.

Bei 64 möglichen Tripletts (wovon 61 eine bestimmte Aminosäure festlegen), aber nur 20 Aminosäuren, muß es für viele Aminosäuren mehrere Codons geben. Man sagt, der genetische Code sei »degeneriert«, weil man zwar eindeutig von der Nukleotid-Sequenz auf die Aminosäure, aber nicht umgekehrt von der Aminosäure auf die Nukleotid-Sequenz schließen kann. Bei einem nicht degenerierten Code wäre jede Aminosäure durch ein einziges Triplett codiert.

8.10 Die Biosynthese der Proteine

Translation. Die Übersetzung der in der Basenabfolge der mRNA liegenden genetischen Information in eine Folge von Aminosäuren, die nach ihrer Verknüpfung ein bestimmtes Protein bilden, heißt *Translation.* Sie ist komplizierter als die Transkription.

Orte der Translation (Protein-Biosynthese) sind die Ribosomen. Man beweist dies durch kurzzeitige, z. B. 10 Sekunden dauernde Zufuhr von ^{14}C-markierten Aminosäuren. Die Radioaktivität muß sich dort anhäufen, wo aus markierten Aminosäuren Polypeptide aufgebaut werden. Dies ist an den Ribosomen der Fall. Sie enthalten eine Anzahl von Enzymen, die zur Proteinsynthese erforderlich sind.

Die Aminosäuren werden im Cytoplasma an eine tRNA gebunden. Jeder tRNA-Typ kann nur eine bestimmte Aminosäure binden (mit Hilfe eines spezifischen Enzyms). Diese »beladenen« tRNA-Moleküle haben die Fähigkeit, mit drei ihrer Basen in Wechselwirkung mit der mRNA zu treten und so den Triplett-Code »abzulesen«. Die drei Basen bezeichnet man als *Anticodon.* Die von tRNA-Molekülen »mitgebrachten« Aminosäuren werden am Ribosom zur Polypeptidkette verknüpft. Dazu ist Energie erforderlich, wobei hier nicht ATP, sondern GTP (Guanosintriphosphat) die Energie liefert. Die

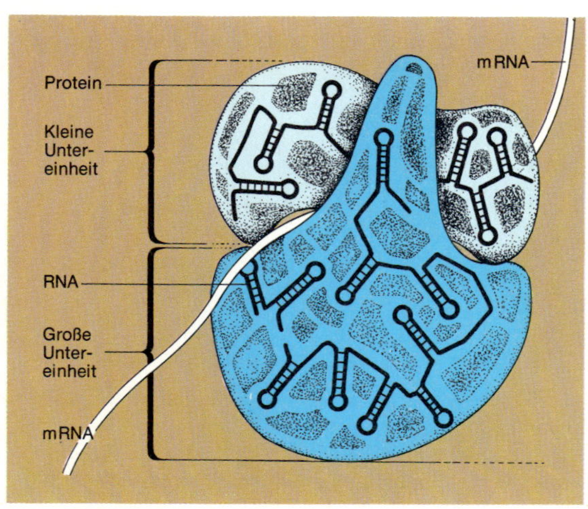

Abb. 382: Strukturmodell eines Ribosoms (der wirklichen Gestalt angenähert) und Lage des mRNA-Strangs

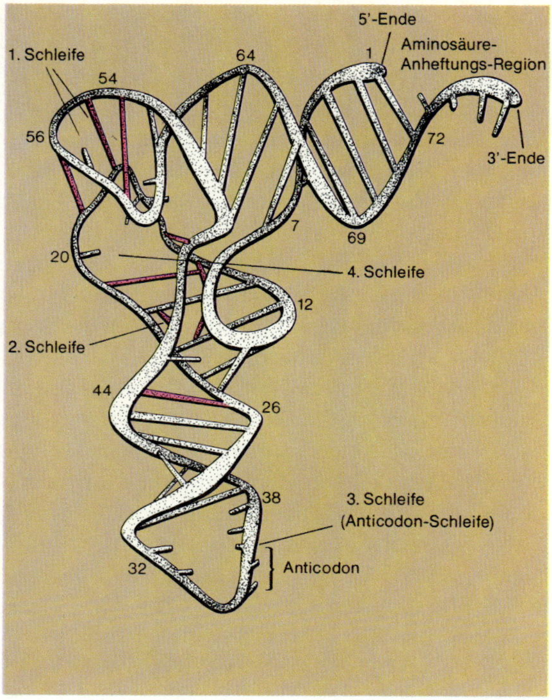

tRNA-Moleküle sind Dolmetschern vergleichbar, welche die Sprache der DNA (Sequenz von Basen) in die Sprache der Proteine (Sequenz von Aminosäuren) übersetzen.

Schon während der Synthese der Polypeptidkette beginnt sich deren Raumstruktur auszubilden; sie wird nach der Ablösung vollendet. Damit liegt ein funktionsfähiges Protein (Enzym) vor.

Zur »Ablesung« der mRNA-Tripletts durch tRNA-Moleküle bewegt sich das Ribosom relativ zum mRNA-Strang. Während der Weiterbewegung des ersten Ribosoms relativ zum mRNA-Strang hat sich ein zweites Ribosom, dann ein drittes, danach ein

Abb. 383: Raumstruktur (Tertiärstruktur) einer tRNA (Phenylalanin-spezifische tRNA aus Hefe). Basenpaarungen als Querbänder dargestellt, ungepaarte Basen als einfache Abzweigungen. Durch die Ausbildung der Raumstruktur werden zusätzliche Basenpaarungen möglich (rot), z. B. zwischen Basen der ersten und der vierten Schleife. 1–72 Numerierung der Nukleotide. Die tRNA-Formen bestehen nur aus etwa 80 Nukleotiden, darunter auch solche mit seltenen Basen, die gegenüber den normalen Basen eine etwas veränderte Struktur haben.

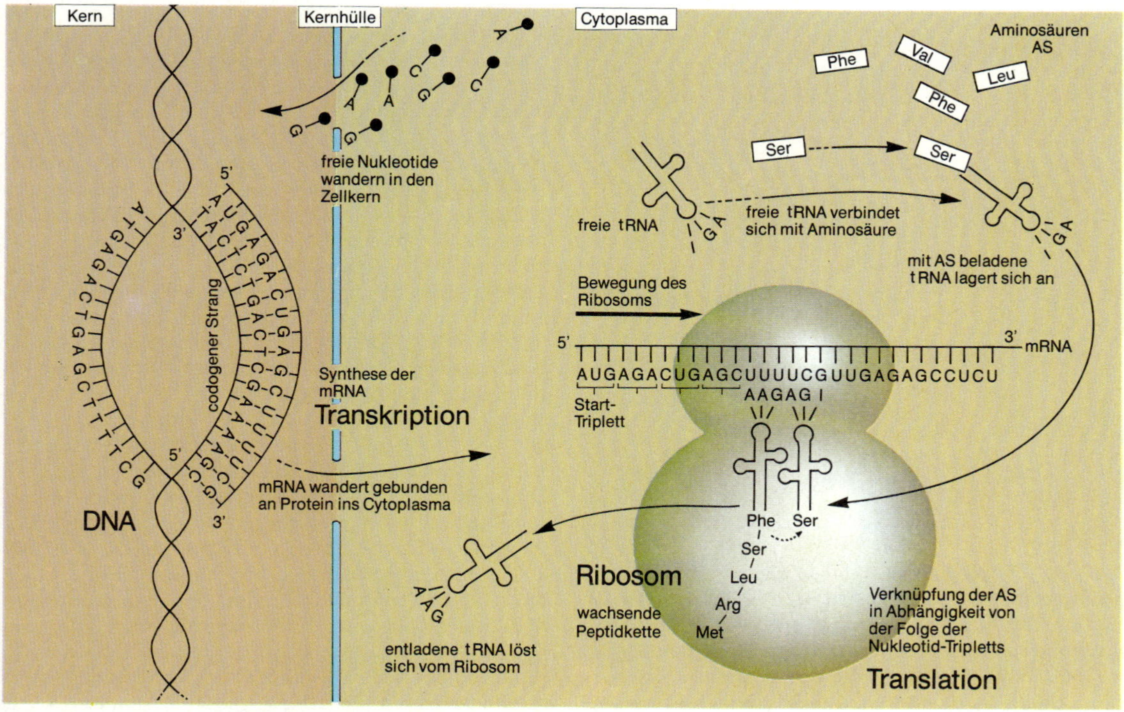

Abb. 384: Schema der Protein-Biosynthese. An der DNA im Kern bildet sich eine mRNA. Dabei wird die in der Basenfolge der DNA enthaltene Information auf die mRNA übertragen (Transkription). Dann wandert die mRNA gebunden an Proteine ins Cytoplasma. Dort binden sich Ribosomen an die RNA und ihre Basensequenz wird in die Aminosäuresequenz eines Proteins übersetzt (Translation). Das Ribosom besitzt zwei Bindungsstellen für aminosäuretragende tRNA, so daß am Ribosom gleichzeitig zwei Tripletts der mRNA wirksam werden. An jedes Triplett der mRNA (Codon) setzt sich eine tRNA mit dem komplementären Triplett (Anticodon) an. Ein bestimmter Abschnitt der tRNA dient ihrer Bindung ans Ribosom. AAG^M und AGI gehören zu den bisher nachgewiesenen Anticodons der tRNA. G^M (Methylguanin) und I (Inosin) sind seltene Basen.

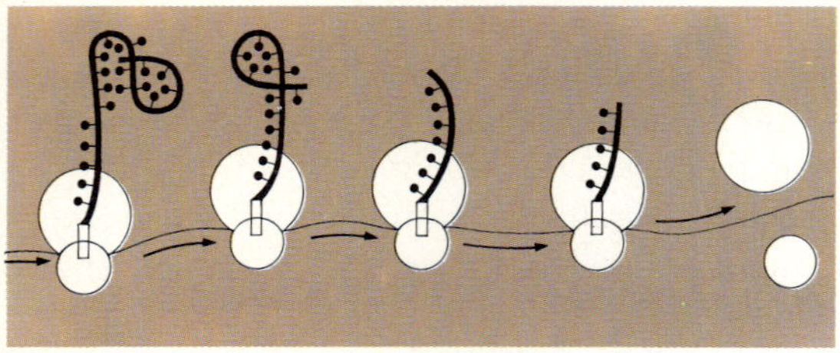

Abb. 385: Synthese mehrerer gleicher Polypetidketten an einer mRNA durch einen Ribosomenverband (Polysom). Die beiden Untereinheiten des Ribosoms setzen sich erst an der mRNA zum funktionsfähigen Ribosom zusammen. Die Aminosäure-Seitenketten sind als gestielte Punkte dargestellt. Die Synthese der Polypeptidkette ist umso weiter fortgeschritten, je mehr Codons auf der mRNA vom Ribosom schon »abgelesen« worden sind. Bereits während der Synthese beginnt unter Faltung und Knäuelung der Kette die Ausbildung der Raumstruktur. Die Pfeile bezeichnen die Bewegungsrichtung der mRNA.

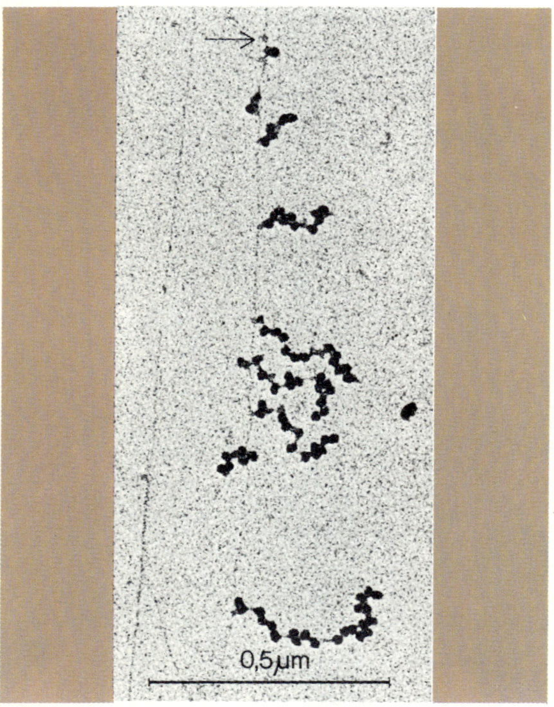

Abb. 386: Polysomen von E.coli im Elektronenmikroskop. An dem etwa senkrecht verlaufenden DNA-Strang erfolgt die Bildung von mRNA, an die sich sofort nach ihrer Entstehung Ribosomen ansetzen. Oben im Bild beginnt die Synthese der mRNA, die daher zunächst ganz kurz ist und nur mit einem oder wenigen Ribosomen besetzt wird. Im Verlauf der Bildung der mRNA wird diese immer länger und die Zahl der Ribosomen nimmt entsprechend zu. Der Pfeil deutet auf eine Struktur, die möglicherweise RNA-Polymerase ist. Ihre Anheftungsstelle entspricht dem Startpunkt der mRNA-Synthese. Die elektronenmikroskopische Aufnahme bestätigte die aufgrund der molekularbiologischen Untersuchung wahrscheinlich gemachten Vorgänge direkt.

viertes usf. an den mRNA-Strang angelagert, so daß schließlich eine ganze Reihe von Ribosomen an verschiedenen Orten der mRNA liegt und sich an ihr weiterbewegt. Sie bauen alle je ein Molekül des gleichen Polypeptids auf. Man bezeichnet die Gesamtheit aller an einem mRNA-Molekül sitzenden Ribosomen als *Polysom* (Polyribosom, Abb. 385). Durch die Bildung von Polysomen wird die Information einer mRNA mehrmals genutzt, bevor der Abbau durch Ribonukleasen einsetzt. Dieser Abbau erfolgt bei E. coli rasch, bei höheren Organismen bleibt die mRNA in der Regel länger erhalten.

Die genetische Information der DNA führt also zur Bildung von Proteinen. Das gebildete Protein (Enzym) kann nun in den Stoffwechsel eingreifen und eine Reaktionskette in Gang setzen, die zur Ausbildung eines Merkmals oder mehrerer Merkmale führt. So verwirklichen die Proteine die genetische Information, die in der DNA gespeichert und über die RNA weitergegeben wird.

Zur Synthese einer Polypeptidkette treten an die mRNA die beiden Untereinheiten eines Ribosoms heran und bauen ein funktionsfähiges Ribosom auf. Dieses wandert dann an der mRNA entlang. – Das Ribosom hat zwei Bindungsstellen (P und A) für je eine tRNA. Ist es mit der P-Bindungsstelle an ein Start-Triplett (AUG) gelangt, so tritt die Start-tRNA, die das komplementäre Anticodon hat, mit dem Start-Triplett in Wechselwirkung. (An der **P**-Bindungsstelle ist später die tRNA mit der wachsenden **P**eptidkette gebunden.) Die Start-tRNA trägt stets die Aminosäure Methionin. Das folgende Triplett der mRNA liegt in der A-Bindungsstelle des Ribosoms. (Die **A**-Bindungsstelle bindet eine **A**minosäure-beladene tRNA.) Mit diesem Triplett tritt eine beladene tRNA in Wechselwirkung, die ein komplementäres Anticodon aufweist. Die beiden Aminosäuren werden nun miteinander verknüpft (Peptidbindung unter Wasseraustritt, s. Cytologie 3.4.4), wobei das so gebildete Dipeptid an derjenigen tRNA hängt, die an der A-Bindungsstelle gebunden ist. Die Start-tRNA ist dadurch freigeworden und diffundiert wieder ins Cytoplasma. Dann bewegt sich das Ribosom am mRNA-Strang um die Länge von 3 Nukleotiden (ein Triplett) weiter. Gleichzeitig wechselt die gebundene tRNA ihren Platz und wandert mit ihrem Dipeptid von der A- zur P-Bindungsstelle. An der freigewordenen A-Bindungsstelle lagert sich an das dortige Basen-Triplett der mRNA wieder eine beladene tRNA mit komplementärem Anticodon an. Nun werden die beiden schon verknüpften Aminosäuren mit der Aminosäure dieser tRNA verbunden, und die freigewordene tRNA diffundiert weg. Dieser Vorgang setzt sich in gleicher Weise fort. So verlängert sich die Polypeptid-Kette durch fortlaufende Anknüpfung der von den tRNA herangebrachten Aminosäuren. Gelangt bei der Wanderung des Ribosoms entlang der mRNA ein Stop-Triplett (Endcodon) in die A-Bindungsstelle, so bricht die weitere Verlängerung der Polypeptidkette ab. Das synthetisierte Polypeptid wird enzymatisch abgelöst und bildet unter Ausbildung der endgültigen Struktur das Protein. Die zwischen einem Start- und Stop-Codon der mRNA liegende Nukleotid-Sequenz trägt die

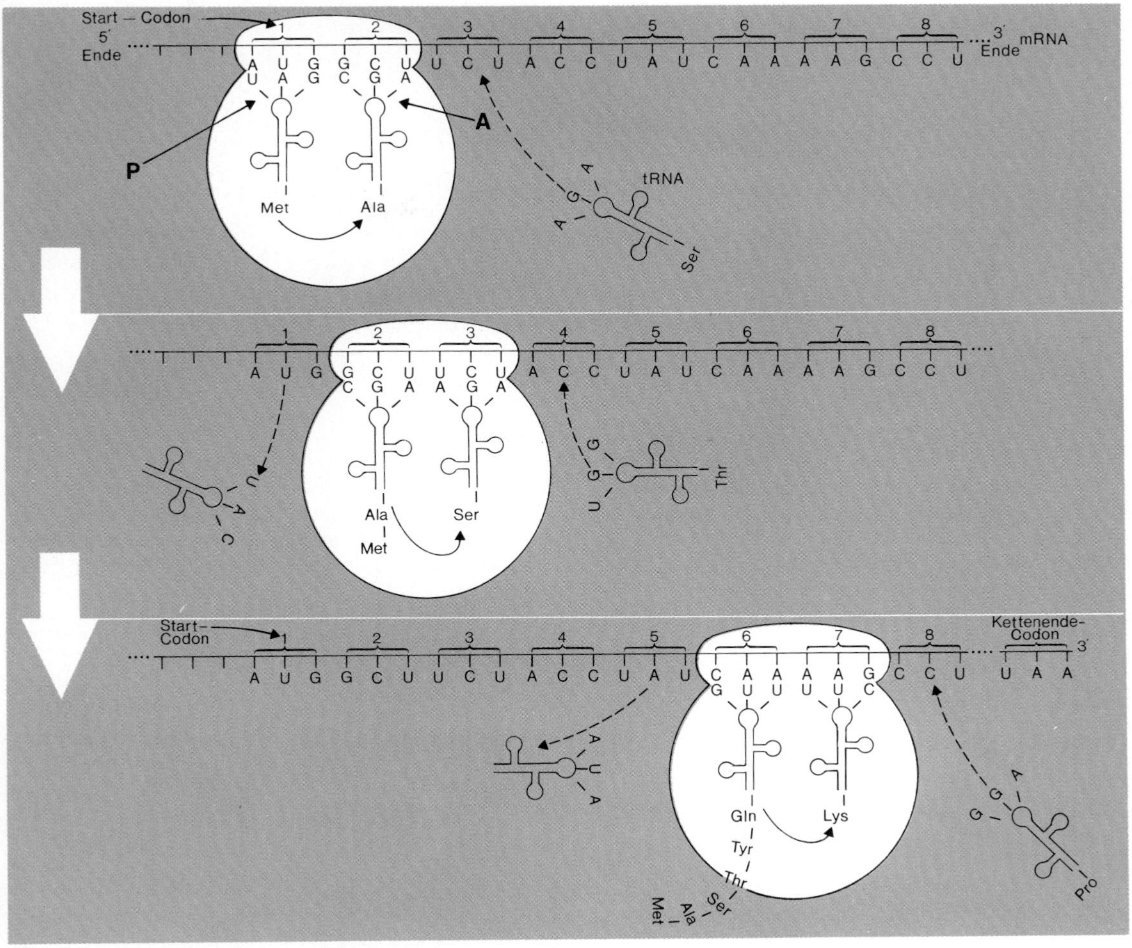

Abb. 387: Wachsen der Polypeptidkette am Ribosom. A und P sind Bindungsstellen; 1. ... 8 Codons.

Information eines Gens, d. h. eines als Gen wirkenden DNA-Abschnitts, dessen Nukleotidsequenz in die mRNA transkribiert wurde.

8.11 Der Informationsweg vom Gen zum Merkmal

Um zu klären, wie im Organismus ein bestimmtes Merkmal entsteht, führten BUTENANDT und KÜHN Experimente mit der Mehlmotte durch. Sie hat normalerweise dunkelbraun pigmentierte Augen; gelegentlich treten in den Zuchten aber auch Mutanten mit hellbraunen oder ganz hellen Augen auf. Diese »Mangel«mutanten können den dunklen Augenfarbstoff nicht mehr aufbauen. Verfüttert man der ersten Mangelmutante den Stoff Kynurenin, so färben sich die hellbraunen Augen normal dunkelbraun, jedoch nur so lange, wie das Futter noch Kynurenin enthält. Bei einer anderen, äußerlich von der ersten nicht zu unterscheidenden Mangelmutante führt eine Kynureningabe nicht zu braunen Augen. Erst durch Zufuhr weiterer Stoffe, die aus dem Kynurenin durch chemische Umsetzung entstehen können, wird eine Ausfärbung der Augen erreicht. Die Befunde führten zu der Vorstellung, daß der Augenfarbstoff Ommochrom schrittweise über eine Reihe von Zwischenverbindungen gebildet wird:

Tryptophan → Kynurenin → Hydroxykynurenin → · → · → Ommochrom. Jeden Teilschritt katalysiert ein bestimmtes Enzym. Bei der ersten Mutante wird im Stoffwechsel der Schritt Tryptophan-Kynurenin, bei der zweiten der nächste oder übernächste Schritt nicht mehr vollzogen. Dies kann nur auf dem Fehlen der betreffenden Enzyme beruhen. Eine Bestätigung findet diese Schlußfolgerung darin, daß sich jeweils derjenige Stoff im Organismus anreichert, den das fehlende Enzym, wäre es vorhanden, umsetzen würde. Es liegt nun nahe, die Bildung eines bestimmten Enzyms einem bestimmten Gen zuzuordnen, was

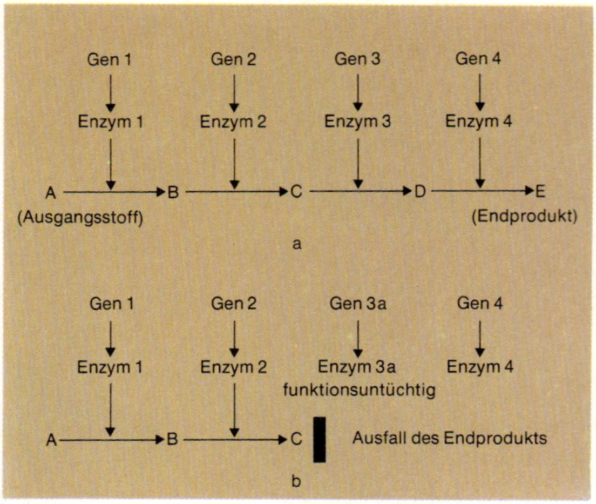

Abb. 388: a Schema der Steuerung einer Stoffwechsel-Reaktionskette durch Enzyme. Die Ausgangsstoffe stammen aus der Nahrung oder dem Zellstoffwechsel. b Unterbrechung der Reaktionskette nach Mutation eines Gens; nur die Zufuhr von D ermöglicht dann die Synthese von E

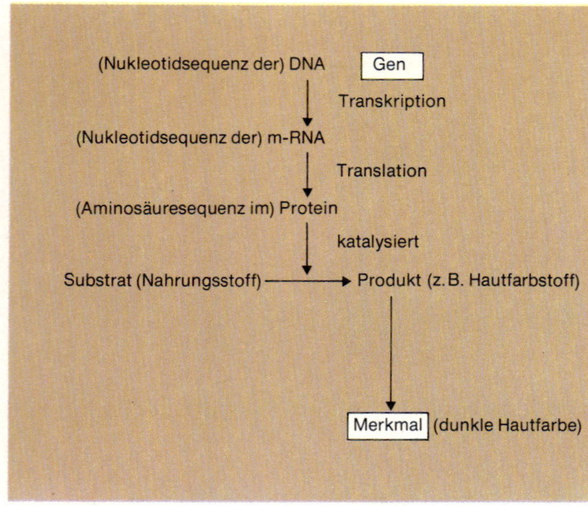

Abb. 390: Schema der Informationsübertragung vom Gen (Erbinformation gespeichert) zum Merkmal (Erbinformation verwirklicht). Außer Enzym-Proteinen können auch Struktur-, Antikörper- oder Regulator-Proteine gebildet werden.

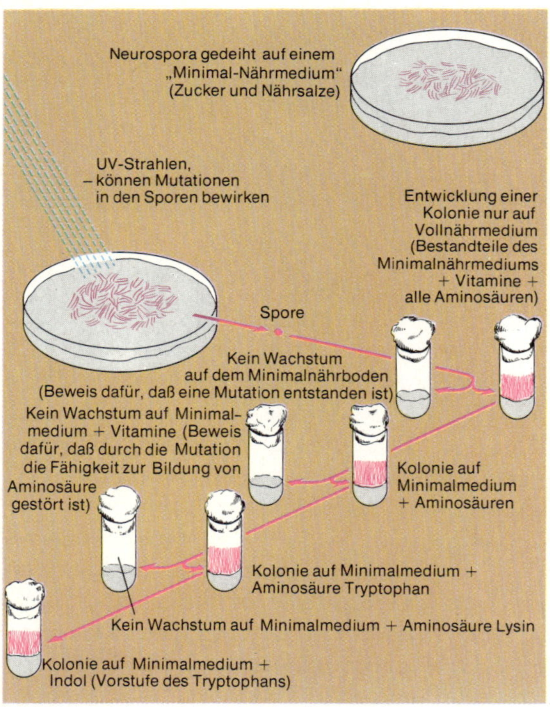

Abb. 389: Auswirkung einer Gen-Mutation beim roten Schimmelpilz Neurospora; zugleich Darstellung der experimentellen Untersuchung des Zusammenhangs zwischen Gen und Merkmal. Nach dem Ergebnis der Versuchsserie kann durch die Mutation eine Vorstufe des Tryptophans nicht mehr gebildet werden. Neurospora-Myzel ist haploid, man kann direkt vom Phänotyp auf den Genotyp schließen.

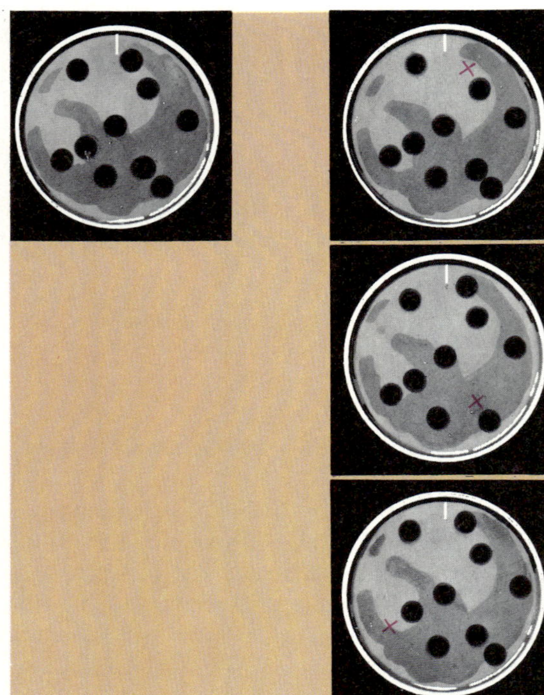

Abb. 391: Schema der Stempeltechnik zur Suche nach Mangelmutanten. Ein mit Samt überzogener Stempel überträgt das Muster der Bakterienkolonien von der Ausgangsplatte links auf die »Replica«-Platten, die alle Aminosäuren enthalten außer einer. Markierung bedeutet keine Koloniebildung, weil diese Mutante die Fähigkeit zur Eigensynthese der fehlenden Aminosäure verloren hat.

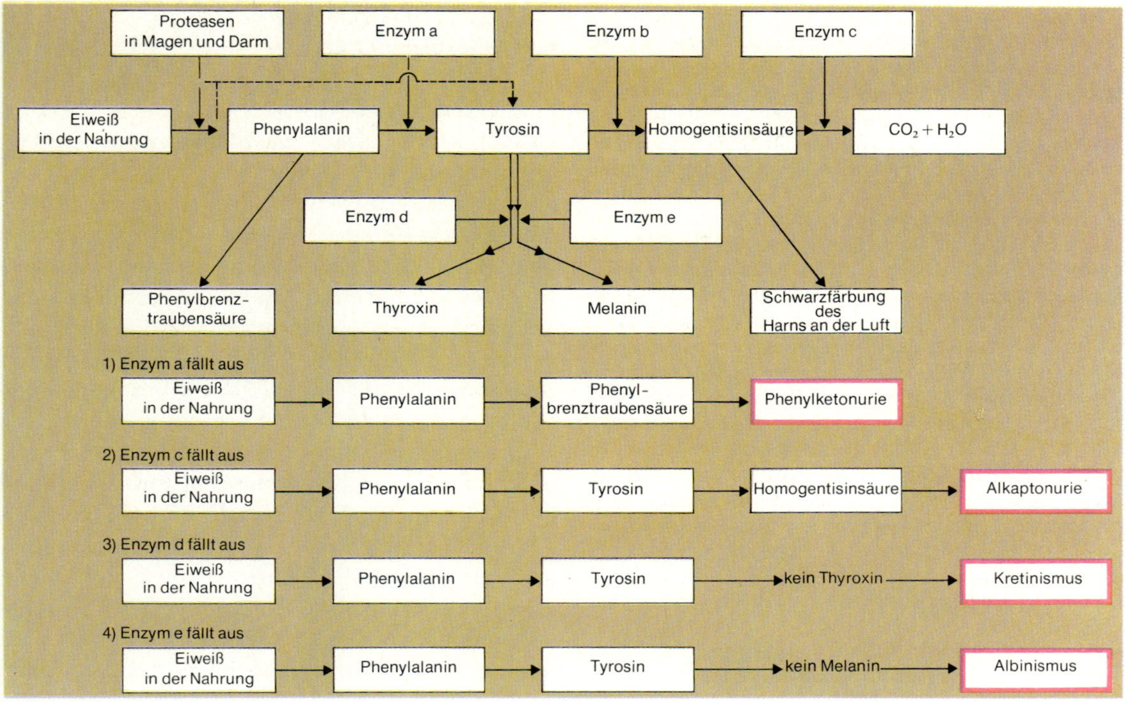

Abb. 392: Erbkrankheiten durch genetisch bedingte Störungen im Phenylalanin-Stoffwechsel

zur *Ein-Gen-ein-Enzym-Hypothese* führt (Abb. 388). Sie konnte auch an Bakterien (LEDERBERG) und am roten Schimmelpilz *Neurospora crassa* (BEADLE und TATUM) bestätigt werden (Abb. 389).

Da das durch Transkription und Translation entstehende Polypeptid nicht immer ein Enzym bildet, sondern auch zu einem Protein mit anderer Funktion werden kann, spricht man richtiger von *»Ein-Gen-ein-Polypeptid«-Hypothese.* Die meisten Proteine der Zelle sind allerdings Enzyme, also Katalysatoren des Stoffwechsels. Aus den Stoffwechselreaktionen ergeben sich dann die Merkmale des Organismus. Die Merkmale werden also nicht direkt von den Genen gebildet; sie entstehen erst am Ende zahlreicher hintereinandergeschalteter Stoffwechselreaktionen (Abb. 390). Die eigentlichen Gen-Produkte sind Proteine, die dann je nach ihrer Struktur verschiedene Funktionen ausüben. Man kann verallgemeinernd sagen:

Die DNA ist Träger von Information, die Proteine sind Träger von Funktion.

Die zu einem Merkmal führenden Stoffwechselreaktionen sind eng miteinander verknüpft. Sie werden durch die Gen-Produkte, die Enzyme, gesteuert. Daher bezeichnet man die durch Genwirkung ausgelöste Stoffwechselkette auch als *Genwirkkette.* Die Bildung des Augenfarbstoffes bei der Mehlmotte ist ein Beispiel dafür.

Als weiteres Beispiel sei die Genwirkkette im Phenylalaninstoffwechsel des Menschen dargestellt: Die Aminosäure Phenylalanin wird mit der Nahrung zugeführt oder beim Eiweißabbau des Körpers gewonnen. Fehlt das zur Umwandlung von Phenylalanin in Tyrosin notwendige Enzym infolge einer Mutation, so entsteht die giftige Phenylbrenztraubensäure (frühere Bezeichnung Phenylketon). Sie wird im Urin ausgeschieden; man bezeichnet deshalb diese Stoffwechselstörung als Phenylketonurie. Die Giftwirkung äußert sich vor allem an den Gehirnzellen, so daß dieser erbliche Defekt zu Schwachsinn führt. Neugeborene werden deshalb auf Phenylketonurie untersucht (s. 10.3). Liegt sie vor, erhalten die Kinder eine phenylalaninarme Diät; sie verhindert weitgehend die schlimmen Folgen.

Eine andere Stoffwechselkette läuft vom Tyrosin zum Hautpigment (Melanin). Fehlt eines der Enzyme dieser Kette, entsteht Albinismus. Bei normalem Abbau des Tyrosins bildet sich als Zwischensubstanz Homogentisinsäure (früher Alkapton genannt). Läßt sich diese nicht weiter abbauen, weil das erforderliche Enzym dazu fehlt, wird die sich ansammelnde Homogentisinsäure im Urin ausgeschieden. Diese für den Betroffenen oft harmlose Stoffwechselanomalie äußert sich in einer Dunkelfärbung des Urins an der Luft infolge Oxidation der Homogentisinsäure zu einem dunklen Farbstoff (Alkaptonurie = Schwarzharn). Lagert sich die Homogentisinsäure im Knorpelgewebe ab, kann Arthritis entstehen.

Ein genetisch bedingter Enzymausfall in der Stoffwechselkette vom Tyrosin zum Schilddrüsenhormon Thyroxin führt zu angeborenem Kretinismus.

Bei Bakterien lassen sich Genwirkketten mit Hilfe von Mangelmutanten aufdecken. Man erzeugt in einem Wildstamm, z. B. von *Escherichia coli,* durch Bestrahlung eine größere Zahl von Mutationen und bringt dann die Bakterien in ein Medium ohne Aminosäuren, aber mit Penizillinzusatz. Das Penizillin tötet die sich teilenden Zellen. Die Bakterien, die alle Aminosäuren selbst zu synthetisieren vermögen, gedeihen in diesem Medium, teilen sich nach einiger Zeit und werden dabei abgetötet. Die Mangelmutanten teilen sich nicht und bleiben übrig. Sie werden auf einem festen Nährboden ausgestrichen, der alle Aminosäuren enthält, dort teilen sie sich rasch und bilden schon innerhalb eines Tages ein Muster von Kolonien. Jede Kolonie geht auf ein einziges Bakterium zurück, besteht also aus lauter erbgleichen Individuen. Man drückt dann einen sterilen Samtstempel auf den festen Nährboden und überimpft so das an den Samthaaren hängenbleibende Muster der Bakterienkolonien auf andere Nährböden, denen jeweils eine bestimmte Aminosäure fehlt. Auf diesen Nährböden können sich diejenigen Mutanten nicht entwickeln, welche die im Nährboden fehlende Aminosäure benötigen. Durch Vergleich mit der Ausgangsplatte lassen sich die Mangelmutanten lokalisieren. Sie werden dann von der Ausgangsplatte abgeimpft und unter Zugabe der entsprechenden Aminosäure weiterkultiviert.

Nun kann man einer solchen Mangelmutante verschiedene Stoffe zuführen, die denkbare Vorstufen der von ihr nicht mehr synthetisierten Aminosäure sind. Wächst sie bei Zugabe eines dieser Stoffe, so ist dieser offensichtlich diejenige Vorstufe, die wegen Ausfalls des zuständigen Enzyms nicht mehr gebildet werden konnte. Das Gen für dieses Enzym muß blockiert sein, d. h., es muß mutiert haben.

Polygenie und Polyphänie. Der geschilderte Weg vom Gen zum Merkmal macht die Erscheinungen der *Polygenie* und *Polyphänie* verständlich. Nur in seltenen Fällen wird ein bestimmtes Merkmal von einer einzigen, ihm zugeordneten Erbanlage hervorgerufen; meist ist das Merkmal polygen bedingt. Bei der Polyphänie beeinflußt ein einzelnes Gen gleichzeitig verschiedene Merkmale. So ist das Gen *notch* bei Drosophila an der Ausbildung von nicht weniger als fünf verschiedenen Merkmalen beteiligt, die sich auf den Flügelrand, die Flügeladern, die Augengröße, die Behaarung der Brust und die Rückenborsten beziehen. Andererseits wirken bei der Polygenie verschiedene Erbanlagen zur Ausbildung eines einzigen Merkmals zusammen. An der Herausbildung der Haarfärbung der Wildkaninchen sind fünf verschiedene Erbanlagen beteiligt. Bei Drosophila haben nicht weniger als 50 Gene Einfluß auf Gestaltung und Farbe der Augen; sie verteilen sich auf alle vier Chromosomen.

Ein Gen kann die Ausbildung mehrerer Merkmale dann beeinflussen, wenn sein spezifisches Enzym einen Stoff erzeugt, der über unterschiedliche Folgereaktionen zu verschiedenen Merkmalen führt.

8.12 Gen und Genmutation auf molekularer Grundlage

Die Erkenntnisse der Molekulargenetik über den Bau der DNA machen eine Neufassung des Genbegriffs notwendig. Nach klassischer Auffassung ist das Gen einmal eine Funktionseinheit (durch die ein phänotypisches Merkmal bestimmt wird), ferner eine Austauscheinheit beim Crossing-over und schließlich eine Mutationseinheit. Wir wissen jetzt, daß das Merkmal erst am Ende einer ganzen Kette von Reaktionen steht und jedem Reaktionsschritt ein Enzym zugeordnet ist, für dessen Bildung ein bestimmter Abschnitt des DNA-Moleküls zuständig ist. Erst das Tätigwerden mehrerer oder vieler DNA-Abschnitte führt zum phänotypischen Merkmal. Ein Gen ist also, molekulargenetisch betrachtet, ein Stück einer DNA-Doppelhelix, das in seiner Nukleotidsequenz die Information für ein einziges Protein enthält und daher eine funktionelle Einheit ist. Die Änderung eines Nukleotids (Base) in einem DNA-Stück muß sich auf folgende Weise auswirken: Bei der Transkription wird an entsprechender Stelle in die mRNA ein anderes Nukleotid eingefügt; das ist gleichbedeutend mit einer Veränderung des Tripletts (Codons), das bei der Translation eine Aminosäure codiert. Damit wird in die Polypeptid-Kette an der dem geänderten Codon entsprechenden Stelle möglicherweise eine andere Aminosäure eingebaut. Das nun entstehende Enzymprotein ist so verändert, daß es einen bestimmten Stoffwechselschritt nicht mehr zu katalysieren vermag. Die Folge davon kann der Ausfall eines Stoffes, z. B. eines Blütenfarbstoffes, sein. Durch Änderung eines einzigen Nukleotids in der Nukleotid-Folge der DNA tritt dann eine weißblühende Mutante auf. In anderen Fällen kann die Unterbrechung des normalen Stoffwechsels sogar zum Ausfall eines lebenswichtigen Stoffes führen und von tödlicher Wirkung sein.

Die durch ein mutiertes Gen bewirkte Sichelzellanämie (Abb. 393) beruht darauf, daß an einer Stelle in den beiden β-Ketten von je 146 Aminosäuren, die das Hämoglobin mit aufbauen, die Glutaminsäure durch Valin ersetzt ist (vgl. Cytologie 3.4.4). Schon diese kleine Abweichung hat einschneidende Wirkungen, denn die veränderten roten Blutkörperchen werden von weißen Blutkörperchen angegriffen und aufgelöst. Die Folge ist bei homozygoten Trägern des Allels eine schwere Anämie. Heterozygote leiden zwar auch darunter, aber in geringerem Maße; sie sind jedoch malariaresistent im Gegensatz zu den homozygoten Trägern des Normalallels. Wir müssen

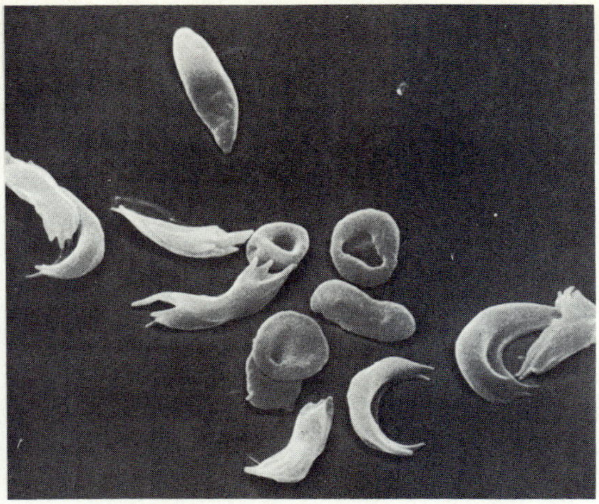

Abb. 393: Rasterelektronenmikroskopische Aufnahme der deformierten roten Blutkörperchen bei Sichelzellanämie (unter bestimmten Bedingungen nehmen die roten Blutkörperchen Sichelform an)

deshalb den Schluß ziehen: eine Gen-Mutation liegt bereits dann vor, wenn in der Nukleotid-Kette der DNA nur eine einzige Base verändert, ganz entfernt oder hinzugefügt wird. Man spricht dann von *Punktmutation.* Sie ist die häufigste Form der Gen-Mutation. Liegen die Orte von Punktmutationen im Gen weit voneinander entfernt, dann sind dies auch die Orte von Veränderungen der Aminosäuren in der Polypeptidkette, deren Synthese von diesem Gen gesteuert wird. Dies ist ein Beweis dafür, daß die Nukleotidfolge der DNA und die Reihenfolge der Aminosäuren im Polypeptid einander entsprechen; sie sind *colinear.*

In der DNA der Eukaryonten findet man Nukleotid-Sequenzen, die sich häufig wiederholen; man spricht dann von *repetitiver DNA.* Die Bedeutung dieser repetitiven DNA-Abschnitte, die ein Drittel bis weit über die Hälfte der gesamten DNA ausmachen, ist noch ungeklärt.

Ein Allel ist molekulargenetisch gesehen ein Gen mit einer ganz bestimmten Nukleotid-Sequenz.

Reihenfolge der Aminosäuren	1	2	3	4	5	6	7	8	145	146
Normales Hb	Val –	His –	Leu –	Thr –	Pro –	Glu –	Glu –	Lys ...	Tyr –	His
Sichelzell-Hb	Val –	His –	Leu –	Thr –	Pro –	Val –	Glu –	Lys ...	Tyr –	His

Abb. 394: Aminosäuresequenz des Anfangs der β-Polypeptidkette von normalem und Sichelzell-Hämoglobin

Durch Mutation wird diese verändert und damit das Allel in ein anderes übergeführt. Multiple Allele (s. 6.1) entstehen durch unterschiedliche Veränderungen der Nukleotid-Sequenz in dem als Gen wirkenden DNA-Abschnitt.

Ein durch Mutation entstandenes rezessives Allel bildet möglicherweise nur ein mangelhaft oder gar nicht funktionsfähiges Enzym, was zu Störungen oder zum Ausfall einer Stoffwechselreaktion führt. Ähnliche Folgen sind zu erwarten, wenn das Produkt des Allels an der Regelung der Gen-Aktivität beteiligt ist (s. 8.13). Dieser Mangel tritt jedoch phänotypisch dann nicht in Erscheinung, wenn das rezessive Allel heterozygot vorliegt, weil das ebenfalls vorhandene dominante Allel das für die Ausbildung des Merkmals nötige Produkt liefert. Liegt das rezessive Allel aber homozygot vor, fehlt das Merkmal (z. B. die Blütenfarbe Rot). Bei Polygenie wird das Merkmal dann so ausgebildet, wie die Gene sich auswirken, die außer dem rezessiven Allel noch an der Merkmalsausprägung beteiligt sind.

8.13 Die Gen-Tätigkeit und ihre Regelung

Genetische Totipotenz. Wie kommt es, daß sich während der Embryonalentwicklung die eine Zelle zur Muskelzelle, die andere zur Nervenzelle oder Drüsenzelle differenziert? Sie stammen doch alle von derselben befruchteten Eizelle ab und müssen durch den Vorgang der Mitose mit den gleichen Genen ausgestattet sein. Der Gegensatz zwischen genetischer Gleichheit und leistungsmäßiger Verschiedenheit der Zellen legt nahe, daß nicht alle genetischen Informationen in allen Zellen verwirklicht werden. Schon lange ist bekannt, daß bei vielen Pflanzenarten ein Steckling aus einem Stengelabschnitt die ganze Pflanze mit Wurzel und Blüte wiederherstellen kann. Nimmt man einzelne Zellen aus dem Siebteil der Leitbündel einer Karotte und kultiviert sie in Kokosnußmilch, so bilden sie durch Teilung eine Zellgruppe, die bei geeigneter Ernährung zu einer normal blühenden und fortpflanzungsfähigen Möhrenpflanze heranwächst. Bei Tieren ließ sich die Fähigkeit zur Regeneration ganzer Lebewesen aus einzelnen Zellen besonders gut beim südafrikanischen Krallenfrosch *(Xenopus)* nachweisen (Abb. 395).

Alle diese Beobachtungen und Experimente beweisen, daß auch in stark spezialisierten Zellen die gesamte genetische Information enthalten ist. Man spricht deshalb von der *Omnipotenz (Totipotenz)* der Zellen.

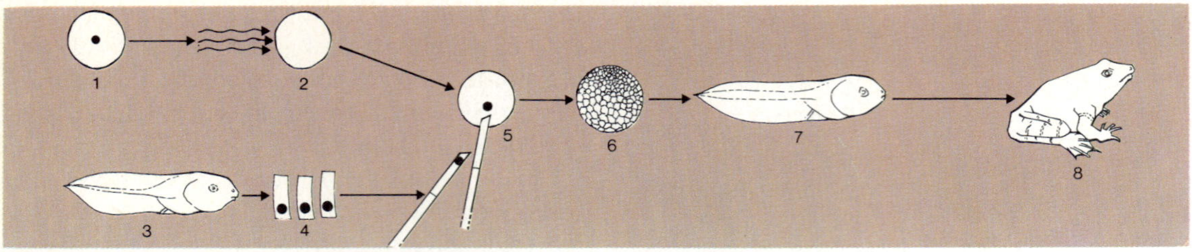

Abb. 395: Werden Kerne aus vollständig differenzierten Darmepithelzellen von Kaulquappen des südafrikanischen Krallenfrosches in kernlos gemachte Eizellen dieses Frosches verpflanzt, so entwickeln sich daraus normale Frösche. Das beweist einerseits, daß auch im Kern differenzierter Zellen noch alle, für eine vollständige Entwicklung des Tieres notwendigen Gene vorhanden sind, und andererseits, daß das Cytoplasma der Eizelle Stoffe enthält, welche die Tätigkeit der Gene regulieren. Zur Entwicklung des Tieres aus der Eizelle müssen wieder Gengruppen aktiv geworden sein, welche in der differenzierten Zelle inaktiv waren, zugleich aber mußten die für die spezifische Funktion der Darmepithelzellen tätigen Gene abgeschaltet worden sein. 1 unbefruchtete Eizelle, 2 Zerstörung des Eizellkerns durch Ultraviolett-Strahlen, 3 Kaulquappe, 4 isolierte Darmepithelzellen dieser Kaulquappe, 5 Übertragung eines Zellkerns mit einer Mikropipette, 6 Weiterentwicklung der Eizelle nach der Kernverpflanzung zur Blastula, 7 zur Kaulquappe und 8 zum fertigen Frosch

Differentielle Gen-Aktivität. Kann man zur Erklärung der Entwicklung und Differenzierung annehmen, daß in den verschiedenen Zelltypen eben gerade diejenigen Gene aktiv sind, welche ihre besonderen Eigenschaften bestimmen, wogegen alle übrigen Gene blockiert und untätig sind? In diesem Falle müßten die verschiedenen Gene zeitlich nacheinander und in entwicklungsgerechter Reihenfolge in Aktion treten *(differentielle Genaktivierung).*

Mit dem Mikroskop kann man an Riesenchromosomen eigentümliche Wulstbildungen erkennen. Die Chromosomenabschnitte sehen dann aus, als seien sie aufgebläht (engl. puff). Solche Puffs verschwinden nach kurzer Zeit wieder und treten dann an anderer Stelle des Chromosoms von neuem auf. Auffallenderweise liegen die Puffs bei einem bestimmten Entwicklungsstadium des Organismus immer an den gleichen Stellen der Chromosomen. Mit Toluidinblau kann man die DNA blau und die RNA rotviolett anfärben und zeigen, daß die DNA-Menge in den Puffs nicht größer ist als in den ungepufften Abschnitten. Dagegen beweist die rotviolette Färbung nach Ausbildung des Puffs, daß sich RNA darin gebildet hat. Offensichtlich entspricht der gepuffte Chromosomenabschnitt einem aktiv gewordenen Gen oder einer Gruppe von Genen.

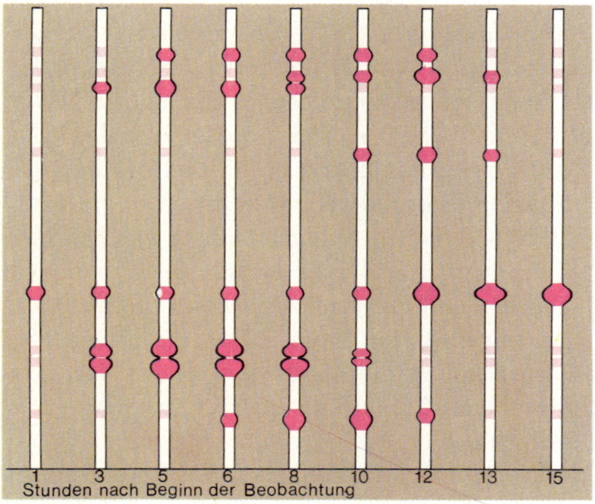

Abb. 396: Schema der zeitlichen Folge der Genaktivität, gekennzeichnet durch Auftreten und Verschwinden von Puffs an den Genorten eines Chromosomenabschnitts von Drosophila. Rot: Gen aktiv (Puff), rosa: Gen inaktiv

Als Auslöser der Puffbildung wirken Stoffe aus dem Cytoplasma. So läßt sich zeigen, daß z. B. bei Insekten das Häutungshormon Ecdyson Puffs an ganz bestimmten Stellen der Chromosomen erzeugt, während andere Genorte, die vorher aufgepufft waren, ihre Aktivität einstellen und den Puff zurückbilden.

Man beobachtet bei Mückenlarven nicht nur, daß sich das Puffmuster der Chromosomen in jedem Larvenstadium ändert, sondern findet selbst beim gleichen Larvenstadium in verschiedenen Lappen der Speicheldrüsen, die unterschiedliche Sekrete bilden, auch unterschiedliche Puffmuster. Die durch die Puffmuster sich äußernde Gen-Aktivität ist also sowohl stadienspezifisch wie auch gewebsspezifisch. Im Jugendstadium eines Organismus sind andere Gen-Gruppen aktiv oder inaktiv als im Altersstadium. Dies erklärt die Veränderung der Merkmale im Laufe seiner Entwicklung.

Regulierung der Gen-Tätigkeit durch Induktion oder Repression. Wie werden die zu einem bestimmten Zeitpunkt in der Zelle aktiven Gene in Tätigkeit gesetzt? Diese Frage wurde zunächst beim Bakterium *E. coli* untersucht. Enzyme, die den Abbau des Milchzuckers (Lactose) bei *E. coli* einleiten, werden nur gebildet, wenn Lactose im Nährmedium vorhanden ist. Der Zucker verursacht demnach die Bildung der Enzyme, die ihn abbauen. Man nennt diesen Vorgang *Induktion* der Enzymsynthese und bezeichnet die Lactose als *Induktor*. Einige Mutanten von *E. coli* bilden aber auch dann Lactose abbauende Enzyme, wenn gar keine Lactose vorhanden ist. Außerdem gibt es Mutanten, die selbst bei Anwesenheit von Lactose keine abbauenden Enzyme bilden können, obwohl die Gene für die abbauenden Enzyme nachweislich nicht mutiert sind. Da das Fehlen der Regulation der Enzymtätigkeit erblich ist, muß es neben den Genen für die Synthese der Enzyme noch besondere Gene geben, die für die Regulierung der Aktivität dieser Enzym-Gene verantwortlich sind.

Zur Einleitung des Lactoseabbaus sind zwei Proteine notwendig. Eines davon steuert den Transport (*Permeation*) von Lactose aus dem Medium ins Zellinnere; es wird als *Permease* bezeichnet. Das andere katalysiert in der Zelle die Spaltung von Milchzucker in Glucose und β-Galaktose, es heißt *β-Galaktosidase*. Die beiden Enzyme werden entsprechend der Ein-Gen-ein-Polypeptid-Hypothese jeweils durch ein Gen codiert. Die Genkartierung zeigte, daß beide Gene auf dem *E. coli*-Chromosom unmittelbar nebeneinanderliegen. Sie werden als *Struktur-Gene* bezeichnet.

Die beiden Enzyme werden immer im gleichen Mengenverhältnis zueinander und immer zusammen gebildet. Dies bedeutet, daß die Synthese beider zusammenhängen muß, und daß die beiden nebeneinanderliegenden Gene für die Synthese beider Enzyme gemeinsam abgelesen werden; bei der Transkription entsteht eine einzige mRNA. Die Ablesung der Struktur-Gene wird von dem Protein eines weiteren Gens, dem *Regulator-Gen*, gesteuert. Dieses Protein hemmt die Ablesung der Struktur-Gene und wird *Repressor* genannt. Der Lactose-Repressor wirkt nur auf die Gene der Lactose-Enzyme hemmend. Es muß also eine Struktur im Bereich der den Lactoseabbau steuernden Gene geben, die mit der spezifischen Struktur des Repressor-Proteins in Wechselwirkung tritt. Dieses DNA-Stück wird als *Operator* bezeichnet.

Die RNA-Synthese an der DNA beginnt mit der Anlagerung des erforderlichen Enzyms RNA-Polymerase. Sie findet an einem weiteren kurzen DNA-Abschnitt statt, der Polymerase-Bindungsstelle oder *Promotor* heißt. Der Promotor-Bereich liegt unmittelbar vor dem Operator. Wenn sich ein Repressor-Molekül an den Operator anlagert, kann die RNA-Polymerase nicht an den Promotor gebunden werden. Damit unterbleibt die Synthese der mRNA an den Struktur-Genen.

Zugeführte Lactose verändert die Raumstruktur des Repressors, so daß er mit dem Operator nicht mehr in Wechselwirkung treten kann. Die Blockierung des Operators wird dadurch aufgehoben, die Synthese von mRNA beginnt und Galaktosidase kann synthetisiert werden. Die Funktionseinheit von Promotor, Operator und Struktur-Genen nennt man *Operon*.

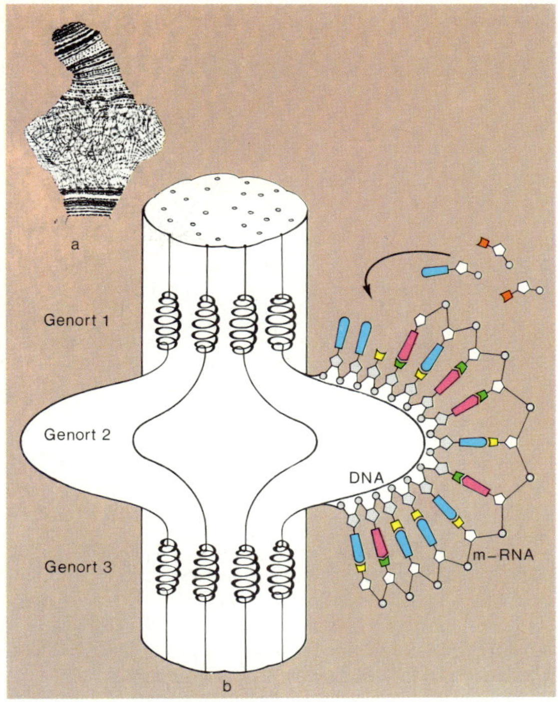

Abb. 397: a Puff an einem Riesenchromosom einer Mücke. b Schema des Puffvorgangs: Entknäuelung und Auftrennung eines DNA-Abschnitts an einem Genort, Aufbau eines mRNA-Strangs durch Ansetzen freier komplementärer Nukleotide an die frei gewordenen Basen des codogenen DNA-Strangs; der nicht codogene DNA-Strang ist als ausgezogene Linie parallel zum codogenen Strang angedeutet. Von den Tausenden von Chromatiden des Riesenchromosoms sind nur 4 gezeichnet.

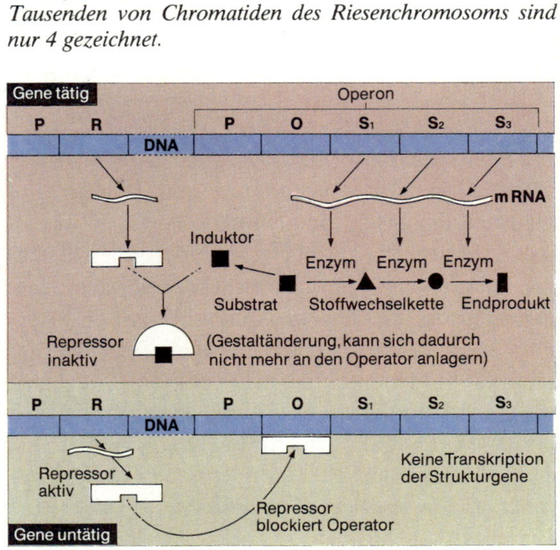

Abb. 398: Regelung der Gen-Tätigkeit durch Induktion. Als Induktor wirkt das Substrat eines der Enzyme, die von den Strukturgenen codiert werden. R Regulator-Gen, O Operator, S Struktur-Gene, P Promotor (DNA-Abschnitt vor den Genen, mit dem die RNA-Polymerase in Wechselwirkung treten muß, damit die Transkription der Struktur-Gene erfolgen kann).

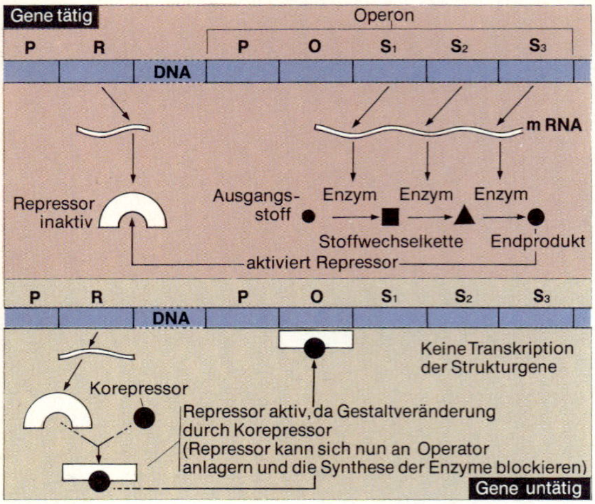

Abb. 399: Endprodukt-Repression. Als Korepressor wirkt das Endprodukt der vom Operon gesteuerten Stoffwechselkette.

Wenn das Substrat eines Enzyms des Operons die Gen-Aktivität und damit die Enzymsynthese auslöst, spricht man auch von *Substratinduktion*. Die Steuerung der Gen-Aktivität durch Induktion findet man vor allem bei der Synthese von Enzymen für abbauende Stoffwechselreaktionen.

Aber auch der umgekehrte Vorgang der Regulation der Gen-Aktivität ist bekannt. *E. coli* kann z. B. die Aminosäure Histidin selbst synthetisieren. Fügt man aber reichlich Histidin zur Nährlösung hinzu, so nimmt die Menge der an der Histidin-Synthese beteiligten Enzyme in den Bakterien rasch ab, und schließlich wird kein Histidin mehr gebildet. Man nennt diese Erscheinung *Enzym-Repression* oder *Endprodukt-Repression*, weil das Endprodukt der Reaktions-Kette die weitere Enzym-Synthese hemmt. Im Falle der Repression der Histidin-synthetisierenden Enzyme liegt das vom Regulator-Gen gebildete Repressor-Protein zunächst inaktiv vor. Durch Bindung von Histidin wird das Repressor-Protein aktiviert, lagert sich an den Operator des Histidin-Operons an und verhindert so die weitere Transkription der Struktur-Gene des Operons. Weil das Histidin die Enzymbildung durch seine Bindung an den Repressor unterdrückt, heißt es *Korepressor*.

Die Fähigkeit zur Regulation der Gen-Tätigkeit ist für den Organismus sehr wichtig. Sie verhindert unnötigen Energieaufwand und überflüssige Synthesen. Enzyme werden erst dann gebildet, wenn ihr Substrat vorliegt (Substrat-Induktion) und Synthesen werden eingestellt, wenn der produzierte Stoff in genügender Menge gebildet ist (Endprodukt-Repression).

Die geschilderten Vorstellungen über die Regulierung der Gen-Aktivität bei Bakterien gehen auf Jacob und Monod zurück (Jacob-Monod-Modell). Über die Regelung der Gen-Tätigkeit bei Eukaryonten weiß man noch wenig.

Man nimmt an, daß ein Teil der bei Eukaryonten vorhandenen *repetitiven DNA-Abschnitte* dabei mitwirkt. Unter repetitiven DNA-Abschnitten versteht man Stücke der Nukleotidsequenz sehr verschiedener Länge, die sich vielfach wiederholen. Sie sind nachweislich keine Strukturgene. Manche der repetitiven DNA-Abschnitte sind auch für die Erhaltung der richtigen Chromosomenstruktur wichtig.

9. Anwendung der Genetik auf die Pflanzen- und Tierzüchtung

Schon seit vorgeschichtlicher Zeit hat der Mensch Pflanzen in Kultur genommen und Wildtiere zu Haustieren gemacht. In höchstens 10000 Jahren ist dabei aus verhältnismäßig wenig Wildformen die ungeheure Fülle unserer heutigen Kulturgewächse und Haustiere entstanden. Am Anfang beruhte die Züchtung ausschließlich in einer Auswahl geeigneter, zufällig entstandener Mutanten (Zuchtwahl). Heute hat die Genetik in der Pflanzen- und Tierzüchtung eine umfangreiche praktische Anwendung gefunden und die Lebensmöglichkeiten des Menschen gewaltig gesteigert. Ein einziger Frühmensch als Jäger und Sammler brauchte einen Lebensraum von 20 km^2; die gleiche Fläche, mit Kulturpflanzen bebaut, kann heute bis zu 6000 Menschen ernähren. Ohne Pflanzen- und Tierzüchtung hätte sich die Menschheit gar nicht so stark vermehren können.

9.1 Pflanzenzüchtung

Untersucht man ein beliebiges Gemisch von Bohnensamen auf ihr Gewicht, so ergibt sich oft eine normal erscheinende Variationskurve (vgl. Abb. 400). Bringt man aber einzelne Bohnen dieses Gemischs zur Vermehrung durch Selbstbefruchtung, so ergeben die Nachkommen ganz verschiedene Variationskurven. Daraus geht hervor, daß das Ausgangsmaterial aus Bohnensorten mit unterschiedlichen erblichen Anlagen in bezug auf das Samengewicht besteht. Die *Population enthält zahlreiche reine Linien*, von denen jede ihre eigene Modifikationsbreite aufweist. Durch wiederholte Auslese ist es möglich, die reinen Linien mit höherem Durchschnittsgewicht von den anderen zu trennen. Innerhalb der reinen Linie ist dann die Auslese sinnlos.

Bei der *Individualauslese* wählt man Pflanzen mit den günstigsten Eigenschaften aus, sät ihre Samen

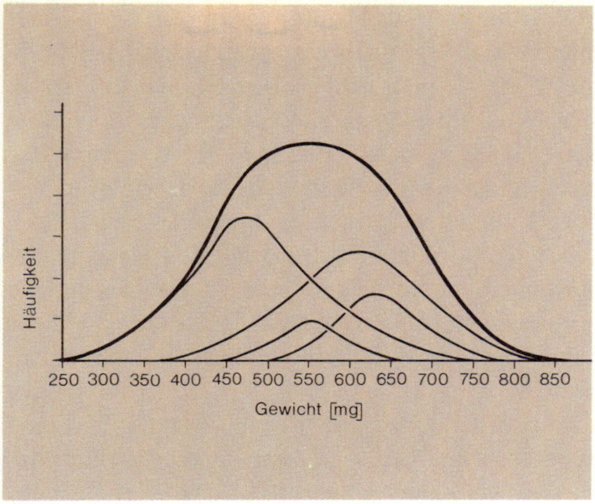

Abb. 400: Populationskurve als Summenkurve der Variationskurven von 4 reinen Linien (Gewicht von Bohnensamen)

Abb. 402: Einkorn und Hochzuchtsorte des Weizens. Das wilde Einkorn ist eine der Ausgangsformen des Weizens und hat brüchige Ähren wie viele andre Wildgräser. Der heutige Weizen hat feste Ähren, die beim Erntevorgang nicht zerbrechen. Die Einkorn-Ähre enthält etwa 20 Körner, die Ähre der Hochzuchtsorte etwa 60–70 Körner. Jedes Korn hat das 2–3fache Gewicht eines Korns vom Einkorn. An den Ertragssteigerungen der Hochzuchtsorten ist nicht nur die Züchtung beteiligt, auch verbesserte Anbaumethoden und Düngung haben dazu beigetragen.

getrennt auf besondere Beete und sorgt dafür, daß diese möglichst gleiche Wachstumsbedingungen haben. Da die Pflanzen eines Beetes von derselben Mutterpflanze abstammen, bleiben bei wiederholter Anwendung des Verfahrens reine Linien mit den gewünschten Eigenschaften übrig. Bei Selbstbefruchtern (Bohne, Erbse, Weizen, Gerste) und bei Pflanzen, die man vegetativ vermehrt (Kartoffel), führt dieses Verfahren meist rasch zum Ziel, bei Fremdbefruchtern (Roggen) aber nur durch Geschwisterbefruchtung.

Kombinationszüchtung. Durch Kreuzung verschiedener Genotypen (Rassen oder Sorten) einer Art läßt sich eine neue genetische Variationsbreite für die Auslese zu erwünschten Zuchtzielen erreichen:

1. Gene erwünschter Eigenschaften, die auf die beiden Eltern verteilt waren, lassen sich in einem Genotyp vereinigen.
2. Durch Kreuzung können ganz neue Eigenschaften auftreten; sie entstehen durch Zusammenwirken von Genen, die von den beiden genotypisch verschiedenen Eltern stammen.

Abb. 401: Abänderung des Kohls unter dem Einfluß der Züchtung: a Wildkohl (Brassica oleracea), b Grünkohl (fleischige, gekräuselte Blätter), c Kohlrabi (knollige Verdickung des Stengels), d Blumenkohl (fleischig gezüchteter Blütenstand), e Wirsing, f Rotkohl, die Kopfkohle e und f haben gestauchte Stengel mit großen, dicken, gefalteten Blättern), g Rosenkohl (gestauchte, dickfleischige Seitenknospen)

3. Durch Kreuzung können erwünschte Merkmale verstärkt oder unerwünschte weniger stark ausgeprägt werden.

Durch Kombinationszüchtung entstand z. B. der *Panzerweizen*, der Winterhärte mit hoher Ertragsfähigkeit verbindet. Gekreuzt wurde eine frostresistente, aber wenig ertragreiche schwedische Weizensorte mit dem reichtragenden, aber kälteempfindlichen englischen *Dickkopfweizen.* Durch Einzelauslese aus zahlreichen Kreuzungen wurde dann die vorteilhafteste Eigenschaften-Kombination ausgewählt und als neue Weizensorte weitervermehrt. Auch unsere Kohlsorten (Kohlrabi, Blumenkohl, Rosenkohl, Krauskohl, Rundkohl, Spitzkohl), die alle auf dieselbe wilde Stammform (*Brassica oleracea*) zurückgehen, sowie die Zuckerrübe und die Süßlupine sind Beispiele für die Kombinationszüchtung.

Hybridzüchtung. Während die Kombinationszüchtung erwünschte Merkmale zur Konstanz züchtet, d. h. danach trachtet, sie in den Sorten reinerbig zu erhalten, liefert die Hybridzüchtung F_1-Hybriden mit *Heterose-Effekt.* Diese Erscheinung tritt auf bei der Kreuzung reiner Rassen und beruht auf einer auffallenden Steigerung der Leistungsfähigkeit des F_1-Bastards gegenüber dem Elternmittel. Die F_1-Hybriden übertragen aber ihre wertvollen Eigenschaften nicht oder nicht in vollem Umfang auf ihre Nachkommen. Die F_1-Hybriden müssen deshalb aus der Kreuzung von zwei Eltern aus verschiedenen reinen Linien stets neu hergestellt werden. Die beiden Elternsorten müssen je homozygot, aber genetisch voneinander verschieden sein. Heterose-Wirkungen steigen in der Regel mit zunehmender genetischer Verschiedenheit der Elternorganismen. Um die am besten geeigneten Elternformen zu finden, kreuzt man vorhandene homozygote Sorten in zahlreichen verschiedenen Kombinationen. Die ertragreichste Kombination wird dann für die Saatgutgewinnung genutzt. Mit der Einführung von Hybridsorten haben sich z. B. die Maiserträge verdoppelt.

Manche Erscheinungen des Heterose-Effekts beruhen wahrscheinlich darauf, daß die Heterozygoten im Vergleich zu Homozygoten eine größere Zahl verschiedener Gene besitzen. Dies könnte sich beispielsweise so auswirken, daß das Gen A wie auch das Gen a ein Enzym gleicher Wirkung, aber mit verschiedenem Temperaturoptimum codieren. Der Heterozygote könnte dann den betreffenden Stoffwechselschritt in einem breiten Temperaturbereich, der Homozygote nur in einem schmalen Temperaturbereich optimal durchführen. Bei wechselnden Außenbedingungen wäre dann der Heterozygote im Vorteil.

Mutationszüchtung. Zur experimentellen Auslösung von Mutationen in der Züchtung verwendet man Röntgen- und Neutronenstrahlen, Kälte- oder Wärmeschocks, sowie mutagene chemische Stoffe (z. B. Ethylimin, Ethylmethansulfonat = EMS), denen vor allem Samen ausgesetzt werden. Nur ein verschwindend kleiner Bruchteil der erzeugten Mutationen ist für die Weiterzüchtung erfolgversprechend. Weitaus die meisten Mutanten sind defekt. Doch wurde durch Bestrahlung eine Maismutante gewonnen, deren Eiweiß mehr Lysin (essentielle Aminosäure) enthält und deshalb für die menschliche Ernährung eine höhere biologische Wertigkeit besitzt.

Neben der Ertragssteigerung zielt die Züchtung ebensosehr auf eine Verbesserung der Qualität: höherer Eiweiß- und Fettgehalt, höhere Wertigkeit des Eiweißes, Steigerung der Backfähigkeit oder des Vitamingehaltes, Verbesserung des Geschmacks oder der Haltbarkeit. Die heutigen Züchtungsziele berücksichtigen zudem die Verwendung rationeller Arbeitsverfahren, d. h. Arbeitskräfte sparende und maschinell zu bewältigende Anbau- und Ernteverfahren: standfeste Getreidesorten mit fester Ährenspindel für den Mähdrusch; einsamige Früchte bei der Zuckerrübe, um das Ausjäten nebeneinander aufgehender Keimlinge überflüssig zu machen und maschinell ernten zu können. So wird eine laufende genetische Anpassung an sich ändernde Produktionsbedingungen erzielt. Von großer Bedeutung ist heute auch der Anbau wertvoller Kulturpflanzen in Ländern, in denen sie bisher nicht vorkamen. Hier muß die Züchtung durch Anbauversuche und Kreuzungen verschiedenster Sorten Ökotypen (an den Standort angepaßte Formen) gewinnen, die unter den neuen Klima- und Bodenverhältnissen wirtschaftlich befriedigende Erträge liefern.

Hochzuchtformen müssen durch ständige Auslese von spontan entstandenen Mutanten oder von durch Fremdbestäubung aufgetretenen leistungsschwächeren Mischlingen vor Verschlechterung bewahrt werden (*Erhaltungszüchtung*).

Klonung. Man versteht unter Klonung die Bildung eines Klons von Organismen durch Vermehrung eines ausgewählten Organismus auf ungeschlechtlichem Wege, wobei nur erbgleiche Nachkommen entstehen. Die Pflanzenzüchtung wendet diese Methode z. B. bei der Kartoffel von jeher an. Von einer besonders ertragreichen Mutterpflanze wählt man die Knollen als Saatgut und erhält so über viele Generationen hinweg lauter erbgleiche Nachkommen.

Aufzucht von Protoplasten. Man kann heute zellwandlose Pflanzenzellen (nackte Protoplasten) herstellen und in einem sterilen Nährmedium zu vollständigen Pflanzen heranziehen. Protoplasten von verschiedenen Pflanzenarten können sogar miteinander verschmolzen werden. Aus den Hybridprotoplasten lassen sich dann Gewebekulturen und schließlich ebenfalls vollständige Pflanzen gewinnen. Man kann auf diese Weise Eigenschaften zweier Kulturrassen auch dann miteinander kombinieren, wenn sich die beiden Rassen nicht kreuzen lassen.

Es ist auch möglich, Protoplasten in Zellkulturen mit Mutagenen zu behandeln. Von den entstehenden Mutanten werden die vorteilhaften in Gewebekulturen vermehrt und daraus zahlreiche erbgleiche Pflanzen gezogen. Aus Kulturen von Pollenkörnern oder Zellen von Samenanlagen in Nährmedien entstehen haploide Pflanzen. In der Regel tritt bei haploiden Formen aber schon im Jugendstadium spontan Diploidisierung auf. Solche Pflanzen sind dann völlig homozygot, und rezessive Erbanlagen müssen phänotypisch in Erscheinung treten. In der Züchtungspraxis spart man dadurch alle Kreuzungsversuche, die sonst zur Erkennung rezessiver Mutanten erforderlich wären.

9.2 Tierzüchtung

Im europäischen Kulturkreis ist die Haustierhaltung auf rund ein Dutzend Säugetiere und Vögel beschränkt. In Mitteleuropa wurde schon vor über 10000 Jahren der Hund gezähmt. Das Rind ist seit 8000–9000 Jahren Haustier, ihm folgten Schwein, Schaf und Ziege. Erst vor 5000 Jahren kam das Pferd dazu, um dieselbe Zeit die Taube und das Huhn. Seitdem haben sich die vielen Rassen unserer Haustiere gebildet. Alle Abweichungen gehen auf Mutanten zurück, die vom Menschen zur Weiterzucht ausgewählt wurden. Eigentliche Haustiere haben nur solche Wildformen geliefert, die gesellig lebten.

Auch die Nutztierzüchtung arbeitet mit Zuchtwahl und Kreuzung, außerdem benutzt sie die Erkenntnisse der Populationsgenetik. Zur Auswahl stehen ihr jedoch längst nicht so viele Einzelwesen zur Verfügung wie dem Pflanzenzüchter. Kreuzungen von Großtieren sind wegen der langen Entwicklungszeit, der geringen Zahl der Nachkommen und des großen Wertes der Einzeltiere nicht so einfach wie bei Pflanzen. Genaue Abstammungsnachweise (Stammtafeln, Herdbücher) helfen jedoch der wissenschaftlichen Lenkung der Züchtung. Beim Huhn wurde die durchschnittliche Jahreslegeleistung wesentlich erhöht, sie liegt heute bei 250 Eiern. Bei Rindern stieg die jährliche Milchleistung von etwa 600 Liter beim Wildrind auf 3–4000 Liter beim Hausrind. Früher war man bestrebt, einzelne Eigenschaften des Haustiers, wie Fleischgewicht oder Milchmenge, zu erhöhen. Heute ist es das Ziel der Züchtung, die erwarteten Leistungen des Tieres möglichst rationell zu erhalten. Für die Wirtschaftlichkeit der Tierproduktion sind die Arbeits- und Stallkosten von erheblicher Bedeutung geworden. So müssen für die Hybridzüchtung zur Nutzung des Heterose-Effekts zwei Reinzuchtlinien getrennt gehalten werden. Die Hybriden sind die Nutztiere, die Reinerbigen die Zuchttiere.

10. Humangenetik

Die Gesetzmäßigkeiten der Vererbung gelten für alle Organismen und daher auch für den Menschen. Er besitzt 46 Chromosomen, 44 Autosomen sowie 2 X-Chromosomen bei der Frau und 1 X- und 1 Y-Chromosom beim Mann. Daß die Erbgesetze nicht beim Menschen, sondern an Tieren und Pflanzen entdeckt wurden, hat folgende Gründe: Erbversuche sind beim Menschen ausgeschlossen; durch die lange Generationsdauer lassen sich nur wenige Generationen überblicken; die geringe Nachkommenzahl erschwert die Deutung von Erberscheinungen. Weitere Schwierigkeiten sind die große Zahl der Gene und die Tatsache, daß viele Merkmale polygen bedingt sind. Das Hauptanliegen der Erbforschung am Menschen ist die Erfassung von Erbkrankheiten und erblichen Mißbildungen.

10.1 Methoden der genetischen Forschung beim Menschen

Die besonderen Verhältnisse beim Menschen erfordern besondere Forschungsmethoden. Es sind hauptsächlich: massenstatistisches Verfahren, Familienforschung, Zwillingsforschung, cytogenetische Untersuchungen und biochemische Methoden.

Das **massenstatistische Verfahren** wendet die Erkenntnis der Populationsgenetik auf den Menschen an. Die Untersuchung einer möglichst großen Zahl von Einzelfällen macht mit Hilfe statistischer Methoden allgemeine Aussagen möglich.

Die **Familienforschung** geht auf F. GALTON (1822–1911) zurück; sie tritt beim Menschen an die Stelle des Kreuzungsexperiments. Sie verfolgt an Hand von *Stammbäumen* (der Nachkommen eines Paares) und *Ahnentafeln* (der Ahnen eines Einzelmenschen) den Erbgang eines bestimmten Merkmals. Die Erhebungen aus Geburts-, Heirats- und

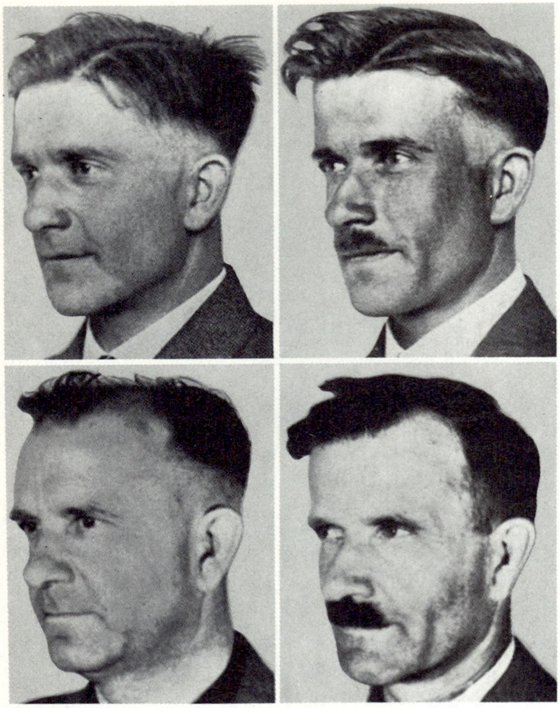

Abb. 403: Eineiige Zwillingsbrüder, oben im Alter von 23 Jahren, unten von 48 Jahren. Der Zwilling links ist Elektriker und arbeitet in der Stadt, sein Bruder rechts bewirtschaftet in schwerer körperlicher Arbeit einen Bauernhof. Die Umweltverschiedenheit hat sich besonders im Gesichtsausdruck ausgeprägt.

Sterberegistern sollen möglichst viele Generationen erfassen; sie werden durch *Sippschaftstafeln* ergänzt, welche auch die Seitenglieder der Familien einbeziehen. Aus der Art, wie ein Merkmal in der Folge der Geschlechter auftritt, lassen sich Schlüsse auf dessen Erblichkeit und auf die Art des Erbgangs ziehen.

Es ist oft unmöglich, bei einem Menschen mit einem dominanten Merkmal festzustellen, ob er dieses Merkmal homozygot oder heterozygot trägt. Daher wird der Begriff »dominant« in der Humangenetik abweichend von den sonstigen Gepflogenheiten definiert. Dominant heißen alle Merkmale, die bei Heterozygoten ausgeprägt sind, auch wenn der homozygote Zustand nicht oder nicht sicher bekannt ist und man deshalb nicht weiß, ob er im Phänotyp mit dem heterozygoten übereinstimmt. Wenn ein Träger eines dominanten Merkmals viele Kinder hat und diese alle Merkmalsträger sind, ist zu vermuten, daß das dominante Merkmal bei den Eltern homozygot vorliegt. Den Begriff »intermediär« benutzt man in der Humangenetik nicht. Tritt bei Heterozygoten ein Merkmal phänotypisch auf, wenn auch schwächer ausgeprägt, so wird es gemäß der gegebenen Definition als dominant bezeichnet.

Selten auftretende rezessive Merkmale können viele Generationen überspringen, bis sie durch Verbindung zweier heterozygoter Anlagenträger (z. B. Verwandtenehe) wieder in Erscheinung treten. Die Aussage gilt allerdings nur für seltene rezessive Merkmale. Ist das rezessive Merkmal in einer Population häufig, dann tritt es auch ohne Verwandtenehe ziemlich oft homozygot und damit phänotypisch auf.

Ein weiterer wichtiger Zweig der menschlichen Erbforschung ist die **Zwillingsforschung**.

Es gibt zwei Arten von menschlichen Zwillingen. Bei *zweieiigen Zwillingen* (ZZ) haben sich zwei Eier aus dem Eierstock der Mutter losgelöst und sind unabhängig voneinander befruchtet worden. Da die Geschlechtszellen verschiedene Chromosomenkombinationen enthalten, stimmen ZZ nicht mehr überein als auch sonst Geschwister; sie können gleichen oder verschiedenen Geschlechts sein. *Eineiige Zwillinge* (EZ) bilden sich dadurch, daß sich der Keim wohl schon bei den ersten Zellteilungen in zwei gleiche Teile spaltet, von denen sich jeder zu einem Menschen entwickelt. Da diese Zwillinge auf die gleiche Zygote zurückgehen, haben sie denselben Chromosomenbestand und damit gleiches Erbgut. Daraus erklärt sich die außerordentliche Ähnlichkeit eineiiger (monozygoter) Zwillinge, die weit über das Maß der üblichen Geschwisterähnlichkeit hinausgeht.

Bei uns kommt auf etwa 95 Geburten eine Zwillingsgeburt, auf etwa 340 Geburten eine EZ-Geburt.

Die Frage, ob es sich bei gleichgeschlechtlichen Zwillingspaaren um EZ oder ZZ handelt, wird durch die *polysymptomatische Ähnlichkeitsdiagnose* beantwortet. Bei diesem Verfahren wird der Grad der Übereinstimmung in solchen Merkmalen überprüft, die erfahrungsgemäß erblich stark variieren, aber sehr umweltstabil sind. Es sind das u. a. serologische Merkmale (Blutgruppen), Pigmentierung und Struktur der Iris, Form der Augenbrauen, Farbe und Form der Haare, Form der Ohrmuschel, Form und Stellung der Zähne sowie die Finger-, Hand-, Fuß- und Zehenlinien. Stimmen diese Merkmale bei Zwillingen überein, so handelt es sich mit Sicherheit um EZ.

Die Bedeutung der EZ für die Erbforschung liegt in der *völligen Gleichheit ihres Erbgutes.* Die Unterschiede, die sie aufweisen, müssen daher von Einflüssen der Umwelt herrühren. Die Zwillingsforschung arbeitet mit Zwillingspaaren von dreierlei verschiedener Art und zieht aus dem Vergleich ihre Schlüsse: mit EZ gleicher Umwelt, EZ verschiedener Umwelt und ZZ gleicher Umwelt. Der *Vergleich von EZ gleicher Umwelt mit EZ verschiedener Umwelt ergibt die Wirkung der Umwelteinflüsse.* Ein Merkmal ist dann als vorwiegend umweltbedingt anzusehen, wenn es bei EZ verschiedener Umwelt verschieden (diskordant), bei EZ gleicher Umwelt gleich angetroffen wird (konkordant). Ein umweltabhängiges Merkmal wird um so größere Unterschiede aufweisen, je verschiedenartiger die Umwelten der EZ sind. Am aufschlußreichsten sind die allerdings seltenen Fälle, in denen EZ vom frühesten Kindesalter an in ganz verschiedener Umwelt herangewachsen sind. Beim Vergleich ihrer Eigenschaften zeigt sich, daß manche Eigenschaften nur sehr wenig, andere sehr stark durch die Umwelt beeinflußt werden können. Man unterscheidet demgemäß *umweltstabile und umweltlabile* Merkmale. Das Ausmaß, in dem ein bestimmtes Merkmal genotypisch bestimmt wird, bezeichnet man als *Heritabilität* (Erblichkeitsgrad).

Die **cytogenetische Methode** beruht auf der Untersuchung der Chromosomen im Metaphasestadium nach Einwirkung von proteinspaltenden Enzymen. Behandelt man solche Chromosomenpräparate mit bestimmten Farbstoffen, so färben sich einzelne Chromosomenabschnitte verschieden an. Es entsteht ein für jedes Chromosom spezifisches Banden-Muster, mit dem man alle 46 Chromosomen des Menschen sicher unterscheiden kann. Da verschiedene Farbstoffgruppen unterschiedliche Banden-Muster liefern,

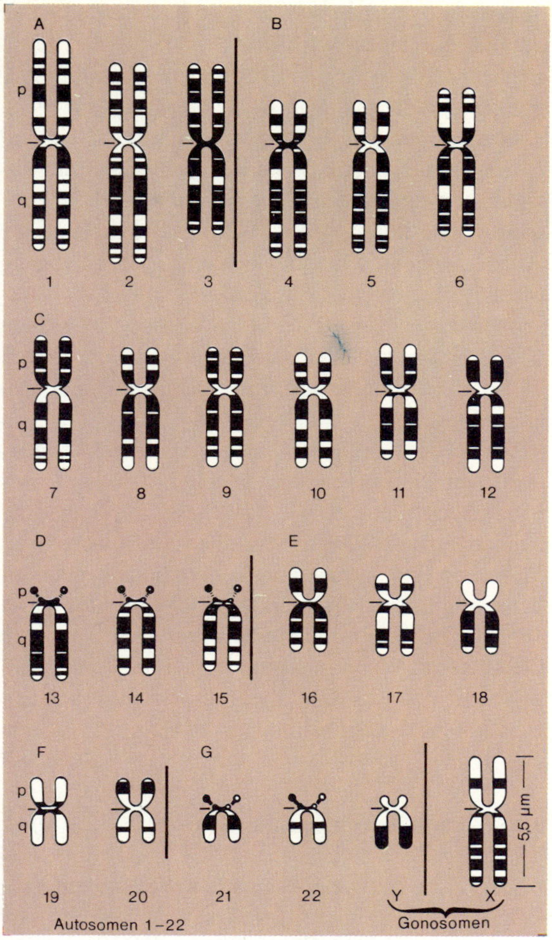

Abb. 404: Karyogramm des Menschen und Charakterisierung der menschlichen Chromosomen mit der Banden-Technik. Durch Anfärbung der Chromosomen mit einem Farbstoff nach Enzymbehandlung entstehen helle und dunkle Querbänder von unterschiedlicher Breite. Die Anzahl, Breite und Anordnung der Querbänder ist für jedes Chromosom charakteristisch. Unter Karyogramm versteht man die Ordnung der Chromosomen in Gruppen und ihre Numerierung. Benutzt werden dazu: Größe und Länge der langen (q) und kurzen (p) Arme der Chromosomen sowie das Banden-Muster. Die beiden Chromatiden jedes Chromosoms sind am Centromer noch miteinander verbunden. Das Karyogramm erhält man durch Ordnen der von einem Foto der Metaphase ausgeschnittenen Chromosomen. (Die Metaphase ist das Mitosestadium, in dem die Chromosomen in der Äquatorialebene der Kernspindel liegen.)

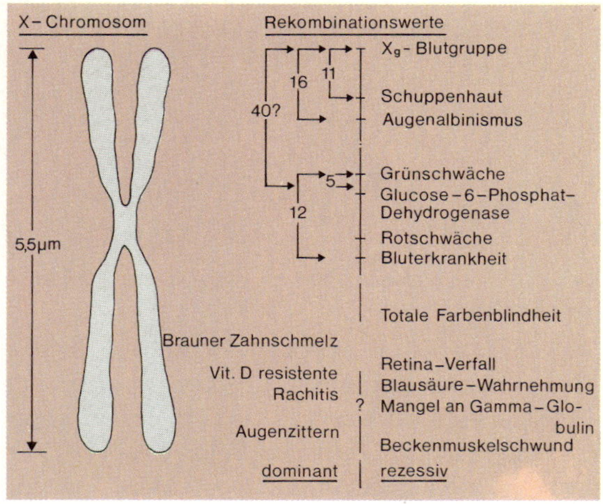

Abb. 405: Vorläufige Gen-Karte des X-Chromosoms vom Menschen. Die genaue Lage der Gene ist nicht gesichert, da bisher noch zu wenig Untersuchungen vorliegen. X_g ist ein Blutgruppenmerkmal, das durch ein spezifisches Antiserum nachweisbar ist (genau so wie die ABO-Blutgruppen durch ihre Antisera).

lassen sich auch kleine Veränderungen (Mutationen) der Chromosomen erfassen.

Gen-Kartierung der menschlichen Chromosomen. Für die Gen-Kartierung menschlicher Chromosomen hat sich die Methode der Zellhybridisation als hilfreich erwiesen. Mischt man eine Kultur menschlicher Zellen mit der Kultur einer anderen Zellart, z. B. von der Maus, so führt dies vereinzelt zur Verschmelzung von zwei artverschiedenen Zellen. Diese Hybridzellen enthalten zwei Kerne, einen von der menschlichen Zelle und einen von der Mauszelle. Die beiden Kerne können verschmelzen. Bei der Teilung der Hybridzellen durch Mitose tritt ein starker Verlust an Chromosomen auf. Welche Chromosomen im Laufe der Zellteilungen verschwinden, ist zufällig. So entstehen schließlich auch Hybridzellen, die nur noch ein einziges (oder wenige) der menschlichen Chromosomen aufweisen, wobei verschiedene Hybridzellen jeweils ein anderes menschliches Chromosom enthalten können. Durch extremes Verdünnen der Zellkultur lassen sich die Hybridzellen isolieren und getrennt weitervermehren. Weist man in einer solchen Zellkultur dann ein menschliches Enzym nach, so muß das Gen für dieses Enzym auf dem noch vorhandenen menschlichen Chromosom der Hybridzelle liegen. Dieses Chromosom kann nach der auf Abb. 404 dargestellten Methode eindeutig identifiziert werden. Durch künstlich ausgelöste Chromosomenmutationen, die zu einem Verlust eines Chromosomenstücks führen, läßt sich sogar der Chromosomenabschnitt bestimmen, in dem das Gen liegen muß.

10.2 Beispiele für die Vererbung von Merkmalen

Die normalen körperlichen Merkmale des Menschen beruhen zumeist auf dem Zusammenwirken vieler Gene, so daß die Erbgänge oft schwer zu überschauen sind. Dagegen lassen sich viele krankhafte Erscheinungen auf je ein einziges Gen zurückführen und so leichter über Generationen hinweg in ihrem Erbgang verfolgen.

Einzelne Merkmale prägen sich bei verschiedenen Merkmalsträgern unterschiedlich stark aus, sie sind von unterschiedlicher *Penetranz*; ihr liegt ein unterschiedlicher *Manifestationsgrad* der Erbanlage zugrunde. Er ist vor allem von Umwelteinflüssen abhängig (z. B. von der Ernährung).

Pigmentierung. Die *Augenfarbe* ist der Untersuchung besonders leicht zugänglich. Zunächst wurde angenommen, daß sie auf einem einzigen Gen beruhe und daß dunkel über hell dominiere. Nähere Unter-

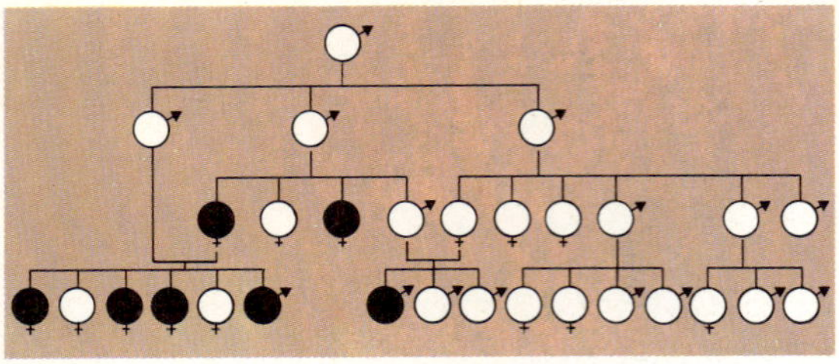

Abb. 406: Stammbaum einer mit allgemeinem Albinismus (schwarz) behafteten Sippe

suchungen ergaben aber, daß der Augenfarbe eine Reihe zusammenwirkender Erbanlagen zugrunde liegen müssen, daß es sich also um ein polygenes Merkmal handelt. Das hat zur Folge, daß bei ZZ nur in 31% der Fälle die Augenfarbe gleich ist, während EZ darin übereinstimmen.

Auch *Haar-* und *Hautfarbe* sind erblich bedingt; im allgemeinen dominiert dunkel über hell. Sie beruhen ebenfalls auf zahlreichen selbständig mendelnden Erbeinheiten. Eine besondere Abnormität in bezug auf die Haut- und Haarpigmentierung ist der *Albinismus* (s. 8.11). Einem Albino fehlt der Farbstoff im ganzen Körper. Die Haare sind weißlich, die Haut ist ganz blaß, die Augen bekommen durch die Farbe des durchscheinenden Blutes eine rote Farbe. Der Stammbaum, Abb. 406, läßt deutlich den rezessiven Erbgang erkennen. Die (nicht eingezeichnete) Frau des zweiten Sohnes muß auch die Anlage besessen haben; denn aus der Ehe gehen zwei kranke Töchter hervor. Aus der Ehe einer dieser Töchter mit ihrem Onkel entstehen 4 kranke und 2 gesunde Kinder; es muß also auch der Onkel Anlagenträger gewesen sein. Aus der Ehe eines gesunden Sohns mit seiner gesunden Base geht ein krankes Kind hervor; beide Eltern müssen also die Anlage gehabt haben. Der Stammbaum zeigt eindringlich die ungünstigen Folgen von Verwandtenehen in Familien mit rezessiven Krankheitsanlagen.

Skelett und Körperform. Der *Körperlänge* und dem *Körpergewicht* liegen gleichfalls Erbanlagen zugrunde; EZ zeigen darin eine viel höhere Übereinstimmung als ZZ. Doch sind innerhalb der beiden Gruppen von Zwillingen die Unterschiede beim Körpergewicht sehr viel größer; die Körpergröße ist umweltstabil, das Körpergewicht relativ umweltlabil.

Die Vererbung der *Kurzfingrigkeit* (Fehlen eines Fingergliedes) zeigt, daß das Merkmal nirgends eine Generation überspringt. Es handelt sich also um einen dominanten Erbgang. Der Stammbaum einer Sippe mit Kurzfingrigkeit, von dem englischen Arzt FARABEE 1905 aufgestellt, war der erste Beweis dafür, daß die MENDELschen Regeln auch für den Menschen gelten. In den Ehen dieser Sippe traten kranke und gesunde Kinder im Verhältnis 36 : 33 ~ 1 : 1 auf. In ähnlicher Weise ist auch für andere Skelettmißbildungen der Erbgang untersucht worden (Abb. 407).

Blutgruppen. Die *I-Blutgruppen* (A, B, AB, 0) sind in der Humangenetik besonders wichtig, weil sie völlig umweltstabil und 100%ig penetrant sind. Ihr Erbgang wurde bereits früher als Beispiel für multiple Allelie genannt. Ebenfalls bekannt ist der Erbgang einer Reihe weiterer Blutgruppen, so daß die Blutgruppenzugehörigkeit recht zuverlässige Aussagen über Verwandtschaftsbeziehungen erlaubt. Davon wird z. B. bei Vaterschaftsuntersuchungen Gebrauch gemacht.

Das *Rhesusmerkmal D* ist ein Protein (Antigen) der roten Blutkörperchen, das über 80% der Europäer besitzen, ebenso wie der Rhesusaffe (daher die Namengebung). Die betroffenen rhesus-positiven Menschen (Rh^+) tragen im Genom homozygot oder heterozygot den Rhesusfaktor (DD oder Dd). Etwa 18% der Europäer sind rhesus-negativ (rh^-) mit dem Genotyp dd. Wenn nun eine werdende Mutter rhesus-negativ ist, das Kind aber rhesus-positiv, so kann Erythroblastose auftreten (s. S. 141).

10.3 Vererbung von Krankheiten

Die Zahl der beim Menschen bekannten Erbkrankheiten ist außerordentlich groß. Vererbt werden allerdings nicht Krankheiten, sondern defekte Gene und Chromosomen-Anomalien. Ob diese eine Krankheit oder Mißbildung verursachen, hängt oft auch von der Beschaffenheit weiterer Gene sowie von Umwelteinflüssen ab. Mit der Frage, was zur Ausbildung von Krankheitsmerkmalen durch Defekte im Genom führt, beschäftigt sich die *Phänogenetik*. Bei Chromosomen-Anomalien sind viele Gene gleichzeitig in ihrem Verhältnis zu anderen Genen betroffen. Anders ist es bei Erbleiden, die man auf die Wirkung einzelner Gene zurückführen kann. Beim Menschen sind über 1500 solcher monogener Erbleiden bekannt geworden. Davon sind 793 autosomal-dominant, 629 autosomal-rezessiv und 123 X-Chromosom-gekoppelt (vorwiegend rezessiv).

Ein Beispiel einer rezessiven monogenen Krankheit ist die *Phenylketonurie* (s. 8.11). Heterozygote Träger des Merkmals haben einen erhöhten Phenylalanin-Gehalt im Blut. Man kann deshalb mit Hilfe einer Blutuntersuchung Heterozygote mit einer Sicherheit von etwa 80% ermitteln. Das Verfahren wird als *Heterozygoten-Test* bezeichnet. Er ist für die

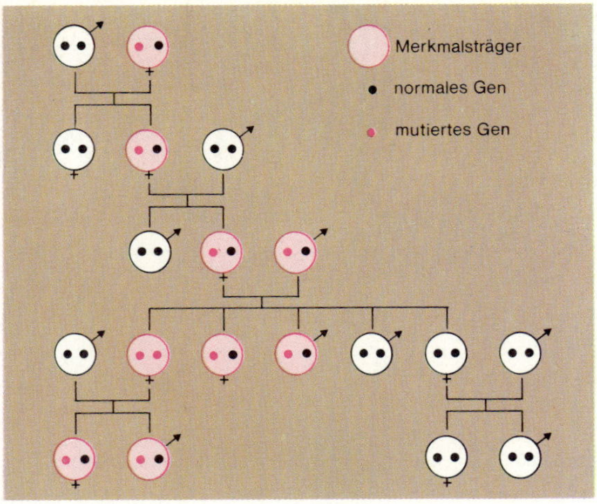

Abb. 407: Autosomal-dominanter Erbgang. Der Merkmalsträger kann bezüglich des mutierten (dominanten) Gens homozygot oder heterozygot sein. Beispiele: Kurzfingrigkeit (Häufigkeit 1:170000, durch Verwachsen zweier Fingerglieder sind einzelne oder mehrere Finger an beiden Händen verkürzt). Vielfingrigkeit (1:5000, überzählige Finger oder Zehen). Spalthand, Spaltfuß (1:100000, Mißbildung durch Verwachsung von Fingern oder Zehen). Erbliche Knochenbrüchigkeit (spröder Knochenbau). Veitstanz (1:15000, Nervenkrankheit mit Muskelkrämpfen). Chondrodystropher Zwergwuchs (1:10000, durch mangelhafte Knorpelbildung sind Arme und Beine extrem kurz). Erbliche Nachtblindheit (1:100000). Erblicher Augenkrebs (1:20000, Retinazerfall)

genetische Familienberatung von großem Nutzen. Auch für viele andere erbliche Stoffwechselkrankheiten gibt es entsprechende Methoden zur Erkennung von Heterozygoten, weil sie sogenannte »Mikrosymptome« der Krankheit tragen.

In zahlreichen Fällen ist das Krankheitsbild einer Erbkrankheit nur ein Symptom, das durch Mutationen in verschiedenen Genen verursacht sein kann. Man findet dann keinen einfachen Erbgang, selbst nicht unter der vereinfachenden Annahme von 100%iger Penetranz und gleichem Manifestationsgrad. Ein derartiger Fall liegt bei der *Epilepsie* vor. Es sind 24 monogene Erbleiden bekannt, zu deren Symptomen epileptische Anfälle gehören. Ferner kann Epilepsie auch als Folge einer vorgeburtlichen Schädigung des Fetus auftreten, ist dann also keine Erbkrankheit. Diese multifaktorelle Verursachung der Epilepsie läßt verstehen, warum sie in manchen Fällen mit geistiger Unterentwicklung einhergeht und in anderen auch bei Hochbegabten auftritt (z. B. JULIUS CAESAR, SPINOZA).

Infektionskrankheiten erscheinen zunächst rein umweltbedingt. Nun zeigt sich aber von nahezu allen Krankheiten dieser Art, daß bei EZ wesentlich häufiger beide Partner von der Krankheit befallen werden als bei ZZ. Da jede Infektionskrankheit eine Auseinandersetzung des Immunsystems des Körpers mit dem Erreger darstellt und da EZ die gleiche immunologische Konstitution besitzen, so verhalten sie sich auch einer Ansteckung gegenüber ähnlicher als ZZ. Am deutlichsten wird dies bei der *Tuberkulose.* Von 190 untersuchten EZ-Paaren verhielten sich 74% gleich gegen die Tuberkulose und 26% verschieden; von 427 ZZ-Paaren nur 28% gleich und 72% verschieden. Für die Entstehung der Tuberkulose ist daher die erbliche Veranlagung von maßgebender Bedeutung. Die Erreger gelangen praktisch in jeden Menschen, doch kann der Körper in der Regel den Eindringling unschädlich machen. Zu einer wirklichen Erkrankung kommt es meist nur, wenn eine erbliche Anfälligkeit vorliegt.

Zur vorgeburtlichen Erkennung von Erbkrankheiten (oder z. B. von Erythroblastose bei Rhesus-Unverträglichkeit) beim Fetus gewinnt die *Amnionpunktion (Amniozentese)* immer größere Bedeutung (Abb. 409). Man entnimmt der Fruchtblase eine geringe Menge Fruchtwasser. In diesem sind stets Zellen vom Embryo enthalten, die dann in Zellkulturen vermehrt werden. Damit kann man Chromosomen- und biochemische Untersuchungen durchführen und auf diese Weise viele Chromosomen-Anomalien (= Chromosomen-Aberrationen) und Stoffwechselkrankheiten (derzeit etwa 50) erkennen. So gewinnt man Grundlagen für die Entscheidung, ob eine Unterbrechung der Schwangerschaft (medizinische Indikation) angebracht ist, um die Geburt schwer erbkranker Kinder zu verhindern.

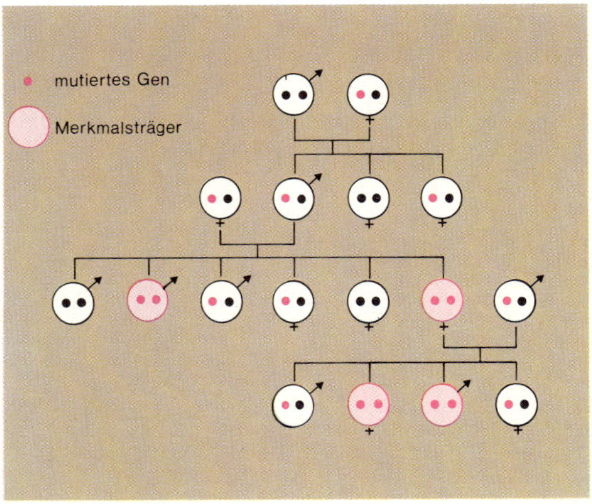

Abb. 408: Autosomal-rezessiver Erbgang. Der Merkmalsträger muß bezüglich des mutierten (rezessiven) Gens homozygot sein. Zu diesem Typus gehören u. a. viele erblichen Stoffwechselleiden. Beispiele: Albinismus (1:15000), Kretinismus (1:50000), Phenylketonurie (1:10000), Alkaptonurie (äußerst selten, s. 8.11), Galaktosämie (1:20000). Fructose-Intoleranz (1:50000, Unfähigkeit zur Fructoseverwertung, führt zu Schwachsinn und Linsenstar). Sichelzellenanämie (s. 8.12), Taubstummheit (1:3000)

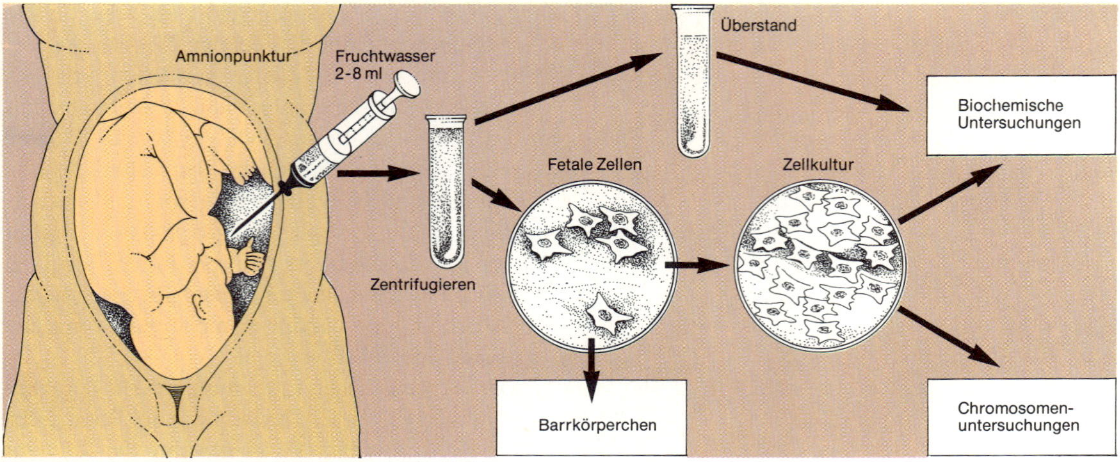

Abb. 409: Vorgeburtliche Diagnostik aus dem Fruchtwasser, Schema der Aufarbeitung. Die fetalen Zellen werden in einem Kulturmedium weitergezüchtet bis Teilungsstadien für Chromosomenuntersuchungen vorliegen und Stoffwechselprodukte der Zellen auf Enzymdefekte schließen lassen. Die Amnionpunktion kann nur ausgeführt werden, wenn der Fetus 10–14 Wochen alt ist.

10.4 Vererbung des Geschlechts, Geschlechtsanomalien und geschlechtschromosomengebundene Vererbung

Auch beim Menschen wird das Geschlecht nach dem XY-Typus bestimmt, wie das Geschlechtsverhältnis 1 : 1 zeigt. Über die geschlechtsbestimmenden Faktoren ist allerdings nur wenig bekannt. Das X-Chromosom besitzt einen homologen Abschnitt zum Y-Chromosom mit entsprechenden Allelen und einen nicht homologen Abschnitt, auf dem nur X-chromosomale Gene liegen. Schon im Embryo wird in den Zellen mit zwei X-Chromosomen ein X-Chromosom durch starke Kontraktion der DNA und Verknüpfung mit zusätzlichen Proteinen in einen inaktiven Zustand gebracht. Das »stillgelegte« X-Chromosom ist nach Anfärbung lichtmikroskopisch als BARR-Körperchen sichtbar (Abb. 410).

Am Vorhandensein oder Fehlen des BARR-Körperchens läßt sich bei Scheinzwittern (*Hermaphroditen*), die z. B. als Folge hormonaler Störungen auftreten, das erblich angelegte Geschlecht eindeutig erkennen (Kern-Geschlechtsbestimmung durch cytologische Untersuchung von Blutzellen, Zellen der Mundschleimhaut oder der Haarwurzeln). Die Inaktivierung eines der beiden X-Chromosomen durch Ausbildung des BARR-Körpers erfolgt im frühen Embryonalstadium. In einem Teil der Zellen wird zufällig das eine, in einem andern Teil der Zellen das andere X-Chromosom inaktiviert, so daß beide Allele der Gene auf dem X-Chromosom im Organismus wirksam werden können, auch bilden sich Eizellen

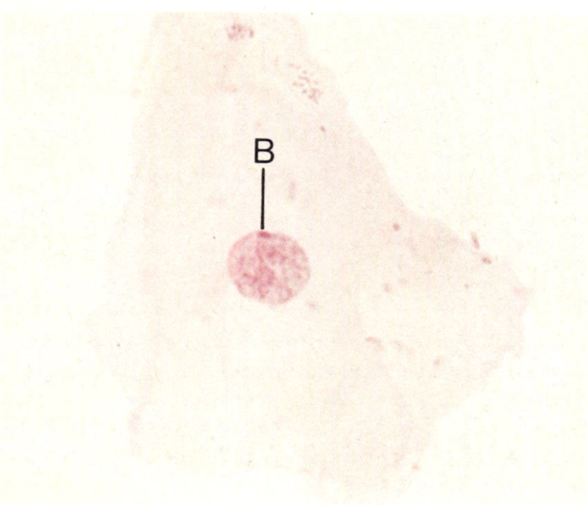

Abb. 410: Zellkern mit randständigem Barrkörperchen (B) in der Epithelzelle der Mundschleimhaut einer Frau

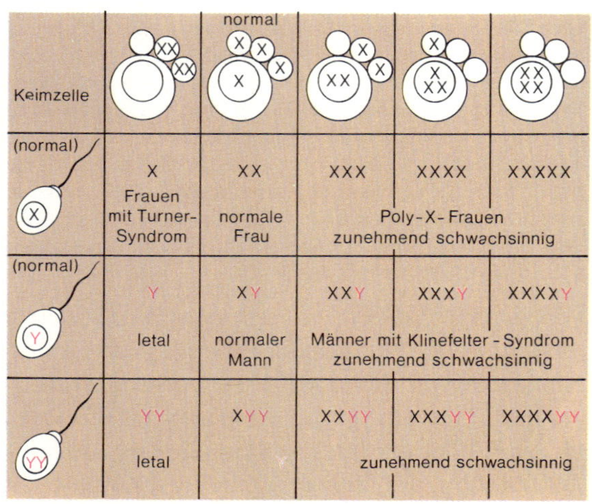

Abb. 411: Abweichungen von der Geschlechtschromosomenzahl durch Störungen während der Meiose

mit dem einen Allel und solche mit dem andern Allel. In bezug auf die Gene des X-Chromosoms ist der weibliche Organismus daher ein Mosaik.

Einige Anomalien beruhen auf Fehlen oder Überzähligkeit von Geschlechtschromosomen. Menschen, die als Geschlechtschromosom nur ein X-Chromosom aufweisen, also zum X0-Typ gehören, haben weibliche Konstitution; sie sind kleinwüchsig, infantil und haben rudimentäre, funktionslose Geschlechtsorgane (Turner-Krankheitsbild oder Turner-Syndrom). Beim XXY-Typ sind die sekundären Geschlechtsmerkmale männlich, es treten eunuchoide Züge mit hoher Stimme und geringem Bartwuchs auf (Klinefelter-Krankheitsbild). Dieser anomale Genotyp zeigt, daß beim Menschen das Y-Chromosom das männliche Geschlecht mitbestimmt und in seiner Ausprägungsstärke ein X-Chromosom übertrifft. Von Männern des XYY-Typs sind keine phänotypischen Anomalien bekannt. Andere Anomalien von Geschlechtschromosomen (z. B. Typ XXX oder Typ XXYY) sind mit Schwachsinn verbunden.

Als Beispiel für einen geschlechtschromosomengebundenen Erbgang sei die *Bluterkrankheit* erwähnt. Die Betroffenen leiden unter stark verlangsamter Blutgerinnung, so daß schon sehr kleine Wunden zum Verbluten führen können (vgl. S. 135).

Aus der Ehe zwischen einem bluterkranken Mann mit der Krankheitsanlage im X-Chromosom und einer erbgesunden Frau gehen gesunde Söhne und phänotypisch gesunde, aber heterozygote Töchter hervor. Heiratet nun eine solche Anlagenträgerin einen gesunden Mann, so können reinerbig gesunde und mischerbige Töchter sowie gesunde und kranke Söhne geboren werden. Wenn eine Erbträgerin einen kranken Mann heiratet, so wären reinerbig kranke Töchter, mischerbige Töchter (Anlageträgerinnen), kranke und gesunde Söhne zu erwarten. Doch sind Verbindungen von Blutern mit Mädchen aus Bluterfamilien sehr selten. Daß ein Bluter einen kranken Sohn hatte, ist bei den vielen bisher durchgeführten Stammbaumuntersuchungen nur einmal festgestellt worden. Seit einigen Jahren ist eine Sippe bekannt, in der bluterkranke Frauen vorkommen. Sie sind in bezug auf die Krankheitsanlage reinerbig; alle männlichen Nachkommen sind Bluter. Diese Abweichungen sind erklärbar, seit man weiß, daß bei der Blutgerinnung eine große Zahl von Genen beteiligt ist; so gibt es offenbar zwei verschiedene Bluterkrankheiten (A und B). Bei beiden kann das Krankheitsbild unterschiedlich schwer sein. Eine Stammtafel über die Vererbung der Bluterkrankheit in europäischen Fürstenhäusern zeigt Abb. 412. Weitere geschlechts-

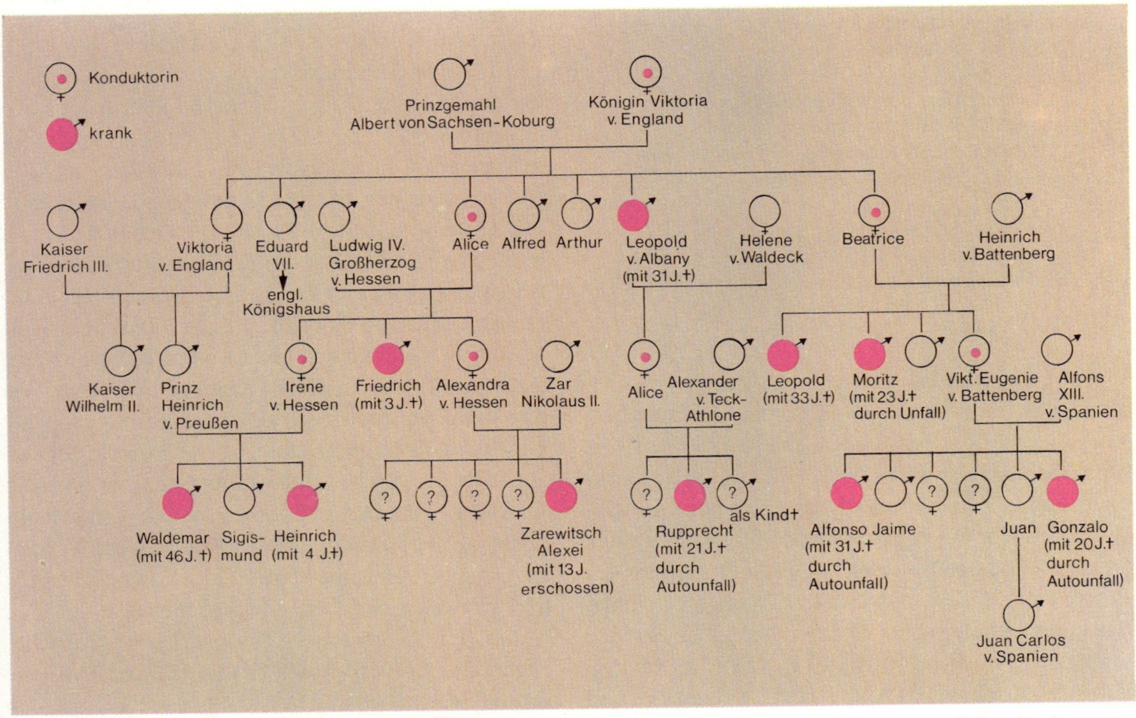

Abb. 412: Stammbaum europäischer Fürstenhäuser mit Bluterkrankheit. ? nicht bekannt, ob mutiertes Allel vorlag bzw. vorliegt

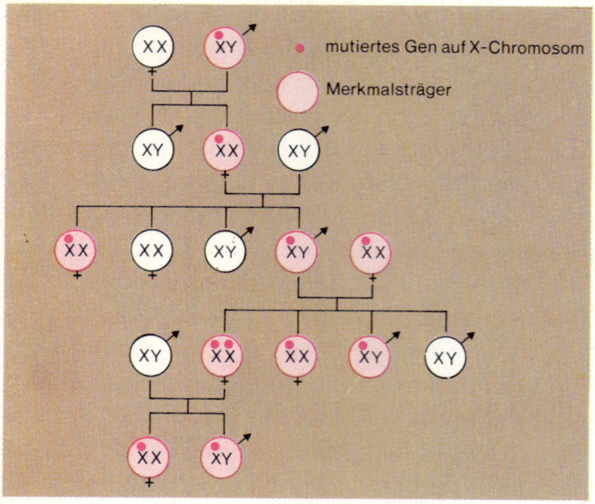

Abb. 413: X-Chromosomal-dominanter Erbgang. Alle Genträger sind auch Merkmalsträger. Beispiele: Nystagmus (ständiges Zittern der Augen). Gelbbrauner Zahnschmelz (Schmelzschicht sehr dünn, daher früher Zahnverfall). Vitamin-D-resistente Rachitis

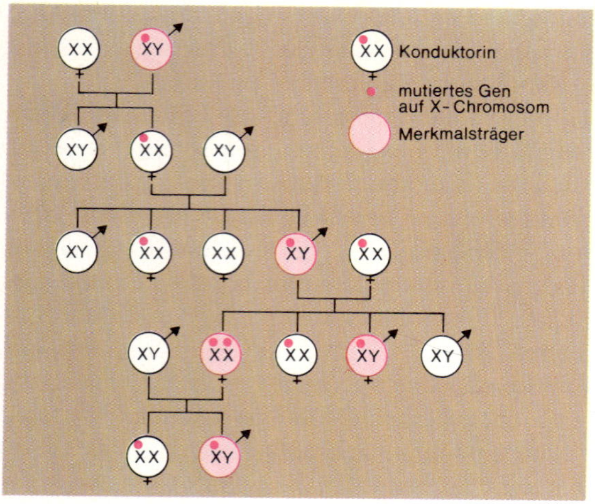

Abb. 414: X-chromosomal-rezessiver Erbgang. Merkmalsträger sind alle Männer mit dem mutierten (rezessiven) Gen im X-Chromosom sowie Frauen, die homozygot bezüglich des mutierten Gens sind. Heterozygote Frauen nennt man Konduktorinnen; sie zeigen das Merkmal nicht, können es jedoch weitervererben. Beispiele: Rot-Grün-Blindheit (in Europa bei 8% der Männer und 0,5% der Frauen). Bluterkrankheit A (1:10000). Fischschuppenhaut (1:100000, Haut mit rauhen, dicken Hornplatten bedeckt, wirkt homozygot letal). Mangel an Gamma-Globulin (Hohe Infektionshäufigkeit durch mangelhafte Bildung von Antikörpern). Mangel an Enzym Glucose-6-Phosphat-Dehydrogenase (Genuß von Bohnen oder Einnahme von Sulfonamiden führt zu schwerer Anämie: Fabismus). Weitere Beispiele s. Abb. 405

chromosomengebundene Merkmale und Krankheiten s. Abb. 413 und 414.

10.5 Vererbung psychischer Merkmale

»Vom Vater hab' ich die Statur,
des Lebens ernstes Führen,
vom Mütterchen die Frohnatur
und Lust zu fabulieren.

Urahnherr war der Schönsten hold,
das spukt so hin und wieder;
Urahnfrau liebte Schmuck und Gold,
das zuckt wohl durch die Glieder.

Sind nun die Elemente nicht
aus dem Komplex zu trennen,
was ist denn an dem ganzen Wicht
Original zu nennen?«

Goethe

Die Fähigkeit des Menschen zu kulturellen Leistungen ist durch psychische Merkmale bedingt. Nun sind die psychischen Unterschiede zwischen den Menschen nicht weniger auffallend als die körperlichen, und sie haben ebenfalls ihre erblichen Grundlagen. Die Häufung Begabter in bestimmten Familien ist allerdings noch kein Beweis für die Vererbung der Begabung. So weiß man aus der Familienforschung, daß die schwäbischen Dichter und Philosophen SCHILLER, UHLAND, MÖRIKE, HÖLDERLIN, HAUFF, KERNER, VISCHER, GEROK, HEGEL, SCHELLING und PLANCK vielfältig miteinander verwandt und sämtlich Nachkommen des im 15. Jahrhundert in Stuttgart-Zuffenhausen lebenden Schultheißen JOHANNES VAUT waren. Eindrucksvoll ist auch die Vererbung der musikalischen Begabung im Geschlecht der BACH (s. Abb. 415). Über eine lange Reihe von Generationen treten in ihm hervorragende Musiker auf. Die Beobachtung begabter Nachkommen in Begabtenfamilien kann jedoch zu einem erheblichen Teil auch auf fördernde Einflüsse des Elternhauses und auf die gelenkte Ausbildung durch die Eltern zurückzuführen sein. In jedem Falle übertragen Eltern ihren Kindern ja nicht nur Gene, sondern schaffen in der Regel auch die Umwelt, in der die Kinder aufwachsen. Wie die Verhaltensforschung zeigt, ist aber gerade die Umwelt in der frühen Kindheit von größtem Einfluß auf die psychische Entwicklung. Es ist deshalb schwierig, genetische Wirkungen und Umwelteinflüsse bei der Ausbildung geistig-seelischer Merkmale zu trennen und eine klare Entscheidung über Erb- und Umweltbedingtheit menschlichen Handelns zu treffen. Für die genetische Untersuchung psychischer Eigenschaften wirkt erschwerend, daß sie polygene Grundlagen haben und Begabungen und Fähigkeiten quantitativ schwer zu messen sind.

Vererbung der Intelligenz. Der Intelligenzbegriff

ist unscharf und seine Definition abhängig von sich wandelnden gesellschaftlichen Wertungen. Eine quantitative Messung ist also recht schwierig. Am häufigsten benutzt man die Intelligenztests, die den *Intelligenz-Quotienten* (IQ) liefern. Ein IQ um 100 bedeutet durchschnittliche Intelligenz, ein IQ $<$ 100 unterdurchschnittliche, ein IQ $>$ 100 überdurchschnittliche Intelligenz. Zwillingsuntersuchungen lieferten für den IQ einen Heritabilitätswert von 0,7–0,8; der IQ wäre demnach zu 70–80% erblich, der Rest umweltbedingt. Infolge des geringen Umfangs bisheriger statistischer Erhebungen kann daraus jedoch nur geschlossen werden, daß die Höhe der Intelligenz auch eine genetische Grundlage hat.

Die Alternative »vererbt oder erworben« in bezug auf geistige Leistungen ist sicherlich falsch. Man darf wohl davon ausgehen, daß jeder Mensch eine große Reaktionsbreite bezüglich seiner geistigen Leistungsfähigkeit besitzt. Eben diese Reaktionsbreite ist durch die Gene festgelegt, nicht aber die Leistungsfähigkeit selbst. Die Umwelt (Erziehung im weitesten Sinn) und die Nutzung der lebenslang anhaltenden großen Lernfähigkeit des Menschen bestimmen, wo der einzelne innerhalb seiner Reaktionsbreite steht. Über den Grenzwert der Reaktionsbreite kann er allerdings nicht hinaus.

Vererbung von Geisteskrankheiten. In einigen wenigen Fällen (z. B. erblicher Veitstanz) liegen monogene Erbleiden vor. Bei Schizophrenie und manisch-depressiver Erkrankung hingegen handelt es sich um Krankheiten mit erblicher Disposition, ähnlich wie dies für Infektionskrankheiten gilt.

Von bestimmten Formen des *Schwachsinns* wissen wir sicher, daß sie erbbedingt sind, weil die Ursachen geklärt werden konnten. Der Schwachsinn als Folge der *Phenylketonurie* (s. 8.11) zeigt aber zugleich, daß die Wirkung der Gene auf den Phänotyp durch die Umwelt beeinflußbar ist. Schwerer Schwachsinn tritt auch auf, wenn das Chromosom 21 dreifach vorhanden ist (Trisomie 21), so daß alle Körperzellen 47 Chromosomen besitzen. Bei dieser als Down-Syndrom (früher Mongolismus) bezeichneten Krankheit haben die Betroffenen auch körperliche Schäden und Schlitzaugen. Die Störung der Chromosomenverteilung in der Meiose als Ursache der Trisomie (s. Abb. 411) wird mit zunehmendem Alter der Mutter häufiger. Bei Müttern unter 30 Jahren liegt die Wahrscheinlichkeit der Geburt eines davon betroffenen Kindes bei 0,04% und steigt bei Müttern über 45 Jahren auf 3% an.

10.6 Die genetische Zukunft des Menschen

Allgemeines. Die genetische Zukunft des Menschen ist im wesentlichen durch folgendes gekennzeichnet: (1) Einschränkung der natürlichen Selektion, (2) stetes Anwachsen der Erdbevölkerung und (3) mutagen wirkende Zivilisationseinflüsse.

Der Kulturmensch ist nicht mehr dem Einfluß der Selektion in dem Maße unterworfen wie etwa Naturvölker oder gar Tiere in ihrem natürlichen Lebensraum.

Schon vorhandene oder durch Mutation neu entstehende Erbkrankheiten werden also nicht mehr in jedem Fall durch natürliche Selektion verschwinden. Dies zeigt sich z. B. in einem verbreiteten Nachlassen der Sinnesleistungen (Sehen und Hören). Besonders

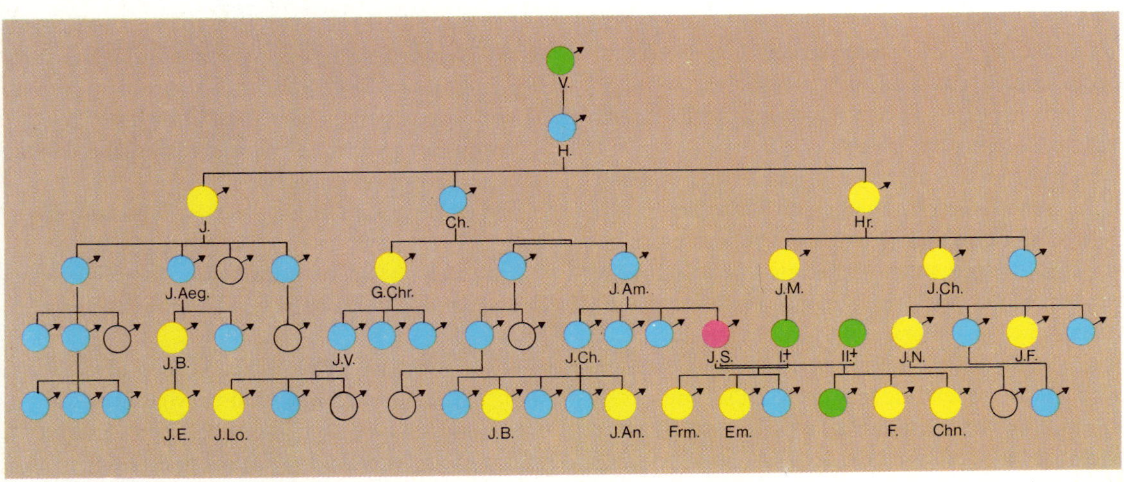

Abb. 415: Stammbaum des Geschlechts der Bach. Rot: Johann Sebastian Bach. Blau: Berufsmusiker. Grün: Komponisten. Gelb: Berufsmusiker und Komponisten

zu befürchten ist eine Schwächung des Immunsystems, das sich dann in hoher Anfälligkeit gegenüber Infektionen und krebsiger Entartung der Zellen äußert. Eine wachsende Abhängigkeit von medizinischer Hilfe ist die Folge.

Die Einschränkung der natürlichen Selektion ist verbunden mit einer Zunahme von Mutationen durch Zivilisationseinwirkungen. Strahlen und mutagene Chemikalien erzeugen genetische Schäden. Zum Schutz vor Strahlenschäden sind deshalb strenge Vorschriften im Umgang mit Röntgenstrahlen und radioaktiven Stoffen getroffen worden.

Eine weit größere Gefahr für das Erbgut birgt die verbreitete Anwendung mutationsauslösender chemischer Stoffe. Bekannt ist die mutagene Wirkung einiger Suchtmittel, mancher Arzneimittel und Biocide sowie verschiedener technisch verwendeter Stoffe. Von vielen Stoffen, denen der Mensch ausgesetzt ist oder die er mit der Atemluft oder mit Nahrungs- und Genußmitteln zu sich nimmt, weiß man noch gar nicht, ob sie genetisch unbedenklich sind.

Die genetische Last einer Generation wird durch folgende Faktoren bestimmt:

1. *Genetische Mitgift:* durch Mutationen, die über die Keimzellen von den Eltern übernommen werden;
2. *Genetischer Zufluß:* durch Mutationen, die im Verlauf des individuellen Lebens in der Keimbahn und in den Keimzellen entstehen;
3. *Genetischer Ausfall:* durch Mutationen, welche die betroffenen Zellen der Keimbahn ausscheiden, und außerdem durch Nichtfortpflanzung mancher Erbkranker.

Unter den heutigen Lebensbedingungen steigt der genetische Zufluß, doch sind aus populationsgenetischen Überlegungen ernste Probleme erst nach vielen Generationen zu erwarten. Die Bevölkerungen durchmischen sich immer stärker, und die Wahrscheinlichkeit, daß zwei rezessive defekte Anlagen zusammentreffen und den Ausbruch der Erbkrankheit auslösen, wird seltener.

Eugenik. Sie hat sich als Ziel gesetzt, die Ergebnisse der genetischen Forschung am Menschen für die Gesunderhaltung des Erbguts sowohl des einzelnen wie auch der gesamten Menschheit praktisch anzuwenden. Unter positiver Eugenik versteht man alle Maßnahmen zur Förderung des erwünschten Erbguts. Maßnahmen zur Verhinderung der Fortpflanzung von Personen mit schweren Erbschäden (z. B. Sterilisation) bezeichnet man als negative Eugenik. Wie aber ist es möglich, das Erbgut eines Menschen zu beurteilen, wenn die meisten seiner Eigenschaften polygen bedingt sind und rezessive Allele überhaupt verborgen bleiben? Wir haben zudem noch zu wenig Kenntnisse über den Anteil des Erbguts und den Anteil der Umwelt an den Eigenschaften des Menschen. Aus diesem Grunde ist es sinnvoll, sich vor allem um eine optimale Umwelt zu bemühen, in der jeder Mensch die Chance hat, seine Erbanlagen so gut wie möglich zu entwickeln.

Eine unumstrittene Forderung der Eugenik ist die eingehende genetische Beratung der Familie, um aufzuklären und die Eigenverantwortung zu wecken. Besondere Bedeutung hat die genetische Beratung für solche Familien, in denen Erbkrankheiten bereits aufgetreten sind. Unsere Kenntnis über die Vererbungsweise vieler Erbleiden erlaubt warnende oder beruhigende Voraussagen über die Krankheitswahrscheinlichkeit künftiger Kinder, ermöglicht Ratschläge bei der ärztlichen Überwachung der Schwangerschaft oder begründet den freiwilligen Verzicht auf eigene Kinder, wenn die Eltern deren hohes Krankheitsrisiko erfahren.

Berücksichtigt man die Häufigkeit des Auftretens von Mutationen und die zu vermutende weite Verbreitung rezessiver Erbdefekte, wird wohl kaum ein Mensch ohne irgendwelche mutierten Gene in seinem Erbgut existieren. Bei der Eheschließung Nahverwandter ist allerdings die Wahrscheinlichkeit, daß beide Ehepartner gleiche krankmachende rezessive Gene besitzen, größer als bei nicht blutsverwandten Partnern. Auch wenn durch die genetische Beratung allein die Anzahl der Erbleiden in der Gesamtbevölkerung nicht wesentlich sinken wird, so kann sie doch die Betroffenen vor Leid bewahren.

Maßnahmen, die über die genetische Beratung hinausgehen, erfordern zu ihrer Begründung eine genauere Kenntnis der Humangenetik als wir sie bis jetzt haben. Unser heutiges Wissen über das komplizierte Wechselspiel der Gene warnt vor den Risiken der Eingriffe in die genetische Substanz. Um so mehr ist es notwendig, das gegenwärtig Mögliche zu tun:

Vermeidung oder wenigstens Zurückdrängung mutagener Umwelteinflüsse –

Allgemeine Einführung der genetischen Beratung –

Entwicklung weiterer medizinischer Hilfen zum Ausgleich der Wirkungen von Erbkrankheiten (*Euphänik*).

»Den genetisch vollkommenen, den idealen und völlig gesunden Menschen hat es wohl noch nie gegeben und kann es auch gar nicht geben« (BAITSCH), weil auch der Mensch den biologischen Gesetzmäßigkeiten unterworfen ist, und dazu gehört das Mutieren seiner Gene.

Evolution

1. Geschichtliche Einführung

Bis zum Beginn des 19. Jahrhunderts galt in der Biologie die vorherrschende Lehrmeinung von der Unveränderlichkeit der Arten. Der schwedische Naturforscher LINNÉ, der als erster die zu seiner Zeit bekannten Arten von Pflanzen und Tieren in einem einheitlichen System zu erfassen und zu beschreiben versuchte, war noch um 1750 der Ansicht, daß die Arten, wie wir sie jetzt vorfinden, seit Beginn der Welt vorhanden seien. Es gebe also so viele Arten, wie Gott am Anfang erschaffen habe. Fossilien betrachtete man nicht als versteinerte Reste von Lebewesen, sondern hielt sie für Spielereien der Natur. Aber schon damals wurden Zweifel an der Unveränderlichkeit der Arten laut. Als erster versuchte LAMARCK (1744–1829) den Gedanken systematisch zu begründen, daß die Arten der Jetztzeit von ausgestorbenen früheren Arten abstammen. Er kam auf Grund seiner wissenschaftlichen Tätigkeit an den großen naturhistorischen Sammlungen von Paris zu der Ansicht, daß die Grenzlinien der Arten fließend seien, und vertrat in seiner »Philosophie zoologique« (1809) eine Urzeugung des Lebendigen und eine Stammesentwicklung der Lebewesen. Doch konnte er mit seiner Ansicht nicht durchdringen. Zu Beginn des vorigen Jahrhunderts stand die Biologie unter dem beherrschenden Einfluß des Zoologen CUVIER (1769–1832). Er hatte die *Paläontologie* als Lehre von den Lebewesen der Vorzeit begründet und hielt streng an der Lehre von der Konstanz der Arten fest. Die damals schon geäußerte Ansicht, daß in der Folge der geologischen Epochen ganz verschiedene Formen von Tieren gelebt hätten, versuchte er durch die Annahme zu erklären, daß Naturkatastrophen mehrmals über die Erde hereingebrochen seien. Er ließ jedoch die Frage offen, ob die Lebewesen der neuen Epoche jedesmal neu geschaffen wurden oder aus Überlebenden hervorgingen.

Abb. 417: Jean de Lamarck (1774–1829)

Abb. 416: Carl Linné (1707–1778)

Die Katastrophentheorie CUVIERS wurde durch die aufblühende Geologie widerlegt. Der Engländer LYELL (1797–1875) vertrat mit seiner Aktualitätshypothese die Ansicht, daß Veränderungen des Erdbildes nicht auf weltumfassenden Katastrophen beruhen, sondern stetig verlaufen und daß diejenigen Kräfte, die heute noch das Erdbild umgestalten, auch in den früheren geologischen Epochen wirksam waren und auf die Lebewesen einwirkten.

Charles Darwin (1809–1882) hatte auf einer fünfjährigen Reise um die Welt (1831–1836) eine Fülle von Beobachtungen aus dem Gesamtgebiet der Biologie, der Erdgeschichte und der Tier- und Pflanzengeographie gesammelt. Er beschrieb in seinem 1859 erschienen Buch »On the origin of species by means of natural selection« den Gedanken einer Abstammung der heutigen Lebewesen von früheren einfachen Formen und gab gleichzeitig eine einleuchtende kausale Erklärung für die Evolution der Organismen. [Ähnliche Vorstellungen wie Darwin äußerte zur gleichen Zeit auch A. R. Wallace (1823–1913).]

Die Abstammungslehre hat seinerzeit die leidenschaftliche Anteilnahme der ganzen Kulturwelt gefunden und einen gewaltigen Kampf der Geister entfacht. In Deutschland waren es vor allem Ernst Haeckel (1834–1919) und August Weismann (1834–1914), die dem Entwicklungsgedanken zum Durchbruch verhalfen und ihn ausbauten. In den letzten Jahrzehnten haben zunächst die Ergebnisse der klassischen Vererbungslehre, dann die der aufblühenden Populationsgenetik und Molekularbiologie die Einsicht in die Ursachen des Evolutionsge-

Abb. 419: Charles Darwin (1809–1882)

Abb. 418: Georges Cuvier (1769–1832)

Abb. 420: Ernst Haeckel (1834–1919)

schehens sehr vertieft. Heute ist die Abstammungslehre eine der fruchtbarsten wissenschaftlichen Theorien.

Das Problem der Entstehung der heutigen Mannigfaltigkeit der Organismen gliedert sich in drei Teilfragen:

1. Welche Tatsachen sprechen für einen stammesgeschichtlichen Zusammenhang aller Organismen und damit für eine Evolution (sog. Tatsachenproblem)?
2. Wie ist die Evolution historisch abgelaufen? Wie sieht der Stammbaum der einzelnen Arten aus (sog. Stammbaumproblem)?
3. Welche Ursachen liegen der Evolution, d. h. der Veränderung der Arten zugrunde (sog. Faktoren- oder Kausalproblem)?

2. Begründung der Abstammungslehre

Die Abstammungslehre sagt aus, daß die jetzt lebenden Pflanzen- und Tierarten nicht von jeher so beschaffen waren wie heute, sondern sich unter langsamer, stetiger Abwandlung ihrer Formen aus andersartigen Lebewesen »entwickelt« haben. Am Anfang einer solchen Entwicklung standen ganz einfache Formen, denen immer höher differenzierte folgten. Dieser Vorgang kann jedoch infolge seiner Langsamkeit nicht unmittelbar beobachtet, sondern nur erschlossen werden.

2.1 Tatsachen aus der Geschichte der Organismen

Die *Paläontologen* forschen in den unterschiedlich alten Gesteinsschichten der verschiedenen geologischen Formationen nach Überresten (*Fossilien*) von Pflanzen und Tieren, die zur Zeit der Bildung jener Schichten gelebt haben. *Fossilien* sind alle Lebensspuren früherer Organismen (Skeletteile, Schalen, Abdrücke), die von Sediment (Schlamm, Sand) zugedeckt wurden. In langen Zeiträumen wurden aus den Sedimenten Sediment- oder Schichtgesteine. Im allgemeinen sind in Fossilien nur Hartteile erhalten geblieben und diese sind oft durch den Fossilierungsvorgang verändert. Weichteile erhalten sich als Abdrücke nur unter besonders günstigen Verhältnissen; sie müssen daher in der Regel rekonstruiert werden (Abb. 421). Außerdem hängt das Auffinden von Fos-

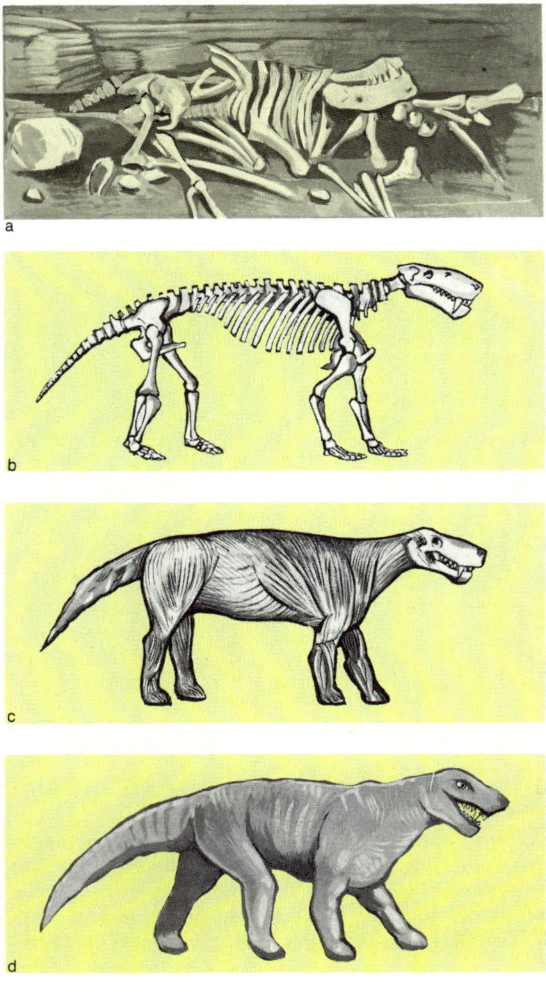

Abb. 421: Rekonstruktion eines Fossils. a Aus einem Steinbruch geborgene Knochen und Knochenreste werden zusammengesetzt. b Teile des Skeletts (z. B. Schädel, Gebiß) erlauben die Einordnung des Fossils in eine bestimmte Tiergruppe. Die fehlenden und unvollständig vorhandenen Teile des Knochengerüsts werden nun aus der Kenntnis dieser Tiergruppe rekonstruiert. c Auf die Skelettrekonstruktion können unter Vergleich verwandter lebender Tiere die Fleischteile aufmodelliert werden. d Durch Überziehen des Modells mit Haut erhält man eine dem ausgestorbenen Tier in Gestalt und Bau zumindest recht ähnliche Rekonstruktion. Nur Einzelheiten der Hautbeschaffenheit, wie etwa die Färbung, bleiben unbekannt.

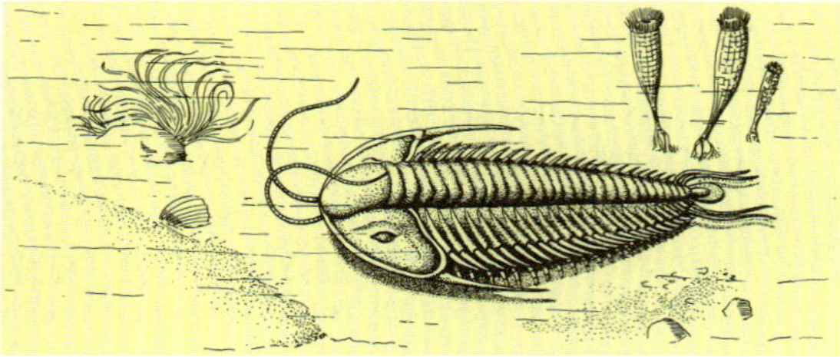

Abb. 422: Ein Trilobit (Paradoxides aus dem Kambrium, bis ½ m groß). Hinten rechts Vertreter des schwammähnlichen Tierstammes der Archaeocyathiden; sie kamen nur im Kambrium vor

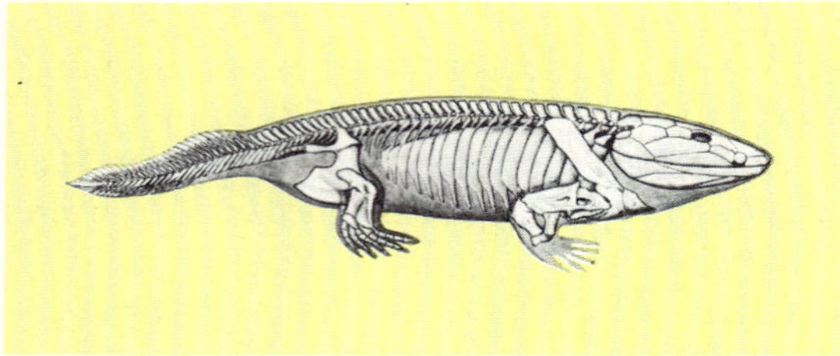

Abb. 424: Ichthyostega, Bindeglied zwischen Quastenflossern und Amphibien. Schwanzflossensaum und Seitenlinienorgane sind Fischmerkmale; die Beine sind fünfzehig; Ansatz von Rippen und Beckengürtel wie bei den Amphibien

silien weitgehend vom Zufall ab. Deshalb geben Fossilien nur ein lückenhaftes Bild von der Geschichte der Organismen. Im Gegensatz zu den fossilen Resten bezeichnet man Skelette, Schalen u. dgl. von heutigen Organismen als »rezent«.

Mit verschiedenen Methoden, am genauesten durch Messung des Zerfalls radioaktiver Elemente, kann man das Alter der geologischen Formationen und der darin eingebetteten Fossilien bestimmen.

Die *Methode der Altersbestimmung* sei am Beispiel des radioaktiven Kohlenstoff-Isotops ^{14}C geschildert. Dieses findet sich in äußerst geringer Menge im CO_2 der Luft. Bei der Photosynthese wird es anteilmäßig in die Pflanze und über die Pflanzennahrung auch in den Tierkörper aufgenommen. Seine Halbwertszeit beträgt rund 5500 Jahre. Nach dieser Zeit ist die Hälfte der ^{14}C-Atome und nach weiteren 5500 Jahren abermals die Hälfte der verbleibenden Atome zerfallen (und so fort). In fossilen Pflanzen- und Tierresten wird bei einem Alter von 11000 Jahren durch Strahlungsmessung noch ein Viertel der ursprünglichen und der Luftzusammensetzung entsprechenden ^{14}C-Menge vorgefunden. Auch andere radioaktive Elemente können benutzt werden, um das Alter von Fossilien oder auch von Gesteinsschichten zu bestimmen. Man muß nur die Halbwertszeit und die ursprüngliche Menge des Elements oder die jetzt vorhandene Menge eines Zerfallsprodukts kennen. So beruht die »K-Ar-Uhr« auf dem Zerfall des in Gesteinen häufigen Kaliums ^{40}K in Argon ^{40}Ar bei einer Halbwertszeit von 1,3 Milliarden Jahren. Durch Schmelzen des Kalium-Minerals im Hochvakuum wird die in ihm enthaltene Argonmenge freigesetzt und bestimmt.

Die Geschichte der Pflanzen- und Tierwelt. Das Alter der ältesten bekannten Gesteine wird nach diesen Messungen auf etwa 3,9 Milliarden, das der Erde auf etwa 5 Milliarden Jahre oder noch höher geschätzt. Die ältesten Fossilien, Bakterien und Blaualgen, finden sich in über zwei Milliarden Jahre alten Gesteinsschichten.

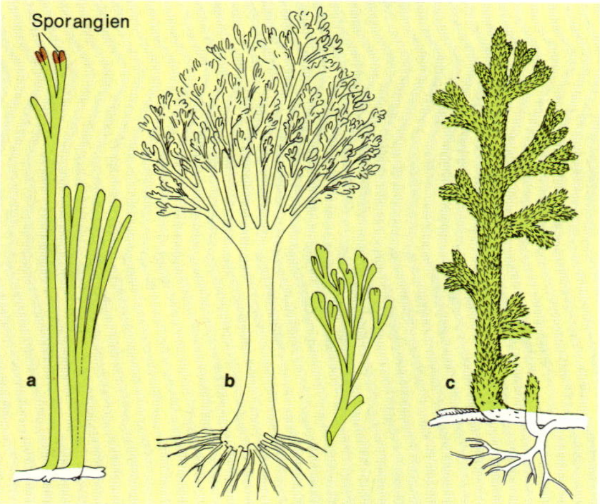

Abb. 423: Nacktfarne (Psilophyten) aus dem Devon (im Uferbereich wachsende Urlandpflanzen).
a Rhynia, aus Schottland: blattlose Sprosse mit Sporangien (Höhe der Pflanze etwa 30 cm); b Pseudosporochnus: Blätter wedelartig (Höhe der Pflanze etwa 1,5 m); c Asteroxylon, aus dem Rheinland: bereits höher entwickelt, trägt zahlreiche kleine nadelförmige Blättchen (Höhe der Pflanze 30–40 cm)

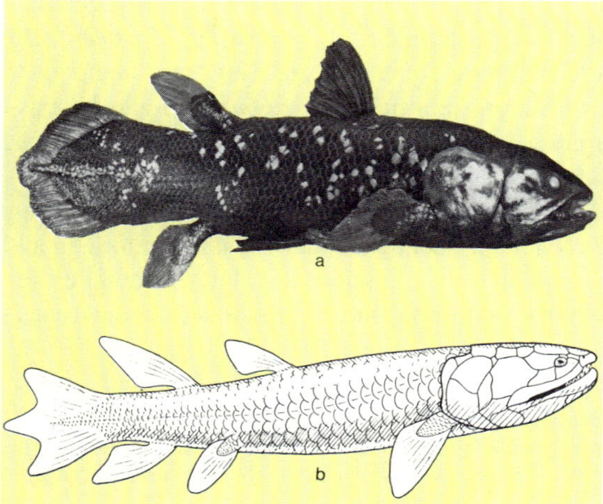

Abb. 425: a Latimeria, ein 1938 erstmals gefangener Quastenflosser. (etwa 1½ m groß). Bis dahin glaubte man, daß die Quastenflosser seit der Kreidezeit ausgestorben seien. Kennzeichen des Baus: Quastenförmige »Gehflossen«, dreigeteilte Schwanzflosse; b Eusthenopteron, Quastenflosser aus dem Devon, der im Süßwasser lebte, durch Kiemen atmete, aber wie der Lungenfisch auch eine Lunge besaß und mit seinen Gehflossen ans Land gehen konnte

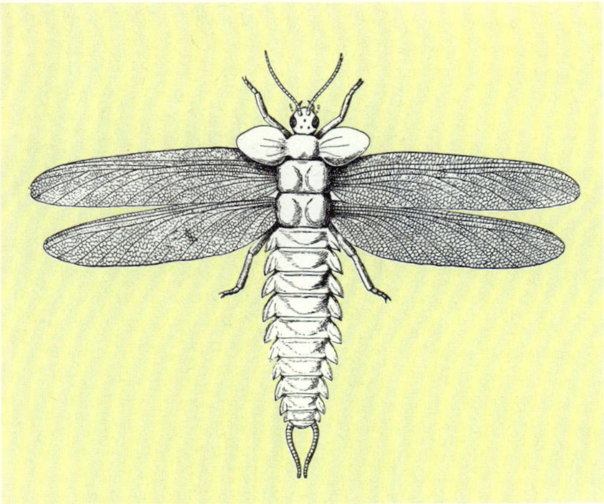

Abb. 426: Stenodictya, ein altertümliches, den Geradflüglern nahestehendes Insekt aus dem Karbon (½ nat. Größe)

Abb. 427: Ein ungefähr 1 m langer Dachschädler aus der Trias

Bis in das jüngste *Präkambrium* bleiben Fossilreste selten. Häufig werden sie erstmals in der Epoche des *Kambriums* (600–500 Millionen Jahre). Es gab hier schon ein reiches Tier- und Pflanzenleben, das ausschließlich auf das Wasser beschränkt war. Fast alle Stämme der wirbellosen Tiere existierten bereits. Charakteristisch für jene Zeit sind die *Dreilapper (Trilobiten)*, eine besondere Gruppe der Gliederfüßler. An Pflanzen gab es wasserlebende *Grün-, Rot-* und *Blaualgen*.

Die ersten Wirbeltiere traten im Ordovizium (500–440 Millionen Jahre) auf. Es waren *kieferlose gepanzerte Fische* mit knorpeliger Wirbelsäule und unpaarigen Flossen. Bei den Pflanzen blieben die Algen weiterhin die einzigen Vertreter.

Das *Silur (Gotlandium*, 440–400 Millionen Jahre) ist durch das früheste Auftreten von Landpflanzen und Landtieren gekennzeichnet. Als erste Landpflanzen erschienen die *Nacktfarne (Psilophyten)*. Sie hatten gabelig verzweigte, mit Spaltöffnungen versehene, blattlose, sporentragende Sprosse mit einfachem Wasserleitungssystem. Im Übergang vom Wasser- zum Landleben eroberten sie die feuchten Uferbezirke des Landes als neuen Lebensraum. Am Ende des Silurs traten bärlappähnliche Gefäßsporenpflanzen auf. Als die Pflanzen den Schritt vom Wasser zum Festland vollzogen hatten, erschloß sich auch den Tieren das Land als Lebensraum, denn sie waren ja auf Pflanzen als Nahrungsgrundlage angewiesen. Als *erste Landtiere* erschienen *Skorpione* und *Tausendfüßler*, die sich auf gegliederten Beinen fortbewegten und in ihrem Chitinpanzer Schutz gegen Austrocknung besaßen.

Im *Devon* (400–350 Millionen Jahre) findet man erstmals *Ammoniten* und *Knochenfische*, darunter auch *Quastenflosser (Crossopterygier)*. Die zuletzt genannten Formen sind die Ausgangsgruppe der Landwirbeltiere. Ihr Name bezieht sich auf ihre vier durch Knochen gestützten, gequasteten Flossen, die eine Fortbewegung auch auf festem Grund ermöglichten. Sie besaßen ein knöchernes Kopfskelett, Zähne, Schultergürtel und eine zur Luftatmung befähigte Schwimmblase. Gegen Ende dieses Zeitalters traten die Lurche auf. Sie sind mit den Quastenflossern durch *Übergangsformen* verbunden. Eine solche ist die in Grönland gefundene salamanderähnliche *Ichthyostega*. Sie zeigt mit einer Rücken- und einer Schwanzflosse, einem Seitenlinienorgan und einem fischähnlichen Gebiß einerseits noch Quastenflossermerkmale, andererseits aber mit dem Besitz von vier fünfzehigen Extremitäten, von Schulter- und Beckengürtel bereits Landwirbeltiermerkmale.

Die Nacktfarne wurden im Verlauf der Devon-Zeit von *Gefäßsporenpflanzen* (Farne, Schachtelhalme und Bärlappgewächse) abgelöst. Sie sind mit echten Wurzeln, einem leistungsfähigen Wasserleitungssystem, Blättern mit Spaltöffnungen und Festigungsgewebe schon ganz dem Leben auf dem Lande angepaßt. Unter den Farnen des späten Devons sind die ersten Vorstufen der späteren *Nacktsamer (Gymnospermen)* zu suchen.

Das *Karbon* (350–270 Millionen Jahre) ist die Epoche der Steinkohlenwälder. Die vorherrschende Amphibiengruppe sind die *Dachschädler (Stegocephalen)* mit einem durch Knochenplatten geschützten Schädel und festem knöchernem Skelett. Als

Abb. 428: Waldmoor der Steinkohlenzeit. 1 Schuppenbaum, 2 Siegelbaum, 3 Schachtelhalme (Calamiten), 4 Baumfarn, 5 Samenfarn, 6 urtümliche Nacktsamer (Cordaiten)

erste Kriechtiere erscheinen plumpe, schwerfällige Pflanzenfresser. Amphibien und Reptilien sind durch Übergangsformen miteinander verbunden. Die Hornhaut der Reptilien und die Kalkschale ihrer Eier schützen vor Austrocknung, so daß diese Tiere ihre ganze Entwicklung auf dem Land vollziehen können. Im Karbon treten auch die ersten geflügelten Insekten auf, riesige Urlibellen mit einer Spannweite bis zu 80 cm sowie schabenähnliche Formen. Neben den als mächtige Baumformen entwickelten Bärlappgewächsen (Siegel- und Schuppenbäume), Schachtelhalmen (Kalamiten) und Farnen werden die *Samenfarne* (Pteridospermen) vorherrschend. Sie haben zwar Farnblätter, bilden aber bereits richtige Samen und werden daher zu den Nacktsamern (Gymnospermen) gestellt.

Abb. 429: Ginkgo, die Gabelnervigkeit der zweilappigen Blätter erinnert an Farne

Mit dem *Perm* (270–225 Millionen Jahre) ist das Erdaltertum (Paläozoikum) zu Ende. Die jetzt stark aufblühenden *Reptilien* entwickelten Formen (Thecodontier, Therapsiden), die als Ausgang der heutigen Vögel und Säugetiere anzusprechen sind. Bei den Pflanzen gehen die Gefäßsporenpflanzen – offenbar im Zusammenhang mit dem Wechsel von feuchttropischem Klima zu Wüsten- und Steppenklima – zurück. Vorherrschend sind jetzt Nacktsamer wie Palmfarne *(Cycas)* und *Ginkgobäume.* Auch treten die ersten Nadelhölzer auf.

Beim Übergang zur *Triasformation* (225–180 Millionen Jahre) war die Gruppe der Reptilien mächtig entwickelt. Unter diesen hatten die *Theriodontier* Merkmale, wie wir sie auch bei Säugern finden (Schreitgang, sekundären Gaumen, sieben Halswir-

Abb. 430: Cycas, ein rezenter Palmfarn (Nacktsamer)

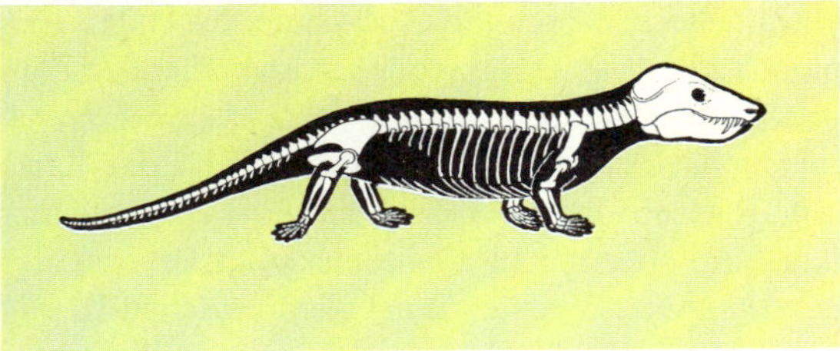

Abb. 432: Cynognathus, ein säugerähnliches Reptil aus der Trias. Die Zähne sind wie bei Säugern differenziert und werden nur einmal gewechselt

bel, ein verschiedenzähniges Gebiß sowie einen säugertypischen Schulter- und Beckengürtel). Am Ende dieser Periode gibt es Tierarten, die sich nur durch ihr primäres Kiefergelenk als Reptilien erweisen, sonst aber alle Säugetiermerkmale besitzen. Gleichzeitig finden sich auch die ersten Reste von echten Säugetieren in Form von Kieferbruchstücken und Zähnen. Bei den Pflanzen herrschen zwar noch die Nacktsamer vor, doch leiten einzelne Gruppen nach Anordnung und Bau ihrer Fortpflanzungsorgane zu den Bedecktsamern über.

Die *Juraformation* (180–135 Millionen Jahre) ist das Zeitalter der Saurier. Sie eroberten sich alle Le-

Abb. 431: a Pterodactylus, eine etwa taubengroße, fischfressende Flugechse; b Brontosaurus, ein über 20 m langer, pflanzenfressender Dinosaurier; c Ichthyosaurus, lebendgebärender Meeressaurier, durch Torpedoform und flossenartige Gliedmaßen vollkommen dem Meere angepaßt, Länge bis 12 m; d Tyrannosaurus, ein Raubdinosaurier von 14 m Länge und 6 m Höhe

bensräume der Erde mit Ausnahme der kalten Regionen: das Wasser mit großen, schwimmenden Formen (*Ichthyosaurier*), die Luft (*Pterodactylus, Pteranodon* mit acht Meter Spannweite) und das Land mit Riesenformen (*Brontosaurus, Tyrannosaurus* u. a.). Im obersten Jura lebte auch der Urvogel *Archaeopteryx*, ein echtes Bindeglied zwischen Reptilien und Vögeln. Federkleid, Schädelform, Schulter- und Beckengürtel sowie die Gliedmaßen entsprechen dem Vogeltypus; der eidechsenartig lange Schwanz, die nicht verwachsenen Mittelhandknochen und krallentragenden Finger sowie die Bezahnung der Kiefer sind noch reptilienhaft. Die Säugetiere waren durch verschiedene Gruppen vertreten, von denen eine, die *Pantotheria*, den Beuteltieren nahestand.

In der *Kreidezeit* (135–70 Millionen Jahre) starben die Ammoniten aus, ebenso die Reptilien bis auf unsere heutigen Reste. Es erschienen die ersten *echten Vögel* mit bezahntem Schnabel. An Säugetieren lebten Kloakentiere, Beuteltiere und Insektenfresser. Bei den Pflanzen traten die bedecktsamigen *Blütenpflanzen* in großer Artenfülle auf, und parallel dazu wuchs die Formenfülle der Insekten.

Zu Beginn des *Tertiärs* (70–3 Millionen Jahre) setzte dann eine gewaltige Entwicklung der Säugetiere ein. Sie traten zunächst in drei noch nicht stark unterschiedlichen Gruppen auf: *Urinsektenfresser, pflanzenfressende Urhuftiere und fleischfressende Urraubtiere.* Als besser ausgerüstete Tiere verdrängten sie die primitiven Säuger in Rückzugsgebiete und eroberten sich mit der weiteren Anpassung des Gebisses, der Gliedmaßen und des ganzen Körpers an besondere Ernährungsarten schließlich alle Lebensräume der Erde.

Abb. 434: Urvogel Archaeopteryx aus dem obersten Jura von Solnhofen; Berliner Exemplar

2.2 Allgemeine Erkenntnisse der Paläontologie

Ordnet man die seit Entstehung des Lebens in den geologischen Schichten aller Erdteile gefundenen Fossilien nach ihrer systematischen Zugehörigkeit und der zeitlichen Aufeinanderfolge, so zeigen sich einige allgemeine Gesetzmäßigkeiten.

1. Die fossilen Formen lassen sich zwanglos in das natürliche System der heute lebenden Organismen einordnen, was

Abb. 433: Schale eines Ammoniten aus dem Jura und Rekonstruktion eines Ammonitentieres

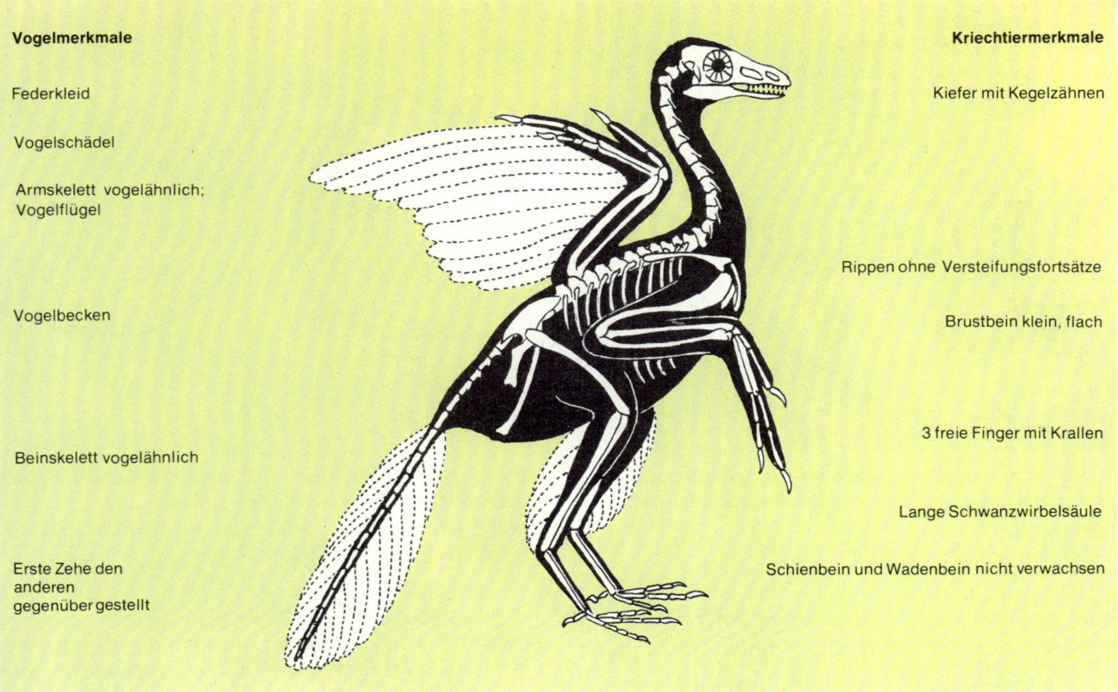

Abb. 435: Archaeopteryx ist ein »Mosaiktyp« der Evolution: Er weist ein Mosaik von reinen Kriechtier- und reinen Vogelmerkmalen auf. Seine Merkmale stehen also gerade nicht zwischen den Kriechtier- und den Vogelmerkmalen

ihren Zusammenhang mit den heutigen Organismen wahrscheinlich macht.

2. Im Laufe der Erdgeschichte treten zunächst einfache, dann zunehmend höher organisierte, kompliziertere Organismen auf.
3. Die Entwicklung innerhalb einer Formengruppe verläuft ohne auffallende Sprünge.
4. Zwischen zwei zeitlich aufeinanderfolgenden fossilen Gruppen gibt es Übergangsformen, die Merkmale beider Gruppen vereinen.
5. Die Entwicklung der Lebewesen geht (mit wenigen Ausnahmen) vom Wasser zum Landleben.
6. Die Entwicklung verläuft in Richtung zunehmender Differenzierung, dies bedeutet eine sich steigernde Arbeitsteilung in Anpassung an die neuen Bedürfnisse. So treten bei den Algen des Kambriums etwa 6–10 verschiedene Zellsorten auf, bei den Nacktfarnen waren es rund 25, bei den höchstentwickelten Pflanzen der Gegenwart sind es 76 verschiedene Zellarten.
7. Die Entwicklung kehrt sich nicht um (sie ist irreversibel). Eine Rückkehr zu früher existierenden Formen ist nicht nachweisbar. In der Evolution verlorengegangene Organe (z. B. verringerte Zehenzahl der Huftiere, Verlust der Zähne bei Vögeln, Verlust der Hinterflügel bei Fliegen) treten in der Weiterentwicklung nicht wieder auf.

Auf Grund dieser Fakten muß man annehmen, daß die heutigen Lebensformen von Pflanzen und Tieren der geologischen Vorzeit abstammen und sich im Laufe der Erdgeschichte allmählich aus ihnen entwickelt haben, so daß die Entwicklungsreihen in Wirklichkeit Ahnen- oder Abstammungsreihen sind.

2.3 Tatsachen aus dem Bau der Organismen

Die heutigen Lebewesen sind ausnahmslos aus Zellen mit gleichen, elektronenoptisch erkennbaren Strukturen aufgebaut. Sie zeigen überdies eine *gradweise abgestufte Ähnlichkeit* ihres Körperbaues, nach der sie in eine Ordnung, in ein **System,** gebracht werden können. Die Grundeinheit des Systems ist die Art. Alle Organismen, die in den wesentlichen Merkmalen übereinstimmen und fruchtbare Nachkommen miteinander haben können, fassen wir zu einer Art zusammen.

Die *Art* Hauskatze ist der Wildkatze sehr ähnlich; beide gehören zur gleichen *Gattung* Katze (Felis). Mit Löwe und Tiger, Luchs und Gepard bilden sie die *Familie* der Katzenartigen, welche mit den Familien der Bären, Marder- und Hundeartigen die *Ordnung* der Raubtiere umfaßt. Mit den Ordnungen der Nagetiere, Rüsseltiere, Unpaarhufer wird sie zur *Unterklasse* der Plazentatiere zusammengefaßt, die mit den Beuteltieren und Kloakentieren die *Klasse* der Säugetiere bilden. Diese zählt zum *Stamm* der Wirbeltiere, der zusammen mit den Stämmen der Wirbellosen die Gesamtheit des Tierreichs umfaßt. Ähnlich baut sich das Pflanzenreich auf. Die Zahl der übereinstimmenden Merkmale nimmt in diesen Gruppen von

Abb. 436: *Schnabeltier (Länge bis zur Schwanzspitze etwa 60 cm); lebt an Seen und Flüssen Ostaustraliens (s. auch S. 365)*

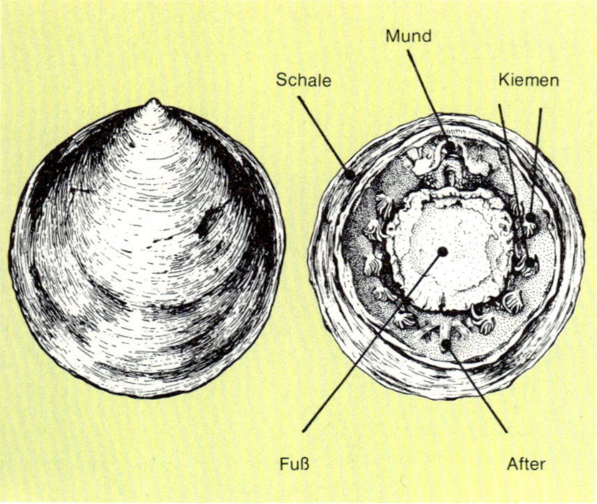

Abb. 438: *Neopilina, eine 1952 in der Tiefsee des Pazifik entdeckte Urschnecke mit 5 Paar Kiemen und noch ohne spiralig geformten Eingeweidesack. Ihre ähnlich gebauten Vorfahren sind aus dem Silur bekannt*

Stufe zu Stufe ab. Die Ähnlichkeit der Organismen mit ihren Abstufungen läßt sich einleuchtend durch eine natürliche Verwandtschaft, also durch Artenumwandlung erklären. Unterstützt wird diese Annahme durch das Vorkommen von **Zwischen- oder Übergangsformen**, die Formmerkmale von zwei benachbarten systematischen Gruppen aufweisen.

Das *Schnabeltier* in Australien vereinigt Merkmale der Reptilien (Kloake, eierlegend, schwankende Bluttemperatur) mit Säugermerkmalen (Haarkleid, Milchdrüsen). Das *Lanzettfischchen* steht in seinem Bau zwischen den Wirbellosen (keine Gliedmaßen, keine Wirbelsäule, einschichtige Epidermis) und den Wirbeltieren (Chorda, darüber Nervenrohr, Kiemenspalten). *Peripatus* (Südafrika, Australien, Südamerika) besitzt Merkmale von Ringelwürmern (gleichmäßige Körpergliederung, ungegliederte Fußstummel) und von tausendfüßlerähnlichen Gliedertieren (Mundwerkzeuge, Tracheenatmung).

Alle diese Formen sind keine echten Übergangsformen, da sie als heute vorkommende Arten nicht Ahnen anderer heutiger Arten sein können. Sie sind also eine Art Modell der eigentlichen Übergangsformen.

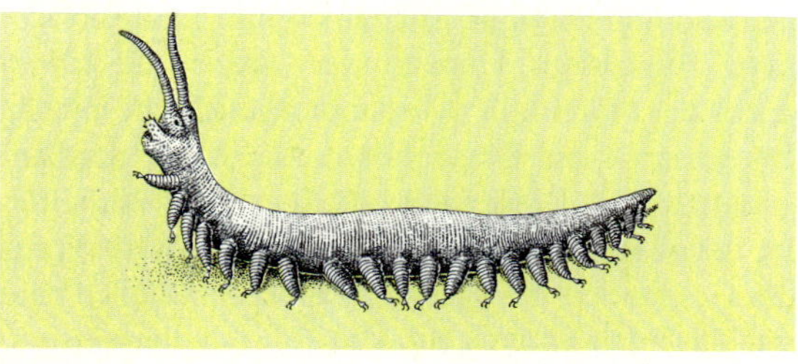

Abb. 437: *Paraperipatus amboinensis (nat. Größe 3–4 cm)*

Echte Zwischenformen findet man dagegen unter den Fossilien. So besitzt das Uramphibium *Ichthyostega* aus dem Oberdevon noch Fischmerkmale, der Urvogel *Archaeopteryx* vereinigt Merkmale der Reptilien und der Vögel (Abb. 435).

Die vergleichende Betrachtung der Organismen läßt erkennen, daß sie zu Gruppen mit einem gemeinsamen *Grundbauplan* zusammenzufassen sind. Ein Vergleich größerer systematischer Einheiten zeigt deutlich eine *stufenweise Abwandlung* des Grundbauplans oder einzelner Organe oder Organsysteme. Die Abwandlung des Bauplans z. B. innerhalb der fünf Wirbeltierklassen entspricht ihrem zeitlichen Auftreten im Laufe der Erdgeschichte. Das Skelett der Vordergliedmaßen der vierfüßigen Wirbeltiere zeigt trotz unterschiedlicher Gestaltung den gleichartigen Grundbauplan: einen gegliederten Achsenstab aus Oberarmknochen, zwei Unterarmknochen, Handwurzel, Mittelhand und Fingern.

Auch bei der vergleichenden Betrachtung der Beine oder der Mundwerkzeuge der Insekten findet man immer den gleichen Grundplan mit den gleichen Einzelteilen.

Solche Organe, die äußerlich nach Bau und Funktion sehr verschieden sein können, aber sich auf die gleiche Grundform zurückführen lassen, heißen **homologe Organe**.

Für homologe Organe und Organsysteme lassen sich oft ganze Entwicklungsreihen vom Einfachen zum Höherentwickelten aufstellen, so für das Kreislaufsystem (Abb. 173), die Lunge (Abb. 191), das Zentralnervensystem. Derartige Reihen heißen *Progressionsreihen* oder Progressionen. Daneben gibt es

Reihen, welche die Rückbildung und Verkümmerung eines Organs zeigen, wie z. B. die Rückbildung der ursprünglich fünffingrigen zu einfingrigen Vordergliedmaßen in der Stammesgeschichte des Pferdes (Abb. 460).

Wenn sich bestimmte Organe bei verschiedenen Organismen als homolog erweisen, dann sind es in der Regel auch die übrigen Organe (*Korrelationsregel*, gefunden von CUVIER); so sind bei den Wirbeltieren nicht nur die Gliedmaßen homolog, sondern ebenso das ganze Skelett, die Sinnes-, Kreislauf-, Atmungs-, Ausscheidungsorgane usw. Die *Homologie* von Organen und Organsystemen wird einleuchtend erklärt, wenn wir annehmen, daß die Tiere von einer gemeinsamen Grundform abstammen. Damit wird die Homologieforschung ein wichtiges methodisches Hilfsmittel zur Aufdeckung stammesgeschichtlicher Zusammenhänge.

Unwesentlich für stammesgeschichtliche Fragen sind dagegen die **analogen Organe**: Strukturen gleicher Funktion jedoch mit verschiedenem Grundbauplan. Analog sind z. B. die Kiemen eines Krebses und eines Fisches. Jene sind Anhänge am Grund der Beine des Brustabschnittes, diese stehen an den Kiemenspalten der Mundhöhle. Analog sind die schaufelförmigen Grabbeine des Maulwurfs und der Maulwurfsgrille oder die Flügel eines Vogels und eines Insekts. Analog sind auch die Knollen der Kartoffel und der Dahlie; beide dienen zwar als unterirdische Speicher für Reservestoffe, doch sind die Kartoffelknollen verdickte Sprosse, die Dahlienknollen verdickte Wurzelgebilde. Die Ausbildung ähnlicher Ge-

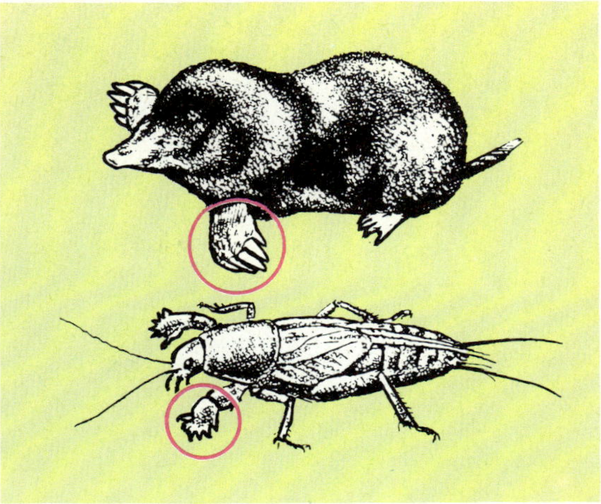

Abb. 440: Analoge Organe: Grabbein von Maulwurf und Maulwurfsgrille

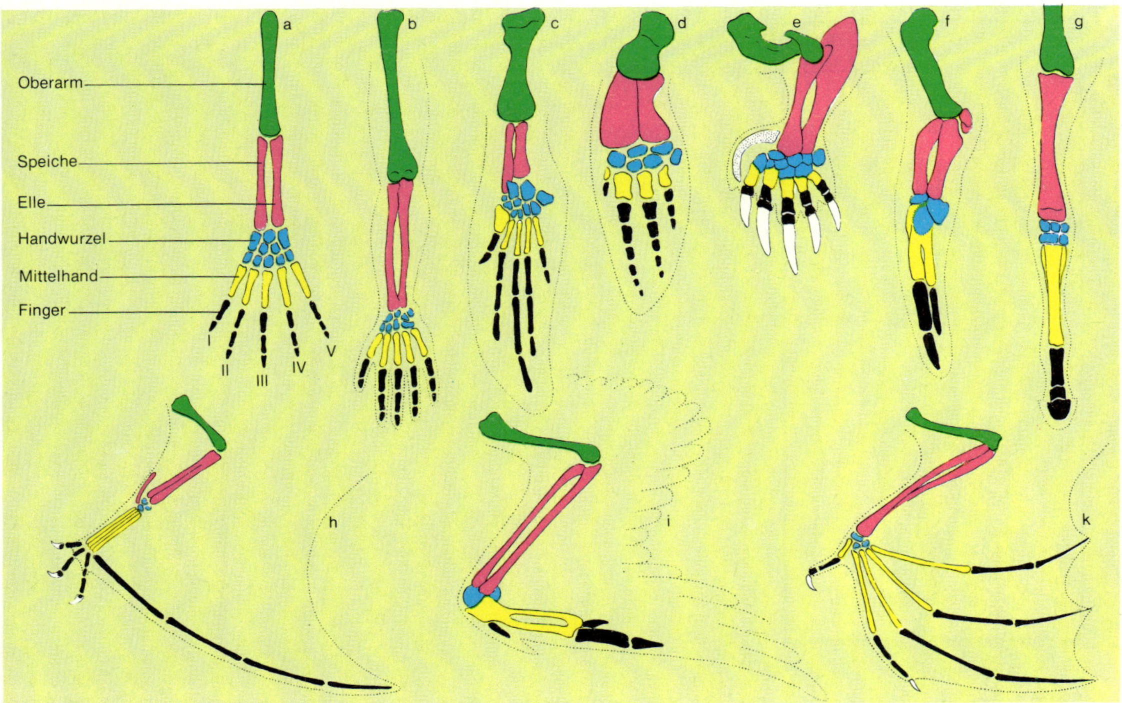

Abb. 439: Gestalt und Funktionswechsel der Vordergliedmaßen verschiedener Wirbeltiere, a Bauplan der fünffingerigen Vorderextremität, b Arm des Menschen, c Flosse einer Meeresschildkröte, d Flosse vom Delphin, e Grabbein des Maulwurfs mit Nägeln und Sichelbein, f Flosse des Pinguins, g Laufbein des Pferdes, h Flügel des Flugsauriers Pterodactylus, i Flügel eines Vogels, k Flügel der Fledermaus

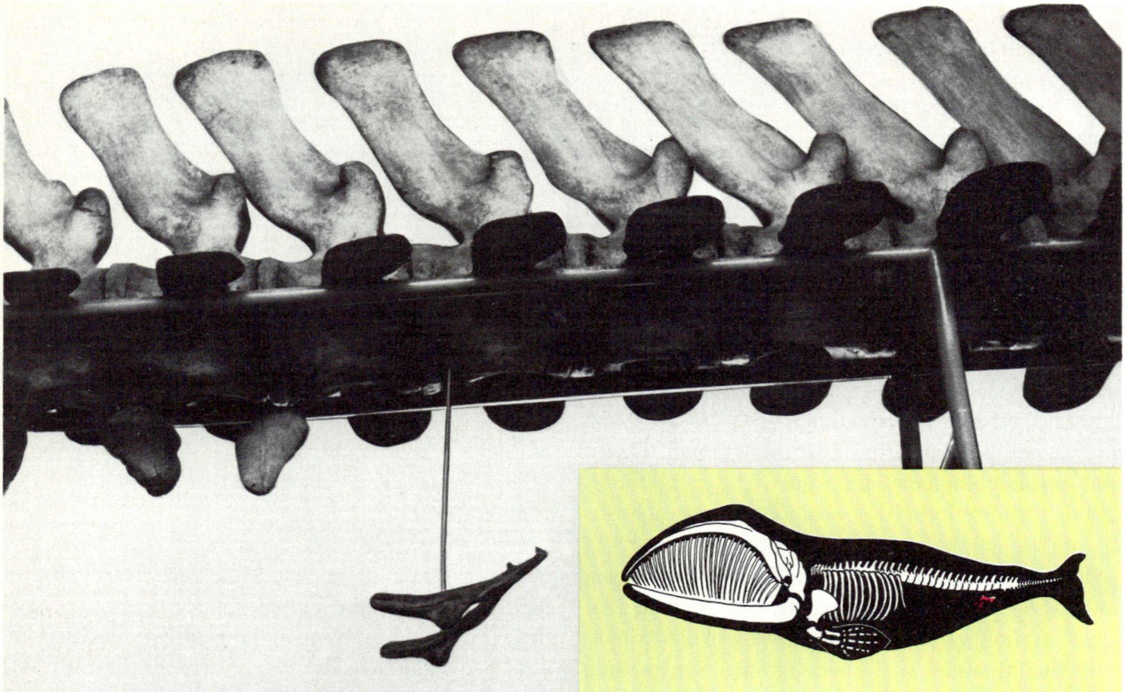

Abb. 441: Teil der Wirbelsäule des Grönlandwals mit den im Körperinnern liegenden Resten von Beckengürtel, Ober- und Unterschenkel (im Bild unten rot eingezeichnet)

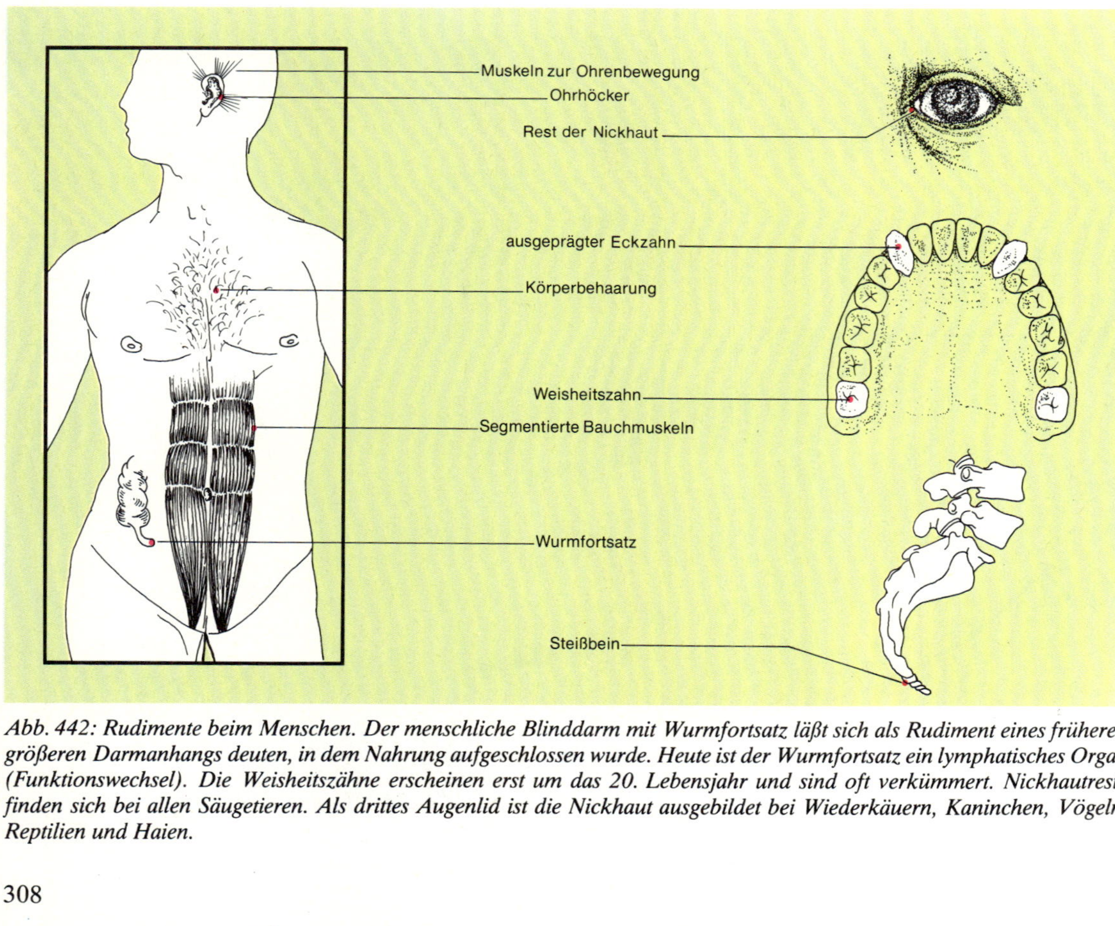

Abb. 442: Rudimente beim Menschen. Der menschliche Blinddarm mit Wurmfortsatz läßt sich als Rudiment eines früheren größeren Darmanhangs deuten, in dem Nahrung aufgeschlossen wurde. Heute ist der Wurmfortsatz ein lymphatisches Organ (Funktionswechsel). Die Weisheitszähne erscheinen erst um das 20. Lebensjahr und sind oft verkümmert. Nickhautreste finden sich bei allen Säugetieren. Als drittes Augenlid ist die Nickhaut ausgebildet bei Wiederkäuern, Kaninchen, Vögeln, Reptilien und Haien.

stalt auf Grund von gleichartiger Funktion oder Lebensweise bezeichnet man als *Konvergenz*. So haben Fisch, Ichthyosaurus und Wal ähnliche Körpergestalt aufgrund von Konvergenz.

Eine weitere Stütze für die Evolutionstheorie ist das Auftreten **rudimentärer Organe**. Sie sind entstanden durch Rückbildung eines funktionsfähigen Organs. *Organrudimente* sind bei den Pferden die Griffelbeine, bei den Walen die winzigen Reste des Beckengürtels, beim Grönlandwal auch noch des Ober- und Unterschenkels, bei Seelöwe und Walroß die Nägel an den Flossen. Die Blindschleiche besitzt zwar keine Beine mehr, aber einen vollständigen Schultergürtel und Reste eines Beckengürtels. Der flugunfähige neuseeländische Kiwi hat noch stummelförmige Flügelreste. Bei Höhlentieren zeigen die Augen vielerlei Abstufungen der Rückbildung; es gibt höhlenbewohnende blinde Molche, Fische, Krebse, Käfer und Schnecken. Beim Menschen sind z. B. das Steißbein und die funktionslosen Muskeln der Ohrmuscheln rudimentäre Organe.

2.4 Tatsachen aus dem Bereich der Lebenserscheinungen

Parasiten sind so streng an ihre Wirte angepaßt, daß sie meist nicht auf eine andere Wirtsart übergehen können (Wirtsspezifität). Doch haben oft verwandte Wirtsarten nahe verwandte Parasitenarten. Menschenläuse finden sich z. B. auch beim Schimpansen, sonst bei keiner Tierart. Das Virus der Bläschenflechte tritt nur beim Menschen und den Menschenaffen auf. Man folgert aus diesen Beobachtungen, daß die auf verwandten Arten schmarotzenden Parasiten von Formen abstammen, die auf dem gemeinsamen Ahnen der Wirtsarten gelebt haben.

Die *Verhaltensforschung* stellt Ähnlichkeiten von angeborenen Verhaltensweisen bei nahverwandten Arten fest: z. B. Balzhandlungen von Vögeln und Fischen, Nestbau bei Vögeln, Kampfverhalten zahlreicher Tiere. Bei Entenvögeln ist es LORENZ gelungen, Verhaltensweisen zu homologisieren und sie damit als Kriterien von Verwandtschaftsbeziehungen heranzuziehen.

2.5 Tatsachen aus der Biochemie

Alle Organismen bestehen aus den gleichen chemischen Grundbausteinen; viele Stoffwechselprozesse, z. B. Energiegewinnung aus Glykolyse, Citronensäurezyklus und Endoxidation sowie die Informationsübertragung in Nervenzellen, laufen in allen Organismen gleich ab.

Bei allen Lebewesen im Prinzip gleichartig sind auch die grundlegenden Vorgänge der Biosynthese von Ribonukleinsäuren und von Proteinen. Der genetische Code gilt für alle Organismen. So drängt sich auch aus diesen Tatsachen der Schluß auf, daß alle Organismen auf gemeinsame Ahnen zurückgehen.

Die Serumreaktion (s. S. 140) erbringt für Pflanzen und Tiere den Nachweis, daß der chemische Bau der zahlreichen Proteine bei den Lebewesen um so mehr übereinstimmt, je näher sie nach Aussehen und Körperbau verwandt erscheinen. Serologische Untersuchungen haben z. B. bestätigt, daß die Wale den Huftieren und nicht den Robben nahestehen. Die Robben sind serologisch am nächsten mit den Bären verwandt.

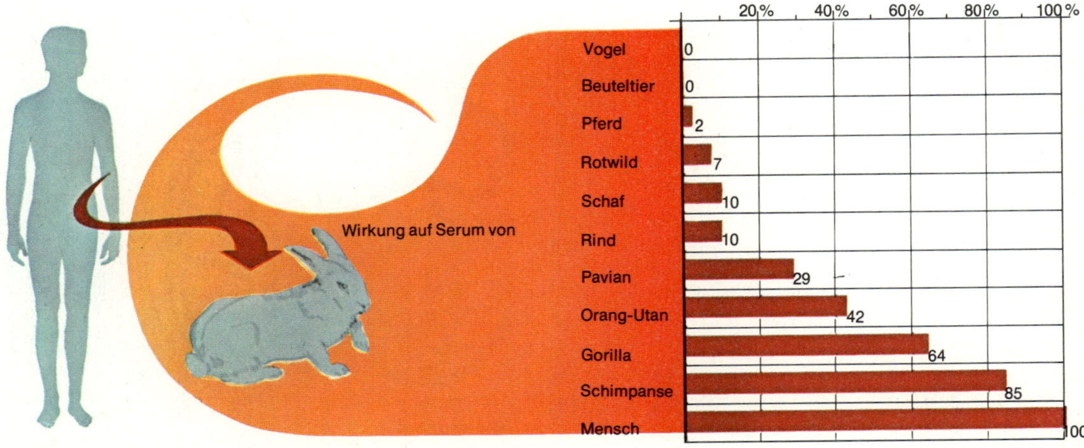

Abb. 443: Serologische Ähnlichkeit der Proteine des Blutserums zwischen Mensch und einigen Tieren. Man mißt die ausgefällte Menge Serumprotein nach Zusatz des gegen die menschlichen Proteine empfindlich gemachten Serums eines Kaninchens (Antiserum). Fügt man z. B. dem Antiserum gegen Mensch das Blutserum eines Schimpansen hinzu, so wird es zu 85% ausgefällt.

2.6 Tatsachen aus der Keimesentwicklung

Embryonen des Rindes zeigen noch Anlagen der oberen Schneidezähne, die aber nicht mehr ausgebildet werden; beim Embryo der völlig zahnlosen *Bartenwale* findet man Zahnanlagen. Die Embryonen der beinlosen *Blindschleiche* weisen deutliche Anlagen von Vordergliedmaßen auf. Ein derartiger Umweg in der Entwicklung kann nur aus der Stammesgeschichte des Lebewesens völlig verstanden werden: die über ungezählte Generationen hinweg wirkenden Erbfaktoren halten in der Keimesgeschichte eines Lebewesens früher durchlaufene Zustände seiner Stammesgeschichte fest. Aus solchen Beobachtungen hat HAECKEL die *biogenetische Grundregel* abgeleitet: »Die Entwicklung eines Einzelwesens (die Ontogenese) ist eine kurze und schnelle Wiederholung seiner Stammesentwicklung (der Phylogenese).« Allerdings bezieht sich diese Aussage nur auf die ontogenetische Entwicklung einzelner Merkmale, aber nicht auf den Organismus in seiner Gesamtheit. So bilden z. B. die Vogelembryonen noch einen Archaeopteryxschwanz aus, besitzen jedoch keine Zahnanlagen mehr. Zur Klärung von Abstammungsfragen hat sich aber die biogenetische Grundregel als hilfreich erwiesen, wie weitere Beispiele bestätigen.

Die Keimesgeschichte der Wale beweist die Abstammung von vierfüßigen, landlebenden Säugetieren. Die Walembryonen zeigen Anlagen von Hintergliedmaßen, haben einen Hals mit sieben freien Halswirbeln (bei erwachsenen Walen fehlt der Hals, die Halswirbel sind ganz oder teilweise verwachsen), weisen ein Haarkleid auf und besitzen noch einen Riechnerv, Nasenmuscheln und Speicheldrüsen, die bei den erwachsenen Tieren alle rückgebildet sind. Beim

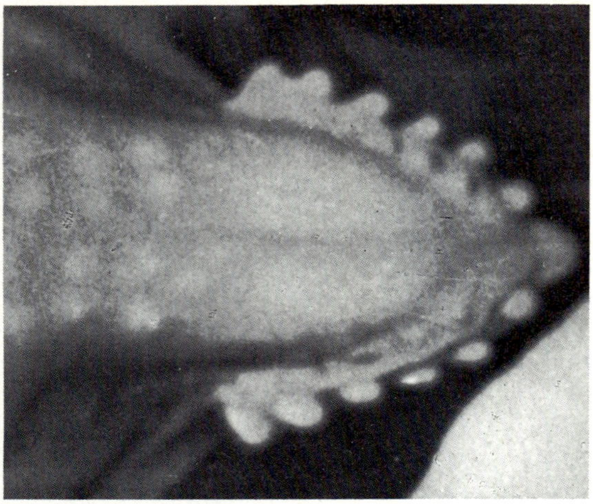

Abb. 445: »Archaeopteryx-Schwanz« des Waldkauzembryos: Anlage einer Schwanzwirbelsäule mit zweizeilig angeordneten Federanlagen

Vogelembryo sind die Mittelfuß- und Fußwurzelknochen zunächst getrennt; später verschmelzen jene zum einheitlichen »Lauf«; die Fußwurzelknochen verwachsen zum Teil mit dem Schienbein, zum Teil mit dem Lauf (Abb. 444). Diese Entwicklung zeigt, daß bei den Vorfahren der heutigen Vögel diese Knochen noch getrennt waren.

Bei allen Wirbeltieren wird in einem sehr frühen Embryonalstadium eine *Chorda* ausgebildet (S. 240), erst später eine knorpelige und noch später eine knöcherne Wirbelsäule. Bei den Froschlarven sitzen die Kiemen, wie die der Fische, an *Kiemenbögen*, das Wasser strömt durch *Kiemenspalten*, die vom Schlund nach außen führen, an ihnen vorbei. Das Herz ist ähnlich wie bei Fischen gebaut; die von ihm ausgehenden Blutgefäße verzweigen sich entsprechend den Kiemenbögen der Fische. Auch die Embryonen der Reptilien, Vögel und Säuger weisen Einrichtungen auf, welche den Kiemenbögen und Kiemenspalten der Fische entsprechen, nur sind die Spalten meist nicht ganz durchgebrochen

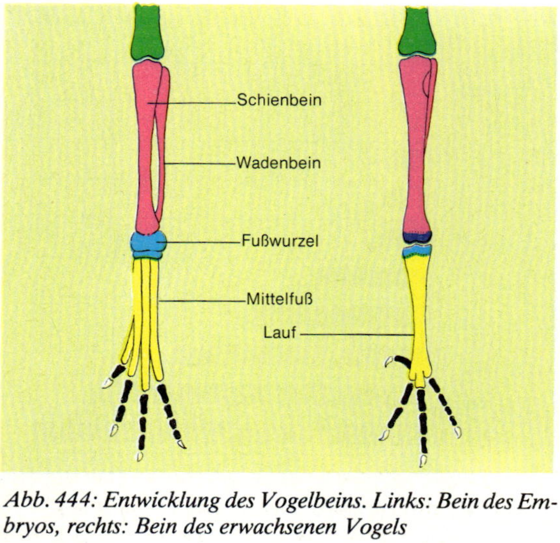

Abb. 444: Entwicklung des Vogelbeins. Links: Bein des Embryos, rechts: Bein des erwachsenen Vogels

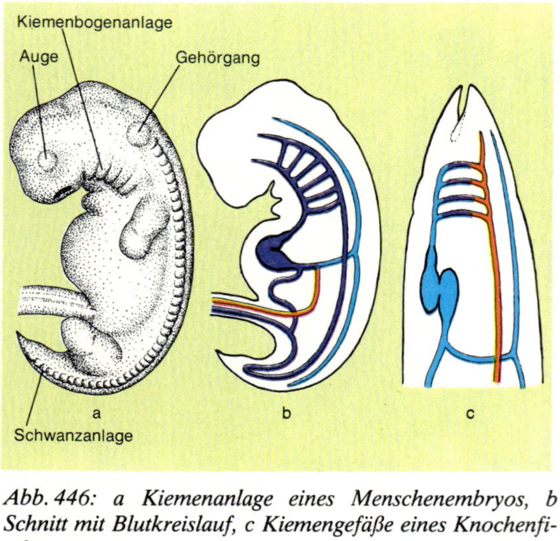

Abb. 446: a Kiemenanlage eines Menschenembryos, b Schnitt mit Blutkreislauf, c Kiemengefäße eines Knochenfisches

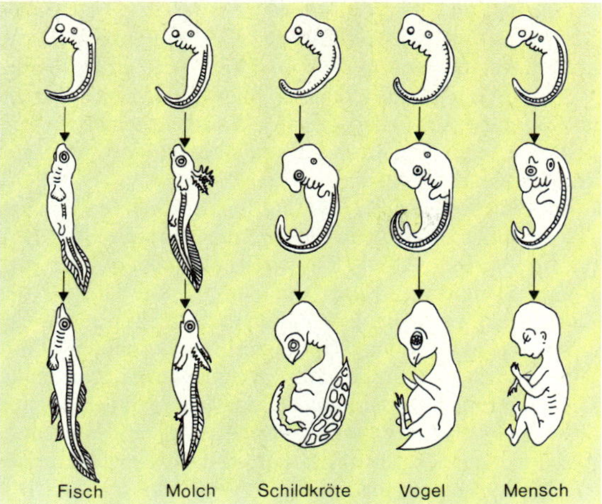

Abb. 447: Drei Entwicklungsstadien aus der Embryonalentwicklung von Knochenfisch, Lurch, Kriechtier, Vogel und Mensch. Die obere Reihe zeigt die auffallende Übereinstimmung in der Gestalt und in der Anlage der Kiemenbögen.

(Schlundtaschen). Das Herz hat in diesem frühen Embryonalstadium bei allen Klassen der Wirbeltiere die Organisation des Fischherzens mit einer Vorkammer und einer Hauptkammer; die von ihm ausgehenden Gefäße verlaufen genau wie die zu den Kiemenbögen führenden Blutgefäße eines Fisches; später werden sie zurückgebildet. Auch in der äußeren Körpergestaltung gleichen sich die frühen Embryonalstadien aller Wirbeltiere und des Menschen weitgehend (Abb. 447).

Auch beim *Menschen* gibt die Keimesgeschichte Hinweise auf seine Stammesgeschichte. Der menschliche Embryo besitzt noch ein dichtes Haarkleid; ein kleiner Schwanz wird embryonal angelegt. Manchmal kommt es sogar vor, daß eine Kiemenspalte noch beim erwachsenen Menschen als sog. Halsfistel offenbleibt oder daß wie bei den Reptilien ein Loch in der Scheidewand zwischen den Herzkammern vorhanden ist.

Gemeinsame Larvenformen deuten auf gemeinsame Vorfahren hin. Daraus lassen sich stammesgeschichtliche Zusammenhänge zwischen weit getrennten Endformen erschließen. So haben die Insekten wurmähnliche, geringelte, flügellose, stummelfüßige Larven, die auf Ringelwürmer weisen.

Das Auftreten stammesgeschichtlicher Stadien während der Ontogenese deutet darauf hin, daß jede Organismenart ein von den stammesgeschichtlichen Vorfahren ererbtes sehr stabiles Gensortiment aufweist. Alle Säugetiere haben im Erbgut eine Gruppe gemeinsamer Gene, welche die Struktur »Wirbeltier« bestimmen, und andere, welche die Struktur »Säuger«, und wieder andere, welche die Merkmale der Ordnung, Gattung und schließlich der Art bestimmen.

2.7 Tatsachen aus der Verbreitung der Lebewesen

Die gegenwärtige Tier- und Pflanzenwelt der ausgedehnten Landmassen der nördlichen Halbkugel (Asien, Europa, Nordamerika) weisen keine grundsätzlichen Unterschiede auf. Aber jedes der größeren Landgebiete auf der südlichen Halbkugel (Afrika südlich der Sahara, Südamerika, Australien) hat seine besonderen, charakteristischen Pflanzen- und Tierformen. Das ist nicht ohne weiteres verständlich, denn gleichartiges Klima läßt zunächst auch gleiche Pflanzen- und Tierwelt erwarten. Die große Verschiedenheit ist nur so zu erklären, daß die Südkontinente seit langem voneinander getrennt sind. Seit dieser Zeit konnten sich dann aus einem ursprünglich ähnlichen Bestand die neuen, für jeden der Räume eigentümlichen Pflanzen- und Tierformen herausbilden. Diese sind um so verschiedener, je vollständiger die *Isolation* war und je länger sie dauerte.

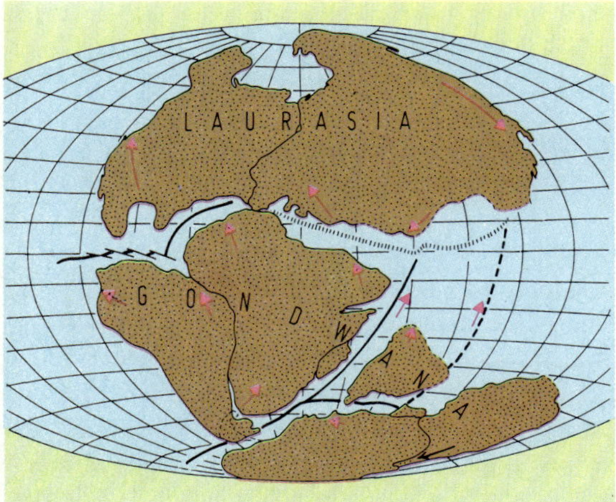

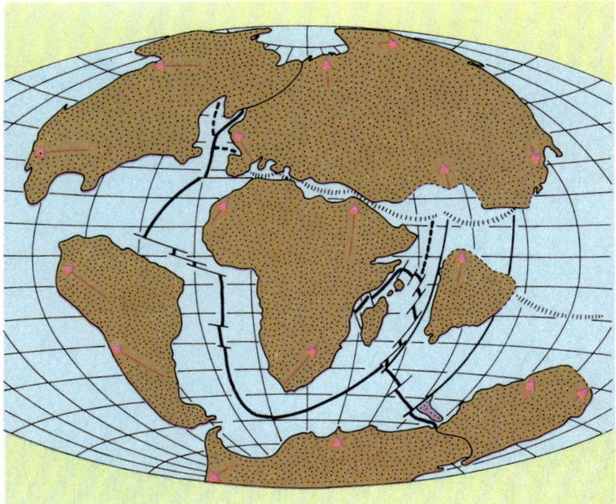

Abb. 448: Links: Lage der Kontinente am Ende der Triaszeit (vor etwa 180 Millionen Jahren). Rechts: Am Ende der Kreidezeit (vor etwa 65 Millionen Jahren). – Die Kontinentalverschiebungstheorie (Theorie von der Wanderung der Kontinente) erklärt die heutige Verbreitung der Organismen. Pfeile: Bewegungsrichtung der Kontinente

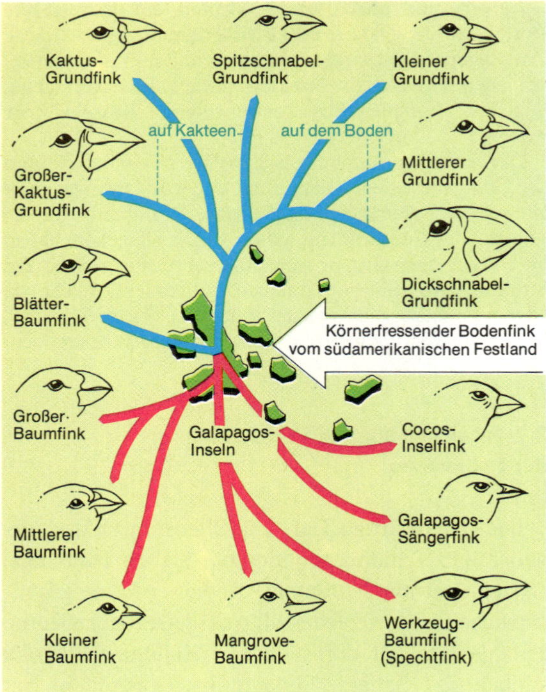

Abb. 449: Die Darwin-Finken der Galapagos-Inseln. Die ersten Finken, welche die Inseln erreichten, gehörten zu einer bodenbewohnenden, körnerfressenden Art. Da alle ökologischen Nischen unbesetzt waren, konnte sich diese Art durch Besetzung unterschiedlicher Nischen in viele Arten aufspalten. Zu den abgelegenen Inseln des Archipels sind nicht alle Arten vorgedrungen. Rote Pfeile: Insektenfresser; blaue Pfeile: Pflanzenfresser

Ozeanische Inseln sind wirksame Isolationsräume. So zeigen die *Galapagos*-Inseln westlich von Südamerika eine große Zahl einheimischer, nur hier vorkommender Tierformen. Von einer auch an der benachbarten Westküste des Festlands lebenden Eidechsengattung weist fast jede Insel der Gruppe eine ihr eigentümliche Art auf. Eine meterlange Meerechse, die sich von Tangen nährt und gut schwimmt, kommt nur auf den Galapagos-Inseln vor; ihre nächsten Verwandten leben gleichfalls in Südamerika. Weil Darwin auf verschiedenen Galapagos-Inseln auch verschiedene Finkenarten fand, schloß er auf gemeinsame Vorfahren und den Wandel der Arten.

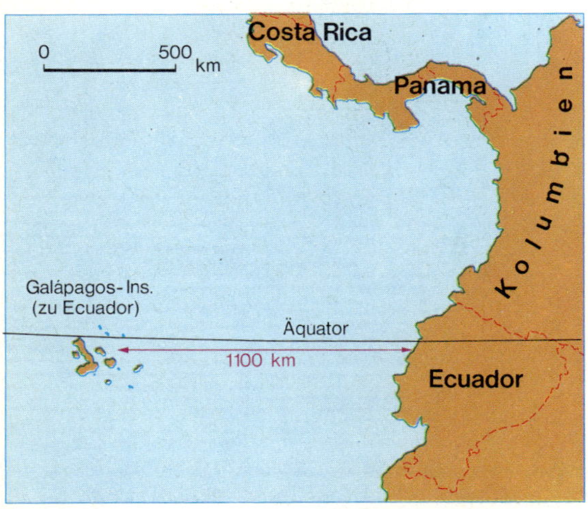

Abb. 450: Die Lage der Galapagos-Inseln

Die Tierwelt *Südamerikas* hat ihre besondere Eigenart. Nur in Südamerika leben die Dreizehenstrauße (Nandus), die breitnasigen Affen (Brüllaffen, Kapuzineraffen), eine Reihe eigenartiger Nagerfamilien und die Gruppe der Zahnarmen: Faultiere, Gürteltiere und Ameisenfresser. Bis auf wenige in Mittel- und Nordamerika vorkommende Gürteltiere ist diese Gruppe ganz auf Südamerika beschränkt. Die Erklärung liegt darin, daß Südamerika seit dem Beginn des Tertiärs bis zum Obermiozän von Mittel- und Nordamerika durch ein Meer getrennt war, so daß es zu einem eigenen Entwicklungsraum wurde. Erst mit der späteren Bildung einer Landbrücke konnten katzen- und hundeartige Raubtiere von Nord- nach Südamerika und einige südamerikanische Arten wie die genannten Gürteltiere nach Nordamerika gelangen.

Noch fremdartiger ist die Tierwelt *Australiens.* Von Säugetieren finden sich hier die auf diesen Erdteil beschränkten Kloakentiere (Schnabeltier und Ameisenigel) und nicht weniger als 230 Arten von Beuteltieren, die nur noch in Amerika durch die Beutelratten vertreten sind. Von höheren Säugetieren (Plazentatieren) gab es bei der Entdeckung des Erdteils nur Mäuse, die vielleicht mit Treibholz dorthin gelangt sind, Fledermäuse, die auf dem Luftweg kommen konnten, und einen Wildhund, den Dingo, den wohl Menschen mitgebracht haben. Die Beuteltiere weisen nach Größe, Bau und Lebensweise eine erstaunliche Mannigfaltigkeit auf; es gibt Flugbeutler, Beutelmaulwurf, Beutelmarder, Beutelwolf, Beutelbär, Känguruh, Baumkänguruh. Von den 10000 Pflanzenarten Australiens kommen 8000 nur hier vor. Auch bei Australien liegt der Grund für die Eigenart seiner Lebewelt darin, daß es seit der Kreidezeit von Südamerika und Asien abgetrennt ist. Zu dieser Zeit besaß es an Säugetieren nur Kloakentiere und Beuteltiere, die sich in dem abgesonderten Australien außerhalb des Wettbewerbs mit den höheren Säugetieren erhalten, neue Arten entwickeln und die genannte reiche Fülle von Anpassungsformen ausbilden konnten.

2.8 Tatsachen aus der Tier- und Pflanzenzüchtung

Aus den bisher genannten Tatsachen kann die Entwicklung nur *indirekt erschlossen* werden. Bei der Tier- und Pflanzenzüchtung dagegen läßt sich die Änderung der Arten *unmittelbar beobachten*, denn der sehr große Formenreichtum der Haustiere und der Kulturpflanzen ist in verhältnismäßig kurzer Zeit vor den Augen des Menschen entstanden. Erinnert sei nur an die Rassen des Haushundes, des Pferdes, des Kaninchens, des Huhns, der Taube, des Kohls, der Getreidearten, der Dahlien. Die Mannigfaltigkeit der Haustaubenrassen brachte Darwin auf seine Ge-

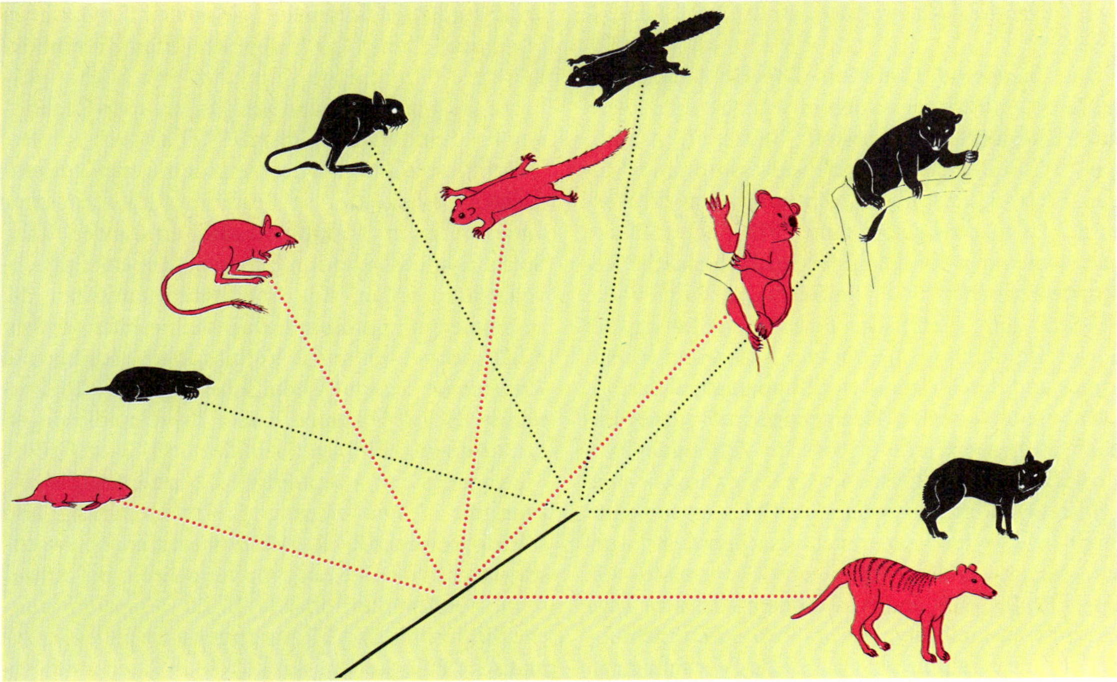

Abb. 451: Gleichgerichtete Entwicklung bei Beuteltieren und Plazentatieren. Beide Gruppen haben sich an die verschiedensten Lebensweisen angepaßt. Von links nach rechts: Beutelmull-Maulwurf, Springbeutler-Springmaus, Flugbeutler-Flughörnchen, Beutelbär-Malaienbär, Beutelwolf-Wolf

danken über den Ursprung der Arten; er wies nach, daß alle in Gefieder, Farbe, Form und Verhalten so verschiedenen Rassen auf *eine* Stammform, die Felsentaube, zurückgehen. Der planmäßig vorgehende Züchter arbeitet zwar rascher als die Natur, aber ebenfalls mit den Mitteln der Auslese und der Kreuzung; die Rassenbildung bei Haustieren und Nutzpflanzen ist deshalb dem Wesen nach die gleiche wie in der freien Natur.

3. Der Weg der Stammesentwicklung

3.1 Die Entstehung des Lebens auf der Erde (Biogenese)

In früheren Zeiten nahm man an, daß Lebewesen auch aus toten Stoffen, also ohne Eltern, durch *Urzeugung* entstehen könnten. ARISTOTELES lehrte, daß Aale aus Würmern und diese unmittelbar aus Schlamm hervorgehen und daß Eingeweidewürmer sich im Darm von selbst bilden. Daß im faulenden Fleisch sich »Würmer« von selbst bilden, war allgemeingültiger Glaube, der erst 1668 von REDI auf dem Weg des Experiments widerlegt wurde. Er bewahrte Fleisch in einem geschlossenen Behälter auf, so daß Fliegen darauf keine Eier ablegen und auch keine Maden sich darin entwickeln konnten. Der Glaube an eine Urzeugung schränkte sich allmählich auf die Welt der Mikroorganismen ein, bis 1862 PASTEUR durch Versuche unwiderleglich nachwies, daß bei Abtötung der vorhandenen und Fernhalten der in der Luft schwebenden Keime keine Mikroorganismen in Nährflüssigkeiten entstehen. Damit war erwiesen, daß sich gegenwärtig Lebendes nur aus Lebendem bildet: »*Omne vivum ex vivo*«.

Für die erstmalige Entstehung der Organismen auf der Erde gilt diese Aussage natürlich nicht. Unter den ganz andersartigen physikalisch-chemischen Verhältnissen nach Entstehung der festen Erdrinde (vor rund 4,5 Milliarden Jahren) konnten Vorgänge ablaufen, die zur Bildung einfachster lebendiger Strukturen führten. Da die ältesten Fossilreste höchstens 3,3 Milliarden Jahre alt sind, steht für diese Vorgänge eine Zeit von mehr als 1 Milliarde Jahre zur Verfügung.

Die Chemische Evolution. Die Ur-Atmosphäre der Erde enthielt nach Ansicht von Astrophysikern und Astronomen Wasserstoff, Stickstoff, Ammoniak, Wasserdampf, Schwefelwasserstoff und Methan. Freier Sauerstoff war nicht vorhanden. Im Wasser der Ur-Ozeane gelöst kamen Phosphate, Silikate und Metallionen vor. Die Energie für chemische Reaktionen zwischen diesen Stoffen wurde durch starke UV-Strahlung, elektrische Funkenentladungen bei Gewittern, durch geothermische Wärme bei Vulkanismus und durch radioaktive Strahlung geliefert.

Daß unter solchen Bedingungen aus anorganischen Stoffen einfache organische Verbindungen – wie wir sie auch als Bausteine von Lebewesen kennen – entstehen können, ist zuerst von MILLER und dann durch viele weitere Experimente nachgewiesen worden. MILLER erhielt aus einem Gasgemisch von CH_4, CO, H_2, NH_3 und Wasserdampf, das acht Tage lang im Kreislauf durch einen elektrischen Lichtbogen strömte, zahlreiche organische Verbindungen (Ameisensäure, Formaldehyd, Milchsäure und Aminosäuren). Aus Formaldehyd entstehen unter basischen Bedingungen vielerlei Zucker. In weiteren Experimenten, bei denen Neutronenstrahlen, UV-Strahlen oder nur thermische Energie eingesetzt wurden, erhielt man Stickstoffbasen von Nukleotiden, Fettsäuren und energieliefernde Verbindungen wie z. B. ATP.

Da Organismen fehlten, welche die gebildeten organischen Verbindungen als Nahrung benutzt und abgebaut hätten, sammelten sie sich im Ur-Ozean an (*Ursuppe*). Dabei war in abgeschnürten Küstenbekken die Konzentration vermutlich sehr hoch; trockneten sie aus, so wurden auch Festkörper-Reaktionen bei Temperaturen über 100° C möglich.

Bei den Reaktionen der Verbindungen in konzentrierter Lösung oder im Festkörper könnten unter anderem auch Makromoleküle entstanden sein. Solche Synthesen sind im Experiment ebenfalls nachvollzogen worden. Aus Aminosäuregemischen, die zusammen mit porösem Lavagestein erhitzt wurden, erhält man eiweißartige Verbindungen, sogenannte *Proteinoide*. Sie sind Modellsubstanzen für »Ur-Proteine«. Beim Abkühlen heißer Proteinoidlösungen entstehen kugelförmige Gebilde von 1–2 µm Größe. Man nennt sie *Mikrosphären*. Sie besitzen eine Membran, die oft nur für einige Stoffe durchlässig, also selektiv permeabel, ist. Mikrosphären können wachsen und sich durch Knospung vermehren. Bei Anwesenheit bestimmter Ionen (z. B. Zn^{++}) spalten manche Mikrosphären ATP. Sie zeigen auch andere enzymatische Fähigkeiten, was auf die in ihnen enthaltenen Proteinoide zurückgeht. Die katalytischen Funktionen sind allerdings wesentlich schwächer als bei heutigen Enzymen, aber sie ermöglichten in Mikrosphären des Ur-Ozeans wenigstens einen einfachen und langsam ablaufenden Ur-Stoffwechsel. Man muß annehmen, daß zahlreiche solcher Zufallsgebilde entstanden sind. Von diesen waren einige gegenüber anderen im Vorteil, z. B. solche, die auch Polynukleotide enthielten. Diese Moleküle konnten mit den Proteinoiden in Wechselwirkung treten.

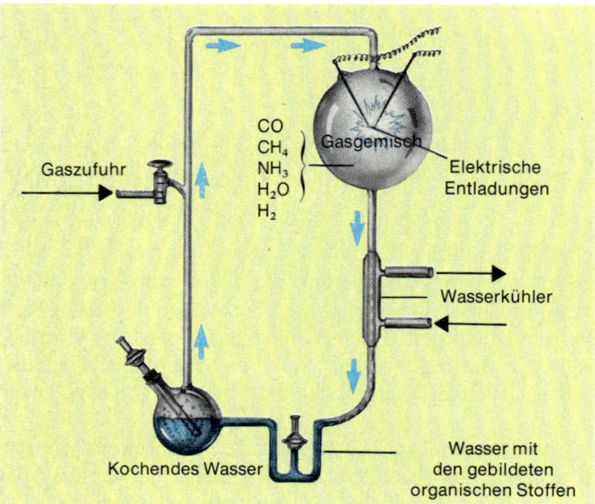

Abb. 452: Versuchsapparatur (60 cm hoch) von Miller, mit der 1953 die abiogene Bildung von organischen Stoffen unter Bedingungen nachgewiesen wurde, wie sie wahrscheinlich zur Urzeit der Erde bestanden haben.

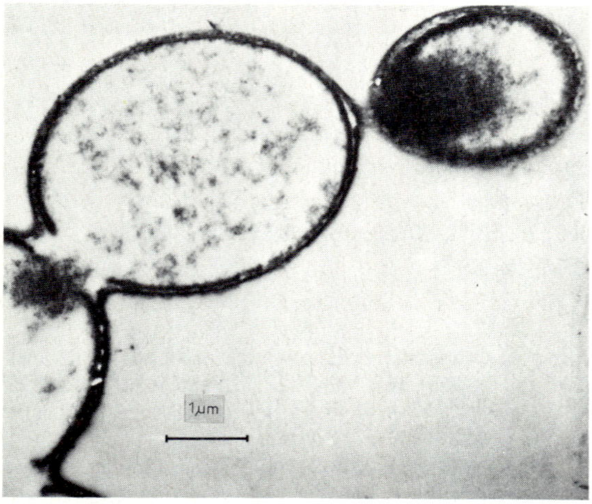

Abb. 453: Elektronenmikroskopische Aufnahme eines Schnittes durch Proteinoid-Mikrosphären. Erkennbar ist die aus Proteinoiden bestehende Membran. Größe 1–80 µm

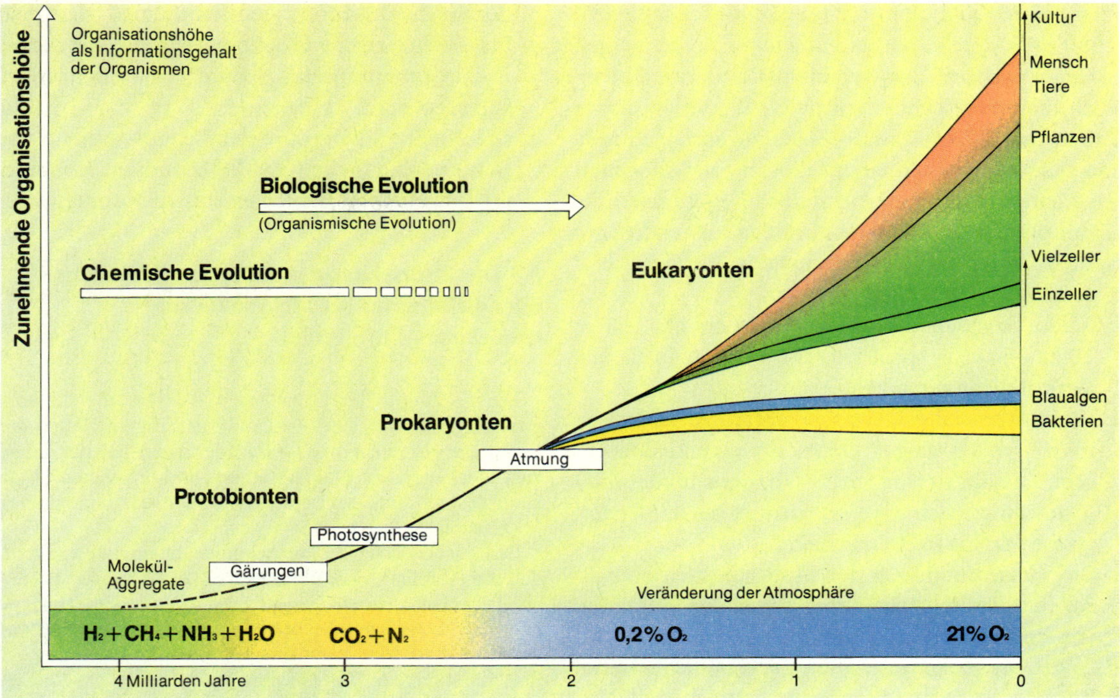

Abb. 454: Die Entfaltung der Organismen auf der Erde. Die chemische Evolution ist die abiogene Bildung von organischen Verbindungen, Makromolekülen und deren Aggregaten. Die biologische (organismische) Evolution setzt mit der Entstehung erster Lebewesen (Protobionten) ein. Der Übergang von der chemischen zur organismischen Evolution ist fließend. Mit dem Entstehen der Photosynthese steigt der Sauerstoffgehalt der Atmosphäre zunächst sehr langsam und nach der Entwicklung vielzelliger Pflanzen sehr rasch an. Die Evolution der Prokaryonten ist stark vereinfacht wiedergegeben.

Die bisher geschilderten Vorgänge sind weitgehend im Experiment wiederholbar und lassen erkennen, daß der biologischen Evolution eine chemische Evolution vorausgegangen ist (vgl. Abb. 452). Die gebildeten morphologischen Einheiten sind aber vom Bau echter Lebewesen noch weit entfernt. Von den charakteristischen Eigenschaften aller Lebewesen haben diese Zufallsgebilde nur einige Stoffwechseleigenschaften. Dagegen fehlt ihnen ein Informationsträger für die Vererbung bestimmter Eigenschaften. Wie das Vererbungssystem und der Mechanismus der Proteinsynthese entstanden sind, ist noch ungeklärt. Mit ihrer Ausbildung entstanden möglicherweise aus den Zufallsgebilden im Ur-Ozean in fließendem Übergang die ersten Lebewesen (Protobionten oder Eobionten). Sie besaßen die Organisationsstufe von Prokaryonten. Nach dem Entstehen der Protobionten gingen die Evolutionsvorgänge als organismische Evolution weiter. Die vorbiologische (präbiotische oder chemische) Evolution erreichte ihr Ende mit der Abnahme der zuvor genannten Energiequellen und der Änderung der Zusammensetzung der Atmosphäre. Durch das Aufkommen der Photosynthese entstand Sauerstoff. Die immer sauerstoffreicher werdende Atmosphäre absorbierte die UV-Strahlung der Sonne; die Temperatur der Erdoberfläche und die Gewittertätigkeit nahmen ab. Die Bedingungen für die chemische Evolution wurden ungünstiger, zumal da organische Verbindungen infolge Oxidation durch den entstandenen Sauerstoff leicht zerfallen. Bereits vorhandene Lebewesen konnten sich jedoch durch ihre Befähigung zum Energiestoffwechsel erhalten.

Die geschilderten Vorstellungen über die chemische und präbiotische Evolution werden zwar durch Experimente gestützt; ob aber die Entstehung des Lebens in Wirklichkeit in gerade dieser Weise abgelaufen ist, wird damit noch nicht bewiesen.

3.2 Die Evolution der Zelle

Zwischen der Organisation der Prokaryonten-Zelle und der Eukaryonten-Zelle (Abb. 37) gibt es weder bei fossilen noch bei gegenwärtigen Formen irgendwelche Übergänge. Die Eucyte mit ihren Zellorganellen erscheint unvermittelt. Daher vermutet man, daß Mitochondrien und Plastiden (vielleicht auch Geißeln und Centriolen) ursprünglich selbständige Protocyten waren, die in andere Zellen aufgenommen wurden und symbiontisch darin lebten. Nach dieser Hypothese sollen Ur-Bakterien durch Endocytose in eine andere Zelle eingedrungen sein und sich, in Bläschen eingeschlossen, zu Mitochondrien entwickelt haben. Auf ähnliche Weise seien die Chloroplasten und andere Plastiden aus endosymbiontischen Ur-Blaualgen entstanden. Für diese *Endosymbionten-Hypothese* spricht:

1. Beide Organellen-Formen entstehen nur durch Teilung aus ihresgleichen. Die Zelle kann sie bei Verlust nicht neu bilden.
2. Sie besitzen eine Doppelmembran, als ob sie in »Wirts«zellen eingedrungen wären und ihre eigene Membran von der »Wirts«membran umschlossen worden wäre, so wie dies bei der Endocytose von Partikeln geschieht.
3. Die innere Membran der Mitochondrien enthält ein Phospholipid, das sonst nur in der Membran von Protocyten vorkommt.
4. Beide Organellen enthalten nackte (nicht wie in Chromosomen mit Proteinen verbundene) DNA wie die Protocyten sowie eigene Ribosomen von der Größe der Protocyten-Ribosomen. Auch haben sie eine eigene Proteinbiosynthese, die wie bei Prokaryonten spezifisch durch Chloramphenicol gehemmt wird.
5. Die Amöbe *Pelomyxa* besitzt endosymbiontische Bakterien an Stelle von Mitochondrien, ein anderer Einzeller hat Blaualgen statt Chloroplasten.

3.3 Die Erforschung der Stammesentwicklung über die Struktur der Makromoleküle (Molekulare Phylogenie)

Die Evolution der Organismen hat ihre molekularen Grundlagen, denn jede Änderung der Eigenschaften der Lebewesen ist die Folge von Änderungen bei den ihnen zugrundeliegenden Nukleinsäuren und Proteinen. Man kann deshalb auch von einer Evolution der biologischen Makromoleküle und des Stoffwechsels sprechen.

Bei biochemischen Untersuchungen hat man festgestellt, daß die Abfolge der Aminosäuren in gleichartigen Proteinen bei verschiedenen Tierarten um so mehr Unterschiede aufweist, je weniger die betreffenden Arten miteinander verwandt sind. Man kann deshalb von einer Evolution der Proteine sprechen. Untersuchungen an *Cytochrom c*, einem elektronenübertragenden, eisenhaltigen Enzymprotein der Atmungskette, hatten folgendes Ergebnis: Das Enzym

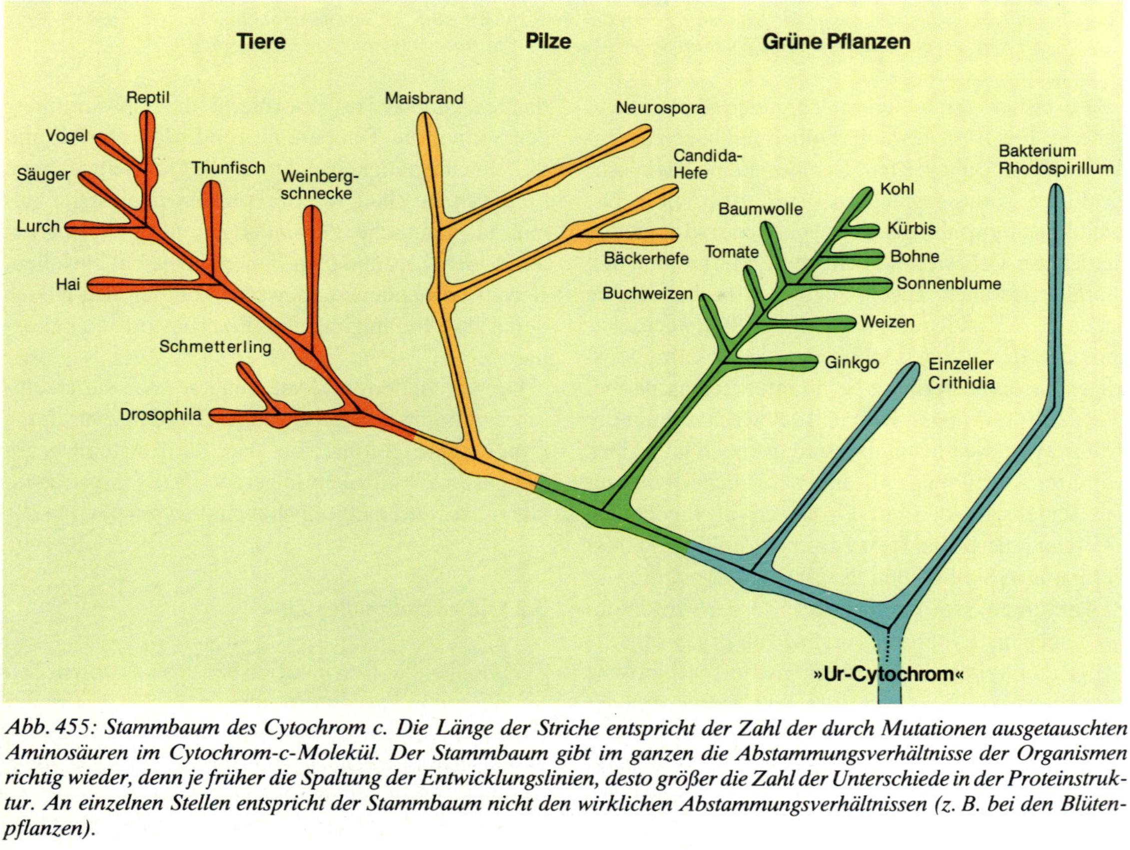

Abb. 455: Stammbaum des Cytochrom c. Die Länge der Striche entspricht der Zahl der durch Mutationen ausgetauschten Aminosäuren im Cytochrom-c-Molekül. Der Stammbaum gibt im ganzen die Abstammungsverhältnisse der Organismen richtig wieder, denn je früher die Spaltung der Entwicklungslinien, desto größer die Zahl der Unterschiede in der Proteinstruktur. An einzelnen Stellen entspricht der Stammbaum nicht den wirklichen Abstammungsverhältnissen (z. B. bei den Blütenpflanzen).

kommt in allen aeroben Zellen vor und ist bei höheren Wirbeltieren aus 104 Aminosäuren aufgebaut. Das menschliche Cytochrom unterscheidet sich von dem des Rhesusaffen nur in einer einzigen Aminosäure. Dies deutet auf einen einzigen Mutationsschritt hin. Zwischen Menschen- und Hunde-Cytochrom treten 11 Unterschiede (und somit 93 Übereinstimmungen) auf. Dies zeigt, daß sich die Evolutionslinie zum Menschen früher von der Evolutionslinie zum Hund getrennt hat als von der zum Rhesusaffen. Vergleicht man nun die Aminosäureabfolgen von Cytochrom c bei Hefe und Mensch miteinander, so stimmen immer noch etwas mehr als die Hälfte aller Aminosäuren überein. Dies kann kein Zufall sein; die Evolution des Cytochroms c muß vor sehr langer Zeit von einem »Ur-Cytochrom« ausgegangen sein.

Beim Cytochrom c tritt etwa alle 18-24 Millionen Jahre ein Aminosäure-Austausch ein. Die aus dieser Evolutionsrate sich errechnenden Zeitpunkte der Trennung verschiedener Gruppen (unter Voraussetzung gleichbleibender Änderungszeiträume) sind in der Tabelle angegeben. Auf Grund zahlreicher derartigen Untersuchungen können die Änderungen in einem »Stammbaum des Cytochroms c« zusammengefaßt werden. Er stimmt gut überein mit dem Stammbaum der Organismen, den die Paläontologie auf Grund der Fossilfunde aufstellt.

Aminosäuredifferenzen zwischen Cytochrom c verschiedener Herkunft

Arten-Vergleich	Zahl der unterschiedlichen Aminosäure-Reste	Trennung der Stammbaum-Linien vor Mill. Jahren
Huhn-Pferd	11	280 (angenommen aufgrund paläontologischer Befunde)
-Affe	12	
-Mensch	13	
Thunfisch-Pferd	19	490 (berechnet)
-Affe	21	
-Mensch	21	
Motte-Pferd	29	750 (berechnet)
-Affe	30	
-Mensch	31	
Hefe-Pferd	45	1180 (berechnet)
-Affe	44	
-Mensch	44	

Man muß bei der Untersuchung von Enzymproteinen allerdings beachten, daß Aminosäuren durch Mutation nicht an jeder Stelle ihrer Primärstruktur austauschbar sind, wenn das Enzym seine Funktionsfähigkeit behalten soll. Beim Cytochrom ist das an 70 Stellen der Primärstruktur möglich. Tritt die Mutation aber an einer andern Stelle auf, hat dies durch Funktionsausfall des Atmungsenzyms tödliche Folgen für den Träger. Eine solche Veränderung des Cytochroms ist also nicht möglich.

Untersuchungen der Aminosäuresequenz des bei den Wirbeltieren vorkommenden Insulins und Hämoglobins führten zum gleichen Ergebnis. Je näher verwandt Organismen sind, desto ähnlicher ist die Struktur der Proteine.

Verwandte Organismen haben ähnliche Proteine, weil sie ähnliche Gene haben. Die Information für die Proteine ist ja in den DNA-Molekülen enthalten. Man kann den Verwandtschaftsgrad der Lebewesen daher auch durch Vergleich der Basensequenz in ihrer DNA ermitteln.

Als Vergleichsmaterial dient z. B. Rhesusaffen-DNA, die man vorsichtig zu einsträngigen Bruchstücken aufspaltet und in Agargel einbettet. Dann stellt man ebenso einsträngige DNA-Bruchstücke aus einem zu untersuchenden Organismus her und läßt diese in das Agargel eindringen. Wo komplementäre Basensequenzen auftreten, wird sich die eindiffundierte DNA mit der im Agargel vorhandenen paaren. Anschließend läßt man radioaktiv markierte einsträngige Rhesus-DNA in das Gel eindringen. Diese wird überall dort gebunden, wo vorher noch keine Paarung eingetreten ist. Je mehr radioaktive Rhesus-DNA gebunden wird, um so weniger kann von der DNA des anderen Organismus gebunden worden sein; um so mehr ist also die Basenabfolge der DNA des untersuchten Organismus von der Rhesus-DNA verschieden, und um so geringer der Verwandtschaftsgrad. So werden vom Pavian 10%, vom Menschen 30% und von der Maus 75% gebunden. Die Pavian-DNA hat sich also zu 90%, die Maus-DNA nur zu 25% mit der einstrangigen freien Rhesus-DNA gepaart.

Durch Untersuchung des Baues der DNA lassen sich deshalb genauso wie über den Bau der Proteine stammesgeschichtliche Zusammenhänge erkennen (*Molekulare Phylogenie*).

Aus den Aminosäuredifferenzen zwischen unterschiedlich nah verwandten Arten (vgl. obige Angaben für Cytochrom c) kann man entnehmen, daß die Zahl der Aminosäure-Austausche je Zeiteinheit über lange Zeit hinweg ziemlich konstant bleibt. Diese Evolutionsrate gibt man an als die Zeit, in der im Mittel eine von 100 Aminosäuren sich infolge einer Mutation verändert. Man muß deshalb auf 100 Aminosäuren beziehen, weil die Aminosäureketten verschiedener Proteine unterschiedlich lang sind und sonst ein Vergleich nicht möglich wäre. Da die Evolutionsrate gleich geblieben ist, kann man sie als »Evolutionsuhr« verwenden, d. h. wenn die Trennung zweier Stammbaumlinien durch Fossilien, deren Alter man kennt, datierbar ist, so lassen sich die Trennungszeiten anderer Gruppen berechnen. Dies ist in der obigen Tabelle für das Cytochrom c geschehen. Die Evolutionsrate eines Proteins bleibt gleich, so lange es seine Funktion nicht ändert; für verschiedene Proteine ist sie allerdings unterschiedlich groß. So verändern sich z. B. die Hämoglobine mehr als doppelt so rasch wie das Cytochrom c.

Die Konstanz der Evolutionsrate gilt nur für Proteine, die

gut an ihre Funktion angepaßt sind; nur diese können als Evolutionsuhr verwendet werden. Die Ursache der gleichbeibenden Evolutionsrate der einzelnen Proteine ist noch nicht endgültig geklärt.

3.4 Die Gen-Verdoppelung als wichtiger Faktor für die Evolution

Bei einem Vergleich der Aminosäuresequenzen verschiedener Enzyme sind Ähnlichkeiten festgestellt worden, die nicht zufällig sein können. So stimmen bei den Enzymen Chymotrypsin und Trypsin bei Säugern etwa 40% der Aminosäurepositionen überein. Man kann daraus schließen, daß die beiden Enzyme, die unterschiedliche Funktionen beim Eiweißabbau während der Verdauung im Darm haben, aus einem gemeinsamen Ur-Enzym entstanden sind. Diesem Ur-Enzym lag ein eigenes Gen zugrunde, während wir heute für Chymotrypsin und Trypsin zwei Gene kennen (es handelt sich ja um zwei getrennte Enzyme, die vom gleichen Organismus gebildet werden). Daraus ist zu folgern, daß sich bei der Evolution der DNA das gemeinsame Ur-Gen durch ungleiches Crossover verdoppelt hat. Nachfolgende Mutationen traten dann in den beiden zunächst identischen Genen (Tandem-Gene) unabhängig voneinander auf, so daß sich zwei unterschiedliche Gene herausbildeten, deren Proteine nun nicht mehr genau den gleichen Bau und die gleiche Funktion haben. Die gemeinsame Herkunft bleibt aber an den Ähnlichkeiten der Aminosäureabfolge und an den ähnlichen Funktionen der Enzyme erkennbar.

In gleicher Weise können sich auch andre Gene verdoppeln oder durch während der Evolution immer wieder auftretende Duplikationen sogar vervielfachen. So entsteht aus einem Gen eine ganze Gruppe von Genen. Da in jedem Gen im Laufe der Zeit andere Mutationen eintreten, unterscheiden sich die Gene schließlich so stark, daß ihre gemeinsame Herkunft nicht mehr erkennbar ist. Wie die Gene, unterscheiden sich auch ihre Produkte, die Proteine, nach Bau und Funktion.

Ein Beispiel für die Evolution von Proteinen durch Gen-Verdoppelung liefern Hämoglobin und Myoglobin (vgl. Cytologie 3.4.4 und 3.4.7). Man darf annehmen, daß zu Beginn der Entwicklung der Wirbeltiere das Ur-Gen des Myoglobins verdoppelt wurde. Das zweite Gen wurde unabhängig vom ersten durch zufällige Mutationen umgebaut, was zum Austausch von Aminosäuren in der von ihm codierten Polypeptidkette führte. So entstand die α-Polypeptidkette des Hämoglobins. Das Hämoglobin der primitiven Rundmäuler (Bsp. Neunaugen) besteht nur aus dieser α-Kette. Durch eine weitere spätere Gen-Verdoppelung und nachfolgende Punktmutationen, die in beiden Genen unterschiedlich waren, entstand zusätzlich die β-Kette des Hämoglobins. Allerdings blieben Mutationen nur dann erhalten, wenn sie für die sauerstoffbindende Funktion des Protein-Moleküls ohne Nachteile waren oder sogar Vorteile brachten. Tat-

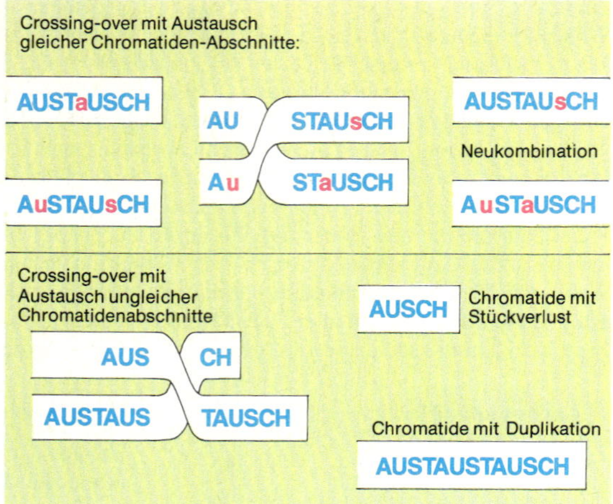

Abb. 456: Mögliches Beispiel der Verdoppelung von Genen oder Gruppen von Genen: Während der Meiose kann zwischen zwei Chromatiden homologer Chromosomen (vgl. Abschnitt Genetik 3.3) ausnahmsweise ein ungleiches Crossing-over auftreten; dies führt bei einer Chromatide zur Verdoppelung eines Chromatidenabschnitts (und der darin liegenden Gene), bei der andern Chromatide jedoch zu einem Stückverlust. Die Keimzelle, in welche die Chromatide mit dem Stückverlust gelangt, geht zugrunde. Der obere Teil des Bildes zeigt ein normales Crossing-over, bei dem gleiche Abschnitte zwischen homologen Chromosomen ausgetauscht werden; die mutierten Allele (oder Nukleotide) sind mit roten, kleineren Buchstaben gekennzeichnet.

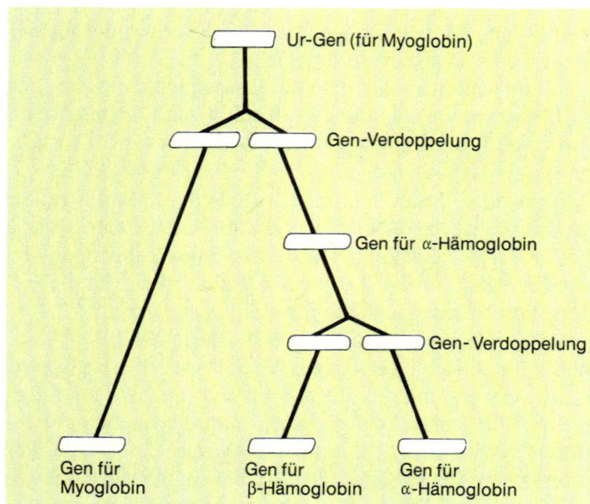

Abb. 457: Stammbaum der Gene für die Myoglobin-Hämoglobin-Proteine. In den langen Zeiträumen der Evolution sind alle Gene immer wieder unabhängig voneinander mutiert. Die heutigen Gene für die Globine sind daher mit den ursprünglichen Genen, von denen sie sich ableiten, nicht mehr identisch.

sächlich leistet das Hämoglobin mehr für die Sauerstoffversorgung als das Myoglobin.

Gen-Verdoppelungen sind ein wichtiger Faktor für die Evolution, denn sie vermehren das genetische Material bei den Organismen. Noch rascher vermehrt sich das genetische Material bei einer Verdoppelung ganzer Chromosomenabschnitte. Mutationen dieser Art sind bekannt. Im Tierreich nimmt die Mindestmenge an DNA je Zelle von den Schwämmen zu den Säugern durch die »Evolution der DNA« auf etwa das 30fache zu. Die Gesamtzahl der Enzyme im Organismus steigt aber nicht in gleichem Maße mit der Höherentwicklung der Organismen an, da alle grundlegenden Vorgänge des Zellstoffwechsels schon bei Einzellern und Schwämmen festzustellen sind und somit auch die sie katalysierenden Enzyme da sein müssen. Bei der Höherentwicklung wird aber die Regulation des Stoffwechsel- und Entwicklungsgeschehens immer komplizierter. Man darf daher annehmen, daß zumindest ein Teil der zusätzlichen DNA Funktionen bei der Regelung dieser Vorgänge hat (vgl. Genetik 8.12).

3.5 Die Stammesgeschichte der Organismen

Nach der Entstehung der Eukaryonten-Zellen haben die Evolutionsvorgänge zur Bildung zahlreicher verschiedener Einzeller geführt. Bei einigen Einzeller-Gruppen sind bis heute pflanzliche und tierische Eigenschaften nicht scharf getrennt. Der einheitliche Ursprung der eukaryontischen Pflanzen und aller Tiere scheint deshalb ziemlich sicher. Eine solche Übergangsform zwischen Pflanze und Tier ist das »Augentierchen« *Euglena* (s. Cytologie 1).

Die Stammesgeschichte der Pflanzen. Bereits bei den pflanzlichen Geißelträgern (*Flagellaten*) ist eine Aufspaltung in mehrere Entwicklungsrichtungen zu erkennen (vgl. Abb. 458). An sie schließen sich zunächst unbegeißelte Einzeller, dann einfache Zellkolonien an, weiterhin die fadenförmigen Algen und die Tange. Schon sehr früh müssen die Pilze als selbständige Gruppe entstanden sein. Die Moose sind von Grünalgen des Süßwassers abzuleiten, ebenso die Nacktfarne, von denen im oberen Silur die höheren Gefäßporenpflanzen (Bärlappgewächse, Schachtelhalme, Farne) ihren Ausgang genommen haben. Aus den ursprünglichsten Farnen sind die Samenfarne hervorgegangen und aus ihnen die Palmfarne (*Cycadeen*). Die Nadelhölzer sind an die Ur-Farne anzuschließen. Die Bedecktsamer gehen auf ursprüngliche Cycadeen-Vorfahren zurück. Die ältesten Bedecktsamer waren wohl zweikeimblättrig, die wenig später auftretenden Einkeimblättrigen leiten sich von ursprünglichen Formen der Zweikeimblättrigen her. Abb. 458 gibt die Abstammungsverhältnisse wieder.

Die Stammesgeschichte der Tiere nahm ihren Ausgang wohl auch von geißelträgerähnlichen Einzellern. Von ihnen gehen Zweige zu den Einzellergruppen der Wurzelfüßler, der parasitischen Sporozoen und der Wimpertierchen, von denen jedoch keine Linie weiterführt. Da in der Keimesgeschichte aller vielzelligen Tiere die Blastula und die Gastrula auftreten, wird die Weiterentwicklung über solche, einer Blastula entsprechende Formen gegangen sein. (vgl. Abb. 331)

Die *Hohltiere* sind auf der Gastrulastufe stehengeblieben. Im weiteren Verlauf der Stammesgeschichte haben sich dann zwei große Gruppen voneinander getrennt: die *Altmünder (Protostomier)*, bei denen der Urmund der Gastrula als Mundöffnung erhalten bleibt und der After sich neu bildet, und die *Neumünder (Deuterostomier)*, bei denen der Urmund zum After wird und der endgültige Mund neu entsteht. Zur ersten Gruppe gehören Plattwürmer, Ringelwürmer, Gliedertiere und Weichtiere, zur zweiten die Stachelhäuter und die Chordatiere. Sehr ursprüngliche Protostomier sind die Plattwürmer und einige weitere wurmartige Gruppen (z. B. Rundwürmer und Rädertierchen, vgl. Abb. 492). Die übrigen wasserlebenden Formen durchlaufen in ihrer Keimesentwicklung ein Stadium, das der *Trochophoralarve* der Ringelwürmer entspricht. Dazu gehören vor allem die Weichtiere. Die Gliederfüßler gehen auf ringelwurmartige Vorfahren zurück (vgl. Abb. 494). Schon früh müssen sich die Krebse abgezweigt haben, die Spinnentiere stehen ihnen in der Wurzel nahe. Später treten weitere luftatmende Gliederfüßler auf. Der heute noch lebende *Peripatus* (Abb. 437) kann als Modell für den Übergang zwischen Ringelwürmern und tausendfüßlerähnlichen Gliederfüßlern dienen.

Primitive Deuterostomier sind die Borstenkiefler sowie die Stachelhäuter. Auch die Kragentiere weisen noch viele primitive Merkmale auf, bilden aber ebenso wie die Manteltiere zumindest vorübergehend während ihrer Entwicklung eine Art von Chorda aus, weshalb sie als bereits höherentwickelt angesehen werden. Das Lanzettfischchen zeigt Baueigentümlichkeiten wie man sie sich auch für die Urform der Chordatiere vorstellt.

Von den Urchordatieren geht die Entwicklung zu den Fischen, die sich dann in die Gruppen der Knorpelfische und Knochenfische aufteilen. Von den zu

Abb. 458: Stammbaum der eukaryontischen Pflanzen

Abb. 459: Stammbaum der Tiere

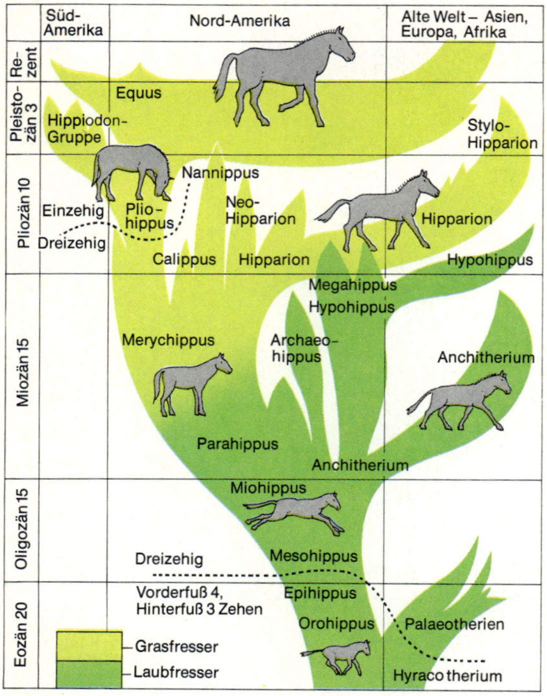

Abb. 460: Stammbaum der Pferde. Die Alte Welt ist mehrmals von Nordamerika aus über die damals landfeste Beringstraße besiedelt worden. Zahlen in Millionen Jahren

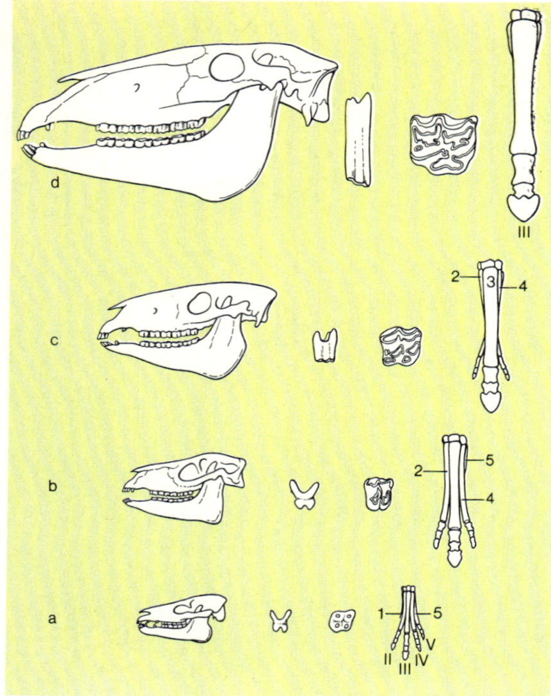

Abb. 461: Stammesgeschichtliche Entwicklung des Pferdeschädels, der Backenzähne und der Pferdehand. a Hyracotherium, b Miohippus, c Merychippus, d Equus (Pferd)

den Knochenfischen gehörenden Quastenflossern leiten sich die Ur-Lurche ab, von denen einerseits die heute lebenden Lurche, andererseits die Kriechtiere abstammen. Aus den Kriechtieren haben sich die Vögel entwickelt. Schon früher haben sich die Säugetiere vom Kriechtierstamm losgelöst; sie gehen auf altertümliche, unspezialisierte Kriechtierformen zurück. Weiterentwicklungen sehr ursprünglicher Säugetiere sind die Kloakentiere und die Beuteltiere. Bei den Plazentatieren führt die Entwicklung von wenigen Ausgangsgruppen zu der Mannigfaltigkeit der heutigen Formen (vgl. Abb. 459).

3.6 Aufstellung von Stammbäumen

Die Stammesentwicklung der Organismen ist heute unbestritten. Welchen Weg die Entwicklung im einzelnen genommen hat, läßt sich aber nicht mit derselben Sicherheit beantworten, wenn auch die großen Linien der Entwicklung feststehen. Gut gesicherte Stammesreihen konnten bisher nur für einzelne Gruppen aufgestellt werden. Als Beispiel sei der Stammbaum der Pferde dargestellt. Er beginnt mit dem fuchsgroßen waldlebenden Urpferd Eohippus aus dem ältesten Tertiär. Es besaß kurze Gliedmaßen, die vorn 4, hinten 3 mit Hufen versehene Zehen hatten; die Zähne waren spitzhöckerig und für Blattfutter geeignet. Die folgenden Formen zeigen eine fortschreitende Zunahme der Körpergröße, der Verlängerung des Halses und des Schnauzenteils des Schädels, eine allmähliche Umbildung der Zähne zum Übergang vom Laubfutter auf das Hartfutter des

Abb. 462: Urpferd Eohippus (= Hyracotherium) und heutiges Pferd (Darstellung der Größenverhältnisse)

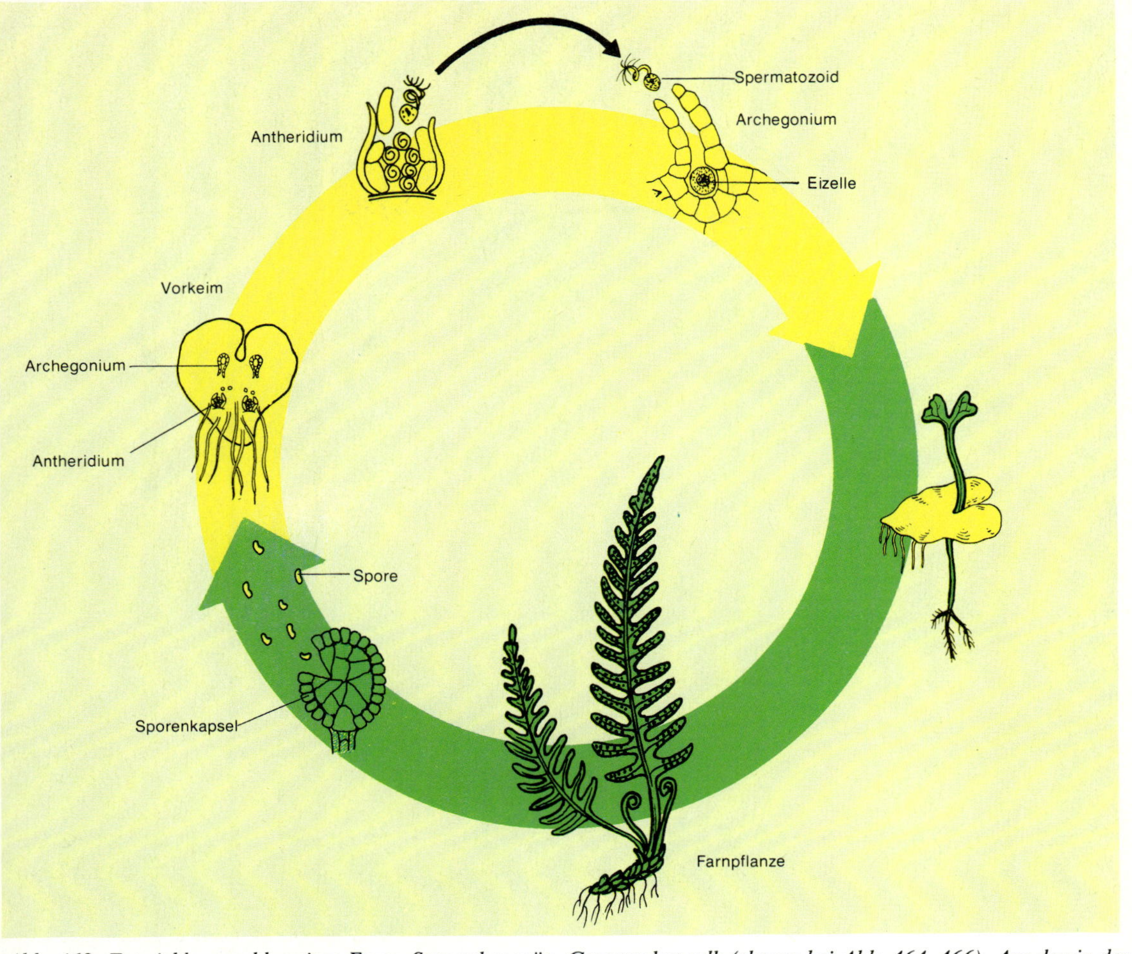

Abb. 463: Entwicklungszyklus eines Farns. Sporophyt grün, Gametophyt gelb (ebenso bei Abb. 464–466). Aus den in der Sporenkapsel durch Meiose gebildeten haploiden Sporen (Meiosporen) entsteht der Vorkeim (Gametophyt). Er trägt die Geschlechtsorgane in denen die Gameten durch Mitose (Mitogameten) gebildet werden. Durch Befruchtung entsteht im Archegonium eine Zygote, die zu einer neuen diploiden Farnpflanze heranwächst. Diese bildet wieder Sporenkapseln und darin Meiosporen; sie ist der Sporophyt.

Steppengrases und eine fortschreitende Verlängerung der Beine bei gleichzeitiger Rückbildung der Zahl der Zehen, bis auf die immer stärker werdende mittlere Zehe. Am Ende der Reihe steht im Pleistozän als flüchtiges Steppentier das heutige Pferd. Eine Fülle von Zwischenformen und Nebenlinien, die nach kurzer Entwicklung wieder ausstarben, haben existiert. Die Entwicklung vollzog sich hauptsächlich in Nordamerika und dauerte 60 Millionen Jahre, das entspricht etwa 15 Millionen Generationen. Ähnliche Stammbäume lassen sich für die Elefanten und Wale sowie für einige Gruppen wirbelloser Tiere aufstellen.

Der Stammbaum der Pferde ist ein Beispiel dafür, wie sich auf Grund von Fossilfunden Entwicklungslinien erkennen lassen. Aber auch bei heute lebenden Formen lassen sich durch Vergleiche Entwicklungslinien feststellen. Als Beispiel hierzu sei der Generationswechsel der Sproßpflanzen näher ausgeführt.

Der **Wurmfarn** erzeugt auf der Unterseite der Wedel in Sporenkapseln einzellige Sporen, welche sich auf feuchten Waldboden zu kleinen, grünen, blattförmigen Vorkeimen entwickeln. Der Vorkeim trägt auf seiner Unterseite kuppelförmige Antheridien und flaschenförmige Archegonien. Bei Benetzung entlassen die Antheridien zahlreiche selbstbewegliche männliche Keimzellen. Eine von ihnen dringt in das Archegonium ein und befruchtet die Eizelle. Aus der befruchteten Eizelle entwickelt sich dann eine neue Farnpflanze. Im Lebensgang der Farnpflanze wechseln also zwei Arten der Fortpflanzung miteinander ab: die eigentliche Farnpflanze, die sich vegetativ durch Sporen vermehrt, und der Vorkeim, der Geschlechtsorgane trägt und auf dem durch geschlechtliche Fortpflanzung wieder die Farnpflanze erzeugt wird. Die Farnpflanze heißt der *Sporophyt* (Sporenpflanze), der die Geschlechtszellen (*Gameten*) erzeugende

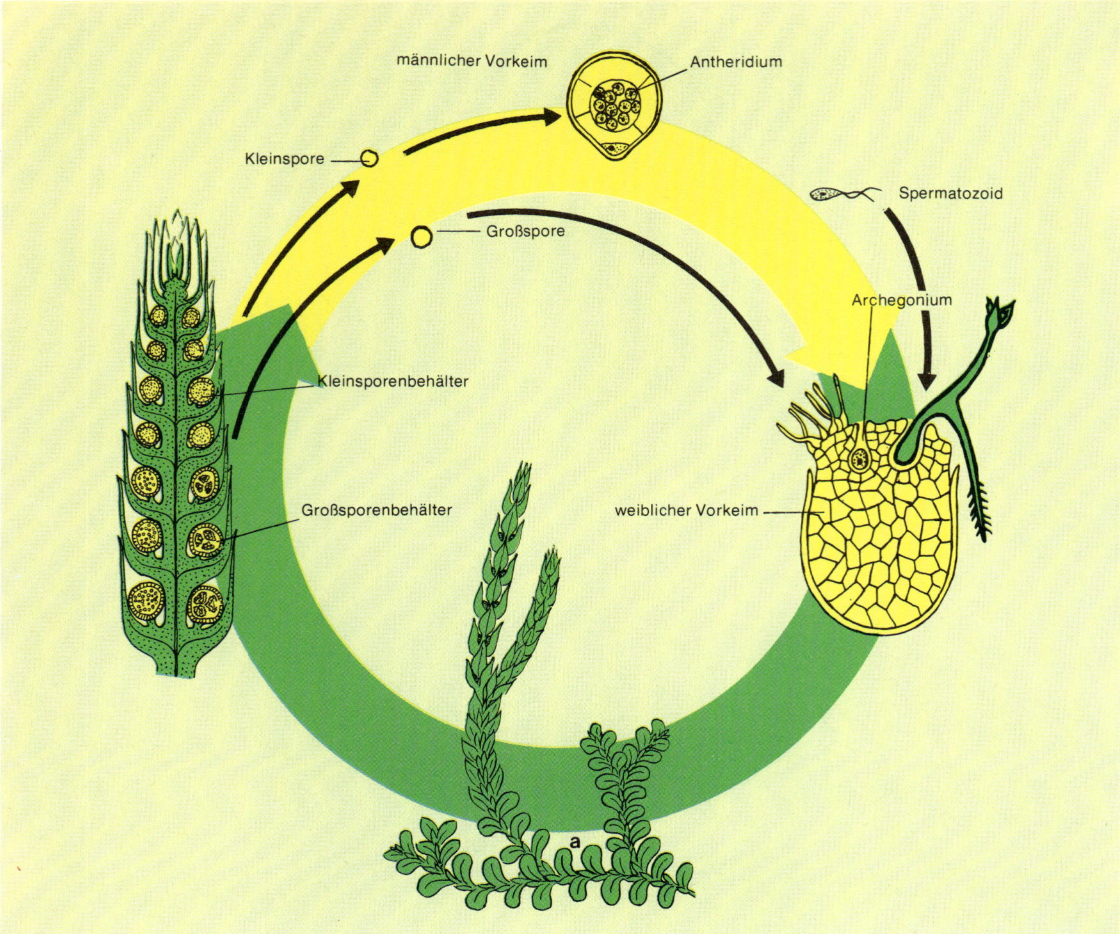

Abb. 464: Entwicklungszyklus des Moosfarns (Selaginella). a: Sproß mit Sporenähre. In der Sporenähre werden in verschiedenen Behältern zweierlei Sporen durch Meiose gebildet. Aus den Großsporen (Megasporen) entsteht ein weiblicher Vorkeim, aus den Kleinsporen (Mikrosporen) ein männlicher Vorkeim. Die Generation der Gametophyten ist also zweihäusig. Nach Befruchtung der Eizelle bildet die Zygote wieder eine diploide Selaginella-Pflanze (Sporophyt).

Vorkeim der *Gametophyt.* Der Wechsel zweier Generationen, die sich in der Art der Fortpflanzung unterscheiden, wobei die eine Generation Sporen, die andere Geschlechtszellen bildet, wird als **Generationswechsel** bezeichnet.

Bei dem zu den Bärlappgewächsen gehörenden **Moosfarn** (*Selaginella*) bilden sich in einer gemeinsamen Sporenähre Klein- und Großsporenbehälter aus, in dem Kleinsporen und Großsporen entstehen. Aus einer Kleinspore geht ein wenigzelliger männlicher Vorkeim hervor, in dem sich Spermatozoiden bilden. Aus einer Großspore entwickelt sich der weibliche Vorkeim mit einigen Archegonien. Beide Sporenarten fallen zu Boden; nach Benetzung durch Regen schwimmen die Spermatozoiden zu den weiblichen Vorkeimen und befruchten die Eizellen. Bei Selaginella sind also die männlichen und weiblichen Organe auf zwei verschieden gestaltete und in der Größe sehr stark reduzierte Vorkeime verteilt.

Die Fortpflanzung der Blüten- oder Samenpflanzen zeigt, daß auch bei ihnen ein Generationswechsel besteht. Die Träger der männlichen Zellen, die Pollenkörner, werden in den Pollensäcken gebildet. Sie gelangen mit fremder Hilfe (Wind, Insekten) zu den in den Samenanlagen eingeschlossenen weiblichen Organen, in deren Innerem die Eizelle liegt. Nach der Übertragung auf das weibliche Organ (der Bestäubung) wächst das Pollenkorn zu einem Pollenschlauch aus, welcher die Verbindung zur Eizelle herstellt. Man kann nun die Pollenkörner mit Kleinsporen, die Pollensäcke mit Kleinsporenbehältern und die Samenanlagen mit Großsporenbehältern homologisieren.

Bei den Nadelhölzern findet sich im Pollenkorn ein winziger Rest eines Vorkeims, daneben eine Zelle, die zum Pollenschlauch wird, und eine zweite Zelle, welche Spermazellen liefert, deren Kerne durch den Pollenschlauch zur Eizelle wandern. Die Samenanlagen (Großsporenbehälter) liegen offen auf den Fruchtblättern **(Nacktsamer).** In ihrem Innern bildet sich eine einzige Großspore, der *Embryosack.* Darin entsteht ein weiblicher Vorkeim; er enthält zwei Archegonien mit je einer Eizelle.

Das Pollenkorn wächst zu einem Pollenschlauch aus. Er entläßt in ein Archegonium einen Spermakern, der die Ei-

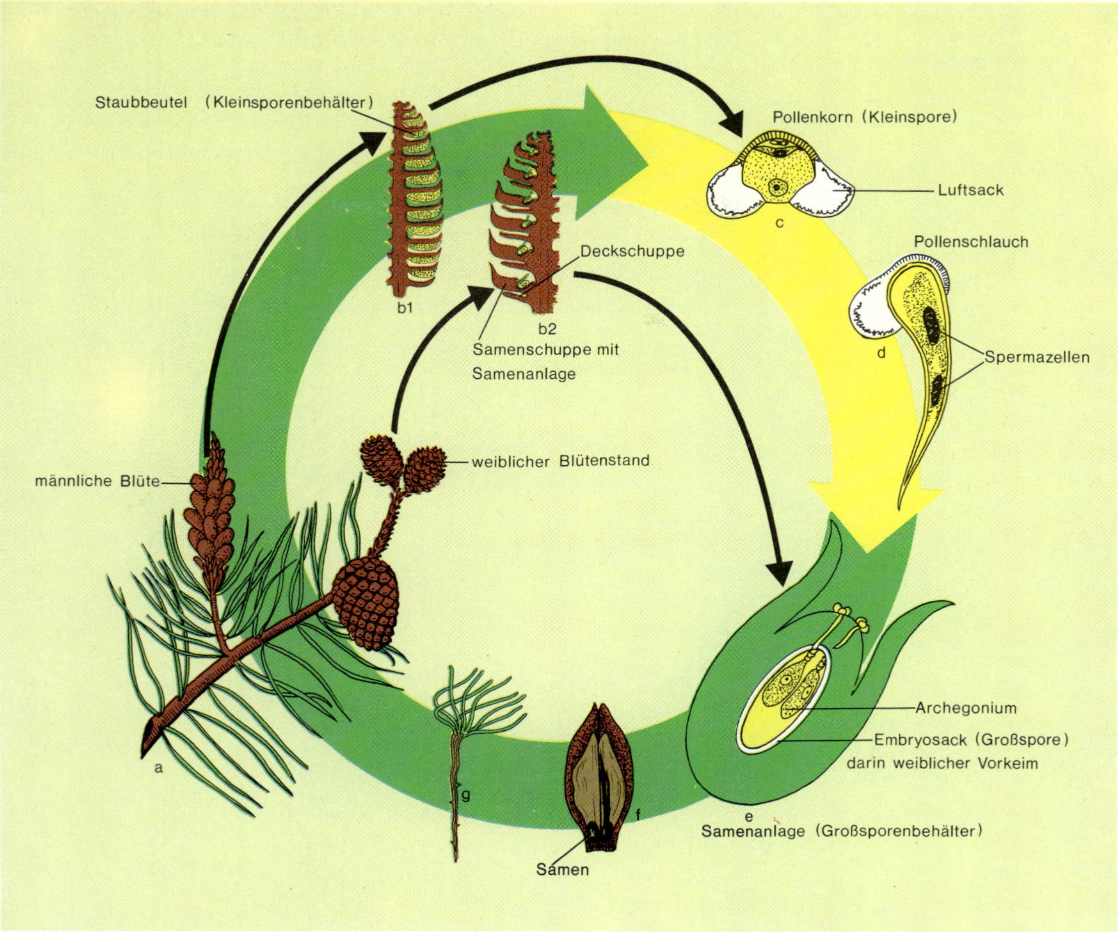

Abb. 465: Entwicklungszyklus der Nacktsamer (Kiefer). a Zweig mit Blüten. b_1 Längsschnitt durch eine männliche Blüte mit vielen Staubblättern, die unterseits je 2 Staubbeutel tragen. b_2 Längsschnitt durch den weiblichen Blütenstand; jede Samenschuppe mit Samenanlage bildet eine Blüte. c, d Der männliche Gametophyt entsteht aus dem Pollenkorn und besteht aus 2 Vorkeimzellen und einer großen Zelle, die den Pollenschlauch und 2 Spermazellen liefert. e Samenanlage, in ihr entsteht der weibliche Gametophyt als vielzelliger Vorkeim mit 2 Archegonien. f Schuppe mit zweigeflügelten Samen; der Same bildet sich, indem aus der befruchteten Eizelle ein Embryo hervorgeht und das Gewebe des weiblichen Vorkeims zum Nährgewebe wird. g Keimling. (S. auch S. 359.)

zelle befruchtet. Die Befruchtung vollzieht sich im Innern der weiblichen Organe; Wasser als Überträger der männlichen Zellen ist dabei nicht mehr notwendig. Der männliche Vorkeim ist also fast ganz, der weibliche sehr stark rückgebildet. Die Großspore und der daraus entstehende Vorkeim verbleiben ganz auf dem Sporophyten.

Die Samenanlagen (Großsporenbehälter) liegen bei den **Bedecktsamern** im Innern des Fruchtknotens. Die einzige Großspore ist der Embryosack. An seinem Ende sitzen drei Zellen, eine davon ist die Eizelle. Sie sind der Rest eines Archegoniums. In der Mitte des Embryosacks befinden sich der *Embryosackkern,* am anderen Ende drei Zellen; sie entsprechen wohl zusammen mit dem Embryosackkern dem Rest eines weiblichen Vorkeims. Der Inhalt des Embryosacks der Bedecktsamer ist also ein zurückgebildeter und vereinfachter weiblicher Vorkeim.

Die vergleichende Betrachtung der Fortpflanzungsvorgänge zeigt, daß ein Generationswechsel wie bei den Farnen auch der Fortpflanzung aller höheren Pflanzen zugrunde liegt, wobei eine immer stärkere Rückbildung der geschlechtlichen Generation erkennbar wird. Die Verlagerung der Befruchtung ins Innere des Sporophyten führt zu einer immer weiter fortschreitenden *Unabhängigkeit vom Wasser und Anpassung an das Landleben.* Bei Gefäßsporenpflanzen ist für die Übertragung der männlichen Zellen Außenwasser unentbehrlich. Dagegen sind die Nadelhölzer und die Bedecktsamer bei ihrer Befruchtung vom Wasser nicht mehr abhängig.

Die hier aufgezeigte Reihenfolge entspricht auch der *Entwicklung im Lauf der Erdgeschichte:* Die großen Gruppen der Gefäßsporenpflanzen, Nacktsamer und Bedecktsamer, sind in derselben Reihenfolge auseinander hervorgegangen. Die verkümmerten Formen des Generationswechsels der höchstentwickelten Pflanzen können nur auf Grund ihrer Stammesgeschichte verstanden werden.

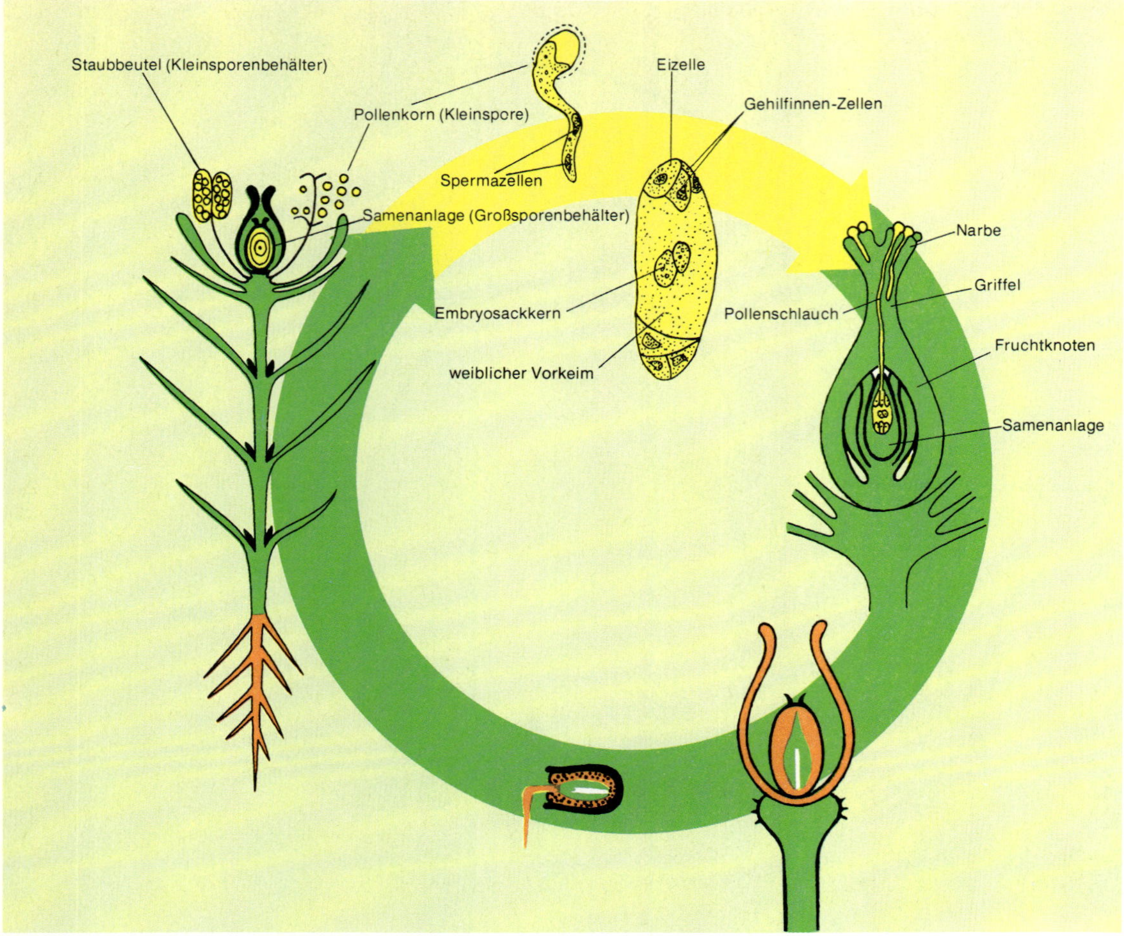

Abb. 466: Entwicklungszyklus der Bedecktsamer. In der Samenanlage liegt als einzige Großspore der Embryosack; in ihr bildet sich der wenigzellige weibliche Gametophyt. Im Pollenkorn entsteht der männliche Gametophyt, er besteht aus 2 Zellen, eine bildet zwei Spermazellen. Beim Vorgang der Befruchtung verschmilzt ein Spermakern mit dem Kern der Eizelle und der andere mit dem Embryosackkern. Anschließend entwickelt sich die Samenanlage zum Samen (mit Keimling und Nährgewebe) und der Fruchtknoten zur Frucht (s. auch Anhang Abteilung Blütenpflanzen)

4. Die Ursachen für die Stammesentwicklung der Organismen (Die Evolutionstheorie)

Mit der Aufklärung der stammesgeschichtlichen Entwicklung verbunden ist die Frage nach den Ursachen der Evolution. Wie kommt es denn, daß die Lebewesen sich ständig gewandelt, höher entwickelt und sich dabei so erstaunlich gut an ihren Lebensraum angepaßt haben? Welches sind die Evolutionsfaktoren? Die beiden ersten – unterschiedlichen – Antworten stammen von LAMARCK und DARWIN.

4.1 LAMARCKS Theorie von der Vererbung erworbener Eigenschaften

LAMARCK nahm an, daß die Lebewesen sich durch Gebrauch oder Nichtgebrauch ihrer Organe unmittelbar an die Bedürfnisse anpassen und daß sich eine solche individuell erworbene Anpassung auf die Nachkommen vererbt. Der lange Hals der Giraffe ist nach LAMARCK so entstanden, daß die Vorfahren dieses Tieres als Laubfresser den Hals immer höher nach den Zweigen von Bäumen streckten. Dadurch sei der Hals länger und länger geworden, und so sei im Laufe der Generationen das Tier in seiner heutigen Form entstanden.

Umgekehrt soll der Nichtgebrauch der Organe zur Verkümmerung führen; auf diese Weise sei die Rückbildung der Augen vieler Höhlentiere oder die Beinlosigkeit der Schlangen entstanden.

Bei solchen Umbildungen wirkt nach LAMARCK ein inneres Bedürfnis (psychischer Trieb) mit, das sie auf die jeweiligen Erfordernisse hin ausrichtet. Sein Erklärungsschema für eine Evolution ist folgendes:

Umweltveränderung → Bedürfnis → Übung → Vervollkommnung / → Nichtgebrauch → Verkümmerung } Vererbung der neuerworbenen Eigenschaft

Gegen die Ansichten LAMARCKS läßt sich vieles einwenden. Eine Vererbung erworbener Eigenschaften konnte in keinem Fall nachgewiesen werden. Vielmehr lehren die Ergebnisse der Genetik, daß Modifikationen nicht vererbbar sind. Der Lamarckismus kann auch nicht die Anpassungen erklären, die der Erhaltung und Verbreitung der Art dienen. Die Erzeugung zahlreicher Samen nützt nicht der Einzelpflanze, die Brutpflege für die Jungen nicht dem Einzeltier, sondern nur der Art.

4.2 DARWINS Theorie der natürlichen Zuchtwahl. Selektionstheorie

Eine überzeugendere Begründung der Abstammungslehre erbrachte erst DARWIN. Die Bedeutung seines Werks ist zweifach.

Durch eine Fülle von Tatsachen aus der Paläontologie, vergleichenden Anatomie, Embryologie und Tiergeographie lieferte er den Nachweis einer Stammesentwicklung und gab mit seiner Selektionstheorie gleichzeitig eine einleuchtende, kausale Erklärung für eine Evolution. Zur Begründung dieser Theorie ging er von folgenden Erscheinungen aus:

1. Die Lebewesen erzeugen viel mehr Nachkommen, als zur Erhaltung der Art notwendig wären. Für die Erhaltung der Art würden zwei zur Fortpflanzung gelangende Nachkommen eines Elternpaares genügen. In Wirklichkeit werden oft Tausende, ja Millionen von Nachkommen erzeugt. Trotzdem bleibt bei gleichbleibender Umwelt die Individuenzahl einer Art über längere Zeit hinweg konstant.
2. Die Nachkommen eines Elternpaares sind nicht alle untereinander gleich, sie variieren in ihren Erbmerkmalen.
3. Die Lebewesen stehen untereinander in ständigem Wettbewerb um günstige Lebensbedingungen, um Nahrung, Lebensraum und Geschlechtspartner. In diesem *Kampf ums Dasein (struggle for life)* erweisen sie sich unterschiedlich lebenstüchtig. Es überleben die am besten an die Umwelt angepaßten Individuen (*survival of the fittest*). Dies sind die Gewandtesten oder die Bestgeschützten oder die Unempfindlicheren (z. B. gegen Kälte oder Trockenheit) oder solche, die leichter einen Geschlechtspartner finden (geschlechtliche Zuchtwahl nach Darwin). Die weniger Tauglichen pflanzen sich entweder gar nicht fort oder haben weniger Nachkommen.

Den Kampf ums Dasein gibt es aber nicht nur innerhalb einer Art. Auch Organismenarten konkurrieren miteinander, wenn sie ähnliche ökologische Nischen haben. Der Wettbewerb führt dazu, daß sich innerhalb einer ökologischen Nische auf Dauer überhaupt nur eine Art halten kann. Weniger gut an diese Nische angepaßte Arten werden ausgemerzt oder in andere Nischen abgedrängt. Die natürliche Auslese *(natural selection)* führt durch eine sich ständig vervollkommnende Anpassung an die Umweltverhältnisse zu einer allmählichen Umbildung der Arten.

4.3 Synthetische Theorie der Evolution

Die heutigen Vorstellungen über den Ablauf und die Ursachen der Evolution werden als »Synthetische Theorie der Evolution« zusammengefaßt, weil sie alle Wissenschaftsgebiete, die sich mit Lebewesen befassen, miteinander verbindet. Besonders wichtig sind die Ergebnisse der Genetik und der Populationsgenetik, denn *stets geht die Evolution von der Population aus.* Das einzelne Lebewesen enthält nur einen Bruchteil der Allele, die in der Population vorhanden sind. Durch geschlechtliche Fortpflanzung werden die Allele immer wieder neu kombiniert (*genetische Rekombination*), so daß ständig neue und unterschiedliche Genotypen und Phänotypen entstehen. Aus dem Gen-Pool, dem Sammelbecken aller Gene einer Population, gehen durch die Vielzahl möglicher Paarungen immer wieder neue Gen-Kombinationen hervor; darunter auch besonders günstige, die für den Fortgang der Evolution von Bedeutung sind. Die »reproductive fitness« gibt die unterschiedliche Aussicht der Individuen an, ihre Erbanlagen in den Gen-Pool der nächsten Generation einzubringen. Je größer die Zahl der Nachkommen eines bestimmten Genotyps, desto besser wird er sich gegenüber anderen Genotypen durchsetzen, falls die Lebenschancen für die Individuen gleich sind. Nach dem HARDY-WEINBERG-Gesetz *von der Erbkonstanz* bleibt die genotypische Zusammensetzung einer Population unter folgenden Voraussetzungen konstant: Die Einzelindividuen müssen sich wahllos paaren können, es dürfen keine erblichen Änderungen (Mutationen) auftreten und keine Individuen vor anderen bevorzugt sein (fehlende Selektion), und schließlich muß der Bevölkerungsumfang sehr groß sein (keine isolierten Verbände). Bestimmte Erbfaktoren können dann nicht zufällig durch den Tod aller Träger aus einer Bevölkerung verschwinden oder durch Einschränkung der Paarungswahl schnell eine prozentual große Häufigkeit erlangen (fehlende Zufallswirkung).

Jede Abweichung von den Voraussetzungen des HARDY-WEINBERG-Gesetzes kommt einer Änderung des Gen-Pools und damit einer Evolution gleich. Dies bedeutet, daß Mutationen und genetische Rekombination innerhalb der Population die Grundlage jeder Evolution sind. Weitere wirksame Faktoren für den Prozeß der Evolution sind die Selektion (Auslese) und der Zufall (s. 4.6). Neue Arten als Zeichen eingetretener Evolution entstehen bei der Trennung eines Gen-Pools durch Ausbildung von Fortpflanzungsschranken; sie führen zur Isolation von Populationen (s. 4.5).

4.4 Die Ursachen der genetischen Variabilität

Mutationen. Die Mutationsrate je Gen und Generation liegt bei etwa 10^{-4} bis 10^{-9}, durchschnittlich bei 10^{-6}. Bei einem Individuum mit 10^6 Genen würde also jede Keimzelle eine Gen-Mutation tragen. Mutationen sind demnach sehr häufig, allerdings oft ohne Auswirkung auf den Phänotyp. Die Gesamtheit der vielen kleinen Mutationen (der *Mikroevolution*) führt aber doch zu Änderungen des Phänotyps. Es bilden sich neue Rassen und schließlich neue Arten mit einer ganzen Reihe von Eigenschaften, die von denen der bisherigen Arten abweichen. Mutationen liefern also das Material für die Evolution.

Rekombination der Gene. Ein diploider Organismus entsteht aus der Verschmelzung von zwei Geschlechtszellen, deren allele Gene in der Regel nicht alle identisch sind. Aber selbst wenn der Organismus nur in einem Gen-Paar mischerbig wäre, würde er $2^1 = 2$ verschiedene Geschlechtszellen bilden. Ist der Organismus in 2 Erbanlagen mischerbig, können $2^2 = 4$ verschiedene Geschlechtszellen und ist er in 15 Erbanlagen mischerbig, können bereits $2^{15} = 32768$ verschiedene Geschlechtszellen gebildet werden. Da die Organismen sehr viele Gene besitzen, entsteht eine Fülle von Rekombinationsmöglichkeiten für die Nachkommen, deshalb wird praktisch nie ein Nachkomme desselben Elternpaars dem andern genetisch völlig gleich sein.

Rekombinationen verändern allerdings die Häufigkeit der einzelnen Gene im Gesamtbestand der Gene (Gen-Pool) einer Population nicht; sie sind aber die Hauptursache der genetischen Variabilität der Individuen, liefern also neue Genotypen. Eine genetische Rekombination ist nur bei geschlechtlicher Fortpflanzung möglich. Bei der ungeschlechtlichen Fortpflanzung sind Eltern und Nachkommen genetisch gleich, daher ist für die Evolution die geschlechtliche Fortpflanzung von größter Bedeutung.

In diesem Zusammenhang sei nochmals auf die Bedeutung der Meiose hingewiesen. Sie hat drei wichtige Auswirkungen:

1. Die Chromosomenzahl wird auf die Hälfte reduziert. Die Keimzellen sind haploid.
2. Die homologen Chromosomen werden zufallsgemäß auf die Keimzellen verteilt, mit jeder Verschmelzung von zwei Keimzellen entstehen neue Kombinationen von Chromosomen und der in ihnen liegenden Gene.
3. Durch Crossing-over werden Chromosomenstücke ausgetauscht. Dieser Umbau der Chromosomen führt ebenfalls zu neuen Gen-Kombinationen.

Diese Fülle neuer Gen-Kombinationen liefert zusammen mit den Mutationen die Grundlage für evolutive Vorgänge.

4.5 Selektion

Mutationen und Rekombinationen sind zufällige Ereignisse und können keine gerichtete Veränderung einer Population zustande bringen. In der Natur werden jedoch solche Individuen begünstigt, die ihrer Umwelt besser angepaßt sind als andere. Ihre Nachkommenzahl ist größer als die von Individuen mit weniger günstigen Genen oder Gen-Kombinationen; solche werden in der Generationenfolge allmählich ausgemerzt. Diese natürliche Auslese der Typen aus vorteilhaften Mutationen und Gen-Kombinationen bezeichnet man als *Selektion*. Die Wirkung der Selektion ist nicht die Folge eines blutigen Kampfes ums Überleben; sie äußert sich vielmehr in einer unterschiedlichen Fortpflanzungsrate. Mutanten mit der größten Nachkommenschaft gewinnen schließlich die Vorherrschaft. Die ständig herrschende Selektion, der Selektionsdruck, wirkt in der Folge der Generationen in Richtung einer immer besseren Anpassung an die jeweilige Umwelt (*transformierende Selektion*). Die Selektion verschiebt die Merkmalausbildung aber nicht nur in Richtung der besseren Anpassung, sondern scheidet etwa auftretende nachteilige Mutationen in den folgenden Generationen wieder aus; sie erhält dadurch bereits vorhandene günstige Merkmale und stabilisiert den Gen-Pool (*stabilisierende Selektion).*

Auch neutrale oder zunächst nachteilige Gene oder Gen-Kombinationen können sich bei einer Umweltänderung oder beim Eindringen in einen neuen Lebensraum vorteilhaft auswirken und werden dann von der Selektion begünstigt. Man spricht dann von einer *Präadaption,* weil Anspassungen an neue Umweltverhältnisse bereits vorliegen. Im Hinblick auf sich ändernde Lebensbedingungen wäre eine völlige genetische Gleichheit der Individuen einer Art für ihr Fortbestehen nur nachteilig.

Die Selektion als Evolutionsfaktor kann am Organismus auf recht verschiedene Weise und auch an verschiedenen Stellen seiner Entwicklung ansetzen. Sie wirkt sich aus durch Unterschiede

1. in der Überlebenschance gegenüber Klima-, Nahrungs- und Krankheitseinflüssen;
2. in der Chance, einen Geschlechtspartner zu finden oder (bei äußerer Befruchtung) daß männliche und weibliche Geschlechtszellen zueinanderfinden
3. im Zeitabstand von einer Generation bis zur nächsten (Generationsdauer).

Die Selektion kann aber nur am ganzen Individuum, also am Phänotyp angreifen, nicht am Genotyp. Die Lebenseignung des Phänotyps ergibt sich aber nur aus der Gesamtheit aller Gene bzw. aus der Gen-Kombination. Der Selektion unterliegen deshalb nur Gene, die sich phänotypisch ausprägen. Werden Merkmale durch mehrere Gene gemeinsam festgelegt, so sind auch alle beteiligten Gene gemeinsam von der Auslese betroffen. So haben bei der Evolution eines Organs (z. B. des Wirbeltierauges) nur die vielen Gene, die Gestalt und Funktion aller Teile bestimmen (Netzhaut, Linse, Glaskörper usw.) gemeinsam einen Selektionswert. Auf einem frühen Stadium der Augen-Evolution hat daher eine Mutante, die zu einer hoch entwickelten Linse führt, keinen Selektionsvorteil, wenn die Netzhautqualität der Verbesserung des optischen Apparats nicht entspricht.

Beispiele für das Wirken der Selektion. Es gibt zahlreiche Beispiele, in denen die Wirkung der Selektion unmittelbar beobachtbar ist.

Die Verwendung von Antibiotika gegen Bakterien führt in kurzer Zeit zur Herausbildung resistenter Stämme. Zufällig auftretende oder bereits vorhandene Mutanten, die gegen das Antibiotikum resistent sind, vermehren sich massenhaft, da alle nicht resistenten, mit ihnen konkurrierenden Bakterien vernichtet werden. Die rasche Selektionierung resistenter Formen zwingt zur ständigen Suche nach neuen Antibiotika, um wieder wirksame Stoffe gegen die Krankheitserreger zur Hand zu haben. Ähnliche Beobachtungen der Herauszüchtung resistenter Formen macht man beim Gebrauch von Insekticiden gegen Schadinsekten.

Abb. 467: Natürliche Auslese beim Birkenspanner. Ein hellgraues und ein dunkles Exemplar auf hellem Untergrund

In Industriegebieten verbreiten sich dunkelgefärbte Mutanten zahlreicher Schmetterlingsarten (*Industriemelanismus,* weil die Färbung von dem dunkelbraunen Farbstoff Melanin hervorgerufen wird). So hebt sich z. B. der Birkenspanner durch seine Fleckenzeichnung auf den hellen Flügeln von der Rinde der Birken und anderen flechtenüberzogenen Baumstämmen kaum ab und wird deshalb von den Vögeln oft übersehen. Um 1850 wurde eine schwärzliche Varietät bekannt, die sich von den Baumrinden deutlich abhob. Sie wurde von den Vögeln bald ausgemerzt (stabilisierende Selektion), doch entstand die Mutation immer wieder von neuem. Als sich mit der Industrialisierung die Baumrinde durch den niedergehenden Ruß dunkler färbte, entdeckten die Feinde die hellere Form leichter als die dunkle. In den Industriegebieten Deutschlands, Englands und Amerikas wurde deshalb in wenigen Jahrzehnten die helle Ausgangsform fast vollständig verdrängt. Die Luftverschmutzung in Industriegebieten hat die Selektionsbedingungen geändert.

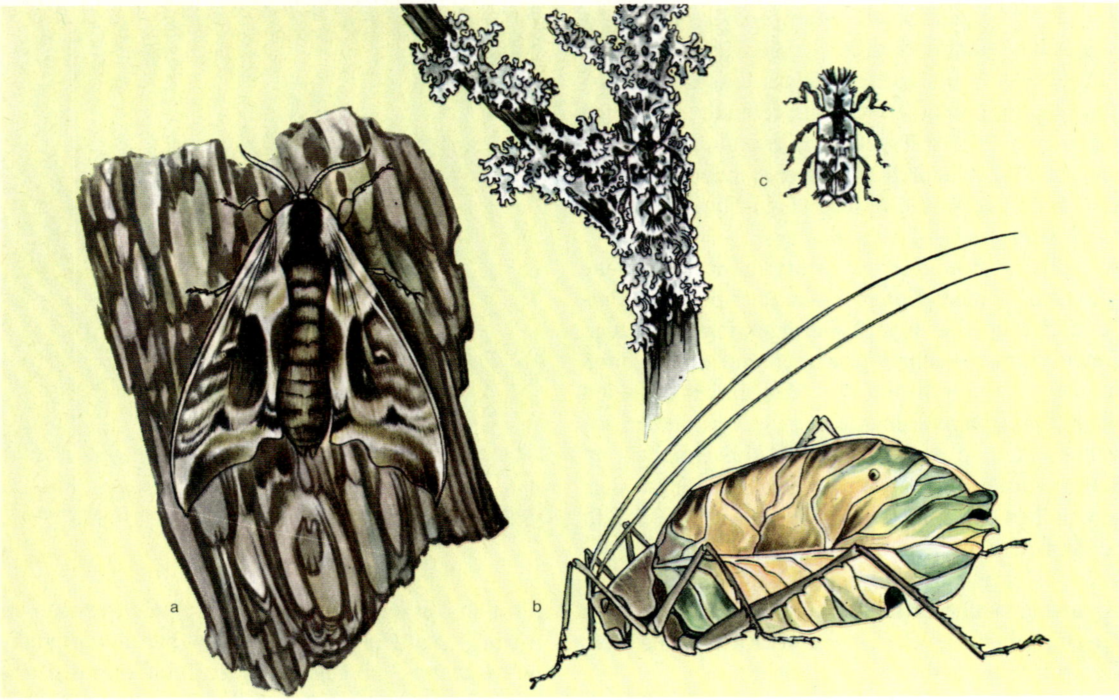

Abb. 468: Schützende Ähnlichkeit. Das Abendpfauenauge ist in Schutzstellung schwer zu erkennen (a). Die tropische Blattheuschrecke Phylloptera (b) ähnelt einem welken Blatt. Der Flechtenkäfer Lithinius (c rechts) aus Madagaskar wird auf einem flechtenbewachsenen Ast unsichtbar (links).

Auf windgepeitschten kleinen Inseln (z. B. Kerguelen) gibt es viele flugunfähige Arten von Schmetterlingen und Fliegen. Mutanten mit verkümmerten Flügeln haben dort einen Überlebensvorteil, weil flugfähige Insekten häufig aufs Meer hinausgetrieben werden. Der Selektionsfaktor ist in diesem Fall der starke Wind.

Viele Tiere weisen eine *Tarnfärbung* auf. Polartiere sind oft weiß gefärbt wie der Schnee (Eisbär, Polarhase, Eisfuchs), Wüstentiere sind gelblich bis hellbraun wie der Sand, Tiere die im Gras leben, oft grün. Auch eine Schutztracht (*Mimese*) kann die Tiere unauffällig machen und sie vor Feinden schützen. Stabheuschrecken gleichen einem Stengel, Spannerrau-

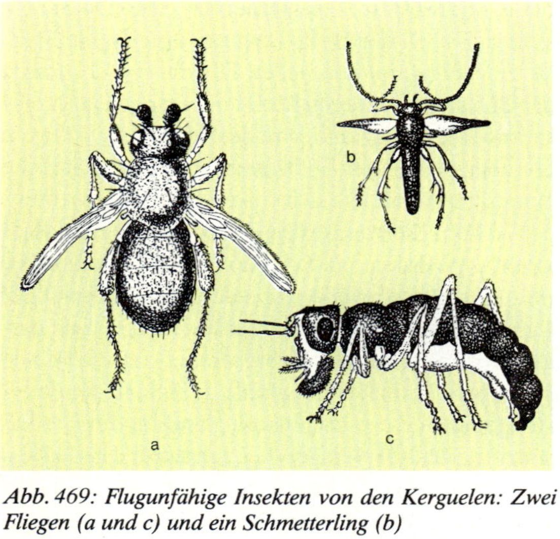

Abb. 469: Flugunfähige Insekten von den Kerguelen: Zwei Fliegen (a und c) und ein Schmetterling (b)

Abb. 470: Blattschmetterling Kallima. Vorder- und Hinterflügel ergänzen sich zu einem einheitlichen Blattmuster, obwohl die beiden Flügel vollständig getrennt entstehen.

Abb. 471: Mimikry. Ein durch schlechten Geschmack geschützter afrikanischer Schmetterling (a) und einer seiner Nachahmer (b)

Abb. 472: Auffallende selektionsbedingte Anpassung zeigen die Blüten der Hummel-, Fliegen-, und Bienen-Ragwurz. Sie sehen in Gestalt und Färbung dem Bestäuber so ähnlich, daß diese Begattungsversuche unternehmen, dabei Pollen aufnehmen und zur nächsten Blüte tragen. Hier Fliegen-Ragwurz. Auf der Lippe der oberen Blüte liegt ein herausgefallenes Pollinium (Polleninhalt eines ganzen Pollensackes), das als Ganzes vom Insekt mitgenommen wird.

pen einem Zweigchen, Verwandte der Stabheuschrecken ähneln in Gestalt und Färbung einem grünen Blatt; ein javanischer Schmetterling gleicht in sitzender Stellung einem dürren Laubblatt.

Eine besondere Form des Schutzes ist die *Mimikry;* sie besteht darin, daß harmlose Tiere wehrhafte in Form und Farbe nachahmen (Abb. 471). In Afrika gibt es einige wegen ihres schlechten Geschmacks von Vögeln gemiedene Schmetterlingsarten. Mitten aus ihren Schwärmen fing man ganz ähnliche Schmetterlinge, die sich bei genauer Untersuchung als artfremd erwiesen und keinerlei Abschreckstoffe bilden. Sie nehmen aber durch gleiche Form und Flügelzeichnung am Schutz der anderen Arten teil. Bei der Mimikry wirkt der Selektionsdruck in Richtung einer vollkommenen Täuschung der Feinde.

Durch Selektionsdruck bedingt ist auch die *Ko-Evolution* von Blüte und Insekt. Sie führt zu einer gegenseitigen Anpassung von Blüte (in Farbe, Form und Duft) und Insekt (im Bau der Mundwerkzeuge und der Sinnesorgane sowie in seinem Verhalten).

Auch das Fehlen bestimmter Selektionsfaktoren kann sich auswirken. So sind manche Höhlentiere farblos, im Licht würden sie auffallen oder durch die Strahlung geschädigt, in der lichtlosen Höhle hat die Färbung keine Auslesewirkung, und wenn die Normalform zufällig ausstirbt, kann die farblose Mutante allein erhalten bleiben. Manche im Dunkeln lebende Tiere sind blind oder haben nur ein schwaches Sehvermögen; ein gutes Sehvermögen hat bei ihrer Lebensweise keinen Auslesewert. Durch Mutationen auftretende »Mängel« können so erhalten bleiben.

4.6 Wirkung des Zusammenspiels von Mutation und Selektion

Die Mutagenität der Organismen ist ein ständig wirksames Prinzip, das in der Geschichte des Lebens nie ausgesetzt hat. Auch die selektierende Umwelt ist fortgesetzt Veränderungen unterworfen, so daß sich aus dem Zusammenspiel von Mutation und Selektion nie eine Art entwickeln kann, die nur umweltgünstige Eigenschaften aufweist, vielmehr führt die Mutagenität dazu, daß fortgesetzt neue Eigenschaften erscheinen und vorhandene verschwinden, so daß eine vollkommene Anpassung der Organismen an ihre Umwelt als stabiler Zustand nie entstehen kann.

Wenn eine negative Eigenschaft durch die Selektion nicht völlig verschwindet, kann dies daran liegen, daß diese Mutation immer wieder neu entsteht, so daß sich ein Gleichgewicht zwischen Mutationsrate und Selektionsrate einstellt. Dieser Fall liegt bei der Trisomie 21 vor; die Betroffenen haben eine verkürzte Lebenserwartung und selten Nachkommen, aber die Mutation entsteht immer wieder von neuem. Negativ sich auswirkende rezessive Gene unterliegen zudem nur dann der Selektion, wenn sie homozygot auftreten. Durch den Schutz der Heterozygotie verschwinden sie deshalb auch in langen Zeiträumen nicht völlig.

Eine negative Eigenschaft kann sich auch dann erhalten, wenn das sie bestimmende Gen zugleich ein positives Merkmal bewirkt, also Polyphänie vorliegt. Ein Beispiel dafür ist die Sichelzellanämie (Genetik 8.11). Die homozygoten Träger des Sichelzell-Gens haben wegen schwerer Anämie nur eine geringe Lebenserwartung. Bei den Heterozygoten tritt das Leiden schwächer auf; zugleich aber sind sie malariaresistent, weil die Entwicklung der Malaria-Erreger in den abnormen roten Blutkörperchen gestört ist. In den Malaria-Gebieten und nur dort überwiegen die Vorteile des Sichelzell-Gens seine Nachteile, weshalb sich in solchen Regionen die Sichelzellanämie stark ausgebreitet hat.

Nachteilige Merkmale können durch damit gekoppelte positive Eigenschaften in der Evolution so lange erhalten bleiben, wie die Merkmalsbilanz noch positiv ist. Möglicherweise liefert die Bilanz gekoppelter negativer und positiver Merkmale auch eine Erklärung für die *Hypertelie*. Man versteht darunter die exzessive Ausbildung bestimmter Merkmale, die keinerlei Vorteile, wohl aber Nachteile erkennen läßt. Beispiele sind die übermäßig entwickelten Stoßzähne des *Mammuts*, das übertriebene Geweih des eiszeitlichen *Riesenhirsches* oder die übertrieben langen oberen Eckzähne des tertiären *Säbelzahntigers*. Möglicherweise waren solche unförmigen Bildungen zugleich mit einem Selektionsvorteil an anderer Stelle verbunden; sie erhalten sich dann so lange, bis ihre Nachteile gegenüber den mit ihnen gekoppelten Vorteilen überwiegen.

4.7 Isolation als Ursache der Artbildung

Gruppen von Individuen einer Art, also Populationen, können sich dann unterschiedlich weiterentwikkeln, wenn sie voneinander getrennt werden und keinen gemeinsamen Gen-Pool mehr bilden.

Eine **geographische Isolation** kann eintreten, wenn sich z. B. das Klima ändert und Teile von Populationen etwa durch Versteppung, Versumpfung oder Vereisung ihres Areals in verschiedene Richtungen abgedrängt werden. Ein anderes Beispiel liegt vor, wenn schwerzugängliche Gebiete (z. B. Inseln, Gebirgstäler, Seen) nur von wenigen Individuen einer Art besiedelt werden, die dort neue Populationen gründen (Gründerindividuen). Die abgetrennten Populationen zeigen dann mit der Zeit immer mehr Merkmalsunterschiede gegenüber der Ausgangspopulation, weil keine Vermischung mehr möglich ist und

Abb. 473: Übermäßige Entwicklung der oberen Schneidezähne beim eiszeitlichen Mammut. Die zum Stoßen nicht mehr tauglichen Zähne wurden bis zu 4 m lang.

Abb. 474: Übertriebene Geweihbildung bei dem eiszeitlichen, etwa pferdegroßen Riesenhirsch. Spannweite des Geweihs bis zu 4 m

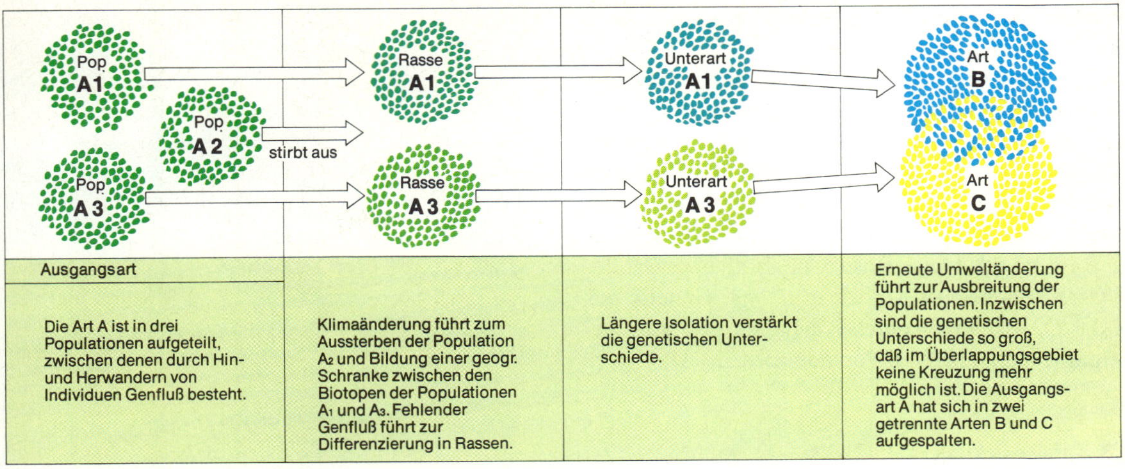

Abb. 475: Schema der Artenspaltung. Die Trennung der Teilpopulationen und damit die Unterbrechung des Gen-Austausches nennt man Separation.

1. die Teilpopulation etliche Gene aus dem Gen-Pool der ursprünglichen Population nur in geringer Häufigkeit oder gar nicht mitbekommen hat;
2. in den getrennten Gruppen unterschiedliche Mutationen auftreten;
3. der Selektionsdruck infolge ungleicher Umweltverhältnisse unterschiedlich ist.

Die nun eintretende Entwicklung ohne Genaustausch zwischen den Gruppen (*Genfluß*) bewirkt eine Aufspaltung der Art. Zunächst bilden sich Formen, die sich nur in wenigen Merkmalen voneinander unterscheiden. Dann sind die genetischen Unterschiede noch nicht erheblich, und die Individuen der beiden Populationen können sich noch miteinander paaren und fruchtbare Nachkommen haben. Man bezeichnet die verschiedenen Formen dann als *Rassen* oder *Unterarten* einer Art. Nehmen die Merkmalsunterschiede im Laufe der Zeit aber weiter zu, entstehen schließlich zwei voneinander verschiedene Arten. Wird eine Population nicht nur in zwei, sondern in drei oder mehr Teil-Populationen aufgespalten und bleiben diese voneinander getrennt, entstehen gleichzeitig mehrere neue Arten.

Als Folge der Eiszeiten hat sich auf diese Weise die Krähe im westlichen Europa zur Rabenkrähe, im östlichen Europa zur Nebelkrähe entwickelt. Nach Rückzug des Eises wurden von beiden Seiten her die freigewordenen Gebiete wieder besiedelt. Im Bereich der Elbe überlappt sich heute das Verbreitungsgebiet der beiden Krähen. Auf die gleiche Weise entstanden die »Zwillingsarten« Grünspecht und Grauspecht, sowie Nachtigall und Sprosser.

Eine **Isolation durch Verhaltensunterschiede** tritt ein, wenn Balz- und Paarungsgewohnheiten etwa bei Säugern oder Vögeln sich ändern oder einige Insekten zur Paarungszeit mutationsbedingt veränderte Laut- und Duftsignale benutzen.

Biologische Isolationen entstehen z. B. durch unterschiedliche Blütezeit bei Pflanzen. Der rote Holunder blüht früh, der schwarze später. Blühen beide zufällig gleichzeitig, lassen sie sich kreuzen. Grasfrosch und Wasserfrosch werden zu verschiedener Jahreszeit geschlechtsreif. Kleine Unterschiede im Bau der Begattungsorgane beobachtet man bei Insekten- und Spinnenarten, wo männliche und weibliche Begattungsorgane ganz genau aufeinander abgestimmt sein müssen.

Eine **ökologische Isolation** innerhalb des gleichen Lebensraums ist die *Einnischung*. Treten in einer Population Mutanten auf, die eine neue ökologische Nische besetzen können, sind sie der innerartlichen Konkurrenz teilweise entzogen, und sie entwickeln sich unter den veränderten Selektionsbedingungen ihrer neuen ökologischen Nische getrennt weiter. Ein solcher Fall liegt vor, wenn Individuen einer Insektenart auf eine neue Futterpflanze wechseln. Die gleiche Situation tritt auf, wenn plötzlich neue ökologische Nischen entstehen, wie z. B. bei der Verlandung eines Sees. Eine Einnischung bezüglich des Nahrungserwerbs zeigen die Darwin-Finken auf den Galapagos-Inseln.

An der Bildung neuer ökologischer Nischen ist die Evolution selbst mitbeteiligt, denn jede neu entstandene Art verändert durch ihre Lebensweise die Umwelt der anderen mit ihr zusammenlebenden Arten; sie ist für diese ein biotischer Umweltfaktor, der einen Selektionsdruck ausüben kann. So hat z. B. erst das Auftreten fliegender Insekten die Entwicklung von Schwalben und Fledermäusen ermöglicht, die Insekten im Fluge fressen.

Eine **genetische Isolation** entsteht durch Polyploidie, die bei Pflanzen verbreitet auftritt. Polyploide können nur unter sich, nicht aber mit der diploiden Ausgangsform fruchtbare Nachkommen erzeugen und stehen deshalb nicht mehr im Genaustausch mit diesen. Viele Pflanzengattungen enthalten polyploide Rassen und Arten (Rose, Chrysantheme, Dahlie, Weizen, Baumwolle, Tabak u. a., vgl. Genetik 6.3 und 9.1). Artbildung durch Polyploidie geht auf Einzelindividuen, nicht auf Populationen zurück.

4.8 Zufallswirkung (Gen-Drift)

Eine Gruppe von Trägern bestimmter Merkmale kann durch eine Seuche, durch Unwetter, Waldbrand oder andere Umstände plötzlich aussterben. An ihrer Stelle breitet sich dann eine Population anderer genetischer Zusammensetzung aus, beim zufälligen Überleben nachteiliger Mutationen sogar diese. Zufälliger Tod oder zufälliges Überleben von Trägern bestimmter Merkmale können so für die Zusammensetzung einer Population von Bedeutung werden.

Je kleiner eine Population insgesamt ist, um so wahrscheinlicher ist eine derartige durch zufällige Ereignisse eintretende Veränderung des Gen-Pools. Man bezeichnet sie als Gen-Drift oder Allelen-Drift. Bei geringem Bevölkerungsumfang setzt sich, wie man mathematisch-statistisch zeigen kann, eine Mutation entweder sehr schnell durch, oder sie verschwindet ganz, unabhängig davon, ob sie im Vorteil ist oder nicht.

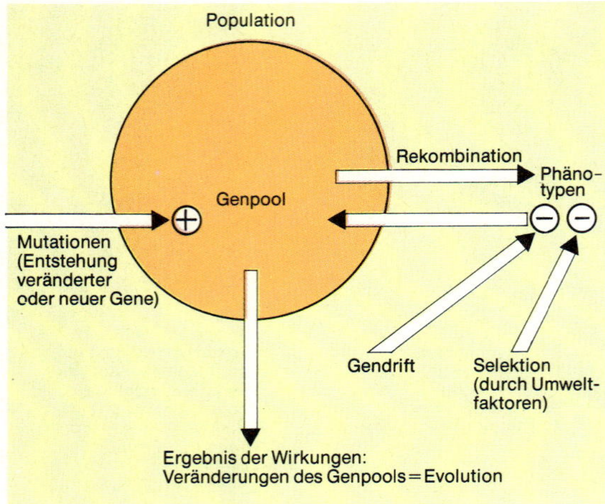

Abb. 476: Auswirkung der Evolutionsfaktoren. (+) erhöhende Wirkung, (−) erniedrigende Wirkung auf die Anzahl unterschiedlicher Allele im Genpool einer Population. Die Grundlage der Evolution ist die Population.

Die Evolution verläuft in kleinen Populationen also rascher. Zufallswirkungen begünstigen auch den Zerfall einer Population in lokale Rassen. Die Wirkung des Zufalls wird durch Populationswellen gefördert. Bei einer relativ niedrigen Individuenzahl im Wellental kann sich eine neue Mutation rasch durchsetzen. Bei afrikanischen Eingeborenen betrug z. B. die Häufigkeit der heterozygot begünstigten Träger des Sichelzell-Gens in vier benachbarten Dörfern 6,1%, 6,3%, 16,9% und 24,2%. Diese Unterschiede können nur durch eine solche Zufallswirkung erklärt werden, zumal wenn die Bewohner dieser vier Dörfer nur innerhalb ihres eigenen Dorfes heiraten (*Endogamie*).

5. *Infraspezifische und transspezifische Evolution*

Die Wirkung der im Abschnitt 4.3 geschilderten Evolutionsfaktoren führt zur Entstehung neuer Rassen, Unterarten und Arten. Vorgänge, die bis zur Bildung einer neuen Art (*Spezies*) führen, bezeichnet man als *infraspezifische* oder intraspezifische *Evolution.* Führt die Evolution über neue Arten hinaus zur Bildung von neuen Gattungen, Familien und noch höheren Ordnungs-Einheiten, spricht man von *transspezifischer* oder interspezifischer *Evolution.* Die Grenze zwischen beiden Evolutionsvorgängen ist fließend, denn eine neue Gattung kann ja nur über eine neue Art in Erscheinung treten; auch sind in beiden Fällen die gleichen Evolutionsfaktoren wirksam.

Die Artbildung vollzieht sich im Verlauf der Evolution auf zwei Wegen:

1. In der Generationfolge werden die Eigenschaften einer Art so stark verändert, daß am Ende eine neue Art entsteht. Man spricht bei einer solchen Artumwandlung von nicht-spaltender Evolution, weil die Zahl der Arten hierdurch nicht vermehrt wird. Die Ausgangsart ist ja in der neuen Art aufgegangen.

Abb. 477: Die adaptive Radiation der Säugetiere. Ausgestorbene Gruppen sind durch Striche ohne Namen angegeben. Um die Radiation deutlich zu machen, sind alle Ordnungen heute lebender Säuger aufgenommen. Innerhalb der Ordnungen setzt sich die Radiation dann in gleicher Weise fort.

2. Bei der aufspaltenden Evolution hingegen entstehen neue Arten durch Spaltung einer Population. Sie vermehrt die Zahl der Arten.

Zwischen höheren systematischen Einheiten (Familien, Ordnungen, Klassen) sind die Unterschiede im Bau der Organismen größer als zwischen Arten. Jedoch kann auch die Bildung neuer Typen (Vogeltypus, Säugertypus) durch Summierung vieler kleiner Mutationsschritte erklärt werden. In einigen Fällen liefert die Paläontologie Hinweise auf einen solchen »additiven« Vorgang (= additive Typogenese): So ist der Übergang zwischen Reptilien und Säugern völlig fließend. Ein weiterer Hinweis ist die Existenz von Zwischenformen (»Mosaiktypen«), die Merkmale von zwei systematischen Großgruppen (z. B. Reptilien – Vögel oder Quastenflosser – Amphibien) in sich vereinigen. In der Regel ging diese transspezifische Evolution wohl in relativ kleinen Populationen vor sich, daher war auch die Gen-Drift wirksam. Mit zunehmend besserer Anpassung der neuen Gruppen starben deren Vorfahren, die Übergangsformen, infolge Selektion aus. Die verschiedenen Gruppen sind dann eindeutig getrennt. Konnten sich Übergangsformen in bestimmten ökologischen Nischen halten, so machten sie ihre eigene, nicht-spaltende Evolution durch. Ihre heutigen Vertreter sind deshalb keine echten Übergangsformen mehr, zeigen aber noch eine Reihe Merkmale solcher (Schnabeltier, Peripatus).

Bei der Bildung neuer Großeinheiten (Klassen, Stämme) sind oft auch die für den Evolutionsvorgang entscheidenden Umweltveränderungen wichtig, so etwa der Übergang zum Landleben bei den Quastenflossern oder die Eroberung des Luftraums bei den Vögeln. Innerhalb dieser neubesetzten »Großnischen« kommt es dann zur Einnischung durch kleinere Abwandlungen des Typus. Durch die damit verbundene ökologische Isolierung entstehen fast gleichzeitig zahlreiche Arten, die an vielerlei Nischen angepaßt sind. Die Evolution der Ausgangsart geht in zahlreiche verschiedene Richtungen. Man spricht von *adaptiver Radiation* (Abb. 477) und meint damit die Auffächerung einer Ausgangsform in mehrere oder viele voneinander abweichende Arten, wobei jede Art den Lebensraum in besonderer Weise nutzt. Weitere Mutationen finden dann bereits eine Art des gleichen Grundtyps in der Nische vor und gehen im Wettbewerb möglicherweise wieder unter.

Eine Stütze der adaptiven Radiation sind z. B. die

DARWIN-Finken. Hier konnte die Form »Fink« sehr viele Nischen erobern, in die sie bei stärkerer Konkurrenz nicht hätte eindringen können (vgl. Abb. 449). In diesem Zusammenhang sei auch auf die zahlreichen, rasch entstandenen Rassen der Haustiere hingewiesen, wo jede Rasse in eine von Bedürfnis oder Liebhaberei des Menschen geschaffene Nische paßt.

Sind Großnischen bereits erfolgreich besetzt, so ist eine Evolution anderer Gruppen in dieser Richtung nur möglich, wenn sie überlegene Eigenschaften haben. So konnten die Vögel infolge ihrer konstanten Körpertemperatur die von der Außentemperatur abhängigen Flugsaurier verdrängen. Dagegen hatten die Lungenfische keine Chance, sich zu Landtieren weiterzuentwickeln, wie dies einst den Quastenflossern gelang, weil mittlerweile die ökologischen Nischen im Bereich zwischen Wasser und Land von den gutangepaßten Lurchen besetzt waren. Sie blieben daher in der Evolution gewissermaßen stehen. Bei den Landpflanzen haben sich infolge der immer besseren Anpassung an das Landleben die Nacktfarne, die Bärlappe und Schachtelhalme, die Nacktsamer und die Bedecktsamer nacheinander als herrschende Gruppen der Vegetationsdecke der Erde abgelöst. Doch sind nie alle Nischen von fortschrittlichen Formen besetzt worden, so daß Reliktarten der abgelösten Gruppen erhalten blieben. Es gibt heute noch rund 700 Nacktsamer-Arten gegenüber 300000 Bedecktsamern. Von 34 Reptilordnungen gibt es noch 4 rezente Ordnungen, die sich gegenüber der Vielfalt der Säugetiere halten konnten.

6. Kennzeichen der Evolution

Bedeutung der Evolutionstheorie

Evolution äußert sich in

1. Veränderung der Populationen, der Arten, der Lebensgemeinschaften, der gesamten Biosphäre. Die Veränderungen einer Art umfassen nicht nur Merkmale der Gestalt, des anatomischen Baus und des Verhaltens, sondern auch deren molekulare Grundlagen (Veränderungen von Struktur und Funktion biologischer Makromoleküle und des Stoffwechsels).
2. Entwicklung vom Einfachen zum Komplexen durch fortschreitende Ausbildung neuer Strukturen mit speziellen Funktionen (Arbeitsteilung). Das Verschiedenwerden der Teile ist jedoch verbunden mit einer Unterordnung ihrer Funktionen unter die Bedürfnisse des ganzen Organismus. Der »Höherentwicklung« liegt eine Zunahme an genetischer Information zugrunde.
3. Anpassung der Organismen an ihre Umwelt: Bau und Funktion der Organe sowie das Verhalten der Organismen sind der Art- und Selbsterhaltung dienlich.

Evolution als Fortschreiten vom Einfachen zum Komplizierten ist nicht gleichbedeutend mit zunehmender Anpassung. Diese ist auf jedem Organisationsniveau möglich, denn die einfach gebauten Formen wären schon längst ausgestorben, hätten sie sich an ihre Umwelt nicht ebenso gut angepaßt wie die hochentwickelten.

Die Grundlage der Evolution ist die Mutabilität, d. h. die Veränderung der Gene und die Zunahme der Zahl der Gene. Das Überleben der Geeignetsten ist die Folge der Selektion.

Die Evolution verläuft unumkehrbar, eine Rückentwicklung zu vorausgegangenen Zuständen tritt nicht ein. Die sich verzweigenden Entwicklungslinien sind sämtlich »Einbahnstraßen«.

Die Folge der Evolution ist:

die außerordentliche Mannigfaltigkeit der Lebewesen in Gestalt, Bau und Verhalten;

die gradweise abgestufte Ähnlichkeit der Arten;

die trotz der Vielfalt der Lebewesen vorhandene Einheitlichkeit in der Zellstruktur, den chemischen Grundbaustoffen und vielen Stoffwechselvorgängen.

Die Ergebnisse der Evolutionsforschung seien in ihrem Wert und in ihrer Bedeutung durch folgende Sätze charakterisiert: »Mit vollem Recht wird die Evolutionstheorie die bedeutendste Theorie der Biologie genannt. Die Vielfalt der Organismen, die Ähnlichkeiten und Unterschiede der Lebewesen, der Verbreitungs- und Verhaltensweise, der Anpassung und Wechselwirkung, all dies war nur ein verwirrendes Chaos von Fakten, bis es durch die Evolutionstheorie Sinn erhielt« (E. MAYR). – »Für die Biologie bedeutet die Evolutionstheorie eine großartige, das gesamte Wissen vereinheitlichende Verallgemeinerung. Durch sie wurden Vergangenheit, Gegenwart und Zukunft der gesamten belebten Welt in einer einzigen Abstammungsgeschichte zusammengefaßt – einer Geschichte der Eroberung beinahe aller erdenklichen Umwelten unsrer Erde« (S. LURIA).

7. Geschwindigkeit der Evolution

Die verschiedenen Pflanzen- und Tierstämme haben sich mit recht unterschiedlicher Geschwindigkeit entwickelt. Auch innerhalb der gleichen Tiergruppe kann die Entwicklung im Laufe der Zeit wechselnde Geschwindigkeit haben. Die Kopffüßler haben Höhepunkte der Entfaltung im Ordovizium, von der Trias bis zur Kreidezeit und in der Gegenwart, die Insekten im Karbon und dann wieder im Tertiär bis zur Gegenwart, die Reptilien von der Trias bis zur Kreide, die Säugetiere seit dem Beginn des Tertiärs. Eigenartig ist die oft so verschiedene Lebensdauer der einzelnen Stämme. Die einen entfalteten sich in erdgeschichtlich kurzer Zeit geradezu explosiv und spalteten sich in unzählige Arten auf, um dann wieder langsam zurückzugehen oder, wie die Ammoniten und die Saurier, innerhalb geologisch kurzer Zeit auf der ganzen Erde zu verschwinden.

Verständlicherweise hängt der Evolutionsfortschritt auch davon ab, wie viele Generationen eine Art innerhalb eines bestimmten Zeitraums hat. Arten mit rascher Generationsfolge lassen auch eine raschere Evolution erwarten, doch gilt dies durchaus nicht allgemein. Der heutige Mensch hat sich aus seinen primitiven Vorfahren vor 3,5 Millionen Jahren in nur 140 000 Generationen entwickelt. Die gleiche Generationszahl erreicht die Fruchtfliege in unserem Klima schon in 8400 Jahren. Sie hat sich in diesem Zeitraum aber kaum verändert. Berücksichtigt man nicht die Zeitdauer, sondern die Generationenzahl, so hat sich die Evolution des Menschen mit großer Geschwindigkeit vollzogen.

Es gibt Formen, die sich in langen Zeiträumen kaum weiterentwickelt haben. Der Armfüßer *Lingula* existiert schon seit dem Silur. Der rezente *Nautilus* unterscheidet sich kaum von fossilen Vorfahren in der Trias. Die Quastenflosser, zu denen *Latimeria* gehört, haben sich seit mehreren hundert Millionen Jahren nicht verändert; und die Lungenfische kennt man in gleicher Gestalt seit der Trias. Man bezeichnet Arten, die sich auch in langen Zeiten kaum weiterentwickeln, als stabile Formen, und, wenn sie heute noch existieren, als »**lebende Fossilien**«. Weitere Beispiele sind der *Pfeilschwanzkrebs* (seit 170 Mio J.), der *Mammutbaum* (seit 150 Mio J.) und der *Ginkgo* (seit 170 Mio J.). Allgemein kann man davon ausgehen, daß die Evolution in nur langsam sich verändernden Lebensräumen (Tiefsee, tropischer Regenwald, tiefe Süßwasserseen) auch nur langsam verläuft, weil sich die Selektionsbedingungen kaum ändern. Bereits angepaßte Formen können sich deshalb durch stabilisierende Selektion lange erhalten.

a

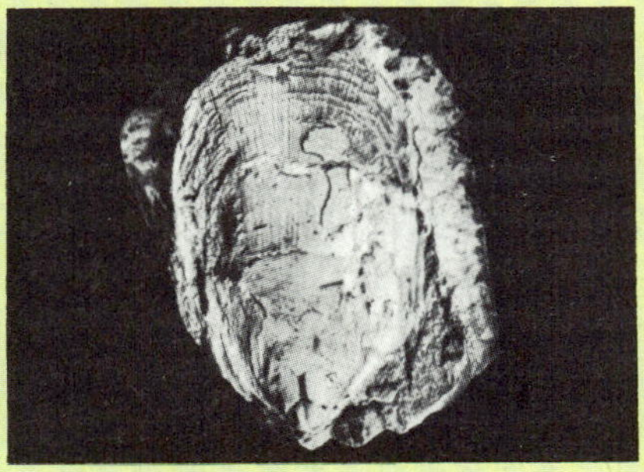
b

Abb. 478: a Rezente Lingula, ein mariner ursprünglicher Armfüßer (Armkiemer); die Gattung existiert seit dem Ordovizium. b Schale einer fossilen Lingula

8. Stammesgeschichte des Menschen

8.1 Stellung des Menschen im natürlichen System der Organismen

Seiner körperlichen Beschaffenheit nach gehört der Mensch zu den Säugetieren. Schon LINNÉ hat ihn mit den Affen (und Halbaffen) in der Ordnung der Herrentiere oder *Primaten* als der höchsten Gruppe der Säugetiere vereinigt.

Die Unterordnung der *Affen* gliedert sich in zwei deutlich abgegrenzte und auch geographisch scharf getrennte Gruppen. Die nur in den Tropenwäldern Mittel- und Südamerikas vorkommenden *Neuweltaffen* oder *Breitnasenaffen* sind Baumtiere mit starkem Greifschwanz, breiter Nasenscheidewand und seitlich gestellten Nasenlöchern. Die *Altweltaffen* oder *Schmalnasenaffen* mit schmaler Nasenscheidewand und nach vorne gerichteten Nasenlöchern sind auf die wärmeren Gebiete der Alten Welt beschränkt. Zu ihnen gehören drei Familien: die *meerkatzenartigen Affen* in Wald- und Felsengebieten von Asien, Afrika und Europa (Gibraltar), die *Langarmaffen* (Gibbons) mit überlangen Vordergliedmaßen, die als Baumbewohner in Hinterindien und auf den Sunda-Inseln vorkommen, und die *Menschenaffen* (Pongiden). Diese weisen drei Gattungen auf: den Orang-Utan in den Urwäldern von Sumatra und Borneo, den Gorilla und den Schimpansen im mittelafrikanischen Urwald. Der *Orang-Utan* ist ein ausgesprochener Hangelkletterer mit starkem Knochenkamm auf dem Schädel, Backenwülsten und Kehlsack. Die beiden anderen sind weniger ausgeprägte Hangler und mehr Boden- als Baumtiere.

Wie ist nun der Mensch in das System der Primaten einzureihen? Er hat keine näheren Beziehungen zu den Neuweltaffen. Dagegen weist er in zunehmendem Grade Ähnlichkeit mit den drei Familien der Altweltaffen auf; mit den Menschenaffen ist sie so groß, daß man Mensch und Menschenaffen in der Familiengruppe (Überfamilie) der Menschenähnlichen (*Hominoidea*) zusammenfaßt. In dieser Gruppe bildet der Mensch eine eigene Familie *Hominidae* (Menschenartige). Zu dieser Familie gehören auch die ausgestorbenen Vormenschen (vgl. 9.3).

Der Vergleich mit den drei heute lebenden Menschenaffen ergibt eine deutliche Abstufung der Ähnlichkeit. Der Mensch weist ausgeprägte *Stirnbeinhöhlen* auf; ganz ähnliche hat auch der Schimpanse, weniger ähnliche der Gorilla; dem Orang fehlen sie. Bei Mensch und Schimpanse sind im erwachsenen Zustand keine durch eine Naht vom Oberkiefer getrennten *Zwischenkieferknochen* festzustellen, dagegen bei allen übrigen Primaten. Sie werden aber bei beiden noch embryonal angelegt, wie bereits GOETHE für den Menschen nachgewiesen hat. Die Gebisse der Menschenaffen unterscheiden sich vom menschlichen Gebiß durch einen größeren, mit einer Lücke von den übrigen Zähnen abgesetzten Eckzahn; der Eckzahn des Schimpansen ist aber am kleinsten. Der Orang besitzt neun *Handwurzelknochen*, Gorilla, Schimpanse und Mensch nur acht; der neunte Knochen wird aber noch embryonal angelegt und verschmilzt später mit dem danebenliegenden Knochen. Die *Abzweigung der Schlagadern* vom großen Aortenbogen ist gleichartig beim Menschen, Schimpansen und Gorilla, andersartig beim Orang. Die *Serumreaktion* weist eine nahe Blutsverwandtschaft mit dem Schimpansen nach (vgl. Abb. 443). Die Chromosomen gleichen sich weitgehend, doch hat der Mensch 46 gegenüber 48 bei den Menschenaffen und 44 beim Gibbon. In der Chromosomenform steht der Mensch dem Schimpansen und Gorilla näher als dem Orang-Utan.

8.2 Die Sonderstellung des Menschen

Durch eine Reihe von Merkmalen ist der Mensch deutlich von den Menschenaffen getrennt und nimmt daher auch rein biologisch eine Sonderstellung ein. Schon aus diesem Grunde ist die Einordnung in eine eigene Familie gerechtfertigt.

Ausgesprochen menschlich sind der aufrechte Gang mit den damit verbundenen Umformungen des Körpers, die Ausbildung der Vordergliedmaßen zu Greiforganen, der weitgehende Verlust des Haarkleids, die lange Jugendzeit und die besondere Form

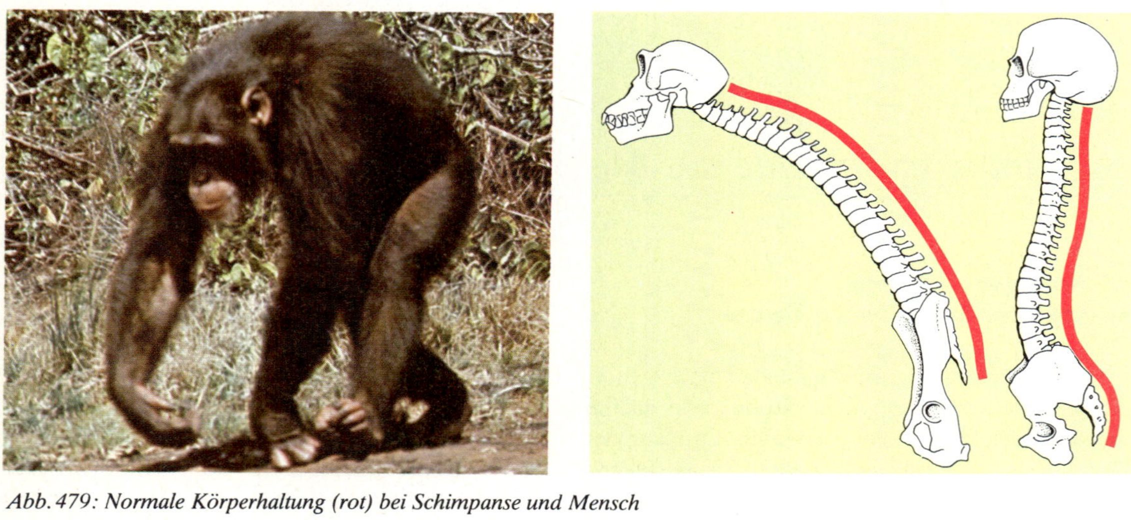

Abb. 479: Normale Körperhaltung (rot) bei Schimpanse und Mensch

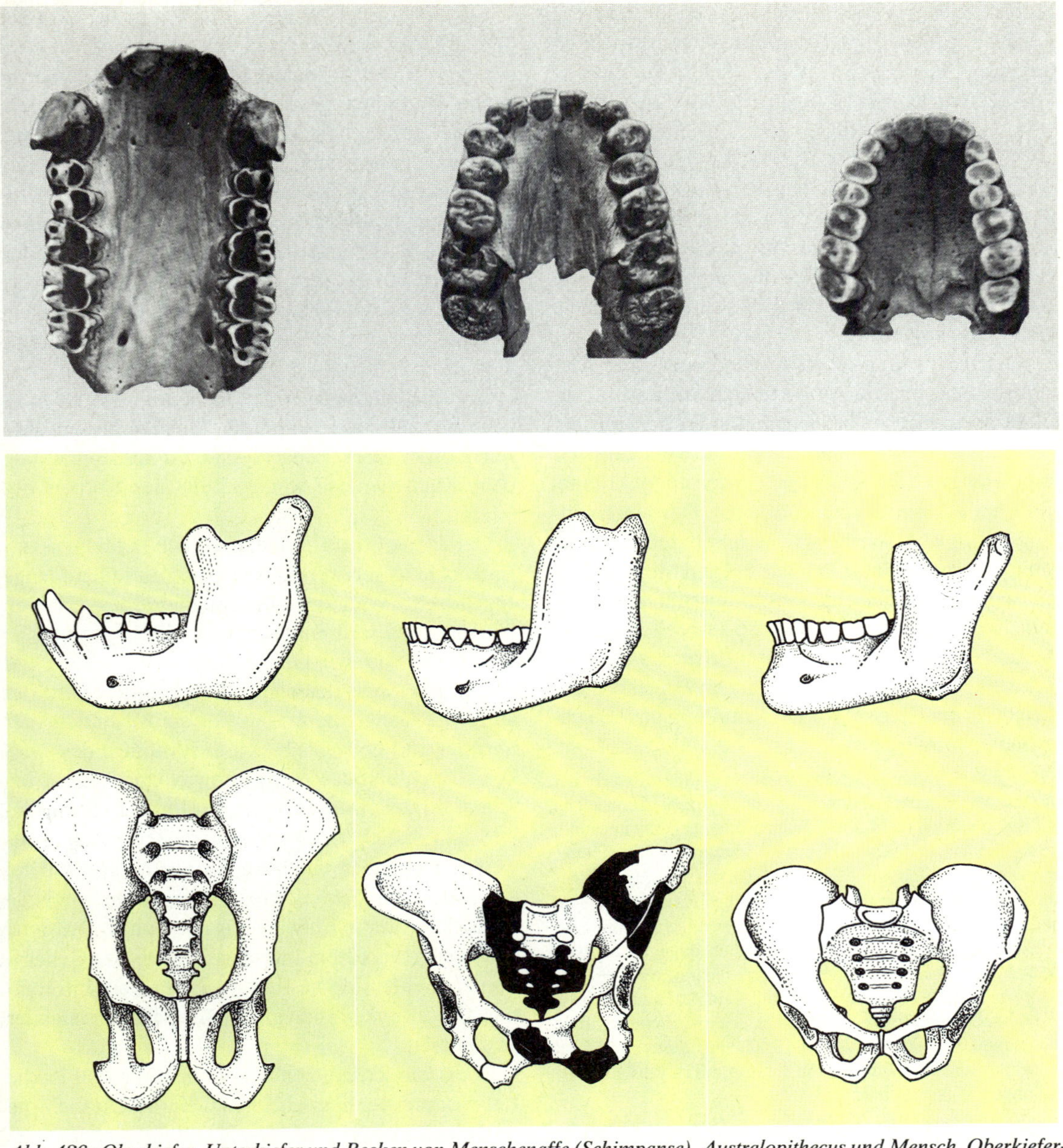

Abb. 480: Oberkiefer, Unterkiefer und Becken von Menschenaffe (Schimpanse), Australopithecus und Mensch. Oberkiefervergleich. Menschenaffe: Lücke zwischen Schneidezahn und kräftigem Eckzahn; Backenzahnreihen parallel gestellt. Mensch mit engschließender Zahnreihe, Zahnbogen parabolisch. Unterkiefervergleich. Menschenaffe: Kiefer stark und groß, Kinn fehlend, Schnauzenbildung. Mensch: Kiefer kurz mit Kinn. Beckenvergleich. Menschenaffe: Becken lang und schmal (Geburtskanal eng). Mensch: Becken breit, schüsselförmig (trägt Eingeweideorgane), stabilisiert mit breitem Kreuzbein die aufrechte Körperhaltung, Geburtskanal weit (großer Kopf des Neugeborenen). Die Merkmale des Australopithecus liegen zwischen den Merkmalen des Menschenaffen und des Menschen, nur der Oberkiefer ist wie beim Menschen gestaltet.

des Schädels. Mit der Vergrößerung des Schädels stehen die Entwicklung des Gehirns und die Entfaltung des menschlichen Geistes in Zusammenhang.

Die aufrechte Haltung und der Gang auf den Hintergliedmaßen kommt nur dem Menschen zu. Gibbon, Orang-Utan und Schimpanse bewegen sich auf Bäumen vorwiegend hangelnd und schwingend fort. Der erwachsene Gorilla ist zu schwer, er mußte deshalb fast ganz zum Bodenleben übergehen; er tritt bei seinem schwerfälligen Gang auf zwei Beinen nur mit der Außenkante der Fußsohlen auf. Dagegen ist der Mensch ganz zum *Aufrechtgänger*, zum Zweibeiner geworden. Damit geht eine *Umformung des ganzen Skeletts* einher. Beim Erwachsenen ist der Fuß kein

Greifwerkzeug mehr, bei dem die erste Zehe den übrigen gegenübergestellt werden kann, sondern ein ausgesprochenes Gehwerkzeug. Die erste Zehe ist angelegt und verstärkt. Fußwurzel und Mittelfußknochen bilden ein Gewölbe, wie es kein Menschenaffe aufweist. Doch beginnt beim Kind das Gehen mit einer Fußstellung, die an einen Sohlenkantengänger erinnert. Auch kann es die erste Zehe noch zum Greifen verwenden, wie es Angehörige von Naturvölkern zeitlebens tun. Die Hintergliedmaßen des Erwachsenen sind viel länger als bei den Menschenaffen und wesentlich länger und kräftiger als die Arme. Das Becken ist verbreitert und mehr nach vorn gedreht; es wird zur tragenden Schüssel für die Eingeweide. Die Wirbelsäule hat nicht die Brückenform des Vierfüßlers oder die gerade Streckung wie beim Hangler. Sie ist doppelt S-förmig gekrümmt und trägt federnd Rumpf und Kopf. Der Unterstützungspunkt des Schädels liegt unter dem Schwerpunkt und nicht hinter ihm wie bei den Menschenaffen, so daß nur schwache Nackenmuskeln notwendig sind. Der menschliche Brustkorb ist breiter als tief. Dadurch ist der Schwerpunkt des Körpers weiter zurückverlegt als bei dem kielförmigen Brustkorb der übrigen Primaten, was für die Erhaltung des Gleichgewichts vorteilhaft ist.

Der entwicklungsgeschichtlich recht junge Erwerb der aufrechten Körperhaltung hat zu einigen Schwächen geführt, die noch nicht durch Anpassung ausgeglichen sind. Beim Vierfüßler bildet die auf 4 Stützen ausbalancierte, brückenförmig gebogene Wirbelsäule das waagerecht gestellte Traggerüst für den Leib. In seiner Bauchhöhle sind die inneren Organe hintereinandergereiht, so daß die Last gleichmäßig verteilt ist. Beim Menschen dagegen belastet die aufrechte Körperhaltung vor allem die unteren Teile des Körpers. Die Folge davon ist der mit dem Alter zunehmende Hängebauch, die Neigung zu Unterleibsbrüchen und zu Bandscheibenschäden, zu Senk- und Plattfüßen, zu X- und O-Beinen und zur Bildung von Krampfadern infolge Blutstauungen in den Beinen.

Mit dem Erwerb des aufrechten Gangs steht die Umbildung der freigewordenen **Vordergliedmaßen zu Greifwerkzeugen** in enger Verbindung. Bei den hangelnden Affen, besonders bei Gibbon und Orang, ist der Daumen verkleinert; die übrigen Finger sind verlängert und gekrümmt; dadurch ist die Hand für diese Lebensweise spezialisiert. Die menschliche Hand dagegen ist verhältnismäßig ursprünglich geblieben; da aber der *Daumen* den übrigen Fingern gegenübergestellt (opponiert) und der Unterarm um seine Längsachse gedreht werden kann, bildet sie ein geradezu ideales Greifwerkzeug, das zur körperlichen Grundlage für alle kulturelle Betätigung geworden ist.

Das Gebiß des Menschen ist kleiner als das der Menschenaffen. Die Eckzähne unterscheiden sich wenig von den Schneidezähnen. Die Zahnreihe ist beim Menschen geschlossen, während die Menschenaffen zwischen Schneidezahn und Eckzahn eine Zahnlücke aufweisen. Bei den Menschenaffen sind ferner die Backenzahnreihen parallel gestellt; demgegenüber besitzt der Mensch einen **parabolischen Zahnbogen** (Abb. 480). Diese Anordnung der Zähne ist zusammen mit der Wölbung des Gaumens, der tiefen Lage des Kehlkopfes und der guten Beweglichkeit der Zunge wichtig für die Fähigkeit zur Bildung von Sprachlauten.

Die **Rückbildung des Haarkleides** ist eine menschliche Besonderheit. Während die Affen fast am ganzen Körper stark behaart sind, ist die Behaarung beim Menschen auf wenige Teile des Körpers beschränkt.

Der Mensch wird in einem frühen Stadium seiner Entwicklung geboren und hat eine auffallend **lange Jugendzeit**. Während die Jungtiere der höheren Säuger schon weit entwickelt zur Welt kommen, ist der Mensch bei der Geburt noch völlig hilflos, und erst gegen Ende des ersten Lebensjahres wird der aufrechte Gang gelernt, beginnt die Ausbildung der Sprache und entwickeln sich die Anfänge des Denkens. Auch hält das Wachstum viel länger an als bei jedem vergleichbaren Säugetier. Durch die frühe Geburt und die lebenslange Lernfähigkeit hat die Umwelt einen großen und stark formenden Einfluß auf den Menschen. Seine Lernfähigkeit ist eine wichtige Grundlage für die Entwicklung der Kultur. Während Vererbung aus einem Informationsfluß von Generation zu Generation besteht, ist Lernen ein Informationsfluß zwischen Individuen, die nicht voneinander abstammen.

In diesem Zusammenhang bedeutungsvoll ist die **Entwicklung des menschlichen Gehirns.** Die Gehirne von Schimpanse und Gorilla stehen zwar dem menschlichen Gehirn am nächsten. Von ihrer Größe und der Ausbildung ihrer Falten ist es aber ein gewal-

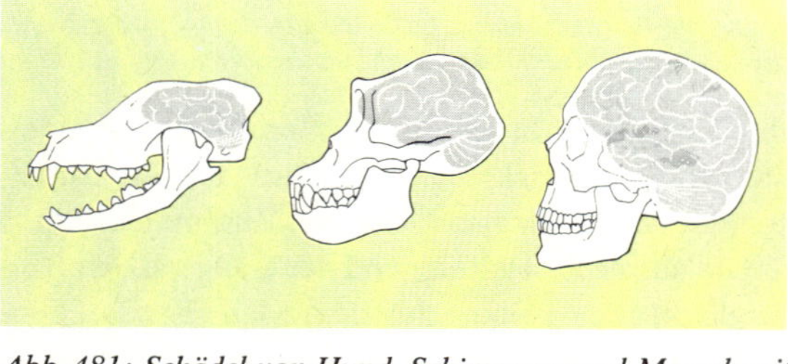

Abb. 481: Schädel von Hund, Schimpanse und Mensch mit eingezeichnetem Gehirn

tiger Sprung bis zum Menschen. Dieser Sprung drückt sich in der Vergrößerung des Großhirns aus und schafft die körperliche Grundlage für die Entwicklung des menschlichen Geistes und die Sprache. Die Größenzunahme des Gehirns ist mit einer Vergrößerung der Gehirnkapsel gekoppelt. Der Gesichtsschädel tritt gegenüber dem Gehirnschädel zurück; der Kieferapparat ist wesentlich geringer entwickelt; die »Schnauze« des Tieres ist verschwunden.

Was aber den Menschen am stärksten von dem ihm körperlich nahestehenden Menschenaffen unterscheidet, ist die einzigartige **Entwicklung des menschlichen Verstandes**. Das Tier ist von Natur aus gut für den Lebenskampf ausgerüstet. Es verfügt über *Angriffs- und Verteidigungswaffen* und versteht sie auf Grund angeborener Verhaltensweisen wirkungsvoll anzuwenden. Der Mensch dagegen hat keine besonderen körperlichen Einrichtungen für die Existenzerhaltung und ist vergleichsweise *arm an angeborenen* Verhaltensweisen. Doch kann er, selbst wenn bei der Menschwerdung ein Instinktverlust eingetreten sein sollte, verlorengegangene angeborene Fähigkeiten durch erlernte ersetzen. Auch vermag er mit Hilfe seines Verstandes die Verhältnisse zu beurteilen. Dadurch ist er nicht mehr an starr festgelegte Verhaltensweisen gebunden. Spezifisch menschlich ist die Fähigkeit, aus der Einsicht in kausale Zusammenhänge Geräte und Werkzeuge zu schaffen und sie sinnvoll zu nutzen. Alle diese Werkzeuge, wie kompliziert sie auch zusammengesetzt sein mögen, sind im Grunde Prothesen, die Organe nachahmen, ihre Tätigkeit ersetzen, verfeinern oder vervielfältigen.

Entscheidend für die Sonderstellung des Menschen ist die Fähigkeit, sein Handeln auf Einsicht aufzubauen und über seine Umwelt und sich selbst nachzudenken. Durch die Fähigkeit, sich zu erinnern, sich die Zukunft vorzustellen, zu planen, individuell erworbene Erfahrung anderen mitzuteilen und durch die Schrift aufzubewahren, kann der Mensch sein Schicksal in außerordentlich stärkerem Maße selbst steuern als irgendein anderer Organismus. Diese Fähigkeiten haben es dem Menschen ermöglicht, seine Lebensweise viel rascher zu ändern, als es einer Tierart bei ausschließlich biologischer Evolution möglich ist. Diese Veränderungen vollzogen sich in den letzten 40 000 Jahren ohne erkennbare Veränderung der anatomischen Eigenschaften oder der Leistungsfähigkeit des Gehirns. Es ist der **menschliche Geist,** der dem Menschen das spezifisch »Menschliche« verleiht.

8.3 Ahnenreihe des Menschen

Auf Grund der anatomischen und physiologischen Befunde und der bisher bekannten fossilen Überreste von Primaten ist es möglich, sich eine hinreichend genaue Vorstellung von der *stammesgeschichtlichen Entwicklung des Menschen* zu machen.

Zu Beginn des Tertiärs, also vor 70 Millionen Jahren, blühte der Säugetierstamm auf. Von dem Hauptstamm der Primaten zweigten schon im frühen Eozän die Neuweltaffen ab, die sich in dem isolierten Südamerika getrennt entwickelten. Menschenaffen und Menschen hatten wahrscheinlich in einer vor 30 Millionen Jahren lebenden, *Propliopithecus* genannten Form des Oligozäns, eine gemeinsame Ausgangsgruppe. Die Menschenaffen trennten sich schon im oberen Oligozän oder zu Beginn des Miozäns (vor rund 25 Millionen Jahren) von der Stammgruppe des Menschen. Von der Propliopithecusgruppe führt eine Stammlinie über eine in Ägypten gefundene Form (*Aegyptopithecus zeuxis*) zur Gruppe der *Dryopithecinen.* Es handelt sich um Menschenaffen, die im Miozän lebten und von denen Zahn- und Knochenfunde aus Europa (z. B. Schwäbische Alb), Afrika und Asien vorliegen. Nach dem Bau ihres Gebisses waren sie Allesfresser, und die Knochenreste deuten auf relativ unspezialisierte Baumbewohner. Aus dieser Gruppe miozäner Menschenaffen entwickelten sich die heutigen Menschenaffen vermutlich als drei getrennte Gruppen.

Ebenfalls im Miozän (vor 8–15 Millionen Jahren) lebten wahrscheinlich als Savannen- und Steppenbewohner in Afrika, Europa und Asien Formen, die in der Gattung *Ramapithecus* zusammengefaßt werden. Bisher sind nur Kieferreste und Zähne gefunden worden. Aufgrund des abgerundeten Zahnbogens, der kleinen Eckzähne und den im Vergleich zu den Menschenaffen kürzeren Kiefern stellt man diese Gattung in die direkte Vorfahrenreihe des Menschen.

Die Form *Ramapithecus* gehört der subhumanen Phase der Menschwerdung an, die 20–25 Millionen Jahre dauerte. An ihrem Ende wird das *Tier-Mensch-Übergangsfeld* (TMÜ) im Pliozän erreicht. In dieser Phase vollzog sich die letzte Stufe der Entstehung des Menschen (*Hominisation*). Die ganze Hominisation vom Beginn des Miozän bis zum Erreichen des TMÜ dauerte etwa 400 000 bis 600 000 Generationen lang. Äußere Zeichen der nun beginnenden humanen Phase (vor etwa 3–5 Millionen Jahren) sind der Erwerb des aufrechten Ganges und der Gebrauch und vor allem die Herstellung von Geräten und Werkzeugen. Die Hominisation ist ein ganz all-

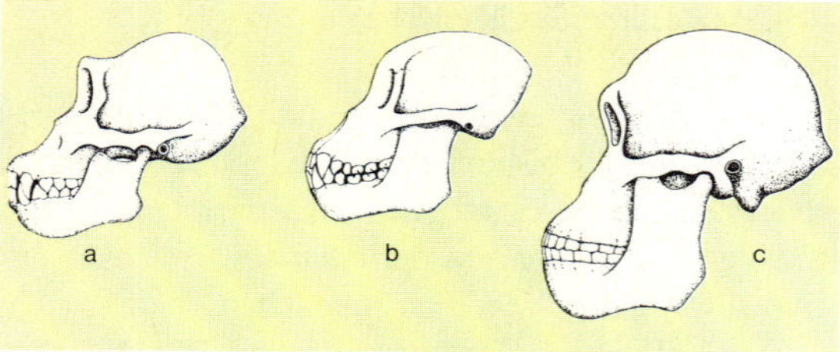

Abb. 482: Schädel eines Schimpansen zum Vergleich mit dem Schädel eines fossilen Menschenaffen und eines Urmenschen. a Schimpanse, b Dryopithecus, c Autralopithecus africanus

mählicher Vorgang, daher gibt es keine scharfe Grenze zwischen »noch Tier« und »schon Mensch«. Die Grenzziehung ist nur eine Frage der Definition dessen, was man als »Mensch« bezeichnen will.

Erste Vertreter der humanen Phase sind die *Prähomininen.* Zu ihnen gehören die *Australopithecinen,* welche die meisten Forscher für echte Menschen halten, während *Ramapithecus* noch als Tier angesehen wird. Der Gebißtyp ist eindeutig menschlich (Abb. 480); der Bau des Beckens, des Fußes und die Lage des Hinterhauptloches lassen erkennen, daß es sich um Aufrechtgänger handelt. Sie sind durch eine große Zahl von Funden aus Süd- und Ostafrika mit über 100 Individuen gut belegt. Der bisher älteste Rest von Lothagam (Ostafrika) dürfte ein Alter von nahezu 5 Millionen Jahren aufweisen. Alle anderen Funde sind zwischen 3 Millionen und 700000 Jahre alt. Bei ihnen erlaubt das Fundmaterial eine Einteilung in mehrere Arten. Der kleinere, etwa 1,20 m große, feingliedrige Typ wird als *Australopithecus africanus* (A-Typ) bezeichnet. Die robusteren, etwa 1,50 m großen Formen gehören zu den Arten *Australopithecus robustus* (Südafrika) und *A. boisei.* Sie werden der früheren Bezeichnung Paranthropus zufolge auch als P-Typ zusammengefaßt.

Die Schädel der Australopithecinen sind schimpansenähnlich, tragen aber auch menschliche Merkmale (Abb. 482). Der Schädelinhalt ist etwas größer als bei den heutigen Menschenaffen (300–680 cm^3). Bei diesem Vergleich ist zu berücksichtigen, daß die Australopithecinen kleiner und zierlicher waren als die rezenten Menschenaffen. Der Gesichtsschädel ist im Verhältnis zum Gehirnschädel kleiner und die Schnauze geringer ausgebildet. Die Zähne sind ganz menschlich; stark abgekaute Milchzähne weisen auf eine ähnlich lange Jugendzeit wie beim Menschen hin.

Über 3 Millionen Jahre alt sind auch die ältesten bekannten Reste der Gattung **Homo** von Hadar in Äthiopien und aus Tansania. Ein *Homo*-Schädel vom Turkana-(Rudolf-)See ist über 2,6 Millionen Jahre alt; das Gehirnvolumen betrug 800 cm^3. Eine Artbezeichnung haben diese alle nach 1970 gemachten Funde noch nicht erhalten. Etwas jüngere Formen aus der Olduvai-(Oldoway-)Schlucht in der Serengeti-Steppe Ostafrikas wurden von den Entdeckern, dem Ehepaar LEAKEY, als *Homo habilis* (habilis = geschickt) bezeichnet. Auf Grund der Fossilreste weiß man heute, daß in der Zeit vor 3–1 Million Jahren in Ostafrika mindestens drei verschiedene Prähomininen nebeneinander lebten: zwei *Australopithecus*-Arten und eine *Homo*-Art.

Für die Einordnung der Australopithecinen und der ältesten Homo-Funde als Vormenschen sprechen die unzweifelhaften Geräte, die zusammen mit den Knochenresten gefunden wurden: zu Hiebwerkzeugen hergerichtete Knochen und gleichartig gearbeitete sehr einfache Steinwerkzeuge. Wohl verwenden auch Menschenaffen gelegentlich Holzstücke oder Steine. Die Fähigkeit aber, zu einem vorbedachten Zweck immer wieder die gleichen Geräte herzustellen, deutet darauf hin, daß jene Wesen bereits imstande waren, eine einmal gewonnene Erkenntnis zu behalten und weiterzugeben.

Den *Prähomininen* stellt man die *Euhomininen* (echte Menschen) gegenüber. Sie gehören aufgrund ihrer anatomischen Merkmale alle zu einer Gattung: *Homo.* Die älteste Formengruppe wird als **Homo erectus** bezeichnet, man spricht auch von *Archanthropinen* (Urmenschen). Ihre Überreste stammen aus dem Alt- und Mittelpleistozän. Das Mittelpleistozän (1 Million bis 100000 Jahre) ist gekennzeichnet durch eine starke Klimaverschlechterung gegenüber dem warmen Tertiär und einer allmählichen Abkühlung im Altpleistozän. Mindestens 4 Eiszeiten, getrennt durch wärmere Zwischeneiszeiten, sind über die gemäßigten Zonen hinweggegangen. In den Tropen und Subtropen herrschten Regenzeiten während der mitteleuropäischen Eiszeiten.

Offenbar hat seit etwa 600000 Jahren (Aussterben der letzten Australopithecinen) immer nur eine Art

Abb. 483: Stammbaum der Menschenaffen und des Menschen nach heutiger Kenntnis. An der Wurzel der Menschheitsgeschichte standen mehrere Arten von Urmenschen, die sich getrennt weiterentwickelten. Nur eine einzige Art führte zum Jetztmenschen mit den heute lebenden Rassen. Die andern Arten starben im Laufe ihrer weiteren Entwicklung aus. Von jeder Art existierten vermutlich Rassen und Unterrassen. »Homo indet« bezeichnet einen noch nicht benannten Fund. Die Abtrennung eines Homo habilis vom Homo erectus ist noch umstritten. Man beachte den von unten nach oben sich dehnenden Zeitmaßstab.

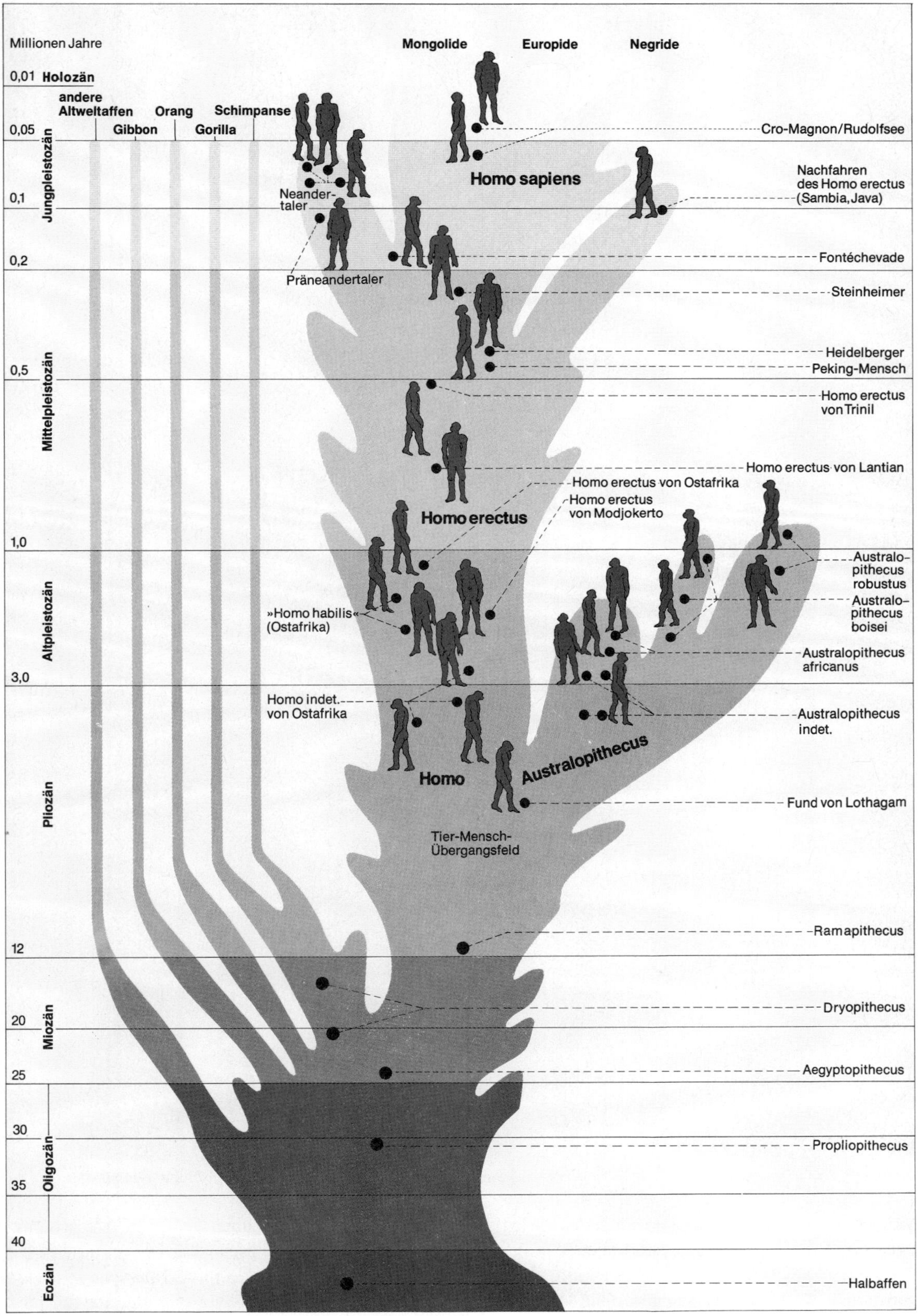

Millionen Jahre
Mongolide
Europide
Negride
0,01 Holozän
andere Altweltaffen
Gibbon
Orang
Gorilla
Schimpanse
0,05
Cro-Magnon/Rudolfsee
Jungpleistozän
Homo sapiens
Nachfahren des Homo erectus (Sambia, Java)
Neandertaler
0,1
0,2
Fontéchevade
Präneandertaler
Steinheimer
Heidelberger
Peking-Mensch
0,5
Mittelpleistozän
Homo erectus von Trinil
Homo erectus von Lantian
Homo erectus von Ostafrika
Homo erectus von Modjokerto
Homo erectus
1,0
Australopithecus robustus
Australopithecus boisei
Altpleistozän
»Homo habilis« (Ostafrika)
Australopithecus africanus
3,0
Homo indet. von Ostafrika
Australopithecus indet.
Australopithecus
Homo
Pliozän
Fund von Lothagam
Tier-Mensch-Übergangsfeld
Ramapithecus
12
Miozän
Dryopithecus
20
25
Aegyptopithecus
30
Oligozän
Propliopithecus
35
40
Eozän
Halbaffen

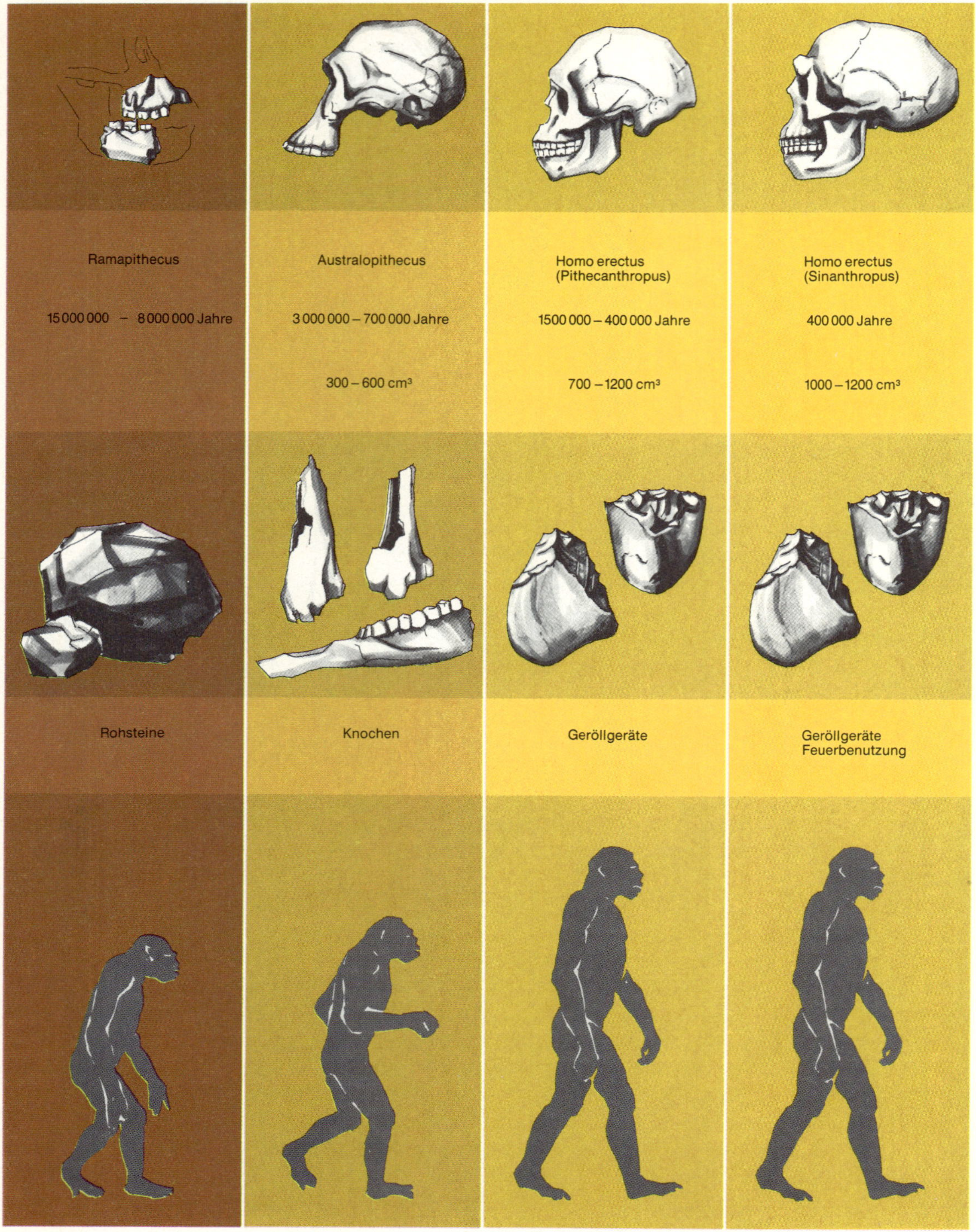

Abb. 484: Die wichtigsten fossilen Menschenformen: Schädel, Alter, Gehirnvolumen, Werkzeugfunde, Gestalt

Mensch auf der Erde gelebt. Die Unterschiede in den Skelettresten entsprechen der normalen Variationsbreite der Skeletteile in einer Population. Sie war vermutlich in mehrere Rassen unterteilt. Die zahlreichen verschiedenen Namen für fossile Menschenreste sind daher taxonomisch völlig bedeutungslos. Die weitere Evolution der Gattung *Homo* war eine Artumbildung ohne eine Artaufspaltung, aus der noch

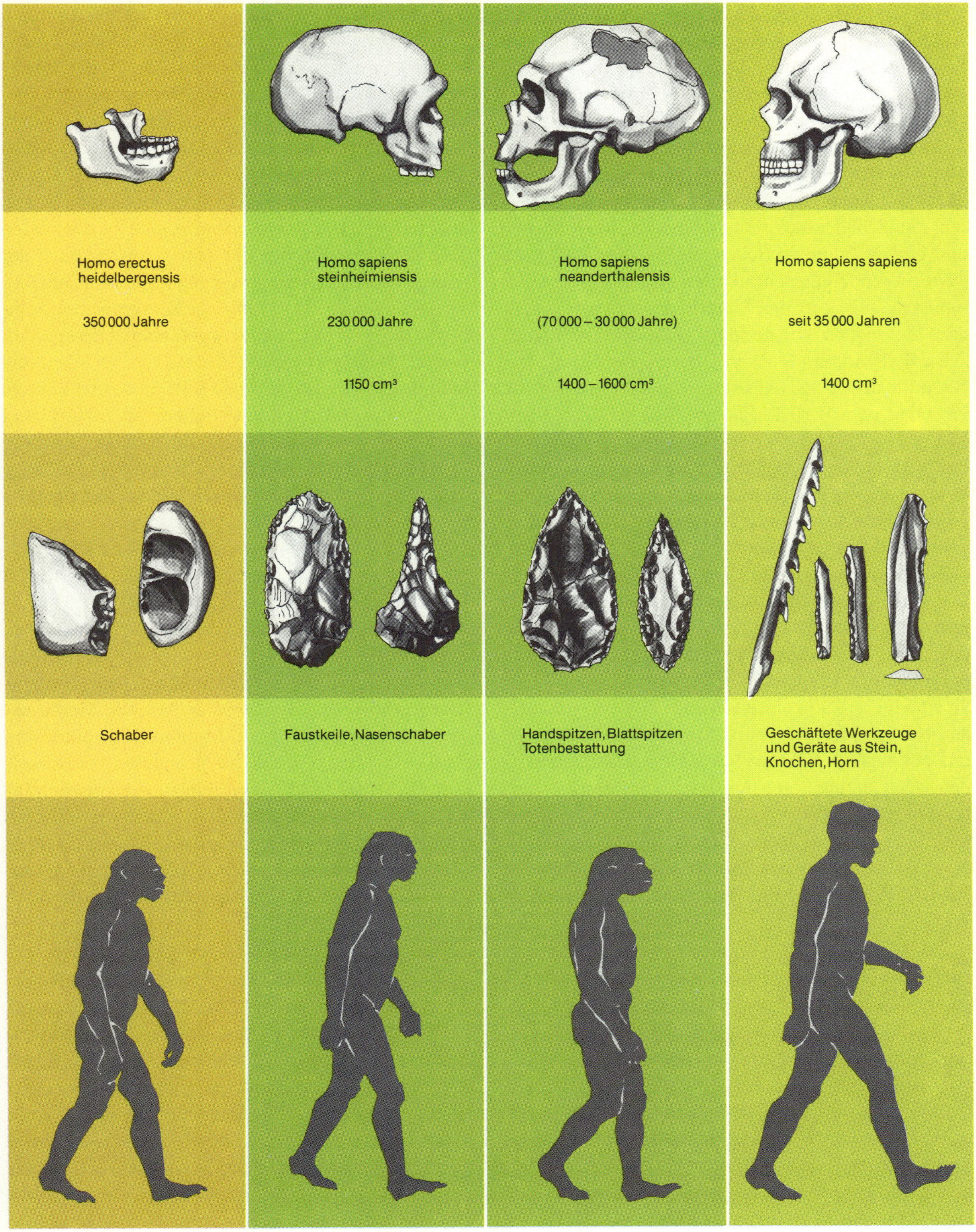

nicht benannten *Homo*-Art ging *Homo erectus,* aus diesem *Homo sapiens* hervor. Neben *H. sapiens* existierten zunächst noch Restgruppen von *H. erectus.*

Die ältesten Funde von *Homo erectus* stammen von Modjokerto auf Java (1,5–1,9 Millionen Jahre alt) und vom Turkana-See in Kenia (über 1,3 Millionen Jahre alt). *Homo erectus* lebte also schon zur Zeit von *Homo habilis.*

Der erste Fund von *Homo erectus* (früher *Pithecanthropus erectus* genannt) wurde 1891 von dem holländischen Forscher DUBOIS bei Trinil auf Java gemacht. DUBOIS war mit der Absicht nach Java gegangen, dort nach dem von HAECKEL theoretisch vorausgesagten fehlenden Glied zwischen Affe und Mensch, dem »missing link«, zu suchen. Er hatte auch das unglaubliche Glück, von einem solchen Wesen ein Schädeldach, einen Oberschenkelknochen und einige Zähne zu finden. Seither sind dort noch weitere Funde gemacht worden, auch Teile des Gesichtsschädels und des Unterkiefers. Das Schädeldach ist länglich, von geringer Höhe, die Stirn flach, stark fliehend, mit starken Überaugenwülsten. Der Rauminhalt des Schädels steht ungefähr in der Mitte zwischen dem des Gorilla und des heutigen Menschen. Der Unterkiefer ist massig, vorne gerundet, ohne Kinn. Die Zähne zeigen noch einige Ähnlichkeit mit denen der Menschenaffen (Eckzahn etwas größer als beim heutigen Menschen und durch eine deutliche Lücke von den Schneidezähnen getrennt), im übrigen aber menschlichen Charakter. Der Oberschenkel ist dem des heutigen Menschen sehr ähnlich und läßt erkennen, daß der *Homo erectus* aufrecht ging. Die Oberschenkelknochen lassen auf eine Körpergröße von 1,50 m schließen. Etwa 400000 Jahre alt sind die 1929 in einer Höhle bei Peking gefundenen Reste zahlreicher Individuen, die als »Sinanthropus pekinensis« (Peking-Mensch) beschrieben wurden. Daß er auch geistig ein echter Mensch war, beweisen die Funde von einfachen, aber gut geformten Feuersteinwerkzeugen und Brandspuren. Er benutzte also Feuer und betrieb sehr wahrscheinlich Jagd in Gruppen. Man darf daher eine primitive Sprache annehmen.

Homo erectus war auch in Europa beheimatet, wie zuerst der 1907 bei Mauer unweit von Heidelberg gefundene älteste Menschenrest aus Europa, der berühmte Unterkiefer des *Homo »heidelbergensis«*, zeigt. Er ist ungemein groß und massig, ohne Andeutung einer Kinngrube, die Zähne sind dagegen denen der heutigen Menschen ähnlicher als die des »Sinanthropus«, zu dem der Kiefer wegen seiner Größe und Plumpheit nicht ohne weiteres paßt. Sein Alter wird auf etwa 350000 Jahre geschätzt. Weitere Funde vom *Homo erectus* stammen aus Ostafrika, Nordafrika und Ungarn. Bis jetzt sind etwa 65 Funde aus dieser Stufe bekannt.

Bei der Entstehung von *Homo erectus* nahm das Gehirnvolumen pro Zeiteinheit am stärksten zu während der menschlichen Evolution. Die Zunahme ist aber pro Generation immer noch viel kleiner (weniger als 0,05%) als die Variationsbreite innerhalb einer Generation. Die starke Größenzunahme des Gehirns in dieser Phase wird auf den großen Selektionsvorteil einer wirksamen Kommunikation bei der Ausbildung von Jagdgruppen zurückgeführt. Wahrscheinlich entwickelte sich damals die Sprachfähigkeit.

Zwei Schädelfunde aus der vorletzten Eiszeit gehören einer als *Präsapiensgruppe* bezeichneten Menschenform an, aus der sehr wahrscheinlich der heutige **Homo sapiens** hervorgegangen ist. Einer dieser Schädel wurde 1933 in einer Kiesgrube bei Steinheim (Murr) in Württemberg gefunden. Dieser *Steinheimer Mensch* ist etwa 230000 Jahre alt. Der verhältnismäßig kleine, schmale Schädel besitzt kräftige Überaugenwülste und eine höhere Schädelwölbung als der *Homo erectus*, er ist in manchen Punkten urtümlich, in anderen zeigt er schon starke Anklänge an den heutigen Menschen (z. B. Reduktion des dritten Backenzahns).

Der Schädel von *Swanscombe* in England ist dem Steinheimer ähnlich. An seiner Fundstätte lagen auch Werkzeuge einer Faustkeilkultur. Weitere Präsapiens-Funde stammen aus Frankreich (Montmaurin, Tantavel).

Einer ausgestorbenen Seitenlinie des Sapiensmenschen gehört der *Neandertaler Mensch*, **Homo sapiens neanderthalensis**, an. Im Jahre 1856 entdeckte FUHLROTT in einer Höhle im Neandertal bei Düsseldorf ein Schädeldach, das er einem »urtypischen Individuum« aus dem Pleistozän zuschrieb. Seitdem wurden von diesem Neandertaler Menschen rund 140 Überreste in Süd-, Mittel- und Westeuropa sowie in Südosteuropa, auf der Krim und in Asien gefunden.

Der zu den *Paläanthropinen* (Altmenschen) gestellte Neandertaler lebte in der letzten Zwischeneiszeit und zu Beginn der Würm-Eiszeit, etwa vor 120000-80000 Jahren. Er war ein sehr kräftiger, massiger, kleinwüchsiger Mensch (1,60 m) mit langen Armen, kurzen Beinen und leicht vorgebeugter Haltung. Der Schädel ist lang und breit und so groß, daß sein Inhalt den Innenraum des Schädels beim heutigen Menschen erreicht, ja übertrifft. Das Schädeldach ist flach, das Hinterhaupt stark vorspringend. Die fliehende Stirn weist starke Überaugenwülste auf. Der Gesichtsteil steht vor, die Nase ist breit und flach, ein Kinn fehlt. Der Neandertaler spaltete sich in verschiedene Gruppen auf. Sein Verbreitungsschwerpunkt war Europa.

Vor und neben dem Neandertaler existierte eine (zahlenmäßig kleine) Formengruppe, welche die

Merkmale des klassischen Neandertalers in abgeschwächter Form besaß und heute als Vorläufer des Neandertalers aufgefaßt wird. Funde dieser Gruppe stammen aus Ehringsdorf bei Weimar und aus Südeuropa. Auch der etwa 180000 Jahre alte Schädel von Fontéchevade in Frankreich gehört vielleicht hierher, möglicherweise aber auch zu den Präsapiens-Formen.

In der Mitte der letzten Eiszeit verschwindet der Neandertaler spurlos. An seine Stelle tritt in Europa der heutige Mensch, *Homo sapiens sapiens*, der also vor etwa 40000 Jahren auftrat. Funde am Rudolfsee und bei Omo in Ostafrika belegen dort ein etwas höheres Alter von 60000 Jahren. *Homo sapiens* und seine Präsapiens-Ahnen werden auch als *Neanthropinen* (Jetztmenschen) bezeichnet.

Der Wuchs von *H. sapiens sapiens* ist höher, schlanker, der Schädel ohne Überaugenwülste mit steiler Stirn, hochgewölbtem Schädeldach, zurücktretendem Gebißteil und deutlichem Kinn. Die älteste europäische Form wird nach dem Fundort in Frankreich als Cro-Magnon- und Combe-Capelle-Mensch bezeichnet. Sie ist wahrscheinlich von Osten her eingewandert. Aus ihr haben sich vermutlich die heutigen Menschenrassen ausdifferenziert. Der *Homo sapiens sapiens* verfertigte kunstvolle Steinwerkzeuge und schuf zu Kultzwecken Kunstwerke (Höhlenzeichnungen, Elfenbeinfiguren, Abb. 485).

8.4 Die heutigen Menschenrassen

Die *heutigen Rassen* sind als von der Selektion erzwungene Anpassung an bestimmte Umweltbedingungen aufzufassen. Es ist anzunehmen, daß der *Homo sapiens* den Neandertaler allmählich verdrängt und sich dann gegen Ende der Eiszeit über ganz Eurasien und Afrika ausgebreitet hat. Seit dieser Zeit haben sich dann in getrennten Räumen die heutigen Großrassen herausgebildet: im Westen die *Europiden*, im Osten die *Mongoliden* und im Süden die *Negriden*. Das bis dahin menschenleere Amerika wurde wahrscheinlich in mehreren Wellen während der letzten Kaltzeit und an ihrem Ende über die damals trockenliegende Beringstraße von mongoliden Stämmen besiedelt.

Die *Abgrenzung der drei Großrassen* trifft man im allgemeinen auf Grund von körperlichen Merkmalen und der ursprünglichen Verbreitung. Eine eindeutige Kennzeichnung ist jedoch schwierig, da Rassen sich ständig wandeln und deshalb große Unterschiede innerhalb ihres Verbreitungsgebiets aufweisen können. Außerdem ist in neuerer Zeit eine starke Durchmischung auch der Großrassen im Gange. Dabei zeigt es sich, daß die Rassenmerkmale unabhängig voneinander vererbt werden, wodurch fließende Übergänge zwischen den einzelnen Rassen entstehen.

Alle heutigen Menschenrassen gehören zu einer einzigen Art, dem *Homo sapiens*. Offenbar kam es seit der Zeit des *Homo erectus* nicht mehr zu einer lange anhaltenden geographischen Isolierung, so daß sich keine der menschlichen Rassen, auch nicht der heute lebenden, zu einer besonderen Art weiterentwickelt hat. Die Anpassung an die zahlreichen ökologischen Nischen, die der Mensch besiedelt, ermöglicht ihm sein Verstand; dies hat den Selektionsdruck in Richtung einer biologischen Spezialisierung stark gemildert.

9. Die Kulturelle Evolution

Kultur ist ein Artmerkmal des Menschen. Sie ist möglich aufgrund seines Sozialverhaltens, seiner Fähigkeit zur Abstraktion und zur Gestaltwahrnehmung (z. B. jeden beliebigen Hund als »Hund« zu erkennen), seines Neugierverhaltens, seines Nachahmungstriebes und seines hochentwickelten Spieltriebes. Alle diese Eigenschaften treffen wir einzeln mehr oder weniger auch bei Tieren an, ihre Kombination aber nur beim Menschen. Durch die Kultur schafft sich der Mensch mehr oder minder eine eigene, künstliche Umwelt.

Die Greifhand mit opponierbarem Daumen, die außerordentliche Bewegungsfreiheit der Vorderextremitäten und der aufrechte Gang machten schon die Vormenschen »handlungsfähig« zur Werkzeugbenutzung und -herstellung. Durch den aufrechten Gang erhält auch der Kopf mit den wichtigsten Sinnesorganen eine Stellung, die bessere Übersicht erlaubt. Diese Voranpassungen im Körperbau lieferten die Voraussetzungen für die Verhaltensleistungen, welche die kulturelle Evolution auslösten. Werkzeugherstellung, Nutzung und Herstellung von Feuer sowie die Ausbildung der Symbolsprache wirkten wieder auf die körperlichen Evolutionsvorgänge zurück (Rückkopplung) und verstärkten diejenigen Merkmale, mit denen kulturelle Leistungen zu erzielen sind (Großhirn). Durch die im Laufe der Zeit immer stärker gewordenen Traditionen glichen sich die Individuen der Population weitgehend an, und heute ist die Fortpflanzungsrate nicht mehr von besonderen Befähigungen abhängig.

Die geistige Evolution des Menschen läßt sich nicht

Abb. 485: Dunkelrotes Wandgemälde in der Caballoshöhle in Ostspanien (La-Madeleine-Stufe)

wie die körperliche durch Fossilien belegen. Jedoch kann man aus den Werkzeugen (*Kulturfossilien*), die uns überliefert sind, wenigstens einige Schlüsse auf den Ablauf der kulturellen Evolution ziehen. Nach Art und Bearbeitung der verwendeten Werkzeuge unterscheidet die Vorgeschichte des Menschen die *Altsteinzeit* (Paläolithikum) mit behauenen Steinwerkzeugen, die *Jungsteinzeit* (Neolithikum) mit geschliffenen Steinwerkzeugen, die *Bronze-* und die *Eisenzeit.*

Schon von den Australopithecinen sind einfache Knochen-, Horn- und Steinwerkzeuge bekannt (Abb. 484). Der *Homo erectus* besaß Werkzeuge aus Knochen und rohbehauenen Feuersteinen; sie sind hart, spaltbar und geben scharfe Kanten. Angebrannte Knochenstücke an verschiedenen Fundstellen (z. B. Peking-Mensch in China) beweisen, daß er das Feuer benutzte. Faustkeilkultur ist auch für den Steinheimer Menschen anzunehmen. Schon hochentwickelte, wenn auch noch ziemlich grobe Steinwerkzeuge besaß der Neandertaler als Kulturträger der als Mousterium-Stufe benannten Kulturstufe der ersten Hälfte der letzten Eiszeit. Der Mensch dieser Zeit war Jäger und Sammler, der in Höhlen oder unter überhängenden Felswänden wohnte und sich Feuersteinwerkzeuge recht verschiedener Art, Spitzen, Schaber, Kratzer, Bohrer geschaffen hatte, zum Teil schon in handwerksmäßiger Herstellung. Er besaß nur Hand- und Faustwerkzeuge; geschäftete Waffen und Fernwaffen kannte er noch nicht, wohl aber eine Bekleidung aus roh zubereiteten und zusammengehaltenen Fellen. Seine Toten hat er wohl meist begraben, jedoch nicht förmlich bestattet.

Die Ablösung des Neandertalers durch den Cro-Magnon-Menschen auf dem Höhepunkt der letzten Eiszeit bezeichnet gleichzeitig einen scharfen Einschnitt in der Kulturentwicklung. Zwar war der neue Mensch der *jüngeren Altsteinzeit* immer noch Höhlenbewohner, Jäger und Sammler. Die Feuersteinwerkzeuge wurden jedoch verbessert. Dazu kamen viele verschiedenartige Knochenwerkzeuge, sogar Nadeln, die auf Herstellung von Kleidung schließen lassen. Speere mit Stein- oder Knochenspitzen sowie Pfeil und Bogen wurden erfunden. Künstlerische Leistungen hinterließ er in Form stark abstrahierter Tier- und Menschendarstellungen an Felswänden von Höhlen. Aus Knochen und Mammut-Elfenbein schuf er plastische Kunstwerke.

Seine Toten bestattete er sorgfältig und gab ihnen das mit, was sie nach seiner Meinung auch in einem Jenseits brauchten; er hatte also religiöse Vorstellungen.

Die Übergangsperiode der *mittleren Steinzeit* führte zur *jüngeren Steinzeit*, die in Mitteleuropa um 4000 v. Chr., in anderen Teilen der Alten Welt aber schon wesentlich früher begann. Der Mensch wurde zum seßhaften Ackerbauer, der Nutzpflanzen kannte und Haustiere hielt, der sich feste Wohnungen baute, Töpferei und Weberei erfand. Als er Metall aus erzhaltigem Gestein zu schmelzen lernte, wurden seine schön geschliffenen Steinbeile und -waffen durch Metallwerkzeuge und -waffen abgelöst. So folgten die *Bronzezeit* (1800 bis 750 v. Chr.) und die *Eisenzeit* (seit 750 v. Chr.), und mit ihr tritt die Vorgeschichte in das hellere Licht der Geschichte hinein.

Die verschiedenen Kulturgruppen haben im Laufe der Entwicklung unterschiedliche Lösungen für die gleichen Probleme und Bedürfnisse gefunden (Wohnen, Kleiden, Ernährung, Gesellschaftsform). Die heutigen Kommunikationsmöglichkeiten verwischen Grenzen zwischen den Kulturkreisen. Darauf beruht der Abbau diskriminierender Verhaltensweisen gegenüber anderen Kulturgruppen, und die in jedem Kulturkreis wirksamen Erfahrungen und Ideen können dann für alle Menschen nutzbar sein und die weitere kulturelle Evolution fördern.

Grundeigenschaften von Lebewesen

Die Biologie befaßt sich mit der Erforschung der Lebewesen. Ob ein bestimmtes Objekt ein Lebewesen ist oder nicht, ist zwar aus der allgemeinen Lebenserfahrung heraus im Einzelfall recht genau zu bestimmen, eine allgemeine Definition der Begriffe »Lebewesen« oder »Leben« ist jedoch nur schwer möglich. Man kann lediglich angeben, daß alle Lebewesen eine Reihe gemeinsamer Eigenschaften besitzen (s. Cytologie 1). Nichtlebende Gegenstände weisen entweder keine oder nur einzelne solcher Eigenschaften auf, nie aber alle gleichzeitig.

Alle Erfahrungen der wissenschaftlichen Biologie sprechen dafür, daß die Gesetze der Physik und der Chemie auch für Organismen gelten. Bei Lebewesen finden sich jedoch zusätzliche Eigenschaften, die nur ihnen eigentümlich sind. Die Tatsache, daß Lebewesen Eigenschaften besitzen, die bei unbelebten Systemen unbekannt sind, wurde früher auf völlig unterschiedliche Weise philosophisch gedeutet. Die Vertreter des *Vitalismus* waren der Meinung, ein immaterielles, übergeordnetes Prinzip (Entelechie) lenke zwecktätig und zielgerichtet die Vorgänge im Organismus. Dieses übergeordnete Prinzip sei für typisch biologische Gesetzlichkeiten verantwortlich. Die Vertreter des *Mechanismus* lehnten ein solches übergeordnetes Prinzip ab. Sie waren der Meinung, alle Lebensvorgänge seien durch physikalische und chemische Gesetzmäßigkeiten erklärbar.

Die moderne *Systemtheorie* hat den alten Streit zwischen Vitalisten und Mechanisten fast gegenstandslos gemacht: ein System, gleichgültig ob belebt oder unbelebt, ist aus Elementen zusammengesetzt, die miteinander in Wechselwirkung stehen. Ein System kann Eigenschaften haben, die weder an den Einzelelementen zu beobachten noch als Summe der Eigenschaften der Elemente aufzufassen sind. Systemeigenschaften entstehen erst durch die Verknüpfung der Elemente zu einem System (s. Cytologie 9). Lebewesen sind hochkomplizierte Systeme. Es ist also zu erwarten, daß sie Eigenschaften besitzen, die keines der beteiligten Elemente (Moleküle, Atome) aufweist.

Um festzustellen, welche Eigenschaften ein bestimmtes System besitzt, muß man die Eigenschaften der beteiligten Elemente und die Art ihrer Verknüpfung und gegenseitigen Abhängigkeit im einzelnen kennen. Dann kann man das System auf einem Computer nachbilden (simulieren) und so eine bestimmte Eigenschaft als Systemeigenschaft erkennen. Eine Simulation ist bis jetzt freilich nur für wenige Teilsysteme (z. B. die Glykolyse) gelungen, nicht jedoch für ganze Zellen oder Organismen. Die Systemtheorie ist noch nicht in der Lage, z. B. die Systemeigenschaften einer Zelle zu simulieren und auf der Grundlage physikalisch-chemischer Gesetze vollständig zu erklären.

Einige prinzipielle Unterschiede zwischen lebenden und unbelebten Systemen seien nachfolgend beschrieben:

1. Vererbung

Jede Zelle eines Lebewesens hat ein festgelegtes Programm, das die Information für Strukturen und Funktionen des Individuums enthält. Dieses Programm wird an jede Tochterzelle weitergegeben. Welche Teile des Gesamtprogramms sich in einer Zelle verwirklichen, hängt vom cytoplasmatischen Aufbau der Zellen und von der gegenseitigen Beeinflussung der Zellen ab. Die Gesamtinformation einer Zelle ist in der Nukleotidsequenz der DNA des Zellkerns und des Cytoplasmas gespeichert. Die Nukleotidsequenz kann sich unter dem Einfluß von mutagenen Umweltfaktoren oder durch spontane Umordnung der Nukleotide ändern (Mutation).

2. Entwicklung

Ontogenie. Der Organismus durchläuft eine für jedes Lebewesen charakteristische Entwicklung vom Keim über das Jugendstadium zur Reife und zum Alter. Diese Entwicklung (Ontogenie) ist gekennzeichnet durch Wachstum und Differenzierung, die zu altersspezifischen Merkmalen führt. Die Ursache der Entwicklung liegt im unterschiedlichen Tätigwerden und Untätigwerden von Gen-Gruppen. *Der Organismus befindet sich also nie in einem statischen Zustand, sondern verändert sich dauernd.*

Phylogenie. Die Änderungen in der Erbausstattung der Organismen führen zur Neubildung von Formen. Diese neuen Formen werden durch ihre Umwelt laufend einer Selektion unterworfen, wobei die an die jeweilige Umwelt (ökologische Nische) bestangepaßte Form die größten Fortpflanzungschancen hat. Da es schon immer viele unterschiedliche ökologische Nischen gab, führte dies zur heutigen Vielfalt der Organismen. Weil das Erbgut jedes Lebewesens das Ergebnis früherer Mutationen und Selektionen ist, wird ein Organismus also nicht nur durch Faktoren beeinflußt, die jetzt und hier auf ihn einwirken, sondern auch durch solche, denen seine Vorfahren ausgesetzt waren. Die Struktur und das Verhalten eines heute lebenden Organismus ist deshalb nur dann zu verstehen, wenn sowohl seine individuelle Geschichte als auch die Geschichte seiner Vorfahren bekannt ist.

3. Angepaßtsein. Regulation. Homöostase

Auf Grund der Selektion sind alle Lebewesen so beschaffen, daß ihr Bau und ihr Verhalten der Erhaltung der Art dienen. Der Fisch ist in allen Einzelheiten der Körperform, der Körperbedeckung, des Bewegungssystems, der Atmung und der Sinnesorgane so dem Leben im Wasser angepaßt, daß damit der »Zweck«, eben seine Erhaltung im Lebensraum Wasser, erfüllt ist. »Zweckmäßigkeit« oder Teleonomie bedeutet also für Lebewesen nichts anderes als Angepaßtsein an die Lebensbedingungen mit der Wirkung der Selbsterhaltung. Bau und Funktion aller Lebewesen stehen so ganz und gar im Dienste dieser Anpassung, daß wir beim Auffinden eines bis dahin unbekannten Organs oder einer besonderen Einrichtung sofort nach der Funktion fragen, weil wir als selbstverständlich annehmen, daß alles im Organismus seinen »Zweck« haben müsse. Wenn ein Lebewesen nicht angepaßt, d. h. nicht erhaltungsgemäß eingerichtet wäre, könnte es nicht bestehen.

Wir sehen, daß Organismen bei Änderungen der Bedingungen mit Regulationen antworten, die ihre Erhaltung sichern. Dazu muß der Organismus in der Lage sein, Änderungen der Außenwelt als Information aufzunehmen und diese so zu verarbeiten, daß die daraus resultierenden Reaktionen der gegebenen Situation entsprechen. Einfache und überschaubare Regulationen setzen schon im molekularen Bereich bei der Steuerung der Genaktivität ein. Sie verflechten sich auf höherer Ebene (Zelle, Organismus) zu einem Netz ineinandergreifender Regulationen, die ganz auf die Erhaltung des Individuums abgestimmt sind. Jeder Ausfall der Regulation führt zum Tod. Besondere Bedeutung für die Regulation in Organismen haben die Regelkreise. Sie wirken meist analog den aus der Technik bekannten selbsttätigen Regelvorgängen. Die Regulation ist immer auf das Ganze abgestimmt. Ihr Ergebnis ist die bestmögliche Konstanthaltung der inneren Bedingungen des Organismus (*Homöostase*). Durch das Ineinander- und Aufeinanderwirken aller Vorgänge können wir den Organismus als Ganzheit betrachten, ohne hinter diesem Begriff einen metaphysischen Faktor (ganzheitsgestaltenden Faktor) zu verstehen, der den Organismus auf die Ganzheit hin dirigiert. Die Existenz eines solchen Faktors kann von der Biologie nicht nachgewiesen werden.

4. Organismische Struktur

Wie wir heute wissen, sind die in einem lebenden System ablaufenden Prozesse an Strukturen gebunden. Unter Struktur verstehen wir eine gesetzmäßige Anordnung der Grundbestandteile, aus denen ein Gebilde aufgebaut ist. Im Bereich des Anorganischen haben sowohl Kristalle als auch ihre Bestandteile – Moleküle und Atome – Struktur. Alles uns Bekannte spricht dafür, daß es Leben nur dort geben kann, wo es Zellen gibt. Aber schon die Zelle ist ein hochgradig strukturiertes System aus Teilbereichen (Kompartimenten), d. h. in Wechselwirkung miteinander stehenden Reaktionsräumen, in denen die für das Lebensgeschehen notwendigen Prozesse geordnet ablaufen. Die aus Zellen aufgebauten Gewebe und Organe sind Strukturen höherer Ordnung, deren Gesamtheit wir Organismus nennen. Die organismische Struktur ist aber nicht statisch wie die eines Kristalls, – der in keiner Wechselwirkung mit der Umgebung steht, – sondern dynamisch. Dies zeigt sich in den ständigen Strukturänderungen der Zellkompartimente und äußert sich ebenso in der Zelldifferenzierung und im Gestaltwandel des Organismus.

5. Entropie und freie Energie

Entropie ist eine physikalische Zustandsgröße wie Druck, Volumen und Temperatur. Man kann sie anschaulich näherungsweise als den Ordnungsgrad eines physikalischen Systems deuten. Hohe Entropie bedeutet einen geringen molekularen Ordnungsgrad, wie er z. B. zwischen den Molekülen eines Gases vorliegt. Systeme mit niedriger Entropie besitzen einen hohen Ordnungsgrad wie z. B. Kristalle oder Lebewesen. Schaffung von Ordnung ist stets mit Entropieabnahme gekoppelt. In Systemen mit maximaler Entropie gibt es keine Energieunterschiede mehr. Sie können daher keine Arbeit mehr leisten und befinden sich im thermodynamischen Gleichgewicht. In diesem Zustand ist die Änderung der freien Energie $\Delta G = 0$. Für Lebewesen muß daher gelten: $\Delta G \neq 0$, nur dann können sie durch Stoffwechselreaktionen Energie gewinnen. Entstehung von organischer Struktur bedeutet daher Aufbau von Ordnung und Verringerung der (molekularen) Unordnung. Dazu bedarf es einer dauernden Energiezufuhr von außen (Lichtenergie oder energiereiche Nährstoffe). Organismen müssen daher mit der Umwelt in Verbindung stehen. Mit dem Tod tritt ein Zerfall der Strukturen hoher Ordnung zum thermodynamischen Gleichgewicht ein.

6. Fließgleichgewicht

Lebewesen nehmen aus ihrer Umgebung ständig Stoffe auf, wandeln sie im Körper um und geben sie in veränderter Form wieder ab. Weil ständig Stoffe durch ihren Körper fließen, nennt man Organismen »offene Systeme«. Ein offenes System strebt unabhängig von den Anfangsbedingungen einem konstanten (stationären) Zustand zu, der auch gegen störende Einflüsse von außen aufrechterhalten wird (Fließgleichgewicht). Dieser Zustand hängt nur von den Systemgrößen des Stofftransports, des Stoffaustausches und den chemischen Reaktionen zwischen den Stoffen ab. Im Zustand des Fließgleichgewichts ist $\Delta G \neq 0$. Das offene System »Lebewesen« unterscheidet sich damit grundsätzlich von geschlossenen Systemen, die einem Zustand maximaler Entropie ($\Delta G = 0$) zustreben.

7. Psychische Vorgänge

Die hier angedeuteten Grundgegebenheiten lebender Systeme sind objektive Ergebnisse der Forschung. Der Biologe trifft jedoch bei seiner Forschungstätigkeit auch auf Erscheinungen, die seinen Methoden mindestens zur Zeit nicht zugänglich sind. Ein Beispiel dafür ist das Bewußtsein.

Wie wir von uns selbst wissen, sind körperliche (physiologische) Prozesse im Nervensystem eng mit seelischen (psychischen) Vorgängen verknüpft. Mit dem Begriff »psychisch« wollen wir alle jene Vorgänge belegen, die mit dem Entstehen von Empfindungen, Wahrnehmungen, Vorstellungen, Willensregungen, Urteilen u. a. verbunden sind. Ein Beispiel mag dies verdeutlichen: Wir betrachten ein rotes Blatt Papier. Welche Vorgänge führen zu der Aussage: »Das Blatt ist rot«? Physikalisch gesehen, absorbiert das Blatt von dem darauffallenden Sonnenlicht einen bestimmten Wellenbereich, ein anderer Teil des Lichtes wird reflektiert und trifft auf die Netzhaut des Auges. In den Sinneszellen wird dann der Lichtreiz durch physikalisch-chemische Vorgänge in ein raumzeitlich geordnetes Muster (Erregungsmuster) von Aktionspotentialen umgesetzt, das über den Sehnerv in die Nervenzellen des Sehzentrums im Gehirn einläuft. Bis hierher können wir den Erregungsvorgang experimentell verfolgen. Es tritt aber jetzt die Wahrnehmung »rot« auf. Sie hat als Bewußtseinsvorgang außer der Dauer keine physikalischen Eigenschaften mehr: sie nimmt keinen Raum ein, ist keine Masse, Energie und Ladung. Bewußtseinsvorgänge sind damit etwas völlig Neues, und eben dieses Neue wollen wir als das Seelische bezeichnen. Es ist erwiesen, daß ein Zusammenhang zwischen körperlichen Prozessen und seelischen Vorgängen besteht. Wie sich aber der Übergang vom raumzeitlichen, physikalisch analysierbaren Erregungsmuster in ein bewußtes Erleben der Außenwelt vollzieht, wie uns also Erregungsmuster bewußt werden, ist von der Biologie noch nicht zu beantworten.

Die derzeit wahrscheinlichste Ansicht über das Leib-Seele-Problem ist die Hypothese der psychoneuralen Identität. Sie betrachtet psychische und neuronale Phänomene als zwei verschiedene Erscheinungsformen einer einzigen Wirklichkeit. Bewußtseinsvorgänge treten offenbar dann auf, wenn in bestimmten Teilen des Gehirns ganz bestimmte neuronale Vorgänge ablaufen. In dieser Form ist die Hypothese der psychoneuralen Identität auch mit Befunden vereinbar, die an wachen Menschen mit freigelegtem Gehirn bei elektrischer Reizung kleiner Gehirnbezirke gewonnen wurden. Bei der Reizung berichten die betreffenden Patienten über gewisse Gefühle oder über bestimmte Erinnerungsbilder u. a. Solche Bewußtseinsinhalte sind also durch elektrische Reizung auslösbar. Das spricht dafür, daß Bewußtseinsinhalte eine neurophysiologisch faßbare Entsprechung (Korrelat) im Gehirn haben. Ein solches Korrelat müßte einer Kausalanalyse zugänglich sein, die es als Systemeigenschaft bestimmter Gehirnbezirke erkennt.

Erkenntnistheoretische Betrachtungen

1. Erkenntniswege der Biologie

Die Biologie ist eine Naturwissenschaft. Sie bedient sich also der Erkenntniswege der Naturwissenschaften. Ihre Aussagen bauen immer auf objektiven Tatsachen auf, aus denen man dann Hypothesen und Theorien bildet.

1.1 Das Gewinnen objektiver Tatsachen

Unter einer »objektiven Tatsache« versteht man eine Feststellung, die jederzeit reproduzierbar ist, d. h. sie muß unabhängig vom jeweiligen Beobachter und jederzeit unter denselben Bedingungen aufs neue nachvollziehbar sein. Psychische Vorgänge sind in diesem Sinne keine objektiven Tatsachen, da sie vom erlebenden Subjekt abhängen. Ebenso sind ideologische Aussagen nicht objektiv, weil sie persönliche Meinungen enthalten. Objektive Tatsachen werden in der Biologie im wesentlichen durch Beobachtungen und Experimente gewonnen.

1.1.1 Beobachten

Viele Teilgebiete der Biologie beschränken sich auf das Beobachten und Beschreiben (z. B. die Anatomie). Eine Beobachtung kann in Form einer verbalen Aussage (z. B. der Beschreibung eines Verhaltens), in Form einer Abbildung oder Zeichnung (z. B. bei einer anatomischen Beschreibung) oder in Form einer Tabelle bzw. einer graphischen Darstellung (bei messenden, quantitativen Beobachtungen) niedergelegt werden.

1.1.2 Experimentieren

Will man feststellen, wie eine bestimmte Größe (z. B. die Erregung einer Sinneszelle) durch eine bestimmte andere Größe (z. B. die Reizintensität) beeinflußt wird, bedient man sich des Experiments. Ein Experiment muß so angelegt sein, daß es eine bestimmte Fragestellung eindeutig beantwortet. Es ist also immer das Ergebnis einer Vorüberlegung.

Ein Experiment muß unter kontrollierbaren und reproduzierbaren Bedingungen ablaufen. Wenn möglich, werden alle einwirkenden Faktoren bis auf einen konstant gehalten. Dieser eine wird variiert und die Reaktion gemessen. Werden mehrere Faktoren gleichzeitig verändert, ist eine Aussage darüber, wie ein bestimmter Faktor auf die Meßgröße einwirkt, meist nur schwer oder gar nicht zu machen.

Häufig sind bei biologischen Experimenten nicht alle Faktoren wirklich konstant zu halten, oft schon deshalb nicht, weil man gar nicht alle kennt. Will man etwa die Abhängigkeit der Photosyntheserate von der Beleuchtungsstärke bestimmen, wird man zwar die Temperatur und die CO_2-Konzentration konstant halten, man wird auch mit Pflanzen gleicher Art und gleichen Alters, die unter vergleichbaren Bedingungen aufgewachsen sind, arbeiten usw. Man weiß aber z. B. nicht, ob die Pflanzen unter wirklich genau gleichen Bedingungen aufgewachsen sind, ob sie genau das gleiche Erbgut besitzen usw. Die Folge ist, daß zwei gleiche Versuche an biologischen Objekten meist nicht ganz gleiche quantitative Meßwerte liefern. Die Meßwerte biologischer Versuche streuen deshalb wesentlich stärker als diejenigen physikalischer Versuche. Um den Einfluß solcher nicht genau bestimmbarer oder nicht völlig konstant zu haltender Faktoren auszuschalten, muß man ein Experiment mehrmals wiederholen und aus den Meßwerten den Mittelwert bilden.

1.1.3 Vergleichen

Viele wissenschaftliche Ergebnisse lassen sich letztlich auf einen Vergleich zurückführen. Vergleichen lassen sich Gegenstände (Eidechse – Salamander) oder Vorgänge (Photosynthese – Atmung). Beim Vergleich zweier Erscheinungen wird das Unterschiedliche und das Gemeinsame herausgestellt. Durch den anatomischen Vergleich des Blutkreislaufs und der Ausscheidungsorgane verschiedener Wirbeltiergruppen erkannte man, daß ihnen gemeinsame Grundbaupläne zugrunde liegen. Durch Ordnen und Vergleichen wurde das natürliche System der Pflanzen und Tiere gefunden, was wiederum zur Erkenntnis von Abstammungsbeziehungen führte.

1.2 Die Bildung von Theorien

Der Mensch ist offensichtlich in der Lage, sich richtige Vorstellungen (*Theorien*) über die Natur zu machen. Daß eine Theorie einen gewissen Grad an »Richtigkeit« besitzt, erkennt man daran, daß sie Vorhersagen erlaubt, die dann auch eintreffen. Bei der Bildung dieser Theorien ist das logische Denken beteiligt. Daß wir richtige Theorien über die reale Welt bilden können, ist durch die Evolution zu erklären: Nur diejenigen Menschen oder Vormenschen überlebten in der Evolution, die richtige Theorien (selbst einfachster Art) über die reale Welt zu entwickeln in der Lage waren. Nur so konnten sie die Vorteile ihrer Fähigkeit zum einsichtigen Handeln ausnützen; denn Vorstellungen über Zusammenhänge in der realen Welt sind die Grundlage jeder gezielten und geplanten Handlung.

1.2.1 Kausalität, Finalität, Teleonomie

Aus Erfahrung wissen wir, daß jeder Wirkung eine Ursache zugrunde liegen muß und daß gleiche Ursachen unter gleichen Bedingungen auch gleiche Wirkungen hervorrufen. Diese Beziehungen werden als Kausalbeziehungen (lat. causa = Ursache) bezeichnet. Ein kausaler Zusammenhang wird aufgedeckt, wenn nach der Beobachtung der Wirkung (Welken eines Blattes) durch Experimente die Ursache (Verdunsten von Wasser) festgestellt wird. Will man klären, ob eine bestimmte Drüse das Wachstum fördert, entfernt man sie einigen Versuchtstieren und beobachtet, ob deren Wachstum dann aufhört. Ist dies der Fall, sucht man nach dem wachstumsfördernden Stoff, indem man aus der Drüse eine Reihe von Inhaltsstoffen isoliert und getrennt nacheinander den Versuchstieren einspritzt. Derjenige Inhaltsstoff, der das Wachstum wieder anregt, ist der gesuchte Stoff oder enthält ihn.

Unter einem Kausalzusammenhang ist also eine Beziehung zwischen zwei Erscheinungen zu verstehen. Die eine, die Ursache, muß vorhergehen, damit die zweite, die Wirkung, eintreten kann. Umgekehrt zeigt sich die Wirkung stets, wenn alle bestimmenden Ursachen vorhanden sind. Das Ziel aller Naturwissenschaften ist es, kausale Beziehungen in der realen Welt aufzuklären.

Im Bereich des menschlichen Handelns gibt es zusätzlich eine zweite Art von Ursache-Wirkungs-Beziehung, die Finalität. Dabei ist der damit verfolgte Zweck als Ursache der Handlung anzusehen. Dazu ein Beispiel: Ein Sprinter startet zu einem 100-m-Lauf. Die kausale Ursache für den Start liegt im Startsignal und in den dadurch auf Umwegen ausgelösten Erregungen der Motoneurone des Sprinters. Die finale Ursache, der vom Läufer beabsichtigte Zweck des Startens, ist, die Distanz in möglichst kurzer Zeit zu durchlaufen und dadurch vielleicht einen Preis zu erringen.

Naturwissenschaftliche Erkenntnis beruht auf reproduzierbaren Beobachtungen und Experimenten. Reproduzierbar sind nur solche Vorgänge, die mit Sicherheit ablaufen, wenn die kausalen Ursachen dafür gegeben sind. Finale Ursachen sind mit naturwissenschaftlichen Methoden nicht zu fassen. Die Frage: zu welchem Zweck? ist damit naturwissenschaftlich nicht zu beantworten. Finale Begründungen sind daher in den Naturwissenschaften nicht zulässig.

Bei Durchsicht biologischer Texte stößt man nun aber oft auf Formulierungen wie »Das Wiesel färbt sich im Winter weiß, damit es im Schnee nicht gesehen werden kann«. Hier scheint eine finale Ursache angegeben zu sein. Ist der Satz also unzulässig? Bei genauerer Betrachtung erkennt man jedoch, daß die Fragen: Was bezweckt der Läufer mit dem Start? und: welchen Zweck hat die weiße Winterfarbe des Wiesels? nicht gleich gelagert sind. Die erste Frage setzt beim Läufer Einsicht in sein Tun voraus. Die zweite Frage setzt eine solche Einsicht nicht voraus, sondern fragt vielmehr, welche lebenserhaltende Funktion die Farbe hat. Sie fragt also nach dem Selektionsvorteil dieser Eigenschaft oder, anders ausgedrückt, nach den kausalen Ursachen, die ein solches Verhalten in der Vergangenheit durch Selektion erzeugt haben (*Teleonomische* Fragestellung im Gegensatz zur *teleologischen* Fragestellung, die nach finalen Ursachen fragt). Diese Art der Fragestellung ist in der Biologie zulässig und sinnvoll, da die Objekte der Biologie auch durch kausale Ursachen bestimmt sind, die in der Vergangenheit gewirkt haben.

1.2.2 Bildung von Hypothesen – Induktion

Die durch Beobachtung und Experiment gewonnenen objektiven Tatsachen werden für die Aufstellung von Hypothesen verwendet. Man bezeichnet diesen Vorgang als *Induktion.* Es handelt sich um einen schöpferischen Vorgang, der sich einer genauen Analyse bisher entzogen hat. Wissenschaftler, denen die Bildung einer bedeutenden Hypothese gelungen ist, können nachher nicht angeben, auf welchen Wegen dies geschah. Die Hypothese war oft

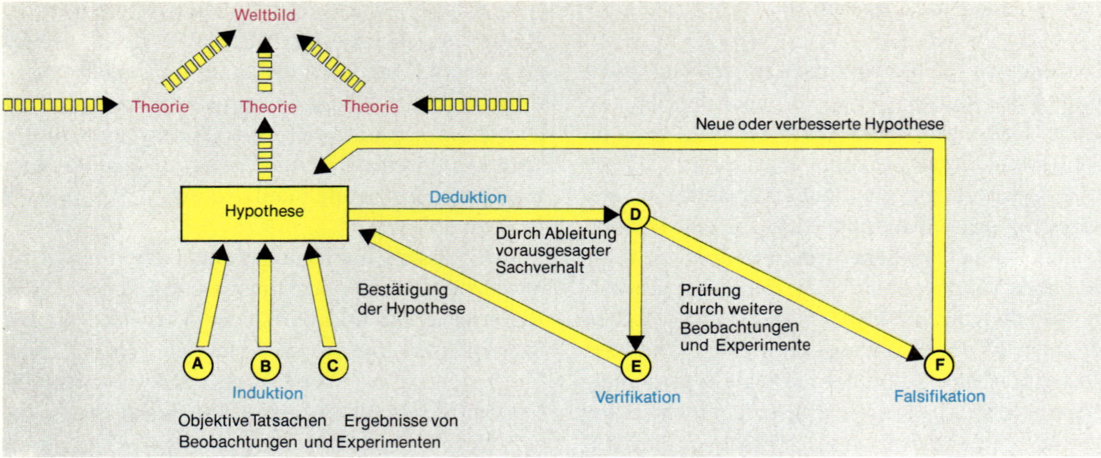

Abb. 486: Schema des Erkenntnisweges. Bildung und Prüfung von Hypothesen. Zusammenhang von Hypothese, Theorie und Weltbild

plötzlich »da«, mußte dann allerdings darauf geprüft werden, ob sie den Anforderungen an eine Hypothese auch wirklich entsprach, nämlich in sich widerspruchsfrei zu sein und mit den objektiven Tatsachen in Einklang zu stehen.

Ein Beispiel möge den Vorgang der Induktion erläutern: MENDEL fand durch seine Experimente die in der Uniformitätsregel und der Spaltungsregel (s. Genetik) niedergelegten objektiven Tatsachen. Er bildete die Hypothese, es gebe selbständige Erbeinheiten, die in den Körperzellen paarweise, in den Keimzellen aber nur in Einzahl vorhanden seien. Diese Hypothese läßt sich nicht logisch aus den objektiven Tatsachen herleiten. Das geht schon daraus hervor, daß auch eine andere Hypothese mit den gleichen Tatsachen vereinbar ist. So könnten die von MENDEL gefundenen Spaltzahlen auch dadurch erklärt werden, daß die Gene in den Körperzellen nicht doppelt, sondern in sehr großer Zahl vorliegen und bei der Keimzellenbildung in zwei nur ungefähr gleiche Hälften geteilt werden.

Eine *Hypothese* ist normalerweise ein Modell, das man sich von der Wirklichkeit macht. Dieses Modell muß sich in allen experimentellen Situationen wie das reale System verhalten. Ein solches Modell kann sehr einfach sein (wie das Modell, der selbständigen Erbeinheiten von MENDEL). Es kann aber auch sehr kompliziert sein, wie die Modellvorstellung von der Biosynthese der Proteine (s. Abb. 387) oder wie die Vorstellung von der Steuerung aktiver Bewegungen (s. Abb. 259). Jedes Modell soll aus Gründen der Denkökonomie das einfachst mögliche (sparsamste) sein, das zur Erklärung ausreicht (Minimalmodell).

1.2.3 Prüfung der Hypothesen – Deduktion

Eine Hypothese muß geprüft und, falls nötig, weiter verfeinert werden. Dazu werden auf Grund der Hypothese Vorhersagen abgeleitet, die experimentell nachprüfbar sind. Man bezeichnet dieses Verfahren der Herleitung als *Deduktion.* Die Deduktion bedient sich ausschließlich der Logik bzw. mathematischer Herleitungen. Je nach Ausgang des Experiments wird die Hypothese bestätigt (verifiziert) oder als falsch erkannt (falsifiziert). Eine einzige objektive Tatsache, die mit der Hypothese unverträglich ist, führt zu deren Ablehnung. Durch eine Verifikation wird dagegen eine Hypothese nicht absolut »wahr«, sie wird dadurch nur wahrscheinlicher. Möglicherweise wird später eine neue Tatsache bekannt, die zu einer Änderung der Hypothese zwingt. Die Annäherung an die »Realität« (Wahrheit) erfolgt also durch Falsifizierung möglichst vieler alternativer Vorstellungen.

Als Beispiel für die Prüfung einer Hypothese seien nochmals die MENDELschen Gesetze erwähnt. Aus der Hypothese, daß die Gene unabhängige Erbeinheiten sind, die in den Körperzellen doppelt, in den Keimzellen aber einfach vorliegen, wird deduktiv das Experiment der Rückkreuzung abgeleitet. Die experimentellen Ergebnisse bestätigen die Hypothese.

Erlaubt schließlich eine durch Beobachtung, Experiment und logische Verknüpfung der bekanntgewordenen Einzeltatsachen Schritt um Schritt ausgebaute Hypothese die widerspruchslose Einfügung vieler Fakten und findet sie in den zur Prüfung angesetzten weiteren Experimenten ihre Bestätigung, so wird sie in den Rang einer Theorie erhoben. Die Theorie ist ein umfassendes Vorstellungsbild, das mit allen bekannten Tatsachen in Einklang steht und auch Voraussagen erlaubt, die sich dann bestätigen müssen. Die gut begründete Zelltheorie ermöglicht deshalb die Voraussage, daß jedes Tier und jede Pflanze, die in Zukunft noch entdeckt werden, aus Zellen mit ganz bestimmten Strukturen aufgebaut sein müssen.

Die auf den verschiedensten Teilgebieten aufgestellten Theorien versucht die Wissenschaft zu einer Einheit, dem wissenschaftlichen Weltbild, zusammenzufassen. Dieses Weltbild kann jedoch nur vorläufigen Charakter haben, denn alle Auffassungen werden einer ständigen Kritik unterzogen. Neue Erfahrungen und weitere Experimente mit verfeinerten Apparaturen modifizieren die Theorien und bilden sie um; der Erkenntnisprozeß schreitet fort.

2. *Gültigkeit und Grenzen biologischer Erkenntnis*

2.1 Der Wahrheitsbegriff in der Biologie

Es gibt keine absolute Wahrheit in den Naturwissenschaften, da ihr Theoriengebäude nie als fertig oder abgeschlossen anzusehen ist. Unumstößlich sind höchstens objektive Tatsachen, sofern sie einwandfrei gewonnen wurden. Theorien können nur sehr wahrscheinlich, nie aber absolut wahr sein. Eine Theorie ist »richtig«, solange sie objektiven Tatsachen nicht widerspricht.

2.2 Grenzen biologischer Erkenntnis

In der Biologie sind nur solche Hypothesen und Theorien sinnvoll, die sich nachprüfen lassen. So ist die Hypothese des Vitalismus (S. 349) zur Zeit weder zu verifizieren noch zu falsifizieren, sie ist also zum jetzigen Zeitpunkt für die Biologie sinnlos.

Lassen sich zu einem bestimmten Sachverhalt keine objektiven Tatsachen finden, dann kann die Biologie zu diesem Sachverhalt auch keine Aussagen machen. So sind alle die Gebiete, die sich auf subjektive Aussagen stützen, nicht mit biologischer Theorienbildung zu erreichen. Dazu gehören große Teile der Geisteswissenschaften, der philosophischen Metaphysik, der ganze Bereich der Ideologie und alle Werturteile.

Wesen und Sinn des Seins vermag auch die Biologie nicht zu deuten. Aus dem Wissen um diese Grenze erwächst die Haltung, die in dem Wort GOETHES zum Ausdruck kommt:

»Das schönste Glück des denkenden Menschen ist, das Erforschliche erforscht zu haben und das Unerforschliche ruhig zu verehren.«

Anhang

Überblick über die Baupläne der Pflanzen und der Tiere

Die Lebewesen treten uns in einer ungeheuren Formenmannigfaltigkeit entgegen. Vergleicht man sie aber bezüglich der äußeren Gestalt und des inneren Baus, dann lassen sie sich auf verhältnismäßig wenige *Organisationsformen* zurückführen, deren Vertreter in allen wesentlichen Grundzügen des Bauplanes übereinstimmen. Diese Gruppen unterscheiden sich durch eine verschieden hohe Ausgestaltung, nach deren Grad sie geordnet werden. Dabei handelt es sich aber nicht nur um eine vom ordnenden Verstand des Menschen vorgenommene Gruppierung. Es läßt sich vielmehr nachweisen, daß die komplizierter gebauten Lebewesen im Laufe der stammesgeschichtlichen Entwicklung aus den einfacher gebauten entstanden sind. Diese Gruppierung ist also zugleich *Ausdruck der natürlichen Verwandtschaft.* Man bezeichnet sie deshalb als **das natürliche System der Lebewesen**. Die nachstehende gedrängte Übersicht über die Baupläne gibt daher auch einen Überblick über die natürliche Gliederung des Pflanzen- und Tierreichs.

Als erste gaben der griechische Naturforscher und Philosoph ARISTOTELES (389–322 v. Chr.) und seine Schüler einen umfassenden Überblick über die damals bekannten Tiere (etwa 520) und Pflanzen. Ihr Werk blieb das ganze Mittelalter hindurch die Grundlage für die Beschreibung und Einteilung der Lebewesen. Erst zweitausend Jahre später unternahm dann der Schwede CARL VON LINNÉ (1707–1778) erneut den Versuch, Ordnung in die Fülle der inzwischen bekannt gewordenen Lebensformen zu bringen. In seinem erstmals 1735 erschienenen epochemachenden Werk »Systema naturae« – das System der Natur – beschrieb er zuletzt mehr als 8500 Pflanzen und 4236 Tiere. Er verwendete für die Namengebung die lateinische und griechische Sprache, die von den Gelehrten aller Länder verstanden wurden. Auch führte er die heute noch gebräuchlichen Doppelnamen ein (z. B. Canis familiaris, der Haushund; Canis lupus, der Wolf; Prunus spinosa, der Schlehdorn; Prunus avium, die Süßkirsche), wobei der erste die Gattung, der zweite die Art angibt, so daß schon der Name die Zugehörigkeit zu einer Gruppe ähnlich gebauter Lebewesen erkennen läßt. Sein damals allgemein anerkanntes System war jedoch ein *künstliches System*, da er zur Unterscheidung und Einteilung der Lebewesen vornehmlich äußere, leicht erkennbare Merkmale verwendete. Ein solch künstliches System würde z. B. den Delphin zu den Fischen stellen. Es wurde um die Mitte des vergangenen Jahrhunderts durch das *natürliche System* des Pflanzen- und Tierreichs ersetzt, das neben der äußeren Erscheinung auch den inneren Bau und die auf der Abstammung beruhende Verwandtschaft berücksichtigt. Heute kennt man etwa 400000 Pflanzenarten und über 1½ Millionen Tierarten und jedes Jahr kommt eine Vielzahl neuer Organismenarten hinzu.

Gliederung und Baupläne des Pflanzenreichs

Nach den Grundmerkmalen der Zelle werden im Pflanzenreich zwei Unterreiche unterschieden: die *Prokaryonta* (mit Protocyte) und die *Eukaryonta* (mit Eucyte). Im Tierreich gibt es nur Eukaryonten. Die weitere Einteilung erfolgt bei den Pflanzen in Abteilungen oder Stämme. Die Prokaryonten umfassen die beiden Abteilungen der Bakterien und der Blaualgen.

Abteilung: Bakterien (etwa 12000 Arten). Kleinste und einfachst gebaute, einzellige Lebewesen. Sie vermehren sich durch Teilung (Spaltung). Viele bilden Dauersporen aus.

Es gibt kugelige, stäbchenförmige und schraubig gekrümmte Bakterienformen. Manche können sich mit Hilfe von Geißeln bewegen. Die Bakterien sind überall verbreitet; ihre Lebenstätigkeit ist an Feuchtigkeit und organische Stoffe gebunden, von denen sie sich ernähren (heterotrophe Lebewesen). Doch können sich einige Arten auch selbständig, autotroph, von anorganischen Stoffen ernähren. Als Krankheits-, Fäulnis- und Gärungserreger sind die Bakterien außerordentlich bedeutungsvoll.

Abteilung: Blaualgen (etwa 2000 Arten). Teils einzellige, teils zu Kolonien vereinigte oder Fäden bildende Pflanzen, die sich nur durch Spaltung vermehren. Ihr Chlorophyll ist von einem blaugrünen Farbstoff überdeckt.

Beispiele: Gallertalge (*Nostoc*) auf feuchter Erde, Schwingalge (*Oscillatoria*) im Schlamm verschmutzter Gewässer.

Eukaryonten sind alle übrigen Abteilungen des Pflanzenreichs. An ihren Anfang stellt man die Abteilungen der *niederen Pflanzen.* Es sind dies einzellige und vielzellige Pflanzen, deren Zellen nicht oder nur wenig differenziert sind und fadenförmige, flächige oder körperliche Verbände bilden. Ihr Körper ist nicht in Wurzel, Stengel und Blatt gegliedert, sondern bildet ein sogenanntes Lager (Thallus), daher auch die Bezeichnung *Lager-* oder *Thalluspflanzen.* Die meisten von ihnen leben im Wasser; die Nährstoffe werden mit der ganzen Körperoberfläche aufgenommen.

Abteilung: Pyrrhophyten. Sie sind die am einfachsten gebauten Eukaryonten; einzellige Algen mit zwei Geißeln und einem besonders einfachen Bau der Chromosomen. Meist besitzen sie eine Hülle oder einen Panzer aus Cellulose. Hierher gehören das Meeresleucht-»tierchen« (*Noctiluca*) und die Dreihornalge (*Ceratium*).

Abteilung: Gold- und Braunalgen (etwa 11000 Arten). Ihr Chlorophyll ist von gelben oder braunen Farbstoffen verdeckt. Hierher gehören die einzelligen, unbegeißelten Kieselalgen oder *Diatomeen*, in deren zweiteilige, schachtelartig übereinandergreifende Schalen Kieselsäure eingelagert ist; ferner viele einzellige begeißelte Formen und viele Fadenalgen, aber auch Arten, die band- und strauchförmige Zellkörper aufbauen; ihre äußere Gliederung erinnert an Wurzeln, Stengel und Blätter. Bei den höchst entwickelten Formen kommt es zu Zelldifferenzierung und Anfängen von Gewebebildung, auch treten besondere Organe zur Ausbildung von Geschlechtszellen auf.

Abteilung: Rotalgen (etwa 4000 Arten). Ihr Chlorophyll ist von rötlichen, seltener blauen Farbstoffen verdeckt. Sie besitzen niemals Geißeln, jedoch gibt es einzellige, fädige und kompliziert gebaute körperliche Formen. Die meisten Arten leben im Meer.

Abteilung: Euglenophyten (etwa 500 Arten). Einzellige Geißelalgen, die zu pflanzlicher und tierischer Lebensweise befähigt sind. Als Beispiel ist *Euglena* im Abschnitt Cytologie 1.1 beschrieben.

Abteilung: Grünalgen (etwa 11000 Arten). In der vielgestaltigen Abteilung gibt es alle Übergänge von einzelligen, begeißelten Formen (*Chlamydomonas*) über Kolonien (vgl. Cytologie 8.1) zu Zellfäden. Bei den *Armleuchteralgen* treten Anfänge von Gewebebildung auf. Zu den fädigen Formen gehören viele der *Jochalgen* (z. B. Schraubenalge), die aber auch einzellige Formen (Schmuckalgen = *Desmidiaceen*) aufweisen.

Abteilung: Pilze (etwa 60000 Arten). Den Pilzen fehlt das Chlorophyll; sie können sich daher nicht autotroph ernähren, sondern sind ohne Ausnahme auf organische Stoffe angewiesen. Außer sehr vielen Schädlingen an Kulturpflanzen gibt es auch nützliche Pilze (Hefepilze, Schimmelpilze als Heilmittelerzeuger). Ihr meist vielzelliger Körper ist aus *Zellfäden (Hyphen)*, deren Wände bei den meisten Pilzen aus Chitin bestehen, aufgebaut. Er ist in der Regel in das der Ernährung dienende *Fadengeflecht (Mycel)* und den aus innig verflochtenen Hyphen gebildeten *Fruchtkörper* gegliedert, welcher Sporen erzeugt.

Einteilung in zwei Gruppen: 1. Die *Algenpilze* (niedere Pilze) mit nicht in Zellen gegliederten Zellfäden (z. B. Köpfchenschimmel, Kartoffelpilz, falscher Mehltau) und 2. die *Fadenpilze* (höhere Pilze) mit in Zellen gegliederten Zellfäden. (Die Hefepilze, die meisten Schimmelpilze, die Rost- und Brandpilze, die Hutpilze.)

Abteilung: Schleimpilze (etwa 600 Arten). Sie nehmen eine Mittelstellung zwischen Tier und Pflanze ein (z. B. die leuchtend gelbe Lohblüte). Amöbenähnliche, einzeln umherkriechende Zellen sammeln sich und verschmelzen zu einer vielkernigen, nackten Plasmamasse (*Plasmodium*), die als einheitlicher Organismus nach Amöbenart auf faulenden Pflanzenstoffen umherkriecht und dabei feste organische Nahrungsteilchen aufnimmt. Nach einiger Zeit erzeugt sie nach Pilzart in besonderen Fruchtkörpern Sporen, aus welchen wieder amöbenähnliche Einzelwesen entstehen.

An die Pilze und Algen schließen die **Flechten** an (etwa 20000 Arten). Es sind landbewohnende, aus Pilzfäden und einzelligen oder fadenförmigen Algen gebildete Doppelwesen von krusten-, laub- und strauchähnlicher Eigenform. Ihr Thallus ist meist in eine lockere Markschicht aus Pilzfäden und Algenzellen und eine dichte, nur aus Pilzfäden bestehende Rindenschicht gegliedert. Beispiele: Schriftflechte, Schildflechte, Bartflechte.

Die folgenden drei Abteilungen werden als *höhere Pflanzen* zusammengefaßt. Mit Ausnahme der Lebermoose, von denen die meisten noch Thallusgestalt aufweisen, und den Laubmoosen, die noch keine echten Wurzeln haben, sind die höheren Pflanzen stets in Wurzel, Sproßachse und Blätter gegliedert (daher auch der Name Sproßpflanzen oder *Kormophyten*).

Abteilung: Moose (etwa 2000 Arten). Die Moose stehen am Übergang zwischen den niederen und den höheren Pflanzen. Mit den Farnpflanzen verbindet sie die Art der Fortpflanzung, bei welcher eine ungeschlechtliche Fortpflanzung durch Sporen mit einer geschlechtlichen Fortpflanzung durch Keimzellen regelmäßig abwechselt (Generationswechsel). Da bei beiden Pflanzengruppen keine Blüten auftreten und auch keine Samen gebildet werden, die weiblichen Keimzellen vielmehr in sogenannten *Archegonien* entstehen, faßt man die Moos- und Farnpflanzen als **blütenlose** bzw. **samenlose höhere Pflanzen** oder als **Archegoniaten** zusammen. Beide sind zwar an das Landleben angepaßt, bedürfen aber zur Fortpflanzung noch des Wassers.

Lebermoose: ein meist einfacher, blattähnlicher Thallus, der aber bereits in Oberhaut, Assimilationsgewebe und Speichergewebe gegliedert sein kann und durch Zellfäden am Boden befestigt wird (Brunnenlebermoos).

Laubmoose: stets in Stengel und Blätter gegliedert. Beginnende Differenzierung der Zellen in blattgrünführende Assimilationszellen, Oberhautzellen mit verdickten Wänden, einfache zu Leitsträngen zusammengesetzte Leitzellen und Festigungszellen.

Abteilung: Farnpflanzen oder Gefäßsporenpflanzen (etwa 12000 Arten). Die Farnpflanzen haben mit den Moosen den scharf ausgeprägten Generationswechsel in der Fortpflanzung gemeinsam, unterscheiden sich aber von ihnen besonders durch den Besitz echter Wurzeln und gut ausgebildeter Leitbündel.

Der Körper der Farnpflanzen ist stets deutlich gegliedert. Zahlreiche dünne Faserwurzeln dienen zur Aufnahme von Wasser und Nährsalzen. Der Stamm trägt als Assimilationsorgane Blätter. Auch die Zellen sind weitgehender differenziert. Die Blätter gleichen im inneren Bau denjenigen der Samenpflanzen. Der ganze Pflanzenkörper ist von Leitbündeln durchzogen. Bei der Fortpflanzung wechseln zwei Generationen miteinander ab. Die Geschlechtsgeneration als thallusähnlicher *Vorkeim* (Gametophyt) bildet die Keimzellen oder Gameten aus, die eigentliche Pflanze (Sporophyt) erzeugt in Sporenständern oder -kapseln durch Meiose die Sporen.

a) **Bärlappe.** Kleine, krautige, vielfach kriechende Pflanzen mit gabelig verzweigten Wurzeln und Stengeln und spiralig gestellten, kleinen, schuppenförmigen Blättern. Ährenförmige Sporenständer am Ende der Sprosse. Ausgestorbene Bärlappe sind die *Schuppen- und Siegelbäume* (Lepidodendren, Sigillarien) der Steinkohlenzeit.

b) **Schachtelhalme.** Unterirdisch kriechender Wurzelstock und hohler, aus ineinandergeschachtelten Gliedern bestehender Halm, welcher quirlförmig an Knoten entspringende Seitenäste tragen kann. Winzige, schuppenförmige Blätter zu Scheiden um die Knoten verwachsen. Zapfenförmige Sporenstände an der Spitze der Sprosse.

Abb. 487: Umgewandelte Wurzeln. a Rübe (Zuckerrübe), b Wurzelknollen (Scharbockskraut), c Haftwurzeln (Efeu), d Atemwurzeln (Mangrovebaum)

Abb. 488: Umgewandelte Sprosse. a Unterirdischer Wurzelstock (Buschwindröschen), verdickte oberirdische Stengel (b Kohlrabi, f Kugelkaktus), c oberirdischer Ausläufer (Erdbeere), d Ranke (Weinrebe), e Sproßknollen (Kartoffel)

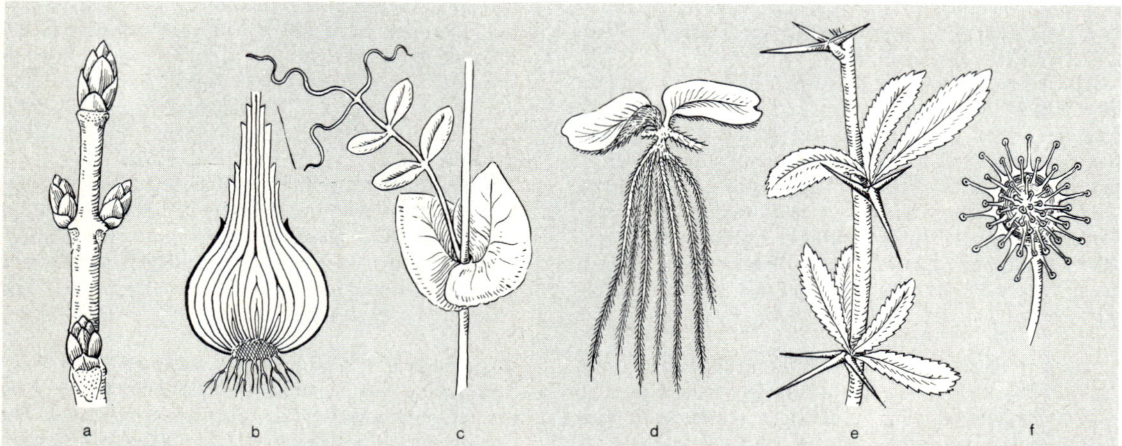

Abb. 489: Umgewandelte Blätter. a und b Niederblätter (a Knospenschuppen, b Zwiebelschuppen), c Blattranken (Erbse). d zu Wurzeln umgewandelte Blätter (Salvinia), e Dornen (Sauerdorn), f Fangblatt mit Drüsenhaaren (Sonnentau)

Ausgestorbene Riesenschachtelhalme sind die *Calamiten.*

c) **Farne.** Wasser- und landbewohnende, formenreiche Gruppe meist krautiger, aber auch baumartiger Pflanzen mit großen, oft stark zerteilten und reich mit Adern versehenen Blättern (Wedeln), welche am Ende eines Wurzelstockes oder Stammes eine Rosette bilden und anfangs eingerollt sind. Sporenbehälter meist auf der Unterseite der Blätter.

Abteilung: Blüten- oder Samenpflanzen. Als **Blütenpflanzen** bezeichnet man die höchst entwickelten, vollständig an das Landleben angepaßten Sproßpflanzen, deren Kennzeichen der *Besitz von Blüten* und die *Ausbildung von Samen* ist. Man stellt ihnen deshalb alle übrigen Pflanzen (die Lagerpflanzen, Moose und Farne) als **blütenlose Pflanzen** oder, weil die meisten von ihnen Sporen ausbilden, als **Sporenpflanzen** gegenüber.

Ihr Körper weist eine ausgesprochene Gliederung auf in Organe für die Aufnahme von Wasser und Bodensalzen (Wurzeln), Organe für die Assimilation (Blätter), Organe zur Ausbreitung derselben im Licht (ein mannigfaltig verästelter Stamm) und Organe für die Fortpflanzung (Blüten); ein leistungsfähiges System von Leitbündeln besorgt den Stofftransport. Bei den Holzpflanzen ist der Stamm durch Holz gefestigt. Die Fortpflanzung ist nicht mehr vom Wasser abhängig und verläuft scheinbar ohne Generationswechsel, da der Gametophyt auf dem Sporophyten verbleibt. Die leicht erkennbaren Blüten enthalten als wesentliche Bestandteile die Staubblätter und die Fruchtblätter. Die Staubblätter erzeugen in den Staubbeuteln die Pollenkörner, aus denen die zur Befruchtung dienenden Zellen bzw. Kerne hervorgehen. Die Fruchtblätter tragen die Samenanlagen mit der Eizelle. Nach der Befruchtung wächst die Samenanlage zum Samen aus; er enthält die Anlage der jungen Pflanze nebst Nährgewebe und löst sich von der Mutterpflanze los.

Die Unterteilung bei den Blütenpflanzen erfolgt zunächst nach der Stellung der Samenanlagen.

a) **Nacktsamige Pflanzen** (etwa 800 Arten). Die Samenanlagen sind nicht in einem Fruchtknoten eingeschlossen, sondern stehen offen auf den Fruchtblättern. Die eingeschlechtlichen, nur aus Staubblättern oder aus Fruchtblättern bestehenden Blüten oder Blütenstände haben meist Zapfenform. Strauch- oder baumförmige Holzpflanzen mit im Sproß ringförmig angeordneten Leitbündeln. Gefäß- und Siebteile sind durch eine Schicht teilungsfähigen Gewebes (Kambium) getrennt. Die bekanntesten Vertreter sind die *Nadelhölzer* mit meist unverzweigtem Stamm, stockwerkartig in Quirlen stehenden Seitenästen und meist mit Nadelblättern; die weiblichen Blütenstände werden nach der Befruchtung meist zu holzigen Zapfen. Ausländische Vertreter: tropische *Palmfarne (Cycas)* und der *Ginkgo.*

b) **Bedecktsamige Pflanzen** (etwa 250000 Arten). Die Samenanlagen sind in einen Fruchtknoten eingeschlossen, der aus einem Fruchtblatt durch Faltung oder mehreren durch Verwachsung gebildet wird und eine Narbe zur Aufnahme des Blütenstaubes trägt. Der Fruchtknoten wächst nach der Befruchtung zu einer die Samen umschließenden Fruchthülle aus und wird zur Frucht. Die meist zwittrigen Blüten besitzen in der Regel eine aus Kelch- und Blütenblättern bestehende Blütenhülle und sind häufig zu Blütenständen vereinigt.

Die Bedecktsamigen gliedert man nach der Zahl der Keimblätter in:

Einkeimblättrige Pflanzen: Keimlinge mit *einem* Keimblatt; die meist ganzrandigen, ungestielten Blätter zumeist mit *parallel* verlaufenden Adern. Blüten vorwiegend dreizählig. Leitbündel über den Stengelquerschnitt verstreut angeordnet. Kennzeichnende Vertreter: Gräser, Riedgräser, Liliengewächse, Knabenkräuter, Palmen.

Zweikeimblättrige Pflanzen: Keimlinge mit *zwei* Keimblättern; *netzartiger* Verlauf der Adern in den mannigfaltig geformten, einfachen oder zusammengesetzten Laubblättern. Blüten meist vier- oder fünfzählig. Leitbündel auf dem Stengelquerschnitt im Kreis angeordnet. Kennzeichnende Vertreter: die Laubbäume, viele krautige Pflanzen.

Gliederung und Baupläne des Tierreichs

Tiere, die sich in der äußeren Gestalt, dem inneren Bau und der Entwicklung ähneln, faßt man zu **Stämmen** zusammen; sie stellen die Hauptgruppen des Tierreichs dar. Alle Angehörigen eines Tierstammes weisen denselben Bauplan auf und lassen sich auf eine gemeinsame Grundform zurückführen.

Den Einzellern, deren Körper nur aus einer einzigen Zelle besteht, stellt man alle übrigen Tiere als **Vielzeller** oder, da bei ihnen die Zellen zu Geweben vereinigt sind, als **Gewebetiere** gegenüber.

Unterreich und Stamm: Einzeller (Urtiere, Protozoen, etwa 30000 Arten).

Ihr nackter oder durch allerlei Gehäusebildungen geschützter Körper stellt eine einzige Zelle mit einem oder mehreren Kernen dar und ist häufig mit besonderen Einrichtungen (Organellen) zur Nahrungsaufnahme (Zellmund), Verdauung (Nahrungsbläschen) und Ausscheidung (pulsierendes Bläschen, Zellafter) ausgerüstet.

Man unterscheidet:

a) *Geißelträger* (Flagellaten) mit Geißeln als Bewegungsorganellen (Augentierchen, Trypanosomen). b) *Wurzelfüßler* (Rhizopoden) mit Scheinfüßchen zur Fortbewegung und Nahrungsaufnahme (Amöbe, Foraminiferen, Radiolarien). c) *Sporentierchen* (Sporozoen), Parasiten, die sich durch Bildung von Sporen vermehren (Malaria-Erreger). d) *Wimpertierchen* (Ciliaten) mit Wimpern zur Bewegung und Nahrungsaufnahme und zwei Kernen (Pantoffeltierchen, Glokkentierchen).

Unterreich: Vielzeller (Metazoen) oder Gewebetiere.

Stamm: Schwämme (Poriferen, etwa 5000 Arten).

Die wasserbewohnenden Schwämme sind die einfachst gebauten Vielzeller. Der krugförmige Körper der festsitzenden Tiere weist keine Organe auf. Muskel-, Nerven- und Sinneszellen fehlen. Der Nahrungszufuhr dient ein Röhrensystem, das mit Poren an der Körperoberfläche beginnt; die Geißelzellen des Entoderms strudeln Wasser in den inneren Hohlraum und nehmen die aus Kleinlebewesen bestehende Nahrung auf. Geschlechtliche Vermehrung durch Keimzellen; durch Knospung entstehen Schwammkolonien.

Kennzeichnende Vertreter: Badeschwamm, Süßwasserschwamm. Größte Art: *Spheciospongia* (2 m Durchmesser).

Die beiden folgenden Stämme werden häufig als Hohltiere (*Coelenteraten*) zusammengefaßt.

Stamm: Nesseltiere (*Cnidarier*, etwa 9000 Arten). Sie besitzen keine inneren Organe; ihre Körperwand besteht aus zwei Zellschichten mit einer dazwischenliegenden Stützschicht, doch sind die Gewebe schon stark differenziert und enthalten außer Deck-, Hautmuskel-, Drüsen-, Sinnes- und Nervenzellen in der Außenhaut die für die Nesseltiere kennzeichnenden Nesselzellen. Die Nervenzellen sind zu einem Nervennetz verbunden. Der von der Körperwand umschlossene innere Hohlraum, die Darmleibeshöhle, dient der Verdauung. Durch Knospung bilden sich oft sehr verwickelt gebaute Tierstöcke. Die Fortpflanzung erfolgt häufig unter *Generationswechsel*, wobei geschlechtlich erzeugte, festsitzende *Polypen* schirmförmig gebaute, freischwimmende *Medusen* oder *Quallen* abschnüren, aus deren Eiern wieder Polypen entstehen.

Bekannte Vertreter: Süßwasserpolyp, Quallen, Korallen. Größte Art: die Dörnchenkoralle *Cirripathes* (6 m).

Stamm: Rippenquallen (*Ctenophoren*, etwa 80 Arten). Sie sind ähnlich gebaut, wie die Quallen der Nesseltiere. Über den Körper verlaufen 8 Wimpernleisten, die als »Rippen« bezeichnet werden. Generationswechsel fehlt. Größte Art: *Venusgürtel* (1,5 m).

Alle folgenden Tierstämme sind weitgehend bilateralsymmetrisch gebaut. Die bilaterale (zweiseitige) Symmetrie kann in einzelnen Gruppen nachträglich durch Metamorphose während der Larvenentwicklung wieder verlassen werden (so z. B. bei den Stachelhäutern und Manteltieren).

Stamm: Plattwürmer (Würmer ohne Leibeshöhle, Plathelminthen; etwa 15000 Arten).

Als niedere Würmer ohne Leibeshöhle faßt man die im Wasser lebenden *Strudelwürmer* (Turbellarien) sowie die in anderen Tieren schmarotzenden *Saugwürmer* (Trematoden) und *Bandwürmer* (Cestoden) zusammen. Es sind gliedmaßenlose Tiere mit abgeplattetem Körper. Der meist stark verästelte Darm der Strudel- und Saugwürmer hat keinen Ausgang. Ausscheidungsorgane und Keimdrüsen sind über den ganzen Körper hin verteilt. Dagegen fehlt ein Blutgefäßsystem. Längsstränge von Nervenfasern, die durch Querstränge verbunden sind, bilden ein einfaches Nervensystem. Der Bewegung dienen mehrere Muskellagen unter der Haut sowie von der Ober- zur Unterseite des Körpers ziehende Muskelstränge. Fast alle sind Zwitter. Die schmarotzenden Formen zeigen mehr oder minder veränderten Bau.

Kennzeichnende Vertreter: Strudelwurm (freilebend), Leberegel, Bandwurm. Längste Art: Fischbandwurm (15 m).

Stamm: Faden- oder Rundwürmer (*Aschelminthen* oder *Nemathelminthen*, etwa 12000 Arten). Der langgestreckte, drehrunde, gliedmaßenlose Körper weist eine flüssigkeitserfüllte Leibeshöhle und einen durchgehenden Darm auf, besitzt aber kein Blutgefäßsystem. Das Nervensystem besteht aus einem Rücken- und einem Bauchstrang und vier schwachen Seitensträngen, die vorn durch einen Schlundring verbunden sind.

Bekannte Vertreter: Spulwurm, Trichine. Hierher gehören auch die Rädertierchen (*Rotatorien*). Größte Art: der in der Leibeshöhle von Säugern lebende *Dioctophyme renale* (1 m).

Stamm: Schnurwürmer (*Nemertinen*, etwa 1000 Arten). Langgestreckte, zylindrische Meereswürmer mit Rüssel. Sie besitzen ein geschlossenes Blutgefäßsystem. Größte Art: *Lineus longissimus* (27 m lang bei 9 mm Durchmesser).

Stamm: Kratzer (*Acanthocephalen*, etwa 300 Arten). Le-

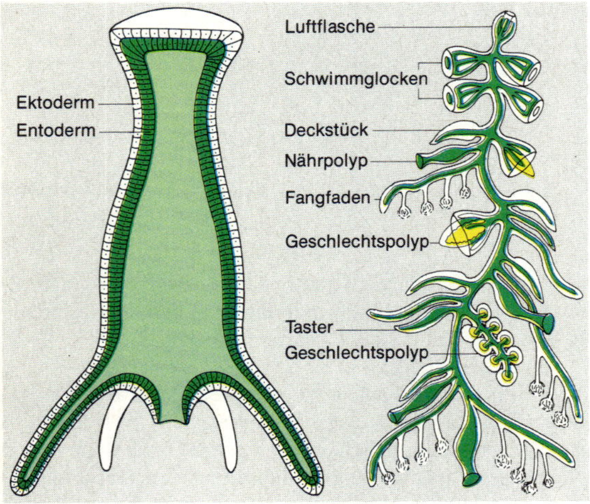

Abb. 490: Bauplan der Hohltiere. Links: Längsschnitt durch einen Süßwasserpolypen. Rechts: Staatsqualle. Luftflasche, Schwimmglocke, Deckstück, Fangfaden, Taster sind für eine spezifische Funktion umgewandelte Polypen

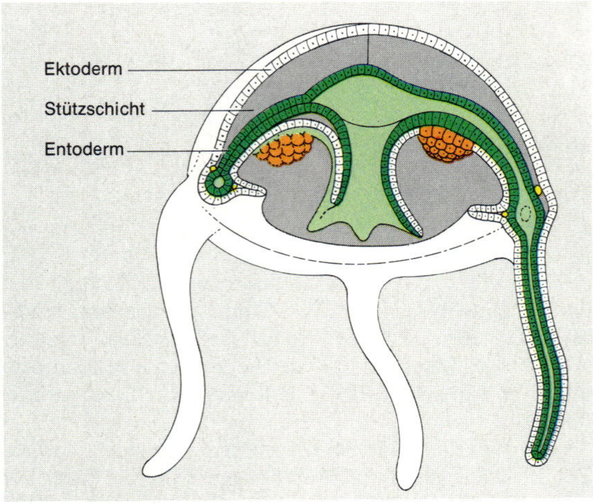

Abb. 491: Schnitt durch eine Qualle. Farbenerklärung für diese und die folgenden Bauplanbilder. Gelb: Nervensystem. Grün: Darm. Hellblau: Atmungsorgane. Violett: Ausscheidungsorgane. Orange: Fortpflanzungsorgane. Karmin: Muskulatur. Rot: Kreislauforgane und Gefäße mit arteriellem Blut. Blau: Gefäße mit venösem Blut

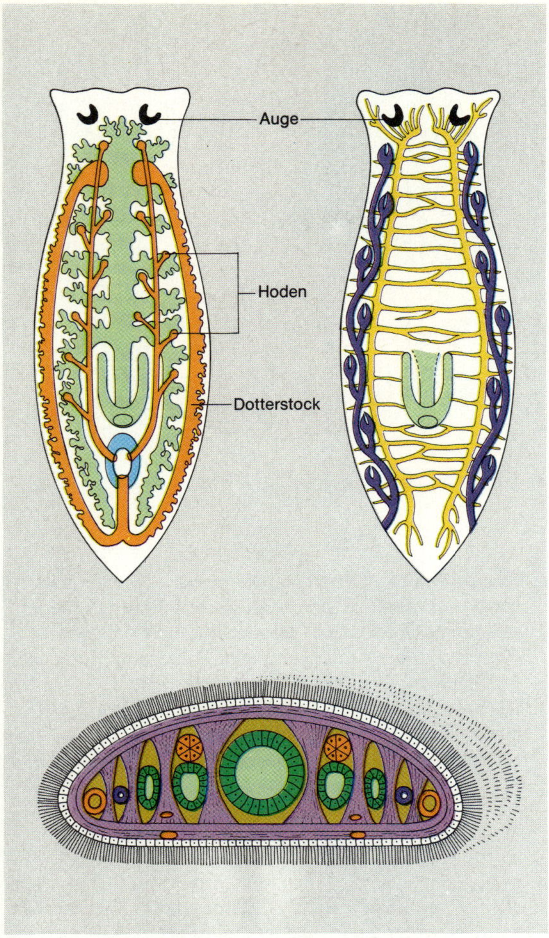

Abb. 492: Bauplan der Plattwürmer (Strudelwurm); links eingezeichnet sind die beiden Augen, Darm, zahlreiche Hodenbläschen, vorne die Eierstöcke, von denen die randlich gelegenen Dotterstöcke (braun) ausgehen. Rechts Plattwurm; eingezeichnet sind Nervensystem und Ausscheidungsorgane. Unten: Plattwurm, Querschnitt (Bindegewebe gelbbraun). Farbenerklärung s. Abb. 491

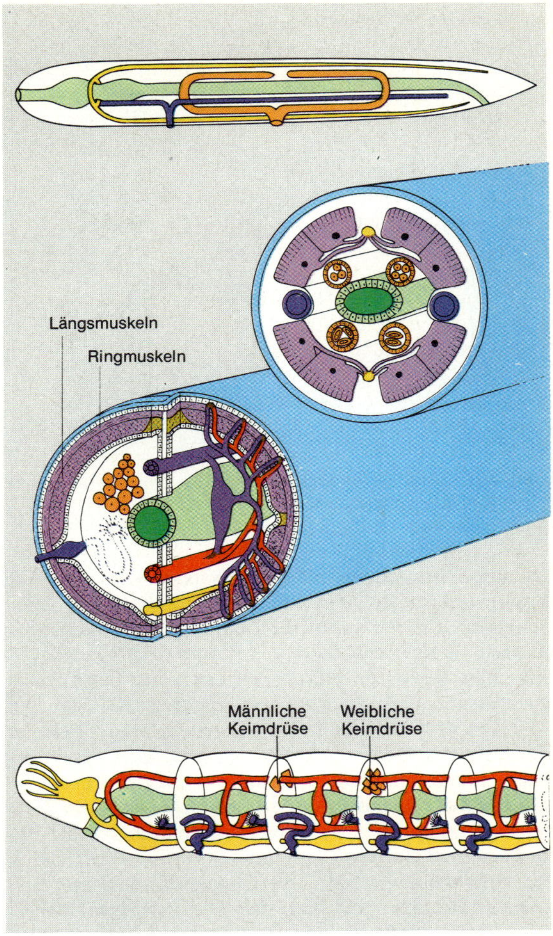

Abb. 493: Oben Bauplan der Fadenwürmer in Seitenansicht, darunter Querschnitt. Unten Bauplan der Ringelwürmer in Seitenansicht, darüber Querschnitt

ben als Parasiten in Darm von Wirbeltieren, auch beim Menschen. Viele Arten befallen Fische und werden daher in der Fischzucht schädlich. Größte Art: Großer Kratzer (bis 47 cm).

Stamm: Gliedertiere *(Articulaten).* Als Gliedertiere faßt man heute die *höchst entwickelten Würmer*, die *Ringelwürmer* und die von ihnen abstammenden *Gliederfüßler* zusammen. Für sie ist kennzeichnend, daß ihr Körper durch Ringfurchen in hintereinanderliegende, ursprünglich gleichgebaute Abschnitte (Segmente) gegliedert ist. Das auf der Bauchseite liegende Nervensystem besteht aus zwei Längssträngen mit paarigen, durch Querstränge verbundenen Nervenknoten in jedem Abschnitt (Strickleiternervensystem) und einem vorderen, über dem Schlund liegenden Gehirnknotenpaar (Oberschlundganglien). Auch ist bei allen ein Blutgefäßsystem mit einem muskulösen, über dem Darm liegenden Rückengefäß vorhanden, welches das Blut von hinten nach vorn treibt.

Unterstamm: Ringelwürmer (Anneliden; etwa 9000 Arten). Der langgestreckte, meist runde Körper ist stets in Ringe (Segmente) gegliedert und trägt an den einzelnen Segmenten oft ungegliederte, borstentragende Stummelfüße und bei wasserlebenden Arten auch Kiemen. Die Körperabschnitte sind weitgehend gleich gebaut; der äußeren Ringelung entspricht meist eine innere Kammerung. Kennzeichnend ist ferner der aus der drüsenreichen Haut und einer Ring- und Längsmuskelschicht bestehende Hautmuskelschlauch. Die Leibeshöhle wird von einem geraden, durchgehenden Darm durchzogen. Das geschlossene Blutgefäßsystem besteht aus einem Rücken- und einem Bauchgefäß, die in jedem Körperabschnitt durch Ringgefäße verbunden sind; außerdem sind in jedem Abschnitt zwei einfache Ausscheidungsorgane vorhanden.

Bekannte Vertreter: Regenwurm, Köderwurm, Blutegel. Größte Art: die dem Palolowurm nahestehende *Eunice gigantea* (3 m).

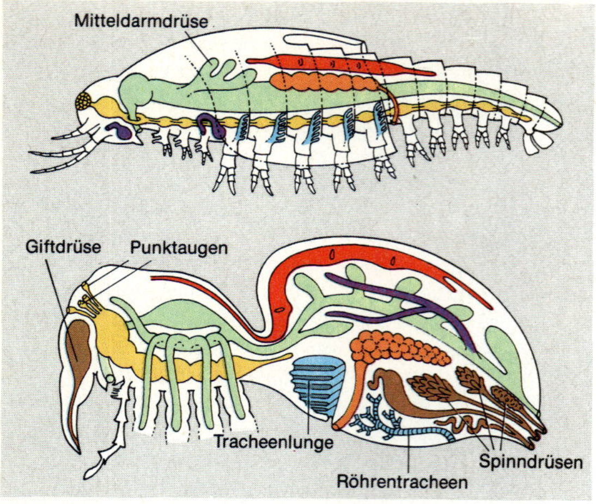

Abb. 494: Bauplan der Krebse (oben) und der Spinnen (unten) Farbenerklärung s. Abb. 491

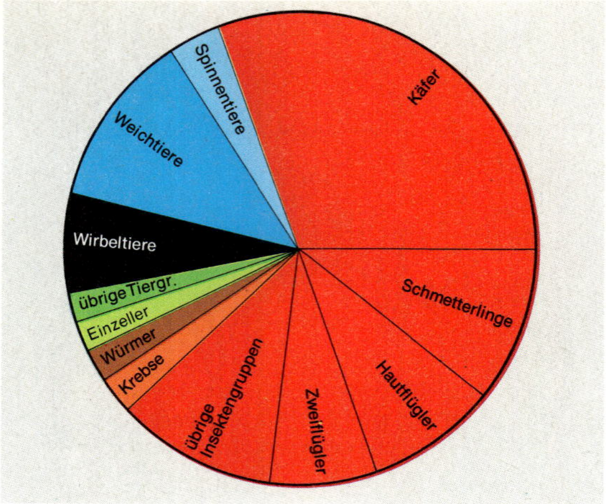

Abb. 495: Anteil der Insekten am Verhältnis der Tierstämme

Unterstamm: Gliederfüßler (Arthropoden; etwa 900000 Arten). Größte Art: der Krebs *Macrocheira* (Beinspannweite 3 m). Der Körper dieser Tiere zeigt eine ausgeprägte Gliederung. Kennzeichnend für sie ist der Besitz eines äußeren Chitinskeletts zur Stütze und zum Schutz des Körpers sowie ursprünglich je eines Paares gegliederter Gliedmaßen an jedem Körperabschnitt, die auf mannigfaltige Weise zu Sinnesorganen, Mund- und Bewegungswerkzeugen umgewandelt oder ganz rückgebildet sein können. Die mit Flüssigkeit gefüllte Leibeshöhle ist einheitlich; das offene Blutgefäßsystem besteht nur aus einem als Herz dienenden Rükkengefäß und einigen Adern. Der Darm ist vielfach durch die Ausbildung besonderer Verdauungsdrüsen weiter ausgestaltet. Bei den höchststehenden Gliederfüßlern (Honigbiene, Spinnen) findet man ein hoch entwickeltes Gehirn und gut ausgebildete Sinnesorgane. Wegen des Außenskeletts ist das Wachstum nur unter wiederholten Häutungen möglich.

a) **Krallenfüßler** *(Onkopoden)*. Sie besitzen Stummelfüße mit Endklauen und zeigen in ihrem Bau Merkmale der Ringelwürmer und Merkmale der Gliederfüßler. Kennzeichnender Vertreter: *Peripatus* (Abb. 437)
b) **Trilobiten.** Ausgestorbene Gruppe von Meerestieren, die manche Merkmale mit Spinnentieren, andere mit den Krebsen gemeinsam hatten.
c) **Spinnentiere** *(Cheliceraten*, etwa 40000 Arten). Körper in Kopfbruststück und ungegliederten Hinterleib geteilt. Am Kopfbruststück 2 Paar Mundwerkzeuge und 4 Paar gegliederte Beine. Atmung durch Tracheen und Tracheenlungen. Entwicklung meist ohne Metamorphose. Hierher gehören außer den Spinnen auch die Milben, die Skorpione und die Schwertschwänze *(Limulus)*.
d) **Krebse** (*Crustaceen*, etwa 25000 Arten). Gliederung des Körpers in Kopfbruststück und gegliederten Hinterleib. Außenskelett oft durch Kalk verstärkt. Gliedmaßen meist in allen Körperabschnitten; die Grundform, der zweiästige Spaltfuß, ist je nach seiner Funktion mannigfaltig abgewandelt. Atmung durch die Haut oder durch Kiemenanhänge an den Beinen.
Kennzeichnende Vertreter: Flußkrebs, Krabbe, Wasserfloh.
e) **Tausendfüßler** (*Myriapoden*, etwa 10000 Arten). Körper in zahlreiche gleichartige Abschnitte gegliedert, von denen jeder außer dem letzten ein oder zwei Paar Beine trägt. Kopf mit einem Paar Fühlern und zwei oder drei Kieferpaaren. Tracheenatmung.
f) **Insekten** (etwa 825000 Arten). Scharfe Teilung des Körpers in Kopf, Brust und gegliederten Hinterleib. Bei den geschlechtsreifen Tieren je ein Beinpaar an den drei

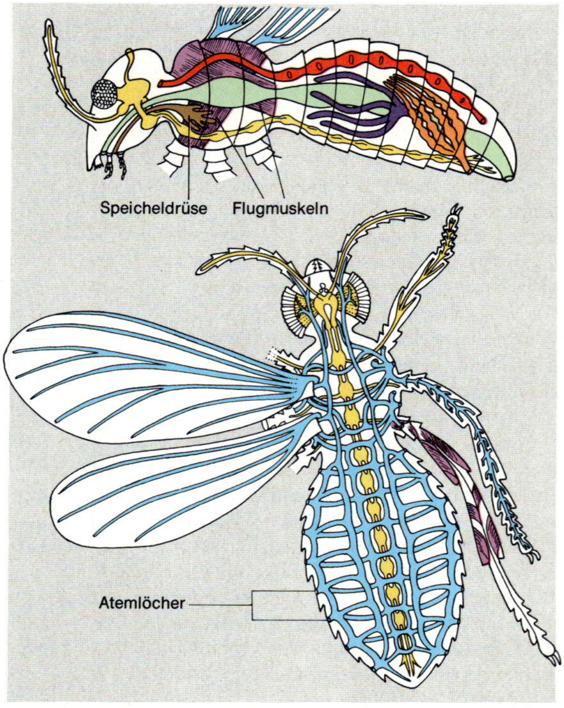

Abb. 496: Bauplan der Insekten; im ersten Fuß sind Nerven, im zweiten Atemröhren, im dritten Muskeln eingezeichnet. Farbenerklärung s. Abb. 491

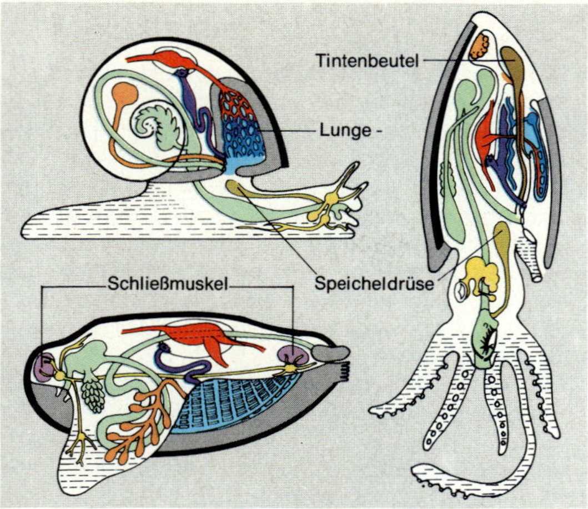

Abb. 497: Bauplan der Weichtiere. Schnecke (Lungenschnecke) Muschel, Tintenfisch. Mantel grau, Eingeweidesack weiß, Fuß waagrecht gestrichelt. Farbenerklärung s. Abb. 491

Brustringen, außerdem meist je ein Flügelpaar am 2. und 3. Brustring als Neuerwerbung. Die 3 Paar Mundgliedmaßen sind sehr verschieden gestaltet und ermöglichen verschiedene Arten der Ernährung. Tracheenatmung. Entwicklung meist mit Metamorphose.

Stamm: Weichtiere (Mollusken; etwa 130000 Arten). Größte Art: der Tintenfisch *Architeuthis* (18 m).

Die wenig gegliederten und gliedmaßenlosen Weichtiere besitzen fast alle eine äußere oder innere Kalkschale, die vom Mantel, einer den Rumpf umhüllenden Hautfalte, ausgeschieden wird. Bauchwärts vom Rumpf liegt als Bewegungsorgan der »Fuß«. Den Muscheln fehlt der Kopf. Die Leibeshöhle ist stark verkleinert und auf den »Herzbeutel« beschränkt; dort beginnen auch die paarigen Ausscheidungsorgane. Das Blutgefäßsystem ist offen, ein Herz setzt das Blut in Bewegung. Der Anfang des durchgehenden Darms ist außer bei den Muscheln mit Kiefern und einer mit Chitinzähnchen besetzten Reibplatte bewaffnet. Die Atmung erfolgt meist durch Kiemen in der Mantelhöhle. Das Nervensystem ist in Form einzelner Knoten entwickelt, die durch Nervenstränge verbunden sind.

a) **Einschaler:** Ursprüngliche Gruppe, heute nur noch Gattung *Neopilina* (vgl. Abb. 438).
b) **Käferschnecken:** An den Meeresküsten in der Brandungszone, mit 8 beweglichen Schalenplatten.
c) **Schnecken** *(Gastropoden).* Fuß mit breiter Kriechsohle. Schale unpaar.
d) **Muscheln** *(Lamellibranchier).* Fuß beilförmig. Schale zweiteilig, Kiemen blattartig. Kopf fehlt.
e) **Tintenfische** *(Cephalopoden).* Fuß in Trichter und Fangarme umgewandelt. Schale zum rückenwärts unter der Haut liegenden Schulp rückgebildet oder fehlend.

Stamm: Tentakelträger (Tentakulaten, etwa 5000 Arten). Größte Art: *Phoronopsis*, ein Hufeisenwurm (30 cm). Festsitzende Tiere mit bewimperten Fangarmen (Tentakeln), durch die sie Nahrung herbeistrudeln. Leibeshöhe zweiteilig. Hierher gehören die koloniebildenden Moostierchen (*Bryozoen*), die Hufeisenwürmer (*Phoronis*) und die Armfüßler (*Brachiopoden*) mit zweiklappiger Kalkschale (Abb. 478).

Stamm: Borstenkiefer (*Chaetognathen*, etwa 50 Arten). Größte Art: Pfeilwurm *Sagitta gazellae* (10 cm). Runde, glashelle Planktonlebewesen von fischchenartigem Aussehen. Körper gegliedert in Kopf, Rumpf und Schwanz, jeder Abschnitt besitzt eine paarige Leibeshöhle.

Stamm: Stachelhäuter (*Echinodermen*; etwa 6000 Arten). Größte Art: die Seewalze *Stichopus variegatus*, 1 m.

Die meerebewohnenden Stachelhäuter weisen eine fünfstrahlige Symmetrie auf, doch sind ihre Larven zweiseitig-symmetrisch gebaut. Sie verdanken ihren Namen dem unter der Haut liegenden Innenskelett aus fest oder gelenkig verbundenen Kalkplättchen mit aufgesetzten Kalkstacheln, die oft über die Körperoberfläche hinausragen. Zur Bewegung dient das nur in diesem Stamm vorkommende Wassergefäßsystem. Die Leibeshöhle wird von dem meist durchgehenden Darm durchzogen; besondere Ausscheidungsorgane fehlen. Das Nervensystem besteht aus einem zentralen Nervenring um den Mund und Nervensträngen in den Radien.

Hierher gehören *Seesterne, Seeigel, Schlangensterne, Seelilien und Seewalzen.*

Stamm: Kragentiere (*Hemichordaten*, etwa 150 Arten). Größte Art: Großer Eichelwurm (2,5 m). Am Meeresboden lebende Organismen von wurmähnlichem Aussehen. Sie haben einen Kiemendarm wie Manteltiere und Lanzettfischchen, ihre Leibeshöhle ist in drei Abschnitte gegliedert. Hierher gehören die *Eichelwürmer* und die ausgestorbenen koloniebildenden *Graptolithen* (Abb. 459).

Stamm: Manteltiere (*Tunikaten*, etwa 1600 Arten). Meerestiere mit Kiemendarm, in den die Nahrung eingestrudelt

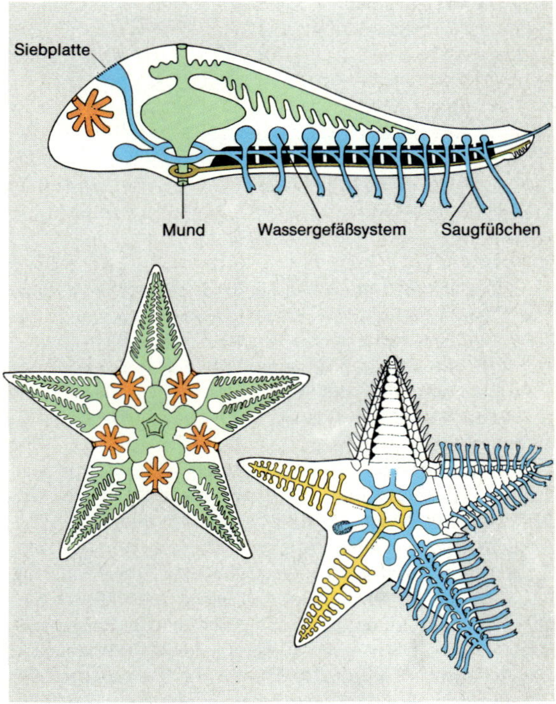

Abb. 498: Bauplan der Stachelhäuter (Seestern). Oben: Längsschnitt durch Körper und Arm, links: Verdauungsorgane und Keimdrüsen, rechts: Skelett (oberer Arm), Wassergefäßsystem (Mitte und rechte Arme), Nervensystem (linke Arme). Farbenerklärung s. Abb. 491

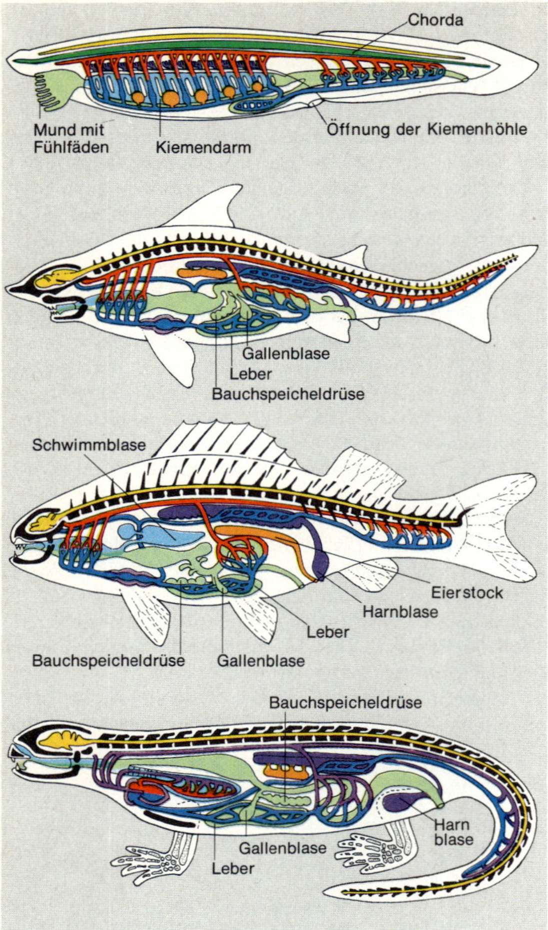

Abb. 499: Bauplan des Lanzettfischchens und niederer Wirbeltiere. Von oben nach unten: Haifisch, Knochenfisch, Lurch, Farbenerklärung s. Abb. 491

wird. Der Schwanz (meist nur bei der Larve vorhanden) hat eine Chorda und ein Rückenmark, also Merkmale, die bei Wirbeltieren auftreten. Der Körper ist von einem Mantel aus Cellulose umhüllt. Hierzu zählen die *Seescheiden*, die *Salpen* und die *Feuerwalzen*.

Stamm: Wirbeltiere *(Vertebraten)*. Größte Art: Blauwal, 30 m.

Der Körper der Wirbeltiere ist in Kopf, Rumpf und Schwanz gegliedert und trägt zwei im einzelnen sehr verschieden ausgebildete Gliedmaßenpaare. Allen Wirbeltieren gemeinsam ist ein knorpeliges oder knöchernes Innenskelett, dessen Grundlage die gegliederte Wirbelsäule ist. Als Vorstufe der Wirbeltiere gelten die **Schädellosen**, bei denen der Grundbauplan des Wirbeltierstammes am einfachsten ausgeprägt ist. Als Achsenskelett durchzieht ein elastischer Stab den ganzen Körper, die Rückensaite oder Chorda; sie ist bei den eigentlichen Wirbeltieren durch die Wirbelsäule ersetzt. Über ihr liegt das Zentralnervensystem in Form eines Nervenrohres, unter der Chorda das Darmrohr, dessen vorderer Teil von Kiemenspalten durchbrochen ist. Im geschlossenen Blutgefäßsystem wird das Blut auf der Bauchseite nach vorn geführt und in die Kiemen gepreßt. Vertreter: Lanzettfischchen (*Branchiostoma*, früher *Amphioxus* genannt).

a) **Kieferlose** oder **Rundmäuler:** Aalförmige Wassertiere, die keine Kiefer, sondern einen Saugmund und 7 Kiemenöffnungen besitzen. Kennzeichnende Art: *Neunauge.*

b) **Fische** (etwa 23000 Arten). Wechselwarme Wassertiere von meist stromlinienförmiger Gestalt. Schwanzflosse als Hauptfortbewegungsorgan, die paarigen Gliedmaßen ebenfalls als Flossen entwickelt. Einheitliche Leibeshöhle. Einfacher Blutkreislauf; Herz aus einer Kammer und einer Vorkammer bestehend. Kiemenatmung. Meist eierlegend.
Haifische. Skelett knorpelig, Oberkiefer nur lose mit der Schädelkapsel verbunden. Mund an der Unterseite des Kopfes. Die 5 (bis 7) Paar Kiemenspalten sind außen sichtbar. Zahnartige »Schuppen« (Hautzähne) in der Haut. Schwanzflosse unsymmetrisch. Keine Schwimmblase.
Knochenfische. Skelett knöchern, Oberkiefer dicht an den Schädel angelagert. Mund endständig. Die 4 Kiemen sind vom Kiemendeckel verdeckt. Knochenschuppen in Hauttaschen. Schwanzflosse meist symmetrisch. Schwimmblase vorhanden.

c) **Lurche** (*Amphibien*, etwa 2000 Arten). Wechselwarme Wasser- oder Feuchtlufttiere. Gliedmaßen als Füße entwickelt. Nackte, drüsenreiche Haut. Einheitliche Leibeshöhle. Doppelter Blutkreislauf; Herz mit 2 Vorkammern, aber nur einer Herzkammer. Als Larven durch Kiemen, in entwickeltem Zustand durch Lungen atmend; daneben Hautatmung. Entwicklung aus Eiern, mit Umwandlung.

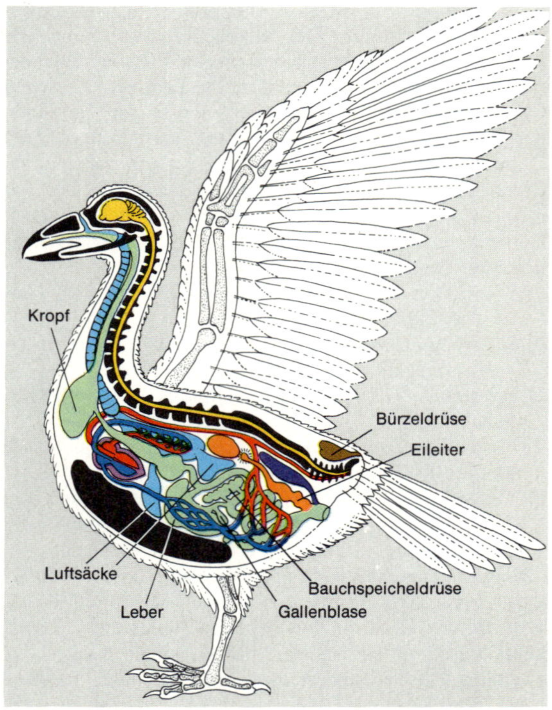

Abb. 500: Bauplan des Vogels. Farbenerklärung s. Abb. 491

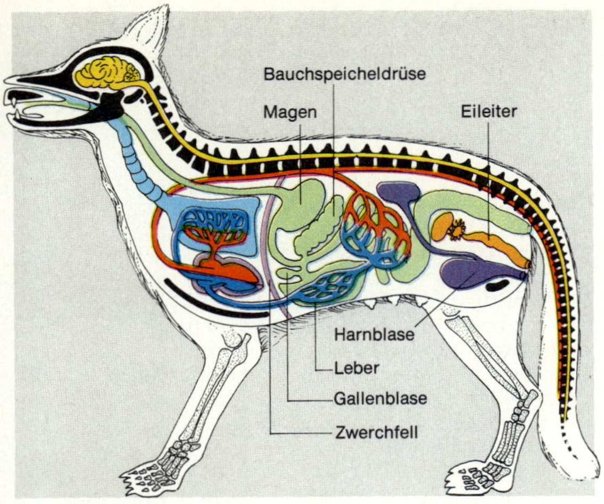

Abb. 501: Bauplan des Säugers. Farbenerklärung s. Abb. 491

d) **Kriechtiere** (*Reptilien*, etwa 5000 Arten). Wechselwarme Wirbeltiere. Haut drüsenarm; Körper mit Hornschuppen oder -platten bedeckt. Einheitliche Leibeshöhle. Doppelter Blutkreislauf; Herz mit 2 Vorkammern, die Herzkammer mit unvollkommener Scheidewand. Nur Lungenatmung. Meist eierlegend.

e) **Vögel** (etwa 8600 Arten). Gleichwarme Wirbeltiere. Körper mit Federn bedeckt; Haut drüsenarm. Vordergliedmaßen zu Flügeln umgebildet. Mund zahnlos, Hornschnabel. Einheitliche Leibeshöhle. Zwei getrennte Herzhälften mit je einer Vorkammer und Herzkammer; Körperkreislauf vom Lungenkreislauf vollkommen getrennt. Lunge mit Luftsäcken; Knochen hohl, lufterfüllt. Gehirn, auch Kleinhirn, gut entwickelt. Vermehrung durch Eier, die bebrütet werden. Brutpflege.

f) **Säugetiere** (etwa 4500 Arten). Gleichwarme Wirbeltiere. Körper mit Haaren bedeckt, die drüsenreiche Haut in einzelnen Schüppchen verhornend. Leibeshöhle durch Zwerchfell in Brust- und Bauchhöhle getrennt. 2 getrennte Herzhälften mit je einer Vorkammer und Herzkammer; Körperkreislauf vom Lungenkreislauf vollkommen getrennt. Sehr gut entwickeltes Gehirn. Lebendgebärend, Ernährung der Jungen durch Milch.

Die niederen Säugetiere bilden noch keine Plazenta aus. Bei den eierlegenden *Kloakentieren* (Ameisenigel, Schnabeltier) münden wie bei den Kriechtieren und Vögeln Harnleiter und Ausführgang der Geschlechtsorgane gemeinsam in den Endabschnitt des Darmes (Kloake). Bei den *Beuteltieren* (Känguruh) werden die winzigen Jungen in wenig entwickeltem Zustand geboren und in einem Beutel an der unteren Bauchgegend gesäugt.

Den höheren Säugetieren ist die Entwicklung einer Plazenta (S. 242) eigentümlich: *Plazentatiere.*

Sprachliche Erklärung der wichtigsten wissenschaftlichen Begriffe

Die *kursiv* gedruckten Wortstämme stammen aus der *griechischen,* die übrigen aus der lateinischen Sprache

Abyssal: *abyssos* Abgrund
Adaption: adaptare anpassen
adäquat: ad an; aequare gleichen
Adrenalin: ad an, zu, renis Niere
Aequationsteilung: aequare gleichmachen
aerob, Aerobiont: *aer* Luft; *bios* Leben
Agglutinin: agglutinare anleimen
Aggression: aggredi angreifen
Agnosie: *agnos* nicht kennend
Akkommodation: accommodare anpassen
Akrosom: *akros* spitz, *soma* Körper
Albumin: albus weiß
Allantois: *allas* Wurst, wurstförmiger Sack
Allele: Verdoppelung von *allos* einer den anderen, wechselseitig
Allergie: *allos* anders, *ergon Empfindung*
Allosterie: *allos* anders; stereos fest
Amnion: wörtlich Schafhaut, von *annos* Lamm
Amöbe: *amoibe* Wechsel
Amphibien: *amphi* auf beiden Seiten; *bios* Leben
Amylase: amylum Stärke
analog: *ana* gemäß; *logos* Wort, Lehre
anaphylaktisch: *ana* daneben; *phylaxie* Schutz
Anneliden: annulus kleiner Ring
Antheridium: *antheros* blühend
Anthocyan: *anthos* Blüte, *kyanos* blau
Anthropus: *anthropos* Mensch
Antigen: Abkürzung von Anti-somato-gen Antikörper-Erzeuger
Appetenz: appetere hinzielen, anstreben
Archaeopteryx: *archaios* uralt; *pteryx* Flügel, Vogel
Archegonium: *archi* ur-, anfangs; *gonos* Geburt, von Stamm *gen* erzeugen
Artefakt: ars Kunst, facere machen
Arthropoden: *arthron* Gelenk; *pus, podos* Fuß
Articulare: articularis zum Gelenk (articulus) gehörig
Assimilation: assimilatio Angleichung
Assoziation: associare vereinigen
Astigmatismus: *a* ohne; *stigma* Punkt (Brennpunkt)
Australopithecus: australis südlich; *pithecus* Affe
autonom: *autos* selbst; *nomos* Gesetz
autotroph: *trophe* Nahrung
Auxin: *auxanein* wachsen lassen

Bakterien: *bakterion* kleiner Stab
Bakteriophagen: *ephagon* ich aß
Bastard (franz.): Mischling
Bathyal: *bathys* tief
Benthal: *benthos* Tiefe
Biologie: *bios* Leben; *logos* Wort, Lehre, Wissenschaft
Blastula: *blastos* Keim, Sproß
Botanik: *botane* Kraut

Calamiten: *kalamos* Rohr
Carcinom: *karkonos* Krebs
Cephalopoden: *kephale* Kopf, *pus, podos* Fuß
Chiasma: chiasmus kreuzweise
Chitin: *chiton* Gewand
Chlorophyll: *chloros* grün; *phyllon* Blatt
Chloroplast: *chloros* grün; *plastis* Bildnerin

Cholin, Cholesterin: *chole* Galle
Chorda: *chorde* Saite
Chorion: *chorion* Haut, Haut um die Eingeweide, Eihaut (Zottenhaut)
Chromatide: *chrom* Farbe, *idem* dasselbe
Chromatophor: *chroma* Farbe; *pherein* tragen
Chromomer: *chroma* Farbe; *meros* Teil
Chromoplast: *plastos* geformt; Stamm *plat* bilden
Chromosom: *soma* Körper
Chylus: *chylos* Saft, Nahrungssaft
Cilie: *cilia* Augenwimper
circadian: circa ungefähr, dies Tag
Coelenteraten: *koilos* hohl; *enteron* Darm, Eingeweide
Columella: columella kleine Säule, Pfeiler
Cornea: cornu Horn
Cortin: cortex Rinde
Crossing over (engl.): Überkreuzung
Cupula: cupula Fruchtbecher
Cycas: *kykao* mischen, umrühren
Cytologie: *Kytos* Zelle, *logos* Lehre
Cytoplasma: *Kytos* Zelle, *plasma* das Gebildete

Definition: definire bestimmen
Degeneration: degenerare entarten
Dendrit: *dendron* Baum
Deszendenztheorie: descendere absteigen, abstammen
Determination: determinare bestimmen
Deuterostomier: *deuteros* der andere
Detritus: tritus zerrieben
Diastole: *diastello* ziehe auseinander
Dictyosomen: *diktyon* Netz, *soma* Körper
Diffusion: diffusio Ausbreitung
diploid: *diploos* zweifach, doppelt; *-eides* gestaltig
dominant: dominari beherrschen
Drosophila: *drosos* Tau; *philos* liebend

Echinodermen: *echinos* Igel; *derma* Haut
Edaphon: *edaphos* Boden
Ektoderm: *ektos* außen, *derma* Haut
ektotroph: *trophe* Nahrung
Elektrophorese: *phorein* tragen
Embolie: *emballein* eindringen
Embryo: *embryon* Keimling im Mutterleib
Emulsion: emulgere ausmelken
endergonisch: *endon* innen, *ergon* wirken
Endoplasmatisches Reticulum: *endon* innen, reticulum kleines Netz
endogen: *endos* innen, *gen* erzeugen
endotroph: *endon,* innen, *trophe* Nahrung
Entelechie: *entelecheia* ununterbrochene Wirksamkeit
Enthalpie: *thalpos* Wärme, *en* innen
Enterokinase: *enteron* Darm, *kineo* bewegen
Entoderm: *entos* innen; *derma* Haut
Entropie: *entrepein* umkehren
Enzym: *zyme* Hefe, Sauerteig
Eozän: *eos* Morgenröte; *kainos* neu
Epidermis: *epi* auf, über; *derma* Haut
Epigenesis: etwa Hinzuentstehung, von *epi* auf, über; *genesis* Werdung, Erzeugung, Schöpfung
Epiphyse: *physis* Natur, Geschöpf, *epiphysis* Auswuchs
Epithel: *epi* auf; *thele* Warze (Hautbildung)
Erythrocyt: *erythros* rot; *kytos* Höhlung, Zelle
Etiolement: étioler (franz.) verkümmern

Eugenik: *eu* schön, gut, *genos* Geschlecht, von Stamm *gen* erzeugen
Evolution: evolvere herauswickeln
Exkret: ex aus, heraus, excernere ausscheiden

Facette: face (französisch) Antlitz, die geschliffene Fläche eines Edelsteins
Ferment: eigentlich Gärungsmittel, Sauerteig
Fibrille: fibra Faser
Filament: filum Faden
Funktion: functio Tätigkeit
Flagellaten: flagella Geißel
Follikel: folliculus kleiner Schlauch
Fossil: fossilis begraben

Gamet: *gamein* vermählen; *gametes* Gatte; *gamos* Ehe
Gametophyt: *phyton* Pflanze
Ganglion: *ganglion* Knoten
Gastrula: *gaster* Bauch; gastrula kleiner Becher; bauchförmiges Gefäß
Gel: gelare gefrieren, verdicken
Gen: Stamm *gen* erzeugen; generare zeugen; *genesis* Schöpfung, Erzeugung
Genotypus: *typus* Gepräge, regelmäßige Wiederholung
Geotropismus: *gea* Erde, *tropein* wenden
Gestagen: gestus Trächtigkeit
Glomerulus: Knäuel, von glomerare zusammenballen
Glykogen: *glykys* süß, Stamm *gen* erzeugen
Glykokalyx: Kalyx Kelch
Granum: granum Korn

Hämoglobin: *haima* Blut; globus Ballen, Kugel
haploid: *haploos* einfach; *-eides* gestaltig
Heterogonie: *heteros* anders; Stamm *gen* erzeugen
Heterosis: *heteros* anders
heterotroph: *-trophe* Nahrung
heterozygot: siehe Zygote
Histologie: *histos* Gewebe
Hierarchie: *hieros* heilig, *arche* Herrschaft
homolog: *homos* gleich; *logos* Wort, Lehre, Wissenschaft
Homöostase: *homoios* gleich, *stasis* Zustand
homozygot: *homos* gleich, ähnlich; Stamm *zyg* verbinden; *zygon* Joch, Gespann, siehe Zygote
Hormon: *horman* antreiben, reizen
Hygrophyt: *hygros* feucht; *phyton* Gewächs, Pflanze
Hyphe: *hyphe* Gewebe
Hypophyse: *hypo* unter; *hypophysis* Nachwuchs, Zuwachs
Hypothalamus: *hypo* unter; *thalamos* Gemach, Raum

Ichthyosaurus: *ichthys* Fisch; *sauros* Eidechse, Reptil
immun: immunis unberührt, unempfänglich, frei
Individuum: in un; dividere teilen, das Unteilbare
Induktion: inducere hineinführen
Infektion: inficere hineinbringen, vergiften
Inhibition: inhibere bremsen
Instinkt: instinctus Antrieb
Intentionsbewegung: intensio Absicht
Interferenz: inter zwischen, ferre tragen
Intramediär: inter zwischen, medius mittler, dazwischenliegend

Kambium: cambiare wechseln
Kapillare: Haargefäß, von capillus Haar
Kardiogramm: Herzschrift, von *kardia* Herz, *graphein* schreiben
Karotin: *karoton* Möhre
Karyon: *karyon* Nuß
Katalyse: *katalysis* Auflösung
Kollagen, Kolloid: *kolla* Leim; Stamm *gen* erzeugen; *– eides* gestaltig
Kommissur: Verbindung, von committere verbinden
Konditionierung: condicio Bedingung
Konnektiv: connectere zusammenknüpfen
Konvergenz: con zusammen, vergere sich nähern
Kormophyt: *kormos* Sproß, Stamm; *phyton* Pflanze
Kryptogamen: *kryptos* geheim, *gamein* vermählen
Kutikula: Häutchen, von cutis Haut
Kybernetik: *kybernetes* Steuermann

Labyrinth: *labyrinthos* Irrgang
Lamellibranchier: lamella kleines Blatt, *branchia* Kieme
Letalfaktor: letalis tödlich
Leukocyten: *leukos* weiß; *kytos* Zelle
Ligase: ligare binden
Lignin: lignum Holz
limbisches System: limbus Rand
Lipoid, Lipase: *lipos* Fett
Litoral: litus Ufer
Lymphe: *lymphe* Wasser (wasserhell aussehend)
Lyse: *lyein* auflösen

Makromolekül: *makros* groß
Mechanismus: *mechanea* Hilfsmittel, Maschine
Meiose: *meion* weniger
Membran: membrana Häutchen
Mesoderm: *mesos* mitten; *derma* Haut
Mesomerie: *mesos* mitten; *meros* Teil
Metamorphose: *metamorphosis* Verwandlung
Metabolismus: *metabollein* wechseln, umsetzen
Metaphysik: *meta* hinterher, *physis* Natur
Mikrotom: *tome* Schnitt
Mikroskop: *mikro* klein, *skopein* sehen
Mimikry: Nachahmung, Nachäffung, von *mimeisthai* nachahmen
Miozän: *meion* weniger; *kainos* neu
Mitochondrien: *mitos* Faden; *chondros* Korn
Mitose: *mitos* Faden
Micelle: mikrocella Kleiner Bereich
Modifikation: modificare abmessen, abändern
Mollusken: molluscus (mollis) weich
monophyletisch: *monos* einzig, allein; *phyle* Stamm
Morula: kleine Maulbeere (morum)
Mutation: mutatio Veränderung
Mycel: *mykes* Pilz
Mykorrhiza: *mykes* Pilz; *rhiza* Wurzel
Myxödem: *myxa* Schleim; *oidema* Geschwulst

Nastien: *nastos* zusammengeballt
Nephridium: *nephros* Niere
Neuron, Neurit, Neuralrohr: *neuron* Nerv
Nukleus: nucleus Kern, von nux Nuß

Oestrogen: *oestros* Brust
Oligozän: *oligos* wenig; *kainos* neu
Ontogenie: *on,* plur. *onta* das Seiende
Optimum: *optimus* der Beste
Organ, Organelle: *organon* Werkzeug
Osmose: *osmos* auspressen, Antrieb
Oszillograph: oszillare sich schaukeln

Paläolithikum: *palaios* alt; *lithos* Stein
Paläontologie: *palaios* alt; *ont* seiend; *logos* Wort, Lehre, Wissenschaft
Papille: papilla Brustwarze
Parasit: *para* neben; *sitos* Speise (Mitesser)
Parthenogenese; *parthenos* Jungfrau; *genesis* Zeugung, Schöpfung
Pelagial: *pelagos* offene See
Pellikula: Fellchen, Häutchen, von pellis Fell
Pepsin, Pepton: *pettein, peptein* garmachen, verdauen
Peptid: *peptein* kochen

peristaltisch: *peri* herum; *peristaltikos* zusammendrückend, -ziehend
Phage: *phagein* fressen
Phanerogamen: *phaneros* sichtbar, *gamein* vermählen
Phänotypus: *phainein* sichtbar machen, erscheinen
Photorezeptor: *phos* Licht, recipere aufnehmen
Phototropismus: *phos* Licht, *tropein* wenden
Phylogenie: *phyle* Stamm, *genea, genesis* Schöpfung, Ursprung
Physiologie: *physis* Natur, *logos* Wort, Lehre
Pinocytose: *pinein* einsaugen
Pithecanthropus: *pithecus* Affe, *anthropos* Mensch
Plankton: *planktos* umherirrend, treibend
Plasmalemma: lemniscus Band
Plasmodium: *plasma* Gebilde, *oidao* schwellen machen
Plasmolyse: *plasma* das Gebildete, Geformte, *lysis* Lösung
Plastide: *plassein* bilden
Plazenta: placenta Kuchen
Pliozän: *pleion* mehr, *kainos* neu
Polygenie: *polys* viel, *genos* Geschlecht, Art
Polymer: *polys* viel, *meros* Teil
Polyphänie: *polys* viel, *phainein* sichtbar machen, erscheinen
Polyploidie: *polys* viel; *polyploos* vielfach
Population: populus Volk
Präformation: prae vor, voraus; formare bilden
Präzipitin: praecipitare herunterfallen
propriorezeptiv: proprior eigen
Protein: *protos* der erste
prosthetisch: *prosthesis* Zusatz
Protoplasma: *protos* der erste, *plasma* das Gebildete, Geformte, der Stoff
Protozoen: *zoon* Tier
Psilophyt: *psilos* nackt; *phyton* Pflanze
Psychologie: *psyche* Seele; *logos* Worte, Lehre
Ptyalin: *ptyalon* Speichel
Puff: engl. Aufblähung

Reduktionsteilung: reducere zurückführen
Reflex: reflectere zurückbeugen, zurückwerfen
Regeneration: regenerare wiedererzeugen, erneuern
Retina: rete Netz
rezessiv: recedere zurückgehen, sich zurückziehen
Reticulum: reticulum Netz
Ribosom: *soma* Körper
Ritualisierung: ritus feierlicher Brauch
Rhabdom: *rhabdos* Stab
Rhizoid: *rhiza* Wurzel; *-id, -eides* gestaltig
rudimentär: rudimentum Rest

Sacculus: kleiner Sack, von saccus Sack
sapiens: weise, verständig
Saprophyt: *sapros* faulend; *phyton* Pflanze
Saurier: *sauros* Echse
Schizophrenie: *schizein* spalten; *phrenes* Zwerchfell, Herz, Seele, Geist
Sekret: secretio Absonderung
Selektion: selectio Auswahl, Auslese
sensorisch: sensus Sinn
Serum: serum Flüssigkeit, das Blutwasser
Sinanthropus: der chinesische Mensch
Soziologie: socius Genosse; *logos* Wort, Lehre, Wissenschaft
Spermatozoon: *sperma* Same; *zoon* Tier
Spinalganglion: Rückenmarksganglion, von spina Dorn, spina dorsalis Rückgrat
Spirochäte: spira Windung, Spirale; *chaite* fliegendes Haar, Mähne
spontan: spontaneus freiwillig
Statocyste, Statolith: *statos* stillstehend, ausruhend; *kystis* Blase; *lithos* Stein
Stigma: *stigma* Punkt
Streß: strictus verwundet
Substrat: substratus untergelegt
Sukkulent: succulentus saftig
Symbiose: *sym, syn* mit, zusammen, *bios* Leben
Synapsis: *synapsis* Verbindung
Systole: systole zusammenziehen
Sympathikus: *sympathein* mitempfinden
System: *systema* aus mehreren Teilen zusammengesetztes Ganzes
Systole: *systello* ziehe zusammen

Taxien: *taxis* Stellung
Taxonomie: *taxis* Ordnung; *nomos* Gesetz
Tetanus: *tetanos* von *teino* spanne
Thallus: *thallos* Trieb, Lager, Zweig
Thrombose: *thrombos* Gerinnsel
Thylakoid: *thyllakos* Sack
Thymus: *thymos* Brustdrüse
Thyroxin: *thyreos* Schild
Tonus: *tonos* die Spannung, das Gespannte
Toxin: *toxon* Bogen, Pfeil; *toxikon* das Gift, mit dem man die Pfeile bestreicht
Tracheen, Tracheiden: *tracheia* Luftröhre; *-eid, -eide* ähnlich
Transduktion: transducere hinüberführen
Transferase: transfer übertragen
Transpiration: trans durch; spirare atmen
Trichocyste: *trichos* Haar, *kystos* Blase, Behälter
Trilobiten: *tri* drei; *lobos* Lappen
Trochophora: *trochos* Rad, Reifen; *phora* Lauf, Bewegung, von *pherein* tragen
Tropismus, Tropophyt: *trepein* sich wenden
Trypanosoma: *trypanon* Bohrer; *soma* Körper
Trypsin: *tryptein* zerreiben, zermalmen
Tuberkulose: tuberculum, Verkleinerung von tuber Beule, Höcker, Geschwulst, Knoten
Tubulin: tubus Röhre
Tumor: tumor Geschwulst
Turgor: turgescere aufschwellen

Uterus: uterus Gebärmutter
Utriculus: kleiner Schlauch, von uter Schlauch

Vagus: vagari herumschweifen
Vakuole: vacuum Hohlraum, leer
Vernalisation: vernalis frühlingsmäßig
Vertebrata: vertebra Gelenk, Wirbel
Virus: virus Saft, Schleim, Gift
Vitalismus: vita Leben
Vitamin: vita Leben, Amin (chemisch) Ammoniakbase
Volvox, volvere wälzen, sich drehen

Xanthophyll: *xanthos* gelb; *phyllon* Blatt
Xerophyt: *xeros* trocken; *phyton* Pflanze

Zellkompartiment: compartiment abgeteiltes Feld
Zoologie: *zoon* Tier; *logos* Wort, Lehre
Zygote: *zeugos,* Gespann, Joch, von Stamm *zyg* verbinden
Zyste: *kystis* Blase, Behälter

Sach- und Namenregister

Die hervorgehobenen Seitenzahlen kennzeichnen die ausführliche Abhandlung eines Stichworts

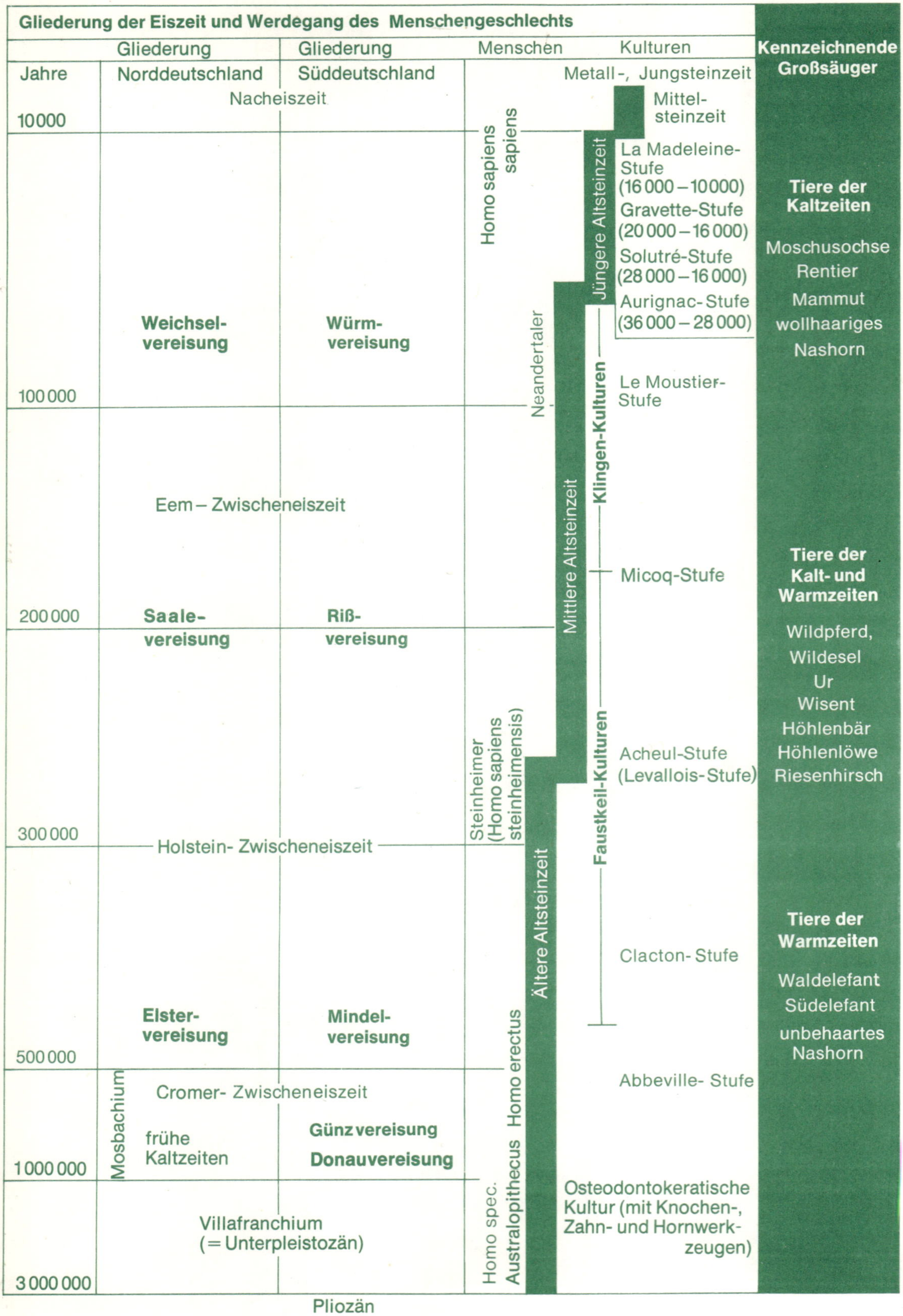
Gliederung der Eiszeit und Werdegang des Menschengeschlechts
Jahre
Gliederung Norddeutschland
Gliederung Süddeutschland
Menschen
Kulturen
Kennzeichnende Großsäuger
Nacheiszeit
Metall-, Jungsteinzeit
Mittel-steinzeit
10000
Homo sapiens sapiens
Jüngere Altsteinzeit
La Madeleine-Stufe (16 000 – 10 000)
Gravette-Stufe (20 000 – 16 000)
Solutré-Stufe (28 000 – 16 000)
Aurignac-Stufe (36 000 – 28 000)
Tiere der Kaltzeiten
Moschusochse
Rentier
Mammut
wollhaariges Nashorn
Weichsel-vereisung
Würm-vereisung
Neandertaler
Klingen-Kulturen
Le Moustier-Stufe
100 000
Eem – Zwischeneiszeit
Mittlere Altsteinzeit
Micoq-Stufe
Tiere der Kalt- und Warmzeiten
200 000
Saale-vereisung
Riß-vereisung
Wildpferd,
Wildesel
Ur
Wisent
Höhlenbär
Höhlenlöwe
Riesenhirsch
Steinheimer (Homo sapiens steinheimensis)
Faustkeil-Kulturen
Acheul-Stufe (Levallois-Stufe)
300 000
Holstein- Zwischeneiszeit
Ältere Altsteinzeit
Tiere der Warmzeiten
Clacton-Stufe
Waldelefant
Südelefant
unbehaartes Nashorn
Elster-vereisung
Mindel-vereisung
500 000
Homo erectus
Abbeville- Stufe
Mosbachium
Cromer- Zwischeneiszeit
frühe Kaltzeiten
Günz vereisung
Donauvereisung
1 000 000
Homo spec.
Australopithecus
Osteodontokeratische Kultur (mit Knochen-, Zahn- und Hornwerkzeugen)
Villafranchium (= Unterpleistozän)
3 000 000
Pliozän